U0349874

生态系统过程与变化丛书

孙鸿烈　陈宜瑜　秦大河　主编

“十三五”国家重点图书出版规划项目

生态系统过程与变化丛书

孙鸿烈　陈宜瑜　秦大河　主编

# 中国生态系统变化及效应

傅伯杰　等著

高等教育出版社·北京

内容简介

本书系统阐述了我国的自然环境、生态系统及其关键过程的时空特征与变化规律，浓缩了近30年生态系统生态学的发展历程，集中展现了我国在生态系统过程与变化研究领域取得的重要学术成果和最新进展。本书内容全面，数据翔实，资料丰富，对于高校和科研院所的师生及科研人员了解中国生态系统研究的整体状况，是一本非常有价值的参考书。

**图书在版编目(CIP)数据**

中国生态系统变化及效应/傅伯杰等著. --北京：高等教育出版社，2019.12

(生态系统过程与变化丛书/孙鸿烈，陈宜瑜，秦大河主编)

ISBN 978-7-04-052965-4

Ⅰ.①中… Ⅱ.①傅… Ⅲ.①生态系-研究-中国 Ⅳ.①Q147

中国版本图书馆CIP数据核字(2019)第253801号

策划编辑 李冰祥 柳丽丽　责任编辑 柳丽丽 关 焱 殷 鸽　封面设计 王凌波　版式设计 童 丹
插图绘制 于 博　责任校对 张 薇　责任印制 赵义民

| | | | |
|---|---|---|---|
| 出版发行 | 高等教育出版社 | 咨询电话 | 400-810-0598 |
| 社　　址 | 北京市西城区德外大街4号 | 网　　址 | http://www.hep.edu.cn |
| 邮政编码 | 100120 | | http://www.hep.com.cn |
| 印　　刷 | 北京盛通印刷股份有限公司 | 网上订购 | http://www.hepmall.com.cn |
| 开　　本 | 787mm×1092mm 1/16 | | http://www.hepmall.com |
| 印　　张 | 30.75 | | http://www.hepmall.cn |
| 字　　数 | 760千字 | 版　　次 | 2019年12月第1版 |
| 插　　页 | 14 | 印　　次 | 2019年12月第1次印刷 |
| 购书热线 | 010-58581118 | 定　　价 | 268.00元 |



物 料 号 52965-00
审 图 号 GS(2019)4682号
ZHONGGUO SHENGTAI XITONG BIANHUA JI XIAOYING

# 生态系统过程与变化丛书编委会

# 主要作者


第 1 章　傅伯杰

第 2 章　吴炳方

第 3 章　胡　波

第 4 章　邵明安

第 5 章　潘贤章

第 6 章　吴冬秀

第 7 章　于贵瑞

第 8 章　葛全胜

第 9 章　马克平

第 10 章　谢　平

第 11 章　孙　松

第 12 章　王效科

第 13 章　傅伯杰

第 14 章　欧阳志云

第 15 章　何洪林

# 丛　书　序

生态系统是地球生命支持系统。我国人多地少，生态脆弱，人类活动和气候变化导致生态系统退化，影响经济社会的持续发展。如何实现生态保护与社会经济发展的双赢，是我国可持续发展面临的长期挑战。

20 世纪 50 年代，中国科学院为开展资源与环境研究，陆续在各地建立了一批野外观测试验站。在此基础上，80 年代组建了中国生态系统研究网络（CERN），从单个站点到区域和国家尺度对生态环境开展了长期监测研究，为生态系统合理利用、保护与治理提供了科技支撑。

CERN 由分布在全国不同区域的 44 个生态系统观测试验站、5 个学科分中心和 1 个综合中心组成，分别由中国科学院地理科学与资源研究所等 21 个研究所管理。CERN 的生态站包括农田、森林、草原、荒漠、沼泽、湖泊、海洋和城市等生态系统类型。学科分中心分别管理各生态站所记录的水分、土壤、大气、生物等数据。综合中心则针对国家需求和学科发展适时地组织台站间的综合研究。

CERN 的研究成果深入揭示了各类生态系统的结构、功能与变化机理，促进了我国生态系统的研究，实现了生态学研究走向国际前沿的跨越发展。“中国生态系统研究网络的创建及其观测研究和试验示范”项目获得了 2012 年度国家科学技术进步奖一等奖，并被列为中国科学院“十二五”期间的 25 项重大科技成果之一。同时，CERN 已成为我国生态系统研究人才培养和国际合作交流的基地，在国内外产生了重要影响。

2015 年，CERN 启动了“生态系统过程与变化丛书”的编写，以期系统梳理 CERN 长期的监测试验数据，总结生态系统理论研究与实际应用的成果，预测各类生态系统变化的趋势与前景。

2019 年 6 月

# 目　录

# 第1章　中国生态系统研究进展*

## 1.1　自然环境与历史演变

### 1.1.1　地貌

我国幅员广大、地貌类型复杂、生境多样性非常丰富，为生态系统发育奠定了自然基础。北起黑龙江漠河，南至南沙群岛曾母暗沙，跨纬度近50°，达5500 km；西起新疆帕米尔高原，东至黑龙江抚远的黑瞎子岛，跨经度约61°，达5200 km（尤联元和杨景春，2013）。海拔自新疆吐鲁番的艾丁湖湖面约 −154 m到西藏珠穆朗玛峰约8844 m，相差8998 m之多。其中，海拔低于500 m的国土面积占16%，500～1000 m的占19%，1000～2000 m的占28%，2000～5000 m的占18%，大于5000 m的占19%（任美锷，1985）。总体上，中国的地势西高东低，呈明显的三级阶梯格局。第一级阶梯平均海拔在4000 m以上，形成了世界第三极的青藏高原；第二级阶梯海拔一般在1000～2000 m，介于青藏高原与大兴安岭—太行山—巫山—雪峰山之间，其中，包括内蒙古高原、黄土高原、云贵高原、塔里木盆地、准格尔盆地和四川盆地等大的地貌单元；第三级阶梯海拔多在1000 m以下，在大兴安岭—太行山—巫山—雪峰山一线以东，包括东北平原、华北平原、长江中下游平原，辽东半岛丘陵、山东半岛丘陵、东南沿海丘陵和两广丘陵等（尤联元和杨景春，2013）。我国的山脉走向主要有两种类型。一种是东西走向的山脉，主要分布在中国的西部，如青藏高原上的庞大山系，以及天山、阿尔泰山和祁连山等，东部有少量山系是东西走向的，如阴山—燕山、秦岭—大巴山—大别山和南岭等；另一种是南北走向的山脉，主要分布于东部地区，如大兴安岭—太行山—吕梁山、贺兰山—六盘山、横断山脉、武夷山脉、台湾中央山脉—玉山—阿里山等（焦北辰，1984）。

我国三级阶梯的宏观地貌骨架，即西高东低的梯级下降地势，控制了主要水系的宏观格局。我国外流水系的干流，大都发源于这三个阶梯。发源于第一级阶梯的河流都是源远流长的大江大河，向东流的有长江、黄河，向南流的有澜沧江、怒江、雅鲁藏布江等；发源于第二级阶梯的河流主要有黑龙江的南源额尔古纳河、嫩江、辽河、滦河、海河、淮河、西江等，就长度和水量而言，一般都次于发源于第一级阶梯的河流；发源于第三级阶梯的河流主要有图们江、鸭绿江、钱塘江、瓯江、九龙江、韩江、东江和北江等，流域面积和长度均较小，但水量一般都比较丰富，源于该区丰沛的降水（尤联元和杨景春，2013）。

* 本章作者为中国科学院生态环境研究中心傅伯杰、吕楠，中国科学院植物研究所马克平，北京大学李晟。

### 1.1.2 气候

水热组合决定了生态系统分布的宏观格局。我国地势差异显著,纬度跨度大,因此气温变化幅度很大。东部地区的气温分布格局主要随纬度而变化,自北向南逐渐升高,依次为温带(寒温带、中温带和暖温带)、亚热带(北亚热带、中亚热带和南亚热带)和热带(边缘热带、中热带和赤道热带);西部地区的纬向分布格局则受到几个高大山体(如青藏高原、天山、阿尔泰山)的影响,地势起伏对气温的作用更加明显,改变了规范的水平格局,如青藏高原及其周边地区形成了高原气候带(高原寒带、高原温带和高原亚热带)。年均温、1月均温和积温等对生物分布影响较大,在一定程度上决定了生态系统分布格局。我国东部年均温从北到南逐渐升高,内蒙古、河北、黑龙江北部年均温低于0℃,东北和华北北部大部分地区在10℃以下,年均温10℃线大致在辽宁鞍山—河北怀来—山西太原—山西绥德一线,江淮地区年均温在15~16℃,华南地区大多超过20℃,海南岛年均温为24~26℃。青藏高原大部分地区年均温都在0℃以下(丁一汇,2013)。一月是我国最冷的月份,也是南北温差最大的月份。一月均温对物种和植被分布的影响很大。−10℃的一月均温等温线大致在北纬40°附近;0℃等温线大致在北纬34°附近,江淮地区和长江流域在此线以南,越冬作物可以生长;10℃等温线在北纬25°附近,冬季很少有霜雪,大致在闽南和南岭一带。植物的生长发育不仅要求一定的温度水平,而且要求一定的热量总和,一般以高于0℃或10℃的积温表示。我国东北大、小兴安岭的≥0℃积温在2000~3000℃,长江流域在6000℃左右,两广沿海及其以南地区在8000℃以上,而藏北高原部分地区则低于1000℃(丁一汇,2013)。

降水多的地方植被茂密,生态系统得到充分发育。而降水多少主要受制于季风活动格局。我国夏季风的强度自南向北,由沿海到内陆递减,所以年降水量也从东和南两个方向向西、北内陆渐次减少。我国的等雨量线大致呈东北—西南走向。秦岭淮河以南地区,年降水量普遍在800 mm以上,长江中下游在1200 mm左右,东南和华南沿海及丘陵地区为1600~2000 mm,广东、广西和海南的部分地区年水量超过2000 mm。秦岭到黄河下游以及东北大部分地区的年降水量在400~600 mm。大兴安岭—榆林—兰州—拉萨一线为400 mm等雨量线,其西北为我国的干旱半干旱区。天山以北的北疆地区年降水量都在100~300 mm,以南的南疆则多在100 mm以下。青藏高原上的年降水量从东南向西北减少,高原西北部不足100 mm。我国大部分地区的降水集中在6—8月,长江以南一般在4—5月,主要受夏季风进退的影响。年降水变率(某地某时段降水量与同期多年平均降水量之差)与年降水量呈负相关,塔里木盆地降水量小,也是年降水变率最高的地区(丁一汇,2013)。干燥度指数是反映某个地区气候干燥程度的指标,通常定义为年蒸发能力和年降水量的比值,是水分条件的重要指标。一般干燥度小于0.5为“很湿”地区,如海南东部,台湾东部和浙、闽、粤的一些丘陵地区;干燥度在0.5~1.0为“湿润区”,包括秦岭淮河以南、横断山以东,以及东北山区;干燥度1.0~1.5为“半湿润区”,包括东北中部、燕山和太行山以东、陕西关中—甘肃南部—青藏高原拉萨以东地区;干燥度为2.0的等值线大体相当于400 mm的等雨量线,其南部为半干旱区,以北为干旱荒漠区和干旱半荒漠区;其中,干燥度大于4.0的干旱荒漠区包括内蒙古西部、宁夏西北部、甘肃河西走廊和柴达木盆地、新疆的塔里木盆地和准格尔盆地(詹昭宁,1989)。

### 1.1.3 土壤

由于纬度不同、距海远近不同及地形不同,引起水热条件的分异,从而影响土壤的空间分布格局。一般而言,我国土壤水平地带性是由湿润海洋性与干旱内陆性两个地带谱构成的。东部的湿润海洋性地带谱由南往北分布有砖红壤、赤红壤、红壤与黄壤、黄棕壤、棕壤、暗棕壤和漂灰土,呈现明显的气候带分异;随着水分条件差异表现的经向分异以温带和暖温带为典型。在温带,自东到西依次分布有暗棕壤、灰黑土和黑土、黑钙土、栗钙土、棕钙土和灰钙土、灰漠土和灰棕漠土;在暖温带,自东到西依次为棕壤、褐土、黑垆土和棕漠土(詹昭宁,1989)。我国系多山国家,除西藏高原外,尚有一系列高原和山区,对水热条件的再分配产生明显影响,从而直接影响到土壤的水平分布格局。我国山地的土壤具有多样的垂直分布规律。由基带土壤开始,随着山体升高依次出现一系列与较高纬度相应的土壤类型。同时,土壤垂直带的结构亦随山体所在气候带、山体高度和形态的不同而呈现有规律的变化(熊毅和李庆逵,1987)。

新生代(古近纪和新近纪)以来的地质环境和气候变迁,对中国生物区系和生态系统的发展、演化和分布的影响非常重大,特别是喜马拉雅构造运动,青藏高原大幅度抬升,东亚季风加强,中亚干旱带形成,第四纪的 4 次冰期间冰期,以及不断加剧的人类活动等的影响。人类活动影响主要有农业、林业和畜牧业发展,以及重大工程、城市化、外来种入侵等几个方面(陈灵芝,2014),对植被和生物多样性的影响是巨大的,在很大程度上改变了中国的生态系统类型及其分布格局。

## 1.2 生态系统分类与分布

生态系统是由相互作用的生物和非生物组分构成的系统(Tansley,1935),强调系统的整体性。作为一个系统,就意味着它有边界,可以将其与周边的环境相区别。生态系统的组分间是相互作用的,具有系统的加合性,即整体比其独立组分的简单加和具有新生的特性。例如,一个森林生态系统的性质远比组成该森林的树木复杂得多。

### 1.2.1 中国生态系统分类

一般而言,可以根据生态系统的性质和特征进行生态系统分类,如森林生态系统、草地生态系统和湿地生态系统等。由于植物是初级生产者,在一定程度上决定了生态系统的其他组分。特别是陆地生态系统,植被类型经常是生态系统分类的主要依据。遥感影像和土地覆盖分类也为生态系统分类提供重要的基础信息。就全球而言,一般将生态系统分为陆地生态系统和水体生态系统。也有人将其分成 3 类,即陆地生态系统、内陆水体生态系统和海洋生态系统(Maarel and Franklin,2013)。还有人按照人类活动的影响程度划分,即自然生态系统和人工生态系统。甚至根据受人类活动的影响程度将生态系统分为 4 类:① 完全人为的生态系统,如农田、人工林、鱼塘、植物园、温室和城市生态系统等;② 受人类活动影响很大的生态系统,如河口、泛滥平原、淡水水体等;③ 受人类活动影响比较大的生态系统,如热带雨林、亚热带森林、温带森林、温带草原和热带亚热带草地等;④ 受人类活动影响比较小的生态系统,如亚高山、冻原、荒漠、极地生态系统等(Jorgensen and Fath, 2011)。

根据我国的实际情况,可以在植被分类的基础上进行生态系统分类。中国生态系统类型丰富,仅陆地生态系统就有612个类型(陈灵芝,1993)。为了更好地反映中国生态系统的复杂性,中国生态系统分类可以包括生态系统型、生态系统纲、生态系统目和生态系统属4个等级,在分类单元界定上与《中国生态系统》一书有所不同(孙鸿烈,2005)。生态系统型是最高级分类单元,如陆地生态系统和水体生态系统。生态系统纲是高级分类单元,相当于中国植被分类的植被型组,包括森林、灌丛、荒漠、草原、草甸和草丛、高山植被、湿地(沼泽和水生植物群落)、农业植被(陈灵芝,2014)8个生态系统纲。生态系统目是中级分类单元,在生态系统纲内主要根据植物群落外貌划分,如森林生态系统纲可以分为落叶针叶林、常绿针叶林、针叶与阔叶混交林、落叶阔叶林、常绿落叶阔叶混交林、常绿阔叶林、硬叶常绿阔叶林、雨林、季雨林、红树林、珊瑚岛阔叶林、竹林和竹丛(陈灵芝,2014)12个生态系统目;在需要时,也可以再根据水热组合等大气候特征划分亚目,如常绿针叶林生态系统目可以分为寒温性常绿针叶林、温性常绿针叶林、暖性常绿针叶林和热性常绿针叶林4个亚目。生态系统属是基本的分类单元,相当于中国植被分类的群系或群系组,是非常重要的分类阶元,如落叶针叶林生态系统目可以分为兴安落叶松(*Larix gmelinii* var. *gmelinii*)林、西伯利亚落叶松(*L. sibirica*)林、长白落叶松(*L. gmelinii* var. *olgensis*)林、华北落叶松(*L. gmelinii* var. *principis-rupprechii*)林、太白红杉(*L. potaninii* var. *chinensis*)林、大果红杉(*L. potaninii* var. *macrocarpa*)林、红杉(*L. potaninii* var. *potaninii*)林、四川红杉(*L. potaninii* var.*mastersiana*)林和西藏落叶松(*L. griffithii*)林等(陈灵芝,1993)生态系统属。中国生态系统分类的基本框架系统见表1.1。

**表1.1 中国生态系统分类简表**

| 生态系统型 | 生态系统纲 | 生态系统目 |
|---|---|---|
| 陆地生态系统 | 森林生态系统 | 1 落叶针叶林生态系统 |
| | | 2 常绿针叶林生态系统 |
| | | 3 针叶与阔叶混交林生态系统 |
| | | 4 落叶阔叶林生态系统 |
| | | 5 常绿落叶阔叶混交林生态系统 |
| | | 6 常绿阔叶林生态系统 |
| | | 7 硬叶常绿阔叶林生态系统 |
| | | 8 雨林生态系统 |
| | | 9 季雨林生态系统 |
| | | 10 红树林生态系统 |
| | | 11 珊瑚岛阔叶林生态系统 |
| | | 12 竹林和竹丛生态系统 |

续表

| 生态系统型 | 生态系统纲 | 生态系统目 |
| --- | --- | --- |
| 陆地生态系统 | 灌丛生态系统 | 13 常绿针叶灌丛生态系统 |
| | | 14 落叶阔叶灌丛生态系统 |
| | | 15 常绿阔叶灌丛生态系统 |
| | | 16 常绿革叶灌丛生态系统 |
| | | 17 肉质刺灌丛生态系统 |
| | 荒漠生态系统 | 18 退化叶小半乔木荒漠生态系统 |
| | | 19 常绿革叶灌木荒漠生态系统 |
| | | 20 退化叶灌木荒漠生态系统 |
| | | 21 肉叶（多汁）灌木荒漠生态系统 |
| | | 22 旱生叶灌木荒漠生态系统 |
| | | 23 肉叶（多汁）半灌木荒漠生态系统 |
| | | 24 旱生叶半灌木荒漠生态系统 |
| | | 25 垫状矮半灌木荒漠生态系统 |
| | 草原生态系统 | 26 丛生草类草原生态系统 |
| | | 27 根茎草类草原生态系统 |
| | | 28 杂类草草原生态系统 |
| | | 29 半灌木与小半灌木草原生态系统 |
| | 草甸和草丛生态系统 | 30 丛生草类草甸生态系统 |
| | | 31 根茎草类草甸生态系统 |
| | | 32 杂类草草甸生态系统 |
| | | 33 草丛生态系统 |
| | | 34 稀树草丛生态系统 |
| | 高山植被生态系统 | 35 垫状植被生态系统 |
| | | 36 高山冻原生态系统 |
| | | 37 高山稀疏生态系统 |
| | 湿地植物群落生态系统 | 38 木本沼泽生态系统 |
| | | 39 草本沼泽生态系统 |
| | | 40 水生生态系统 |
| 水体生态系统 | 农业植被生态系统 | |

注：类型划分主要参考陈灵芝（2014）。

### 1.2.2 中国生态系统的分布

我国地处欧亚大陆的东端，东部位于太平洋西岸，西部深入欧亚大陆腹地，且有世界上最为高大的高原和最为封闭的内陆盆地。疆域从赤道热带的南海诸岛到寒温带的北纬 53° 附近。由北到南，太阳辐射、日照时间、温度和降水等存在着明显的梯度变异和季节变化。由海陆位置和行星风系以及地形因素等决定的季风、青藏高原等巨大山脉和地形系统均影响区域大气环流和季风行进过程导致气候系统的变化；土壤和人类活动等因素亦对中国生态系统的分布产生重要影响。

中国的生态系统在空间分布上具有明显的地理分异。东部靠近海洋，加之青藏高原强化了东南季风和西南季风影响范围和强度，发育了大面积的森林生态系统，特别是我国亚热带地区广泛分布的常绿阔叶林生态系统，独具特色；西部内陆地区因为远离海洋，同时受到山地和高原的围封，绝大部分地区干旱少雨，除部分山地具有森林、灌丛和草甸生态系统发育外，多分布以干旱的草原和荒漠生态系统；青藏高原占我国国土面积的 1/4 左右，海拔多在 4500 m 以上，高寒气候特征突出，发育着典型的高山生态系统类型（陈灵芝，2014）。生态系统的分布具有水平和垂直地带性特点。水平地带性分布又可以分为主要受热量控制的纬向地带性和主要受降水控制的经向地带性。我国东部森林生态系统分布体现了比较典型的纬向地带性格局，而温带地区从东到西的森林—草原—荒漠生态系统的分布则体现了典型的经向地带性格局。与地带性植被类型相关的生态系统具有明显的地带性分布规律，而与水生植被和草甸植被等隐域性植被类型相关的生态系统则地带性分布规律不明显，但会有一定的地带性烙印。以下参考中国植被区划方案的 8 个植被区域的空间分布格局，简要介绍我国陆地生态系统的空间分布规律。

寒温带针叶林区生态系统主要分布在大兴安岭北部，为欧亚大陆北部欧亚针叶林生态系统分布的最南端。该区域分布广、最具代表性的是落叶针叶林生态系统目，广布的生态系统属为兴安落叶松林生态系统；此外，常绿针叶林生态系统目的樟子松（*Pinus sylvestris* var. *mongolica*）林生态系统属、偃松（*Pinus pumila*）林生态系统属；落叶阔叶林生态系统目主要有蒙古栎（*Quercus mongolica*）林生态系统属、白桦（*Betula platyphylla*）林生态系统属、山杨（*Populus davidiana*）林生态系统属等常见类型；落叶阔叶灌丛生态系统目主要有兴安圆柏（*Juniperus sabina* var. *davurica*）、山杏（*Prunus armeniaca*）、榛（*Corylus heterophylla*）、兴安杜鹃（*Rhododendron dauricum*）、杜香（*Ledum palustre*）灌丛生态系统属等，宽阔的河谷发育着柴桦（*Betula fruticosa*）、卵叶桦（*B. ovalifolia*）、扇叶桦（*B.middendorfii*）为优势种的木本沼泽灌丛生态系统属（周以良，1997；陈灵芝，2014）。本区生态系统中生存的野生兽类主要有驼鹿（*Alces alces*）、马鹿（*Cervus elaphus*）、东方狍（*Capreolus pygargus*）、原麝（*Moschus moschiferus*）、野猪（*Sus scrofa*）、棕熊（*Ursus arctos*）、猞猁（*Lynx lynx*）、貂熊（*Gulo gulo*）和紫貂（*Martes zibellina*）等；野生鸟类以花尾榛鸡（*Bonasa bonasia*）、黑嘴松鸡（*Tetrao parvirostris*）和黑琴鸡（*Lyrurus tetrix*）最有代表性（张荣祖，2011；蒋志刚等，2015）。

温带针阔叶混交林生态系统主要分布在黑龙江省、吉林省东部和辽宁省东北部，主要山脉有小兴安岭、张广才岭、长白山和千山等。红松针阔叶混交林生态系统是本区最有代表性的针叶与阔叶混交林生态系统目，混生的阔叶树种类较多，有槭树（*Acer* spp.）、椴树（*Tilia* spp.）、桦树（*Betula* spp.）、榆树（*Ulmus* spp.）、白蜡树（*Fraxinus* spp.）、蒙古栎、胡桃楸（*Juglans mandshurica*）

和黄檗（*Phellodendron amurense*）等；其中，蒙古栎林生态系统属分布最广，其他常见类型还有白桦林、硕桦（*Betula costata*）林、山杨林、黑桦（*B. dahurica*）林、岳桦（*B. ermanii*）矮曲林生态系统属等；常绿针叶林生态系统目主要有云冷杉林生态系统属、长白松（*Pinus sylvestriformis*）林生态系统属；兴安落叶松林生态系统属和樟子松林生态系统属主要分布于本区北部，南部有紫杉（*Taxus cuspidata*）林生态系统属和黄花落叶松生态系统属分布。长白山高山冻原生态系统目是本区的特色类型，常见植物除草本植物和苔藓类外，还有高山杜鹃（*Rhododendron lapponicum*）、牛皮杜鹃（*R. aureum*）、宽叶仙女木（*Dryas octopetala* var. *asiatica*）和长白柳（*Salix nummularia*）等矮灌木（周以良，1997；陈灵芝，2014）。草甸和草丛生态系统纲在本区也有很好的发育，尤其以黑龙江省三江平原最为广布。本区生态系统中生存的野生兽类主要有东北虎（*Panthera tigris altaica*）、远东豹（*Panthera pardus orientalis*）、黑熊（*Ursus thibetanus*）、东方狍、野猪、长尾斑羚（*Naemorhedus caudatus*）和紫貂等；常见的鸟类有花尾榛鸡、黑琴鸡、环颈雉（*Phasianus colchicus*）、极北柳莺（*Phylloscopus borealis*）和小星头啄木鸟（*Dendrocopos kizuki*）等（张荣祖，2011；蒋志刚等，2015）。

暖温带落叶阔叶林生态系统主要分布在辽宁南部到秦岭淮河一线的暖温带地区，包括辽河平原南部、华北平原、淮北平原、汾渭平原、山东半岛、辽东半岛、燕山山地和黄土高原南部等。落叶阔叶林生态系统目的代表性类型有辽东栎（*Quercus liaotungensis*）林生态系统属，在南部则以麻栎（*Quercus acutissima*）林和栓皮栎（*Quercus variabilis*）林生态系统属为常见类型，锐齿槲栎（*Quercus aliena* var. *acuteserrata*）林生态系统属亦有分布，有时可见半常绿的橿子栎林和竹林生态系统属；其他的常见类型有槲栎（*Quercus aliena*）林、蒙古栎林、赤松（*Pinus densiflora*）林、油松（*Pinus tabuliformis*）林、华北落叶松林、侧柏（*Platycladus orientalis*）林生态系统属等；落叶阔叶灌丛生态系统目主要有荆条（*Vitex negundo* var. *heterophylla*）灌丛、酸枣（*Ziziphus jujuba* var. *spinosa*）灌丛、山杏灌丛、绣线菊（*Spiraea* spp.）灌丛、虎榛子（*Ostryopsis davidiana*）灌丛生态系统属等（陈灵芝，2014）。本区生态系统中生存的野生兽类主要有华北豹（*Panthera pardus japonensis*）、东方狍、野猪、赤狐（*Vulpes vulpes*）、貉（*Nyctereutes procyonoides*）、亚洲狗獾（*Meles leucurus*）等；代表性鸟类有褐马鸡（*Crossoptilon mantchuricum*）、勺鸡（*Pucrasia macrolopha*）、环颈雉、黑头䴓（*Sitta villosa*）、山噪鹛（*Garrulax davidi*）等（张荣祖，2011；蒋志刚等，2015）。

亚热带常绿阔叶林生态系统主要分布在秦岭淮河以南至北回归线附近，分布面积大，类型复杂多样，是我国最具特色的生态系统。全球的亚热带常绿阔叶林生态系统主要分布在我国。北部和中部主要有秦岭—淮阳山地、四川盆地、长江中下游平原、江南丘陵等地貌单元；南部主要有云贵高原、南岭山地和台湾山地三个地貌单元。亚热带常绿阔叶林生态系统分布范围广，涉及18个省（区、市），地理分异明显。在岷山—邛崃山—大雪山—大凉山—贵州西南部—广西百色一线以东为该类型分布的东部区，根据优势树种和植物群落物种组成差异，可以根据广布的生态系统目分为三个亚区：① 北部亚区以落叶常绿阔叶混交林生态系统目为代表，包括米心水青冈（*Fagus engleriana*）– 多脉青冈（*Cyclobalanopsis multinervis*）– 绵柯（*Lithocarpus henryi*）林、珙桐 – 小叶青冈林、漆（*Toxicodendron vernicifluum*）– 小叶青冈（*Cyclobalanopsis myrsinifolia*）林、曼青冈（*Cyclobalanopsis oxyodon*）– 化香树（*Platycarya strobilacea*）生态系统属等；此外，本区低海拔地段也有常绿阔叶林生态系统目的森林分布，如青冈（*Cyclobalanopsis* spp.）林、楠木（*Phoebe* spp.）和水丝梨（*Sycopsis sinensis*）林生态系统属等；落叶阔叶林生态系统目的水青冈

(*Fagus* spp.)林、栎(*Quercus* spp.)林和桦树(*Betula* spp.)林生态系统属的分布;以及常绿针叶林生态系统目的马尾松(*Pinus massoniana*)林、华山松(*Pinus armandii*)林和巴山冷杉(*Abies fargesii*)林生态系统属等的分布。② 中部常绿阔叶林生态系统目分布面积广,物种组成复杂,类型丰富,如栲类(*Castanopsis* spp.)、青冈(*Cyclobalanopsis* spp.)林、石栎(*Lithocarpus* spp.)林、木荷(*Schima* spp.)林生态系统属等;此外,还有常绿针叶林生态系统目的马尾松林、黄山松(*Pinus taiwanensis*)林和片状分布的铁杉(*Nothotsuga* spp.)林和银杉(*Cathaya argyrophylla*)林生态系统属等;以及多种竹林生态系统属的分布。③ 南部常绿阔叶林生态系统目的种类组成与中部区有明显区别,常见的生态系统属包括黄果厚壳桂(*Cryptocarya concinna*)林、厚壳桂(*C.chinensis*)林、格木(*Erythrophleum fordii*)林、栲类林、青冈林等。在岷山—邛崃山—大雪山—大凉山—贵州西南部—广西百色一线以西的广大地区可以根据优势生态系统目的不同分为南北两个部分:① 南部区常绿阔叶林生态系统目以印度栲(*Castanopsis indica*)、刺栲(*C. hystrix*)、石栎林和西南木荷林生态系统属等为主;此外,常绿针叶林生态系统目的思茅松(*Pinus kesiya* var. *langbianensis*)林等分布亦很广泛。② 北部区常绿阔叶林生态系统目以滇青冈(*C. glaucoides*)林、西南木荷(*Schima wallichii*)林、黄毛青冈(*C. delavayi*)、包石栎(*L. cleistocarpus*)林和硬叶常绿栎林生态系统属等为主;此外,还有常绿针叶林生态系统目的云南松(*P. yunnanensis*)林、高山松(*P.densata*)林、大果红杉(*Larix potaninii*)林和云冷杉林生态系统属的分布(宋永昌,2013;陈灵芝,2014)。本区生态系统中生存的野生兽类主要有豹、云豹(*Neofelis nebulosa*)、豺(*Cuon alpinus*)、黑熊、猪獾(*Arctonyx collaris*)、花面狸(*Paguma larvata*)、水鹿(*Cervus equinus*)、毛冠鹿(*Elaphodus cephalophus*)、黑麂(*Muntiacus crinifrons*)、黄麂(*Muntiacus reevesi*)、中华鬣羚(*Capricornis milneedwardsii*)、猕猴(*Macaca mulatta*)、穿山甲(*Manis pentadactyla*)等,代表性鸟类包括白颈长尾雉(*Syrmaticus ellioti*)、黄腹角雉(*Tragopan caboti*)、红腹锦鸡(*Chrysolophus pictus*)、灰胸竹鸡(*Bambusicola thoracica*)、画眉(*Garrulax canorus*)、黄喉噪鹛(*Garrulax galbanus*)、红嘴相思鸟(*Leiothrix lutea*)、灰树鹊(*Dendrocitta formosae*)等(张荣祖,2011;蒋志刚等,2015)。

我国没有大面积分布的典型热带雨林,多为位于热带北部边缘的季节性雨林和季雨林。虽然不是典型的热带雨林,但具有明显的热带雨林特征。热带季节性雨林生态系统目在本区的酸性土壤区主要有云南龙脑香(*Dipterocarpus retusus*)–多毛坡垒(*Hopea chinensis*)林、长毛羯布罗香(*Dipterocarpus gracilis*)林、云南娑罗双(*Shorea assamica*)–羯布罗香(*Dipterocarpus turbinatus*)林、望天树(*Parashorea chinensis*)林、台湾肉豆蔻(*Myristica cagayanensis*)–台湾翅子树(*Pterospermum niveum*)–长叶桂木(*Artocarpus xanthocarpus* )林、千果榄仁(*Terminalia myriocarpa*)–番龙眼(*Pometia pinnata*)林生态系统属;海拔700 m(海南岛)或1000 m(西双版纳)以上山地分布的主要有网脉肉托果(*Semecarpus reticulatus*)林等;石灰岩地区的主要有蚬木(*Excentrodendron tonkinense* )林、肥牛树(*Cephalomappa sinensis*)林、大叶风吹楠(*Horsfieldia kingii*)林生态系统属等。热带季雨林生态系统目在本区落叶的季雨林主要有木棉(*Bombax ceiba*)–楹树(*Albizia chinensis*)林、山合欢(*Albizia kalkora*)–高大含笑(*Michelia excelsa* )林和降香(*Dalbergia odorifera*)林生态系统属等;半常绿的季雨林主要有榕树(*Ficus microcarpa*)–小叶白颜树(*Gironniera cuspidata*)林、榕树–蒲桃(*Syzygium jambos*)林、高山榕(*Ficus altissima*)–麻楝(*Chukrasia tabularis*)林生态系统属等(孙鸿烈,2005;陈灵芝,2014)。此外,在南海珊瑚岛上分布有几乎单优势的抗风桐(*Ceodes grandis*)林和海岸桐(*Guettarda speciosa*)林生态

系统属;海岸带还有大面积的红树林生态系统分布,是我国红树林生态系统主要分布区之一;常绿针叶林生态系统目的南亚松(*Pinus latteri*)林生态系统属;由于长期的人类活动干扰,本区的热带季节性雨林和季雨林生态系统遭受严重的破坏,原始状态的生态系统所剩无几,天然的次生林生态系统有些已经恢复得比较好,具有典型的结构和组成,有些还停留在演替早期阶段,以桃金娘(*Rhodomyrtus tomentosa*)和岗松(*Baeckea frutescens*)等为优势的热性灌丛生态系统比较常见(陈灵芝,2014)。本区生态系统中分布的野生兽类主要有豹、云豹、亚洲金猫、云猫(*Pardofelis marmorata*)、马来熊(*Helarctos malayanus*)、大灵猫(*Viverra zibetha*)、斑林狸(*Prionodon pardicolor*)、椰子狸(*Paradoxurus hermaphroditus*)、小爪水獭(*Aonyx cinerea*)、帚尾豪猪(*Atherurus macrourus*)、巨松鼠(*Ratufa bicolor*)、亚洲象(*Elephas maximus*)、水鹿、赤麂(*Muntiacus vaginalis*)、印度野牛(*Bos gaurus*)、短尾猴(*Macaca arctoides*)、东黑冠长臂猿(*Nomascus nasutus*)、海南长臂猿(*Nomascus hainanus*)、倭蜂猴(*Nycticebus pygmaeus*)等,代表性鸟类包括绿孔雀(*Pavo muticus*)、灰孔雀雉(*Polyplectron bicalcaratum*)、红原鸡(*Gallus gallus*)、褐胸山鹧鸪(*Arborophila brunneopectus*)、大金背啄木鸟(*Chrysocolaptes lucidus*)、双角犀鸟(*Buceros bicornis*)、花冠皱盔犀鸟(*Aceros undulatus*)、山皇鸠(*Ducula badia*)、针尾绿鸠(*Treron apicauda*)、绿嘴地鹃(*Phaenicophaeus tristis*)、朱鹂(*Oriolus traillii*)、和平鸟(*Irena puella*)、黄腰太阳鸟(*Aethopyga siparaja*)、黑胸太阳鸟(*Aethopyga saturata*)、纹背捕蛛鸟(*Arachnothera magna*)、白腰鹊鸲(*Copsychus malabaricus*)、白腹凤鹛(*Yuhina zantholeuca*)、林八哥(*Acridotheres cinereus*)、银胸丝冠鸟(*Serilophus lunatus*)等(张荣祖,2011;蒋志刚等,2015)。

我国的温带草原区域是欧亚大陆草原区的东翼,主体位于亚洲中部草原区。在我国涉及东北、华北和西北的11个省区,面积约145万$km^2$,分布有草原生态系统纲的丛生草类草原、根茎草类草原、杂类草草原和半灌木与小半灌木草原生态系统目,常见的草原生态系统目包括羊草(*Leymus chinensis*)、贝加尔针茅(*Stipa baicalensis*)、线叶菊(*Filifolium sibiricum*)、大针茅(*Stipa grandis*)、克氏针茅(*Stipa krylovii*)、长芒草(*Stipa bungeana*)、羊茅(*Festuca* spp.)、糙隐子草(*Cleistogenes squarrosa*)、冰草(*Agropyron cristatum*)、冷蒿(*Artemisia frigida*)、百里香(*Thymus mongolicus*)、戈壁针茅(*Stipa gobica*)、短花针茅(*Stipa breviflora*)、沙生针茅(*Stipa glareosa*)、无芒隐子草(*Cleistogenes songorica*)、多根葱(*Allium polyrhizum*)、灌木亚菊(*Ajania fruticulosa*)草原生态系统属等。此外,还分布有草甸和草丛生态系统纲的丛生草类草甸、根茎草类草甸、杂类草草甸生态系统和草丛生态系统目(孙鸿烈,2005;陈灵芝,2014)。本区生态系统中分布的野生兽类主要有狼(*Canis lupus*)、赤狐、沙狐(*Vulpes corsac*)、猞猁、蒙原羚(*Procapra gutturosa*)、蒙古野驴(*Equus hemionus*)、达乌尔猬(*Mesechinus dauuricus*)、达乌尔黄鼠(*Spermophilus dauricus*)、蒙古兔(*Lepus tolai*)等,代表性的鸟类包括大鸨(*Otis tarda*)、毛腿沙鸡(*Syrrhaptes paradoxus*)、大𫛭(*Buteo hemilasius*)、草原雕(*Aquila nipalensis*)、蒙古百灵(*Melanocorypha mongolica*)、亚洲短趾百灵(*Calandrella cheleensis*)、楔尾伯劳(*Lanius sphenocercus*)等(张荣祖,2011;蒋志刚等,2015)。

我国的温带荒漠区域位于贺兰山和鄂尔多斯西部以西,昆仑山以北,阿尔泰山至中蒙边界以南。该区域主要的地貌单元包括准格尔盆地、塔里木盆地、柴达木盆地、吐鲁番-哈密盆地、阿拉善高原、鄂尔多斯高原西部等。荒漠生态系统纲的退化叶小半乔木荒漠、常绿革叶灌木荒漠、退化叶灌木荒漠、肉叶(多汁)灌木荒漠、旱生叶灌木荒漠、肉叶(多汁)半灌木荒漠和旱生叶半灌木荒漠生态系统目均有分布,常见的生态系统属包括膜果麻黄(*Ephedra przewalskii*)、霸王(*Sarcozygium xanthoxylon*)、泡泡刺(*Nitraria sphaerocarpa*)、绵刺(*Potaniniamongolica*)、沙拐枣(*Calligonum mongolicum*)、半日花(*Helianthemum songaricum*)、白刺(*Nitraria tangutorum*)、盐生假木贼(*Anabasis salsa*)、合头藜(*Sympegma regelii*)、梭梭(*Haloxylon ammodendron*)、多枝柽柳(*Tamarix ramosissima*)荒漠生态系统属和驼绒藜(*Krascheninnikovia ceratoides*)、珍珠猪毛菜(*Salsola passerina*)、红砂(*Reaumuria soongarica*)、锦鸡儿(*Caragana* spp.)、沙冬青(*Ammopiptanthus mongolicus*)草原荒漠生态系统属等(孙鸿烈,2005;陈灵芝,2014)。本区生态系统中分布的野生兽类主要有狼、野骆驼(*Camelus ferus*)、鹅喉羚(*Gazella yarkandensis*)、大耳猬(*Hemiechinus auritus*)、三趾跳鼠(*Dipus sagitta*)、大沙鼠(*Rhombomys opimus*)、塔里木兔(*Lepus yarkandensis*)等,常见的鸟类包括大鵟、猎隼(*Falco cherrug*)、黑尾地鸦(*Podoces hendersoni*)、岩燕(*Hirundo rupestris*)、赭红尾鸲(*Phoenicurus ochruros*)、漠䳭(*Oenanthe deserti*)、沙䳭(*Oenanthe isabellina*)等(张荣祖,2011;蒋志刚等,2015)。

青藏高原高寒植被区域位于青藏高原主体部分,平均海拔4500 m,面积约240 km$^2$,包括西藏和青海两省区,以及新疆南部、四川西北部和甘肃西南隅。高寒植被生态系统是本区域的特色类型,由高原东南部向西北部依次更替出现不同的生态系统类型,呈现明显的地区分异。高寒灌丛和高寒草甸主要分布在寒冷半湿润的东南部,高寒草原广泛发育在寒冷半干旱的高原中部,高寒荒漠则占据着极端寒冷干旱的高原西北部,为典型的地带性分异;在高原南部和西部边缘海拔相对较低地区还分布有山地温性草原和山地温性荒漠。常见的生态系统类型主要有:① 常绿革叶灌丛生态系统目的常见类型杜鹃(*Rhododendron* spp.)灌丛生态系统属;② 落叶阔叶灌丛生态系统目的常见类型窄叶鲜卑花(*Sibiraea angustata*)灌丛、柳(*Salix* spp.)灌丛、金露梅(*Potentilla fruticosa*)灌丛、鬼箭锦鸡儿(*Caragana jubata*)灌丛生态系统属;③ 丛生草类草甸生态系统目的丛生嵩草(*Kobresia* spp.)高寒草甸、垂穗披碱草(*Elymus nutans*)草甸、垂穗鹅观草(*Roegneria nutans*)草甸生态系统属;④ 杂类草草甸生态系统目的珠芽蓼(*Polygonum viviparum*)–圆穗蓼(*Polygonum macrophyllum*)杂类草草甸生态系统属;⑤ 丛生草类草原生态系统目的紫花针茅草原、扇穗茅草原、羽柱针茅草原生态系统属等;⑥ 根茎草类草原生态系统目的固沙草草原生态系统属等;⑦ 垫状矮半灌木荒漠生态系统目的驼绒藜高寒荒漠生态系统属等(陈灵芝,2014)。本区生态系统中分布的野生兽类主要有雪豹(*Panthera uncia*)、猞猁、兔狲(*Otocolobus manul*)、狼、藏狐(*Vulpes ferrilata*)、棕熊、亚洲狗獾、石貂(*Martes foina*)、藏野驴(*Equus kiang*)、野牦牛(*Bos mutus*)、藏羚(*Pantholops hodgsonii*)、藏原羚(*Procapra picticaudata*)、西藏盘羊(*Ovis hodgsoni*)、岩羊(*Pseudois nayaur*)、白唇鹿(*Przewalskium albirostris*)、马麝(*Moschus chrysogaster*)、喜马拉雅旱獭(*Marmota himalayana*)、灰尾兔(*Lepus oiostolus*)、高原鼠兔(*Ochotona curzoniae*)等,代表性的野生鸟类有藏雪鸡(*Tetraogallus tibetanus*)、藏马鸡(*Crossoptilon harmani*)、白马鸡(*Crossoptilon crossoptilon*)、绿尾虹雉(*Lophophorus lhuysii*)、雪鹑(*Lerwa lerwa*)、高原山鹑(*Perdix hodgsoniae*)、黑颈鹤(*Grus nigricollis*)、高山兀鹫(*Gyps himalayensis*)、胡兀鹫(*Gypaetus barbatus*)、猎隼、大鵟、地山雀(*Pseudopodoces humilis*)、棕颈雪雀(*Pyrgilauda ruficollis*)、藏鹀(*Emberiza koslowi*)、红嘴山鸦(*Pyrrhocorax pyrrhocorax*)、白喉红尾鸲(*Phoenicurus schisticeps*)、棕背黑头鸫(*Turdus kessleri*)、高山岭雀(*Leucosticte brandti*)、褐岩鹨(*Prunella fulvescens*)等(张荣祖,2011;蒋志刚等,2015)。

# 1.3 生态系统干扰与恢复

从生态学发展的历程来看,生态学家对生态系统的自然平衡与动态已经有了较为深入的研究。随着全球变化的日益加剧,气候变化、人口增长、环境破坏、生境破碎化等不同程度地影响了自然生态系统。与此同时,人类对生态系统进行科学管理的意识逐渐增强,对退化生态系统实施了多种多样的生态恢复措施,以期退化生态系统能恢复其多功能性。在此背景下,有必要加强干扰和恢复作用与过程对生物多样性以及生态系统结构和功能影响的研究。

## 1.3.1 生态系统干扰

干扰是自然界中无时无处不在的一种现象。Turner 将干扰定义为"破坏生态系统、群落或种群结构,并改变资源、基质(substrate)适宜性,或者是物理环境的任何时间上发生的相对不连续事件"。干扰存在于自然界的各个方面,干扰及其生态意义是生态学研究的重要议题。由于全球气候变化的影响及人类对自然系统破坏的不断加剧,许多干扰(如泥石流、洪水、森林大火、干旱等)变得更加频繁且具有毁灭性。从生态学意义上讲,干扰在某些条件下是自然生态系统中的一部分或者重要环节,而不仅仅只表现为破坏或者灾害。如何正确认识干扰及其影响对生态系统管理实践具有十分重要的意义(魏晓华,2010)。国际上对干扰生态学进行系统性描述的著作主要有 *The Ecology of Natural Disturbance and Patch Dynamics*(Pickett and White,1987)和 *Plant Disturbance Ecology: The Process and the Response*(Johnson and Miyanishi,2007)等。在过去几十年中,干扰生态学研究在中国发展迅速,从干扰的类型与特征,干扰对生物多样性、生态系统和景观结构、过程、功能的影响,干扰与生态系统和景观稳定性等方面都开展了大量研究,包括了不同的干扰类别、生物等级尺度、时空尺度,以及生态系统类型,取得了一定的研究成果。

(1)干扰类型与特征

① 干扰类型

干扰研究的一个重要内容是识别干扰类型并刻画干扰体系(disturbance regime)的特征。干扰有多种分类:按照干扰产生的来源,分为自然干扰(如火灾、洪涝、地震、病虫害)和人为干扰(如森林砍伐、放牧、修建水库、道路);按照干扰的功能,分为内部干扰(如林隙干扰)和外部干扰;按照干扰的发生机理,分为物理干扰(如气候干扰)、化学干扰(如污染物排放)和生物干扰(如病虫害暴发和外来物种入侵);根据干扰传播特征,分为局部干扰和跨边界干扰(陈利顶和傅伯杰,2000a)。识别干扰的判断标准是一种因子是否在时间上不连续存在、间断发生作用,或连续存在因子的超"正常"范围的波动,这种作用或波动能引起有机体或群落发生全部或部分明显的变化。

② 干扰特征

干扰特征包括干扰发生的频率、强度、空间范围、周期性、可预测性等。林隙干扰是我国学者最早开始生态干扰研究的领域之一,针对林隙干扰特征的研究非常广泛,涉及山地雨林、亚热带山地常绿阔叶林、喀斯特森林、川西高山森林、长白山红松林、塔里木河岸林等多种森林生态系统类型(韩路等,2011;吴庆贵等,2013;温远光等,2014)。不同类型森林生态系统的林隙特征,包括形状、大小、面积分布、林隙形成木的径级和高度等都可能不同,从而形成不同的林隙更新过程(臧润国等,1999;沈泽昊等,2001)。火干扰是森林生态系统重要干扰因子之一,在全球范围内的研究比较广泛。我国主要自1987年大兴安岭森林火灾之后开始关注。火干扰对整个生态系统,包括植物、动物、微生物、水体和土壤等都会产生影响,火烧的强度、火烧的环境条件、可燃物的载量因素、植物的抗火性等影响火干扰最终的生态效应。放牧是草原和荒漠生态系统的重要干扰类型,其特征主要包括放牧的强度、频率、方式等,受到当地人们的生活方式和经济水平等影响。放牧可以影响植物的生长、植物间竞争关系、动物和植物之间的关系、群落结构与功能。极端气候事件一般在时间上是间断发生的,被认为是气候干扰。极端气候事件的特征通常表现为有一定的时间规律性(如洪水的发生具有周期性),而且影响的范围一般较大,如干旱、洪水、极端高温等都是在区域以上的尺度发生。另外,气候变化往往会加剧极端气候事件以及其他多种自然干扰(包括自然火、飓风、干旱等)的规模、频率和强度,所以气候变化对自然干扰发生的驱动作用也是研究的重要方面,近年来的关注日渐增加(Niu et al., 2014)。

(2)干扰对生态系统的影响

干扰被认为是生态系统演替和变化的驱动力之一。干扰通过影响环境条件和物种间关系而影响物种组成和多样性,在维持群落的物种构成和演替过程方面具有不可替代的作用。干扰也可改变群落的冠相结构、植物与土壤动物种群大小及其分布、土壤理化性质、昆虫与植物关系和土壤中食物网的结构,从而影响到整个生态系统的生产、分解和代谢,使生态系统的碳、氮、水分循环过程都相应地发生改变(图1.1)。

(a)

(b)

图1.1 (a)南方雨雪冰冻灾害危害人工林©中国生态系统研究网络(CERN)千烟洲站;(b)放牧干扰实验©CERN内蒙古草原站

① 干扰与生物多样性

干扰对生物多样性的维持机理涉及几个基本的假说,包括中度干扰假说、干扰与资源有效性假说、干扰与资源竞争假说、密度假说等。研究中针对不同假说开展了验证性的观测与试验。对于森林生态系统,有研究发现,干扰影响林分各层次的物种组成和多样性,干扰强度越大时,乔木层和灌木层物种越少且分布不均;强度越小时,层间和草本植物越少且均匀度降低,说明中度干扰有利于生物多样性的维持(张万里和李雷鸿,2000)。对草地生态系统也有类似的结果,如有研究发现,中等程度放牧增加了群落结构的复杂性,丰富度指数和多样性指数均较高。这些结果都支持中度干扰理论。另外一些研究从生态系统稳定性的角度出发,认为群落物种多样性增加是生态系统对外界轻度干扰的一种适应,是恢复生态系统稳定性的一种对策,当干扰强度一旦超过自身的调节能力则难以恢复到原来的群落类型,所以轻度干扰更有利于物种多样性的维持(罗菊春等,1997,李振基等,2000;樊正球等,2001)。由于干扰对生态系统的影响与环境条件共同发生作用,所以在异质的空间环境中,干扰表现的效果不同。例如,在高寒草甸生态系统中,当鼠害和放牧的干扰较弱时,物种多样性主要受环境状况影响;而在干扰较强时,鼠害和放牧比环境因子对多样性的影响更为显著(温璐等,2011),这种干扰与环境条件的耦合作用可以解释高寒生态系统中物种多样性的空间变异。由于任何假说都有适用范围,仍需要在研究中不断地验证和完善。干扰对多样性影响的结果与植物群落本身的特征、植物之间的相互关系、资源和环境条件、干扰特征和环境因子的耦合作用都有关,因此需要加强综合的分析(Song et al., 2012; Zhang et al., 2014)。同样地,生态系统也可能同时受到多种干扰因素的共同作用与交互作用,形成复杂的干扰系统,如放牧、火烧、刈割、采药、水淹等干扰因子可同时作用于草地的生物多样性,需要分析各干扰因子及不同干扰频率对多样性维持的作用。这种多因素影响下群落多样性的变化十分复杂,还需要进一步的研究。

② 干扰与生态系统演替

干扰可以影响生态系统演替过程,使之按照不同的模式和演替路径发展(王绪高等,2006)。相对于演替顶级而言,各种演替路径可以归为正向演替和逆向演替。例如,轻度的害虫及病原干扰可以起到控制林分拥挤、减轻压力和“抚育间伐”的效果,在维持生态系统正向演替中发挥积极的调控作用。计划性火烧可显著影响土壤含水量和营养元素含量,有利于植被的生长和正向演替。退化草地中氮添加可以加速植被恢复(Quan et al., 2015)。然而,强度较大的干扰则会导致生态系统发生逆向演替。如对青藏高原的沼泽草地生态系统的研究发现,在轻度放牧干扰下,群落生活型组成有由多年生植物向一年生植物转变,由直立植株向匍匐型或莲座型植株转变的倾向,放牧只是加快演替的速度;而过度放牧则导致了中生草甸植被退化为荒漠植被,发展为逆向演替(韩大勇等,2011)。土壤侵蚀一般是植被发育演替的负干扰或灾害。在我国北方农牧过渡带草地荒漠化过程中伴随着严重的土壤侵蚀,导致土壤养分下降和物种多样性损失,植被演替表现为由丛生禾草群落到根茎类草本的生长,再到沙地物种和一年生植物群落的逆向演替(焦菊英等,2012)。然而,长期处于侵蚀环境中的植物也可通过改变繁殖策略、形态与生理补偿等来适应土壤侵蚀干扰,在这种情况下侵蚀就成为植被适应与进化的动力。

③ 干扰与生态系统功能

干扰对生态系统功能影响的研究相对于生物多样性和生态系统演替方面起步较晚(牛钰杰等,2017;袁帅等,2017;朱国栋等,2015;安慧,2012),但是近年来也在迅速发展,其中以不同干扰类型对生态系统碳循环的影响方面的工作最为广泛。比如,林隙干扰研究从传统的干扰体系特征描述逐步转变到开始关注对林木生长速率以及土壤碳动态的影响(罗献宝等,2014;朱良军等,2015)。放牧干扰对草地生态系统的影响和砍伐对森林生态系统碳库与碳循环的影响也是一个热点的领域,已有研究从机制上分析干扰如何影响生态系统呼吸,包括植物凋落物的产量和质量、植物同化产物的分配和根系生物量(Zheng et al., 2010; Fan et al., 2011; He et al., 2011; Li and Sun, 2011)、微生物生物量和多样性、与呼吸有关的酶的活性、土壤养分状况、土壤温度和水分状况(张亮等,2017)。生物入侵和火干扰对生态系统碳循环的影响也受到越来越多的关注(Zhang et al.,2010;陆昕等,2014),但研究依然有限。目前的研究主要集中在火烧前后或入侵前后土壤有机碳储量的变化及其动态(胡海清等,2013)。干扰对生态系统水文过程的影响是干扰引起生态系统功能变化的另一主题,其中干扰的作用往往是间接发生的。例如,火烧干扰后由于植被、地被物、土壤以及生态环境发生改变,从而影响到水文循环过程(舒立福等,1999)。强风干扰通过降低整体林冠层的高度,增加林冠层斑块,增加林下层光照的异质性来改变森林结构,进而对森林水文过程产生影响,包括土壤水分、林冠截留、蒸发蒸腾和地表径流(奚为民等,2009)。对于温度、湿度、$CO_2$浓度变化、氮素添加,以及多种因子交互作用的控制和模拟响应试验研究是全球变化生态学研究中开展最为广泛的一个方面(图1.2),近年来取得了大量的研究成果(Bai et al.,2010;Deng et al.,2009;Luo et al.,2010;Wang et al.,2011;He et al.,2013;Niu et al.,2013)。

(a)

(b)

图1.2 (a)西藏高寒草地增温模拟响应试验 © CERN 拉萨站;
(b)内蒙古半干旱草原降水与N沉降模拟响应试验 © CERN 鄂尔多斯站

④ 干扰与生态系统稳定性

生态系统稳定性是指生态系统所具有的保持或恢复自身结构和功能相对稳定的能力。受干扰作用下的生态系统稳定性通过生态系统抵抗力(resistance)和生态系统的恢复能力(resilience)或生态系统弹性(elasticity)来衡量(梁军等,2010)。生态系统稳定性的度量一直是稳定性研究的核心问题(Zhang et al.,2016)。有一些研究尝试以群落多度、高度、盖度和生物量等作为具体指标对抗力和恢复力进行量化。在内蒙古极端干旱后退化沙质草地群落恢复过程中,群落依靠优势物种的快速转换(体现为较高的恢复力)来维持生态系统的稳定性(张继义和赵哈林,2011)。对于北方针叶林,如兴安落叶松生态系统,兴安落叶松具有叶的可燃性低(高抵抗力)、松皮可再生、高频低火强刺激后松皮增厚,以及较快速的林下更新等特点(强恢复力),生态系统同时依靠高抵抗力和强恢复力维持一定火干扰强度下生态系统的稳定性(邱扬等,1997)。生态系统的稳定性不仅与干扰的强度有关,也与生态系统本身的脆弱性有关。对不同退化程度的沙质草地群落抵抗力来源与构成的分析表明,随沙漠化的发展,多年生植物在群落中的比例和作用下降,物种多样性减少,群落物种组成单一化,群落稳定性下降(张继义和赵哈林，2011）。在青藏高原，高寒草原和高寒草甸两种生态系统类型对铁路建设工程干扰表现出不同的抵御力和恢复力。由于两种生态系统所处的地表土壤环境、原有植被保留程度，以及冻土条件的差异，高寒草原生态系统的抗干扰和自然恢复能力明显优于高寒草甸生态系统（王根绪等，2004）。随着研究的深入，生态系统稳定性与恢复力的概念逐渐被应用到社会－生态系统的研究中。国际上以恢复力作为分析社会－生态系统的一种重要框架，从复杂系统动力学角度研究系统对抗干扰的恢复和适应，已经成为探索人类社会和自然环境关系的主流（周晓芳，2017）。我国也已经开始了一些探索性的研究，如王俊等（2010）在陕西省榆中县开展的社会－生态系统干旱恢复力的定量化研究，旨在通过理解社会学与生态学交互作用的过程与机理来建立对干旱的适应对策。对社会－生态系统进行描述和刻画，构建完善的指标体系是该领域所面临的挑战之一。

⑤ 干扰与生态系统稳态转换

稳态转换是生态系统从一个特征趋势或状态转变为另外一个不同的趋势或状态的过程。生态系统的恢复力可以衡量系统在受到外界胁迫时的承载容量，而阈值则反映生态系统可能发生状态变化的临界点。阈值理论初步奠定了对于稳态转换的一致认知：持续的外来干扰会降低生态系统的恢复力，当干扰超过阈值的范围将发生稳态转换。生态系统稳态转换理论在水域生态系统中的研究比较广泛。近几年，国内开展了大量的湖泊生态系统稳态转换研究，对象也由太湖扩展到高原湖泊，旨在揭示湖泊生态系统稳态转换发生的机理，多数研究主要集中于已明显发生稳态转换的湖泊中（如太湖、滇池等）。生态系统抗性的定量评价对系统的稳态转变研究至关重要，发展量化方法或者找到合适的替代因子，以及在稳态转换机理研究的基础上进一步开展预警分析是未来的研究重点（冯剑丰等，2009；李玉照等，2013）。

（3）景观尺度的干扰生态学研究

在景观生态学中，干扰的生态意义包括景观异质性、景观破碎化、景观稳定性、景观格局与过程关系，以及景观的物种多样性等方面，对于生物保护和生态系统管理方面具有重要的实践意义。干扰被认为是景观异质性的主要来源之一，不同尺度、性质和来源的干扰是景观结构和功能变化的驱动力。目前，景观尺度的干扰研究主要集中在干扰强度的量化和干扰对景观格局的作用，尤其是对景观异质性和景观破碎化的影响。人为干扰是景观格局改变的首要干扰类型，一般用土地利用和覆被变化来表征其强度（梁发超和刘黎明，2011）。有研究采用建设用地当量为基本度量单位，将不同土地利用和覆被类型换算成建设用地当量系数，计算人类干扰指数，用来反映人类对陆地表层的干扰程度（刘慧明等，2016）。对于湿地景观，干扰引起的景观格局变化及其对水鸟种群结构、数量及空间分布的影响是景观生态学与保护生物学研究的一个结合点和研究热点（刘云珠等，2013）。干扰对景观异质性的影响取决于干扰的强度，如强度较小的山火可以导致景观破碎化，当火烧的规模较大时将导致景观的均质化。干扰的效应还与干扰发生的空间位置有关，如林地砍伐在影响景观的稳定性方面，砍伐的位置比砍伐斑块的形状更为重要，坡地上的林地砍伐常常会导致大面积坡面的不稳定性，从而导致滑坡、泥石流、塌方等的发生（Tang et al.，1997）。反过来，景观格局对景观干扰过程也有显著作用，例如，林地中微小的溪沟对火在空间上的扩散均可起到显著的阻滞作用（徐化成等，1997）。干扰对景观格局与过程的综合研究是进一步深化的方向。

### 1.3.2 生态系统恢复

随着人口持续增长、全球城市化的快速推进和气候变化，自然和人为干扰频繁，环境污染、植被破坏、生态系统退化日益严峻。能否恢复和重建退化的生态系统，是人类社会可持续发展的关键科学问题。传统的生态恢复是研究基于生态整合性的恢复和管理，促使生态系统恢复到接近受干扰前的状态（Cairns，1995）。生态整合性包括生物多样性、生态系统结构和过程、区域及历史情况、可持续的社会实践等方面。恢复生态学是研究退化生态系统恢复与重建的技术和方法、过程与机理的科学，属于应用生态学的一个分支（彭少麟，1996）。恢复生态学从理论和实践两个方面研究生态系统的退化、恢复、开发和保护机理，为解决人类生态问题和实现可持续发展提供了机遇，已经成为具有重大社会需求的科学研究前沿领域之一（傅伯杰，2010）。我国在恢复生态学方面的研究成果非常显著，出版了一系列的专著，在国际恢复生态学领域具有领先地位。

（1）生态恢复实践与成就

我国是世界上生态系统类型最多且退化严重的国家之一，也是较早开始恢复生态学研究和实践的国家之一。在20世纪50年代，我国就开始了退化环境的长期定位观测试验和综合整治工作。1959年，余作岳等开始在广东的热带沿海侵蚀台地上开展退化生态系统的植被恢复技术与机理研究（余作岳和彭少麟，1996）。60年代，仲崇信等从英国、丹麦引进大米草，在沿海滩涂开展了控制海岸侵蚀的研究。70年代末，在北方干旱半干旱地区开始“三北”防护林工程建设。80年代以来，陆续在农牧交错带、风蚀水蚀交错带、干旱荒漠地区、丘陵山地、干热河谷、湿地、城市等退化或脆弱生态环境及其恢复重建方面开展工作（赵桂久等，1995；章家恩和徐琪，1999）。20世纪90年代末以来，国家相继实施了“天然林保护工程”“长江珠江河岸带防护工程”“京津风沙源治理工程”“基本农田建设”等生态工程项目，特别是“退耕还林还草工程”，作为我国政策性最强、投资量最大、涉及面最广、群众参与程度最高的一项生态建设工程，实施区域已经在全国范围内展开，将我国生态恢复的实践和研究推向了一个新的发展阶段。目前，我国生态恢复研究的地域范围广阔，从干旱区到湿润区，从热带到寒带，从平原到高原山地等都有涉及；生态系统类型多样，包括森林、草地、农田、水域、采矿废弃地等（图1.3）；典型案例区丰富，如农牧交错带、风蚀水蚀交错带、干热河谷、石灰岩山地等。经过多年努力，我国生态恢复取得了举世瞩目的成就。生态恢复工程的实施使区域生态环境得到了改善，植物覆盖面积持续增加，草地退化的趋势得到一定程度的遏制，退化速度减慢，荒漠化和沙化土地面积大幅度减少（陈宜瑜等，2010；高吉喜和杨兆平，2015）。这些研究成果极大地推动了我国恢复生态学的发展，也为生态系统管理提供了科学基础。从社会经济的角度看，生态恢复也取得了良好的社会经济效益，在一定程度上促进了农村产业结构的优化，提高了农、牧民的生产效率。

（2）恢复生态学研究

恢复生态学的研究内容主要包括以下几个方面，即生态恢复评价、生态恢复过程与机理、退化生态系统恢复技术、恢复规划等。我国在上述方面都开展了广泛的研究，对恢复生态学的理论获得了深入认识，也积累了大量的实践经验。生态恢复评价在生态恢复研究中尤为重要，是生态恢复领域研究的前沿与热点（丁婧祎和赵文武，2014）。生物多样性和生态系统服务政府间科学政策平台（Intergovernment Science-Policy Platform on Biodiversity and Ecosystem Services，IPBES）全球评估中把生态恢复作为和授粉、生物入侵并列的三大快速主题评估之一。

图 1.3 （a）沙地恢复治理 © CERN 内蒙古草原站;（b）黄土高原纸坊沟流域植被恢复 © CERN 安塞站;（c）长汀花岗岩侵蚀劣地植被恢复 © CERN 鹰潭站（左侧未治理区,右侧高草灌带恢复区）;（d）珊瑚礁生态修复与特色生物资源增殖技术集成应用与示范 © CERN 三亚站

① 生态恢复评价指标与方法

构建指标和方法体系是生态恢复评价的关键环节,指标与方法的选择与生态恢复的目标相对应。恢复目标是恢复生态学的一个重要命题,对生态恢复效果进行评估首先要明确恢复的目标。以往的研究中,生态恢复效果评价以是否恢复到生态系统的初始状态为标准,包括物种构成以及生态系统的结构与功能状态。研究中所采用的指标主要包括生态系统属性指标,即生物多样性指标、生态系统结构和过程指标。在具体评价过程中有时使用这些单一要素指标,有时候采用基于单一指标的复合指标（吴丹丹和蔡运龙,2009）。复合指标的计算方法通常有综合指数法、模糊评判法、灰色系统理论、层次分析法、专家分析法、系统工程分析方法等。在与初始状态进行比较的过程中,如何确定恢复系统的初始状态或者参照系是关键。一般有两种方法:一种方法是在同一生物地理区系内寻找同一生态类型未受干扰或少受干扰的系统作为参照系,如小尺度研究中空间代替时间的方法;另一种方法是从历史资料中获得生态系统退化之前的状态描述,或者使用模型来模拟初始状态。由于历史资料或者模型本身的限制,所谓的"初始状态"可能存在较大的不确定性,与之进行的比较也因此具有不确定性和不合理的成分,空间代替时间的方法也存在诸多问题。

随着研究的深入,生态恢复评价的目标也在变化,从关注生态系统的自然属性转到生态系统能够为人类社会提供的各种功能和服务。杨兆平等（2013）提出,生态恢复的最终目标应该是建立一个功能完整的生态系统，恢复的是生态系统的功能，而不仅仅是回到初始状态。将退化生态系统改变成为符合人类需求的系统是对生态系统恢复进行人为促进和干预的重要目的之一，因此，建议以生态功能为切入点来建立生态恢复评价体系，并进一步从满足人类需求的角度进行评价（赵凌美等，2012）。在我国，生态退化严重的地区大多是经济欠发达的区域，生态恢复的目标应与区域社会经济发展和脱贫等问题有机结合（高吉喜和杨兆平，2015）。生态恢复评价需要更多地考虑生态系统服务和社会经济方面，关注生态 – 社会综合效益。相应地，生态系统功能与服务指标应纳入评估指标体系，尽快建立以人类对恢复生态系统功能和服务需求为导向的评价框架。

② 生态恢复效益评价

我国在生态恢复效益评价方面开展了大量的工作，有专门针对某项生态恢复工程的评估，如对退耕还林还草工程、京津风沙源治理工程、河岸带保护工程、农田防护林工程的评估等（李俊清和崔国发，2000；武高林和杜国祯，2007）；有针对退化生态系统类型的评估，如湿地生态系统恢复评估、喀斯特复合生态系统恢复评估、城市生态系统恢复评估（任海，2005；朱鹤健，2013）；有以特定区域为对象的评估，如黄土高原生态恢复综合评估、三江源地区生态恢复评估（Lu et al.，2012）；还有大小不同的小流域综合治理的效益评估。这些评估的内容涉及生物多样性、生态系统结构和功能以及服务的方方面面，但是主要以单项评估为主（生物多样性恢复、土壤保持、生态系统固碳和水源涵养等），包含多种功能要素的综合评估和同时考虑多个生态恢复工程整体效益的研究占少数。例如，Feng 等（2016）综合考虑黄土高原退耕还林还草工程对生态系统固碳和水资源的影响，发现当前黄土高原植被恢复已经接近该地区水资源植被承载力的阈值，建议未来的植被恢复应该综合考虑区域的产水、耗水和人类用水的综合需求，确定适宜的植被恢复规模。Lu 等（2018）对包括天然林保护工程、退耕还林还草工程、京津风沙源治理工程、三北防护林工程以及护岸林防护工程在内的五大工程的固碳效应进行了评价，结果表明，工程区总的生态系统固碳量占全国总固碳量的 59%，年固碳量平均值为 121 Tg，相当于 2010 年化石燃烧碳排放量的 6%。这些综合性的研究结果对于恢复生态学的理论认知和国家政策层面都具有重要作用，目前的研究还比较缺乏；另外，更为重要的是，在全国尺度上，各种生态恢复工程对于我国生态效应的动态性评估不足，之前的评估多是静态的评估，或者只是针对某个特定时间段，今后的工作还应从整体性和动态性方面进行深化。

③ 生态系统恢复的过程与机理

随着国家一系列重大生态工程的实施，在生态恢复过程与机理方面开展了一系列的研究，如生态恢复对生物多样性以及碳循环、水循环、土壤流失等过程的影响。尤其针对黄土高原区域退耕还林还草工程的一系列研究，系统地阐明了生态恢复中碳固定、水源涵养和土壤保持在不同尺度上的动态过程与尺度效应，成果卓著。其中，生态系统与水文的相互关系、生态系统服务权衡机理等方面的研究已经迈入国际领先行列。在过程和机理研究中，一个尤为关键的问题是生态恢复效益的尺度效应，在不同尺度上，各种生态过程的效应及其影响因素可能存在显著差异。先前的研究一般集中在小尺度上，随着尺度的逐步放大，对尺度效应问题也逐渐有了更清楚的认识。

对于生态恢复中生态系统固碳方面，从样点、区域到全国尺度都有开展。研究发现，气候条件、植被类型、土壤水分状况、土地利用历史等要素在从小到大的尺度推绎中对生态系统固碳的相对重要性在发生变化。如在局地尺度上,土壤有机碳储量的初始值、凋落物量和土壤水分等是导致土壤有机碳空间差异的主要因素(Lu et al.,2015)。在区域尺度上,降雨格局、土地利用历史与管理方式和生物气候区系归属成为大尺度生态系统固碳空间分异与时间变化的主要影响因素(Feng et al.,2013)。

水资源的时空分异规律、水分运动及转化以及水土流失过程也是我国生态恢复研究中关注的重要方面。在实际评价中,从不同尺度上开展了生态恢复对水文过程的影响(傅伯杰,2010)。在样点尺度上,通过微型小区、径流小区以及人工模拟降雨试验等定点监测生态恢复过程中植被的截留、蒸腾、土壤蒸发、地表径流等的动态变化,并通过模型模拟、同位素示踪技术等手段研究水分运移的过程与机理(黄明斌等,2000)。在坡面尺度上,采用野外监测结合模型模拟和景观格局指数分析的方法研究坡面土壤水分和径流的变化(申震洲等,2006)。在流域和区域尺度上,主要通过遥感技术、模型模拟并结合水文监测资料,揭示水资源变化的机理,例如,Wang 等(2016)利用黄河流域 50 多年来的径流泥沙资料对黄河泥沙减少进行了归因分析。研究发现,20 世纪 70—90 年代,坝库和梯田等工程措施是黄河泥沙减少的主要因素(占 54%);2000—2010 年,植被覆盖的增加则是土壤保持效益的主要贡献者(占 57%)。这就从机理上解释了黄河泥沙减少的原因,为退耕还林还草政策的进一步实施提供了重要的决策参考。

在土壤侵蚀方面,从微型小区、坡面小区、小流域、流域尺度分别对不同恢复模式(弃耕或栽植)或植被配置模式的土壤保持过程和机理进行研究(傅伯杰,2010)。结果表明,随着恢复时间的增长,不同恢复模式下的植被发展了不同的演替模式和植被格局,不同植被覆盖格局在降雨—径流—侵蚀过程作用下表现出不同的土壤保持效应。有研究通过植物形态学和力学方面的功能性状,计算出植物性状的群落加权平均值和功能多样性指标,分析这些功能指标与土壤侵蚀之间的关系,发现群落的功能多样性显著影响土壤侵蚀速率。因此,可以通过把群落功能多样性整合到当前的植被恢复框架中,进一步改善当前的生态恢复策略(Zhu et al.,2015)。

④ 生态系统恢复技术和规划

对于退化的陆地生态系统,植被恢复是生态系统恢复的首要方式,包括自然恢复和人工恢复两种主要的模式。其中,自然恢复所需的时间比较长,而且在某些条件下,如自然更新的种源不足等,会有自然恢复难以成功的风险。因此,人工恢复是必不可少的,也是相对快速和有时效的恢复方式。但是,越来越多的研究证明,人工恢复应尽量选择本地物种,并确定适宜的建设规模,才能获得生态系统功能的恢复。大规模地种植外来物种可能会给本地植被和土壤条件带来负面影响。具体技术有物种选育和培植技术、物种引入技术、物种保护技术、种群扩增及动态调控技术、种群行为控制技术、群落演替控制与重建技术、群落结构优化配置与组建技术等。对于退化湿地的恢复,一般按照保护生物学的原理划定核心区、缓冲区和试验区三个大区域,并在核心区和缓冲区内进一步采取自然恢复、人工栽植等措施恢复湿地植被,逐步形成湖滨景观(沈守云等,2009)。而对于采矿迹地和垃圾填埋场等含有毒有害物质的退化生态系统,还需要采用毒性处理和污染治理技术,包括物理、生物和化学技术,并针对具体情况选择植被的自然演替恢复还是人工干预,促进植被演替的进程来实现生态系统的整体恢复(图 1.4)。

(a)

(b)

图1.4　(a)面源污染治理的生态浮床技术 © CERN 常熟站;(b)植被建设技术模式和新型飞播植被技术与模式 © CERN 沙坡头站

生态恢复规划与城市规划、乡村景观规划以及基于水文过程的森林恢复规划相结合(余俏,2015),在实际中应用广泛。生态系统恢复规划往往是在较小的地域尺度开始实施,后来规模逐步扩大到区域或更大尺度。在我国,生态恢复工程通常是由林业、农业、水利、环保等不同部门提出并分别规划实施的,缺乏整体上的统筹规划,使得同一生态建设区的生态工程之间及不同生态建设区间的生态工程之间缺乏有机结合,严重削弱了生态工程建设的整体效益。未来的恢复规划要以自然恢复为主和人工恢复为辅、局地恢复与区域调控相结合、生态功能提升与区域经济发展相结合为原则开展国家尺度上的宏观整体性规划,综合考虑生态系统服务、生态功能区、主体功能区和区域的生态承载力,制定分区调控、主导功能为导向、生态适宜和远近期协调的宏观规划方案(杨兆平等,2016)。目前,区域和全国尺度的生态恢复规划仍处在理论阶段,还需要进一步开展工作,促进规划方案的落地。

## 1.4　生态系统保护与管理

生态系统管理(ecosystem management)的概念最早是在20世纪60年代提出的,人们开始以生态的、系统的、平衡的视角来思考资源与环境问题。1988年,Agee和Johnson《公园和野生地的生态系统管理》一书出版,标志着生态系统管理学的诞生。进入20世纪90年代后,生态系统管理受到科学界和大众越来越多的关注,成为研究不同尺度生态环境问题的基础理论之一。作为对全球规模的生态、环境和资源危机的一种响应,生态系统管理是生态学、环境学和资源科学的复合领域和新型交叉学科,具有丰富的科学内涵和迫切的社会需求(于贵瑞,2001)。生态系统管理是指综合运用生态学、环境学、资源科学和系统工程学的理论和方法,包括物种和种间的共生竞争原理、物质循环和能量流动原理、生态阈值原理、结构功能与过程相协调的原则和动态最优化思想,在充分认识生态系统组成、结构与过程的基本关系和作用规律的基础上,实施生态系统的管理行动,获得生态系统服务的优化组合和可持续性(于贵瑞,2001)。生态系统的保护、管理和经营都属于生态系统管理的具体行动。我国的生态系统管理经历了从局地物种保护到生态系统局地保护和管理，再到区域或全国生态系统宏观管理。在具体实践中，从自然保护区到中国生态系统研究网络建设，从生态功能区划到生态红线、生态系统红色名录和生态系统服务评估，我国生态系统保护和管理逐步朝着更加综合的方向发展。

### 1.4.1 以物种为目标的保护和管理——自然保护区

（1）自然保护区建设

一般而言，以物种保护为目标的生物多样性保护分为就地保护和迁地保护两种方式。生境的就地保护不仅保护了生境中的物种个体、种群、群落，还维持了生境内的物质和能量过程，保证了物种的正常发育与进化过程和生态学过程、种群生存能力和遗传变异度。因此，就地保护被认为是生物多样性保护最为有利和有效的保护办法（薛达元和蒋明康，1995）。就地保护的具体措施就是建立自然保护区，这已经在全世界得到普遍推广。自然保护区是保护生物多样性的国家战略基础，是保护生物多样性最直接、最有效的手段。我国是世界上生物多样性最丰富的国家之一，建立并管理好自然保护区，对我国乃至全球生物多样性的保护均具有非常重要的意义。中国自然保护区开始于1956年建立的广东鼎湖山自然保护区。1976年始，保护区数量和面积开始大幅度增加，其中以1980—1985年、1993—1995年、1999—2001年三个时期保护区面积增加尤为显著。截至2014年，我国自然保护区有2729个，总面积为147万 $km^2$，陆域部分约占国土面积的15%，成为全球规模最大的自然保护区体系（Xu et al.，2017）。然而，社会和经济的发展不可能允许保护区面积无限扩大，应该有一个上限，可以通过综合考虑保护区资金需求、保护区内的人口数量、保护的对象、各类土地适宜保护的面积等，寻求多方面的平衡，建立一套自然保护地分类系统，确定自然保护区的最小面积以及严格保护的区域（蒋志刚，2005）。当前，中国自然保护区事业正经历从“速度规模型”向“质量效益型”的转变，早期在“抢救性保护”方针指导下，建立了一部分自然保护区，开展强制性保护，发挥了重大作用，但是也有一部分存在着范围和功能分区不科学、不合理的情况。在保护优先的前提下，制定规范化细则，对这些保护区进行必要的调整。

（2）自然保护区的成效

中国自然保护区建设对生物多样性保护发挥了巨大的作用，当然在保护物种的同时也在一定程度上发挥了对生态系统的保护作用。在自然保护区的成效评估方面，目前已经开展了大量的工作，针对单个自然保护区、针对某一生态系统类型的自然保护区，以及在全国自然保护区整体分析方面都有研究。但是多数研究还是集中在单个的自然保护区评估，全国尺度的研究仍然缺乏。针对单个自然保护区的评价包括青藏高原自然保护区、三江源自然保护区、秦岭自然保护区的保护成效评估等（邵全琴等，2013；韦惠兰和杨凯凯，2013；张镱锂等，2015）；针对生态系统类型保护成效评价指标开发和应用的研究包括全国草地类自然保护区成效评估指标、荒漠类自然保护区保护成效评估（辛利娟等，2014；辛利娟等，2015）、湿地自然保护区的保护成效评估等（杨军等，2012）。

从全国来看，自然保护区内分布的自然植被类型、高等植物、国家重点保护野生植物和国家重点保护野生动物几类指标都占到我国分布总量的80%以上，在生物多样性保护中起到了重要作用（蒋明康等，2006）。但是，保护区涵盖的空间范围可能还存在一些问题。目前，60%以上的自然保护区面积主要分布在青藏高原地区，仍有一些生物多样性高或者含有特有物种的区域没有在保护区的范围内,存在生物多样性热点保护地的空缺(陈雅涵等,2009)。现有的自然保护区对不同类群栖息地的保护状况也有较大的差异,对哺乳动物及鸟类栖息地的保护关键区域覆盖比例较高,但对植物、两栖和爬行动物的栖息地覆盖比例较低。从自然保护区的生态系统格局变化来看,2000—2010 年,319 个国家级自然保护区生态系统格局基本保持稳定,但是表现出一定的地域不平衡性,森林、湿地面积增加明显,生态系统格局改善的保护区数量略多于退化的数量(张建亮等,2017)。另外,如果同时考虑对生态系统的保护成效,自然保护区空间布局和生态系统服务分布格局的匹配性相对更差,以水源涵养、土壤保持、防风固沙与碳固定等为主要服务功能的关键区域覆盖比例较低(Xu et al.,2017)。从管理的有效性方面来看,基于世界银行和世界自然基金会开发的管理有效性跟踪工具调查表,对我国 535 个自然保护区进行问卷调查的分析结果表明,我国自然保护区的管理体系与制度已经基本建立起来,重要的保护对象和保护价值基本得到了保护,但是存在资金不足、保护区的监测体系不健全、社区居民对保护区管理决策制定的参与度低等问题(权佳等,2009),这些问题也是提高保护区的有效性应该采取举措的方面。

### 1.4.2 以生态系统为目标的管理

以生物多样性保护为目的建立的自然保护区对各类生态系统的局部保护起到了积极的作用,但是保护区并不是广泛意义的生态系统保护措施和手段。生态系统管理有明确的目标驱动,即保持生态系统组分、结构和功能正常运行,从而由政策及实践而执行,并对生态过程进行监测和研究(周道玮等,2004)。在传统的林业、农业、草地的研究,生产和实践领域,各自都有相应的理论基础和实践原则,如林业系统的管理是以古典经济学和林学为理论依据、农业系统的管理是以传统农学为理论基础、草地资源管理是以传统生态学(如草原趋向气候顶级群落演替)为理论依据。但是这些管理的理念已经不能适应当今气候变化和人类活动多重压力下复杂生态系统的管理。传统的经营与管理模式必须要吸收现代生态学中生态系统管理的思想,进而实现合理和有效的生态系统保护、管理、经营和开发利用。以生态系统为目标的保护具有以下特点:生态系统既包含了物种本身又整合物种所处环境,同时生态系统能够提供与人类福祉息息相关的生态服务,与单一物种相比能更全面代表生物多样性,以生态系统为单位的保护其效率也明显高于以物种为目标的保护。

(1)森林生态系统管理

森林生态系统管理起源于传统林业资源管理和利用过程。传统的森林经营理论研究森林永续利用及其在技术上的实现,其核心理论是古典经济学和林学,把林地、森林当作资本,通过集约经营,提高森林的生长量,最终目的是林产品的生产。森林生态系统管理是从森林经理发展而来,但是更加强调生态系统的整体性,目的是维持森林生态系统的健康和活力,并注重景观效果,除了实现生产功能,还要兼顾多种其他的生态系统功能(杨学民和姜志林,2003)。森林生态系统管理是对传统林业经营的继承和发展。我国森林生态系统管理还处于起步阶段。在理论方面主要通过对比森林生态系统管理与传统森林经营的关系,取其精华,重新构建森林生态系统持续经营的技术体系与管理模式,尤其是在全球变化背景下森林生态系统的适应性管理策略(赵庆建和温作民,2009;叶功富等,2015),继续深入探索生态学、社会学和经济学对森林生态系统管理的综合研究理念(图 1.5)。在实践方面,主要发展管理的技术层面,如生态采伐技术和有害生物防治技术等(张真,2000;郑景明等,2002)。森林生态系统管理科学是 21 世纪林业科学的主线。

(a)

(b)

图 1.5 （a）“路—池—果”林水配套模式梭筛桃产业 © CERN 普定站；
（b）林下栽植大叶芹示范基地 © CERN 清原站

（2）农业生态系统管理

农业生态系统管理是农业生态学的核心思想之一，它是指基于生态系统的方法探讨农业景观及其生物多样性的管理策略。我国科学家对融合了生态系统管理思维的农业生态学管理有非常深入的认识。按照生物组织从低到高的层次，依次是综合作物管理、综合农田管理和综合农场管理。农业生态系统管理的这三大环节依靠三大类技术来实现：生态工程技术（如重建农业生态系统的生物多样性、修复土壤保水保肥功能、有害生物综合管理）、生物工程技术（如提供快捷有效的育种方法）和信息工程技术（借助现代微电子技术对生态系统各个层次信息的挖掘和应用等）（王松良，2012；王松良和 Caldwell，2013）。近年来，我国农业生态系统管理和研究实践发展迅速（图 1.6），主要关注的方面有农业非点源污染控制、土壤养分迁移转化与优化、杂草和外来物种入侵控制、农业水资源管理技术以及农业信息技术与管理系统开发等（唐小焱等，1999；龙庆华，2000；陈利顶和傅伯杰，2000b；孙平安等，2005；强胜等，2010）。信息工程技术被认为是实现农业生态系统可持续管理的首要手段，促进农业经济形式从“工业经济”向“知识经济”转化和提供全面、精确的信息资源。信息技术在当今以及未来农业生态系统管理中将发挥越来越重要的作用（王松良，2005）。

图 1.6 高效农业示范 QQ 农场 © CERN 安塞站

（3）草地生态系统管理

我国在草地生态系统科学研究和管理方面开展了大量的工作，然而草地生态系统退化形势依然严峻，其问题的症结还是在于对草地资源的管理失当。程序曾经指出：“从研究方面看，尽管也有了几十年艰苦工作，取得大量宝贵的基础性资料和显著进展。但最大的缺陷是缺乏学科间综合与合成”（杨理和杨持，2004）。传统的草地管理理论一直将草原趋向气候顶级群落演替为理论基础，并由此努力让草原保持在理论气候顶级群落的稳定和平衡状态。现在的认识已经改变，草地管理的目的并不是为了使群落向着可预测的顶级演替，草地生态系统是一个进化的、动态变化的、随时面临着环境胁迫的多平衡系统，我们的管理与决策必须根据可持续发展理论进行草地生态系统的管理。可持续力应当是自然资源管理的目标，设定科学目标是生态系统管理的第一要务（周道玮等，2004）。近年来，在可持续理论框架下，学者对我国草地可持续利用管理和实践模式开展了一些有益的探讨，如适度放牧、火烧和受损管理等（陈秋红和周尧治，2008；汪诗平，2013；覃照素等，2016）。对于早些年提出的草地管理原则，如持续生产与生态生产力原则、顶级群落与前顶级群落相结合原则、系统耦合原则、克服系统相悖原则、景观－草地资源开发匹配原则（任继周，2004）也仍然值得我们认真思考，并在新的研究中继续实践和突破。

（4）湿地生态系统管理

湿地作为一类特殊的生态系统，对生物多样性保护和人类生产生活发挥着重要的作用。中国在湿地方面的研究始于 20 世纪 50 年代。早有学者提出，对于湿地生态系统的管理，要本着开发利用与自然保护相结合的原则。在必须开发的地区，如沿海滩涂和平原湖区，采用湿地符合人工生态系统工程的方法，合理规划和利用；对于生物多样性价值较高或者目前已经开发过度的湿地必须实施严格的保护措施（陆健健，1988）。然而在现实中，我国湿地保护基本上承袭传统自然保护区在行政上自上而下的单一管理模式，使得湿地保护区存在种种弊端，在开发利用方面往往是过度开发。把生态系统管理的理念尤其是态系统健康和生态安全等理念纳入湿地管理对先前的湿地保护和管理模式是非常有益的补充（图 1.7）。更为重要的是，由于湿地生态系统特有的水陆交错以及水体的流动性等特征，可以以流域为单元，从流域管理的角度，制定流域共管的政策。另外，湿地的监测和信息平台建设也是湿地管理需要加强的方面（温荣伟等，2016；高宇等，2017）。

图 1.7　“湖泊生境改善技术核心示范区”© CERN 东湖站洱海研究基地

### 1.4.3 宏观生态系统管理

除了上述针对生物多样性和特定目标生态系统的保护和管理，在区域和国家层面需要对生物多样性和生态系统保护做出整体和宏观的保护和管理规划。我国在宏观生态系统管理方面做出了一系列探索性的工作，取得了大量开创性成果，主要包括构建中国生态系统研究网络、生态区划、生态保护红线、生态系统红色名录，以及生态系统服务评估等。

（1）中国生态系统研究网络

1988年，中国科学院创建了中国生态系统研究网络（Chinese Ecosystem Research Network，CERN），开始观测各类生态系统的变化，研究生态系统变化的规律（Fu et al.，2010）。该网络具有充分的生态类型多样性和区域代表性，创建了国家尺度和国家层面的生态系统监测体系与数据共享系统，成功实现了网络化、标准化、规范化和制度化运行，成为世界上有重要影响的国家级生态系统研究网络。我国自然环境复杂多样，形成了许多颇具区域特色的生态地理单元，如西北荒漠区、黄土高原、西南喀斯特区、内陆河流域、农牧交错带等。CERN承担了解生态系统变化状况、认识生态系统变化规律、开发生态保护和环境治理新技术、集成区域生态环境管理优化模式等重大科技任务，对我国主要生态功能区生态系统动态变化的长期监测、对生态系统变化特征和变化机理的深入理解是进行生态区划的科学基础（于贵瑞和于秀波，2013）。开展CERN全国联网研究为区域和国家尺度生态系统变化研究与管理提供了珍贵的一手数据，为揭示全国生态系统大尺度格局与规律以及整体保护与规划奠定了重要科学基础。CERN生态学研究的六大领域包括生态系统结构，功能变化与生物多样性，全球变化生态学的联网观测与试验，生态系统恢复的机理与关键技术，生态系统评估与优化管理，典型地区生态系统退化与治理和生态信息技术与集成。

近年来，CERN的科学研究成果主要集中在中国区域生态环境变化、中国陆地生态系统碳水循环和收支的时空格局、生态系统结构与功能、生态系统过程与格局、生态系统恢复与管理、生态信息技术与数据共享等领域。CERN对国家自然生态系统保护与生态建设做出的突出科技贡献包括以下四个方面（于贵瑞和于秀波，2013）。

① 创建国家尺度的生态系统研究网络平台

CERN是根据生态系统的地带性原理、整体性原理和应用性原理而系统设计建设，具有空间布局合理性、生态系统类型多样性和区域代表性，强调动态观测、科学研究和试验示范“三位一体”，实现了水、土、气、生等多要素长期动态监测。CERN的创建是在我国资源环境科学领域的野外台站体系和基地建设中具有里程碑式意义的重大科学工程，引领了我国生态系统科学的发展。

② 建立国家层面的生态系统监测体系与数据共享系统

CERN野外台站为基础平台，建成了一个涵盖全国主要区域的国家尺度监测体系；制订了我国第一套生态系统监测指标体系及其技术规范，观测指标达280多个；建成了由42个综合观测试验场、113个对比观测试验场、1100多个定位监测点、15000多个调查样地组成的国家层次观测试验系统，涵盖了全国的主要生态系统类型与关键区域。其中，生态系统定位观测数据包括56个生态系统类型和365个专题科学数据集。CERN还建立了数据资源管理、质量控制和集成分析技术系统，构造了“观测数据—分析工具—模拟模型”协同共享信息系统，建成了“生态站—分中心—综合中心”三级数据质量控制管理和共享服务体系,促进了我国生态数据共享和生态信息综合分析的能力。

③ 开展生态系统变化机理研究

CERN先后开展了生态系统结构和功能、碳水通量观测、气候变化适应性试验、生物多样性监测、农田养分和水分平衡、高产高效生态农业理论和技术等方面的专项科学观测与试验研究,深入研究我国应对气候变化、生物多样性保护、农业持续高产、生态系统恢复等方面重大理论和技术问题,尤其是在农业发展中的重要生态系统过程与演变规律、气候变化与生态系统的响应和适应性、生物多样性保育与生态系统稳定性、脆弱生态系统演变与退化等方面取得了重大进展,发展了我国生态系统科学研究的方法论和理论。

④ 生态系统优化管理示范

CERN还系统研发了现代高效生态农业、草地保护利用、生态恢复、退化湖泊治理等生态系统管理模式,为生态建设和农业生产做出了重要贡献,为自然生态保护、生态恢复、现代农业生产等生态文明建设提供了科技支撑。其中,具有代表性的试验示范成果包括四个方面:① 在东北黑土区、黄淮海平原、长江中下游等粮食主产区,研发了土壤生产力—生态效益“双赢模式”和“四节一网模式”等资源节约型高效农业技术模式;② 在内蒙古和青藏高原牧区,研发了人工草地混播建植、生物网格治沙、退化草地保护+治理+利用“三分模式”、天然草地利用+封育“二分模式”、家畜饲养放牧+圈养“两段模式”和草地资源置换模式等关键技术;③ 在生态脆弱和退化区域,研发了黄土高原与红壤丘陵水土流失治理、西北土地沙化治理与植被建设模式,塔里木盆地利用洪水恢复柽柳植被的试验示范;④ 在富营养化湖泊治理过程中,改变传统的直接恢复水生植物的湖泊治理方式,提出以植物生境改善为主攻方向的太湖治理模式,综合利用改善光照、消除风浪、控制蓝藻与调整鱼类种群等生态技术,治理效果明显。

(2)生态区划

我国近代自然区划工作始于20世纪20年代。1931年,竺可桢发表的《中国气候区域论》标志着我国近代自然区划的开始。20世纪40年代初,黄秉维先生发表的《中国之植物区域》首次对全国的植被进行划分。1954年,林超等拟定了全国综合地理区划,按地形构造、气候和地形将全国分为31个地区和105个亚地区,基本上反映了全国的自然地理面貌。1956年,罗开富主编的《中国自然地理区划草案》考虑地形、气候、景观(即植被和土壤)特征,将全国分为7个区和23个副区。1956年,中国科学院成立了自然区划工作委员会,全面开展了自然区划的工作。该次区划综合考虑了地貌、气候、水文、潜水、土壤、植被、动物和昆虫八个部分,内容之广、规模之大,为历次之最。在此基础上,黄秉维先生主持中国综合自然区划,进行全面汇总,于1959年正式出版了《中国综合自然区划(初稿)》。在后来的几十年中,任美锷和杨纫章、侯学煜、赵松乔以及黄秉维先生本人,对以往的区划方案又先后提出了不同的见解和规划思路。1984年,全国农业区划委员会提出了《中国自然区划概要》。此后,其他部门和单项区划工作也得到大力开展,出版了一系列论著,包括《中国植被》《中国土壤》和《中国自然地理》等。这些区划主要依据客观自然地理的分异规律,但在针对人类对自然的改造和利用方面考虑不够。

在自然生态区域相似性和差异性规律认识的基础上,纳入人类活动对生态系统干扰的规律,傅伯杰(2001)进行整合和分区,开展了中国综合生态区划。通过综合考虑区域生态系统格局、生态环境敏感性与生态系统功能空间变化规律和人类活动对生态环境的胁迫等要素的特点和规律，建立了我国生态区划的新的原则、方法和植被体系。采用自上而下逐级划分、专家集成与模型定量相结合的方法，将全国分为3个大生态区、13个二级区和57个三级区。傅伯杰等（2013a）出版的《中国生态区划研究》等系列专著，为研究生态因子的空间分异和承载力、生态资产的空间分布，揭示区域生态环境问题的形成机理和提出综合整治对策提供了依据，为我国生态红线的制定、保护区规划提供了重要的科学参考。2014年，以《全国生态环境十年变化（2000—2010年）调查评估报告》为基础，进一步完善了全国生态功能区划方案，修订重要生态功能区的布局。最新的区划方案强调生态系统服务的重要性，根据各生态功能区对区域生态安全的重要性，以水源涵养、生物多样性保护、土壤保护、防风固沙和洪水调蓄五类主导生态调节功能为基础，确定了我国63个重要生态系统服务功能区，包括三大类、9个类型和242个生态功能区。该区划明确了全国不同区域的生态系统类型与格局、生态问题、生态敏感性和生态系统服务类型及其空间分布特征，明确了各类生态功能区的主导生态系统服务功能以及生态保护目标，划定了对国家和区域生态安全起关键作用的重要生态功能区域。

（3）生态保护红线

生态保护红线是为维护国家或区域生态安全和可持续发展，根据生态系统完整性和连通性的保护需求，划定的需实施特殊保护的区域，是保障生态服务持续供给必须严格保护的最小空间范围（饶胜等，2012；郑华和欧阳志云，2014）。生态保护红线是中国在环境保护上的又一项措施，红线划定的空间范围是区域生态功能最重要、生态脆弱性和敏感性最高的地区，这对于维护生态完整性和生态服务的可持续性，解决生态环境退化和资源枯竭等方面有重要意义。生态红线是我国生态环境保护的制度创新，是一个综合管理体系。生态保护红线可以由空间红线、面积红线和管理红线三条红线共同构成，三条红线反映出生态系统从格局到结构再到功能保护的全过程管理（饶胜等，2012）。国家生态环境部、水利部、自然资源部、国家林业和草原局等国家部门和地方政府均开展了大量研究和实践。如生态环境部提出的以生态功能红线、环境质量红线和资源利用红线为核心的国家生态保护红线体系；水利部提出的水资源开发利用控制红线、用水效率控制红线和水功能区限制纳污红线；自然资源部提出的海洋生态红线和地方政府制定的各类生态红线；国家林业和草原局提出的林地和森林、湿地、荒漠植被、物种生态红线；研究者在生态红线的理论、技术和实践方面已经开展了大量的探索工作。例如，许妍等（2013）结合渤海的生态环境特征，从生态功能重要性、生态敏感性和环境灾害危险性三方面进行分析，将渤海划分为红线区、黄线区和绿线区。喻本德等（2014）以广东大鹏半岛为例，研究了生态保护红线的分类分级管理模式，提出基本生态控制线内差别化管理的思路。虽然国家生态环境部确定了生态保护红线的划定方法，但仍面临着很多技术难点，如国家红线与地方红线如何匹配等，需要在今后的工作中继续发展和完善（林勇等，2016；王丽霞等，2017）。

（4）生态系统红色名录

作为世界上生态系统类型最丰富的国家之一，我国面临着许多生态系统不断退化的现状。近年来，我国政府越来越重视生态系统生物多样性的保护，提出要尽快开展生态系统定期评估。世界自然保护联盟（International Union for Conservation of Nature，IUCN）不断更新并发布的全球物种红色名录被广泛采用，成为生物多样性保护的重要方法。物种红色名录可以指示生物多样性受威胁的程度，但是需要有生态系统受威胁程度的评估予以补充。1996年，IUCN提出生态系统红色名录，目的是评估生态系统受威胁的状况，在局地、区域和全球尺度上确定生态系统的受威胁等级，确立需要优先保护的生态系统。生态系统红色名录是对生物多样性在生态系统层面进行评估的一种新的方法。在我国科学家和国家生态环境部等部门的积极推动下，这一方法在国内得到了推广和应用（马克平，2017）。中国生态系统红色名录项目于2016年5月由原国家环境保护部（现称国家生态环境部）正式启动，主要分为森林、草地（荒漠）和湿地生态系统3个部分。目前，已经取得了一定的进展，如对辽河三角洲滨海芦苇湿地、草地、翅碱蓬盐化草甸和丘陵灌丛4类生态系统的受威胁等级进行了评估，确立了这4类生态系统分别处于濒危、极危、濒危和易危等级，为保护行动优先级的确定提供了科学依据（陈国科和马克平，2012）。未来的研究应积极探索适用于各类生态系统的统一分类体系，逐步实现生态系统红色名录、物种红色名录、保护地和生物多样性关键地区等数据库的整合（朱超等，2015）。

（5）生态系统服务评估

生态系统服务是目前国际上生态学和环境管理研究的一个热点。联合国启动了生物多样性和生态系统服务政府间科学政策平台（IPBES），旨在对全球生物多样性和生态系统服务进行评估。生态系统服务评估是生态系统保护和管理的基础（戴君虎等，2012）。由于国土面积和各类生态红线的限定，无法从覆被面积上来拓展生态系统服务的量，生态系统管理的目标必须尽快从以增加面积为主转向以提高单位面积生态系统服务质量为主来进行战略转变。提升生态系统服务的能力成为我国生态系统管理的必由之路（傅伯杰，2013b）。生态系统服务研究为生态系统管理提供了新的思路，如生态系统服务的权衡关系、生态系统服务空间格局（Ouyang et al.，2016）、服务热点区识别、生态系统服务的供需关系与实现途径、生态系统服务的模拟与预测、生态系统服务价值化与生态补偿等（郑华等，2013；Wei et al.，2017a；Wei et al.，2017b）。这些研究主题从生态系统服务功能度量、生态系统服务功能与人类福祉的关系、多种生态系统服务功能权衡、生态系统服务功能保护规划，以及基于生态系统服务功能的生态补偿机制等方面开展具体的研究，大大丰富了生态系统管理的理论。目前，生态系统服务评估仍处在初步发展阶段，主要集中在生态系统服务供给的时空格局，未来需要在供需关系、权衡分析，以及生态系统服务对人类福祉贡献等方面进一步深化和发展。

## 1.5 研究展望

中国生态系统分类体系是在植被分类的基础上建立起来的，具有坚实的理论基础。随着遥感技术的飞速发展，以遥感数据为基础的生态系统分类已经获得了一些非常有价值的研究结果。通过土地覆盖类型与气候、地形等生物地理参量，以及生态系统特征等信息的综合分析，可以形成不同于土地分类系统的、新的生态系统分类体系。充分发挥遥感技术的高分辨率、多时相等优势，结合传统的生态系统分类方法，将有助于获取更为准确的生态系统分类结果，从而更好地满足生态系统评估与规划等实际需要。

生态系统干扰研究需要从更大的时空尺度开展，坚持长期性的试验与观测，结合模型模拟，进行不同研究区域的对比研究和跨尺度集成，深入认识干扰对生态系统过程影响的机理，对现有的干扰生态学理论进行实证研究，并开拓新的理论方法。我国恢复生态学研究在国际学术界产生了一定的影响，但是对恢复实践中出现的新方法、新技术和新问题还应从理论上加以总结和提高，进一步发展生态恢复的理论体系，完善生态恢复评估框架，结合当前的热点问题发展多要素多尺度耦合研究，并尽快对我国的生态恢复工程的成效进行全国尺度的系统性、动态性和整体性评估。

在生态系统管理的微观层面，应继续发展生态系统管理理论，从传统自然资源保护和管理的方法中汲取营养，把现代生态学理论和生态系统管理方法，通过生物工程、生态工程和信息工程等技术在实践中加以应用。在生态系统管理的宏观层面，应进一步优化保护区格局，补充完善现有的国家自然保护区体系。把 CERN 台站的观测与研究范式、生态区划、生态保护红线划定、生态系统红色名录和生态系统服务评估等多层面的生态系统管理理论与实践进行综合统筹，建立国家生态系统宏观管理体系，通过自下而上和自上而下两种途径开展理论与实践研究，提升生态系统保护与管理的理论水平与实际成效。

# 参 考 文 献


安慧 . 2012. 放牧干扰对荒漠草原植物叶性状及其相互关系的影响 . 应用生态学报，23(11)：2991–2996.

陈国科，马克平 . 2012. 生态系统受威胁等级的评估标准和方法 . 生物多样性，20(1)：66–75.

陈利顶，傅伯杰 . 2000a. 干扰的类型、特征及其生态学意义 . 生态学报，20(4)：581–586.

陈利顶，傅伯杰 . 2000b. 农田生态系统管理与非点源污染控制 . 环境科学，1(2)：98–100 .

陈灵芝 . 1993. 中国的生物多样性：现状及其保护对策 . 北京：科学出版社 .

陈灵芝 . 2014. 中国植物区系与植被地理 . 北京：科学出版社 .

陈秋红，周尧治 . 2008. 草地管理理论与实践发展研究 . 安徽农业科学，36(35)：15761–15764.

陈雅涵，唐志尧，方精云 . 2009. 中国自然保护区分布现状及合理布局的探讨 . 生物多样性，17(6)：664–674.

陈宜瑜，Jessel B，傅伯杰 . 2010. 中国生态系统服务与管理战略，北京：中国环境科学出版社 .

戴君虎，王焕炯，王红丽，等 . 2012. 生态系统服务价值评估理论框架与生态补偿实践 . 地理科学进展，31(7)：963–969.

丁婧祎，赵文武 . 2014. 生态恢复评价研究进展与展望：第 5 届国际生态恢复学会大会会议述评 . 应用生态学报，25(09)：2716–2722. .

丁一汇 . 2013. 中国气候 . 北京：科学出版社 .

樊正球，陈鹭真，李振基 . 2001. 人为干扰对生物多样性的影响 . 中国生态农业学报，9(2)：35–38.

冯剑丰，王洪礼，朱琳 . 2009. 生态系统多稳态研究进展 . 生态环境学，18(4)：1553–1559.

傅伯杰 . 2001. 中国生态区划方案 . 生态学报，21(1)：1–6.

傅伯杰 . 2010. 我国生态系统研究的发展趋势与优先领域 . 地理研究，29(3)：383–396.

傅伯杰 . 2013a. 中国生态区划研究 . 北京：科学出版社 .

傅伯杰 . 2013b. 生态系统服务与生态系统管理 . 中国科技奖励，7：6–8.

高吉喜，杨兆平 . 2015. 生态功能恢复：中国生态恢复的目标与方向 . 生态与农村环境学报，31(1)：1–6.

高宇，章龙珍，张婷婷，等 . 2017. 长江口湿地保护与管理现状、存在的问题及解决的途径 . 湿地科学，15(2)：302–308.

韩大勇，杨永兴，杨杨，等 . 2011. 放牧干扰下若尔盖高原沼泽湿地植被种类组成及演替模式 . 生态学报，31(20)：5946–5955.

韩路，王海珍，陈加利，等 . 2011. 塔里木荒漠河岸林干扰状况与林隙特征 . 生态学报，31(16)：4699–4708.

胡海清，魏书精，孙龙，等 . 2013. 气候变化、火干扰与生态系统碳循环 . 干旱区地理，36(1)：57–75.

黄明斌,邵明安,李玉山 . 2000. 一个改进的随机动力学水平衡模型及其应用研究Ⅰ . 模型 . 水利学报,31(6):20–26.
蒋明康,王智,秦卫华,等 . 2006. 我国自然保护区内国家重点保护物种保护成效评价 . 生态与农村环境学报,22(4): 35–38.
蒋志刚,等 . 2015. 中国哺乳动物多样性及地理分布 . 北京:科学出版社 .
蒋志刚 . 2005. 论中国自然保护区的面积上限 . 生态学报,25(5): 1205–1212.
焦北辰 . 1984. 中国自然地理图集 . 北京:地图出版社 .
焦菊英,王宁,杜华栋,等 . 2012. 土壤侵蚀对植被发育演替的干扰与植物的抗侵蚀特性研究进展 . 草业学报,21(5): 311–318.
李俊清,崔国发 . 2000. 西北地区天然林保护与退化生态系统恢复理论思考 . 北京林业大学学报,(4): 1–7.
李玉照,刘永,赵磊,等 . 2013. 浅水湖泊生态系统稳态转换的阈值判定方法 . 生态学报,33(11): 3280–3290.
李振基,刘初钿,杨志伟,等 . 2000. 武夷山自然保护区郁闭稳定甜槠林与人为干扰甜槠林物种多样性比较 . 植物生态学报,24(1): 64–68.
梁发超,刘黎明 . 2011. 景观格局的人类干扰强度定量分析与生态功能区优化初探——以福建省闽清县为例 . 资源科学,33(6): 1138–1144.
梁军,孙志强,乔杰,等 . 2010. 天然林生态系统稳定性与病虫害干扰——调控与被调控 . 生态学报,30(9):2454–2464.
林勇,樊景凤,温泉,等 . 2016. 生态红线划分的理论和技术 . 生态学报,36(5): 1244–1252.
刘慧明,刘晓曼,李静,等 . 2016. 生物多样性保护优先区人类干扰遥感监测与评价方法 . 地球信息科学学报,18(8): 1103–1109.
刘云珠,史林鹭,朵海瑞,等 . 2013. 人为干扰下西洞庭湖湿地景观格局变化及冬季水鸟的响应 . 生物多样性,21(6): 666–676.
龙庆华 . 2000. 农业生态环境计算机自动监控与管理系统 . 自动化与仪器仪表,(6): 14–16.
陆健健 . 1988. 湿地与湿地生态系统的管理对策 . 农村生态环境,4(2): 39–42.
陆昕,胡海清,孙龙,等 . 2014. 火干扰对森林生态系统土壤有机碳影响研究进展 . 土壤通报,45(3): 760–768.
罗菊春,王庆锁,牟长城,等 . 1997. 干扰对天然红松林植物多样性的影响 . 林业科学,33(6): 498–503.
罗献宝,梁瑞标,王亚欣,等 . 2014. 林隙干扰对温带成熟林表层土壤活性碳氮库的影响 . 广东农业科学,41(11):59–65.
马克平 . 2017. 生态系统红色名录:进展与挑战 . 生物多样性,25(5): 451–452.
牛钰杰,杨思维,王贵珍,等 . 2017. 放牧干扰下高寒草甸植物功能群组成的时空变化——以甘肃省天祝县为例 . 草原与草坪,37(3): 29–35.
彭少麟 . 1996. 恢复生态学与植被重建 . 生态科学,(2): 28–33.
强胜,陈国奇,李保平,等 . 2010. 中国农业生态系统外来种入侵及其管理现状 . 生物多样性,18(6): 647–659.
邱扬,李湛东,徐化成 . 1997. 兴安落叶松种群的稳定性与火干扰关系的研究 . 植物研究,17(4): 89–94.
权佳,欧阳志云,徐卫华,等 . 2009. 中国自然保护区管理有效性的现状评价与对策 . 应用生态学报,20(7):1739–1746.
饶胜,张强,牟雪洁 . 2012. 划定生态红线创新生态系统管理 . 环境经济,(6): 57–60.
任海 . 2005. 喀斯特山地生态系统石漠化过程及其恢复研究综述 . 热带地理,25(3): 195–200.
任继周 . 2004. 草地资源管理的原则札记 . 中国畜牧兽医,31(1): 3–5.
任美锷 . 1985. 自然地理纲要 . 北京:商务印书馆 .
邵全琴,刘纪远,黄麟,等 . 2013. 2005—2009 年三江源自然保护区生态保护和建设工程生态成效综合评估 . 地理研究,32(9): 1645–1656.

申震洲，刘普灵，谢永生，等 . 2006. 不同下垫面径流小区土壤水蚀特征试验研究 . 水土保持通报，26(3)：6-9.
沈守云，曾华浩，王薇薇 . 2009. 国际重点湿地——湖北洪湖湿地生态恢复规划探索 . 中国园林，25(2)：46-50.
沈泽昊，李道兴，王功芳 . 2001. 三峡大老岭山地常绿落叶阔叶混交林林隙干扰研究 Ⅰ . 林隙基本特征 . 植物生态学报，25(3)：276-282.
舒立福，田晓瑞，吴鹏超，等 . 1999. 火干扰对森林水文的影响 . 土壤侵蚀与水土保持学报，(S1)：82-85.
宋永昌 . 2013. 中国常绿阔叶林：分类、生态、保育 . 北京：科学出版社 .
孙鸿烈 . 2005. 中国生态系统 . 北京：科学出版社 .
孙平安，林年丰，汤洁，等 . 2005. 农业生态环境信息管理系统的开发与应用 . 计算机工程与应用，41(14)：193-198.
覃照素，黄远林，李祥妹 . 2016. 基于牧户行为的草地管理模式——以西藏自治区为例 . 草业科学，33(2)：313-321.
唐小焱，任海，张征，等 . 1999. 中国农业生态系统的生物量与生产力数据库及其管理系统的研建 . 生态科学，18(1)：64-66.
汪诗平 . 2013. 草地生态系统可持续利用和管理亟待突破传统理念和机制 . 农村经济，(4)：83-86.
王根绪，姚进忠，郭正刚，等 . 2004. 人类工程活动影响下冻土生态系统的变化及其对铁路建设的启示 . 科学通报，49(15)：1556-1564.
王俊，杨新军，刘文兆 . 2010. 半干旱区社会——生态系统干旱恢复力的定量化研究 . 地理科学进展，29(11)：1385-1390.
王丽霞，邹长新，王燕，等 . 2017. 基于 GIS 识别生态保护红线边界的方法——以北京市昌平区为例 . 生态学报，37(18)：6176-6185.
王松良，Claude D. Caldwell. 2013. 用生态学思维重构传统农学学科：以农业生态系统管理作为核心应用科目 . 中国生态农业学报，21(1)：39-46.
王松良 . 2005. 信息技术：走向农业生态系统的可持续管理 . 农业网络信息，(8)：4-7.
王松良 . 2012. 用生态学思维重构传统农学学科：生产生态学的角色 . 应用生态学报，23(8)：2031 - 2035.
王绪高，李秀珍，贺红士 . 2006. 大兴安岭森林景观在不同火干扰及人工更新下的演替动态 . 北京林业大学学报，(1)：14-22.
韦惠兰，杨凯凯 . 2013. 秦岭自然保护区保护成效评估 . 生态经济(学术)，(1)：374-379.
魏晓华 . 2010. 干扰生态学：一门必须重视的学科 . 江西农业大学学报，32(5)：1032-1039.
温璐，董世魁，朱磊，等 . 2011. 环境因子和干扰强度对高寒草甸植物多样性空间分异的影响 . 生态学报，31(7)：1844-1854.
温荣伟，王金坑，方婧，等 . 2016. 基于生态系统管理的滨海湿地保护与管理制度研究 . 环境与可持续发展，41(6)：48-51.
温远光，林建勇，朱宏光，等 . 2014. 南亚热带山地常绿阔叶林林隙及其自然干扰特征研究 . 广西科学，21(5)：447-453.
吴丹丹，蔡运龙 . 2009. 中国生态恢复效果评价研究综述 . 地理科学进展，28(4)：622-628.
吴庆贵，吴福忠，杨万勤，等 . 2013. 川西高山森林林隙特征及干扰状况 . 应用与环境生物学报，19(6)：922-928.
武高林，杜国祯 . 2007. 青藏高原退化高寒草地生态系统恢复和可持续发展探讨 . 自然杂志，29(3)：159-164.
奚为民，陶建平，李旭光 . 2009. 强风干扰对森林生态系统的复杂影响：研究进展和未来展望 . 中国科学技术协会、重庆市人民政府 . 自主创新与持续增长第十一届中国科协年会论文集(1). 中国科学技术协会、重庆市人民政府：20.
辛利娟，靳勇超，朱彦鹏，等 . 2015. 中国荒漠类自然保护区保护成效评估指标及其应用 . 中国沙漠，35(6)：1693-1699.

辛利娟,王伟,靳勇超,等 . 2014. 全国草地类自然保护区的成效评估指标 . 草业科学, 31( 1 ): 75–82.
熊毅,李庆逵 . 1987. 中国的土壤 . 北京: 科学出版社 .
徐化成,李湛东,邱扬 . 1997. 大兴安岭北部地区原始林火干扰历史研究 . 生态学报, 17( 4 ): 337–373.
许妍,梁斌,鲍晨光,等 . 2013. 渤海生态红线划定的指标体系与技术方法研究 . 海洋通报, 32( 4 ): 361–367.
薛达元,蒋明康 . 1995. 中国自然保护区对生物多样性保护的贡献 . 自然资源学报,( 3 ): 286–292.
杨军,张明祥,雷光春 . 2012.《中国国家级湿地自然保护区保护成效初步评估》中的偏差 . 科学通报,( 15 ): 1367–1370.
杨理,杨持 . 2004. 草地资源退化与生态系统管理 . 内蒙古大学学报( 自然科学版 ),( 2 ): 205–208.
杨学民,姜志林 . 2003. 森林生态系统管理及其与传统森林经营的关系 . 南京林业大学学报( 自然科学版 ), 27( 4 ): 91–94.
杨兆平,高吉喜,杨孟,等 . 2016. 区域生态恢复规划及其关键问题 . 生态学报, 36( 17 ): 5298–5306.
杨兆平,高吉喜,周可新,等 . 2013. 生态恢复评价的研究进展 . 生态学杂志, 32( 9 ): 2494–2501.
叶功富,尤龙辉,卢昌义,等 . 2015. 全球气候变化及森林生态系统的适应性管理 . 世界林业研究, 28( 1 ): 1–6.
尤联元,杨景春 . 2013. 中国地貌 . 北京: 科学出版社 .
于贵瑞,于秀波 . 2013. 中国生态系统研究网络与自然生态系统保护 . 中国科学院院刊,( 2 ): 275–283.
于贵瑞 . 2001. 略论生态系统管理的科学问题与发展方向 . 资源科学,( 6 ): 1–4.
余俏 . 2015. 基于流域生态水文过程的城市森林恢复性规划方法研究 . 中国风景园林学会 . 中国风景园林学会 2015 年会论文集 . 中国风景园林学会: 6.
余作岳,彭少麟 . 1996. 热带亚热带退化生态系统植被恢复生态学研究 . 广州: 广东科学技术出版社, 1–35.
喻本德,叶有华,郭微,等 . 2014. 生态保护红线分区建设模式研究——以广东大鹏半岛为例 . 生态环境学报 23( 6 ): 962–971.
袁帅,付和平,武晓东,等 . 2017. 基于结构方程模型分析荒漠啮齿动物优势种对不同放牧干扰的响应 . 生态学报, 37( 14 ): 4795–4806.
臧润国,徐化成,高文韬 . 1999. 红松阔叶林主要树种对林隙大小及其发育阶段更新反应规律的研究 . 林业科学, 35( 3 ): 4–11.
詹昭宁 . 1989. 中国森林立地分类 . 北京: 中国林业出版社 .
张继义,赵哈林 . 2011. 短期极端干旱事件干扰后退化沙质草地群落恢复力稳定性的测度与比较 . 生态学报, 31( 20 ): 6060–6071.
张建亮,钱者东,徐网谷,等 . 2017. 国家级自然保护区生态系统格局十年变化( 2000–2010 年 )评估 . 生态学报 37( 23 ): 8067–8076.
张亮,韩静艳,王道涵,等 . 2017. 草地生态系统土壤呼吸对放牧干扰的响应研究进展 . 生态科学, 36( 2 ): 201–207.
张荣祖 . 2011. 中国动物地理 . 北京: 科学出版社 .
张万里,李雷鸿 . 2000. 黑龙江省东部林区森林植物生物多样性与干扰的研究 . 东北林业大学学报, 28( 5 ): 77–82.
张镱锂,吴雪,祁威,等 . 2015. 青藏高原自然保护区特征与保护成效简析 . 资源科学, 37( 7 ): 1455–1464.
张真 . 2000. 森林生态系统管理与森林有害生物生态管理 . 世界林业研究,( 5 ): 13–18.
章家恩,徐琪 . 1999. 恢复生态学研究的一些基本问题探讨 . 应用生态学报, 10( 1 ): 109–113.
赵桂久,刘燕华,赵名茶 . 1995. 生态环境综合整治和恢复技术研究( 第二集 ). 北京: 北京科学技术出版社 .
赵凌美,张时煌,王辉民 . 2012. 基于生态服务功能评价方法的小流域生态恢复效果研究 . 生态经济( 中文版 ),( 2 ): 24–28.
赵庆建,温作民 . 2009. 森林生态系统适应性管理的理论概念框架与模型 . 林业资源管理,( 5 ): 34–38.

郑华,李屹峰,欧阳志云,等. 2013. 生态系统服务功能管理研究进展 . 生态学报, 33 ( 3 ): 0702–0710.

郑华,欧阳志云 . 2014. 生态红线的实践与思考 . 中国科学院院刊, 29 ( 4 ): 457–461.

郑景明,汪峰,罗东明 . 2002. 森林生态系统管理科学中的生态采伐技术研究进展 . 辽宁林业科技,( 3 ): 28–31.

周道玮,姜世成,王平 . 2004. 中国北方草地生态系统管理问题与对策 . 中国草地, 26 ( 1 ): 58–65.

周晓芳 . 2017. 从恢复力到社会 – 生态系统: 国外研究对我国地理学的启示 . 世界地理研究 . 26 ( 4 ): 156–167.

周以良 . 1997. 中国东北植被地理 . 北京: 科学出版社 .

朱超,方颖,周可新,等 . 2015. 生态系统红色名录——一种新的生物多样性保护工具 . 生态学报 35 ( 9 ): 2826–2836.

朱国栋,张洪丹,姚鸿云,等 . 2015. 内蒙古短花针茅荒漠草原主要植物和土壤 $\delta^{13}C$ 对放牧干扰的响应 . 草原与草业, 27 ( 4 ): 45–50.

朱鹤健 . 2013. 我国亚热带山地生态系统脆弱区生态恢复的战略思想——基于长汀水土保持 11 年研究成果 . 自然资源学报, 28 ( 9 ): 1498–1506.

朱良军,杨婧雯,朱辰,等 . 2015. 林隙干扰和升温对小兴安岭红松和臭冷杉径向生长的影响 . 生态学杂志, 34 ( 8 ): 2085–2095.

Bai Y, Wu J, Clark C M, et al. 2010. Tradeoffs and thresholds in the effects of nitrogen addition on biodiversity and ecosystem functioning: Evidence from Inner Mongolia grasslands. Global Change Biology, 16 ( 1 ): 358–372.

Cairns J. Jr., 1995, Restoration ecology. Encyclopedia of Environmental Biology, 3: 223–235.

Deng Q, Zhou G, Liu J, et al. 2009. Responses of soil respiration to elevated carbon dioxide and nitrogen addition in young subtropical forest ecosystems in china. Biogeosciences, 7 ( 1 ): 315–328.

Fan L, Ketzer B, Liu H, et al. 2011. Grazing effects on seasonal dynamics and interannual variabilities of spectral reflectance in semi–arid grassland in Inner Mongolia. Plant and Soil, 340 ( 1–2 ): 169–180.

Feng X, Fu B, Lu N, et al. 2013. How ecological restoration alters ecosystem services: An analysis of carbon sequestration in China's Loess Plateau. Scientific Reports, 3 ( 1 ): 2846–2846.

Feng X, Fu B, Piao S, et al. 2016. Revegetation in China's Loess Plateau is approaching sustainable water resource limits. Nature Climate Change, 6 ( 11 ): 1019–1022.

Fu B J, Li S G, Yu X B, et al. 2010. Chinese ecosystem research network: Progress and perspectives. Ecological Complexity, 7 ( 2 ), 225–233.

He N, Wang R, Gao Y, et al. 2013. Changes in the temperature sensitivity of som decomposition with grassland succession: Implications for soil C sequestration. Ecology and Evolution, 3 ( 15 ): 5045–5054.

He N, Zhang Y, Yu Q, et al. 2011. Grazing intensity impacts soil carbon and nitrogen storage of continental steppe. Ecosphere, 2 ( 1 ): 1–10.

Johnson E A, Miyanishi K. 2007. Plant Disturbance Ecology: The Process and the Response. USA: Elsevier.

Jorgensen S E, Fath B D. 2011. Ecological Modeling: Applications in Environmental Management and Research. UK: Oxford Press.

Li G, Sun S. 2011. Plant clipping may cause overestimation of soil respiration in a Tibetan alpine meadow, southwest China. Ecological Research, 26 ( 3 ): 497–504.

Lu F, Hu H, Sun W, et al. 2018. Effects of national ecological restoration projects on carbon sequestration in China from 2001 to 2010. PNAS, 115 ( 16 ): 4039–4044.

Lu N, Akujärvi A, Wu X, et al. 2015. Changes in soil carbon stock predicted by a process–based soil carbon model ( Yasso07 ) in the Yanhe Watershed of the Loess Plateau. Landscape Ecology, 30 ( 3 ): 399–413.

Lu Y, Fu B, Feng X, et al. 2012. A policy–driven large scale ecological restoration: Quantifying ecosystem services changes in the Loess Plateau of China. PLoS ONE, 7 ( 2 ): e31782. doi: 10.1371/journal.pone.0031782.

Luo C Y, Xu G P, Chao Z G, et al. 2010. Effect of warming and grazing on litter mass loss and temperature sensitivity of litter and dung mass loss on the Tibetan Plateau. Global Change Biology, 16(5): 1606–1617.

Maarel, Franklin. 2013. 植被生态学(第二版). 杨明玉,欧晓昆译 .2017. 北京:科学出版社 .

Niu S, Luo Y, Dejun L I, et al. 2014. Plant growth and mortality under climatic extremes: An overview. Environmental & Experimental Botany, 98(98): 13–19.

Niu S, Sherry R A, Zhou X, et al. 2013. Ecosystem carbon fluxes in response to warming and clipping in a tallgrass prairie. Ecosystems, 16(6): 948–961.

Ouyang Z, Zheng H, Xiao Y, et al. 2016. Improvements in ecosystem services from investments in natural capital. Science, 352(6292): 1455–1459.

Pickett S T A, White P S. 1987. The Ecology of Natural Disturbance and Patch Dynamics. Orlando: Academic Press.

Quan Q, He N, Zhen Z, et al. 2015. Nitrogen enrichment and grazing accelerate vegetation restoration in degraded grassland patches. Ecological Engineering, 75(75): 172–177.

Song M H, Yu F H, Ouyang H, et al. 2012. Different inter–annual responses to availability and form of nitrogen explain species coexistence in an alpine meadow community after release from grazing. Global Change Biology, 18(10): 3100–3111.

Tang S M, Franklin J F, Montgomery D R. 1997. Forest harvest patterns and landscape disturbance processes. Landscape Ecology, 12(6): 349–363.

Tansley A G. 1935. The use and abuse of vegetational concepts and terms. Ecology, 16(3): 284–307.

Wang S, Fu B, Piao S, et al. 2016. Reduced sediment transport in the Yellow River due to anthropogenic changes. Nature Geoscience, 9(1): 38–41.

Wang Y F, Cui X Y, Hao Y B, et al. 2011. The fluxes of $CO_2$ from grazed and fenced temperate steppe during two drought years on the Inner Mongolia Plateau, China. Science of the Total Environment, 410(411): 182–190.

Wei H, Fan W, Ding Z, et al. 2017a. Ecosystem services and ecological restoration in the northern Shaanxi Loess Plateau, China, in relation to climate fluctuation and investments in natural capital. Sustainability, 9(2): 1–20.

Wei H, Fan W, Wang X, et al. 2017b. Integrating supply and social demand in ecosystem services assessment: A review. Ecosystem services, 25: 15–27.

Xu W, Xiao Y, Zhang J, et al. 2017. Strengthening protected areas for biodiversity and ecosystem services in China. Proceedings of the National Academy of Sciences, 114(7): 1601–1606.

Zhang Y, Ding W, Luo J, et al. 2010. Changes in soil organic carbon dynamics in an Eastern Chinese coastal wetland following invasion by a $C_4$ plant spartina alterniflora. Soil Biology & Biochemistry, 42(10): 1712–1720.

Zhang Y, Loreau M, Lü X, et al. 2016. Nitrogen enrichment weakens ecosystem stability through decreased species asynchrony and population stability in a temperate grassland. Global Change Biology, 22(4): 1445–1455.

Zhang Y, Lü X, Isbell F, et al. 2014. Rapid plant species loss at high rates and at low frequency of N addition in temperate steppe. Global Change Biology, 20(11): 3520–3529.

Zheng S X, Ren H Y, Lan Z C, et al. 2010. Effects of grazing on leaf traits and ecosystem functioning in Inner Mongolia grasslands: Scaling from species to community. Biogeosciences, 7(3): 1117–1132.

Zhu H, Fu B, Shuai W, et al. 2015. Reducing soil erosion by improving community functional diversity in semi–arid grasslands. Journal of Applied Ecology, 52(4): 1063–1072.

# 第 2 章　中国土地覆被变化及驱动机制*

土地覆被是人类改变生态环境的一个缩影，关系着人类持续发展的福祉，是生态、地理及全球变化研究的基础。土地覆被（也常称“土地覆盖”）是一种地理特征，是陆地表面可被观察到的自然营造物和人工建筑物的综合体，是自然过程和人类活动共同作用的结果，既具有特定的时间和空间属性，也具有自然与社会属性，其形态和状态可在多种时空尺度上变化（吴炳方等，2017）。

土地覆被遥感监测取决于遥感对地物的监测能力，主要对地表覆盖物（包括已利用土地和未利用土地）进行解译和分类。通过遥感监测某一时刻地表土地覆被信息，实际上就是识别此刻地表土地覆被的类型信息，了解其空间分布状况，记录自然过程和人类活动改变地球表面特征的空间格局。对某一时段地表土地覆被信息的获取，目的是刻画地表土地覆被类型的变化，再现地球表面的时空变化过程。土地覆被的最主要组成部分是植被，但也包括土壤和陆地表面的水体。

土地覆被遥感发展了适用于遥感数据特点的分类系统以及基于遥感影像的解译分类方法，如人机交互半自动分类（监督分类、非监督分类）方法、分类树方法、人工智能神经元网络方法等，快速高效地进行大范围的土地覆被分类（赵英时，2002）。借助地理信息系统（GIS）有效整合土地覆被类型的各种属性特征，建立“土地覆被数据库”，为土地覆被与其他自然景观要素的联系以及各种遥感土地利用或覆被的应用软件系统提供数据基础。选择合适的时相、空间及光谱分布的遥感数据和变化检测方法进行土地利用变化分析，解释土地覆被的时空变化规律，建立科学预测土地覆盖变化的预测模型，对土地合理有效的利用提供指导；进行环境变化评价并建立决策支持模型，为国家宏观决策提供可靠、准确的支持（傅伯杰，2013）。

## 2.1　中国土地覆被的现状

我国地处中纬度热带、亚热带、温带地区，由于青藏高原的山体效应，使其具有寒带的气候特征，从而使得土地覆被类型更加丰富多样。与其他国家的土地覆被相比，我国的土地覆被具有类型与结构的独特性。人口众多、土地开发强度大、土地管理不规范，使土地覆被具有景观破碎化、连续性差的特点；山地多、平地少，地形起伏大，以及四季分明的季风气候影响过程，使土地覆被垂直与水平景观空间异质性增强；人类活动干扰与自然条件的胁迫，使土地覆被类型丰富而富有空间变化。在前期完成的“全国生态环境变化遥感监测”（1990—2000—2005—2010 年）的基础上，继续开展 2011—2015 年的监测，有助于全面、系统地反映我国土地覆被及生态系统质量时空格局及变化特点（吴炳方等，2014）。

---

* 本章作者为中国科学院空天信息创新研究院吴炳方、曾源、赵旦、曾红伟、高文文。

我国地域辽阔，地形复杂，覆盖多个气候区，土地覆被类型在不同区域、生态系统中也呈现出不同的结构和景观特征。地势东南低、西北高，北部和南部是呈东西走向的山脉，西北部是较完整的高原，东南部是南北走向的高山峡谷，山地、高原和丘陵约占陆地国土面积的2/3，盆地和平原约占陆地国土面积的1/3。季风影响显著，范围广阔，来自印度洋和太平洋的水汽进入，东南温暖湿润、西北寒冷干旱。东部沿海是主要农业基地、工业区，交通尤其海运便利，经济国际化程度高；中部地区位于中国腹地，担负承东启西的作用，能源和矿产资源丰富，是农业、林业、牧业产品的重要产区，有色金属和重工业发达；西部地区农业基础薄弱，交通落后，科技文化不发达，西北地区荒漠化严重，生态恶化。复杂多样的自然与社会条件决定了我国土地覆被类型的多样性，陆地上的主要土地覆被类型在中国均有分布，而空间差异特征决定了不同类型土地覆被分布不均匀的显著特征。其中，农田主要分布在湿润和半湿润平原、盆地及低山丘陵，北方以旱地为主，南方以水田为主；森林主要分布在东北、西南的深山区和边远地区及东南山地；草地主要分布在内陆干旱、半干旱高原、山地及青藏高原；而西北部气候干旱，植被稀少、裸地广泛分布；在有水分条件的平坦地区分布有绿洲，高山地区发育有现代冰川。

## 2.1.1 中国土地覆被分类系统

中国土地覆被（China land cover）分类系统包括6个一级类和40个二级类（表2.1）。一级类与联合国政府间气候变化专门委员会（IPCC）的土地覆被分类系统保持一致；二级类利用联合国世界粮食与农业组织（FAO）的土地覆被分类系统（LCCS）的分类指标确定土地覆被类型（吴炳方等，2017；Zhang et al.，2014）。

**表2.1 中国土地覆被一级、二级分类系统**

| 序号 | 一级分类 | 代码 | 二级分类 | 指标 |
|---|---|---|---|---|
| 1 | 林地 | 101 | 常绿阔叶林 | $H$=3～30 m，$C \geqslant 0.2$，常绿，阔叶 |
| | | 102 | 落叶阔叶林 | $H$=3～30 m，$C \geqslant 0.2$，落叶，阔叶 |
| | | 103 | 常绿针叶林 | $H$=3～30 m，$C \geqslant 0.2$，常绿，针叶 |
| | | 104 | 落叶针叶林 | $H$=3～30 m，$C \geqslant 0.2$，落叶，针叶 |
| | | 105 | 针阔混交林 | $H$=3～30 m，$C \geqslant 0.2$，$25\%<F<75\%$ |
| | | 106 | 常绿阔叶灌丛 | $H$=0.3～5 m，$C \geqslant 0.2$，常绿，阔叶 |
| | | 107 | 落叶阔叶灌丛 | $H$=0.3～5 m，$C \geqslant 0.2$，落叶，阔叶 |
| | | 108 | 常绿针叶灌丛 | $H$=0.3～5 m，$C \geqslant 0.2$，常绿，针叶 |
| | | 109 | 稀疏林 | $H$=3～30 m，$C \geqslant 0.2$，常绿，阔叶 |
| | | 110 | 稀疏灌丛 | $H$=3～30 m，$C$=0.04～0.2 |
| | | 111 | 乔木园地 | $H$=0.3～5 m，$C$=0.04～0.2 |
| | | 112 | 灌木园地 | 人工植被，$H$=3～30 m，$C \geqslant 0.2$ |
| | | 113 | 乔木绿地 | 人工植被，$H$=0.3～5 m，$C \geqslant 0.2$ |
| | | 114 | 灌木绿地 | 人工植被，人工表面周围，$H$=3～30 m，$C \geqslant 0.2$ |

续表

| 序号 | 一级分类 | 代码 | 二级分类 | 指　标 |
|---|---|---|---|---|
| 2 | 草地 | 201 | 温性草原 | $K<1$, $H=0.03\sim3$ m, $C\geqslant0.2$ |
| | | 202 | 高寒草原 | $K<1$, $H=0.03\sim3$ m, $C\geqslant0.2$, $T<1300$,海拔 >3200 m |
| | | 203 | 温性草甸 | $K\geqslant1$,土壤湿润, $H=0.03\sim3$ m, $C\geqslant0.2$ |
| | | 204 | 高寒草甸 | $K\geqslant1$,土壤湿润, $H=0.03\sim3$ m, $C\geqslant0.2$, $T<2300$,海拔 >3200 m |
| | | 205 | 草丛 | $K\geqslant1$, $H=0.03\sim3$ m, $C\geqslant0.2$ |
| | | 206 | 稀疏草地 | $H=0.03\sim3$ m, $C=0.04\sim0.2$ |
| | | 207 | 草本绿地 | 人工植被,人工表面周围, $H=0.03\sim3$ m, $C\geqslant0.2$ |
| 3 | 耕地 | 301 | 水田 | 人工植被,土地扰动,水生作物,收割过程 |
| | | 302 | 旱地 | 人工植被,土地扰动,旱生作物,收割过程 |
| 4 | 湿地 | 401 | 乔木湿地 | $W>2$, $H=3\sim30$ m, $C\geqslant0.2$ |
| | | 402 | 灌木湿地 | $W>2$, $H=0.3\sim5$ m, $C\geqslant0.2$ |
| | | 403 | 草本湿地<br>4031- 滨海草本湿地 | $W>2$, $H=0.03\sim3$ m, $C\geqslant0.2$ |
| | | 404 | 湖泊 | 沿海草本湿地, $C\geqslant0.04$ |
| | | 405 | 水库 / 坑塘<br>4051- 盐田 | 自然水面,静止 |
| | | 406 | 河流 | 人工水面,静止 |
| | | 407 | 运河 / 水渠 | 沿海晒盐场地 |
| 5 | 人工表面 | 501 | 建设用地 | 自然水面,流动 |
| | | 502 | 交通用地 | 人工水面,流动 |
| | | 503 | 采矿场 | 人工硬表面,包括居住地和工业用地 |
| 6 | 其他 | 601 | 苔藓 / 地衣 | 人工硬表面,线状特征 |
| | | 602 | 裸岩 | 人工挖掘表面 |
| | | 603 | 戈壁 | 自然,苔藓或地衣覆盖 |
| | | 604 | 裸土 | 自然,坚硬表面,石质, $C<0.04$ |
| | | 605 | 沙漠 | 自然,砾石表面,砾漠, $C<0.04$ |
| | | 606 | 盐碱地 | 自然,松散表面,壤质, $C<0.04$ |
| | | 607 | 冰川 / 永久积雪 | 自然,松散表面,沙质, $C<0.04$ |

注: $C$,覆盖度 / 郁闭度; $H$,植被高度(m); $F$,针叶树与阔叶树的比例; $W$,一年中被水覆盖的时间(月); $K$,湿润指数; $T$,年积温(℃)。

## 2.1.2 中国土地覆被格局

2015年，中国土地覆被类型总体以草地所占比例最大（表2.2），占总土地面积的29.24%，其次是林地，占28.25%，耕地占17.98%，其他覆被类型占17.72%，湿地占3.76%，而人工表面（人工建造的陆地表面，用于城乡居民点、工矿、交通等）所占面积比例最小，仅为3.05%。

**表2.2 2015年中国不同类型土地覆被各地面积** （单位：$km^2$）

| 省（区、市） | 林地 | 草地 | 耕地 | 湿地 | 人工表面 | 其他 | 总计 |
|---|---|---|---|---|---|---|---|
| 北京 | 9419.7 | 1049.8 | 2592.8 | 311.4 | 2995.0 | 37.0 | 16405.7 |
| 天津 | 533.8 | 153.8 | 6000.3 | 2043.3 | 2354.6 | 287.3 | 11373.0 |
| 河北 | 61497.2 | 19087.0 | 85640.6 | 3911.3 | 17382.4 | 585.9 | 188104.4 |
| 山西 | 46196.4 | 47985.6 | 52046.6 | 882.0 | 8886.5 | 787.2 | 156784.4 |
| 内蒙古 | 189497.5 | 521546.0 | 121361.4 | 47125.6 | 17049.6 | 249284.3 | 1145864.4 |
| 辽宁 | 61777.3 | 1713.5 | 64869.1 | 6333.0 | 12255.8 | 471.6 | 147420.3 |
| 吉林 | 85402.7 | 6527.4 | 81484.8 | 7731.6 | 7938.5 | 1897.1 | 190982.2 |
| 黑龙江 | 200866.1 | 5318.7 | 186015.4 | 46691.1 | 12494.2 | 1188.0 | 452573.4 |
| 上海 | 533.7 | 35.0 | 2897.7 | 799.5 | 2766.4 | 0.0 | 7032.4 |
| 江苏 | 5678.9 | 398.7 | 51239.9 | 16281.1 | 28160.9 | 17.0 | 101776.5 |
| 浙江 | 65299.2 | 1256.2 | 20061.9 | 6123.6 | 11603.4 | 87.3 | 104431.6 |
| 安徽 | 39122.4 | 131.1 | 74962.3 | 9137.2 | 16765.8 | 32.2 | 140151.2 |
| 福建 | 102568.6 | 506.0 | 10963.9 | 2432.0 | 6193.3 | 156.4 | 122820.2 |
| 江西 | 109006.0 | 3724.3 | 34652.0 | 9270.8 | 8874.3 | 1414.2 | 166941.7 |
| 山东 | 20046.5 | 6198.6 | 92891.3 | 9179.6 | 26918.7 | 881.7 | 156116.3 |
| 河南 | 34366.6 | 4315.2 | 101390.9 | 3515.0 | 22032.9 | 32.1 | 165652.7 |
| 湖北 | 87786.5 | 1646.0 | 72482.7 | 14477.2 | 9454.5 | 50.5 | 185897.3 |
| 湖南 | 128590.6 | 5088.5 | 61461.3 | 8508.8 | 7572.9 | 644.6 | 211866.7 |
| 广东 | 116661.4 | 256.9 | 36257.6 | 9875.9 | 14161.2 | 1311.6 | 178524.6 |
| 广西 | 159062.5 | 4451.4 | 61965.2 | 4467.1 | 6152.2 | 647.5 | 236746.0 |
| 海南 | 23430.4 | 110.7 | 8081.0 | 1935.7 | 1043.1 | 1318.1 | 35919.1 |
| 重庆 | 47741.7 | 3170.7 | 27202.6 | 1617.2 | 2622.3 | 33.0 | 82387.5 |
| 四川 | 237602.2 | 117774.6 | 99621.3 | 9883.5 | 5721.2 | 15485.5 | 486088.4 |
| 贵州 | 98237.5 | 28898.9 | 44055.7 | 1314.9 | 3510.4 | 69.4 | 176086.9 |
| 云南 | 262647.2 | 47736.4 | 62320.7 | 3751.9 | 4788.6 | 1926.4 | 383171.3 |

续表

| 省（区、市） | 林地 | 草地 | 耕地 | 湿地 | 人工表面 | 其他 | 总计 |
|---|---|---|---|---|---|---|---|
| 西藏 | 170599.4 | 851492.8 | 6250.5 | 54919.6 | 899.4 | 118295.1 | 1202456.7 |
| 陕西 | 100618.2 | 45441.2 | 49816.4 | 1282.2 | 5714.7 | 2678.1 | 205550.8 |
| 甘肃 | 56291.7 | 124751.5 | 68337.9 | 2545.5 | 4594.2 | 168976.2 | 425497.1 |
| 青海 | 28736.1 | 381800.0 | 8306.6 | 46200.4 | 3028.8 | 228551.8 | 696623.6 |
| 宁夏 | 4095.3 | 23564.1 | 16011.9 | 610.0 | 2251.1 | 5371.7 | 51904.2 |
| 新疆 | 104883.3 | 521634.5 | 89642.2 | 22540.7 | 11293.0 | 881736.7 | 1631730.4 |
| 台湾 | 24507.7 | 350.3 | 7816.5 | 1396.9 | 2160.8 | 19.7 | 36251.9 |
| 香港和澳门 | 806.5 | 12.1 | 16.7 | 49.6 | 257.6 | 2.8 | 1145.2 |
| 总计 | 2684110.8 | 2778127.5 | 1708717.9 | 357145.3 | 289898.4 | 1684278.1 | 9502278.1 |

受地理地带性及人类长期活动的综合影响，全国土地覆盖格局表现出明显的空间分布规律（图 2.1）。林地主要分布在热量和水分较为充足的山区，如东北至西南山区及南方丘陵地带等。

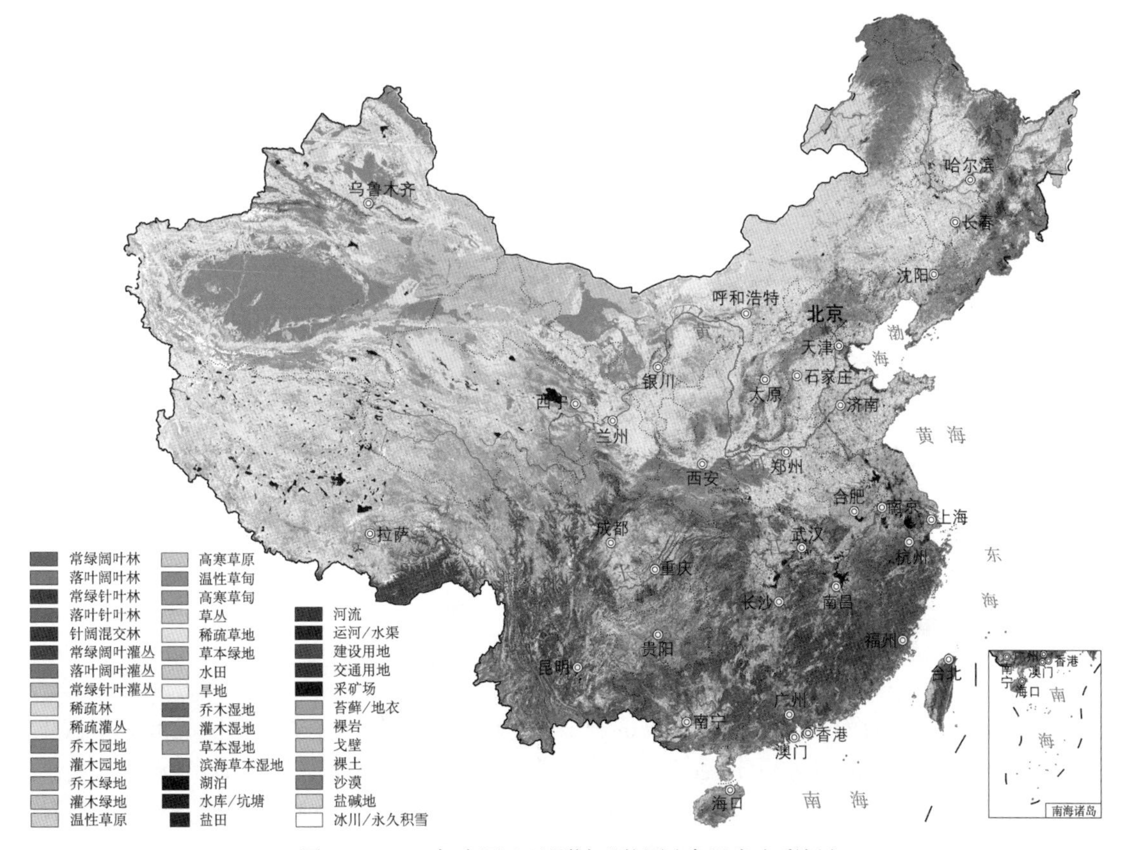


图 2.1　2015 年中国土地覆被现状图（参见书末彩插）

草地主要分布在温度相对较低的区域，如东北西部、蒙古高原、黄土高原、青藏高原以及西北地区。湿地分布广泛，主要有东北三江平原湿地、黄河中下游湿地、长江中下游湿地、沿海滩涂湿地、云贵高原湿地、青藏高原高寒湿地等。耕地主要分布在各大平原区，如东北平原、华北平原、长江中下游平原、珠江三角洲以及四川盆地等，这些区域同时也是人口稠密的区域，因此也是人工表面的主要分布区域。其他类型（如沙漠、稀疏草地等）则主要分布在我国西北干旱地区和青藏高原区（Zhang et al., 2012）。

中国特殊的地理位置和自然历史条件下森林覆被丰富，森林类型多样，分布格局具有明显的地带性分布特征，但是森林覆盖率低，地区差异很大（图2.2）。中国绝大部分森林覆被集中分布在东北、西南交通不便的深山区和边疆地区以及东南部的山地。东北地区的森林资源主要集中在大兴安岭、小兴安岭和长白山等地区。西南地区的森林资源主要分布在川西、滇西北、藏东南的高山峡谷地区。南方地区人工林占有很高的比重，森林资源的分布比较均匀。

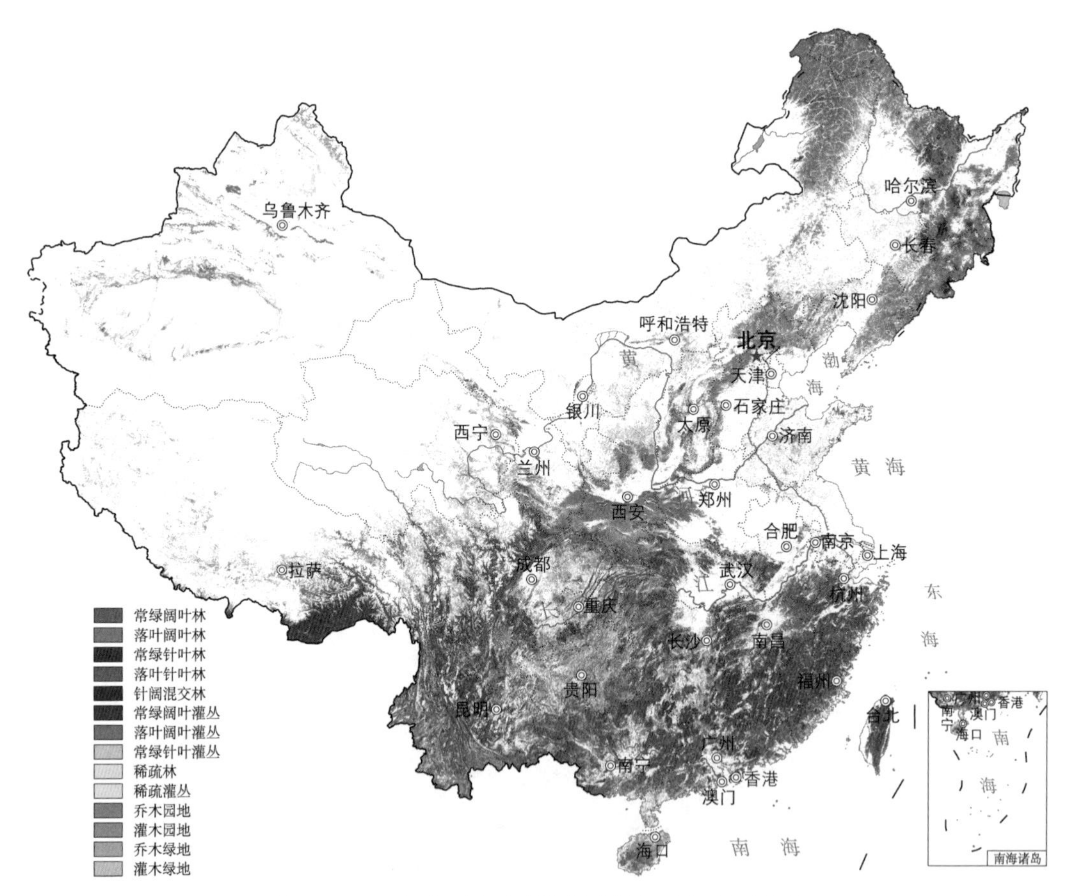


图2.2 2015年中国林地覆被现状图（参见书末彩插）

中国森林覆被总面积约为268.4万 $km^2$，约占总土地面积的28.25%。林地覆被面积占土地总面积的比例超过50%的有福建、香港、澳门、云南、台湾、广西、广东、江西、海南、浙江、湖南、重庆、北京、贵州14个省（区、市），比例在30%～50%的有陕西、四川、湖北、吉林、黑龙江、辽宁和河北7个省，比例在10%～30%的有山西、安徽、河南、内蒙古、西藏、甘肃和山东7个省（区），小于 10% 的有宁夏、上海、新疆、江苏、天津、青海 6 个省（区、市）。

中国有草地面积约 277.8 万 $km^2$，占总土地面积的 29.24%，是我国第一大生态系统，主要分布在干旱和半干旱的西北地区、北方高原和山地、青藏高原等地，东北草原区、蒙宁甘草原区、新疆草原区、青藏草原区和南方草山草坡区（图 2.3）。按占中国草地面积的比例，西藏最大，达 30.65%；其次是新疆和内蒙古，分别占 18.78% 和 18.77%，然后依次是青海、甘肃、四川、山西、云南、陕西、贵州、宁夏、河北等，这些地区草地面积占我国草地面积的 98% 以上。

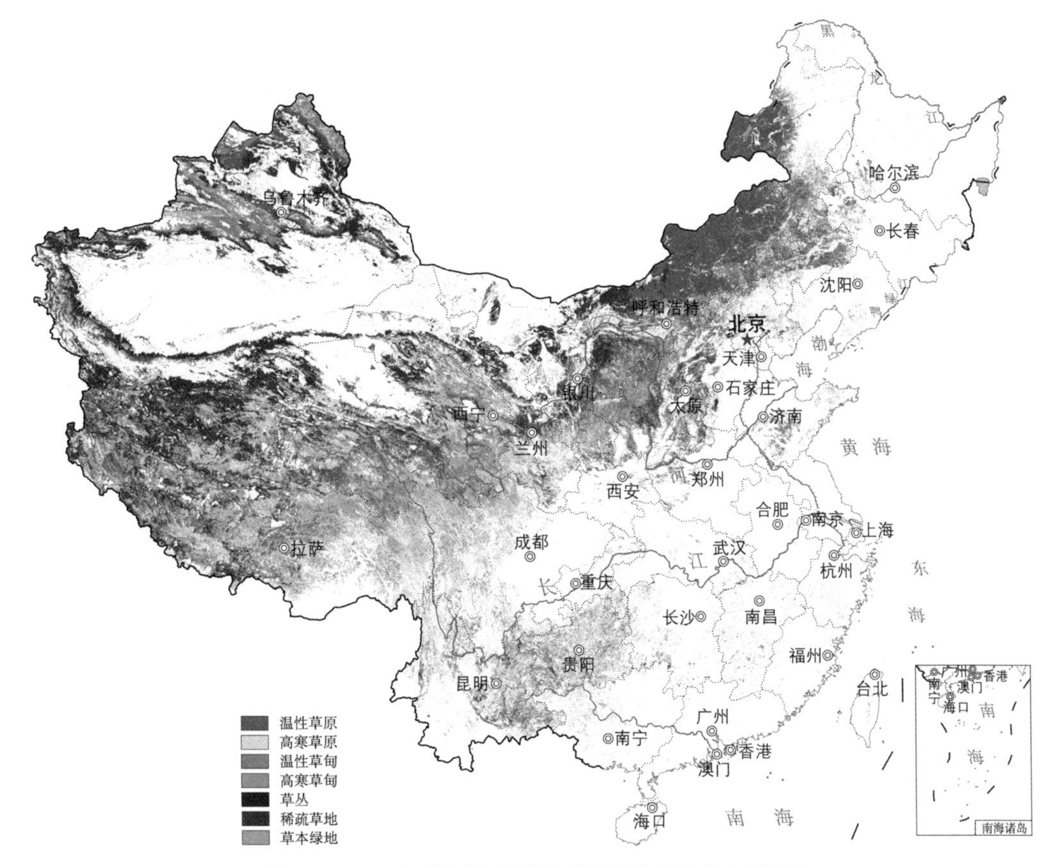


图 2.3 2015 年中国草地覆被现状图（参见书末彩插）

中国有湿地 35.7 万 $km^2$，占总土地面积的 3.76%，从寒温带到热带、从沿海到内陆、从平原到高原山区都有湿地分布，但是比较集中的区域有东北、青藏高原和长江中下游地区（图 2.4）。按占中国湿地总面积的比例，以西藏湿地为最多，达 15.38%，其余比较多的是内蒙古、黑龙江、青海、新疆、江苏、湖北、四川、广东、江西、山东、安徽等，这些地区湿地面积超过中国湿地总面积的 80%，其余零散分布其他省（区、市）。

中国农田生态系统（包括耕地）为 170.9 万 $km^2$，占总土地面积的 17.98%，主要分布在沿燕山、太行山、大巴山以东的湿润和半湿润地区，东北平原、华北平原、长江中下游平原、珠江三角洲和四川盆地集中了我国八成以上耕地；西北部半干旱区、干旱内陆区的绿洲和青藏高原区水势条件适宜的地段分布有一定数量的耕地（图 2.5）。

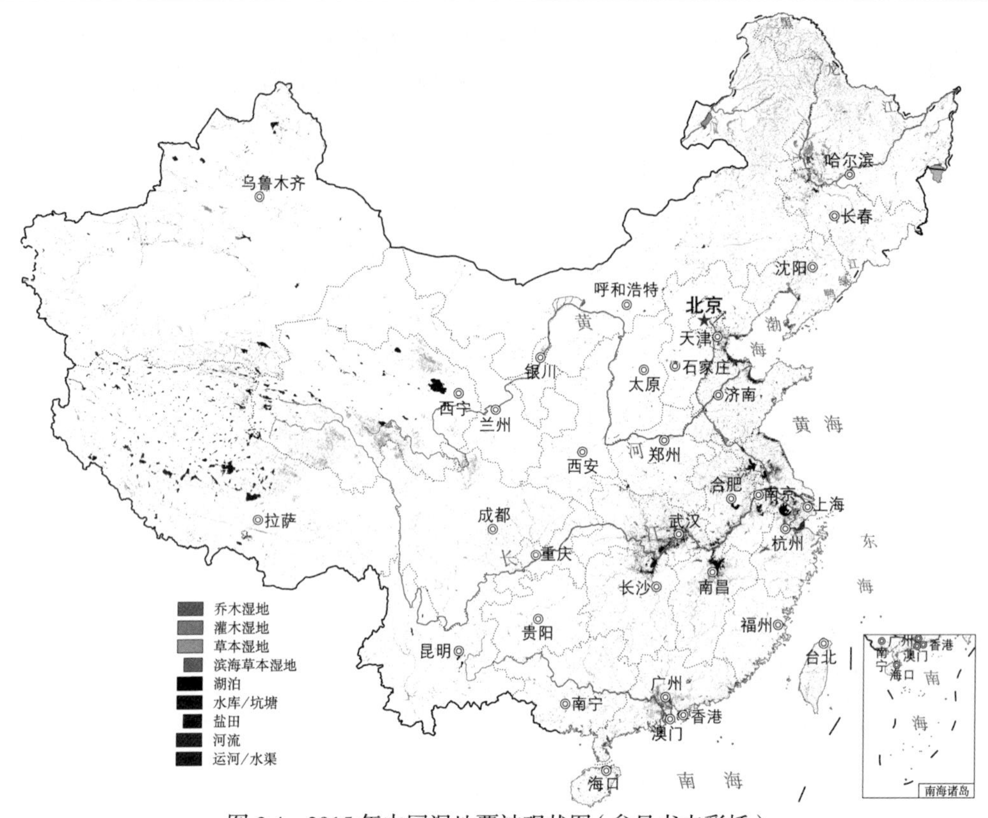


图 2.4　2015 年中国湿地覆被现状图（参见书末彩插）

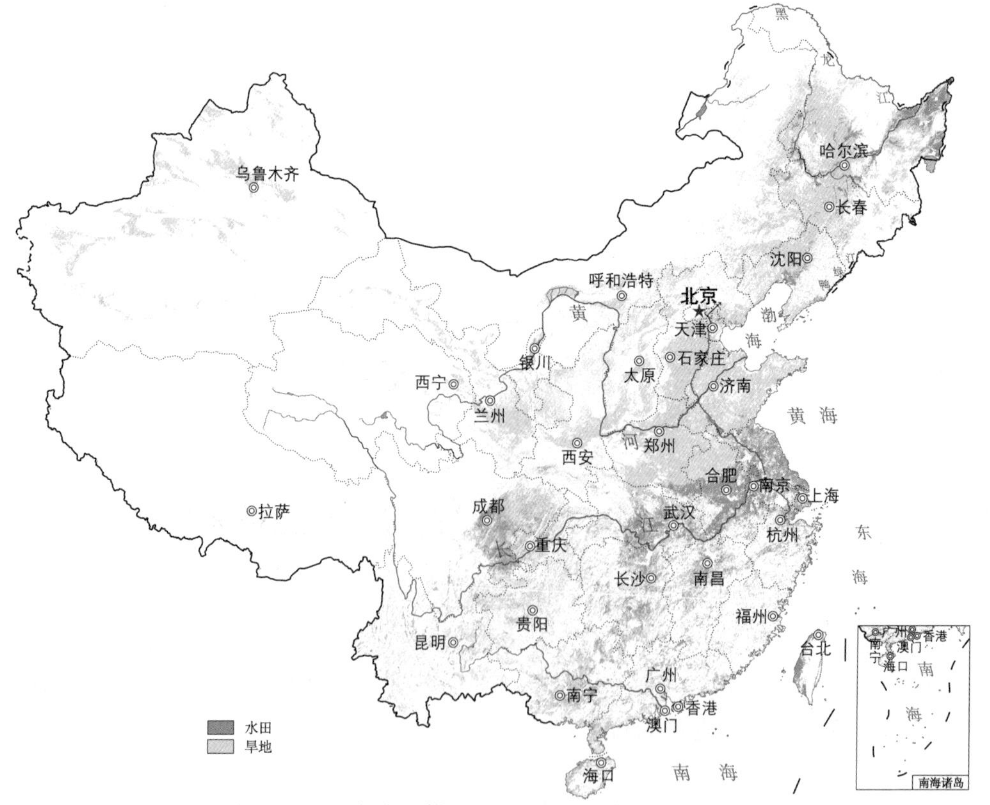


图 2.5　2015 年中国耕地覆被现状图（参见书末彩插）

按行政区划为单元比较，占中国耕地面积的比例以黑龙江最大，达 10.89%；比例在 5%～10% 的地区有内蒙古、河南、四川、山东、新疆和河北；比例在 3%～5% 的地区有吉林、安徽、湖北、甘肃、辽宁、云南、广西、湖南和山西；比例在 1%～3% 的地区有江苏、陕西、贵州、广东、江西、重庆和浙江；其余省（区、市）的耕地面积占中国总耕地面积的比例不到 1%。其中，北京农田面积占中国耕地总面积的比例为 0.2%，香港和澳门的农田面积仅占 0.001%。

中国有人工表面 29.0 万 $km^2$，占总土地面积的 3.05%，主要分布在东部经济发达省区的平原地区；西北部西北和西南地区所占比例小，与人口分布状况非常一致（图 2.6）。按行政区划为单元比较，占中国人工表面面积的比例以江苏省最大，达 9.71%；比例为 5%～10% 的地区有江苏、山东、河南、河北、内蒙古和安徽 6 个省；比例为 1%～5% 的地区有广东、黑龙江、辽宁、浙江、新疆、湖北、山西、江西、吉林、湖南、福建、广西、四川、陕西、云南、甘肃、贵州、青海和北京 19 个省（区、市）；其余省（区、市）的人工表面面积占中国总的人工表面面积的比例不到 1%。其中，西藏人工表面面积占中国总的人工表面面积的比例为 0.3%，香港和澳门仅占 0.09%。

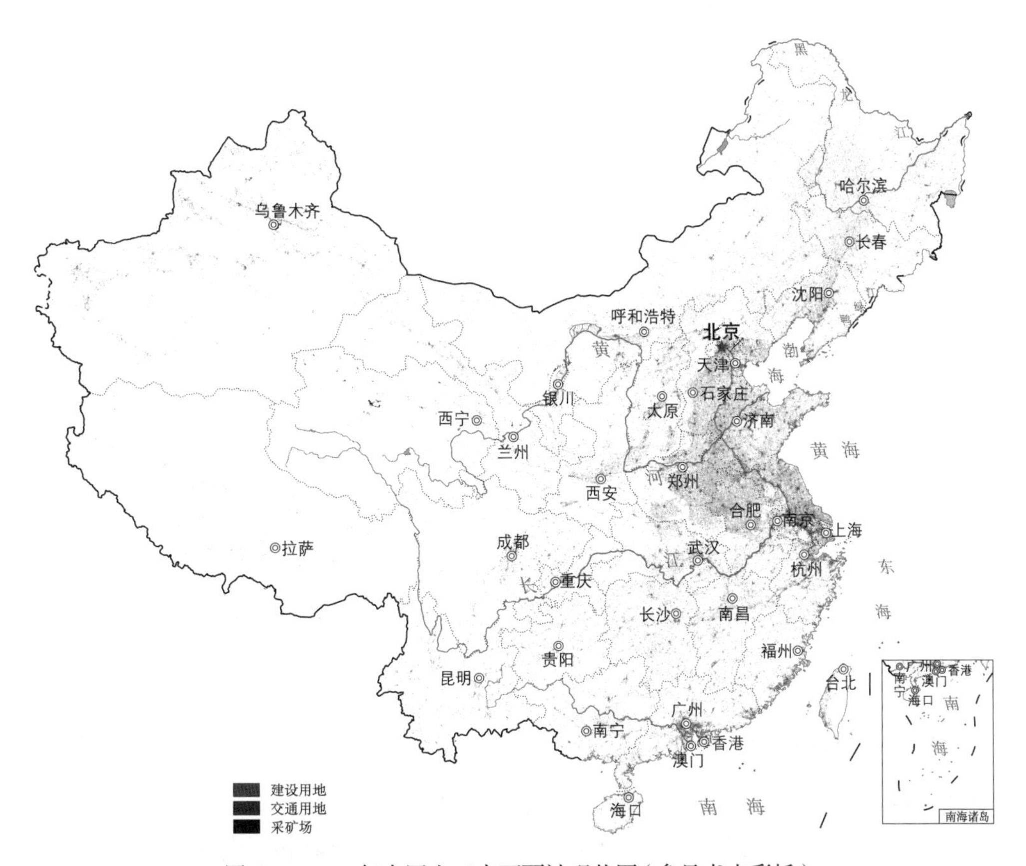


图 2.6 2015 年中国人工表面覆被现状图（参见书末彩插）

中国有其他覆被类型 168.4 万 $km^2$，占总土地面积的 17.72%，接近于农田面积。其他覆被类型是生态系统生产力最低类型，主要分布在干旱、高寒严酷气候环境下或者土地退化地区，在我国主要分布在西北干旱区、青藏高寒区、北方农牧交错带、南方石漠化地区（图 2.7）。按各地区其他覆被类型面积占中国总其他覆被类型面积的比例，以新疆为最多，占一半以上，达52.35%；其次是内蒙古和青海，两者所占比例分别为14.80%和13.57%；其余比较多的是甘肃和西藏，各占10.03%、7.02%，其他省（区、市）都是零星分布。

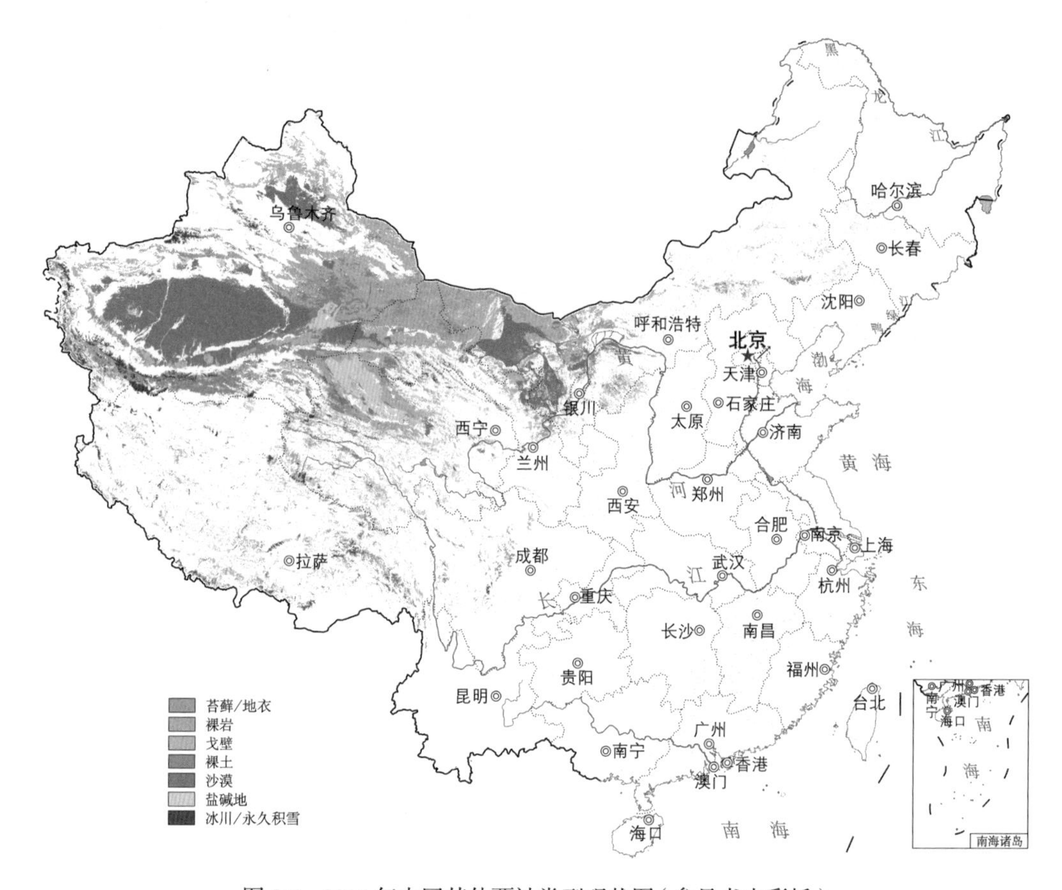


图2.7 2015年中国其他覆被类型现状图（参见书末彩插）

# 2.2 中国土地覆被的区域变化格局与特点

## 2.2.1 中国人工表面变化格局与特点

基于30 m空间分辨率的中国土地覆被数据，分析中国人工表面变化格局与特点。人工表面是反映人类改造自然的最主要类型，包括建设用地（居住地和工业用地）、交通用地和采矿场。

2015年中国有人工表面29.0万$km^2$，较2010年年均增长为0.66万$km^2$，年均增速为2.6%，较2000—2010年年均增长0.55万$km^2$有所增加，但增速有所放缓（2000—2010年年均增速为2.7%）。其中，2010—2015年人工表面增加的大部分是建设用地，增长了2.36万$km^2$，年平均增长 2.1%，与 2000—2010 年年均增长 2.5% 相比有所降低，这说明我国城镇建设用地虽然还在快速扩张，但已有所放缓；2010—2015 年，交通用地增长 0.67 万 $km^2$，年平均增长 5.5%，与 2000—2010 年年均增长 4.1% 相比继续提高，反映了我国近几年高速公路和高速铁路网建设的成就；采矿场增加了 0.27 万 $km^2$，年平均增长 9.1%，与 2000—2010 年年均增长 7.5% 相比继续提高，凸显了我国近几年的矿产资源和建设材料需求仍然在增长（Song et al., 2009）。

（1）中国主要城市群的人工表面变化

长江三角洲城市群是中国经济最发达、城镇集聚程度最高的城市化地区，是世界六大顶级城市群之一。2015 年，该城市群人工表面总面积为 3.74 万 $km^2$，其中，建设用地 3.54 万 $km^2$、交通用地 1770.1 $km^2$、采矿场 242.24 $km^2$。人工表面面积在 2000—2010 年高速增长，年平均增长率为 5.9%，增长区域主要在江苏、上海、浙江北部和安徽中部，2010—2015 年继续保持快速增长，年平均增长率为 3.1%，增长集中在安徽南部和浙江南部（图 2.8）。扩张模式符合

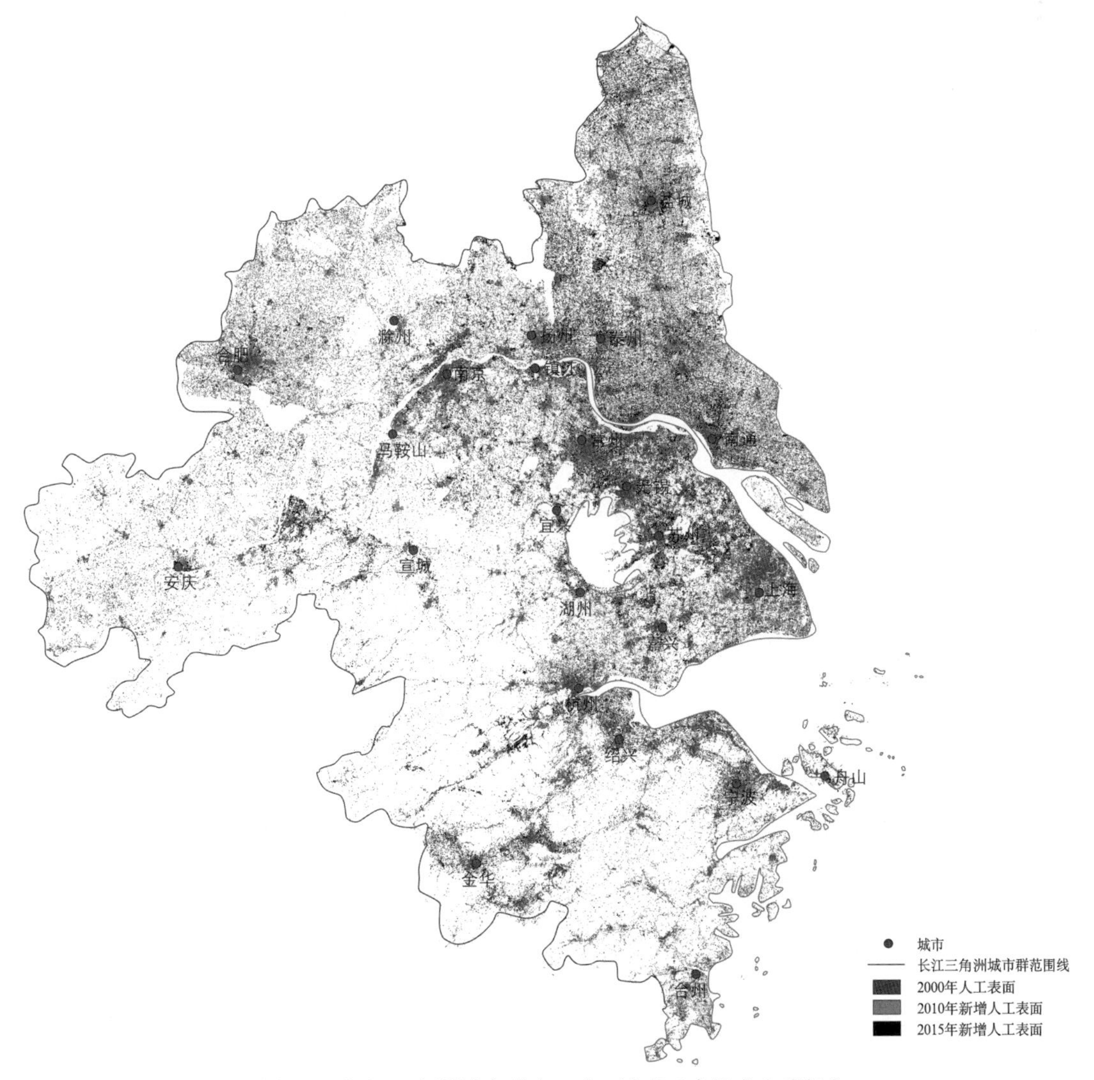


图 2.8　长江三角洲城市群人工表面变化（参见书末彩插）

《长江三角洲城市群发展规划》"推动人口区域平衡发展"和"健全互联互通的基础设施网络"的战略。

京津冀城市群是中国的政治、文化中心，也是中国北方经济的重要核心区。2015年，该城市群人工表面总面积为1.83万 $km^2$，其中，建设用地1.69万 $km^2$、交通用地951.2 $km^2$、采矿场428.2 $km^2$。人工表面面积在2000—2010年不断增长，年平均增长率为2.2%，增长区域主要在北京、天津和石家庄等区域大城市，2010—2015年增长放缓，年平均增长率为1.4%，增长集中在张家口、天津和河北的县市级城市（图2.9）。北京市的人工表面增长缓慢，以及北京周边人工表面的扩张在一定程度上反映了非首都功能疏解取得了阶段性成果；天津市人工表面面积持续增长，尤其是滨海新区的扩张，反映了其"三区一基地"的定位。

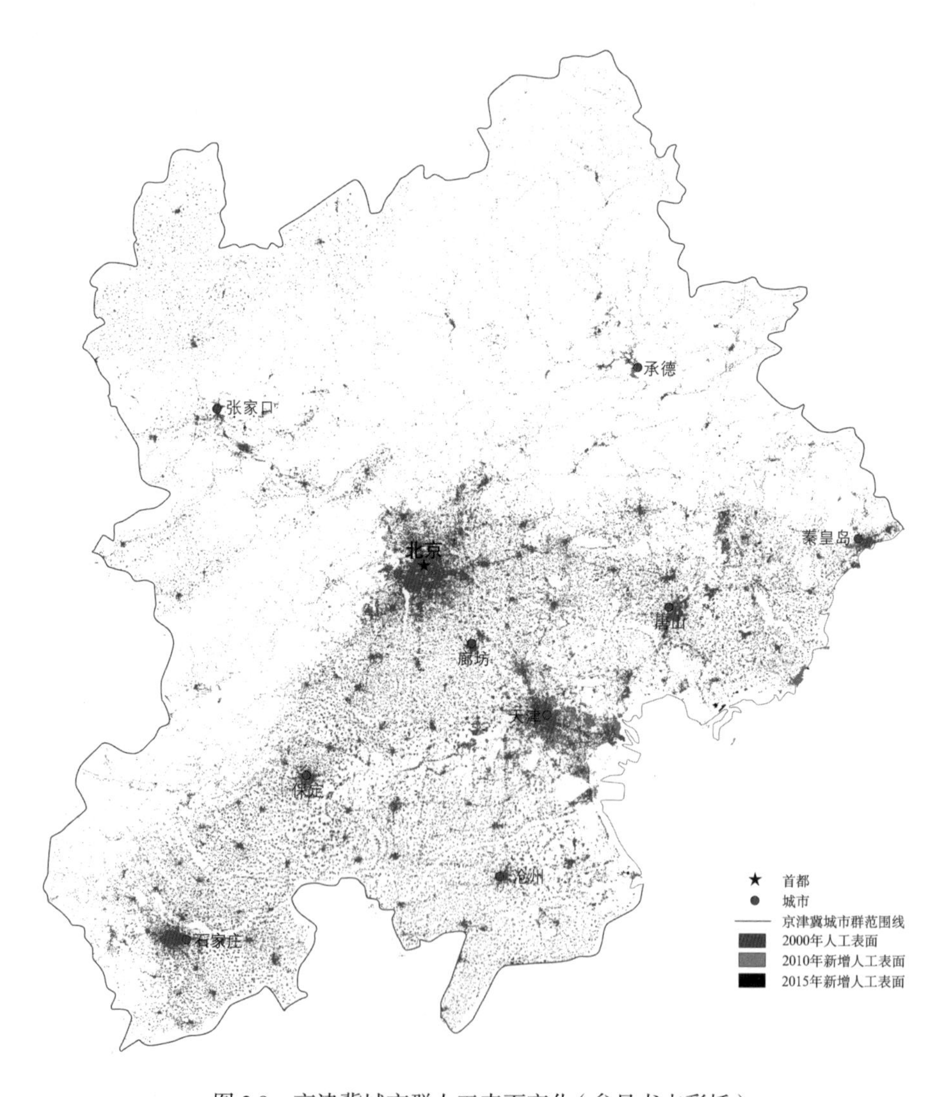


图2.9　京津冀城市群人工表面变化（参见书末彩插）

珠江三角洲城市群是亚太地区最具活力的经济区之一，它以广东 70% 的人口，创造着全省 85% 的国内生产总值（GDP）。2015 年，该区域的人工表面总面积为 1.02 万 $km^2$，其中建设用地 9734.6 $km^2$、交通用地 290.5 $km^2$、采矿场 189.8 $km^2$。人工表面面积在 2000—2010 年高速增长，年平均增长率为 3.1%，增长区域主要覆盖在各地级市周边，2010—2015 年增长放缓，年平均增长率为 1.6%，增长集中在肇庆、清远和韶关等地以及区域交通网。珠江三角洲城市群在 2000—2010 年实际上已经基本完成了主要城市扩张，建设用地面积年增长 3.1%，而 2010—2015 年年增长仅 1.1%；“基础设施互联互通”策略得到了较好的执行，2010—2015 年交通用地年增长达到了 35.6%（图 2.10）。

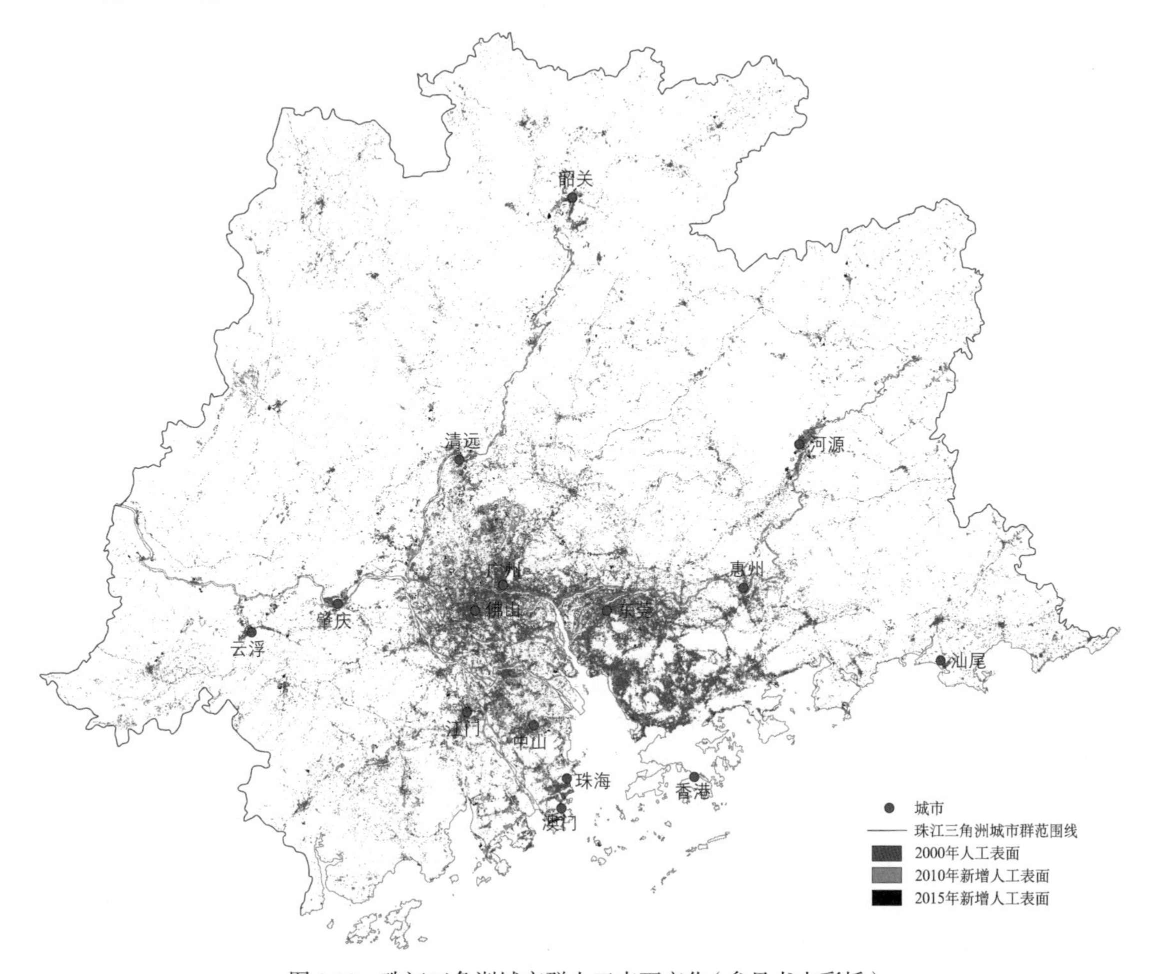


图 2.10 珠江三角洲城市群人工表面变化（参见书末彩插）

成渝城市群位于四川盆地，目标是建成一个经济充满活力、生活品质优良、生态环境优美的国家级城市群。2015 年，该区域的人工表面总面积为 7004.5 $km^2$，其中建设用地 5951.9 $km^2$、交通用地 965.3 $km^2$、采矿场 87.3 $km^2$。人工表面面积在 2000—2010 年增长较快，年平均增长率为 4.1%，增长区域以成都市和重庆市为主，2010—2015 年进一步提速，年平均增长率为 7.2%，增长区域仍以成都市和重庆市为主，覆盖整个区域的大部分县市。成都市和重庆市的核心引领作用使得两地的人工表面扩张在区域内占大部分，其他城市的同步发展反映了区域内“做强区域中心城市、建设重要节点城市、培育发展一批小城市”的政策；交通用地 2010—2015 年年平均增长 21.2%，反映了该区域交通网络的建设（图 2.11）。

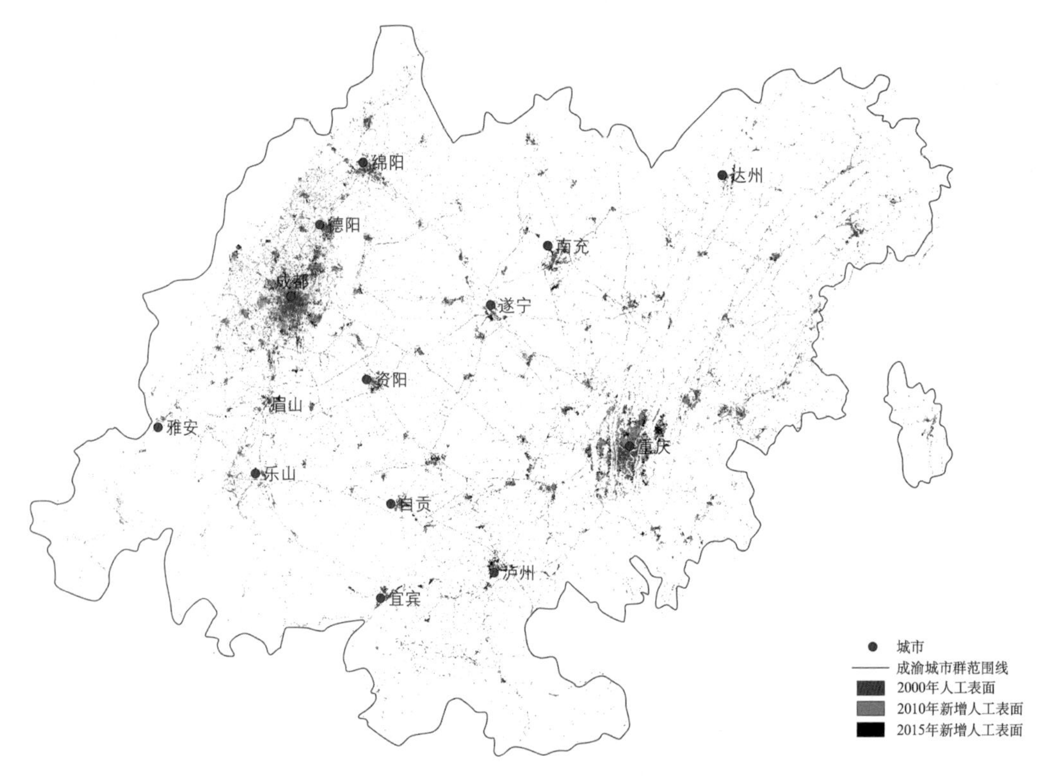


图 2.11 成渝城市群人工表面变化（参见书末彩插）

中原城市群位于中国中东部，是长三角、珠三角、京津冀之间，城市群规模最大、一体化程度最高、人口最密集的城市群，是中部地区承接发达国家及我国东部地区产业转移、西部地区资源输出的枢纽和核心区域。2015 年，该区域的人工表面总面积为 4.09 万 $km^2$，其中建设用地 3.85 万 $km^2$、交通用地 2201.7 $km^2$、采矿场 189.2 $km^2$。人工表面面积在 2000—2010 年增长平缓，年平均增长率为 1.6%，增长区域覆盖全区域，2010—2015 年年平均增长率进一步增长，为 2.2%，增长区域以郑州市为主，覆盖全区域。该区域的交通用地在 2000—2010 年、2010—2015 年均获得高速增长，分别达到年增长 9.9% 和 8.9%，城市群交通网基本构建完成；郑州市 2010—2015 年人工表面的大幅增长与郑州市打造新城有关（图 2.12）。

长江中游城市群是以武汉城市圈、环长株潭城市群、环鄱阳湖城市群为主体形成的特大型城市群，承东启西、连南接北，是长江经济带三大跨区域城市群支撑之一，也是实施促进中部地区崛起战略、全方位深化改革开放和推进新型城镇化的重点区域。2015 年，该区域的人工表面总面积为 1.93 万 $km^2$，其中建设用地 1.54 万 $km^2$、交通用地 3678.1 $km^2$、采矿场 189.7 $km^2$。人工表面面积在 2000—2010 年保持增长，年平均增长率为 2.3%，增长区域以武汉市和长沙市扩张为主，

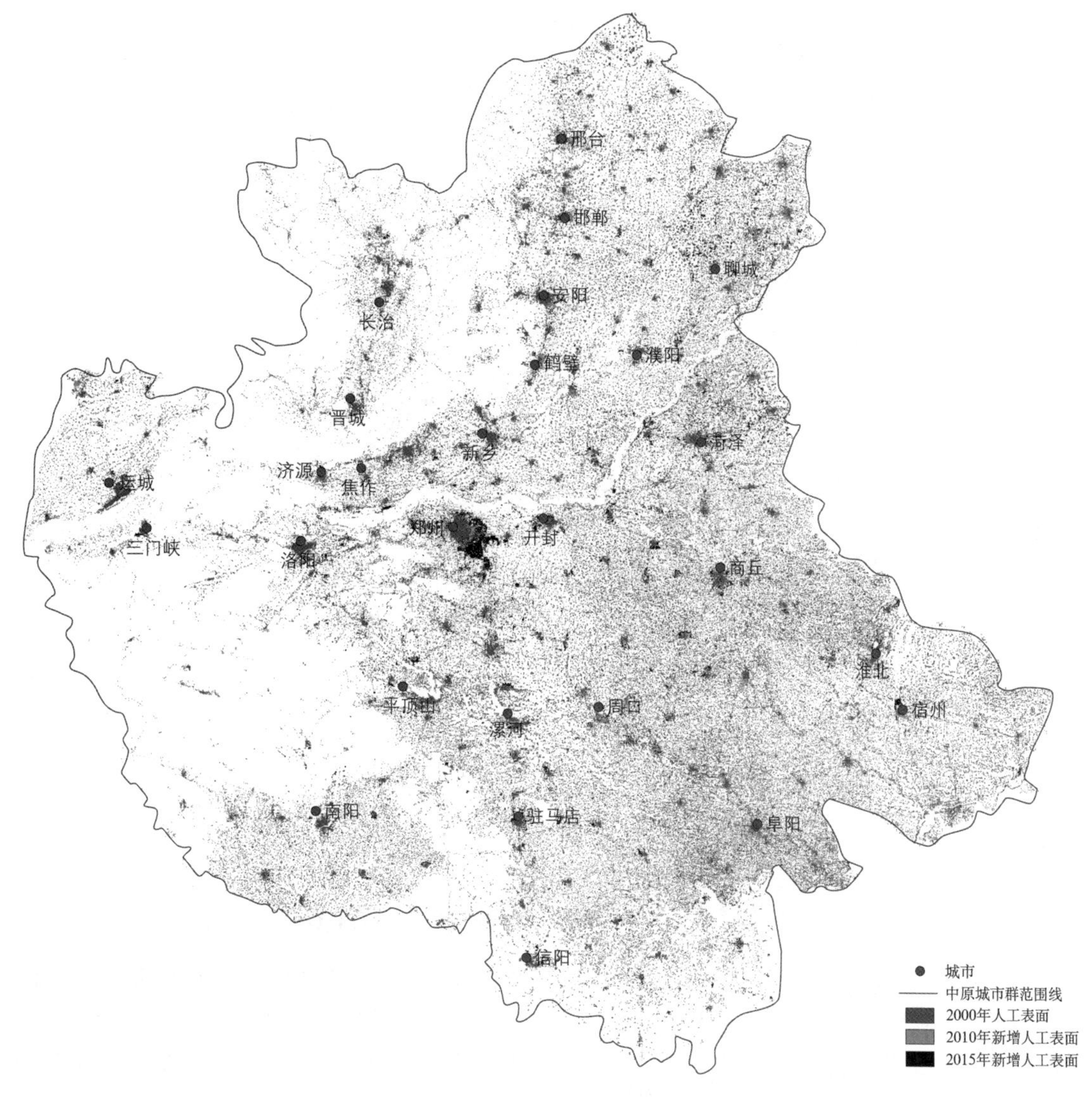


图 2.12 中原城市群人工表面变化（参见书末彩插）

覆盖区域内大部分市县级城市，2010—2015 年增长继续提高，年平均增长率为 2.7%，增长区域则覆盖了区域内大部分区县（图 2.13）。武汉市、长沙市和南昌市的大规模扩张与城市群中心城市优先发展战略有关，另外，基础设施互联互通大大推动了区域的交通网。

哈长城市群是东北地区城市群的重要组成区域，处于全国“两横三纵”城市化战略格局京哈京广通道纵轴北端，在推进新型城镇化建设、拓展区域发展新空间中具有重要地位。2015 年，该区域的人工表面总面积为 1.38 万 $km^2$，其中建设用地 1.22 万 $km^2$、交通用地 1464.1 $km^2$、采矿场 96.9 $km^2$。人工表面面积在 2000—2010 年增长平缓，年平均增长率为 0.8%，增长区域以哈尔滨市和长春市为主，2010—2015 年进一步放缓，年平均增长率为 0.6%，增长区域覆盖全区域，但不显著（图 2.14）。区域人工表面增长以哈尔滨市和长春市为主，这是因为该区域强调这两个城市的带动作用；2010—2015 年交通用地年均增长 0.9%，主要是城市群交通网的建设。

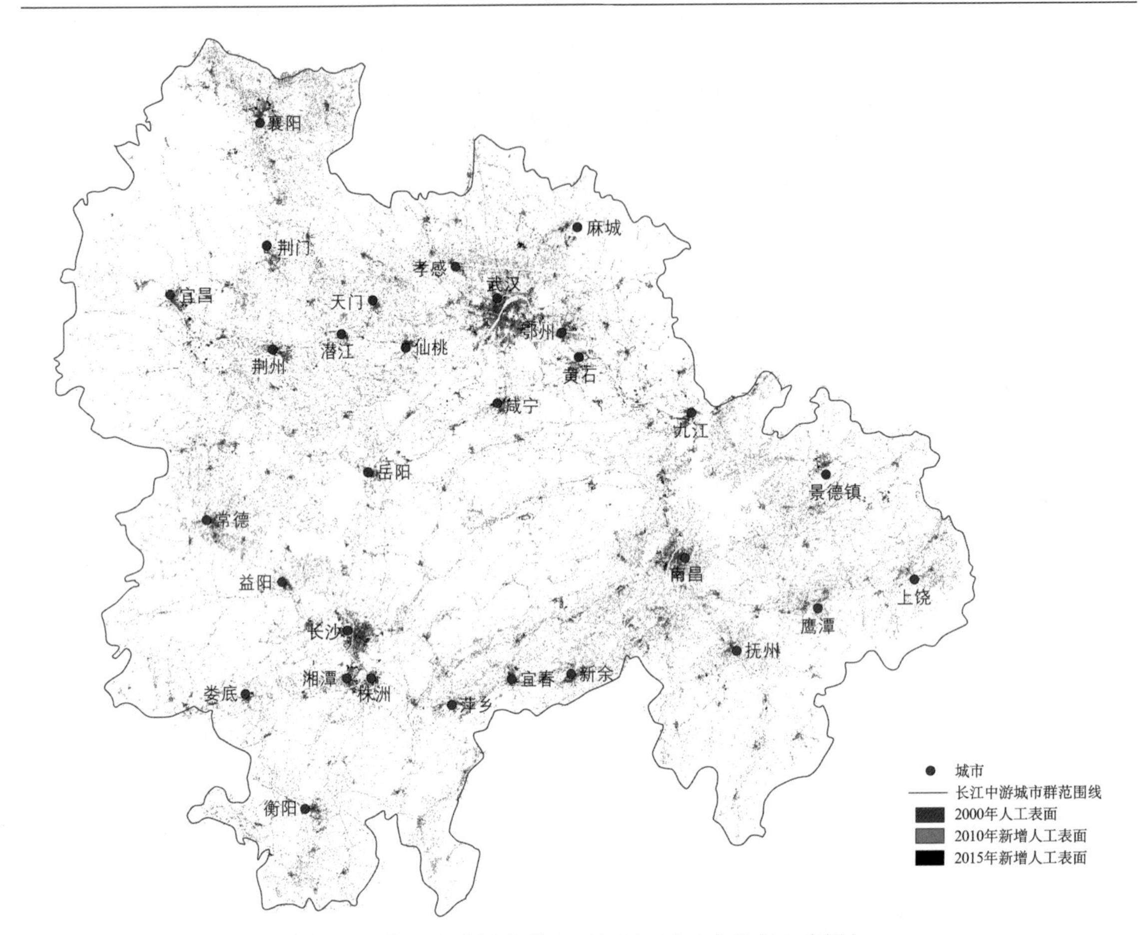


图2.13 长江中游城市群人工表面变化（参见书末彩插）

我国城镇化进程步伐不断加快，但《国家新型城镇化规划（2014—2020年）》明确指出要“有效控制特大城市新增建设用地规模”，即有效控制超过1000万人口的超大城市过度发展。上述结果表明，近15年来，中国主要城市群的人工表面扩展速度放缓（表2.3和图2.15）。

《国家新型城镇化规划（2014—2020年）》中提到的7个城市群中，2010—2015年人工表面年均增速从高到低依次为成渝城市群（7.2%）、长江三角洲城市群（3.1%）、长江中游城市群（2.7%）、中原城市群（2.2%）、珠江三角洲城市群（1.6%）、京津冀城市群（1.4%）、哈长城市群（0.6%）。其中，成渝城市群、长江中游城市群、中原城市群的扩张速度较2000—2010年的年均增速（分别为4.1%、2.3%和1.6%）高，其他城市群的扩张速度均有所放缓（2000—2010年年均增速：长江三角洲城市群5.9%、珠江三角洲城市群3.1%、京津冀城市群2.2%、哈长城市群0.8%）。

2010—2015年，成渝城市群、长江中游城市群和中原城市群的建设用地年均增速较高，分别为5.7%、2.4%和1.9%；珠江三角洲城市群、成渝城市群、中原城市群的交通用地年均增速较高，分别为35.6%、21.1%和8.9%；长江中游城市群、成渝城市群、京津冀城市群和中原城市群的采矿场年均增速较高，分别为17.5%、14.8%、14.8%和7.7%。

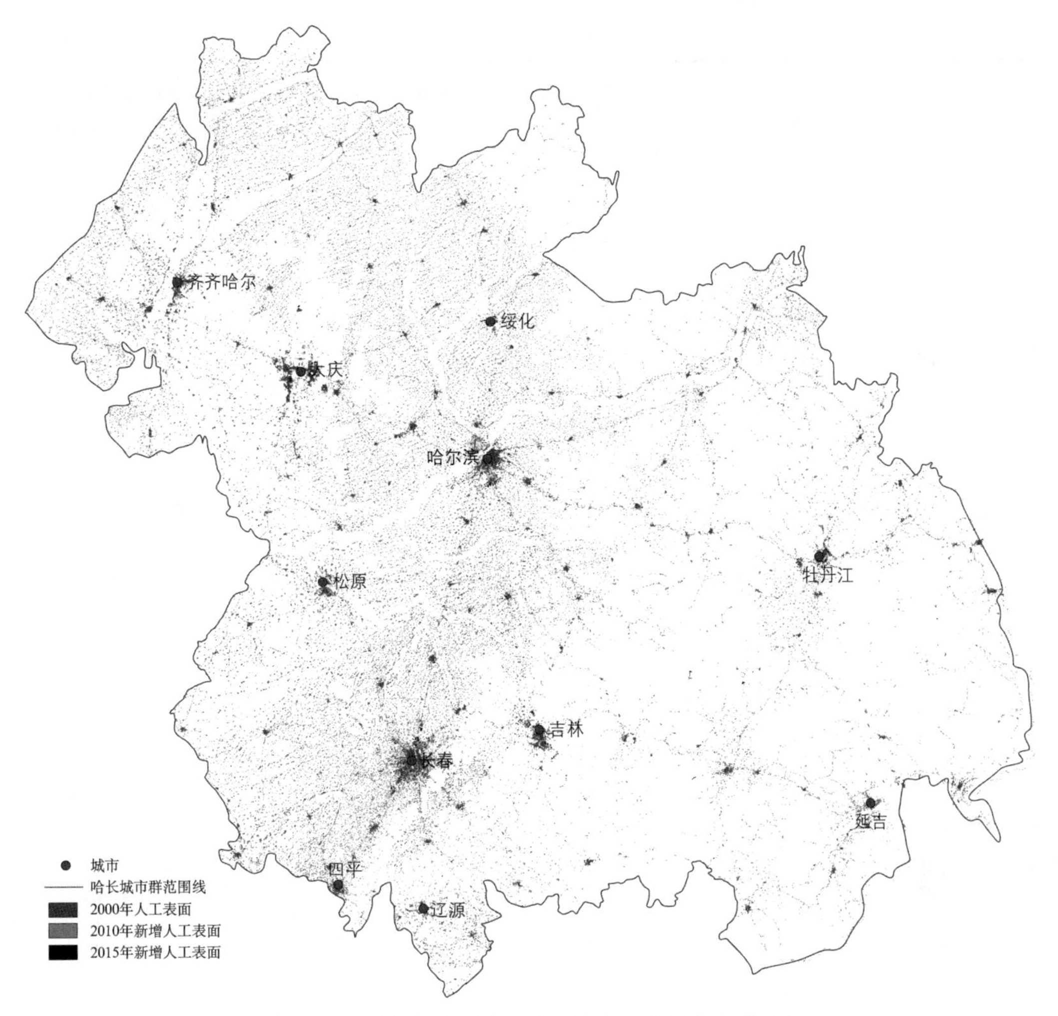


图 2.14　哈长城市群人工表面变化（参见书末彩插）

**表 2.3　2000—2015 年中国各区域人工表面变化**

| 区域 | 省（区、市） | 2015 年人工表面面积 /km² | 2015 年人均人工表面面积 /m² | 2010—2015 年年平均人均面积增加 /m² | 2000—2010 年年平均人均面积增加 /m² |
|---|---|---|---|---|---|
| 华北地区 | 北京 | 2995.0 | 138.0 | −2.4 | −0.9 |
| | 天津 | 2879.9 | 186.2 | −4.5 | 2.9 |
| | 内蒙古 | 17052.1 | 679.1 | 9.5 | 15.6 |
| | 河北 | 17382.4 | 234.1 | 2.1 | 1.7 |
| | 山西 | 8886.5 | 242.5 | 3.5 | 5.5 |
| | 山东 | 26918.7 | 273.4 | 1.6 | 6.7 |
| 东北地区 | 黑龙江 | 12499.4 | 327.9 | 4.1 | 1.1 |
| | 吉林 | 7935.8 | 288.3 | 2.1 | 2.0 |
| | 辽宁 | 12255.7 | 279.7 | 3.4 | 2.8 |

续表

| 区域 | 省（区、市） | 2015 年人工表面面积 /$km^2$ | 2015 年人均人工表面面积 /$m^2$ | 2010—2015 年年平均人均面积增加 /$m^2$ | 2000—2010 年年平均人均面积增加 /$m^2$ |
|---|---|---|---|---|---|
| 华东地区 | 安徽 | 16765.9 | 272.9 | 8.2 | 3.9 |
| | 江苏 | 28160.9 | 353.1 | 7.4 | 9.8 |
| | 浙江 | 11603.4 | 209.5 | 5.9 | 3.0 |
| | 江西 | 8874.3 | 194.4 | 3.0 | 1.2 |
| | 福建 | 6191.6 | 161.3 | 4.3 | 3.3 |
| | 上海 | 2766.5 | 114.6 | 0.9 | 1.0 |
| 华中地区 | 河南 | 22032.9 | 232.4 | 5.2 | 2.4 |
| | 湖北 | 9448.1 | 161.5 | 4.5 | 3.4 |
| | 湖南 | 7572.9 | 111.7 | 1.8 | 1.4 |
| 华南地区 | 广东 | 14149.0 | 130.4 | 1.1 | 0.8 |
| | 广西 | 6131.8 | 127.9 | 1.1 | 1.1 |
| | 海南 | 1043.1 | 114.5 | 5.3 | 2.3 |
| | 香港 | 235.8 | 32.3 | −0.2 | 0.1 |
| | 澳门 | 21.9 | 33.6 | −0.5 | 0.6 |
| | 台湾 | 2160.8 | 92.0 | 0.3 | 0.4 |
| 西南地区 | 四川 | 5721.2 | 69.7 | 4.1 | 1.5 |
| | 重庆 | 2622.3 | 86.9 | 2.9 | 1.9 |
| | 云南 | 4788.6 | 101.0 | 3.5 | −0.1 |
| | 贵州 | 3510.4 | 99.5 | 5.6 | 1.7 |
| | 西藏 | 899.4 | 277.6 | 21.8 | −1.0 |
| 西北地区 | 甘肃 | 4594.2 | 176.7 | 3.7 | 1.4 |
| | 宁夏 | 2251.1 | 337.0 | 1.2 | 3.7 |
| | 青海 | 3028.8 | 515.1 | 19.6 | 6.7 |
| | 陕西 | 5714.7 | 150.7 | 1.7 | 1.9 |
| | 新疆 | 11293.0 | 478.5 | 9.0 | 8.1 |

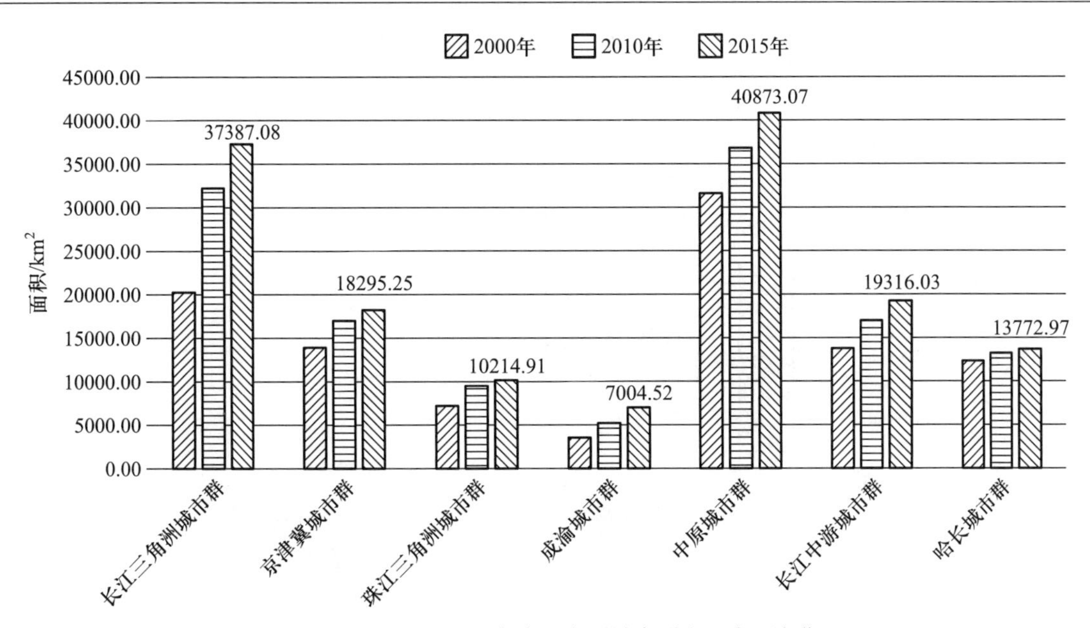


图 2.15　2000—2015 年中国主要城市群人工表面变化

无论是建设用地、交通用地或采矿场,我国新兴城市群均保持较快的扩张速度,而老牌城市群的扩张速度明显放缓,与“培育发展中西部地区城市群”的战略较好地吻合。

(2)西部省份的人工表面变化

我国大部分行政区的人均人工表面面积近 15 年持续增加,仅有北京、天津、香港和澳门由于人口控制和开发限制等原因,2010—2015 年年均人工表面面积出现下降现象。这反映了当前我国城镇快速发展过程中“‘土地城镇化’快于人口城镇化,建设用地粗放低效”的问题。

从区域上看,2010—2015 年,东北、华中、西南和西北地区的年人均人工表面面积增加速度大多较 2000—2010 年继续保持增长态势;华东部分地区和华北则出现明显的增长放缓。西部各省近 5 年的增长非常剧烈,尤其是西藏、青海、新疆、贵州和内蒙古等省份,一方面与前期开始的国家西部开发政策有关,另一方面“一带一路”战略的实施以及西部高速公路和高速铁路的贯通也直接促进了这些省份的快速发展;东部仅有安徽、江苏和山东省保持高速增长。

2015 年,我国人工表面仍然主要分布在“胡焕庸线”东侧,面积为 25.4 万 $km^2$,西侧为 3.69 万 $km^2$,比例分别为 87.3% 和 12.7%,而这一比例在 2010 和 2000 年分别是 88.1%、11.9% 和 89.8%、10.2%,“胡焕庸线”西侧人工表面占全部面积的比例正在快速增长。2010—2015 年,东侧年均增速为 2.4%,小于西侧的 4.2%,但是两侧的增速较 2000—2010 年(东侧 2.5%,西侧 4.9%)均有所放缓(图 2.16)。

遥感监测表明,近 15 年来“胡焕庸线”西侧的人工表面增长速度超过了东侧,随着“一带一路”战略的深入发展,通过交通网络和民生的进一步建设和提高,破“胡焕庸线”将会变得可能。

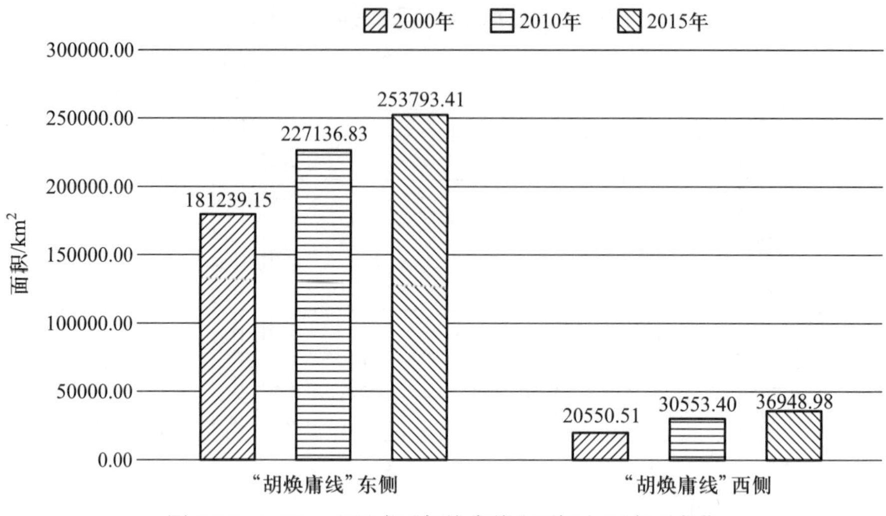


图2.16 2000—2015年“胡焕庸线”两侧人工表面变化

## 2.2.2 中国水面变化格局与特点

基于2000—2015年30 m空间分辨率的中国地区联合研究中心(Joint Research Centre, JRC)年际水体数据(Pekel et al., 2016),利用统计方法分析中国水面变化格局与特点。结果表明,2000—2015年,中国水面面积总和保持平稳(图2.17),到2015年年末水体面积比2000年增长2万 $km^2$,略增4.1%。2000—2012年,全国常年水体与季节性水体面积保持相对稳定,但自2012年之后,常年水体面积快速减少,而季节性水体面积大幅增加,2013年全国季节性水体面积首次超越常年水体面积,并且两者之间的差距逐步拉大。2012—2015年,常年水体面积减少4.29万 $km^2$,季节性水体面积增长8.46万 $km^2$。

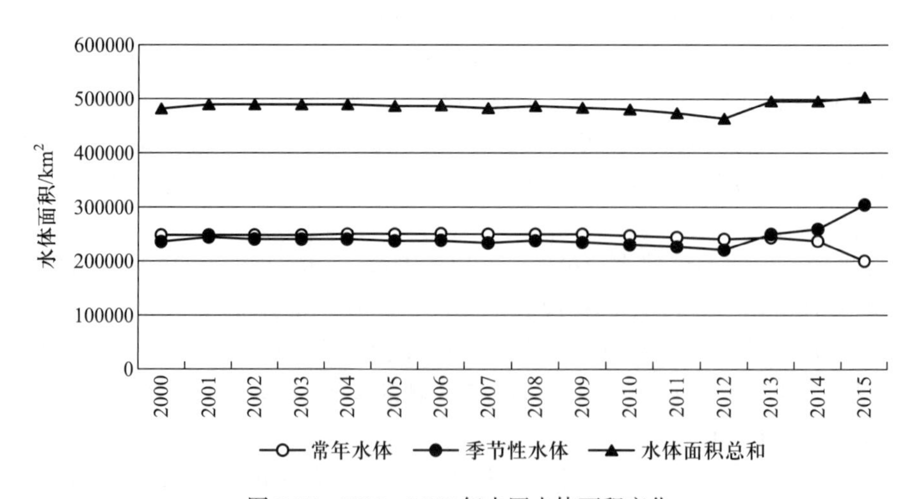


图2.17 2000—2015年中国水体面积变化

(1)华北、西北、东北片区水体面积变化

华北地区包括北京市、天津市、河北省、内蒙古自治区、山西省,该地区是我国政治、文化、科教中心,也是重要的工商业中心。遥感监测表明,华北地区水体面积变化趋势与全国相似(图2.18),即呈现常年水体减少,季节性水体增加的变化趋势。其中,常年水体由2000年的1.96万$km^2$减至2015年的1.02万$km^2$,累计缩减9395 $km^2$,减幅48%,年均减少626 $km^2$,且自2010年后,华北地区的陆表常年水体呈快速减少趋势,减少7837 $km^2$,减幅为43.4%,年均减少1567 $km^2$,减少速度是2000—2015年的2.5倍;季节性水体自2010年后稳步增加,2015年相比2010年增加9455 $km^2$,增幅为48.5%。

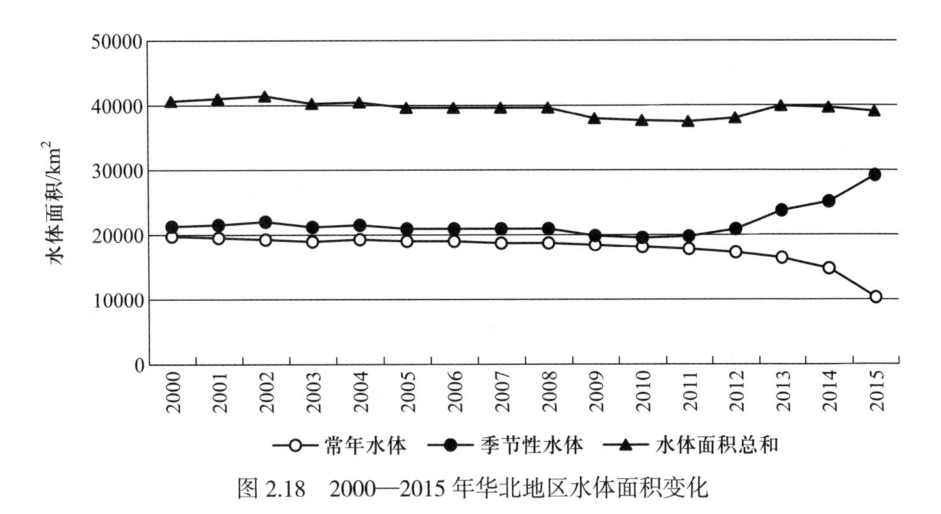


图2.18 2000—2015年华北地区水体面积变化

西北地区包括陕西省、甘肃省、青海省宁夏回族自治区、新疆维吾尔自治区,是全国气候最为干燥的区域,也是我国土地最广袤的区域(Yan et al., 2009)。常年水体由2000年的2.64万$km^2$减至2015年的1.85万$km^2$,累计缩减7916 $km^2$,减幅30%,年均减少528 $km^2$。其中,2010—2015年,常年水体面积减少7327 $km^2$,年均减少1465 $km^2$,减速是2000—2015年的2.8倍;季节性水体由2000年的2.53万$km^2$增至2015年的3.03万$km^2$,累计增加4980 $km^2$,增幅20%,年均增加332 $km^2$。2012年,季节性水体面积超越常年水体,之后,两者的差距逐步拉大(图2.19)。

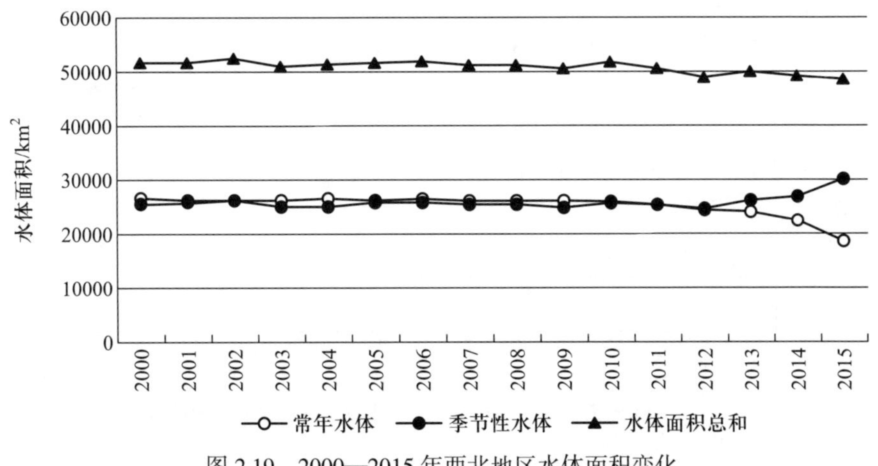


图2.19 2000—2015年西北地区水体面积变化

东北地区包括黑龙江省、吉林省、辽宁省，是全国重要的粮仓。常年水体由 2000 年的 2.11 万 $km^2$ 减至 2015 年的 1.65 万 $km^2$，累计缩减 4538 $km^2$，减幅 21.5%，年均减少 303 $km^2$。2010—2015 年常年水体累计减少 3872 $km^2$，年均减少 774 $km^2$，减速是 2000—2015 年的 2.6 倍；季节性水体由 2000 年的 2.35 万 $km^2$ 增至 2015 年的 3.44 万 $km^2$，累计增加 1.09 万 $km^2$，增幅 46.4%，年均增加 727 $km^2$（图 2.20）。

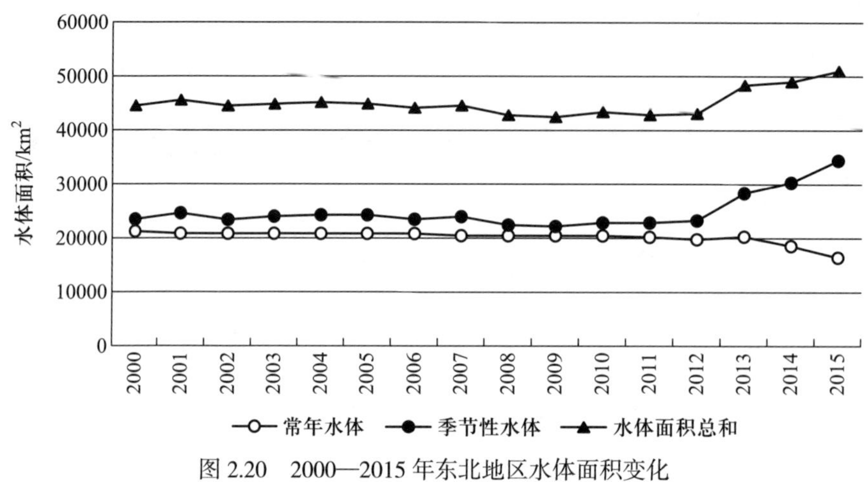


图 2.20 2000—2015 年东北地区水体面积变化

（2）北京市、河北省、新疆维吾尔自治区水体面积变化

北京是我国的首都，同时也是我国的政治、科教、文卫中心。2000—2015 年，该市水体面积呈现逐年减少的变化趋势，水体总面积由 2000 年的 1092 $km^2$ 减至 2015 年的 890 $km^2$，累积减少 202 $km^2$，减幅 18.5%，年均减少 13.5 $km^2$；常年水体面积持续减少，由 2000 年的 515 $km^2$ 减至 2015 年的 197 $km^2$，累计缩减 318 $km^2$，减幅 61.7%，年均减少约 21 $km^2$，其中，2010—2015 年，常年水体面积减少 251 $km^2$，年均减少 50 $km^2$，年均减速是 2000—2015 年的 2.4 倍；季节性水体面积由 2000 年的 577 $km^2$ 增至 2015 年的 693 $km^2$，累计增加 116 $km^2$，增幅 20%，年均增加 8 $km^2$（图 2.21）。

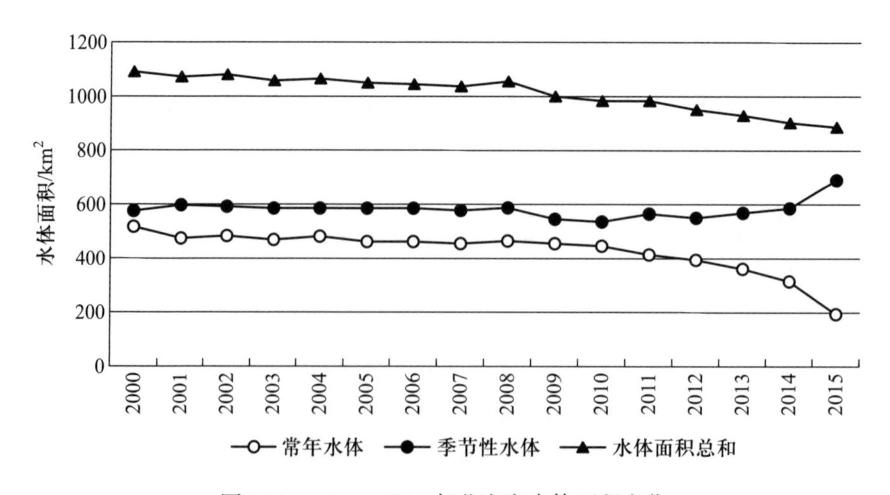


图 2.21 2000—2015 年北京市水体面积变化

以北六环为界，2000—2015 年，北六环内的水体总面积由 2000 年的 246 $km^2$ 减至 2015 年的 204 $km^2$，累计减少 42 $km^2$；常年水体面积由 2000 年的 113 $km^2$ 减至 2015 年的 42 $km^2$，累积减少 71 $km^2$，减幅 63%，年均减少约 5 $km^2$，其中，2010—2015 年累计减少 53 $km^2$，年均减少约 11 $km^2$，减少速度是 2000—2015 年的 2.2 倍；季节性水体面积由 2000 年的 132 $km^2$ 增至 2015 年的 162 $km^2$，累积增加 30 $km^2$。2000—2015 年，北六环内的常年水体面积减少的幅度快于北京市常年水体减少的幅度。

河北位于华北平原，是我国重要的工矿中心。常年水体面积由 2000 年的 3746 $km^2$ 减至 2015 年的 1785 $km^2$，累计缩减 1961 $km^2$，减幅 52.3%，年均减少约 131 $km^2$，其中，2010—2015 年，常年水体面积缩减达 1721 $km^2$，年均减少 344 $km^2$，减少的速度是 2000—2015 年的 2.6 倍；季节性水体面积由 2000 年的 4108 $km^2$ 增加至 2015 年的 5976 $km^2$，累计增加 1868 $km^2$，增幅 45%，年均增加 125 $km^2$（图 2.22）。

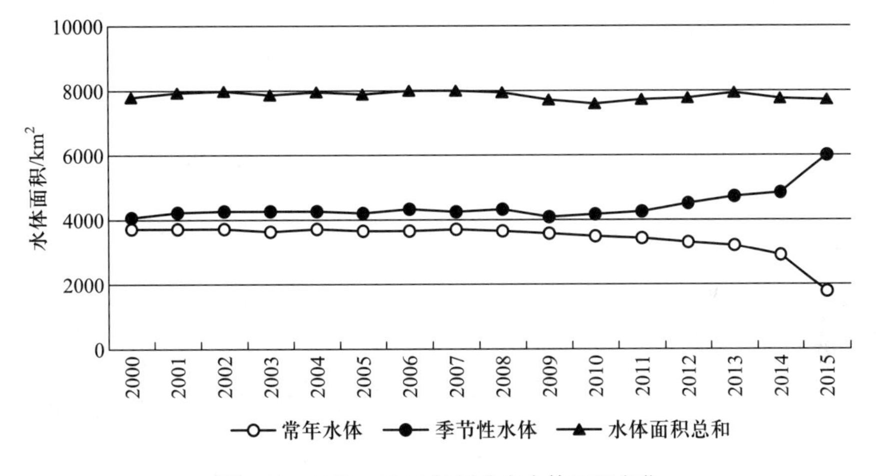


图 2.22 2000—2015 年河北省水体面积变化

新疆是我国气候最为干燥的地区，同时也是我国面积最大的地区，是我国陆上丝绸之路经济带通往中亚、南亚的必经之地。常年水体由 2000 年的 2.21 万 $km^2$ 减至 2015 年的 1.55 万 $km^2$，累计缩减 6624 $km^2$，减幅 30%，年均减少 442 $km^2$，是我国陆面水体面积减少最大的地区，其中，2010—2015 年累计减少 6134 $km^2$，年均减少 1227 $km^2$，减少的速度是 2000—2015 年的 2.8 倍；季节性水体由 2000 年的 1.89 万 $km^2$ 增至 2015 年的 2.21 万 $km^2$，累计增加 3256 $km^2$，增幅 17%，年均增加 217 $km^2$（图 2.23）。

（3）吐鲁番盆地、黑河、海河及艾比湖流域水体面积变化

吐鲁番盆地是我国天气最为干燥的内陆盆地，是坎儿井的发祥地，也是我国著名的葡萄之乡与旅游胜地。常年水体由 2000 年的 92 $km^2$ 减至 2015 年的 51 $km^2$，累计缩减 41 $km^2$，减幅 44.6%，年均减少 2.73 $km^2$，2010—2015 年常年水体由 102 $km^2$ 减至 51 $km^2$，累计减少 51 $km^2$，年均减少 10.2 $km^2$，减速是 2000—2015 年的 3.74 倍；季节性水体由 2000 年的 187 $km^2$ 增至 2015 年的 249 $km^2$，累计增加 62 $km^2$，增幅 33%，年均增加 4.13 $km^2$（图 2.24）。

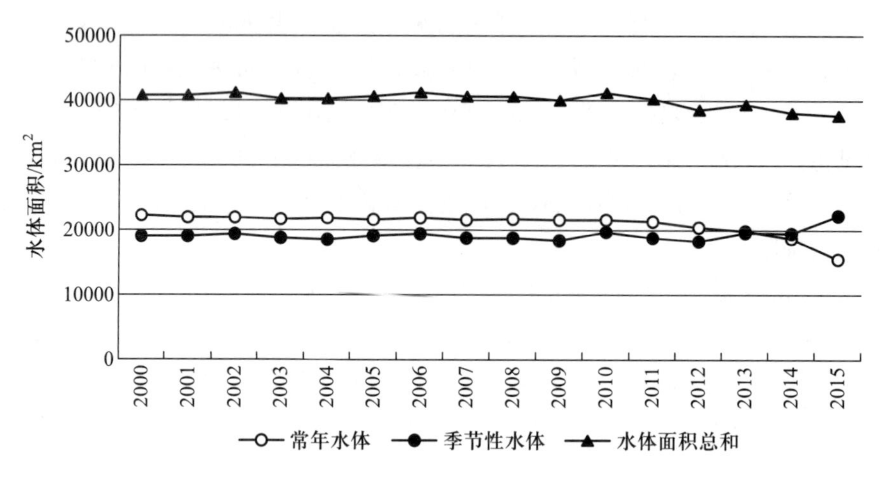


图 2.23 2000—2015 年新疆维吾尔自治区水体面积变化

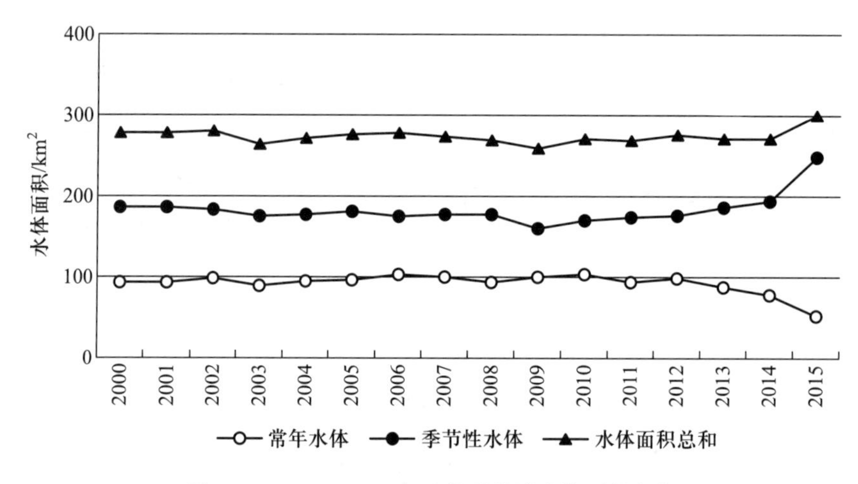


图 2.24 2000—2015 年吐鲁番盆地水体面积变化

黑河流域位于我国的甘肃，是河西走廊的重要组成部分，也是陆上丝绸之路的交通要道。常年水体由 2000 年的 832 $km^2$ 减至 2015 年的 353 $km^2$，累计缩减 479 $km^2$，减幅 57.6%，年均减少 32 $km^2$，其中，2010—2015 年累积缩减 409 $km^2$，年均缩减 81.8 $km^2$，减速是 2000—2015 年的 2.6 倍；季节性水体由 2000 年的 1099 $km^2$ 增至 2015 年的 2001 $km^2$，累计增加 902 $km^2$，增幅 82%，年均增加 60.1 $km^2$（图 2.25）。

海河位于我国的华北地区，由海河南系与海河北系组成（不包括滦河和徒骇马颊河）。海河流域的水体总面积呈现减少的趋势，由 2000 年的 1.09 万 $km^2$ 缩减至 2015 年的 1.01 $km^2$，累积缩减 870 $km^2$，减幅 8%，年缩减 58 $km^2$；其中，常年水体由 2000 年的 5144 $km^2$ 减至 2015 年的 2101 $km^2$，累计缩减 3043 $km^2$，减幅 59.16%，年均减少 203 $km^2$，2010—2015 年，常年水体累积缩减 2711 $km^2$，年均减少 542 $km^2$，减速是 2000—2015 年的 2.7 倍；季节性水体由 2000 年的 5752 $km^2$ 增至 2015 年的 7925 $km^2$，累计增加 2173 $km^2$，增幅 38%，年均增加 145 $km^2$（图 2.26）。

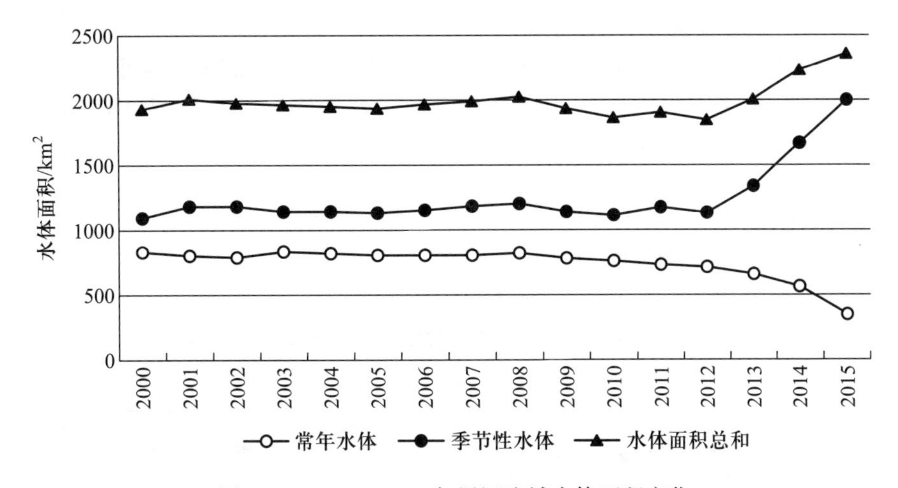


图 2.25　2000—2015 年黑河流域水体面积变化

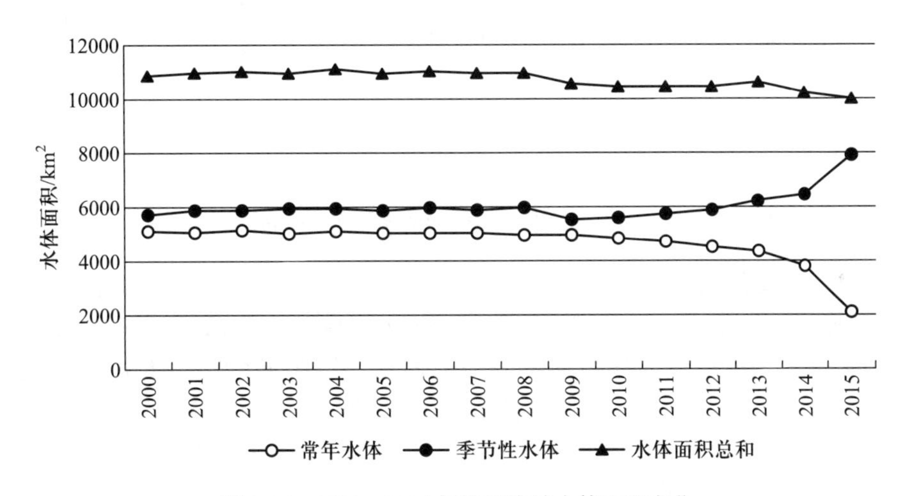


图 2.26　2000—2015 年海河流域水体面积变化

艾比湖流域位于祖国的西北边陲，内有赛里木湖与艾比湖两大天然水体，是我国北疆重要的生态屏障。其中，常年水体面积自 2008 年起，持续萎缩，由 2008 年的 1600 $km^2$ 减至 2015 年的 1444 $km^2$，累计缩减 156 $km^2$，减幅 9.8%，年均减少 22.3 $km^2$；季节性水体面积由 2008 年的 667 $km^2$ 增至 2015 年的 875 $km^2$，累计增加 208 $km^2$，增幅 31%，年均增加 29.7 $km^2$（图 2.27）。

（4）2011—2015 年中国水体面积变化特点

我国重点区域、省与典型流域都呈现季节性水体增加，常年水体减少的变化趋势，且近 5 年该趋势愈发明显。

华北地区是陆表常年水体面积减少最多、减幅最大的区域，2000—2015 年均减少 626 $km^2$，其中，2010—2015 年缩减 7837 $km^2$，缩减速度是 2000—2015 年的 2.5 倍；北京市是陆表常年水体减少速度最快的省市，其中，2010—2015 年减速是 2000—2015 年的 2.4 倍；新疆是常年水体面积减少最大的地区，2000—2015 年累计减少 6624 $km^2$，其中，2010—2015 年减速是 2000—

2015年的2.8倍；京畿之地的海河流域2000—2015年常年水体减少3043 km²，是减幅最大的流域，其中，2010—2015年减少2711 km²，减速是2000—2015年的2.7倍；西北内陆的黑河流域是减幅第二大的流域，2000—2015年累计缩减479 km²，年均缩减32 km²，其中，2010—2015年缩减409 km²，年均缩减81.8 km²，减速是2000—2015年的2.6倍。

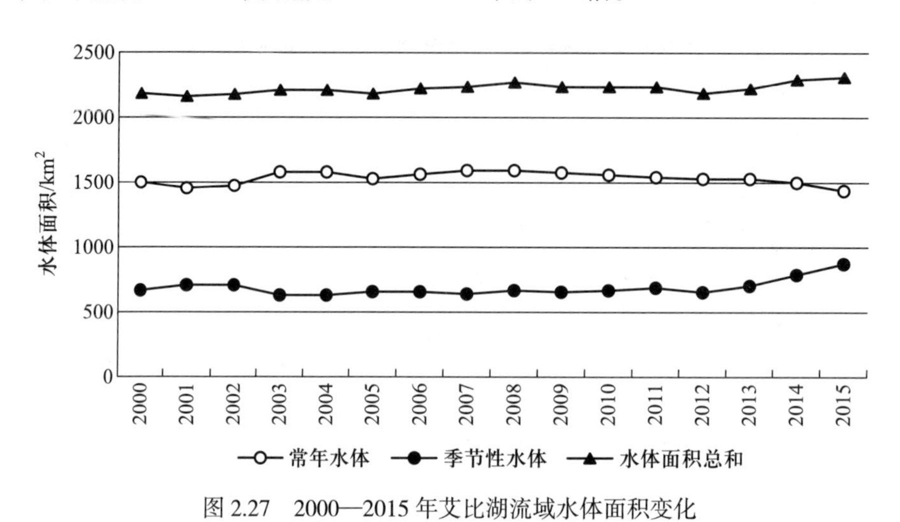


图2.27 2000—2015年艾比湖流域水体面积变化

### 2.2.3 “胡焕庸线”东、西部生态环境变化分析

“胡焕庸线”即我国地理学家胡焕庸教授于1935年提出以“瑷珲－腾冲一线”划分我国人口密度的对比线。这条线从黑龙江省瑷珲（1983年改称黑河市）到云南省腾冲，大致为方位45°的一条斜曲线。该线东南部分占36%的国土居住着全国96%的人口，以平原、水网、丘陵、喀斯特和丹霞地貌为主要特征；该线西北部分人口密度低，主要分布草原、沙漠和雪域高原。本文基于30 m空间分辨率的中国土地覆被数据和250 m空间分辨率的植被覆盖度参数，分析“胡焕庸线”（以下简称“胡线”）东、西部生态环境变化。

（1）“胡线”东、西部自然植被分布格局

2015年全国自然植被（土地覆被数据中的林地与草地）的空间分布格局见图2.28。其中，“胡线”以东林地面积为186.3万km²，占69.4%，草地面积为22.5万km²，占8.1%；“胡线”以西林地面积为82.1万km²，占30.6%，草地面积为255.4万km²，占91.9%。

（2）“胡线”东、西部自然植被覆盖度分布情况

植被覆盖度是指单位面积内植被（包括叶、茎、枝）在地面的垂直投影面积占总面积的百分比，其中，林地植被覆盖度是冠层郁闭度和林下植被覆盖度的总和。利用遥感估算植被覆盖度，常用的方法是像元二分法。该方法假设像元是由植被覆盖地表和无植被覆盖地表两部分构成的，所得到的光谱信息也是这两个组分因子的线性组合，它们各自的面积在像元中所占比率即为各因子的权重，其中，植被覆盖地表占像元的百分比即为该像元的植被覆盖度。该方法适用于监测区域植被覆盖度及其变化，阈值需要根据区域内的纯植被像元和纯土壤像元确定（吴云等，2010）。基于2015年逐月植被覆盖度数据，获得年最大植被覆盖度以评价“胡线”东、西部植被质量状况。

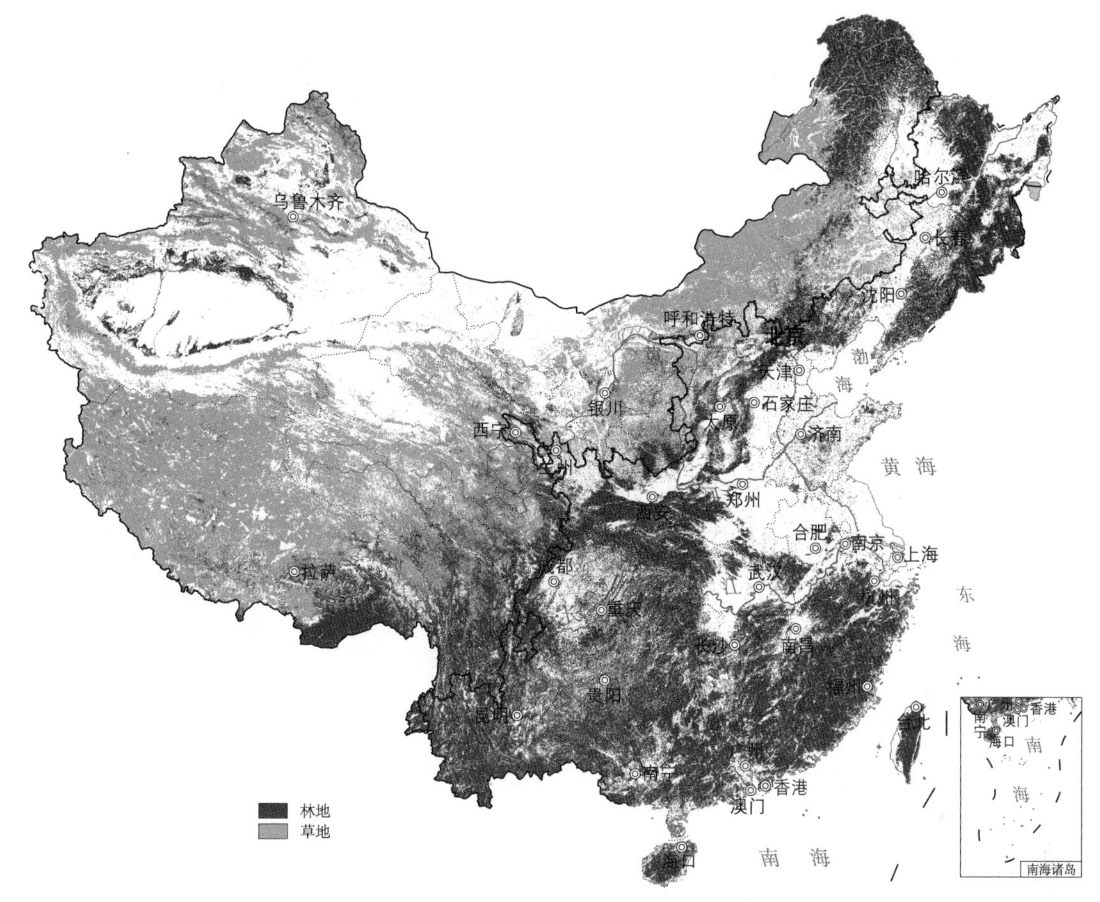


图 2.28　2015 年“胡焕庸线”东、西部林地与草地分布格局（参见书末彩插）

林地方面（图 2.29），2015 年“胡线”东部的林地植被覆盖度平均值为 0.95，表明大部分的林地质量较好，仅在华北部分地区植被覆盖度较低，经过实地勘察发现，该地区的大部分低覆盖度区域是新增的荒山造林区，预计在未来 5 ~ 10 年，随着新增林地的逐步发育壮大，植被覆盖度将稳步提升；2015 年“胡线”西部的林地植被覆盖度平均值为 0.82，明显要低于东部，其主要原因是该地区稀疏林占比较大，导致植被覆盖度整体偏低，但是乔木林的覆盖度较高。

草地方面（图 2.30），2015 年“胡线”东部的草地植被覆盖度平均值为 0.80，较低的植被覆盖度主要集中在东部的牧区，其主要原因是放牧导致的；2015 年“胡线”西部的草地植被覆盖度平均值为 0.44，显著低于东部，植被覆盖度低值主要出现在内蒙古中西部、西藏高原中西部，以及新疆局部地区，主要原因是上述区域草地类型包含部分稀疏草地，加之普遍存在的过度放牧，降低了草地的覆盖度，导致草地质量偏低。

（3）“胡线”东、西部自然植被覆盖度变化情况

利用 2000—2015 年长时间序列植被覆盖度数据，首先逐像元统计各年份的植被覆盖平均值，再计算线性关系获得斜率，从而分析植被覆盖度的年际变化趋势，以了解“胡线”东、西部林地和草地的植被质量的时间序列变化特征。

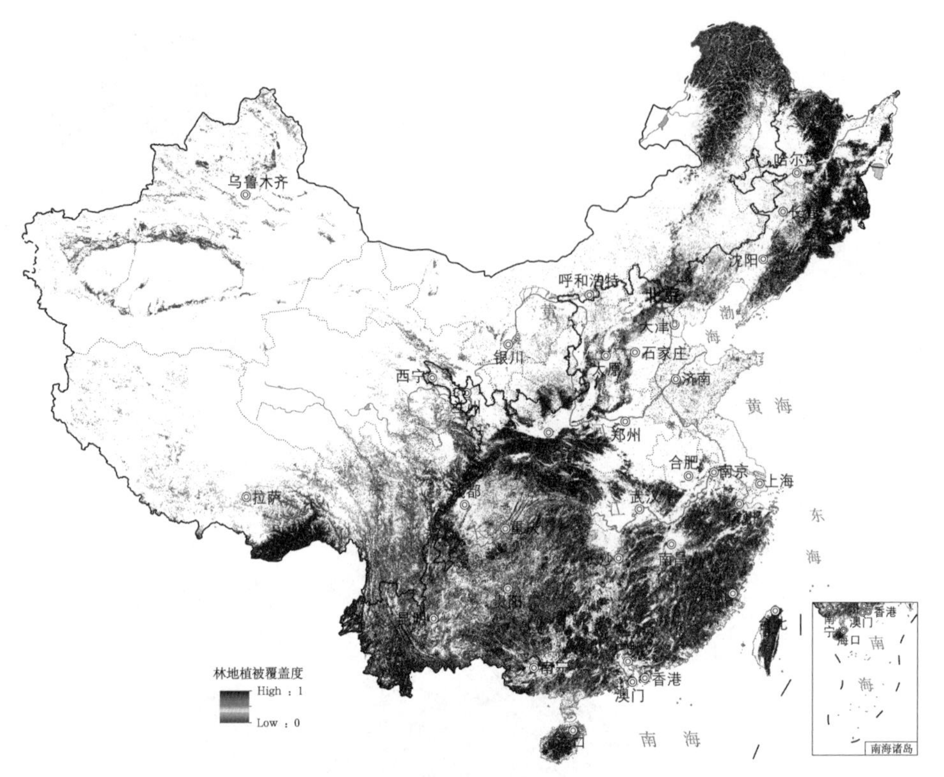


图 2.29 “胡焕庸线”东、西部林地植被覆盖度 2015 年年度最大值分布（参见书末彩插）

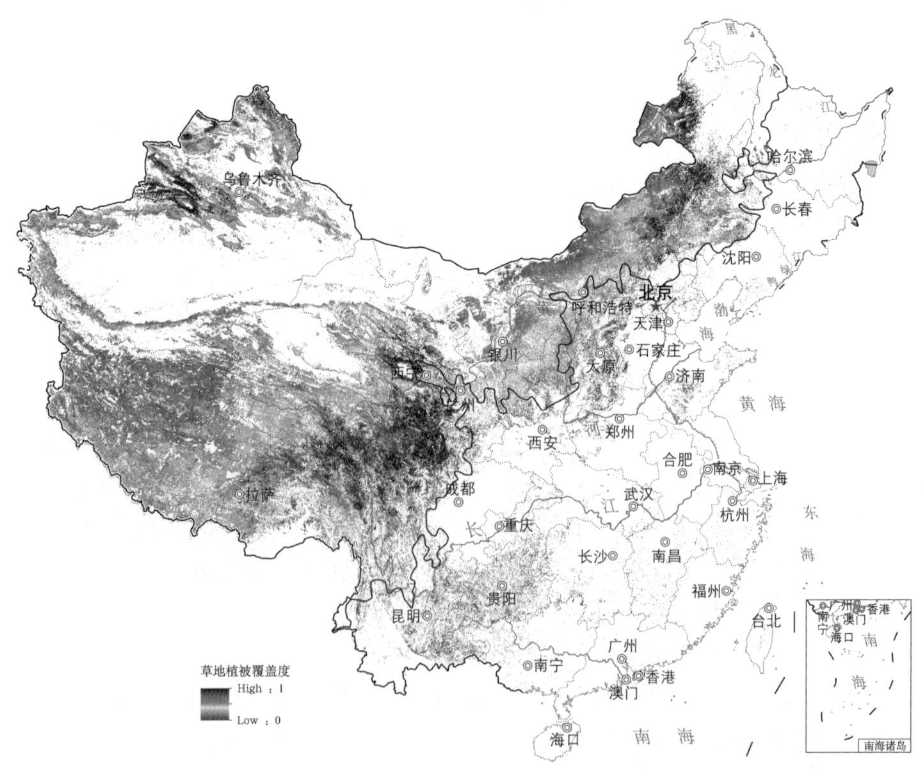


图 2.30 “胡焕庸线”东、西部草地植被覆盖度 2015 年年度最大值分布（参见书末彩插）

林地方面（图 2.31），“胡线”东部有 27.9% 的林地植被覆盖度下降，其中，19.2% 降幅较大（斜率小于 -0.1），主要分布在东北、华南、西南和台湾省一带；72.0% 的林地植被覆盖度上升，其中，61.6% 增长良好（斜率大于 0.1）。分析表明，“胡线”东部林地总体质量在上升，且大部分保持较好的增长势头，但是局部地区，如西南、华南和台湾省的林地质量出现一定程度的下降，需要关注。“胡线”西部有 38.9% 林地植被覆盖度下降，其中，27.5% 降幅较大（斜率小于 -0.1），主要分布在藏南一带；60.1% 的林地植被覆盖度上升，其中，47.7% 增长良好（斜率大于 0.1）。分析表明，“胡线”西部林地总体质量在上升，且大部分保持较好的增长势头，但是藏南地区的植被覆盖度大面积下降需要关注。

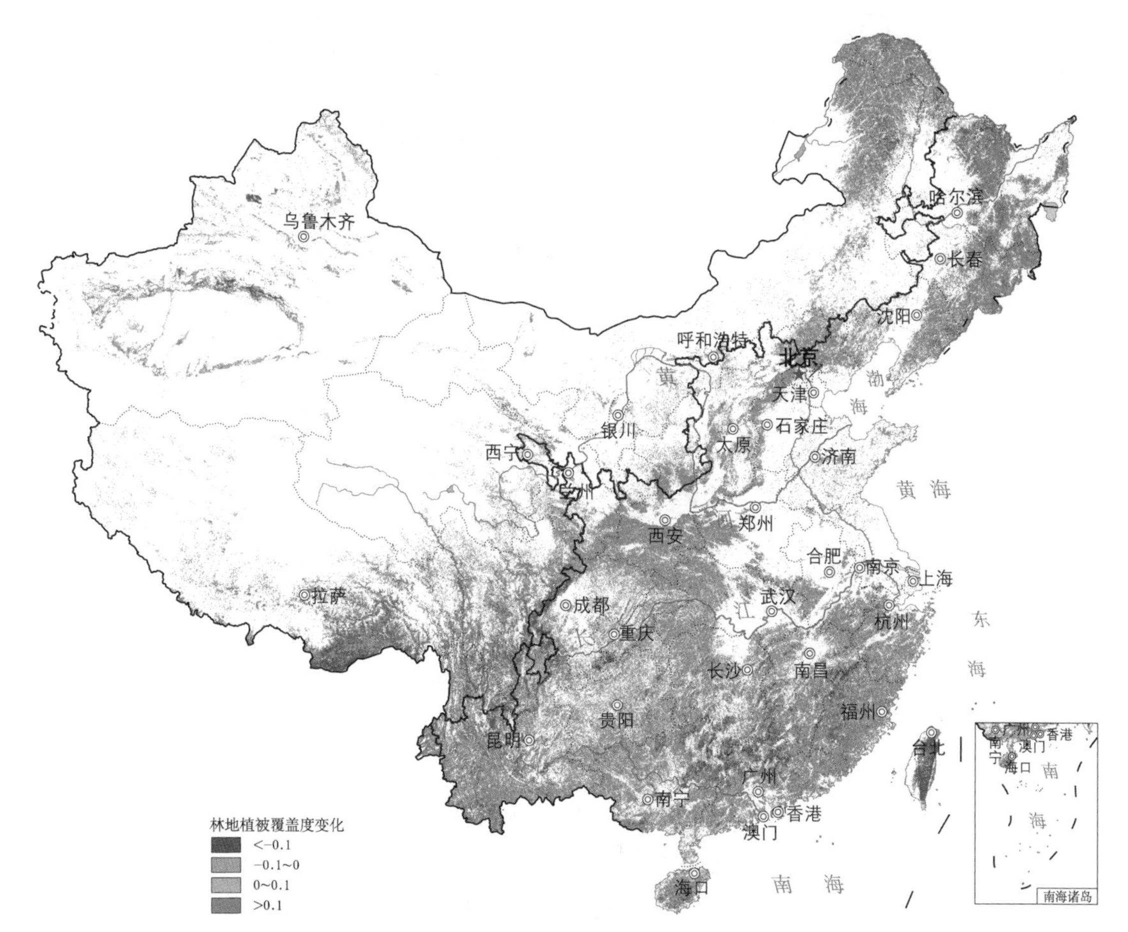


图 2.31 “胡焕庸线”东、西部林地植被覆盖度 2000—2015 年年度变化趋势分布（参见书末彩插）
大于 0 为植被覆盖度 15 年间为上升趋势，小于 0 为下降趋势

草地方面（图 2.32），“胡线”东部有 15.4% 的草地植被覆盖度下降，其中，11.1% 降幅较大（斜率小于 -0.1）；84.6% 的草地植被覆盖度上升，其中，79.2% 增长良好（斜率大于 0.1）。分析表明，“胡线”东部的草地总体质量在上升，且大部分保持较好的增长势头。“胡线”西部有 37.3% 草地植被覆盖度下降，其中，20.3% 降幅较大（斜率小于 -0.1），主要分布在西藏西南部、新疆北部以及内蒙古中东部；61.1% 的草地植被覆盖度上升，其中 39.6% 增长良好（斜率大于 0.1）。分

析表明，“胡线”西部的草地总体质量在上升，但尤其需要关注西藏西南部的大面积草地质量下降，这与当地的草地退化有着密切关系；同时，由于新疆的牲畜数量在 2006—2007 年达到峰值，造成植被覆盖度大幅下降，虽然从 2008 年开始放牧受到一定的控制，但是新疆草地的近 15 年植被覆盖度斜率还是呈现下降的情况。

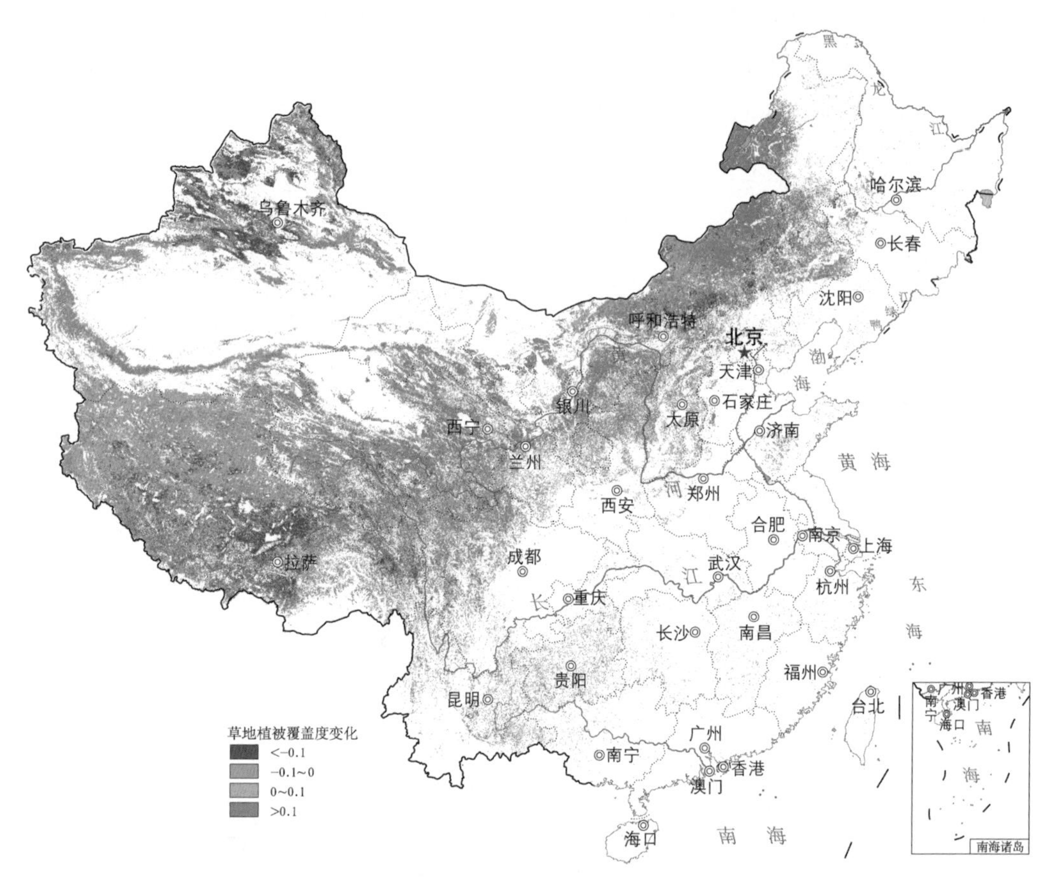


图 2.32 “胡焕庸线”东、西部草地植被覆盖度 2000—2015 年年度变化趋势分布（参见书末彩插）

大于 0 为植被覆盖度 15 年间为上升趋势，小于 0 为下降趋势

以上分析结果表明，“胡线”东、西部地区的自然植被质量在时空格局均呈现好转的变化趋势，间接说明我国大力推动的“生态文明”建设取得初步的成效。“胡线”东部由于经济发展起步较早，其对生态环境保护的意识也较早付诸行动，在 2000 年后开始了大量退耕还林还草，自然植被增加，2010 年后，人工表面的大幅扩张开始挤压植被的空间，使得自然植被小幅下降（张磊等，2011）。而在“胡线”西部，情况较为不同，由于西部经济发展起步较晚，结合西部大开发等政策，西藏的西部地区的草地质量、藏东南的林地质量都呈下降的趋势，2010 年后随着“生态文明”建设的推进，西部已经开始重视植被保护，林草减少的趋势得以缓和，“生态文明”建设依然任重而道远。

## 2.3 土地覆被变化的主要驱动因子

2000—2015年,中国土地覆被格局变化的驱动因素非常复杂,涉及了政策体制、经济、人口、文化以及自然等一系列因素。

中国在不同的地区实施的各种各样的政策,包括经济发展、生态自然保护和区域发展等一系列相关政策。2000年以来,我国先后实施了退耕还林还草、天然林保护、公益林保护等一系列生态保护政策和措施,自然保护区得到快速发展,确定了重点生态功能区和国家生态安全屏障区,并实施了区域生态保护与建设重大工程,对我国自然植被的生长与恢复发挥了积极的作用(Tan et al., 2005)。特别是在政策实施前期,主要对耕地、裸地等非植被覆盖以及低植被覆盖区域进行植树造林等改造,我国大部分地区的自然植被面积和覆盖度均在显著增加,而政策实施略有成效后,生态保护方向从原有的植树造林等改变土地覆被类型的方式向增加植被密度、保护天然林等植被质量保护的趋势发展,导致在2010年后的5年中,自然植被的增速逐渐减慢,部分区域甚至出现了小幅降低,但植被密度大幅度增加,特别是林场、湿地等自然保护区(章家恩和徐琪,1997;吴云等,2010)。

水体面积的减少是区域耗水增加最直观的体现。北京市在"十二五"期间实施了百万亩平原大造林工程,采取退耕还林、农业种植结构调整等手段,发展规模化苗圃,以增加绿地面积(Lu et al., 2015)。遥感监测表明,2010—2015年北京市耕地面积减少约79.3 $km^2$,而林地面积增加177.3 $km^2$,证实北京地区正朝着退耕还林的目标迈进。遥感耗水监测表明,2010—2015年北京市有林地的平均耗水量为2593.3 $t \cdot km^{-2}$,旱作耕地的平均耗水量为2460.0 $t \cdot km^{-2}$,有林地的平均耗水量比旱作耕地高133.3 $t \cdot km^{-2}$,79.3 $km^2$耕地退耕减少4375万吨水消耗,而177.3 $km^2$有林地却新增1.03万吨水消耗,二者抵消,耗水量反而增加了0.59万吨。事实上,北京地区常年水体面积缩减的幅度冠居全国就是耗水量增加的最直接证明。

自2000年起,中国大部分城市开始快速发展,耕地撂荒现象显著,特别是华东和华南地区,经济快速稳定发展,城市化扩张显著。伴随着快速城市化进程,中国的人工表面面积快速增加,且在2010—2015年增加速率高于2000—2010年。建设用地的快速扩张对区域气候、野生动物栖息地等产生重要影响。人口因素也导致了许多土地覆被类型发生变化,一方面是自然人口的增长导致对工作、食物、房屋等的需求,必然对耕地、建设用地的变化产生作用;另一方面农村人口向城市的迁移也出现了耕地撂荒、城市建设用地增加以及偏远山区自然植被逐渐恢复的现象。文化主要是以饮食偏好、家庭行为和公众态度的形式,在经济和政策的辅助力量下对土地覆被格局产生作用。

气候变化也是土地覆被变化的重要原因,如气候变暖导致的冰川融化使得湖水量增大,从而使青藏高原的湖泊面积增加(万玮等,2014);西北干旱地区裸土、稀疏草地等其他类型与草地之间的相互转换,在很大程度上是由降水量的变化引起的(李震等,2005)。部分区域植被变化也与气候变化有关系,有研究表明,黄土高原地区植被覆盖度的升高与2002年以来降水量的上升有一定关系(信忠保等,2007);三江源植被覆盖度的增加与气温和降水量的变化有关系,且气温和降水量对植被生长的影响程度相当(李辉霞等,2011);青藏高原西部草地的退化则与该地区10年来干旱程度的不断加深有密切联系(王敏等,2013)。

# 参考文献

傅伯杰 . 2013. 生态系统服务与生态安全 . 北京：高等教育出版社，49–66.

李辉霞，刘国华，傅伯杰 . 2011. 基于 NDVI 的三江源地区植被生长对气候变化和人类活动的响应研究 . 生态学报，31(19)：5495–5504.

李震，阎福礼，范湘涛 . 2005. 中国西北地区 NDVI 变化及其与温度和降水的关系 . 遥感学报，9(3)：308–314.

万玮，肖鹏峰，冯学智，等 . 2014. 卫星遥感监测近 30 年来青藏高原湖泊变化 . 科学通报，59(8)：701–714.

王敏，周才平，吴良，等 . 2013. 近 10 年青藏高原干湿状况及其与植被变化的关系研究 . 干旱区地理，36(1)：49–56.

吴炳方，苑全治，颜长珍，等 . 2014. 21 世纪前十年的中国土地覆盖变化 . 第四纪研究，34(4)：724–731.

吴炳方，等 . 2017. 中国土地覆被 . 北京：科学出版社，龙门书局，179–199.

吴云，曾源，赵炎，等 . 2010. 基于 MODIS 数据的海河流域植被覆盖度估算及动态变化分析 . 资源科学，32(7)：1417–1424.

信忠保，许炯心，郑伟 . 2007. 气候变化和人类活动对黄土高原植被覆盖变化的影响 . 中国科学，37(11)：1504–1514.

张磊，吴炳方，袁超，等 . 2011. 三峡工程建设前后库区城镇发展与环境变化 . 长江流域资源与环境，20(3)：317–324.

章家恩，徐琪 . 1997. 现在生态学研究的几大热点问题透视 . 地理科学进展，16(3)：29–37.

赵英时 . 2002. 遥感应用分析原理与方法 . 北京：科学出版社 .

Lu S, Wu B, Wei Y, et al. 2015. Quantifying impacts of climate variability and human activities on the hydrological system of the Haihe River Basin, China. Environmental Earth Sciences, 73(4): 1491–1503.

Pekel J F, Cottam A, Gorelick N, et al. 2016. High-resolution mapping of global surface water and its long-term changes. Nature, 540(7633): 418.

Song X, Yang G, Yan C, et al. 2009. Driving forces behind land use and cover change in the Qinghai-Tibetan Plateau: A case study of the source region of the Yellow River, Qinghai Province, China. Environmental Earth Sciences, 59(4): 793–801.

Tan M H, Li X B, Lu C H. 2005. Urban land expansion and arable land loss of the major cities in China in the 1990s. Science in China Series D (Earth Sciences), 48(9): 1492–1500.

Yan C Z, Song X, Zhou Y M, et al. 2009. Assessment of aeolian desertification trends from 1975's to 2005's in the watershed of the Longyangxia Reservoir in the upper reaches of China's Yellow River. Geomorphology, 112(3–4): 205–211.

Zhang L, Jia K, Li X, et al. 2014. Multi-scale segmentation approach for object-based land-cover classification using high-resolution imagery. Remote Sensing Letters, 5(1): 73–82.

Zhang L, Wu B, Zhu L, et al. 2012. Patterns and driving forces of cropland changes in the Three Gorges Area, China. Regional Environmental Change, 12(4): 765–776.

# 第3章 中国陆地生态系统地表能量平衡特征及变化趋势*

太阳辐射是地球能量的主要来源，是地球气候系统中各种物理过程和生命活动的基本动力。太阳辐射对气候的影响主要通过地面和大气的升温和冷却实现，由于下垫面物理性质不同造成地表增温的不均匀，这种不均匀形成不同的气团，从而形成和维持大气环流。随着大气环流的变化，大气中热量和水分也不断变化，最终形成各种天气和气候状况。因此，太阳辐射是驱动大气运动的主要能源，太阳辐射的研究是气候系统乃至地球系统科学研究的核心内容之一（潘守文，1994；翁笃鸣，1997；高国栋和陆渝蓉，1982）。为了探索和描述某一地区气候的形成原因及其特征，就必须从太阳辐射研究着手，利用地表能量收支平衡来揭示该研究区域的气候特征。

太阳辐射在通过大气层时受到大气中各种成分的反射、吸收和散射，造成太阳辐射光谱不同程度的变化，波长在 0.29 μm 以下的辐射地面几乎观测不到。到达地面光谱在 0.29 ~ 4.0 μm 的太阳辐射称为总辐射，0.29 ~ 0.4 μm 光谱波段的辐射称为紫外辐射，0.4 ~ 0.7 μm 光谱波段的辐射称为光合有效辐射。

紫外辐射可以破坏蛋白质中的化学键，损害生物细胞中的脱氧核糖核酸（DNA），破坏动、植物的个体细胞。在农林生产中，过量的紫外辐射通过破坏植物的叶片抑制植物光合作用，导致生物量减少。在水生生态系统中，紫外辐射通过损伤海洋生物导致海洋生物食物链的破坏，危害整个海洋生态系统。适量紫外辐射会使人体合成维生素 D，对防治佝偻病和骨质疏松很有效。短期小剂量的紫外辐射照射对小儿、老年人和动物均有增强机体免疫功能的作用；过量的紫外辐射将导致晒斑、眼疾、皮肤癌等多种疾病。据资料报道，皮肤癌发病率在澳大利亚为 800/10 万，在美国为 250/10 万，在日本为 8/10 万。近地面的紫外辐射是近地面层光化学反应的主控因子之一，可促发污染物在大气中的二次或多次化学反应生成新的物质，造成毒性更大的二次污染。刘慧等（2015）通过分析北京市紫外辐射与人体健康数据揭示紫外辐射对人体健康的影响，并构建了一个统计预报模型。虽然紫外辐射的能量在太阳总辐射能中只占很小的比例，但由于其强烈的生物、化学效应，以及对人类健康、大气环境的影响，对紫外辐射进行观测研究具有重要的科学意义。

光合有效辐射是进行光合作用的那部分太阳辐射，是形成生物量的能量来源，直接影响着植被的生长、发育、产量和产品质量。同时，作为一种重要的气候资源，光合有效辐射影响着地表与大气的物质与能量交换，不仅有助于作物光合潜力、潜在产量的评估研究和作物生长的模拟研

---

* 本章作者为中国科学院大气物理研究所胡波和王跃思，陕西省气象局气象台刘慧。

究，而且还是生态系统碳通量研究及全球变化模拟研究中不可缺少的基础数据之一。光合有效辐射是陆地和海洋生态系统碳循环的核心因素，它的精确测量有助于修正净生产率和碳源汇研究模型，使各种模型更贴近实际地气系统的变化规律（Miskolczi et al.，1997），也就是说光合有效辐射是全球及区域碳支出研究、寻找“碳丢失”的一个关键参数。

紫外辐射与光合有效辐射的各种特征和变化规律，在生态学、农学、环境以及气候研究中都具有重要的意义和价值。因此，地基辐射观测资料在气候变化、生态学及环境科学等研究中都是不可或缺的。

这部分我们主要针对 CERN 观测的入射辐射的时空分布特征及其长期变化规律进行分析。

# 3.1　国内外进展

## 3.1.1　总辐射

太阳辐射是自然环境中各种物理过程的主要能量来源，是驱动气候形成和演变的基本动力，是地面生态系统能量的主要来源。太阳辐射在经过大气层时，由于受到云、水汽，大气中的 $CO_2$ 和臭氧等气体以及气溶胶粒子等的吸收、反射和散射作用，使到达地面的太阳辐射减弱。我国的太阳能资源十分丰富，各地太阳总辐射年曝辐量为 3350 ~ 8370 $MJ \cdot h^{-1}$，大部分地区的太阳能资源优于欧洲和日本等太阳能利用发达国家，太阳能资源具有很大的开发潜力。随着地面太阳辐射数据资料的累积和人们对于气候问题的广泛关注，太阳辐射的变化及其影响因子成为近些年国内外学者的研究焦点（胡荣明和石广玉，1998；罗云峰等，1998；周秀骥等，1998；石广玉等 2008；沈钟平和张华，2009）。到达地面的太阳辐射除了受到天文因子（包括太阳常数、日地距离、太阳高度角等）、地理因子（包括测站的纬度、海拔高度、地形条件等）的影响外，还受到地球大气层的强烈影响（Huo and Lu，2012），其中包括云、大气气溶胶、水汽和臭氧等。

尽管政府间气候变化专门委员会第四次评估报告（IPCCAR4）认为，20 世纪 90 年代之后全球大气透明度的增加对地面太阳辐射的增加有重要贡献，但这种贡献究竟有多大，目前尚无量化、确切的结论。近十年，我国部分地区环境和空气质量有所改善，太阳辐射为略有波动上升的趋势，这还需要进一步深入研究。

## 3.1.2　紫外辐射

美国早在 20 世纪 50 年代就开始使用 Robertson–Berger 宽带紫外辐射计对紫外辐射进行观测，该仪器简单易行，造价便宜，能对紫外辐射进行全天候的观测，但不能进行光谱测量（Berger，1976）。1987 年，美国开始使用紫外辐射光谱仪在南极地区建立了 4 个观测站，分别为麦克摩多、巴尔莫多、阿曼森 · 司各特和阿根廷乌修西亚科学观测南方中心站。1989 年，新西兰采用紫外辐射光谱仪对紫外辐射进行常规监测（McKenzie et al.，1992；Mckenzie et al.，2009）。20 世纪 80 年代末到 90 年代初，英国、法国、挪威、比利时、加拿大、西班牙、荷兰、德国、希腊、瑞典等国家也逐步开始对紫外辐射进行观测研究。虽然各国逐渐开展了紫外辐射的观测研究，但由于观测仪器设备标准不统一，资料间的可比性较差。为了建立紫外辐射观测的标准，欧盟资助了一个为期 3 年的“确定 UVB 辐射监测网标准”的研究计划(Gardiner et al., 1994)。

国内对紫外辐射的观测研究工作开展得较晚,20 世纪 90 年代初首次在瓦里关山大气本底站和南极中山站建立了 Brewer 紫外辐射观测系统(胡波,2005)。之后,一些科研机构和大学陆续建立了地基紫外辐射观测站,但是这些观测站点分布比较零散,且观测时间段较短,不便于进行大尺度长期的紫外辐射研究。中国生态系统研究网络(CERN)是我国第一个国家尺度的生态系统研究网络,该网络通过对我国不同类型的生态系统进行长期联网观测,为生态环境建设提供科学数据支持。其中,气象辐射观测系统开展了对生态系统影响显著的紫外辐射和光合有效辐射的观测,形成了国家尺度的紫外辐射、光合有效辐射观测网,由分布在 8 种典型生态类型的 45 个野外观测站组成。紫外辐射、光合有效辐射的长期观测为研究其变化规律和时空分布特征提供了数据基础。

紫外辐射在大气的传输过程中主要受到云、气溶胶、臭氧、水汽和地表反照率等要素的影响(Bais et al., 1993; Arola et al., 2003; Bernhard et al., 2007; Kerr et al., 2008)。Wei 等(2006)根据 TOMS(Total Ozone Mapping Spectrometer)1978—2011 年的数据产品分析了臭氧和正午红斑紫外辐射的长期变化特征,结果表明,在中国的东部和南部,臭氧层不是影响紫外辐射变化的主要原因,降水和云量的变化与紫外辐射的变化有显著相关性,紫外辐射变化的 40%~70% 可以归结于降水的变化;在中国的西部和北部,紫外辐射变化的 30%~70% 可以归结于臭氧的变化。Xia 等(2008a)分析了香河站 2004 年 10 月至 2006 年 9 月紫外辐射和相关气象要素的观测数据,发现大气可降水量在 1.5~2.0 cm 时,每增加单位气溶胶光学厚度就能够引起地面紫外辐射与太阳总辐射的比值($F_{uv}$)下降 26%,每增加 1 cm 大气可降水量时,$F_{uv}$ 的值增加 17%。den Outer 等(2010)重构了欧洲地区 1960 年后的紫外辐射历史数据,结果表明,在过去 4 个年代里,尤其是 1980 年后,紫外辐射呈上升趋势,1980—2006 年紫外辐射增长的 2/3 可以归结为云量和气溶胶光学厚度的下降,剩余 1/3 的增长归结于臭氧的减少。由于不同时段、不同地区各种因子对紫外辐射衰减的贡献各不相同,为了研究紫外辐射与各因子的相互关系,大范围长时间的紫外辐射数据是必需的(Schwander et al., 1997; Mayer et al., 2005)。

由于紫外辐射观测数据的匮乏,一些学者利用辐射传输模式来获得仪器观测记录前的紫外辐射历史数据,常用的辐射传输模式主要包括 LibRadtran 辐射传输模式(Lindfors et al., 2007; Román et al., 2015)、SMARTS 辐射传输模式(Zhang et al., 2014)、TUV 辐射传输模式以及 SBDART 辐射传输模式(den Outer et al., 2010)等。由于 SBDART 辐射传输模式需要云光学厚度、云层高度和云滴有效半径等光学参数,这些数据不易获得,许多学者先模拟晴天时到达地面的太阳紫外辐射,然后采用观测到的太阳总辐射与模拟的晴天时的紫外辐射比值来对云的衰减进行修正。祝青林等(2005)利用 CERN 观测的紫外辐射结合中国气象局观测数据初步给出了紫外辐射的空间分布特征。Zhang 等(2014)利用 SMARTS 辐射传输模式模拟了 CERN 9 个观测站 2006—2011 年晴天时的紫外辐射日累计值,然后采用经验方法获得云对紫外辐射衰减的修正因子,从而重构了全天候的紫外辐射日累计值;Román 等(2015)利用 UVSPEC/LibRadtran 辐射传输模式模拟了伊比利亚半岛 1950—2011 年晴天时的紫外辐射,然后采用经验方程来计算云修正因子,但其模式中气溶胶光学厚度(AOD)、地表反照率和水汽柱总量都采用的气候均值,模拟结果不能反映这些物理量的长期变化。由于辐射传输模式所需要的有些参数,如气溶胶光学参数、云光学参数等的观测起始时间较晚,且辐射传输模式对计算机要求较高,所以对于大范围、长时间尺度的紫外辐射重构来说并不是很适用(Calbó et al., 2005)。刘慧(2017)利用CERN地基观测数据与重构的历史数据揭示了我国紫外辐射、光合有效辐射的长期变化特征,认为中国地区大范围紫外辐射和光合有效辐射的下降主要是由于气溶胶浓度的增加引起的。青藏地区紫外辐射和光合有效辐射的上升是气溶胶浓度、云量和水汽柱总量降低所致。云、气溶胶、水汽和臭氧对紫外辐射衰减率的贡献率分别为18.13%、7.59%、6.20%和1.12%,对光合有效辐射衰减率的贡献率分别为21.59%、8.19%、6.72%和1.21%。

受辐射传输模式输入数据的限制,另有一部分学者根据已有的其他气象要素的观测数据对紫外辐射进行估算。Fioletov等(2001)建立了一个由太阳总辐射、臭氧、露点温度和降雪量重构加拿大紫外辐射历史数据的统计模型;Feister等(2008)利用神经网络方法由太阳总辐射、气溶胶光学厚度、臭氧柱总量重构了1993—2003年欧洲8个站点的紫外辐射历史数据;Hu等(2010a)利用晴空指数、太阳高度角和日照时数建立了北京紫外辐射估算公式,并重构了1961—2010年北京紫外辐射日累计值;Antón等(2011)根据太阳天顶角、臭氧柱总量和晴空指数重构了西班牙西南部的巴达霍斯和卡塞雷斯1950—2000年的紫外线指数历史数据集;Wang等(2014)根据晴空指数和太阳高度角建立了紫外辐射估算公式,并结合中国气象局(CMA)太阳辐射观测站,重构了CMA 115个站点紫外辐射日累计历史数据。还有一些学者将$F_{uv}$作为常数,利用观测的太阳总辐射重构紫外辐射(Calbó et al., 2005),但是该方法不适用于所有站点,在其他站点使用时需要对比值进行修正。

### 3.1.3 光合有效辐射

目前,光合有效辐射数据产品主要分成两类:一类是遥感辐射产品;另一类是地面站点观测产品。遥感辐射产品主要包括:全球能量与水循环试验发布的地表辐射收支数据产品集GEWEX-SRB,时间分辨率为3 h、日值以及月值,空间分辨率为1°×1°(Pinker et al., 1992);云和地球辐射能量系统科学研究小组生产的全球辐射产品CERES-SYN1deg,时间分辨率为3 h以及月值,空间分辨率为1°×1°;北京师范大学全球变化与地球系统科学研究院生产的GLASS(Global Land Surface Satellite)2008—2010年PAR产品,时间分辨率3 h,空间分辨率为5 km(Liang et al., 2013);基于ISCCP(International Satellite Cloud Climatology Project)获得的PAR产品ISCCP-BR以及ISCCP-PL(Pinker et al., 1992),时间长度为1983—2009年;基于370 nm的臭氧光谱仪获得的TOMS(Total Ozone Mapping spectrometer)PAR数据产品,空间分辨率为2.5°(Dye and Shibasaki, 1995)。光合有效辐射的地基观测产品主要有:美国国家海洋和大气管理局1993年建立的SURFRAD辐射观测网(Surface Radiation Budget Network)(Augustine et al., 2000),提供长期的地表太阳辐射观测资料;全球通量观测网络FLUXNET(Baldocchi et al., 2001),提供1991年至今的光合有效辐射数据集。由于各种各样的仪器在不同的区域或者国家进行测量,FLUXNET没有统一标准的观测精度评定。

对于光合有效辐射的变化规律及其估算方法国内外已经开展了一系列的研究。苏联Mordale(1963)基于观测的太阳直接辐射和散射辐射建立了光合有效辐射估算公式;Szeicz(1974)依据直接辐射、散射辐射、水汽柱总量和大气光学质量建立了光合有效辐射估算公式;缪启龙等(1993)计算和分析了我国坡地光合有效辐射的变化特征;Alados等(2000)估算了云天光合有效辐射的变化特征;张运林和秦伯强(2002)提出了适合于太湖湖泊生态系统研究站的光合有效辐射计算公式；Xia 等（2008b）分析了中国北方光合有效辐射与气溶胶和水汽的关系，并提出了由太阳高度角、晴空指数和日照时数来计算光合有效辐射的模型；Hu 等（2010b）根据北京 2005—2008 年太阳总辐射和光合有效辐射的观测数据提出了基于晴空指数、太阳高度角和日照时数的全天候光合有效辐射的估算公式并重构了北京地区 1958—2005 年光合有效辐射数据集；朱旭东等（2010）利用 Ångström 经验方程基于 CMA 常规气象观测站的日照时数、CMA 122 个辐射观测站的太阳总辐射和 CERN 36 个站的太阳总辐射和光合有效辐射观测数据重构了中国地区近 50 年光合有效辐射数据集，但并没有进行统计验证分析。

# 3.2 地表能量平衡数据重构方法

## 3.2.1 观测数据与方法

在本部分使用的数据主要有基于中国生态系统研究网络（CERN）的野外观测网络长期地基辐射观测数据与共享的地面气象要素、卫星遥感数据。下面对这些数据进行简要介绍。

陆地生态系统地表能量平衡数据直接来自 CERN 45 个野外台站的气象辐射要素的观测结果，辐射气象观测系统统一由 CERN 大气分中心根据研究目标、观测指标体系要求，制定具体的观测方案，并组织实施野外观测，包括仪器选型、统一实验观测方法、仪器安装调试、采集处理软件的研发、培训现场实验人员，并按中国生态系统研究网络章程规定的方法和标准对实验过程和观测数据实行质量控制。分布在我国 8 种典型生态类型的 39 个野外观测站（农业生态站 15 个，森林生态站 10 个，草地生态站 2 个，荒漠生态站 6 个，湿地生态站 1 个，湖泊生态站 2 个，海湾生态站 3 个）建立了中国紫外辐射与光合有效辐射观测网和动态数据信息库。站点的空间分布及基本信息见表 3.1。

**表 3.1 CERN 辐射观测站的基本信息及数据量**

| 站点代码 | 站点名称 | 经度 /(°) | 纬度 /(°) | 海拔 /m | 生态类型 |
|---|---|---|---|---|---|
| HBG | 海北 | 101.25 | 37.53 | 3230 | 草地 |
| NMG | 内蒙古 | 116.70 | 43.63 | 1187 | 草地 |
| DYB | 大亚湾 | 114.52 | 22.55 | 21 | 海湾 |
| JZB | 胶州湾 | 120.27 | 36.05 | 15 | 海湾 |
| SYB | 三亚 | 109.48 | 18.22 | 3 | 海湾 |
| DHL | 东湖 | 114.35 | 30.62 | 18 | 湖泊 |
| THL | 太湖 | 120.22 | 31.42 | 10 | 湖泊 |
| CLD | 策勒 | 80.72 | 37.02 | 1371 | 荒漠 |
| ESD | 鄂尔多斯 | 110.18 | 39.48 | 1290 | 荒漠 |
| FKD | 阜康 | 87.93 | 47.29 | 460 | 荒漠 |
| LZD | 临泽 | 100.12 | 39.33 | 1120 | 荒漠 |
| NMD | 奈曼 | 120.70 | 42.93 | 358 | 荒漠 |

续表

| 站点代码 | 站点名称 | 经度 /(°) | 纬度 /(°) | 海拔 /m | 生态类型 |
|---|---|---|---|---|---|
| SPD | 沙坡头 | 105.00 | 37.47 | 1357 | 荒漠 |
| AKA | 阿克苏 | 80.83 | 40.62 | 1028 | 农业 |
| ASA | 安塞 | 109.32 | 36.86 | 1189 | 农业 |
| CSA | 常熟 | 120.68 | 31.53 | 1.3 | 农业 |
| FQA | 封丘 | 114.40 | 35.00 | 67.5 | 农业 |
| HLA | 海伦 | 126.92 | 47.45 | 240 | 农业 |
| HJA | 环江 | 108.32 | 24.73 | 279 | 农业 |
| LSA | 拉萨 | 91.33 | 29.67 | 3688 | 农业 |
| LCA | 栾城 | 114.69 | 37.89 | 50.1 | 农业 |
| QYA | 千烟洲 | 115.05 | 26.73 | 100 | 农业 |
| SYA | 沈阳 | 123.40 | 41.52 | 31 | 农业 |
| TYA | 桃源 | 111.43 | 28.92 | 77.5 | 农业 |
| YGA | 盐亭 | 105.45 | 31.27 | 460 | 农业 |
| YTA | 鹰潭 | 116.92 | 28.20 | 35.6 | 农业 |
| YCA | 禹城 | 116.57 | 36.87 | 21 | 农业 |
| CWA | 长武 | 107.67 | 35.20 | 1120 | 农业 |
| ALF | 哀牢山 | 101.02 | 24.53 | 2450 | 森林 |
| BJF | 北京森林 | 115.433 | 39.967 | 1150 | 森林 |
| DHF | 鼎湖山 | 112.55 | 23.17 | 1000.3 | 森林 |
| GGF | 贡嘎山 | 102.00 | 29.58 | 3000 | 森林 |
| HSF | 鹤山 | 112.90 | 22.68 | 80 | 森林 |
| HTF | 会同 | 109.60 | 26.85 | 305 | 森林 |
| MXF | 茂县 | 103.90 | 31.70 | 1816 | 森林 |
| SNF | 神农架 | 110.22 | 31.38 | 1290 | 森林 |
| BNF | 西双版纳 | 101.27 | 21.92 | 570 | 森林 |
| CBF | 长白山 | 128.10 | 42.40 | 736 | 森林 |
| SJM | 三江 | 133.52 | 47.58 | 56.2 | 湿地 |

辐射观测仪器采用 Kipp & Zonen(荷兰)生产的辐射表,辐射表的参数如表 3.2 所示。辐射数据采用 DM520 数据采集器采集,采集频率为每分钟采集一次。

**表 3.2 辐射表参数**

| 辐射类型 | 表型 | 精度 |
|---|---|---|
| 总辐射(0.29 ~ 4.0 μm) | CM21 | ± 3% |
| 紫外辐射(0.29 ~ 0.4 μm) | CUV3 | ± 10% |
| 光合有效辐射(0.4 ~ 0.7 μm) | Li-190SZ | ± 5% |

总辐射采用标准组传递标定标准的方法进行标定，标定精度为 ±3%，标定结果与方法符合世界气象组织（WMO）总辐射表标定的标准。总辐射标准组仪器的标定采用交替标定法进行标定，即用两块性能基本一致的总辐射表同时标定，其中一块作为散射辐射观测表，另一块作为总辐射观测表，两者同时观测；然后将这两块观测量互换，最终得到总辐射标准组仪器的灵敏度。紫外辐射表采用辐射标准灯和紫外－可见光光谱仪进行标定，标定精度为 ±10%。对于紫外辐射表的标定采用光谱仪传递辐射标准灯的方案，即先将标准灯入射的紫外辐射分成若干个极为窄小的波段，采用美国海洋公司便携式 UV-VIS 光谱仪分别对每个小波段进行校准，求出每个小波段的灵敏度。由于每个测量波段极其窄小，滤光片在每个波段的透射比和感应器在该波段的灵敏度均可视为处于理想状态，即在每个波段内不再具有光谱选择性。然后利用光谱仪与紫外辐射表同时进行太阳紫外辐射观测，计算紫外辐射表灵敏度，对紫外辐射表进行标定，标定精度在 10% 以内。光合有效辐射表的标定方法与紫外辐射表类似，标定精度在 5% 以内。CERN 辐射观测网的传感器按照中国气象局辐射观测标准每 2 年进行一次标定，整个辐射观测系统每 5 年进行一次辐射基准传递，从而保证了观测仪器的可靠性。此外，为了获得高精度的观测数据，需要对观测数据进行质量控制，具体步骤如下：① 夜间几乎没有辐射，对于所有太阳高度角小于 0° 的时刻，总辐射、紫外辐射和光合有效辐射数据予以剔除。② 为了减少观测仪器的余弦效应对观测数据造成的影响，在数据质量控制过程中对太阳高度角小于 5° 的数据予以剔除（Hu et al., 2010a）。③ 所有观测到的总辐射、紫外辐射和光合有效辐射值小于同一地理位置大气层顶的值。④ 白天太阳辐射的极小值应该大于连续阴天时的观测结果，也就是说地面太阳辐射的观测值与大气层顶的比值应该大于 0.03（Geiger et al., 2002）。⑤ 紫外辐射与总辐射的比值介于 0.02～0.08（Hu et al., 2007a），光合有效辐射与总辐射的比值介于 1.3～2.8（Hu et al., 2007b）。

CERN 自 2004 年开始对生态监测网络中所有的气象辐射观测系统进行全面升级改造，在新系统中所有传感器都符合 WMO 标准，且精密度和稳定性高，因此本章中讨论的 CERN 的观测数据时间长度在 2005—2014 年。由于 CERN 观测时间长度和观测站点数量的限制，故基于中国气象局常规观测数据以及卫星 AOD 和臭氧柱总量产品分别对不同辐射成分的历史数据进行重构。

长期辐射要素观测资料与地面气象常规要素通过与中国气象局信息中心共享获取，总辐射观测数据共享中国气象局太阳辐射观测网的数据。中国气象局太阳辐射观测网于 1957 年建立，20 世纪 60 年代末至 80 年代，很多站点的辐射表超过了检定期限但仍在使用。中国气象局（CMA）于 1989 年决定对全国太阳辐射观测站分 3 批更换新型综合遥测辐射仪器，1993 年初所有辐射观测站换型结束。CMA 观测站的辐射观测项目包括太阳总辐射、直接辐射、散射辐射、净辐射和反射辐射。辐射测量标准仪器每 5 年送到世界辐射中心或者亚洲区域辐射中心进行一次对比。1993 年以前所有台站所使用的总辐射观测仪器相对误差在 10% 以内，1993 年及以后相对误差在 0.5% 以内。1993 年以后，CMA 辐射观测站点中有观测数据的站点共 101 个。

除太阳辐射数据之外，CMA 还提供了常规气象观测值，包括气压、气温、相对湿度、降水量、风速、风向、日照时数以及能见度。所有的气象数据都经过国家气象信息中心（NMIC）进行质量控制，包括阈值检验、时间和空间一致性检验、内部一致性检验以及手动验证。任芝花等（2015）使用了 724 个 CMA 常规气象观测站的平均气压、平均气温、平均相对湿度以及日照时数等数据集。西北和青藏地区的观测站点分布比较稀疏，尤其在西藏地区只有 3 个辐射观测站点。

在过去许多对中国气候变化的研究中，都将中国分成不同的气候区，分别研究每个气候区的辐射变化特征（Xia，2010；Wu et al.，2014；Shen et al.，2014）。8个气候区能够很好地反映中国的不同气候区特征（Liu et al.，2010）。本研究依据Shen等（2014）的分区方法将中国分为8个气候区，分别为：西北地区（NWC）、青藏地区（TP）、中国北部（NC）、西南地区（SWC）、东北地区（NEC）、华北平原（NCP）、中国东部（EC）以及东南地区（SEC）。表3.3为每个气候区所包含的站点数。

**表3.3　不同气候区的站点数**

| 气候区 | CMA常规气象观测站点数 | CMA辐射观测站点数 | CERN站点数 |
|---|---|---|---|
| NWC | 39 | 9 | 3 |
| TP | 86 | 11 | 2 |
| NC | 56 | 10 | 4 |
| SWC | 149 | 22 | 8 |
| NEC | 46 | 7 | 4 |
| NCP | 153 | 17 | 8 |
| EC | 155 | 21 | 7 |
| SEC | 40 | 4 | 3 |

气溶胶数据由地基观测和卫星遥感两种方式获取，下文分别介绍地基观测的AERONET数据集和卫星遥感的MODIS气溶胶光学参数数据集。

地面气溶胶观测网AERONET是由美国国家航空航天局（NASA）和法国里尔大学（PHOTON）共同建立的分布于全球气溶胶光学特性地基遥测网络。在该网络中统一采用CIMEL CE318系列太阳光度计，CE318系列太阳光度计的观测通道包括440 nm、670 nm、870 nm、936 nm、1020 nm以及3个870 nm的极化通道，可测得无云大气的太阳辐射。440 nm、670 nm、870 nm和1020 nm通道的观测数据用于反演气溶胶光学厚度，936 nm的观测数据用于反演水汽。AERONET的协同研究提供了气溶胶光学厚度、谱分布、相函数、单次散射反照率、复折射率、不对称因子、体积浓度、平均半径以及可降水量等产品。数据集包含3个等级的质量水平，分别为Level 1.0（未对有云情况进行筛选）、Level 1.5（对有云情况进行筛选）以及Level 2.0（对云筛选后进一步质量控制）。

由于地基观测站点稀疏，空间和区域地表性较差，为了获得更高时空分辨率的气溶胶光学特性数据，我们通过融合地基观测的AERONET和MODIS卫星遥感数据获得精细的气溶胶光学特性数据，从而获得较精确的总辐射数据提供数据支持。MODIS数据是通过NASA于1999年12月18日和2002年5月4日分别成功发射Terra和Aqua卫星搭载的MODIS中等分辨率成像光谱仪探测器，每1～2天时间即可对全球进行一次观测，扫描宽度为2330 km，光谱范围从0.4 μm（可见光）到1.44 μm（热红外光），包含36个光谱通道，其中470 nm、550 nm、660 nm、875 nm、1240 nm、1640 nm和2130 nm 7个波段用来探测气溶胶光学特性。

由于臭氧是紫外辐射衰减的主要影响因子，在重构紫外辐射时通过利用TOMS、OMI以及SBUV的臭氧柱总量产品来计算臭氧对太阳辐射的吸收作用。TOMS首次搭载在美国Nimbus-7极轨卫星上，于1978年10月24日发射，通过测量后向散射紫外辐射来获得全球大气臭氧总量。该仪器在Nimbus-7上的工作时间为1978年10月至1993年5月。为了继续Nimbus-7的工作，第二个搭载于TOMS的苏联气象卫星Meteor-3于1991年8月发射成功，工作至1994年12

月。此后，搭载于 TOMS 的地球探测卫星（earth probe satellite）于 1996 年 7 月至 2005 年 12 月对大气臭氧进行观测。Nimbus-7 和 Meteor-3 TOMS 有 6 个中心波长，分别为 313 nm、318 nm、331nm、340 nm、360 nm 和 380 nm。本章使用 TOMS 臭氧柱总量格点日平均资料（https://mirador.gsfc.nasa.gov）。

为了继续 TOMS 的工作，2004 年 7 月搭载于 AURA 卫星上的新一代臭氧监测仪（OMI）发射成功。OMI 利用臭氧在 331.2 nm 和 317.5 nm 波段的强吸收作用通过测量地球大气和表面的后向散射辐射来进行臭氧的反演。臭氧监测仪的波长范围为 270～500 nm，光谱分辨率约为 0.5 nm，相应的地面扫描幅宽为 2600 km。本章 2005 年以后的臭氧数据采用 2005—2015 年 OMI 臭氧柱总量三级产品 OMTO3e.003，空间分辨率为 0.25°×0.25°，时间分辨率为 1 天，存储格式为 HDF-EOS5（https://mirador.gsfc.nasa.gov）。

太阳紫外后向散射仪（SBUV）系列仪器是对地球大气 252～340 nm 波段范围内 12 个离散通道的太阳紫外散射辐射进行观测的单色仪，提供了最长时间尺度的全球臭氧廓线数据集。1970 年 4 月发射的 Nimbus-4 卫星上搭载了最早的 BUV 仪器，首次通过测量大气紫外后向散射辐射来反演大气臭氧垂直分布，并且获得了星下点的大气臭氧总量（Heath et al.，1973）。BUV 仪器从 1970 年 4 月运行到 1977 年 5 月，1972 年出现故障以后，只能获取零星的数据（Stolarski et al.，1997）。1978 年 10 月 SBUV 搭载于 Nimbus-7 卫星上接替 BUV 继续进行臭氧观测。随后搭载于 NOAA（9、11、14、16、17、18、19）卫星上的 SBUV/2 系列仪器于 1985 年开始运行，NOAA（16、17、18、19）卫星至今仍在运行。本章在对太阳总辐射进行重构时选取 1970—2014 年的 SBUV Version 8.6 的数据集，存储格式为 txt（https://acd-ext.gsfc.nasa.gov/Data_services/merged）。

### 3.2.2 太阳总辐射历史数据的重构

中国气象局在 1990 年前后对全国辐射观测网的观测仪器进行了更新换代，至 1993 年初全国所有太阳辐射观测站全部换型结束（Tang et al.，2013；Wang，2014）。由于 1993 年之前辐射观测数据误差较大，且辐射观测网的站点空间分辨率较低，尤其在西北及青藏地区，为了获取较高空间分辨率和较长时间尺度的太阳总辐射重构值，我们采用“混合模型”（Yang et al.，2006）根据 724 个中国气象局（CMA）常规观测站 1961—2014 年的气象数据重构太阳总辐射历史数据。

“混合模型”是一个半物理半经验模型，既包括了 Ångström 模型操作的简单性，又包括了辐射传输过程中的物理过程。在晴天情况下，太阳辐射透过大气时受到瑞利散射、气溶胶吸收和散射、臭氧吸收、水汽吸收以及均一混合气体的吸收作用，这 5 种衰减作用对应的透过率分别表示为 $\tau_r$，$\tau_a$，$\tau_{oz}$，$\tau_w$，$\tau_g$。晴空条件下，太阳直接辐射透过率和散射辐射透过率可以定义为：

$$\tau_b=\tau_r\tau_a\tau_{oz}\tau_w\tau_g \tag{3.1}$$

$$\tau_d=0.5[\tau_{oz}\tau_w\tau_g(1-\tau_r\tau_a)] \tag{3.2}$$

式中，5 个透过率可以通过地面大气压、可降水量 $w$、臭氧柱总量和 Ångström 大气浑浊度 $\beta$ 计算得到（Leckner，1978；Yang et al.，2006）。

湿度廓线可以用来计算大气的可降水量，然而，常规气象观测中没有湿度廓线的观测。在混合模型中，可降水量 $w$（cm）可以通过相对湿度 $RH$（%）和气温 $T$（K）（Machler and Iqbal，1985）获得。

$$w=0.0493RH\times T^{-1}\exp(26.23-5416T^{-1}) \tag{3.3}$$

式中，$RH$ 和 $T$ 可以从 CMA 常规气象观测站获得。

臭氧柱总量由 SBUV提供（http://acd-ext.gsfc.nasa.gov/Data_services/merged/index.html），浑浊度系数由气溶胶光学厚度计算得到（Yang et al., 2006），即

$$\beta=0.55^{1.3}\tau(0.55) \tag{3.4}$$

式中，$\tau(0.55)$ 为 550 nm 处的 AOD，可以从 MODIS 卫星观测资料中获取。由于臭氧柱总量和 AOD 的观测起始时间较晚，所以采用气候平均值作为混合模型的输入变量。

到达地面太阳辐射日累计值可由式（3.5）计算获得：

$$R_s=\tau_c\times\int_{\Delta t=24h}(\tau_b+\tau_d)R_0 dt \tag{3.5}$$

式中，$t$ 为时间，$\Delta t$ 为积分时段，$\tau_c$ 为云的透过率，可通过日照时数获得（Ångström, 1924）：

$$\tau_c=0.250\,5+1.468n/N_s-0.397\,4(n/N_s)^2 \tag{3.6}$$

式中，$n/N_s$ 为日照百分率，$n$ 为日照时数，可从 CMA 常规观测站获得；$N_s$ 为最大可能日照时数，即晴空条件下到达地面的太阳直接辐射超过 120 $W\cdot m^{-2}$ 的小时数，可计算获得。

依据混合模型重构中国地区 724 个常规气象观测站 1961—2014 年太阳总辐射日累计值数据集，从而分析太阳辐射的时空分布特征。

### 3.2.3 紫外辐射历史数据的重构

到达地面的紫外辐射主要受到云、气溶胶、臭氧和水汽的影响，然而云、气溶胶和臭氧的观测较少，定量化研究比较困难。有研究利用晴空指数（到达地面的太阳辐射与大气顶的天文辐射的比值）$K_s$ 作为云、气溶胶等要素对不同天空状况下辐射衰减的识别因子，根据 $K_s$ 建立一个简单精确的全天候紫外辐射估算模型。

以 CERN 拉萨站 2005—2014 年的数据为例来建立紫外辐射估算模型。图 3.1 为不同 $K_s$ 范围时（不同颜色代表不同的 $K_s$）紫外辐射随太阳天顶角余弦值（$\mu$）的变化。在特定的 $K_s$ 区间，紫外辐射随 $\mu$ 的变化可以用幂函数形式表示：

$$UV=UV_m\times\mu^N \tag{3.7}$$

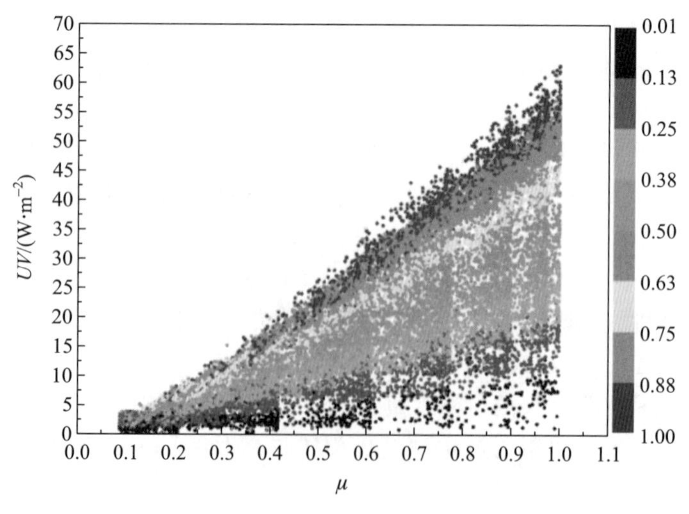


图 3.1 紫外辐射随太阳天顶角余弦值的变化

式中，$UV_m$ 是单位 $\mu$ 时所对应的紫外辐射值，$N$ 为紫外辐射随太阳天顶角余弦值的变化程度。由于很难观测到太阳天顶角余弦值为 1（即太阳天顶角为 0°）时的紫外辐射，所以将晴空指数 $K_s$ 分成若干个小区间，初始值设为 0.03，以 0.01 的步长增长。分别在每个小区间内照公式（3.7）拟合，在每个 $K_s$ 区间内都可以得到一个 $UV_m$ 和 $N$ 的值，$N$ 随 $K_s$ 变化非常小。图 3.2 为 $UV_m$ 随 $K_s$ 变化的散点图，满足三次函数关系，即

$$UV_m=a\times K_s+b\times K_s^2+c\times K_s^3+d \tag{3.8}$$

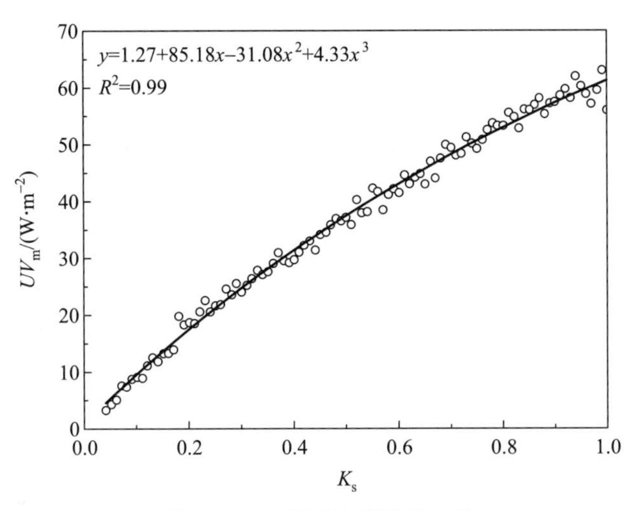


图 3.2 $UV_m$ 随晴空指数的变化

长期总辐射的小时均值很难获取，但是长期的总辐射日累计值可以由气象局常规观测数据通过“混合模型”得到。公式（3.8）可以修正为

$$UV_{daily}=(A+B\times\overline{K}_s+C\times\overline{K}_s^2+D\times\overline{K}_s^3)\times\overline{\mu}^E\times t_d \tag{3.9}$$

式中，$UV_{daily}$ 表示紫外辐射日累积值，由白天紫外辐射小时值累加得到，$\overline{\mu}$ 表示日平均太阳天顶角余弦值，$t_d$ 为日照时数，$\overline{K}_s$为总辐射日累计值和天文辐射日累计值的比值。

把拉萨站的数据分别代入公式（3.7）~（3.9），可以得到参数 $a, b, c, d, N, A, B, C, D$ 的值。紫外辐射小时值和日累计值估算公式可以分别表示为

$$UV_{hourly}=(1.27+85.18\times K_s-31.08\times K_s^2+4.33\times K_s^3)\times\mu^{1.29} \tag{3.10}$$

$$UV_{daily}=(0.04+0.08\times\overline{K}_s+0.36\times\overline{K}_s^2-0.28\times\overline{K}_s^3)\times\overline{\mu}^{1.31}\times t_d \tag{3.11}$$

公式（3.11）中，$\overline{\mu}$ 可以根据经纬度和日期计算得到，日照时数 $t_d$ 可以通过观测资料获得，$\overline{K}_s$由到达地面的太阳总辐射与大气顶的天文辐射得到。大气顶的天文辐射由经纬度和日期计算得到，到达地面的总辐射由“混合模型”获得。因此，结合“混合模型”和该紫外辐射估算模型可以重构拉萨地区紫外辐射的历史数据。

与拉萨站类似，分别在其他不同气候区的代表站点建立紫外辐射估算模型，估算公式见表 3.4。以代表站点的紫外辐射估算公式作为其所在气候区的紫外辐射估算公式，再结合“混合模型”重构的总辐射对 1961—2014 年中国地区 724 个常规气象观测站的紫外辐射日累计值进行重构。

表 3.4　不同气候区的紫外辐射估算公式

| 代表站点 | 气候区 | 紫外辐射估算公式 |
| --- | --- | --- |
| 阜康 | NWC | $UV=(-0.001+0.33\times\overline{K}_s-0.25\times\overline{K}_s^2+0.14\times\overline{K}_s^3)\times\overline{\mu}^{1.22}\times t_d$ |
| 拉萨 | TP | $UV=(0.038+0.08\times\overline{K}_s+0.36\times\overline{K}_s^2-0.28\times\overline{K}_s^3)\times\overline{\mu}^{1.31}\times t_d$ |
| 沙坡头 | NC | $UV=(0.000+0.36\times\overline{K}_s-0.40\times\overline{K}_s^2+0.33\times\overline{K}_s^3)\times\overline{\mu}^{1.41}\times t_d$ |
| 盐亭 | SWC | $UV=(-0.004+0.41\times\overline{K}_s-0.57\times\overline{K}_s^2+0.49\times\overline{K}_s^3)\times\overline{\mu}^{1.36}\times t_d$ |
| 海伦 | NEC | $UV=(0.003+0.30\times\overline{K}_s-0.24\times\overline{K}_s^2+0.16\times\overline{K}_s^3)\times\overline{\mu}^{1.27}\times t_d$ |
| 北京 | NCP | $UV=(0.003+0.26\times\overline{K}_s-0.24\times\overline{K}_s^2+0.19\times\overline{K}_s^3)\times\overline{\mu}^{0.95}\times t_d$ |
| 东湖 | EC | $UV=(0.000+0.39\times\overline{K}_s-0.48\times\overline{K}_s^2+0.42\times\overline{K}_s^3)\times\overline{\mu}^{1.56}\times t_d$ |
| 鼎湖山 | SEC | $UV=(-0.002+0.36\times\overline{K}_s-0.38\times\overline{K}_s^2+0.29\times\overline{K}_s^3)\times\overline{\mu}^{1.37}\times t_d$ |

### 3.2.4　光合有效辐射历史数据的重构

光合有效辐射估算公式的建立方法与紫外辐射类似，不同气候区光合有效辐射日累计值的估算公式见表 3.5。以代表站点的光合有效辐射估算公式作为其所在气候区的光合有效辐射估算公式，再结合“混合模型”重构的总辐射对 1961—2014 年中国地区 724 个常规气象观测站的光合有效辐射日累计值进行重构。

表 3.5　不同气候区的光合有效辐射估算公式

| 代表站点 | 气候区 | 光合有效辐射估算公式 |
| --- | --- | --- |
| 阜康 | NWC | $PAR=(0.44+7.97\times\overline{K}_s+5.84\times\overline{K}_s^2-5.42\times\overline{K}_s^3)\times\overline{\mu}^{1.12}\times t_d$ |
| 拉萨 | TP | $PAR=(2.67-5.83\times\overline{K}_s+30.42\times\overline{K}_s^2-19.37\times\overline{K}_s^3)\times\overline{\mu}^{1.14}\times t_d$ |
| 沙坡头 | NC | $PAR=(0.24+10.18\times\overline{K}_s+1.43\times\overline{K}_s^2-1.78\times\overline{K}_s^3)\times\overline{\mu}^{1.24}\times t_d$ |
| 盐亭 | SWC | $PAR=(0.20+9.22\times\overline{K}_s+1.34\times\overline{K}_s^2-1.43\times\overline{K}_s^3)\times\overline{\mu}^{1.25}\times t_d$ |
| 海伦 | NEC | $PAR=(0.28+9.01\times\overline{K}_s+2.03\times\overline{K}_s^2-1.89\times\overline{K}_s^3)\times\overline{\mu}^{1.19}\times t_d$ |
| 北京 | NCP | $PAR=(0.03+10.57\times\overline{K}_s-4.44\times\overline{K}_s^2+3.37\times\overline{K}_s^3)\times\overline{\mu}^{1.06}\times t_d$ |
| 东湖 | EC | $PAR=(0.18+9.26\times\overline{K}_s+0.91\times\overline{K}_s^2-1.01\times\overline{K}_s^3)\times\overline{\mu}^{1.18}\times t_d$ |
| 鼎湖山 | SEC | $PAR=(0.07+9.47\times\overline{K}_s-2.10\times\overline{K}_s^2+2.26\times\overline{K}_s^3)\times\overline{\mu}^{1.06}\times t_d$ |

## 3.3　近十年中国陆地生态系统能量平衡特征

### 3.3.1　近十年 CERN 总辐射的变化特征

全国平均总辐射日累计值为 13.53 MJ·m$^{-2}$·d$^{-1}$。青藏地区较高的海拔、较少的云量和水汽以及较高的能见度使得该地区太阳总辐射最强，其中拉萨站总辐射日累计值可达 20.46 MJ·m$^{-2}$·d$^{-1}$。

西南地区是中国的高湿地区，其中重庆被称为“雾重庆”，一年中有100天以上为雾天，辐射低值区域主要集中在西南区。图3.3为中国地区太阳总辐射的逐年变化图，2005—2014年呈下降趋势，下降速率为 –0.051 MJ·m$^{-2}$·d$^{-1}$· 年$^{-1}$，并通过了 $p$=0.05 的显著性检验。

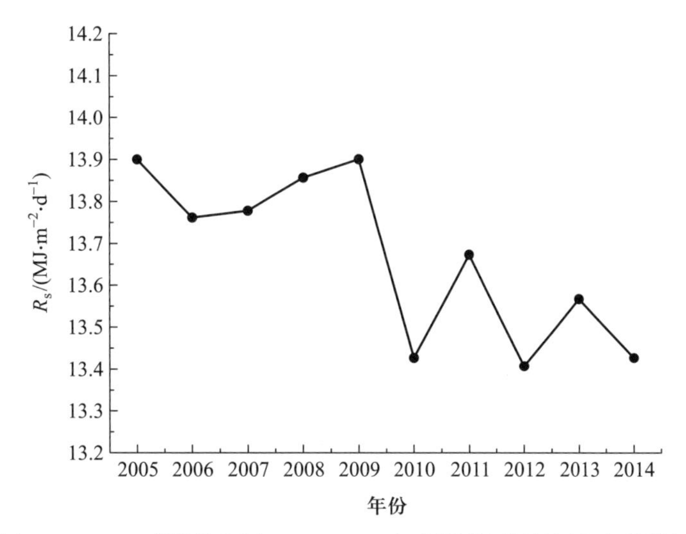


图3.3 CERN观测的中国2005—2014年太阳总辐射的逐年变化特征

## 3.3.2 近十年CERN紫外辐射、光合有效辐射的变化特征

将2005—2014年CERN 39个野外观测站的紫外辐射（UV）和光合有效辐射（PAR）的瞬时观测值累加获得日累计辐射值。全国平均紫外辐射日累计值为0.55 MJ·m$^{-2}$·d$^{-1}$，从东南向西北逐渐增加，拉萨站的紫外辐射最强，为0.87 MJ·m$^{-2}$·d$^{-1}$，西南地区是辐射的低值中心。全国平均光合有效辐射日累计值为23.70 mol·m$^{-2}$·d$^{-1}$，其空间分布特征与紫外辐射类似，拉萨站最高，为36.14 mol·m$^{-2}$·d$^{-1}$。云、气溶胶、水汽和臭氧是影响到达地表太阳辐射的主要因子，由于AERONET和MODIS对气溶胶光学厚度的反演都是在无云条件下，而气溶胶主要集中在边界层内，地面气象台站观测的能见度能够反映边界层内气溶胶浓度的大小，因而本文采用地面能见度的资料来代表气溶胶的含量。

（1）近十年不同区域紫外辐射、光合有效辐射的时间变化特征

表3.6为不同气候区辐射、能见度、云量、水汽和臭氧的变化趋势。图3.4~图3.12为中国地区以及8个气候区辐射、能见度、云量、水汽和臭氧的逐年变化图。由于中国气象局在2014年对全国进行地面气象观测业务调整，很多观测站点对于能见度和云量由人工观测调整为自动观测，所以图3.4~图3.12中暂时不分析2014年的云量和能见度数据。图3.4~图3.8中太阳总辐射、紫外辐射和光合有效辐射的变化规律非常一致，因此以总辐射为例，表3.7为2005—2013年四个因子与太阳总辐射的偏相关系数。

中国地区2005—2013年太阳总辐射（$R_s$）、紫外辐射（UV）和光合有效辐射（PAR）都呈下降趋势，下降速率分别为 –0.051 MJ·m$^{-2}$·d$^{-1}$·年$^{-1}$、–0.740 kJ·m$^{-2}$·d$^{-1}$·年$^{-1}$和 –0.363 mol·m$^{-2}$·d$^{-1}$·年$^{-1}$，其中，$R_s$和PAR分别通过 $p$=0.05 和 $p$=0.01 的显著性检验。云量和水汽与太阳总辐射呈明显的反相关，偏相关系数小于0，且2005—2013年呈上升趋势，是影响中国地区太阳辐射下降的主

要原因。

西北地区太阳总辐射、紫外辐射和光合有效辐射的变化趋势分别为 –0.029 MJ · $m^{-2}$ · $d^{-1}$ · 年$^{-1}$、–5.092 kJ · $m^{-2}$ · $d^{-1}$ · 年$^{-1}$ 和 –0.342 mol · $m^{-2}$ · $d^{-1}$ · 年$^{-1}$。UV 通过 $p$=0.01 的显著性检验，PAR 通过了 $p$=0.05 的显著性检验。2005—2013 年云量的小幅增加可能是地面太阳辐射下降的一个原因。青藏地区太阳总辐射、紫外辐射和光合有效辐射的变化速率分别为 –0.068 MJ · $m^{-2}$ · $d^{-1}$ · 年$^{-1}$、–6.255 kJ · $m^{-2}$ · $d^{-1}$ · 年$^{-1}$ 和 –0.767 mol · $m^{-2}$ · $d^{-1}$ · 年$^{-1}$。能见度与太阳总辐射的变化趋势相反，说明该地区太阳辐射的变化趋势并不是气溶胶引起的，云量和水汽的下降也表明青藏地区辐射的变化趋势受云量的和水汽的影响较小，臭氧的增加会引起到达地面的辐射减少，此外地表反照率的变化也会影响到达地面的太阳辐射。

**表 3.6　不同气候区辐射、能见度、云量、水汽和臭氧的变化趋势**

| | 太阳总辐射 /(MJ · $m^{-2}$ · $d^{-1}$ · 年$^{-1}$) | 紫外辐射 /(kJ · $m^{-2}$ · $d^{-1}$ · 年$^{-1}$) | 光合有效辐射 /(mol · $m^{-2}$ · $d^{-1}$ · 年$^{-1}$) | 能见度 /(km · 年$^{-1}$) | 云量 /(成) | 水汽 /(cm · 年$^{-1}$) | 臭氧 /(Du · 年$^{-1}$) |
|---|---|---|---|---|---|---|---|
| 中国地区 | $-0.051^{**}$ | –0.740 | $-0.363^{***}$ | 0.016 | 0.016 | 0.006 | 0.244 |
| 西北地区 | –0.029 | $-5.092^{**}$ | $-0.342^{*}$ | 0.027 | 0.004 | –0.005 | 0.421 |
| 青藏地区 | –0.068 | $-6.255^{**}$ | $-0.767^{***}$ | 0.106 | –0.023 | –0.004 | 0.380 |
| 中国北部 | –0.105 | –2.725 | –0.212 | $0.096^{**}$ | 0.001 | 0.035 | 0.218 |
| 西南地区 | –0.055 | –0.800 | $-0.442^{**}$ | $0.100^{***}$ | 0.005 | –0.014 | 0.400 |
| 东北地区 | –0.033 | –1.235 | $-0.333^{***}$ | –0.003 | 0.042 | $0.026^{***}$ | 0.308 |
| 华北平原 | –0.044 | 2.440 | $-0.353^{***}$ | $-0.086^{**}$ | 0.024 | $0.015^{**}$ | 0.160 |
| 中国东部 | –0.018 | –1.695 | –0.334 | $-0.068^{*}$ | 0.002 | $-0.011^{**}$ | 0.211 |
| 东南地区 | 0.056 | 3.732 | –0.081 | $0.129^{**}$ | 0.050 | 0.001 | 0.294 |

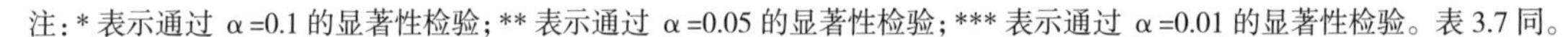

注：* 表示通过 α=0.1 的显著性检验；** 表示通过 α=0.05 的显著性检验；*** 表示通过 α=0.01 的显著性检验。表 3.7 同。

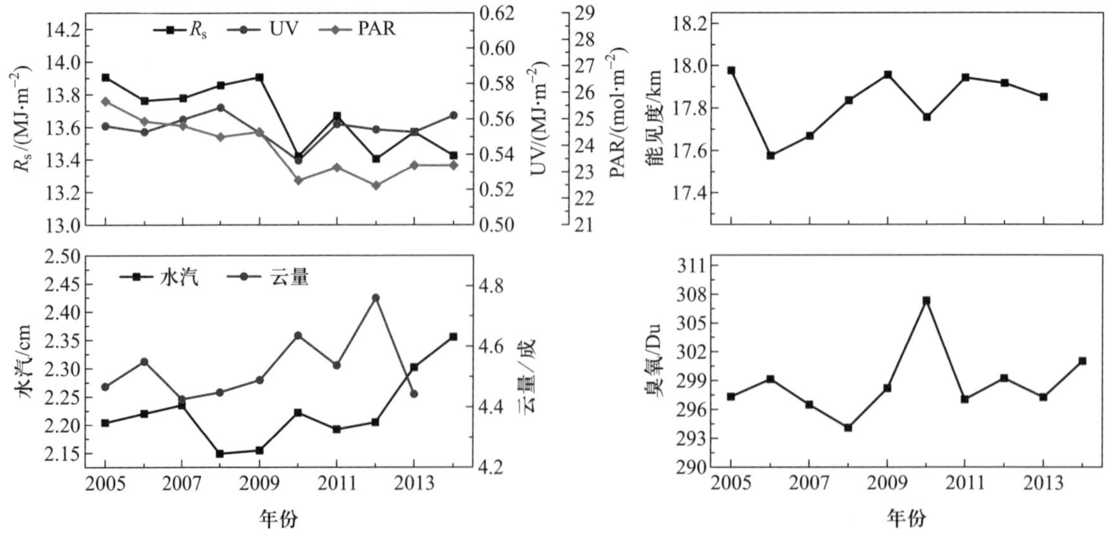


图 3.4　中国地区 2005—2014 年辐射、能见度、云量、水汽和臭氧的逐年变化特征

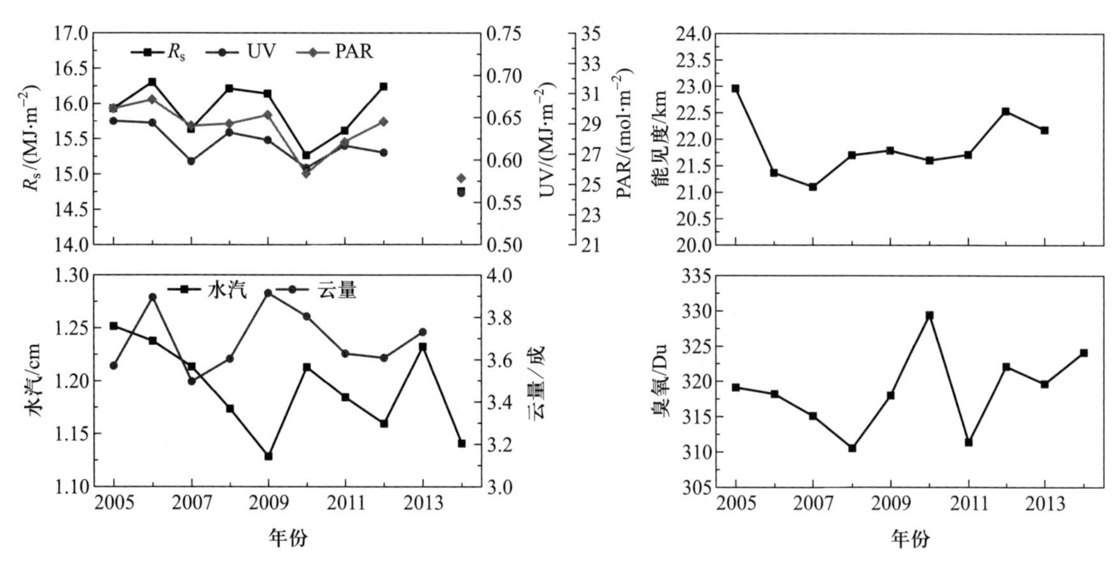


图 3.5 西北地区 2005—2014 年辐射、能见度、云量、水汽和臭氧的逐年变化特征

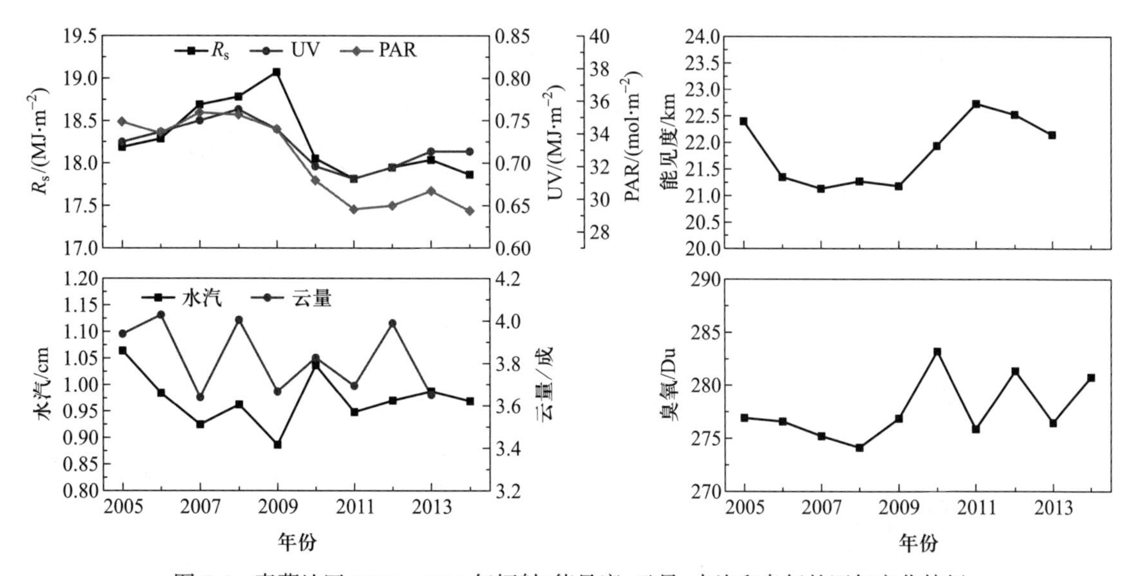


图 3.6 青藏地区 2005—2014 年辐射、能见度、云量、水汽和臭氧的逐年变化特征

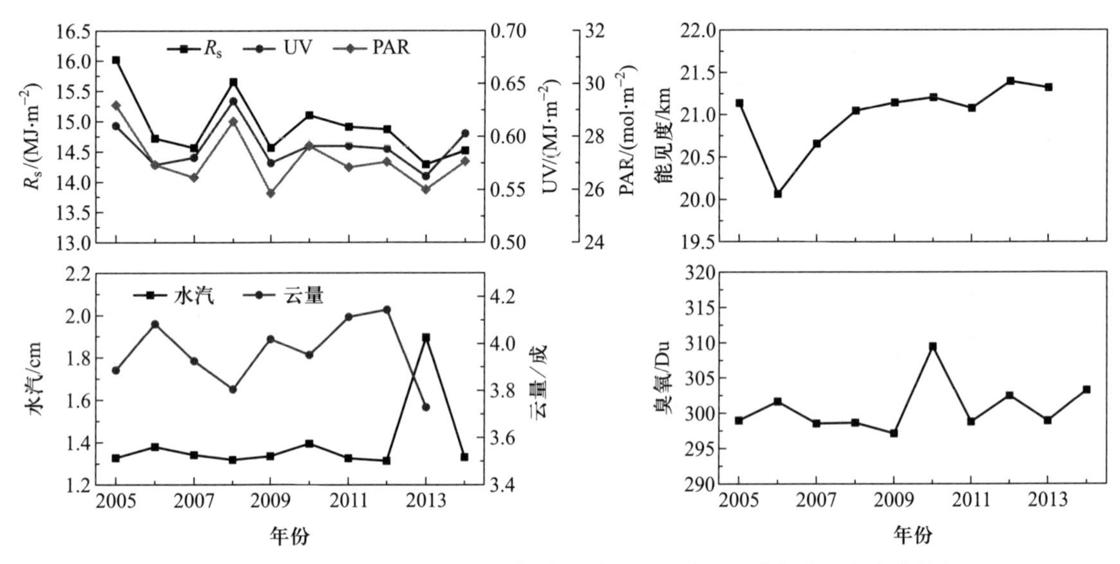

图 3.7　中国北部 2005—2014 年辐射、能见度、云量、水汽和臭氧的逐年变化特征

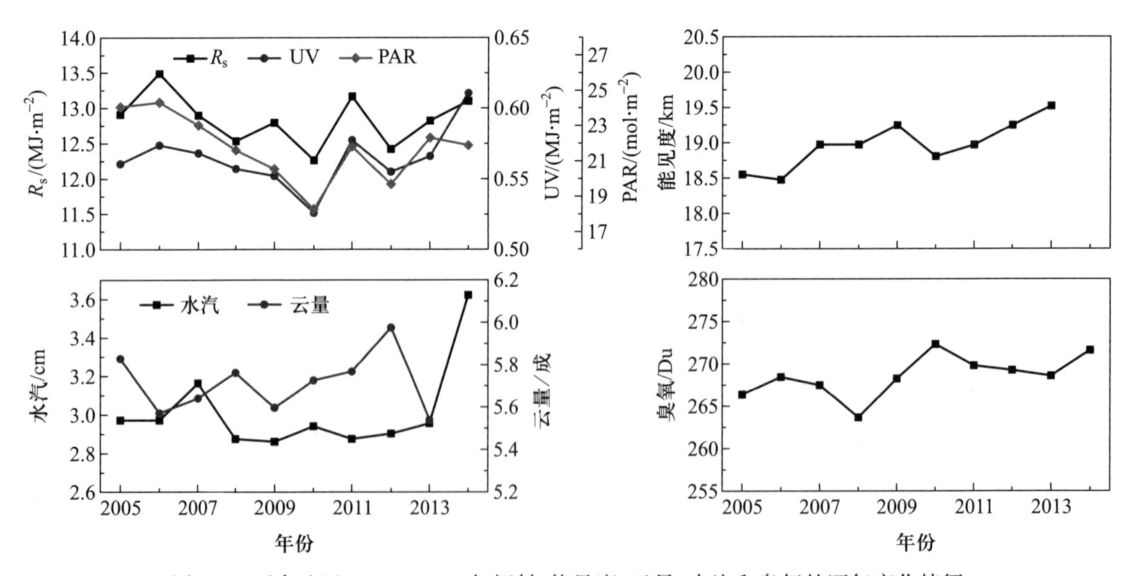

图 3.8　西南地区 2005—2014 年辐射、能见度、云量、水汽和臭氧的逐年变化特征

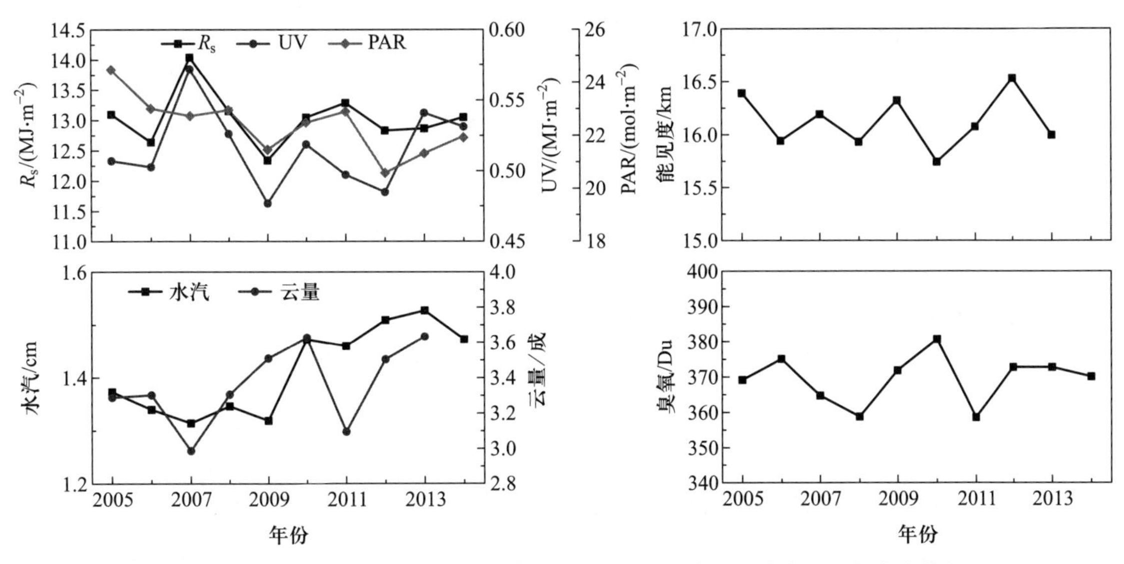


图 3.9 东北地区 2005—2014 年辐射、能见度、云量、水汽和臭氧的逐年变化特征

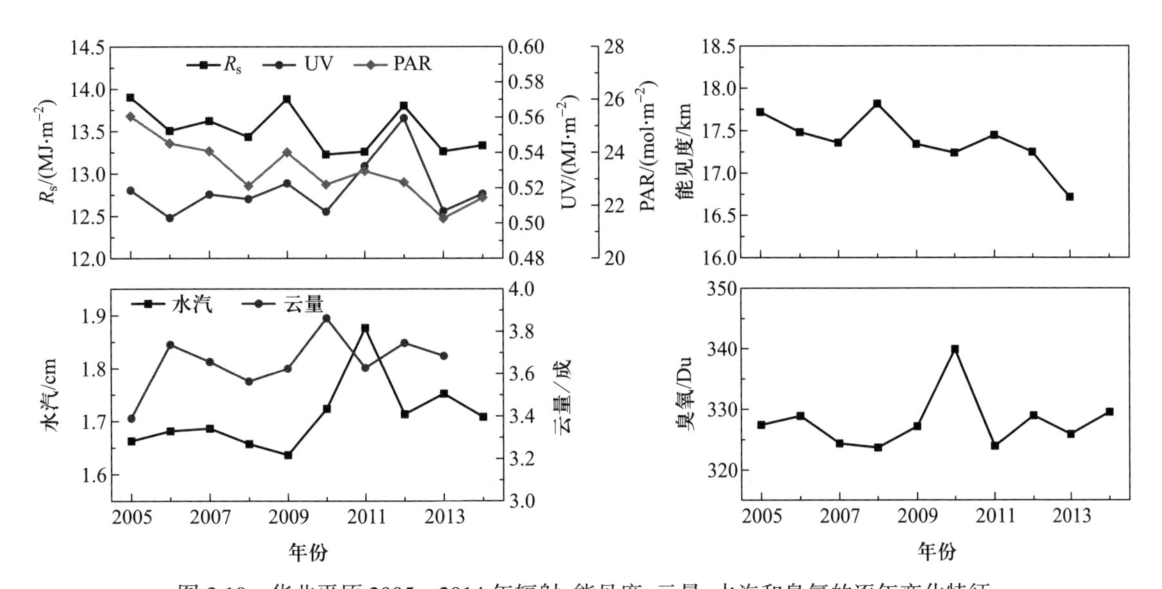


图 3.10 华北平原 2005—2014 年辐射、能见度、云量、水汽和臭氧的逐年变化特征

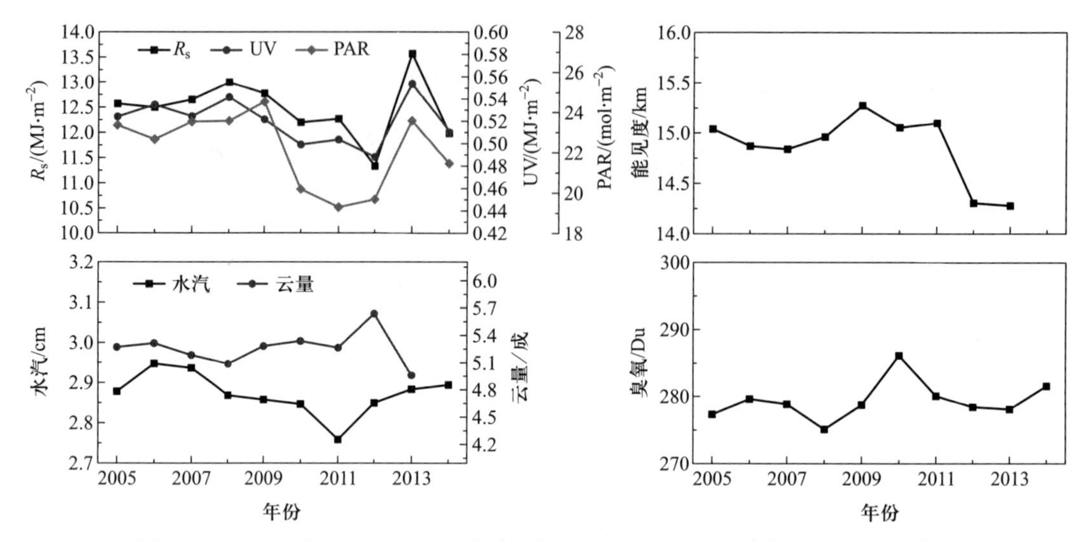


图 3.11 中国东部 2005—2014 年辐射、能见度、云量、水汽和臭氧的逐年变化特征

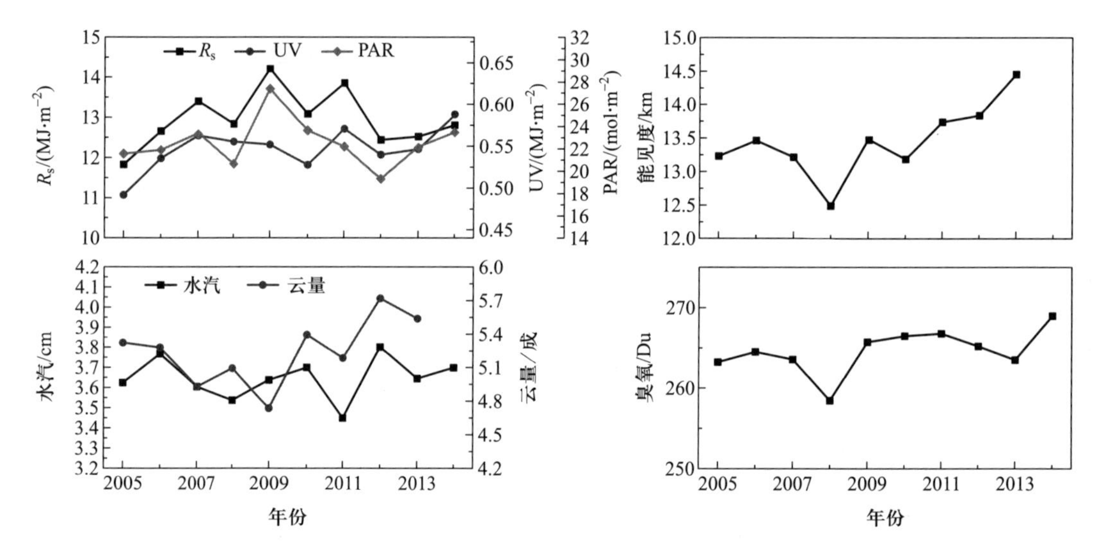


图 3.12 东南地区 2005—2014 年辐射、能见度、云量、水汽和臭氧的逐年变化特征

**表 3.7 不同气候区四因子与太阳总辐射的偏相关系数**

| | 能见度 | 云量 | 水汽 | 臭氧 |
|---|---|---|---|---|
| 中国地区 | −0.17 | −0.82** | −0.78* | −0.25 |
| 西北地区 | 0.55 | 0.51 | −0.10 | −0.59 |
| 青藏地区 | −0.82** | 0.04 | −0.31 | −0.20 |
| 中国北部 | 0.27 | −0.67 | −0.77* | 0.20 |
| 西南地区 | −0.49 | −0.54 | −0.04 | −0.14 |
| 东北地区 | −0.28 | −0.70 | 0.44 | 0.14 |
| 华北平原 | −0.06 | −0.35 | −0.61 | −0.003 |
| 中国东部 | 0.18 | −0.96*** | 0.47 | −0.18 |
| 东南地区 | 0.13 | −0.73* | −0.32 | 0.60 |

西南地区太阳总辐射、紫外辐射和光合有效辐射 2005—2013 年都呈下降趋势，下降速率分别为 $-0.055\ MJ\cdot m^{-2}\cdot d^{-1}\cdot 年^{-1}$、$-0.800\ kJ\cdot m^{-2}\cdot d^{-1}\cdot 年^{-1}$ 和 $-0.442\ mol\cdot m^{-2}\cdot d^{-1}\cdot 年^{-1}$，PAR 通过了 $p=0.05$ 的显著性检验。云量与太阳总辐射呈反相关，偏相关系数为 −0.54，并呈上升趋势，很可能是影响西南地区太阳辐射变化特征的主要因子，能见度呈明显的上升趋势，说明气溶胶对该地区太阳辐射的变化趋势贡献很小。

中国北部 2005—2013 年太阳总辐射、紫外辐射和光合有效辐射的下降速率分别为 $-0.105\ MJ\cdot m^{-2}\cdot d^{-1}\cdot 年^{-1}$、$-2.725\ kJ\cdot m^{-2}\cdot d^{-1}\cdot 年^{-1}$ 和 $-0.212\ mol\cdot m^{-2}\cdot d^{-1}\cdot 年^{-1}$。云量和水汽的变化特征与太阳总辐射相反，偏相关系数分别为 −0.67 和 −0.77，且都呈上升趋势，是太阳辐射下降的主要原因。东北地区太阳总辐射、紫外辐射和光合有效辐射都呈下降趋势，下降速率分别为 $-0.033\ MJ\cdot m^{-2}\cdot d^{-1}\cdot 年^{-1}$、$-1.235\ kJ\cdot m^{-2}\cdot d^{-1}\cdot 年^{-1}$ 和 $-0.333\ mol\cdot m^{-2}\cdot d^{-1}\cdot 年^{-1}$。云量和水汽都呈上升趋势，可引起该地区太阳辐射下降。此外，能见度的下降也表明气溶胶浓度增加，会引起太阳辐射减少。2008 年的辐射极大值与该年份较低的云量、臭氧和较高的能见度有关。

华北平原太阳总辐射、紫外辐射和光合有效辐射的变化趋势分别为 $-0.044\ MJ\cdot m^{-2}\cdot d^{-1}\cdot 年^{-1}$、$2.440\ kJ\cdot m^{-2}\cdot d^{-1}\cdot 年^{-1}$ 和 $-0.353\ mol\cdot m^{-2}\cdot d^{-1}\cdot 年^{-1}$。云量和水汽的变化与太阳总辐射相反，偏相关系数都为负，且云量和水汽都呈下降趋势；能见度也呈明显下降趋势，表明气溶胶浓度上升，使到达地面的太阳辐射减少。

东部地区太阳总辐射、紫外辐射和光合有效辐射的下降趋势分别为 $-0.018\ MJ\cdot m^{-2}\cdot d^{-1}\cdot 年^{-1}$、$-1.695\ kJ\cdot m^{-2}\cdot d^{-1}\cdot 年^{-1}$ 和 $-0.334\ mol\cdot m^{-2}\cdot d^{-1}\cdot 年^{-1}$。云量与太阳总辐射的变化规律相反，偏相关系数为 −0.96，通过 $p=0.01$ 的显著性检验，云量的增加是引起辐射降低的主要原因。

与其他地区不同，东南地区的太阳辐射和紫外辐射呈上升趋势，上升速率分别为 $0.056\ MJ\cdot m^{-2}\cdot d^{-1}\cdot 年^{-1}$ 和 $3.732\ kJ\cdot m^{-2}\cdot d^{-1}\cdot 年^{-1}$，光合有效辐射的变化趋势非常小。能见度的变化规律与辐射比较一致，偏相关系数为 0.13，且上升趋势为 $0.129\ km\cdot 年^{-1}$，表明该地区气溶胶浓度降低，引起太阳辐射的增加。此外，该地区云量和水汽都呈上升趋势，且与太阳总辐射的偏相关系数为负，削弱了太阳辐射的增加速率。2005—2013 年中国不同气候区的臭氧柱总量都呈增加趋势，削弱了到达地面的太阳辐射。

（2）近十年紫外辐射、光合有效辐射与总辐射比值的变化特征

由于紫外辐射和光合有效辐射与总辐射的同源性，很多学者通过 $F_{uv}$（Udo，1999；Calbó et al.，2005）和 $F_{PAR}$（Blackburn and Proctor，1983；Alados et al.，1996；Papaioannou et al.，1996；Udo，1999）根据总辐射的观测值来计算紫外辐射和光合有效辐射。到达地面的太阳辐射受到云、气溶胶、水汽以及大气中气体分子的衰减（Elhadidy et al.，1990），将到达地面的太阳辐射与相同地理位置大气顶天文辐射的比值定义为晴空指数（$K_s$），作为云、气溶胶、水汽等的识别因子。

$F_{uv}$ 南边高于北边，最大值为 5.1%，最小值为 3.5%，全国平均值为 4.3%；$F_{PAR}$ 的变化范围为 1.76～2.30，平均值为 1.86。$F_{uv}$ 的空间分布图与水汽和云量大致一致，与晴空指数相反，高值区出现在湿度较大的西南地区，因为水汽对红外辐射的吸收较强，而对短波段的紫外辐射的吸收很弱。$F_{uv}$ 的低值区集中在京津冀一带而不是湿度比较低的中国北方干旱地区。京津冀地区为能见度低值区，有大量细颗粒物聚集，该地区的晴空指数也相对比较小。气溶胶对太阳辐射有吸收和散射作用，散射的强弱与气溶胶的粒径分布有关，小粒径的气溶胶对短波段的紫外辐射衰减作

用强于长波段，因此紫外辐射的比值也相对较小。拉萨站的水汽和云量很少，但是紫外辐射与总辐射的比值并不小，主要原因可能是拉萨站的气溶胶和臭氧很少，没有对短波段的紫外辐射衰减作用太强。$F_{PAR}$ 的空间分布与 $F_{uv}$ 基本一致，在京津冀地区出现低值中心，在西南地区的比值相对较高。$F_{uv}$ 和 $F_{PAR}$ 随空间位置的变化分布非常不均匀，因此根据紫外辐射与总辐射的比值来计算紫外辐射时，需要在不同的地理位置将对比值进行修正。

以 2014 年阜康（西北地区）、拉萨（青藏地区）、沙坡头（中国北部）、盐亭（西南地区）、海伦（东北地区）、北京（华北平原）、东湖（中国东部）以及鼎湖山（东南地区）8 个不同气候区的代表性站点为例，讨论 $F_{UV}$、$F_{PAR}$、$K_S$ 和水汽的关系（图 3.13）。图中不同气候区 $F_{UV}$ 和 $F_{PAR}$ 的变化规律一致，且都与 $K_S$ 的季节变化趋势完全相反。不同气候区比值的季节变化特征相差较多，东湖和鼎湖山的季节变化趋势比较平缓，拉萨、沙坡头和海伦的年变化特征与水汽比较一致，受水汽影响较多，阜康和北京森林站在冬季也出现了峰值。

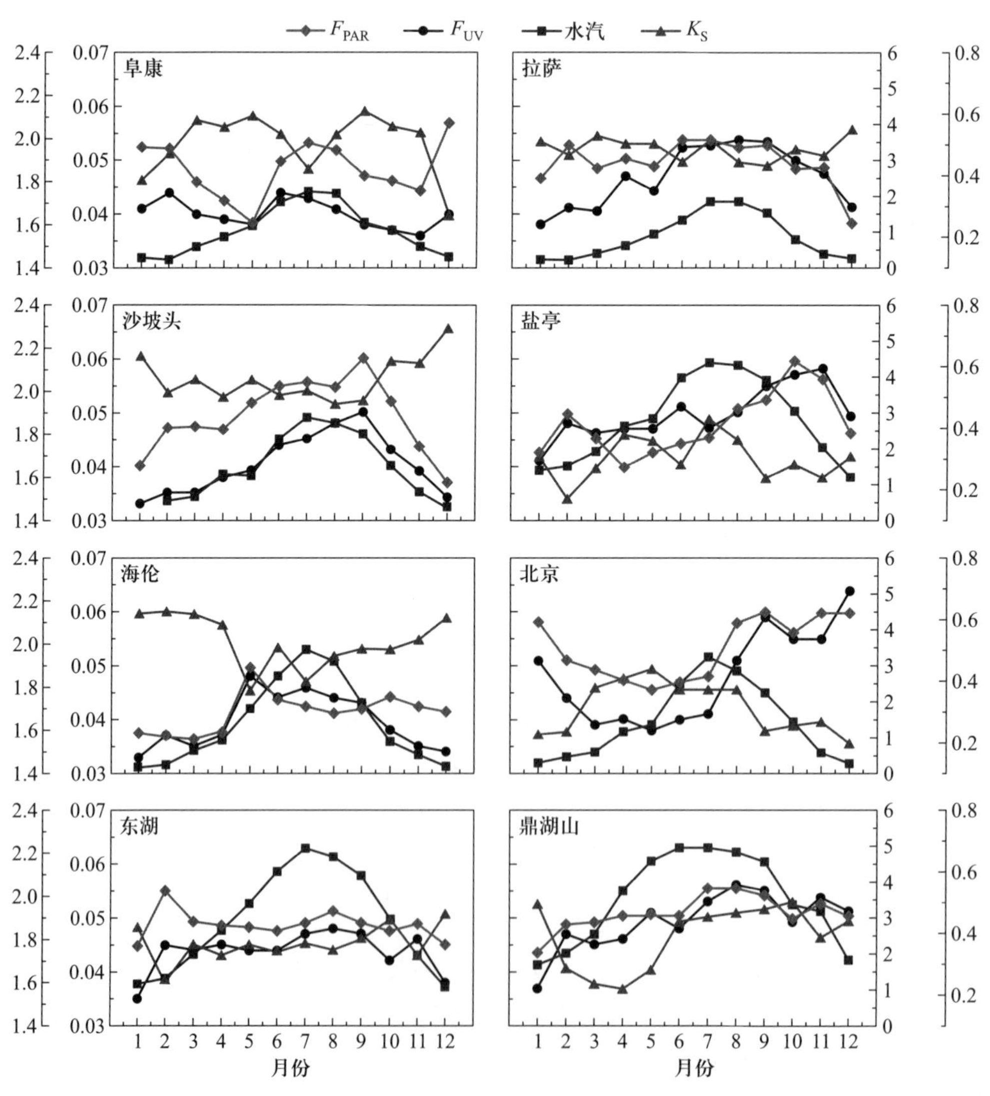


图 3.13　中国不同区域 $F_{UV}$、$F_{PAR}$、$K_S$ 以及水汽的季节变化

# 3.4　中国能量平衡长期变化特征

利用“混合模型”重构中国724个常规气象观测站1961—2014年太阳总辐射日累计值。太阳总辐射重构值的空间分布显示，北部高于南部，西部高于东部，多年均值的变化范围为8.42～21.57 MJ·m$^{-2}$·d$^{-1}$，全国平均为13.87 MJ·m$^{-2}$·d$^{-1}$。西北地区、青藏地区、中国北部、西南地区、东北地区、华北平原、中国东部和东南地区8个气候区的太阳总辐射平均值分别为14.64 MJ·m$^{-2}$·d$^{-1}$、17.38 MJ·m$^{-2}$·d$^{-1}$、15.71 MJ·m$^{-2}$·d$^{-1}$、13.07 MJ·m$^{-2}$·d$^{-1}$、13.44 MJ·m$^{-2}$·d$^{-1}$、13.97 MJ·m$^{-2}$·d$^{-1}$、12.02 MJ·m$^{-2}$·d$^{-1}$和13.31 MJ·m$^{-2}$·d$^{-1}$。

中国地区以及8个气候区1961—2014年日累计太阳总辐射重构值的长期变化如图3.14所示，全国平均太阳总辐射以−0.010 MJ·m$^{-2}$·d$^{-1}$·年$^{-1}$的速率下降，且通过$p$=0.01的显著性检验；青藏地区总辐射以0.005 MJ·m$^{-2}$·d$^{-1}$·年$^{-1}$的速率上升，且通过$p$=0.05的显著性检验；其他气候区都呈下降趋势。其中，西南地区、东北地区、东南地区、华北平原和中国东部的下降趋势都通过了$p$=0.01的显著性检验，下降速率分别为−0.009 MJ·m$^{-2}$·d$^{-1}$·年$^{-1}$、−0.010 MJ·m$^{-2}$·d$^{-1}$·年$^{-1}$、−0.021 MJ·m$^{-2}$·d$^{-1}$·年$^{-1}$、−0.019 MJ·m$^{-2}$·d$^{-1}$·年$^{-1}$和−0.021 MJ·m$^{-2}$·d$^{-1}$·年$^{-1}$。

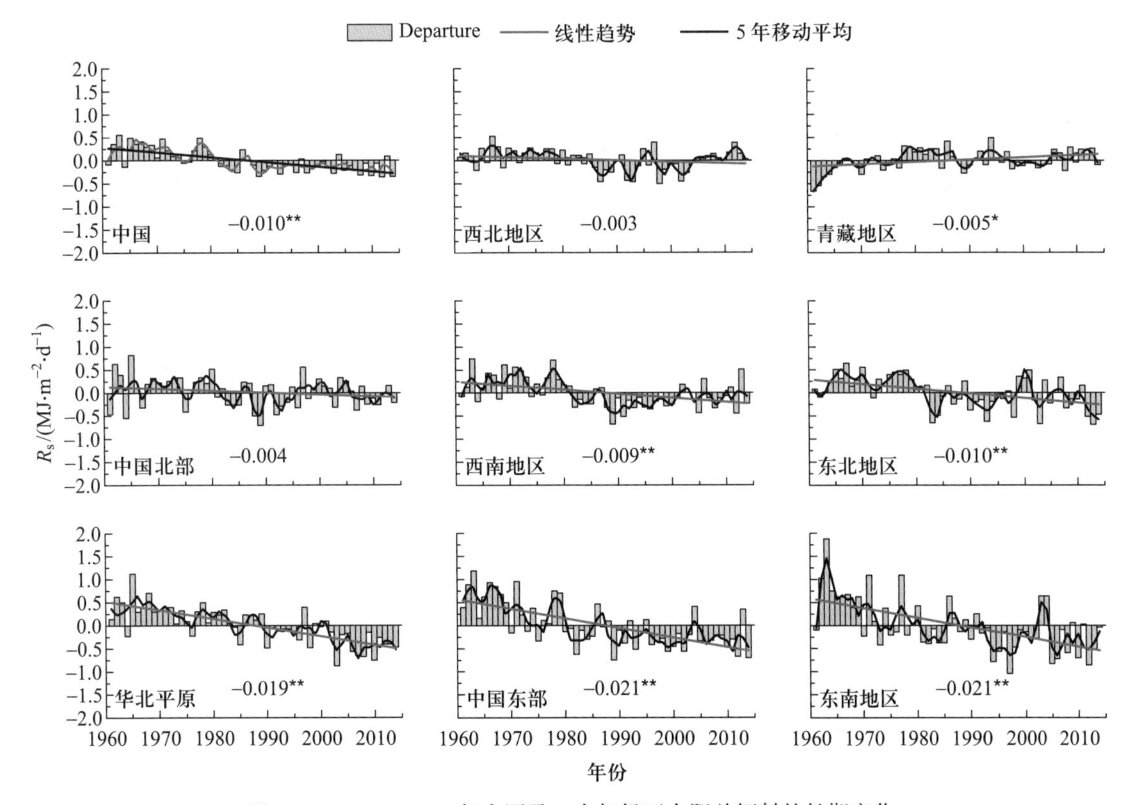


图3.14　1961—2014年全国及8个气候区太阳总辐射的长期变化

## 3.4.1　不同区域紫外辐射长期时空演变特征

根据全年和不同月份日累计紫外辐射的空间分布可以发现，紫外辐射北部高于南部，西部高于东部，多年均值的变化范围在 0.32～0.80 MJ·$m^{-2}$·$d^{-1}$，平均值为 0.49 MJ·$m^{-2}$·$d^{-1}$。西北地区、青藏地区、中国北部、西南地区、东北地区、华北平原、中国东部和东南地区 8 个气候区的紫外辐射平均值分别为 0.52 MJ·$m^{-2}$·$d^{-1}$、0.66 MJ·$m^{-2}$·$d^{-1}$、0.51 MJ·$m^{-2}$·$d^{-1}$、0.47 MJ·$m^{-2}$·$d^{-1}$、0.44 MJ·$m^{-2}$·$d^{-1}$、0.50 MJ·$m^{-2}$·$d^{-1}$、0.40 MJ·$m^{-2}$·$d^{-1}$ 和 0.47 MJ·$m^{-2}$·$d^{-1}$。根据中国地区海拔、AOD、总云量、水汽柱总量和臭氧柱总量的空间分布（总云量和海拔数据来自 CMA 常规气象观测站；水汽柱总量由 CMA 相对湿度和温度计算得到；臭氧数据由 TOMS 和 OMI 格点数据插值获得，为 1979—2014 年的平均值；AOD 的数据来自 MODIS，为 2001—2014 年的平均值），青藏地区的海拔几乎都超过 4 km，且能见度较高，对应的气溶胶浓度相对较低，云量和水汽柱总量都较低，使得该地区紫外辐射值高于其他区域。西北地区、中国北部和华北平原的紫外辐射值也相对较高，尽管西北地区和华北平原的 AOD 较高，但是云量很少，西北地区的海拔高度也较高，导致这两个地区的紫外辐射值较高。中国北部，云量和水汽柱总量都较低，也导致该地区的高辐射值。西南地区、中国东部和东南地区较低的海拔高度和较高的云量以及水汽柱总量使得这些地区的辐射值低于其他区域。此外，中国东部较高的气溶胶光学厚度也是该区域辐射值低于其他气候区的原因。总的来说，全年中 12 月的紫外辐射值最低，平均为 0.23 MJ·$m^{-2}$·$d^{-1}$，然后逐渐升高，6 月达到最高，为 0.69 MJ·$m^{-2}$·$d^{-1}$，然后逐渐下降到 12 月。这个变化特征主要由太阳活动的周期性变化所致。

中国地区以及 8 个气候区 1961—2014 年日累计紫外辐射重构值的长期变化如图 3.15 和图 3.16 所示，不同气候区的紫外辐射变化特征有所差别。除青藏地区紫外辐射有显著的上升趋势

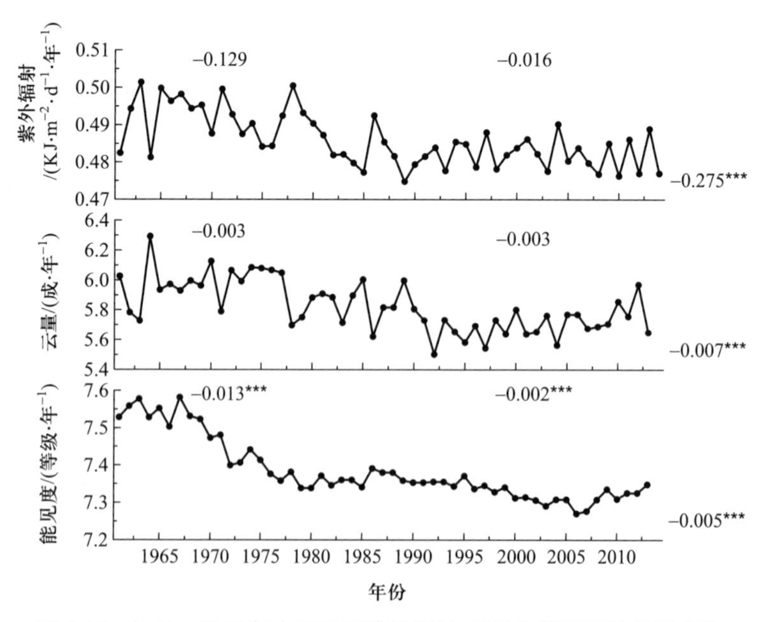


图 3.15　1961—2014 年中国地区紫外辐射、云量和能见度的长期变化

左边的数字代表时间转折点前的变化趋势，中间的数字代表时间转折点后的变化趋势，右边的数字代表整个时间段的变化趋势；*** 代表通过了 $p$=0.01 的显著性检验。图 3.24 同

外，全国和其他气候区的紫外辐射在1961—2014年都呈下降趋势，其中，东南地区、华北平原和中国东部的下降最明显，分别为$-0.630\ \mathrm{kJ\cdot m^{-2}\cdot d^{-1}}\cdot$年$^{-1}$、$-0.583\ \mathrm{kJ\cdot m^{-2}\cdot d^{-1}}\cdot$年$^{-1}$和$-0.588\ \mathrm{kJ\cdot m^{-2}\cdot d^{-1}}\cdot$年$^{-1}$，且都通过了$p$=0.01的显著性检验。青藏地区紫外辐射的上升趋势为$0.184\ \mathrm{kJ\cdot m^{-2}\cdot d^{-1}}\cdot$年$^{-1}$，通过$p$=0.01的显著性检验。

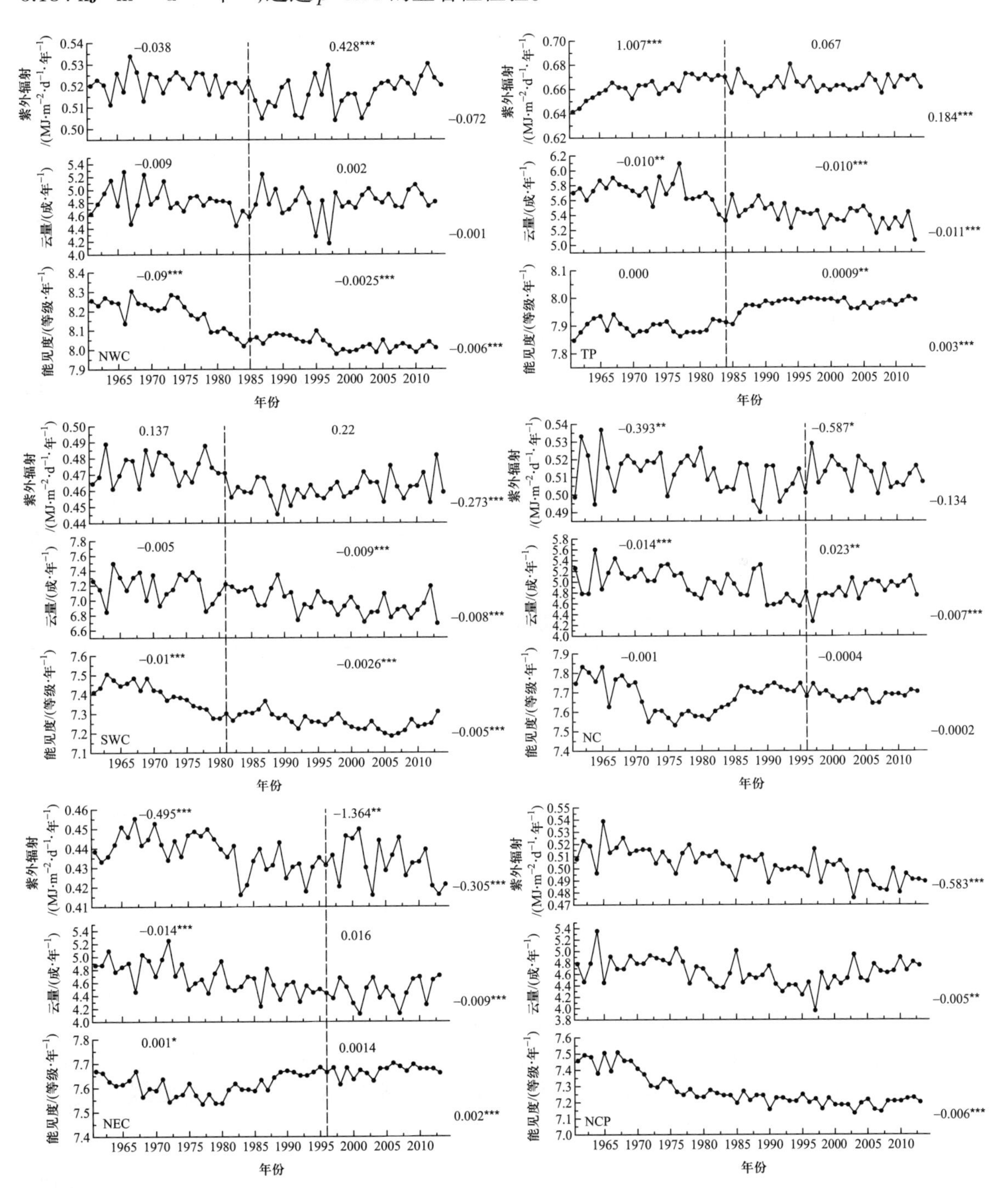

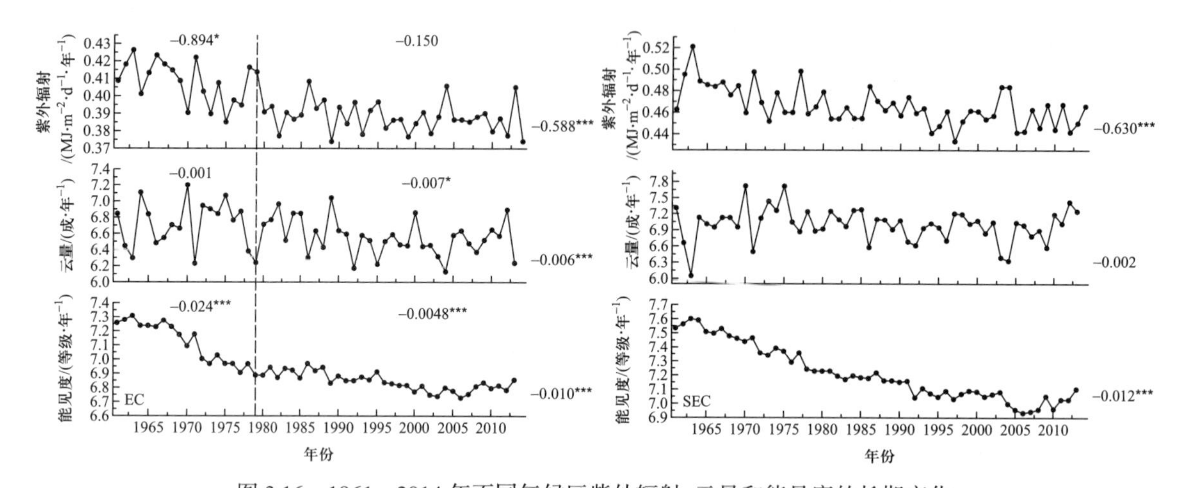


图 3.16　1961—2014 年不同气候区紫外辐射、云量和能见度的长期变化

* 代表通过了 $p$=0.1 的显著性检验，** 代表通过了 $p$=0.05 的显著性检验，*** 代表通过了 $p$=0.01 的显著性检验。

由于 AOD 的起始观测年份较晚，且多在无云天气条件下，而大气气溶胶主要集中在大气边界层内，地面能见度能够反映边界层内气溶胶浓度的大小，本文采用地面能见度资料来间接分析气溶胶的变化情况。地面能见度资料来源于国家气象信息中心资料室，1980 年以前以 10 个级别来划分地面能见度，1980 年以后直接使用能见距离来表示能见度，按照表 3.8 将 1980 年以后的地面能见度以等级的方式表示。由于臭氧柱总量在 1970 年以后才有观测数据，且臭氧对紫外辐射和光合有效辐射衰减的贡献相对较小，本章暂不讨论臭氧的长期变化。

**表 3.8　新旧能见度观测规范对应表**

| 级别 | 能见度距离 /m | 级别 | 能见度距离 /m |
|---|---|---|---|
| 0 | ≤50 | 5 | 2000～4000 |
| 1 | 50～200 | 6 | 4000～10000 |
| 2 | 200～500 | 7 | 10000～20000 |
| 3 | 500～1000 | 8 | 20000～50000 |
| 4 | 1000～2000 | 9 | ≥50000 |

年际之间总云量和紫外辐射的变化方向相反，即总云量的增加伴随着紫外辐射的减少，但是就 1961—2014 年的长时间尺度来看，除青藏地区外，其他气候区的紫外辐射变化趋势与总云量方向相同，说明总云量的变化并不是引起这些气候区紫外辐射下降的原因。青藏地区云量下降和能见度增加的共同作用使得该地区紫外辐射呈明显的上升趋势。除东北地区外，其他气候区紫外辐射的减少伴随着该气候区能见度的降低。

利用公式（3.12）（丁裕国，1998）将 1961—2014 年分成不同的时段，分别讨论紫外辐射的变化趋势，找到趋势变化的突变点。

$$UV_t=\begin{cases}a_0+b_0t+e_t & t=1\,961,\ \cdots,c\\ a_1+b_1t+e_t & t=c+1,\ \cdots,2014\end{cases} \tag{3.12}$$

式中，$e_t$ 是回归直线的残差序列，$c$ 是两条拟合直线的交叉点。

$c$ 的取值范围为 1961—2013，对于每个 $c$ 值都采用最小二乘法来拟合公式（3.12）。满足两条拟合直线的残差平方和最小并且通过 $p$=0.01 显著性检验的 $c$ 值即认为是趋势变化的突变点。除华北平原和东南地区外，其他气候区都有明显的趋势转折点。

中国地区 1961—1981 年紫外辐射为下降趋势，下降速率为 –0.129 kJ · m$^{-2}$ · d$^{-1}$ · 年$^{-1}$，1981 年以后下降趋势非常缓慢；1981 年前、后紫外辐射的平均值分别为 0.492 MJ · m$^{-2}$ · d$^{-1}$ 和 0.482 MJ · m$^{-2}$ · d$^{-1}$，主要是由于 1981 年以前能见度的下降速率较快，为 –0.013 等级 · 年$^{-1}$，而 1981 年以后下降速率减慢，为 –0.0022 等级 · 年$^{-1}$。

青藏地区紫外辐射在 1961—1984 年呈明显的上升趋势，上升速率为 1.007 kJ · m$^{-2}$ · d$^{-1}$ · 年$^{-1}$，1984 年以后变化缓慢；1984 年前、后紫外辐射的平均值分别为 0.661 MJ · m$^{-2}$ · d$^{-1}$ 和 0.664 MJ · m$^{-2}$ · d$^{-1}$；青藏地区 1984 年以前能见度变化非常小，而云量下降显著，导致紫外辐射上升显著。

西北地区 1985 年以前紫外辐射变化不显著，1985 年以后紫外辐射显著上升，能见度显著下降，总云量变化缓慢，说明该地区的紫外辐射上升可能受其他影响因子的作用较大，1985 年前、后紫外辐射的平均值分别为 0.522 MJ · m$^{-2}$ · d$^{-1}$ 和 0.517 MJ · m$^{-2}$ · d$^{-1}$，变化趋势分别为 –0.038 kJ · m$^{-2}$ · d$^{-1}$ · 年$^{-1}$ 和 0.428 kJ · m$^{-2}$ · d$^{-1}$ · 年$^{-1}$。

西南地区紫外辐射的突变年份在 1981 年，1981 年前、后紫外辐射的变化趋势都不显著，紫外辐射平均值分别为 0.474 MJ · m$^{-2}$ · d$^{-1}$ 和 0.461 MJ · m$^{-2}$ · d$^{-1}$。

中国北部紫外辐射变化趋势的突变年份在 1996 年，突变年以前，紫外辐射下降趋势为 –0.393 kJ · m$^{-2}$ · d$^{-1}$ · 年$^{-1}$，云量与紫外辐射变化趋势相同，能见度的降低可能是引起紫外辐射减弱的一个原因，1996 年以后紫外辐射的下降趋势为 –0.587 kJ · m$^{-2}$ · d$^{-1}$ · 年$^{-1}$，主要是由云量的增加所致，1996 年前、后紫外辐射平均值分别为 0.512 MJ · m$^{-2}$ · d$^{-1}$ 和 0.513 MJ · m$^{-2}$ · d$^{-1}$。

东北地区紫外辐射在 1996 年前、后变化趋势分别为 –0.495 kJ · m$^{-2}$ · d$^{-1}$ · 年$^{-1}$ 和 –1.364 kJ · m$^{-2}$ · d$^{-1}$ · 年$^{-1}$，1996 年以后的下降与云量的增加有关。

中国东部紫外辐射的突变年份为 1979 年，突变年以前紫外辐射下降显著，下降趋势为 –0.894 kJ · m$^{-2}$ · d$^{-1}$ · 年$^{-1}$，与能见度的显著下降有关，突变年以后紫外辐射变化不显著，1979 年前、后紫外辐射平均值分别为 0.408 MJ · m$^{-2}$ · d$^{-1}$ 和 0.388 MJ · m$^{-2}$ · d$^{-1}$。图 3.17 为 1961—2014 年全国及 8 个气候区紫外辐射的长期变化趋势。

### 3.4.2　不同区域光合有效辐射长期时空演变特征

根据全年和不同月份光合有效辐射日累计值的空间分布可以看出，1961—2014 年光合有效辐射平均日累计值的变化范围为 13.25 ~ 35.04 mol · m$^{-2}$ · d$^{-1}$，平均光合有效辐射日累计值为 22.29 mol · m$^{-2}$ · d$^{-1}$。光合有效辐射的最高值和最低值分别出现在青藏高原和西南地区，中国北部、西北地区和华北平原的光合有效辐射高于东北地区、东南地区和中国东部。东部地区气溶胶光学厚度和水汽柱总量都较高，造成了该地区出现光合有效辐射的低值区，平均值为 19.20 mol · m$^{-2}$ · d$^{-1}$。青藏地区为光合有效辐射的高值区，平均值为 28.43 mol · m$^{-2}$ · d$^{-1}$，主要是由于该地区的高海拔、低 AOD、低云量和低水汽共同作用的结果。中国北部光合有效辐射值也较高，平均值为 25.92 mol · m$^{-2}$ · d$^{-1}$。中国东部的光合有效辐射由南向北递增，中国西部的光合有效辐射由北向南递增。全年中 12 月的光合有效辐射值最低，平均为 11.22 mol · m$^{-2}$ · d$^{-1}$，然后逐渐增大，6 月达到

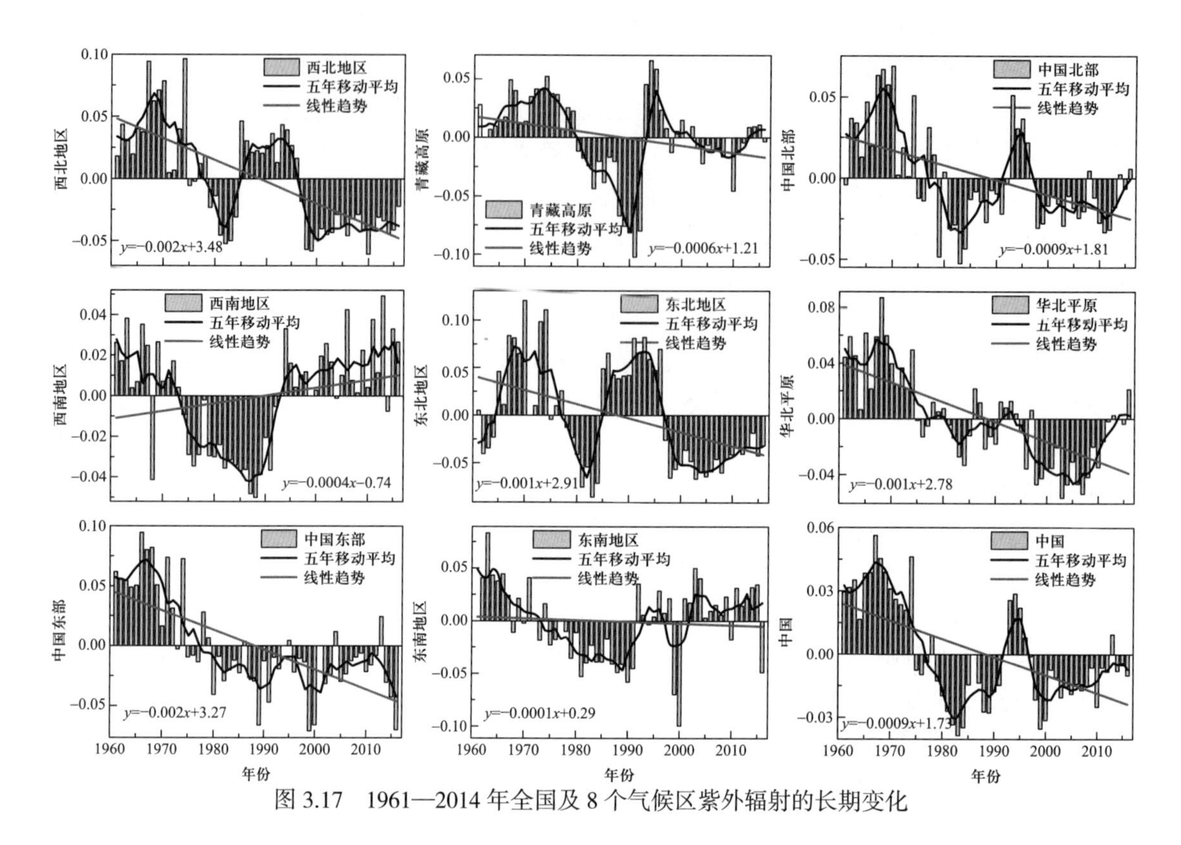


图 3.17　1961—2014 年全国及 8 个气候区紫外辐射的长期变化

最大，为 31.38 mol·m$^{-2}$·d$^{-1}$，之后逐渐下降，直到 12 月。这个变化特征主要是由于太阳高度角的周期性变化所致。

图 3.18 为中国地区及 8 个气候区光合有效辐射重构值的长期变化，利用与紫外辐射相同的方法（丁裕国，1998）找到光合有效辐射长期变化的趋势转折点。与紫外辐射一致，除青藏地区 1961—2014 年呈上升趋势外，其他气候区该时段内都呈下降趋势。华北平原和东南地区的光合有效辐射变化趋势没有明显的转折点，其余气候区变化趋势的转折点与紫外辐射一致。青藏地区 1961—2014 年光合有效辐射的上升速率为 0.008 mol·m$^{-2}$·d$^{-1}$·年$^{-1}$，1984 年前、后的上升速率分别是 0.047 mol·m$^{-2}$·d$^{-1}$·年$^{-1}$和 0.003 mol·m$^{-2}$·d$^{-1}$·年$^{-1}$。中国地区光合有效辐射的下降速率为 0.015 mol·m$^{-2}$·d$^{-1}$·年$^{-1}$，华北平原、东部地区和东南地区的下降趋势最显著，分别为 0.029 mol·m$^{-2}$·d$^{-1}$·年$^{-1}$、0.031 mol·m$^{-2}$·d$^{-1}$·年$^{-1}$和 0.033 mol·m$^{-2}$·d$^{-1}$·年$^{-1}$。Wang 等（2014）的研究结果表明，1961—2012 年中国地区光合有效辐射的下降趋势为 0.015 mol·m$^{-2}$·d$^{-1}$·年$^{-1}$，与我们的结果一致。中国地区光合有效辐射和紫外辐射与太阳总辐射的长期变化趋势一致（Che et al.，2005；Wild，2009；Tang et al.，2011）。Che 等（2005）的研究表明，1961—2000 年中国地区的太阳总辐射下降趋势为 0.45 W·m$^{-2}$·d$^{-1}$·年$^{-1}$。光合有效辐射与紫外辐射的长期变化趋势非常一致，受云量、气溶胶的影响与紫外辐射基本一致。

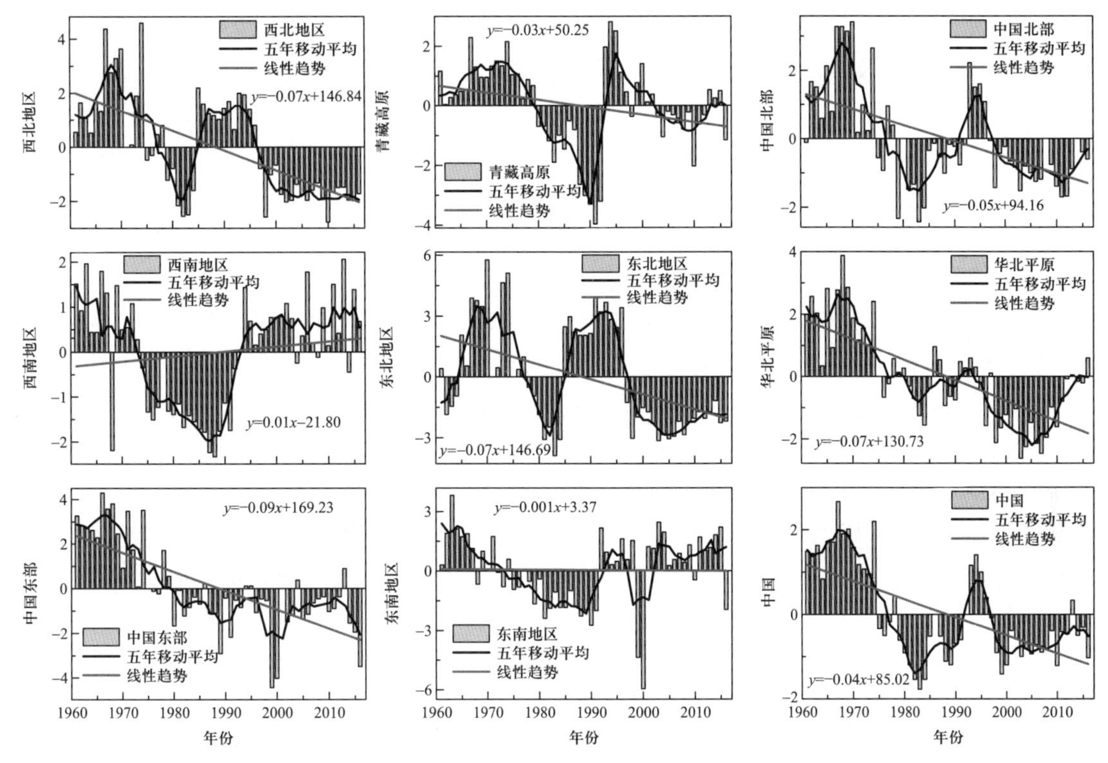


图 3.18 1961—2014 年中国地区及 8 个不同气候区光合有效辐射重构值的长期变化

# 3.5 结论与展望

通过分析近十年 CERN 39 个野外观测站太阳总辐射、紫外辐射和光合有效辐射及影响其变化的能见度、云量、水汽柱总量和臭氧的时空变化特征，发现太阳总辐射、紫外辐射和光合有效辐射的最高值都出现在拉萨站，分别为：20.46 $MJ \cdot m^{-2} \cdot d^{-1}$、0.87 $MJ \cdot m^{-2} \cdot d^{-1}$ 和 36.14 $mol \cdot m^{-2} \cdot d^{-1}$。由于西南地区的高湿以及多云量的特点，辐射的低值都集中在该区域。中国大部分气候区 2005—2013 年太阳总辐射、紫外辐射和光合有效辐射都呈下降趋势，就全国尺度而言，太阳总辐射、紫外辐射和光合有效辐射的下降趋势分别为 −0.051 $MJ \cdot m^{-2} \cdot d^{-1} \cdot$ 年$^{-1}$、−0.740 $kJ \cdot m^{-2} \cdot d^{-1} \cdot$ 年$^{-1}$ 和 −0.363 $mol \cdot m^{-2} \cdot d^{-1} \cdot$ 年$^{-1}$。

紫外辐射与总辐射比值、光合有效辐射与总辐射比值的时空变化特点以及与晴空指数和水汽的关系如下。紫外辐射与总辐射的比值南边高于北边，全国平均为 4.3%；光合有效辐射与总辐射比值的平均值为 1.86，变化范围为 1.76 ~ 2.30。由于水汽含量的增多会使紫外辐射和光合有效辐射在总辐射中所占的比值增大，所以大部分地区该比值的空间分布与水汽一致。除受云量和水汽的影响外，气溶胶也是影响比值的一个重要因子，京津冀地区的低比值可能是由于气溶胶对短波段的辐射衰减作用强于长波段所引起的。分别选取 2014 年不同气候区代表站点讨论了 $F_{uv}$、$F_{PAR}$、晴空指数和水汽柱总量之间的关系，该比值与 $K_S$ 的季节变化趋势相反，与水汽的变化趋势基本一致。

结合“混合模型”和站点所在气候区的紫外辐射、光合有效辐射估算公式重构1961—2014年紫外辐射与光合有效辐射日累计数据集。紫外辐射重构值的空间分布特征为：北部高于南部、西部高于东部，多年平均值的变化范围为0.32 ~ 0.80 $MJ \cdot m^{-2} \cdot d^{-1}$，平均值为0.49 $MJ \cdot m^{-2} \cdot d^{-1}$。青藏地区较高的海拔高度和较低的气溶胶浓度、云量以及水汽使得该地区紫外辐射值高于其他区域；中国西南地区、东部地区和东南地区由于较低的海拔高度以及较多的云量和水汽，使得该区域紫外辐射值小于其他区域。除青藏地区外，全国尺度以及其他气候区1961—2014年紫外辐射呈下降趋势，其中东南地区、华北平原和中国东部地区下降最显著。中国地区总云量与紫外辐射年际之间的变化方向相反，但是除青藏地区外，1961—2014年其他气候区的紫外辐射变化趋势与总云量方向相同，说明总云量的变化并不是引起这些气候区紫外辐射下降的主要原因。除青藏和东北地区外，其余气候区能见度呈下降趋势，说明气溶胶浓度的增加可能是引起全国大范围紫外辐射下降的主要原因。青藏地区能见度的增加以及云量和水汽的减少共同引起了该地区紫外辐射的增加。不同气候区紫外辐射长期变化趋势的突变年份不同，西北地区、青藏地区、西南地区、中国北部、东北地区、中国东部的趋势突变年份分别为1985、1984、1981、1996、1996和1979年，华北平原和华南地区没有显著的趋势突变点。光合有效辐射重构值的时空分布特征以及变化趋势的突变年份与紫外辐射一致，多年平均值的变化范围为13.25 ~ 35.04 $mol \cdot m^{-2} \cdot d^{-1}$，平均值为22.29 $mol \cdot m^{-2} \cdot d^{-1}$，最高值和最低值分别出现在青藏地区和西南地区。中国东部光合有效辐射由南向北递增，中国西部光合有效辐射由北向南递增。与紫外辐射一致，除青藏地区1961—2014年光合有效辐射呈上升趋势外，其他区域都呈下降趋势。华北和东南地区没有明显的趋势转折点，西北地区、青藏地区、西南地区、中国北部、东北地区、中国东部的趋势转折年份分别为1985年、1984年、1981年、1996年、1998年和1979年。

通过原位观测数据与重构的历史数据系统地揭示了我国紫外辐射、光合有效辐射时空变化规律及其成因，构建了精巧的、参数容易获取的紫外辐射、光合有效辐射历史数据重构方法。该方法的相对误差在15%以内，为定量评估辐射变化对农业、生态环境变化提供科学支撑，弥补了我国光合有效辐射时空变化规律的直接观测研究以及光合有效辐射对物候的影响评估的不足，获得了高精度、高空间分辨率的光合有效辐射历史数据，为气候变化、生态环境学的研究提供科学数据，初步揭示气溶胶、云量对紫外辐射的定量作用。如有需要，结合生态系统的生成力、固碳、生物量等方面进行数据融合分析，将获得数据更有意义的使用价值。

未来还需要进一步拓展观测数据与遥感数据融合，最终形成多源高质量数据。并利用数据研究云、气溶胶—辐射—地表生态系统之间的交互作用，定量评估气溶胶辐射的生态环境效应。

# 参 考 文 献

丁裕国 . 1998. 气象数据时间序列信号处理 . 北京：气象出版社 .

高国栋，陆渝蓉 . 1982. 中国地表辐射平衡与热量平衡 . 北京：科学出版社 .

胡波 . 2005. 中国紫外与光合有效辐射的联网观测及其时空分布特征研究 . 北京：中国科学院研究生院大气物理研究所，博士学位论文 .

胡荣明，石广玉 . 1998. 中国地区气溶胶的辐射强迫及其气候响应试验 . 大气科学，22（6）：919-925.

刘慧 . 2017. 紫外 / 光合有效辐射变化特征及气溶胶辐射强迫研究 . 兰州：兰州大学，博士学位论文 .
刘慧，胡波，王式功，等 . 2015. 北京市紫外辐射对人体健康的影响及其统计预报模型 . 兰州大学学报（自然科学版），51（5）：665–670.
罗云峰，周秀骥，李维亮 . 1998. 大气气溶胶辐射强迫及气候效应的研究现状 . 地球科学进展，13（6）：572–581.
缪启龙，翁笃鸣，黄飞君 . 1993. 中国坡地光合有效辐射的特征分析 . 南京气象学院学报，16（2）：148–155.
潘守文 . 1994. 现代气候学原理 . 北京：气象出版社 .
任芝花，张志富，孙超，等 . 2015. 全国自动气象站实时观测资料三级质量控制系统研制 . 气象，41（10）：1268–1277.
沈钟平，张华 . 2009. 影响地面太阳辐射及其谱分布的因子分析 . 太阳能学报，30（10）：1389–1394.
石广玉，王标，张华，等 . 2008. 大气气溶胶的辐射与气候效应 . 大气科学，32（4）：826–840.
翁笃鸣 . 1997. 中国辐射气候 . 北京：气象出版社 .
张运林，秦伯强 . 2002. 太湖地区光合有效辐射（PAR）的基本特征及其气候学计算 . 太阳能学报，23（1）：118–123.
周秀骥，李维亮，罗云峰 . 1998. 中国地区大气气溶胶辐射强迫及区域气候效应的数值模拟 . 大气科学，22（4）：418–427.
朱旭东，何洪林，刘敏，等 . 2010. 近 50 年中国光合有效辐射的时空变化特征 . 地理学报，65（3）：270–280.
祝青林，于贵瑞，蔡福，等 . 2005. 中国紫外辐射的空间分布特征 . 资源科学，27（1）：108–113.
Alados I, Foyo-Moreno I, Alados-Arboledas L. 1996. Photosynthetically active radiation: Measurements and modelling. Agricultural and Forest Meteorology, 78(1-2): 121-131.
Alados I, Olmo F J, Foyo-Moreno I, et al. 2000. Estimation of photosynthetically active radiation under cloudy conditions. Agricultural and Forest Meteorology, 102(1): 39-50.
Ångström A. 1924. Solar and terrestrial radiation, Report to the international commission for solar research on actinometric investigations of solar and atmospheric radiation. Quarterly Journal of the Royal Meteorological Society, 50(210): 121-126.
Antón M, Serrano A, Cancillo M L, et al. 2011. Application of an analytical formula for UV Index reconstructions for two locations in Southwestern Spain. Tellus Series B-Chemical and Physical Meteorology, 63(5): 1052-1058.
Arola A, Lakkala K, Bais A, et al. 2003. Factors affecting short-and long-term changes of spectral UV irradiance at two European stations. Journal of Geophysical Research-Atmospheres, 108(D17): 4549.
Augustine J A, DeLuisi J J, Long C N. 2000. SURFRAD-A national surface radiation budget network for atmospheric research. Bulletin of the American Meteorological Society, 81(10): 2341-2357.
Bais A F, Zerefos C S, Meleti C, et al. 1993. Spectral measurements of solar UVB radiation and its relations to total ozone, $SO_2$, and clouds. Journal of Geophysical Research-Atmospheres, 98(D3): 5199-5204.
Baldocchi D, Falge E, Gu L H, et al. 2001. FLUXNET: A new tool to study the temporal and spatial variability of ecosystem-scale carbon dioxide, water vapor, and energy flux densities. Bulletin of the American Meteorological Society, 82(11): 2415-2434.
Berger D S. 1976. Sunburning ultraviolet meter-design and performance. Photochemistry and Photobiology, 24(6): 587-593.
Bernhard G, Booth C R, Ehramjian J C, et al. 2007. Ultraviolet and visible radiation at Barrow, Alaska: Climatology and influencing factors on the basis of version 2 National Science Foundation network data. Journal of Geophysical Research-Atmospheres, 112: D09101.
Blackburn W J, Proctor J T A. 1983. Estimating photosynthetically active radiation from measured solar irradiance. Solar Energy, 31(2): 233-234.

Calbó J, Pages D, Gonzalez J A. 2005. Empirical studies of cloud effects on UV radiation: A review. Reviews of Geophysics, 43(2): RG2002.

Che H Z, Shi G Y, Zhang X Y, et al. 2005. Analysis of 40 years of solar radiation data from China, 1961–2000. Geophysical Research Letters, 32(6): L06803.

Che H, Xia X, Zhu J, et al. 2014. Column aerosol optical properties and aerosol radiative forcing during a serious haze–fog month over North China Plain in 2013 based on ground–based sunphotometer measurements. Atmospheric Chemistry and Physics, 14(4): 2125–2138.

Che H, Zhao H, Wu Y, et al. 2015. Analyses of aerosol optical properties and direct radiative forcing over urban and industrial regions in Northeast China. Meteorology and Atmospheric Physics, 127(3): 345–354.

den Outer P N, Slaper H, Kaurola J, et al. 2010. Reconstructing of erythemal ultraviolet radiation levels in Europe for the past 4 decades. Journal of Geophysical Research–Atmospheres, 115: D10102.

Dye D G, Shibasaki R. 1995. Intercomparison of global PAR data sets. Geophysical Research Letters, 22(15): 2013–2016.

Elhadidy M A, Abdelnabi D Y, Kruss P D. 1990. Ultraviolet solar radiation at Dhahran, Saudi Arabia. Solar Energy, 1990, 44(6): 315–319.

Feister U, Junk J, Woldt M, et al. 2008. Long–term solar UV radiation reconstructed by ANN modelling with emphasis on spatial characteristics of input data. Atmospheric Chemistry and Physics, 8(12): 3107–3118.

Fioletov V E, McArthur L J B, Kerr J B, et al. 2001. Long–term variations of UV–B irradiance over Canada estimated from Brewer observations and derived from ozone and pyranometer measurements. Journal of Geophysical Research–Atmospheres, 106(D19): 23009–23027.

Gardiner B G, Kirsch P J. 1994. Second European Intercomperison of Ultraviolet Spectrometers. Air Pollution Research Report, 49: 66.

Geiger M, Diabate L, Menard L, et al. 2002. A web service for controlling the quality of measurements of global solar irradiation. Solar Energy, 73(6): 475–480.

Heath D F, Mateer C L, Krueger A J. 1973. The Nimbus–4 backscatter ultraviolet(BUV) atmospheric ozone experiment–two years' operation. Pure and Applied Geophysics, 106(5–7): 1238–1253.

Hu B, Wang Y, Liu G. 2007a. Ultraviolet radiation spatiotemporal characteristics derived from the ground–based measurements taken in China. Atmospheric Environment, 41(27): 5707–5718.

Hu B, Wang Y, Liu G. 2007b. Spatiotemporal characteristics of photosynthetically active radiation in China. Journal of Geophysical Research–Atmospheres, 112: D14106.

Hu B, Wang Y, Liu G. 2010a. Variation characteristics of ultraviolet radiation derived from measurement and reconstruction in Beijing, China. Tellus Series B–Chemical and Physical Meteorology, 62(2): 100–108.

Hu B, Wang Y, Liu G. 2010b. Long–term Trends in Photosynthetically Active Radiation in Beijing. Advances in Atmospheric Sciences, 27(6): 1380–1388.

Huo J, Lu D R. 2012. Characteristics of Solar Radiation and the Impact of Clouds at Yangbajing, Tibet. Atmospheric and Oceanic Science Letters, 5(3): 235–239.

IPCC.Climate Change 2007: The Physieal Scienee Basis[Rl//Solomon S, et al.eds.Contribution of Working Group1 to the Fourth Assessment Report of the Intergovernmental Panel on Climate Change. Cambridge, United Kingdomand NewYork: Cambridge University Press.

Kerr J B, Fioletov V E. 2008. Surface ultraviolet radiation. Atmosphere–Ocean, 46(1): 159–184.

Kristjansson J E. 2002. Studies of the aerosol indirect effect from sulfate and black carbon aerosols. Journal of Geophysical Research–Atmospheres, 107(D15): 4246.

Leckner B. 1978. The spectral distribution of solar radiation at the Earth's surface——Elements of a model. Solar Energy, 20(2): 143–150.

Lenny B, Peter B, Osvaldo C, et al. 2007. The Intergovernmental Panel on Climate Change (IPCC): The physieal Scienee Basis. Cambridge, United Kingdom and New York: Cambridge University Press.

Liang S, Zhao X, Liu S, et al. 2013. A long-term Global LAnd Surface Satellite (GLASS) data-set for environmental studies. International Journal of Digital Earth, 6(S1): 5–33.

Lindfors A, Kaurola J, Arola A, et al. 2007. A method for reconstruction of past UV radiation based on radiative transfer modeling: Applied to four stations in northern Europe. Journal of Geophysical Research-Atmospheres, 112: D23201.

Liu B, Henderson M, Zhang Y, et al. 2010. Spatiotemporal change in China's climatic growing season: 1955–2000. Climatic Change, 99(1–2): 93–118.

Liu B H, Xu M, Henderson M, et al. 2004. Taking China's temperature: Daily range, warming trends, and regional variations, 1955–2000. Journal of Climate, 17(22): 4453–4462.

Liu B, Jordan R. 1960. The interrelationship and characteristic distribution of direct, diffuse and total solar radiation. Solar Energy, 4: 1–19.

Machler M, Iqbal M. 1985. A modification of the ASHRAE clear sky irradiation model. ASHRAE Trans, 91(1): 106–115.

Mayer B, Kylling A. 2005. Technical note: The libRadtran software package for radiative transfer calculations-description and examples of use. Atmospheric Chemistry and Physics, 5: 1855–1877.

McKenzie R L, Johnston P V, Kotkamp M, et al. 1992. Solar ultraviolet spectrometry in New Zealand: Instrumentation and sample results from 1990. Applied Optics, 31: 6501–6509.

McKenzie R L, Liley J B, Björn L O. 2009. UV radiation: Balancing risks and benefits. Photochemistry and Photobiology, 85(1): 88–98.

Miskolczi F, Aro T O, Iziomon M, et al. 1997. Surface radiative fluxes in sub-Sahel Africa. Journal of Applied Meteorology, 36(5): 521–530.

Mordale X. 1963. The geographic distribution of the photosynthetic active radiation. Photosynthesis and Plant Productivity Problem. Soviet Science Academy, 1963: 149–158.

Papaioannou G, Nikolidakis G, Asimakopoulos D, et al. 1996. Photosynthetically active radiation in Athens. Agricultural and Forest Meteorology, 1996, 81(3–4): 287–298.

Pinker R T, Laszlo I. 1992. Global distribution of photosynthetically active radiation as observed from satellites. Journal of Climate, 5(1): 56–65.

Român R, Bilbao J, de Miguel A. 2015. Erythemal ultraviolet irradiation trends in the Iberian Peninsula from 1950 to 2011. Atmospheric Chemistry and Physics, 15(1): 375–391.

Schwander H, Koepke P, Ruggaber A. 1997. Uncertainties in modeled UV irradiances due to limited accuracy and availability of input data. Journal of Geophysical Research-Atmospheres, 102(D8): 9419–9429.

Shen X, Liu B, Li G, et al. 2014. Spatiotemporal change of diurnal temperature range and its relationship with sunshine duration and precipitation in China. Journal of Geophysical Research-Atmospheres, 119(23): 13163–13179.

Stolarski R S, Labow G J, McPeters R D. 1997. Springtime Antarctic total ozone measurements in the early-1970s from the BUV instrument on Nimbus 4. Geophysical Research Letters, 24(5): 591–594.

Szeicz G. 1974. Solar-radiation for plant-growth. Journal of Applied Ecology, 11(2): 617–636.

Tang W J, Yang K, Qin J, et al. 2011. Solar radiation trend across China in recent decades: a revisit with quality-controlled data. Atmospheric Chemistry and Physics, 11(1): 393–406.

Tang W, Yang K, Qin J, et al. 2013. Development of a 50-year daily surface solar radiation dataset over China. Science

China-Earth Sciences, 56(9): 1555-1565.

Udo S O. 1999. Sky conditions at Ilorin as characterized by clearness index and relative sunshine. Solar Energy, 69(1): 45-53.

Wang K. 2014. Measurement Biases explain discrepancies between the observed and simulated decadal variability of surface incident solar radiation. Scientific Reports, 4: 6144.

Wang L C, Gong W, Hu B, et al. 2014. Long-term variations of ultraviolet radiation in China from measurements and model reconstructions. Energy, 78: 928-938.

Wei K, Chen W, Huang R. 2006. Long-term changes of the ultraviolet radiation in China and its relationship with total ozone and precipitation. Advances in Atmospheric Sciences, 23(5): 700-710.

Wild M. 2009. Global dimming and brightening: A review. Journal of Geophysical Research-Atmospheres, 114: D00D16.

Wu J, Luo J, Zhang L, et al. 2014. Improvement of aerosol optical depth retrieval using visibility data in China during the past 50 years. Journal of Geophysical Research-Atmospheres, 119(23): 13370-13387.

Xia X, Li Z, Wang P, et al. 2008a. Analysis of relationships between ultraviolet radiation (295 ~ 385 nm) and aerosols as well as shortwave radiation in North China Plain. Annales Geophysicae, 26(7): 2043-2052.

Xia X, Li Z, Wang P, et al. 2008b. Analysis of photosynthetic photon flux density and its parameterization in Northern China. Agricultural and Forest Meteorology, 148(6-7): 1101-1108.

Xia X. 2010. Spatiotemporal changes in sunshine duration and cloud amount as well as their relationship in China during 1954—2005. Journal of Geophysical Research-Atmospheres, 115: D00K06.

Yang K, Huang G W, Tamai N. 2001. A hybrid model for estimating global solar radiation. Solar Energy, 70(1): 13-22.

Yang K, Koike T, Ye B S. 2006. Improving estimation of hourly, daily, and monthly solar radiation by importing global data sets. Agricultural and Forest Meteorology, 137(1-2): 43-55.

Zhang X, Hu B, Wang Y, et al. 2014. Reconstruction of daily ultraviolet radiation for nine observation stations in China. Journal of Atmospheric Chemistry, 71(4): 303-319.

# 第 4 章　中国典型陆地生态系统水分状况及变化特征*

水作为生态系统的主要组成部分,对生态系统的结构和功能具有重要作用。生态系统水分循环过程与机理一直是生态学重要的研究内容之一。CERN 一直致力于生态水文学相关领域的观测和研究工作,即对生态系统水环境的特征、变化规律以及与生态系统的关系进行观测,了解生态系统水分状况和水分运动过程,揭示生态过程与水文过程之间的关系和相互作用过程。回顾 CERN 30 年来在陆地生态系统生态水文学领域的监测和研究工作,不仅多个 CERN 台站针对本地区典型生态系统开展了诸多深入的生态水文过程研究,如华北平原地区、西北干旱区、黄土高原地区、西南喀斯特地区、东北黑土区以及高寒草甸生态系统等,取得诸多成果,而且从联网和综合研究的角度,针对我国不同生态系统类型、不同气候区,CERN 联网观测研究也获得了全国尺度陆地生态系统的水分状况及变化特征相关的重要研究成果,这些成果将对我国陆地生态系统水分管理和生态建设提供重要的科学依据。

## 4.1　陆地生态系统水分要素联网观测

陆地生态系统水分要素联网观测的主要目的是研究一个区域或一类生态系统的水环境和水分运动状况。根据观测的目标不同,水分要素的联网观测可分为长期联网观测和短期联网观测。长期联网观测主要是基于某个行业(如农业、林业和水利系统等)的需求或长期科学研究的目的(如 CERN),而短期联网观测通常是基于某个特定的研究目标。自从 CERN 成立以来,各陆地生态系统台站就一直在进行水分要素的长期联网观测。同时,在各类项目的支持下,科学家还开展了许多基于 CERN 台站的水分要素联网观测研究。现就主要基于 CERN 台站开展的陆地生态系统水分要素联网观测作一介绍。

### 4.1.1　CERN 陆地生态系统水分要素长期联网观测概况

水分监测又称为水环境监测,主要是对陆地生态系统的水文物理要素和水化学要素进行长期监测。CERN 台站采用统一的方法和标准开展长期的监测,已经产生了一系列长时间序列的生态水文和水质数据。这些数据不仅可用于监测一个地区水环境的长期变化趋势和变化特征,

---

* 本章作者为中国科学院地理科学与资源研究所邵明安、孙晓敏、罗毅、温学发、朱治林、袁国富、张心昱、贾小旭、黄来明、魏杰、吕斯丹、王娇、唐新斋。

还可用于科学研究、生态系统评估和治理、水资源的利用和管理等（袁国富等，2007）。相较于其他的水环境监测工作，CERN陆地生态系统水环境的监测主要有以下特点（孙晓敏等，2010）：① 水环境的监测是定点监测。以CERN所属的野外生态试验站为基地，在台站的观测场地或特定位置设置观测点进行定点观测，监测点位置固定。② 水环境的监测是长期监测。按照最初的设计，观测时间尺度一般设置百年以上，是用来长期监测生态系统结构和功能演变的一部分，由于是长期监测，一些反映短的时间尺度的过程指标往往不是CERN监测关注的对象。③ 水环境监测是联网监测。是将分布在中国不同区域和不同生态类型的台站联合起来，按照统一的规范实施统一的观测，而不是各个生态站自行独立的观测。

根据CERN长期监测的多尺度要求，水环境长期监测场地根据尺度大小分为三级监测场地类型。其中，第一级监测场地为典型区域，主要是指监测场地的背景区域，通常是根据台站所在位置和自身特点选取的典型生态系统区域或完整的小流域。第二级监测场地为观测场，是长期监测的具体对象，一般是野外一个具体的地理单元或小流域等区域。第三级监测场地为观测采样地，是监测的具体位置，是真正实施观测的场地，在CERN规范中设置主观测采样地和辅助观测采样地。

野外水环境监测和采样方法十分复杂，不同生态系统、气候类型和地貌特征具有不同的水环境，因此很难做到所有台站的监测方法和仪器设备完全一致。为此，主要从台站的监测指标、监测频率、仪器设备、采样方法和分析方法上着手对观测进行规范。CERN陆地生态系统水环境长期监测工作从20世纪90年代开始并逐步完善，1998年起统一收集数据，2001年起数据开始基本完整，2004年起采用现行的统一监测规范和监测方法进行观测。最新的监测工作是依据中国生态系统研究网络科学委员会统一编著的《陆地生态系统水环境观测规范》（袁国富等，2007）来实施的。

为了使得数据便于查询和多地备份，CERN制定了统一的数据汇交格式，数据分别在台站、分中心和综合中心进行保存。对于观测数据的质量，目前采用“台站－分中心－综合中心”3级质控体系来控制。其具体的方法依据CERN水分分中心袁国富等（2012）主编的《陆地生态系统水环境观测质量保证与质量控制》来进行的。经过3级质量控制的监测数据对社会开放共享（朱治林等，2017；唐新斋等，2017），这些数据是从事生态水文和水质研究的宝贵资源。

### 4.1.2　基于CERN台站的水分要素短期联网观测研究

早在1998年，CERN水分分中心的谢贤群和唐登银研究员共同主持了国家自然科学基金的重大项目（我国北方地区农业生态系统水分运行及其区域分异规律研究）。该项目联合了CERN的10个野外台站，通过对我国北方地区从东到西不同水分带农田生态系统水分运行规律的实验研究和联网比较，揭示了主要作物（小麦、玉米等）的耗水需水规律和水分利用效率的区域分异，建立了由于尺度转换和区域监测的作物冠层蒸腾和蒸发双源遥感模型，分析了北方水环境的区域特征等，反映了我国北方地区农田生态系统水分运动特征的区域和联网研究成果。

2004年，在中国科学院野外台站研究基金项目（中国生态研究网络大气降水水环境同位素研究）的支持下，以CERN台站为依托，项目选取了CERN的31个台站为观测点，建立了大气降水同位素网络（CHNIP），系统地对D和$^{18}$O进行观测。这些数据既可为水循环研究提供大气降水的背景值，也可服务于气候变化的预测研究。

2007年,由中国科学院新疆生态与地理研究所李彦研究员和中国科学院植物研究所董鸣研究员共同主持的中国科学院知识创新工程重要方向项目(北方沙漠化带典型生态系统的水分有效性与植被适应性研究)选取了CERN的6个站点来代表我国不同沙漠化类型区,研究了我国北方沙漠化带的典型水分的有效转化过程,揭示了植被对有效水分及其时空异质性的响应和适应机理等(孙晓敏等,2009)。

从2013年起,通过与CERN综合中心合作,CERN水分分中心开始要求CERN台站将收集的雨水水样统一汇交到分中心进行统一分析。这种模式可以有效避免由于分析方法不同而可能产生的分析误差,同时还减轻了台站在化学分析方面的负担,极大地提高了雨水水质的监测数据质量。目前,从水样收集、集中分析到数据的整理与返回等工作进展顺利,依托CERN和其他野外生态站的雨水水质数据,研究人员开展了中国典型生态系统大气降水酸沉降的合作研究,取得了一些重要的成果。

降水酸沉降能够引起地表植被破坏、土壤和水体酸化等一系列严重环境问题,在全球范围受到普遍关注。中国降水酸沉降过去缺乏对农村及自然生态系统的长期观测研究,仅依靠城市或近郊站点监测数据会对中国陆地生态系统降水酸沉降评估造成偏差;此外,作为世界上最大的发展中国家,中国区域降水酸沉降的长期变化研究非常匮乏,从而使科学家难以准确地评估酸沉降的影响与危害。通过分析雨水水质联网观测数据,发现中国农田和自然生态系统降水酸沉降pH均值为6.20,硫酸根沉降量为38.35 kg S·hm$^{-2}$·年$^{-1}$,硝酸根沉降量为7.44 kg N·hm$^{-2}$·年$^{-1}$,其潜在生态影响值得关注;并指出以往基于城市站点分析会高估我国的降水酸沉降(Yu et al., 2016)。

通过收集分析1980—2014年全国范围降水化学指标数据,科学家定量分析了中国全区域的降水酸沉降动态及空间格局,发现中国区域大气酸沉降整体恶化的趋势得到控制。具体表现为20世纪80—90年代降水酸沉降最为严重区域因二氧化硫排放总量的控制而得到缓解,但中等程度酸沉降的范围随着工农业的扩张而向西北扩大;酸沉降中硫酸根沉降量降低,而硝酸根沉降量却显著升高。中国区域降水酸沉降主要受能源消耗的影响,并受降水量调控。这些成果可为了解我国大气污染物控制及其生态影响提供一定的理论依据和数据支撑(Yu et al., 2017)。

# 4.2 典型陆地生态系统水同位素变化特征

由于同位素效应的存在,$H_2{}^{18}O$、$HD^{16}O$和$H_2{}^{16}O$成为土壤、植被、大气和海洋间不同形式水分运动的最佳示踪剂,成为涉及生态、水文和大气等多种学科的重要研究工具(Yakir and Sternberg, 2000; Wen et al., 2008; Galewsky et al., 2016)。陆地生态系统降水、土壤水、茎秆水、叶片水、大气水汽 δD 和 $\delta^{18}O$变化特征是研究土壤-植被-大气系统生态水文循环过程的重要示踪剂(Farquhar et al., 2007; Yang et al., 2016)。以CERN千烟洲人工林、栾城农田、多伦草地等典型生态系统为依托,开展了土壤-植被-大气系统生态水文循环过程 δD 和 $\delta^{18}O$的示踪研究,实现了生态系统水通量及其水汽 δD 和 $\delta^{18}O$通量的协同观测,定量解析了植物水分来源、蒸散组分、露水来源以及叶水 δD 和 $\delta^{18}O$富集等科学问题(Zhang et al., 2011; Xiao et al., 2012; Yang et al., 2016)。

### 4.2.1　典型生态系统水 δD 和 $\delta^{18}O$ 的分馏过程及其影响因素

自然环境中某一样品的D(或 $^2H$)和 $^{18}O$ 含量通常用其与主要元素 $^1H$ 和 $^{16}O$ 的摩尔数之比即同位素比值 $R$ 来表示，通常用 δ 的符号表达为

$$\delta=(R/R_{V\text{-}SMOW}-1)\times 1000 \tag{4.1}$$

式中，$R$ 是所测定样品的同位素比值 D/H 或 $^{18}O/^{16}O$，$R_{V\text{-}SMOW}$ 是标准物质维也纳标准平均海水(V-SMOW)的同位素比值，其中 D/H 为 0.00015576，$^{18}O/^{16}O$ 为 0.0020052。$\delta$ 的单位为千分之一(‰)。

生态系统各水库(如降水、土壤水、茎秆水、叶片水和大气水汽等) δD 和 $\delta^{18}O$ 受同位素分馏效应的影响常存在显著的差异。以 $\delta^{18}O$ 为例，图4.1描述了土壤–植被–大气系统水分运动过程中水同位素的分馏过程和主要影响因素。降水 $\delta^{18}O$ 和 δD($\delta_p$)受温度效应、降水量效应和高程效应等影响，表现为由海洋向内陆逐渐贫化(Liu et al., 2010)。受土壤类型、质地、结构以及降雨模式和水文特征等因素的影响，土壤水是降水、地下水等各种水源的混合物，土壤水 δD 和 $\delta^{18}O$($\delta_s$)受不同水源的混合比例和水分进出土壤剖面的稳定同位素分馏过程的共同控制。随着土壤蒸发的进行，土壤水的蒸发前缘会逐渐富集 $H_2^{18}O$ 和 HDO。土壤水达到同位素稳定平衡状态的过程很缓慢，可能会长达几个月(Yakir and Sternberg, 2000)，因而土壤蒸发 δD 和 $\delta^{18}O$($\delta_E$)会发生严重的贫化(杨斌等，2012)。$\delta_E$ 可以用 Craig-Gordon 模型描述，其变异受到土壤蒸发前缘液态水 δD 和 $\delta^{18}O$($\delta_e$)、地表空气水汽 δD 和 $\delta^{18}O$($\delta_v$)、相对湿度($h$)等因素的影响。降水和灌溉水的脉冲输入可在短时间内改变土壤水和蒸发条件，强烈扰动 $\delta_e$ 和 $\delta_E$ 信号(Lee et al., 2005)。土壤水 δD 和 $\delta^{18}O$ 受降水和蒸发的交互影响由土壤表层至土壤深层逐渐贫化(Dawson and Simonin, 2011)。

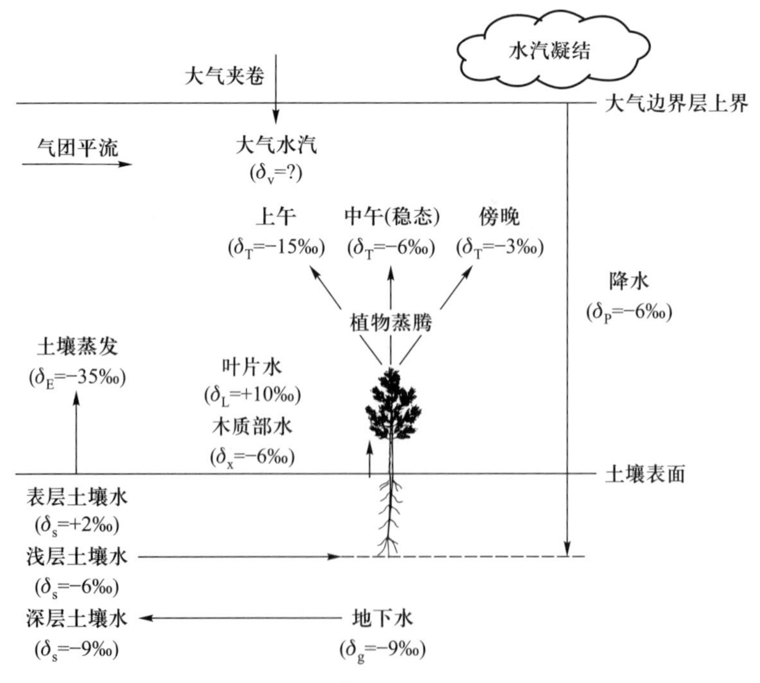


图4.1　土壤–植被–大气系统中各水库 $\delta^{18}O$ 的分馏过程及主要影响因素(Zhang et al., 2011)

在植物蒸腾过程中，一般认为植物体对土壤水吸收时以及水分在根部与茎秆之内运输而到达未栓化的嫩枝或叶片之前，它的 δD 和 $\delta^{18}O$（$\delta_x$）并不发生变化，仍保持着土壤水 $\delta_s$ 的特征，即 $\delta_x=\delta_s$。因此，可以利用 $\delta_x$ 确定植物的水分来源（Yepez et al., 2003）。但有研究表明，一些盐生和旱生植物的吸水过程会引起 HDO 的分馏（Ellsworth and Williams, 2007）。因此，在利用 δD 数据确定植物水分利用来源时要格外审慎。植物茎秆水 δD 和 $\delta^{18}O$ 通常介于土壤水 δD 和 $\delta^{18}O$ 的垂直梯度范围内（Brooks et al., 2010）。

在水分从植物叶片扩散到大气的过程中，相对于植物所利用的水源 $\delta_x$ 来说，叶片水 HDO 和 $H_2^{18}O$ 会发生富集（Farquhar and Cernusak, 2005; Farquhar et al., 2007; 温学发等, 2008; 王小婷和温学发, 2016）。气孔内蒸发点 δD 和 $\delta^{18}O$（$\delta_{L,e}$）富集的日变异特征主要受植物利用水源 $\delta_x$、大气水汽 $\delta_v$、气温和空气湿度等环境因素和气孔导度等生理因素，以及蒸腾水分在叶片内从水源（如叶脉）向蒸发点流动路径的长度即有效扩散长度（$L$）等因素的影响。$\delta_{L,e}$ 不可以直接观测，可以借助调整的 Craig–Gordon 模型来描述，整个叶片水的 δD 和 $\delta^{18}O$（$\delta_{L,b}$）可以直接观测。很多研究表明，$\delta_{L,e}$ 富集程度通常明显高于 $\delta_{L,b}$（Welp et al., 2008）。$\delta_{L,e}$ 与 $\delta_{L,b}$ 的差异归因于 $\delta_{L,e}$ 富集存在着明显的叶内空间异质性。其中一些变异是系统性的变异，如叶尖比叶基更富集、叶内蒸发点比叶脉更富集，而另一些跟动态的气孔异质性有关（Farquhar and Cernusak, 2005; Farquhar et al., 2007）。这种空间异质性主要是由叶脉内未发生 HDO 和 $H_2^{18}O$ 富集的水向蒸发点的对流和蒸发点富集 HDO 和 $H_2^{18}O$ 的水的反向扩散造成的，这种效应称为 Péclet 效应（Farquhar et al., 2007; Welp et al., 2008）。Farquhar 和 Cernusak（2005）将 Péclet 效应和非稳态效应整合到 $\delta_{L,e}$ 富集预测模型中。

与土壤蒸发过程不同，叶片蒸腾通量与叶片含水量（$W$）的比值，即叶片水的周转速率较大。因此，植物蒸腾 δD 和 $\delta^{18}O$（$\delta_T$）总是倾向于与植物所利用的水源 $\delta_x$ 相同，即达到同位素稳定平衡状态（isotopic steady state, ISS），而与叶片水富集程度 $\delta_{L,e}$ 无关（Yakir and Sternberg, 2000; Yepez et al., 2003）。$\delta_T$ 也可以用 Craig–Gordon 模型描述。但是，实际上当环境条件改变后叶水可能需要几分钟到几个小时才能达到新的同位素稳定平衡状态（Farquhar et al., 2007）。植物蒸腾 $\delta_T$ 直接地受到 $\delta_{L,e}$ 富集程度的影响（Farquhar and Cernusak, 2005），因此，$\delta_{L,e}$ 非稳态的普遍存在必然导致 $\delta_T$ 也时常处于非稳态。$\delta_T$ 受到木质部水 $\delta_x$、大气水汽 $\delta_v$、相对湿度 $h$ 和蒸腾速率等因素的共同影响（Lee et al., 2007）。一般仅在中午或长时间尺度上（如周、月）能够近似达到同位素稳定平衡状态；在短的时间尺度（如小时、分）上和干旱或异常潮湿的时期，$\delta_{L,e}$ 通常受到迅速变化的环境条件（如相对湿度）的影响而处于同位素非稳定平衡状态（non-steady state, NSS）（Farquhar and Cernusak, 2005; Lai et al., 2006; Welp et al., 2008）。

大气水汽 δD 和 $\delta^{18}O$（$\delta_v$）主要受生态系统蒸散（ET）（包括土壤蒸发（E）和植物蒸腾（T））、大气夹卷（entrainment）、云内水汽凝结、降雨和气团水平运动等过程的影响，在小时、日、降水、天气循环到季节等尺度上均存在时间变异（Lee et al., 2006）。在忽略气团平流等大尺度水汽来源变化的条件下，生态系统蒸散和大气夹卷是控制 $\delta_v$ 日变异特征的两个重要因素（Lai et al., 2006; Welp et al., 2008），而云内水汽凝结、降雨和气团水平运动则是影响天气事件中和季节尺度 $\delta_v$ 变异的重要因素（Lee et al., 2006）。生态系统蒸散 δD 和 $\delta^{18}O$（$\delta_{ET}$）通常高于大气水汽 $\delta_v$，因而生态系统蒸散 $\delta_{ET}$ 会导致大气水汽 $\delta_v$ 富集（Lai et al., 2006; Lee et al., 2007; Welp et al., 2008）。Angert 等（2008）研究表明，大气夹卷和水源地温、湿度状况也影响着 $\delta_v$ 的季节变异特征。大气水汽 δD 和 $\delta^{18}O$ 主要受局地气候类型和局地蒸散等因素影响(Wen et al., 2010; Huang and Wen, 2014)。

### 4.2.2 液相与气相水 δD 和 $\delta^{18}O$ 的观测技术

传统大气水汽 δD 和 $\delta^{18}O$ 研究依靠大气水汽冷阱技术,即稳定同位素质谱(isotope ratio mass spectrometry, IRMS)技术。大气 $CO_2$ 的 $\delta^{13}C$ 和 $\delta^{18}O$、水汽的 δD 和 $\delta^{18}O$ 研究都通常包括样品收集和样品分析两个步骤,而这两个步骤都是非常耗时费力的。大气水汽 δD 和 $\delta^{18}O$ 测定的精度和准确性受样品收集效率和稳定同位素质谱仪分析精度的双重制约(Lee et al., 2005)。因此,由于采样与分析的仪器和技术的限制,几乎所有关于大气水汽 δD 和 $\delta^{18}O$ 的研究都局限于短期集中试验和较粗时间分辨率的条件下(Lee et al., 2005)。近年来,调制式半导体激光吸收光谱(TDLAS, Campbell Scientific Inc.)技术的进步使水汽 $\delta^{18}O$ 和水汽 $\delta^{18}O$ 和 δD(Lee et al., 2005; Wen et al., 2008)连续观测成为可能。在 TDLAS 技术之后,波长扫描光腔衰荡光谱(WS-CRDS, Picarro Inc.)和离轴综合腔输出光谱(OA-ICOS, Los Gatos Research Inc.)技术的发展也使得对大气水汽 δD 和 $\delta^{18}O$(Wen et al., 2012)的连续观测成为可能。

Wen 等(2008)在以 TDLAS 技术为基础的美国 Campbell Scientific 公司大气水汽 $H_2{}^{18}O$、$HD^{16}O$ 和 $H_2{}^{16}O$ 气体分析仪的基础上,开发了大气水汽 δD 和 $\delta^{18}O$ 在线标定系统,实现了大气水汽 $\delta^{18}O$ 和 δD 的原位连续观测。大气水汽 δD 和 $\delta^{18}O$ 观测精度(小时尺度)可以达到 δD 优于 2‰和 $\delta^{18}O$ 优于 0.3‰,优于以往稳定同位素质谱技术采样,并用同位素质谱仪测定的精度。在 TDLAS 技术之后,波长扫描光腔衰荡光谱(WS-CRDS, Picarro Inc.)和离轴综合腔输出光谱(OA-ICOS, Los Gatos Research Inc.)技术的发展也使得对大气水汽 δD 和 $\delta^{18}O$ 的连续观测成为可能。Wen 等(2012)定量评价了三种类型仪器的非线性响应特性,提出了实时的两点动态跟踪大气水汽浓度的校正策略,解决了仪器非线性响应难题。在国际上,首次实现了大气水汽 δD 和 $\delta^{18}O$ 的高时间分辨率和连续的观测研究,探讨了大气水汽和降水 δD、$\delta^{18}O$ 和过量氘($d= \delta D-8* \delta^{18}O$)的变异特征及其环境控制(Wen et al., 2010)。

目前,基于稳定同位素红外光谱(isotope ratio infrared spectroscopy, IRIS)技术的液态水 δD 和 $\delta^{18}O$ 商业分析仪主要是利用离轴综合腔输出光谱(OA-ICOS, Los Gatos Research Inc.)和波长扫描光腔衰荡光谱(WS-CRDS, Picarro Inc.)技术。低温真空蒸馏抽提技术是从植物叶片、茎秆和土壤中提取水的方法,抽提过程中通常会混入一些与水分子具有相似光谱吸收峰的甲醇(MeOH)和乙醇(EtOH)类物质,易引起 IRIS 的光谱污染而造成同位素测量误差超过仪器精度(Schultz et al., 2011)。研究表明,OA-ICOS 技术的光谱污染造成 δD 和 $\delta^{18}O$ 富集,而 WS-CRDS 技术的光谱污染造成 δD 和 $\delta^{18}O$ 贫化,无法获得准确的植物和土壤水 δD 和 $\delta^{18}O$。IRIS 分析仪制造商 Los Gatos Research 和 Picarro 公司各自研发了光谱分析软件作为诊断甲醇和乙醇类物质光谱污染的快速定量方法。Schultz 等(2011)首次基于 Los Gatos 光谱污染诊断软件获得甲醇和乙醇类物质光谱污染度量值并建立光谱污染校正曲线,使 $\delta^{18}O$ 和 δD 测量误差分别由校正前的 9.0‰和 3.06‰分别减小至 3.4‰和 −0.18‰。孟宪菁等(2012)结合 Los Gatos Research 公司的光谱分析软件确定甲醇和乙醇污染程度的光谱度量值,建立 δD 和 $\delta^{18}O$ 的光谱污染校正方法,证明了 IRIS 分析仪校正后的叶片水和茎秆水 δD 和 $\delta^{18}O$ 的测量误差均在仪器精度以内,植物叶片和茎秆水 δD 和 $\delta^{18}O$ 的光谱污染可以有效地校正。

### 4.2.3 典型生态系统土壤水 δD 和 $\delta^{18}O$ 变化特征

降水 δD 和 $\delta^{18}O$ 强烈的季节变化使土壤水 δD 和 $\delta^{18}O$ 变化极为复杂。以千烟洲人工林为例,图 4.2 展示了其 2011 年 7 月至 2013 年 10 月 0 ~ 100 cm 土壤水 δD 和 $\delta^{18}O$ 的季节变化特征。总体来说,干旱时期(7—10 月),0 ~ 20 cm 土壤水 δD 和 $\delta^{18}O$ 受贫化的降水强烈的影响而严重贫化,随着土壤深度的增加,土壤水 δD 和 $\delta^{18}O$ 受降水的影响逐渐减弱,因此,20 ~ 50 cm 和 50 ~ 100 cm 土壤水 δD 和 $\delta^{18}O$ 贫化程度逐渐减弱;非干旱时期(11 月至次年 4 月),0 ~ 20 cm 土壤水 δD 和 $\delta^{18}O$ 受富集的降水影响而发生富集,20 ~ 50 cm 和 50 ~ 100 cm 土壤水 δD 和 $\delta^{18}O$ 由于受降水影响减弱而富集程度减弱。因此,0 ~ 20 cm、20 ~ 50 cm 和 50 ~ 100 cm 土壤水 δD 和 $\delta^{18}O$ 富集程度顺序在干旱时期与非干旱时期会呈现周期性的"翻转"变化。土壤水 δD 和 $\delta^{18}O$ 的季节变化特征明显体现了降水 δD 和 $\delta^{18}O$ 的季节变化"印记"。

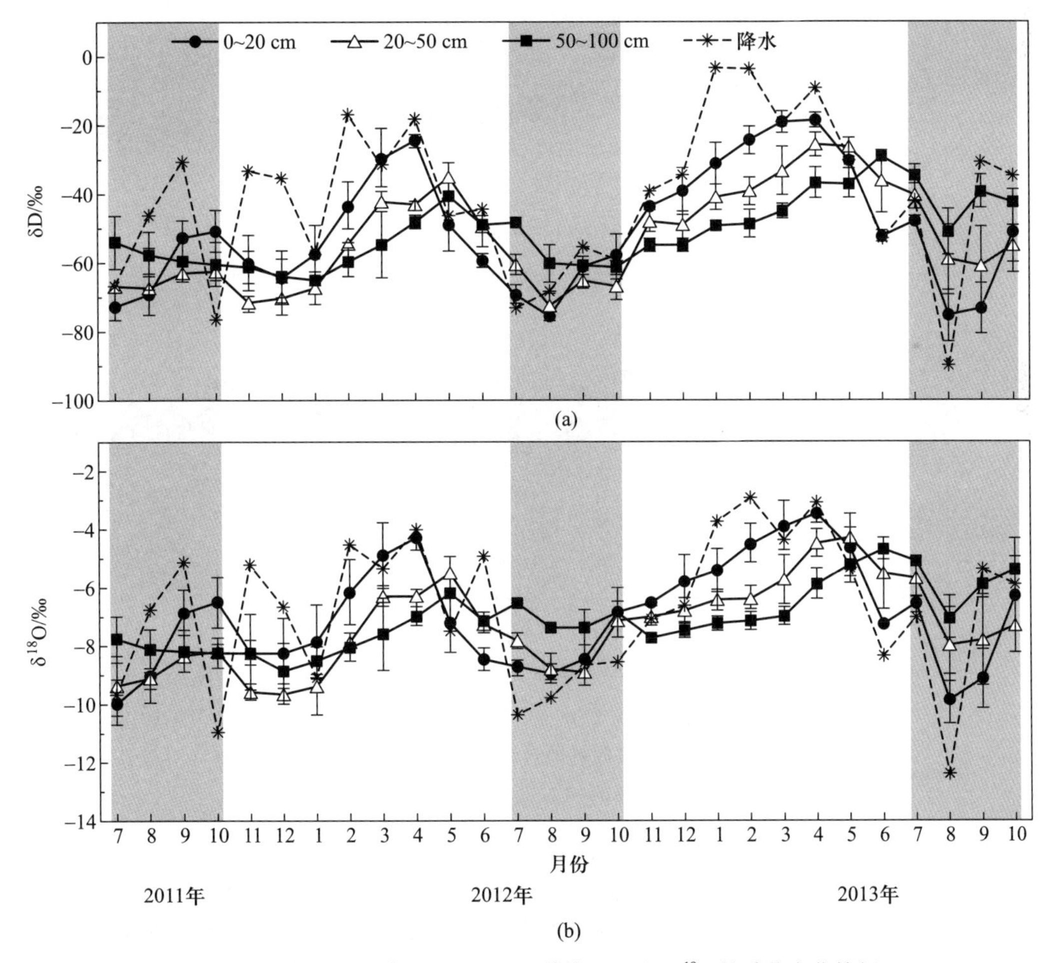


图 4.2 千烟洲人工林 0 ~ 100 cm 土壤水 δD 和 $\delta^{18}O$ 的季节变化特征

误差棒表示 ±1SD;阴影区域为干旱时期(7—10 月)。

## 4.2.4 典型生态系统茎秆水 δD 和 $\delta^{18}O$ 变化特征

在植物蒸腾过程中，一般认为植物体对土壤水吸收时以及水分在根部与茎秆内运输而到达未栓化的嫩枝或叶片之前，它的 δD 和 $\delta^{18}O$ 并不发生变化，仍保持着土壤水 δD 和 $\delta^{18}O$ 的特征。以千烟洲人工林为例，图 4.3 展示了千烟洲人工林 2011 年 7 月至 2013 年 10 月主要树种马尾松（*P.massoniana*）、湿地松（*P.elliottii*）和杉木（*C.lanceolata*）树木茎秆水 δD 和 $\delta^{18}O$ 的季节变化特征。茎秆水 δD 和 $\delta^{18}O$ 的季节变化与同时期降水 δD 和 $\delta^{18}O$ 非常相近，说明降雨充沛的亚热带地区，经降雨浸润的土壤水是人工林的重要水分来源。

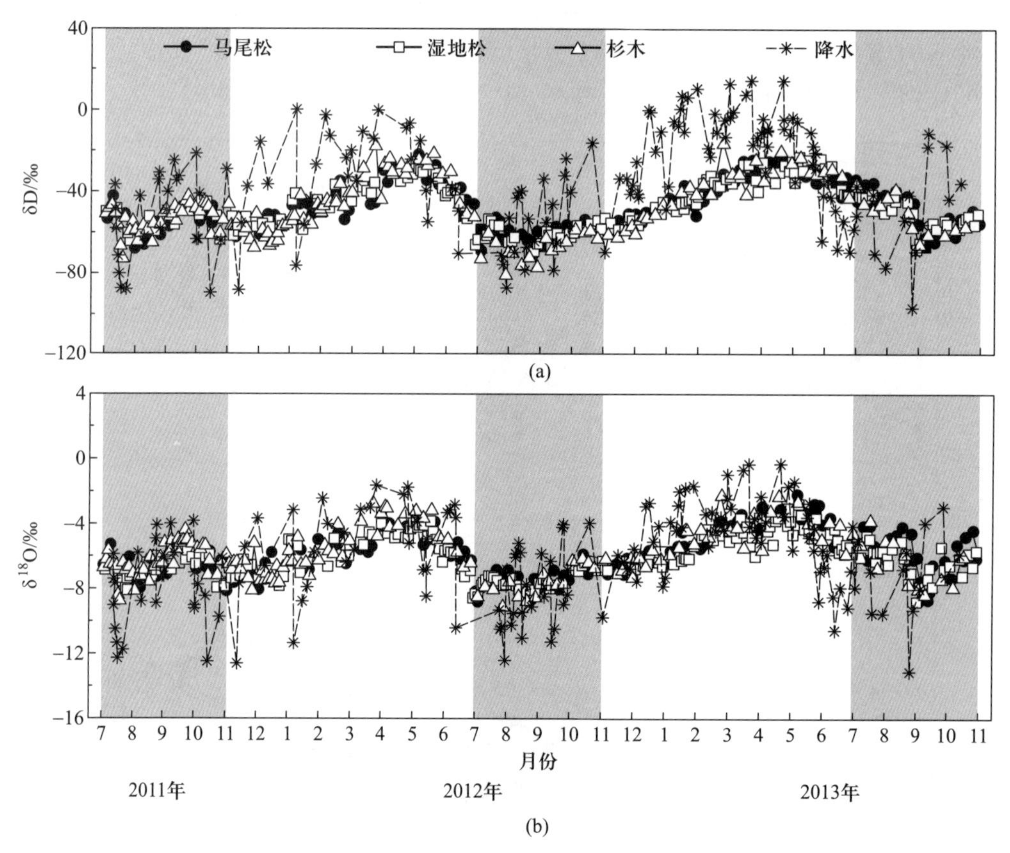


图 4.3 千烟洲人工主要树种茎秆水 δD 和 $\delta^{18}O$ 的季节变化特征

阴影区域为干旱时期（7—10 月）。

2011 年 7 月至 2013 年 10 月千烟洲人工林马尾松、湿地松和杉木的茎秆水 δD 和 $\delta^{18}O$ 几乎相同的季节变化说明 3 个树种具有相似的水分来源。进一步的统计分析表明，各树种茎秆水 δD 和 $\delta^{18}O$ 差异并不显著（$p>0.05$）。虽然植物根系的分布特征可能与其实际的水分来源存在差异。但是，基于 δD 和 $\delta^{18}O$ 技术分析得到该区域 3 个树种之间的中间水分竞争关系与以往的根系挖掘结果相一致。相近的根系分布特征可能是 3 个树种具有相似吸水深度的重要原因之一。此外，3 个树种间水分竞争关系可能还与不同树种生长状况相近有关。千烟洲人工林内的主要树种杉木、马尾松和湿地松都种植于 1985 年前后。因此，3 个树种长势非常接近，并且具有相似的树高和胸径。这可能进一步导致不同树种具有相似的水分来源。

### 4.2.5 典型生态系统叶片水 δD 和 $\delta^{18}O$ 变化特征

在水分从植物叶片扩散到大气的过程中,相对于植物所利用的水源 $\delta_x$ 来说,叶片水 HDO 和 $H_2{}^{18}O$ 会发生富集。然而,整个叶片水的 δD 和 $\delta^{18}O$($\delta_{L,b}$)可以直接观测。以千烟洲人工林为例,图 4.4 展示了 2011 年 9 月至 2015 年 11 月中亚热带人工针叶混交林生态系统冠层尺度叶片水($\delta_{1,b}$)、茎秆水($\delta_x$)和大气水汽($\delta_v$)δD 和 $\delta^{18}O$ 的季节变化特征。季节尺度上统计分析表明,人工混交林 3 个树种茎秆水在 δD 上差异不显著($p>0.05$),但在 $\delta^{18}O$ 上差异显著($p<0.001$);对于叶片水 δD 和 $\delta^{18}O$,3 个树种均表现出明显差异($p<0.001$)。根据 3 个建群种的面积比例(SM : MW : SD=3 : 49 : 48),权重到整个生态系统冠层,表现在季节尺度上,叶片水和茎秆水 δD 的平均值 ± 标准偏差分别为 −20.3 ± 17.3‰和 −46.3 ± 11.4‰,变异系数分别达到 85% 和 25%;而 $\delta^{18}O$ 的平均值 ± 标准偏差分别为 2.5 ± 4.1‰和 −6.0 ± 1.4‰,变异系数分别达到 160% 和 20%。观测期间,大气水汽同样具有明显的季节变化特征,δD、$\delta^{18}O$ 的平均值 ± 标准偏差分别为 −104.2 ± 21.1‰和 −15.6 ± 2.9‰,变异系数分别低于叶片水和茎秆水,均为 20%。对比不同水库,叶片水 δD 和 $\delta^{18}O$ 波动相对剧烈,通过变异系数也可以反映出来,对于单树种以及整个生态系统冠层,都高于 80% 甚至接近 200%。

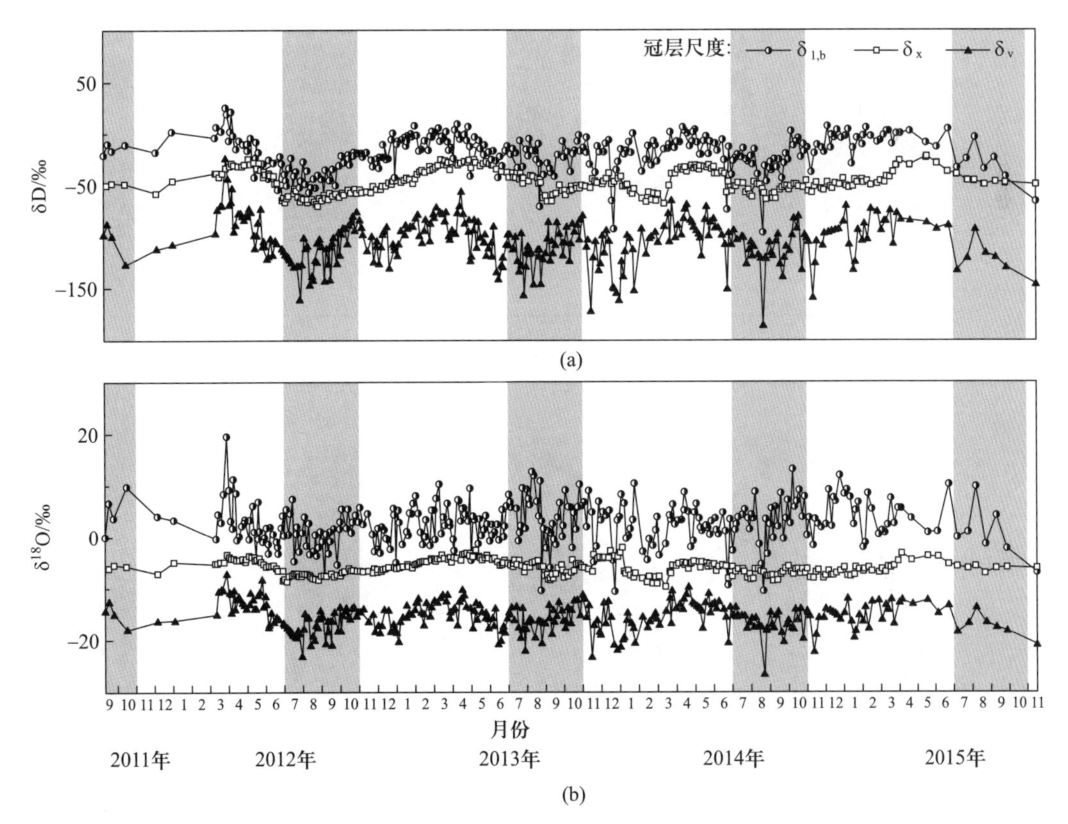


图 4.4 中亚热带人工林 2011 年 9 月至 2015 年 11 月冠层尺度叶片水、茎秆水和大气水汽 δD(a)、$\delta^{18}O$(b)季节变异特征

图中阴影区域为干旱时期(7—10 月)。

## 4.2.6 典型生态系统大气水汽 δD 和 $\delta^{18}O$ 变化特征

以千烟洲人工林为例，图4.5展示了千烟洲人工林2011年7月至2014年10月上、下进气口大气水汽 δD 和 $\delta^{18}O$($\delta_v$)的季节变化特征。总体来看，千烟洲大气水汽 δD 和 $\delta^{18}O$ 受亚热带季风气候的影响，呈现出明显的干旱时期(7—10月)贫化和非干旱时期(11月至次年4月)富集的周期性季节变化趋势。在千烟洲人工林，大气水汽 δD 和 $\delta^{18}O$ 与降水 δD 和 $\delta^{18}O$ 季节变化趋势非常相近。总体而言，每年1—4月较为富集，5—6月受夏季风的影响逐渐贫化，9—10月随着冬季的来临二者富集程度又逐渐升高。在该人工林内，大气水汽 δD 和 $\delta^{18}O$ 的采样高度分别为27 m(上进气口)和17 m(下进气口)。本研究期间内，上、下进气口大气水汽 δD 和 $\delta^{18}O$ 的季节变化几乎一致。但是，下进气口大气水汽 δD 和 $\delta^{18}O$ 通常要较上进气口大气水汽 δD 和 $\delta^{18}O$ 富集。这主要是受下垫面植被蒸腾富集水汽的影响。2011年7月至2014年10月，上进气口大气水汽 δD 和 $\delta^{18}O$ 的平均值分别为 −104.5 ± 21.2‰和 −15.22 ± 2.87‰，变化范围为 −204.2‰~ −24.3‰和 −29.01‰~ −5.82‰；下进气口大气水汽 δD 和 $\delta^{18}O$ 的平均值分别为 −104.1 ± 21.1‰和 −15.10 ± 2.87‰，变化范围为 −204.8‰~ −23.9‰和 −28.92‰~ −5.52‰。

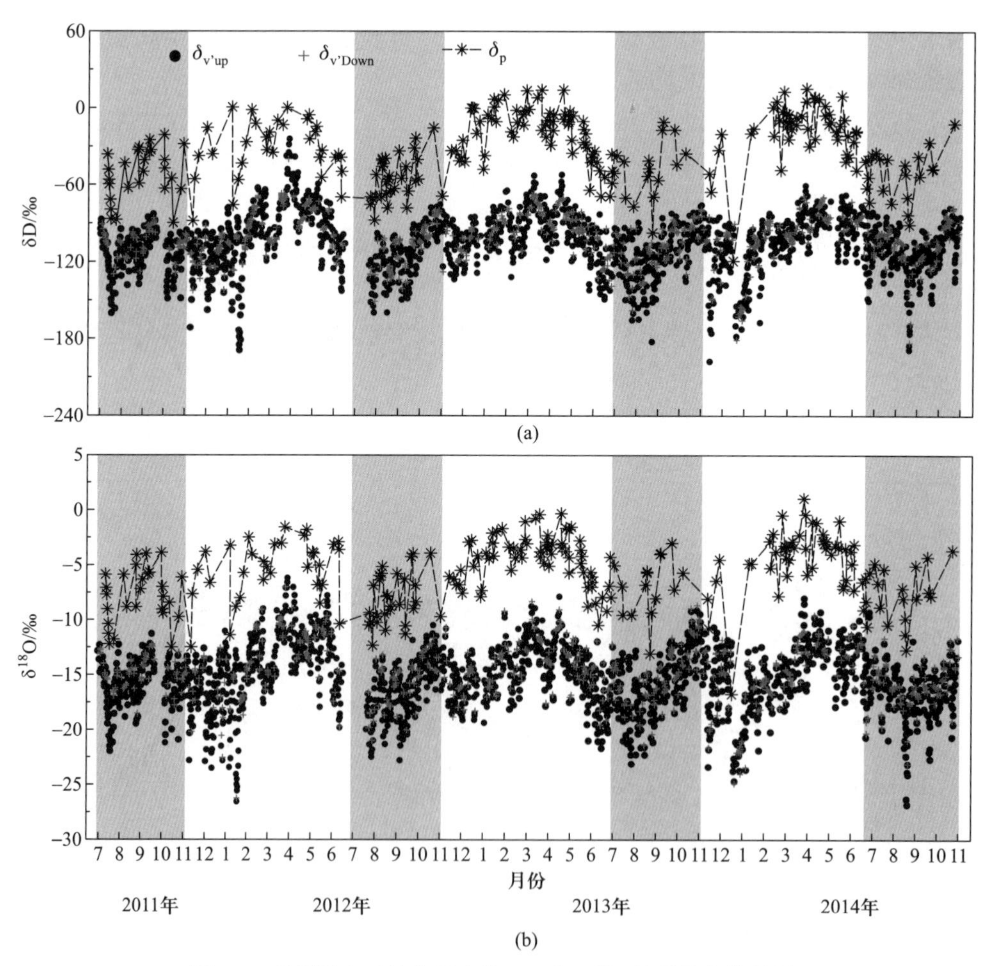


图4.5　千烟洲人工林大气水汽 δD 和 $\delta^{18}O$ 的季节变化特征

图中阴影区域为干旱时期(7—10月)。

总之,陆地生态系统降水、土壤水、茎秆水、叶片水、大气水汽 δD 和 $\delta^{18}O$ 变化特征是研究土壤–植被–大气系统生态水文循环过程的重要示踪剂。生态系统各水库(如降水、土壤水、茎秆水、叶片水和大气水汽等)δD 和 $\delta^{18}O$ 受同位素分馏效应的影响常存在显著的差异。土壤水 δD 和 $\delta^{18}O$ 受降水和蒸发的交互影响由土壤表层至土壤深层逐渐贫化。植物茎秆水 δD 和 $\delta^{18}O$ 通常介于土壤水 δD 和 $\delta^{18}O$ 的垂直梯度范围内。相对于植物所利用的水源 $\delta_x$ 来说,叶片水 HDO 和 $H_2{}^{18}O$ 会发生富集。大气水汽 δD 和 $\delta^{18}O$ 主要受局地气候类型和局地蒸散等因素影响。IRIS 技术为测定降水、土壤水、茎秆水、叶片水、大气水汽 δD 和 $\delta^{18}O$ 提供新的契机,其分析速度和运行成本等优于传统的 IRMS 技术。

生态系统各水库(如降水、植物水、土壤水和大气水汽等)δD 和 $\delta^{18}O$ 是基于稳定同位素质谱技术进行植物水分溯源(Yang et al., 2015; Yang et al., 2016)以及蒸散组分区分(Wen et al., 2016)的基础。基于植物根系吸水以及水分运输到未栓化的枝条或茎秆前 δD 和 $\delta^{18}O$ 不发生同位素分馏效应,可以基于 δD 和 $\delta^{18}O$ 对植物水分溯源。在土壤–植被–大气系统中,植物的潜在水分来源(如土壤水、降水和地下水)常具有不同的同位素特征。研究表明,除了部分盐生和旱生植物,水分从植物根系吸收至其运输到未栓化的茎秆过程中 δD 和 $\delta^{18}O$ 不发生同位素分馏。因此,通过直接或模型比较植物茎秆水 δD 和 $\delta^{18}O$ 与潜在水源 δD 和 $\delta^{18}O$ 便可以判断其吸水深度以及吸收比例。

蒸发过程中同位素分馏效应使植物蒸腾 δD 和 $\delta^{18}O$($\delta_T$)与土壤蒸发 δD 和 $\delta^{18}O$($\delta_E$)产生明显差异,这为利用 δD 和 $\delta^{18}O$ 区分蒸散(ET)组分植物蒸腾(T)和土壤蒸发(E)提供了可能。涡度相关技术是唯一直接测定生态系统蒸散的标准方法,但是无法估算其组分植物蒸腾和土壤蒸发的贡献比例。与涡度相关技术相结合,通过 δD 和 $\delta^{18}O$ 技术可以实现对生态系统蒸散组分的区分。其核心问题是确定蒸散 δD 和 $\delta^{18}O$($\delta_{ET}$)及其组分植物蒸腾 δD 和 $\delta^{18}O$($\delta_T$)和土壤蒸发 δD 和 $\delta^{18}O$($\delta_E$)。但是,目前蒸散组分区分方法均由于自身假设条件或仪器精度等限制,存在一定的不确定性(Kool et al., 2014)。应用 δD 和 $\delta^{18}O$ 区分蒸散组分植物蒸腾和土壤蒸发的核心是确定三个组分的同位素组成 $\delta_{ET}$、$\delta_T$ 和 $\delta_E$。稳定同位素质谱技术已经被广泛应用于全球尺度(Jasechko et al., 2013)以及森林(Yepez et al., 2003; Dubbert et al., 2014)和农田(Wen et al., 2016)等区域尺度的生态系统的蒸散拆分。Schlesinger 和 Jasechko(2014)综述研究表明,植物蒸腾占生态系统蒸散的 51%(干旱区)到 70% 以上(热带雨林),因此,同位素拆分结果挑战了传统的认识并提供新的研究契机。

## 4.3 典型区域水分状况及蒸散分布特征

水循环描述了水从大气降水到地表径流及水在地表的分配,再从地表蒸发和植物蒸腾重新返回大气的一个循环过程,在地球的生物圈、水圈和大气圈中发挥着关键作用。因此,揭示区域水分状况和蒸散时空分布特征,对于农业灌溉、生态需水、旱涝灾害的预测等方面具有重要意义。与此同时,水作为生态系统的主要组成部分,区域水分状况和蒸散影响生态系统的结构和功能,以及生态系统服务价值。对不同地区水分状况与蒸散时空分布特征及其主控因素的深入研究有利于人类有效地管理水资源,为生态系统的保护和水资源的可持续利用提供科学依据。本节对我国典型区域的水分状况和蒸散时空分布规律进行了概述，在此基础上分析了影响不同地区水分状况和蒸散的主控因素，以期为我国水资源的分区管理和可持续利用提供依据。

### 4.3.1 典型区域水分状况

（1）西南喀斯特区水分状况

喀斯特地区一般土层较薄，土壤蕴涵水分较少，生态环境极其脆弱。受喀斯特作用的影响，喀斯特地区具有双层水文地质结构（袁道先等，2002），大气降水通过地表渗透到达表层喀斯特含水层，再经过运移汇聚到饱水裂隙含水层，最终通过地下河排出。与非喀斯特地区相比，喀斯特地区双层水文地质结构使水体运移的场所主要发生在地下，因而大部分水资源赋存并运移于地下喀斯特裂隙、管道之中。由于其特殊的地貌及地质环境，喀斯特地区表现出一些独特的水文特征。

喀斯特地区由于溶隙及喀斯特管道发育，碳酸盐含水介质常为地表、地下双重结构，从而形成一个地表、地下水体组合下的双重水文结构，且地表水系退化，地下水系发育。大气降水或地表水因岩溶裂隙、漏斗、落水洞等的影响，迅速渗入地下而成为地下水流，较难形成集中的径流。即使存在一些冲沟或谷地，也因没有经常性的水流汇聚而难以发展成河流。不仅如此，就连已有的河流，往往因河床底部岩溶洞穴、缝隙、管道等的影响使水量大减，甚至全部河水流入地下而成为干谷。只有接近该地区侵蚀基准面而作为地下水排水道的较大的河流才能够长久存在。因此，岩溶地区河系发育较差，地表河网密度较小。此外，地表河与地下暗河交替存在也是岩溶地区所特有的水文现象。

根据喀斯特地区独特的地貌特征和地质环境，地下水补给的方式分为渗透补给和灌（注）入补给。渗透补给是指大气降水、水库水、稻田灌溉回归水等沿溶隙、溶孔入渗补给岩溶区地下水，此类补给方式是喀斯特地区地下水最普遍、最重要的补给方式，其特点是分散、连续、面广，但补给量小、速度慢。灌（注）入补给是指大气降水形成的坡面流、地表溪流水直接沿地表落水洞、地下河天窗、竖井、漏斗注入地下，补给地下水，其特点是补给量大、速度快。

喀斯特地区径流受岩性、构造、地貌条件及水文网控制。根据地质构造和地貌条件，岩溶水的径流形式分为汇流型和分流型。汇流型是指地下水由四周向中心汇流，按地下径流场的构造、地貌条件不同，汇流型又可分为：向斜谷地汇流、断裂槽谷汇流、背斜谷地汇流。分流型是指岩溶水流排泄无一定方向或呈不规则的径流，多发生于穹窿台地背斜垄脊，其特点是构造核部位于分水岭地带，地下水由核部沿裂隙、管道向翼部运移，径流于倾伏端排泄，如维宁穹窿等。

喀斯特地区水化学是在碳酸盐岩－水－$CO_2$三相相互作用的开放系统中形成的，在溶滤作用下一般形成$HCO_3^-$–$Ca^{2+}$–$Mg^{2+}$型低矿化度淡水。由于含水介质具有良好的连通性，水化学极易受周边特殊地层，如各类含矿地层的影响。不仅如此，岩溶山区的洪水特性、枯水特性、年径流变化、水资源地区分布等与其他非岩溶山区相比较也存在明显的差异，从而影响水化学组成和变化。孙钰霞等（2012）以兰花沟喀斯特动力系统观测站为依托，采用多功能自动观测仪CTDP300，对暴雨条件下表层喀斯特泉水的pH、电导率、水温和水位进行了连续自动监测。结果表明，表层喀斯特水化学表现出雨水的“活塞效应”，在强降雨开始时，喀斯特水pH升高，水温、电导率和 $PCO_2$ 降低，方解石饱和指数升高；在强降雨中后期，表层喀斯特水的 pH、水温、电导率和方解石饱和指数均降低，这表明稀释作用可贯穿整个降雨过程，但在降雨后 3 ~ 4 h 表层喀斯特带的高裂隙率和渗透性开始发挥作用，水动力和 $CO_2$ 效应逐渐占主导地位。因此，降雨过程中有两个重要的作用在控制着水化学的动态变化，一是雨水的稀释作用，二是碳酸盐岩 - 水 -$CO_2$ 相互作用。

（2）南方红壤区水分状况

红壤是我国南方典型的土壤类型，分布面积约为 220 万 $km^2$，约占国土面积的 23%，支撑了我国 40% 的人口。红壤地处我国热带、亚热带季风气候区，是我国粮食及经济作物和林木的重要基地。红壤地区以低山丘陵为主，降雨丰沛，雨季旱季分明。每年 4—6 月降雨集中，水土流失严重，侵蚀面积达 60 万 $km^2$，成为我国仅次于黄土高原的第二大水土流失区（张桃林等，1999）；7—9 月高温少雨，季节性干旱威胁作物生长。当前高强度的人为利用和日益增加的酸沉降使得红壤地区土壤酸化以及养分贫瘠等土壤退化问题极其严重，导致该地区生态与环境遭受严重破坏（赵其国等，2013）。这些问题威胁着农业生态环境安全，制约着区域可持续发展。

降雨量与径流量的大小及其变化规律是影响元素输入与输出量的重要因素。2007—2010 年监测期间，典型红壤区 2 个相邻小流域，即森林（F）和森林 / 农田（FA）的年平均降雨量为 1534 mm；夏季降雨量最大，占年降雨量的 48% 左右；冬季降雨量最小，只占年降雨量的 12% 左右（黄来明等，2010）。2 个相邻小流域的年平均径流深分别为 765 mm 和 697 mm，径流系数分别为 50% 和 45%（黄来明等，2010）。同一地区相同气候条件下，2 个相邻小流域的径流系数不同主要是受下垫面条件、植被、地形等因素的影响（詹道江和叶守泽，2000）。 2 个相邻小流域的径流深均为夏季最大，冬季最小，径流深与降雨量呈现相同的变化趋势。2 个相邻小流域的径流深均与降雨量显著相关，相关系数分别为 0.92（$n$=24，$p$<0.01）和 0.77（$n$=24，$p$<0.01），表明降雨量是影响径流量大小的主要因素（黄来明等，2010）。

2007—2010 年监测期间，典型红壤区森林小流域雨水中离子浓度从高到低依次为 $SO_4^{2-}$ >$Ca^{2+}$>$Cl^-$>$H^+$>$NH_4^+$>$NO_3^-$>$Na^+$>$Mg^{2+}$>$K^+$（Huang et al.，2012）。监测期间，雨水中 $SO_4^{2-}$、$Cl^-$ 和 $NO_3^-$ 的平均含量分别为 89.92 μeq · $L^{-1}$、60.69 μeq · $L^{-1}$ 和 43.92 μeq · $L^{-1}$，最高含量分别为 421.18 μeq · $L^{-1}$、140.24 μeq · $L^{-1}$ 和 140.53 μeq · $L^{-1}$。雨水中 $SO_4^{2-}$ 含量较高主要是由于燃煤仍然是我国最主要的能源来源，但监测地区雨水中 $SO_4^{2-}$ 含量远低于城市地区雨水中 $SO_4^{2-}$ 含量（Huang et al.，2008；Huang et al.，2009；Huang et al.，2012；Li et al.，2007；Tang et al.，2005）。监测期间，雨水中主要的阳离子为 $Ca^{2+}$、$H^+$ 和 $NH_4^+$，平均含量分别为 77.88 μeq · $L^{-1}$、49.20 μeq · $L^{-1}$ 和 47.99 μeq · $L^{-1}$，比偏远地区雨水中 $Ca^{2+}$、$H^+$ 和 $NH_4^+$ 含量高，但比城市地区雨水中 $Ca^{2+}$、$H^+$ 和 $NH_4^+$ 含量低（Huang et al.，2008；Huang et al.，2009；Huang et al.，2012；Li et al.，2007；Tang et al.，2005）。

2007—2010 年监测期间，皖南 2 个相邻小流域径流水 pH 平均值分别为 6.96 和 7.02，在弱酸和弱碱范围内变化，变异系数分别为 3.25% 和 4.97%（黄来明等，2012）。径流化学组成中，阳离子均以 $Na^+$ 和 $Ca^{2+}$ 为主，阴离子均以 $HCO_3^-$ 和 $Cl^-$ 为主；溶解性硅含量均较高，平均值分别为 263.11 μmol · $L^{-1}$ 和 215.68 μmol · $L^{-1}$（黄来明等，2012）。除溶解性硅外，FA 流域径流中离子含量及其变异系数均高于 F 流域（黄来明等，2012）。这是由于 FA 流域内农业活动为其化学径流提供了人为来源并能加快土壤中离子的淋失，而另一方面 FA 流域内农田截流灌溉导致径流中可溶性硅被水稻吸收，可能是其径流中溶解性硅含量较低的原因。电导率高低在一定程度上也反映了径流中离子强度，F 和 FA 流域径流电导率的平均值分别为 57.49 $\mu S \cdot cm^{-1}$ 和 77.31 $\mu S \cdot cm^{-1}$（黄来明等，2012）。

地表径流中离子主要来源于大气干湿沉降、岩石化学风化和人为输入。Gibbs 图（Gibbs，1970）可以比较直观地反映出径流化学组成趋于“降水控制类型”“岩石风化控制类型”或“蒸发－浓缩类型”，是定性判断区域岩石、大气降水及蒸发－浓缩作用对径流化学组成影响的重要手段。在 Gibbs 图中，一些低矿化度（可溶性盐总量为 10 $mg \cdot L^{-1}$ 左右）的径流水具有较高的 $Na^+/(Na^++Ca^{2+})$ 或 $Cl^-/(Cl^-+HCO_3^-)$ 比值（接近于 1），反映了大气降水对径流的控制作用；溶解性盐含量中等（70～300 $mg \cdot L^{-1}$）而 $Na^+/(Na^++Ca^{2+})$ 或 $Cl^-/(Cl^-+HCO_3^-)$ 比值较低（小于 0.5），反映了岩石风化对径流具有显著影响；溶解性盐含量更高，同时具有高的 $Na^+/(Na^++Ca^{2+})$ 或 $Cl^-/(Cl^-+HCO_3^-)$ 比值（接近于 1），反映了干旱地区蒸发－浓缩作用对径流的主导作用。从皖南 2 个相邻小流域（F、FA）径流散点的分布（图 4.6）可以看出，监测期间 2 个流域的离子总量为 21～71 $mg \cdot L^{-1}$，$Na^+/(Na^++Ca^{2+})$ 的平均值都接近 0.5，$Cl^-/(Cl^-+HCO_3^-)$ 的平均值均约为 0.28。因此，Gibbs 图反映了皖南花岗岩小流域（F、FA）径流化学组成既受大气降水的影响，又受岩石风化影响的过渡性质（黄来明等，2012）。FA 流域径流中离子总量略高于 F 流域，表明 FA 流域内农业活动对其离子来源具有一定贡献。

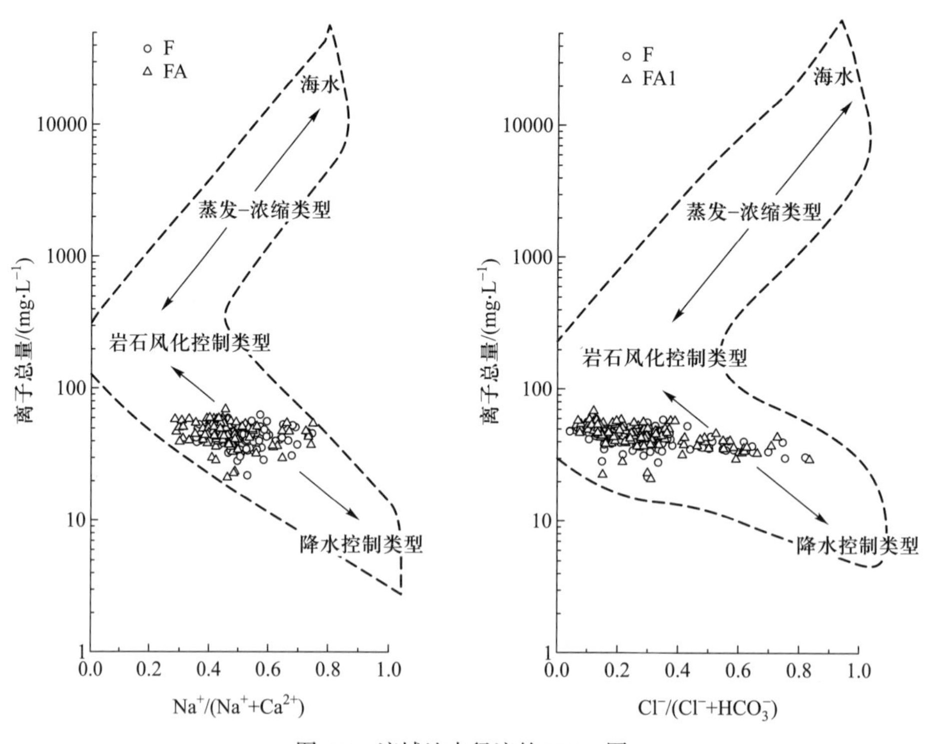


图 4.6　流域地表径流的 Gibbs 图

（3）四川盆地紫色土区水分状况

根据 2004—2006 年盐亭站降雨量、地表径流量和壤中流监测数据，表明不同年份紫色土坡耕地的径流分配趋势一致。2004—2006 年降雨量变化范围为 806～860 mm，地表径流深变化范围为 63 ~ 126 mm，壤中流径流深变化范围为 122 ~ 180 mm。2004 和 2005 年壤中流径流量大于地表径流量，而 2006 年地表径流量与壤中流径流量差异不大。3 年地表径流平均径流深为 89.7 mm，占年均径流深的 35.8%；壤中流平均径流深为 160.6 mm，占年均径流深的 64.2%。因此，紫色土坡耕地区（7°）径流损失的主要形式为壤中流。

根据盐亭站玉米不同生长期坡耕地水量观测值与水量平衡，结果表明，在玉米生长期中，播种—拔节初期、拔节初期—拔节末期、拔节末期—抽雄开花期（0 ~ 60 d），坡耕地系统水分处于盈余状态；灌浆成熟—收割期（61 ~ 111 d），坡耕地系统处于水分亏缺状态。在玉米坡耕地的水量平衡中，各个水文过程所占降雨收入的比例随不同生长期而变化。播种—拔节初期，总径流系数为 9.32%，全部为地表径流，壤中流为 0，而农田蒸散率、土壤蓄水率模拟值分别为 40.25% 和 50.43%；拔节初期—拔节末期，总径流系数为 19.55%，其中壤中流径流系数为 10.82%，稍高于地表径流系数（8.73%），农田蒸散率、土壤蓄水率模拟值分别为 76.47% 和 3.79%；拔节末期—抽雄开花期，总径流系数为 42.65%，其中壤中流系数为 27.21%，高出地表径流系数（15.44%）近 1 倍，农田蒸散率、土壤蓄水率模拟值分别为 36.43% 和 20.93%；灌浆成熟—收割期，总径流系数为 65.61%，径流支出方式与播种—拔节初期完全相反，全部为壤中流，地表径流为 0，而农田蒸散率（51.24%）低于壤中流径流系数（65.61%）。上述结果表明，玉米生长期紫色土坡耕地的水量平衡特征表现为农田蒸散量与壤中流量为主要支出项，分别为 278.07 mm 和 187.32 mm，其农田蒸散率与壤中流径流系数分别为 50.51% 和 34.03%，而地表径流系数为 7.59%。地表径流是播种—拔节初期坡耕地降雨的唯一径流支出方式，而壤中流是灌浆成熟—收割期的唯一径流输出方式。在玉米生长期内，壤中流径流量是地表径流量的 4 倍以上，且均呈现随降雨量增加而增加的趋势。单就总径流量而言，在作物覆盖条件下，单次降水过程中，随降水量的增加，各类耗水日趋满足，径流量则缓慢上升并最终达到峰值。

（4）华北潮土区水分状况

禹城站采用的各种蒸发器监测数据表明，冬小麦全生长期的耗水量为同期降水量的 2 ~ 3 倍；夏玉米全生长期的耗水量为同期降水量的 70%；有灌溉保证的大豆地，耗水量与蒸发量之比为 1 : 1.5。作物生长期间，蒸发到大气中的水分有一半直接来自土壤表面蒸发。

通过测定研究了 C3 和 C4 植物的耗水特性，得出平均日耗水量 C3 作物为 11.2 $mm\cdot d^{-1}$，C4 作物为 5.1 $mm\cdot d^{-1}$，两者相差 1 倍左右。小麦和大豆的最大日耗水量约为谷和玉米的 178%，棉花为谷和玉米的 2.7 倍。根据研究得出的相对蒸发量，全面了解了主要作物的耗水特性：① 不同种类的作物生理需水曲线有很大的差异。在上述 4 种作物中，大豆的生理需水量最大，其次是小麦，谷和玉米的生理需水量大体相等。② 每种作物都有相应的生理需水期。冬小麦有两个需水峰期，第一期在分蘖期，第二期在开花—乳熟期；大豆需水峰期在开花结荚期；谷的需水期在开花—乳熟期；玉米的需水峰期在抽雄—乳熟期。

（5）东北黑土区水分状况

东北黑土区水分年循环分为 4 个时期：春季冻融期、夏季干旱期、秋季湿润期和冬季冻结期。黑土渗透能力弱，毛管水运移速率较慢，土壤持水能力和保水能力较强，储水库容较大。根据海伦站的测定结果显示，农田黑土 0 ~ 100 cm 田间储水量为 387 mm，相当于全年降水量的 73%；土壤最大储水量为 576 mm，相当于全年降水量的 108%；土壤有效储水量为 243 mm，相当于全年降水量的 46%。

1996—1999年黑土区春小麦生育期平均耗水量为302 mm,耗水强度高峰出现在抽穗—开花期、开花—成熟期和拔节—抽穗期,耗水强度分别为5.9 mm·$d^{-1}$、3.5 mm·$d^{-1}$和2.9 mm·$d^{-1}$。1996—1999年大豆生育期平均耗水量为504 mm,阶段耗水量以抽穗—灌浆期最大,耗水强度为7.8 mm·$d^{-1}$。1996—1999年间玉米生育期平均耗水量为500 mm,阶段耗水量以抽穗—灌浆期最大,耗水强度为7.8 mm·$d^{-1}$。

## 4.3.2 典型区域蒸散时空变异规律

(1)西北干旱区蒸散规律

西北地区蒸散空间分布总体表现为自东南向西北递增和自山区向两侧平原逐渐减少的特点(邓兴耀等,2017)。气温、降水、风速以及土地覆被等均可显著影响土壤蒸散。该区降水量和气温由东南向西北均呈现减小趋势,新疆局部地区出现异常,这与区域内蒸散的变化特点相似。究其原因为新疆地区特殊地貌作用的结果,降水和气温均受到天山和昆仑山等山脉影响,从而出现降水量北疆高于南疆和气温南疆高于北疆的现象(黄凤等,2013;王琴,2014)。气温的上升会导致大气水分需求增加,从而影响蒸散过程和大气环流状况;较长的日照时数可促进植被以及地面蒸散从而降低土壤水分含量。降水量可直接影响地表土壤含水量多少,从而影响蒸散量大小。研究区风速自东南向西北递增,一般随着海拔的升高而有所加快,较快的风速既可加速水汽输送,又会使降水增加,这与蒸散随海拔高度的变化规律近似一致,说明海拔的差异影响该地区蒸散的变化(白晓兰等,2017)。地表蒸散亦受植被覆盖变化的影响,研究表明蒸散量较高地区主要位于天山、阿尔泰山和祁连山等山区的林地和草地以及陕西南部;而低值区主要分布在南疆塔里木盆地边缘、北疆准噶尔盆地、河西走廊的草地和稀疏植被区。不同土地覆被的蒸散量差异显著,一般表现为林地>农用地>草地>稀疏植被(邓兴耀等,2017;薛亚永等,2017),这是因为人工扰动土壤会改变原有的土壤湿度和植被覆盖度,进而增加蒸散量。已有结果表明,林草、林灌组合可减少植被蒸散损失(王军德等,2010)。

时间序列上,西北地区夏季土壤蒸散量最高,春、秋两季相似并较夏季略有下降,但均高于冬季。这是因为生长季植被覆盖,土壤蒸散能力通常大于裸地,冬季气温低抑制了植物的生长和蒸腾作用。近年来,西北干旱区年均蒸散量呈波动变化,总体呈微弱减小趋势,这可能与厄尔尼诺现象有关。同时西北部受亚洲季风气候影响,气候变化异常,易受大范围天气影响,加之地形差异带来的影响,这一系列因素共同引起该区蒸散量的动态变化,特别是西北西部地区暖湿化趋势已被大量研究结果所证实(马柱国和符淙斌,2006)。

(2)西南低山丘陵区蒸散规律

西南地区属典型季风气候区,地形复杂。蒸散纬度差异明显,由南至北呈递减趋势,而经度差异较小,总体而言,西南地区近52年潜在蒸散量为3209.8 mm,其中云南省最高(3664.7 mm),其次为四川省(3015.0 mm)、重庆市(2972.4 mm)和贵州省(2958.0 mm)(郎登潇等,2017)。

研究显示,该地区蒸散量大小空间分布存在明显差异,集中表现为湖泊大,其他地形小。典型河流雅鲁藏布江平均蒸散量均在1190 mm以上,且由西向东呈增大趋势,最大可为1296.4 mm。近49年来拉萨地区蒸散量逐渐增大,日喀则、江孜等地呈不明显降低趋势,而泽当则呈显著下降趋势(唐小萍等,2011)。与此同时,该地区南北方向蒸散也存在差异。研究发现,西南地区北部海拔较高处蒸散量较低，而海拔较低处蒸散量较高；然而同一地区不同土地覆被下蒸散量大小也存在差异，总体表现为：林地 > 灌木层 > 水田 > 旱地 > 草地（蔡琳和柳志亮，2014）。较北部而言，南部地形更为复杂，海拔高低悬殊，属低纬高原山地，具有气候立体性强、干湿季节明显等特点，平均蒸散量在 329 ~ 991 mm。调查结果显示，共 17 个县、市蒸散量达 700 mm 以上，呈现南多北少的分布格局，数值相差 100 ~ 300 mm（陶云等，2012）。但局部变化略有不同，其中东南方向平均蒸发量在 634 ~ 936 mm，呈现四周高、中部低的特点（徐蒙蒙等，2012）。

蒸散量除在空间分布上差异明显外，在时间序列上的变化也相对复杂。相对湿度便是影响蒸散量的第一要素（黄中艳和谢国清，2013），而其变化的主导因子又具有阶段性和季节性。该地区季节性蒸散量表现为春、夏高，秋、冬低，由大到小依次为夏季、春季、秋季和冬季；日蒸散量最大可达 7.43 mm。蒸散量随气温及地表温度的升高而有所增大，此外降水和风速也是影响蒸散量的重要因子（拉巴等，2012）。研究发现，1981—1990 年日照时数减少是蒸散量下降的主要原因；1991—2011 年平均气温上升是蒸散量上升的主要原因（谢平等，2017）。1960—2007 年该地区蒸散量总体呈上升趋势，分析发现对各季节及全年影响最大的气候因子便是日照时数（徐蒙蒙等，2012）。研究表明，1960—2007 年蒸散量存在突变现象，3 个突变点分别为 1965 年、1984 年及 1999 年，突变因素主要为气温、降雨及太阳辐射。东北部地区气候因子对蒸散量影响大小的顺序为最高温度、最高相对湿度、最低相对湿度、风速、净辐射、最低温度和日照时数，其中，最高温度、最高相对湿度和最低相对湿度对蒸散量的影响程度较大，而最低温度及日照时数几乎无影响（熊友胜等，2013）。

（3）华北平原地区蒸散规律

华北平原蒸散量呈季节性变化，春、夏季蒸散量明显高于秋、冬季，秋、冬季受作物收获影响明显，年蒸散量主要由夏季蒸散量所决定。年蒸散量具有明显的空间分异性，总体上呈现南高北低的趋势，与植被指数、降水和温度的纬度地带性变化相一致（黄辉等，2011；莫兴国等，2011；邵小路等，2013）。赵静等（2009）通过遥感方法估算华北平原的区域陆面蒸散量，研究发现，华北平原 6—8 月是蒸散量较高时期，变化幅度较大，1、2 月和 11、12 月是蒸散量较低时期，变化幅度较小。其日蒸散量变化范围在 0 ~ 8 mm；年蒸散量在 520 ~ 1100 mm，平均为 700 ~ 800 mm。地下水埋深较浅的沿海、黄河沿岸以及河南黄河以北的农业区为蒸散量的高值区。在不同潜水埋深条件下，蒸散量与植被指数之间均存在线性正相关。且在潜水埋深介于 1 ~ 2 m 的情况下，陆面蒸散量与植被指数间的关系最明显，两者之间的相关性达到 0.669。王颖等（2014）通过对野鸭湖湿地区域不同植被覆盖条件下日蒸散量的对比研究，指出湿地植被资源减少使得该区域平原区和山区日蒸散量降低。孙守家等（2015）利用 $\delta^{18}O$ 同位素对华北低丘山区栓皮栎生态系统蒸散情况进行研究，指出植物蒸腾是主要蒸散来源，蒸腾占蒸散比例日变化呈现低—高—低的趋势。刘小莽等（2009）通过分析海河流域潜在蒸散对气候因子的敏感性，指出在年尺度上潜在蒸散对水汽压最为敏感；空间上潜在蒸散对太阳辐射变化的敏感性表现出从南到北递减趋势，对风速变化敏感性则表现出由南到北递增趋势。

研究发现，1999—2009 年永定河北京段水面蒸散量为 1182 mm，潜在蒸散量为 969 mm，实际蒸散量为 494 mm。其中，山区林草蒸散量为 371 mm，平原旱地蒸散量为 425 mm，水浇地蒸散量为 840 mm，城市不透水地区的蒸散量为 291 mm（张士锋等，2013）。王朝华（2005）通过研究农田系统，得出农田蒸散量与作物生长密切相关，作物幼小时以土壤蒸发为主；作物生长旺季以作物蒸腾为主。同时受气温、湿度、风速等气象因素的影响明显。王军等（2013）针对锡林河流域6种土地利用类型日蒸散量进行统计，指出水域地表较湿润，24小时蒸散量最大，均值为4.48 mm·$d^{-1}$，而草地均值仅为1.85 mm·$d^{-1}$。蒸散量大小与地表温度、地表反照率呈负相关，与地表比辐射率呈显著正相关。

（4）东北黑土区蒸散规律

东北地区属温带季风气候，夏季温热多雨，冬季寒冷干燥。自东南向西北，年降水量由1000 mm降至300 mm以下，从湿润区、半湿润区过渡到半干旱区。气温和风速对区域蒸散影响较大，且风速的影响高于气温，相对湿度和日照时数对蒸散的影响较小（孙玥，2017）。

研究结果显示，该地区年蒸散量一般在600 mm左右，同一流域的土地利用类型、植被覆盖率、风速和气温等因素的差异导致其具有明显的空间异质性（曹永强等，2014；谢今范等，2013；殷红等，2010）。其中，不同土地利用类型平均日蒸散量表现为：水体＞湿地/耕地＞林地＞草地/轻度盐碱地＞居民用地＞中度盐碱地＞重度盐碱地（金翠等，2009），且草地蒸散量增长速度较盐碱地快。这种差异主要是由其自身的生理生态特性不同所造成的。

时间分布上，蒸散量的年内变化一般表现为夏季最大，其次为春季、秋季，冬季最小（宋文献等，2012；奚歌等，2008）。春季、夏季和秋季的蒸散量与植被覆盖指数和降水量呈显著正相关，与平均气温呈显著负相关；冬季与降水量呈负相关，而与平均气温呈显著正相关（张巧凤等，2016）。不同地区蒸散量年际变化趋势不同，1971—2012年，第二松花江流域蒸散量以1.18 mm·年$^{-1}$的速率呈显著的上升趋势（谢今范等，2013）。而1964—2014年，海河流域日平均蒸散量呈下降趋势，1964年最低，1969年最高（曹永强等，2014）。蒸散量年际变化控制因素为降水，潜在蒸发为次要因素（王思如等，2017）。

不同土地利用类型对蒸散的影响在不同季节也存在差异。耕地、林地、草地、水域、城建用地和未利用地6种土地利用类型中，城建用地月蒸散量呈波动趋势，其他土地利用类型呈现单峰形分布（曹永强等，2017）。针对耕地、林地和草地而言，蒸散量与作物是否处于生育期或生长季有关，辽宁冰砬山林地生长季时，蒸散量约为398.3 mm，占全年蒸散量的73.5%（颜廷武等，2015）；农田蒸散量年内呈单峰形变化，峰值出现在玉米抽雄开花期（张淑杰等，2006）；大豆生育期内蒸散量变化与大豆叶面积系数变化具有一致性（王毅勇等，2003）。

（5）华东地区蒸散规律

华东地区主要包括东南沿海7个省市，其蒸散量具有明显的时空差异性。从时间上来看，华东地区蒸散量整体呈现逐年上升的趋势，1980—2011年的年均地表蒸散量为397.5 mm，上升速率为1.23 mm·年$^{-1}$（杨秀芹等，2015）。冬季蒸散量较低，而夏季蒸散量明显高于其他季节的蒸散量。从空间上来看，蒸散量由西部内陆向东部沿海逐渐增大，呈带状分布的规律。但个别地区也存在着蒸散量偏大或偏小的现象，在水库、河流、海岸滩涂等水体周边地表蒸散量相对较高，呈点状分布。蒸散量从南到北逐渐递减，呈离散型块状分布，但个别地区由于水库、河流、湖泊的影响，呈现点状分布。其中，安徽省蒸散量约为878.58 mm·年$^{-1}$（曹雯等，2014），而江苏省蒸散量为900～1050 mm·年$^{-1}$（赵晶等，2014）。研究发现，在水库、河流和海岸滩涂等水体周边以及华东地区西南部农田地区，地表蒸散量均相对较高；这一变化规律与其降水量的分布规律大致相似。

华东地区土地利用情况可大致划分为：水域、林地、农用地和城镇用地，不同土地类型的蒸散能力差异明显，表现为水域 > 林地 > 农用地 > 城镇用地。水域是所有土地类型中蒸发量最大的，在适宜的温度、风速等影响下，水分不断蒸发。而林地既包括土壤蒸发作用也包括植被的蒸腾作用，这使得林地蒸散量大大提高。农用地和建筑用地蒸散量相当，由于建筑用地其下垫面多为不透水层，缺少蓄水能力，受水分因素的制约导致蒸散量小，其蒸散主要来源于城市绿化植被蒸腾作用和人为干扰作用，城镇用地是所有土地类型中蒸散量最小的。

（6）中南地区蒸散规律

中南地区是中国六大地理分区之一，主要为温带季风气候、亚热带季风气候和热带季风气候等。研究结果显示，近 20 年来蒸散量呈现逐年增加趋势，增长速率为 200 mm·年$^{-1}$（田静等，2012）；而年均潜在蒸散量却呈微弱下降的趋势（王利平等，2016）。

蒸散量在空间分布上差异明显。在典型地区，如广东、湖北等地，蒸散量呈下降的趋势，且在变化过程中出现先降后升的现象，具有明显的阶段性。就潜在蒸散和实际蒸散而言，数量上前者远高于后者，而变异性上前者却远低于后者。有学者表示，潜在的蒸散量随纬度的升高而减少，变化范围为 675.5 ~ 1808.5 mm·年$^{-1}$，这说明该地区蒸散量受太阳辐射及气温变化影响显著（范伶俐等，2013；吕晓蓉和王学雷，2016；吴雷等，2016；姚小英等，2015）。此外，近些年也有不少学者对中南地区的东江湖流域、汉江流域、淮河流域等流域的蒸散进行了探究。其中，湖区蒸散量出现增加现象，且明显高于植被的蒸散量；平均潜在蒸散量大致为 1000 mm，而实际却为 500 mm。在流域内，平均参考蒸散量在 393 ~ 1184 mm，且流域内不同地区的蒸散量也表现出显著差异，呈现南高北低、四周高中间低的态势。其中，东北部蒸散不强烈，通过整个流域的观测值不难发现，蒸散对相对湿度最为敏感，其次是最高温度和太阳辐射（蔡辉艺等，2012；徐洁，2016；杨秀芹等，2017；张静和任志远，2016）。除上述影响因素外，地表植被类型也会影响该地区蒸散。调查结果显示，该地区多年平均蒸散量由大到小依次为：林地 > 灌木 > 草地 > 阔叶作物 > 谷类作物 > 裸地（张静和任志远，2016；张静和任志远，2017）。各林分蒸散比值虽差异较小，但呈微弱递减趋势，依次为：阔叶混交林 > 针阔混交林 ≥ 针叶混交林 > 灌木林 ≥ 桉树林 ≥ 果树林（杨静学等，2013）。

时间分布上，中亚热带夏季蒸散量最高，其次为春、秋两季；而南亚热带及北热带春季最高，其次为夏季和秋季，但各地均冬季最小。21 世纪初期为各季的高值点，20 世纪 80 年代为低值点，各地冬季增幅最大。研究发现，气温是影响蒸散量升高的主要因素之一（吕晓蓉和王学雷，2016；姚小英等，2015）。在长江流域，2001—2007 年是实际蒸发量最小的时期（王艳君等，2010）。在淮河流域及汉江流域地表蒸散量在夏季最大，春、秋季接近，冬季最小，流域地表蒸散量年内分布总体呈现先增大后减小的趋势，并有较明显的季节性差异。蒸散量主要集中在 5—9 月，春季增长较快，夏季增长迅速，秋季急剧减小，而到冬季则基本保持不变且为全年最低；季节蒸散量的大小关系可近似表示为：夏季 > 春季 > 秋季 > 冬季。此外，流域年内蒸散量分布不均还与流域内作物生长过程有关。春季气温升高降水增多，作物越冬返青，需水量增大，使得蒸散量也相对较大。夏季雨量充沛，气温较高，植物处于生长期，植被蒸腾作用旺盛，所以夏季地表蒸散量在一年之中最大。秋季降水减少，日照丰富，但植被处于衰败阶段，所以蒸散量较夏季明显缩小（蔡辉艺等，2012；雷慧闽等，2012；徐洁等，2016；杨秀芹等，2017；张静和任志远，2017）。

# 4.4 典型区域土壤水分变化特征与区域分异

土壤水是指存储和运移于地表向下延伸至潜水面以上土壤中的水分,包括汽、固、液3种状态。土壤水是植物可利用水的最主要来源,同时也是大气水和地下水的重要补给源,控制着作物产量、陆地植被格局以及生态系统结构和功能。土壤水还决定着土壤中溶质和其他物质的迁移、土壤微生物区系和活性。在植物、地下水、地形和大气等因素影响下,土壤水的存在状态及其转化具有较大的时空变异性;加之处于陆地表层,是陆地水资源中最为活跃的部分,参与陆地生态和水文的诸多过程,在土壤、生态、水文和地理等学科领域中起着核心和纽带的作用。由于土壤水在生态和水文过程中的重要性,许多大型科学研究计划(如EFEDA、Hapex-sahel、SALSA、IGBP)都把对土壤水的研究提到一个相当重要的位置(Goodrich et al., 2000; Goutorbe et al., 1997; Lichner, 2006)。土壤水分也是中国生态系统研究网络(CERN)陆地生态系统水环境长期定位观测的重要指标。

## 4.4.1 全国尺度土壤水分演变及其区域差异

中国土壤水分观测网是在36个CERN野外台站上建立的。选取32个CERN台站的长期观测数据,对我国不同土壤类型和生态类型的0~50 cm土层土壤水分变化特征及其区域分异进行分析。对于农田生态系统,各站点作物以小麦、玉米、水稻、大豆为主,此外还有花生、油菜、红薯和自然荒草等植被以及茶园、橘园等土地利用方式。其中,常熟站采用小麦—水稻轮种;封丘站、盐亭站和禹城站为小麦—玉米的轮作方式,一年两熟;其余各站作物均为一年一熟。对于森林生态系统,各站植被多为常绿阔叶林、次生林、季雨林和人工林,此外还有马尾松林、针阔混交林、苔藓矮林等。荒漠生态系统植被以骆驼刺、花花柴等一年生灌木丛为主,在荒漠绿洲种有棉花、荞麦等农田作物。草地生态系统和沼泽生态系统观测站数量有限,植被种类以羊草、矮蒿等为主。

CERN气象观测场按照CERN大气环境监测规范设立,并根据CERN水环境监测规范设置相应的土壤水分观测样地,用于监测自然状态下土壤水分变化。在土壤水分年变化规律和空间分布特征研究中,分别对站点气象观测场土壤水分2005—2014年的月均值和年均值进行分析,以揭示全国尺度自然状态下土壤水分变化特征及区域分异(图4.7)。全国尺度气象观测场内自然状态下土壤水分分布范围为2.5%~47.2%,平均值为24.9%。总体来看,南方台站土壤含水量显著高于北方,这主要是由年降水量决定的。土壤含水量最低的台站分别为奈曼站、沙坡头站、鄂尔多斯站、临泽站和策勒站,均为我国的荒漠化类型区,多年平均土壤含水量范围为2.5%~10.6%,平均值仅为5.8%。这些地区气候干燥,蒸发强烈,土壤持水性能差,故土壤含水量低。总的来说,北方地区(东北地区除外)土壤水分近十年呈逐渐下降趋势,降低速率在$-0.93\%\cdot 年^{-1}\sim-0.02\%\cdot 年^{-1}$,阜康站和封丘站降低速率最大,分别为$-0.84\%\cdot 年^{-1}$和$-0.93\%\cdot 年^{-1}$。值得注意的是,东北地区5个台站(奈曼站、沈阳站、长白山站、海伦站和三江站)土壤水分均呈增加趋势,增加速率在$0.17\%\cdot 年^{-1}\sim1.66\%\cdot 年^{-1}$,其中以三江站增加速率最大($1.66\%\cdot 年^{-1}$)。南方地区贡嘎山站、会同站、常熟站和西双版纳站近十年土壤水分具有显著降低趋势,降低速率在$-1.88\%\cdot 年^{-1}\sim-0.4\%\cdot 年^{-1}$。桃源站和鹰潭站略有降低。其余台站土壤水分均呈现增加趋势,增加速率在$0.27\%\cdot 年^{-1}\sim1.04\%\cdot 年^{-1}$。

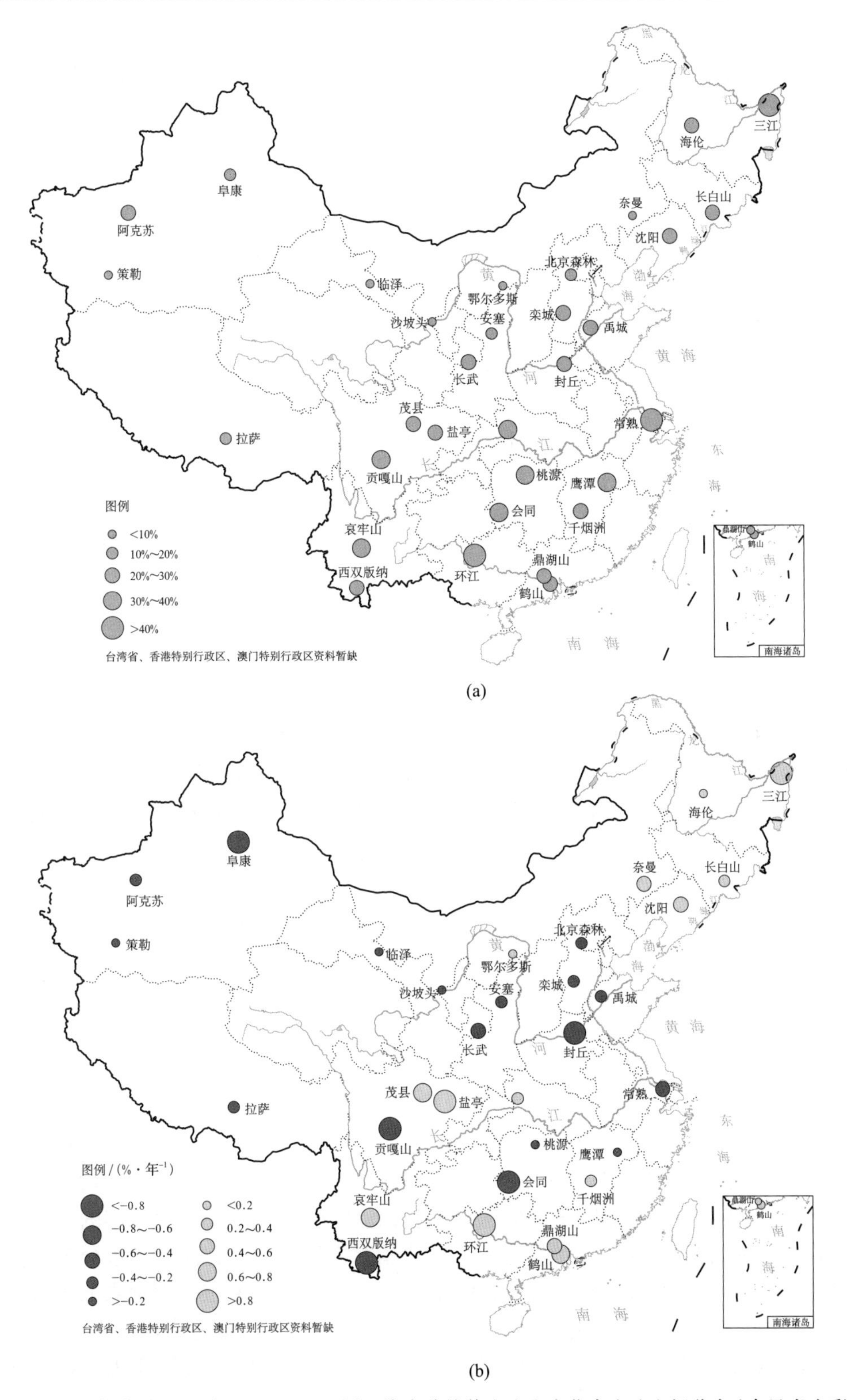


图 4.7　CERN 各台站近 10 年 0～50 cm 土层土壤水分均值（a）和变化率（b）空间分布（参见书末彩插）

由于气候特征和土壤特性的差异，我国各地土壤水分的年变化趋势有较大差异，在不同月份的空间分布差异并不是很明显。根据各站多年气象观测场土壤水分各月合计的平均值，分析我国土壤水分的空间分布特征，见图4.8。全国尺度春季（3—5月）、夏季（6—8月）、秋季（9—11月）和冬季（12月至次年2月）土壤水分平均值分别为24.1%、24.3%、24.0%和26.3%。由于气候和其他自然因素原因，奈曼站、沈阳站、三江站、长白山站、海伦站、阜康站、临泽站、贡嘎山站和北京森林站冬季无土壤水分数据，故导致全国尺度土壤水分冬季平均值较其他3个季节偏高。从全国尺度来看，春季、夏季和秋季土壤水分空间分布特征无显著差异，北方地区土壤水分平均值分别为17.2%、16.9%和17.3%；南方地区土壤水分平均值分别为32.5%、33.3%和32.2%。

根层与表层土壤水分的关系，是由较易获取的表层土壤水分信息去探讨较难获取的深层土壤水分信息的重要纽带。根据31个站点109个观测场2006年全年根层和表层土壤水分数据，研究了根表关系以及生态系统、土壤质地、湿润度、植被、土壤厚度和土壤水分量级对根表关系的影响（刘苏峡等，2013）。研究发现，表层和根层土壤水分存在线性关系。森林、沼泽、农田和草地生态系统的根层与表层土壤水分相关程度较高，荒漠生态系统的相关关系最弱。建立了能用表层土壤储水量估算50 cm土层的土壤储水量的简单线性关系模型。模型参数斜率为5.2，截距为1.3，模型的决定系数 $R^2$ 为0.92。该模型适用于很多植被，但不适用于奈曼和鄂尔多斯的荒漠植被、内蒙古羊草、三江大豆和毛果薹草，因为其根表关系微弱；也不适合于其他荒漠植被、大豆、棉花和水稻，因为这几种植被的地域分异非常明显；也不适用于云南哀牢山的滇山杨次生林、广东鼎湖山季风林、三江的小叶章、长白山阔叶红松林，这几种植被虽然本身的根表关系良好，但与普适模型相异。土壤质地和生态系统因素对根表关系的影响较为一致。半湿润带、半干旱带和干旱带的根表关系空间分异性最强；湿润带的根表关系与土壤和森林生态系统的根表关系相对应。湿润带内部的根表关系较为一致。将植被对根表关系的影响分为4类，前两类为根表关系微弱的植被，由植被本身或者植被以外的地域因素导致，不适合用根表关系去由表层推算根层土壤水分；后两类为根表关系良好植被，区别为服从和不服从关系总线，可分别用各自的根表关系或者关系总线从表层土壤水分获取根层土壤水分。表层土壤水分与0～20 cm、0～30 cm、…、0～100 cm土层的土壤水分均分别具有较好的相关关系，但二者的相关性随土层厚度的增加而降低。不过，即使是土层厚度抵及100 cm，决定系数 $R^2$ 仍能维持在0.79。

## 4.4.2 北方农田生态系统土壤水分变化特征

选取CERN 10个站点来代表我国农田生态系统，包括位于东北地区的海伦农业生态站和三江湿地农业生态站；位于华北地区的禹城综合试验站、封丘农业生态站和栾城农业生态站；位于黄土高原的安塞农业生态站和长武农业生态站；位于半干旱、干旱荒漠绿洲的沙坡头沙漠生态站、奈曼生态站和新疆阜康农业生态站，分析我国北方地区从东到西不同水分带农田生态系统土壤水分变化特征。可以发现，除东北地区的海伦农业生态站和三江湿地农业生态站以及奈曼生态站外，其余7个农业生态站土壤水分均呈显著降低趋势，降低速率均值为 $-0.46\% \cdot 年^{-1}$，表明我国北方农田生态系统面临严峻的土壤水资源危机，这可能与气候变化和农田管理措施有关。

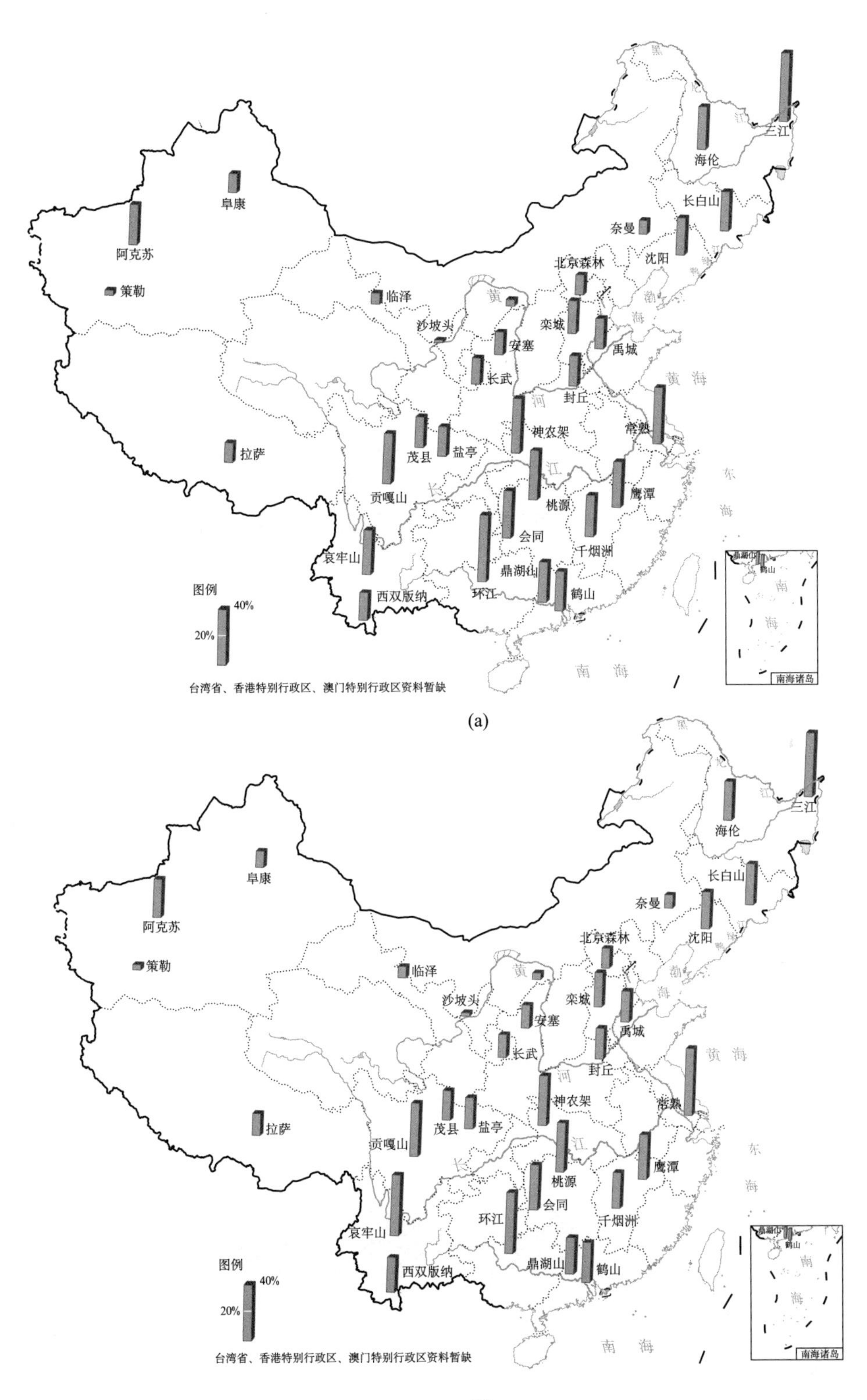
三江
海伦
长白山
奈曼
沈阳
北京森林
阜康
阿克苏
策勒
临泽
沙坡头
栾城
禹城
安塞
长武
封丘
神农架
常熟
拉萨
茂县
盐亭
贡嘎山
桃源
鹰潭
会同
千烟洲
哀牢山
鼎湖山
环江
鹤山
西双版纳
图例
40%
20%
台湾省、香港特别行政区、澳门特别行政区资料暂缺
南海诸岛
三江
海伦
长白山
奈曼
沈阳
北京森林
阜康
阿克苏
策勒
临泽
沙坡头
栾城
禹城
安塞
长武
封丘
神农架
常熟
拉萨
茂县
盐亭
贡嘎山
桃源
鹰潭
会同
千烟洲
环江
哀牢山
鼎湖山
鹤山
西双版纳
图例
40%
20%
台湾省、香港特别行政区、澳门特别行政区资料暂缺
南海诸岛

(a)

(b)

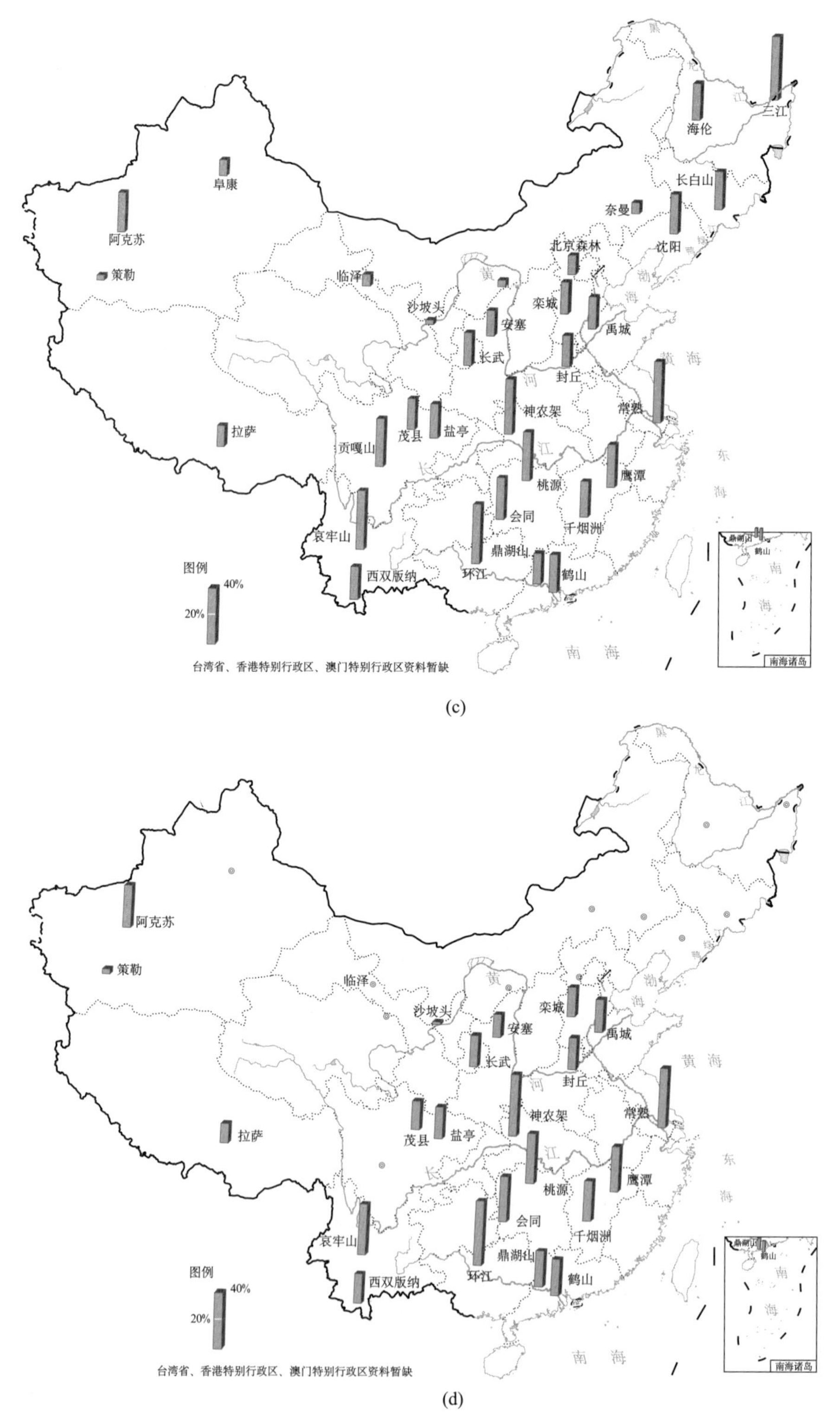


(c)

(d)

图 4.8　春季、夏季、秋季和冬季土壤水分季节均值的空间分布：
(a) 3—5 月;(b) 6—8 月;(c) 9—11 月;(d) 12—次年 2 月(参见书末彩插)

此外，基于1983—2012年农田土壤水分长期观测数据研究表明，我国北方农田生态系统生长季（4—10月）0 ~ 50 cm剖面土壤水分在过去30年呈显著下降趋势，0 ~ 10、10 ~ 20和20 ~ 50 cm土层的土壤水分降低速率分别为0.11%·年$^{-1}$，0.12%·年$^{-1}$和0.15%·年$^{-1}$（v/v）（Liu et al.，2015）。施肥管理增加作物产量和作物的蒸腾耗水量，进而降低土壤有效储水量。高耗水作物（如玉米）的大面积增植和高产农田的大规模开发在一定程度上也导致了土壤干燥化。此外，该区气候的暖干化也对农田土壤水分的降低具有一定的贡献。因此，既能满足粮食产量需求又不威胁未来水资源安全的可持续性农业是未来发展的方向。

### 4.4.3 典型黄土区土壤水分时空分布特征

黄土高原气候干旱、土质疏松、水土流失严重，是中国典型的生态脆弱区和环境敏感区。该区土层深厚，地下水位深达60 m以上，几乎不参与土壤—植被—大气系统传输体中的水循环过程，并且该区降水量少且年内分布不均，土壤水分成为黄土丘陵沟壑区植被生长发育和生态恢复重建的主要限制因子（杨文治等，1998）。因此，充分认识和把握黄土高原区域尺度土壤水分的数量特征及时空分异性，有助于明确黄土高原区域土壤供水能力及土壤水分与植被恢复间的互馈机制，并为区域植被合理布局提供参考。

基于高密度网格样点调查，利用地统计方法分析了典型黄土高原地区（43万$km^2$）0 ~ 5 m土层土壤水分的数量特征和时空分异性。典型黄土高原地区0 ~ 5 m土层剖面平均土壤含水量变化范围为5.0% ~ 33.0%（v/v），平均值为14.8%；0 ~ 5 m土层土壤储水量变化范围为240 ~ 1600 mm，平均值为720 mm。因此，典型黄土高原地区0 ~ 5 m土层土壤水资源储量达3000亿$m^3$，其中1 ~ 5 m深层土壤水资源储量达2500亿$m^3$。区域土壤水分具有明显的空间变异性，土壤水分在水平和垂直方向上均表现为中等程度的变异性。土壤水分在垂直方向上总体表现出先减小后增加的分布特征。基于普通克里格插值方法，绘制了典型黄土区不同土层土壤储水量的空间分布图（Cao et al.，2018）。土壤水分在水平方向上具有明显的地带性分布格局，表现出东高西低、南高北低，由东南向西北方向递减的分布规律，与降水和土壤质地的地带性分布特征一致。此外，土壤水分布还具有局部异质性，这种地带性分布规律的局部改变主要是由于人为整治（退耕还林还草工程、淤积坝修建等）和土壤类型以及地形局部变异导致的（贾小旭，2014）。

基于南北样带（咸阳—鄂尔多斯）的动态监测，利用相对差分方法分析了0 ~ 5 m土层土壤水分的时间稳定性特征。南北样带0 ~ 1、1 ~ 2、2 ~ 3、3 ~ 4和4 ~ 5 m土层的平均土壤储水量分别为154 mm、151 mm、145 mm、144 mm和148 mm。南北样带0 ~ 5 m土层的土壤平均储水量为723 ± 30 mm，土壤剖面水分由南向北递减。总体上，不同土层间土壤储水量差异不显著。样带土壤水分空间格局具有较好的时间稳定性特征。土壤水分数量的时间变异主要发生在0 ~ 2 m深度。土壤储水量在空间上的变异随土层深度增加而变大，在时间上的变异随深度增加而变小，即土壤水分的时间稳定性随土层深度逐渐增强。降水和土壤持水性能是影响样带土壤水分空间格局时间稳定性特征的主要因素，且对土壤水分的影响程度依赖于土层水分测定深度（贾小旭等，2016；Jia et al.，2017）。

### 4.4.4 高寒草甸生态系统土壤水分变化特征

土壤水分是维持高寒草甸生态系统可持续发展的重要因素，也是退化草甸恢复和重建的限制因子，对区域生态环境具有重要作用。根据藏北高原草地生态系统研究站（那曲站）2015—2016年两个生长季的研究结果表明，高寒草甸生态系统0~50 cm土层剖面土壤水分在空间和时间上均呈中等程度变异性，且时间变异性随土层深度的增加而减小，空间变异性随土层深度增加没有表现出明显的规律（Zhu et al., 2017）。2015年和2016年生长季样地0~50 cm土层平均土壤容积含水量分别为12.9%和17.0%。在一定土壤水分范围内，各土层土壤水分的变异系数随土壤含水量降低，在土壤含水量为18%左右时达到最小，表明在高寒草甸生态系统，较干的土壤其水分含量具有较大的变异性。地统计分析结果表明，10 cm、20 cm和30 cm土层土壤含水量具有明显的空间结构性，半方差函数以高斯模型拟合精度最优；变程分别为77 m、81 m和97 m，空间异质比分别为14%、3%和26%，表明高寒草甸生态系统0~20 cm土层土壤水分具有强烈的空间依赖性，30 cm土层土壤水分具有中等程度的空间依赖性。样地土壤含水量与容重、pH和砾石比呈显著负相关，与有机碳密度、毛管孔隙度和粉粒含量呈显著正相关，与植被盖度、相对高程无显著相关关系。高寒草甸生态系统不同深度土壤水分也具有时间稳定性特征，且时间稳定性随深度增加而增强。土壤水分的时间稳定性主要与土壤属性有关，其中与pH、容重、砂粒含量和砾石比呈显著负相关，与有机碳密度和粉粒含量呈正相关。

### 4.4.5　喀斯特峰丛洼地土壤水分变化特征

我国西南喀斯特地区是全球三大喀斯特集中分布区（欧洲地中海沿岸、美国东部、中国西南部）中连片裸露碳酸盐岩面积最大的地区，总面积约54万$km^2$。该地区可溶岩造壤能力低，长期强烈的岩溶作用产生了水土资源不协调的双层空间结构，导致地表水易流失、地下水深埋，加上土层浅薄、土壤持水性能差，又因缺乏植被系统的调节，致使旱涝灾害频发，区域生态十分脆弱。在喀斯特峰丛洼地地区，因地下孔隙（漏斗、裂隙、落水洞等）特别发育，地表水缺乏，而地下水位较深，难以利用，土壤水分对于峰丛洼地生态系统中植被生长、植被恢复、水热平衡及系统稳定性起着决定作用，在岩溶生态系统的演化与重建过程中具有重要意义。

基于2009—2010年连续两年0~90 cm土层剖面土壤水分的定位监测数据表明（张川等，2013），洼地剖面土壤含水量总体较高，且从表层到深层逐渐增高。观测期内土壤水分的变化无明显的分层现象，从上到下依次为活跃层、次活跃层、相对稳定层，但均无速变层。活跃层和次活跃层集中分布在浅层土壤，相对稳定层较厚，对应着较差的水文调蓄功能，洼地土壤的水分调蓄功能可能会因其相对较厚（80~100 cm）的土层而被高估。受降水、蒸发及植物蒸腾等的影响，土壤储水量具有明显的动态变化特征，一年中可分为相对稳定期、消耗期和补给期3个阶段，土壤水分亏缺的补偿和恢复主要依靠强度适中、历时较长且雨量较大的降雨，微雨和暴雨的补偿作用较小。

洼地表层土壤水分在旱季和雨季均呈中等程度变异，但空间分布特征不同，旱季呈明显的斑块状分布，雨季则呈条带状（张继光等，2014）。空间分布的差异表明旱季和雨季土壤水分空间变异的主导因素不同。土壤水分变异主要受环境和人为因素的综合影响，旱季及雨季土壤水分均与前期降雨量导致的土壤平均含水量变化呈相反趋势，且不同土地利用方式下的土壤水分含量不同。此外，土壤含水量与有机质含量呈显著正相关，地势及裸岩率也是造成洼地土壤水分变异及其分布差异的重要因素。开展喀斯特地区峰丛洼地土壤水分空间分布及其影响因素研究，不仅有助于加强对喀斯特地区土壤水分变异特征、相关水文过程及其影响因素的综合理解，而且可以为该地区土壤水资源合理利用及植被恢复管理提供理论及实践指导。

### 4.4.6 南方红壤区土壤水分变化特征

红壤是热带和亚热带地区的代表性土壤,世界上同纬度的其他地区多为干旱的荒漠或半干旱的稀树草原,而季风气候带来的丰沛降水使我国的红壤地区成为重要的粮食和经济林果产区。但是,该地区降水分布极不均匀,存在严重的季节性干旱缺水问题,土壤"雨季近饱和""旱季极缺水"的现状限制了农业的生产潜力,也增加了农业面源污染发生的风险。

红壤丘陵区土壤水分具有强烈的季节性动态。一般每年的3—6月,土壤处于水分盈余阶段,降水多而蒸散相对弱使土壤时常达到饱和或近饱和状态,5 cm土层处最大含水量可达35%左右;7—10月为土壤水分亏缺阶段,降水减少而蒸散增强,土壤含水量急剧降低,5 cm土层处的土壤含水量常低至5%左右。11月开始,随着降水量的回升和温度的降低,土壤逐步得到补给。季节性动态主要表现在0~50 cm土壤层,5 cm、20 cm和50 cm土壤层的变异系数分别达到40%、20%和15%,而100 cm以下土层的变异系数稳定在5%~7%。相对于一年生的农作物,耗水强烈的植被,如经济林,会增加土壤水在时间上的异质性,而削弱在垂直剖面上的差异。气温、降水、湿度和太阳辐射因子是决定红壤丘陵区土壤水时间变化特征的关键因素,表层(5 cm)土壤主要受气温和太阳净辐射的影响,而降水对较深的层次影响更大(如40 cm和80 cm)。土壤颗粒组成、容重、坡位以及植被是影响土壤水分在空间上分布的重要因素,不同季节的主控因素有所差异,雨季前颗粒组成贡献最大,坡位是雨季的主控因子,而季节性干旱期植被对土壤水分的控制作用增强。

总之,土壤水在生态和水文过程中起着核心和纽带的作用,在资源、环境和人口等压力日益增大的21世纪,土壤水研究已成为生态环境领域的研究前沿和热点。针对土壤水过程的复杂性、不确定性、非线性和尺度效应,CERN对我国不同生态系统类型土壤水分展开了长期监测和深入研究。这些研究一方面加深了我们对土壤水状态、过程及机理的理解;另一方面,对不同生态系统类型土壤水的研究,强化了基于过程的、不同尺度的土壤水相关模型的建立。

综观CERN近30年的土壤水研究,总体而言,取得了较大进展,但是在一些领域,如土壤水过程机理的描述、土壤水的尺度转换、土壤水—植物(被)关系、土壤水资源评价和管理仍存在许多需要深入研究的科学问题。这些问题主要包括:① 对不同尺度下土壤水过程进行定位监测,在尺度转化的基础上,结合"3S"技术,构建大尺度的土壤水及其相关模型;② 土壤水—植物(被)相互作用过程的耦合研究,如不同尺度上的土壤水—植物(被)水分关系,深入理解植物(被)对土壤水的反馈和调节作用;③ 土壤水资源及其管理的研究,如在现有条件下,如何通过土壤水资源的管理促进生态系统的健康和稳定发展,实现社会经济与生态环境的协调发展;④ 土壤水文模型的研究,在考虑影响土壤水循环各个因素的基础上,建立适宜区域的土壤水文模型,对各种情景下土壤水的变化及其承载力进行模拟预测;⑤ 土壤水测定方法和技术的研究。

21世纪土壤水研究的发展,无疑是自身学科发展、多学科交叉融合、科学技术进步的综合结果。在新的条件和形势下,土壤水研究需进一步结合土壤、植物、生态、水文、地理等学科和科学技术的发展,为解决国家需求和地方经济发展、构建人与自然和谐和生态系统健康可持续发展做出应有的贡献。

# 4.5 典型生态系统水化学变化特征与区域分异

中国生态系统研究网络（CERN）水质监测工作开始于 1998 年，在陆地生态系统的每个台站中，对流动地表水、静止地表水、地下水、降水进行了定位监测，每年干湿季节至少 2 次（降水每季度 1 次）的监测，部分农田生态系统台站对土壤水进行了监测。监测指标包括 pH、矿化度、八大离子（$K^+$、$Na^+$、$Ca^{2+}$、$Mg^{2+}$、$Cl^-$、$SO_4^{2-}$、$CO_3^{2-}$、$HCO_3^-$）、$NO_3^-$、TN、$PO_4^{3-}$、TP、DO 和 COD，湿地生态系统中还包括 DOC、Fe、Mn、Pb、Zn 指标。水样由各台站依据《中国生态系统研究网络水分监测规范》统一方法，根据代表性、定位性、时间一致性的原则采集，参照该规范规定的国标方法进行实验室内分析和质量控制（袁国富等，2012）。

## 4.5.1 典型生态系统水体 pH 和矿化度变化特征与区域分异

水体 pH 是酸碱性的标志，是影响水体中元素赋存状态、浓度及分配的主要因素。天然水体 pH<5.5 为强酸性，pH 在 5 ~ 7 为弱酸性，pH=7 为中性，pH 在 7 ~ 9 为弱碱性。矿化度（总溶解固体）是指水中所含无机矿物成分的总量，矿化度在 500 ~ 1000 mg · $L^{-1}$ 为Ⅳ级，表示具有较高矿化度；矿化度高于 1000 mg · $L^{-1}$ 为Ⅴ级，表示具有高矿化度。

初步分析了 CERN 31 个典型陆地生态系统 2003—2008 年监测的地表水和地下水、6 个湖泊和海湾生态系统、1 个城市生态系统地下水体 pH 和矿化度状况。结果表明，我国森林生态系统 pH 和矿化度分布规律基本一致，从西向东、从北向南呈逐渐降低的趋势，pH 在鼎湖山自然保护区出现强酸性（pH=4.15），其他台站为弱碱性、中性或弱酸性（pH 为 6.01 ~ 8.26），森林生态系统矿化度均较低（33 ~ 322 mg · $L^{-1}$）。我国农田、荒漠、湿地生态系统水体 pH 和矿化度分布规律为：华北与黄土农业区、西北绿洲农业与牧业区相对较高，东北农业区和青藏高原农牧区其次，南方农业区最低；除南方农业生态系统与北方三江湿地生态系统水体 pH 为弱酸性（pH 为 6.27 ~ 6.82）外，其他监测水体均为中性和弱碱性，500 mg · $L^{-1}$ 以上矿化度水体主要出现在西北部荒漠生态系统和黄河冲积平原农业生态系统。建议未来水体 pH 和矿化度（电导率）采取传感器原位高频率监测，在坚持长期定位监测的同时增加区域调查，结合科学问题开展监测和研究，以提高监测数据回答水质长期变化趋势、对区域尺度人类活动影响的能力（张心昱等，2009）。

## 4.5.2 典型生态系统水体总氮变化特征与区域分异

在 CERN 典型生态系统中，农田及绿洲农田生态系统水体总氮（TN）浓度要高于森林生态系统。这 3 种生态系统的静止地表水 TN 浓度分别为 0.4 ~ 8.7 mg · $L^{-1}$、0.7 ~ 15.2 mg · $L^{-1}$，0.2 ~ 6.6 mg · $L^{-1}$，而流动地表水的 TN 浓度分别为 0.4 ~ 10.9 mg · $L^{-1}$、0.6 ~ 11.6 mg · $L^{-1}$、0.2 ~ 3.3 mg · $L^{-1}$。森林生态系统静止地表水和流动地表水的 TN 平均浓度（1.1 mg · $L^{-1}$ 和 0.5 mg · $L^{-1}$）显著低于农田及绿洲农田生态系统。农田及绿洲农田生态系统地表水氮污染较为严重，其平均浓度均超过 1.0 mg · $L^{-1}$（Xu et al., 2014）。

北方及西北地区生态系统地表水 TN 浓度要高于南方生态系统。北方、西北及南方生态系统静止地表水 TN 浓度分别为 0.6 ~ 4.3 mg · $L^{-1}$、0.3 ~ 3.5 mg · $L^{-1}$、0.6 ~ 15.6 mg · $L^{-1}$；而流动地表水的 TN 浓度变化范围分别为 0.9 ~ 39.1 mg·$L^{-1}$、0.3 ~ 4.4 mg·$L^{-1}$、0.8 ~ 12.2 mg·$L^{-1}$。不同地区静止地表水 TN 中值浓度无显著差异，北方生态系统流动地表水 TN 中值浓度（3.8 mg·$L^{-1}$）要高于南方（1.2 mg·$L^{-1}$）及西北地区（1.8 mg·$L^{-1}$）生态系统流动地表水 TN 中值浓度。不同地区地表水受不同程度的氮污染，无论是静止地表水还是流动地表水的 TN 浓度均超过 1.0 mg·$L^{-1}$。结果表明，北方地区农田超过 50% 的地表水样品受氮污染严重，以流动地表水尤为严重（Xu et al., 2014）。

### 4.5.3 典型生态系统水体总磷变化特征与区域分异

地表水磷的累积加剧了水体富营养化。选择 29 个 CERN 生态站，包括 20 个典型农田生态系统和 9 个森林生态系统，利用 2004—2010 年的 29 个静止地表水（湖泊、水库）点位和 54 个流动地表水（河水）点位的监测数据，根据中国《地表水环境质量标准》（GB3838-2002）中 V 类水的标准（静止地表水 0.2 mg·$L^{-1}$，流动地表水 0.4 mg·$L^{-1}$），评价了总磷变化特征与区域分异。

结果表明，静止地表水总磷值为 0.01 ~ 2.47 mg·$L^{-1}$，流动地表水总磷值为 0.01 ~ 41.66 mg·$L^{-1}$。超过 10% 的农田生态系统静止地表水和流动地表水的总磷值高于 V 类水的总磷限值。总磷在农田生态系统没有显著的季节性（雨季和旱季）变化，但空间差异明显，南部地区静止地表水的总磷中值（0.09 mg·$L^{-1}$）显著高于北部（0.06 mg·$L^{-1}$）和西北部（0.04 mg·$L^{-1}$）。南部流动地表水的总磷中值（0.12 mg·$L^{-1}$）也显著高于北部（0.08 mg·$L^{-1}$）和西北部（0.06 mg·$L^{-1}$）。常熟、阜康、临泽、奈曼静止地表水的总磷超出 0.2 mg·$L^{-1}$，频率为 43% ~ 78%，海伦、常熟和沙坡头流动地表水总磷值超过 0.4 mg·$L^{-1}$，频率为 29% ~ 100%。森林生态系统地表水没有出现总磷污染和显著空间分布差异。农田生态系统中过多的磷肥施用造成土壤磷的累积，含有大量磷的牲畜排泄物也是磷污染的一个重要来源（Xie et al. , 2014）。

### 4.5.4 典型生态系统水体硝酸盐变化特征与区域分异

硝态氮（$NO_3^-$-N）是地下水主要的污染物之一，世界卫生组织规定地下水的饮用标准为 $NO_3^-$-N 质量浓度≤10 mg·$L^{-1}$，欧洲为 11.3 mg·$L^{-1}$。地下水 $NO_3^-$-N 本身对人体无直接危害，但被还原为亚硝态氮后可能引起婴儿高铁血红蛋白血症，引发肝癌、胃癌及高血压等疾病。农业耕作中使用 $NO_3^-$-N 质量浓度超标水会引起作物病、虫害的发生，降低作物营养价值。

利用中国生态系统研究网络（CERN）2004—2010 年 31 个典型陆地生态系统，包括 38 个浅层地下水井硝态氮的监测数据，评价我国典型陆地生态系统地下水 $NO_3^-$-N 污染状况。结果表明，农田（4.85 ± 0.42 mg·$L^{-1}$）、绿洲农田（3.72 ± 0.42 mg·$L^{-1}$）、城市（3.77 ± 0.51 mg·$L^{-1}$）生态系统 $NO_3^-$-N 质量浓度平均值显著高于草地（1.59 ± 0.35 mg·$L^{-1}$）、森林（0.39 ± 0.03 mg·$L^{-1}$）生态系统 $NO_3^-$-N 质量浓度平均值。在监测的农田、绿洲农田和城市生态系统浅层地下水中 $NO_3^-$-N 质量浓度占总氮质量浓度比率分别为 56%、74%、88%，为水中氮的主要存在形态。安塞、盐亭、禹城农田生态系统和策勒、临泽、阿克苏绿洲农田生态系统浅层地下水 $NO_3^-$-N 质量浓度超过 10 mg·$L^{-1}$ 的超标率分别为 84.6%、41.6%、35% 和 50%、50%、14.3%。利用相对高频率监测数据分析发现，安塞、封丘、盐亭农田生态系统浅层地下水和北京城市生态系统浅层地下水 $NO_3^-$-N 质量浓度有明显的季节性变化。我国农田生态系统受到施肥等农业活动影响，浅层地下水 $NO_3^-$-N 存在一定程度污染，而森林生态系统地下水 $NO_3^-$-N 基本处在自然水平，未受人类活动污染（Zhang et al., 2013；徐志伟等，2011）。

### 4.5.5 典型生态系统水体硝酸盐来源特征与区域分析

（1）中国水体硝酸盐氮氧双稳定同位素溯源研究进展

我国水体$NO_3^-$污染源大致分为大气降水、土壤、凋落物中的$NO_3^-$以及粪肥与污水、大气降水及化肥中铵根、化肥中$NO_3^-$这6种来源。大气氮沉降由于受到各种化学反应及人为污染来源的影响，$\delta^{15}N$的典型值域范围较广，为−9‰~9‰。其中，大气降水$NO_3^-$中$\delta^{15}N$的典型值域为−3‰~7‰，而铵根$\delta^{15}N$的典型值域为−9‰~9‰。粪肥与污水因在储存、处理等过程中受到氨挥发、硝化作用影响，$\delta^{15}N$值较高，其典型值域为3‰~17‰。我国土壤$\delta^{15}N$的典型值域为3‰~8‰，而国外文献报道的土壤$\delta^{15}N$的典型值域为0‰~8‰，这可能与土壤深度、植被类型、气候以及土壤中有机质矿化、硝化作用的影响有关。来自于大气$N_2$固定的氮肥（尿素、硝态氮肥、铵态氮肥）因在氮固定作用过程中分馏作用较小，各种化肥之间$\delta^{15}N$的典型值域差异不大。化肥中$NO_3^-$和铵根中$\delta^{15}N$的典型值域分别为−2‰~4‰、−4‰~2‰，这与国外化肥中$\delta^{15}N$的典型值域（−6‰~6‰）相比，其典型值域较小（徐志伟等，2014）。

通过对已有研究结果的综合分析表明，我国城市生态系统地下水$NO_3^-$的$\delta^{15}N$典型值域为3‰~26‰，判断其$NO_3^-$主要来源于城市生活污水及工厂废水。通过对多地区利用$\delta^{15}N$、$\delta^{18}O$同位素示踪并结合区域土地利用类型调查数据发现，生活污水是城市生态系统主要的$NO_3^-$污染来源，而污水中的反硝化过程也成为一个重要的来源。农田生态系统地下水$NO_3^-$的$\delta^{15}N$典型值域为−2‰~20‰，表明其水体$NO_3^-$可能主要来自生活污水及农田施用化肥与粪肥。在农田生态系统中，化肥、农家肥及污水灌溉是地下水$NO_3^-$的主要污染源，同时居住区还存在点源污染，如化粪池等对地下水造成污染。同时，地下水$NO_3^-$污染来源还可能受到土地利用方式、季节变化及地下水水位埋深的影响。

城市生态系统地表水$NO_3^-$中$\delta^{15}N$典型值域为−3‰~23‰，判断其$NO_3^-$主要来自城市生活污水及工厂废水。农田生态系统地表水$NO_3^-$的$\delta^{15}N$典型值域为1‰~18‰，表明农田生态系统水体$NO_3^-$可能主要来自生活污水及农田施用化肥与粪肥。森林生态系统地表水、地下水$NO_3^-$的$\delta^{15}N$典型值域分别为0‰~7‰、0‰~4‰。因为森林生态系统受人类活动干扰较小，其地表水、地下水水体$NO_3^-$污染来源主要是土壤有机氮及大气氮沉降。

（2）太湖地区农田生态系统硝酸盐来源变化特征

于2011年4—8月每月下旬在太湖地区常熟农田生态实验站采集河水、灌溉水、池塘水、地下水，测定硝酸盐氮同位素。不同水体硝酸盐$\delta^{15}N$变化范围是4.3‰~4.7‰；池塘水$\delta^{15}N$在6月之前较低，约为6.0‰，在6月之后一直升高到48.7‰。河水和灌溉水$\delta^{15}N$波动比较小，分别为9.9‰~17.2‰和6.7‰~11.0‰。雨水$\delta^{15}N$在5、6月较低，而在其他月份较高，变化范围是6.9‰~14.3‰。

河水硝酸盐$\delta^{15}N$全部在8‰~25‰，与动物粪肥和生活污水$\delta^{15}N$区间一致，因而动物粪肥和生活污水可能是河水硝酸盐的主要来源。河水中高浓度的$NH_4^+$和无机磷，正是动物粪肥和生活污水的特征。土壤对$NH_4^+$有较大的吸附能力，因此水田径流产生的$NH_4^+$态肥料大部分在排水沟中吸附，不大可能进入河水，除非在暴雨和施肥比较集中的6月这种情况才会出现。另外，河水中$Cl^-$、$SO_4^{2-}$浓度和矿化度均最高，而$NO_3^-/Cl^-$摩尔比相对又较低（$0.083 \pm 0.43$），与污水和粪肥高$Cl^-$、$SO_4^{2-}$浓度和低$NO_3^-/Cl^-$摩尔比的特征也相似，因此可以进一步证明河水硝酸盐主要来源于生活污水和动物粪肥。雨水是灌溉水和池塘水硝酸盐的主要来源之一。雨水 $\delta^{15}N$ 变异分别可解释池塘水和灌溉水 $\delta^{15}N$ 变异的47%和58%，雨水 $NO_3^-$ 浓度变异分别可解释池塘水和灌溉水 $NO_3^-$ 浓度变异的23%和45%。雨水、灌溉水和池塘水 $\delta^{15}N$ 在6月均较低，其可能原因是该时期稻田施肥强度比较大，受氨挥发的影响，雨水硝酸盐 $\delta^{15}N$ 下降；同时该时期暴雨频率大，大量的农田径流也会导致池塘水硝酸盐 $\delta^{15}N$ 降低。池塘水中高浓度的 $NH_4^+$ 和无机磷也进一步证明其主要来自农田化肥。灌溉水与池塘水硝酸盐 $\delta^{15}N$ 差异主要在施肥后期（7、8月），其可能原因是该区域属于集约化鱼虾养殖区，该时期是鱼虾生长高峰期，高 $\delta^{15}N$ 的养殖废水、饵料投入，导致池塘水硝酸盐 $\delta^{15}N$ 值升高；而灌溉渠道由于与农田直接相连，低 $\delta^{15}N$ 的稻田水容易通过侧渗和淋洗进入渠道；同时，灌溉水主要来源之一的雨水 $\delta^{15}N$ 也相对较低。

农田渗漏水可能是地下水硝酸盐的主要污染源。地下水硝氮 $\delta^{15}N$ 在施肥前期很高，但在施肥后期一直维持在低位，其可能原因是在施肥前期，由于渗漏水较少，水体中DO浓度也低，之前下渗的硝酸盐反复发生反硝化，残留的硝酸盐 $\delta^{15}N$ 富集导致 $\delta^{15}N$ 值升高；在施肥后期（7、8月），大量的田面水渗漏到地下水中，因而 $\delta^{15}N$ 降低。同时，这段时间内土壤温度较高，矿化速率快，地下水位又浅，也会有大量的矿化氮（$\delta^{15}N$：0‰~8‰）通过淋洗进入地下水（夏永秋等，2014；Xia et al.，2017）。

（3）北京城市生态系统硝酸盐来源变化特征

北京城市生态系统地表水 $\delta^{15}N_{nitrate}$ 值在4‰~19‰，多数分布在污水和有机肥的典型值域之间。但是城市生态系统中较少使用有机肥，因此生活污水是北京城市生态系统地表水的主要污染来源。上游昆明湖到菖蒲河监测点地表水 $\delta^{15}N_{nitrate}$ 均值比东便门和通惠河 $\delta^{15}N_{nitrate}$ 均值高，且接近大气氮沉降的最高值和污水的最低值。研究表明，在下渗作用弱的地区大气氮沉降是地表水重要的硝酸盐污染来源。在北京城市生态系统上游地表水中大气氮沉降可能是硝酸盐污染的一个重要来源，而在下游由于污水汇入的增加，大气氮沉降的作用减弱。

东便门和通惠河监测点地表水硝酸盐质量浓度较高，$\delta^{15}N_{nitrate}$ 值分布于污水的典型特征值范围内。东便门和通惠河监测点周围人口密度较上游监测点周围人口密度较高。全球环境检测系统数据库数据分析表明，在人口密度较高的地区地表水硝态氮质量浓度是世界卫生组织规定的地表水硝态氮质量浓度的7倍。因此，北京城市生态系统下游地表水硝酸盐可能主要受生活污水的影响。东便门监测点地表水部分 $\delta^{15}N_{nitrate}$ 值超过25‰，可能是由于反硝化作用导致的（Ren et al.，2014）。

（4）千烟洲农林复合生态系统硝酸盐来源变化特征

在千烟洲松塘流域监测点地表水和地下水 $\delta^{15}N$ 值为0‰~20‰，而 $\delta^{18}O$ 值地表水和地下水分别为0.03‰~14.89‰、1.28‰~13.41‰，均分布在污水和有机肥的范围内（Hao et al.，2018）。地表水 $\delta^{15}N$、$\delta^{18}O$ 特征表明，松塘流域地表水主要受有机肥（动物粪肥及植物分解物）的影响，也有可能受到土壤有机氮的影响。污水及粪肥则为地下水硝酸盐的主要来源。结果表明，千烟洲农林复合生态系统受农业非点源污染，水体主要受有机污染源（动物粪便、生活污水）的影响，此外还会受到土壤有机质的影响并伴有反硝化作用的发生。

（5）禹城农田生态系统硝酸盐来源变化特征

为分析禹城农田生态系统硝酸盐来源变化特征，分别将5个地表水和5个地下水作为长期定位监测样点。地表水硝态氮浓度范围为0.2～29.6 $mg\cdot L^{-1}$，均值为11.2 $mg\cdot L^{-1}$；地下水硝态氮浓度范围为 0.1 ~ 19.5 mg · $L^{-1}$，均值为 2.8 mg · $L^{-1}$（Zhang et al., 2014）。地表水硝态氮浓度是地下水的 4 倍，说明地表水硝酸盐污染较地下水严重。硝酸盐呈现出明显的季节性动态变化。大约 46.7% 地表水样本 $NO_3^-$ 浓度超过中国和世界卫生组织规定的最大容许浓度，这些超标样品主要采自旱季（5 月和 10 月），且地表水中高硝酸盐含量出现在 5 月。有 10% 地下水样本 $NO_3^-$-N 浓度超过最大容许浓度，而这些超标样品主要采自雨季（6 月）。地表水和地下水中不存在 $\delta^{15}N$ 和 $\delta^{18}O$ 值随 $NO_3^-$ 浓度减少而增加的趋势，说明水体没有发生反硝化作用。降水的硝酸盐 $\delta^{18}O$ 典型值域一般大于 60‰（Zhang et al., 2014）。本研究区降雨量 6 月较多，其次是 5 月，10 月最为干旱。地表水和地下水硝酸盐 $^{18}O$ 同位素值大小与降雨量多少一致，表明雨季降水是硝酸盐的一个主要来源。结合硝酸盐潜在来源的 $\delta^{15}N$ 和 $\delta^{18}O$ 值域，地表水硝酸盐在旱季施肥期（5 月）的主要来源是化肥和污水或粪便的排放；雨季（6 月）地表水硝酸盐的来源除了化肥和污水或粪便，还有降水的贡献；旱季非施肥期（10 月）污水或粪便的排放是最主要的地表水硝酸盐污染贡献来源。旱季（5 月和 10 月）地下水硝酸盐主要来自于污水和粪便。华北平原地下水位浅，壤质土壤透水性强，地表水和地下水之间水力学联系紧密，6 月有大量降水发生，促进地表水中硝酸盐通过土壤进入地下水系统。

# 参 考 文 献


白晓兰，魏加华，解宏伟. 2017. 三江源区干湿变化特征及其影响. 生态学报，(24): 1-14.

蔡辉艺，余钟波，杨传国，等. 2012. 淮河流域参考蒸散量变化分析. 河海大学学报(自然科学版)，40(1): 76-82.

蔡琳，柳志亮. 2014. 分布式双源蒸散模型及其在南广河流域运用研究. 水资源与水工程学报，25(3): 226-229.

曹雯，段春锋，姚筠，等. 2014. 1961—2010 年安徽省参考作物蒸散时空变化特征及成因. 应用生态学报，25(12): 3619-3626.

曹永强，高璐，郭明. 2017. 辽宁省不同土地利用类型的蒸散特征. 水利水电科技进展，37(2): 14-19.

曹永强，张亭亭，徐丹，等. 2014. 海河流域蒸散时空演变规律分析. 资源科学，36(7): 1489-1500.

邓兴耀，刘洋，刘志辉，等. 2017. 中国西北干旱区蒸散时空动态特征. 生态学报，37(9): 2994-3008.

范伶俐，张福颖，胡祯祥，等. 2013. 近 50 年华南干湿状态的时空特征. 大气科学学报，36(1): 29-36.

黄凤，乔旭宁，唐宏. 2013. 近 20 年渭干河流域土地利用与生态系统服务价值时空变化. 干旱地区农业研究，31(2): 214-224.

黄辉，孟平，张劲松，等. 2011. 华北低丘山地人工林蒸散的季节变化及环境影响要素. 生态学报，31(13): 3569-3580.

黄来明，杨金玲，张甘霖. 2010. 我国亚热带丘陵地区流域氮素的平衡与源汇特征. 环境科学，31(12): 2981-2987.

黄来明，张甘霖，杨金玲. 2012. 亚热带典型黄岗岩小流域径流化学特征与化学风化. 环境化学，31(7): 973-980.

黄中艳，谢国清. 2013. 基于 GIS 模拟云南潜在蒸散量的地理空间分布. 西南农业学报，26(1): 264-270.

贾小旭，邵明安，张晨成，等. 2016. 黄土高原南北样带不同土层土壤水分变异与模拟. 水科学进展，27(4): 520-528.

贾小旭. 2014. 典型黄土区土壤水分布及其对草地生态系统碳过程的影响. 陕西杨凌：西北农林科技大学.

金翠，张柏，宋开山，等. 2009. 土地利用 / 覆被变化对区域蒸散影响的遥感分析——以吉林省乾安县为例. 干旱区研究，26(5): 734-743.

拉巴,边多,次珍,等 . 2012. 西藏玛旁雍错流域湖泊面积变化及成因分析 . 干旱区研究,29(6): 992–996.
郎登潇,师嘉祺,郑江坤,等 . 2017. 近 52 年西南地区潜在蒸散时空变化特征 . 长江流域资源与环境,26(6): 945–954.
雷慧闽,蔡建峰,杨大文,等 . 2012. 黄河下游大型引黄灌区蒸散长期变化特性 . 水利水电科技进展,32(1): 13–17.
刘苏峡,邢博,袁国富,等 . 2013. 中国根层与表层土壤水分关系分析 . 植物生态学报,37(1): 1–17.
刘小莽,郑红星,刘昌明,等 . 2009. 海河流域潜在蒸散的气候敏感性分析 . 资源科学,31(9): 1470–1476.
吕晓蓉,王学雷 . 2016. 湖北省潜在蒸散量的时空变化及其影响因子分析 . 华中师范大学学报(自科版),50(5): 764–769.
马柱国,符淙斌 . 2006. 1951—2004 年中国北方干旱化的基本事实 . 科学通报,51(20): 2429–2439.
孟宪菁,温学发,张心昱,等 . 2012. 有机物对红外光谱技术测定植物叶片和茎秆水 $\delta^{18}O$ 和 δD 的影响 . 中国生态农业学报,20(10): 1359–1365.
莫兴国,刘苏峡,林忠辉,等 . 2011. 华北平原蒸散和 GPP 格局及其对气候波动的响应 . 地理学报,66(5): 589–598.
邵小路,姚凤梅,张佳华,等 . 2013. 基于蒸散干旱指数的华北地区干旱研究 . 气象,39(9): 1154–1162.
宋文献,江善虎,杨春生,等 . 2012. 基于 SEBS 模型的老哈河流域蒸散研究 . 水资源与水工程学报,23(5): 115–118.
孙守家,孟平,张劲松,等 . 2015. 华北低丘山区栓皮栎生态系统氧同位素日变化及蒸散定量区分 . 生态学报,35(8): 2592–2601.
孙晓敏,袁国富,朱治林,等 . 2010. 生态水文过程观测与模拟的发展与展望 . 地理科学进展,29(11): 1293–1300.
孙晓敏、袁国富、张心昱,等 . 2009. 中国陆地生态系统水循环 . 见: 孙鸿烈 . 生态系统综合研究 . 北京: 科学出版社 .
孙钰霞,李林立,魏世强 . 2012. 喀斯特槽谷区表层喀斯特水化学的暴雨动态特征 . 山地学报,30(5): 513–520.
孙玥 . 2017. 气象要素变化对区域潜在蒸散时空分布特征影响的定量分析 . 水利技术监督,25(1): 104–108.
唐小萍,罗礼洪,卓玛,等 . 2011. 气候变化对西藏雅鲁藏布江中游地区潜在蒸散量的影响分析 . 高原山地气象研究,31(3): 49–53.
唐新斋,袁国富,朱治林,等 . 2017. 2005—2014 年 CERN 野外台站气象观测场土壤含水量数据集 . 中国科学数据,2(1): 35–44.
陶云,段旭,任菊章,等 . 2012. 云南极端霜冻气候事件的气候特征及环流背景分析 . 灾害学,27(2): 43–48.
田静,苏红波,陈少辉,等 . 2012. 近 20 年来中国内陆地表蒸散的时空变化 . 资源科学,34(7): 1277–1286.
王朝华 . 2005. 农田蒸散量变化规律分析 . 水文,25(3): 35–37.
王军,李和平,鹿海员,等 . 2013. 典型草原地区蒸散研究与分析 . 水土保持研究,20(2): 69–72.
王军德,李元红,李赞堂,等 . 2010. 基于 SWAT 模型的祁连山区最佳水源涵养植被模式研究——以石羊河上游杂木河流域为例 . 生态学报,30(21): 5875–5885.
王利平,文明,宋进喜,等 . 2016. 1961—2014 年中国干燥度指数的时空变化研究 . 自然资源学报,31(9): 1488–1498.
王琴 . 2014. SEBAL 模型在台兰河流域蒸散研究中的应用 . 水资源与水工程学报,25(1): 178–181.
王思如,雷慧闽,段利民,等 . 2017. 气候变化对科尔沁沙地蒸散和植被的影响 . 水利学报,48(5): 535–544.
王小婷,温学发 . 2016. 黑河中游春玉米叶片水 δD 和 δ18O 的富集过程和影响因素 . 植物生态学报,40(9): 912–924.
王艳君,姜彤,刘波 . 2010. 长江流域实际蒸发量的变化趋势 . 地理学报,65(9): 1079–1088.
王毅勇,杨青,张光,等 . 2003. 三江平原大豆田蒸散特征及能量平衡研究 . 中国生态农业学报,11(4): 82–85.
王颖,刘一玮,何群英,等 . 2014. 天津局地暴雨特征及落区预报分析 . 气象与环境学报,30(6): 52–60.

温学发，张世春，孙晓敏，等 . 2008. 叶片水 $H_2^{18}O$ 富集的研究进展 . 植物生态学报，32（4）：961–966.
吴雷，黄强，赵青 . 2016. 气候变化下广东地区蒸散量的变化特征及影响因子的趋势贡献研究 . 人民珠江，37（4）：49–54.
奚歌，刘绍民，贾立 . 2008. 黄河三角洲湿地蒸散量与典型植被的生态需水量 . 生态学报，28（11）：5356–5369.
夏永秋，李跃飞，张心昱，等 . 2014. 太湖地区稻作系统不同水体硝态氮同位素特征及污染源 . 中国环境科学，34（2）：505–510.
谢今范，韦小丽，张晨琛，等 . 2013. 第二松花江流域实际蒸散的时空变化特征和影响因素 . 生态学杂志，32（12）：3336–3343.
谢平，龙怀玉，张杨珠，等 . 2017. 云南省四季潜在蒸散量时空演变的主导气象因子分析 . 水土保持研究，24（2）：184–193.
熊友胜，魏朝富，何丙辉，等 . 2013. 三峡库区紫色土水分入渗模型比较分析 . 灌溉排水学报，32（1）：43–46.
徐洁，肖玉，谢高地，等 . 2016. 东江湖流域水供给服务时空格局分析 . 生态学报，36（15）：4892–4906.
徐蒙蒙，张志才，陈喜 . 2012. 贵州省参考作物蒸散量的时空变化分析 . 地球与环境，40（2）：243–249.
徐志伟，张心昱，孙晓敏，等 . 2011. 2004—2009 年中国典型陆地生态系统地下水硝态氮评价 . 环境科学，32（10）：2827–2833.
徐志伟，张心昱，于贵瑞，等 . 2014. 中国水体硝酸盐氮氧双稳定同位素溯源研究进展 . 环境科学，35（8）：3230–3238.
薛亚永，梁海斌，张园，等 . 2017. 黄土高原地表温度变化的时空格局 . 地球与环境，45（5）：500–507.
颜廷武，尤文忠，张慧东，等 . 2015. 辽东山区天然次生林能量平衡和蒸散 . 生态学报，35（1）：172–179.
杨斌，谢甫绨，温学发，等 . 2012. 华北平原农田土壤蒸发 $\delta^{18}O$ 的日变化特征及其影响因素 . 植物生态学报，36（6）：539–549.
杨静学，黄本胜，欧阳显良，等 . 2013. 基于遥感技术的珠三角 6 类林分的蒸散比研究 . 广东农业科学，40（3）：457–462.
杨文治，邵明安，彭新德，等 . 1998. 黄土高原环境的旱化与黄土中水分关系 . 中国科学（D 辑：地球科学），28（4）：357–365.
杨秀芹，孙恒，王燕，等 . 2017. 基于 EOF 的淮河流域地表蒸散时空格局变化分析 . 安徽农业科学，45（2）：197–199.
杨秀芹，王国杰，潘欣，等 . 2015. 基于 GLEAM 遥感模型的中国 1980—2011 年地表蒸散时空变化 . 农业工程学报，31（21）：132–141.
姚小英，王劲松，王莺，等 . 2015. 广东近 40 年气候变化特征及对农业的影响 . 中国农学通报，31（26）：222–228.
殷红，郭瑞，殷萍萍，等 . 2010. 辽河中下游流域水资源时空演变特征分析 . 生态环境学报，19（2）：394–397.
袁道先，刘再华，林玉石，等 . 2002. 中国岩溶动力系统 . 北京：地质出版社，196–200.
袁国富，唐登银，孙晓敏，等 . 2007. 陆地生态系统水环境观测规范 . 见：欧阳竹，孙波，刘健 . 中国生态系统研究网络（CERN）长期观测规范 . 北京：中国环境科学出版社 .
袁国富，张心昱，唐新斋，等 . 2012. 陆地生态系统水环境观测质量保证与质量控制 . 北京：中国环境科学出版社 .
詹道江，叶守泽 . 2000. 工程水文学 . 3 版 . 北京：中国水利水电出版社，7–43.
张川，陈洪松，聂云鹏，等 . 2013. 喀斯特地区洼地剖面土壤含水率的动态变化规律 . 中国生态农业学报，21（10）：1225–1232.
张继光，苏以荣，陈洪松，等 . 2014. 典型岩溶洼地土壤水分的空间分布及影响因素 . 生态学报，34（12）：3405–3413.
张静，任志远 . 2016. 汉江流域植被净初级生产力时空格局及成因 . 生态学报，36（23）：7667–7677.
张静，任志远 . 2017. 基于 MOD16 的汉江流域地表蒸散时空特征 . 地理科学，37（2）：274–282.

张巧凤,刘桂香,于红博,等 . 2016. 基于 MOD16A2 的锡林郭勒草原近 14 年的蒸散时空动态 . 草地学报,24(2):286–293.

张士锋,王翠翠,孟秀敬,等 . 2013. 永定河北京段蒸散研究 . 地理科学进展,32(4):580–586.

张淑杰,班显秀,纪瑞鹏,等 . 2006. 农田蒸散量模型构建及蒸散状况分析 . 中国农学通报,22(10):454–458.

张桃林,等 . 1999. 中国红壤退化机制与防治 . 北京:中国农业出版社 .

张心昱,孙晓敏,袁国富,等 . 2009. 中国生态系统研究网络水体 pH 和矿化度监测数据初步分析 . 地球科学进展,24(12):1042–1050.

赵晶,包云轩,张仁陟,等 . 2014. 江苏省近 50 年气候干湿特征研究 . 大气科学学报,37(5):623–630.

赵静,邵景力,崔亚莉,等 . 2009. 利用遥感方法估算华北平原陆面蒸散量 . 城市地质,4(1):43–48.

赵其国,黄国勤,马艳芹 . 2013. 中国南方红壤生态系统面临的问题及对策 . 生态学报,33(24):7615–7622.

中国生态系统研究网络科学委员会 . 2007. 陆地生态系统水环境观测规范 . 北京:中国环境科学出版社 .

朱治林,唐新斋,袁国富,等 . 2017. 2005—2014 年 CERN 地下水位数据集 . 中国科学数据,2(1):45–53.

Angert A, Lee J, Yakir D. 2008. Seasonal variations in the isotopic composition of near-surface water vapour in the eastern Mediterranean. Tellus B, 60(4): 674–684.

Brooks J R, Barnard H R, Coulombe R, et al. 2010. Ecohydrologic separation of water between trees and streams in a Mediterranean climate. Nature Geoscience, 3(2): 100–104.

Cao R X, Jia X X, Huang L M, et al. 2018. Deep soil water storage varies with vegetation type and rainfall amount in the Loess Plateau of China. Scientific Reports, 8: 12346.

Dawson T E, Simonin K A. 2011. The roles of stable isotopes in forest hydrology and biogeochemistry. In: Levia D F, Carlyle-Moses D, Tanaka T. Forest Hydrology and Biogeochemistry: Synthesis of Past Research and Future Directions. Heidelberg: Springer, 137–161.

Dubbert M, Piayda A, Cuntz M, et al. 2014. Stable oxygen isotope and flux partitioning demonstrates understory of an oak savanna contributes up to half of ecosystem carbon and water exchange. Frontiers in Plant Science, 5: 530.

Ellsworth P Z, Williams D G. 2007. Hydrogen isotope fractionation during water uptake by woody xerophytes. Plant Soil, 291(1): 93–107.

Farquhar G, Cernusak L, Barnes B. 2007. Heavy water fractionation during transpiration. Plant Physiology, 143(1): 11–18.

Farquhar G, Cernusak L. 2005. On the isotopic composition of leaf water in the non-steady state. Functional Plant Biology, 32(4): 293–303.

Galewsky J, Steen-Larsen H C, Field R, et al. 2016. Stable isotopes in atmospheric water vapor and applications to the hydrologic cycle. Reviews of Geophysics, 54: 809–865.

Gibbs R J. 1970. Mechanisms controlling world water chemistry. Science, 170(3962): 1088–1090.

Goodrich D C, Chehbouni A, Goff B, et al. 2000. Preface paper to the Semi-Arid Land-Surface-Atmosphere (SALSA) Program special issue. Agricultural and Forest Meterology, 105(1–3): 3–20.

Goutorbe J P, Lebel T, Tinga A, et al. 1997. An overview of HAPEX-Sahel: A study in elimate and desertification . Journal of Hydrology, 188: 4–17.

Hao Z, Zhang X Y, Gao Y, et al. 2018. Nitrogen source track and associated isotopic dynamic characteristic in a complex ecosystem: A case study of a subtropical watershed, China. Environmental Pollution, 236: 177–187.

Huang D Y, Xu Y G, Peng P A, et al. 2009. Chemical composition and seasonal variation of acid deposition in Guangzhou, South China: Comparison with precipitation in other major Chinese cities. Environmental Pollution, 157(1): 35–41.

Huang K, Zhuang G S, Xu C, et al. 2008. The chemistry of the severe acidic precipitation in Shanghai, China. Atmospheric Research, 89(1–2): 149–160.

Huang L J, Wen X F. 2014. Temporal variations of atmospheric water vapor δD and $\delta^{18}O$ above an arid artificial oasis cropland in the Heihe River Basin. Journal of Geophysical Research-Atmospheres, 119(19): 11456-11476.

Huang L M, Yang J L, Zhang G L. 2012. Chemistry of wet precipitation and source identification of its compositions in a rural watershed of subtropical China. Chinese Journal of Geochemistry, 31(4): 347-352.

Jasechko S, Sharp Z D, Gibson J J, et al. 2013. Terrestrial water fluxes dominated by transpiration. Nature, 496(7445): 347.

Jia X X, Shao M A, Zhao C L, et al. 2017. Spatiotemporal characteristics of soil water storage along regional transect on the Loess Plateau, China. Clean-Soil Air Water, 45(1): 1600328.

Kool D, Agam N, Lazarovitch N, et al. 2014. A review of approaches for evapotranspiration partitioning. Agricultural and Forest Meteorology, 184: 56-70.

Lai C T, Ehleringer J R, Bond B J. 2006. Contributions of evaporation, isotopic non-steady state transpiration and atmospheric mixing on the $\delta^{18}O$ of water vapour in Pacific Northwest coniferous forests. Plant, Cell & Environment, 29(1), 77-94.

Lee X, Kim K, Smith R. 2007. Temporal variations of the $^{18}O/^{16}O$ signal of the whole-canopy transpiration in a temperate forest. Global Biogeochemical Cycles, doi: 10.1029/2006GB002871.

Lee X, Sargent S, Smith R, et al. 2005. In situ measurement of the water vapor $^{18}O/^{16}O$ isotope ratio for atmospheric and ecological applications. Journal of Atmospheric and Oceanic Technology, 22(5): 555-565.

Lee X, Smith R, Williams J. 2006. Water vapour $^{18}O/^{16}O$ isotope ratio in surface air in New England, USA. Tellus B, 58(4): 293-304.

Li C L, Kang S C, Zhang Q G, et al. 2007. Major ionic composition of precipitation in the Nam Co region, Central Tibetan Plateau. Atmospheric Research, 85(3): 351-360.

Lichner L. 2006. Biohydrology: How Biological Factors Infuence Soil Hydrological Processes [EB/OL]. (Global Change News Letter, 6-7 December 2006).

Liu J R, Song X F, Yuan G F, et al. 2010. Characteristics of $\delta^{18}O$ in precipitation over Eastern Monsoon China and the water vapor sources. Chinese Science Bulletin, 55(2), 200-211.

Liu Y L, Pan Z H, Zhuang Q L, et al. 2015. Agriculture intensifies soil moisture decline in Northern China. Scientific Reports, 5: 11261.

Ren Y F, Xu Z W, Zhang X Y, et al. 2014. Nitrogen pollution and source identification of urban ecosystem surface water in Beijing. Frontiers of Environmental Science & Engineering, 8(1): 106-116.

Schlesinger W H, Jasechko S. 2014. Transpiration in the global water cycle. Agricultural and Forest Meteorology, 189-190: 115-117.

Schultz N, Griffis T, Lee X, et al. 2011. Identification and correction of spectral contamination in $^{2}H/^{1}H$ and $^{18}O/^{16}O$ measured in leaf, stem, and soil water. Rapid Communications in Mass Spectrometry, 25(21): 3360-3368.

Tang A H, Zhuang G S, Wang Y, et al. 2005. The chemistry of precipitation and its relation to aerosol in Beijing. Atmospheric Environment, 39(19): 3397-3406

Welp L, Lee X, Kim K, et al. 2008. $\delta^{18}O$ of water vapour, evapotranspiration and the sites of leaf water evaporation in a soybean canopy. Plant, Cell & Environment, 31(9): 1214-1228.

Wen X F, Lee X, Sun X M, et al. 2012. Dew water isotopic ratios and their relations to ecosystem water pools and fluxes in a cropland and a grassland in China. Oecologia, 168(2): 549-561.

Wen X F, Sun X M, Zhang S C, et al. 2008. Continuous measurement of water vapor D/H and $^{18}O/^{16}O$ isotope ratios in the atmosphere. Journal of Hydrology, 349: 489-500.

Wen X F, Yang B, Sun X M, et al. 2016. Evapotranspiration partitioning through in-situ oxygen isotope measurements in an oasis cropland. Agricultural and Forest Meteorology, 230–231: 89–96.

Wen X F, Zhang S C, Sun X M, et al. 2010. Water vapor and precipitation isotope ratios in Beijing, China. Journal of Geophysical Research–Atmospheres, 115: D01103: doi: 10. 1029/2009JD012408.

Xia Y Q, Li Y F, Zhang X Y, et al. 2017. Nitrate source apportionment using a combined dual isotope, chemical and bacterial property, and Bayesian model approach in river systems. Journal of Geophysical Research: Biogeosciences, 122(1): 2–14.

Xiao W, Lee X, Wen X F, et al. 2012. Modeling biophysical controls on canopy foliage water $^{18}O$ enrichment in wheat and corn. Global Change Biology, 18(5): 1769–1780.

Xie J, Zhang X Y, Xu Z W, et al. 2014. Total phosphorus concentrations in surface water of typical agro– and forest ecosystems in China, 2004–2010. Frontiers of Environmental Science & Engineering, 8(4): 561–569.

Xu Z W, Zhang X Y, Xie J, et al. 2014. Total nitrogen concentrations in surface water of typical agro–and forest ecosystems in China, 2004–2009. PLoS One, 9(3): e92850.

Yakir D, Sternberg L S L. 2000. The use of stable isotopes to study ecosystem gas exchange. Oecologia, 123(3): 297–311.

Yang B, Wen X F, Sun X M. 2015. Seasonal variations in depth of water uptake for a subtropical coniferous plantation subjected to drought in an East Asian monsoon region. Agricultural and Forest Meteorology, 201: 218–228.

Yang B, Wen X F, Sun X M. 2016. Irrigation depth far exceeds water uptake depth in an oasis cropland in the middle reaches of Heihe River Basin. Scientific Report, 5: doi: 10. 1038/srep15206.

Yepez E A, Williams D G, Scott R L, et al. 2003. Partitioning over story and understory evapotranspiration in a semiarid savanna woodland from the isotopic composition of water vapor. Agricultural and Forest Meteorology, 119(1–2): 53–68.

Yu H L, He N P, Wang Q F, et al. 2016. Wet acid deposition in Chinese natural and agricultural ecosystems: Evidence from national–scale monitoring. Journal of Geophysical Research: Atmosphere, 121(18): 10995–11005.

Yu H L, He N P, Wang Q F, et al. 2017. Development of atmospheric acid deposition in China from the 1990s to the 2010s. Environmental Pollution, 231: 182–190.

Zhang S C, Sun X M, Wang J L, et al. 2011. Short–term variations of vapor isotope ratios reveal the influence of atmospheric processes. Journal of Geographical Sciences, 21(3): 401–416.

Zhang S C, Wen X F, Wang J L, et al. 2010. The use of stable isotopes to partition evapotranspiration fluxes into evaporation and transpiration. Acta Ecologica Sinica, 30(4): 201–209.

Zhang X Y, Xu Z W, Sun X M, et al. 2013. Nitrate in shallow groundwater in typical agro–and forest ecosystems in China, 2004—2010. Journal of Environmental Sciences, 25(5): 1007–1014.

Zhang Y, Li F D, Zhang Q Y, et al. 2014. Tracing nitrate pollution source and transformation in surface–and ground–waters using environmental isotopes. Science of the Total Environment, 490: 213–222.

Zhu X C, Shao M A, Jia X X, et al. 2017. Application of temporal stability analysis in depth–scaling estimated soil water content by cosmic–ray neutron probe on the northern Tibetan Plateau. Journal of Hydrology, 546: 299–308.

# 第5章　中国陆地生态系统土壤质量变化特征*

土壤是地球表面的疏松层，与大气、海洋、岩层一样是自然体，是生态系统的重要组成部分（熊毅，1980）。土壤不仅是某种物质或某种独立的自然历史体，而且是地球系统中一个具有特殊结构与功能的圈层。土壤圈处于大气圈、水圈、生物圈与岩石圈的交界面，是最活跃、最富生命力的圈层，是地球圈层系统的重要组成部分（赵其国，1997）。土壤之于人类的重要性在于其具有生产力，是农业发展的基础和生态环境的根基，是人类赖以生存和发展的难以再生资源之一。由于土壤是人类直接作用的对象，易受人类影响，在数量和质量上都随着社会发展而变化。不同于土壤数量变化那样显而易见，土壤质量经常是在其发生了较为显著的变化后才能被发现。因此，研究土壤质量变化对于我国农业生产、生态环境建设及其对全球变化的响应具有更加重要的意义。

我国成土条件极为复杂。南北方向地跨纬度50余度，东西方向横跨经度60余度，导致南北和东西方向水热状况差异很大。我国气候类型跨热带、温带，直到寒带，海拔高差达约9000 m，地形地貌类型十分丰富，成土母质包括黄土母质、第四纪红黏土、各种岩石风化物、风沙堆积物以及其他堆积物等；植被类型则包括落叶针叶林、落叶阔叶林、常绿阔叶林、热带雨林、季雨林、温带草原、荒漠及高寒草甸和荒漠植被等。这些成土因素相互作用，使得我国土壤类型复杂多样，不同区域分布差异很大。

由于受到明显的季风气候影响，促进了土壤地带性的形成，使得我国土壤总体分布呈现水平地带性规律。多样化的地形地貌还形成垂直地带性（熊毅和李庆逵，1990）。除此之外，我国还分布着大量非地带性土壤。纷繁复杂的土壤类型决定了我国各地土壤质量具有很大的差异。同时，我国还具有悠久的耕作历史，距今7000—9000年前，在黄河中游地区的裴李岗文化中就已经出现了比较成熟的农耕文明。在如此悠久的人为作用下，我国土壤已被大规模改造过。然而，由于不同区域土壤开发利用强度差异较大，导致我国土壤质量空间变异较大。

作为陆地生态系统一个亚系统的土壤，在近现代长期各种成土因素共同作用下，正在发生深刻的变化，特别是近数十年来由于我国人口压力剧增，城市化的加快，大大加速了土壤演化进程。土地利用变化以及土壤利用强度加强，导致土壤养分在生态系统中物质循环和能量流动等生态过程发生了深刻的变化（傅伯杰等，2003）。虽然前人已经做了大量的区域性研究，然而由于缺乏系统性的资料，尚未进行全国性的土壤质量变化研究。本章内容将以中国生态系统研究网络（CERN）长期监测数据为基础，结合全国第二次土壤普查资料和数据，通过较为系统的整理，阐

---

* 本章作者为中国科学院南京土壤研究所潘贤章。

述我国不同区域土壤养分的变化，以及土壤肥力质量的变化情况，并针对近年来社会比较关注的土壤环境问题和土壤微生物对土壤肥力的作用进行初步的探讨，试图了解我国土壤质量重要变化的驱动因子。

## 5.1 中国土壤养分长期变化

植物所需养分有60%~70%来自于土壤，植物生物量、作物产量及品质等与土壤养分密切相关，因此，土壤养分的变化直接影响到生态系统生产力和健康状况。研究我国不同区域土壤养分变化规律对于把握不同生态系统长期变化趋势，指导生态文明建设具有重要意义。

### 5.1.1 土壤养分概念

植物生长需要大量营养元素，如碳（C）、氢（H）、氧（O）、氮（N）、磷（P）、钾（K）、钙（Ca）、镁（Mg）、硫（S）、铁（Fe）、硼（B）、钼（Mo）、锌（Zn）、锰（Mn）、铜（Cu）和氯（Cl）等，其中，C、H、O主要来自于来自光合作用中的空气和水，而N、P、K、Ca、Mg、S、Fe、B、Mo、Zn、Mn、Cu和Cl等多种元素则主要来自土壤。这些由土壤提供给植物生长所需的营养元素的总称，常称为土壤养分。这些养分主要指土壤中能直接或经转化后被植物根系吸收的矿质营养成分，是植物生长的主要营养来源，是决定土壤肥力质量的关键因素。

土壤养分分为大量元素、中量元素和微量元素。大量元素主要包括N、P和K，通常被称为NPK。中量元素包括Ca、Mg和S。微量元素是植物需要量相对较小的部分，包括Fe、B、Mo、Zn、Mn、Cu和Cl。虽然土壤养分被分成不同的组（根据植物所需的数量），但每种养分都同样重要，任何养分的缺乏都会限制植物的生长和产量，即当植物所需的某种营养元素降低到该植物所需的最小量以下时，就会成为限制生长的因子，这种植物生长受含量最少的养分支配的现象又被称为“利比希最低量法则”（Liebig's law of the minimum）。因此，健康的土壤需要包含所有这些元素，且它们以适当比例存在，以支持健康的植物生长整个生命周期。

根据植物对营养元素吸收利用的难易程度，分为速效性养分和缓效性养分。一般来说，速效性养分所占比例很小，不足全量的1%。由于土壤内部复杂的转化过程，速效性养分和缓效性养分二者总处于动态平衡之中。影响土壤养分有效性的因素有淋溶、土壤侵蚀、土壤pH、反硝化、挥发、氮素固定和作物养分吸收等。土壤养分来源包括土壤岩石和矿物风化、有机物分解、大气沉降、生物固氮以及无机肥施用。在自然条件下，土壤养分主要来源于土壤矿物风化和带入的有机物料，其次是大气干湿沉降、渗水和地下水等。然而，当土壤被耕作时，由于作物可能带走的养分比例差别较大，尤其是作物所需的大量营养素比例相对较大，一旦被收割等措施移除，很容易造成土壤中该元素的亏缺。因此，在农业利用中，经常可能需要添加有机或无机肥料，以补充某些养分（图5.1）。联合国粮食及农业组织（FAO）指出，可持续的土壤管理能使粮食产量增加58%（FAO，2015）。

耕作需要投入大量的矿质元素到土壤中，然而，如果添加不合适的量也会导致土壤养分失调，影响作物生长，甚至引起一系列环境问题。所以从整个生态系统来说，合理的土壤养分管理是土壤质量健康的保证。

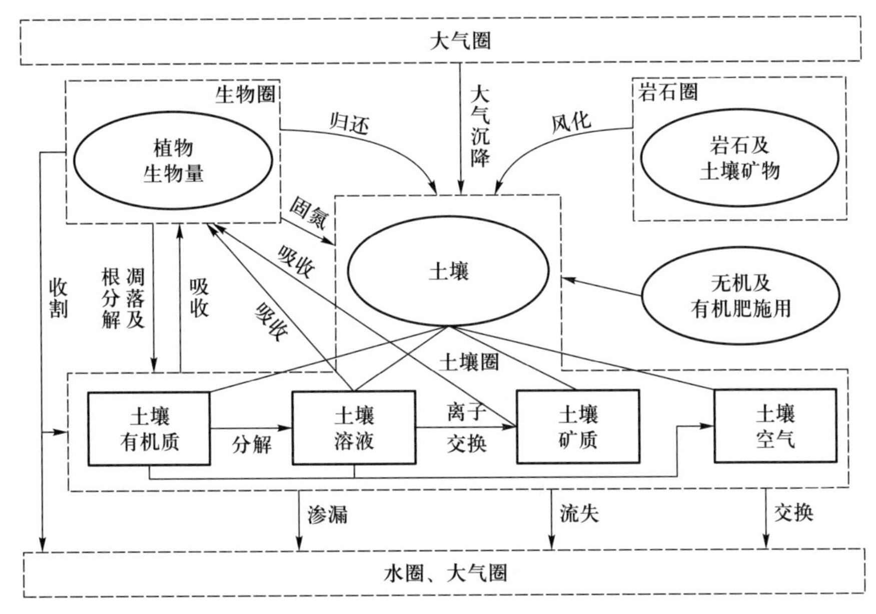


图 5.1　养分在生态系统中的循环

## 5.1.2　中国不同土壤区域的土壤养分特征

虽然土壤养分含量的多少受很多因素影响，但是不同类型土壤其养分含量大体上有趋同性。由于土壤区划研究土壤群体，即区划单元内土壤并存的组合特点及其在利用上的独特性（张俊民，1986）。因此，我们可以从土壤区划大致了解我国土壤养分的总体分布特征。根据土壤区划方案（席承藩和张俊民，1982），中国土壤可分为 4 大区域：硅铝质土区域、富铝质土区域、干旱土区域和高山土区域。考虑到土壤有效态含量受施肥等因素影响较大，本节将不考虑速效性养分的变化情况。

因此，本节将以我国主要土壤区划类型总结我国不同土壤区域的养分全量的特征，数据主要来自于中国土壤数据库以及地球系统科学平台土壤科学数据中心的全国第二次土壤普查土种数据。根据不同土壤区域进行统计，土壤全氮、全磷和全钾含量如表 5.1 所示。下面分别针对不同土壤区域的土壤养分元素进行论述。

**表 5.1　不同土壤区域土壤全氮、全磷、全钾含量均值**

| 土壤区域 | 元素含量 /（$g \cdot kg^{-1}$） | | |
|---|---|---|---|
| | 全氮 | 全磷 | 全钾 |
| 硅铝质土区域 | 1.39 | 0.70 | 19.57 |
| 富铝质土区域 | 1.75 | 0.64 | 16.87 |
| 干旱土区域 | 1.49 | 0.89 | 19.39 |
| 高山土区域 | 2.80 | 0.92 | 20.90 |

（1）硅铝质土区域

该区域属我国华北和东北大部分的暖温带至温带气候，天然植被为落叶阔叶林或针阔混交林，西部为旱生林和林、灌、草类。在半湿润至半干旱条件下，绝大部分土壤处于硅铝质风化阶段，可见微弱的铁质游离，未达到富铝阶段。而至半干旱条件下，土壤中石灰积累比较明显，局部发生石灰淋溶和钙层沉积（席承藩和张俊民，1982）。主要土壤包括棕壤、褐土、黑垆土、暗棕壤、黑土、黑钙土、灰化土和灰漂土，风化淋溶程度弱，大都呈中性至弱碱性，含钾矿物丰富，有机质的分解速度慢。相对来说，氮、磷、钾的含量较丰富，磷、钾的有效性也较高。

根据全国第二次土壤普查的2400个土种表层土壤统计结果（表5.1），该区域表层土壤全氮均值为1.39 g·kg$^{-1}$，但是不同类型土壤差异较大。暗棕壤黑土黑钙土带土壤全氮含量最高，均值达到2.24 g·kg$^{-1}$，其次为棕壤褐土黑垆土带，均值为1.03 g·kg$^{-1}$。表明该区域北部土壤全氮含量较高，而黄淮海地区、山东半岛和黄土高原等地土壤全氮含量较低。这种趋势与区域有机质含量密切相关。据统计，北部暗棕壤黑土黑钙土带的土壤有机质均值达到47.83 g·kg$^{-1}$，而黄淮海及周边区域仅为18.46 g·kg$^{-1}$。

该区域土壤全磷均值为0.70 g·kg$^{-1}$，但是不同类型土壤差异较大。暗棕壤黑土黑钙土带土壤全磷含量最高，均值达到0.79 g·kg$^{-1}$，其次为棕壤褐土黑垆土带，均值为0.67 g·kg$^{-1}$。表明该区域北部土壤全磷含量较高，而黄淮海地区、山东半岛和黄土高原等地土壤全磷含量较低。

该区域土壤全钾均值为19.57 g·kg$^{-1}$，但是不同类型土壤差异较大。暗棕壤黑土黑钙土带土壤全钾含量最高，均值达到22.24 g·kg$^{-1}$，其次为棕壤褐土黑垆土带，均值为18.20 g·kg$^{-1}$。表明该区域北部土壤全钾含量较高，而黄淮海地区、山东半岛和黄土高原等地土壤全钾含量较低。

（2）富铝质土区域

该区域属南方热带和亚热带气候，高温多雨潮湿，天然植被为热带雨林、季雨林和亚热带常绿阔叶林。土壤具有富铝化特征，有明显的游离铁、铝积累，呈弱酸至强酸性反应。主要土壤包括黄棕壤、红壤、黄壤、赤红壤以及砖红壤等，风化淋溶程度强，含钾矿物少，大都呈酸性，有机质含量较低，氮、磷、钾的含量也较少，磷的有效性较差，有效钾的含量普遍较低。

根据全国第二次土壤普查土种的表层养分含量统计，该区域土壤全氮均值为1.75 g·kg$^{-1}$，但是不同类型土壤差异较大。按照席承藩和张俊民（1982）分区划分，该区又分为砖红壤带、赤红壤带、红壤黄壤带和黄棕壤带。其中，红壤黄壤带土壤全氮含量最高，均值达到1.94 g·kg$^{-1}$，其次为黄棕壤带和赤红壤带，均值分别为1.44 g·kg$^{-1}$和1.43 g·kg$^{-1}$，而砖红壤带最低，均值为1.16 g·kg$^{-1}$。表明该区域土壤中间区域全氮含量较高，而南部和北部土壤全氮含量较低。这是由于红壤黄壤带中黄壤土壤全氮含量普遍较高所致，因为黄壤分布海拔较高，温度较低，更加有利于有机质的积累，所以与有机质密切相关的土壤全氮含量也最高。

该区域土壤全磷均值为0.64 g·kg$^{-1}$，但是不同类型土壤全磷含量差异较大。黄棕壤带土壤全磷含量最高，均值达到0.76 g·kg$^{-1}$，其次为红壤黄壤带和赤红壤带，均值分别为0.65 g·kg$^{-1}$和0.64 g·kg$^{-1}$，砖红壤带仍然最低，均值仅0.33 g·kg$^{-1}$。我国南方土壤全磷含量较低，往往出现缺磷现象，尤其是第四纪红黏土区，由于土壤磷易于与土壤铁、铝结合，形成闭蓄态磷，更减弱土壤磷的有效性。在长江沿线及江淮之间，黄棕壤带土壤磷含量有所提升，有效性也较高。

该区域土壤全钾均值为16.87 g·kg$^{-1}$，总体看起来偏低，且不同类型土壤之间差异较大。黄棕壤带土壤全钾含量最高，均值达到18.55 g·kg$^{-1}$，其次为红壤黄壤带，均值为17.38 g·kg$^{-1}$，再次为赤红壤带，均值为 15.35 $g \cdot kg^{-1}$，最低仍然是砖红壤带，均值仅为 12.58 $g \cdot kg^{-1}$。全钾含量从北到南递减的顺序非常明显。这与成土因素密切相关，越是往南，土壤矿物分解越是强烈，钾素淋溶越强，土壤全钾含量降低。当然决定土壤全钾含量不仅仅是气候条件，还与土壤母质有关。

（3）干旱土区域

该区域分布于我国西北部，属大陆性气候，干旱少雨。植被为干草原和半漠境蒿属矮生草原植被，以及漠境草原植被等。主要土壤为栗钙土、棕钙土、灰钙土、灰棕漠土以及棕漠土等。有些区域垂直带谱较为明显，如天山一线，其上有棕钙土、栗钙土甚至分布有黑钙土等，随着山体的升高，呈垂直带谱分布，森林线上还可见灰褐色森林土。该区域土壤总体特征是风化淋溶程度弱，富含含钾矿物，大都有碳酸盐而呈碱性。本区土壤通常含氮量低，磷的有效性较差，但有效钾量普遍较高。

该区域土壤全氮均值为 1.49 $g \cdot kg^{-1}$。按照席承藩和张俊民（1982）土壤分区划分，该区又分为栗钙土棕钙土灰钙土带、灰棕漠土带以及棕漠土带。其中，灰棕漠土带土壤全氮含量最高，均值达到 1.86 $g \cdot kg^{-1}$，其次为棕漠土带和栗钙土棕钙土灰钙土带，均值分别为 1.64 $g \cdot kg^{-1}$ 和 1.35 $g \cdot kg^{-1}$。灰棕漠土分布在最北部，海拔高程变化较大，尤其高山土壤可能有机质含量高，导致该带土壤全氮均值较高。该区域土壤点位数据总体偏少，分布不均，因此，各带的土壤全氮不一定能够反映整体的状况，在此不作进一步的解释。

该区域土壤全磷均值为 0.89 $g \cdot kg^{-1}$，不同类型土壤带差异较大。灰棕漠土带土壤全磷含量最高，均值达到 1.33 $g \cdot kg^{-1}$，其次为棕漠土带，均值为 0.84 $g \cdot kg^{-1}$，再次为栗钙土棕钙土灰钙土带，均值为 0.77 $g \cdot kg^{-1}$。可见，我国西北土壤全磷含量并不低。

该区域土壤全钾均值为 19.39 $g \cdot kg^{-1}$，总体看起来较高。栗钙土棕钙土灰钙土带土壤全钾含量最高，均值达到 19.87 $g \cdot kg^{-1}$，其次为灰棕漠土带和棕漠土带，均值分别为 18.79 $g \cdot kg^{-1}$ 和 17.80 $g \cdot kg^{-1}$，三个土壤带之间差异并不大，反映了干旱区总体淋溶较弱的一致特征。

（4）高山土区域

青藏高原面在古近纪和新近纪末期及整个第四纪时期不断隆起，对高原及其临近地区产生了极大的影响，成为我国独特的自然区域。高原面大都在 4000 m 上下或更高，其上还有更高大的山系。与通常的高山不同（各地到达这样高度的孤立山峰多为冰雪线），青藏高原却是高山草甸与亚高山草甸、草原分布。农作物种植上限可达 4300 m 以上，在海拔较高的原面或沟谷中生长着裸大麦、小麦，甚至有果木、蔬菜生长。这些特色和它的土壤性状是密切相关的（席承藩和张俊民，1982）。

青藏高原土壤因其高寒特征，下垫面高，日照强烈，与其他低纬度、低海拔地区非常不同。该区域土壤全氮均值为 2.80 $g \cdot kg^{-1}$，是所有土壤区域中最高的。按照席承藩和张俊民（1982）分区划分，该区又分为高山草甸土带、高山草原土带、高山漠土带，以及亚高山草甸土带、亚高山草原土带。其中，以亚高山草甸土带和高山草甸土带土壤全氮含量最高，均值分别为 4.09 $g \cdot kg^{-1}$ 和 3.90 $g \cdot kg^{-1}$；其次为亚高山草原土带和高山草原土带，土壤全氮均值分别为 1.74 $g \cdot kg^{-1}$ 和 1.65 $g \cdot kg^{-1}$；高山漠土带土壤全氮含量明显很低，均值仅为 0.60 $g \cdot kg^{-1}$。因此，该区域草甸土土壤全氮含量最高，草原土次之，漠境土最低。这也真实反映了土壤有机质的分布规律，据统计分析，亚高山和高山草甸土土壤有机质均值可以达到 100.08 $g \cdot kg^{-1}$ 和 85.48 $g \cdot kg^{-1}$，远远高于其他类型土壤和其他区域土壤，这当然与该地区寒冷的气候下有机质分解速度慢，有利于积累有关系。

该区域土壤全磷均值为 0.92 $g \cdot kg^{-1}$,不同类型土壤带差异较大。亚高山草甸土带和亚高山草原土带土壤全磷含量最高,均值分别达到 0.90 $g \cdot kg^{-1}$ 和 0.88 $g \cdot kg^{-1}$。其次为高山草甸土带和高山草原土带,土壤全磷均值分别为 0.88 $g \cdot kg^{-1}$ 和 0.69 $g \cdot kg^{-1}$。高山漠土带土壤全磷含量则较低,均值为 0.66 $g \cdot kg^{-1}$,与高山草原土差异并不大。由此可见,该区域土壤全磷含量以亚高山土壤最高,高山土壤次之。

该区域土壤全钾均值为 20.90 $g \cdot kg^{-1}$,是所有土壤中最高的。其中,以高山草原土带和亚高山草原土带土壤全钾含量最高,均值分别为 22.75 $g \cdot kg^{-1}$ 和 21.67 $g \cdot kg^{-1}$。其次为亚高山草甸土带和高山漠土带,土壤全钾均值分别为 20.95 $g \cdot kg^{-1}$ 和 19.98 $g \cdot kg^{-1}$。高山草甸土土壤全钾含量均值仅为 17.65 $g \cdot kg^{-1}$。虽然这些土带内土壤全钾有所变化,但是反映的共同规律是,全区域土壤全钾含量均处于较高水平,这与高寒地区土壤风化发育较弱、淋溶较弱有关。

总结起来,以上 4 个土壤区域中,高山和亚高山草甸土土壤全氮含量最高,其次为东北暗棕壤黑土黑钙土带,除了漠境土壤全氮最低外,有越往南越低的变化趋势。土壤全磷则以西北的灰棕漠土最高,其次是高山土区域的高山及亚高山土带,而以砖红壤区最低。全钾以高山土区域的高山及亚高山土带最高,其次是干旱土区和硅铝质土区,南方砖红壤区最低,是由土壤风化淋溶作用强烈所致。由此可见,各土壤区域的土壤养分分布总体上具有一定的规律性,这与不同区域成土作用密切相关。

### 5.1.3 中国典型生态类型区土壤养分变化

前人对于我国土壤养分变化进行了广泛的研究,不同区域不同土壤养分变化差异较大。赵秀娟等(2017)揭示了我国褐土区土壤养分变化的情况。该种类型土壤主要分布于辽宁、内蒙古东南部、山西高原、河南西部、陕西关中地区和甘肃部分地区,总范围为 2516 万 $hm^2$,是我国小麦与玉米产区的重要土壤类型。该研究结果表明,1988—2013 年,褐土土壤有机质和全氮含量也显著增加,土壤全氮均值从 0.62 $g \cdot kg^{-1}$ 上升到 2.09 $g \cdot kg^{-1}$;有效磷含量从 0.88 $g \cdot kg^{-1}$ 上升到 3.09 $g \cdot kg^{-1}$,呈现显著上升,土壤速效钾含量从监测初期 7.075 $g \cdot kg^{-1}$ 上升到 16.220 $g \cdot kg^{-1}$,呈显著增加。由此可见,该区域全量养分上升较为明显,而速效性养分上升非常明显。

阿依敏·波拉提等(2017)研究了新疆巴音布鲁克高寒草原不同退化阶段土壤养分的变化,发现随草地退化程度的增加,土壤的有机碳、全氮、全磷、碱解氮、有效磷等均呈下降趋势,重度退化草地土壤比退化草地的有机碳、全氮、全磷、碱解氮、有效磷分别降低了 25.22%~31.96%,37.69%~48.44%,28.00%~30.24%,35.53%~52.47% 和 33.89%~44.84%,然而与未退化草地相比,重度退化草地速效钾却有一定的上升趋势,全钾没有明显的相应规律。

魏猛等(2017)以 1981—2016 年江苏徐淮地区徐州农业科学研究所长期试验地观测数据为基础,对比分析了 35 年间不同施肥条件下土壤养分变化情况。研究发现,施用有机肥显著提高土壤有机质、全氮、有效磷和速效钾含量,其中,有机肥 + 氮磷钾(MNPK)处理中土壤有机质、全氮、有效磷、速效钾平均含量分别较对照(CK)处理提高 1.20、1.18、16.13、0.95 倍,增加幅度最为显著。

俞海等(2003)对我国东部耕地土壤养分变化趋势进行了研究,从总体上看,东部地区除土壤速效钾下降外,耕地土壤的有机质、全氮和有效磷平均含量都呈增加趋势,其中,土壤肥力的变化趋势存在明显差异，表现在长江下游和华北地区的平均肥力提高，东北地区下降。王妙星等（2017）年对1984—2015年哈密第十三师耕层土壤养分状况进行了对比研究，发现耕地土壤碱解氮和有效磷含量有升高趋势，而有机质和有效磷含量呈下降趋势。

对锡林郭勒草地，利用2006—2011年土壤主要养分测定资料，研究发现，有机质呈显著上升趋势，上升速率为1.46 $g \cdot kg^{-1} \cdot 年^{-1}$，而全钾呈显著下降趋势，下降速率为–2.48 $g \cdot kg^{-1} \cdot 年^{-1}$，但全氮、全磷变化趋势不显著（史激光，2013）。

程杰和高亚军（2007）研究了封育23年的云雾山天然草地，氮、磷、钾含量均比对照区显著提高，其中，恢复年限越长，土壤有机质含量、全量及速效性养分增加幅度越大，封育23年草地>封育12年草地>退化草地。对高寒草甸不同类型草地群落根土比及土壤养分变化的研究发现，不同植被类型高寒草甸的根土比均随着土层深度增加而显著降低，土壤养分随着土层深度增加而显著降低（字洪标等，2016）。

从已有的研究来看，土壤养分变化研究更多侧重于区域性研究，难以从整体上把握我国土壤养分的整体变化情况。本节内容主要以CERN长期监测数据为基础，分析不同生态类型区土壤养分的变化情况。由于各站观测数据时间长短不同，我们将分别进行相关的整理。

（1）我国粮食主产区土壤养分的变化

根据CERN 20世纪末到2014年的农田土壤养分监测结果，并以我国2大粮食主产区的黄淮海平原地区以及东北地区对土壤养分变化进行总结。对于黄淮海地区选取封丘站、禹城站和栾城站，东北地区主要选取沈阳站、海伦站。CERN监测项目监测频率不同，各站每年监测项目上不一定保持一致，因此，实测值样本数针对不同指标有所差异。

基于黄淮海地区3个站的土壤全氮统计，考虑到单年养分测量误差，比较变化时采用前、后2年的均值。从2004年（实际为2003—2004年）到2013年（实际为2012—2013年）10年间土壤全氮从0.80 $g \cdot kg^{-1}$上升到0.92 $g \cdot kg^{-1}$，增加率为0.012 $g \cdot kg^{-1} \cdot 年^{-1}$；全磷含量从0.82 $g \cdot kg^{-1}$降到0.80 $g \cdot kg^{-1}$，变化不大；而全钾含量从19.95 $g \cdot kg^{-1}$下降到17.47 $g \cdot kg^{-1}$，下降速率为0.25 $g \cdot kg^{-1} \cdot 年^{-1}$。由此可见，黄淮海农业土壤全氮有增加趋势，全磷变化不大，而全钾呈现一定的下降趋势。这与该区域其他研究结果类似，河北省遵化1980—1999年，旱地全氮及有机质等土壤养分含量均有显著增加（傅伯杰等，2001），其中，全氮含量的增加主要与化肥用量的增加有关，而有机质含量的增加主要与耕作措施的改变有关。

基于东北地区沈阳站、海伦站2站的土壤全氮统计，从2004—2013年10年间土壤全氮从1.77 $g \cdot kg^{-1}$变化到1.76 $g \cdot kg^{-1}$，变化很小；全磷含量从0.66 $g \cdot kg^{-1}$上升到0.86 $g \cdot kg^{-1}$，增加率为0.02 $g \cdot kg^{-1} \cdot 年^{-1}$，而全钾含量从20.60 $g \cdot kg^{-1}$变化到20.16 $g \cdot kg^{-1}$，基本保持未变（图5.2）。由此可见，土壤全氮和全钾变化较小，全磷呈一定的增加趋势。

（2）我国森林土壤养分长期变化

我国森林土壤养分变化研究大都针对空间变异，主要是因为森林土壤养分空间异质性更强。山地地形因子是导致森林土壤养分异质性的重要因素，致使土壤养分的分布规律具有较为明显的垂直分布。同时，在很大程度上森林土壤养分的空间变异受植被生物作用的影响更为强烈，在剖面层次上森林土壤养分变异也非常大（郑姗姗等，2014）。然而，森林土壤养分变化研究并不像农田养分变化研究那么活跃，这是由于森林土壤养分随时间变化情况往往比较复杂，土壤采样不当也会带来很多不确定性。

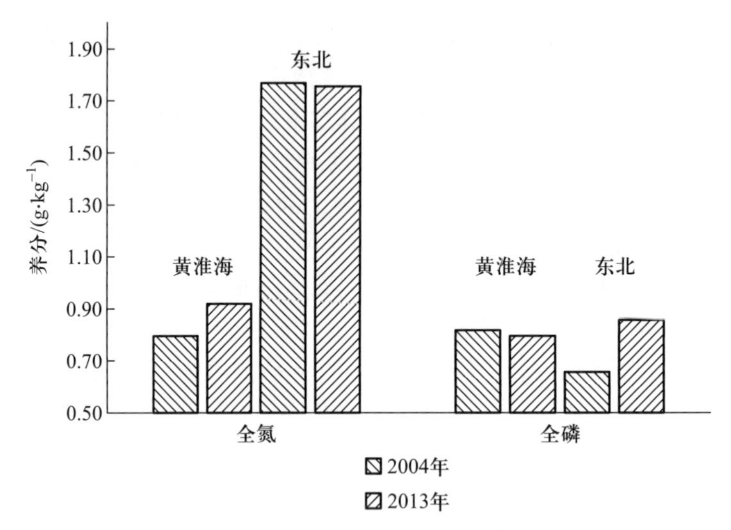


图5.2　我国农业区土壤养分变化

从国外研究总体来看，由于各种因素影响导致森林土壤质量下降，森林土壤缺氮比较普遍（Fox，2004）。然而，国内不同区域变化差异较大。安然等（2011）研究了伊犁河谷地区3种龄级（5年、10年、15年）的速生杨人工林土壤微生物数量与养分动态变化，发现土壤有机碳含量随林龄的增长而逐渐增高，有机氮则呈现先减后增的规律。对日本落叶松人工林研究发现，发育至近熟林阶段，土壤有机质、全氮、P、K、Mg、Ca等含量明显降低，然而到成熟林阶段土壤养分含量也有了很大的提高（王宏星，2012）。对长白落叶松人工林土壤肥力状况变化研究发现，中龄林的土壤有机质含量高于幼龄林、成熟林、近熟林，其土壤全氮量最高，而近熟林土壤磷素较缺乏，其他各龄组的土壤磷素均能满足长白落叶松的正常生长（杨晓娟，2013）。

CERN森林监测站包括长白山站、北京站、神农架站、鹤山站、鼎湖山站、西双版纳站、哀牢山站、会同站、茂县站、贡嘎山站以及清原站等。由于森林站年际变化特别大，本节内容只总结了2004年和2013年2个年度之间的变化（图5.3和图5.4）。根据CERN所有森林站的统计结果发现，2004—2013年，土壤全氮从2.77 $g\cdot kg^{-1}$变化到4.82 $g\cdot kg^{-1}$，土壤全磷从0.49 $g\cdot kg^{-1}$变化到0.26 $g\cdot kg^{-1}$，土壤全钾数据不全，无法判断。这种变化反映了林地生态系统主要养分状况的总体变化情况。

（3）我国草地土壤养分变化情况

我国草地资源主要分布在年降水量400 mm以上的干旱、半干旱地区，南方和东部湿润、半湿润地区以及东部和南部海岸带等。自大兴安岭和小兴安岭向西、西南直至新疆西部的北方温带草原，面积约占全国草地总面积的41%，而青藏高原草地约占全国草地总面积的38%，南方和东部次生草地占比仅为12%。

由于北方区域总体降水较少，草地土壤淋溶作用较弱，土壤盐基含量较高，土壤多呈中性至碱性。主要成土过程有腐殖质累积过程和钙化过程。随干旱程度的增加，有机质积累减弱，而钙化过程增强。因此，草原土壤养分空间变化呈现一定的规律性。由于全球气候变化的影响，水分分布的不均匀性，再加上人为活动的增强，我国草地土壤养分变化呈现出更复杂的趋势。

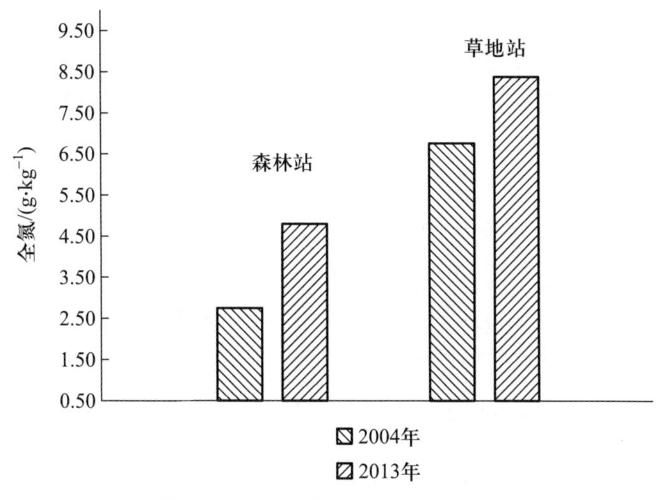


图 5.3 森林和草地土壤全氮的变化

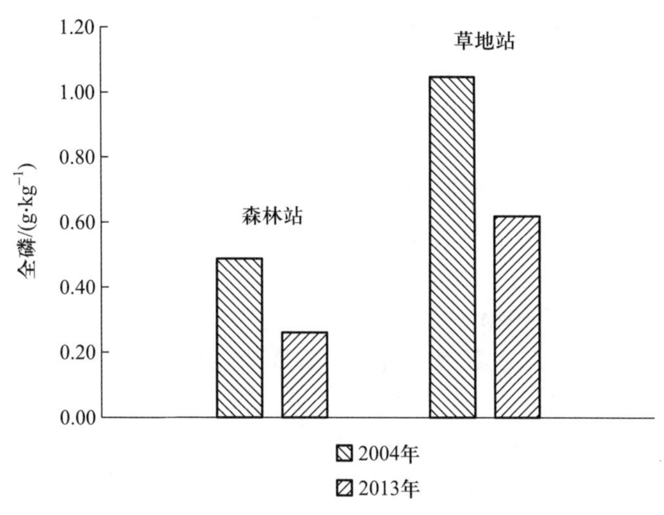


图 5.4 森林和草地土壤全磷的变化

研究表明,在退化草地生态系统中,土壤退化要滞后于草地植物的退化,其退化后恢复时间要远远长于草地植物的恢复时间(曲国辉和郭继勋,2003)。随着草地退化程度的加剧,轻度、中度和重度退化的草地土壤有机质含量分别比对照减少 38.94%、44.58% 和 48.49%,全氮含量相应减少(重牧区除外),全磷、速效氮、有效磷和速效钾含量逐渐上升,但不同营养成分其变化幅度各有所不同,全钾含量基本无变化(干友民等,2005)。对三江源区高寒草原草地土壤研究发现,土壤有机质含量随退化程度增加而减少,表层土壤有机质含量变化最为明显,其次为碱解氮、有效磷和碳酸钙(高旭升等,2006)。

从 CERN 的内蒙古站和海北站 2000—2013 年的土壤全氮均值来看,全氮从 6.75 $g \cdot kg^{-1}$ 增加到 8.40 $g \cdot kg^{-1}$,而全磷则从 2000 年 1.05 $g \cdot kg^{-1}$ 降低到 2010 年 0.62 $g \cdot kg^{-1}$,全钾同期也从 34.4 $g \cdot kg^{-1}$ 降低到 22.72 $g \cdot kg^{-1}$(图 5.3 和图 5.4)。由于森林土壤监测频度和农田差异较大,数据不够丰富,没有进行更为深入的分析。

# 5.2 中国农田土壤肥力质量变化趋势

土壤肥力是土壤的基本属性和质的特征,是土壤在营养条件和环境条件上对植物的供养能力。由于不同土壤养分状况差异较大,土壤的肥力状况差异也很大。以前较为普遍的看法是我国耕地质量总体水平呈下降趋势,但近年农田土壤监测结果表明,我国耕地土壤肥力指标总体上呈稳中有升的趋势。陈印军等(2011)研究指出,我国耕地质量总体上向好的方向发展,但不排除部分质量要素和局部区域耕地质量恶化问题突出。

## 5.2.1 黑土区土壤肥力变化

黑土是世界上肥力最高、最适宜农耕和最具生产潜力的土壤。全球共有四大黑土区,面积最大的位于乌克兰,约143万 $km^2$,其次在北美,约70万 $km^2$,第三分布在阿根廷和乌拉圭的潘帕斯(Pampas)大草原,约50万 $km^2$,最后一块位于我国东北部,面积约33万 $km^2$。这四大黑土带含有很厚的腐殖质层,有机质含量大约是黄土的10倍。因此,四大黑土区先后被开发成世界上重要的粮食基地,对世界粮食、纤维以及饲料的生产和输出起着举足轻重的作用。

黑土在我国分布在长春和哈尔滨及其以北地区,其中,深厚黑土主要分布于黑土区北部,中厚与薄层黑土则分别集中在黑土区的中部和南部,这主要与气候条件和黑土的成土过程有关。黑土区肥力东高西低,南北向则中部最高,北部次之,南部最低,且大部分地区肥力水平处于中等,占整个黑土区的73.6%(马强等,2004)。

汪景宽等(2007)研究了1980—2000年东北黑土的土壤质量演变状况,利用2个时期的pH、有机质、有效磷、速效钾和黏粒等因子对土壤质量进行评价,结果发现,该地区土壤肥力质量降低的区域面积相当大,一级质量土壤降低13.72%,三级质量土壤大量增加。过去20年来,该地区土壤肥力出现明显下降,对目前黑土地区农业生产构成潜在威胁。虽然一般认为,东北地区耕地质量总体水平趋于下降,但杨瑞珍和陈印军(2014)研究表明,东北地区耕地土壤肥力指标总体上从下降转向稳中有升的趋势,尤其是自20世纪90年代末期开始,耕地的土壤肥力质量下降的趋势逐步得到扭转,并逐步趋于上升,耕地的管理质量和耕地的经济质量均明显上升。

不同的施肥措施影响耕地土壤肥力,通过平衡施肥可以促进黑土土壤肥力质量的提升。刘鸿翔等(2002)研究表明,1985—1999年各施肥处理在15年中,单施N肥加剧了土壤P、K的收支赤字,而N+P则加剧土壤K赤字;保持系统中养分的循环再利用,可以缓解但不能从根本上消除土壤养分的收支赤字,因此,应在保持养分循环利用基础上,根据土壤肥力适当施用化肥,才可满足丰产作物的养分需求和平衡土壤养分收支,不致发生大量过剩N进入环境的情况。

因此,总体来看,黑土区土壤在2000年前报道多呈下降趋势,但是近期则趋稳并有升的趋势。提升土壤肥力的措施主要是秸秆还田、平衡施肥,以及减少土壤侵蚀等。

## 5.2.2 黄淮海区域土壤肥力变化

黄淮海区域是我国粮食主产区,土壤肥力变化会对我国农业生产安全产生重要的影响。潮土是该地区广泛分布的高产土壤(黄平等,2009),土壤盐碱化曾是黄淮海平原农业生产的四大自然灾害之一，通过长期的治理和改造，土壤盐碱化已不再是农业生产的主要障碍因子，但仍然存在次生盐渍化威胁（傅积平和王遵亲，1993）。

研究表明，从 1986—2003 年，黄河三角洲 54.22% 的区域土壤肥力质量基本无变化，林草地和旱地下降，西部水浇地提高；从肥力单因子来看，41.14% 的区域土壤有机质下降，耕地区域有机质基本不变或增加；有 46.96% 的区域土壤碱解氮基本无变化，西部的耕地地区和东南部林草地地区土壤碱解氮增加，而黄河两侧的旱地地区下降；耕地区域土壤有效磷增加，滩涂区下降，盐荒地基本不变；土壤速效钾除了林草地上增加外，一半以上有下降趋势；土壤盐分有 47.29% 的区域下降，耕地区域基本不变，而沿黄河两侧则增加（李新举等，2006）。

从全国第二次土壤普查到 2011 年蚌埠市土壤肥力演变分析表明，25 年来该市土壤 pH 从 7.5 下降到 6.6，酸化比较明显；土壤有机质、全氮、有效磷、有效锌均呈增加趋势，其中，有机质、全氮及全磷均增加，肥力评价等级由较低到高，上升了 3 个等级（孙善军，2013）。从全国第二次土壤普查到 1998 年山东德州市土壤肥力状况显示，土壤有机质和全氮量呈增加趋势，但增加缓慢（李怀军等，2009）。田晓兰等（2005）对山东嘉祥县土壤养分含量变化的研究发现，该县土壤有机质、碱解氮和有效磷含量有增加趋势，但速效钾含量有减少趋势。

对整个潮土区土壤肥力研究发现，土壤有机质含量基本稳定或呈上升趋势，研究区 32 个监测点中有 18 个监测点呈上升趋势，6 个监测点保持基本稳定，8 个监测点呈现下降趋势。1987—1997 年，全国潮土区土壤有机质含量呈上升趋势，平均年增加 0.26 $g \cdot kg^{-1}$，年增加率约 2.04%；而 1998—2006 年，全国潮土区土壤有机质含量也呈上升趋势，平均年增加 0.09 $g \cdot kg^{-1}$，每年约增加 0.62%（张金涛等，2010）。

总体来看，对我国粮食安全具有重要影响的黄淮海区域，从全国第二次土壤普查至今，土壤肥力状况大部分区域呈现上升的趋势，不排除少部分区域呈下降趋势，尤其是在黄河两侧地区，由于土壤本身砂性较强，需要改善土壤物理性，注意土壤肥力的提升。

### 5.2.3 长江中下游土壤肥力变化

与中国北方农区相比，长江流域农区耕作制度大多一年二熟，土壤碳源较为丰富，更加有利于土壤有机碳的积累。由于土壤肥力主要与土壤有机质有关，长江三角洲土壤肥力总体较高。例如，浙江富阳土壤肥力质量研究显示，该区土壤肥力总体较高，且发展潜力较大（严世光，2010）。由于该区域土壤具有长期的精耕细作传统，农田土壤呈现出更大的碳收集趋势，土壤有机质积累比例更高，其中，水田土壤有机碳储量及稳定性显著高于旱地土壤（许泉，2007）。

李建军等（2015）利用 80 个长期养分动态监测点，对长江中下游粮食主产区 1988—2012 年稻田土壤养分演变特征研究发现，稻田土壤有机质、全氮和碱解氮含量略有升高，其中，有机质含量在近期上升趋势明显，碱解氮也呈显著增加趋势，土壤有效磷含量从 12.4 $mg \cdot kg^{-1}$ 增加到 12.9 $mg \cdot kg^{-1}$，土壤速效钾含量总体上呈稳中有升的变化趋势。长江三角洲余杭区，从 2008—2014 年土壤有机质、全氮、有效磷和速效钾等主要养分均大幅度提高，速效钾提升幅度最大（季淑枫等，2015）。

但是该区域在土壤肥力上升的大趋势下，部分区域也出现了下降趋势。1982—1997 年，长江三角洲如皋市土壤 pH 降低显著，土壤有机质、全氮和微量元素有效态呈现普遍增高的趋势，土壤速效钾则是表现出先降低后回升的趋势，但在 1997—2002 年，全氮开始出现下降趋势（朱静，2006）。浙江富阳土壤肥力质量虽然总体较高，但不同的土地利用方式已致富阳的土壤肥力质量有下降的趋势（严世光，2010）。对浙东海积平原，包括浙江省嘉兴市、杭州市、绍兴市、宁波市、台州市、温州市和舟山市7个地级市研究表明，土壤肥力指标空间变异较大，但不同土壤之间有机质积累、全氮、有效磷、速效钾的差异主要受人为管理的影响，表明农业管理对土壤肥力产生了很大的影响（陈小梅等，2016）。由此可以看出，近年来可能由于农村主要劳动力转移，对于传统的精耕细作产生了一定的冲击，引起土壤肥力出现一定的下降趋势，需要引起足够的重视。

对于长江中游地区，总体来看仍然呈现增加的趋势。洞庭湖区的汨罗市、岳阳县、沅江市和汉寿县2010年的测土配方施肥调查结果，与1982年国家第二次土壤普查数据相比，土壤有机质、碱解氮、有效磷和速效钾含量均有明显的提高，平均增幅分别为21%、35%、139%和46%（任雪菲等，2014）。

合理的施肥方式有利于该区域土壤基础肥力的提高。杭州湾钱塘江西岸土壤肥力研究显示，长期施用有机肥能提高土壤肥力，尤其是有机肥与无机肥长期配合施用的效果显著（吴春艳等，2008）。因此，对于土壤肥力容易下降的区域，应注意土壤基础地力的培育，提升土壤质量。

## 5.3 中国土壤微生物分布特征

土壤生物包括土壤动物、植物和微生物，它们对于土壤肥力形成具有非常重要的意义。概括起来土壤生物可以有三大功能群：化学工程师、生物调节器和生态系统工程师（Turbé et al., 2010），其中，承担土壤化学工程师功能的主要是土壤细菌和真菌，负责有机物分解和循环利用植物所需的速效性养分，并调节能量通量的90%（Saccá et al., 2010）。

土壤微生物包括细菌、古菌和真菌等，是土壤生物中数量最大、多样性最丰富的类群，1 g土壤中的细菌细胞数超过$10^{10}$个，种类超过$10^4$种（Roesch et al., 2007）。土壤微生物生物量与地上植物或动物生物量相匹敌，每公顷土壤通常包含超过1000 kg微生物生物量碳。由于庞大的数量和种类，土壤微生物在土壤化学过程、养分循环以及土壤生物功能调节上发挥着重要的作用。

中国丰富的气候类型、多样化的土壤种类、悠久的耕作历史，导致土壤微生物分布非常复杂，不同区域土壤微生物生态服务功能差异很大。因此，研究我国土壤微生物分布特点，对于了解土壤养分循环，提升我国土壤生产力具有重要意义。

### 5.3.1 土壤微生物与养分循环

生态系统服务功能指人类能够直接或者间接地从生态系统功能中获得的好处，包括产品和服务。千年生态系统评估（Millennium Ecosystem Assessment, MEA）认为，生态系统服务包括4个方面：调节、支持、供给和文化服务。土壤微生物生态系统服务主要包括调节、支持和供给3个方面。在调节服务方面，主要包括气候调节、水调节和纯化，病虫害调节以及有机污染物生物修复。在支持服务方面，包括土壤形成、养分循环、水循环、第一性生产和多样性生境。供给服务主要是供应食物、水、纤维、能源、基因资源、化学物、药物和药品。虽然土壤微生物的生态系统服务功能较多，但是其中主要包括 3 个：有机物降解、养分循环的驱动以及各种污染物质的转化等（陆雅海，2015）。微生物群落在化学工程师功能上起着关键作用，它们同时可以充当生物调节器和生态系统工程师（Saccá et al.，2010）。本节以土壤生态系统物质循环中最重要的过程——氮循环为例，来说明土壤微生物的生态系统服务功能。

氮循环是物质地球化学循环的重要组成部分，氮循环的 4 个主要过程包括固氮作用、硝化作用、反硝化作用和氨化作用，这些作用和过程都由相应的微生物驱动（图 5.5）。土壤微生物固氮作用由多种细菌、放线菌和蓝细菌等参与，它们利用固氮酶，结合其他的酶和辅酶，消耗能量，将游离态的氮气转化为含氮化合物。大气中 90% 以上的分子态氮都是通过固氮微生物的作用被还原为氨等化合物。

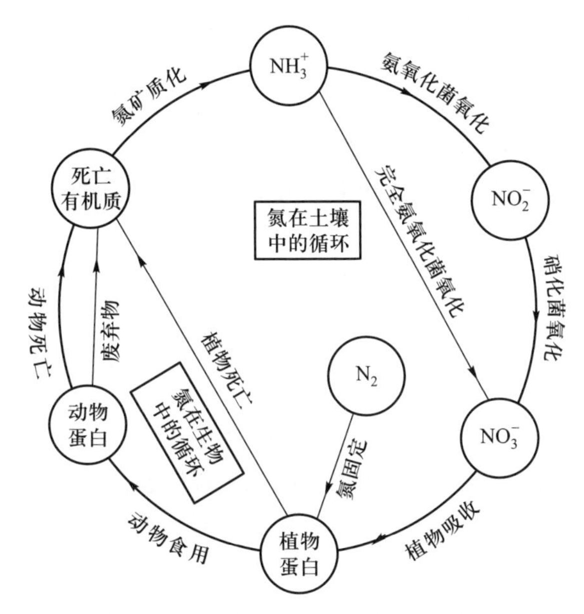


图 5.5　氮在土壤及生物中的循环示意图

硝化作用是氮循环的重要环节。自然界的硝化过程完全依赖于微生物作用，是地球氮循环的关键限速步骤。硝化作用又分为氨氧化（亚硝化）和亚硝酸氧化（硝化）两个阶段，分别由亚硝酸氨氧化微生物和硝酸菌氧化微生物完成。一般认为，氨氧化过程由氨氧化细菌以化能无机自养的方式执行，而细菌厌氧氨氧化菌和氨氧化古菌的发现，使得人类对氨氧化微生物的认识发生了革命性的突破。硝化过程将 $NH_4^+$ 氧化为 $NO_3^-$，但由于 $NO_3^-$ 带负电荷，易溶于水，不易被土壤胶体颗粒吸附，能够更容易被植物根系吸收，但也易随水移动，可能导致土壤氮流失以及水源污染。同时，硝酸溶解性强，能够促进矿物、岩石的风化，影响土壤发育，因此，硝化微生物对生态系统环境物质循环具有重大意义。

反硝化作用或由厌氧微生物在无氧条件下通过无氧呼吸完成，或者微生物在有氧条件下，通过将 $NO_2^-$ 还原转化成 NO。有机质降解时氨的释放和氨化作用（硝酸盐和亚硝酸盐通过同化和呼吸作用还原成氨）也是细菌、真菌和植物参与氮循环的不同途径。

对于土壤氨氧化过程，究竟氨氧化细菌、氨氧化古菌相对贡献如何，以及驱动氨氧化过程的核心类群一直是土壤硝化过程的研究热点。贺纪正和张丽梅（2012）通过对湖南祁阳长期施肥定位实验站的酸性土壤（pH 3.7～5.8）夏季和冬季，应用实时聚合酶链反应（real-time PCR）、变性梯度凝胶电泳（DGGE）和克隆测序等分子生物学方法，定量分析了这些酸性土壤中氨氧化细菌（AOB）和氨氧化古菌（AOA）对不同肥处理的响应，发现酸性土壤中AOA丰度大于AOB，且二者呈显著正相关关系，两个季节之间的结果可以相互印证。它们都与土壤的硝化潜势呈显著正相关，且AOA的组成长期施肥所导致的土壤性质（尤其是酸度）的变化比AOB更敏感。

对河南封丘长期施肥定位试验站的碱性潮土中氨氧化细菌和氨氧化古菌的丰度和组成的研究发现，虽然AOA的丰度大于AOB，但只有AOB与土壤硝化潜势呈现正相关关系，且AOB的组成随不同施肥处理而变化，而AOA的丰度和组成则保持相对稳定。这说明在碱性土壤中，起氨氧化作用的微生物主要是氨氧化细菌（Shen et al.，2008）。Wang等（2014）对河南封丘长期施肥定位试验站的碱性潮土，通过结合基于DNA稳定同位素探针（SIP）和高通量焦磷酸测序分析发现，AOB、AOA和亚硝酸盐氧化细菌（NOB）自养生长的分子证据，并认为AOB和NOB的微生物群落在农业土壤硝化过程中占主导地位。以上研究表明，旱地土壤中AOA和AOB可能存在一定的生态位分异，AOA更倾向于在酸性（和低氮的寡营养）环境中起作用，而AOB则多在中、碱性环境中起主导作用。

水田土壤中氨氧化过程的生态位分异与此存在差异。王保战和贾仲君（2014）通过结合DNA-SIP方法对我国4种典型水稻土的氨氧化过程进行定量分析研究发现，在活性AOA/AOB比值和土壤氧化能力之间观察到显著的相关性，在微氧条件下，AOA比AOB有更大的优势。这些结果表明了土壤理化性质在测定氨氧化剂和亚硝酸盐氧化剂活性中的重要作用。

土壤微生物与磷循环息息相关。菌根真菌是陆地生态系统最典型的植物－微生物共生体，有研究表明，在森林和草原土壤系统中，菌根真菌在土壤磷转化和移动方面起极其重要的作用（van Elsas and Boersma，2011）。在红壤区域，由于磷容易形成闭蓄态铁结合磷，容易造成固定。通过向红壤中添加以S.oneidensis MR-1为主的生物肥料，可以促进土壤磷的释放，其利用磷酸铁－磷的过程会促进磷的释放，使磷酸铁中的磷得以活化，而利用针铁矿－磷和水铁矿－磷的过程则会消耗磷，不会造成磷累积。因此，利用微生物活化红壤固定态磷机理，可以减少外源磷肥的输入，以期达到保护环境和资源节约的目的（令狐荣云等，2017）。

大量研究也涉及铁、硫等元素微生物转化过程和循环。土壤中铁、硫循环由特殊微生物菌群介导，当Fe（Ⅲ）还原微生物在厌氧环境下消耗土壤和沉积物的Fe（Ⅲ）时，有利于它们与微生物形成互养关系，可以接受以前被转移到Fe（Ⅲ）的电子（Summers et al.，2010）。铁、硫循环往往与碳、氮转化联系在一起，目前国际上研究一个趋势是，针对土壤碳、氮、铁、硫、磷元素的耦合过程机理开展系统性研究，这些新的研究趋势无疑更符合"土壤—微生物"复杂体系相互作用的真实情境（陆雅海，2015）。

尽管在过去几年中，探索复杂环境微生物群落的能力正在迅速增加，但土壤生物多样性与功能之间的关系还没有完全了解，许多问题仍然未有结论（Graham et al.，2016；Widder et al.，2016），需要进一步研究。

### 5.3.2　土壤微生物分布特征

土壤微生物时空变化规律及其形成机制是微生物生态学研究中的基础科学问题，是预测微生物及其所介导的生态功能对环境条件变化响应、适应和反馈的理论依据。由于土壤微生物体积微小、数量庞大、代谢速率快和变异性强，一度被认为不存在地理分布格局，然而近年来，微生物领域研究的进展揭示了动植物具有的部分时空演变规律（贺纪正和王军涛，2015）。

目前，微生物地理分布格局形成主要存在两种假说，即当代环境因素和历史进化因素。当代环境因素是指当代环境条件如植被类型、气候类型和土壤理化性质。该学说最初是由 Baas Becking 在 1934 年提出，认为“一切无处不在，但环境决定了有无”（Everything is everywhere, but environment selects）（de Wit and Bouvier, 2006），微生物本来应该无处不在，但是环境对微生物进行了选择，也就是说，不管地理距离多远，只要环境条件相似，土壤微生物群落结构就比较相似。历史进化因素假说是由 Martiny 等（2006）等提出，强调过去的环境条件，如海拔、空间、地理距离对土壤微生物分布的影响。褚海燕等（2017）指出，土壤微生物的空间分布包括水平分布与垂直分布，驱动因子包括当代环境条件（光照、降水、温度、土壤 pH 和营养状况等），以及历史进化因素（距离分隔、物理屏障、扩散限制和过去环境的异质性等），且二者对微生物分布的贡献大小主要与生态系统类型、研究尺度、微生物类群、个体大小等相关。

Griffiths 等（2011）对英国土壤微生物的大面积调查结果表明，土壤细菌群落与土壤 pH 以及地上植被密切相关。Bryant 等（2008）对洛基山的土壤微生物群落进行调查，结果表明历史因素驱动土壤微生物的分布，如酸杆菌多样性随海拔升高而降低。King 等（2010）在美国科罗拉多州绿湖谷（Green Lakes Valley, Colorado），采用网格取样方法，分析发现当距离小于 240 m 时，细菌群落组成具有显著的空间自相关。Chu 等（2010）对北极极地苔原微生物群落分布研究发现，土壤 pH（当代环境因素）是北极苔原土壤微生物群落组成、空间分布的关键驱动因子，其中，优势菌门相对丰度都和 pH 呈显著相关。Chu 等（2011）在加拿大西北地区苔原土壤中发现，细菌群落结构受到植被类型的影响比较大，而古菌和真菌群落结构受植被类型的影响较小。对智利阿塔卡马沙漠土壤微生物多样性研究发现，微生物群落中放线菌和绿弯菌门的相对丰度很高，而酸杆菌和变形菌的相对丰度比较低（Neilson et al., 2012），可见，干旱条件也决定了土壤微生物不同的分布规律。

我国在典型农田、草地和森林的土壤微生物地理方面开展了部分工作，取得了一定的进展。褚海燕（2013）利用高通量测序发现，青藏高原土壤细菌多样性与土壤碳、氮比呈显著负相关，与植物多样性呈显著正相关；土壤细菌群落组成、空间分布与土壤碳、氮比，水分含量和植被类型极为相关；且空间距离（历史因素）对土壤细菌空间分布的贡献显著。刘芳等（2014）对长白山微生物群落研究发现，土壤真核微生物群落组成随海拔梯度呈现出显著的分异。此外，耕作条件也影响土壤微生物分布。旱作麦田采用保护性耕作，可以影响土壤微生物群落丰度和空间分布，并且显著影响土壤理化性质，进而影响土壤微生物空间结构，土壤水分和碳、氮含量分别显著影响土壤细菌和真菌丰度（李彤等，2017）。

由此可见，关于微生物地理分布格局的两种假说在不同区域结论是不同的，各种因素对微生物分布格局形成的相对贡献大小目前尚存在争议。这主要与检测手段的灵敏度、环境因子的变化范围、空间尺度以及对微生物种定义的差异等因素有关（Garcia et al., 2013）。因此，土壤微生物地理分布格局、驱动机制等研究尚处于初步阶段，很多结论未有定论。这也反映了土壤微生物空间分布具有不同于其他生物地理分布规律的特点。尤其在我国，由于土壤微生物地理研究起步较迟，对于全国土壤微生物分布规律无法把握，有待进一步加强。

# 5.4 中国土壤污染特征

中国土壤污染类型复杂,情况比较严重。原国家环境保护部(2018年整合入中华人民共和国生态环境部)与原国土资源部(2018年不再保留,分职责整合入其他相关部门)于2014年4月联合发布《全国土壤污染状况调查公报》,公布的数据显示了全国土壤环境状况总体不容乐观。总污染超标率为16.1%,其中,轻度、中度和重度污染点位占比分别达2.3%、1.5%和1.1%。工、矿业废弃地土壤环境问题更为突出,而耕地土壤环境质量堪忧,耕地土壤点位污染超标率达到19.4%。

近10年的研究也表明,我国土壤污染问题主要体现在耕地土壤污染问题突出,工业废弃地土壤污染状况触目惊心,矿区周边土壤环境安全问题愈发严重,土壤污染呈现复合化或混合化、流域性和区域化趋势(骆永明等,2015)。日趋严峻的土壤污染问题已对我国生态环境、食品安全、人体健康和经济社会永续发展构成了威胁,是我国继大气污染和水污染问题之后必须高度重视、亟待解决的重大环境问题。

2016年5月28日,国务院印发了《土壤污染防治行动计划》(简称《土十条》),明确了土壤污染防治出发点是保障农产品安全和人居环境健康,核心是保护和改善土壤环境质量。目标是到2020年,全国土壤污染加重趋势要得到初步遏制,土壤环境质量总体保持稳定,农用地和建设用地土壤环境安全得到基本保障,土壤环境风险得到基本管控;到2030年,全国土壤环境质量稳中向好;到21世纪中叶,土壤环境质量全面改善,生态系统实现良性循环。

然而,相比于大气污染和水污染,土壤污染来源更为复杂,尤其在农业生产中,由于人类不合理的污水灌溉、过量施用化肥、农药和大量使用塑料大棚和地膜等,使污染加剧(王锐等,2013)。不仅污染源解析较为困难,而且污染机理难以厘清,往往是多因素、多过程和多作用,迁移转化涉及物理、化学、生物学等各种土壤过程,且污染物一旦进入土壤后非常难以去除,这是土壤污染本身的特征决定的。因此,中国土壤污染治理是一项非常复杂浩大的工程。

## 5.4.1 耕地土壤重金属污染状况

据《全国土壤污染状况调查公报》公布,无机型污染是我国土壤污染的主要类型,其类型超标点位数占全部超标点位的82.8%,其次是有机型污染,复合型污染比重较小。无机污染中,镉(Cd)、汞(Hg)、砷(As)、铜(Cu)、铅(Pb)、铬(Cr)、锌(Zn)、镍(Ni)8种无机污染物点位超标率分别为7.0%、1.6%、2.7%、2.1%、1.5%、1.1%、0.9%、4.8%。其中,镉污染排在首位。

虽然关于土壤镉污染,有学者指出,我国耕地土壤镉超标率7.0%是与我国实行最低的标准有关(表5.2),若以其他国家土壤镉标准来考量,我国耕地土壤的镉超标率会显著降低(陈能场等,2017)。但是,镉污染存在或者增加的趋势却是较为认可的。

表5.2 不同国家和地区土壤Cd污染标准 (单位:$mg \cdot kg^{-1}$)

| | 中国 | 英国 | 丹麦 | 芬兰 | 捷克 | 加拿大 | 瑞士 | 荷兰 | 爱尔兰 | 东欧 | 德国 |
|---|---|---|---|---|---|---|---|---|---|---|---|
| Cd | 0.3 | 2.0 | 0.3 | 0.3 | 0.4 | 0.5 | 0.8 | 0.8 | 1.0 | 2.0 | 0.4(砂土)<br>1.5(黏土) |

注:根据陈能场等(2017)整理。

由于我国南方重金属矿藏较为丰富，在开采、冶炼、加工过程中，以及尾矿保存阶段都会产生土壤污染。珠江三角洲地区农业土壤中有 24.9% 土壤样品的镍含量超过国家土壤环境质量标准（GB 15618—2018）的二级标准（杨国义等，2007）。通过对东莞市 118 处农业表层土壤和 5 处典型土壤剖面调查发现，东莞市农业土壤中镍具有较强的空间相关性，镍的空间分布具有明显西部高、东部低的地域特征（蔡立梅等，2008）。对雷州半岛 106 个农业土壤表层样品分析发现，土壤中镍平均含量为 49.81 $mg \cdot kg^{-1}$，超过国家土壤二级标准的样品占 25.47%，其中，徐闻、雷州等地超标较严重，两地土壤镍平均含量分别达 142.03 $mg \cdot kg^{-1}$ 和 69.63 $mg \cdot kg^{-1}$，其主要原因是徐闻、雷州两地成土母质大部分为玄武岩，造成土壤镍背景值较高，从而也增加了当地农作物的健康风险（关卉等，2007）。据贵州省贵阳市地质累积指数分析结果显示，贵阳市 19.2% 的表层土壤未受镍的污染，63.7% 的表层土壤在无污染到中度污染之间，16.8% 为中度污染，只有 0.30% 的表层土壤介于中度污染到强污染之间（王济等，2007）。

前人也对长江三角洲土壤重金属污染进行了一些研究。该区域土壤全铅含量地区差异不显著，化工区含量较高，中部平原区较高，全镍含量差异也不显著，印染造纸区含量较高，南部湖荡区较高，pH 对土壤有效态镍含量的影响最大，<0.01 mm 黏粒含量影响次之（万红友等，2008）。由此可见，长江三角洲主要受到污染企业的影响，导致部分区域土壤重金属污染。

相关研究资料表明，湖南长株潭区域某些地区农田存在铅、铬、镉等的超标问题。根据丁琮等（2012）的研究，长株潭采样区域内，锰粉厂附近菜地土壤中铅和锌全量严重超标；在金源化工公司附近的菜地和清水塘附近的菜地土壤中铜、铅和锌全量都有超标，特别是锌全量超标更为严重，表明在长株潭某些区域耕地，受到金属冶炼等行业的影响很大，工业污染已经对当地农业生产和食品安全造成潜在的危害。

对于我国偏远的地区，耕地土壤污染目前还不严重。通过对林芝地区八一镇农田不同农作物土壤中镍含量进行测定分析，结果表明，不同农作物农田土壤镍含量有所差异，八一镇的农田土壤镍含量为 18.20 ~ 42.48 $mg \cdot kg^{-1}$，平均含量为 30.34 $mg \cdot kg^{-1}$，农田作物中镍含量高低为玉米 > 油菜 > 小麦 > 萝卜 > 裸大麦，5 种农田的镍含量均低于国家《土壤环境质量标准》，未形成污染，但对于土壤农田镍污染的防治工作仍需重视（李菊和徐瑾，2014）。

前人对北方土壤重金属污染也做了大量研究。研究显示，对北京市土壤镍含量调查显示，与背景值相比，全市土壤并不存在非常严重的镍污染，其空间分布主要受成土母质制约，不过人类活动、风向、河流等人文和自然条件对镍的空间结构和分布格局有一定程度的影响（郑袁明等，2003）。对河南省主要土类耕层土壤 100 个土样抽样调查，土壤镍含量顺序是：砂姜黑土 > 褐土 > 红黏土 > 潮土 > 黄褐土 > 黄棕壤土，但均低于国家《土壤环境质量标准》中规定的镍含量标准（陈翠玲等，2009）。

但是北方有些地区土壤污染比较严重。兰州西固区农业土壤中砷、汞和镍的含量高于兰州市土壤背景值，其中，部分土壤汞的含量超过了土壤环境质量二级标准，镉、铜、汞、铅、锌的轻度或中度污染（蔡锐等，2017）。辽宁作为老工业区，中部某地两个化工企业周边土壤，两个企业周边均不同程度地出现重金属累积情况（邢树威，2017）。盘锦市在 2004—2009 年，土壤中重金属元素镉含量呈现明显增加趋势，净平均累积率达到 31.28%，局部地区砷、锌等元素的累积，铜、汞呈明显的贫化趋势，铅具有富集和贫化的双重性质，铬、镍、pH 在此期间变化不明显（李玉超等，2016）。

土壤重金属污染与土壤其他属性因子之间呈现一定的数量关系。据研究，对全国16个代表性地域采集土样，分析发现在不同区域土壤中，铜、锌、镍3种重金属元素的形态分布主要以矿物态的形式存在，交换态重金属含量大小与土壤pH呈显著负相关，与土体物理性黏粒含量呈极显著正相关；决定碳酸盐态重金属含量大小的是pH和土壤的阳离子交换量（cation exchange capacity，CEC），其中，铜、镍与土壤pH呈显著或者极显著正相关，而锌与pH呈显著的负相关，且与CEC呈显著负相关（张旭等，2016）。

我国土壤重金属污染来源非常复杂。东莞市空间分布主要受成土母质和地形的控制，镍主要来源于成土母质，另外，人为活动对镍的空间分布也有显著的影响（蔡立梅等，2008）。杨国义等（2007）也认为土壤中镍的含量主要受成土母质的影响，滨海沉积物和三角洲冲积物发育的土壤中镍含量明显高于其他成土母质的土壤，可能受到富含镍的西江和北江沉积物质的影响，西江和北江三角洲沉积区土壤中镍含量明显高于东江三角洲沉积区。但是镍化合物生产过程中产生的反应残余物、报废的镍催化剂、电镀工艺中产生的镍残渣及槽液等污染物被过量排放到环境中，造成土壤重金属镍污染（王锐等，2013）。这些问题在近年来越来越严重，说明土壤污染形势严峻，污染治理道路漫长。

### 5.4.2　城市土壤重金属污染状况

从18世纪以来，全球历经3次大规模城市化。第一次在欧洲，英国城市化率由1750年的20%增长到1950年的82%；第二次在北美，美国城市化率由1960年的20%增长到1950年的71%；第三次在拉美等国家，南美诸国的城市化率由1930年的约20%增长到1997年的77.7%（陈锐和索玮岚，2012）。发达国家，如日本、韩国，已进入高度城市化的后期阶段，城市化率分别为91.73%、83.47%，而中国处于城市化中期阶段，2012年城市化率为51.78%（李芬等，2015）。2017年7月，国家统计局数据显示，目前我国常住人口城市化率达57.4%，近6成国人居住在城市。由于城市是大部分人生活的场所，与人类健康和生活质量密切相关，其污染问题越来越引起社会重视。城市污染除了空气污染、水污染等问题，土壤污染问题也得到越来越多的关注。这是因为城市里面的污染土壤，会通过灰尘带入呼吸系统，以及通过亲密接触带入消化系统，危害性更为直接，引起甚至比农田污染更加严重的后遗症。

城市场地土壤污染来源比较复杂，不同城市差异很大，总结起来包括矿产开采污染、冶炼污染、搬迁企业场地污染、尾气污染、城市垃圾焚烧排放、燃煤排放以及郊区用地的污水灌溉等。尤其是矿产资源型城市，在开发利用过程中很容易产生重金属污染。很多研究表明，不同功能区内重金属的污染程度明显不同，城市土壤中大部分重金属污染物含量普遍高于郊区农村土壤，具有明显的人为富集特点。

通过对包头城区范围内布设的88个土壤采样点分析发现，Cd、Pb、Cu、Zn超标，且均在冶金工业区最严重，城区土壤重金属呈现由工业生产、交通运输及燃煤活动共同作用的复合污染态势，5种重金属综合评价结果为重度污染，其中，Cd的单因子指数均值达到7.05（黄哲等，2017）。甘肃省金昌市是我国最大的Ni生产基地，城市土壤主要存在Ni、Cu污染，样品Ni和Cu的超标率分别为70%和57%，土壤As和Cd污染主要集中在冶矿区和尾砂库附近，居民区土壤污染程度低；土壤Cr污染出现在尾砂库和采矿区附近（廖晓勇等，2006）。铜陵市为典型的矿业城市，主要以开采铜矿为主，研究区土壤Cu、Zn、As、Hg平均含量高于当地的土壤背景值，土壤已受 Cu、Zn、As 重污染，受 Hg 轻污染（胡园园等，2009）。湖南株洲某工业区土壤污染深达 30 cm，土壤 Cd 含量最高大于 32 mg·kg$^{-1}$（超过国家三类土壤限值 30 倍以上），平均为 3 mg·kg$^{-1}$；同时还有 Pb、As、Hg 等重金属污染（张钰浛和邢旭东，2015）。北京市城市土壤中重金属 Cu、Pb、Zn 和 Cr 平均浓度均显著高于相应的土壤重金属背景浓度，城市土壤重金属由内环到外环逐渐降低，二环土壤主要为 Cu、Zn 和 Pb 污染，三、四和五环土壤主要为 Cu、Zn 和 Cr 污染，公园土壤重金属综合污染指数最大，原因可能是油漆、瓦片及砖块中都含有不同浓度的 Cu 和 Pb，交通也是重要原因之一（郭广慧等，2015）。

城市周边土壤重金属污染经常呈现加重的趋势。贵阳市城区土壤的 Cd 显著高于土壤背景值，工业区土壤 Cd 含量最高，住宅区及广场区含量相对较低，由高到低的顺序为工业区 > 垃圾中转站 > 学校 > 交通十字路口 > 公园 > 住宅区和广场，与其他城市相比，土壤重金属累积程度 Cd 都处于高积累状态，分析认为，贵阳市土壤重金属污染主要与工业活动、交通运输和燃煤有关（杨杰和李宁，2015）。对陕西某老工业区土壤重金属污染研究发现，As、Pb、Cr、Cd、Hg、Zn 6 种元素与土壤背景值相比超标 100%，As、Pb、Cr、Cd 元素的非致癌风险值均超过 1，对人们存在非致癌健康风险；As、Cr 的致癌风险值远大于致癌风险边界值，表示 As 和 Cr 已经达到了显著致癌风险的水平（张承中等，2015）。江西德兴铜矿尾砂库周边土壤 Cu、Zn、Ni、Pb、Cr 和 Cd 复合污染特征研究表明，土壤中 Cu 和 Cd 已明显超过国家二级土壤标准，Zn、Ni、Pb、Cr 平均值均低于国家二级土壤标准，但大多数样品已超过江西环境背景值，铜矿尾矿库周边土壤受到不同程度的重金属污染，该地区平均潜在生态风险污染指数超过 600，具有极高的潜在生态风险（王志楼等，2010）。

李鹏等（2016）对我国不同城市土壤重金属状况进行了研究，发现我国尚无城市处于清洁和尚清洁等级，我国城市土壤重金属存在潜在的生态风险；从每种重金属的空间分布来看，其污染浓度具有一定的规律，泉州、深圳、广州、太原、西安等工业发达城市重金属含量高，而嘉峪关、西宁等工业相对落后的城市重金属含量相对低，这可能主要与工业生产使用及排放重金属有关。

即便在非资源型城市周边，某些因素也会导致土壤重金属积累。开封市城市土壤中 Hg 和 Sb 受到了不同程度的污染，Hg、As 和 Sb 的分布特征比较复杂，不同剖面重金属垂直分布特征变异较大，与成土母质组成、城市建设过程以及各种人为污染叠加的综合作用有关（姜玉玲等，2017）。李晓燕等（2010）研究表明，不同土地利用方式下北京城区土壤中 As、Cd、Cu、Ni、Pb、Zn 含量有明显不同，工业区土壤总体上为轻度污染，公园、商贸区、校园土壤重金属处于尚清洁水平，城市广场和交通边缘带土壤重金属处于清洁水平。陈海珍等（2010）研究的广州市不同功能区的土壤重金属内梅罗综合污染指数为：公园（18.13）> 商业区（15.85）> 居民区（13.34）> 汽车站（10.75）> 医疗区（9.61）> 文教区（8.98），均达到重度污染。

城市土壤污染问题对于大部分生活在城市的居民来说是一个更应引起重视的问题，我国正处于工业化快速发展时期，此类土壤污染案例时见报道，并不罕见。重视城市污染问题应是我国生态文明建设的重要内容，需要引起足够的重视。

## 5.5 中国土壤酸化趋势及驱动因子

土壤酸碱性是土壤非常重要的属性之一，它不仅是多种物理化学性质的综合反映，而且影响土壤其他属性和很多土壤过程，如有机质的合成与分解、营养元素的转化与释放、土壤微生物的活动等。土壤酸化主要是指土壤中的 $H^+$ 和 $Al^{3+}$ 数量增加，导致土壤阳离子库的耗竭现象（王代长等，2002），按照土壤酸度的容量概念，土壤酸化是指土壤酸导致土壤无机组分的酸中和容量（ANC）的下降（van Breemen et al.，1984）。其中，酸中和容量是指在稀溶液体系中，用 $H_2SO_4$ 等强酸滴定到参照 pH（大约 4.5）时的酸加入量（王代长等，2002）。

土壤酸化作为土壤退化的主要类型之一，不仅影响土壤养分循环与供给养分，限制植物生长，还会活化土壤中某些有害元素，增加土壤重金属污染风险。严重酸化还导致土壤中 Al 以及潜在毒性金属的移动，增加向水体迁移的概率（Goulding and Blake，1998），势必引起水体的环境问题。因此，研究土壤酸化特征、状况与趋势对于我国水土资源永续利用，生态环境保护具有重大意义。

土壤酸化是全球性的问题，约 40% 的耕地土壤受到土壤酸化的影响，在不施用石灰单施化肥的情况下，20% 的农田耕层土壤在不到 20 年的时间内下降可超过 1.0 个单位（孟红旗，2013）。Bolan 和 Hedley（2003）报道澳大利亚连续种植大于 30 年的豆类作物土壤 pH 下降了 1 个单位。英国 1982—1988 年分别有 19% 的耕地土壤和 35% 的草地土壤 pH 出现下降（Skinner et al.，1992）。在美国圣贝纳迪诺山附近的加利福尼亚南部的西海岸，pH 在过去的 30 年中，A 层 pH 至少下降了 2 个单位，到 4.0～4.3，但对树干生长没有不利影响，大概是因为地中海气候，盐基阳离子库仍然很高，还没有达到限制植物生长的程度（Fenn et al.，2006）。Keiji 等（2013）认为，尽管对日本立山区土壤酸化没有完全了解，但是在 20 世纪 90 年代加速土壤酸化已经成为趋势，由阳离子流失和 $Al^{3+}$ 浓度增加反映出来。豆科草地土壤 pH 降低的问题已引起了普遍的关注，尤其是在南澳大利亚，水培和温室研究中也都证实固氮的豆科植物生长时的酸化作用（Haynes 和尤江浦，1985）。

在中国，土壤酸化也是一个明显的趋势。无论是农田土壤、林地土壤，还是草地土壤，很多区域都呈现酸化的趋势。土壤酸化，尤其是南方土壤酸化叠加原来的较强酸性带来的土壤以及生态环境问题更为严重。我国南方广东省森林土壤普遍呈酸性或强酸性反应，pH 平均为 4.72，酸性土壤比例为 99.01%，森林土壤酸性化与铝离子浓度增加、酸沉降及针叶树种酸化等有关（刘飞鹏，2007），导致土壤质量下降和森林衰退。不同利用方式草地养分和植被构成下，研究发现，放牧和刈割草地导致土壤酸化严重（孙红，2011），表明草地，尤其是南方草地在某些利用方式下也会导致土壤酸化。

下面将从耕地土壤酸化和经济作物种植区两个方面对我国土壤酸化进行阐述，并总结我国土壤酸化的原因。

## 5.5.1 中国耕地土壤酸化趋势

土壤酸化本来是一个较为缓慢的过程，但人为活动会大大加速土壤酸化进程（徐仁扣，2015）。可以说，土壤酸化是每个农业系统的一个特有过程，对农业系统尤为重要，因为在农业系统中，单位面积高铵离子投入量很大（Queensland Government，2007）。

我国农田土壤酸化现象报道非常普遍。自 20 世纪 80 年代到 21 世纪，全国农田土壤的 pH 下降了 0.5，还将进一步增加酸化程度（张福锁，2016）。据研究，对中国南方江苏、湖南、广东、广西、四川和云南 6 个省（区）的 20 个水稻土长期定位监测点的监测结果分析表明，1988—2013 年 25 年间水稻土酸化明显，土壤 pH 下降 0.59 个单位，年均下降 0.023 个单位，但近 10 年间，土壤 pH 有趋于平稳的趋势（周晓阳等，2015）。根据江苏洪泽湖南岸的金湖、盱眙和洪泽 3 县的 9 个土壤监测点近 30 年土壤相关监测数据，结果发现由于过量化肥的施用，30 年来该区域土壤的 pH 普遍下降 2 个单位左右，农业生产导致的土壤酸化问题十分明显，由于低 pH 导致土壤阳离子流失，该区域阳离子交换量不足原来的 50%（李聪等，2015）。

王伟妮等（2012）对湖北省稻区水稻土的土壤 pH 变化进行了研究，发现 pH<6.5 的土壤比例达 63%，而全国第二次普查时为 53.9%，说明总体上与全国第二次普查相比 pH 有所下降。湖南土壤 pH 与全国第二次土壤普查结果比较，耕地的土壤酸碱度面积变化明显，土壤酸化现象已普遍存在，部分地区酸化现象已很严重（文星等，2013）。对福建省 1982 年 36777 个和 2008 年 236445 个耕地表层土壤调查样点对比研究表明，在 26 年间福建省 67.60% 的耕地土壤发生不同程度的酸化，其中，耕地土壤中弱度、中度和强度酸化的面积占比分别为 48.52%、18.26% 和 0.83%，水田利用类型酸化最为严重，水浇地次之，旱地酸化面积相对较小（张秀等，2017）。

北方土壤也同时呈现了土壤 pH 下降的情况。山东省的酸化土壤面积与全国第二次土壤普查相比增加了 8.07%，其中，棕壤酸化程度最重，潮土酸化程度最轻，据分析，自然地理气候条件、不同土地利用方式以及施肥管理等是可能导致土壤酸化的主要原因（杨歆歆等，2016）。

对于辽宁耕地棕壤研究发现，与全国土壤第二次普查结果相比，9 个采样地区耕地棕壤 pH 均明显下降，弱酸性（pH 为 5.6～6.5）和酸性（pH 为 4.5～5.5）土壤面积比例增加，而中性（pH 为 6.6～7.0）土壤面积占比减少（沈月，2013）。

耕地土壤酸化原因比较复杂，归纳起来不外乎人为因素和自然因素。自然条件下，土壤酸化是一个长期缓慢的趋势。Slessarev 等（2016）研究显示，从全球来看，少数物理化学机制决定了土壤 pH，尤其在平均年降水量开始超过平均年蒸散量的情况下，存在一个从碱性到酸性土壤的 pH 的突变点。显然土壤在高温高湿环境下，土壤风化加强，盐基容易流失，酸化更为容易。但是，人为因素可能是土壤加速酸化的主要因子，这些因素包括酸沉降和不合理施用氮肥。土壤酸化导致土壤中养分离子，尤其是盐基离子的淋失，使得土壤发生贫瘠化以及结构退化等问题，同时由于释放出有害的铝离子和其他重金属离子，会降低土壤酶活性，带来农业以及生态环境更大的问题（刘莉等，2017）。

### 5.5.2 经济作物及林果种植土壤酸化问题

近几十年来，随着我国工业化和城市化水平提高，人们对美好品质生活的追求，我国农业生产已经发生了很大的变化，已经从过去注重粮食生产到注重农牧副渔综合性生产，土壤利用出现多样化趋势。我国东部设施农业以及江南丘陵经济林果的生产占有越来越大的比例。茶园是我国东南沿海地区重要的利用方式之一，在长期的种植过程中，土壤呈现典型的酸化现象。

茶树与一般植物不同，属于喜酸植物，喜欢生长在酸性土壤中（曾其龙等，2012），长期种植后土壤酸化比较普遍。对江苏典型茶场代表性茶园 2001—2008 年土壤 pH 研究，发现江苏茶园土壤酸化趋势严重，有 67% 的茶园 0～20 cm 土壤酸化速率每年大于 0.1 个单位，其中，33% 的茶园土壤酸化速率每年大于 0.2 个单位（曹丹等，2009）。孙永明等（2017）调查了江西 18 个茶叶生产县 203 个代表性茶园的土壤 pH 发现，随着茶园种植年限的延长，土壤 pH 呈现下降趋势，但下降的速度因土壤类型的不同而有差异。对 1998 年与 1990 年江苏、浙江、安徽 3 省茶园土壤 pH 比较研究发现，3 省茶园土壤 pH<4 的比例由 20 世纪 90 年代初的 13.7% 上升到 1998 年的

43.9%（马立锋等，2000）。

茶园土壤酸化原因比较复杂，研究人员提出了很多酸化机理。据丁瑞兴和黄晓（1991）研究，茶园土壤系统中铝和氟的生物地球化学循环与土壤酸化有密切的关系，茶树富集土壤中的Al和F，又通过枯枝落叶等把体内的$Al^{3+}$、$F^{-}$以及Al–F回归土壤，凋落物分解产生的络合态有机铝和氟铝络合物，在土壤表层积累，离子通过吸附和交换与土壤溶液之间保持动态平衡，被茶树根系吸收，又输送到树冠枝叶，在老叶中积聚，完成循环。

近年来，我国设施蔬菜和露天种植非常广泛，由于生产中片面追求高产而采取高肥投入的生产方式，使得菜地土壤氮、磷养分过量积累、土壤次生盐渍化以及由此引发的水环境氮、磷污染和农产品安全性等问题逐步凸显，土壤酸化也很普遍。

与露天菜地相比，设施菜地土壤酸化、盐渍化、养分累积明显（钱晓雍，2017）。设施菜地的酸化状况甚至比农田更为严重（杨歆歆等，2016）。即便在紫色土地区，也发生土壤酸化，至2005年的过去20年间重庆地区的大部分紫色土已发生酸化，重庆市农用地和蔬菜地中的石灰性紫色土减少，而酸性和强酸性紫色土增加，且酸化程度日益加深，农用地的土壤交换性酸和交换性铝均有一定程度的上升，据研究是因为受酸沉降的危害（李士杏和王定勇，2005）。

同时也有研究指出，土壤改良剂等可以减弱酸化。浙江省建德市设施蔬菜土壤，各土壤改良剂都能提高土壤pH，减少酸性土壤交换性酸总量，降低酸性土壤活性铝对辣椒的毒害作用（李丹等，2017）。然而这些工作还不够。如何科学施肥、因土施肥、减缓土壤酸化进程是我国农业需要解决的重大课题。

**致谢：**该章少部分数据处理由宋歌和郭志英完成，郭志英还提供部分素材，一并致谢。本章数据得到中国土壤数据库支持。

# 参考文献

阿依敏·波拉提，安沙舟，董乙强，等. 2017. 巴音布鲁克高寒草原不同退化阶段土壤养分的变化. 新疆农业科学，54（5）：953–960.

安然，龚吉蕊，尤鑫，等. 2011. 不同龄级速生杨人工林土壤微生物数量与养分动态变化. 植物生态学报，35（4）：389–401.

蔡立梅，马瑾，周永章，等. 2008. 珠江三角洲典型区农业土壤镍的空间结构及分布特征. 中山大学学报（自然科学版），47（4）：100–104.

蔡锐，曹靖，代立兰. 2017. 兰州市西固工业区土壤重金属污染状况分析与评价. 环境生态，46（9）：30–35.

曹丹，张倩，肖峻，等. 2009. 江苏省典型茶园土壤酸化速率定位研究. 茶叶科学，29（6）：443–448.

陈翠玲，卫秀英，李海燕，等. 2009. 河南省主要土类土壤耕层镍（Ni）含量调查. 贵州农业科学，37（1）：101–102.

陈海珍，龚春生，李文立，等. 2010. 广州市不同功能区土壤重金属污染特征及评价. 环境与健康杂志，27（8）：700–703.

陈能场，郑煜基，何晓峰，等. 2017.《全国土壤污染状况调查公报》探析. 农业环境科学学报，36（9）：1689–1692.

陈锐，索玮岚. 2012. 全球城市化进程动态监测与分析. 中国科学院院刊，27（2）：197–203.

陈小梅，姚玉才，章明奎. 2016. 浙东海积平原耕地土壤肥力特征及空间变化规律研究. 土壤通报，47（3）：618–623.

陈印军,王晋臣,肖碧林,等. 2011. 我国耕地质量变化态势分析. 中国农业资源与区划,32(2):1-5.
程杰,高亚军. 2007. 云雾山封育草地土壤养分变化特征. 草地学报,15(3):273-277.
褚海燕,王艳芬,时玉,等. 2017. 土壤微生物生物地理学研究现状与发展态势. 中国科学院院刊,32(6):585-592.
褚海燕. 2013. 高寒生态系统微生物群落研究进展. 微生物学通报,40(1):123-136.
丁琮,陈志良,李核,等. 2012. 长株潭地区农业土壤重金属全量与有效态含量的相关分析. 生态环境学报,21(12):2002-2006.
丁瑞兴,黄晓. 1991. 茶园—土壤系统铝和氟的生物地球化学循环及其对土壤酸化的影响. 土壤学报,28(3):229-236.
傅伯杰,陈利顶,王军,等. 2003. 土地利用结构与生态过程. 第四纪研究,23(3):247-253.
傅伯杰,郭旭东,陈利顶,等. 2001. 土地利用变化与土壤养分的变化——以河北省遵化县为例. 生态学报,21(6):926-931.
傅积平,王遵亲. 1993. 豫北平原旱涝盐碱综合治理. 北京:科学出版社,52-74.
干友民,李志丹,泽柏,等. 2005. 川西北亚高山草地不同退化梯度草地土壤养分变化. 草业学报,14(2):38-42.
高旭升,田种存,郝学宁,等. 2006. 三江源区高寒草原草地不同退化程度土壤养分变化. 青海大学学报,24(5):37-40.
关卉,王金生,万洪富,等. 2007. 雷州半岛农业土壤与作物镍含量及其潜在健康风险. 农业环境科学学报,26(4):1411-1416.
郭广慧,雷梅,乔鹏炜. 2015. 北京市城市发展中土壤重金属的空间分布. 环境工程技术学报,5(5):424-428.
贺纪正,王军涛. 2015. 土壤微生物群落构建理论与时空演变特征. 生态学报,35(20):6575-6583.
贺纪正,张丽梅. 2012. 土壤氮素转化的关键微生物过程及机制. 微生物学通报,40(1):98-108.
胡园园,陈发扬,杨霞,等. 2009. 铜陵铜官山矿区土壤重金属污染状况研究. 资源开发与市场,25(4):342-344.
黄平,张佳宝,朱安宁,等. 2009. 张丛志黄淮海平原典型潮土的酸碱缓冲性能. 中国农业科学,42(7):2392-2396.
黄哲,曲世华,白岚,等. 2017. 包头城区土壤重金属空间分布特征及污染评价. 环境工程,35(5):149-153.
季淑枫,章林英,马伟洪,等. 2015. 杭州市余杭区农地土壤肥力质量调查. 中国园艺文摘,(6):210-214.
姜玉玲,阮心玲,杨玲,等. 2017. 开封市城市土壤剖面 Hg、As 和 Sb 分布特征分析. 环境化学,36(5):1036-1045.
李聪,赵伟男,杨用钊,等. 2015. 洪泽湖南岸近 30 年来土壤酸化趋势分析. 江苏农业科学,43(4):329-332.
李丹,王道泽,赵玲玲,等. 2017. 不同土壤改良剂对设施蔬菜土壤酸化的改良效果研究. 中国农学通报,33(27):112-116.
李芬,李岱青,张林波,等. 2015. 中日韩城市化过程中的资源环境变化比较研究. 中国人口资源与环境,(4):125-131.
李怀军,李志杰,曲善功,等. 2009. 德州市土壤肥力状况的调查与分析. 山东农业科学,2:64-66.
李建军,辛景树,张会民,等. 2015. 长江中下游粮食主产区 25 年来稻田土壤养分演变特征. 植物营养与肥料学报,21(1):92-103.
李菊,徐瑾. 2014. 西藏林芝地区八一镇农田镍含量现状调查与分析. 四川林勘设计,(1):28-31.
李鹏,张波,王玮,等. 2016. 中国主要城市土壤重金属污染状况及风险评估. 中国人口·资源与环境,26(11):88-90.
李士杏,王定勇. 2005. 重庆地区 20 年间紫色土酸化研究. 重庆师范大学学报(自然科学版),22(1):70-73.
李彤,王梓廷,刘露,等. 2017. 保护性耕作对西北旱区土壤微生物空间分布及土壤理化性质的影响. 中国农业科学,50(5):859-870.

李晓燕,陈同斌,雷梅,等.2010.不同土地利用方式下北京城区土壤的重金属累积特征.环境科学学报,30(11):2285-2293.

李新举,胡振琪,刘宁,等.2006.黄河三角洲土壤肥力质量的时空演变——以垦利县为例.植物营养与肥料学报,12(6):778-783.

李玉超,余涛,杨忠芳,等.2016.辽宁盘锦市农田土壤重金属元素时空变化研究.现代地质,30(6):1294-1302.

廖晓勇,陈同斌,武斌,等.2006.典型矿业城市的土壤重金属分布特征与复合污染评价——以"镍都"金昌市为例.地理研究,25(5):843-852.

令狐荣云,余炜敏,王荣萍,等.2017.铁还原菌 Shewanella oneidensis MR-1 对铁磷复合物中铁、磷释放规律的影响.生态环境学报,26(10):1704-1709.

刘芳,李琪,申聪聪,等.2014.长白山不同海拔梯度裸肉足虫群落分布特征.生物多样性,22(05):608-617.

刘飞鹏.2007.广东省森林土壤酸化现状及调控措施.林业调查规划,32(4):69-70.

刘鸿翔,王德禄,王守宇,等.2002.黑土长期施肥及养分循环再利用的作物产量及土壤肥力质量变化 Ⅲ. 土壤养分收支.应用生态学报,13(11):1410-1412.

刘莉,杨丽军,白颖艳,等.2017.土壤酸化的研究进展.贵州农业科学,45(10):83-87.

陆雅海.2015.土壤微生物学研究现状与展望.中国科学院院刊,30(Z1):106-114.

骆永明,章海波,涂晨,等.2015.中国土壤环境与污染修复发展现状与展望.中国科学院院刊,30(Z1):115-124.

马立锋,石元值,阮建云.2000.苏、浙、皖茶区茶园土壤 pH 状况及近十年来的变化.土壤通报,31(5):205-207.

马强,宇万太,赵少华,等.2004.黑土农田土壤肥力质量综合评价.应用生态学报,15(10):1916-1920.

孟红旗.2013.长期施肥农田的土壤酸化特征与机制研究.陕西杨凌:西北农林科技大学.博士学位论文.

钱晓雍.2017.塑料大棚设施菜地土壤次生盐渍化特征.中国土壤与肥料,(5):72-79.

曲国辉,郭继勋.2003.松嫩平原不同演替阶段植物群落和土壤特性的关系.草业学报,1(12):18-22.

任雪菲,黄道友,罗尊长,等.2014.洞庭湖区农田土壤肥力因子的演变及其原因分析.土壤通报,45(3):691-196.

沈月.2013.辽宁耕地棕壤酸化特征及其机理分析.沈阳:沈阳农业大学.博士学位论文.

史激光.2013.锡林郭勒草地土壤主要养分的分布及变化规律.中国农学通报,29(32):286-290.

孙红.2011.贵州高原禾草 + 白三叶草地养分及植被异质性形成研究.兰州:兰州大学.硕士学位论文.

孙善军.2013.蚌埠市耕地质量评价及土壤肥力演变分析.合肥:安徽农业大学.硕士学位论文.

孙永明,张昆,叶川,等.2017.江西茶园土壤酸化及对策.土壤与作物,6(2):139-145.

田晓兰,李念奎,张付新,等.2005.山东省嘉祥县20年来土壤养分水平变化.土壤,37(3):341-343.

万红友,周生路,赵其国.2008.苏南经济快速发展区土壤有效态铅、镍含量影响因素及分布特征.农业环境科学学报,27(4):1566-1573.

汪景宽,李双异,张旭东,等.2007.20年来东北典型黑土地区土壤肥力质量变化.中国生态农业学报,15(1):19-24.

王保战,贾仲君.2014.氨氧化古菌主导稻田土壤氨氧化.第七次全国土壤生物与生物化学学术研讨会暨第二次全国土壤健康学术研讨会论文集.

王代长,蒋新,卞永荣,等.2002.酸沉降下加速土壤酸化的影响因素.土壤与环境,11(2):152-157.

王宏星.2012.不同发育阶段日本落叶松人工林养分特征的研究.北京:中国林业科学研究院.硕士学位论文.

王济,王世杰,欧阳自远.2007.贵阳市表层土壤中镍的基线及污染研究.西南大学学报,29(3):115-120.

王妙星,冶军,孙建亭,等.2017.哈密第十三师农田土壤养分变化分析与肥力评价.新疆农业科学,54(3):528-537.

王锐,于宗灵,关旸.2013.土壤镍污染植物修复的研究概况.环境科学与管理,38(8):111-114.

王伟妮,鲁剑巍,鲁明星,等.2012.水田土壤肥力现状及变化规律分析——以湖北省为例.土壤学报,49(2):319-330.

王志楼,谢学辉,王慧萍,等 . 2010. 典型铜尾矿库周边土壤重金属复合污染特征 . 生态环境学报,19(1):113-117.
魏猛,张爱君,诸葛玉平,等 . 2017. 长期不同施肥对黄潮土区冬小麦产量及土壤养分的影响 . 植物营养与肥料学报,23(2):304-312.
文星,李明德,涂先德,等 . 2013. 湖南省耕地土壤的酸化问题及其改良对策 . 湖南农业科学,(1):56-60.
吴春艳,陈义,杨生茂,等 . 2008. 长期肥料定位试验中土壤肥力的演变 . 浙江农业学,20(5):353-357.
席承藩,张俊民 . 1982. 中国土壤区划的依据与分区 . 土壤学报,19(2):97-109.
邢树威 . 2017. 辽宁某地化工企业土壤重金属污染状况研究 . 绿色科技,(12):118-119.
熊毅 . 1980. 土壤学的研究范畴及其展望 . 土壤,12(2):41-44.
熊毅,李庆逵 . 1990. 中国土壤 . 北京:科学出版社,23-26.
徐仁扣 . 2015. 土壤酸化及其调控研究进展 . 土壤,47(2):238-244.
许泉 . 2007. 南方水田土壤有机碳变化特征及保护性耕作增碳效应研究 . 南京:南京农业大学 . 博士学位论文 .
严世光 . 2010. 经济发达地区城镇化对土壤质量的影响分析——以富阳市为例 . 重庆:西南大学 . 硕士学位论文 .
杨国义,罗薇,张天彬,等 . 2007. 珠江三角洲典型区域农业土壤中镍的含量分布特征 . 生态环境,16(3):818-821.
杨杰,李宁 . 2015. 不同土地利用下城市土壤 Cd 重金属累积特征——以贵阳市为例 . 贵州科学,33(4):65-68.
杨瑞珍,陈印军 . 2014. 东北地区耕地质量状况及变化态势分析 . 中国农业资源与区划,35(6):19-24.
杨晓娟 . 2013. 东北长白山系低山丘陵区不同林分土壤肥力质量研究 . 北京:北京林业大学 . 硕士学位论文 .
杨歆歆,赵庚星,李涛,等 . 2016. 山东省土壤酸化特征及其影响因素分析 . 农业工程学报,32(S.2):155-160.
俞海,黄季焜,Scott Rozelle,等 . 2003. 中国东部地区耕地土壤肥力变化趋势研究 . 地理研究,22(3):380-388.
曾其龙,陈荣府,赵学强,等 . 2012. 油茶根系吸收铝导致生长介质酸化 . 土壤,44(5):834-837.
张承中,李勇,吴曼莉,等 . 2015. 城市老工业区土壤重金属污染状况与健康风险评价 . 工业安全与环保,41(6):25-29.
张福锁 . 2016. 我国农田土壤酸化现状及影响 . 民主与科学,(6):26-27.
张金涛,卢昌艾,王金洲,等 . 2010. 潮土区农田土壤肥力的变化趋势 . 中国土壤与肥料,(5):5-10.
张俊民 . 1986. 全国土壤区划研究的意义与进展 . 地理研究,5(1):93-99.
张秀,张黎明,龙军,等 . 2017. 亚热带耕地土壤酸化程度差异及影响因素 . 中国生态农业学报,25(3):441-450.
张旭,曲燕,梁东丽,等 . 2016. 全国主要土壤铜、锌、镍重金属形态及其与土壤性质的关系 . 环境科学导刊,35(5):8-14.
张钰浛,邢旭东 . 2015. 长株潭地区土壤重金属污染植物修复可行性初探——以株洲某工业区为例 . 云南地理环境研究,27(5):73-78.
赵其国 . 1997. 土壤圈在全球变化中的意义与研究内容 . 地学前缘,4(1-2):152-161.
赵秀娟,任意,张淑香 . 2017. 25 年来褐土区土壤养分演变特征 . 核农学报,31(8):1647-1655.
郑姗姗,吴鹏飞,马祥庆 . 2014. 森林土壤养分空间异质性研究进展 . 世界林业研究,27(4):13-17.
郑袁明,陈同斌,陈煌,等 . 2003. 北京市近郊区土壤镍的空间结构及分布特征 . 地理学报,58(3):470-476.
周晓阳,周世伟,徐明岗,等 . 2015. 中国南方水稻土酸化演变特征及影响因素 . 中国农业科学,48(23):4811-4817.
朱静 . 2006. 长江三角洲典型地区土壤特性时空演变特征及其影响因素研究 . 南京:南京农业大学 . 硕士学位论文 .
字洪标,阿的鲁骥,马力,等 . 2016. 高寒草甸不同类型草地群落根土比、土壤养分变化 . 西南农业学报,29(12):2916-2921.
Bolan N S, Hedley M J. 2003. Role of carbon, nitrogen and sulfur cycles in soil acidification. In: Rengel Z. Handbook of

Soil Acidity, New York: Marcel Dekker, pp. 29–52.

Bryant J A, Lamanna C, Morlon H, et al. 2008. Microbes on mountainsides: Contrasting elevational patterns of bacterial and plant diversity. PNAS, 105: 11505–11511.

Chu H Y, Fierer N, Lauber C L, et al. 2010. Soil bacterial diversity in the Arctic is not fundamentally different from that found in other biomes. Environmental Microbiology, 12(11): 2998–3006.

Chu H Y, Neufeld J D, Walker V K, et al. 2011. The influence of vegetation type on the dominant soil bacteria, Archaea, and Fungi in a low Arctic tundra landscape. Soil Science Society of America Journal, 75(5): 1756–1765.

de Wit R, Bouvier T. 2006. 'Everything is everywhere, but, the environment selects'; what did Baas Becking and Beijerinck really say? Environmental Microbiology, 8(4): 755–758.

FAO. 2015. Healthy soils are the basis for healthy food production. http: //www.fao.org/3/a–au890e.pdf.

Fenn M E, Huntington T G, Mclaughlin S B, et al. 2006. Status of soil acidification in North America. Journal of Forest Science, 52(Special Issue): 3–13.

Fox T R. 2004. Nitrogen mineralization following fertilization of Douglas–fir Forests with Urea in Western Washington. Soil Science Society of America Journal, 68(5): 1720–1728.

Garcia P F, Loza V, Marusenko Y, et al. 2013. Temperature drives the continental-scale distribution of key microbes in topsoil communities. Science, 340(6140): 1574–1577.

Goulding K W T, Blake L. 1998. Land use, liming and the mobilization of potentially toxic metals. Agriculture, Ecosystems & Environment, 67(2): 135–144.

Graham E B, Knelman J E, Schindlbacher A, et al. 2016. Microbes as engines of ecosystem function: When does community structure enhance predictions of ecosystem processes? Frontiers in Microbiology, 7: 1–10.

Griffiths R I, Thomson B C, James P, etal. 2011. The bacterial biogeography of British soils. Environmental Microbiology, 13(6): 1642–1654.

Haynes R J, 尤江浦. 1985. 豆科牧草引起土壤酸化. 国外畜牧学·草原与牧草, (5): 14–20.

Keiji H, Moeka T, Kazuo K, et al. 2013. Historical changes in soil acidification inferred from the dendrochemistry of a Tateyama cedar at Bijodaira, Mt. Tateyama, Japan. Geochemical Journal, 47(6): 663–673.

King A J, Freeman K R, Mccormic K F, et al. 2010. Biogeography and habitat modelling of high-alpine bacteria. Nature Communications, 1(5): 53.

Martiny J B, Bohannan B J, Brown J H, et al. 2006. Microbial biogeography: Putting microorganisms on the map. Nature Reviews Microbiology, 4(2): 102–112.

Neilson J W, Quade J, Nelson W M, et al. 2012. Life at the hyperarid margin: Novel bacterial diversity in arid soils of the Atacama Desert, Chile. Extremophiles, 16(3): 553–566.

Queensland Government. 2007. State of the Environment Queensland 2007.

Roesch L F, Fulthorpe R R, Riva A, et al. 2007. Pyrosequencing enumerates and contrasts soil microbial diversity. The ISME Journal, 1: 283–290.

Saccá M L, Caracciolo A B, Di Lenola M, et al. 2010. Ecosystem services provided by soil microorganisms. In: Lukac M, et al. Soil Biological Communities and Ecosystem Resilience, Sustainability in Plant and Crop Protection. Springer International Publishing AG 2017.

Shen J P, Zhang L M, Zhu Y G, et al. 2008. Abundance and composition of ammonia–oxidizing bacteria and ammonia–oxidizing archaea communities of an alkaline sandy loam. Environmental Microbiology, 10(6): 1601–1611.

Skinner R J, Church B M, Kershaw C D. 1992. Recent trends in soil pH and nutrient status in England and Wales. Soil Use Manage, 8(1): 16–20.

Slessarev E W, Lin Y, Bingham N L, et al. 2016. Water balance creates a threshold in soil pH at the global scale. Nature,

540: 567–569.

Summers Z M, Fogarty H E, Leang C, et al. 2010. Direct exchange of electrons within aggregates of an evolved syntrophic coculture of anaerobic bacteria. Science, 330(6009): 1413–1415.

Turbé A, De Toni A, Benito P, et al. 2010. Soil biodiversity: Functions, threaths and tools for policy makers. Bio Intelligence Service, IRD, and NIOO, Report for European Commission (DG Environment).

van Breemen N, Driscoll C T, Mulder J. 1984. Acidic deposition and internal proton in acidification of soils and water. Nature, 367: 599.

van Elsas J D, Boersma F G H. 2011. A review of molecular methods to study the microbiota of soil and the mycosphere. European Journal of Soil Biology, 47(2): 77–87.

Wang B, Zheng Y, Huang R, et al. 2014. Active ammonia oxidizers in an acid soil are phylogenetically closely related to neutrophilic archaeon. Applied and Environmental Microbiology, 80(5): 1684–1691.

Widder S, Allen R J, Pfeiffer T, et al. 2016. Challenges in microbial ecology: Building predictive understanding of community function and dynamics. The ISME Journal, 10: 2557–2568.

# 第6章　中国陆地生态系统植被现状及变化特征*

植被是生长在一定区域内所有植物群落及其时空配置的总和。植被分自然植被和栽培（人工）植被，自然植被是在过去和现在的环境因素以及人为因素影响下，经过长期历史发展演化的结果。植被既是重要的自然地理要素和自然条件，又是重要的自然资源，因此，植被研究具有诸多方面的重要意义（吴征镒，1980；张新时，2007a；陈灵芝，2014）。植被研究的几个关键问题包括：有哪些植被类型？它们的地理分布如何？影响植被地理分布的机制是什么？植被如何变化？

## 6.1　中国陆地生态系统植被空间格局

我国位于欧亚大陆的东部，疆域广阔，东部和东南部濒临太平洋，西南部隔南亚次大陆邻近印度洋，西北深处亚洲腹地。东部和南部湿润、西北干旱，两者之间是半干旱过渡地带，从东南到西北的植被分布呈现明显的经向地带性。我国东半部从北到南有寒温带、温带、暖温带、亚热带和热带五个热量带，因而东半部植被明显反映纬向地带性。全国地势变化显著，自西向东呈明显下降趋势，形成三级巨大的阶梯，其中，西南部有高大的青藏高原隆起，为最高一级阶梯，对我国气候产生重要影响；此外，我国山脉纵横，且具有明显的方向性，这些也构成影响植被分布的重要因素（张新时，2007a；张新时，2007b；陈灵芝，2014）。

### 6.1.1　中国植被的分布规律

（1）水平地带性规律

我国东部和南部靠近海洋，受来自海洋的季风影响，降雨丰沛，气候湿润，发育了广阔的森林植被，特别是青藏高原以东的亚热带地区，由于青藏高原的隆起，不仅不存在地球副热带高压带的荒漠植被，而且发育了全世界最广阔的常绿阔叶林；西北内陆地区远离海洋，又受山地和高原的阻挡，绝大部分地区降水稀少，气候干旱，除部分山地有少量森林、灌丛和草甸等喜湿植被外，主要分布着由旱生、超旱生植物组成的草原和荒漠；青藏高原面积达国土面积的1/4左右，平均海拔高度在4500 m以上，年均气温偏低，高寒气候特征突出，发育了全球中纬度带最广阔的高寒植被。

---

* 本章作者为中国科学院植物研究所吴冬秀、郭柯、杨元合、黄建辉、彭云峰、张琳、陈全胜、宋创业。

① 植被水平分布的纬向变化规律

我国具有较大的纬度跨度，植被的纬向变化主要由与纬度相关的热量条件所主导。这种现象在东部季风湿润区表现得尤其明显。由北向南随着热量的增加，依次出现北纬48°以北大兴安岭地区的寒温带针叶林区域、东北东部的温带针叶落叶阔叶混交林区域、秦岭以北的华北及环渤海地区的暖温带落叶阔叶林区域、秦岭—淮河以南到北回归线附近之间的亚热带常绿阔叶林区域、北回归线以南以及云南南部和喜马拉雅山以南的热带雨林和季雨林区域。其中，寒温带针叶林区域位于北半球泰加林带的南缘，与大兴安岭山地的隆起有一定的关系；温带针叶落叶阔叶混交林区域具有一定的过渡性，混交林也主要分布在该区域的山地；热带雨林和季雨林区域仅热带北缘季节性雨林和季雨林发育较多，缺乏典型的热带雨林。

介于东部季风湿润区和西北内陆干旱区之间的温带草原区域，植被的分布明显反映着热量差异所导致的纬向变化规律。大致以阴山山脉和西辽河为界可划分出中温带草原地带（即温带北部草原地带）和暖温带草原地带（即温带南部草原地带）。前者以贝加尔针茅（*Stipa baicalensis*）草原、羊草（*Leymus chinensis*）草原、大针茅（*S. grandis*）草原、克氏针茅（*S. krylovii*）草原、小针茅（*S. klemenzii*）草原等为主，后者以本氏针茅（*S. bungeana*）草原、白羊草（*Bothriochloa ischaemum*）草原、短花针茅（*S. breviflora*）草原等为主。

西北内陆温带荒漠区域，热量条件的变化不仅受纬度变化的影响，还与各地理单元的平均海拔高度和地貌类型存在着密切的联系。高原与盆地等地理单元之间存在的海拔高度差异以及各自所受大气环流背景的不同，使温度随纬度的变化不如东部季风湿润区明显。天山以北的准噶尔盆地和伊犁谷地纬度较高，温度偏低，属于典型的温带荒漠地带。天山主脊以南的南疆和东疆盆地温度较高，属于暖温带荒漠地带。阿拉善高原、河西走廊的热量条件介于温带和暖温带之间，《中国植被》将其作为温带荒漠，但也有将其归为暖温带荒漠（侯学煜，1988）。柴达木盆地纬度最偏南，但海拔一般在2600 m以上，年平均温度比准噶尔盆地还低，冬季气温与河西走廊一带相当。因此，植被的纬向变化与各地理单元自身的特征联系得更为密切。另外，温带荒漠区域水分成为影响植被的主导因素，相对于温度而言，荒漠中的优势植物对水分条件的敏感性更强。由于在荒漠区域的个别地理单元（如在准噶尔盆地北部）水分条件由南向北明显改善，植被由温带荒漠经荒漠化草原过渡到山地草原。植被的这种纬向变化，与整个中亚地区北部自南向北植被由温带荒漠、温带草原向泰加林过渡的现象一致，也反映出水分梯度的变化。

② 植被水平分布的经向变化规律

植被经向变化主要与距离海洋的远近和季风活动范围有关，反映的主要是水分梯度及其季节变化的差异。这种现象在我国的温带地区最为明显。从东部沿海的湿润、半湿润区到西部内陆的半干旱、干旱区，植被由森林区经草原区（包括草甸草原、典型草原、荒漠草原）逐渐过渡到荒漠区（草原化荒漠、典型荒漠）。这种由森林到草原和由草原到荒漠的变化虽然习惯上称为经向变化，但其界线实际上是依东北—西南向延伸的。

不考虑青藏高原在内，我国亚热带和热带都处在太平洋季风或印度洋季风强烈影响的范围，气候湿润，地带性植被在亚热带以常绿阔叶林为主，在北热带为季节性雨林和季雨林，植被的经向变化不如温带的明显。但是，由于不同的季风影响以及不同地区季风活动的强度和时间存在一定差异，因此植被还是存在一定的地理分异现象。具体来说，从广西靖西、百色稍偏西北经贵州安顺至四川康定一线以东地区，受太平洋季风的影响较强，年降水量为1000～1800 mm，干、湿季不太明显。该线以西的西南地区则主要受印度洋季风的影响,而印度洋季风只有在高原南翼西风支流于 5 月中下旬消失后才进入该地区,年降水量在 1000 mm 左右,干、湿季极为明显。由此,该线两侧常绿阔叶林的种类组成也不尽相同,彼此有许多替代种的出现。另外,由于西部地区有重重高大山脉对西北寒流的阻挡,对应的植被垂直带也往往较高,且分布更偏北,尤其是在青藏高原的东南缘。

③ 青藏高原植被的地带性

青藏高原处在亚热带纬度范围,其海拔高度由东南向西北升高,平均达 4500 m 左右,接近对流层的一半,不仅极大地改变了高原周围地区环境和植被的地理格局,而且高原本身的环境和植被分布格局也很独特。除了高原四周的高大山脉和柴达木盆地的植被分别属于相邻植被区域以外,在高原上由东南向西北随着降水量减少和温度的降低,依次分布着那曲—玉树高寒灌丛、草甸带,羌塘—可可西里高寒草原带,昆仑—喀喇昆仑高寒荒漠带。在中喜马拉雅山脉与念青唐古拉—冈底斯山夹峙的藏南地区和西藏阿里高原西部山地宽谷区,由于海拔较低,又位于背风坡,气候相对温暖干旱,植被分别以温性灌丛和草原、温性荒漠为主。显然,高原上植被的这种分布不同于一般意义上的水平地带。它主要是在海拔 4000 ~ 5000 m 的辽阔高原面上展布的,与一般山地植被垂直带分布有着重大差别。植被类型之间在空间上的依次更替,不是山地垂直带谱相关垂直分带的过渡关系,而是水平方向上地域之间生态条件梯度变化的集中表现,呈现出的是高原水平地带性分布,即高原地带性(吴征镒,1980;张新时,1978;郑度等,1979)。

(2)垂直地带性规律

① 东部季风湿润区植被垂直分布规律

东部季风湿润区植被垂直带如图 6.1 所示。各山地垂直带的基带对应于所在纬度的植被水平地带。横断山地区的稀树灌木草丛或肉质多刺灌丛是干旱河谷地形影响下形成的特殊植被类型,虽然也分布在山地的基部,但不属于常规意义上的"基带植被类型"(侯学煜,1988;金振洲,1994)。山地植被各带主要由不同类型的森林所组成,仅个别高大山体山顶存在喜湿冷抗风寒的灌丛、草甸或冻原;由北向南山地植被垂直带谱结构渐趋复杂;对应植被类型分布的海拔由北向南、由东向西逐渐升高,大致每向南推进一个纬度,对应植被类型分布的海拔上升 150 m 左右(张新时,1994)。由北向南垂直带的上升显然与热量带的分布密切关联,而由东向西垂直带的上升则与青藏高原的存在、平均海拔、冬季寒流南侵程度和强度以及水热组合特征等相关(方精云等,1999;张新时,1994)。垂直带谱与水平带谱并不完全相同,越是低纬度的高山,其垂直带谱与水平带谱的差异越明显。山地阴、阳坡植被的差异与纬度和山地所处地区的大陆性强度有极大的关系,即纬度越高,大陆性强度越强,降水年分配越不均匀,旱季越明显的地区,阴、阳坡的植被差异越明显。

② 西北部半干旱和干旱区植被垂直分布规律

西北部半干旱和干旱区山地植被的基带对应于植被的水平地带,分别为草原和荒漠,主要取决于区域气候条件;山地植被垂直带分化不仅受山地温度变化的影响,更多地受水热组合效应的决定,而且,山地植被垂直带谱的组成和替代关系在山地下部通常主要由水分条件决定,而在山地上部通常主要取决于温度条件,越是干旱的地区,水分的影响越明显;半干旱和干旱区山地植被垂直带在阳坡和阴坡有比湿润区更明显的差异;越是水分条件好的地区,植被垂直带谱的结构越是比较完整;相邻地方的垂直带谱可能很不同,与水分的主导性和地形因素影响降水空间格局关系密切(图 6.2)。

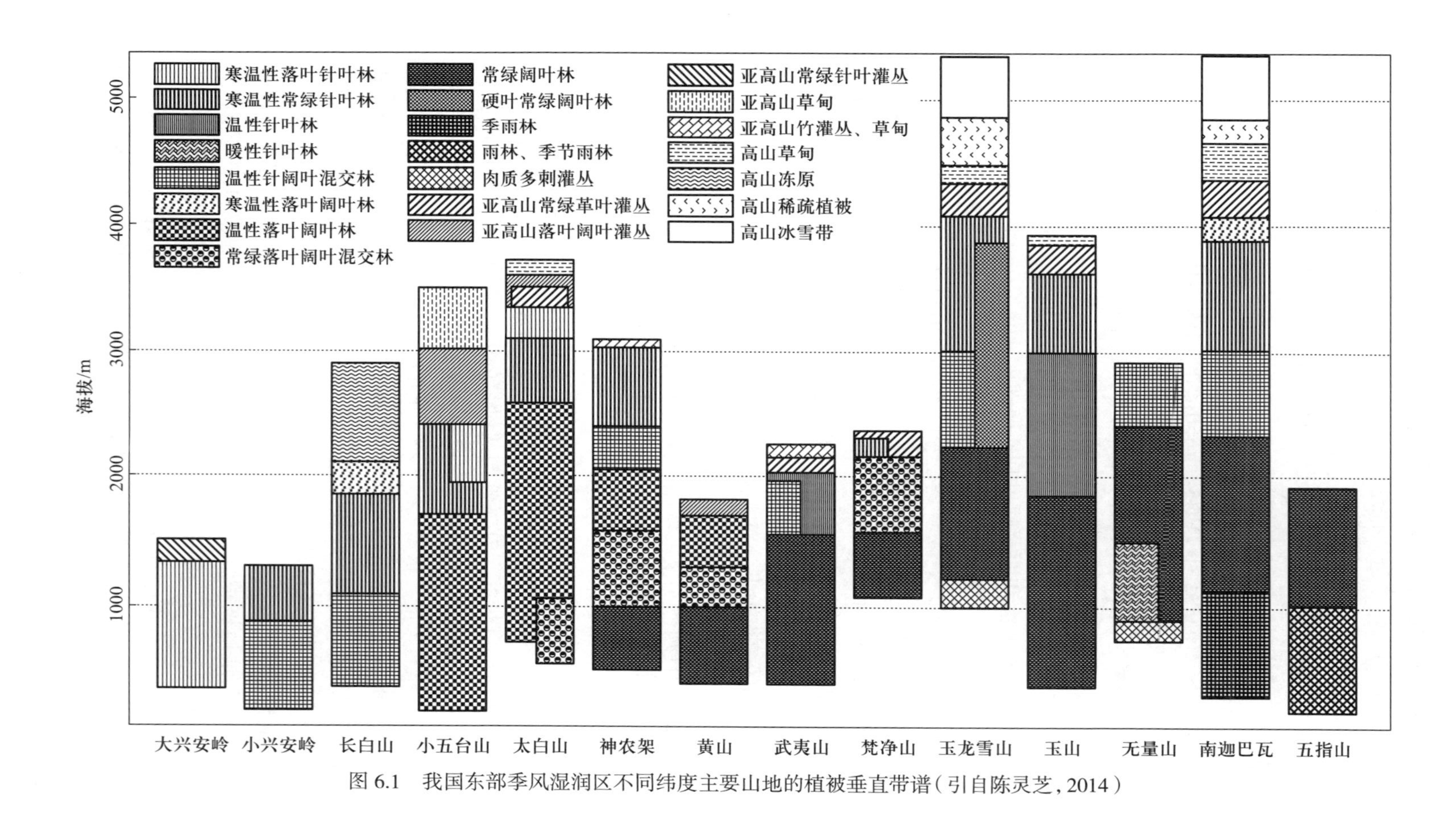


图 6.1　我国东部季风湿润区不同纬度主要山地的植被垂直带谱（引自陈灵芝，2014）

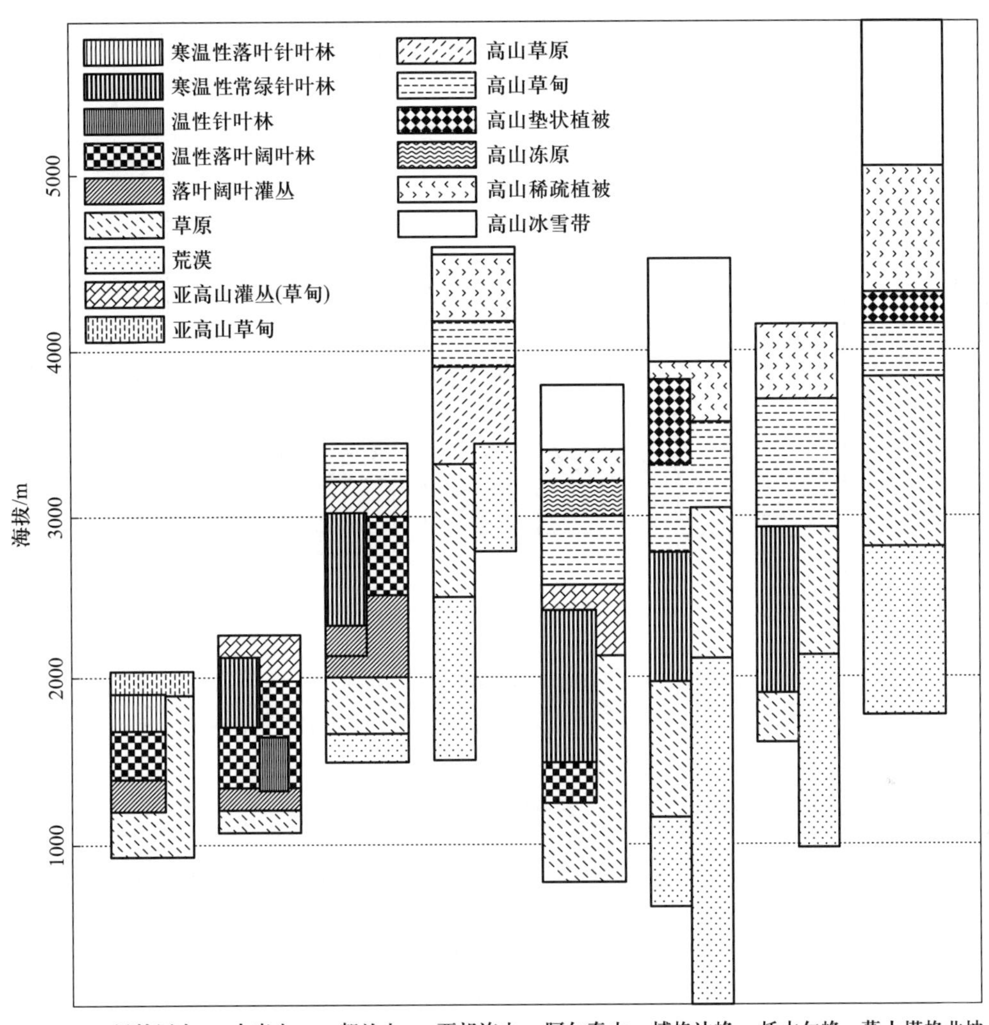


图 6.2　我国西北部半干旱和干旱区主要山地植被垂直带谱
（引自陈灵芝，2014）

（3）青藏高原植被垂直分布规律

青藏高原外围山地基本归属于相邻植被区域。在高原内部，除藏南河谷地区基带为温性草原和阿里南部河谷地区为温性荒漠外，高原面上的山地植被垂直带基带基本上是高寒植被，由东南的高寒灌丛草甸、中部的高寒草原到西北部的高寒荒漠。基带植被的性质主要取决于水分条件，特别是生长季的水分条件由东南向西北递减的趋势以及不同坡向水分和辐射强度的差异。在微温、强辐射、水分相对不足、蒸发相对强烈的高原环境中，坡向对垂直带植被的影响更为明显。由于以高寒植被为基带，垂直带谱中就不存在森林带，垂直带谱极度简化，通常基带植被直接过渡到高山稀疏植被，或者中间存在一个较基带偏湿的植被带，如高寒草原带之上有时存在一个高寒草甸带或垫状植被带（图 6.3）。

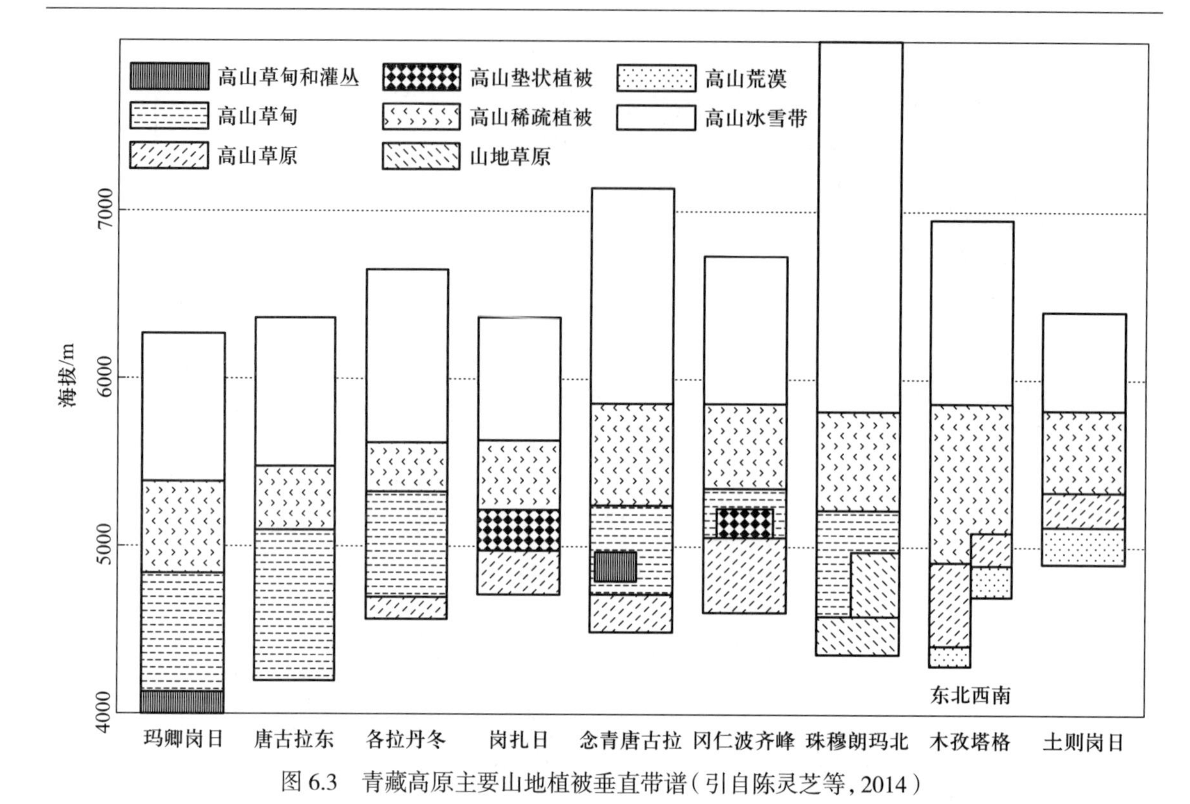


图 6.3 青藏高原主要山地植被垂直带谱（引自陈灵芝等，2014）

## 6.1.2 中国植被区划及分区主要特征

根据中国植被的分布规律和区域分异特点，全国划分为以下 8 个植被区域：寒温带针叶林区域（Ⅰ）、温带针阔叶混交林区域（Ⅱ）、暖温带落叶阔叶林区域（Ⅲ）、亚热带常绿阔叶林区域（Ⅳ）、热带雨林和季雨林区域（Ⅴ）、温带草原区域（Ⅵ）、温带荒漠区域（Ⅶ）、青藏高原高寒植被区域（Ⅷ）（张新时，2007a；张新时，2007b；陈灵芝，2014）。

（1）寒温带针叶林区域（Ⅰ）

寒温带针叶林区域（Ⅰ）位于大兴安岭北段，属于东西伯利亚明亮针叶林向南部山地分布的延伸。植被以兴安落叶松林为主，樟子松（*Pinus sylvestris* var. *mongolica*）林、鱼鳞云杉（*Picea jezoensis* var. *microsperma*）林、红皮云杉（*P. koraiensis*）林和偃松（*Pinus pumila*）矮林等也有少量分布。这些森林破坏后的次生林有蒙古栎（*Quercus mongolica*）林、白桦（*Betula platyphylla*）林、黑桦（*B. davurica*）林以及山杨（*Populus davidiana*）林等。在河岸阶地上分布的河岸林有毛赤杨（*Alnus sibirica*）林、钻天柳（*Chosenia arbutifolia*）林以及甜杨（*Populus suaveolens*）林。灌丛主要有兴安圆柏（*Sabina davurica*）灌丛和次生榛子（*Corylus heterophylla*）灌丛、山杏（*Armeniaca sibirica*）灌丛，以及在河岸边分布蒿柳（*Salix viminalis*）灌丛。草甸大多为原生植被，主要由小叶樟（*Deyeuxia angustifolia*）、小白花地榆（*Sanguisorba tenuifolia* var. *alba*）、金莲花（*Trollius chinensis*）等组成。沼泽主要有以柴桦（*Betula fruticosa*）、卵叶桦（*B. fruticosa* var. *ovalifolia*）、扇叶桦（*B. middendorfii*）等和越橘属（*Vaccinium*）、柳属（*Salix*）植物为主组成的灌木沼泽和以薹草属（*Carex*）植物为优势种的草本沼泽。

（2）温带针阔叶混交林区域（Ⅱ）

温带针阔叶混交林区域（Ⅱ）位于东北地区的北部和东部，包括温带北部针阔叶混交林地带和温带南部针阔叶混交林地带。

温带北部针阔叶混交林地带包括小兴安岭、完达山、张广才岭和三江平原一带。地带性植被为红松（*Pinus koraiensis*）和落叶阔叶树组成的混交林。落叶树种主要有紫椴（*Tilia amurensis*）、枫桦（*Betula costata*）、春榆（*Ulmus davidiana* var. *japonica*）、水曲柳（*Fraxinus mandshurica*）等。山地垂直带上有鱼鳞云杉林和臭冷杉（*Abies nephrolepis*）林以及岳桦（*Betula ermanii*）林。兴安落叶松林和樟子松林在本区是次要的植被类型，有的为次生植被。次生的落叶阔叶林，有白桦林、黑桦林、山杨林和蒙古栎林等，以蒙古栎林分布最广。在河谷中有水曲柳、胡桃楸（*Juglans mandshurica*）林，在河岸排水良好的冲积砂质土上有春榆林。在三江平原一带的低洼地区，有大面积的沼泽湿地。

温带南部针阔叶混交林地带位于东北的东南部，包括老爷岭、长白山、吉林哈达岭、龙岗山以及千山北段。地带性植被为红松、沙冷杉（*Abies holophylla*）与落叶阔叶树组成的混交林，目前保存较好的已较少。次生的各类落叶阔叶林分布很广泛，如蒙古栎林、白桦林、黑桦林、山杨林、枫桦林以及以色木槭（*Acer mono*）、糠椴（*Tilia mandshurica*）、紫椴（*Tilia amurensis*）、水曲柳、胡桃楸、春榆不同组合所形成的次生落叶阔叶混交林等。蒙古栎林分布最广，主要分布在低山丘陵向阳山坡及陡坡上比较干旱的生境。在水分条件较好的生境中山杨林和白桦林分布较多。在土壤肥沃的谷地分布着由春榆、水曲柳、胡桃楸组成的落叶阔叶混交林。在河流两岸低湿谷地和积水的低凹地，常见有小面积的黄花落叶松（*Larix olgensis*）沼泽林，为原生性的隐域植被。受火山爆发以及人类活动的影响，在海拔为 1100～1500 m 的广阔台地面上也有较多的次生黄花落叶松林分布，海拔 1100～1400 m 地带主要为红松＋鱼鳞云杉＋臭冷杉林所占据，海拔 1400～1800 m 主要为鱼鳞云杉＋臭冷杉林，长白山海拔 1800～2000 m 地带分布有岳桦矮曲林，海拔 2000 m 以上分布着由小灌木、草本、苔藓和地衣组成的高山冻原。

（3）暖温带落叶阔叶林区域（Ⅲ）

暖温带落叶阔叶林区域（Ⅲ）位于秦岭—淮河一线以北，包括华北平原、淮北平原、辽河平原南部、汾渭平原、黄土高原南部、山东半岛、辽东半岛和燕山山地等。地带性植被为落叶阔叶林。北部的地带性落叶阔叶林由辽东栎（*Quercus wutaishanica*）、蒙古栎、槲栎（*Q. aliena*）、槲树（*Q. dentata*）、麻栎（*Q. acutissima*）、栓皮栎（*Q. variabilis*）等栎属植物和鹅耳枥（*Carpinus turczaninowii*）、核桃楸（*Juglans mandshurica*）、槭树、椴树等为主组成。林下灌木种类很多，最常见的有胡枝子属（*Lespedeza*）、锦带花属（*Weigela*）、虎榛子属（*Ostryopsis*）、杜鹃花属、绣线菊属、蔷薇属、酸枣属（*Ziziphus*）、荆条属（*Vitex*）、黄栌属（*Cotinus*）等属的植物。林下草本层常见的有薹草属、糙苏属（*Phlomis*）、唐松草属（*Thalictrum*）、地榆属、蒿属、菊属（*Dendranthema*）等属的植物。在山区沟谷土壤肥沃和水分条件较好的地段常见核桃楸、赤杨属（*Alnus*）和杨属植物为建群种的落叶阔叶林。常见的针叶林主要有分布在北部和西部的油松（*Pinus tabuliformis*）林、杜松（*Juniperus rigida*）林和分布在辽东半岛和山东半岛的赤松（*P. densiflora*）林。在山地有寒温性的针叶林分布，主要有白扦（*Picea meyeri*）林、青扦（*P. wilsonii*）林、臭冷杉林和华北落叶松（*Larix principis-rupprechtii*）林。寒温性针叶林带之上和许多 2000 m 左右的山顶一般分布有亚高山灌丛草甸。南部热量和水分条件较好，优势植被类型以栓皮栎林和麻栎林为主，甚至出现了半常绿的橿子栎（*Quercus baronii*）林。天然植被主要分布在山地和丘陵，在鲁东、苏北一带主要有赤松林、麻栎林等；在鲁中南山地丘陵主要为油松林、麻栎林和栓皮栎林等；在太行山南端和中条山一带低山带主要是栓皮栎林、橿子栎（*Quercus baronii*）林，稍高处为辽东栎林、槲栎林以及鹅耳枥林、华山松（*Pinus armandii*）林等；在秦岭北坡和豫西南山地由下向上主要有栓皮栎林和橿子栎林、槲栎林、锐齿槲栎（*Quercus aliena* var. *acuteserrata*）林、辽东栎林、油松林、华山松林、红桦（*Betula albo-sinensis*）林、牛皮桦（*Betula albo-sinensis* var. *septentrionalis*）林等。在秦岭北坡2400 m以上地区还分布有寒温性的云杉林和冷杉林以及太白红杉（*Larix potaninii*）林等。寒温性针叶林之上分布有以柳、杜鹃、绣线菊等属植物为优势种的亚高山灌丛和以嵩草属、薹草属植物为优势种的草甸。

本区域的原生落叶阔叶林已经很少，平原区原有植被已经完全被人工的农业植被所取代，绝大部分低山丘陵地区退化为次生林、灌丛或灌草丛，有些则被改造成了人工林。人工林和次生林主要有油松林、桦木林、杨树林、榆树林、刺槐林、柏树林、落叶松林、泡桐林等以及苹果、桃、梨、核桃、山楂、葡萄等果林。主要灌丛和灌草丛类型有虎榛子灌丛、胡枝子灌丛、荆条＋黄背草（*Themeda japonica*）灌草丛、酸枣、绣线菊等。西部地区向阳山坡也常见以白羊草、黄背草等为优势的草丛。

（4）亚热带常绿阔叶林区域（Ⅳ）

亚热带常绿阔叶林区域（Ⅳ）位于秦岭—淮河一线以南、大致北回归线以北、西至青藏高原东部的广大地区。地带性植被以常绿阔叶林为主，松林、竹林和竹丛分布普遍。东部下半年受来自太平洋的暖湿气团影响，高温多雨，冬季则受来自北方的寒流影响，寒流侵袭时常会发生大风降温。西部夏、秋季受来自印度洋的西南季风的影响，降雨丰沛，冬季受西部热带大陆干热气团的影响，且很少受北方寒流的侵袭，温暖干燥。据此，本区域划分为东、西两个亚区域。

东部亚区域的北部（北纬31°~32°以北）为亚热带常绿阔叶林区域向暖温带落叶阔叶林区域的过渡区。地带性植被为以壳斗科的落叶和常绿树种为建群种组成的落叶、常绿阔叶混交林。海拔1200 m以上的地区分布有栎、水青冈（*Fagus*）、桦、鹅耳枥等属植物为主组成的落叶阔叶林。海拔2600 m以上还分布有寒温性针叶林和亚高山灌丛和竹丛。目前，次生或栽培的马尾松林在海拔800 m以下山地分布广泛。

东部亚区域的中部为该区域的核心部分，地带性植被为常绿阔叶林，类型很多，优势种主要由壳斗科的青冈属、栲属、石栎属，山茶科的木荷属，樟科的润楠属（*Machilus*）、楠木属（*Phoebe*）、樟属（*Cinnamomum*），金缕梅科的蕈树属（*Altingia*），杜英科的杜英属（*Elaeocarpus*）、猴欢喜属（*Sloanea*），木兰科的木莲属（*Manglietia*）、含笑属（*Michelia*）等植物组成。群落通常为多建群种的类型，尤其是在纬度较低的南部。中山带分布山地常绿、落叶阔叶林混交林和以水青冈属植物、鹅耳枥属植物和落叶栎类为主组成的落叶阔叶林，也有含铁杉的针阔叶混交林，台湾松（*Pinus taiwania*）林等温性松林在部分山地也有分布。在个别高大的山体上部，如梵净山、元宝山等还分布有零星的寒温性针叶林。暖性的马尾松林广泛分布在海拔1000 m以下的丘陵和山地，是目前该地带分布最广的森林植被类型。人工杉木林遍及本区，较常见的还有毛竹林和以其他竹子为优势种的竹林。人工桉树林主要在南部，且常被寒流所伤害。森林被破坏后一般退化为灌丛，连续的强度干扰下退化为以禾本科中生草本植物和蕨类植物为优势的草丛。石灰岩地区发育有独特的石灰岩常绿落叶阔叶混交林，建群植物主要有石栎属（*Lithocarpus*）、青冈属、樟属、化香树属（*Platycarya*）、鹅耳枥属、朴属（*Celtis*）、构属（*Broussonetia*）等属植物。这些森林在强度干扰下往往退化为藤本刺灌丛。

位于北回归线附近的东部亚区域的南部，地带性常绿阔叶林具有向北热带季节性雨林过渡的性质，以樟科、壳斗科、金缕梅科、山茶科、杜英科、山矾科、冬青科、茜草科植物为主，其他还有藤黄科、番荔枝科、桃金娘科、桑科、大戟科、梧桐科植物等，但这些地带性植被目前只是零星分布在一些偏远的山区或保护地。马尾松林则分布很多，成为该区域重要的用材林。近年来由于大量桉树种植，桉树林也成为该区域重要的用材林。山地有常绿、落叶阔叶混交林，山地针阔混交林，亚高山针叶林和高山灌丛等。石灰岩山地的常绿、落叶阔叶混交林大多遭受破坏。

西部常绿阔叶林亚区域是我国生物多样性最丰富的地区，植物种类繁多，区系成分复杂。其中，云南中北部到川西南的西部中亚热带常绿阔叶林以滇青冈（*Cyclobalanopsis glaucoides*）、滇栲（*Castanopsis delavayi*）、元江栲（*C. orthacantha*）为主要种类的最具代表性。云南松林广布，与东部亚区域的马尾松成替代关系。干燥的阳坡常分布着由高山栎类植物为建群种的高山栎林，其分布的海拔高度可达 4000 m 以上。在深切河谷，由于焚风效应，气候干热，出现以木棉（*Bombax malabaricum*）为主的稀树灌草丛，甚至在局部有由仙人掌等组成的肉质刺灌丛和白刺花（*Sophora viciifolia*）有刺灌丛等。在海拔 3000 m 左右常分布有云南铁杉（*Tsuga dumosa*）林或云南铁杉与常绿和落叶阔叶树种组成的混交林。海拔 3200 ~ 4200 m，有亚高山针叶林，以多种云杉和冷杉为建群种。海拔 4000 m 以上常分布杜鹃灌丛和高山草甸。

西部亚区域的南部，最具有代表性的常绿阔叶林以刺栲（*Castanopsis hystrix*）、印度栲（*C. indica*）、小果栲（*C. microcarpa*）、思茅栲（*C. erox*）、蒺藜栲（*C. tribuloides*）、刺壳石栎（*Lithocarpus echinotholus*）、硬斗石栎（*L. confertifolia*）、瑞丽桢楠（*Machilus shweliensis*）、木莲、银木荷、西南木荷（*Schima wallichii*）等为主组成。思茅松（*Pinus kesiya* var. *langbianensis*）林分布广泛。在石灰岩山地则是以圆果化香（*Platycarya longipes*）、桢楠（*Machilus kurzii*）、滇青冈等为主组成的森林，并常有蚬木（*Burretiodendron hsienmu*）分布。干热河谷中发育以扭黄茅（*Heteropogon contortus*）、芸香草（*Cymbopogon distans*）占优势，散生有木棉、毛麻楝（*Chukrasia tabularis* var. *velutina*）、余甘子（*Phyllanthus emblica*）等的稀树灌木草丛。

西部亚区域的西北部延展于青藏高原的东南部，其东界大致为青藏高原的边界，北部和西部界限大致以针叶林的分布范围为界。植被主要为分布在山地或下切河谷侧坡上的针叶林，常出现在阴坡，建群种有多种云杉和冷杉。在针叶林之上或者在针叶林破坏后，通常出现有杨、桦林。在阳坡则常为川滇高山栎林、高山松林、西藏圆柏（*Sabina tibetica*）林等，还有少量油松林和华山松林。干旱河谷中有由狼牙刺、白刺花等为主组成的灌丛。海拔 4000 m 以上常分布有以杜鹃属、绣线菊属、鲜卑花属（*Sibiraea*）、柳属植物等组成的各类灌丛和以嵩草属植物为主的高山草甸。

（5）热带雨林和季雨林区域（Ⅴ）

热带雨林和季雨林区域（Ⅴ）在东经 100°以东地区，其北界基本上位于北纬 22°和北回归线之间，但在东经 100°以西的云南西南部和西藏南部明显向北扩展，在雅鲁藏布江河谷一带达北纬 29°左右。地带性植被主要是季节性雨林和季雨林。

在广西百色岑王老山以东，地带性的季节性雨林和季雨林主要由青皮（*Vatica mangachapoi*）、狭叶坡垒（*Hopea chinensis*）、台湾肉豆蔻（*Myristica cagayanensis*）、榕（*Ficus* spp.）、厚壳桂

(*Cryptocarya chinensis*)、鹅掌柴(*Schefflera octophylla*)、木棉(*Bombax malabarica*)等为主组成,目前只分散分布在个别山区,次生植被或人工植被占据了大部分地区。在桂西南石灰岩山地有以蚬木(*Burretiodendron hsienmu*)、金丝李(*Garcinia paucinervis*)、肥牛树(*Cephalomappa sinensis*)等为主组成的石灰岩季节性雨林。海岸地带热性刺灌丛和草丛及红树林分布很广,组成种类也很丰富。云南和西藏境内,热带季节性雨林主要分布在海拔1000 m以下地区的局部湿润生境,通常呈不连续的块状分布,主要组成物种有绒毛番龙眼(*Pometia tomentosa*)、望天树(*Parashorea chinensis*)、多种龙脑香(*Dipterocarpus* spp.)、多种坡垒(*Hopea* spp.)、仪花(*Lysidice rhodostegia*)、多种娑罗树(*Shorea* spp.)等。在较开阔的盆地和受季风影响强烈的河谷,发育有热带落叶季雨林,主要组成乔木种类有木棉(*Bombax malabaricum*)、楹树(*Albizia chinensis*)、劲直刺桐(*Erythrina stricta*)等。山地植被垂直分布明显,在热带季节性雨林分布地带之上一般分布常绿阔叶林等。在南海较大的岛礁上发育有珊瑚岛矮林,其群落组成种类极为贫乏,主要有抗风桐(*Ceodes grandis*)、海岸桐(*Guettarda speciosa*)、草海桐(*Scaevola sericea*)、银毛树(*Messerschmidia argentea*)等。

(6)温带草原区域(Ⅵ)

温带草原区域(Ⅵ)位于温带森林区域和荒漠区域之间,主要包括内蒙古高原东部、黄土高原大部、松辽平原、青海东北部地区以及新疆北部阿尔泰山和萨乌尔山与塔尔巴哈台山一带。

位于东经90°以东的绝大部分地区属于亚洲中部(中亚东部)草原区,地带性植被自东南向西北依次为草甸草原、典型草原和荒漠草原。在松辽平原和大兴安岭中段,羊草(*Leymus chinensis*)草甸草原和盐化草甸主要分布在平原和山麓水分条件较好的地段,贝加尔针茅(*Stipa baicalensis*)草甸草原主要分布在丘坡,线叶菊(*Filifolium sibiricum*)草甸草原主要分布在丘顶或石质化坡地。低湿地还广泛分布着多种类型的草甸和沼泽植被。山地阴坡和山麓常为落叶阔叶林或灌丛。在西辽河流域、大兴安岭南部山地和内蒙古高原东部,地带性植被主要是大针茅草原、羊草草原、克氏针茅草原、退化的冷蒿草原和沙地上的沙生冰草(*Agropyron desertorum*)草原等典型草原。在科尔沁沙地和浑善达克沙地有大面积分布的榆树疏林草原和柳灌丛、差巴嘎蒿灌丛、褐沙蒿(*Artemisia intramongolica*)灌丛、小叶锦鸡儿(*Caragana microphylla*)灌丛等,在沙丘阴坡有小片的山杨林、白桦林、云杉林和虎榛子灌丛、绣线菊灌丛等,阳坡常见山杏灌丛,丘间低湿地发育有多种多样的草甸和沼泽。在苏尼特—乌兰察布高平原地区经蒙古境内延续到我国阿尔泰山东部的广大地区,地带性植被是以小针茅(*Stipa klemenzii*)、沙生针茅(*Stipa glareosa*)、戈壁针茅(*Stipa gobica*)、短花针茅等为优势种的荒漠草原。在燕山山脉和阴山山脉以南地区,温度较高。其中,沿暖温带落叶阔叶林区域的西北缘,从冀北辽西山地到兰州附近,以本氏针茅(*Stipa bungeana*)草原为代表,其他分布较多的类型还有以白羊草(*Bothriochloa ischaemum*)、百里香(*Thymus mongolicus*)、白莲蒿(*Artemisia sacrorum*)、茭蒿(*Artemisia giraldii*)等为建群种的群落。丘陵和山地上发育有多种灌丛,在许多山地还分布有落叶阔叶林、温性针叶林和寒温性针叶林等。在黄土高原西部山地和青海湖盆地一带,海拔较高,本氏针茅草原主要分布在黄土丘陵和山地下部,短花针茅草原、克氏针茅草原、大针茅草原主要在丘陵与低山比较干旱的地段出现,紫花针茅草原见于海拔3000 m之上的山地,芨芨草(*Achnatherum splendens*)草原和青海固沙草(*Orinus kokonorica*)草原则在共和盆地和宽谷中广泛分布。山地阴坡局部分布有阔叶林和少量寒温性针叶林,祁连圆柏疏林分布较广,山地灌丛和亚高山灌丛分布也较多。嵩草草甸在高山带广泛分布。在鄂尔多斯高原东部、阴山山地和宁夏中部黄土高原，地带性植被也以本氏针茅草原为主。山地上有多种森林、灌丛、草甸分布。沙地上主要分布着油蒿（*Artemisia ordosica*）灌丛、籽蒿（*A. sphaerocephala*）灌丛和沙地柏灌丛等，丘间低地分布着灌丛和草甸。在鄂尔多斯高原西部、宁夏西北部和陇西黄土高原地区，地带性植被主要为短花针茅荒漠草原和沙生针茅荒漠草原，沙地有稀疏的柠条锦鸡儿（*Caragana korshinskii*）、油蒿、籽蒿、沙拐枣（*Calligonum mongolicum*）生长。

东经 90° 以西的新疆北部草原属于黑海—哈萨克草原区的极小一部分，在中国植被区划中划为西部草原亚区域，地带性植被以沙生针茅荒漠草原为代表，其中含有很多短命和类短命植物。中山带阳坡主要为山地草原和灌丛，主要类型有针茅（*Stipa capillata*）草原、沟叶羊茅（*Festuca sulcata*）+ 针茅草原、兔儿条绣线菊（*Spiraea hypericifolia*）灌丛、刺玫（*Rosa acicularis*）灌丛等。阴坡有大面积的西伯利亚落叶松（*Larix sibirica*）林和西伯利亚落叶松 + 西伯利亚云杉（*Picea obovata*）混交林分布，局部有西伯利亚冷杉（*Abies sibirica*）和新疆五针松（*Pinus sibirica*）林分布。山地草甸、亚高山草甸和高山嵩草草甸有广泛的分布。

（7）温带荒漠区域（Ⅶ）

温带荒漠区域（Ⅶ）位于贺兰山—鄂尔多斯高原西部—狼山—二连浩特一线以西，昆仑山以北到阿尔泰山山前的我国西北内陆地区，包括东、西部两个亚区域。

西部荒漠亚区域位于天山主脊以北，阿尔泰山以南、东经 90° 以西的地区，降水相对较多，且具有较多、冬春降雪，植物区系组成中亚西部成分（伊朗—吐兰成分）占有较重要地位，植被中含有大量依赖于春季融雪水分的短命植物和类短命植物。在准噶尔盆地北部剥蚀台地和河岸阶地上大面积分布着由盐生假木贼（*Anabasis salsa*）等为主组成的小半灌木荒漠。在古尔班通古特沙漠，梭梭（*Haloxylon ammodendron*）荒漠分布于固定沙丘、丘间平沙地和盐化砂壤质或壤质土上，白梭梭（*H. persicum*）荒漠和驼绒藜（*Krascheninnikovia ceratoides*）荒漠分布于流动、半流动或半固定沙丘的中上部和砂壤质土上。多种沙拐枣荒漠分布在沙漠北缘的半流动沙丘。沙蒿（*Artemisia desertorum*）荒漠分布在半固定沙垄顶部和迎风坡中上部（张立运和陈昌笃，2002）。在准噶尔盆地南部古老的细土冲积平原上主要是红砂（*Reaumuria soongarica*）、假木贼（*Anabasis* spp.）、盐爪爪（*Kalidium* spp.）和低矮稀疏的梭梭为主组成的半灌木荒漠。玛纳斯河等河流沿岸地区分布有胡杨林，湖滨地带在季节性水淹的盐土上一般分布有碱蓬（*Suaeda* spp.）、盐角草（*Salicornia europaea*）等，湖滨外围的湖积平原上分布有芦苇沼泽。在天山山前倾斜平原和准噶尔西部的塔城谷地广泛分布着草原化绢蒿类荒漠。塔城盆地周围山地上分布有多种针茅、羊茅、隐子草占优势的山地荒漠草原，山顶有高山嵩草草甸，局部阴坡分布有片断的森林。天山北坡植被垂直带由下而上依次为山地蒿属荒漠、山地荒漠草原、山地典型草原、寒温性针叶林、亚高山（灌丛）草甸、高山草甸、高山倒石堆稀疏植被。各带分布的高度在山体的不同区段因受地形的影响存在一定的差异，总体上各带在较湿润的中段分布高度略低，山地寒温性针叶林带的幅度也较宽阔。伊犁谷地底部的地带性植被为绢蒿类荒漠，但土质较好的大部分地方已开垦为农地。谷地南北各山系由下而上分布有山地草原、山地寒温性针叶林（阴坡）、亚高山草甸、高山草甸和倒石堆稀疏植被等。在新源、果子沟等地雪岭云杉（*Picea schrenkiana*）林带之下，有野苹果（*Malus sieversii*）和野杏（*Armeniaca vulgaris*）等组成的野果林呈带状分布。在针叶林分布高度带的较干旱阳坡，往往还分布着匍匐型的天山方枝柏灌丛等。昭苏盆地内主要分布的是针茅和羊茅草原以及芨芨草草甸。

东部荒漠亚区域位于天山主脊以南和东经90°以东的准噶尔盆地东部，降水稀少，沙漠和戈壁分布面积很大，且沙漠基本上以流动沙丘为主，植物区系组成中中亚东部（亚洲中部）成分占主要地位，植被主要为超旱生的灌木和半灌木荒漠。东部草原区域接壤的东部，主要为红砂（*Reaumuria soongarica*）、珍珠猪毛菜（*Salsola passerina*）等半灌木和灌木与多种耐旱草本植物组成的草原化荒漠。古湖盆或古河道分布有大面积的梭梭荒漠。低湿地有柽柳灌丛、芨芨草草甸和拂子茅（*Calamagrostis epigeios*）草甸等。盐渍化土壤上常发育有盐化芦苇草甸等。在贺兰山山地上分布有山地草原、山地灌丛、旱榆（*Ulmus glaucescens*）疏林、油松林、青海云杉（*Picea crassifolia*）林和高山草甸。在阿拉善高原中部、河西走廊大部，植被主要是红砂、珍珠猪毛菜等组成的灌木和半灌木荒漠，群落中草本植物明显较少。巴丹吉林沙漠和腾格里沙漠中有十分稀疏的蒙古沙拐枣群落和籽蒿群落以及片断的沙鞭稀疏群落，丘间湖泊周围普遍分布草甸、沼泽。湖盆洼地与盐渍低地分布有盐生荒漠和盐生草甸。祁连山脉东段北坡，由基部到山顶依次分布山地荒漠带、山地草原带、山地森林草原带、高山灌丛草甸带等。在祁连山西部主要分布着山地荒漠和山地草原，山地草甸很少，高山垫状植被和稀疏植被有较广分布。阿拉善高原西部、诺敏戈壁和柴达木盆地等地区，气候极为干旱，植被极为稀疏，甚至在许多地方是看不到植物生长的大片戈壁。在柴达木盆地，由东南向西北气候趋干旱，荒漠植被越来越稀疏，茫崖至冷湖一带几乎见不到植物，四周山麓线以下洪积倾斜平原主要为裸露戈壁，盆地中央湖积平原为灌木和小半灌木荒漠、盐生灌丛、盐沼和盐壳等。

塔里木盆地和吐鲁番—哈密盆地，以裸露的沙漠、戈壁为主，地带性植被类型为十分稀疏的灌木、半灌木荒漠，扇缘和沙漠腹地丘间低地常分布着柽柳灌丛和盐化草甸，在较大的河流两岸通常分布着大片的胡杨林、灰杨林，罗布泊洼地周围绝大部分地方是荒芜的不毛之地。盆地外围山地基部和山间谷地也主要是由膜果麻黄、驼绒藜、红砂等为主组成的灌木和半灌木荒漠。在山地上分布有蒿类荒漠、山地草原、杂类草草甸和嵩草高山草甸等。在天山南坡和西昆仑山的中山带阴坡还分布有雪岭云杉林和昆仑方枝柏（*Juniperus centrasiatica*）等为主的针叶灌丛。

（8）青藏高原高寒植被区域（Ⅷ）

青藏高原高寒植被区域（Ⅷ）的地带性植被在东部高寒半湿润气候下为高寒灌丛和草甸，在中南部寒冷半干旱气候下为高寒草原，在西北部寒冷极端干旱气候下为高寒荒漠。

高寒灌丛和高寒草甸亚区域主要分布以多种嵩草为建群种的高寒草甸。灌丛主要有以多种小叶型杜鹃为优势组成的常绿革叶灌丛和由窄叶鲜卑花（*Sibiraea angustata*）、多种高山柳、金露梅（*Potentilla fruticosa*）、箭叶锦鸡儿（*Caragana jubata*）、高山绣线菊（*Spiraea alpina*）等组成的落叶阔叶灌丛，分布于较湿润的阴坡。香柏（*Juniperus pingii* var. *wilsonii*）常绿针叶灌丛少量分布在川西北高原海拔3800～4600 m的山地阳坡、半阳坡局部地段。沼泽草甸分布在平浅洼地和宽谷等排水不畅的地方。

高寒草原亚区域可进一步划分为高寒草原地带和温性草原地带，前者位于冈底斯山—念青唐古拉山主脊分水岭以北，海拔较高，气候较为寒冷；后者位于该线以南河谷，地势较低，加上地理位置偏南，气候较温和。高寒草原地带主要是由紫花针茅（*Stipa purpurea*）、羽柱针茅（*S. subsessiliflora* var. *basiplumosa*）、青藏薹草（*Carex moorcroftii*）、扇穗茅（*Littledale racemosa*）等为建群种组成的高寒草原（张经炜等，1988；郭柯，1993；郭柯，1995）。在海拔较高的山坡上常分布着嵩草草甸。垫状植物在这些群落中极为普遍。高寒沼泽草甸也常在低洼地分布。温性草原地带主要分布有较喜温的沙生针茅草原和本氏针茅草原等,河谷中常有落叶阔叶灌丛分布,山地上有高寒草原、高寒草甸和不连续的常绿针叶灌丛。在雅鲁藏布江中游及其各大支流河谷分布有大面积的西藏狼牙刺灌丛和藏锦鸡儿灌丛。变色锦鸡儿和小叶金露梅为优势的落叶阔叶灌丛片段地分布在山麓和冰水冲积扇上。高山垫状植被在高山带分布广泛。在低湿的河滩和湖滨常发育有沼泽化草甸等。

高原西北部荒漠亚区域植被以高寒荒漠和河谷中分布的山地荒漠为主,沙生针茅荒漠草原也有较多分布。在喀喇昆仑山—藏色岗日及其以北地区广阔的高原面和山间宽谷中以垫状驼绒藜高寒荒漠为主,属于高寒荒漠地带。其中,在土壤水分略好和含钠盐较高的湖盆周边垫状驼绒藜荒漠的植株密度明显较高,在东帕米尔谷地和叶尔羌河上游谷地主要是以麻黄、驼绒藜等为主组成的山地荒漠,在昆仑山内部的库木库勒盆地的冲积扇上还分布有蒿叶猪毛菜山地荒漠和蒿属荒漠,在个别高原山地上部局部覆沙地还见块状的青藏薹草高寒荒漠草原和高寒草原,甚至高寒草甸。喀喇昆仑山以南的阿里西部,海拔较低,河谷和干燥山坡主要分布温性山地荒漠,属于温性荒漠地带。河谷中以驼绒藜、灌木亚菊、锦鸡儿等为主组成的荒漠为主,但在海拔 4600 m 以下的高原面上则多为沙生针茅荒漠草原,4600 ~ 5000 m 的山坡上则以紫花针茅草原为主。高山流石坡稀疏植被遍及本亚区域高山带。

# 6.2 典型陆地生态系统植被类型与特征

中国幅员辽阔,东西、南北跨度大,地形多样,人类干扰历史悠久,孕育了高度复杂和多样的植被,北半球所有的自然植被类型在中国基本都有分布(张新时,2007a)。根据《中国植被》(吴征镒,1980),中国植被可划分为 11 个植被型组、29 个植被型、100 余个群系组、近 600 个群系。然而,不同学者对中国植被的分类体系的看法不尽一致,尤其对中、低级分类单位所包括的植被类型还缺乏充分的了解(宋永昌,2001;张新时,2007a;陈灵芝,2014),例如,中国植被包含的完整群系是哪些?有多少群丛组?多少个群丛?目前,对于这些问题都不甚清楚。这其中最重要也最根本的原因是基础观测数据的严重缺乏。全面了解各类植被的特征及其变化的关键是获取各种植物群落的观测数据,建立全面的植被类型特征数据库。因此,对重要的植被类型进行长期、定位观测对于全面了解植被变化特征意义重大(吴征镒,1980)。

## 6.2.1 典型陆地生态系统植被长期监测

中国生态系统研究网络(CERN)目前有 38 个陆地生态系统研究站,每个站设立 1 ~ 2 个综合观测样地和数个辅助观测样地,分别对站所在区域的典型生态系统的植物、动物、微生物等生物因子,以及大气、土壤、水分等环境因子开展长期监测。目前,CERN 共有近 100 个自然生态系统长期观测样地,其中有综合观测样地 24 个,植被类型涵盖针叶林、阔叶林、灌丛和灌草丛、草原、荒漠、草甸、沼泽 7 个植被型组,13 个植被型,在 8 个植被区中的 6 个均有分布(表 6.1)。每个样地在建立之初都对其地貌地形、土壤、气候、植被、利用历史等进行了全面调查,随后按照统一的监测指标和方法规范开展长期监测。植物群落的监测项目包括:群落种类组成、高度、盖度、分层特征、物候、生物量、凋落物动态、优势植物元素含量等(吴冬秀,2007;吴冬秀等,2012)。除个别新加入 CERN 的站外,每个样地都开展了 10 年以上的长期监测,积累了大量有关植被特征及其动态变化的观测数据(表 6.2)。基于这些长期观测数据,可以相对准确地对这些植被类型的特征进行描述,从而为中国植被类型数据库提供宝贵的数据源,这对于近年来启动的中国植物群落模式样地建设也将具有重要意义。本文统一根据《中国植被》的植被分类体系对各样地的群落类型进行梳理,对部分典型植物群落特征进行示范性描述,以展示 CERN 样地的长期监测数据在中国典型植被类型特征数据库建设中的重要价值,以及 CERN 样地在植物群落模式样地建设中的潜在应用前景。

**表 6.1　CERN 自然生态系统研究站综合观测场样地植被信息**

| 序号 | 站代码 | 样地名称 | 样地地理位置 | 样地海拔 /m | 植被型组 | 植被型 | 所属植被区域 |
|---|---|---|---|---|---|---|---|
| 1 | GGF | 贡嘎山站综合观测场永久样地 | 29° 34′ 23″ N,101° 59′ 19″ E | 3160 | 针叶林 | 寒温性针叶林 | 亚热带常绿阔叶林区域 |
| 2 | MXF | 茂县站综合观测场永久样地 | 31° 41′ 38″ N,103° 53′ 41″ E | 1891 | 针叶林 | 温性针叶林(人工林) | 亚热带常绿阔叶林区域 |
| 3 | CBF | 长白山站综合观测场永久样地 | 42° 24′ 10″ N,128° 05′ 41″ E | 761 | 针叶林 | 温性针阔叶混交林 | 温带针阔叶混交林区域 |
| 4 | HTF | 会同站综合观测场永久样地 | 26° 51′ 0.2″ N,109° 36′ 15.1″ E | 500 ~ 540 | 针叶林 | 暖性针叶林(人工林) | 亚热带常绿阔叶林区域 |
| 5 | QYF | 清原站综合观测场永久样地 | 41° 50′ 43.5″ N,124° 55′ 39.2″ E | 660 ~ 706 | 阔叶林 | 落叶阔叶林 | 温带针阔叶混交林区域 |
| 6 | BJF | 北京森林站综合观测场永久样地 | 39° 57′ 0″ N,115° 24′ 36″ E | 1259 ~ 1269 | 阔叶林 | 落叶阔叶林 | 暖温带落叶阔叶林区域 |
| 7 | SNF | 神农架站综合观测场永久样地 | 31° 18′ 18.7″ N,110° 28′ 26.1″ E | 1688 | 阔叶林 | 常绿、落叶阔叶混交林 | 亚热带常绿阔叶林区域 |
| 8 | PDF | 普定站综合观测场永久样地 | 26° 14′ 45″ N,105° 45′ 50″ E | 1453 | 阔叶林 | 常绿、落叶阔叶混交林 | 亚热带常绿阔叶林区域 |
| 9 | HTF | 会同站综合观测场永久样地 | 26° 50′ 53.2″ N,109° 36′ 35.6″ E | 395 | 阔叶林 | 常绿阔叶林 | 亚热带常绿阔叶林区域 |
| 10 | ALF | 哀牢山站综合观测场永久样地 | 24° 32′ 53″ N,101° 01′ 41″ E | 2488 | 阔叶林 | 常绿阔叶林 | 亚热带常绿阔叶林区域 |
| 11 | DHF | 鼎湖山站综合观测场永久样地 | 23° 09′ 21″ N,112° 30′ 39″ E | 230 ~ 350 | 阔叶林 | 常绿阔叶林 | 亚热带常绿阔叶林区域 |
| 12 | HSF | 鹤山站综合观测场永久样地 | 22° 40′ 35″ N,112° 53′ 51″ E | 14 ~ 77 | 阔叶林 | 常绿阔叶林(人工林) | 亚热带常绿阔叶林区域 |
| 13 | BNF | 西双版纳站综合观测场永久样地 | 21° 57′ 39.4″ N,101° 12′ 0.4″ E | 730 | 阔叶林 | 雨林 | 热带季雨林和雨林区域 |

续表

| 序号 | 站代码 | 样地名称 | 样地地理位置 | 样地海拔 /m | 植被型组 | 植被型 | 所属植被区域 |
|---|---|---|---|---|---|---|---|
| 14 | ESD | 鄂尔多斯站综合观测场 | 39° 29′ 43.70″ N，110° 12′ 3.18″ E | 1288 | 灌丛和灌草丛 | 落叶阔叶灌丛 | 温带草原区域 |
| 15 | FKD | 阜康站荒漠综合观测场 | 44° 20′ 42.9″ N，87° 55′ 9.4″ E | 430 | 荒漠 | 荒漠 | 温带荒漠区域 |
| 16 | LZD | 临泽站荒漠综合观测场 | 39° 24′ 49.8” N，100° 07′ 06.1” E | 1405 | 荒漠 | 荒漠 | 温带荒漠区域 |
| 17 | CLD | 策勒站荒漠综合观测场 | 37° 00′ 18″ N，80° 42′ 18″ E | 1305 | 荒漠 | 荒漠 | 温带荒漠区域 |
| 18 | SPD | 沙坡头站荒漠综合观测场 | 37° 28′ 04″ N，104° 59′ 56″ E | 1350 | 荒漠 | 荒漠 | 温带荒漠区域 |
| 19 | NMG | 内蒙古站综合观测场 | 43° 32′ 54″ N，116° 40′ 25″ E | 1250 ~ 1280 | 草原和稀树草原 | 草原 | 温带草原区域 |
| 20 | NMD | 奈曼站综合观测场 | 42° 55′ 43″ N，120° 41′ 18″ E | 363 | 草原和稀树草原 | 草原 | 温带草原区域 |
| 21 | HBG | 海北站综合观测场 | 37° 36′ 39.3″ N，101° 18′ 51.2″ E | 3240 | 草甸 | 草甸 | 温带草原区域 |
| 22 | SJM | 三江站综合观测场 | 47° 35′ 18.5″ N，133° 30′ 6.9″ E | 52 | 沼泽 | 沼泽 | 温带针阔叶混交林区域 |
| 23 | DTM | 洞庭湖站苔草群落综合观测场 | 29° 27′ 22.7″ N，112° 47′ 8.6″ E | 24 | 沼泽 | 沼泽 | 亚热带常绿阔叶林区域 |
| 24 | DTM | 洞庭湖站南荻群落综合观测场 | 29° 27′ 22.7″ N，112° 47′ 8.6″ E | 24 | 沼泽 | 沼泽 | 亚热带常绿阔叶林区域 |

**表 6.2 CERN 自然生态系统研究站现有生物监测数据概况**

| 序号 | 生态系统类型 | 观测项目 | 观测频率 | 起止年份* |
|---|---|---|---|---|
| 1 | 森林、草地、荒漠、沼泽 | 群落种类组成和数量特征 | 森林和荒漠：1 次 /5 年；草地和沼泽：1 次 / 月，每年生长季 | 1998—2016 |
| 2 | 草地、荒漠、沼泽 | 群落地上生物量 | 荒漠：1 次 /5 年<br>草地和沼泽：1 次 / 月，每年生长季 | 1998—2016 |
| 3 | 草地、荒漠、沼泽 | 群落地下生物量 | 荒漠：1 次 /5 年<br>草地和沼泽：1 ~ 5 次 / 年 | 1998—2016 |
| 4 | 森林、草地、荒漠、沼泽、农田 | 优势植物和指示植物物候 | 每年生长季动态观测 | 2005—2016 |

续表

| 序号 | 生态系统类型 | 观测项目 | 观测频率 | 起止年份* |
|---|---|---|---|---|
| 5 | 森林、草地、荒漠、沼泽、农田 | 优势植物和凋落物的元素含量与能值 | 1次/5年 | 1998—2015 |
| 6 | 森林、草地、荒漠、沼泽、农田 | 土壤微生物生物量碳季节动态 | 1个季节动态/5年 | 2005—2015 |
| 7 | 森林 | 乔木每木调查 | 1次/5年 | 1998—2015 |
| 8 | 森林 | 凋落物回收量季节动态 | 1次/月 | 1998—2016 |
| 9 | 森林 | 凋落物现存量 | 1次/年 | 2005—2016 |
| 10 | 森林 | 大型野生动物种类与数量 | 1次/5年 | 2005—2015 |
| 11 | 森林、沼泽 | 鸟类种类与数量 | 1次/5年 | 2005—2015 |
| 12 | 草地 | 蝗虫/毛虫、啮齿动物种类与数量 | 1次/5年 | 2005—2015 |
| 13 | 荒漠、草地 | 站区调查点家畜种类与数量 | 1次/5年 | 2005—2015 |
| 14 | 荒漠 | 植物种子产量 | 1次/5年 | 2005—2015 |
| 15 | 荒漠 | 土壤有效种子库 | 1次/5年 | 2005—2015 |
| 16 | 荒漠 | 短命植物生活周期 | 1次/5年 | 2005—2015 |
| 17 | 农田 | 轮作体系与复种指数 | 每季作物观测 | 1998—2016 |
| 18 | 农田 | 作物叶面积与地上生物量动态 | 每季作物动态观测 | 2005—2016 |
| 19 | 农田 | 作物根生物量 | 每季作物观测 | 2005—2016 |
| 20 | 农田 | 作物收获期性状 | 每季作物收获期观测 | 2005—2016 |
| 21 | 农田 | 作物产量 | 每季作物收获期观测 | 2005—2016 |

* 表示2005年以后数据的规范性、完整性相对更好。

## 6.2.2 典型陆地生态系统植物群落特征

（1）温带针阔叶混交林区域代表性植物群落特征

① 长白山站综合观测场永久样地——红松、紫椴、风桦林（Form. *Pinus koraiensis*, *Tilia amurensis*, *Betula costata*）

长白山站综合观测场永久样地植物群落为天然红松针阔叶混交林，位于吉林省安图县二道白河镇。该森林类型是长白山地带性植被类型之一，天然顶极群落，分布面积广，林分结构复杂。山前玄武岩台地地貌，地势平坦，海拔761 m，坡度2°，北坡，坡中。土壤为淋溶土，土壤母质为黄土。年均温3.5℃，年降水800 mm，>10℃有效积温2335℃，年均无霜期100～120天。年平均湿度71%，年干燥度0.53。

该样地植物群落属于针叶林植被型组，温性针阔叶混交林植被型，红松针阔叶混交林群系组，红松、紫椴、风桦林群系。包含37个植物种，主要建群种为红松（*Pinus koraiensis*）、紫椴（*Tilia amurensis*）。群落高度 27 m，郁闭度 0.8。可分乔木层、灌木层、草本层 3 层。乔木层包含 10 个植物种，优势种为红松、紫椴、五角枫（*Acer pictum* subsp. *mono*）、水曲柳（*Fraxinus mandshurica*）、蒙古栎（*Quercus mongolica*）；灌木层包含 8 个植物种，优势种为榛（*Corylus heterophylla*）、东北山梅花（*Philadelphus schrenkii*）、长白忍冬（*Lonicera ruprechtiana*），平均高度 1 m，平均盖度 50%；草本层包含 19 个植物种，优势种为荨麻叶龙头草（*Meehania urticifolia*）、毛缘薹草（*Carex pilosa*）、山茄子（*Brachybotrys paridiformis*）、白花碎米荠（*Cardamine leucantha*），平均高度 0.3 m，平均盖度 40%。

② 三江站综合观测场永久样地——毛果薹草沼泽（Form. *Carex lasiocarpa*）

三江站综合观测场永久样地植物群落为毛果薹草沼泽湿地，位于黑龙江省佳木斯市同江市洪河农场，地处三江平原低平原区的别拉洪河与浓江河河间地带，海拔 52 m，碟形洼地，常年积水 5～30 cm。土壤为泥炭沼泽土、草甸沼泽土，土壤母质为第四纪沉积物。年均温 1.9℃，年降水 500～600 mm，>10℃有效积温 2400℃，无霜期 115 天，年平均湿度 78%，年干燥度 0.64～0.768。

该样地植物群落属于沼泽植被型组，沼泽植被型，草本沼泽植被亚型，莎草沼泽群系组，毛果薹草沼泽群系，是三江平原主要湿地类型。包含 15 个植物种，群落高度 80～100 cm，优势种为毛果薹草（*Carex lasiocarpa*）、乌拉薹草（*Carex meyeriana*）、小叶章（*Deyeuxia angustifolia*），其次为狭叶甜茅（*Glyceria spiculosa*）、漂筏薹草（*Carex pseudo curaica*），并伴生有绣线菊（*Spiraea salicifolia*）。另一主要群落类型为乌拉薹草群落，植被分布沿水文条件变化具有一定的分带性。

（2）暖温带落叶阔叶林区域代表性植物群落特征

北京森林站综合观测场永久样地——辽东栎林（Form. *Quercus wutaishanica*）

北京森林站综合观测场永久样地植物群落为暖温带落叶阔叶林（天然次生林），位于北京市门头沟区小龙门林场，地处东灵山地区，属于太行山系，小五台山余脉，属于暖温带大陆性季风气候，生境类型丰富。以辽东栎为主的落叶阔叶林是东灵山地带性植被，也是该地区分布最广泛的群落之一。山地侵蚀构造地貌，中山，海拔 1259～1269 m，坡度 30°，西北－东南坡向，中坡。土壤为褐土，土壤母质为坡积物。年均温 5～11℃，年降水 500～650 mm，>10℃有效积温 2157.7℃，年均蒸发量 1077.3 mm，年均日照时数 1642 h。年平均湿度 66%，年干燥度 0.66。

该样地植物群落属于阔叶林植被型组，落叶阔叶林植被型，典型落叶阔叶林植被亚型，栎林群系组，辽东栎林群系。该群落是天然次生林，中龄林。包含 63 个植物种，主要建群种为辽东栎。群落高度 12 m，郁闭度 0.9。可分乔木层、灌木层、草本层 3 层。乔木层包含 8 个植物种，优势种为辽东栎、白桦（*Betula platyphylla*）、黑桦（*Betula dahurica*）、蒙椴（*Tilia mongolica*）；灌木层包含 11 个植物种，优势种为六道木（*Abelia biflora*），平均高度 3 m，平均盖度 37%；草本层包含 44 个植物种，优势种为野青茅（*Deyeuxia pyramidalis*），平均高度 0.8 m，平均盖度 65%。

（3）亚热带常绿阔叶林区域代表性植物群落特征

① 神农架站综合观测场永久样地——水青冈、曼青冈、蚊柴林（Form. *Fagus longipetiolata*, *Cyclobalanopsis oxyodon*, *Distylium myricoides*）

神农架站综合观测场永久样地植物群落为常绿、落叶阔叶混交林，位于湖北省兴山县南阳镇龙门河村，位于龙门河自然保护区的核心地带。海拔 1700 m，坡度 15°～80°，北坡，中、上坡。土壤为黄棕壤，土壤母质为石灰岩和页岩。年均温 10.6℃，年降水 1306～1722 mm，年均无霜期 185 天，潮。

该样地植物群落属于阔叶林植被型组，常绿、落叶阔叶混交林植被型，山地常绿、落叶阔叶混交林亚型，水青冈、常绿阔叶树混交林群系组，水青冈、曼青冈、萍柴林群系。该群落是天然顶极群落，包含 193 个植物种，以水青冈属和青冈属的乔木树种为标志种。群落高度 25 m，郁闭度 0.9。可分为乔木层、灌木层、草本层和层间植物，其中，乔木层包含 100 个植物种，可分为 3 个亚层（Ⅰ,Ⅱ,Ⅲ）。乔木层中的乔木Ⅰ亚层主要以米心水青冈（*Fagus engleriana*）、多脉青冈（*Cyclobalanopsis multiervis*）、曼青冈（*C. oxyodon*）、多种槭树（*Acer* ssp.）、石灰花楸（*Sorbus folgneri*）和灯台树（*Bothrocaryum controversum*）等乔木树种组成，高度 15 ~ 25 m，盖度约 35%；乔木Ⅱ亚层以多种青冈（*Cyclobalanopsis* spp.）、粉白杜鹃（*Rhododendron hypoglaucum*）、巴东栎（*Quercus engleriana*）、四照花（*Dendrobenthamia japonica* var. *chinensis*）、三桠乌药（*Lindera obtusiloba*）、山白树（*Sinowilsonia henryi*）等组成，高度 8 ~ 15 m，盖度约 60%；乔木Ⅲ亚层主要由粉白杜鹃和多种青冈的小树组成，高度 4 ~ 6 m，盖度约 15%。灌木层包含 37 个植物种，主要由箭竹（*Fargesia spathacea*）和箬竹（*Indocalamus tessellatus*）以及乔木的幼树组成，高度 1 ~ 4 m，盖度约 60%。草本层包含 56 个植物种，主要由莎草科的多种薹草（*Carex* spp.）、禾本科的野青茅（*Deyeuxia* spp.）和多种蕨类等植物组成，高度 0.5 m 左右，盖度约 10%。层间植物包括多种猕猴桃（*Actinidia* spp.）、多种菝葜（*Smilax* spp.）、多种铁线莲（*Clematis* spp.）等藤本植物，高度从林下 0.5 m 到林冠 20 m 以上。

② 会同站综合观测场永久样地——栲树、罗浮栲林（Form. *Castanopsis fargesii*, *Castanopsis fabri*）

会同站综合观测场永久样地植物群落为常绿阔叶林，位于湖南省会同县广坪镇。山地中丘陵地貌，海拔 395 m。土壤为山地黄壤，质地为粉（砂）质黏土，土壤母质为板页岩。年均温 16.2℃，年降水 1312.8 mm，>10℃有效积温 5100.0℃，无霜期 323 天，年日照时数 883 h。年平均湿度 85%。

该样地植物群落属于阔叶林植被型组，常绿阔叶林植被型，典型常绿阔叶林植被亚型，栲类林群系组，栲树、罗浮栲林群系。该群落是天然顶极群落，包含 65 个植物种，主要建群种为栲树。群落高度 22 m，郁闭度 0.85。可分为乔木层、灌木层、草本层，其中，乔木层可分为 3 个亚层（Ⅰ,Ⅱ,Ⅲ）。乔木层包含 30 个植物种，乔木Ⅰ、Ⅱ、Ⅲ亚层的高度分别为 22 m、15 m、8 m；灌木层包含 23 个植物种，优势种为箬叶竹（*Indocalamus longiauritus*），平均高度 1.3 m，平均盖度 51%；草本层包含 12 个植物种，优势种为狗脊（*Woodwardia japonica*），平均高度 0.6 m，平均盖度 6%。

③ 哀牢山站综合观测场永久样地——木果柯、硬壳柯、腾冲栲林（Form.*Lithocarpus xylocarpus*, *Lithocarpus hancei*, *Castanopsis wattii*）

哀牢山站综合观测场永久样地植物群落为亚热带中山湿性常绿阔叶林，位于云南省景东县太忠乡徐家坝，位于哀牢山国家级自然保护区北段，森林面积较大，林相完整，结构复杂，地势相对平坦。中山山顶丘陵地貌，海拔 2488 m，坡度 5°~ 25°，西坡，山顶丘陵坡下部。土壤为黄棕壤，土壤母质为残积风化物。年均温 11.5℃，年降水 1704.5 mm，>10℃有效积温 4234.5℃，年均日照时数 1728.1 h。年平均湿度 86%，年干燥度 0.283。

该样地植物群落属于阔叶林植被型组，常绿阔叶林植被型，典型常绿阔叶林植被亚型，根据《中国植被》，从地理位置上应属于栎林群系组，刺斗石栎林群系，然而在样地优势种与此则不同。该群落是天然顶极群落，包含 104 个植物种，主要建群种为木果柯、硬壳柯、腾冲栲。群落高度 20 ~ 25 m，郁闭度 1。乔木层包含 42 个植物种，可分乔木层、灌木层、草本层，藤本及附生植物均较发达。乔木Ⅰ亚层优势种类为硬壳柯、木果柯、腾冲栲及南洋木荷（*Schima noronhae*）等，其次尚有红花木莲（*Manglietia insignis*）、翅柄紫茎（*Stewartia pteropetiolata*）、多花含笑（*Michelia floribunda*）、褐叶青冈（*Cyclobalanopsis stewardiana*）等也是上层乔木的重要组成成分。乔木Ⅱ亚层高 5 ~ 15 m，主要由黄心树（*Machilus gamblei*）、云南连蕊茶（*Camellia forrestii*）、斜基叶柃（*Eurya obliquifolia*）、多花山矾（*Symplocos ramosissima*）、云南越橘（*Vaccinium duclouxii*）和栎叶枇杷（*Eriobotrya bengalensis*）等组成，但无明显的优势种。灌木层包含 6 个植物种，高 1 ~ 3.5 m，华西箭竹（*Fargesia nitida*）是主要优势种并组成显著层片。草本层包含 56 个植物种。

④ 鼎湖山站综合观测场永久样地——华栲、厚壳桂林（Form. *Castanopsis chinensis*，*Cryptocarya chinensis*）

鼎湖山站综合观测场永久样地植物群落为亚热带季风常绿阔叶林，位于广东省肇庆市鼎湖区坑口镇，位于鼎湖山自然保护区内，属地带性森林植被类型。监测样地位于低山的中坡，地面起伏不大，尚有少量裸露岩石。海拔 230 ~ 350 m，坡度 25° ~ 35°，东北坡，中坡。土壤为强育湿润富铁土，土壤母质为砂页岩。年均温 21℃，年降水 1996 mm，>10℃有效积温 7495.7℃，年均蒸发量 1115 mm。年平均湿度 82%，年干燥度 0.58。

该样地植物群落属于阔叶林植被型组，常绿阔叶林植被型，季风常绿阔叶林植被亚型，栲、厚壳桂林群系组，华栲、厚壳桂林群系。该群落是天然顶极群落，包含 96 个植物种。群落高度 25 m，郁闭度 0.95。乔木可分 3 层，灌木、草本各一层。乔木层包含 78 个植物种，优势种为华栲（*Castanopsis chinensis*）、木荷（*Schima superba*）、云南银柴（*Aporosa yunnanensis*）等；灌木层包含 11 个植物种，优势种为香楠（*Aidia canthioides*）、柏拉木（*Blastus cochinchinensis*）、九节（*Psychotria asiatica*）、黄果厚壳桂（*Cryptocarya concinna*）；草本层包含 7 个植物种，优势种为华山姜（*Alpinia oblongifolia*）、沙皮蕨（*Tectaria harlandii*）等。另外，层间植物也比较丰富。

⑤ 贡嘎山站综合观测场永久样地——冷杉林（Form. *Abies fabri*）

贡嘎山站综合观测场永久样地植物群落为天然峨眉冷杉成熟林，位于四川省甘孜州磨西镇，地处四川盆地西缘山地，是本地区最具代表性的地带性森林植被之一，植被为天然顶极群落，基本不受人为干扰。高山地貌，海拔 3160 m，坡度 30° ~ 35°，坡向东南，位于山体的中下坡。土壤为灰化棕色针叶林土，土壤母质为坡积物。年均温 4.2℃，年降水 1757 ~ 2175 mm，>10℃有效积温 992.3 ~ 1304.8℃，年均蒸发量 418.4 mm，年均日照时数 845.8 h，年均无霜期 177.1 天。年平均湿度 90%，年干燥度 0.093。

该样地植物群落属于针叶林植被型组，寒温性针叶林植被型，寒温性常绿针叶林植被亚型，云杉、冷杉林（暗针叶林）群系组，冷杉林群系，冷杉灌木群丛。包含 36 个植物种，主要建群种为冷杉（*Abies fabri*）。群落高度 40 m，郁闭度 0.6。可分为乔木层、灌木层、草本层 3 层。乔木层包含 11 个植物种，优势种为冷杉；灌木层包含 7 个植物种，优势种为华西箭竹（*Fargesia nitida*）、针刺悬钩子（*Rubus pungens*）和宝兴茶藨子（*Ribes moupinense*），平均高度 1.5 m，平均盖度 80%；草本层包含 18 个植物种，优势种为犬形鼠尾草（*Salvia cynica*）、羽毛地杨梅（*Luzula plumosa*）、钝叶楼梯草（*Elatostema obtusum*），平均高度 0.15 m，平均盖度 25%。

⑥ 茂县站综合观测场永久样地——华山松林（Form. *Pinus armandii*）

茂县站综合观测场永久样地植物群落为人工华山松、油松林，位于四川省茂县凤仪镇，地处岷江上游大沟流域，是人工植被恢复的代表区域，华山松、油松林是该区域人工林的主要类型。中山地貌，海拔1891 m，坡度29°~37°，坡向东北，监测样地位于坡的中部。土壤为淋溶褐土，土壤母质为坡积物。年均温8.6℃，年降水919.5 mm，>10℃有效积温2690.8℃，年均蒸发量795.8 mm，年均日照时数1139.8 h，年均无霜期200天。年平均湿度82%，年干燥度0.5。

该样地植物群落属于针叶林植被型组，温性针叶林植被型，温性常绿针叶林植被亚型，湿性松林群系组，华山松林群系。人工林，林龄25年，中龄林，经过多年的封山育林，植物生长旺盛，生物多样性丰富。包含56个植物种，主要建群种为华山松（*Pinus armandii*）。群落高度13 m，郁闭度0.86。可分乔木层、灌木层、草本层3层，层间植物有少量藤本植物。乔木层包含8个植物种，优势种为华山松（*Pinus armandii*）；灌木层包含26个植物种，优势种为锐齿槲栎（*Quercus aliena* var. *acutiserrata*），平均高度2.6 m，平均盖度13%；草本层包含22个植物种，优势种为华西箭竹（*Fargesia nitida*）、西南鬼灯檠（*Rodgersia sambucifolia*），平均高度0.71 m，平均盖度15%。

（4）热带雨林和季雨林区域代表性植物群落特征

西双版纳站综合观测场永久样地——千果榄仁、番龙眼、翅子树林（Form. *Terminalia myriocarpa*, *Pometia tomentosa*, *Pterospermum lanceaefolium*）

西双版纳站综合观测场永久样地植物群落为热带季节雨林，位于云南省勐腊县勐仑镇，是热带北缘的顶极群落类型。低山山地地貌，中山，海拔730 m，坡度18°~25°，西北坡，中坡。土壤为砖红壤，土壤母质为砂岩。年均温21.8℃，年降水1506.3 mm，>10℃有效积温4387.9℃，年均蒸发量1467.9 mm，年均日照时数1838.2 h，全年无霜。年平均湿度85%，年干燥度0.47。

该样地植物群落属于阔叶林植被型组，雨林植被型，季节雨林植被亚型，千果榄仁、番龙眼、翅子树林群系。该群落是天然顶极群落。包含351个植物种，以番龙眼、千果榄仁为标志种。群落高度35~40 m，郁闭度0.9，可分为乔木层、灌木层、草本层和层间植物，其中，乔木层包含289个植物种，可分为3个亚层（Ⅰ，Ⅱ，Ⅲ）。乔木层中的乔木Ⅰ亚层主要以番龙眼、千果榄仁、多花白头树（*Garuga floribunda* var. *gamblei*）和其他乔木树种组成，高度35~40 m，盖度约15%；乔木Ⅱ亚层以番龙眼、玉蕊（*Barringtonia macrostachya*）、滇南樫桫（*Chisocheton siamensis*）、大叶白颜树（*Gironniera subaequalis*）、琼楠（*Beilschmeidia brachythyrsa*）等组成，高度15~25 m，盖度约30%；乔木Ⅲ亚层主要由窄序崖豆树（*Millettia laptobotrya*）、小叶藤黄（*Garcinia cowa*）、核实（*Drypetes indica*）、细罗伞（*Ardisia tenera*）、蚁花（*Mezzettiopsis creaghii*）等优势种以及乔木的小树组成，高度5~15 m，盖度约35%。灌木层主要由乔木的幼树组成，较常见的灌木种类有染木（*Saprosma ternatum*）、包疮叶（*Measa indica*）、锈毛杜茎山（*Maesa permollis*）、细腺萼木（*Mycetia gracilis*）等，高度1~4 m，盖度约25%。草本层主要由乔木的幼苗和蕨类植物组成，较常见的草本种类有楼梯草（*Elatostema parvum*）、山壳骨（*Pseuderanthemum malaccense*）、莠竹（*Microstegium ciliatum*）等，高度0.5 m左右，盖度约15%。

（5）温带草原区域代表性植物群落特征

① 内蒙古站综合观测场永久样地——羊草草原（Form. *Leymus chinensis*）

内蒙古站综合观测场永久样地植物群落为羊草草原，位于内蒙古自治区锡林浩特市白音锡勒牧场。地处白音锡勒牧场伊和乌拉分场格登萨拉以南和依和都贵北面的低丘宽谷地带，海拔1250~1280 m，坡度小于5°，东西坡向，中坡。土壤为暗栗钙土，土壤母质为风积物。年均温2℃，年降水350 mm，>10℃有效积温1597.9℃，最冷月1月平均气温-22.3℃，最热月7月平均气温 18.8℃，年均风速 3.58 m·s$^{-1}$，年平均湿度 63.6%。

该样地植物群落属于草原和稀树草原植被型组，草原植被型，羊草草原群系，羊草 + 旱生丛生禾草草原亚群系。《中国植被》把羊草草原归为草甸草原植被亚型，然而由于羊草的生态幅度很广，分布的生境条件也很多样，所以对羊草草原的归类存在一些争议，不同的文献把它列为不同类型（刘慎谔，1955；吴征镒，1980；张新时，2007a；陈灵芝，2014）。羊草草原是蒙古高原东部分布面积最广的温带半干旱典型草原植被。包含 44 个植物种，群落高度 0.5 m，盖度 45%，以多年生禾草、半灌木为主，优势种为羊草、大针茅（*Stipa grandis*）、根茎冰草（*Agropyron michnoi*）、羽茅（*Achnatherum sibiricum*）等，凋落物较多，地表较干。

② 海北站综合观测场永久样地——矮嵩草草甸（Form. *Kobresia pygmaea*）

海北站综合观测场永久样地植物群落为高寒矮嵩草草甸，位于青海省门源县门源马场风匣口南滩。地处祁连山冷龙岭南麓的山间滩地，具有地带和利用方式的典型代表性。地势平坦，祁连山地山麓平原，滩地海拔 3240 m，坡度小于 3°。土壤为草毡土，土壤母质为冲积物。年均温 -1.7℃，年降水 560 mm，>10℃有效积温 <100℃，年蒸发量 1238 mm，日照时数 2467.7 h，年均风速 1.7 m·s$^{-1}$。土壤湿润。

该样地植物群落属于草甸植被型组，草甸植被型，高寒草甸植被亚型，嵩草高寒草甸群系组，矮嵩草草甸群系。多年来一直作为繁殖母羊和羔羊放牧地段，放牧强度轻。包含 49 个植物种，群落高度平均为 8 cm，盖度 85%。优势植物包括矮嵩草、羊茅（*Festuca ovina*）、垂穗披碱草（*Elymus nutans*）、线叶龙胆（*Gentiana lawrencei*）、矮火绒草（*Leontopodium nanum*）、早熟禾（*Poa annua*）、麻花艽（*Gentiana straminea*）、蕨麻（*Potentilla anserina*）、长毛风毛菊（*Saussurea hieracioides*）、薹草（*Carex setosa*）等。上层为禾本科牧草，下层为嵩草。

（6）温带荒漠区域代表性植物群落特征

① 阜康站综合观测场永久样地——梭梭荒漠（Form. *Haloxylon ammodendron*）

阜康站综合观测场永久样地植物群落为温带干旱荒漠，位于新疆维吾尔自治区阜康市水磨沟镇，地处中国第二大沙漠——古尔班通古特沙漠南缘，深入沙漠 5 km，是新疆北部典型的沙漠生态系统。海拔 430 m，为起伏的南北向沙丘，沙丘固定、半固定，沙丘间有大小不等的平地，地表大部分为细沙，微起伏，无岩石露出，无水蚀和龟裂。部分地表覆盖有荒漠结皮。沙丘西坡的坡度为 15°~24°，东坡为 19°~28°。土壤为干旱砂质新成土，土壤母质为风积沙。年均温 6℃，年降水 100 mm，年均蒸发量 2200 mm 以上，年均大风天数 30 天，年均沙尘暴天数 5 天。年平均湿度 5%~10%，年干燥度 5.7。水分条件差，非常干燥。

该样地植物群落属于荒漠植被型组，荒漠植被型，小乔木荒漠植被亚型，梭梭荒漠群系。该群落天然荒漠植被包含 6 个植物种，植被盖度 5%~45%。灌木层主要为天然梭梭，高 1~3 m，盖度 10%；草本层主要为沙漠绢蒿（*Seriphidium santolinum*）和角果藜（*Ceratocarpus arenarius*），高 10~40 cm，盖度 5%~20%。

② 临泽站综合观测场永久样地——泡泡刺荒漠（Form. *Nitraria sphaerocarpa*）

临泽站综合观测场永久样地植物群落为温带干旱荒漠，位于甘肃省临泽县平川镇，山前砾质荒漠，周边与绿洲和沙漠相连。海拔 1405 m。地势平缓，稀疏分布红砂、泡泡刺，砾质戈壁。部分地表覆盖有荒漠结皮。坡度小于 5°。土壤为砾质灰棕漠土，土壤母质为第四纪砂砾洪积冲积物。年均温 7.6℃，年降水 117.1 mm，年均蒸发量 2390 mm 以上，年均大风天数 15 天，年均沙尘暴天数 11 天。年平均湿度 46%，年干燥度 4.2。

该样地植物群落属于荒漠植被型组，荒漠植被型，灌木荒漠植被亚型，典型的灌木荒漠群系组，泡泡刺荒漠群系。该群落天然荒漠植被包含 4 个植物种，植被盖度 5%。灌木层主要为泡泡刺、红砂（*Reaumuria soongarica*），高 20 cm，盖度 10%；草本层主要为猪毛蒿（*Artemisia scoparia*），高 5～10 cm，盖度 1.5%。

## 6.3 典型陆地生态系统植物物种丰富度变化特征

物种丰富度指组成某植被类型或植物群落的植物种类数量。群落物种丰富度是植物群落特征的重要方面，也是决定群落其他特征的关键参量，还是群落物种多样性的重要度量指标之一。CERN 的生物长期监测积累了大量植被观测数据（表 6.2），本节基于 CERN 22 个综合观测样地 2005—2015 年观测数据（不包括新加入的清源站和普定站），对典型陆地生态系统植物物种丰富度变化进行分析。本节中，物种丰富度年均值指特定植物群落多个年份物种数量的平均值，物种丰富度累积值指特定植物群落多年观测所记录到的全部物种数量。物种丰富度累积值与物种丰富度年均值的差异可以表征群落种类组成的变化。物种密度指单位面积上的物种丰富度。物种丰富度年变异系数是物种丰富度年度标准差占物种丰富度年均值的百分比，可以反映物种丰富度数值的年际变化大小。

### 6.3.1 典型生态系统植物物种丰富度大小

（1）CERN 综合观测样地植物物种丰富度总体情况

根据 2005—2015 年间物种组成观测数据，CERN 的 22 个综合观测样地的植物物种数总数平均值为 1261，中国共有高等植物约 35000 种（王利松等，2015），CERN 综合观测样地植物种数约占全国高等植物的 1/27。CERN 森林站的样地面积为 1 $hm^2$，乔木数据来自每木调查，灌木和草本的观测面积远小于此，如果观测面积全部以 1 $hm^2$ 计算，则 22 个观测样地的总观测面积为 22 $hm^2$，22 个样地的平均物种密度约为 5730 个 · $km^{-2}$，是宁夏（物种密度最低）的 81 倍，是物种密度最高省份的 5 倍（冯建孟，2008）。可见，CERN 综合观测样地虽然总面积相对较小，但植物物种密度非常高。

所有样地的物种总数中，90% 以上的物种只在一个样地出现，只有约 9% 的物种在 2 个或 2 个以上样地出现，其中出现在 2 个样地的物种约占 8%，出现在 3 个样地的物种约占 1%，没有物种在 4 个或 4 个以上样地出现，说明 CERN 综合观测样地植物群落之间的物种组成相似性较小，每个样地的区域代表性较强。

（2）不同植被类型的物种丰富度

不同植被类型的物种丰富度差异非常大（表 6.3）。森林的物种丰富度最高，平均值为 109，其次为草甸，物种丰富度为 50，其后依次为草原、沼泽、灌丛、荒漠，物种丰富度分别为 31、20、16、6。森林植被中，8 个自然林的物种丰富度平均值为 128，在 36～427 种浮动。其中，贡嘎山寒温性针叶林和长白山温性针阔混交林分别为 36 种和 38 种，物种丰富度较低；西双版纳热带季雨林最大，为 427 种，是寒温性针叶林的 10 余倍。除了热带季雨林外，神农架常绿、落叶阔叶混交林也具有较高的物种丰富度，为 194 种，是寒温性针叶林的 5 倍多；常绿阔叶林的物种丰富度平均值为 87，约为热带季雨林的 1/5，常绿、落叶阔叶混交林的 1/2。对于天然林的物种丰富度而言，季雨林 > 常绿、落叶阔叶混交林 > 常绿阔叶林 > 落叶阔叶林 > 针阔叶混交林 > 针叶林。三个人工林的物种丰富度平均值为 60，在 28～95 种浮动。

**表 6.3 CERN 自然生态系统研究站综合观测场物种丰富度**

| 植被型 | 站代码 | 乔木物种数 | 灌木物种数 | 草本物种数 | 总物种数 |
| --- | --- | --- | --- | --- | --- |
| 寒温性针叶林 | GGF | 11 | 7 | 17 | 35 |
| 温性针阔叶混交林 | CBF | 10 | 8 | 19 | 37 |
| 落叶阔叶林 | BJF | 8 | 11 | 45 | 64 |
| 常绿、落叶阔叶混交林 | SNF | 101 | 37 | 56 | 194 |
| 常绿阔叶林 | HTF-2 | 31 | 20 | 12 | 63 |
| | ALF | 41 | 6 | 56 | 103 |
| | DHF | 78 | 11 | 7 | 96 |
| 雨林 | BNF | 334 | 53 | 40 | 427 |
| 温性针叶林（人工林） | MXF | 8 | 26 | 22 | 56 |
| 暖性针叶林（人工林） | HTF-1 | 1 | 63 | 31 | 95 |
| 常绿阔叶林（人工林） | HSF | 13 | 8 | 7 | 28 |
| 落叶阔叶灌丛 | ESD | | 4 | 12 | 16 |
| 荒漠 | FKD | | 1 | 5 | 6 |
| | LZD | | 2 | 2 | 4 |
| | CLD | | 2 | 3 | 5 |
| | SPD | | 3 | 6 | 9 |
| 草原 | NMG | | | 44 | 44 |
| | NMD | | | 18 | 18 |
| 草甸 | HBG | | | 50 | 50 |
| 沼泽 | SJM | | | 14 | 14 |
| | DTM-1 | | | 12 | 12 |
| | DTM-2 | | | 34 | 34 |

不同森林类型的乔木、灌木、草本物种丰富度占比各不相同。自然林的乔木占比平均为 47%，其中，热带雨林的乔木占绝对优势，乔木占比达 78%；常绿阔叶林和常绿、落叶阔叶混交林的乔木占比略过一半，平均约 55%；落叶阔叶林、针阔叶混交林、针叶林的乔木占比相对较低，平均只有 23%，灌木和草本占比达 75% 以上，尤其是草本植物，平均占比达 50% 以上，这与落叶林因落叶、针叶林因树形和相对稀疏所创造的较好林内光照条件不无关系。以上结果显示，在森林

中,草本植物虽然在控制群落结构和功能方面的作用不如乔木重要,但其对物种丰富度的贡献不容忽视,尤其是落叶阔叶林、针阔叶混交林、针叶林。

## 6.3.2 典型生态系统植物物种丰富度空间变化

（1）物种丰富度空间变化

CERN 综合观测样地植物物种丰富度平均值和累积值见图 6.4。总体而言,南方样地的物种丰富度远高于西北部和东北部的样地。由南往北,群落物种丰富度随着纬度的增加而减少（图 6.5）。对不同的植被区域而言,温带荒漠区域的物种丰富度最低,平均物种丰富度只有 6,范围为 4 ~ 9;热带季雨林和雨林区域样地的植物物种丰富度最高,达 427,是温带荒漠区域的 70 余倍;其次为亚热带常绿阔叶林区域,共有 10 个样地位于该植被区域,平均物种丰富度为 72,范围为 12 ~ 194;暖温带落叶阔叶林区域,只有 1 个样地位于该植被区域,平均物种丰富度为 64;温带草原区域有 4 个样地,平均物种丰富度为 32,范围为 16 ~ 50;温带针阔叶混交林区域有 2 个样地,平均物种丰富度为 26。对物种丰富度均值而言,热带季雨林和雨林区域 > 亚热带常绿阔叶林区域 > 暖温带落叶阔叶林区域 > 温带草原区域和温带针阔叶混交林区域 > 温带荒漠区域。

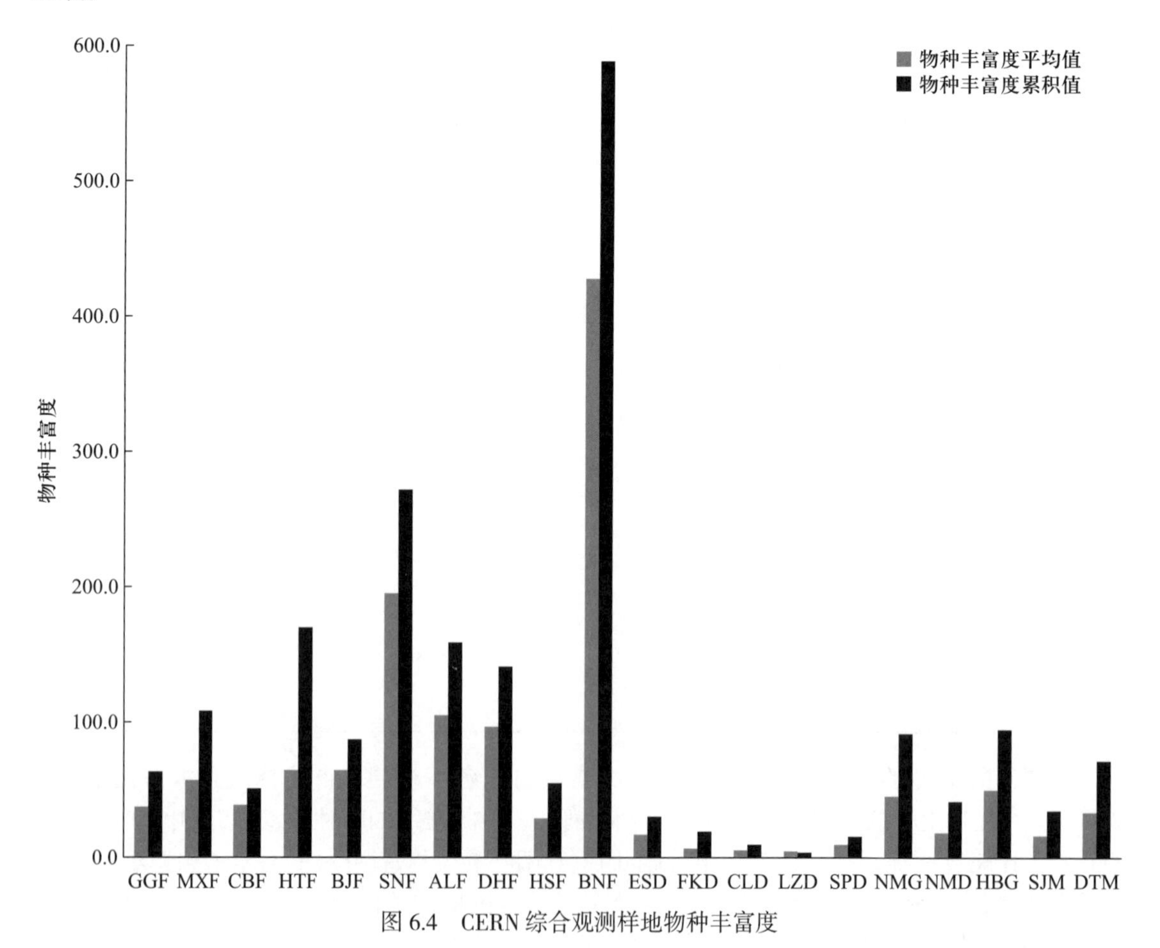


图 6.4 CERN 综合观测样地物种丰富度

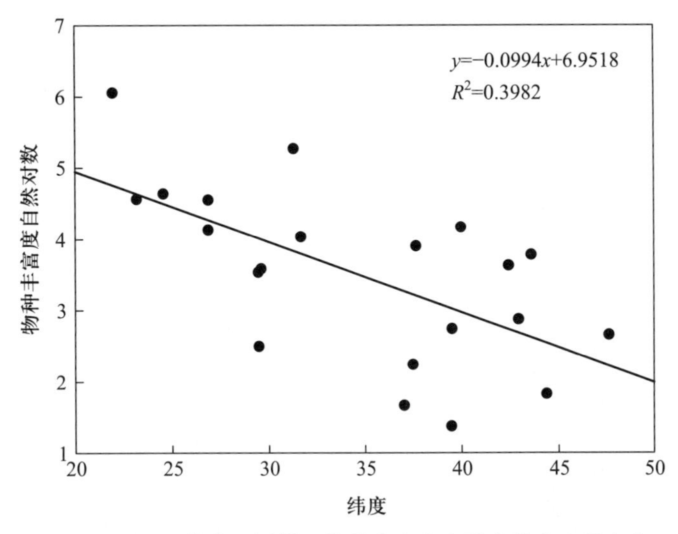


图 6.5 CERN 综合观测样地物种丰富度在纬度梯度上的变化

（2）物种丰富度空间变化的影响因素

植物群落物种多样性的大尺度分布格局及其成因的探讨一直是生物地理学和生态学的重要议题之一（Gaston，2000；唐志尧等，2009）。总体而言，地球上的植物群落物种丰富度随着赤道向南北两极，随着纬度增加而呈现递减的空间分布格局，同时沿海拔梯度呈现一定的垂直分布格局（贺金生和陈伟烈，1997；黄忠良等，1998；应俊生，2001；沈泽昊等，2004；唐志尧和方精云，2004；田自强等，2004；赵淑清等，2004；马斌等，2008；兰国玉等，2008；张育新等，2009；刘哲等，2015；杨阳等，2016）。关于这种地理格局的形成原因，提出了上百种关于物种多样性大尺度格局形成机制的假说，如岛屿假说、能量假说、生境异质性理论、气候稳定假说、生态学代谢理论、地史成因假说等（冯建孟，2008；方精云等，2009；唐志尧等，2009；王志恒等，2009a；王志恒等，2009b）。群落的物种多样性往往受到局域资源条件（如水分条件、光照、土壤养分等）、气候条件（如温度、极端气候等）、干扰和生境异质性、生物因子（如竞争、演替状态、捕食等）以及区域多样性的控制，区域生物多样性则受到区域历史过程与环境（包括现代环境和古环境）的控制，现代环境影响资源在个体与物种之间的分配，并决定区域生物多样性格局。随着纬度变化，多种环境条件均发生变化，因此，植物群落多样性的大尺度纬度格局是多因子综合作用的结果，不过研究显示，温度、降水、潜在蒸散量等是现代环境中影响物种多样性的最重要因素（贺金生和陈伟烈，1997；Gaston，2000；唐志尧等，2009）。

### 6.3.3 典型生态系统植物物种丰富度年际变化

（1）不同植被类型的物种丰富度年际变化

根据 2005—2015 年的物种丰富度观测数据，CERN 22 个综合观测样地的植物物种数的年际变异系数均值为 18.8%。不同植被类型的物种丰富度变异系数差异较大（图 6.6）。森林、灌丛、荒漠、草原、草甸、沼泽植被的物种丰富度变异系数分别为：17.6%、7.4%、26.9%、15.3%、5.5%、23%。相对而言，草甸和灌丛植被的物种丰富度比较稳定，森林和草原植被居中，荒漠和沼泽植被的年际变异较大。这可能是由于荒漠植被地处干旱区，生境水分状况更容易受降水变化影响，

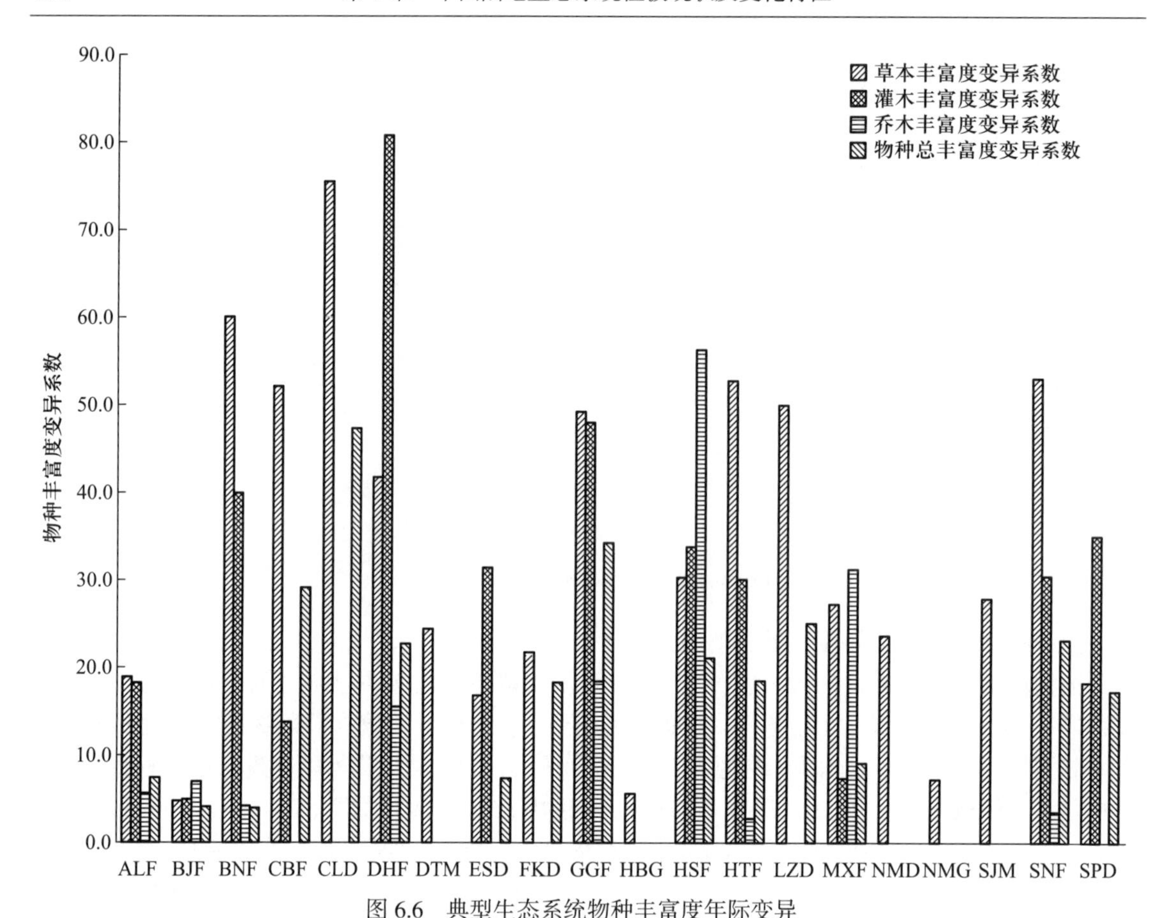


图 6.6　典型生态系统物种丰富度年际变异

而沼泽植被虽然地处水分较好生境，但沼泽植物种往往水分生态幅度较窄，因而易受生境水分变化影响。

（2）群落中不同功能型植物的物种丰富度年际变化分异

群落中不同生活型的物种丰富度年际变异不尽一致，草本植物具有更高的变异度（图 6.6）。如天然森林中，乔木、灌木、草本的物种丰富度变异系数分别为：7%、33.3%、41.5%，天然荒漠植被中，灌木、草本的物种丰富度变异系数分别为：8.7%、41.3%。从物种数累积值与平均值之间的差值也可反映出相似的情形（图 6.4），由于群落种类组成的年际变化，群落物种数累积值，即多年观测所记录到的全部物种数，往往高于平均值，二者差值大小可以反映群落种类组成和丰富度的变异大小。根据 CERN 样地的物种组成数据，天然森林中，乔木、灌木、草本的种数累积值比相应平均值分别高 12.6%、45%、44%。因此，虽然草本植物在森林植物群落所占的生物量份额不如乔木，但草本植物对环境变化相对更为敏感，对研究森林群落生物多样性及其对环境变化的响应具有重要的意义，同时也提示，对草本植物的监测频度应该高于乔木。

# 6.4 陆地生态系统植被生产力时空格局

植被生产力是指单位时间、单位面积内植物所固定的太阳能或所制造的有机物质,可以分为总初级生产力(gross primary productivity,GPP)和净初级生产力(net primary productivity,NPP)。总初级生产力是指绿色植物通过光合作用固定太阳辐射的总能量,一般用GPP表示。在植物生长过程中,植物固定的能量有一部分被自身的呼吸(autotrophic respiration,Ra)消耗掉,剩下的部分用于植物生长和生殖,这部分产量称为植被净初级生产力,一般用NPP表示。陆地生态系统植被生产力体现了陆地生态系统在自然条件下的生产能力,是一个估算地球支持能力和评价生态系统可持续发展的重要指标。植被生产力是生态系统提供的各项生态服务功能的基础。植被积累的有机物质被生态系统中的次级生产者、消费者利用,而后被分解者分解,重新回归自然生态系统。由生产者、消费者和分解者组成整个食物链,而食物链的形成维系了生态系统的生物多样性及稳定性。同时,大约40%的陆地生态系统植被生产力被人类直接或间接利用,转化为人类的食物、燃料等资源,是人类赖以生存与持续发展的基础。因此,陆地生态系统植被生产力在生态安全和社会经济自然可持续发展方面有重大作用。

## 6.4.1 陆地生态系统植被生产力的大小

陆地生态系统植被生产力一直是国内外研究的热点,对其准确测定与否关系到能否准确评估陆地生态系统对人类社会可持续发展的支持能力。目前,陆地生态系统植被生产力的测定主要有3种方法,即直接收割法、$CO_2$测定法及模型模拟法。一般而言,在区域乃至全球尺度上,植被生产力的评估主要应用模型模拟法,这种方法利用遥感和气候等数据,可以在大范围内估算植被生产力(朴世龙和方精云,2001;Liang et al.,2015;Li et al.,2016;Gu et al.,2017)。植被生产力的估算主要包括对GPP和NPP的估算,在不同的植被类型中,NPP占GPP的比例是一定的,NPP可以用GPP推算(朱文泉等,2007;袁文平等,2014)。一般而言,对NPP的估算更为普遍。此外,植被NPP是可以被生态系统中次级生产者或消费者直接利用的部分,其大小影响着生态系统的物质平衡、能量流动以及生态系统的稳定性,同时影响人类的可持续发展。因此,以下内容主要探讨中国植被NPP的大小及其时空动态。

(1)陆地生态系统植被净初级生产力的大小

不同的方法评估的我国不同时期的植被NPP的结果差异较大,这可能是由于不同研究中所采用的模型、数据、时段以及时空分辨率等不同所导致的。高燕妮等(2012)收集了不同学者利用过程模型和遥感模型模拟的中国陆地生态系统植被NPP(表6.4)。通过分析发现,不同研究评估的陆地生态系统植被NPP变化范围为1.43~6.13 Pg C·年$^{-1}$(1 Pg=$10^{15}$ g),其中,78%集中在1.43~3.30 Pg C·年$^{-1}$。即使应用相同的研究方法,对相同时段的植被生产力进行评估,不同的时间和空间分辨率数据集,得到的结果也不一样。同时,不同的模型,其结果也差异很大。其中,CASA、BEPS和BIOME-BGC模型模拟的结果偏低,而LUE、TEPC、TEM和C-FIX模型模拟的结果偏高。综合不同模型的模拟结果可以得到,中国陆地生态系统植被NPP的平均值为2.828 Pg C·年$^{-1}$。

**表 6.4　中国植被净初级生产力的研究总结(高燕妮等,2012)**

| 研究方法 | 研究时段 | 空间分辨率 | 时间分辨率 | NPP 平均值/(Pg C·年$^{-1}$) |
|---|---|---|---|---|
| AVIM2 | 1981—2000 | 50 km | 半小时 | 2.940 |
| AVIM2 | 1981—2000 | 0.1° | 半小时 | 3.445 |
| CEVSA | 1981—1998 | 0.5° | 月 | 3.090 |
| CEVSA | 1981—2000 | 0.1° | 10 d | 3.270 |
| LPJ | 1981—1998 | 0.5° | 月 | 3.110 |
| M-SDGVM | 1981—2000 | 0.1° | 日 | 3.299 |
| BIOME-BGC | 1999 | 1 km | 10 d | 1.650 |
| BIOME-BGC | 2002—2006 | 1 km | | 1.500 |
| BEPS | 2001 | 1 km | 日 | 2.235 |
| BEPS | 1991—2000 | 10 km | 日 | 2.138 |
| TEPC | 1993—1999 | 10 km | 日 | 4.720 |
| TEM | 现状($CO_2$: 312.5 ppmv) | 0.5° | 月 | 3.653 |
| TEM | 现状($CO_2$: 312.5 ppmv) | 0.5° | 月 | 3.830 |
| CEVSA | 1980—2000 | 10 km | 10 d | 3.341 |
| CASA | 1982—2003 | 8 km | 月 | 2.746 |
| GLO-PEM | 1981—2000 | 8 km | 10 d | 2.973 |
| GEOLUE | 2000—2004 | 4 km | 10 d | 2.840 |
| GEOPRO | 2000 | 4 km | 10 d | 2.416 |
| CASA | 1982—1999 | 0.1° | 月 | 1.440 |
| CASA | 1982—1999(除 1994) | 0.04° | 月 | 1.800 |
| CASA | 1997 | 0.04° | 月 | 1.950 |
| CASA | 1982—1999 | 0.1° | 月 | 1.690 |
| CASA | 1982—1999 | 0.1° | 月 | 1.430 |
| CASA | 1995.2—1996.1 | 1 km | 月 | 2.690 |
| CASA | 2001 | 1 km | 16 d | 2.478 |
| GLO-PEM | 1981—1998 | 8 km | 10 d | 3.000 |
| GLO-PEM | 1981—2000 | 8 km | 10 d | 2.980 |
| GLO-PEM | 1981—2000 | 8 km | 10 d | 2.970 |
| LUE | 1990 | 8 km | 10 d | 6.130 |
| LUE | 1982—1999 | 8 km | 月 | 3.130 |
| LUE | 1989—1993 | 8 km | 月 | 3.120 |
| LUE | 1992.4—1993.3 | 1 km | 月 | 2.645 |
| LUE | 2001 | 1 km | 16 d | 2.478 |
| LUE | 1992 | 1 km | 月 | 3.245 |
| LUE | 2001—2008 | 500 m | 8 d | 4.600 |
| C-FIX | 2003 | 1 km | 日 | 4.137 |
| 平均 | / | / | / | 2.828 ± 0.827 |

（2）不同植被类型净初级生产力的大小及其影响因素

我国地处亚洲大陆中部，东西南北跨度较大，多样的气候条件导致植被类型丰富，而不同植被类型的NPP因其物种组成、群落结构等的不同而差异极大。根据物种组成及群落结构，我们将中国陆地植被划分为9个不同的植被类型，即常绿阔叶林、落叶阔叶林、常绿针叶林、落叶针叶林、针阔叶混交林、灌丛、草地、荒漠和耕作植被。

表6.5给出了我国9种不同植被类型单位面积植被NPP的估算结果。可以看到，常绿阔叶林单位面积植被NPP为745.12 g C·$m^{-2}$·年$^{-1}$，显著高于其他植被类型，但不同研究结果间变化范围很大，介于417.9~1086.0 g C·$m^{-2}$·年$^{-1}$。不同研究对落叶阔叶林单位面积植被NPP的估算差异也很大，介于244.4~930.2 g C·$m^{-2}$·年$^{-1}$，其平均值为513.67 g C·$m^{-2}$·年$^{-1}$。落叶针叶林和常绿针叶林的单位面积植被NPP相差不大，变化在415.62~457.72 g C·$m^{-2}$·年$^{-1}$。针阔叶混交林单位面积的植被NPP仅次于常绿阔叶林，为539.88 g C·$m^{-2}$·年$^{-1}$。灌丛单位面积植被NPP为365.08 g C·$m^{-2}$·年$^{-1}$，不同的研究结果差异很大，介于129.4~722.8 g C·$m^{-2}$·年$^{-1}$。不同研究对草地单位面积植被NPP的估算差异很大，介于110.9~416.8 g C·$m^{-2}$·年$^{-1}$，其平均值为217.90 g C·$m^{-2}$·年$^{-1}$。荒漠是9种植被类型中单位面积植被NPP最小的，其平均值为16.52 g C·$m^{-2}$·年$^{-1}$。耕作植被单位面积植被NPP为458.25 g C·$m^{-2}$·年$^{-1}$，略高于常绿针叶林，但低于落叶阔叶林。不同研究结果对耕作植被单位面积NPP的估算变化范围很大，介于166.3~753.6 g C·$m^{-2}$·年$^{-1}$。

**表6.5 不同植被类型NPP比较（高燕妮等，2012）**

| 植被类型 | 面积/（$\times 10^4$ $km^2$） | 单位面积NPP/（g C·$m^{-2}$·年$^{-1}$） | 总NPP/（Pg C·年$^{-1}$） |
|---|---|---|---|
| 常绿阔叶林 | 17.975 | 745.12 | 0.134 |
| 落叶阔叶林 | 52.236 | 513.67 | 0.269 |
| 常绿针叶林 | 63.357 | 457.72 | 0.290 |
| 落叶针叶林 | 15.667 | 415.62 | 0.065 |
| 针阔叶混交林 | 4.075 | 539.88 | 0.022 |
| 灌丛 | 87.294 | 365.08 | 0.319 |
| 草地 | 278.019 | 217.90 | 0.606 |
| 荒漠 | 128.152 | 16.52 | 0.021 |
| 耕作植被 | 209.836 | 458.25 | 0.962 |

总体来看，我国不同植被类型单位面积NPP从大到小的顺序为常绿阔叶林>针阔叶混交林>落叶阔叶林>耕作植被>常绿针叶林>落叶针叶林>灌丛>草地>荒漠。植被叶面积是不同植被类型NPP差异的主要原因，其大小主要是由水和养分可利用性、气候等因子决定的。由于热带雨林中没有会导致植物叶片丧失的不利天气，所以其叶片全年都保持着光合作用的活性，从而可以持续利用太阳能固定$CO_2$。相反，在草地和荒漠地区，叶面积很小，降水和水分储存不足，养分可利用性低，生长季短。所有这些导致草地和荒漠地区植被叶面积小，从而导致这些地区植被NPP偏低（Chapin et al., 2011）。

此外，根据中国 1∶100 万植被类型图（张新时，2007b）中记录的我国上述 9 种植被类型的面积，以及单位面积的 NPP，可计算得到不同植被类型的总 NPP（表 6.5）。从表中可以看出，耕作植被和草地面积显著大于其他 7 种植被类型的面积，尽管其单位面积植被 NPP 不大，但其总的植被 NPP 位列前两位，分别为 0.962 Pg C・年$^{-1}$ 和 0.606 Pg C・年$^{-1}$，两者之和高达中国植被总 NPP 的 58.3%。尽管针阔混交林的单位面积植被 NPP 位列第二，但由于其面积较小，导致其总的植被 NPP 只有 0.022 Pg C・年$^{-1}$。荒漠由于其较小的单位面积 NPP，使其总植被 NPP 最小。总体而言，森林、灌丛、草地、荒漠和耕作植被占陆地生态系统植被总 NPP 的百分比分别为 29.0%、11.9%、22.5%、0.8% 和 35.8%（高燕妮等，2012）。

## 6.4.2 中国陆地生态系统植被生产力的空间分布

（1）中国陆地生态系统植被生产力的空间分布特征

我国陆地生态系统植被 NPP（2001—2014 年）基本呈现由东南向西北递减的分布趋势（朴世龙和方精云，2001；赵东升等，2011）。其中，南部地区年平均植被 NPP 最高，超过 700 g C・m$^{-2}$・年$^{-1}$，主要原因是这些地区生长着生产力较高的热带雨林植被，同时高的大气温度、丰富的降水以及高的太阳辐射有利于植物的生长。在我国中部地区，水热条件较为适宜，主要分布着灌木、落叶林以及耕作植被，植被 NPP 的大小介于 300～700 g C・m$^{-2}$・年$^{-1}$。在华北和东北地区，主要分布着耕作植被和落叶林，大气温度和降水共同控制了植被的生长，年均 NPP 介于 400～600 g C・m$^{-2}$・年$^{-1}$。而在西北地区，由于主要以草地和荒漠为主，同时还分布着高寒植被，植物生长受水分、温度和养分可利用性的限制以及恶劣气候条件的影响，导致年平均 NPP 较低，小于 130 g C・m$^{-2}$・年$^{-1}$。

（2）中国陆地生态系统植被生产力空间分布的影响因素

年均温和年降水直接决定了我国植被生产力的空间分布格局。我国多年平均年降水自东南向西北逐步递减，这与植被 NPP 的空间分布规律类似。通过拟合我国不同区域的年降水与植被 NPP 的关系，发现年降水与 NPP 呈显著的正相关关系，年降水可以解释植被 NPP 空间变异的 61%，因此，年降水是决定我国植被 NPP 空间分布的主要因素（Liang et al.，2015）。年均温对我国植被 NPP 空间分布中也起重要作用。我国大部分地区基本上是水热同步，南方的高温高湿环境有利于植物生长，因此南方地区植被 NPP 高。而在西北地区，特别是我国的青藏高原和新疆地区，常年处于低温环境，植被生长季短，不利于植物的生长，导致西北地区植被 NPP 较低。

土壤养分可利用性也是影响我国植被生产力空间分布的重要因素。在我国南部地区，温度高，土壤含水量大，有利于有机质的分解和矿质养分的释放，可以为植物的生长提供足够的可利用性养分。但在我国西北及内蒙古等地区，温度较低，降雨量少，从而导致土壤微生物总量少，活性低，不利于有机质的分解和养分的释放，低的养分可利用性限制了这些地区植物的生长，导致植被 NPP 较小。除此之外，植被类型的差异也会影响植被生产力的空间分布。

## 6.4.3 中国陆地生态系统植被生产力的时间动态

（1）中国陆地生态系统植被生产力的时间动态特征

总体而言，我国陆地生态系统植被生产力随着时间的推移呈逐步增加的趋势，但不同研究者估算的研究结果间存在差异。朴世龙和方精云（2001）利用 CASA 模型模拟了 1982—1999 年中国陆地生态系统植被 NPP 的年际变化后发现，NPP 平均每年增加 0.024 Pg C。孙国栋（2003）利用 LPJ 模型模拟了 1981—1999 年我国陆地生态系统 NPP 的年际变化后发现，NPP 也呈增加趋势，增加速率为 0.025 Pg C·年 $^{-1}$。通过整合现有的研究发现，1982—1998 年，中国陆地生态系统植被 NPP 在总体上呈波动式上升，年均植被 NPP 从 1982 年的 2.542 Pg C·年 $^{-1}$ 增加到了 1998 年的 2.976 Pg C·年 $^{-1}$，平均每年增长 0.027 Pg C，增长率为 1.07%（高燕妮等，2012）。尽管我国陆地生态系统植被呈现上升的趋势，但在不同时间段，其变化规律不一致。Liang 等（2015）利用 CASA 模型模拟了 1982—2010 年我国陆地生态系统植被 NPP 后发现，1982—2010 年植被 NPP 整体上呈上升趋势，平均每年增加 0.011 Pg C，但是在这 29 年间，不同时间段植被 NPP 的变化规律并不一致：1982—1988 年，植被 NPP 呈现下降趋势，平均每年下降 0.09 Pg C；1989—1999 年，植被 NPP 呈现了显著增加的趋势，平均每年增加 0.038 Pg C；1999—2010 年，植被 NPP 增加的速率变缓，平均每年增加 0.008 Pg C。

此外，对于不同的植被类型，其 NPP 年际变化不一致。朴世龙和方精云（2001）发现，1982—1999 年，各种植被类型 NPP 均呈现上升的趋势，但是高寒地带的植被 NPP 增加速率最大，为 0.045 Pg C·年 $^{-1}$，而落叶阔叶林的植被 NPP 增加速率最小，为 0.013 Pg C·年 $^{-1}$。而 Liang 等（2015）通过分析 1982—2010 年 NPP 的变化指出，草地植被 NPP 增加速率最大，增加率达到 0.48%，而常绿针叶林的植被 NPP 增加速率最小，为 0.36%。研究还发现，我国不同区域，植被 NPP 年际变化也不一致。刘刚等（2017）对我国 2001—2014 年植被 NPP 进行了评估，同时利用一元线性回归对近 14 年间 NPP 值与年份进行线性拟合，发现我国有 59.7% 的区域植被 NPP 呈增加趋势，而 40.3% 的区域植被 NPP 则呈下降趋势。其中，增加区域主要分布在青藏高原、西北、内蒙古中部及东南沿海地区，减少区域主要分布在长白山、华北平原和长江中游地区。

（2）陆地生态系统植被生产力时间动态的影响因素

近几十年以来，大气 $CO_2$ 浓度上升、气候变暖、冰川融化、降雨格局改变等极大了影响了植被的生长（Nemani et al.，2003；Gu et al.，2017）。与此同时，极端天气（高温、干旱等）的出现以及化肥使用量的增加也对植被生长产生了重大影响，这些因素显著影响了中国陆地生态系统植被 NPP 的年际变化。

首先，气候因素（温度、降水以及光照等）的变化是导致植被 NPP 随时间变化的主要因素。朱文泉等（2007）对 1982—1999 年间中国陆地植被 NPP 及相应的气候数据进行系统分析，发现水分、温度及光照的变化是导致植被生产力逐年增加的重要原因，可以解释植被生产力增加的 48.1%。Liang 等（2015）系统地分析了 1982—2010 年间中国植被 NPP 的年际变化及其影响因素，发现在大多数植被类型中，植被 NPP 的年际变化主要是由大气温度的变化引起的，而在落叶针叶林和灌木植被类型中，植被 NPP 的年际变化主要是由降雨量的变化引起的。Nemani 等（2003）的研究指出，在全球尺度上，陆地生态系统植被 NPP 随年份增加主要是由于太阳辐射增加引起的。同样，朱文泉等（2007）发现，在我国华东和华南地区，增加的太阳辐射导致了这些地区 NPP 的增加。其次，大气 $CO_2$ 浓度的增加也是影响植被 NPP 的重要因素。朱文泉等（2007）发现我国陆地植被 NPP 与大气 $CO_2$ 增长率之间呈显著的正相关关系，大气 $CO_2$ 浓度的上升导致我国陆地植被 NPP 逐年增加。除此之外，养分可利用性的增加也是影响我国植被 NPP 的另一重要因素。Tian 等（2011）分析了中国 1961—2005 年陆地生态系统碳平衡的变化及其影响因素发现，氮沉降和增加的氮肥使用解释了陆地生态系统净碳增长的 61.0%。

## 6.5　结论与展望

我国东部和南部湿润、西北干旱，两者之间是过渡的半干旱地带。因此，从东到西的植被分布的经向地带性非常明显，依次出现森林带、草原带和荒漠带。我国东半部从北到南有寒温带、温带、暖温带、亚热带和热带5个热量带，因而东半部植被明显反映着纬向地带性。由北而南依次出现针叶林、针阔混交林、落叶阔叶林、常绿阔叶林和季雨林、雨林带。我国多高山，山体植被呈现明显的垂直分布规律，一般而言，各山地垂直带的基带对应于所在纬度的植被水平地带，然而，在青藏高原内部，高原面上的山地植被垂直带基带基本上是高寒植被。由北向南垂直带的上升与热量带的分布密切关联，而由东向西垂直带的上升则与青藏高原的存在、平均海拔高度、冬季寒流南侵程度和强度以及水热组合特征等相关。垂直带谱与水平带谱并不完全相同，越是低纬度的高山，其垂直带谱与水平带谱的差异越明显。根据中国植被的分布规律和区域分异特点，全国划分为8个植被区域：寒温带针叶林区域、温带针阔叶混交林区域、暖温带落叶阔叶林区域、亚热带常绿阔叶林区域、热带雨林和季雨林区域、温带草原区域、温带荒漠区域、青藏高原高寒植被区域。

中国植被类型丰富多样，对中、低级分类单位的完整类型还缺乏充分的了解，这其中最重要、也最根本的原因是基础观测数据的严重缺乏。因此，对不同类型的植被进行长期、定位观测具有重要意义。以样地的植物物种丰富度数据为例，对2005—2015年的监测数据进行分析发现，CERN 22个综合观测样地虽然总面积相对较小，但物种数总数平均值达1261，约占全国高等植物的1/27，具有较高的物种代表性。不同植被类型的物种丰富度差异非常大，森林的物种丰富度最高，其次为草甸，其后依次为草原、沼泽、灌丛、荒漠，对于天然林的物种丰富度，雨林 > 常绿、落叶阔叶混交林 > 常绿阔叶林 > 落叶阔叶林 > 针阔叶混交林 > 针叶林。不同植被类型的物种丰富度变异系数差异较大，相对而言，草甸和灌丛植被的物种丰富度比较稳定，荒漠和沼泽植被的年际变异较大。监测数据还显示，在森林植物群落中，草本植物虽然在控制群落结构和功能方面的作用不如乔木植物重要，但其对物种丰富度的贡献不容忽视，对环境变化也相对更敏感，因此草本植物对研究森林生物多样性及其对环境变化的响应具有重要的意义，同时也提示，对草本植物的监测频度应该高于对环境相对稳定的乔木植物。

陆地生态系统植被生产力是估算地球支持能力和评价生态系统可持续发展的重要指标。基于对不同学者利用过程模型和遥感模型模拟的中国陆地生态系统植被NPP的分析发现，不同研究评估的陆地生态系统植被NPP变化范围为1.43～6.13 Pg C·年$^{-1}$（1 Pg=$10^{15}$ g），其中78%集中在1.43～3.30 Pg C·年$^{-1}$。综合不同模型的模拟结果可以得到，中国陆地生态系统植被NPP的平均值为2.828 Pg C·年$^{-1}$。在空间尺度上，中国植被NPP基本呈现由东南向西北递减的趋势，其中，南部地区年平均植被NPP最高，超过700 g C·m$^{-2}$·年$^{-1}$，中部地区植被NPP的大小介于300～700 g C·m$^{-2}$·年$^{-1}$，在华北和东北地区，年均NPP介于400～600 g C·m$^{-2}$·年$^{-1}$。而在西北地区，年平均NPP较低，小于130 g C·m$^{-2}$·年$^{-1}$。在时间尺度上，我国陆地生态系统植被生产力随着时间的推移呈逐步增加的趋势。这种时间上的变化主要与大气$CO_2$浓度上升、气候变暖、冰川融化、降雨格局改变等密切相关，与此同时，极端天气（高温、干旱等）的出现以及化肥使用量的增加也对植被生长产生了重大影响,这些因素显著影响了中国陆地生态系统植被 NPP 的年际变化,导致我国陆地植被 NPP 逐年增加。

# 参 考 文 献


陈灵芝 . 2014. 中国植物区系与植被地理 . 北京:科学出版社 .

方精云,郭庆华,刘国华 . 1999. 我国水青冈属植物的地理分布格局及其与地形的关系 . 植物学报,41(7):766-774.

方精云,王襄平,唐志尧 . 2009. 局域和区域过程共同控制着群落的物种多样性:种库假说 . 生物多样性,17(6):605-612.

冯建孟 . 2008. 中国种子植物物种多样性的大尺度分布格局及其气候解释 . 生物多样性,16(5):470-476.

高燕妮,于贵瑞,张黎,等 . 2012. 中国陆地生态系统净初级生产力变化特征——基于过程模型和遥感模型的评估结果 . 地理科学进展,31(1):109-117.

郭柯 . 1993. 青海可可西里地区的植被 . 植物生态学与地植物学学报,17(2):120-132.

郭柯 . 1995. 青藏高原扇穗茅高寒草原的基本特点 . 植物生态学报,19(3):248-254.

贺金生,陈伟烈 . 1997. 陆地植物群落物种多样性的梯度变化特征 . 生态学报,17(1):91-99.

侯学煜 . 1988. 中国自然地理・植物地理(下册). 北京:科学出版社,87-266.

黄忠良,孔国辉,魏平 . 1998. 鼎湖山植物物种多样性动态 . 生物多样性,6(2):116-121.

金振洲 . 1994. 金沙江峡谷至乌蒙山高山植被垂直带谱的特点 . 见:姜恕,陈昌笃 . 植被生态学研究 . 北京:科学出版社 .

兰国玉,胡跃华,曹敏,等 . 2008. 西双版纳热带森林动态监测样地——树种组成与空间分布格局 . 植物生态学报,32(2):287-298.

刘刚,孙睿,肖志强,等 . 2017. 2001—2014 年中国植被净初级生产力时空变化及其与气象因素的关系 . 生态学报,37(15):4936-4945.

刘慎谔 . 1955. 东北木本植物图志 . 北京:科学出版社 .

刘哲,李奇,陈懂懂,等 . 2015. 青藏高原高寒草甸物种多样性的海拔梯度分布格局及对地上生物量的影响 . 生物多样性,23(4):451-462.

马斌,周志宇,张莉丽,等 . 2008. 阿拉善左旗植物物种多样性空间分布特征 . 生态学报,28(12):6099-6106.

朴世龙,方精云 . 2001. 1982—1999 年我国植被净第一性生产力及其时空变化 . 北京大学学报(自然科学版),37(4):563-569.

沈泽昊,胡会峰,周宇,等 . 2004. 神农架南坡植物群落多样性的海拔梯度格局 . 生物多样性,12(1):99-107.

宋永昌 . 2001. 植被生态学 . 上海:华东师范大学出版社 .

孙国栋 . 2003. LPJ 模型对 1981—1998 年中国区域潜在植被分布和碳通量的模拟 . 气候与环境研究,14(4):341-351.

唐志尧,方精云 . 2004. 植物物种多样性的垂直分布格局 . 生物多样性,12(1):20-28.

唐志尧,王志恒,方精云 . 2009. 生物多样性分布格局的地史成因假说 . 生物多样性,17(6):635-643.

田自强,陈越,赵常明,等 . 2004. 中国神农架地区的植被制图及植物群落物种多样性 . 生态学报,24(8):1611-1621.

王利松,贾渝,张宪春,等 . 2015. 中国高等植物多样性 . 生物多样性,23(2):217-224.

王志恒,唐志尧,方精云 . 2009a. 物种多样性地理格局的能量假说 . 生物多样性,17(6):613-624.

王志恒,唐志尧,方精云 . 2009b. 生态学代谢理论:基于个体新陈代谢过程解释物种多样性的地理格局 . 生物多样性,17(6):625–634.
吴冬秀,韦文珊,宋创业,等.2012.陆地生态系统生物观测数据质量保证与质量控制.北京:中国环境科学出版社.
吴冬秀.2007.陆地生态系统生物观测规范.北京:中国环境科学出版社.
吴征镒.1980.中国植被.北京:科学出版社.
杨阳,韩杰,刘晔,等.2016.三江并流地区干旱河谷植物物种多样性海拔梯度格局比较.生物多样性,24(4):440–452.
应俊生.2001.中国种子植物物种多样性及其分布格局.生物多样性,9(4):393–398.
袁文平,蔡文文,刘丹,等.2014.陆地生态系统植被生产力遥感模型研究进展.地球科学进展,29(5):541–550.
张经炜,王金亭,陈伟烈,等.1988.西藏植被.北京:科学出版社.
张立运,陈昌笃.2002.论古尔班通古特沙漠植物多样性的一般特点.生态学报,22(11):1923–1932.
张新时.1978.西藏植被的高原地带性.植物学报,20(2):140–149.
张新时.1994.中国山地植被垂直带的基本生态地理类型.见:姜恕,陈昌笃.植被生态学研究.北京:科学出版社.
张新时.2007a.中国植被及其地理格局.北京:地质出版社.
张新时.2007b.中华人民共和国植被图1∶1000000.北京:地质出版社.
张育新,马克明,祁建,等.2009.北京东灵山辽东栎林植物物种多样性的多尺度分析.生态学报,29(5):2179–2185.
赵东升,吴绍洪,尹云鹤.2011.气候变化情景下中国自然植被净初级生产力分布.应用生态学报,22(4):897–904.
赵淑清,方精云,宗占江,等.2004.长白山北坡植物群落组成、结构及物种多样性的垂直分布.生物多样性,12(1):164–173.
郑度,张荣祖,杨勤业.1979.试论青藏高原的自然地带.地理学报,34(1):1–11.
朱文泉,潘耀忠,阳小琼,等.2007.气候变化对中国陆地植被净初级生产力的影响分析.科学通报,52(21):2535–2541.
Chapin FS, Matson PA, Vitousek PM. 2011. Principles of Terrestrial Ecosystem Ecology. New York, Dordrecht, Heidelberg, London: Springer, 178–180.
Gaston KJ. 2000. Global patterns in biodiversity. Nature, 405(6783): 220–227.
Gu FX, Zhang YD, Huang M, et al. 2017. Effects of climate warming on net primary productivity in China during 1961–2010. Ecology and Evolution, 7(17): 6736–6746.
Li XR, Zhu ZC, Zeng H, et al. 2016. Estimation of gross primary production in China (1982—2010) with multiple ecosystem models. Ecological Modelling, 324: 33–44.
Liang W, Yang YT, Fan DM, et al. 2015. Analysis of spatial and temporal patterns of net primary production and their climate controls in China from 1982 to 2010. Agricultural and Forest Meteorology, 204: 22–36.
Nemani RR, Keeling CD, Hashimoto H, et al. 2003. Climate-driven increases in global terrestrial net primary production from 1982 to 1999. Science, 300(5625): 1560–1563.
Tian HQ, Melillo J, Lu CQ, et al. 2011. China's terrestrial carbon balance: Contributions from multiple global change factors. Global Biogeochemical Cycles, 25(1): GB1007.

# 第 7 章　中国陆地生态系统碳储量和碳氮水通量空间格局及其变异机制*

陆地生态系统碳循环、氮循环、水循环是生态系统三大基本物质循环过程，直接决定了生态系统的物质生产、水分平衡、养分循环和供给。与此同时，陆地生态系统碳氮水循环过程及其耦合关系还是决定生态系统服务及全球尺度生命元素循环的核心生物地球化学过程，是当今地学和生态学研究的前沿领域，被认为是认识生态系统与全球气候变化相互作用的科学基础（于贵瑞等，2014）。

以 $CO_2$、$H_2O$ 和 $CH_4$ 等温室气体的微气象学涡度相关观测技术为标志的通量观测技术的发展和应用为获取生态系统碳、氮、水通量及各种环境要素的长期连续、高频同步、跨站点网络化的协同观测数据提供了技术条件（Baldocchi，2008；Baldocchi，2014；于贵瑞和孙晓敏，2008；于贵瑞等，2013；于贵瑞等，2014）。近几十年来，生态系统尺度的 $CO_2$、$H_2O$ 交换通量的直接测定广泛开展，并形成了全球及多个区域性通量观测网络，积累了大量科学数据。这些科学数据为全球尺度及各类典型生态系统和重要区域碳氮水通量及各种温室气体收支状况评估研究，陆地生态系统碳氮水循环过程及其耦合关系机理研究，以及碳－氮－水耦合循环过程对全球变化的响应和适应机制研究等提供了新的技术途径和基础性数据资源（Baldocchi，2014；于贵瑞等，2014）。

中国陆地生态系统通量观测研究网络（ChinaFLUX）于 2001 年开始创建，并于 2002 年开始正式对中国区域典型生态系统的 $CO_2$、$H_2O$ 及能量通量、多种环境要素以及植被属性等开展联网观测研究（Yu et al.，2006；于贵瑞和孙晓敏，2006）。经过十余年的发展，ChinaFLUX 在原始科学数据积累、生态系统碳水循环过程机理、模拟模型系统研发、区域碳水收支定量评价等方面取得了重要进展，推动了中国乃至亚洲区域通量观测研究事业的发展（Leuning and Yu，2006；Doherty et al.，2009；Saigusa et al.，2013；Stoy et al，2013；Baldocchi，2014）。

ChinaFLUX 的建立、发展及其相关的科学研究是中国生态系统研究网络（CERN）的重要组成部分，作为 CERN 的一个专项观测研究平台不仅扩展了 CERN 的基础科学设施平台功能，也开拓了生态系统科学研究的学科领域。这里仅就基于 ChinaFLUX 联网观测的数据，整合分析生态系统碳储量及碳、氮、水通量空间格局的研究成果进行总结。关于 ChinaFLUX 在生态系统碳氮水循环和耦合过程机理，生态系统物质循环机能维持机理、动态变化的动力学机制及其对全球变化和人为活动的响应与适应等领域的研究成果将在本系列专著的森林卷、农田卷、草地和荒漠卷的相关章节中总结和评述。

* 本章作者为中国科学院地理科学与资源研究所于贵瑞、何念鹏、王秋凤、陈智、徐丽、朱剑兴，沈阳农业大学朱先进，河北农业大学贾彦龙，长安大学郑涵。

# 7.1 中国陆地生态系统通量观测研究网络的建设及科学目标

## 7.1.1 ChinaFLUX 的创建

中国陆地生态系统通量观测研究网络（ChinaFLUX）在中国科学院知识创新工程重大项目“中国陆地和近海生态系统碳收支研究”资助下于2001年正式启动建设。ChinaFLUX是以中国生态系统研究网络（CERN）为基础，致力于发展成为一个服务于陆地生态系统碳氮水循环与全球变化科学研究的专项观测研究平台。ChinaFLUX经过精心的系统设计、观测台站和通量观测塔选址、观测仪器选型，以及野外工程实施和观测系统安装与调试，于2002年首期建成了6个观测研究站（含8个生态系统，即4个森林生态系统、3个草地生态系统和1个农田生态系统），并成立隶属于CERN综合研究中心的ChinaFLUX运行服务、数据汇聚和集成研究的综合中心，持续地组织中国陆地生态系统碳水通量多站点长期联合观测研究（Yu et al., 2006; 于贵瑞和孙晓敏, 2006）。

## 7.1.2 ChinaFLUX 的发展历程

ChinaFLUX在随后的国家重点基础研究发展计划（973）项目“中国陆地生态系统碳循环及其驱动机制”、国家自然科学基金委员会重大研究项目“我国主要陆地生态系统对全球变化的响应与适应性样带研究”、中国科学院知识创新工程重要方向性项目“陆地生态系统碳氮通量过程及其耦合关系集成研究”、国家重点基础研究发展计划项目“中国陆地生态系统碳氮水通量的相互关系及其环境影响机制”、国家自然科学基金A3计划重大国际合作研究项目“CarbonEastAsia: 基于通量观测网络的生态系统碳循环过程与模型综合研究”等多个研究计划的资助下，其野外通量观测台站数量不断增加，区域和生态系统代表性不断增强，从碳水通量观测发展到碳氮水通量观测，观测内容和综合观测功能不断扩展，逐渐发展成为特色鲜明的科学观测研究网络（Yu et al., 2014）。ChinaFLUX广泛参与了相关领域的国际科技活动，促使了亚洲通量网络（AsiaFLUX）重组，成为亚洲和国际通量观测研究网络（FLUXNET）的重要组成部分。

ChinaFLUX的发展带动了中国的林业、农业、气象等行业部门以及高等院校和科研院所的通量观测研究发展，在中国的不同区域建立了越来越多的通量观测研究站。2014年，ChinaFLUX联合国内的行业部门及高等院校，共同组建了中国通量观测研究联盟（ChinaFLUX）。目前，中国通量观测联盟已经拥有71个观测研究站，其中，森林站22个、草地（含荒漠）站17个、农田站17个、湿地站13个、城市站1个和湖泊观测网1个。ChinaFLUX观测站点基本涵盖了中国主要地带性生态系统类型，初步形成了国家层次的陆地生态系统通量观测研究网络体系（Yu et al., 2016）。

## 7.1.3 ChinaFLUX 的科学目标

ChinaFLUX的建设和发展采用了顶层设计与自愿参与相结合的发展模式，经过十几年的努力和探索，自然形成了科学观测研究联盟。ChinaFLUX顶层设计的科学目标是逐步建成中国陆地生态系统碳、氮、水和能量通量，植被、土壤和气象要素协同观测，生态系统—样带—区域的多尺度立体观测，以及动态观测—野外实验—模型模拟有机结合的综合性科学研究平台；实现网络化的多要素—多过程—多尺度生态系统观测和实验，使其成为中国生态系统与全球变化领域科学数据生产基地；持续开展陆地生态系统碳氮水循环及耦合关系的生态学过程机理、生态系统物质循环机能维持机理、时间变化动力学机理、空间变异生物地理学机制，以及碳氮水循环对全球变化和人为活动的响应与适应机理等科学问题；进而为国家应对全球变化和可持续发展提供科学数据、科学知识和科学技术服务（图 7.1）。

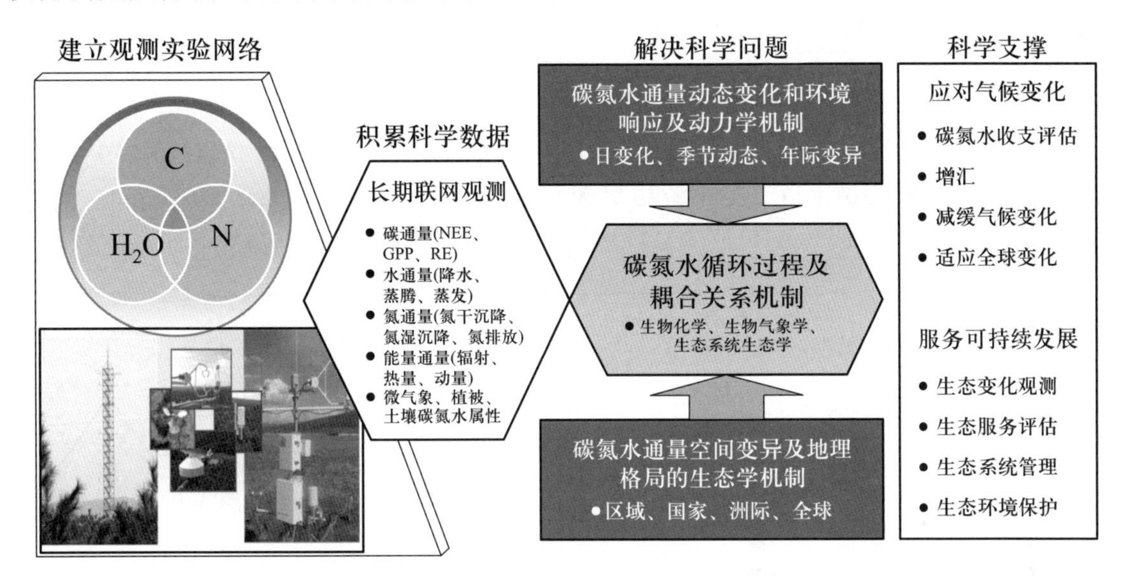


图 7.1 ChinaFLUX 的科学目标和研究内容

近年来，ChinaFLUX 的重点研究任务是认知中国陆地生态系统碳储量及汇源强度的空间分布，生态系统碳氮水通量的多时间和空间尺度变化及其生态学机制（图 7.1），主要关注以下 5 个方面的核心科学问题：① 陆地生态系统碳储量及汇源强度空间分布生物地理学机制；② 陆地生态系统碳 – 氮 – 水耦合循环的关键过程及其生物调控机制；③ 生态系统碳 – 氮 – 水耦合循环通量的计量平衡关系及其环境影响机制；④ 生态系统碳 – 氮 – 水耦合循环对陆地生态系统碳源或汇时空格局的调控机制；⑤ 生态系统碳 – 氮 – 水耦合循环的生物过程对全球变化的响应和适应机制（Yu et al., 2016）。

# 7.2 陆地生态系统碳储量时空格局及其影响因素

陆地生态系统是地球系统最重要的碳库之一，在维持全球碳平衡中发挥着重要作用（Houghton et al., 1998; Heimann and Reichstein, 2008; Piao et al., 2009）。增加陆地生态系统的碳储量被认为是缓解气候变化、保护和恢复生态环境双赢的、经济有效的重要措施。中国陆地生态系统面积约占全球陆地生态系统面积的 6.4%，其碳吸收和排放对全球碳收支平衡具有举足轻重的作用（Levine and Aderi, 2008; Piao et al., 2009; Tian et al., 2011），研究中国陆地生态系统碳储量的空间格局和动态变化不仅仅是中国科技发展的重大需求，也是具有全球意义的科学研究。

### 7.2.1　中国陆地生态系统碳密度和总碳储量

中国生态系统研究网络（CERN）和 ChinaFLUX 长期推动陆地生态系统的植被、凋落物和土壤碳储量及变化的调查和评估工作，已经针对不同类型生态系统及不同气候区域发表了大量研究论文。通过对 2004—2014 年发表的有关文献的收集整理，我们构建了中国陆地生态系统植被生物量（地上生物量、根生物量和地上生物量 + 根生物量）和土壤有机碳储量（0 ~ 20 cm 和 0 ~ 100 cm）数据库（Xu et al., 2018）。利用该数据库，Xu 等（2018）分析评估了中国陆地生态系统有机碳储量现状、空间分布格局及主要影响因素。

中国陆地生态系统碳储量为 99.15 ± 8.71Pg C，其中，植被碳储量为 14.60 ± 3.24 Pg C，土壤碳储量为 84.55 ± 8.09 Pg C，全国平均植被和土壤碳密度分别为 1.58 ± 0.35 kg C · $m^{-2}$ 和 9.13 ± 0.87 kg C · $m^{-2}$（图 7.2）。植被地上部分有机碳储量为 10.01 ± 3.11 Pg C，地下部分碳储量

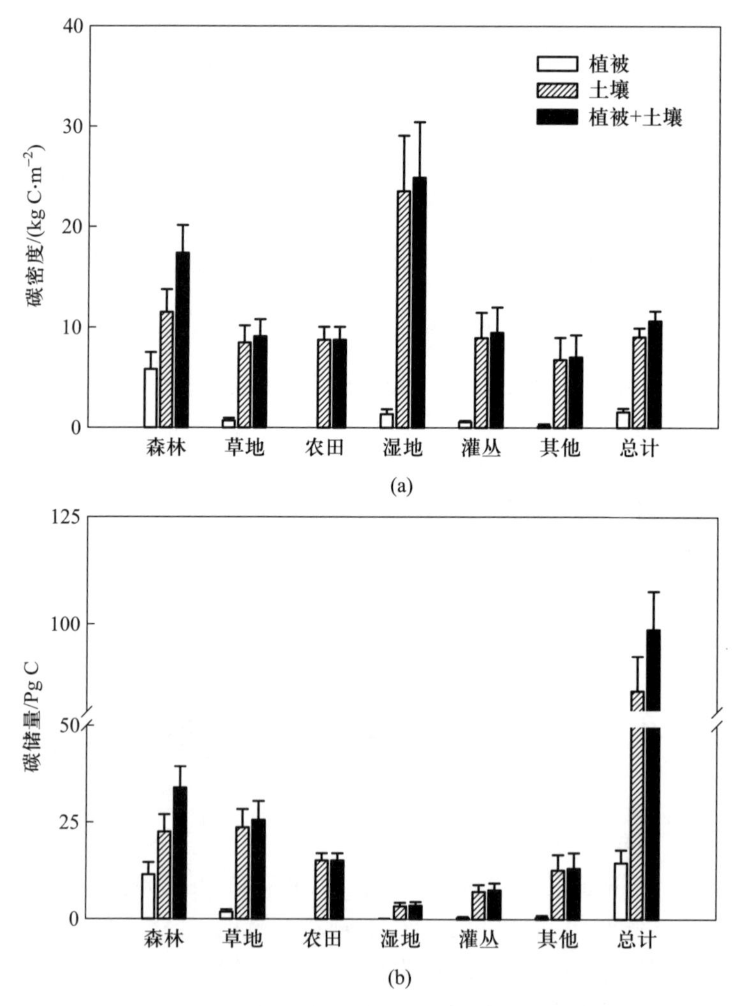


图 7.2　中国主要生态系统碳密度和储量

为 4.59 ± 0.90 Pg C。表层土壤（0 ~ 20 cm）碳储量为 34.32 ± 3.37 Pg C，占 0 ~ 100 cm 深度土壤碳储量（84.55 Pg C）的 40.59%。这一评估结果低于方精云等（1996）、Peng 和 Apps（1997）、Ni（2001）以及 Ni（2013）的研究结果，但与李克让等（2003）估算值接近，造成这种差异的主要原因是各研究者所采用的数据来源及数据质量的差异。

当前大尺度植被碳储量估算所利用的数据多是森林、草地清查资料或遥感数据（周玉荣等，2000；Piao et al.，2007；徐新良等，2007），土壤碳储量估算所利用的数据主要来自于我国第二次土壤普查（1979—1985 年）（王绍强等，2000；Wu et al.，2003；Xie et al.，2007；Xu et al.，2015），而本研究是收集整理 2004—2014 年有关植被生物量和土壤有机碳密度的实地监测数据，覆盖了森林、草地、农田、湿地、灌丛和荒地等类型生态系统，相比而言，本研究获取的数据更新、更系统全面，可有效提高碳储量的估算精度。

评估方法是不同研究者估算结果间较大差异的另一重要原因（王绍强等，2003；Yang et al.，2007）。早期有关陆地生态系统碳储量的研究多是采用生态系统类型、植被类型或土壤类型统计法分别计算植被和土壤碳储量（Wu et al.，2003；Piao et al.，2005；方精云等，2007；Xie et al.，2007），而本研究充分考虑了气候、植被类型和土地利用等因素对植被和土壤碳储量的影响，采用分区域、分生态系统类型方法估算植被和土壤碳储量，在一定程度上可以提高估算精度。此外，植被含碳率、土壤容重、土壤深度、面积等参数也是储量估算的重要不确定源，不同处理方式会给评估结果带来一定的差异（Post et al.，1982；Jobbágy and Jackson，2000；Wang et al.，2003；Wiesmeier et al.，2012）。

研究结果表明，中国森林生态系统碳密度和储量分别为 17.40 ± 2.77 kg C · $m^{-2}$ 和 34.08 ± 5.43Pg C，其中，植被碳储量约为 11.49 ± 3.18Pg C，高于周玉荣等（2000）（6.20 Pg C）、徐新良等（2007）（5.51 Pg C）、李海奎等（2011）（7.81 Pg C）基于森林调查数据的估算值。中国森林土壤有机碳储量（22.59 ± 4.40Pg C）也高于现有研究中的大部分估算值，这可能是因为中国森林生态系统的碳汇功能正逐步增强，退耕还林、植树造林和封山育林等生态恢复工程（如三北防护林工程、长江防护林工程、珠江防护林工程、北方森林保护工程等）的固碳成效正逐步显现出来（Piao et al.，2009；Lu et al.，2012；Feng et al.，2013）。

中国草地生态系统的碳密度和总储量分别为 9.16 ± 1.68 kg C · $m^{-2}$ 和 25.69 ± 4.71 Pg C，其中，植被和土壤碳储量分别为 1.94 ± 0.55Pg C 和 23.75 ± 4.68Pg C，对应的碳密度分别为 0.69 ± 0.20 kg C · $m^{-2}$ 和 8.47 ± 1.67kg C · $m^{-2}$，同现有研究结果相比，植被和土壤碳密度估算值较为接近，但由于草地面积统计差异，储量估算值之间的差异较大（Ni，2002；Fan et al.，2008）。中国灌丛生态系统的碳密度和储量分别为 9.55 ± 2.48kg C · $m^{-2}$ 和 7.42 ± 1.92Pg C。湿地生态系统有机碳密度最高（25.69 ± 4.71kg C · $m^{-2}$），但由于其面积相对较小，总碳储量最少，约为 3.62 ± 0.80Pg C。

中国农田生态系统土壤碳储量为 15.17 ± 2.00 Pg C，碳密度为 8.85 ± 1.17 kg C · $m^{-2}$，低于全国土壤碳密度的均值（9.13 ± 0.87kg C · $m^{-2}$），同时也低于全球农田生态系统土壤碳密度均值（11.2 kg C · $m^{-2}$）（Jobbágy and Jackson，2000），这可能与中国长时间高强度的农业耕作模式有关（Wu et al.，2003；Yang et al.，2007）。

## 7.2.2　中国陆地生态系统碳储量的空间分布格局

中国陆地生态系统碳储量主要分布在寒温带、中温带湿润地区，以及热带和南亚热带湿润地区，暖温带干旱地区相对较低。植被和土壤碳储量的空间分布格局不同，植被碳储量随纬度增加整体呈下降趋势，高值区主要分布在东南和西南地区，而土壤碳储量随纬度增加整体呈上升趋势，高值区主要分布在东北和西南地区，但从东南到西北，植被和土壤碳储量整体均呈下降趋势。

中国 18 个生态区域的植被碳密度变化范围为 0.35 ~ 4.72 kg C · m$^{-2}$（表 7.1），其中，高值区主要分布在中国东北的寒温带湿润地区（R1）、中温带湿润地区（R2）、东南和西南的南亚热带湿润地区（R17）和热带湿润地区（R18），低值区分布在中国西北的中温带干旱区域（R5）和暖温带干旱地区（R6）。0 ~ 20 cm 和 0 ~ 100 cm 深度的土壤有机碳密度的空间格局基本一致，高值区主要分布在东北地区和西南地区，低值区分布在西北地区。其中，寒温带湿润地区（R1）0 ~ 20 cm 和 0~100 cm 深度的土壤有机碳密度最高，分别为 8.88 ± 2.50 kg C · m$^{-2}$ 和 17.76 ± 7.17 kg C · m$^{-2}$；而暖温带干旱地区（R6）表层土壤（0 ~ 20 cm）有机碳密度最小，为 2.12 ± 1.10 kg C · m$^{-2}$，青藏高原亚寒带半干旱地区（R12）0 ~ 100 cm 深度的土壤有机碳密度最小，为 5.06 ± 1.47 kg C · m$^{-2}$（Xu et al., 2018）。

## 7.2.3　中国陆地生态系统碳储量空间分布格局的主要影响因素

采用广义线性模型（GLM）分析和路径分析（PA）结果均显示，气候、土壤质地和养分是影响中国陆地生态系统植被和土壤碳密度的空间分布格局的重要因素，其中，气候是主要影响因素，但气候要素对植被和土壤碳储量空间分布格局的控制机制却不同。植被碳储量空间分布格局主要受年均降水量（MAP）控制，这一因素对方差的贡献率约为 45.21%（GLM 分析），对植被碳储量的直接通径系数为 0.62；相比较而言，年均温（MAT）这一因素对方差的贡献率约为 5.28%（GLM 分析），对植被碳储量的直接通径系数为 0.26（表 7.2，表 7.3，图 7.3）。已有的一些研究发现，MAT 和 MAP 会通过直接和间接作用影响植物光合作用对水分、养分的需求和水分平衡，进而调控植被净初级生产力和空间分布格局（Lal, 2005；Reichstein et al., 2007）。其中，区域尺度上，MAP 比 MAT 对植被净初级生产力的影响更为显著（Knapp and Smith, 2001），增加水资源的有效性能提高植被生产力。同时，这也在一定程度上解释了中国陆地生态系统植被碳储量的空间分布格局，即在东北寒温带湿润地区（R1）和中温带湿润地区（R2），这些区域的 MAP 较高，因此其植被碳储量高于一些温暖区域。除植被因素外，气候要素是影响表层土壤（0 ~ 20 cm）碳储量空间分布的重要因素，其中，MAT 是其空间分布格局的主要调控因子，而 MAP 的作用相对较小。一些研究也发现，气候要素是土壤有机碳密度空间分布格局的主要影响因素（Post et al., 1982；Jobbágy and Jackson, 2000；Wynn et al., 2006；Schmidt et al., 2011），因为它影响了土壤有机质的输入和分解平衡。一般地，输入土壤的有机质主要来源于凋落物和根系分泌物，而这些输入的有机质与植物初级生产力（受 MAP 和 MAT 共同影响）密切正相关；相反，有机质分解主要受温度和土壤湿度的影响（Falloon et al., 2011；Liu et al., 2014；Wen and He, 2016）。大尺度下 MAT 对土壤有机碳密度的负面影响可以从以下两个方面来解释：① 高的水分利用效率和更多的热量能促进植物生长，提高植被生产力，从而增加土壤有机质的输入量；② 更高的温度和更多

**表 7.1 中国不同生态区植被和土壤有机碳密度和储量**

| 生态区 | 面积 $\times 10^4$ km$^2$ | 植被 | | | | | | 土壤 | | | | 植被+土壤（0~100cm） | |
|---|---|---|---|---|---|---|---|---|---|---|---|---|---|
| | | AGBC | | BGBC | | 总计 | | 0~20 cm | | 0~100 cm | | | |
| | | 密度/（kg C·m$^{-2}$） | 储量/Pg C | 密度/（kg C·m$^{-2}$） | 储量/Pg C | 密度/（kg C·m$^{-2}$） | 储量/Pg C | 密度/（kg C·m$^{-2}$） | 储量/Pg C | 密度/（kg C·m$^{-2}$） | 储量/Pg C | 密度/（kg C·m$^{-2}$） | 储量/Pg C |
| R1 | 14.53 | 3.69 ± 2.78 | 0.54 ± 0.40 | 1.03 ± 0.54 | 0.15 ± 0.08 | 4.72 ± 2.83 | 0.69 ± 0.41 | 8.88 ± 2.50 | 1.29 ± 0.36 | 17.76 ± 7.17 | 2.58 ± 1.04 | 22.48 ± 7.71 | 3.27 ± 1.12 |
| R2 | 52.66 | 2.83 ± 1.77 | 1.49 ± 0.93 | 0.70 ± 0.44 | 0.37 ± 0.23 | 3.53 ± 1.83 | 1.86 ± 0.96 | 6.11 ± 1.41 | 3.22 ± 0.74 | 14.01 ± 3.46 | 7.38 ± 1.82 | 17.54 ± 3.91 | 9.24 ± 2.06 |
| R3 | 29.83 | 1.28 ± 1.10 | 0.38 ± 0.33 | 0.42 ± 0.23 | 0.13 ± 0.07 | 1.70 ± 1.12 | 0.51 ± 0.34 | 4.14 ± 1.39 | 1.23 ± 0.42 | 10.20 ± 3.78 | 3.04 ± 1.13 | 11.90 ± 3.94 | 3.55 ± 1.18 |
| R4 | 78.84 | 0.27 ± 0.22 | 0.21 ± 0.17 | 0.44 ± 0.29 | 0.34 ± 0.23 | 0.71 ± 0.37 | 0.56 ± 0.29 | 2.72 ± 1.39 | 2.14 ± 1.10 | 6.96 ± 3.36 | 5.49 ± 2.65 | 7.67 ± 3.38 | 6.05 ± 2.67 |
| R5 | 91.78 | 0.12 ± 0.08 | 0.11 ± 0.07 | 0.23 ± 0.20 | 0.21 ± 0.18 | 0.35 ± 0.21 | 0.32 ± 0.20 | 2.31 ± 1.23 | 2.12 ± 1.13 | 6.66 ± 3.12 | 6.12 ± 2.86 | 7.01 ± 3.12 | 6.43 ± 2.87 |
| R6 | 86.02 | 0.14 ± 0.11 | 0.12 ± 0.10 | 0.22 ± 0.12 | 0.19 ± 0.10 | 0.35 ± 0.17 | 0.30 ± 0.14 | 2.12 ± 1.10 | 1.83 ± 0.94 | 8.36 ± 3.83 | 7.19 ± 3.30 | 8.72 ± 3.83 | 7.50 ± 3.30 |
| R7 | 41.34 | 0.09 ± 0.06 | 0.04 ± 0.03 | 0.47 ± 0.31 | 0.20 ± 0.13 | 0.56 ± 0.32 | 0.23 ± 0.13 | 2.36 ± 1.63 | 0.98 ± 0.67 | 7.36 ± 3.98 | 3.04 ± 1.65 | 7.92 ± 3.99 | 3.27 ± 1.65 |
| R8 | 70.67 | 0.57 ± 0.37 | 0.40 ± 0.26 | 0.21 ± 0.10 | 0.15 ± 0.07 | 0.78 ± 0.38 | 0.55 ± 0.27 | 2.83 ± 0.57 | 2.00 ± 0.40 | 7.34 ± 1.38 | 5.19 ± 0.98 | 8.12 ± 1.43 | 5.74 ± 1.01 |
| R9 | 3.49 | 0.75 ± 0.53 | 0.03 ± 0.02 | 0.22 ± 0.13 | 0.01 ± 0.00 | 0.97 ± 0.55 | 0.03 ± 0.02 | 2.80 ± 0.66 | 0.10 ± 0.02 | 7.39 ± 1.63 | 0.26 ± 0.06 | 8.36 ± 1.71 | 0.29 ± 0.06 |
| R10 | 37.08 | 0.07 ± 0.08 | 0.03 ± 0.03 | 0.41 ± 0.51 | 0.15 ± 0.19 | 0.48 ± 0.52 | 0.18 ± 0.19 | 2.25 ± 1.38 | 0.84 ± 0.51 | 7.28 ± 3.80 | 2.70 ± 1.41 | 7.76 ± 3.83 | 2.88 ± 1.42 |
| R11 | 41.86 | 0.16 ± 0.09 | 0.07 ± 0.04 | 0.75 ± 0.56 | 0.31 ± 0.24 | 0.91 ± 0.57 | 0.38 ± 0.24 | 5.03 ± 2.29 | 2.11 ± 0.96 | 11.90 ± 4.63 | 4.98 ± 1.94 | 12.81 ± 4.67 | 5.36 ± 1.95 |
| R12 | 62.80 | 0.05 ± 0.05 | 0.03 ± 0.03 | 0.35 ± 0.42 | 0.22 ± 0.26 | 0.40 ± 0.42 | 0.25 ± 0.26 | 2.14 ± 1.14 | 1.34 ± 0.72 | 5.06 ± 1.47 | 3.18 ± 0.92 | 5.46 ± 1.53 | 3.43 ± 0.96 |
| R13 | 28.51 | 0.12 ± 0.05 | 0.03 ± 0.02 | 0.76 ± 0.55 | 0.22 ± 0.16 | 0.88 ± 0.55 | 0.25 ± 0.16 | 6.20 ± 2.24 | 1.77 ± 0.64 | 12.70 ± 4.90 | 3.62 ± 1.40 | 13.58 ± 4.93 | 3.87 ± 1.41 |
| R14 | 42.43 | 1.34 ± 0.81 | 0.57 ± 0.34 | 0.43 ± 0.21 | 0.18 ± 0.09 | 1.76 ± 0.84 | 0.75 ± 0.36 | 4.03 ± 0.99 | 1.71 ± 0.42 | 9.78 ± 2.34 | 4.15 ± 0.99 | 11.54 ± 2.48 | 4.90 ± 1.05 |
| R15 | 37.71 | 1.28 ± 0.78 | 0.48 ± 0.29 | 0.83 ± 0.36 | 0.31 ± 0.14 | 2.11 ± 0.86 | 0.79 ± 0.32 | 6.36 ± 1.47 | 2.40 ± 0.56 | 11.58 ± 3.51 | 4.37 ± 1.33 | 13.68 ± 3.61 | 5.16 ± 1.36 |
| R16 | 142.72 | 2.44 ± 1.85 | 3.49 ± 2.64 | 0.63 ± 0.41 | 0.91 ± 0.58 | 3.08 ± 1.90 | 4.40 ± 2.71 | 4.63 ± 1.32 | 6.61 ± 1.89 | 10.27 ± 2.79 | 14.67 ± 3.98 | 13.35 ± 3.37 | 19.07 ± 4.81 |
| R17 | 45.01 | 3.01 ± 2.06 | 1.36 ± 0.93 | 0.82 ± 0.51 | 0.37 ± 0.23 | 3.83 ± 2.12 | 1.73 ± 0.96 | 4.25 ± 1.21 | 1.92 ± 0.54 | 10.31 ± 3.39 | 4.65 ± 1.53 | 14.13 ± 4.00 | 6.37 ± 1.80 |
| R18 | 18.17 | 3.53 ± 3.29 | 0.64 ± 0.60 | 1.01 ± 0.74 | 0.18 ± 0.14 | 4.53 ± 3.37 | 0.83 ± 0.61 | 3.99 ± 1.46 | 0.73 ± 0.27 | 10.73 ± 4.05 | 1.95 ± 0.74 | 15.27 ± 5.27 | 2.78 ± 0.96 |
| 总计 | 925.45 | 1.08 ± 0.34 | 10.01 ± 3.11 | 0.50 ± 0.10 | 4.59 ± 0.90 | 1.58 ± 0.35 | 14.60 ± 3.24 | 3.71 ± 0.36 | 34.32 ± 3.37 | 9.13 ± 0.87 | 84.55 ± 8.09 | 10.71 ± 0.94 | 99.15 ± 8.71 |

注：AGBC（above-ground biomass carbon）：地上生物量碳；BGBC（below-ground biomass carbon）：地下生物量碳；R1：寒温带湿润地区；R2：中温带湿润地区；R3：中温带亚湿润地区；R4：中温带半干旱地区；R5：中温带干旱地区；R6：暖温带干旱地区；R7：青藏高原寒带干旱地区；R8：暖温带亚湿润地区；R9：暖温带湿润地区；R10：青藏高原温带干旱地区；R11：青藏高原温带半干旱地区；R12：青藏高原亚寒带半干旱地区；R13：青藏高原亚寒带亚湿润地区；R14：北亚热带湿润地区；R15：青藏高原温带湿润、亚湿润地区；R16：中亚热带湿润地区；R17：南亚热带湿润地区；R18：热带湿润地区。

**表 7.2　气候、土壤质地和养分对中国陆地生态系统植被碳储量空间分布格局的影响**

| 影响因素 | | AGBC | | | BGBC | | | Veg–C | | |
|---|---|---|---|---|---|---|---|---|---|---|
| | | d.f. | m.s. | % s.s. | d.f. | m.s. | % s.s. | d.f. | m.s. | % s.s. |
| 气候 | 年均降水量 | 1 | 13.488** | 46.56 | 1 | 0.270* | 21.51 | 1 | 17.572** | 45.21 |
| | 年均温 | 1 | 0.675 | 2.33 | 1 | 0.373** | 29.72 | 1 | 2.051 | 5.28 |
| 土壤质地 | 黏粒含量 | 1 | 0.420 | 1.45 | 1 | 0.005 | 0.40 | 1 | 0.514 | 1.32 |
| | 粉粒含量 | 1 | 0.026 | 0.09 | 1 | 0.023 | 1.83 | 1 | 0.001 | <0.01 |
| | 砂砾含量 | 1 | 0.512 | 1.77 | 1 | 0.110 | 8.76 | 1 | 1.098 | 2.83 |
| 土壤养分 | 土壤氮含量 | 1 | 0.816 | 2.82 | 1 | 0.003 | 0.24 | 1 | 0.725 | 1.87 |
| | 土壤磷含量 | 1 | 0.181 | 0.62 | 1 | 0.108 | 8.61 | 1 | 0.571 | 1.47 |
| | 土壤钾含量 | 1 | 3.091 | 10.67 | 1 | 0.054 | 4.30 | 1 | 3.959 | 10.18 |
| | 残差 | 9 | 1.085 | 33.69 | 9 | 0.034 | 24.62 | 9 | 1.375 | 31.84 |

注：AGBC，地上生物量碳；BGBC，地下生物量碳；Veg–C，植被碳密度；***$p<0.001$；**$p<0.01$；*$p<0.05$；d.f.，自由度；m.s.，平方差，% s.s.，各变量方差贡献率。表 7.3 同。

**表 7.3　气候、植被、土壤质地和养分对中国陆地生态系统土壤碳储量空间分布格局的影响以及气候、土壤质地和养分对中国陆地生态系统碳储量（植被 + 土壤）空间格局的影响**

| 影响因素 | | 土壤有机碳（SOC） | | | | | | Veg–C+SOC（0 ~ 100 cm） | | |
|---|---|---|---|---|---|---|---|---|---|---|
| | | （0 ~ 20 cm） | | | （0 ~ 100 cm） | | | | | |
| | | d.f. | m.s. | %s.s. | d.f. | m.s. | %s.s. | d.f. | m.s. | % s.s. |
| 植被 | 植被碳密度（Veg–C） | 1 | 27.515*** | 45.73 | 1 | 86.276*** | 52.26 | | | |
| 气候 | 年均降水量 | 1 | 3.321* | 5.52 | 1 | 15.544* | 9.42 | 1 | 56.538 | 17.68 |
| | 年均温 | 1 | 9.956*** | 16.55 | 1 | 9.910 | 6.00 | 1 | 54.483 | 17.04 |
| 土壤质地 | 黏粒含量 | 1 | 0.001 | <0.01 | 1 | 0.846 | 0.51 | 1 | 8.673 | 2.71 |
| | 粉粒含量 | 1 | 1.371 | 2.28 | 1 | 3.529 | 2.14 | 1 | 3.445 | 1.08 |
| | 砂砾含量 | 1 | 2.698* | 4.48 | 1 | 3.706 | 2.24 | 1 | 23.139 | 7.24 |
| 土壤养分 | 土壤氮含量 | 1 | 6.030** | 10.02 | 1 | 17.756* | 10.76 | 1 | 3.347 | 1.05 |
| | 土壤磷含量 | 1 | 5.160** | 8.58 | 1 | 11.005* | 6.67 | 1 | 1.138 | 0.36 |
| | 土壤钾含量 | 1 | 1.292 | 2.15 | 1 | 0.021 | 0.01 | 1 | 35.429 | 11.08 |
| | 残差 | 8 | 0.353 | 4.69 | 8 | 2.062 | 9.99 | 9 | 14.842 | 41.77 |

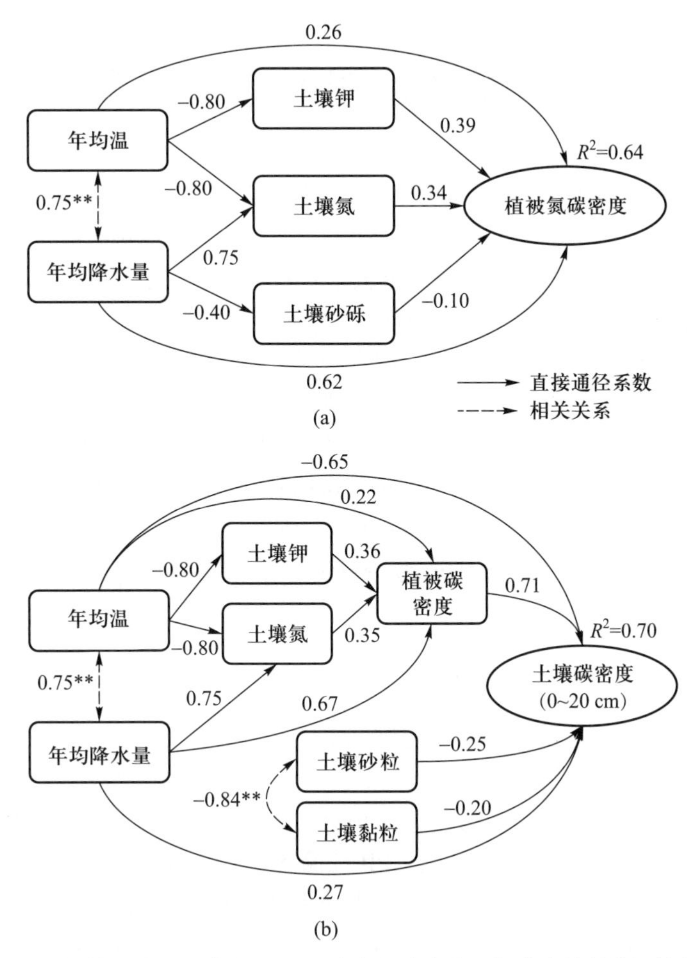


图 7.3 植被和表层土壤（0 ~ 20 cm）有机碳密度空间分布格局的调控机制

结构方程中的负值表示负面影响；** 表示 $p<0.01$。

的降水量能加快土壤有机质分解，对土壤有机碳储量的积累产生负面影响（Kirschbaum，1995；Davidson and Janssens，2006；Schmidt et al.，2011；Wen and He，2016），这一过程可用指数函数式来描述土壤有机质的分解速率与温度的关系。MAT 对表层土壤（0 ~ 20 cm）有机质分解速率的影响大，所以表层土壤有机碳密度空间分布呈现出碳密度随着纬度增加而增加的空间格局。由于 MAT 对土壤有机碳分解的影响随着土壤深度的增加而减小（Jobbágy and Jackson，2000），深层土壤的环境相对较稳定，对于 0 ~ 100 cm 深度的土壤，MAT 对土壤有机碳密度空间分布格局的影响相对较小。这一发现也暗示，对于有机质输入较高而分解速率较慢的区域更有助于土壤有机碳的积累，因此应优先保护这类区域；同时应该密切关注具有较高土壤碳密度但受土地利用变化、过度放牧或森林砍伐等威胁的区域。

对于整个陆地生态系统碳储量（植被 + 土壤）而言，气候要素是影响其碳储量空间分布格局的主要因素，其对陆地生态系统碳储量的方差贡献率约为 34.72%（表 7.3），其中，气候是主要影响因素。但是气候要素（MAP+MAT）对中国陆地生态系统碳储量的空间分布格局的解释度较低（表 7.3）。

# 7.3　陆地生态系统碳通量时空格局及其影响因素

陆地生态系统与大气圈之间时刻都进行着复杂的碳交换过程。植被通过光合作用吸收大气中的 $CO_2$,转化为有机物质,形成了生态系统总初级生产力(gross primary production, GPP)。生态系统形成的总初级生产力一部分将被植被消耗掉,用于自身生长过程的代谢需要,即生长呼吸(growth respiration, Rg),还有一部分用于其自身的物质和能量代谢活动的维持,即维持呼吸(maintenance respiration, Rm),维持呼吸和生长呼吸共同构成了陆地生态系统的自养呼吸(autotrophic respiration, Ra)。与此同时,生态系统的总初级生产力的另一部分将以凋落物等形式返回到土壤中,土壤中的动物和微生物不断地分解着有机物,释放出供植物生长所需的养分以及 $CO_2$,这部分碳消耗即生态系统的异养呼吸(heterotrophic respiration, Rh)。自养呼吸和异养呼吸共同构成了总生态系统呼吸(ecosystem respiration, RE)。扣除生态系统呼吸后剩余留存在生态系统中的有机物质量则是净生态系统生产力(net ecosystem production, NEP),是衡量生态系统的碳吸收功能及其强度的重要指标。

## 7.3.1　陆地生态系统碳通量的空间格局

(1)中国区域主要类型生态系统的碳通量统计特征

基于 ChinaFLUX 观测结果和文献发表的52个生态系统碳收支数据集,对中国重要区域的森林、草地和湿地生态系统的碳收支通量进行统计分析,结果表明,中国森林生态系统普遍具有较强的碳固定能力(表7.4)。主要森林的 GPP 普遍都超过 1000 g C · $m^{-2}$ · 年 $^{-1}$,以热带森林为最高,达到 2342.6 g C · $m^{-2}$ · 年 $^{-1}$,其次为北亚热带森林、中亚热带森林和暖温带森林,其值均超过 1500 g C · $m^{-2}$ · 年 $^{-1}$,南亚热带森林和暖温带森林的 GPP 较为接近,约为 1400 g C · $m^{-2}$ · 年 $^{-1}$。中温带森林和寒温带森林的 GPP 较低,但也能达到 1000 g C · $m^{-2}$ · 年 $^{-1}$ 左右。生态系统呼吸(RE)的区域分布规律与 GPP 的区域格局十分相似,仍以热带森林的 RE 为最高,其次为北亚热带森林、中亚热带森林和暖温带森林。主要森林生态系统 NEP 的变异范围为 168.8 ~ 592.3 g C · $m^{-2}$ · 年 $^{-1}$,其中,以中亚热带森林的碳汇功能最高,NEP 可以达到 592.3 g C · $m^{-2}$ · 年 $^{-1}$,其后依次为北亚热带森林、南亚热带森林和暖温带森林,NEP 介于 385 ~ 510 g C · $m^{-2}$ · 年 $^{-1}$,而南方热带森林的碳汇强度仅为 168.8 g C · $m^{-2}$ · 年 $^{-1}$。

中国北方草地生态系统的碳吸收强度总体上低于森林生态系统,不同区域间差异明显。数据分析表明,草地生态系统的 GPP 存在明显的差异,青藏高原东缘的草甸草原最高,可以达到 563.1 g C · $m^{-2}$ · 年 $^{-1}$,其他区域草原的 GPP 均小于 400 g C · $m^{-2}$ · 年 $^{-1}$,最小值出现在青藏高原腹地的高寒草地,GPP 仅为 197.4 g C · $m^{-2}$ · 年 $^{-1}$。不同区域间草地的 RE 也存在明显不同,其空间格局规律与 GPP 的格局变化大致相同。在区域之间,以东北温带草原的碳汇功能最大,NEP 的多年平均值可以达到 112.3 g C · $m^{-2}$ · 年 $^{-1}$,青藏高原东缘的草甸草原也具有较强的碳吸收能力,NEP 平均值达到 113.6 g C · $m^{-2}$ · 年 $^{-1}$,内蒙古草原和青藏高原腹地的高寒草地多呈现为碳中性或弱的碳源。

**表 7.4 中国重要区域的森林、草地和湿地生态系统碳通量的统计特征**

| 生态系统类型 | 气候区 | 代表区域 | 年平均 GPP /($g C \cdot m^{-2} \cdot$ 年$^{-1}$) | 年平均 RE /($g C \cdot m^{-2} \cdot$ 年$^{-1}$) | 年平均 NEP /($g C \cdot m^{-2} \cdot$ 年$^{-1}$) | 数据来源的观测站信息 |
|---|---|---|---|---|---|---|
| 森林 | 寒温带森林 | 大兴安岭北部 | 962.7 | 760.4 | 242.3 | HZ |
| | 中温带森林 | 沈阳以北的松辽平原和东北东部，燕山、阴山山脉以北和北疆地区 | 1007.1 ± 568.5 | 822.8 ± 507.7 | 191.7 ± 72.0 | YCF, YCF2, CBS, LS, KBQF, MES |
| | 暖温带森林 | 沈阳以南的东北地区南部、华北平原、山东半岛、黄土高原东南部及南疆一带 | 1406.5 ± 167.5 | 1013.8 ± 69.5 | 385.3 ± 117.8 | DXF, XLD, XP, HD |
| | 北亚热带森林 | 秦岭、大巴山之间和长江中下游平原 | 1917 ± 81.7 | 1406.1 ± 74.9 | 510.8 ± 6.7 | AQ, YY |
| | 中亚热带森林 | 长江以南到南岭之间的江南丘陵、浙闽山地、桂中北、粤北、台湾北部，以及四川盆地和部分云贵高原，青藏高原东南部 | 1639.6 ± 319.3 | 1047.2 ± 232.5 | 592.3 ± 343.5 | QYZ, ALS, HT |
| | 南亚热带森林 | 南岭山脉以南至北回归线 | 1367.2 | 971.3 | 395.9 | DHS |
| | 热带森林 | 北回归线以南 | 2342.6 | 2173.8 | 168.8 | XSBN |
| 草地 | 青藏高原中部高寒草地 | 青藏高原腹地 | 197.4 | 207.6 | −10.1 | DX |
| | 青藏高原东缘草甸草原 | 青藏高原东缘 | 563.1 ± 77.7 | 492.1 ± 36.5 | 113.6 ± 93.3 | SJY, HB, HBGC, HTC |
| | 内蒙古西部荒漠草原 | 内蒙古西部 | 270.1 | 221.0 | 49.1 | KBQG |
| | 内蒙古中东部典型草原 | 内蒙古中东部 | 225.8 ± 85.9 | 251.9 ± 85.5 | −17.6 ± 82.4 | XLHT, NM, XLF, XLD, DLG, XLGL |
| | 东北温带草原 | 松嫩草原 | 396.4 ± 129.7 | 375.8 | 112.3 | TYG, CL |

续表

| 生态系统类型 | 气候区 | 代表区域 | 年平均GPP /(g C·m$^{-2}$·年$^{-1}$) | 年平均RE /(g C·m$^{-2}$·年$^{-1}$) | 年平均NEP /(g C·m$^{-2}$·年$^{-1}$) | 数据来源的观测站信息 |
|---|---|---|---|---|---|---|
| 湿地 | 三江平原湿地 | 三江平原 | 593.0±135.7 | 440.0±18.3 | 161.8±141.6 | SJS, SJD |
| | 青藏高原湿地 | 若尔盖高原 | 560.0±100.2 | 567.9±0.4 | −7.8±100.7 | HBSD, REG |
| | 滨海湿地 | 辽河、黄河、长江、珠江 | 1552.6±218.6 | 1092.3±120.8 | 429.0±257.7 | PJ, PJ2, DTD, DTZ, DTG |
| | 南方人工湿地 | 长江中下游平原 | 1598.5 | 923.4 | 533.2±200.6 | FL, TY |

注：数据引自 Yu et al.,(2013)。

中国区域湿地生态系统的空间分布非常复杂，西至世界第三极的青藏高原，东到沿海滩涂，北自三江平原，南至长江中下游平原均有湿地生态系统的分布。湿地的碳收支通量因其空间分布的差异也具有极大的空间变异性。GPP表现出明显的空间变异，滨海湿地与南方人工湿地相当，可以达到1500 g C·m$^{-2}$·年$^{-1}$，三江平原湿地与青藏高原湿地的GPP也较为接近，可以达到近600 g C·m$^{-2}$·年$^{-1}$，RE的空间变异与GPP较为相似。滨海湿地和南方人工湿地具有极强的净碳吸收能力，NEP超过400 g C·m$^{-2}$·年$^{-1}$，高于绝大多数的森林生态系统。三江平原湿地的NEP与同区域的森林生态系统相当，也可达到160 g C·m$^{-2}$·年$^{-1}$。青藏高原湿地呈现为弱的碳源。

(2)陆地生态系统碳通量的空间变异规律

大陆尺度的水热条件地带性分布导致了气候要素地带性变化，也对中国区域陆地生态系统碳收支通量的空间格局产生影响。分析不同类型生态系统碳交换通量空间分布发现，中国区域陆地生态系统的GPP、RE和NEP都表现出明显的纬向地带性分布规律，并且这种规律并不会因植被类型的差异而改变。总体的变化规律是GPP、RE和NEP都随着纬度增加呈现线性降低(图7.4)，但不同碳收支通量随着纬度变化而降低的速率有所不同，纬度每增加1°，GPP降低54.15 g C·m$^{-2}$·年$^{-1}$，RE和NEP的降低速率分别为33.23 g C·m$^{-2}$·年$^{-1}$和16.92 g C·m$^{-2}$·年$^{-1}$。GPP随纬度增加而降低的速率高于RE的降低速率，导致了NEP也随纬度的增加而减低，甚至在高纬度地区的NEP小于零，表现为碳源。

由于中国区域气候特征值经向地带分布的复杂性，使得陆地生态系统的GPP、RE和NEP经向空间分布规律也变得十分复杂(图7.4)。总体上来看，受年总降水量自东南向西北逐渐减少的影响，GPP、RE和NEP也逐渐降低。但在西部区域，由于青藏高原的影响，在相同经度条件下的西南地区和西北地区的碳通量空间分布具有明显的差异，因而弱化了中国区域碳通量空间分布的经度地带性特征(图7.4)(Yu et al., 2013)。

(3)碳通量组分间在空间格局上的同向偶联共变关系

在中国区域内，由复杂多样的森林、草地、湿地和农田生态系统构成的区域尺度陆地生态系统的GPP、RE和NEP区域空间格局也存在着严格的“偶联性的同向变化现象”(图7.5)(Yu et

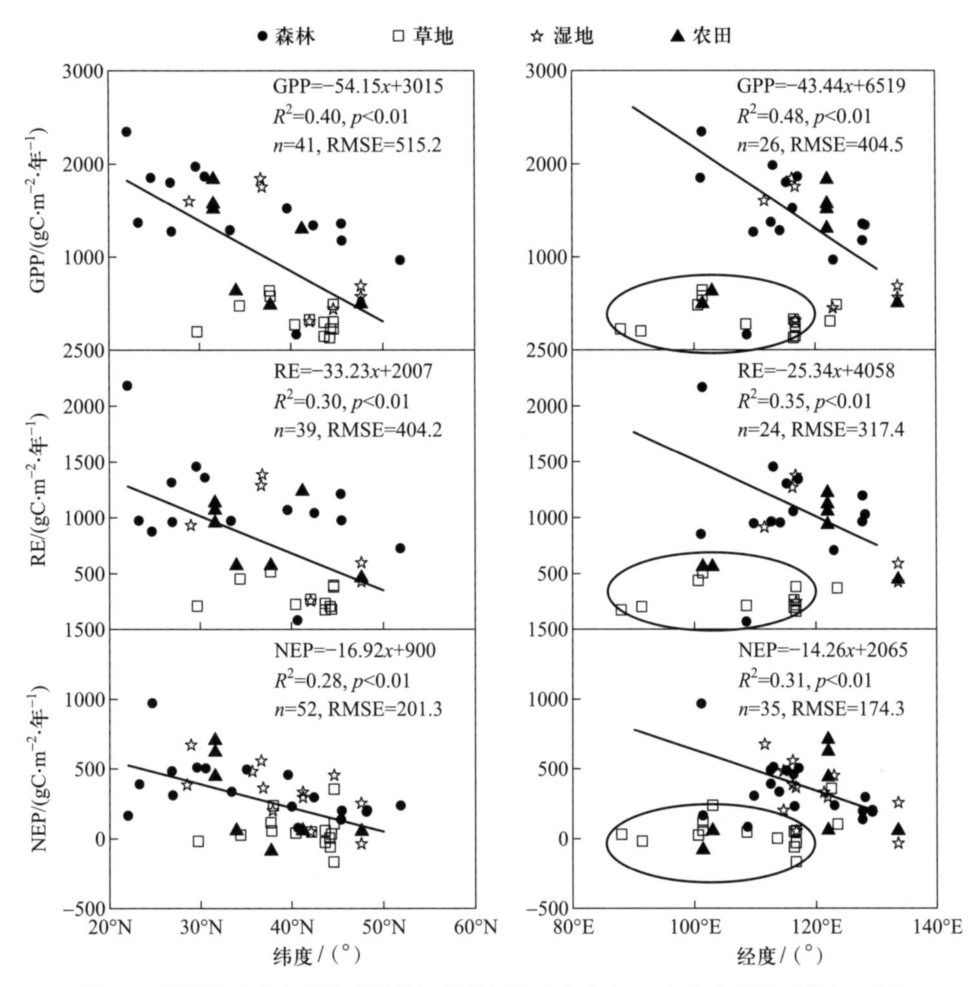


图 7.4 中国陆地生态系统碳通量组分总初级生产力(GPP)、生态系统呼吸(RE)和净生态系统生产力(NEP)的经度和纬度格局特征

注:在经度趋势图中虚线圈定的观测站点包括内蒙和青藏高原以及西北地区的站点,其拟合直线为东部区域的各站点观测数据与经度的关系。

al., 2013)。GPP 不仅与 RE 呈现出高度的正相关关系(图 7.5a),而且与 NEP 也呈现出高度的正相关关系(图 7.5b)。RE 随 GPP 变化斜率为 0.68,NEP 随 GPP 变化的斜率为 0.29。由此可见,中国区域的陆地生态系统年均 GPP 水平决定了 RE 和 NEP,在空间格局变化上,单位 GPP 的变化对 RE 的贡献率为 0.68,对 NEP 的贡献率为 0.29。

碳通量组分间在空间格局上的偶联关系不仅在中国区域存在,在亚洲、欧洲、北美洲、南美洲、非洲和大洋洲区域,北半球、南半球乃至全球尺度也同样存在(Chen et al., 2015a)。RE 的空间变异格局均与 GPP 空间变异格局呈现出显著的线性正相关关系。GPP 空间格局分别决定了 98%(大洋洲),92%(亚洲),88%(北美洲),78%(非洲),77%(欧洲)和 65%(南美洲)的 RE 空间变异(图 7.6)。在北半球和南半球,GPP 空间格局决定了 89% 的 RE 空间变异。全球 GPP 空间格局决定了 90% 的 RE 空间变异(图 7.6)。

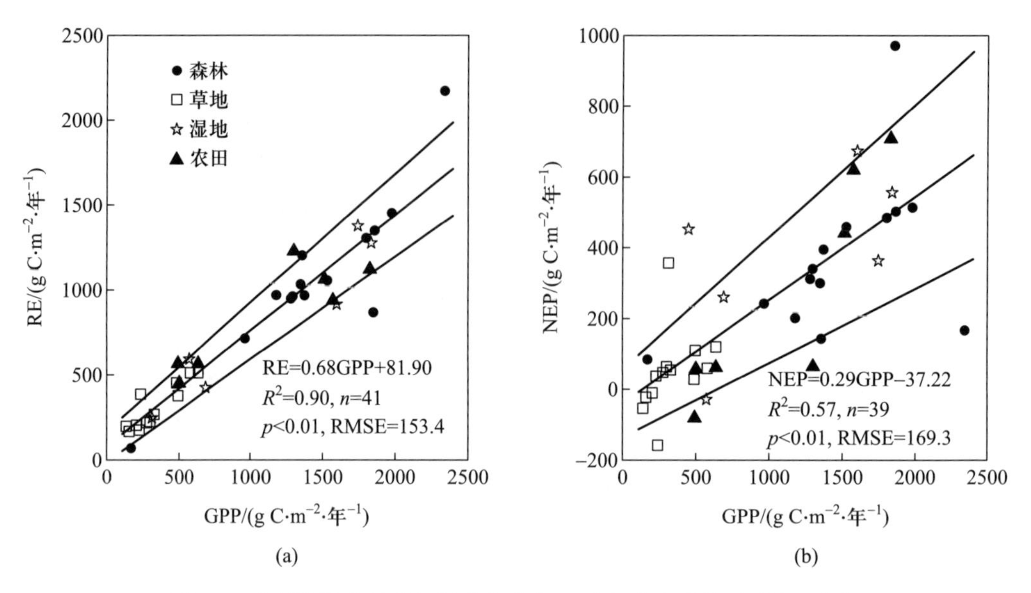


图 7.5　空间格局上的总初级生产力（GPP）与生态系统呼吸（RE）和净生态系统生产力（NEP）偶联关系

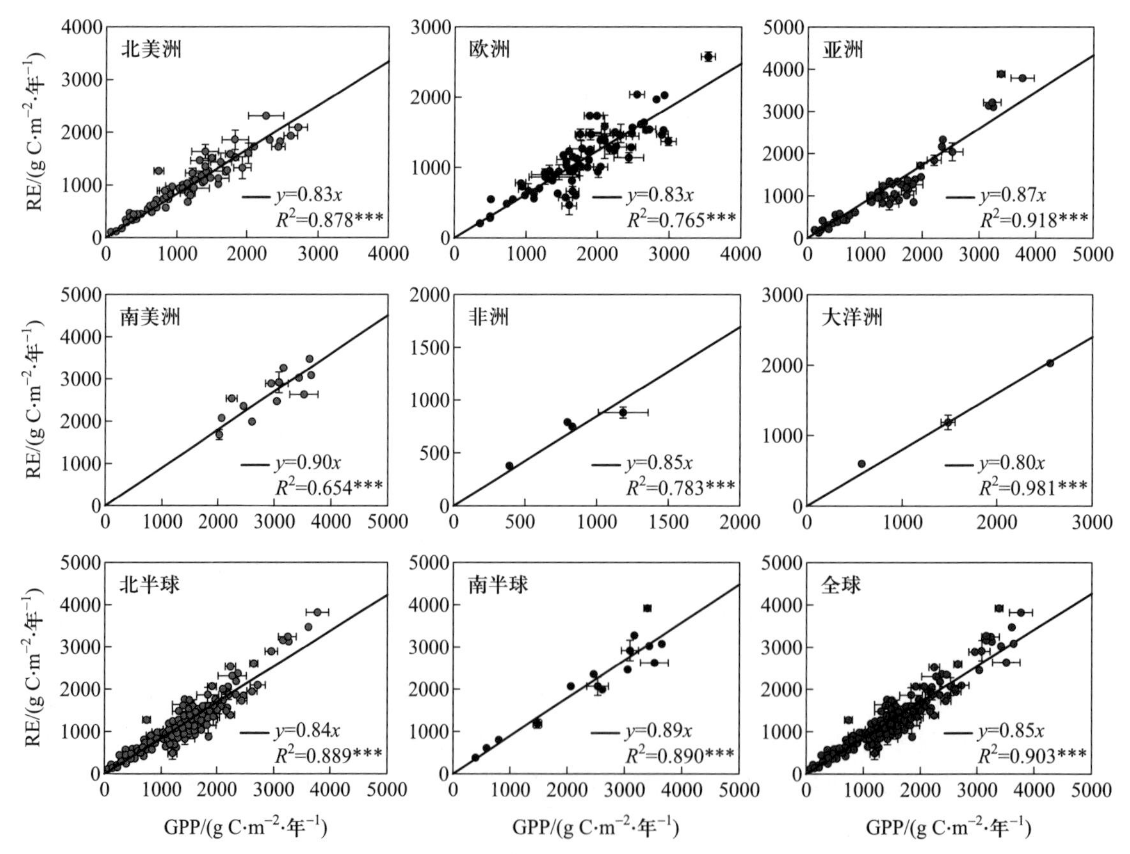


图 7.6　北美洲、欧洲、亚洲、南美洲、非洲、大洋洲、北半球、南半球和全球范围总初级生产力（GPP）与生态系统呼吸（RE）空间格局的偶联共变性

*** 表示显著性 $P<0.01$。

## 7.3.2 陆地生态系统碳通量空间格局的主要影响因素

（1）年均温和年均降水量格局对碳通量空间格局的影响

在中国区域，GPP、RE 和 NEP 空间格局受到年均温空间变异规律的调控（图 7.7）（Yu et al.，2013）。GPP、RE 和 NEP 随着 MAT 的增加均呈增加趋势，但不同通量组分随着 MAT 增加而增加的形式有所不同，GPP 和 NEP 随着 MAT 的增加呈现线性增加，RE 随着 MAT 的增加则呈指数增加趋势。中国区域 GPP、RE 和 NEP 空间变异趋势与年均降水量空间变异规律呈正相关（图 7.7）（Yu et al.，2013）。GPP、RE 和 NEP 随着 MAP 的增加均表现出明显的线性增加趋势，GPP、RE 和 NEP 随着 MAP 变化而增加的速率有所不同。MAP 每增加 100 mm，GPP 增加 130 g C · $m^{-2}$ · 年 $^{-1}$，RE 和 NEP 的增加速率小于 GPP。

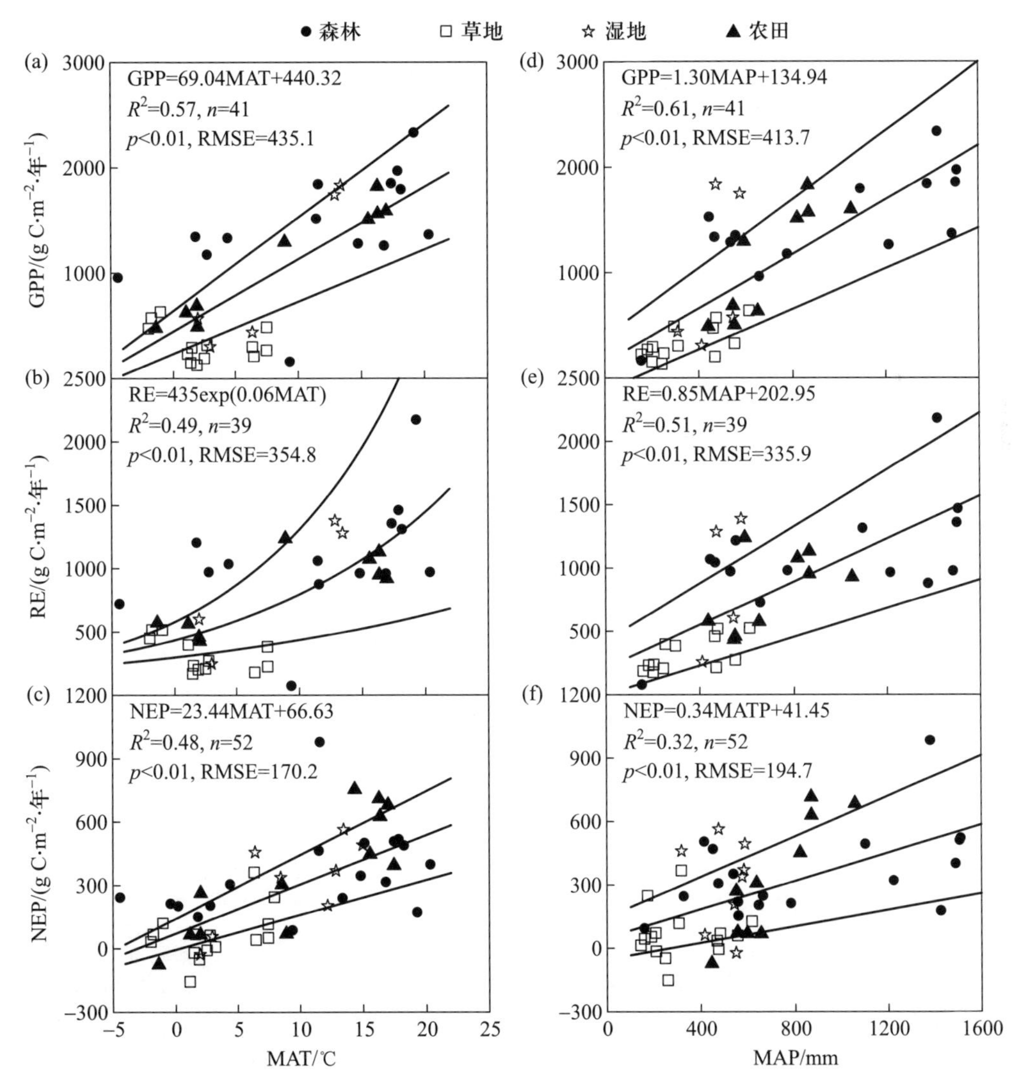


图 7.7 年均温（MAT）和年均降水量（MAP）对中国区域碳通量组分总初级生产力（GPP）、生态系统呼吸（RE）和净生态系统生产力（NEP）空间格局的影响

由图 7.7 可见，年均温（MAT）和年均降水量（MAP）是影响陆地生态系统碳通量空间格局的两个主要气候因子，这两个气候变量可以解释碳通量空间上的大多数变异（Yu et al.，2013）。其中，MAT 和 MAP 两个单因子对 GPP 的空间格局变异解释率分别为 57% 和 61%，对 RE 空间格局变异解释率分别为 49% 和 51%，对 NEP 空间变异解释率分别为 48% 和 32%。

（2）年均温和年均降水量格局对碳通量空间格局的共同决定作用

中国区域的 MAT 和 MAP 空间格局存在一定程度的正相关关系，即在空间格局上 MAT 和 MAP 具有同步增加或减少的变化趋势。因此，两者将表现出对碳通量空间变异调控的交互作用。分析的结果表明，MAT 和 MAP 的交互作用对中国区域碳收支通量格局特征产生了明显影响，其回归方程对 GPP 和 NEP 空间格局变异提高解释程度的效果尤为明显（图 7.8）。在考虑了两者的交互作用后，回归方程对 GPP 的解释程度由 71% 提升至 79%，对 NEP 的解释程度由 52% 提升至 66%（图 7.8）。

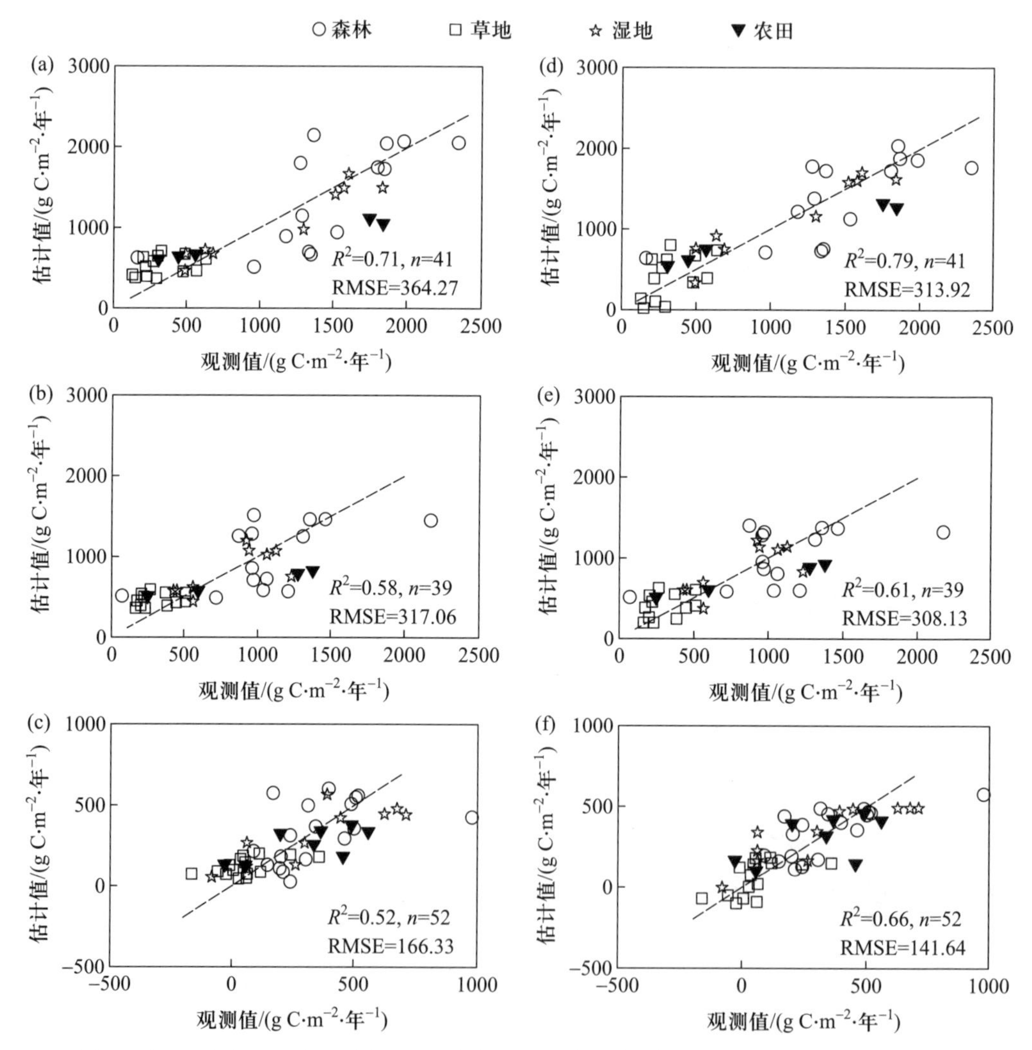


图 7.8　年均温（MAT）和年均降水量（MAP）对中国区域碳交换通量组分总初级生产力（GPP）、生态系统呼吸（RE）和净生态系统生产力（NEP）空间格局的共同影响：（a）（d）GPP；（b）（e）RE；（c）（f）NEP

（3）年均温变化格局对全球碳通量空间格局的调控作用

不论在亚洲、欧洲还是北美洲区域，GPP、RE 和 NEP 的空间变异与 MAT 变化格局存在显著的相关性，MAT 是北半球不同区域生态系统 GPP、RE 和 NEP 空间变异的重要控制因子（图 7.9）（Chen et al., 2013; Chen et al., 2015b）。

MAT 对 GPP、RE 和 NEP 空间变异的调控方式不同。GPP 与 MAT 间呈现显著的线性相关，RE 与 MAT 间呈现显著的指数关系（图 7.9）。由于 GPP 和 RE 对 MAT 的响应方式与速率的差异，在低温阶段，GPP 随 MAT 的增加速率快于 RE，因此，NEP 先随着 MAT 增加而增加。随着 MAT 的升高，RE 的增加速率将与 GPP 的增加速率相当，此后，随着温度的增加，生态系统呼吸消耗增加速率将超过生产力的增加速率，因此，生态系统 NEP 不是一直增加，而是在达到一定温度后呈现出下降趋势。在空间格局上，NEP 对 MAT 的响应趋势由 GPP 和 RE 对 MAT 的响应关系差异决定（图 7.9）。

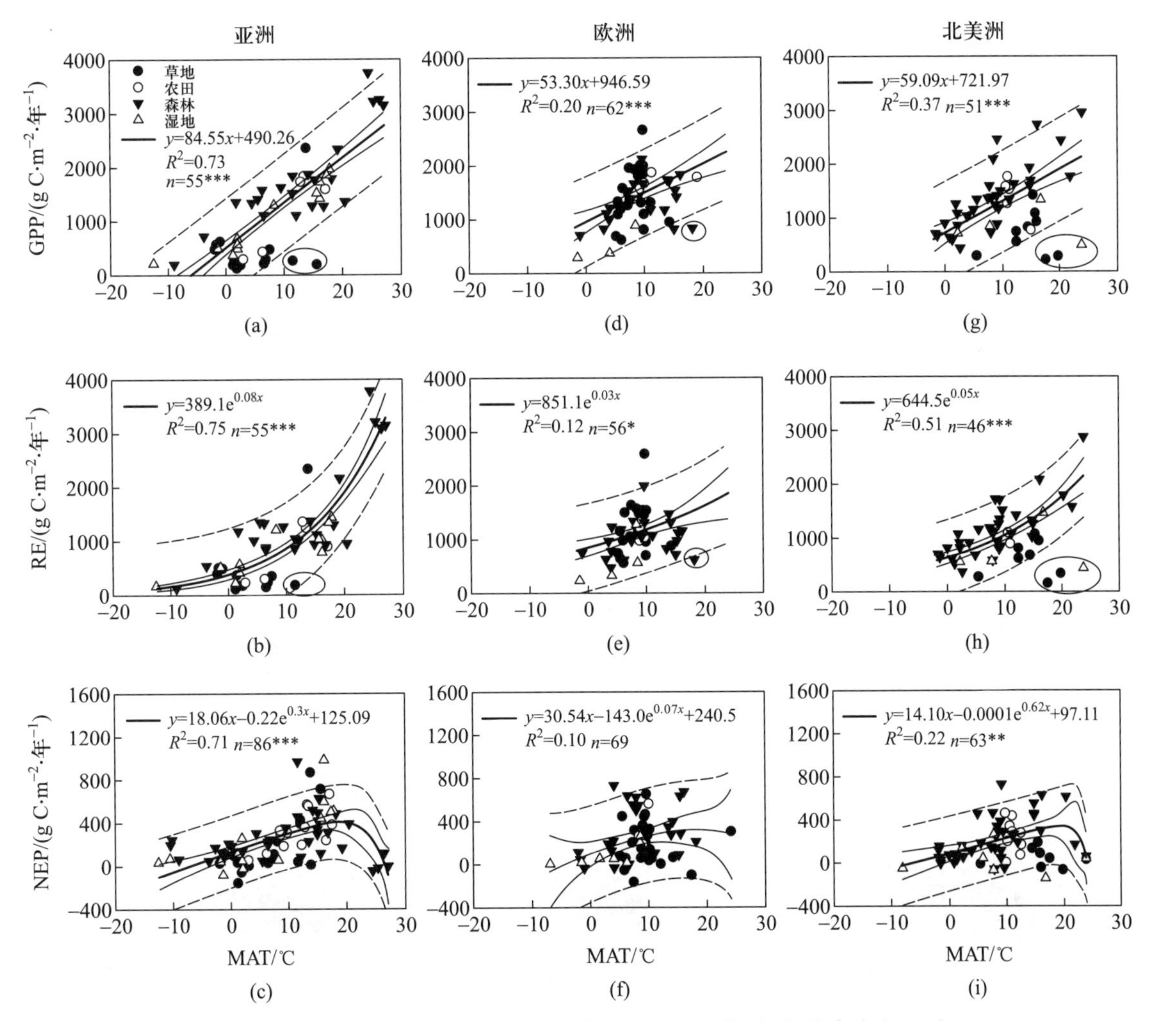


图 7.9 亚洲、欧洲和北美洲区域年均气温（MAT）对总初级生产力（GPP）、生态系统呼吸（RE）和净生态系统生产力（NEP）空间格局的影响

（4）年均降水量变化格局对全球碳通量空间格局的调控作用

不论在亚洲、欧洲还是北美洲区域，GPP、RE 和 NEP 的空间变异与年均降水量（MAP）变化格局存在显著的相关性，MAP 是北半球不同区域生态系统 GPP、RE 和 NEP 空间变异的另一个重要控制因子（Chen et al.，2013；Chen et al.，2015b）。

MAP 对 GPP、RE 和 NEP 空间变异的调控方式不同。GPP 与 MAP 间呈现 S 形指数关系，表明在空间格局上，从干旱生态系统到湿润生态系统，GPP 先随着 MAP 增加呈显著的指数增长，随着水分状况的逐渐改善，GPP 增加的速率也逐渐减缓，当 MAP 达到一定程度时，GPP 不再随降水增加而增加，而是维持在一个相对稳定的状态（图 7.10）。RE 与 MAP 间呈现显著的线性相关（图 7.10）。由于 GPP 和 RE 对 MAP 的响应方式与速率的差异，在低降水量阶段 GPP 随 MAP 的增加速率快于 RE，两者增加速率差异在 1000~1500 mm 阶段达到最大，因而 NEP 在降水量为 1000~1500 mm 阶段达到最高值。随后，RE 随 MAP 的增加速率将快于 GPP，因此，NEP 在空间上对 MAP 的响应方式也与对 MAT 的响应一样，NEP 不是一直增加，而是在达到一定降水量后呈现出下降趋势（图 7.10）。在空间格局上，NEP 对 MAP 的响应趋势由 GPP 和 RE 对 MAP 的响应关系差异来决定。

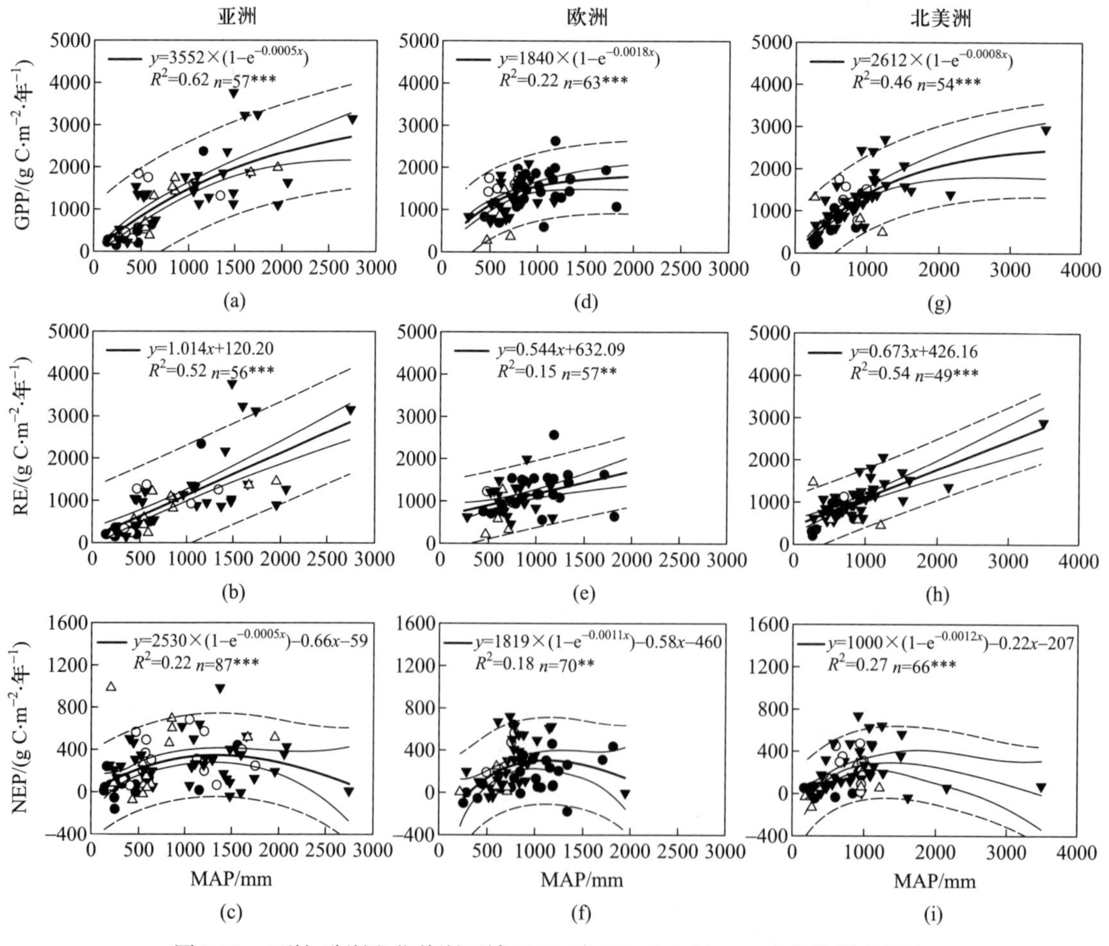


图 7.10　亚洲、欧洲和北美洲区域 MAP 对 GPP、RE 和 NEP 空间格局的影响

### 7.3.3 气候因素控制碳通量空间格局的生物地理学机制

气候因子决定了一个生态系统的热量和水分条件,影响生态系统的生产力和呼吸。Lieth(1973)曾指出两个关键的气候因子,即温度和降水是植被生产力空间格局的主要调控者,并仅采用年均温和年均降水量建立了 Miami 模型,成功地评估了全球陆地生态系统初级生产力(NPP),奠定了气候因素决定生态系统生产力空间格局的理论基础。研究表明,气候因子(年均温和年均降水量)的空间格局也是中国、亚洲乃至北半球陆地生态系统总初级生产力(GPP)和生态系统呼吸(GPE)空间变异的主要决定因子(Yu et al., 2013; Chen et al., 2013; Chen et al., 2015b)。

利用亚洲区域的通量观测及已有的相关研究结果,可以简单归纳出一个碳通量空间格局的潜在生物地理生态学调控机制(Chen et al., 2015b)。具体表现为:① 辐射、温度和降水的地理格局决定了植被类型的地理分布。② 不同的植被类型表现出不同的植被生理生态学特征,如叶面积指数大小和生长季长度,这两者的空间格局差异直接决定了植被生产力 GPP 的基本空间格局。③ 在空间变异格局上,GPP 和 RE 之间存在严格的同向共变性,GPP 的空间变异决定了 RE 的空间格局。④ 土壤质地条件的地理格局也影响着植被的分布和生态系统碳交换过程,但土壤有机碳含量的空间变异对 GPP、RE 和 NEP 空间变异的影响较小。⑤ 其他因子还影响着生态系统碳通量的空间变异。一方面可能是来自于全球气候变化背景下气候格局改变的影响,如全球气候变暖、$CO_2$ 浓度升高、氮沉降增加、降水格局的改变。另一方面可能是来自于人类干扰活动(如砍伐、施肥、收获、放牧等)对植被属性和演替进程的影响。

### 7.3.4 中国区域陆地生态系统碳通量的空间评估

Yu 等(2013)基于中国 52 个生态系统碳收支通量空间格局影响因素研究表明,年均温(MAT)和年均降水量(MAP)强烈影响中国区域陆地生态系统碳通量(GPP、RE 和 NEP)的空间格局,并且碳通量组分的空间格局之间还具有严格的空间正向偶联相关性(Yu et al., 2013)。进而基于 NEP 与 GPP 和 RE 的理论关系,设计了 4 种评估碳通量组分空间格局的模式化方案,探索了中国区域陆地生态系统碳收支评估的地理统计学方法。

研究结果表明,各种模式化方案估算的碳收支总量具有一定的差异,但是碳通量在不同方案间的变异系数都小于 10%,其中,GPP 和 RE 相对较小,分别为 6.79% 和 5.30%,NEP 的变异较大,也仅为 9.23%。

基于泰勒图(Taylor diagram)分析了不同评估方案的评估结果与实测值间的匹配程度,优选得到的描绘中国区域 GPP、RE 和 NEP 空间格局的最优方程为:

$$\mathrm{GPP}=107.02\ \mathrm{MAT}+2.18\ \mathrm{MAP}-0.10\ \mathrm{MAT}\times\mathrm{MAP}-544.35 \tag{7.1}$$

$$\mathrm{RE}=0.68\times\mathrm{GPP}+81.90 \tag{7.2}$$

$$\mathrm{NEP}=\mathrm{GPP}-\mathrm{RE} \tag{7.3}$$

基于这一组最优评估方程分析了中国区域碳通量的空间分布规律。从东南沿海向西北内陆,中国陆地生态系统 GPP 呈现逐步减小的特点,最大值出现在长江中下游平原地区。RE 也呈现出相似的规律,从东南沿海向西北内陆逐渐降低,最大值出现在长江以南—北回归线之间的区域。NEP 的空间分布也表现出与 GPP 和 RE 相似的规律,但最大值出现在云贵高原—成都盆地—江淮流域一带(Zhu et al., 2014)。

# 7.4　陆地生态系统水通量时空格局及其影响因素

蒸散(ET)是陆地生态系统水分循环和能量平衡的关键过程(Wang and Dickinson, 2012),对陆地表面的可利用水资源量和生态系统的水分状况具有重要的指示作用(于贵瑞和王秋凤, 2010)。因此,精确掌握蒸散的时空变化规律及其影响因素是生态学、水文学、农学、气象学等众多学科领域的需要。涡度相关法可以直接观测生态系统—大气间的水汽交换通量(Yu et al., 2006; Baldocchi, 2008),在探讨蒸散的时空变化规律中发挥了重要作用。研究工作以ChinaFLUX的水通量长期观测数据为基础,分析了中国典型陆地生态系统水通量在不同时间尺度(从日至多年)上的动态变化特征及其影响因素,讨论了中国陆地生态系统水通量的空间格局及影响因素。

## 7.4.1　水通量的日变化特征及其影响因素

水通量(ET)的日变化主要由净辐射、气温、饱和水汽压差、风速等气象因子的日变化引起。由于光照、温度、水分等气象因子具有一定的昼夜变化规律,生态系统水通量具有明显的日变化特征,且不同类型生态系统的水通量在不同季节的日变化趋势基本一致(李菊等, 2006; 施婷婷等, 2007; Zheng et al., 2014)。一般情况下,凌晨至日出前水通量较低且变化较小,日出时开始升高,并在午后1~2 h达到一天中的最大值,而后逐渐下降,到夜间水通量较为稳定地处于较低水平上。

Zheng等(2014)在高寒灌丛草甸生态系统的研究中发现,在一天中水通量的日变化过程对气温和饱和水汽压差的响应存在明显的"滞后现象"(hysteresis)。其表现为在同等气温条件下,上午的水通量明显大于下午,使得水通量—气温间的响应曲线呈现为顺时针滞后环,且滞后程度(以滞后环面积表示)具有生长季(5—9月)明显小于非生长季的季节变化规律(图7.11)。但是水通量的日变化对净辐射的滞后响应现象并不明显(Zheng et al., 2014)。这种滞后响应现象主要源于气温和饱和水汽压差与净辐射间在日变化上的时滞效应(time-lag effect)(Zheng et al., 2014);同时也与生态系统的水分状况以及气孔开—闭过程对环境变量的非对称响应现象有关(Yu et al., 1996)。

## 7.4.2　水通量的季节与年际变化特征及其影响因素

受光照、温度、降雨等条件的影响,以及植被的生物学特征的调控,生态系统—大气间的水汽交换通量随之发生规律性的变化(郑涵等, 2013; Hao et al., 2007; Li et al., 2010)。图7.12给出了中国三个典型森林生态系统:长白山温带针阔叶混交林(CBS)、千烟洲中亚热带人工针叶林(QYZ)、鼎湖山常绿阔叶林(DHS),三个典型草地生态系统:内蒙古温带典型草原(NM)、海北高寒灌丛草甸(HBGC)、当雄高寒草甸(DX),以及一个典型农田生态系统:禹城冬小麦-夏玉米轮作农田(YC),共七个生态系统水通量的季节和年际动态。

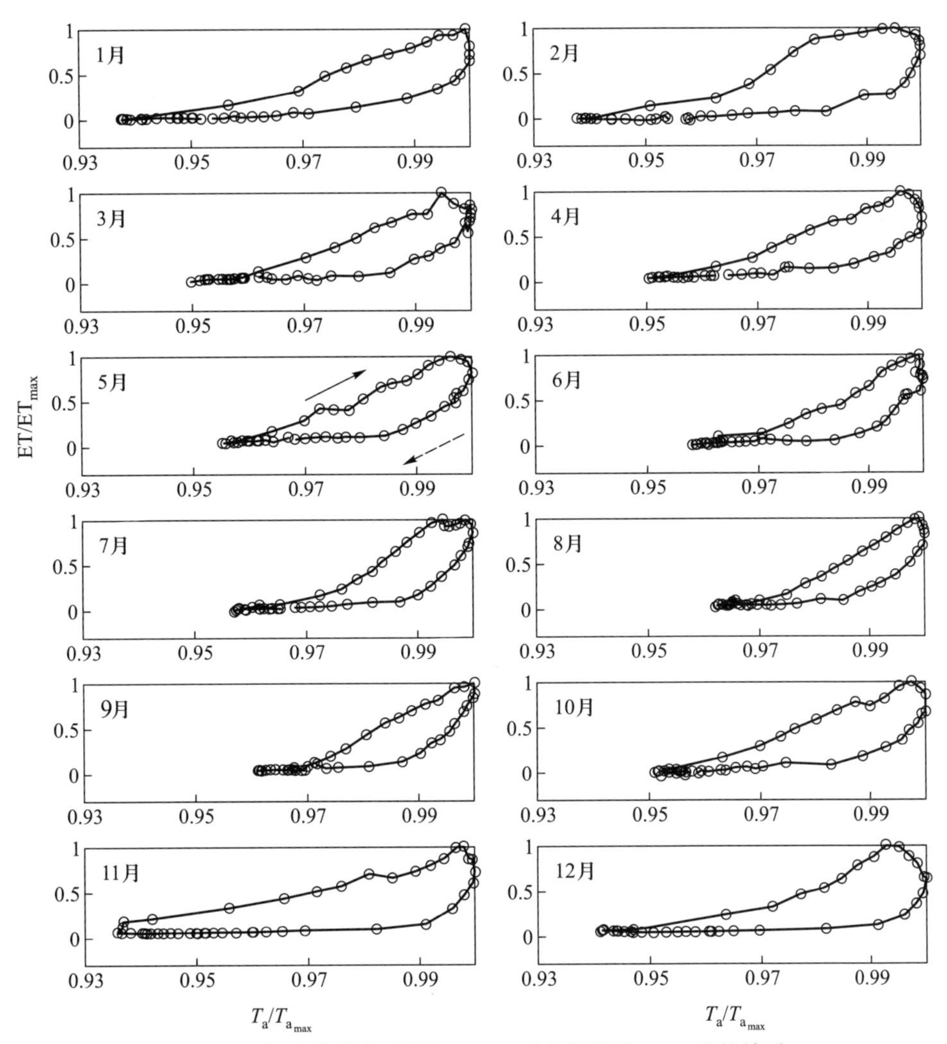


图 7.11 标准化的水通量（ET/ET$_{max}$）与气温（$T_a/T_{a_{max}}$）的关系

数据来源：ChinaFLUX 海北站高寒灌丛草甸 2010 年逐月平均半小时数据。实线和虚线箭头分别表示上午和下午的响应方向。$T_a$ 和 $T_{a_{max}}$ 分别为绝对气温及其最大值。ET$_{max}$ 为最大蒸散量。

不同生态系统的水通量均存在明显的季节分布特征，与太阳辐射、气温、饱和水汽压差、降雨量等气象要素的季节变化趋势较为一致，大多呈现为单峰曲线，在生长旺季的 6—8 月达到一年中的最大值，且生长季或雨季内的总水通量占全年总水通量的较大比例。对禹城农田生态系统而言，受冬小麦 - 夏玉米复种耕作制度的影响，该生态系统水通量的季节变化在一年中明显分为两个阶段，这两个阶段分别在 5 月和 8 月达到峰值，从而使得该生态系统水通量的季节变化趋势呈现为双峰曲线。

各生态系统的水通量也存在一定的年际变异（图 7.12），这种年际变化也是受气象因子和生物因子的共同影响（Stoy et al., 2006; Wilson and Baldocchi, 2000）。Xu 等（2014）在千烟洲人工针叶林的研究中将水通量年际变异的来源区分为两部分，一是由气象因子引起的（包含了极端气候事件），二是由生态系统响应引起的（包括植物形态、物候及植物生理等的变化），并使用查表法对二者在水通量年际变异中的贡献进行区分。研究结果表明,水通量年际变异的主要来源是生态系统响应,并且气象因子的影响和生态系统响应之间存在一定的负反馈作用。同时,不同的季节对水通量年际变异的贡献存在一定差异(Marcolla et al., 2011; Wilson and Baldocchi, 2000)。中国东南部地区受亚热带大陆性季风气候影响,夏季易出现水热不同步导致的季节性干旱(seasonal drought)现象(Wen et al., 2010)。季节性干旱对生态系统水通量的季节和年际变异及其影响因素具有重要影响(Tang et al., 2014)。受2003年严重的夏季季节性干旱的影响,千烟洲人工针叶林在该时期的水通量相对于其他年份出现明显的下降(Tang et al., 2014)。

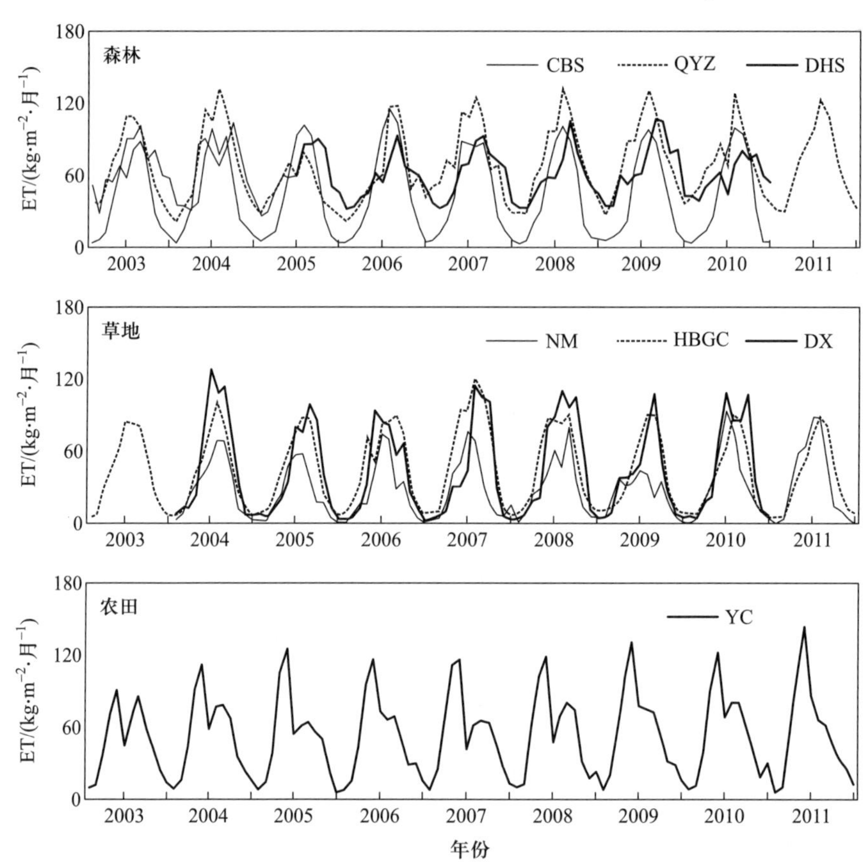


图7.12 中国典型陆地生态系统水通量的季节与年际变化

数据来源:ChinaFLUX

## 7.4.3 水通量的空间变化特征及影响因素

研究陆地生态系统水通量的空间变化特征对陆地水资源的科学管理和评估具有重要意义。通过整合中国区域的水通量观测数据,Zheng等(2016)定量分析了中国陆地生态系统年实际蒸散量(AET)的空间变异规律及其影响因素。图7.13给出了中国陆地生态系统AET的纬度和经度格局特征。可见,AET具有明显的纬向地带性分布规律,呈现为AET随着纬度增加而线性降低的变化趋势,且这种规律并不会因植被类型的差异而改变。而AET的经向空间分布规律较为复杂,虽然AET随着经度的增大而降低,但这种变化趋势并不显著。

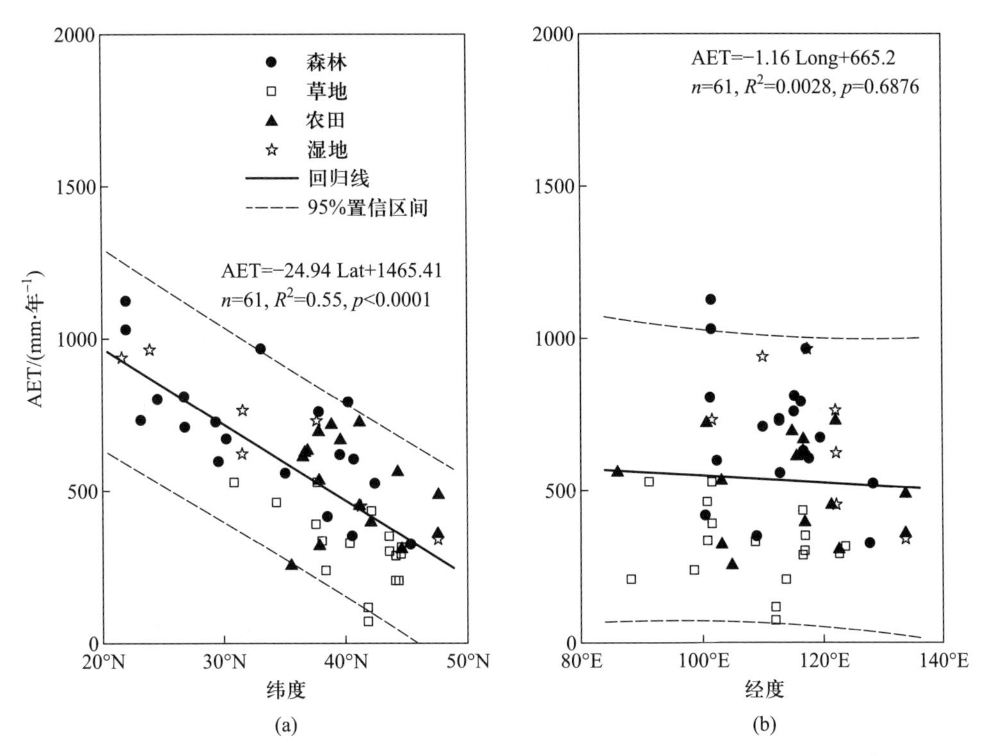


图 7.13 中国陆地生态系统年实际蒸散量(AET)的纬度(a)和经度(b)格局特征

中国陆地生态系统 AET 空间格局的形成与净辐射、降水量、气温等气候条件的空间格局紧密相关,而气候格局对 AET 空间格局的影响主要反映在水分供给和大气蒸发需求两个方面。水分供给的影响主要是通过有效供水量和大气干燥度来实现,而年均降水量和年均相对湿度可以分别反映这两个方面的大小,由此二者在空间格局上与 AET 呈现为正相关关系;当人为灌溉活动改变了生态系统的有效供水量时,它们与 AET 在空间格局上的相关性显著增强(Zheng et al., 2016)。同时,年均净辐射和年均温则可反映大气蒸发需求的大小,所以二者与 AET 的空间变异呈正相关关系。同时,气候格局对 AET 空间格局的影响也决定于水分供给和大气蒸发需求之间的平衡关系。例如,虽然贡嘎山站的年均降水量高达 1900 mm · 年$^{-1}$,但因为年均温非常低(3.8℃),从而具有较低的 AET 值(<600 mm · 年$^{-1}$)。

植被属性的空间变异也是影响中国陆地生态系统 AET 空间格局的重要因素。Zheng 等(2016)对 AET 空间格局的研究表明,不同植被类型生态系统的 AET 之间差异显著,而且在空间上,AET 随着年均叶面积指数(LAI)的升高表现为显著的对数函数增加趋势。有研究表明,LAI 的空间变异会影响 AET 的不同组分的空间变异,如冠层截留蒸发的大小取决于 LAI(Jung et al., 2011),而土壤蒸发占 AET 的比例与 LAI 在空间上为负相关关系(Law et al., 2002)。因此,Zheng 等(2016)认为,LAI 的空间格局对 AET 空间变异的影响可能主要是通过影响 AET 在不同组分(即植被蒸腾、土壤蒸发和冠层截留蒸发)之间的比例来实现的。

事实上,植被格局对 AET 空间变异的影响是气候格局控制植被格局的结果。不同植被具有不同强度的抗寒、耐旱能力,因此气候条件的地理格局决定了植被类型的地理空间分布,而不同的植被类型表现出不同的植被属性特征(如LAI)的空间变异,由此可以认为,气候要素和植被属性通过彼此在空间格局上的紧密偶联关系共同控制着中国陆地生态系统AET的空间格局,使其表现出鲜明的纬向格局规律和复杂的经向分布特征(Zheng et al., 2016)。

# 7.5 陆地生态系统氮沉降通量格局及其影响因素

大气氮素沉降是氮循环的重要环节,它是氮素从大气中输入至生物圈的重要途径(Galloway et al., 2004; Liu et al., 2011)。但是,随着经济的发展,城市化和工业化速度的加快,近几十年来的人类活动,如化石燃料的燃烧、化肥的施用,人为产生的活性氮量呈现显著增加的趋势(Galloway et al., 2004; Neff et al., 2002);1860的年人为氮排放量仅为15 Tg N·年$^{-1}$,1995年约为156 Tg N·年$^{-1}$,2005年则达到187 Tg N·年$^{-1}$(Galloway et al., 2004)。因而,作为土壤可利用性氮的一种重要输入方式,大气氮素沉降输入量的大小对于维持陆地生态系统生产力及其生物多样性有着重大影响(Fleischer et al., 2013; Reay et al., 2008; Thomas et al., 2010; Ti et al., 2012)。另一方面,过量的氮沉降及其对陆地生态系统结构和功能所带来的负效应,如生物多样性破坏(Bobbink et al., 2010; Stevens et al., 2004)、氮素过饱和(Aber et al., 1989; Kopacek et al., 2013)和土壤酸化(Bowman et al., 2008; Maljanen et al., 2013; Vitousek et al., 1997)等引起了科学家的广泛关注。

## 7.5.1 基于CERN的中国陆地生态系统氮沉降的联网观测

大气的氮素沉降来自伴随降雨过程的氮素湿沉降和空气重力沉降的氮素干沉降。中国区域的氮素干湿沉降观测数据十分有限,而且零散断续。为了获取网络化的观测数据,自2013年开始以CERN的野外台站为基础,组建了覆盖中国几乎所有典型生态系统类型的大气湿沉降观测网络(Zhu et al., 2015; 朱剑兴等, 2019)。目前,该平台有54个站点,主要测定降水中的总氮、溶解性总氮、铵态氮以及硝态氮,为揭示中国区域陆地生态系统的大气氮素湿沉降的组成、空间格局及其控制因素提供了基础数据(朱剑兴等, 2019)。

利用大气氮素湿沉降联网观测平台的观测数据以及文献和其他途径观测数据的整合分析,中国学者初步量化了中国陆地生态系统大气氮沉降及不同组分的通量及比例,大气沉降中颗粒态氮沉降的贡献,以及大气氮沉降的空间格局与动态变化及其影响因素。

## 7.5.2 中国陆地生态系统(湿)氮沉降通量的格局与组成

(1) 大气氮素湿沉降的空间格局

Zhu等(2015)通过克里金插值得到的溶解性总氮、铵态氮、硝态氮的平均沉降量分别为13.69 kg N·hm$^{-2}$·年$^{-1}$、7.25 kg N·hm$^{-2}$·年$^{-1}$、5.93 kg N·hm$^{-2}$·年$^{-1}$,这也意味着中国地区的溶解性总氮、硝态氮、铵态氮沉降输入量约为12.52 Tg N·年$^{-1}$、6.63 Tg N·年$^{-1}$、5.42 Tg N·年$^{-1}$。总氮的沉降通量为18.02 kg N·hm$^{-2}$·年$^{-1}$,沉降输入量约为16.48 Tg N·年$^{-1}$,其中,颗粒态氮的沉降量为4.33 kg N·hm$^{-2}$·年$^{-1}$。四种形态氮在中国区域的沉降空间格局较为相似,高氮沉降区主要出现在中国的华中以及华南区,总氮沉降通量达37.02 kg N·hm$^{-2}$·年$^{-1}$、

31.21 kg N·hm$^{-2}$·年$^{-1}$。而在西北、东北、内蒙古、青藏等地区的大气氮素沉降量相对较小，总氮沉降值为 7.55～12.84 kg N·hm$^{-2}$·年$^{-1}$（Zhu et al., 2015）。

中国区域无机氮的平均沉降量约为 13.18 kg N·hm$^{-2}$·年$^{-1}$。其他学者也对中国区域的大气氮素湿沉降通量进行了评估。Lu 和 Tian（2007）采用克里金插值分析收集的已发表的湿沉降观测数据，结果表明，中国区域 1980—2005 年的大气氮素湿沉降通量均值在 9.88 kg N·hm$^{-2}$·年$^{-1}$左右。Jia 等（2014）的研究表明，中国地区的无机氮（DIN）湿沉降的全国均值由 20 世纪 90 年代的 11.11 kg N·hm$^{-2}$·年$^{-1}$上升到 21 世纪初的 13.87 kg N·hm$^{-2}$·年$^{-1}$，增加了近 25%。这些研究结果较为接近；然而之前的研究主要通过数据收集，并将过去不同年份的数据归纳成一个或两个时间节点来分析，因此得到平均的湿沉降通量仍有较大的不确定性。溶解性有机氮的沉降通量为 0.52 kg N·hm$^{-2}$·年$^{-1}$，小于其他学者的观测结果（Jiang et al., 2013），这可能主要是由于这里观测的站点主要属于自然生态系统，所以溶解性有机氮的沉降通量所占的比重较小。

（2）大气各形态氮的比例特征

中国区域的湿沉降中各形态氮的组分比例分别为：铵态氮占 40%，硝态氮占 33%，颗粒态氮占 24%，溶解性有机氮占 3%（图 7.14）。8 个不同区域的大气氮素湿沉降通量中 $NH_4^+/NO_3^-$ 的值在 0.82～1.35，中国地区 $NH_4^+/NO_3^-$ 的平均值约为 1.22。中国区域的颗粒态氮沉降量为 4.33 kg N·hm$^{-2}$·年$^{-1}$，占湿沉降总量的比重约为 24%（图 7.14），这也表明，颗粒态氮在大气氮素湿沉降总量中占有十分重要的比重，过去的总氮沉降量估算也存在着十分明显的低估效应，大约低估了 24% 的湿沉降总量。溶解性有机氮的沉降通量为 0.52 kg N·hm$^{-2}$·年$^{-1}$，占湿沉降总量的 3%（Zhu et al., 2015）。

$NH_4^+/NO_3^-$ 是一种较为直接且常用的大气活性氮源解析方法，通常 $NH_4^+/NO_3^-$ 如果大于 1，则表明该区域农业活动占主导，是活性氮的主要来源，反之则是工业排放源占主导（Huang et al., 2013; Xie et al., 2008）。中国的铵态氮、硝态氮的沉降量明显地高于美国、欧洲等地区，从 $NH_4^+/NO_3^-$ 上来看，美国地区的 $NH_4^+/NO_3^-$ 小于 1，欧洲地区的 $NH_4^+/NO_3^-$ 大于 1，这也表明，欧美地区的铵态氮、硝态氮的沉降量虽然都小于中国，但二者的主导来源并不一致；而中国的 $NH_4^+/NO_3^-$ 处于二者中间，且接近于 1，这也说明，中国作为一个高速发展的发展中国家，在较长的周期内，农业生产与工业活动仍是影响氮沉降通量的主要原因。

### 7.5.3 大气氮素湿沉降通量的影响因子

中国区域的大气氮素沉降通量具有明显的空间格局，高氮沉降区主要在华南、华中，东北及青藏等地区的氮沉降通量较小。颗粒态氮是氮沉降的重要组成部分，忽略该部分会造成对湿沉降总量的低估。降水量、氮肥施用量以及能源消耗量与大气氮素湿沉降通量密切相关，是氮沉降增加的主要控制因素（Jia et al., 2014）。

采用降水、氮肥施用量以及能源消耗量对各省份的大气氮素沉降空间变异影响进行多元线性逐步回归分析，得到的线性回归方程为

$$D_N=3.044F+0.014P\ (R^2=0.912,\ p<0.0001) \tag{7.4}$$

式中，$D_N$ 表示总氮沉降量，$F$ 表示氮肥施用量，$P$ 表示年降水量，回归系数见表 7.5。

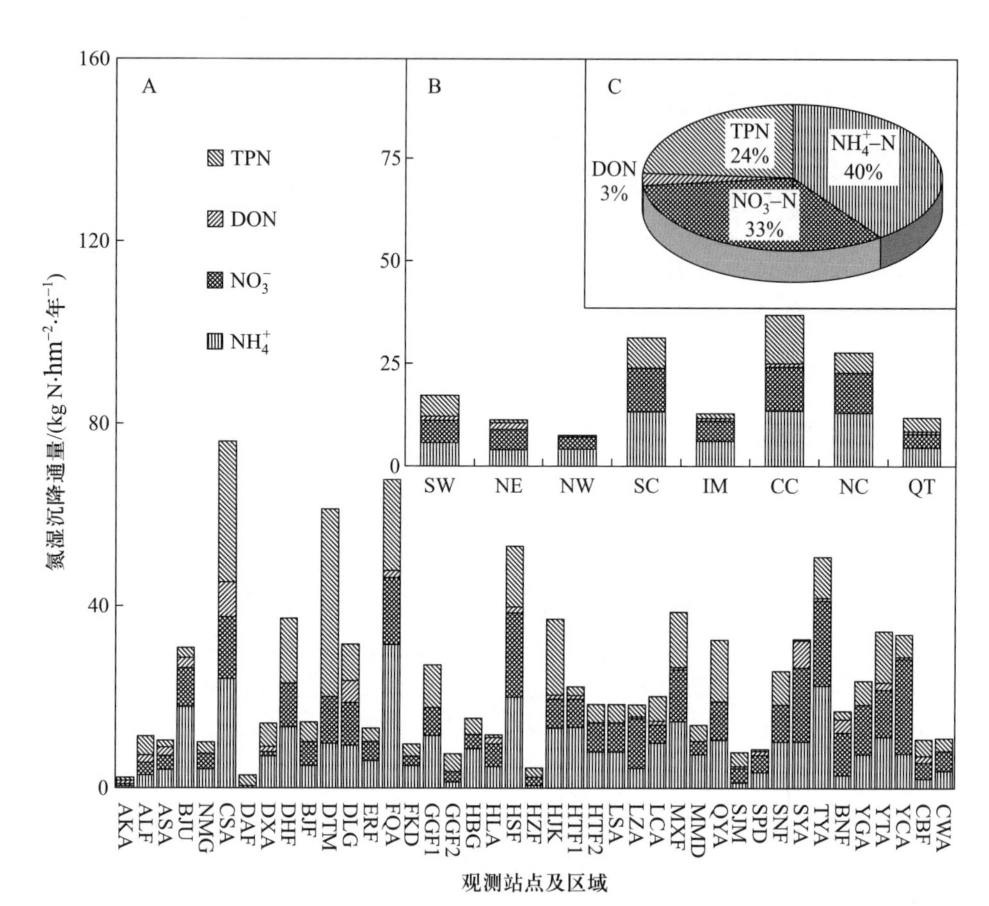


图 7.14　不同观测尺度下的大气氮沉降

A 表示 41 个站点尺度；B 表示 8 个区域尺度；C 表示全国尺度。

**表 7.5　多元线性回归的参数**

| N 组分 | *a* | *b* | *F* | $R^2$ | *p* |
|---|---|---|---|---|---|
| $NH_4^+$-N | 1.126 | 0.005 | 53.98 | 0.828 | <0.0001 |
| $NO_3^-$ N | 0.79 | 0.004 | 44.84 | 0.799 | <0.0001 |
| TDN | 2.157 | 0.009 | 90.15 | 0.890 | <0.0001 |
| TN | 3.044 | 0.014 | 114.35 | 0.912 | <0.0001 |

注：*a*、*b* 分别为 *F* 和 *P* 的系数。

进而通过路径分析发现，降水、氮肥施用量以及能源消耗量对大气各形态氮素沉降的影响是类似的（图 7.15）。氮肥施用量是大气氮湿沉降的主要影响因素，分别可以解释 $NH_4^+$-N，$NO_3^-$-N、TDN 和 TN 70%，56%，76% 和 81% 的变异。

氮肥施用量、能源消耗量与铵态氮、硝态氮、溶解性总氮、总氮的沉降通量均呈现显著的线性增长以及幂增长的趋势（$p<0.01$）。

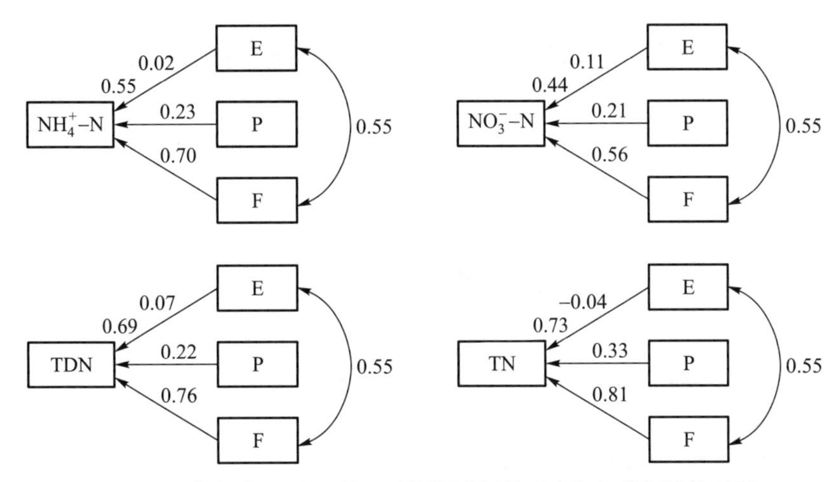


图 7.15 降水、氮肥施用量以及能源消耗量对大气氮素沉降的贡献

大气的活性氮来源主要分为自然源和人为源，自然源主要是大气闪电和生物固定等过程，人为源则主要来自于化石燃料的燃烧、氮肥施用以及生物燃料使用等（Behera et al., 2013; Galloway et al., 2004）。氮肥施用量及能源消耗量作为人类活动两个较为直观的指标，是中国大气氮沉降的主要来源，这也意味着一定程度上控制氮肥的施用量以及能源的消耗量可以减少氮素湿沉降总量。

降水以及氮肥施用量的空间格局共同解释总氮沉降量约 91% 的变异。在三因素的多元回归分析中，能源消耗量与总氮的关系不显著，因此被方程剔除。然而，在分别考虑降水量、氮肥施用量、能源消耗量与总氮的关系时，三者与总氮都有密切的关系（$p<0.01$）。这表明，相比于降水量及氮肥施用量，能源消耗量对于总氮沉降通量的贡献率较小。

# 7.6 结论与展望

ChinaFLUX 经过十几年的发展，率先构建了陆地生态系统碳氮水通量协同观测系统，在通量观测技术、生态系统碳氮水交换过程及其环境控制机理、模型模拟和区域碳氮水收支评估等研究领域取得了重要进展（于贵瑞等，2014）。ChinaFLUX 的研究内容已从最初关注于研究陆地生态系统碳水交换过程及其年际变异，发展到关注于探讨生态系统碳 – 氮 – 水通量的地理格局及其环境调控机制，如今已经开始深入研究生态系统碳 – 氮 – 水通量耦合循环过程及其内在生物学调控机制（Yu et al., 2016）。

大尺度、定量化、可预测和可预警生态学研究对生态系统结构和功能观测数据提出了强烈的数据需求，ChinaFLUX 将会迎接来自多方面的科技需求和重大挑战。尽快实现从生态要素观测向生态系统整体功能观测跨越，发展生态观测卫星系统，改进和优化生态系统模型体系，更好地服务全球可持续发展的定量评估、科学预测、情景预估和生态安全预警等科学研究，必将成为 ChinaFLUX 未来发展的重要方向（Yu et al., 2017）。

“走气象观测研究事业发展之路，奠定生态预测科学的数据基础”是 ChinaFLUX 的新的历史使命（Yu et al.，2017）。近期的重点任务是：积极发展 $CO_2$、$H_2O$、$CH_4$、NO、$NO_2$、$N_2O$、$NH_3$、$HNO_3$ 等多类型碳氮水痕量气体通量综合观测，大气重要污染物通量的综合观测，发展地基观测—无人机航空观测—天基遥感相互配合的立体化观测体系，促进生态系统观测研究网络由传统的生态要素观测向生态系统功能的整体观测转变，为生态系统科学研究走向定量化和科学预测的新阶段提供科技支撑。

# 参 考 文 献

方精云，郭兆迪，朴世龙，等. 2007. 1981—2000 年中国陆地植被碳汇的估算. 中国科学（D 辑），37（6）：804-812.

方精云，刘国华，徐嵩龄. 1996. 中国陆地生态系统的碳循环及其全球意义. 见：王庚辰，温玉璞. 温室气体浓度和排放监测及相关过程. 北京：中国环境科学出版社，129-139.

李海奎，雷渊才，曾伟生. 2011. 基于森林清查资料的中国森林植被碳储量. 林业科学，47（7）：7-12.

李菊，刘允芬，杨晓光，等. 2006. 千烟洲人工林水汽通量特征及其与环境因子的关系. 生态学报，26（8）：2449-2456.

李克让，王绍强，曹明奎. 2003. 中国植被和土壤碳贮量. 中国科学（D 辑），33（1）：72-80.

施婷婷，关德新，吴家兵，等. 2007. 用涡动相关技术观测长白山阔叶红松林蒸散特征. 北京林业大学学报，28（6）：1-8.

王绍强，刘纪远，于贵瑞. 2003. 中国陆地土壤有机碳蓄积量估算误差分析. 应用生态学报，14（5）：797-802.

王绍强，周成虎，李克让，等. 2000. 中国土壤有机碳库及空间分布特征分析. 地理学报，55（5）：533-544.

徐新良，曹明奎，李克让. 2007. 中国森林生态系统植被碳储量时空动态变化研究. 地理科学进展，26（6）：1-10.

于贵瑞，何念鹏，王秋凤. 2013. 中国陆地生态系统碳收支及碳汇功能——理论基础与综合评估. 北京：科学出版社，1-309.

于贵瑞，孙晓敏. 2006. 陆地生态系统通量观测的原理与方法. 北京：高等教育出版社，1-508.

于贵瑞，孙晓敏. 2008. 中国陆地生态系统碳通量观测技术及时空变化特征. 北京：科学出版社，1-676.

于贵瑞，王秋凤. 2010. 植物光合、蒸腾与水分利用的生理生态学. 北京：科学出版社.

于贵瑞，张雷明，孙晓敏. 2014. 中国陆地生态系统通量观测研究网络（ChinaFLUX）的主要进展及发展展望. 地理科学进展，（07）：903-917.

郑涵，王秋凤，李英年，等. 2013. 海北高寒灌丛草甸蒸散量特征. 应用生态学报，24（11）：3221-3228.

周玉荣，于振良，赵士洞. 2000. 我国主要森林生态系统碳贮量和碳平衡. 植物生态学报，24（5）：518-522.

朱剑兴，王秋凤，于海丽，等. 2019. 2013 年中国典型生态系统大气氮、磷、酸沉降数据集. 中国科学数据，4（1）：16-21.

Aber J D, Nadelhoffer K J, Steudler P, et al. 1989. Nitrogen saturation in northern forest ecosystems. Bioscience, 39(6): 378-386.

Baldocchi D D. 2014. Measuring fluxes of trace gases energy between ecosystems and the atmosphere: The state and future of the eddy covariance method. Global Change Biology, 20(12): 3600-3609.

Baldocchi D. 2008. Breathing of the terrestrial biosphere: Lessons learned from a global network of carbon dioxideflux measurement systems. Australian Journal of Botany, 56: 1-26.

Behera S N, Sharma M, Aneja V P, et al. 2013. Ammonia in the atmosphere: A review on emission sources, atmospheric chemistry and deposition on terrestrial bodies. Environmental Science and Pollution Research, 20(4): 8092-8131.

Bobbink R, Hicks K, Galloway J, et al. 2010. Global assessment of nitrogen deposition effects on terrestrial plant diversity: A synthesis. Ecological Applications, 20: 30–59.

Bowman W D, Cleveland C C, Halada L, et al. 2008. Negative impact of nitrogen deposition on soil buffering capacity. Nature Geoscience, 1(11): 767–770.

Chen Z, Yu G R, Ge J P, et al. 2013. Temperature and precipitation control of the spatial variation of terrestrial ecosystem carbon exchange in the Asian region. Agricultural and Forest Meteorology, 182–183: 266–276.

Chen Z, Yu G R, Ge J P, et al. 2015a. Roles of climate, vegetation and soil in regulating the spatial variability in ecosystem carbon dioxide fluxes in the Northern Hemisphere. PLoS ONE, 10(4): e0125265.

Chen Z, Yu G R, Zhu X J, et al. 2015b. Covariation between gross primary production and ecosystem respiration across space and the underlying mechanisms: A global synthesis. Agricultural and Forest Meteorology, 203: 180–190.

Davidson E A, Janssens I A. 2006. Temperature sensitivity of soil carbon decomposition and feedbacks to climate change. Nature, 440(7081): 165–173.

Doherty S, Bojinski S, Henderson-Sellers A, et al. 2009. Lessons learned from IPCC AR4: Scientific developments needed to understand, predict, and respond to climate change. Bulletin of the American Meteorological Society, 90(4): 497–513.

Falloon P, Jones C D, Ades M, et al. 2011. Direct soil moisture controls of future global soil carbon changes: An important source of uncertainty. Global Biogeochemical Cycles, 25(3): GB 3010.

Fan J W, Zhong H P, Harris W, et al. 2008. Carbon storage in the grasslands of China based on field measurements of above-and below-ground biomass. Climatic Change, 86(3): 375–396.

Feng X M, Fu B J, Lu N, et al. 2013. How ecological restoration alters ecosystem services: an analysis of carbon sequestration in China' s Loess Plateau. Scientific Reports, 3: srep02846.

Fleischer K, Rebel K, Molen M, et al. 2013. The contribution of nitrogen deposition to the photosynthetic capacity of forests. Global Biogeochemical Cycles, 27: 1–13.

Galloway J N, Dentener F J, Capone D G, et al. 2004. Nitrogen cycles: Past, present, and future. Biogeochemistry, 70: 153–226.

Galloway J N, Townsend A R, Erisman J W, et al. 2008. Transformation of the nitrogen cycle: recent trends, questions, and potential solutions. Science, 320: 889–892.

Hao Y B, Wang Y F, Huang X Z, et al. 2007. Seasonal and interannual variation in water vapor and energy exchange over a typical steppe in Inner Mongolia, China. Agricultural and Forest Meteorology, 146(1–2): 57–69.

Heimann M, Reichstein M. 2008. Terrestrial ecosystem carbon dynamics and climate feedbacks. Nature, 451(7176): 289–292.

Houghton R, Davidson E, Woodwell G. 1998. Missing sinks, feedbacks, and understanding the role of terrestrial ecosystems in the global carbon balance. Global Biogeochemical Cycles, 12(1): 25–34.

Huang Y L, Lu X X, Chen K. 2013. Wet atmospheric deposition of nitrogen: 20 years measurement in Shenzhen City, China. Environmental Monitoring and Assessment, 185: 113–122.

Jia Y L, Yu G R, He N P, et al. 2014. Spatial and decadal variations in inorganic nitrogen wet deposition in China induced by human activity. Scientific Reports, 4: 3763.

Jiang C m, Yu W T, Ma Q, et al. 2013. Atmospheric organic nitrogen deposition: Analysis of nationwide data and a case study in Northeast China. Environmental Pollution, 182: 430–436.

Jobbágy E G, Jackson R B. 2000. The vertical distribution of soil organic carbon and its relation to climate and vegetation. Ecological applications, 10(2): 423–436.

Jung M, Reichstein M, Margolis H A, et al. 2011. Global patterns of land-atmosphere fluxes of carbon dioxide, latent heat, and sensible heat derived from eddy covariance, satellite, and meteorological observations. Journal of Geophysical

Research, 116: G00J07.

Kirschbaum M U F. 1995. The temperature-dependence of soil organic-matter decomposition, and the effect of global warming on soil organic-C storage. Soil Biology and Biochemistry, 27(6): 753-760.

Knapp A K, Smith M D. 2001. Variation among biomes in temporal dynamics of aboveground primary production. Science, 291(5503): 481-484.

Kopacek J, Cosby B J, Evans C D, et al. 2013. Nitrogen, organic carbon and sulphur cycling in terrestrial ecosystems: Linking nitrogen saturation to carbon limitation of soil microbial processes. Biogeochemistry, 115(1-3): 33-51.

Lal R. 2005. Forest soils and carbon sequestration. Forest Ecology and Management, 220(1): 242-258.

Law B E, Falge E, Gu L, et al.2002. Environmental controls over carbon dioxide and water vapor exchange of terrestrial vegetation. Agricultural and Forest Meteorology, 113(1-3): 97-120.

Leuning R, Yu G R. 2006. Carbon exchange research in ChinaFLUX. Agricultural and Forest Meteorology, 137(3): 123-124.

Levine M D, Aderi N T. 2008. Global carbon emissions in the coming decades: The case of China. Annual Review Environment and Resources, 33: 19-38.

Li Z H, Zhang Y P, Wang S S, et al. 2010. Evapotranspiration of a tropical rain forest in Xishuangbanna, Southwest China. Hydrological Processes, 24(17): 2405-2416.

Lieth H. 1973. Primary production: Terrestrial ecosystems. Human Ecology, 1(4): 303-332.

Liu X J, Duan L, Mo J M, et al. 2011. Nitrogen deposition and its ecological impact in China: An overview. Environmental Pollution, 159(10): 2251-2264.

Liu Y C, Yu G R, Wang Q F, et al. 2014. How temperature, precipitation and stand age control the biomass carbon density of global mature forests. Global Ecology and Biogeography, 23(3): 323-333.

Lu C Q, Tian H Q. 2007. Spatial and temporal patterns of nitrogen deposition in China: Synthesis of observational data. Journal of Geophysical Research-Atmospheres, 112: D22S05.

Lu Y H, Fu B J, Feng X M, et al. 2012. A policy-driven large scale ecological restoration: Quantifying ecosystem services changes in the Loess Plateau of China. PLoS ONE, 7(2): 31782.

Maljanen M, Yli-Pirila P, Hytonen J, et al. 2013. Acidic northern soils as sources of atmospheric nitrous acid (HONO). Soil Biology & Biochemistry, 67: 94-97.

Marcolla B, Cescatti A, Manca G, et al. 2011. Climatic controls and ecosystem responses drive the inter-annual variability of the net ecosystem exchange of an alpine meadow. Agricultural and Forest Meteorology, 151(9): 1233-1243.

Neff J C, Holland E A, Dentener F J, et al. 2002. The origin, composition and rates of organic nitrogen deposition: A missing piece of the nitrogen cycle? Biogeochemistry, 57(1): 99-136.

Ni J. 2001. Carbon storage in terrestrial ecosystems of China: Estimates at different spatial resolutions and their responses to climate change. Climatic Change, 49(3): 339-358.

Ni J. 2002. Carbon storage in grasslands of China. Journal of Arid Environments, 50(2): 205-218.

Ni J. 2013. Carbon storage in Chinese terrestrial ecosystems: Approaching a more accurate estimate. Climatic Change, 119(3): 905-917.

Peng C H, Apps M J. 1997. Contribution of China to the global carbon cycle since the last glacial maximum: Reconstruction from palaeovegetation maps and an empirical biosphere model. Tellus B: Chemical and Physical Meteorology, 49(4): 393-408.

Piao S L, Fang J Y, Ciais P, et al. 2009. The carbon balance of terrestrial ecosystems in China. Nature, 458(7241): 1009-1013.

Piao S L, Fang J Y, Zhou L M, et al. 2005. Changes in vegetation net primary productivity from 1982 to 1999 in China. Global Biogeochemical Cycles, 19(2): GB2027.

Piao S L, Fang J Y, Zhou L M, et al. 2007. Changes in biomass carbon stocks in China's grasslands between 1982 and 1999. Global Biogeochemical Cycle, 21(2): GB2002.

Post W M, Emanuel W R, Zinke P J, et al. 1982. Soil carbon pools and world life zones. Nature, 298(5870): 156–159.

Reay D S, Dentener F, Smith P, et al. 2008. Global nitrogen deposition and carbon sinks. Nature Geoscience, 1(7): 430–437.

Reichstein M, Ciais P, Papale D, et al. 2007. Reduction of ecosystem productivity and respiration during the European summer 2003 climate anomaly: A joint flux tower, remote sensing and modelling analysis. Global Change Biology, 13(3): 634–651.

Saigusa N, Li S G, Kwon H, et al. 2013. Dataset of CarbonEastAsia and uncertainties in the $CO_2$ budget evaluation caused by different data processing. Journal of Forest Research, 18(1): 41–48.

Schmidt M W, Torn M S, Abiven S, et al. 2011. Persistence of soil organic matter as an ecosystem property. Nature, 478(7367): 49–56.

Stevens C J, Dise N B, Mountford J O, et al. 2004. Impact of nitrogen deposition on the species richness of grasslands. Science, 303(5665): 1876–1879.

Stoy P C, Katul G G, Siqueira M B S, et al. 2006. Separating the effects of climate and vegetation on evapotranspiration along a successional chronosequence in the southeastern US. Global Change Biology, 12(11): 2115–2135.

Stoy P, Mauder M, Foken T, et al. 2013. A data-driven analysis of energy balance closure across FLUXNET research sites: The role of landscape scale heterogeneity. Agricultural and Forest Meteorology, 171–172(3): 137–152.

Tang Y K, Wen X F, Sun X M, et al. 2014. The limiting effect of deep soil water on evapotranspiration of a subtropical coniferous plantation subjected to seasonal drought. Advances in Atmospheric Sciences, 31(2): 385–395.

Thomas R Q, Canham C D, Weathers K C, et al. 2010. Increased tree carbon storage in response to nitrogen deposition in the US. Nature Geoscience, 3(1): 13–17.

Ti C P, Pan J J, Xia Y Q, et al. 2012. A nitrogen budget of mainland China with spatial and temporal variation. Biogeochemistry, 108(1-3): 381–394.

Tian H Q, Melillo J, Lu C Q, et al. 2011. China's terrestrial carbon balance: Contributions from multiple global change factors. Global Biogeochemical Cycles, 25(1): GB1007.

Vitousek P M, Aber J D, Howarth R W, et al. 1997. Human alteration of the global nitrogen cycle: Sources and consequences. Ecological Applications, 7(3): 737–750.

Wang K C, Dickinson R E. 2012. A review of global terrestrial evapotranspiration: Observation, modeling, climatology, and climatic variability. Reviews of Geophysics, 50: RG2005.

Wang S Q, Tian H Q, Liu J Y, et al. 2003. Pattern and change of soil organic carbon storage in China: 1960s–1980s. Tellus B, 55(2): 416–427.

Wen D, He N P. 2016. Forest carbon storage along the north-south transect of eastern China: Spatial patterns, allocation, and influencing factors. Ecological Indicators, 61: 960–967.

Wen X F, Wang H M, Wang J L, et al. 2010. Ecosystem carbon exchanges of a subtropical evergreen coniferous plantation subjected to seasonal drought, 2003—2007. Biogeosciences, 7: 357–369.

Wiesmeier M, Sporlein P, Geuss U, et al. 2012. Soil organic carbon stocks in southeast Germany (Bavaria) as affected by land use, soil type and sampling depth. Global Change Biology, 18(7): 2233–2245.

Wilson K B, Baldocchi D D. 2000. Seasonal and interannual variability of energy fluxes over a broadleaved temperate deciduous forest in North America. Agricultural and Forest Meteorology, 100(1): 1–18.

Wu H B, Guo Z T, Peng C H. 2003. Distribution and storage of soil organic carbon in China. Global Biogeochemical Cycle, 17(2): 1048.

Wynn J G, Bird M I, Vellen L, et al. 2006. Continental-scale measurement of the soil organic carbon pool with climatic, edaphic, and biotic controls. Global Biogeochemical Cycles, 20(1): GB1007.

Xie Y X, Xiong Z Q, Xing G X, et al. 2008. Source of nitrogen in wet deposition to a rice agroecosystem at Tai Lake region. Atmospheric Environment, 42(21): 5182–5192.

Xie Z B, Zhu J G, Liu G, et al. 2007. Soil organic carbon stocks in China and changes from 1980s to 2000s. Global Change Biology, 13(9): 1989–2007.

Xu L, He N P, Yu G R, et al. 2015. Differences in pedotransfer functions of bulk density lead to high uncertainty in soil organic carbon estimation at regional scales: Evidence from Chinese terrestrial ecosystems. Journal of Geophysical Research: Biogeosciences, 120(8): 1567–1575.

Xu L, Yu G R, He N P, et al. 2018. Carbon storage in China' s terrestrial ecosystems: A synthesis. Scientific Reports, 8: srep2806.

Xu M J, Wen X F, Wang H M, et al. 2014. Effects of climatic factors and ecosystem responses on the inter-annual variability of evapotranspiration in a coniferous plantation in subtropical China. PLoS ONE, 9: e85593.

Yang Y H, Mohammat A, Feng J M, et al. 2007. Storage, patterns and environmental controls of soil organic carbon in China. Biogeochemistry, 84(2): 131–141.

Yu G R, Chen Z, Piao S L, et al. 2014. High carbon dioxide uptake by subtropical forest ecosystems in the East Asian monsoon region. Proceedings of the National Academy of Sciences of the United States of America, 111(13): 4910–4915.

Yu G R, Chen Z, Zhang L M, et al. 2017. Recognizing the scientific mission of flux tower observation networks-lay the solid scientific data foundation for solving ecological issues related to global change. Journal of Resources and Ecology, 8(2): 115–120.

Yu G R, Nakayama K, Lu H Q. 1996. Responses of stomatal conductance in field-grown maize leaves to certain environmental factors over a long term. Journal of Agricultural Meteorology, 52: 311–320.

Yu G R, Ren W, Chen Z, et al. 2016. Construction and progress of Chinese terrestrial ecosystem carbon, nitrogen and water fluxes coordinated observation. Journal of Geographical Sciences, 26(7): 803–826.

Yu G R, Wen X F, Sun X M, et al. 2006. Overview of ChinaFLUX and evaluation of its eddy covariance measurement. Agricultural and Forest Meteorology, 137(3): 125–137.

Yu G R, Zhu X J, Fu Y L, et al. 2013. Spatial patterns and climate drivers of carbon fluxes in terrestrial ecosystems of China. Global Change Biology, 19(3): 798–810.

Zhang Y, Song L, Liu X J. 2012. Atmospheric organic nitrogen deposition in China. Atmospheric environment, 46:195–204.

Zheng H, Wang Q F, Zhu X J, et al. 2014. Hysteresis responses of evapotranspiration to meteorological factors at a diel timescale: Patterns and causes. PLoS ONE, 9: e98857.

Zheng H, Yu G R, Wang Q F, et al. 2016. Spatial variation in annual actual evapotranspiration of terrestrial ecosystems in China: Results from eddy covariance measurements. Journal of Geographical Sciences, 26: 1391–1411.

Zhu J X, He N P, Wang Q F, et al. 2015. The composition, spatial patterns, and influencing factors of atmospheric wet nitrogen deposition in Chinese terrestrial ecosystems. Journal of the Total Environment, 511: 777–785.

Zhu X J, Yu G R, He H L, et al. 2014. Geographical statistical assessments of carbon fluxes in terrestrial ecosystems of China: Results from upscaling network observations. Global and Planetary Change, 118: 52–61.

Zhu X J, Yu G R, Wang Q F, et al. 2015. Spatial variability of water use efficiency in China' s terrestrial ecosystems. Global and Planetary Change, 129: 37–44.

# 第8章 中国典型陆地生态系统物候变化特征*

物候学（phenology）是研究自然界的植物（包括农作物）、动物和环境条件（气候、水文、土壤条件）的周期性变化之间相互关系的科学（竺可桢和宛敏渭，1973）。与该定义相类似，美国地理学家 Mark Schwartz 认为，物候学是研究周期性出现的植物和动物生活周期阶段，特别是研究他们出现的时间和气象、气候关系的学科（Schwartz，2013）。由此可见，物候现象主要包括三方面内容：① 各种植物的发芽、展叶、开花、叶变色、落叶等植物物候现象；② 候鸟、昆虫以及其他动物的飞来、初鸣、终鸣、离去、冬眠等动物物候；③ 季节性变化明显的部分水文气象现象，如初霜、终霜、结冰、消融、初雪、终雪等。

物候现象受环境要素的影响，不仅能直观反映自然季节的变化，而且还能反映生物对全球环境变化的响应和适应。与气象、水文和遥感等观测数据相比，物候数据相对独立，被形象地称为“大自然的语言”和全球变化的指纹（fingerprint）（Root et al.，2003）。近年来，物候现象被广泛应用于指示全球变暖的趋势及其区域差异（方修琦和陈发虎，2015）、调查植物的物种分布变化（Chuine，2010）、探讨植物生长和发育机理（Linderholm，2006；Wilczek et al.，2010），以及研究植物物候对生态系统功能的影响（Fitter and Fitter，2002；Parmesan，2006）等方面。植物物候受气象状况和气候变化的直接影响，植物物候变化通过影响地表反射率和碳循环等对气候系统和大气圈产生反馈作用，并会影响生态系统的种间关系和营养循环（Richardson et al.，2013）。可见，物候研究已渗透到全球变化领域的各个方面，是其关注的重要热点。

上述物候变化的研究很大程度上都依托各种地面物候观测数据，全国性网络和洲际水平的观测联盟作用更大。关于中国各地物候期分布情况，以及物候变化的时空特征的结论绝大多数是基于地面物候观测的，其中，“中国物候网”的观测积累发挥了巨大作用。竺可桢先生是中国物候学研究的开创者和物候观测网的领导者。1961 年，在竺可桢先生的倡导下，由原中国科学院地理研究所主持建立了全国物候观测网，制定了物候观测方法（草案），选定全国动、植物物候观测种类。1963 年，观测网络建成并开始全国性物候观测，并定期出版物候观测年报，当年共有 49 个观测站点。

自中国物候网建立，到 1996 年陆续有 135 个物候观测站点开展工作，这期间积累了大量的观测资料和数据，有 35 种共同观测植物、127 种地方性观测植物、12 种动物、4 种农作物和 12 种气象水文现象。同时，也产生了大量重要论著。但物候网观测工作的开展也不是一帆风顺的。在半个多世纪的观测中，受社会动荡和国家科研体制变更影响发生过两次小的间断。受“文革”

---

* 本章作者为中国科学院地理科学与资源研究所葛全胜和戴君虎。

影响，物候观测工作在 1967—1971 年全面停止。后经竺可桢呼吁，部分观测站于 1972 年重新开始工作。至 20 世纪 90 年代初，因经费紧缺，物候观测陆续停止，至 1996 年，物候观测工作绝大部分停止。

2002 年，中国科学院地理科学与资源研究所自筹经费，在原观测网的基础上，修订了观测规范，重新培训了观测人员，设计了统一的资料填报报表和资料的校核、收集、汇总、整编方法和管理系统，恢复了“中国物候网”的 19 个观测站点。自 2003 年起，21 个观测站点开始物候观测，直接带动了近年国内物候研究。2011 年 6 月，中国科学院资源环境科学与技术局正式批准恢复“中国物候网”，将其纳入中国科学院特殊环境与灾害监测研究网络进行管理。

近年来，物候网应用信息技术，组建了新型信息管理和服务平台，初步实现观测数据的实时上报和管理，并参与了全国性地球系统科学数据共享平台，面向社会，实现多层级的观测数据共享和物候知识普及。目前，物候网覆盖站点达 29 个，并初步完成了观测时长 10 年以上的 45 个不同时期观测站点的植物正名与拉丁名鉴别，形成了覆盖全国七大生态系统类型，总观测量达近千个植物种、近 100 万条物候观测信息的庞大物候观测数据集。并且随着自动拍照和数据网络传输新技术的引入和卫星遥感资料的应用，物候观测数据的获取方式更加灵活多样，除可弥补人工观测不足之外，地面相机物候观测还成为卫星遥感监测与传统地面人工植株观测之间的纽带，支撑更全面、深入的物候变化研究。中国物候网在这方面也有深入探讨，最近已经成功研发相应观测仪器和设备，这将极大地提高整个观测网络的信息化建设水平，整体提升我国物候观测的能力。

## 8.1　物候的区域分异

由于气候存在明显的地带性规律，气候影响下的植物物候期同样存在纬向、经向或者垂直的梯度变化规律。通过对地面观测资料、模型模拟结果以及遥感资料的分析，学者已经基本厘清了中国植物物候的空间分布规律。

已有研究通过对中国 40 个站点（北纬 23° ~ 50°）榆树（*Ulmus pumila*）、垂柳（*Salix babylonica*）、刺槐（*Robinia pseudoacacia*）和楝树（*Melia azedarach*）展叶始期和叶变色期观测资料的分析发现，虽然叶物候随纬度、经度和高程均出现了一定程度的变化，但纬度是影响叶物候的最重要地理因子（Dai et al., 2014）。各站点多年平均的展叶始期与纬度呈显著正相关关系（$R$=0.89 ~ 0.97，$p$<0.01），叶全变色期与纬度也呈显著正相关关系（$R$=−0.87 ~ −0.48，$p$<0.01，图 8.1）。总体而言，中国植物的展叶始期随纬度升高，经度靠东，海拔升高而推迟，叶变色期相应变早。这与用其他物种得到的结论类似（龚高法和简慰民，1983）。地理因子对物候的影响存在一定的种间差异。就上述 4 种植物而言，纬度每升高 1°，展叶始期推迟 2.46 ~ 3.48 天，叶全变色期提前 1.21 ~ 2.31 天。经度每增加 1°，展叶始期推迟 0.23 ~ 1.31 天，叶全变色期推迟 0.01 ~ 0.67 天。海拔每升高 100 m，展叶始期推迟 0.26 ~ 1.23 天，叶全变色期推迟 0.97 ~ 1.49 天。

模型模拟是研究物候期区域分异的另一种方法。Wang 等（2012）利用 UniChill 模型模拟了白蜡树分布范围内展叶始期的地理分布，并绘制了等候线。模拟结果表明，在中国东部的大部分地区,白蜡树的展叶始期随纬度增加而推迟。受地形的影响以及数据空间分辨率限制,物候期的东西差异并不明显。白蜡树在其分布最北界(北纬 45°~46°)在第 134~139 天开始展叶,而在其分布范围南界(北纬 22°~23°)在第 59~63 天开始展叶。此外,受大气环流和海拔高度影响,在川西高原的展叶始期最迟,而云南东南部的展叶始期最早。从等候线来看,等候线的间隔在纬度方向并非线性均匀的变化,这与经度和海拔的叠加效应有关。

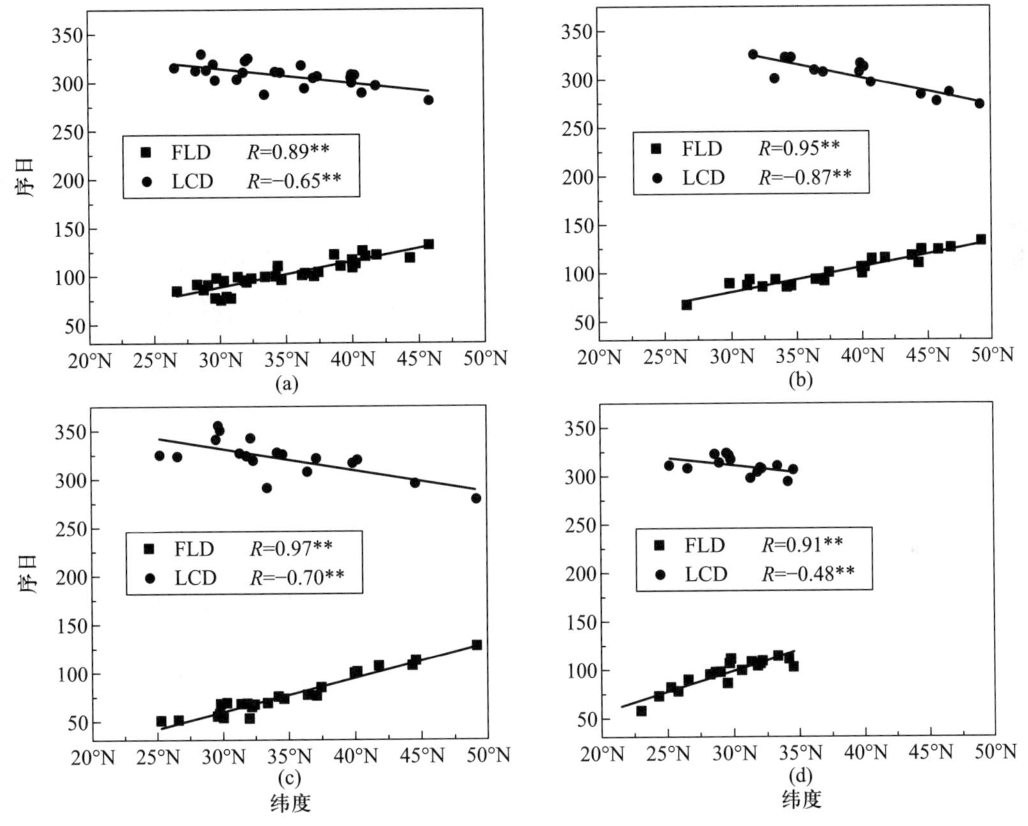


图 8.1 四种植物的平均展叶始期(FLD)和叶全变色期(LCD)(1963—2009 年)与纬度的关系:(a)刺槐;(b)榆树;(c)垂柳;(d)楝树(引自 Dai et al., 2014)

$R$ 代表相关系数,** 表示 $p<0.01$。

遥感卫星资料是分析植被物候分布格局的另一重要数据源。利用 11 年(1999—2009)平均的 SPOT/NDVI 数据集和 5 种遥感物候提取方法,Cong 等(2012)研究了中国北纬 30° 以北地区的生长季开始期格局。结果表明,青藏高原的植被生长开始期大都在 5 月末到 6 月初,晚于周边区域。从青藏高原往东,大多数地区的生长季开始期逐渐从 5 月提前到 3 月。随着纬度的升高,植被生长季开始期从中部到东北部逐渐推迟。但是,遥感物候的空间格局受到所采用提取方法的影响。5 种方法提取到的生长季展叶始期差异在 50~180 天。在 5 种方法中,Gaussian 法最晚而 HANTS 法最早。从各象元 5 种方法结果的标准差来看,76% 的象元标准差小于 1 个月,22% 的象元标准差在 1~2 个月。这说明采用遥感物候方法研究物候期的区域分异仍存在较大的不确定性。

# 8.2 物候变化的时空特征

在气候变化影响下，植被活动发生了显著变化，多数地区的植物物候出现了不同程度的提前和推迟。植被物候变化对陆地生态系统生产力和碳循环具有重要影响。近 50 年来，基于地面观测资料和遥感卫星资料的分析，很多研究揭示了中国植物物候变化的时空分布特征。

## 8.2.1 地面物候变化

基于两个全国尺度的物候观测网（包括“中国物候网”和中国气象局“农业气象站物候观测网”），我国积累了大量物候数据。以这些数据为基础，学者发表了大量文章。Ge 等（2015）利用荟萃分析方法，从已公开发表文献中提取了不同季节的物种及其对应物候期、物候时间序列的开始年和结束年、观测站点的位置（纬度、经度和高程）、物候变化线性趋势（标准化至天 · 10 年 $^{-1}$）以及趋势的显著度等信息。最终共提取到 112 个物种的物候信息，包括 65 种乔木，22 种灌木，17 种草本植物，5 种鸟类，1 种两栖动物（蛙），2 种昆虫（蟋蟀和蚱蝉）。这些物种共涉及 1263 条物候时间序列（869 条属于春夏季物候期和 394 条属于秋季物候期）。这些物候序列分布于中国 145 个站点。利用这些序列，Ge 等（2015）系统地分析了中国地面物候变化的时空特征。

869 条春夏季物候期序列和 394 条秋季物候期序列变化趋势的频率分布如图 8.2 所示。结果表明，789 条春夏季物候序列呈提前趋势，占到了所有春夏季序列总数的 90.8%。其中，363 条序列显著提前（$p<0.05$），占到了所有序列的 41.8%。对于 30.3% 的春夏季物候期序列，因原始

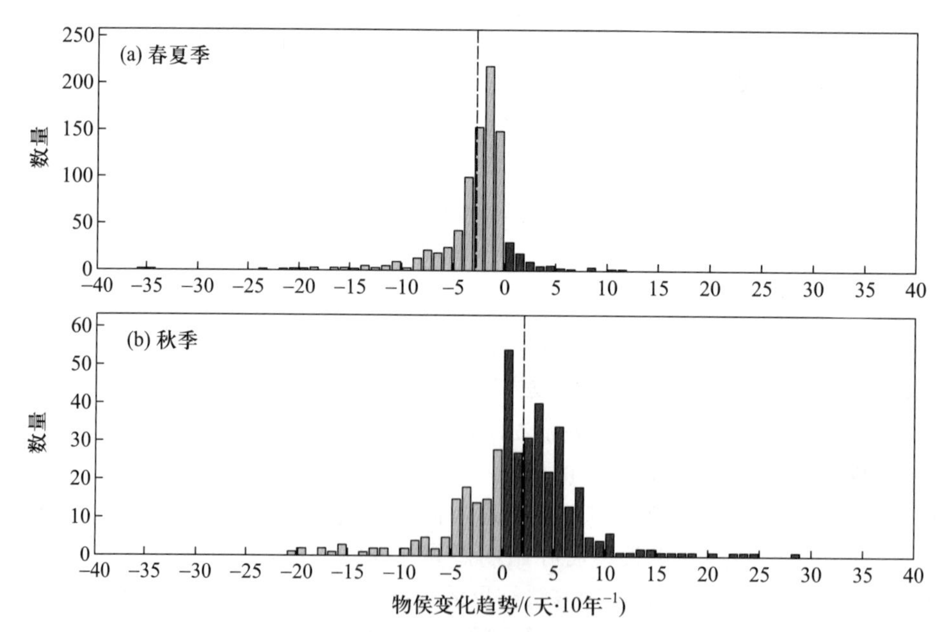


图 8.2 中国物候变化趋势的频率分布（引自 Ge et al., 2015）
所有观测到的物候变化趋势（1960—2011 年，时间序列长度≥ 20 年）。

文献未报告显著度，所以趋势是否显著未知。总体来看，春夏季物候期以提前趋势为主，其平均变化速度为 2.75 天 · 10 年 $^{-1}$。秋季物候变化的信号则不如春夏季物候期明显（图 8.2b）。有 31.0% 的秋季物候期序列呈提前趋势（至少 6.1% 显著），而其余 69.0% 的序列则呈推迟趋势（至少 23.4% 显著）。平均而言，秋季物候期以 2 天 · 10 年 $^{-1}$ 的趋势推迟。

通过方差分析发现，春夏季物候期的平均变化趋势在不同类群间差异显著（$p<0.05$）。乔木、灌木和昆虫的提前趋势在 2.11 ~ 2.29 天 · 10 年 $^{-1}$（图 8.3a）。但对昆虫而言，其内部各物候序列的趋势变异较大（四分位距达到了 15 天 · 10 年 $^{-1}$）。两栖动物和草本植物的提前趋势更强，分别达到了 6.11 天 · 10 年 $^{-1}$、5.71 天 · 10 年 $^{-1}$（图 8.3a）。唯一例外的是鸟类的春夏季物候期，其表现出 0.56 天 · 10 年 $^{-1}$ 的微弱推迟趋势。通过方差分析中的多重比较（Fisher's LSD 检验）发现，草本表现出比乔木和灌木更强的提前趋势（$p<0.05$）。另外，鸟类春夏季物候期变化趋势与除昆虫外的其他类群具有显著差异。乔木和灌木之间的春夏季物候期平均变化趋势无显著差异。对于秋季物候期，各类群间的变化趋势均值无显著差别（方差分析，$p=0.37$）。平均而言，乔木、灌木、草本和昆虫表现出 1.93 ~ 4.84 天 · 10 年 $^{-1}$ 的推迟趋势，而鸟类和两栖动物的秋季物候期则提前，趋势分别为 −2.11 天 · 10 年 $^{-1}$ 和 −1.10 天 · 10 年 $^{-1}$（图 8.3b）。通过多重比较，任意两个类群间均未发现显著的趋势差异。

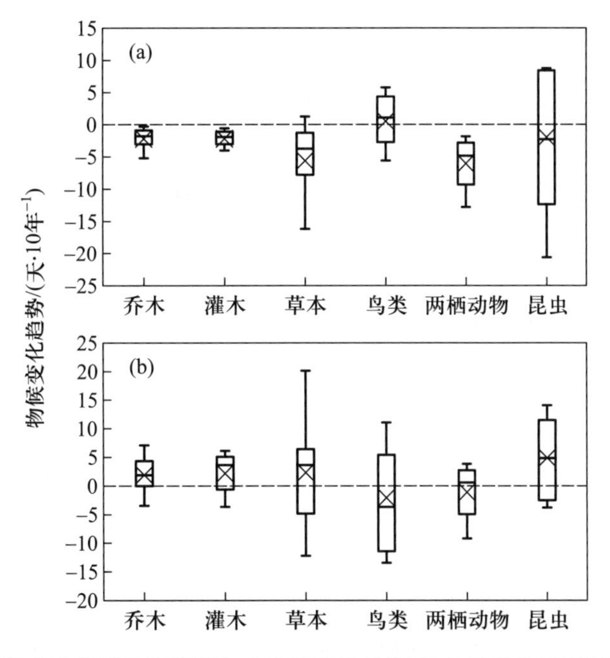


图 8.3 不同类群间物候变化趋势箱线图（a）春夏季物候期；（b）秋季物候期（引自 Ge et al., 2015）
箱底部和顶部代表第 25 和第 75 百分位数；箱内横线代表中值；上下两个须的终端分别代表第 90 和第 10 百分位数。

各站点春夏季物候期和秋季物候期变化趋势的均值结果表明，145 个站点中，有 135 个站点（占 93.1%）的春夏季物候期提前，表现出提前趋势的站点几乎覆盖了整个中国。推迟的春夏季物候期只在东北平原、华北平原和云贵高原的几个站点出现。另外，秋季物候期的变化具有高度的空间异质性。108个站点中,秋季物候期推迟和提前的站点分别有71个(65.7%)和37个(34.3%)。应用多元回归方法研究物候变化趋势与地理因子(纬度、经度和高程)的关系发现,纬度(0.09天·10年$^{-1}$)和高程(–0.11天·10年$^{-1}$·km$^{-1}$)的回归系数显著,是影响物候变化趋势强弱的主要因子。根据回归系数的正负号可知,春夏季物候期的提前趋势在低纬度和高海拔地区更强。另外,未发现有显著的地理因子影响秋季物候期的变化趋势。总体而言,地理因子分别只能解释9%($p<0.01$)和3%($p=0.98$)的春夏季和秋季物候变化趋势。

### 8.2.2 遥感物候变化

除地面物候观测资料外,遥感卫星资料也揭示了类似的植被物候变化。在较早的研究中,Piao(2006)利用多项式拟合方法(Polyfit)从NOAA/AVHRR NDVI资料中提取了中国的生长季变化。指出中国植被生长开始期在1982—1999年显著提前($R^2$=0.45,$p$=0.003),平均每年提前0.79天。最早的生长季开始期出现在1998年,很可能是与当年的厄尔尼诺现象有关系(例如,1998年在中国大部分地区出现了与往年相比的春季高温和充沛的雨量)。植被生长季结束期在同一时段推迟了5天($R^2$=0.36,$p$=0.008),推迟趋势为0.37天·年$^{-1}$(Piao et al.,2006)。总体而言,生长季的长度从1982—1999年平均每年延长1.16天。

之后,Wu和Liu(2013)利用比之前研究多7年的数据,利用同样的方法研究了1982—2006年春季生长季开始期变化的趋势,并利用分段线性回归的方法找到了春季物候变化的转折点(turning point)。研究表明,大部分地区生长季开始期在1980到20世纪90年代前期都表现出明显的提前趋势,平均为–0.09~–0.65天·年$^{-1}$,但是在随后持续经历了一个推迟的趋势,平均为0.22~1.22天·年$^{-1}$。

Tao等(2017)进一步将研究时段延伸至2012年,利用31年(1982—2012年)的GIMMS-NDVI数据和Midpoint方法估算了中国北方植被生长季开始期和结束期变化的趋势。研究指出,62.8%的地区生长季开始期表现出提前的趋势,平均为–0.157天·年$^{-1}$;73%的地区生长季结束期表现出推后的趋势,平均为0.148天·年$^{-1}$,但分别只有26.8%和27.5%的地区变化趋势显著。生长季开始期和结束期的变化幅度,分别在70.2%和73.4%的地区小于0.1天·年$^{-1}$。

不同植被类型生长季开始期的年际变化存在差异,变幅为4.6(荒漠)~7.3天(沼泽)。其中,阔叶林、草地和沼泽植被生长季开始期呈显著提前的趋势,变化分别为–0.08天·年$^{-1}$、–0.06天·年$^{-1}$和–0.14天·年$^{-1}$。就不同植被类型生长季开始期在空间上的标准差而言,相比森林植被(7.5~8.3天),荒漠(11.6天)和草原(10.1天)植被生长季开始期具有更大的空间差异性。对于生长季结束期,除了沼泽,所有植被类型均表现出显著推迟的趋势,变幅为4.1(针叶林)~6.7天(沼泽)。荒漠和草原生长季结束期的空间差异性较小,不同地区的标准差均为4天,稍小于草甸(4.3天)和阔叶林(4.2天)。1982—2010年中国北部地区不同植被类型生长季开始期和结束期的年际变化见图8.4。

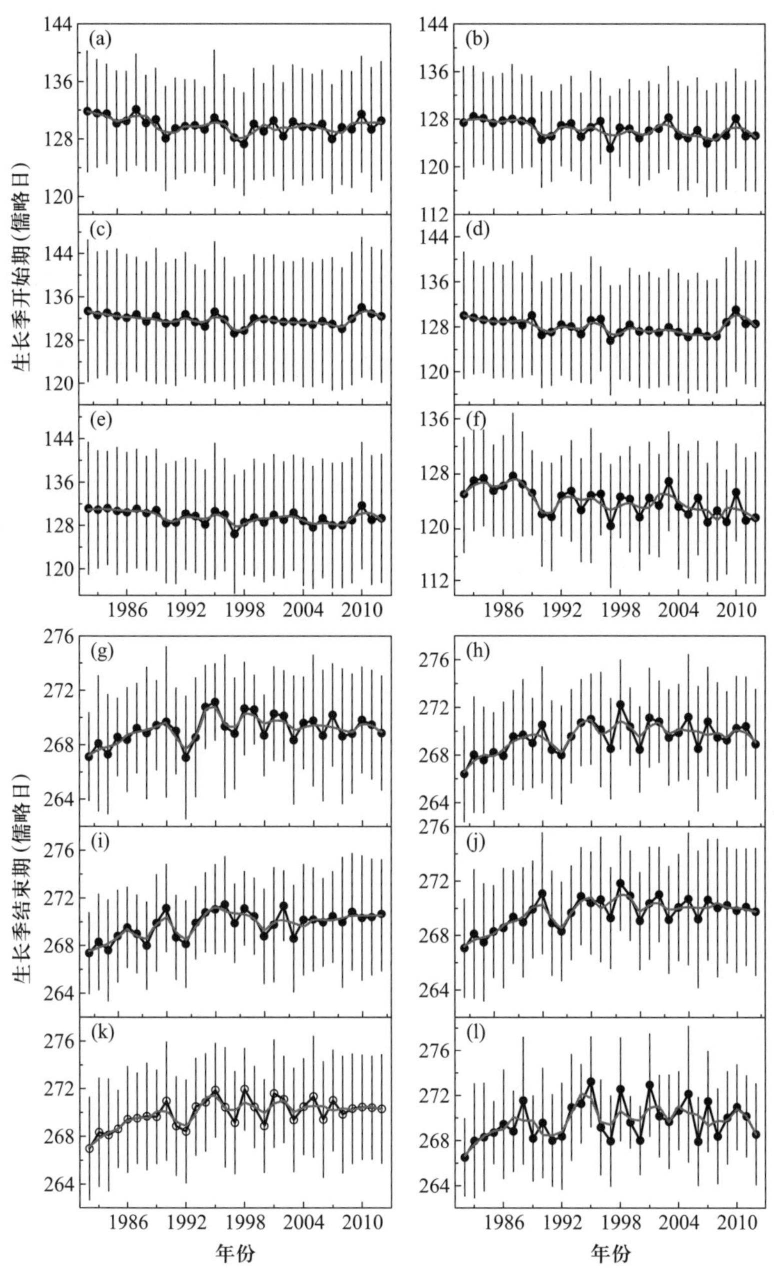


图 8.4　1982—2010 年中国北部地区不同植被类型生长季开始期（a～f）和结束期（g～l）的年际变化：(a,g) 针叶林；(b,h) 阔叶林；(c,i) 荒漠；(d,j) 草甸；(e,k) 草原；(f,l) 沼泽（引自 Tao et al., 2017）

曲线代表 5 年滑动平均，竖线代表不同地区的标准差。

# 8.3 物候变化的未来趋势

在基础科学和应用科学领域,21 世纪物候预测已经成为了一个重要科学问题(Cleland et al.,2007)。更准确地模拟植物物候期可以增加预测生态系统生产力和大气——生态系统气体交换的准确性,同时可更好地预测未来气候变化。另外,更准确的物候预测能够帮助农民和森林管理者选取更能适应未来气候条件的种源或品种。鉴于此,Ge 等(2014)利用中国物候网的实地资料和相关气象数据,建立了 20 个广布种的展叶始期模型。利用通过了准确性检验的模型和 CCSM3 模式在 IPCC 三种情景(A2,A1B 和 B1)下预测的未来气候变化格网资料模拟了未来 100 年中国的物候变化。三种情景中,A2 情景代表高人口增长和技术进步缓慢的世界;A1B 情景描述了经济快速发展、人口在 21 世纪中期达到顶峰然后下降、更有效率的技术被引入的世界;B1 情景描述了人口变化与 A1B 情景一致,但是经济结构快速转型、原料密集度减少、清洁和资源节约型技术被引入的世界。模拟结果表明,20 种植物的展叶始期在 A2 情景下,2000—2099 年比 1952—1999 年平均提前 15.2 天;在 A1B 情景下,2000—2099 年平均提前 13.7 天;在 B1 情景下,2000—2099 年平均提前 11.0 天(表 8.1)(Ge et al.,2014)。不同情景下的平均物候变化存在显著的差异(方差分析,$p<0.001$),其中,A2 情景下变化最大,其次为 A1B 情景,B1 情景下变化最小。60 次模拟(20 种 ×3 情景)清晰地表明,中国植物的展叶始期在未来将提前。

**表 8.1 20 种木本植物未来展叶始期变化**

| 物种 | L | $D_{A2}$ | $D_{A1B}$ | $D_{B1}$ | $S_{A2}$ | $S_{A1B}$ | $S_{B1}$ | N | S | 范围 |
|---|---|---|---|---|---|---|---|---|---|---|
| 白蜡树(*Fraxinus chinensis*) | 100.2 | −16.0 | −14.6 | −11.9 | 6.2 | −6.3 | −6.9 | 46.0 | 22.0 | 320.0 |
| 臭椿(*Ailanthus altissima*) | 113.8 | −13.8 | −12.0 | −9.8 | −5.3 | −5.2 | −5.7 | 46.0 | 22.0 | 374.0 |
| 楝树(*Melia azedarach*) | 100.2 | −16.8 | −12.5 | −9.3 | −6.8 | −7.6 | −8.8 | 39.0 | 19.0 | 303.0 |
| 白花泡桐(*Paulownia fortunei*) | 91.9 | −17.5 | −16.8 | −13.4 | −7.1 | −7.5 | −8.0 | 35.0 | 20.0 | 188.0 |
| 杏(*Armeniaca vulgaris*) | 91.9 | −15.2 | −14.4 | −11.1 | −6.1 | −6.3 | −6.7 | 45.0 | 22.0 | 84.0 |
| 紫丁香(*Syringa oblate*) | 109.8 | −17.1 | −14.7 | −12.7 | −6.2 | −6.0 | −6.8 | 42.0 | 29.0 | 90.0 |
| 栾树(*Koelreuteria paniculata*) | 108.0 | −17.9 | −16.0 | −13.4 | −6.7 | −6.8 | −7.4 | 43.0 | 24.0 | 220.0 |
| 木槿(*Hibiscus syriacus*) | 91.4 | −16.9 | −16.0 | −12.8 | −6.9 | −7.2 | −7.8 | 40.0 | 19.0 | 241.0 |

续表

| 物种 | L | $D_{A2}$ | $D_{A1B}$ | $D_{B1}$ | $S_{A2}$ | $S_{A1B}$ | $S_{B1}$ | N | S | 范围 |
|---|---|---|---|---|---|---|---|---|---|---|
| 桑（*Morus alba*） | 105.0 | −13.8 | −12.5 | −9.8 | −5.3 | −5.4 | −5.7 | 49.0 | 19.0 | 395.0 |
| 梧桐（*Firmiana platanifolia*） | 107.6 | −12.6 | −11.2 | −9.5 | −5.0 | −5.0 | −5.6 | 41.0 | 19.0 | 184.0 |
| 榆树（*Ulmus pumila*） | 118.7 | −12.5 | −10.7 | −8.8 | −4.1 | −4.0 | −4.4 | 54.0 | 23.0 | 734.0 |
| 紫荆（*Cercis chinensis*） | 95.3 | −17.3 | −16.0 | −13.1 | −6.9 | −7.1 | −7.8 | 36.0 | 23.0 | 146.0 |
| 桃（*Amygdalus persica*） | 88.0 | −15.7 | −14.8 | −11.7 | −6.4 | −6.7 | −7.1 | 36.0 | 19.0 | 66.0 |
| 槐（*Sophora japonica*） | 111.6 | −15.4 | −14.2 | −11.3 | −5.2 | −5.4 | −5.8 | 49.0 | 22.0 | 244.0 |
| 合欢（*Albizia julibrissin*） | 114.5 | −17.8 | 16.0 | −12.9 | −7.1 | −7.1 | −7.6 | 41.0 | 20.0 | 178.0 |
| 构树（*Broussonetia papyrifera*） | 95.1 | −12.4 | 11.4 | −9.0 | −5.1 | −5.2 | −5.6 | 41.0 | 19.0 | 209.0 |
| 垂柳（*Salix babylonica*） | 82.7 | −13.0 | 11.8 | −9.5 | −4.9 | −5.0 | −5.4 | 48.0 | 19.0 | 243.0 |
| 银杏（*Ginkgo biloba*） | 95.1 | −12.4 | 11.3 | −9.1 | −4.9 | −5.0 | −5.4 | 42.0 | 25.0 | 47.0 |
| 枫杨（*Pterocarya stenoptera*） | 80.1 | −15.2 | 14.1 | −11.6 | −6.0 | −6.2 | −6.8 | 42.0 | 22.0 | 180.0 |
| 胡桃（*Juglans regia*） | 128.1 | −15.0 | 12.7 | −10.6 | −5.4 | −5.2 | −5.8 | 45.0 | 29.0 | 41.0 |
| 平均值 | | −15.2 | 13.7 | −11.0 | −5.9 | −6.0 | −6.5 | | | |

注：L（序日）：1952—1999 平均展叶始期；$D_{A2}$，$D_{A1B}$，$D_{B1}$（天）：三种情景下，2000—2099 年平均展叶始期与 L 之差；$S_{A2}$，$S_{A1B}$，$S_{B1}$（天・℃$^{-1}$）：气温敏感度，即平均展叶始期变化（L）除以相应树种分布范围内气温的变化。N：树种分布最北端的纬度；S：树种分布最南端的纬度；范围：树种分布范围占据的格网（1°×1°）数。

在所有未来的情景中，20 种植物平均展叶始期在 2010—2099 年的线性变化趋势均在统计学意义上有显著意义（$p<0.01$）。其提前的速度在 A2、A1B 和 B1 情景下分别为 −1.92 d·（10 年）$^{-1}$，−1.10 d·（10 年）$^{-1}$ 和 −0.74 d·（10 年）$^{-1}$（图 8.5）。从年代际变化来看，A2 情景下的展叶始期在 21 世纪一直单调地提前，而在 A1B 和 B1 情景中，展叶始期在 21 世纪前半叶持续提前，但在 21 世纪 60 年代后会有所推迟。

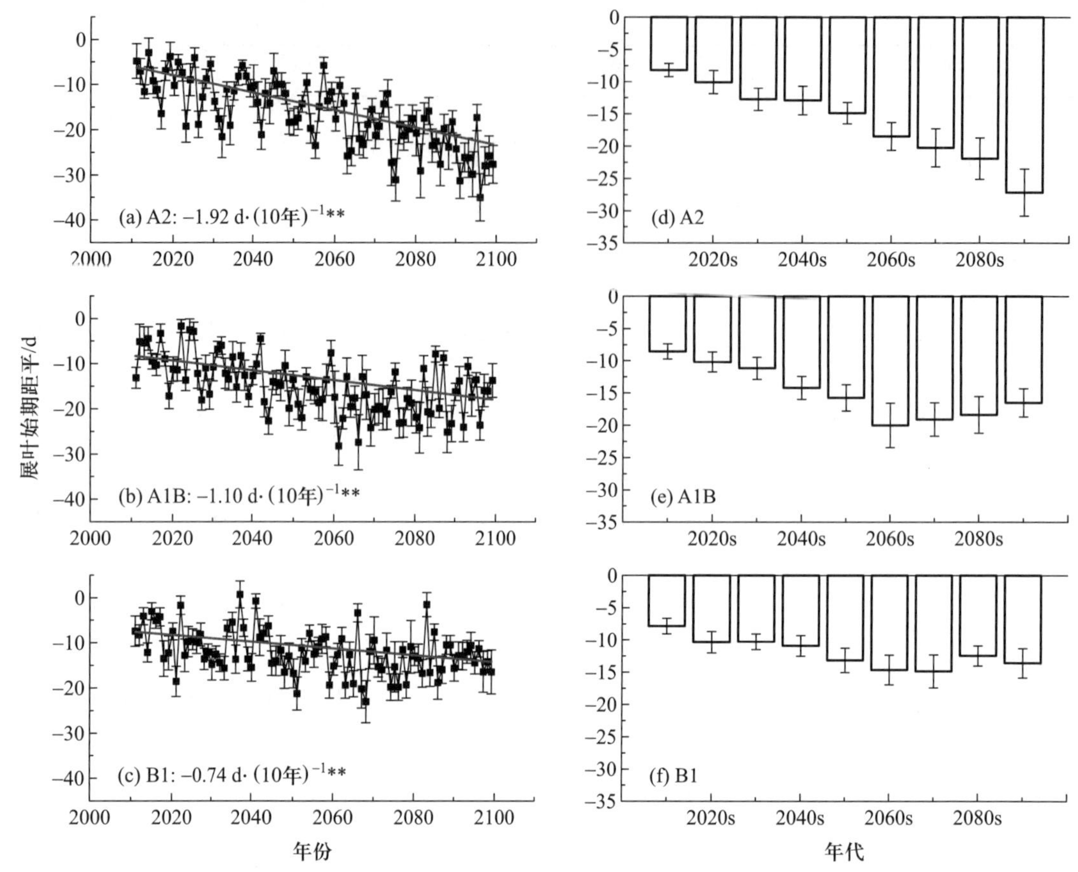


图 8.5　21 世纪中国 20 种木本植物年际和年代际展叶始期距平（相对于 1960—1990 年）变化:（a, d）: A2 情景;（b, e）: A1B 情景;（c, f）: B1 情景（引自 Ge et al., 2014）

结果以均值 ± 标准差的方式呈现。** 表示 $p<0.01$。

未来 100 年展叶始期变化的空间格局与过去 50 年相类似，但在个别地区存在一定的差异（尤其在东北和西北地区）。总体来看，大多数植物在其分布中心和南北界之间的响应不同。各植物的展叶始期在其分布范围的中心提前趋势更强。从地理位置看，北纬 30°～40° 的区域表现出最强的物候变化。

在所有的情景中，植物的展叶始期变化（$D_{A2}$, $D_{A1B}$ 和 $D_{B1}$）与平均展叶始期呈正相关，但相关系数并不显著（表 8.2）（Ge et al., 2014）。换言之，更早展叶的植物展叶始期提前更多。另外，展叶始期变化与物种分布范围大小呈显著正相关（$p>0.05$）（表 8.2）。这意味着分布范围大的植物展叶始期提前得更少。与之相符的是，植物展叶始期变化和其分布的北界呈显著正相关（$p<0.05$）（表 8.2）。相似的，树种的气温敏感度（$S_{A2}$, $S_{A1B}$ 和 $S_{B1}$）与物种的平均展叶始期、分布范围大小和北界也呈正相关。

在未来，展叶始期的快速提前可能造成多种间接生态后果。更早的展叶始期意味着更长的碳同化期，从而会使生态系统增加增多的净 $CO_2$ 通量和净初级生产力，这会影响到生态系统碳平衡。另外，物候变化能影响植物繁殖成功的概率，如通过影响植物在花期遭受霜冻风险的可能性，进而改变植物的适宜生存范围。此外，不同物种具有不同的物候响应（例如，A1 情景下 20 个树种的展叶始期变化从最多的 17.9 天到最少的 12.4 天）（表 8.1）。这种响应的差异性可能会在短期内破坏群落结构，改变物种间的竞争或协同关系，并对种群的进化产生影响。

**表 8.2　21 世纪各植物展叶始期变化天数、气温敏感度与其分布范围大小、南北界之间的关系**

| | $D_{A2}$ | $D_{A1B}$ | $D_{B1}$ | $S_{A2}$ | $S_{A1B}$ | $S_{B1}$ |
|---|---|---|---|---|---|---|
| L | 0.01 | 0.20 | 0.11 | 0.25 | 0.34 | 0.29 |
| N | 0.51* | 0.53* | 0.49* | 0.72** | 0.74** | 0.73** |
| S | −0.12 | −0.03 | −0.17 | 0.11 | 0.22 | 0.17 |
| 范围 | 0.29 | 0.36 | 0.37 | 0.39 | 0.35 | 0.34 |

注：L（序日）：1952—1999 年平均展叶始期；$D_{A2}$，$D_{A1B}$，$D_{B1}$（天）：三种情景下，2000—2099 年平均展叶始期与 L 之差；$S_{A2}$，$S_{A1B}$，$S_{B1}$（d·℃$^{-1}$）：气温敏感度，即平均展叶始期变化（L）除以相应树种分布范围内气温的变化。N：树种分布最北端的纬度；S：树种分布最南端的纬度；范围：树种分布范围占据的格网（1°×1°）数。*，在 $p<0.05$ 水平上显著；**，在 $p<0.01$ 水平上显著。

## 8.4　物候对温度变化的响应规律

导致温带地区植物物候变化的最可能因素是气候变暖（Cleland et al.，2007）。植物物候对气候变暖的响应程度通常以气温敏感度（亦称温度敏感度）来衡量。气温敏感度直观地表达了温度每升高 1℃，物候期变化的天数，可通过物候期与其影响时段内平均气温的线性回归斜率来表示。许多学者对气温敏感度的时间变化、种间差异和空间分布规律进行了较为系统地研究，这有助于评估不同植物对气候变化的响应与适应能力。

### 8.4.1　温度敏感度随时间的变化

根据已有研究（Fitter and Fitter，2002；Matsumoto et al.，2003；Menzel et al.，2006），温度影响物候期的关键时段是物候期发生前 30 ~ 90 天。基于物候观测网的物候数据和历史代用资料，Wang 等（2015）重建了中国东部及其温带和亚热带两个子地区近 170 年春季物候指数序列，即选择刺槐（*Robinia pseudoacacia*）始花期、垂柳（*Salix babylonica*）展叶始期和紫荆（*Cercis chinensis*）始花期这三种代表性春季物候期，计算其均值，定义为春季物候指数，并利用春季物候指数分析春季物候对温度变化响应的敏感度。

春季物候指数序列与温度序列的相关分析表明，整个东部的春季物候指数与 3—4 月平均温度呈显著负相关（$R=-0.56$，$p<0.001$）（图 8.6a）。回归分析表明，3—4 月平均气温每升高 1℃，中国东部的春季物候期提前 2.4 天。具体到子地区而言，温带和亚热带地区的春季物候指数同样与各自的 3—4 月平均温度距平显著相关（$p<0.001$），相关系数分别达到 −0.59 和 −0.56（图 8.6b，c）。图 8.7 显示了近 170 年来中国东部 3—4 月温度距平与春季物候指数（反转显示）的变化。无论在年际尺度还是年代际尺度两者的趋势大致相同，温度距平可解释 31% 的春季物候指数变化。这一结果说明，春季温度是驱动我国东部春季物候年际变化的主要因子。

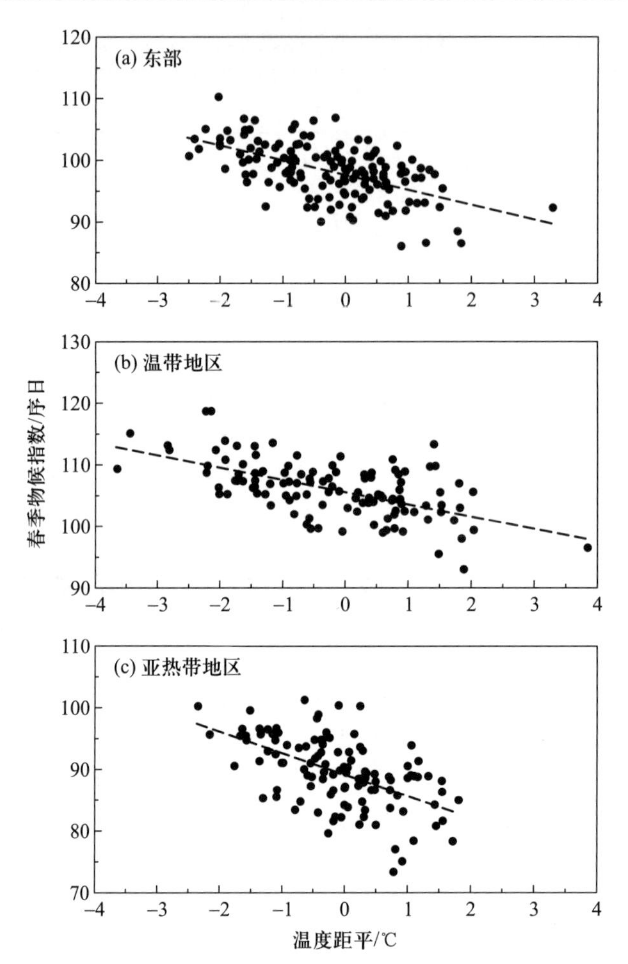


图 8.6　春季物候指数与 3—4 月温度距平序列的相关分析：(a) 整个东部（$R=-0.56$；回归系数 $=-2.4\ d \cdot ℃^{-1}$；$p<0.001$）；(b) 温带地区（$R=-0.59$；回归系数 $=-2.0\ d \cdot ℃^{-1}$；$p<0.001$）；(c) 亚热带地区（$R=-0.56$；回归系数 $=-3.5\ d \cdot ℃^{-1}$；$p<0.001$）。

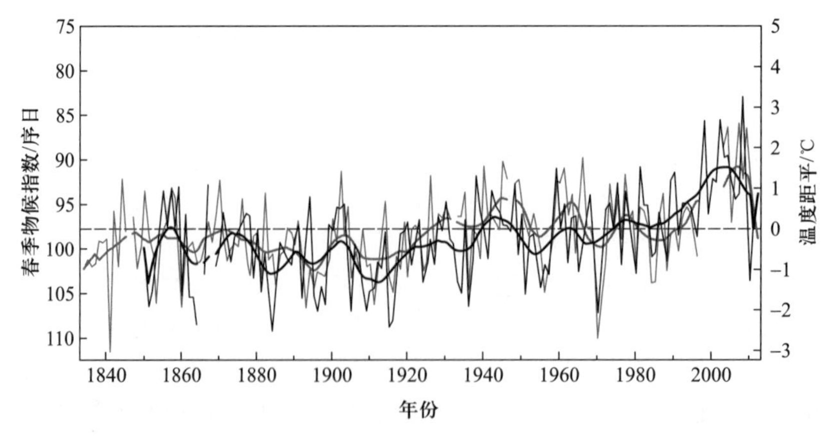


图 8.7　中国东部春季物候指数和 3—4 月温度距平随时间的变化

春季物候指数（$SPI$）与 3—4 月气温（$T$）的线性回归方程为 $SPI=-2.4T+97.5$（$R^2=0.31$，$p<0.001$）。灰线表示 1961—1990 年均值；黑线表示 10 年高斯滑动平均。

利用滑动敏感度法计算每30年春季物候指数对3—4月温度距平的敏感度的结果表明(图8.8),在大多数30年期,春季物候指数与温度距平的回归系数显著(图8.8中灰点)。对于中国东部,中心年在1865—1922年的30年期,春季物候的温度敏感度由约 −1 d·℃ $^{-1}$ 逐渐增至 −2.6 d·℃ $^{-1}$。之后,温度敏感度逐渐减弱。至1919—1949年(中心年为1934年),减弱回最初的 −1.6 d·℃ $^{-1}$ 的水平。随后,温度敏感度持续增加,其最大值出现在中心年为1992年的30年期(1977—2007年)。在最近的5个30年期,温度敏感度有减弱的趋势(图8.8a)。就温带和亚热带地区而言,温度敏感度的大致趋势相同(图8.8b, c)。不同的是,亚热带地区的温度敏感度在中心年为1889年的30年时段出现了一个明显的极大值点,而温带地区在这一时段无明显变化。对两地区而言,温度敏感度最大值出现的时段距今都很近:亚热带和温带地区分别在1989—2009和1977—2007年。

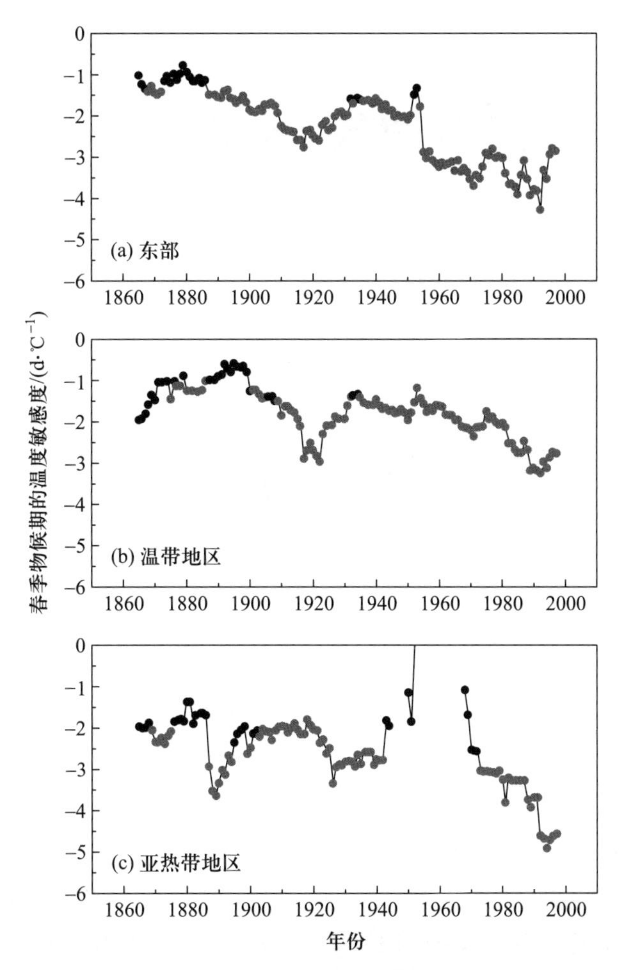


图8.8 中国东部及温带和亚热带两个子地区春季物候对3—4月温度的滑动敏感度

敏感度指每30年窗口内,春季物候指数与气温序列回归方程的回归系数。30年窗口内缺少一半以上数据未予计算。灰点表示回归系数达到 $p<0.05$ 显著性水平。

研究还表明,温度敏感度变化与研究时段的冷暖有关。对每30年期春季物候的温度敏感度和同期温度距平均值的相关分析表明,无论是整个东部,还是亚热带和温带两个子地区,温度敏感度与气候的温暖程度呈显著负相关（图 8.9）。这意味着，在历史上越暖的时段，春季物候对气候变化的响应更敏感。换言之，在暖期，春季气温每升高 1℃，春季物候的提前天数更多。

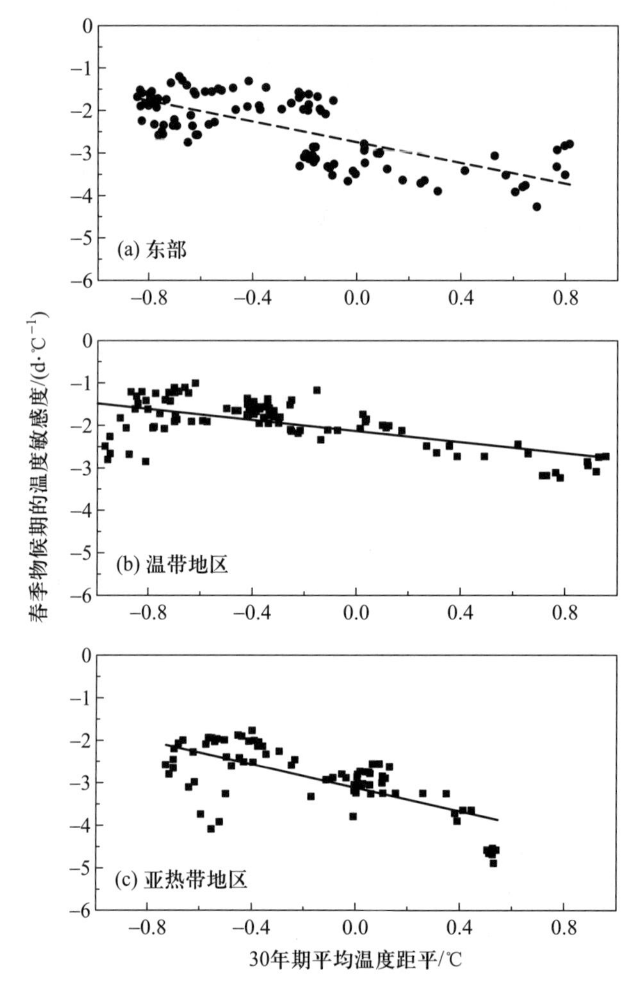


图 8.9　各 30 年窗口平均温度距平与物候温度敏感度的相关分析：（a）中国东部（$R$=−0.70，$p$<0.001）；（b）温带地区（$R$=−0.60，$p$<0.001）；（c）亚热带地区（$R$=−0.70，$p$<0.001）

## 8.4.2　温度敏感度的种间差异

温度敏感度还存在明显的种间差异。通过对西安 42 种植物的展叶始期和叶全变色期数据分析发现（Dai et al.，2013），40 种植物（占 95.2%）的展叶始期与平均日期前 60 天温度呈显著负相关（图 8.10）。42 种植物展叶始期对温度响应的平均敏感度为 −2.94 d·℃$^{-1}$。但展叶始期对温度响应的敏感度在不同植物间差异较大：物候期前 60 天平均温度每升高 1℃，展叶始期最多提前 5.51 天，最少仅提前 0.91 天。另外，展叶始期的平均日期与温度敏感度呈显著正相关关系（$R$=0.48，$p$<0.01）。这意味着，展叶越早的植物对气候变暖的响应更加敏感。

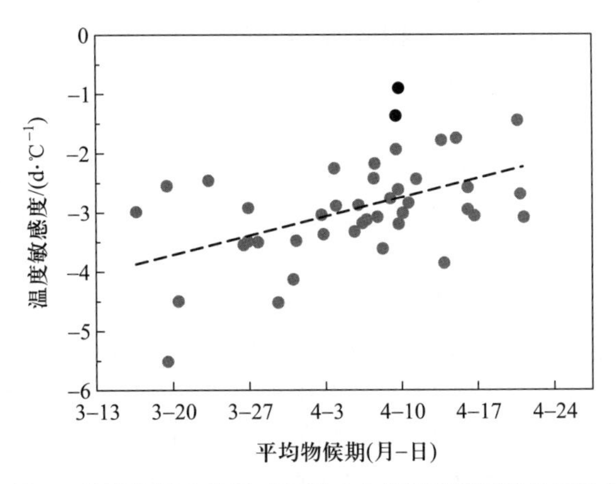


图 8.10 西安 42 种植物展叶始期对温度响应的敏感度随平均展叶始期的变化

灰点表示该植物展叶始期与前 60 天平均温度显著相关（$p<0.05$），黑点表示相关关系不显著（$p>0.05$）。虚线表示线性回归线（$R=0.48$，$p<0.01$）。

对于叶全变色期而言，有 39 种植物与平均日期前 60 天温度呈正相关关系（其中 21 种达到 $p<0.05$ 的显著性水平）（图 8.11），仅有 3 种植物的叶全变色期与温度呈负相关关系（其中 1 种植物显著）。这表明，对于绝大多数树种，温度的升高会推迟叶变色时间。物候期前 60 天温度每升高 1℃，叶全变色期平均推迟 5.17 天。除了对变暖响应为提前的物种，叶全变色期对温度响应的敏感度范围在 1.01 ~ 15.08 d · ℃ $^{-1}$。相关分析表明，温度敏感度与叶全变色期的平均日期呈正相关关系（$R=0.22$）（图 8.11）。这意味着叶变色越晚的树种对气候变暖的响应更加敏感，但这一相关关系并不显著（$p=0.17$）。

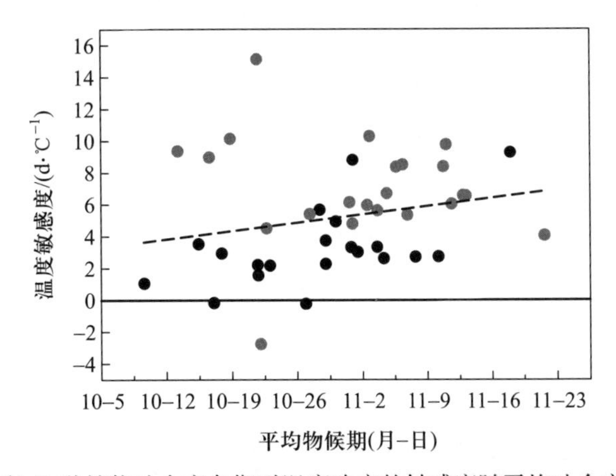


图 8.11 西安 42 种植物叶全变色期对温度响应的敏感度随平均叶全变色期的变化

灰点表示该植物叶全变色期与前 60 天平均温度显著相关（$p<0.05$），黑点表示相关关系不显著（$p>0.05$）。虚线表示线性回归线（$R=0.22$，$p=0.17$）。

### 8.4.3 温度敏感度的空间格局

近 50 年中国中、高纬度地区的增暖趋势显著强于低纬度地区，但事实上，实际的物候变化趋势并未表现出明显的纬度格局。因此，同种植物物候在不同地点对温度响应的敏感度可能存在差异。Dai 等（2014）选取了物候观测网的 47 个站点 4 种广布木本植物（刺槐、榆树、垂柳和楝树）的展叶始期和叶全变色期研究了温度敏感度的空间差异。研究表明，绝大多数站点，展叶始期均与前 60 天的平均气温呈负相关。只有极个别站点出现正相关情形（如图 8.16 中空圈所示）。这种情况可能是由局地小气候影响导致，在下面的分析中不予考虑。34 个刺槐站点中，28 个（82.4%）展叶始期与温度的回归系数达到了 $p<0.05$ 的显著性水平。24 个榆树站点、24 个垂柳站点和 19 个楝树站点中，物候与温度显著相关的站点个数分别为 22（91.7%）、18（75%）和 13（68.4%）个。展叶始期对温度响应的敏感度存在显著的站点差异，例如，刺槐展叶始期的温度敏感度范围为 −8.2 ~ −1.2 d · ℃$^{-1}$（均值为 −3.8 d · ℃$^{-1}$）。4 种植物展叶始期的温度敏感度均与纬度呈正相关关系（图 8.12）。且除楝树外（$p$=0.1），其他 3 种植物的相关关系均达到 $p<0.05$ 的显著性水平。这说明，纬度越低的地方，展叶始期对温度变化的响应更加敏感。同时，展叶始期温度敏感度与地理因子（纬度、经度和高程）的回归分析表明（表 8.3），地理因子能解释 19% ~ 49% 的温度敏感度空间变异（除楝树外，回归方程均显著）。其中，纬度的回归系数均为正数，且除楝树外均显著（$p<0.05$），说明更高纬度地区温度敏感度减弱。经度和高程的回归系数符号不一致，且不显著。因此，纬度是影响展叶始期温度敏感度的最重要地理因子。

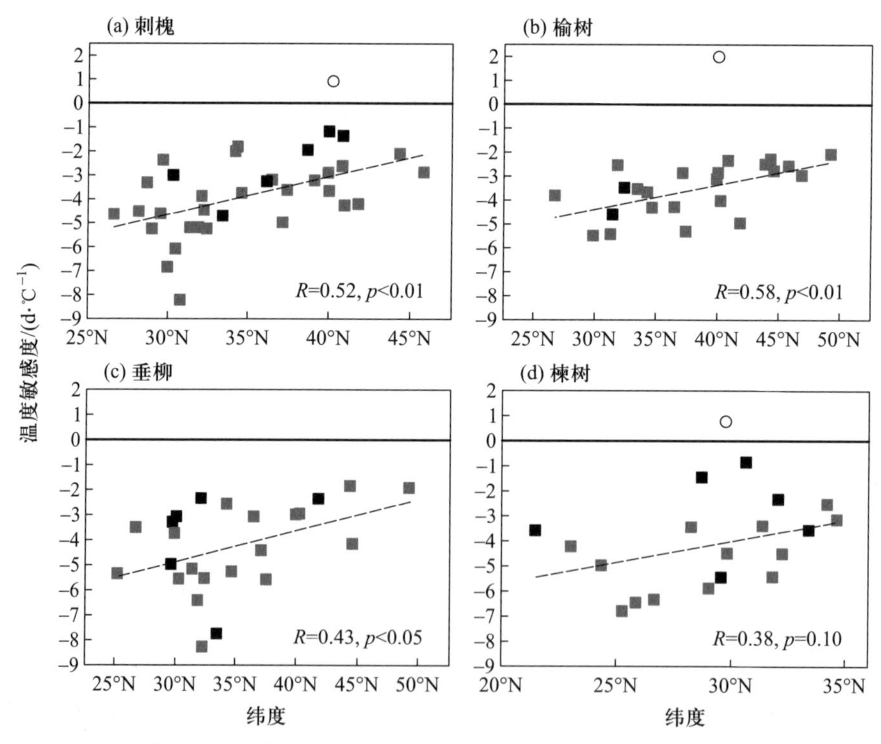


图 8.12 四种木本植物展叶始期的温度敏感度与纬度的关系

灰色方框表示展叶始期与前 60 天平均温度呈显著负相关（$p<0.05$），黑色方框表示呈不显著负相关。空心圆表示展叶始期与前 60 天平均温度呈正相关。虚线表示温度敏感度与纬度的线性拟合线（排除正相关的点）。

表 8.3 四种木本植物展叶始期温度敏感度与地理因子间的多元回归分析

| 物候期 | $N$ | $S_{lat}$ | $S_{lon}$ | $S_{alt}$ | $S_{int}$ | $R^2$ |
|---|---|---|---|---|---|---|
| 刺槐展叶始期 | 34 | 0.150** | 0.028 | 0.001 | −12.58 | 0.32** |
| 榆树展叶始期 | 24 | 0.115* | −0.013 | 0.303 | −6.674 | 0.49** |
| 垂柳展叶始期 | 24 | 0.143* | −0.026 | 0.002 | −6.510 | 0.34* |
| 楝树展叶始期 | 19 | 0.179 | −0.059 | −0.002 | −2.435 | 0.19 |

注：$N$：站点数量；$S_{lat}$，$S_{lon}$：分别为纬度和经度的回归系数，单位为 d·℃$^{-1}$·°$^{-1}$；$S_{alt}$：高程的回归系数，单位为 d·℃$^{-1}$·m$^{-1}$；$S_{int}$：回归方程的截距，单位为 d·℃$^{-1}$。$R^2$：回归方程的方差解释量；*，$p<0.05$；**，$p<0.01$。

叶全变色期对温度的响应则较为复杂（图 8.13）。在部分站点，叶全变色期与温度的回归系数为负（均未达到 $p<0.05$ 的显著性水平），这与一般的认识不符，可能与叶变色期难以准确地定义和观测有关。温度和叶全变色期呈负相关关系的树种和站点在接下来的分析中不予考虑。总体而言，在多数站点，叶全变色期与前 60 天平均温度呈正相关。这种正相关关系仅在个别站点显著（4 个刺槐站点，2 个榆树、垂柳站点和 1 个楝树站点）。叶全变色期对温度响应的敏感度有显著的站点差异，例如，刺槐叶全变色期的温度敏感度范围为 0.1～9.6 d·℃$^{-1}$，均值为 3.7 d·℃$^{-1}$。除楝树外，叶全变色期的温度敏感度与纬度呈负相关关系（仅刺槐达到了 $p<0.05$ 的显著性水平）。这说明，纬度越低的地方，温度每升高 1℃，叶全变色期的推迟天数更多。地理因子能解释

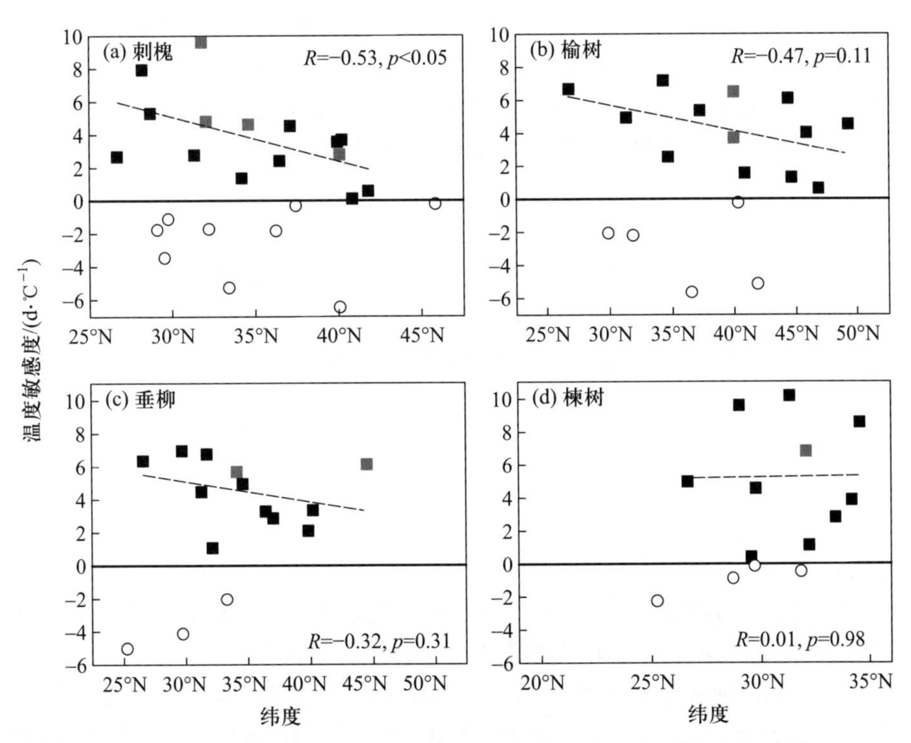


图 8.13 四种木本植物叶全变色期的温度敏感度与纬度的关系

灰色方框表示叶全变色期与前 60 天平均温度呈显著正相关（$p<0.05$），黑色方框表示呈不显著正相关。空心圆表示叶全变色期与前 60 天平均温度呈负相关，虚线表示温度敏感度与纬度的线性拟合线（排除负相关的点）。

2%（楝树）~54%（刺槐）的温度敏感度空间变异（表8.4）。其中，纬度的回归系数均为负数（仅刺槐显著），说明更高纬度地区温度敏感度降低。经度和高程的回归系数符号不一致，且不显著。因此，纬度是影响叶全变色期温度敏感度的最重要地理因子。

**表8.4 四种木本植物叶全变色期温度敏感度与地理因子间的多元回归分析**

| 物候期 | $N$ | $S_{lat}$ | $S_{lon}$ | $S_{alt}$ | $S_{int}$ | $R^2$ |
|---|---|---|---|---|---|---|
| 刺槐叶全变色期 | 15 | –0.299* | –0.027 | –0.003 | 18.026 | 0.54* |
| 榆树叶全变色期 | 13 | –0.118 | –0.092 | –0.001 | 19.923 | 0.41 |
| 垂柳叶全变色期 | 12 | –0.144 | 0.133 | 0.003 | –6.678 | 0.28 |
| 楝树叶全变色期 | 10 | –0.103 | –0.002 | –0.001 | 9.015 | 0.02 |

注：$N$：站点数量；$S_{lat}$，$S_{lon}$：分别为纬度和经度的回归系数，单位为 $d \cdot ℃^{-1} \cdot °^{-1}$；$S_{alt}$：高程的回归系数，单位为 $d \cdot ℃^{-1} \cdot m^{-1}$；$S_{int}$：回归方程的截距，单位为 $d \cdot ℃^{-1}$。$R^2$：回归方程的方差解释量；*，$p<0.05$。

# 8.5 结论与展望

总体而言，中国植物物候的空间分布规律表现为随纬度升高，经度靠东，海拔升高而推迟，展叶始期推迟、叶变色期变早。就榆树（*Ulmus pumila*）、垂柳（*Salix babylonica*）、刺槐（*Robinia pseudoacacia*）和楝树（*Melia azedarach*）4种植物而言，纬度每升高1°，展叶始期推迟2.46~3.48天，叶全变色期提前1.21~2.31天。经度每增加1°，展叶始期推迟0.23~1.31天，叶全变色期推迟0.01~0.67天。海拔高度每升高100 m，展叶始期推迟0.26~1.23天，叶全变色期推迟0.97~1.49天。

过去50年，中国地面物候变化的时空特征表现为大多数（90.8%）春夏季物候期序列提前，多数（69%）秋季物候期序列推迟。对于春夏季物候期，所有类群平均提前趋势为2.75 $d \cdot (10年)^{-1}$。类群间春夏季物候期的提前趋势从昆虫的2.11 $d \cdot (10年)^{-1}$到两栖动物的6.11 $d \cdot (10年)^{-1}$。另外，草本和两栖动物的提前趋势显著大于乔木、灌木和昆虫。秋季物候变化在不同类群间较为复杂：乔木、灌木、草本和昆虫表现出1.93~4.84 $d \cdot (10年)^{-1}$的推迟趋势，其他类群则以1.10~2.11 $d \cdot (10年)^{-1}$的速度提前。并且，模型预测表明，未来100年中国的春季物候期仍将持续提前。

物候期的温度敏感度可指示物候期对全球变暖的响应程度。温度敏感度随时段、物种和所在站点的变化而变化。在历史上较暖的30年时段，春季物候的温度敏感度较强；具有较早春季物候期（如展叶始期）和较晚秋季物候期（如叶全变色期）的植物种，物候对气温变化的响应更加敏感；低纬度地区植物春、秋季物候期的温度敏感度强于高纬度地区。

本章主要概述了物种和景观水平中国植被物候的时空变化。但在物种水平物候变化研究中，由于主导环境因素是气温，故本章主要考虑气温对物候影响，分析了温度敏感度的时空变化，未考虑更多环境因子的共同影响。在未来研究中，可通过生理实验，研究气温、降水、$CO_2$浓度等多环境因子的综合变化对植物物候及其他生理特性的影响。例如，采取室内实验方法，利用植物生长箱控制环境条件，模拟作物、草类或树木枝杈等的物候对多环境因子变化的响应。也可采取野外实验的方式，利用开顶箱（open top chamber），研究生态系统对增温和降水变化的响应。开展这些研究将有助于进一步认识各类生态系统的物候对多环境因子响应的复杂性，极大减少预测气候变暖对陆地生态系统物候影响的不确定性。

# 参 考 文 献


方修琦，陈发虎．2015．植物物候与气候变化．中国科学：地球科学，45（5）：707–708．

龚高法，简慰民．1983．我国植物物候期的地理分布．地理学报，38（1）：33–40．

竺可桢，宛敏渭．1973．物候学．北京：科学出版社，1–173．

Chuine I. 2010. Why does phenology drive species distribution? Philosophical Transactions of the Royal Society B: Biological Sciences, 365(1555): 3149–3160.

Cleland E E, Chuine I, Menzel A, et al. 2007. Shifting plant phenology in response to global change. Trends in Ecology & Evolution, 22(7): 357–365.

Cong N, Piao S L, Chen A P, et al. 2012. Spring vegetation green-up date in China inferred from SPOT NDVI data: A multiple model analysis. Agricultural and Forest Meteorology, 165: 104–113.

Dai J H, Wang H J, Ge Q S. 2013. Multiple phenological responses to climate change among 42 plant species in Xi' an, China. International Journal of Biometeorology, 57(5): 749–758.

Dai J H, Wang H J, Ge Q S. 2014. The spatial pattern of leaf phenology and its response to climate change in China. International Journal of Biometeorology, 58(4): 521–528.

Fitter A H, Fitter R. 2002. Rapid changes in flowering time in British plants. Science, 296(5573): 1689–1691.

Ge Q S, Wang H J, Dai J H. 2014. Simulating changes in the leaf unfolding time of 20 plant species in China over the twenty-first century. International Journal of Biometeorology, 58(4): 473–484.

Ge Q S, Wang H J, Rutishauser T, et al. 2015. Phenological response to climate change in China: A meta-analysis. Global Change Biology, 21(1): 265–274.

Linderholm H W. 2006. Growing season changes in the last century. Agricultural and Forest Meteorology, 137(1–2): 1–14.

Matsumoto K, Ohta T, Irasawa M, et al. 2003. Climate change and extension of the *Ginkgo biloba* L. growing season in Japan. Global Change Biology, 9(11): 1634–1642.

Menzel A, Sparks T H, Estrella N, et al. 2006. European phenological response to climate change matches the warming pattern. Global Change Biology, 12(10): 1969–1976.

Parmesan C. 2006. Ecological and evolutionary responses to recent climate change. Annual Review of Ecology, Evolution, and Systematics, 37(1): 637–669.

Piao S L, Fang J Y, Zhou L M, et al. 2006. Variations in satellite-derived phenology in China' s temperate vegetation. Global Change Biology, 12(4): 672–685.

Richardson A D, Keenan T F, Migliavacca M, et al. 2013. Climate change, phenology, and phenological control of vegetation feedbacks to the climate system. Agricultural and Forest Meteorology, 169(3): 156–173.

Root T L, Price J T, Hall K R, et al. 2003. Fingerprints of global warming on wild animals and plants. Nature, 421(6918): 57–60.

Schwartz M D. 2013. Phenology: An integrative Environmental Science. Dordrecht, The Netherlands: Springer, 1–2.

Tao Z X, Wang H J, Liu Y C, et al. 2017. Phenological response of different vegetation types to temperature and precipitation variations in northern China during 1982—2012. International Journal of Remote Sensing, 38(11): 3236-3252.

Wang H J, Dai J H, Ge Q S. 2012. The spatiotemporal characteristics of spring phenophase changes of *Fraxinus chinensis* in China from 1952 to 2007. Science China Earth Sciences, 55(6): 991-1000.

Wang H J, Dai J H, Zheng J Y, et al. 2015. Temperature sensitivity of plant phenology in temperate and subtropical regions of China from 1850 to 2009. International Journal of Climatology, 35: 915-922.

Wilczek A M, Burghardt L T, Cobb A R, et al. 2010. Genetic and physiological bases for phenological responses to current and predicted climates. Philosophical Transactions of the Royal Society B: Biological Sciences, 365(1555): 3129-3147.

Wu X C, Liu H Y. 2013. Consistent shifts in spring vegetation green-up date across temperate biomes in China, 1982—2006. Global Change Biology, 19(3): 870-880.

# 第 9 章　中国森林生物多样性监测网络：生物多样性科学综合研究平台*

森林生态系统对维持生物圈生物多样性及其功能起着十分重要的作用（Pan et al., 2013; Anderson-Teixeira et al., 2015）。地球上出现的大多数物种生活在森林里面（Pan et al., 2013）。最近的一项研究估计热带雨林有可能生存着 40000～53000 种树种，其中大多数树种是稀有的，意味着这些树种面临着很高的灭绝风险（Slik et al., 2015）。森林生态系统同样贡献了很大比例的初级生产力、植物生物量和碳储量（Beer et al., 2010; Pan et al., 2011）。全球气候变化和人类干扰严重影响了森林生物多样性和生态系统功能，生物多样性科学综合研究对理解生物多样性维持机制和监测森林生物多样性的变化，预测生态系统功能的变化及对人类福祉影响具有重大意义。

## 9.1　国际上重要的森林生物多样性监测网络

为了监测森林生物多样性，不同地区建立了不同尺度的森林生物多样性监测网络，如美国推动建立的全球森林监测网络（Forest Global Earth Observatory, ForestGEO），非盈利环保组织——保护国际基金会等推动建立的热带生态评估与监测网络（Tropical Ecology Assessment and Monitoring Network, TEAM）等。

### 9.1.1　全球森林监测网络（ForestGEO）

美国史密森热带研究所的热带森林研究中心和哈佛大学等推动建立的全球森林监测网络（http://www.forestgeo.si.edu/）是目前全球最大的森林生物多样性监测网络（Anderson-Teixeira et al., 2015）。ForestGEO 在全球南纬 25° 到北纬 61° 的 24 个国家和地区建立了 63 个 2～120 $hm^2$ 大小不等的样地，其中，90% 的样地面积超过 10 $hm^2$（Anderson-Teixeira et al., 2015）。样地总面

---

* 本章作者为中国科学院植物研究所马克平、米湘成、朱丽、杜晓军、刘忆南、徐学红，内蒙古大学冯刚，中国科学院西双版纳热带植物园曹敏、林露湘，中国科学院武汉植物园江明喜、党海山，中国科学院沈阳应用生态研究所郝占庆，东北林业大学金光泽，中国科学院广西植物研究所李先琨，黑龙江省科学院自然与生态研究所倪红伟，中央民族大学桑卫国，黑龙江省森林工程与环境研究所田松岩，华东师范大学王希华，中国科学院昆明植物研究所许琨，中国科学院华南植物园叶万辉，浙江大学于明坚，中国科学院亚热带农业生态研究所曾馥平。

积达到 1653 $hm^2$，较好地代表了不同的地带性森林，包括热带雨林，北美、欧洲和我国东部的主要森林类型。ForestGEO 采用统一的监测标准，即对胸径≥ 1 cm 的每个木本植物个体挂牌、空间定位、鉴定到种并测量胸径，每 5 年复查 1 次，同时还制订了监测幼苗、种子产量、物候、枯倒木和凋落物等植物生活史各阶段的方案。通过对大型样地的长期监测，人们发现，ForestGEO 样地的森林群落处于高度的动态变化中。在对巴拿马的 BCI（Barro Colorado Island）样地前 18 年的监测中，发现胸径大于 1 cm 的树种的周转率超过 40%，75% 的物种多度变化超过 10%，表明森林群落正在响应全球气候变化（Lcigh，2004）；Chisholm 等（2014）在对 ForestGEO 的 12 个样地的研究中发现，在 10 年的时间尺度上，环境变化是种群变化最重要的驱动因子。ForestGEO 也试图探索引起森林生物多样性变化的驱动机制。如在 ForestGEO 的 4 个热带样地中，Feeley 等（2007）和 Dong 等（2012）发现，树种的生长速率与夜间温度呈负相关，可能是由于夜间的呼吸速率增加导致了碳储存的减少。

### 9.1.2　热带生态评估与监测网络（TEAM）

与 ForestGEO 相比较，热带生态评估与监测网络（http://www.teamnetwork.org/）是一个更为综合的热带生物多样性监测网络。TEAM 由保护国际基金会、密苏里植物园、史密森热带研究所和野生生物保护学会共同发起（Baru et al.，2012），跨越中美、南美、东南亚和非洲热带森林的 17 个研究点，每个样区采用相同的气候、植被、陆地脊椎动物和样区周围人类 – 自然系统的监测标准，人类 – 自然系统的监测内容包括土地利用变化、水文过程、生境连续性等。

与 ForestGEO 专注于群落水平的生物多样性监测和机理研究相比，TEAM 更注重于多尺度分析。TEAM 的目标是从样地尺度（1 $hm^2$）、景观尺度、区域尺度到全球尺度上监测热带森林生物多样性动态和生态系统服务功能的变化。在样地尺度上，每个 TEAM 样区由在核心研究区内的至少 6 个 1 $hm^2$ 森林样地组成，样地在研究区域内设置为随机分布，间距在 2 km 以上，对胸径在 10 cm 以上的木本和藤本植物进行空间定位并鉴定到种，每年复查 1 次，用于监测和研究热带森林生物多样性和森林碳库的动态变化及机制。在景观尺度上，TEAM 要求在 180 $km^2$ 的范围内，按每 2 $km^2$ 布置 1 个红外相机的密度，在整个样区内布置 60 台红外相机，对包括哺乳动物、地面活动鸟类等在内的陆生脊椎动物进行调查（Youn et al.，2011）。在区域和全球尺度上，截至 2012 年 4 月，TEAM 的 17 个样区已累积达 70 万张陆生脊椎动物照片，成为全球最大的陆生脊椎动物照片数据库，为理解热带森林动物群落动态提供了重要的数据源（Baru et al.，2012）。如通过对分布在乌干达、印度尼西亚、哥斯达黎加和巴西等 6 个 TEAM 样区的 5.1 万张照片进行分析，Ahumada 等（2011）鉴定出 105 种哺乳动物，与部分片断化森林区和连续森林区相比较，高度破碎化地区具有较低的物种丰富度、物种多样性和功能多样性。

### 9.1.3　泛欧洲森林监测网络（PEFMN）

泛欧洲森林监测网络（Pan-European Forest Monitoring Network，PEFMN）由国家水平上的森林清查扩展而成，主要目标是保障欧洲森林的可持续利用。其主要监测目标有：① 对由人为或自然压力导致的欧洲森林时空变化进行周期性评估；② 理解由人为或自然压力引起森林变化的驱动机制（Ferretti and Chiarucci，2003）。泛欧洲森林监测网络跨越 40 多个国家，由 6800 个以上的第一层次（Level 1）样地和 760 个以上的第二层次（Level 2）样地组成，两个层次上样地的监测相互补充(Ferretti, 2010)。为了达成第1个目标,要求第一层次样地代表欧洲水平上的森林信息,因此,第一层次样地由大范围内在时间和空间上有代表性的森林样地组成,普遍采用以确定的地理坐标为圆心和一定长度为半径的样圆,样圆面积通常为2400 $m^2$,每个欧盟国家最少应该在16 km×16 km面积内设置一个样圆。每个国家可以采用不同的取样策略(随机取样或系统取样等),但同一国家的样地要求设置成相同的形状和面积。

### 9.1.4 亚马孙森林清查网络(RAINFOR)

亚马孙森林清查网络(Amazonian Forest Inventory Network, RAINFOR, http://www.rainfor.org/)是近年来崛起的另一个区域尺度上的森林监测网络。亚马孙地区的森林面积占全球森林面积的45%,储存了全球20%的碳,其重要性毋庸置疑(Malhi and Grace, 2000)。RAINFOR的主要目标是通过分析环境因子与森林在空间上的变化,理解亚马孙森林的生产力及其动态与环境因子的关系(Malhi et al., 2002)。其主要关注的环境因子包括水、光和土壤养分。后来,又增加了4个目标:① 量化森林生物量和碳周转的长期动态变化;② 分析当前森林结构、生理生态、生物量及其动态变化与局部气候和土壤养分的关系;③ 理解生产力、死亡率和生物量之间的关系;④ 通过上述①和③之间的关系,理解气候变化如何影响亚马孙森林的生物量和生产力,为整个区域的碳动态模型提供参数(Malhi et al., 2002)。

RAINFOR的样地由一次调查样地、多次调查样地和精细监测样地组成。样地建设从2001年开始,并将亚马孙地区原有的样地纳入网络。样地面积通常为1 $hm^2$左右,形状可设为正方形或长方形,对胸径大于10 cm以上的木本植物个体进行挂牌、空间定位、鉴定到种,并测量木本和藤本植物的胸径、树高以及叶面积指数(Phillips et al., 2003)。整个网络的样地设置在地图上随机定位,以避免因为偏向于选择成熟林或次生林,造成对森林结构和生物量估计的偏差。另外,尽可能在原来取样较少的区域取样,避免在已有样本密集区重新取样,使样地覆盖整个亚马孙地区的环境梯度和森林类型(Phillips et al., 2003)。除了森林结构参数以外,还对土壤养分、土壤物理特性、叶功能性状、地形等进行监测,并建立自动气象站(Malhi et al., 2002)。

与RAINFOR类似的还有非洲热带雨林监测网络(African Tropical Rainforest Observation Network, AfriTRON, http://www.afritron.org/),监测跨越非洲的热带雨林生物多样性、森林碳库的变化等。

### 9.1.5 中国森林生物多样性监测网络(CForBio)

中国森林生态系统十分独特的一点是它具有从热带雨林到亚热带森林、温带森林及北方针叶林的连续分布(Latham and Ricklefs, 1993; López-Pujol et al., 2006)。尽管我国、欧洲及北美的温带森林具有很相似的物种组成及群落结构,我国的温带森林总体上比其他两个地区具有更高的物种多样性和更多的独特的古特有物种(Latham and Ricklefs, 1993; Manchester et al., 2009; Fang et al., 2012)。

然而,森林是被生境破碎化等人类活动影响最为严重的生态系统之一(Dinerstein and Wikramanayake, 1993; López-Pujol et al., 2006)。尽管中国森林覆盖面积过去几年一直在增长,较为自然的老龄林面积却一直在下降(Zhang and Song, 2006; Xu, 2011)。未来几十年内,中国庞大且依然增长的人口数目以及快速的经济发展很有可能会对中国的森林生物多样性造成更大的影响。因此，监测中国森林生态系统的生物多样性的变化，开展相关研究，继而采取有效的保护措施至关重要。

中国森林生物多样性监测网络（Chinese Forest Biodiversity Network，CForBio；http://www.cfbiodiv.cn）的目的在于长期监测中国主要森林生物多样性变化，研究森林生物多样性变化及维持机制，如群落构建与物种共存的机制等。经过认真的调研和讨论，特别是2004年2月底在北京香山召开的森林生物多样性监测研讨会（Mapping Plot—Beijing Workshop），听取了全球森林生物多样性监测网络主任Stuart Davis博士和加拿大阿尔伯塔大学何芳良教授对于森林大样地网络发展现状和发展趋势以及中国东海大学孙义方教授关于样地建立方法的介绍后，中国科学院生物多样性委员会决定启动中国森林生物多样性监测网络建设项目，投入经费150万元，并于2004年开始实施。第一批建立的大样地有4个，分别由中国科学院沈阳应用生态研究所负责长白山温带针阔叶混交林样地、中国科学院植物研究所和浙江大学等负责浙江古田山中亚热带常绿阔叶林样地、中国科学院华南植物园负责鼎湖山南亚热带常绿阔叶林样地、中国科学院西双版纳热带植物园负责西双版纳热带季节雨林样地。除对样地内胸径大于1 cm的木本植物进行定位挂牌监测以外，每个样地都设立了150个以上的种子雨收集器（seed trap）和450个以上的1 $m^2$的幼苗监测样方。该网络建设过程中得到加拿大阿尔伯塔大学何芳良教授的积极推动和中国东海大学孙义方教授的现场指导。他们两位的无私帮助，使得我们的监测网络建立在一个高的起点上，与国际热带森林监测网络（CTFS）实现了信息共享。CTFS的主任Stuart Davis博士和Richard Condit博士等让我们更深入地了解了热带森林监测网络的结构和运行机制。继第一批4个样地建立之后，中国科学院生物多样性委员会与相关的研究所和大学积极沟通合作，又陆续建立了13个大型森林动态样地和数十个辅助样地。截至2016年年底，该网络已经建立了分布在不同纬度梯度的17个大型的固定监测样地（表9.1），1～5 $hm^2$的辅助样地有50多个。

**表9.1　中国森林生物多样性监测网络大样地信息统计**

| 序号 | 样地名称 | 森林类型 | 面积/$hm^2$ | 北纬 | 东经 | 建立时间/年 | 负责人 | 负责单位 | 物种数 | 科数 | 属数 |
|---|---|---|---|---|---|---|---|---|---|---|---|
| 1 | 大兴安岭兴安落叶松林25公顷样地 | 兴安落叶松林 | 25 | 51.82° | 122.99° | 2011 | 倪红伟 | 黑龙江省科学院自然与生态研究所 | 18 | 6 | 12 |
| 2 | 小兴安岭丰林阔叶红松林30公顷样地 | 阔叶红松林 | 30 | 48.08° | 129.12° | 2009 | 金光泽 | 东北林业大学 | 46 | 21 | 39 |
| 3 | 小兴安岭凉水阔叶红松林9公顷样地和谷地云冷杉林9公顷样地 | 阔叶红松林和谷地云冷杉林 | 9+9 | 47.18°/47.2° | 128.88°/128.85° | 2006/2005 | 金光泽 | 东北林业大学 | 44/48 | 15/20 | 30/34 |

续表

| 序号 | 样地名称 | 森林类型 | 面积/hm² | 北纬 | 东经 | 建立时间/年 | 负责人 | 负责单位 | 物种数 | 科数 | 属数 |
|---|---|---|---|---|---|---|---|---|---|---|---|
| 4 | 穆棱东北红豆杉林25公顷样地 | 红豆杉林 | 25 | 43.95° | 130.07° | 2014 | 田松岩 | 黑龙江省森林工程与环境研究所 | 57 | 22 | 38 |
| 5 | 长白山阔叶红松林25公顷样地 | 阔叶红松林 | 25 | 42.38° | 128.08° | 2004 | 郝占庆 | 中国科学院沈阳应用生态研究所 | 52 | 18 | 32 |
| 6 | 长白山杨桦林24公顷样地 | 杨桦林 | 24 | 42.37° | 128.00° | 2016 | 郝占庆 | 中国科学院沈阳应用生态研究所 | 63 | 21 | 37 |
| 7 | 东灵山暖温带落叶阔叶林20公顷样地 | 暖温带落叶阔叶林 | 20 | 39.96° | 115.43° | 2010 | 桑卫国、朱丽 | 中央民族大学、中国科学院植物研究所 | 58 | 18 | 33 |
| 8 | 宝天曼暖温带落叶阔叶林25公顷样地 | 暖温带落叶阔叶林 | 25 | 33.49° | 111.94° | 2009 | 杜晓军 | 中国科学院植物研究所、河南农业大学 | 126 | 39 | 77 |
| 9 | 温带－亚热带过渡区秦岭落叶阔叶林25公顷样地 | 温带－亚热带过渡区落叶阔叶林样地 | 25 | 33.69° | 107.82° | 2014 | 张全发 | 中国科学院武汉植物园 | 119 | 35 | 66 |
| 10 | 八大公山25公顷中亚热带山地常绿落叶阔叶混交林样地 | 中亚热带山地常绿落叶阔叶混交林 | 25 | 29.77° | 110.09° | 2011 | 江明喜 | 中国科学院武汉植物园 | 232 | 53 | 114 |
| 11 | 天童亚热带常绿阔叶林20公顷样地 | 亚热带常绿阔叶林 | 20 | 29.8° | 121.8° | 2009 | 王希华 | 华东师范大学 | 152 | 51 | 94 |

续表

| 序号 | 样地名称 | 森林类型 | 面积/hm² | 北纬 | 东经 | 建立时间/年 | 负责人 | 负责单位 | 物种数 | 科数 | 属数 |
|---|---|---|---|---|---|---|---|---|---|---|---|
| 12 | 古田山亚热带常绿阔叶林24公顷样地 | 亚热带常绿阔叶林 | 24 | 29.25° | 118.12° | 2005 | 米湘成、于明坚 | 中国科学院植物研究所、浙江大学 | 159 | 49 | 104 |
| 13 | 玉龙雪山寒温性云冷杉林25公顷样地 | 寒温性云冷杉林 | 25 | 27.14° | 100.23° | 2014 | 许琨 | 中国科学院昆明植物研究所 | 62 | 26 | 41 |
| 14 | 木论喀斯特常绿落叶阔叶混交林25公顷样地 | 喀斯特常绿落叶阔叶混交林 | 25 | 25.13° | 108.00° | 2014 | 曾馥平 | 中国科学院亚热带农业生态研究所 | 254 | 64 | 161 |
| 15 | 鼎湖山南亚热带常绿阔叶林20公顷样地 | 南亚热带常绿阔叶林 | 20 | 23.10° | 112.32° | 2005 | 叶万辉 | 中国科学院华南植物园 | 210 | 56 | 119 |
| 16 | 弄岗喀斯特季节性雨林15公顷样地 | 喀斯特季节性雨林 | 15 | 22.43° | 106.95° | 2011 | 李先琨 | 中国科学院广西植物研究所 | 223 | 54 | 153 |
| 17 | 西双版纳热带季节雨林20公顷样地 | 热带季节雨林 | 20 | 21.61° | 101.57° | 2007 | 曹敏 | 中国科学院西双版纳热带植物园 | 468 | 70 | 213 |

从云南西双版纳热带季节雨林到黑龙江大兴安岭北方针叶林，比较好地代表了中国从寒温带到热带的地带性森林类型。截至2017年5月，样地总面积达到513.6 hm²，监测木本植物220.94万株，隶属于1614种（马克平，2017）。

黑龙江大兴安岭兴安落叶松林25公顷样地建于2011年，位于大兴安岭北部伊勒呼里山北坡，具有中国东北大兴安岭寒温带地带性典型植被，地理位置北纬51.82°，东经122.99°。样地地形平缓，平均海拔897 m，最大高差16.6 m，年均温 –4℃，年均降水量458.3 mm。大兴安岭样地群落结构较简单，是以落叶松（*Larix gmelinii*）为建群种的寒温带针叶林，兴安落叶松为主要优势种，体现出寒温带针叶林的植被景观特点。样地内共有胸径（DBH）≥ 1cm的木本植物18种，其中，乔木4种，灌木14种，隶属于6科12属，独立个体数为209785株。黑龙江省科学院自然与生态研究所和黑龙江呼中国家级自然保护区负责样地的建立和管理。

黑龙江小兴安岭丰林阔叶红松林30公顷样地建于2009年，位于小兴安岭南坡北段，为典型的温带针阔混交林植被，地理位置北纬48.08°，东经129.12°。样地地形平缓，平均海拔419 m，最大高差 66 m，年均温 −0.5℃，年均降水量 688 mm。小兴安岭丰林样地群落结构复杂、物种多样性丰富，是以红松（*Pinus koraiensis*）为建群种的针阔混交林，保存着大量古老第三纪孑遗种，如水曲柳（*Fraxinus mandshurica*）、胡桃楸（*Juglans mandshurica*）等。样地内共有 DBH ≥ 1cm 的木本植物 46 种，隶属于 21 科 39 属。独立个体数为 94920 株。东北林业大学和黑龙江丰林国家级自然保护区负责样地的建立和管理。

黑龙江小兴安岭凉水阔叶红松林 9 公顷监测样地与谷地云冷杉林 9 公顷监测样地位于小兴安岭南坡达里带岭支脉的东坡，地理位置分别为：北纬 47.18°、东经 128.88° 和北纬 47.20°，东经 128.85°，年均温 −0.3℃，年均降水量 676 mm。凉水阔叶红松林 9 公顷监测样地建于 2005 年。红松为建群种，其他伴生树种有紫椴、辽椴（*Tilia mandshurica*）、硕桦（*Betula costata*）、水曲柳等。样地内共有 DBH ≥ 1 cm 的木本植物 48 种，隶属于 20 科 34 属。独立个体数为 21382 株。凉水谷地云冷杉林 9 公顷样地建于 2006 年。主要组成树种有臭冷杉（*Abies nephrolepis*）、红皮云杉（*Picea koraiensis*）、花楷槭（*Acer ukurunduense*）等。样地内共出现 DBH ≥ 1 cm 的木本植物 44 种，隶属于 15 科 30 属。独立个体数为 37873 株。东北林业大学和黑龙江凉水国家级自然保护区负责样地的建立和管理。

黑龙江穆棱东北红豆杉林 25 公顷监测样地建于 2014 年，地理位置为北纬 43.95°，东经 130.07°。海拔最高为 781 m，最低为 658 m，高差 123 m；年均温在 −2℃，年均降水量 530 mm。穆棱东北红豆杉林 25 公顷监测样地内森林群落优势种明显，其主要建群树种为紫椴、红松、色木槭、臭冷杉、硕桦等，样地内共有 DBH ≥ 1 cm 木本植物 57 种，隶属于 22 科 38 属。独立个体数为 63877 株。样地内东北红豆杉（国家一级保护植物）重要值为 1.49%，排名 21 位，径级结构近似于正态型，个体主要分布在大径级上，但因个体数量较少，占总胸高断面积（26.4 $m^2 \cdot hm^{-2}$）的 3.6%。黑龙江省森林工程与环境研究所负责样地的建立和管理。

吉林长白山阔叶红松林 25 公顷监测样地建于 2004 年，是中国乃至全球温带地区最早建成的大型森林动态样地，地理位置为北纬 42.38°，东经 128.08°。样地地势平缓，平均海拔 801.5 m，最大高差 17.7 m。四季气候鲜明，年均温 3.6℃，年均降水量近 700 mm。长白山阔叶红松林 25 公顷样地主要建群树种为红松、紫椴、蒙古栎、水曲柳等。样地共有 38902 个 DBH ≥ 1 cm 木本植物个体，隶属 18 科 32 属 52 种。样地森林群落优势种明显，垂直层次复杂，是典型的老龄复层异龄林。中国科学院沈阳应用生态研究所负责样地的建立和管理。

吉林长白山杨桦林 24 公顷样地于 2016 年建立，是在 2005 年建立的 5 $hm^2$ 样地基础上扩大而成的，包括 63 种 DBH ≥ 1 cm 的木本植物，隶属于 21 科 37 属，个体数为 65797 株。中国科学院沈阳应用生态研究所负责样地的建立和管理。

北京东灵山暖温带落叶阔叶林 20 公顷监测样地建于 2010 年，地理位置为北纬 39.96°，东经 115.43°。样地地形复杂，平均海拔 1395 m，最大高差 219.3 m。样地年均温 4.8℃，年均降水量为 500 ~ 650 mm。东灵山样地属典型的温带森林，群落内均为落叶树种，优势种为辽东栎（*Quercus wutaishanica*）、五角枫和棘皮桦（*Betula dahurica*）等。群落垂直结构由主林层、次林层和灌木层组成，是成层现象显著的暖温带落叶阔叶次生林。样地内共有 52136 个 DBH ≥ 1 cm 木本植物，隶属于 18 科 33 属 58 种。中央民族大学和中国科学院植物研究所负责样地的建立和管理。

河南宝天曼暖温带落叶阔叶林 25 公顷监测样地建于 2009 年，地处暖温带向北亚热带的过渡区，地理位置为北纬33.49°，东经111.94°。年均温15.1℃，年均降水量885.6 mm。样地优势树种有锐齿槲栎（*Quercus aliena* var. *acutiserrata*）、葛萝槭（*Acer grosseri*）、华山松（*Pinus armandii*）等。样地内共有59569个DBH ≥ 1 cm木本植物，隶属于39科77属126种。中国科学院植物研究所和河南农业大学负责样地的建立和管理。

陕西秦岭落叶阔叶林25公顷监测样地建于2014年，位于陕西佛坪国家自然保护区，属温带－亚热带过渡区落叶阔叶林，地理位置为北纬33.69°，东经107.82°。样地地形相对平缓，平均海拔为1550 m。年均温11.5℃，年均降水量924 mm。样地内共有DBH ≥ 1 cm的木本植物47739株，隶属35科66属119种。样地群落垂直结构清晰：乔木层、乔木亚层、灌木层。槲栎（*Quercus aliena*）和水榆花楸（*Sorbus alnifolia*）为样地建群种和主要优势种。木本植物个体径级结构总体呈倒"J"形。中国科学院武汉植物园负责样地的建立和管理。

湖南八大公山25公顷中亚热带山地常绿落叶阔叶混交林监测样地建成于2011年，地理位置为北纬29.77°，东经110.09°，属亚热带山地湿润季风气候。该区位于中国特有属川东—鄂西分布中心（孑遗中心）和中国特有植物的环形地带（川东、鄂西南、湘西北和黔东北），水青冈属的分布中心和可能的起源中心，年均温11.5℃，年均降水量2105.4 mm。样地优势树种包括多脉青冈（*Cyclobalanopsis multinervis*）、细叶青冈（*C. gracilis*）等常绿树种，光叶水青冈（*Fagus lucida*）、雷公鹅耳枥（*Carpinus fargesii*）等落叶树种。样地内共有186556个DBH ≥ 1 cm木本植物，隶属于53科114属232种。中国科学院武汉植物园负责样地的建立和管理。

浙江天童亚热带常绿阔叶林20公顷监测样地建于2009年。位于浙江宁波天童国家森林公园的核心保护区内，地理位置为北纬29.8°，东经121.8°。样地最高海拔602.89 m，最低海拔304.26 m。年均温16.2°C，平均降水量1374.7 mm。样地内共有94603个DBH ≥ 1 cm的木本植物个体，隶属51科94属152种。重要值前3位的物种分别是细枝柃（*Eurya loquaiana*）、黄丹木姜子（*Litsea elongata*）和南酸枣（*Choerospondias axiliaris*）。稀有种（样地内总个体数少于20）共计55种，占总物种数的36.2%。华东师范大学负责样地的建立和管理。

浙江古田山亚热带常绿阔叶林24公顷监测样地建于2005年，地理位置为北纬29.25°，东经118.12°。样地最高海拔714.9 m，最低海拔446.3 m，坡度范围为12°～62°。年均温15.3℃，年均降水量1963.7 mm。样地共有DBH ≥ 1cm的独立木本植物个体140700株，分属49科104属159个种。甜槠（*Castanopsis eyrei*）、木荷（*Schima superba*）为样地主要优势种。中国科学院植物研究所和浙江大学负责样地的建立和管理。

云南玉龙雪山寒温性云冷杉林25公顷监测样地建于2014年，地理位置为北纬27.14°，东经100.23°。地形起伏不大，最高海拔3344 m，最低海拔3220 m，由3个古冰川遗留的阶地组成；常有巨大的古冰川漂砾出现，形成局域特殊小生境。年均温为5.5℃，年均降水量为1587.5 mm。样地共有DBH ≥ 1cm的木本植物80473株，隶属26科41属62种。优势种为丽江云杉（*Picea likiangensis*）、川滇冷杉（*Abies forrestii*）。中国科学院昆明植物研究所负责样地的建立和管理。

广西木论喀斯特常绿落叶阔叶混交林25公顷监测样地建于2014年，地理位置为北纬25.13°，东经108.00°。所在区域为典型的喀斯特峰丛洼地，地形多变，生境复杂，海拔在442.6～651.4 m。年均温15.0～18.7℃，年均降水量1530～1820 mm。样地共有DBH ≥ 1 cm的乔木

144679 株,隶属 64 科 161 属 254 种。样地内以小果厚壳桂(*Cryptocarya austrokweichouensis*)、栀子皮(*Itoa orientalis*)等为主要建群种,并包括一级保护植物有单性木兰(*Kmeria septentrionalis*)。中国科学亚热带农业生态研究所负责样地的建立和管理。

广东鼎湖山南亚热带常绿阔叶林 20 公顷样地建于 2005 年,地理位置为北纬 23.10°,东经 112.32°。样地海拔 230~470 m,坡度 30°~50°。年均温 20.9℃,年均降水量 1927 mm。鼎湖山植被是典型的南亚热带常绿阔叶林,样地内 DBH ≥ 1 cm 的木本植物共有 71617 个个体,隶属 56 科 119 属 210 种。优势种为锥(*Castanopsis chinensis*)、木荷和黄杞(*Engelhardtia roxburghiana*)等,中国科学院华南植物园负责样地的建立和管理。

广西弄岗喀斯特季节性雨林 15 公顷样地建于 2011 年,地理位置为北纬 22.43°,东经 106.95°。样地平均海拔 260 m,最大高差 190 m。年均温 20.8~22.4℃,年均降水量 1150~1550 mm。样地植被属典型喀斯特季节性雨林,共有 DBH ≥ 1 cm 的木本植物个体 66718 株,隶属 54 科 153 属 223 种。样地代表种有蚬木(*Excentrodendron tonkinense*)(易危种)、肥牛树(*Cephalomappa sinensis*)、东京桐(*Deutzianthus tonkinensis*)等。中国科学院广西植物研究所负责样地的建立和管理。

云南西双版纳热带季节雨林 20 公顷监测样地建于 2007 年,地理位置为北纬 21.61°,东经 101.57°。海拔 709~869 m,年均温 21.0℃,年均降水量 1532 mm。样地共有 DBH ≥ 1 cm 的乔木 95834 株,隶属 70 科 213 属 468 种。乔木层优势种为望天树(*Parashorea chinensis*)(国家Ⅰ级保护植物),中下层乔木主要有毛猴欢喜(*Sloanea tomentosa*)、番龙眼(*Pometia pinnata*)(国家Ⅲ级保护植物)等。中国科学院西双版纳热带植物园负责样地的建立和管理。

大型森林动态样地已经从建立之初以植物群落生态学研究为主发展成多学科交叉的生物多样性科学综合研究平台。以古田山亚热带常绿阔叶林动态样地为例,除 24 公顷主样地外,还包括:① 覆盖不同森林类型的 13 个 1 公顷辅助样地和 27 个处于不同演替阶段的 30 m × 30 m 的卫星样地;② 将整个古田山国家级自然保护区分成 1 km × 1 km 的网格,每个网格建立一个 20 m × 20 m 的卫星样地,同时布设一台红外相机(已连续监测近 3 年时间);③ 选择主样地和辅助样地的 3000 多株胸径 5 cm 以上的树木布设生长环监测径级的年度变化;④ 通过无人机搭载的激光雷达(LiDAR)、高光谱和多光谱设备监测森林群落变化;⑤ 应用分子 - 组学方法开展植物和微生物多样性研究;⑥ 正在建设森林塔吊,将覆盖塔吊周边的 1.3 $hm^2$ 林地。良好的综合研究平台促进了物种共存机制研究的快速发展。数百篇关于森林生物多样性及森林群落结构维持机制的研究论文在中外生态学主流期刊发表(马克平,2017)。

## 9.2 中国森林生物多样性监测网络研究进展

生物群落的构建是由生境过滤、生物相互作用、局域扩散和人类活动干扰等局地因素以及物种形成、灭绝、大尺度迁移和历史气候等区域和历史因素共同决定的(Ricklefs, 1987; Whittaker et al., 2001)。中国森林生物多样性监测网络的建设大大推动了相关的研究(图 9.1)。截至 2017 年 2 月底,基于 CForBio 大样地网络,已经发表论文 370 多篇,其中,SCI 论文 195 篇,在国内、外同行中产生了非常积极的影响。

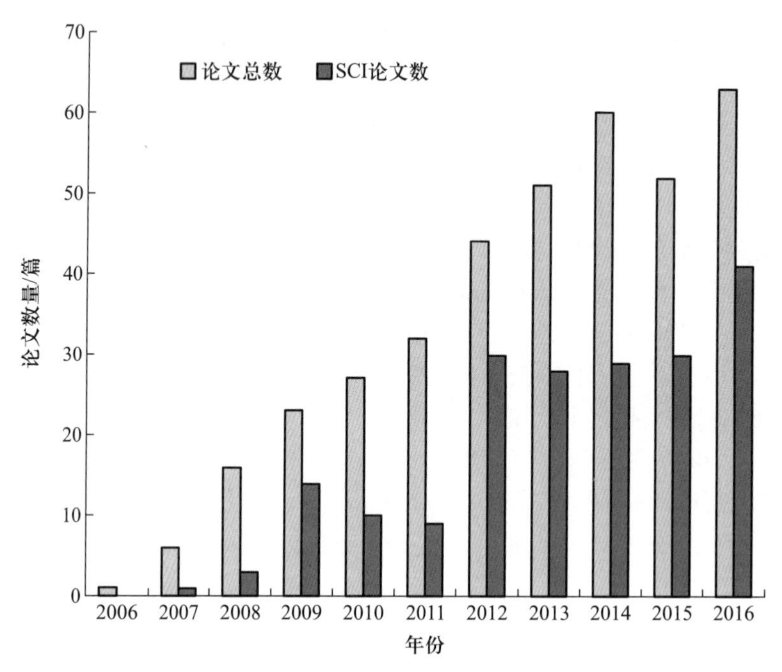


图 9.1　中国森林生物多样性监测网络发表论文数量的年度变化

## 9.2.1　局地因素

自 20 世纪 50 年代群落生态学时代开始以来，物种与环境的相互作用或物种间的相互作用在群落生态学的理论和实际研究中占据着主导地位（Vellend，2010）。这些相互作用也是中国森林生物多样性监测网络研究的核心问题。

（1）生境过滤

生境过滤指某种生境对具有适应该生境相似性状的一类物种进行选择的过程。中国森林生物多样性监测网络已有大量的研究证明生境过滤可以影响森林群落的物种组成、功能结构和系统发育结构，导致较为聚集的群落结构，即群落中物种之间具有较为相似的功能性状或较近的亲缘关系（Lai et al.，2009；Zhang et al.，2011；Pei et al.，2011；Liu et al.，2014）。其中，具体的生境因子包括样地内地形变化、土壤属性、光照强度等。

① 地形

作为土壤湿度、养分及其他生物非生物条件的一种多种环境资源的易于量化的综合表征（Moeslund et al.，2013），地形与群落物种多样性、组成及群落结构的关系已被广泛地研究（Pei et al.，2011；Liu et al.，2014）。喀斯特地貌的弄岗和木论样地地形起伏最大，地形因素最大能解释群落变化的 47.2%，同时地形所导致的空间关系单独就能解释群落变化的 1/3（Guo et al.，2017a），85% 以上的物种至少和一个或多个的生境显著关联（Guo et al.，2017b）。在鼎湖山亚热带森林中，优势树种（锥）的遗传结构与复杂的地形呈高度相关（Wang et al.，2014）。在古田山亚热带森林中也发现了强烈的物种—地形生境关联（Lai et al.，2009）。重要的是，这些关联可能会在不同的生活史阶段发生变化，例如，这些关联可能在幼苗和幼树期间是一致的，但到了成年树阶段会发生变化（Lai et al.，2009）。西双版纳热带森林也报道了相似的优势树种和地形之间的关系（Lan et al., 2011）。另外，同样在西双版纳热带森林中，不仅是群落物种多样性和组成，而且物种的功能性状也与地形显著相关，即海拔较高、坡度较陡的生境具有较多生长缓慢、周转率较低的树种（Liu et al., 2014）。Brown 等（2013）发现，CForBio 和 ForestGEO 内多个样地的生境异质性和物种生态位分化有显著关联。最后，还有研究在鼎湖山亚热带森林中发现，群落系统发育结构也与地形变量密切相关，即在山谷和低坡生境中有系统发育聚集现象，在高坡地、山脊和高地沟生境中有系统发育离散现象（Pei et al., 2011）。总体来说，地形变化显著影响了中国森林树木群落的遗传结构、物种组成、功能结构与系统发育结构。

② 土壤

土壤属性可能会通过直接作用和对相关资源的间接作用来影响物种的丰富度和组成（Austin, 2002）。在古田山亚热带森林中，即使控制了扩散限制的影响，仍然发现了土壤属性的空间异质性与树种分布之间的相关性（Zhang et al., 2011）。在鼎湖山亚热带森林中，土壤相关变量可以比地形更好地解释物种分布（Lin et al., 2013）。在古田山亚热带森林中，在物种水平和样方水平均发现叶面积和木质密度与土壤肥力密切相关（Liu et al., 2012）。长白山温带森林中的树种组成和树木生存均主要受土壤变量的影响，而不是地形（Yuan et al., 2011; Wang et al., 2012）。长白山温带森林中土壤有机碳的空间分布也主要受土壤性质影响，如土壤水分和 pH（Yuan et al., 2013），同时，地形和土壤养分也影响长白山森林群落系统发育和功能 $\beta$ 多样性（Wang et al. 2015）。在西双版纳热带森林中，对于系统发育和功能性状的多样性来说，土壤养分是一个比空间距离更好的解释因子，表明在群落构建中确定性环境过程相较于随机扩散相关过程有更强的作用（Yang et al., 2015）。同样，在八大公山亚热带森林中，土壤养分比地形也能更好地解释群落变化（48.6% 和 42.7%）（Qiao et al., 2015）。总之，土壤属性对中国森林树木群落的物种组成、功能结构及系统发育结构的形成具有重要作用。

③ 光照

林下光照是影响森林群落中树种更新的重要环境变量，从而进一步强烈影响群落的组成和结构（Rüger et al., 2009）。在长白山温带森林中，林下可利用光与灌木幼苗及喜光物种的幼苗存活呈正相关（Lin et al., 2014）。在古田山亚热带森林中，种子雨和种子扩散限制在群落林下和林窗之间表现出相似的格局，表明林窗对该森林中种子多样性的形成具有中性作用（Du et al., 2012）。一项利用 11 个森林大样地数据进行的研究发现，群落的功能结构与自然干扰显著相关，其中自然干扰的度量是群落中喜光物种的比例（Feng et al., 2014a）。虽然已有的这些研究表明，森林内的光照水平会影响群落结构，但对可利用光在中国森林群落构建中的作用的研究依然有限，现有研究主要侧重于树种更新和群落功能组成两个方面。

（2）生物相互作用

除了植物与环境之间的相互作用关系之外，同种或异种植物个体之间或植物与其他类群之间的相互作用在群落构建中也是非常重要的，并且这也受到了中国森林生物多样性监测网络的关注，其中，负密度制约机制是一个重要的焦点（Lin et al., 2014; Zhu et al., 2010; Piao et al., 2013）。

① 负密度制约机制和种间相互作用

负密度制约假说主要描述由于资源竞争、有害生物侵害（如病原微生物、食草动物捕食等），同种个体之间发生的相互损害行为（祝燕等，2009）。作为生物多样性维持的一个重要机制，负密度制约在过去的十几年已经被广泛地检验（Janzen，1970；Connell，1971）。在古田山亚热带森林中，排除生境异质性的影响后，83% 的物种分布格局受负密度制约作用的影响（Zhu et al.，2010）。相反，在邻近古田山的浙江百山祖亚热带森林中，只在生活史早期阶段发现了负密度制约的证据（Luo et al.，2012）。虽然关于负密度制约作为森林群落构建主要因子的证据在历史上主要来自热带森林（Comita et al.，2014），但是中国森林生物多样性监测网络已经在热带以外的森林中发现了更多的相关证据，从而拓展了负密度制约机制在森林群落构建中的作用的地域范围。在长白山温带森林中，大多数树种的存活与同种基部面积呈负相关，表明了负密度制约机制在调控物种组成方面的作用（Zhang et al.，2009）。在黑龙江小兴安岭凉水温带森林中，负密度制约机制在多个生活史阶段普遍存在（Piao et al.，2013）。此外，在八大公山和鼎湖山的亚热带森林也发现了负密度制约机制对幼苗动态的影响（Lu et al.，2015；Bin et al.，2012）。有时，负密度制约的作用甚至高于环境的作用，如长白山幼苗早期以及八大公山森林中，负密度制约的作用强度要高于生境因素的作用（Bai et al.，2012，Wu et al.，2016）。负密度制约也存在季节变化，在西双版纳热带季雨林样地中研究发现，雨季幼苗的密度制约强度大于旱季（Lin et al.，2012）。因此，负密度制约机制是影响我国森林群落构建的一个重要因素。近几年来，有些研究将负密度制约与群落中物种间系统发育关系结合起来，进一步研究近缘种间的负密度制约作用均发现，同种间负密度制约作用大于不同物种间的负密度制约作用（Chen et al.，2017a；Du et al.，2017），但在西双版纳热带森林中没有发现近缘种之间的负密度制约效应（Wu et al.，2016）。

在多个样地的研究中，种间相互作用也显著影响群落的结构，且随纬度的增加种间相互作用强度增加。如：在长白山森林中，约有 31% 的物种对呈显著的负相关（排斥），明显高于热带雨林的 6%，不支持中性理论假说（Wang et al. 2010）。在八大公山森林中，大约 47% 的物种对在小尺度上呈显著的种间相互作用，而且乔木树种比灌木树种表现出更强的种间相互作用。综合基于长白山、古田山等 5 个森林样地数据，考虑各树种间的亲缘关系和功能相似性，将树种分为促进种、抑制种和中性种，探讨各类型所占比例随物种数的变化趋势。验证了中性理论关于物种之间没有显著种间关系的假设在热带雨林的合理性，但温带森林中种间相互作用较为强烈（Wang et al.，2016）。

② 植物功能性状对物种共存具有重要意义

由于取样难度大，从植物功能性状角度研究森林群落构建机制多以物种水平的平均功能性状为依据（刘晓娟和马克平，2015）。基于古田山森林动态样地 59 种 822 株树的生长环季节动态监测和 12 种个体功能性状数据，通过构建包含种间竞争、生境过滤和功能分化的结构方程模型，揭示了植物生长的差异是由发生在个体水平上的功能性状策略差异直接造成的，而竞争和生境过滤则是间接地通过塑造不同的功能策略来影响生长动态（Liu et al.，2016）。该研究将个体水平的功能性状引入生长模型，从更小的尺度揭示了形成群落季节性动态的根本原因。随着新一代测序技术的发展，可以在没有参考基因组的情况下对植物的转录组进行快速测序、拼接和注释，得到基因的序列和在特定环境下的基因表达量。基于此，转录组方法被引入古田山亚热带常绿阔叶林物种共存机制的研究（Han et al.，2017）。通过对同种和异种邻居幼苗以及同源基因等对目标幼苗的存活进行线性混合效应的拟合分析，检测了同种和异种幼苗密度、同种和异种大树密度以及同源基因的相似性对古田山 24 $hm^2$ 样地的 85 种木本植物幼苗存活的影响。结果表明，与光相关的 15 个基因本体中有 3 个是与幼苗存活相关的。同时发现光谱组成（光质）对幼苗的光合作用有重要的影响，使得具有相似光合作用能力的幼苗能共存，反映了环境的过滤作用。该研究展示了转录组信息在群落构建研究中的应用前景。

③ 植物与微生物互作机制

除了生物之间的负相互作用之外，物种之间的正相关关系在生物群落中也是广泛存在的（Brooker et al., 2008; McIntire and Fajardo, 2014），因此也应该是群落生态学研究中的重点问题。基于古田山大型森林样地的微生物生态学研究取得了重要进展。大型森林动态样地的特色在于对胸径 1 cm 以上的木本植物都测定其空间位置和径级大小，并且每隔 5 年全部复查一次。对于微生物而言，有些木本植物是其宿主，有些是其重要的生长环境。如此翔实的植物分布数据，对于微生物生态学研究而言是十分难得的。通过分析外生菌根菌与其宿主植物的关系发现，二者在宿主植物属级水平相关性最好，而非种级。说明外生菌根菌的专一性不是很强，但具有较强的偏好性（Gao et al., 2013）。土壤真菌多样性在山脊和山谷不同，而且与植物多样性相关。在山脊，腐生菌和病原菌多样性与植物丰富度及土壤养分和湿度显著相关；在山谷，却与微地形和甜槠的胸高断面积相关。外生菌根菌多样性在山脊生境与甜槠的胸高断面积呈正相关，而在山谷生境则与全部木本植物的胸高断面积呈正相关（Gao et al., 2017）。随着森林演替的进展，外生菌根真菌群落构建机制发生变化。环境过滤在所有的演替阶段都是群落构建的重要影响因素，而扩散限制则只在老龄林检测到（Gao et al., 2015）。谱系关联性与丛枝菌根菌和植物形成的互惠共生网络相关。植物及其丛枝菌根菌共生体的谱系保守性是亚热带常绿阔叶林群落构建机制之一（Chen et al., 2017b）。

（3）局域扩散

生物多样性的中性理论假定群落中每个物种在生态功能上是等价的，而局域扩散限制是影响群落构建的主要因素（Hubbell, 2001）。在中国森林生物多样性监测网络中，验证这个假设的大多数研究都使用空间距离作为扩散限制的替代指标，并且发现扩散限制在影响物种、功能性状和系统发育多样性分布格局中起着重要的作用（Yang et al., 2015; Legendre et al., 2009; Liu et al., 2013）。在长白山温带森林中，随着邻域半径的增大，种子雨与邻近成年树之间的 Jaccard 系数显著减小，表明了在该森林中扩散限制的作用（Li et al., 2012）。其他的少数有关种子雨和种子限制的研究主要在古田山亚热带森林中进行，仅提供了该森林样地中不同生境下树种的物候、种子传播方式及分布的描述性信息（Du et al., 2009; Du et al., 2012）。

（4）人类活动干扰

在中国，森林生态系统是受人类活动影响最大的生态系统之一（López-Pujol et al., 2006; Dinerstein and Wikramanayake, 1993）。基于中国森林生物多样性监测网络，也研究了人类活动对中国森林的影响。比如，在北京东灵山温带森林中，甲虫在天然更新混合森林中的物种丰富度高于其他单作林（Warren-Thomas et al., 2014）。古田山亚热带森林中不同的森林管理方法也对树木群落的系统发育和功能结构有很强的影响，表现为在较成熟的森林中聚类结构较少，而在干扰较为严重的次生林中更加聚集，从而可能通过多样性效应影响森林生态系统功能（Feng et al., 2014b）。

（5）局域因素相互作用

越来越多的研究强调有必要同时考虑多种因素来解释生物多样性格局，特别是定量地说明生物和非生物过程或其相互作用的相对重要性（Legendre et al., 2009; Chen et al., 2010）。在古田山亚热带森林中，生境和空间共同解释了物种丰富度（约 53%）和物种组成（约 65%）的变化，并且这两个过程的相对作用随着空间尺度的变化而变化，在小尺度上中性过程比环境控制更为重要（Legendre et al., 2009）。同样，在古田山及长白山温带森林，幼苗动态都受到密度制约和生境关联的影响（Chen et al., 2010; Bai et al., 2012）。鼎湖山亚热带森林树种的空间分布表明，种子扩散限制、竞争和生境异质性共同影响物种共存（Li et al., 2009）。在长白山温带森林中，环境过滤在较大尺度上更为重要，而生物相互作用在较小尺度上更为重要，并且在极小的尺度上这两个因素的重要性都降低，表明随机过程重要性的增加（Yuan et al., 2011）。鼎湖山亚热带森林中锥栗的遗传结构与地形和物种生活史特征有关，如授粉和种子传播，从而导致迎风坡的遗传多样性较高（Wang et al., 2014）。Shen 等（2009）发现，仅生境异质性或扩散限制都不能很好地解释古田山常绿阔叶林的种面积曲线，只有生态位过程和传播限制共同作用才能更好地解释种面积曲线，随后，Shen 等（2013）又采用点过程的方法量化生态位过程和传播限制过程对群落构建的相对作用；米湘成等（2016）采用群落系统发育学的方法，分析了中国森林生物多样性监测网络的 4 个样地以及亚洲与美洲的 11 个森林样地，结果发现 9 个干扰较小的森林中的 6 个森林支持生态位分化假说，而 6 个干扰占主导以及其他 3 个干扰较小的森林并不支持该假说。他们还发现在干扰较小的森林中稀有种比常见种有更高的系统发育多样性，表明稀有种在群落的生态系统功能方面发挥重要的作用；Wang 等（2015）将长白山样地森林群落与代表不同生态过程的模型模拟群落的系统发育和功能 β 多样性相比较，发现扩散限制能较好地拟合小尺度上的系统发育 β 多样性与功能 β 多样性，说明在温带森林中种间相互作用可能并不重要。

### 9.2.2　区域因素

在过去几十年里，大尺度过程，如物种形成、灭绝及迁徙，对局部群落构建的影响已经被广泛证实（Ricklefs, 1987; Whittaker et al., 2001）。对中国森林而言，就已有研究表明中国山地森林的物种丰富度与历史气候和当代气候的变化有关（Shen et al., 2012）。中国森林的区域物种丰富度也显著影响了其局域群落物种丰富度（Wang et al., 2012）。中国广泛分布第四纪冰期避难所也强烈影响了其不同温带植被的基因多样性（Qiu et al., 2011）。

然而，到目前为止，中国森林生物多样性监测网络的大多数研究集中在局地因素上，只有少数研究涉及区域过程的作用（Feng et al., 2014b; Feng et al., 2015）。例如，有一项研究将中国森林群落的系统发育和功能结构与当前和历史气候以及局部干扰联系起来，发现冰期—间冰期温度变化是系统发育结构最强的解释因子，即在气候稳定区域，其系统发育结构更加离散，支持了生态位保守性假说（Feng et al., 2014b）。与此相反，局部干扰成为群落功能结构最强的解释因子，即森林受干扰越多，群落的功能结构越聚集（Feng et al., 2014b）。此外，通过对不同物种库情况下东亚森林群落系统发育结构的研究表明，洲际迁移、气候保守以及局部种化等因素对其群落构建具有重要作用（Feng et al., 2015）。

## 9.3　中国亚热带森林生物多样性与生态系统功能研究进展

人类活动加剧导致物种丧失。在物种绝灭之前，负面影响就已经产生，主要体现在对生态系统功能的影响。如何量化物种丧失对生态系统功能产生的影响，最有效的途径就是控制实验

(黄建辉等，2001；张全国和张大勇，2002；张全国和张大勇 2003)。生物多样性的生态系统功能(biodiversity and ecosystem function，BEF)是生物多样性科学领域的热点问题之一。

早在 20 世纪 80 年代，人们研究物种丧失速率时就发现，物种丧失可能影响生境的变化(Jones et al.，1994)、生物地球化学循环(Sterner and Elser，2002)和生态系统生产力(Power et al.，1996)等生态系统的结构和功能。环境问题委员会(SCOPE)和联合国环境规划署(UNEP)分别组织编写的 *Biodiversity and Ecosystem Function*(Schulze and Mooney，1993)和 *Global Biodiversity Assessment*(Heywood，1995)两本书在 BEF 的知识总结和理论思考方面起到了重要作用。而国际生物多样性项目(DIVERSITAS)也一直致力于推动这方面的研究，其不断更新完善的研究计划发挥了重要的指导作用[①]。最早关于生物多样性和生态系统功能的研究始于 20 世纪 90 年代初的英国生态箱(ecotron)实验(Naeem et al.，1994)，之后美国和欧洲开展了一系列的草地生物多样性与生态系统功能的实验(Tilman et al.，1996；Leadley and Körner，1996)。实验结果显示，生物多样性与生态系统功能密切相关，但如何解释这些结果背后的机制却出现了完全不同的观点，包括对其实验设计和分析方法都提出过质疑(Grime，1997；Huston，1997；Schmid et al.，2002；Loreau et al.，2002)，争论非常激烈，甚至有人将 2002 年称为多样性与生态系统功能关系争论之年(Cameron，2002)。截至 2009 年，国内外已有数百篇文章报道了来自不同生态系统类型的 600 多个实验的结果(Cardinale et al.，2011；Loreau et al.，2002)，有力地推动了生态学的发展。

而今生物多样性与生态系统功能研究开始向大尺度发展，并且逐渐与人类社会的发展密切联系起来，形成了新的研究重点，即生物多样性与生态系统服务的关系(biodiversity and ecosystem service，BES)(Cardinale et al.，2012)。在全球变化的背景下，生物多样性的生态系统功能和服务会如何作出响应，也是当前人们关注的热点问题。

以往的生物多样性与生态系统功能实验多以草地为主，对陆地生态系统中生产力最高、组成最复杂的森林生态系统的研究却为之不多。森林生物多样性的生态系统功能实验较之草地系统有其突出的优势：① 可以在个体水平上开展实验研究；② 树木生长时间长，可更加充分地观察到物种间及其与环境间的相互作用随时间的变化；③ 森林实验更方便控制密度和均匀度。第一个森林生物多样性的生态系统功能实验样地于 1999 年在芬兰建立，截至 2017 年，全球已经监测 25 个森林 BEF 实验样地，实验地面积达到 821 $hm^2$，栽培的树木达到 112 万株[②]。由中国国家自然科学基金委员会和德国科学基金会联合资助的项目“中国亚热带森林生物多样性与生态系统功能实验研究”(Biodiversity-Ecosystem Functioning Experiment China，BEF-China)于 2008—2010 年在江西省德兴市新岗山镇建立的大型森林控制实验样地是其中包含树种最多、涉及多样性水平最高，且建于地形复杂林区的实验平台。BEF-China 实验样地包括三个部分：古田山国家级自然保护区天然林的比较实验样地、与古田山毗邻的新岗山预实验样地和新岗山主实验样地(马克平，2013)。

天然林比较实验样地：样地的建立旨在探讨随着森林的演替，木本植物丰富度的变化规律和影响这些变化规律的随机扩散、种间竞争、个体死亡等重要过程所起的作用。样地于 2008 年建立，共设立 27 个 30 m × 30 m 的小样地。样地覆盖 5 个演替阶段，群落年龄分别约为 35 年、43 年、66 年、

① http://www.diversitas-international.org

② http://www.treedivnet.ugent.be/

79年和95年。根据第一次普查，株高大于1 m的木本植物有148种，隶属于46科（Bruelheide et al., 2011）。每个小样地中的工作均涉及植物、昆虫、微生物等不同营养级水平（图9.2）。

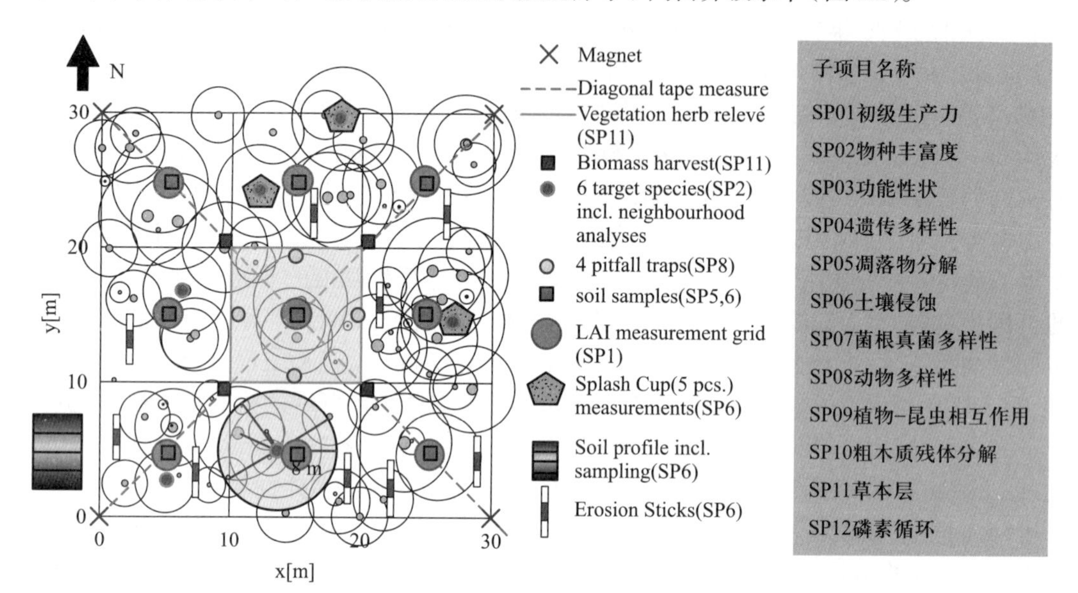


图9.2　27个比较样地的每个小样地中的实验设计和与此相关的子项目示意图[①]

新岗山预实验样地：建于2009年4月，旨在小规模短时间内考察树种在幼苗期间的相互作用及其对光、土壤养分、菌根真菌等的响应，同时也为稍后开展的大规模主实验设计和理解主实验树种的早期表现提供基础资料。样地建在邻近主实验样地的1 $hm^2$农田中，分为4个基本实验小区，每个小区含333个1 m×1 m的样方，共计1332个；每个样方种植16株树苗，物种数为1、2、4三个水平，株行距一般为25 cm（图9.3）。根据天然林比较样地中物种多度、与生长相关的功能性状和种子可获性等因素选择21个树种构成预实验物种库。从物种库中随机抽取4个物种为一组，对应种植于每个实验小区。有8个子项目参与预实验，控制处理包括遮光、菌根菌杀除、家系水平的变异等。实验于2011年7月结束。

图9.3　江西省德兴市新岗山预实验样地一角（马克平摄）

① 引自项目申请报告Proposal for the $2^{nd}$ of the DFG Research Unit 891 phase（2011—2014）第23页。

新岗山主实验样地：建立在两大自然坡地上，分别为样地 A 和样地 B（图 9.4），样地 A 于 2009 年建成，海拔 105～275 m；样地 B 于 2010 年建成，海拔 105～190 m。两个样地均以 1 亩（25.82 m × 25.82 m）为基本单元样方进行幼苗种植，共计 566 个，其中，样地 A 有 271 个，样地 B 有 295 个，净占地 38.4 hm$^2$，总占地 53 hm$^2$。幼苗物种库由 42 种乔木［包括杉木（*Cuuninghamia lanceolata*）和马尾松（*Pinus massoniana*）两个当地的主要造林树种］和 18 种灌木构成。1 亩的基本样方中，乔木物种水平分别为 1、2、4、8、16 和 24 种。样方中物种的分配按照随机断棍模型设计和物种直接丧失两种方案进行。此外，样地设置 64 个超级样方，由 4 个 1 亩样方组成，配置有灌木，物种水平分别为 2、4、8 种。据此，物种水平最高的样方会有 16 种乔木和 8 种灌木或者全部为乔木，即 24 种木本植物。根据比较样地中乔木冠层的研究结果，主实验样地中每个样方的株行距均为 1.29 m，相当于每亩 400 株幼苗的密度。两个样地栽植木本植物总数超过 30 万株。根据 2009 年 11 月和 2010 年 6 月对样地 A 的两次调查统计，栽植 14 个月后的树苗成活率为 87%，其中，常绿树种成活率为 84%，落叶树种成活率为 93%（Yang et al., 2013）。

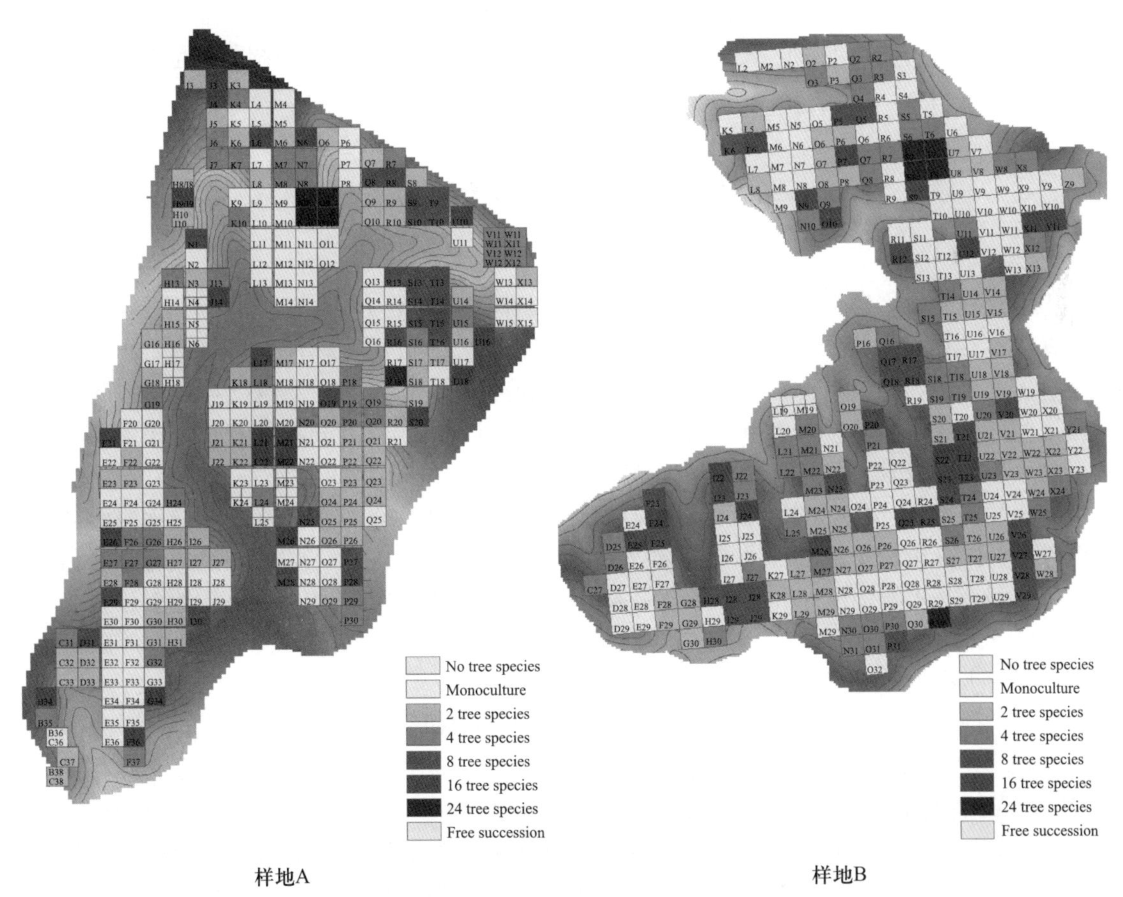


图 9.4 江西省德兴市新岗山主样地样方空间分布以及物种多样性水平示意[①]

① 引自项目申请报告 Proposal for the 2$^{nd}$ of the DFG Research Unit 891 phase（2011—2014）第 50–51 页。

BEF-China 实验项目还同时建立了数据库①，成为各子项目提供数据和信息管理与共享的在线平台。

BEF-China 实验最初于 2006 年 2 月在德国哈雷开始讨论和筹备，2008 年正式开展野外工作。项目从确定实验设计、比较样地建立与数据分析、预实验样地建立与数据分析，一直到主实验样地建立与数据采集，各个环节都为研究亚热带森林生物多样性和生态系统功能积累了丰富的数据。截至 2017 年，中德双方在 *Nature Communications*，*Ecology Letters*，*Ecological Monographs* 等刊物联合发表 120 多篇论文，特别是在森林演替过程中物种丰富度和稀有种丰富度变化、植物多样性与昆虫多样性的关系、植物功能性状与环境的关系以及邻体植物间的相互作用等方面取得了明显的进展，在国际同行中产生了较大的影响。

开展森林生物多样性和生态系统功能实验研究，除了关注物种丧失对生态系统功能影响的机制外，扩大造林树种的选择也是其重要目标。目前，造林树种很单一，以中国南方为例，主要是杉木、马尾松和桉树（*Eucalyptus* spp.）等少数物种，大量的本土树种还有待开发利用。森林 BEF 实验不仅可以用来筛选速生优质用材树种，还可以来筛选不同树种的组合方式，为林业发展提供更多的适宜的造林树种资源。木材是森林生态系统提供的重要“产品”之一，而保持水土和固碳则是森林生态系统重要的“服务”功能。因此，研究生物多样性与生态系统服务也是这种大型控制实验的重要目标。

## 9.4　结论与展望

中国森林生物多样性监测网络已经建立了横跨中国东部的 17 个大型森林动态样地，沿不同纬度梯度从热带、亚热带，到温带、寒温带（马克平，2015）。大型森林样地目前主要作为典型森林生物多样性维持机制研究的样本，然而该网络已有的研究尚未将所有这些样地联系起来去研究在这些气候带上生物多样性和森林生态系统相关理论的分异。同时，随着长时序生物多样性数据的累积，这些样地中可真正地监测全球变化背景下生物多样性和生态系统功能的变化趋势，研究变化的机理，以预测将来的变化趋势以及对人类福祉的影响。同时，在这些样地协调进行设计良好的共同分析和实验，进一步研究和分析气候变化、物种入侵和人类活动造成的土地利用变化等对中国森林生物多样性和生态系统服务的影响将是非常有意义的。森林样地多建立在干扰较少的典型地带性森林中，可为区域植被恢复和评估退耕还林、天然林资源保护工程等国家重大生态工程的生态效益提供参照系统。

截至目前，中国森林生物多样性监测网络中的大多数研究多关注木本植物的多样性格局和群落结构。然而，在生物多样性极高的森林生态系统中也存在其他互相影响的生物类群。例如，草本层多样性和生物量是森林生态系统的重要组成部分（Maguire and Forman，1983；Mölder et al.，2008）。值得注意的是，树木幼苗的密度和分布可能受到草本植物的强烈影响（Maguire and Forman，1983）。草本植物多样性和生物量也可能与树层多样性相关（Mölder et al.，2008）。此外，不同的树种生存有不同的微生物群落，包括细菌、真菌和古生菌（Prescott and Grayston，

① http://159.226.89.107

2013)。另一方面,在生物多样性、群落结构和生产力方面,微生物也可能对植物群落有一定的影响(Mordecai, 2011)。古田山大样地微生物对森林群落构建的作用取得比较好的进展,但整个网络的研究还比较薄弱。此外,树木的多样性、组成以及树木盖度都会影响地下和地上的动物多样性(Harvey et al., 2006; Cesarz et al., 2007; Jactel and Brockerhoff, 2007)。例如,在欧洲中部的落叶林中蚯蚓密度与树种多样性呈正相关,表明了多样化食物品质对动物分解者的重要影响(Cesarz et al., 2007)。树木群落的多样性和组成也会影响食草动物的多样性,为生物多样性在维持不同营养级生态系统功能中的作用提供证据(Jactel and Brockerhoff, 2007)。农业景观中的树木盖度会显著影响鸟类、蝙蝠、蝴蝶和甲虫的多样性(Harvey et al., 2006)。总之,森林是一个由许多不同生物类群组成高度多样化的生态系统,并且这些类群之间非常复杂的直接或间接的相互作用将它们构成了一个网络体系(Pires et al., 2014)。因此,考虑这些不同类群及其相互作用对研究中国森林生物多样性及功能至关重要。

动物多样性强烈地影响树木群落的物种组成、结构和功能(Beaune et al., 2013; García and Martínez, 2012)。在刚果热带森林中,以大型动物为传播媒介的树木的种子扩散与更新受到了大象数量的显著影响(Beaune et al., 2013)。在西班牙温带次生林中,种子传播的所有成分,包括种子传播的数量和丰富度,都与食果鸟类的丰富度呈正相关(García and Martínez, 2012)。一项基于大型永久性森林样地的研究表明,由于过度捕猎,热带森林群落的局域树木多样性持续下降了15年(Harrison et al., 2013)。对31个大西洋森林群落的研究发现,大型食果动物的丧失显著影响碳储量(Bello et al., 2015)。因此,中国森林生物多样性监测网络应该加强动物丧失对森林的物种组成、群落结构和功能影响的研究。

大型森林动态样地网络是研究森林生态系统对气候变化响应的重要平台(Anderson-Teixeira et al., 2015)。在过去的一个世纪以及未来很长一段时间里,气候变化已经并将继续显著影响中国森林生态系统的物种组成、群落结构、分布和功能(Ni, 2011)。气候变暖对中国东北部温带森林的主要影响仅在高海拔地区和低海拔地区表现明显,而不是在中等海拔地区,这表明,森林生态系统的南部和北部边缘更容易受到气候变化的影响(He et al., 2005)。从全球角度来看,中国对气候变化影响的研究相对较弱,特别是在亚热带和热带地区(Lenoir and Svenning, 2015)。因此,中国森林生物多样性监测网络可以填补气候变化相关研究的一个十分重要的地理空白。中国森林生物多样性监测网络当前的森林样地主要集中在东部地区(马克平, 2015),然而,由于中国西部和北部地区的生态系统相较于东部地区的生态系统对气候变化更为敏感(Ni, 2011)。因此,为了更好地了解气候变化对中国森林的影响,在这些地区,特别是西部地区建立更多的长期监测大型森林样地值得重视。

地球上的森林面积达40亿 $hm^2$,约占陆地面积的30%。因此,为了更好地了解不同空间尺度上森林组成和结构的变化,不可能只依靠野外森林调查。根据地球观测卫星数据,研究人员可以在30 m的精度上分析2000—2012年全球森林覆盖的变化(Hansen et al., 2013)。利用无人飞行器产生的单个像元7 cm的冠层空间图像可以非常好地评估林下植物的多样性($R^2$=0.74)(Getzin et al., 2012)。同样使用无人机,基于遥感的冠层高度、地上生物量、冠层开放百分比以及预测的食果性动物存在与否和多度与野外测量值密切相关(Zahawi et al., 2015)。在大尺度上以卫星遥感为主,在小尺度上以近地面遥感为主,包括利用激光雷达、高光谱和多光谱仪采集数据(郭庆华等, 2016a)。近地面遥感技术在生物多样性监测中的快速推广得益于无人机的快速发展（郭庆华等，2016b）。卫星遥感与地面人工观测和调查结合主要在生态系统水平，而近地面遥感则在植物个体甚至性状水平上与地面人工观测结合。卫星追踪技术（satellite tracking）的应用大大推动了鸟类迁徙规律的监测与研究。与多年来采用的环志标记法和雷达跟踪法相比，卫星追踪技术的应用大大提高了工作效率，两者无论是空间还是时间信息的精度都不在一个量级上（Sumner et al.，2009）。其他动物类群如兽类、鱼类，甚至于昆虫的迁徙也可以应用卫星追踪技术。稳定性同位素技术也可以应用到动物迁徙的研究中，如鸟类迁徙（Bairlein et al.，2012）。关于动物繁殖地、觅食地和停歇地的地面人工观测信息是理解动物迁徙规律的必不可少的部分。通过卫星追踪技术了解大样地及其周边森林生态系统中动物的活动范围和规律，对于理解森林生物多样性的动态与维持机制十分重要。基于数码相机（phenocam）、网络传输和遥感影像等综合技术开展的植物物候自动观测得到迅速发展。欧洲、美国、澳大利亚等都建立了国家尺度或者区域尺度的新一代物候观测网络（曹沛雨等，2016）。大尺度连续采集的植物物候变化数据，而且是群落水平而非仅为个体水平的数据，与环境信息和物种分布信息结合，可以探讨植物对气候变化和人类活动等的响应规律。近年来，红外触发相机的广泛应用推动了兽类和地面活动鸟类的监测（李晟等，2014）。对于鸣禽而言，高精度录音机可以自动采集鸟类的鸣声，据此鉴定鸟的种类。当然，其他鸣声较大的动物种类也可以采用此方法，如蛙类、昆虫等。根据自动采集的声音信息，可以通过声景（soundscape）分析，评估生物多样性及其变化以及对环境声景的影响（Derryberry et al.，2016）。

中国科学院西双版纳热带植物园积极推动与泰国的合作，将中国的森林动态样地网络拓展到中南半岛，初步形成由10个大型森林样地组成的亚洲热带雨林动态样地网络，其中两个为亚高山常绿阔叶林和针叶林样地。监测的木本植物约3000种100万株。该区域网络弥补了中国森林生物多样性监测网络热带雨林代表性不充分的问题。

从较大的尺度来看，虽然中性理论关于物种都有相同竞争力、迁移率和适合度的假设可能存在一定的争议，但中性理论强调传播限制和区域物种库的作用却被生态学家广泛接受。目前，区域物种库对局域群落影响的研究很少，可预测性差，甚至到近两年才有生态学家试图量化区域物种库的概念。结合我国和亚洲独特的区域进化历史，研究进化历史对局域群落结构和生态系统功能的影响，以及全球气候变化下局域群落的快速进化对区域物种库和区域生态系统的影响也是值得关注的方向之一。

# 参考文献

曹沛雨，张雷明，李胜功，等．2016. 植被物候观测与指标提取方法研究进展．地球科学进展，31（4）：365–376.

郭庆华，刘瑾，李玉美，等．2016a. 生物多样性近地面遥感监测：应用现状与前景展望．生物多样性，24（11）：1249–1266.

郭庆华，吴芳芳，胡天宇，等．2016b. 无人机在生物多样性遥感监测中的应用现状与展望．生物多样性，24（11）：1267–1278.

黄建辉，白永飞，韩兴国．2001. 物种多样性与生态系统功能：影响机制及有关假说．生物多样性，9（1）：1–7.

李晟，王大军，肖治术，等．2014. 红外相机技术在我国野生动物研究与保护中的应用与前景．生物多样性，22（6）：685–695.

刘晓娟,马克平 . 2015. 植物功能性状研究进展 . 中国科学：生命科学,45(4)：325-339.

马克平 . 2013. 生物多样性的生态系统功能实验研究 . 生物多样性,21(3)：247-248.

马克平 . 2015. 中国生物多样性监测网络建设：从 CForBio 到 Sino BON. 生物多样性,23(1)：1-2.

马克平 . 2017. 森林动态大样地是生物多样性科学综合研究平台 . 生物多样性,25(3)：227-228.

米湘成,郭静,郝占庆,等 . 2016. 中国森林生物多样性监测：科学基础与执行计划 . 生物多样性,24(11)：1203-1219.

张全国,张大勇 . 2002. 生物多样性与生态系统功能：进展与争论 . 生物多样性,10(1)：49-60.

张全国,张大勇 . 2003. 生物多样性与生态系统功能：最新的进展与动向 . 生物多样性,11(5)：351-363.

祝燕,米湘成,马克平 . 2009. 植物群落物种共存机制：负密度制约假说 . 生物多样性,17(6)：594-604.

Ahumada J A, Silva C E F, Krisna G, et al. 2011. Community structure and diversity of tropical forest mammals: Data from a global camera trap network. Philosophical Transactions of the Royal Society of London, 366(1578): 2703-2711.

Anderson-Teixeira K J, Davies S J, Bennett A C, et al. 2015. Ctfs-forestgeo: A worldwide network monitoring forests in an era of global change. Global Change Biology, 21(2): 528-549.

Austin M P. 2002. Spatial prediction of species distribution: An interface between ecological theory and statistical modelling. Ecological Modelling, 157(2): 101-118.

Bai X J, Queenborough S A, Wang X, el al. 2012. Effects of local biotic neighbors and habitat heterogeneity on tree and shrub seedling survival in an old-growth temperate forest. Oecologia, 170(3): 755-765.

Bairlein F, Norris D R, Nagel R, et al. 2012. Cross-hemisphere migration of a 25 g songbird. Biology Letters, 8(4): 505-507.

Baru C, Fegraus E H, Andelman S J, et al. 2012. Cyberinfrastructure for observatory and monitoring networks: A case study from the team network. BioScience, 62(7): 667-675.

Beaune D, Fruth B, Bollache L, et al. 2013. Doom of the elephant-dependent trees in a congo tropical forest. Forest Ecology & Management, 295(10): 109-117.

Beer C, Reichstein M, Tomelleri E, et al. 2010. Terrestrial gross carbon dioxide uptake: Global distribution and covariation with climate. Science, 329(5993): 834-838.

Bello C, Galetti M, Pizo M A, et al. 2015. Defaunation affects carbon storage in tropical forests. Science Advances, 1(11): e1501105.

Bin Y, Lin G, Li B, et al. 2012. Seedling recruitment patterns in a 20 ha subtropical forest plot: Hints for niche-based processes and negative density dependence. European Journal of Forest Research, 131(2): 453-461.

Brooker R W, Maestre F T, Callaway R M, et al. 2010. Facilitation in plant communities: The past, the present, and the future. Journal of Ecology, 96(1): 18-34.

Brown C, Burslem D F, Illian J B, et al. 2013. Multispecies coexistence of trees in tropical forests: Spatial signals of topographic niche differentiation increase with environmental heterogeneity. Proceedings of the Royal Society B-Biological Sciences, 280(1764): 20130502.

Bruelheide H, Böhnke M, Both S, et al. 2011. Community assembly during secondary forest succession in a Chinese subtropical forest. Ecological Monographs, 81(1): 25-41.

Cameron T. 2002. The year of the 'diversity-ecosystem function' debate. Trends in Ecology & Evolution, 17(11): 495-496.

Cardinale B J, Duffy J E, Gonzalez A, et al. 2012. Biodiversity loss and its impact on humanity. Nature, 489(7401): 59-67.

Cardinale B J, Matulich K L, Hooper D U, et al. 2011. The functional role of producer diversity in ecosystems. American Journal of Botany, 98(3): 572-592.

Cesarz S, Fahrenholz N, Migge-Kleian S, et al. 2007. Earthworm communities in relation to tree diversity in a deciduous forest. European Journal of Soil Biology, 43(43): S61–S67.

Chen L, Comita L S, Wright S J, et al. 2017b. Forest tree neighborhoods are structured more by negative conspecific density dependence than by interactions among closely related species. Ecography, 41(7): 1114–1123.

Chen L, Mi X, Comita L S, et al. 2010. Community-level consequences of density dependence and habitat association in a subtropical broad-leaved forest. Ecology Letters, 13(6): 695–704.

Chen L, Zheng Y, Gao C, et al. 2017a. Phylogenetic relatedness explains highly interconnected and nested symbiotic networks of woody plants and arbuscular mycorrhizal fungi in a Chinese subtropical forest. Molecular Ecology, 26(9): 2563–2575.

Chisholm R A, Richard C, Abd R K, et al. 2014. Temporal variability of forest communities: Empirical estimates of population change in 4000 tree species. Ecology Letters, 17(7): 855–865.

Comita L S, Queenborough S A, Murphy S J, et al. 2014. Testing predictions of the janzen-connell hypothesis: A meta-analysis of experimental evidence for distance-and density-dependent seed and seedling survival. Journal of Ecology, 102(4): 845–856.

Connell J H. 1971. On the role of natural enemies in preventing competitive exclusion in some marine animals and in rain forest trees. In: Den B P J, Gradwell G. Dynamics of Populations. Wageningen, The Netherlands: Centre for Agricultural Publishing and Documentations, 298–312.

Derryberry E P, Danner R M, Danner J E, et al. 2016. Patterns of song across natural and anthropogenic soundscapes suggest that white-crowned sparrows minimize acoustic masking and maximize signal content. PLoS One, 11(4): e0154456.

Dinerstein E, Wikramanayake E D. 1993. Beyond hotspots—how to prioritize investments to conserve biodiversity in the indo-pacific region. Conservation Biology, 7(1): 53–65.

Dong S X, Davies S J, Ashton P S, et al. 2012. Variability in solar radiation and temperature explains observed patterns and trends in tree growth rates across four tropical forests. Proceedings of the Royal Society B-Biological Sciences, 279(1744): 3923–3931.

Du Y J, Mi X C, Liu X J, et al. 2009. Seed dispersal phenology and dispersal syndromes in a subtropical broad-leaved forest of China. Forest Ecology and Management, 258(7): 1147–1152.

Du Y J, Mi X C, Ma K P. 2012. Comparison of seed rain and seed limitation between community understory and gaps in a subtropical evergreen forest. Acta Oecologica-International Journal of Ecology, 44: 11–19.

Du Y J, Queenborough S A, Chen L, et al. 2017. Intraspecific and phylogenetic density-dependent seedling recruitment in a subtropical evergreen forest. Oecologia, 184(1): 193–203.

Fang J Y, Wang X P, Liu Y N, et al. 2012. Multi-scale patterns of forest structure and species composition in relation to climate in northeast China. Ecography, 35(12): 1072–1082.

Feeley K J, Joseph Wright S, Supardi M N, et al. 2007. Decelerating growth in tropical forest trees. Ecology Letters, 10(6): 461–469.

Feng G, Mi X C, Bocher P K, et al. 2014a. Relative roles of local disturbance, current climate and paleoclimate in determining phylogenetic and functional diversity in Chinese forests. Biogeosciences, 11(5): 1361–1370.

Feng G, Mi X, Eiserhardt W L, et al. 2015. Assembly of forest communities across east Asia—insights from phylogenetic community structure and species pool scaling. Scientific Reports, 5: 9337.

Feng G, Svenning J C, Mi X C, et al. 2014b. Anthropogenic disturbance shapes phylogenetic and functional tree community structure in a subtropical forest. Forest Ecology and Management, 313: 188–198.

Ferretti M, Chiarucci A. 2003. Design concepts adopted in long-term forest monitoring programs in Europe—problems for the future ? Science of the Total Environment, 310( 1–3 ): 171–178.

Ferretti M. 2010. Harmonizing forest inventories and forest condition monitoring—the rise or the fall of harmonized forest condition monitoring in Europe ? Iforest–Biogeosciences and Forestry, 3: 1–4.

Gao C, Shi N N, Chen L, et al. 2017. Relationships between soil fungal and woody plant assemblages differ between ridge and valley habitats in a subtropical mountain forest. New Phytologist, 213( 4 ): 1874–1885.

Gao C, Shi N N, Liu Y X, et al. 2013. Host plant genus–level diversity is the best predictor of ectomycorrhizal fungal diversity in a chinese subtropical forest. Molecular Ecology, 22( 12 ): 3403–3414.

Gao C, Zhang Y, Shi N N, et al. 2015. Community assembly of ectomycorrhizal fungi along a subtropical secondary forest succession. New Phytologist, 205( 2 ): 771–785.

García D, Martinez D. 2012. Species richness matters for the quality of ecosystem services: A test using seed dispersal by frugivorous birds. Proceedings of the Royal Society B–Biological Sciences, 279( 1740 ): 3106–3113.

Getzin S, Wiegand K, Schoening I. 2012. Assessing biodiversity in forests using very high–resolution images and unmanned aerial vehicles. Methods in Ecology and Evolution, 3( 2 ): 397–404.

Grime J P. 2002. Declining plant diversity: Empty niches or functional shifts ? Journal of Vegetation Science, 13( 4 ): 457–460.

Guo Y, Wang B, Li D, et al. 2017a. Effects of topography and spatial processes on structuring tree species composition in a diverse heterogeneous tropical karst seasonal rainforest. Flora, 231: 21–28.

Guo Y, Wang B, Mallik A U, et al. 2017b. Topographic species–habitat associations of tree species in a heterogeneous tropical karst seasonal rain forest, China. Journal of Plant Ecology, 10( 3 ): 450–460.

Han B C, Umana M N, Mi X C, et al. 2017. The role of transcriptomes linked with responses to light environment on seedling mortality in a subtropical forest, China. Journal of Ecology, 105( 3 ): 592–601.

Hansen M C, Potapov P V, Moore R, et al. 2013. High–resolution global maps of 21st–century forest cover change. Science, 342( 6160 ): 850–853.

Harrison R D, Tan S, Plotkin J B, et al. 2013. Consequences of defaunation for a tropical tree community. Ecology Letters, 16( 5 ): 687–694.

Harvey C A, Medina A, Merlo Sanchez D, et al. 2006. Patterns of animal diversity in different forms of tree cover in agricultural landscapes. Ecological Applications, 16( 5 ): 1986–1999.

He H S, Hao Z Q, Mladenoff D J, et al. 2005. Simulating forest ecosystem response to climate warming incorporating spatial effects in North–eastern China. Journal of Biogeography, 32( 12 ): 2043–2056.

Heywood V H. 1995. Global Biodiversity Assessment. Cambridge: Cambridge University Press.

Hubbell S P. 2001. The Unified Neutral Theory of Biodiversity and Biogeography. Princeton, New Jersey, USA: Princeton University Press.

Huston M A. 1997. Hidden treatments in ecological experiments: Re–evaluating the ecosystem function of biodiversity. Oecologia, 110( 4 ): 449–460.

Jactel H, Brockerhoff E G. 2007. Tree diversity reduces herbivory by forest insects. Ecology Letters, 10( 9 ): 835–848.

Janzen D H. 1970. Herbivores and the number of tree species in tropical forests. American Naturalist, 104( 940 ): 501.

Jones C G, Lawton J H, Shachak M. 1994. Organisms as ecosystem engineers. Oikos, 69( 3 ): 373–386.

Lai J S, Mi X C, Ren H B, et al. 2009. Species–habitat associations change in a subtropical forest of China. Journal of Vegetation Science, 20( 3 ): 415–423.

Lan G Y, Hu Y H, Cao M, et al. 2011. Topography related spatial distribution of dominant tree species in a tropical seasonal rain forest in China. Forest Ecology and Management, 262( 8 ): 1507–1513.

Latham R E, Ricklefs R E. 1993. Global patterns of tree species richness in moist forests–energy–diversity theory does not account for variation in species richness. Oikos, 67(2): 325–333.

Leadley P W, Körner C. 1996. Effects of elevated $CO_2$ on plant species dominance in a highly diverse calcareous grassland. In: Körner C, Bazzaz F A. Carbon Dioxide, Populations, and Communities. San Diego, California, USA: Academic Press, 159–175.

Legendre P, Mi X C, Ren H B, et al. 2009. Partitioning beta diversity in a subtropical broad-leaved forest of China. Ecology, 90(3): 663–674.

Leigh E. 2004. The neutral theory of forest ecology. In: Losos E, Leigh E. Tropical Forest Diversity and Dynamism: Findings from a Large-Scale Plot Network. Chicago: University of Chicago Press, 244–263.

Lenoir J, Svenning J C. 2015. Climate-related range shifts–a global multidimensional synthesis and new research directions. Ecography, 38(1): 15–28.

Li B H, Hao Z Q, Bin Y, et al. 2012. Seed rain dynamics reveals strong dispersal limitation, different reproductive strategies and responses to climate in a temperate forest in northeast China. Journal of Vegetation Science, 23(2): 271–279.

Li L, Huang Z L, Ye W H, et al. 2009. Spatial distributions of tree species in a subtropical forest of China. Oikos, 118(4): 495–502.

Lin F, Comita L S, Wang X G, et al. 2014. The contribution of understory light availability and biotic neighborhood to seedling survival in secondary versus old-growth temperate forest. Plant Ecology, 215(8): 795–807.

Lin G, Stralberg D, Gong G, et al. 2013. Separating the effects of environment and space on tree species distribution: From population to community. PLoS One, 8(2): e56171.

Lin L X, Comita L S, Zheng Z, et al. 2012. Seasonal differentiation in density-dependent seedling survival in a tropical rain forest. Journal of Ecology, 100(4): 905–914.

Liu J J, Tan Y, Slik J W F. 2014. Topography related habitat associations of tree species traits, composition and diversity in a Chinese tropical forest. Forest Ecology and Management, 330: 75–81.

Liu X J, Swenson N G, Lin D, et al. 2016. Linking individual-level functional traits to tree growth in a subtropical forest. Ecology, 97(9): 2396–2405.

Liu X J, Swenson N G, Wright J S, et al. 2012. Covariation in plant functional traits and soil fertility within two species-rich forests. PLoS One, 7(4): e34767.

Liu X J, Swenson N G, Zhang J, et al. 2013. The environment and space, not phylogeny, determine trait dispersion in a subtropical forest. Functional Ecology, 27(1): 264–272.

López-Pujol J, Zhang F M, Ge S. 2006. Plant biodiversity in China: Richly varied, endangered, and in need of conservation. Biodiversity and Conservation, 15(12): 3983–4026.

Loreau M, Naeem S, Inchausti P. 2002. Biodiversity and Ecosystem Functioning. New York: Oxford University Press.

Lu J, Johnson D J, Qiao X, et al. 2015. Density dependence and habitat preference shape seedling survival in a subtropical forest in central China. Journal of Plant Ecology, 8(6): 568–577.

Luo Z R, Mi X C, Chen X R, et al. 2012. Density dependence is not very prevalent in a heterogeneous subtropical forest. Oikos, 121(8): 1239–1250.

Maguire D A, Forman R T T. 1983. Herb cover effects on tree seedling patterns in a mature hemlock-hardwood forest. Ecology, 64(6): 1367–1380.

Malhi Y, Grace J. 2000. Tropical forests and atmospheric carbon dioxide. Trends in Ecology & Evolution, 15(8): 332–337.

Malhi Y, Phillips O L, Lloyd J, et al. 2002. An international network to monitor the structure, composition and dynamics of Amazonian forests (Rainfor). Journal of Vegetation Science, 13(3): 439–450.

Manchester S R, Chen Z D, Lu A M, et al. 2009. Eastern Asian endemic seed plant genera and their paleogeographic history throughout the northern hemisphere. Journal of Systematics and Evolution, 47(1): 1–42.

McIntire E J B, Fajardo A. 2014. Facilitation as a ubiquitous driver of biodiversity. New Phytologist, 201(2): 403–416.

Mi X C, Swenson N G, Valencia R, et al. 2012. The contribution of rare species to community phylogenetic diversity across a global network of forest plots. American Naturalist, 180(1): E17–E30.

Moeslund J E, Arge L, Bocher P K, et al. 2013. Topography as a driver of local terrestrial vascular plant diversity patterns. Nordic Journal of Botany, 31(2): 129–144.

Mölder A, Bernhardt–Roemermann M, Schmidt W. 2008. Herb–layer diversity in deciduous forests: Raised by tree richness or beaten by beech? Forest Ecology and Management, 256(3): 272–281.

Mordecai E A. 2011. Pathogen impacts on plant communities: Unifying theory, concepts, and empirical work. Ecological Monographs, 81(3): 429–441.

Naeem S, Thompson L J, Lawler S P, et al. 1994. Declining biodiversity can alter the performance of ecosystems. Nature, 368(6473): 734–737.

Ni J. 2011. Impacts of climate change on Chinese ecosystems: Key vulnerable regions and potential thresholds. Regional Environmental Change, 11: S49–S64.

Pan Y D, Birdsey R A, Fang J, et al. 2011. A large and persistent carbon sink in the world' s forests. Science, 333(6045): 988–993.

Pan Y D, Birdsey R A, Phillips O L, et al. 2013. The structure, distribution, and biomass of the world' s forests. Annual Review of Ecology, Evolution, and Systematics, 44: 593–622.

Pei N C, Lian J Y, Erickson D L, et al. 2011. Exploring tree–habitat associations in a Chinese subtropical forest plot using a molecular phylogeny generated from DNA barcode loci. PLoS One, 6(6): e21273.

Phillips O L, Martinez R V, Vargas P N, et al. 2003. Efficient plot–based floristic assessment of tropical forests. Journal of Tropical Ecology, 19: 629–645.

Piao T F, Comita L S, Jin G, et al. 2013. Density dependence across multiple life stages in a temperate old–growth forest of Northeast China. Oecologia, 172(1): 207–217.

Pires M M, Galetti M, Donatti C I, et al. 2014. Reconstructing past ecological networks: The reconfiguration of seed–dispersal interactions after megafaunal extinction. Oecologia, 175(4): 1247–1256.

Power M E, Tilman D, Estes J A, et al. 1996. Challenges in the quest for keystones. BioScience, 46(8): 609–620.

Prescott C E, Grayston S J. 2013. Tree species influence on microbial communities in litter and soil: Current knowledge and research needs. Forest Ecology and Management, 309: 19–27.

Qiao X, Li Q, Jiang Q, et al. 2015. Beta diversity determinants in badagongshan, a subtropical forest in central China. Scientific Reports, 5: 17043.

Qiu Y X, Fu C X, Comes H P. 2011. Plant molecular phylogeography in China and adjacent regions: Tracing the genetic imprints of quaternary climate and environmental change in the world' s most diverse temperate flora. Molecular Phylogenetics and Evolution, 59(1): 225–244.

Ricklefs R E. 1987. Community diversity–relative roles of local and regional processes. Science, 235(4785): 167–171.

Rüger N, Huth A, Hubbell S P, et al. 2009. Response of recruitment to light availability across a tropical lowland rain forest community. Journal of Ecology, 97(6): 1360–1368.

Schmid B, Hector A, Huston M A, et al. 2002. The design and analysis of biodiver sity experiments. In: Loreau M, Naeem S, Inchausti P. Biodiversity and Ecosystem Functioning: Synthesis and Perspectives. Oxford: Oxford University Press, 61–75.

Schulze E D, Mooney H A.1993. Biodiversity and Ecosystem Function. New York: Springer.

Shen G C, He F L, Waagepetersen R, et al. 2013. Quantifying effects of habitat heterogeneity and other clustering processes on spatial distributions of tree species. Ecology, 94(11): 2436–2443.

Shen G C, Yu M J, Hu X S, et al. 2009. Species–area relationships explained by the joint effects of dispersal limitation and habitat heterogeneity. Ecology, 90(11): 3033–3041.

Shen Z H, Fei S L, Feng J M, et al. 2012. Geographical patterns of community–based tree species richness in Chinese mountain forests: The effects of contemporary climate and regional history. Ecography, 35(12): 1134–1146.

Slik J W F, Arroyo–Rodriguez V, Aiba S–I, et al. 2015. An estimate of the number of tropical tree species. Proceedings of the National Academy of Sciences of the United States of America, 112(24): 7472–7477.

Sterner R W, Elser J J. 2002. Ecological Stoichiometry: The Biology of Elements from Molecules to the Biosphere. New Jersey: Princeton University Press.

Sumner M D, Wotherspoon S J, Hindell M A. 2009. Bayesian estimation of animal movement from archival and satellite tags. PLoS One, 4(10): e7324.

Tilman D, Wedin D, Knops J. 1996. Productivity and sustainability influenced by biodiversity in grassland ecosystems. Nature, 379(6567): 718–720.

Vellend M. 2010. Conceptual synthesis in community ecology. Quarterly Review of Biology, 85(2): 183–206.

Wang Q, Bao D, Guo Y, et al. 2014. Species associations in a species–rich subtropical forest were not well–explained by stochastic geometry of biodiversity. PLoS One, 9(5): e97300.

Wang X, Comita L S, Hao Z, et al. 2012. Local–scale drivers of tree survival in a temperate forest. PLoS One, 7(2): e29469.

Wang X, Tang Z, Shen Z, et al. 2012. Relative influence of regional species richness vs local climate on local species richness in China's forests. Ecography, 35(12): 1176–1184.

Wang X, Wiegand T, Hao Z, et al. 2010. Species associations in an old–growth temperate forest in North–eastern China. Journal of Ecology, 98(3):674–686.

Wang X, Wiegand T, Kraft N J B, et al. 2016. Stochastic dilution effects weaken deterministic effects of niche–based processes in species rich forests. Ecology, 97(2): 347–360.

Wang X, Wiegand T, Swenson N G, et al. 2015. Mechanisms underlying local functional and phylogenetic beta diversity in two temperate forests. Ecology, 96(4): 1062–1073.

Wang Z F, Lian J Y, Ye W H, et al. 2014. The spatial genetic pattern of castanopsis Chinensis in a large forest plot with complex topography. Forest Ecology and Management, 318: 318–325.

Warren–Thomas E, Zou Y, Dong L, et al. 2014. Ground beetle assemblages in Beijing's new mountain forests. Forest Ecology and Management, 334: 369–376.

Whittaker R J, Willis K J, Field R. 2001. Scale and species richness: Towards a general, hierarchical theory of species diversity. Journal of Biogeography, 28(4): 453–470.

Wu H, Franklin S B, Liu J, et al. 2017. Relative importance of density dependence and topography on tree mortality in a subtropical mountain forest. Forest Ecology and Management, 384: 169–179.

Wu J, Swenson N G, Brown C, et al. 2016. How does habitat filtering affect the detection of conspecific and phylogenetic density dependence? Ecology, 97(5): 1182–1193.

Xu J C. 2011. China's new forests aren't as green as they seem. Nature, 477(7365): 370.

Yang J, Swenson N G, Zhang G C, et al. 2015. Local–scale partitioning of functional and phylogenetic beta diversity in a tropical tree assemblage. Scientific Reports, 5: 12731.

Yang X F, Bauhus J, Both S, et al. 2013. Establishment success in a forest biodiversity and ecosystem functioning experiment in subtropical China (BEF–China). European Journal of Forest Research, 132(4): 593–606.

Youn C, Chandra S, Fegraus E H, et al. 2011. Team network: Building web-based data access and analysis environments for ecosystem services. Proceedings of the International Conference on Computational Science, 4: 146–155.

Yuan Z Q, Gazol A, Lin F, et al. 2013. Soil organic carbon in an old-growth temperate forest: Spatial pattern, determinants and bias in its quantification. Geoderma, 195: 48–55.

Yuan Z Q, Gazol A, Wang X, et al. 2011. Scale specific determinants of tree diversity in an old growth temperate forest in China. Basic and Applied Ecology, 12(6): 488–495.

Zahawi R A, Dandois J P, Holl K D, et al. 2015. Using lightweight unmanned aerial vehicles to monitor tropical forest recovery. Biological Conservation.186: 287–295.

Zhang J, Hao Z, Sun I F, et al. 2009. Density dependence on tree survival in an old-growth temperate forest in Northeastern China. Annals of Forest Science, 66(2): 204.

Zhang L W, Mi X C, Shao H B, et al. 2011. Strong plant-soil associations in a heterogeneous subtropical broad-leaved forest. Plant and Soil, 347(1–2): 211–220.

Zhang Y X, Song C H. 2006. Impacts of afforestation, deforestation, and reforestation on forest cover in China from 1949 to 2003. Journal of Forestry, 104(7): 383–387.

Zhu Y, Mi X C, Ren H B, et al. 2010. Density dependence is prevalent in a heterogeneous subtropical forest. Oikos, 119(1): 109–119.

# 第 10 章　中国淡水生态系统变化特征*

全世界水总量中只有 2.6% 为淡水。人类可利用的淡水主要来自湖泊、河流、湿地等，仅占全球淡水储量的 0.3%（Kalff, 2011）。我国淡水资源分布并不均匀，北方淡水资源只有南方的 1/4，在全国总径流量中，长江流域高达 37.7%，珠江流域占 13%。淡水水体包括河流、湖泊、溪流、池塘、湿地等多种类型，也可以根据水体的流动性区分为静水水体（still water）和流动水体（flowing water）。流动水体包含从仅有几厘米的溪流到数千米宽的大江大河，流速以及泥沙含量也是千差万别。

水体中的生物组分（如植物、动物和微生物）和非生物环境（如物理因子、化学因子等）构成复杂的生态系统，为人类社会的生存提供着各种各样的支撑。河流与湖泊在性质（特别是物理性质）上的差异使得两个生态系统在结构上存在很大差异，但由于河湖（甚至还包括海洋）之间的水文联系，它们有时又构成了一些动物完成生活史所不容割裂的完整空间，如河湖洄游、海河洄游等生活特性。大型河流的上、中、下游因为流速等的差异都栖息着十分不同的生物群落，一些鱼类（如鰋鮡类）在形态结构上特化以适应激流环境。淡水生态系统既是历史演化的产物，又在气候波动的叠加下承受着一系列人类活动（如闸坝建设、捕捞、污染等）不同程度的影响或改造。

## 10.1　中国的河流与湖泊概况

我国河流、湖泊众多，这些河流、湖泊不仅是中国地理环境的重要组成部分，而且还蕴藏着丰富的自然资源。我国是世界上河流最多的国家之一，其中，流域面积超过 1000 $km^2$ 的河流就有 1500 多条。我国湖泊众多，共有湖泊 24800 多个，其中，面积在 1 $km^2$ 以上的天然湖泊就有 2600 多个。湖泊数量虽然很多，但在地区分布上很不均匀。总的来说，东部季风区，特别是长江中下游地区，分布着中国最大的淡水湖群；西部以青藏高原湖泊较为集中，多为内陆咸水湖。

### 10.1.1　河流

在内陆断流的河流叫做内流河，其所在的区域称为内流区，而直接或间接流入海洋的河流叫外流河，其所在的区域称为外流区（王苏民和窦鸿身，1998）。我国的内流河主要分布于西北干旱、半干区。我国外流河主要分布于东南部的湿润、半湿润区，占国土面积的 2/3，占全国总径流量的 95% 以上。长江、黄河、黑龙江、珠江、辽河、海河、淮河等向东流入太平洋，雅鲁藏布江向东

* 本章作者为中国科学院水生生物研究所东湖湖泊生态系统试验站谢平。

流出国境再向南注入印度洋，额尔齐斯河向北流出国境注入北冰洋。塔里木河是我国最长的内流河（2179 km），长江是我国最长的外流河（6300 km）。

### 10.1.2 湖泊

湖泊按成因可分为河成湖（如鄱阳湖、洞庭湖等）、构造湖（如滇池、洱海、抚仙湖等）、火山口湖（如长白山天池）、堰塞湖（如五大连池、镜泊湖等）、岩溶湖（如贵州威宁的草海）、冰川湖（如新疆阜康天池）、风成湖（如敦煌附近的月牙湖）、泻湖（如杭州西湖）等（金相灿等，1995）。有些湖泊的成因并不容易确定，如针对太湖的起源，有潟湖说、构造说、气象说、风暴流说、河流淤塞说、火山喷爆说以及陨击说等。

湖泊还可根据湖水矿化度区分为淡水湖（矿化度≤ 1 $g \cdot L^{-1}$）、微（半）咸水湖（1 $g \cdot L^{-1}$< 矿化度 <35 $g \cdot L^{-1}$）、咸水湖（1 $g \cdot L^{-1}$ ≤矿化度 <50 $g \cdot L^{-1}$）、盐湖或卤水湖（矿化度≥ 50 $g \cdot L^{-1}$）、干盐湖（无湖表卤水，有湖表盐类沉积）以及砂下湖（湖表被砂或黏土粉砂覆盖的盐湖）。如果蒸发量超过补给量，来自流域的盐分就会逐渐累积，湖水不断浓缩而形成盐湖。因此，盐湖主要分布于内流区，如青藏高原和蒙新高原的山间盆地或闭流洼地等。盐湖可区分为碳酸盐型、硫酸盐型、氯化物型等类型。

据统计，我国大于 1 $km^2$ 的湖泊有 2600 多个，淡水储量超过 2300 亿 $m^3$，全国城镇饮用水水源约 50% 源于湖泊（王圣瑞等，2016）。我国湖泊的分布并不均匀（Ma et al.，2011），在全国湖区面积的占比中，青藏高原湖区（51.4%）> 东部平原湖区（25.9%）> 蒙新高原湖区（15.4%）> 东北平原与山地湖区（5.8%）> 云贵高原湖区（1.5%），青藏高原湖区和蒙新高原湖区基本属于内流区，而东部平原湖区、云贵高原湖区、东北平原与山地湖区属于外流区（杨桂山等，2010）。

## 10.2 淡水生态系统变化特征

任何水体，无论是河流还是湖泊，都不是一成不变的，有新生也有消亡，有扩张也有萎缩，有些是人类活动导致的，有些是气候变化的结果，还有一些是地质过程的产物，等等。所有的湖泊都会接受陆源性物质的输入，如果没有扩张过程，一个湖泊将会越来越浅，经过湿地阶段，最终演变成陆地生态系统。小的浅水湖泊可能在数百年就会消失，而一些大的深水湖泊可能会持续数百万年。譬如，位于非洲中部的坦噶尼喀湖深大约 1500 m，沉积速率约为 0.5 mm · 年 $^{-1}$，如果维持这样的速率，该湖的寿命可达 300 万年（Moss，1998）。

（1）有些区域湖泊面积增加，有些区域湖泊面积萎缩

近几十年以来，全国新生了 60 个面积在 1 $km^2$ 以上的湖泊，集中在青藏高原和蒙新高原湖区，主要位于冰川末梢、山间洼地、河谷湿地。但同时有 243 个面积在 1 $km^2$ 以上的湖泊消失了，其中因围垦而消失的湖泊有 102 个，均分布在东部平原湖区，而因自然或人为影响干涸的湖泊有 97 个，主要分布在蒙新高原湖区（杨桂山等，2010）。

闫立娟等（2016）的研究表明，在过去的 40 年间，青藏高原湖泊个数和面积均呈增加的趋势，大于 0.5 $km^2$ 的湖泊总面积：① 20 世纪 70—90 年代增加了 13.2%；② 从 20 世纪 90 年代至

2000 年前后增加了 4.8%；③ 从 2000 年前后至 2010 年前后增加了 13.04%。因为青藏高原气候出现了由暖干向暖湿的转变，表现为气温升高、降水量增加以及蒸发量减少。

（2）人类活动对长江中下游湖泊的规模及江湖关系影响巨大

20 世纪 40 年代末，长江中下游湖泊总面积约为 35123 km$^2$，到 20 世纪 80 年代初只剩下 23123 km$^2$，消失了 12000 km$^2$，降幅达 34.2%（杨锡臣等，1982）。最近的研究认为，这一数字更大，即 1949 年以来，长江中下游湖泊面积减少了 64%（图 10.1）。洞庭湖在清代前期面积为 900 万亩[①]，现只有 423 万亩，新中国成立以来，共围垦面积达 237.2 万亩（唐家汉和钱名全，1979），而洞庭湖区的降水量并未出现明显的增加或减少趋势（图 10.2）。长江中下游湖泊的消失或萎缩主要是由围垦引起的。

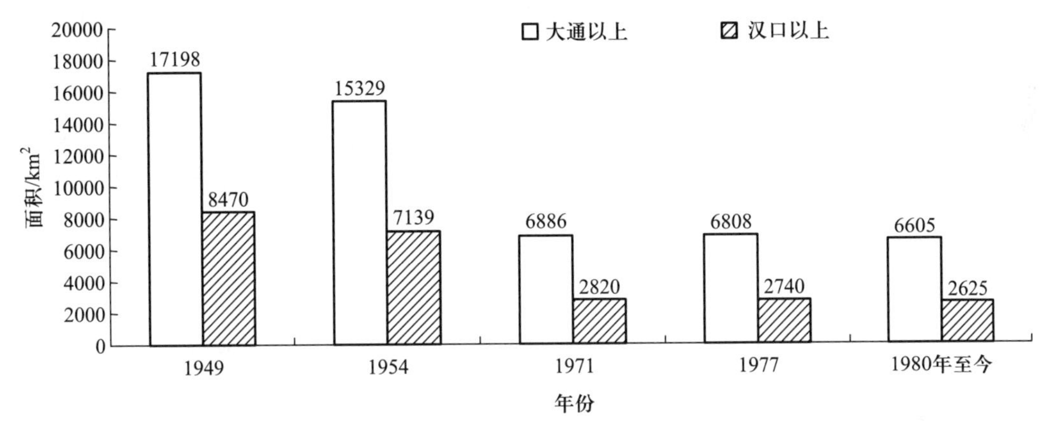


图 10.1　长江中游地区 1949 年以来湖泊面积变化（杨桂山等，2010）

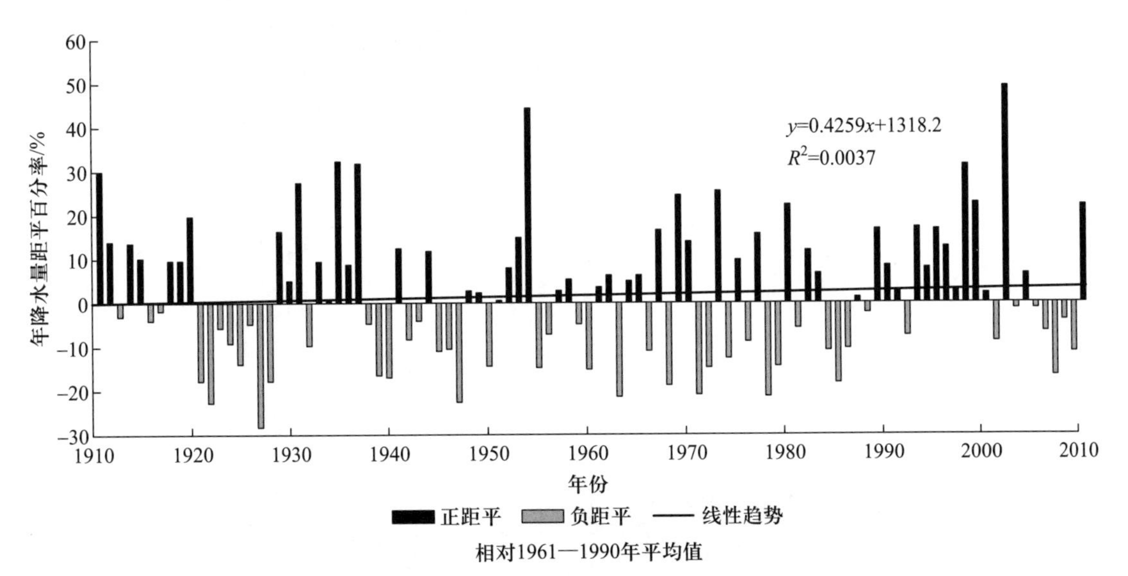


图 10.2　1910—2010 年洞庭湖区年降水量距平百分率序列（彭嘉栋等，2015）

① 1 亩 ≈ 666.67 m$^2$。

为了控制洪水,人类修建了大量水利工程,譬如,在长江及其大湖的修堤活动已持续了2000多年,现在大部分堤防的基础均源自古代(陈进,2012)。新中国成立之后,治水治江进入了一个新的历史时期:1950—1970年,长江中下游沿江大建闸节制,除鄱阳湖和洞庭湖外,绝大多数湖泊失去了与长江的自然联系(常剑波和曹文宣,1999)。

(3)阻隔型湖泊中的渔产量大幅上升

水生动物是水体中的消费者(comsumer),种类繁多,包括底栖的无脊椎动物(软体动物、寡毛类、水生昆虫等)、浮游动物(枝角类、桡足类、轮虫、原生动物等)和鱼类等。很多软体动物(螺、蚌)、甲壳动物(虾、蟹)和鱼类等都是人类重要的动物蛋白,其捕获量称为渔产量,有天然产量和养殖产量之分。

如果在河湖之间修建堤坝,就会切断两者之间的自然联系,称为江湖阻隔,这样的湖泊称为阻隔型湖泊,而保持与河流自然联系的湖泊称为通江湖泊。在一些被阻隔的中、小型湖泊中,普遍进行了鱼类或其他水生动物的人工养殖,渔产量成倍增长,这满足了人们对动物蛋白的需求。但这样的人类活动往往会导致鱼类群落多样性的下降。譬如,自20世纪70年代后,武汉东湖人工放养的鲢鳙占总渔产量的90%以上(图10.3),由于水体不断富营养化,鱼类养殖产量大幅上升,而其他洄游和半洄游性鱼类逐渐绝迹。

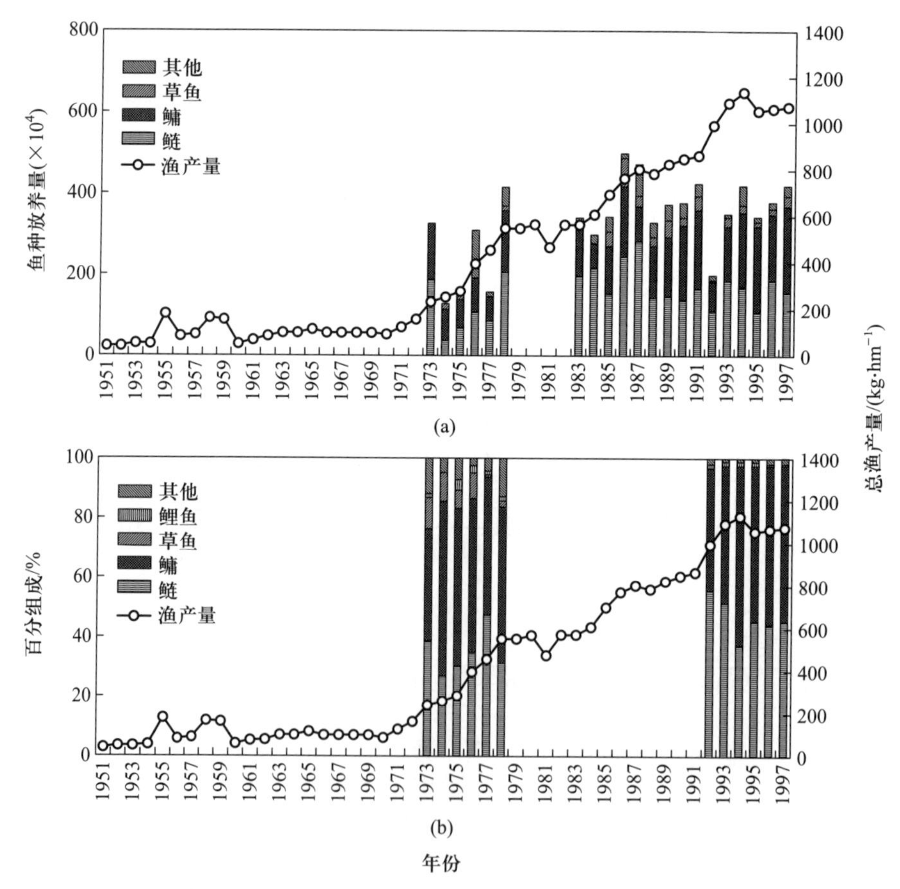


图10.3　武汉东湖年均渔产量和鱼种投放数量(a)和渔产量的组成(b)(谢平,2003)

在像太湖和巢湖这样的大型湖泊中，虽然难以进行人工放养，但在过去的半个多世纪以来，由于水体富营养化导致初级生产力不断上升，也推动了渔产量的大幅上升。另一方面，在江湖阻隔效应的叠加下，鱼类群落结构出现了巨大变化。

在安徽巢湖，20 世纪 80 年代渔产量开始大幅攀升（图 10.4），主要是由于小型鱼类（湖鲚、银鱼）的增加所致，而较大型的翘嘴鲌、鲤等增长缓慢。1952 年，江湖洄游的鲢、鳙（大型鱼类）曾占到鱼类总产量的 38.3%，1982 年下降到 6.1%，2002 年进一步下降到 2.6%（过龙根等，2007）。1962 年巢湖闸的修建导致了江湖洄游鱼类在巢湖中的迅速衰退，而富营养化为定居型食浮游生物鱼类资源量的增加奠定了基础。江湖洄游的食浮游生物鱼类——鲢、鳙的衰退也为湖鲚和银鱼腾出了生态位。

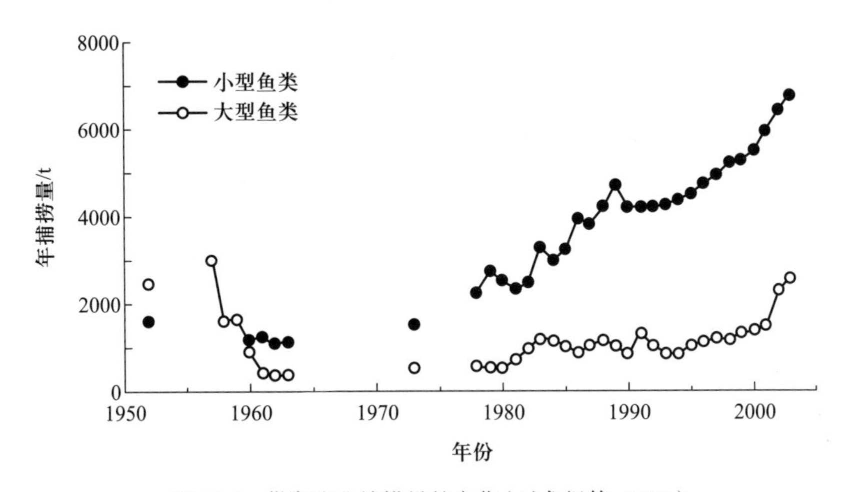


图 10.4 巢湖渔业捕捞量的变化（过龙根等，2007）

在太湖，渔产量在 1952—2006 年增加了 9 倍多，尤其是 20 世纪 90 年代中期开始增长速度很快（图 10.5）。湖鲚在渔获物中的比例从 1952 年的 15.8% 上升到 2006 年 60.2%；与 1952 年

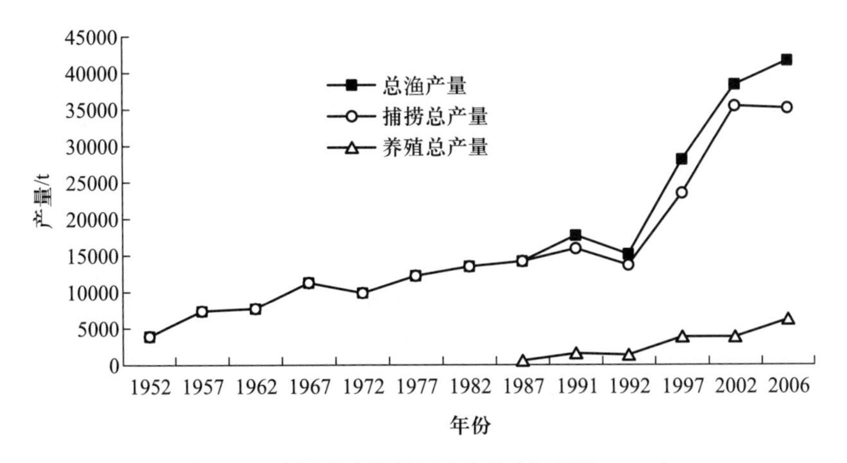


图 10.5 太湖渔产量的历史变化（何俊等，2009）

相比，在2006年的渔获物中，鲢、鳙、鲌、鲤、鲫、青鱼、草鱼和其他鱼类在渔获物中的比例分别下降了53%、85%、51%、7%和45%。1984年开始，太湖（主要是东太湖）开始出现网围养殖，主要是养殖草鱼、鳊和鲤等；1991年开始养蟹，之后蟹产量不断增加（何俊等，2009）。很明显，太湖中江湖洄游鱼类的资源量大幅衰退，而以浮游动物为食的定居型鱼类——湖鲚的资源量则大幅攀升，这与富营养化带来的浮游生物的繁荣相吻合。

（4）河流干支流上水坝林立

水可转化为电能，这通过一种称之为水电站的综合工程设施来实现，为此，需拦河筑坝，但这样就将河流的连续性改变了。据2015年的统计，水电占全球电能的16.6%，占到再生能源的70%。水电利弊兼具，对很多鱼类（如洄游性中华鲟）形成了一道道无法跨越的天堑。

长江上游的河流系统已被1万多座水库片段化，干支流上水坝林立。据截至2005年的统计，在三峡以上的长江上游地区，修建的水库多达12996个（不含三峡水库），总库容为414.5亿$m^3$，其中，大型水库28个，占总库容的66.5%；中型水库251个，占总库容的15.0%；小型水库约12715个，占总库容的18.5%。流域内的中、小型水库大多修建于20世纪60—80年代，而20世纪90年代以来，长江上游所建的水库以大、中型为主（李海彬等，2011）。

（5）干流渔业资源的衰竭

近半个世纪以来，长江干流的渔业资源大幅衰竭：从1954年的43万t，下降到2011年的8万t，降幅超过80%（图10.6）。虽然沿江湖泊的渔产量并不低，却难以进入干流，导致长江中以鱼为生的淡水豚类的生存面临很大的威胁——白鱀豚已经功能性灭绝，江豚也危在旦夕。虽然酷渔滥捕也加速了长江渔业资源的衰退，但江湖阻隔可能起到了决定性作用（谢平，2017a）。而目前依然与长江保持连通状态的二大淡水湖泊——洞庭湖和鄱阳湖对长江生态系统的维持就更加重要了，如果在两湖建闸，其生态后果将难以预料（谢平，2017b）。

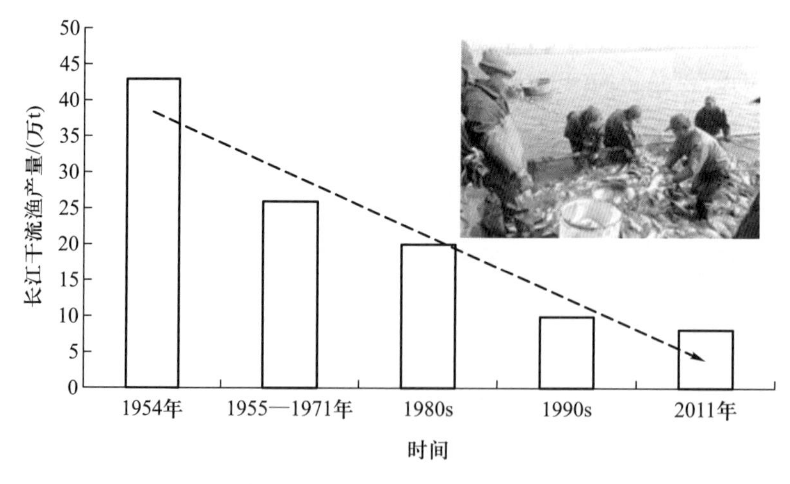


图10.6　长江干流渔产量的变化

# 10.3 淡水生物多样性特征及变化

## 10.3.1 水生动物的濒危现状

豚类体型大,活动空间广阔,因此主要生活在海洋中,只有为数不多的豚进入大的江河中生活,成为珍贵的孑遗物种。在长江的淡水环境中生活有 2 种水生哺乳动物——白鱀豚(图 10.7)和长江江豚(图 10.8),它们可能是在中新世中期偶然地适应了河流栖息地环境而幸运地保存下来的孑遗物种(Cassens et al., 2000)。

图 10.7 在中国科学院水生生物研究所饲养了 23 年的白鱀豚——"淇淇"
(图片来源:中国科学院水生生物研究所)

图 10.8 在鄱阳湖中捕食鱼类的江豚(余会功拍摄于 2014 年)

白鱀豚是全世界已知的 5 种淡水豚之一,在长江中的种群数量可能曾经超过 5000 头,1980 年仅有 400 头左右,20 世纪末不足 50 头,2006 年之后再没有发现任何个体,被认为已经功能性灭绝。1984—1991 年,长江中下游江豚种群数量约为 2700 头,2006 年降到 1800 头左右,而

2012年进一步下降到约1040头。长江中游的两个大型湖泊——鄱阳湖和洞庭湖亦是江豚的重要觅食之地，那里饵料鱼类丰富，而长江干流的食物稀少，因此，如果在两湖建闸，将会给江豚带来毁灭性打击（谢平，2017a）。长江江豚于2013年被列入世界自然保护联盟（IUCN）红色名录极危物种，2017年被列为一级国家保护动物。

在我国1443种内陆鱼类中，灭绝3种、区域灭绝1种、极危65种、濒危101种、易危129种、近危101种、无危454种，数据缺乏589种（曹亮等，2016）。长江流域共记录鱼类400余种，其中淡水鱼类约348种。长江上游干、支流及湖泊的鱼类有280余种，其中124种局限分布于长江上游或者必须依靠上游的生态环境完成生活史（重庆市农业委员会，2008）。

长江上游受威胁物种数达79种，位居全国各大河流之首，长江中下游的受威胁物种也有28种，主要胁迫因素为河流筑坝、生境退化或丧失、酷渔滥捕和引进外来种等（曹亮等，2016）。在长江流域，被列入国务院批准颁布的《国家重点保护野生动物名录》的鱼类有9种——中华鲟、白鲟、达氏鲟、胭脂鱼、川陕哲罗鲑、滇池金线鲃、秦岭细鳞鲑、花鳗鲡和松江鲈鱼，其中，中华鲟、白鲟和达氏鲟为国家一级保护动物（常剑波等，2013）。事实上，白鲟（图10.9）可能已经灭绝，对中华鲟（图10.10）也已无回天之力。

图10.9　世界上最长的淡水鱼——白鲟（黄宏金等，1982）

图10.10　体型巨大的中华鲟（黄宏金等，1982）

### 10.3.2 水生植被的退化

水生高等植物也区分为沉水植物、浮叶植物、挺水植物和漂浮植物等类型。在沿岸带，还有一些能适应季节性淹没的湿生植物。沉水植物也有水下森林之称，维持着湖泊的清水稳态，被认为是生态健康的象征。沉水植物扎根于底泥之中，因此，在深水湖泊（如云贵高原的抚仙湖）中由于光照限制的原因，它们只能在较浅的沿岸带分布，而在长江中下游未受污染的湖泊中，只要光照条件允许，它们的分布就不会受到限制。但如果 N、P 大量富集的话，可使浮游藻类疯长，透明度降低，最终导致沉水植物的衰退甚至消失。当然，食草动物（如草鱼）的过度养殖也会使沉水植物锐减。

20 世纪 70 年代，武汉东湖的水生植物迅速衰退，至今都还未恢复：1962—1963 年，全湖植被面积为 23.78 $km^2$，占全湖面积的 83%（陈洪达和何楚华，1975）；1991—1993 年，全湖植被面积下降到 0.8 $km^2$（邱东茹等，1997），2001 年下降到 0.2 $km^2$（吴振斌等，2003），2014 年下降到 0.13 $km^2$（钟爱文等，2017）。导致 20 世纪 70 年代水生植物快速衰退的原因有：富营养化与食草鱼类的放养，之后蓝藻水华连年暴发，一直持续到 80 年代中期（谢平，2003）。

在过去的半个多世纪，安徽巢湖水生植物经历了从繁盛到衰退的过程：1931 年前，巢湖水生植物的覆盖率达到 30%，50 年代初，水生植物覆盖率下降到 10% ~ 20%，70 年代末仅为 0.14%，2007 年的调查表明约为 1%。富营养化使水中浮游植物大量生长，水体透明度降低，从而导致了扎根底泥的沉水植物群落的衰退。巢湖正常水文年平均水深 3 m 左右，最大水深约 7 m，而近 30 年来，巢湖的年平均透明不超过 0.5 m，多数在 0.4 m 以下，因此，沉水植物生长的光照条件难以满足（谢平，2009）。

在云南滇池，20 世纪 50—60 年代水生植物十分繁盛，覆盖率曾达 90%，以清水型的海菜花和轮藻占优势，而到了 20 世纪 70—80 年代就完全衰落了，覆盖率仅有约 2%，海菜花、马来眼子菜、轮藻等难觅踪影（李根保等，2014）。日益严重的水体富营养化以及低的透明度可能是导致滇池水生植被衰退的主要原因。滇池的水生植被迄今都未能恢复。

云南洱海也经历了水生植被的衰退过程（图 10.11）：洱海曾经的水生植被覆盖度超过 40%，在经历了一段剧烈的波动之后，下降到了较低的水平，水生植被从多种优势植物竞争相持的状态转变到了单优势群落的状态（符辉等，2013）。

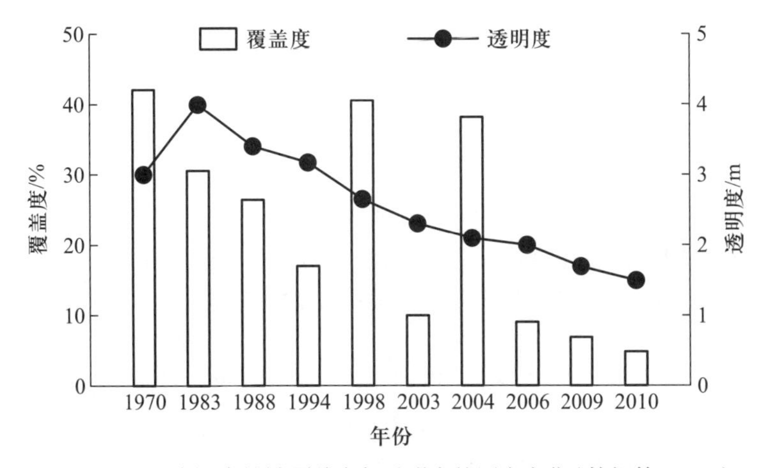


图 10.11 洱海沉水植被覆盖度与透明度的历史变化（符辉等，2013）

但是，水体的富营养化并不一定导致水生植物的衰退，还取决于水深及其相应的光照条件。以太湖为例，20世纪50年代以来，东太湖一直都是太湖水生植物的主要分布区，在过去的近半个世纪中，水生植物覆盖率的变化并不大。自20世纪80年代初以来，随着太湖整体的总氮（TN）和总磷（TP）不断提升，东太湖的水生植物还呈现了一定的上升趋势。东太湖及太湖东部湖湾水较浅，多在1~1.5 m。太湖水深1 m以内的湖面占太湖总面积的19.3%，主要分布在东太湖（黄漪平等，2001），与通过卫星遥感图所估算的太湖水生植物的分布面积（21%）接近（张寿选等，2008）。

## 10.4　湖泊水环境质量变化与生态灾害

陆地上的养分及各种污染物通过雨水进入河湖或地下水，包括未经处理的生活污水、尾水或农业面源（肥料）等，可引发生态灾害，并通过被污染的饮水或水产品危及人类健康。

### 10.4.1　富营养化

与陆地生态系统不同，水中氮、磷富集引起称为富营养化（eutrophication）的现象（表10.1），影响饮用水安全。2008—2010年对我国145个湖泊的水质调查数据表明，贫营养湖泊占5.7%，中营养湖泊占50.6%，轻度富营养湖泊占28.7%，中度富营养湖泊占13.8%，重度富营养湖泊占1.2%（曹金玲等，2012b）。

**表10.1　水体富营养化标准**

| 等级 | 总磷/($mg \cdot L^{-1}$) | 总氮/($mg \cdot L^{-1}$) | 叶绿素/($\mu g \cdot L^{-1}$) | 透明度/m |
|---|---|---|---|---|
| 贫营养化 | <0.015 | <0.4 | <3 | >4.0 |
| 中营养化 | 0.015~0.025 | 0.4~0.6 | 3~7 | 2.5~4.0 |
| 富营养化 | 0.025~0.1 | 0.6~1.5 | 7~40 | 1.0~2.5 |
| 超富营养化 | >0.1 | >1.5 | >40 | <1.0 |

叶绿素a（Chl-a）是度量水体中的初级生产者——浮游植物生物量的重要指标，也是水体富营养化等级划分的指标之一，与水中的营养盐——总氮（TN）和总磷（TP）密切相关（图10.12和图10.13），但这种关系在不同的地理区域差异很大。总的来说，双对数转换后直线回归的斜率（正值）越大，表明叶绿素a对营养盐的响应越灵敏。当然，采样点的数量也会对这种回归关系产生一定影响。个别地区（东北平原—山地）叶绿素a和TN之间甚至呈现出微弱的负相关关系。

在过去的半个世纪，三湖（太湖、巢湖、滇池）的富营养化及其生态后果有目共睹。昆明滇池TP和TN的上升可谓触目惊心，幅度超过10倍（图10.14），导致蓝藻水华连年暴发。由于云贵高原阳光充足，四季温暖，在滇池中的蓝藻水华终年持续。

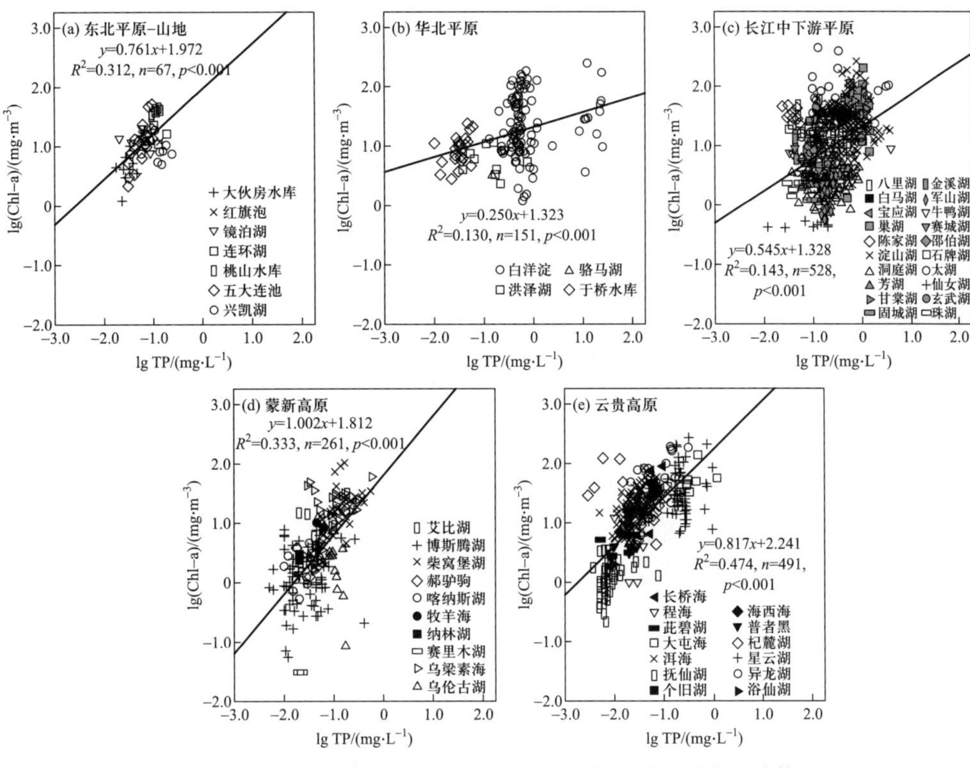


图 10.12 不同地理区域湖泊中叶绿素 a 与 TP 之间的关系（曹金玲等，2012b）

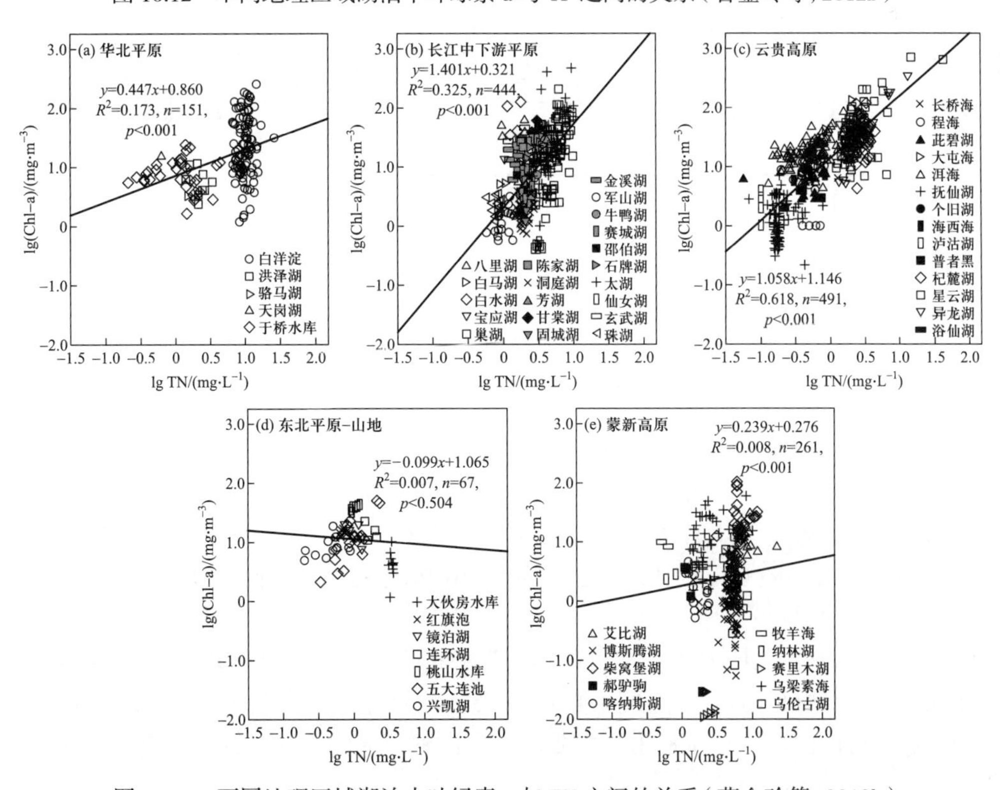


图 10.13 不同地理区域湖泊中叶绿素 a 与 TN 之间的关系（曹金玲等，2012b）

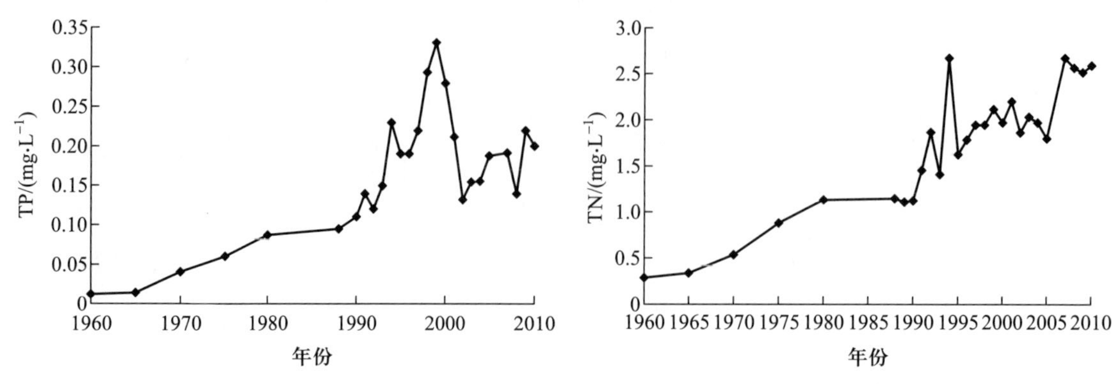


图 10.14 滇池外海 TP 和 TN 浓度的历史变化(李根保等,2014)

太湖也经历了严重的富营养化过程。1981 年,TN 不到 1.0 mg·L$^{-1}$,TP 约为 0.02 mg·L$^{-1}$。之后 TN 和 TP 均快速上升,至 1996 年达到峰值,高值一直维持了约 10 年,之后逐步下降(图 10.15),但 2007 年却发生了重大饮用水污染事件。

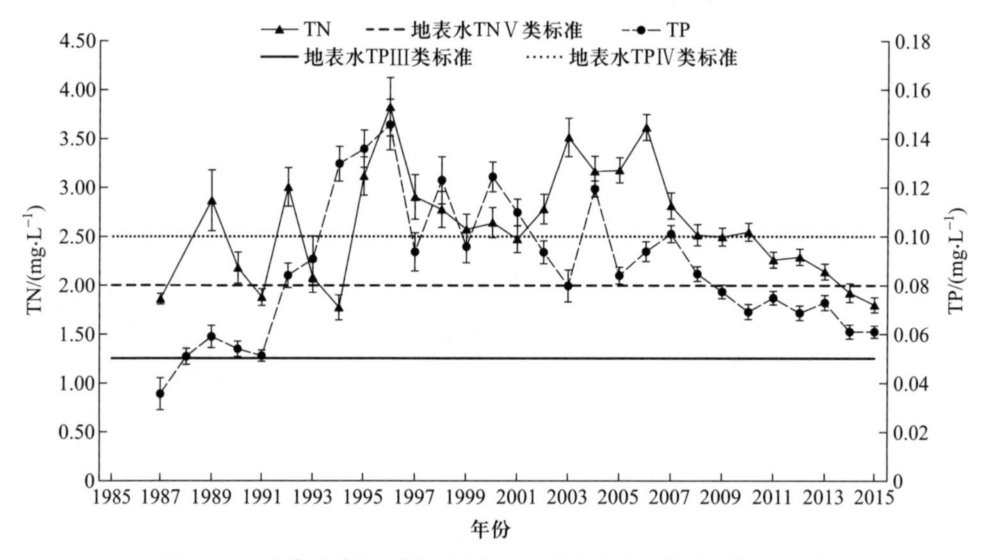


图 10.15 太湖全湖氮、磷浓度近 30 年变化趋势(戴秀丽等,2016)

中国两个最大的淡水湖——鄱阳湖和洞庭湖的形式亦不容乐观,譬如,在过去的 30 年间,洞庭湖的 TN 浓度将近翻了一番,虽然 TP 的上升较为缓慢(图 10.16)。

云贵高原湖泊也普遍发生着富营养化。譬如,洱海水体 TN 含量在 1992 年仅有 0.2 mg·L$^{-1}$,而 2006 年上升到 0.7 mg·L$^{-1}$,TP 从 1992 年的约 0.012 mg·L$^{-1}$,上升到 2003 年的 0.035 mg·L$^{-1}$(图 10.17)。

不仅湖泊普遍富营养化,且大型河流的污染形势也十分严峻,污染程度呈现从南到北递增的趋势(图 10.18)。湖泊和河流的水质标准并不一致,譬如,按 TP 来判定的话,Ⅴ类水的标准为:湖泊 >0.2 mg·L$^{-1}$,而河流 >0.4 mg·L$^{-1}$,主要可能考虑到河流的流动性,因此,制定的标准相对宽松一些。

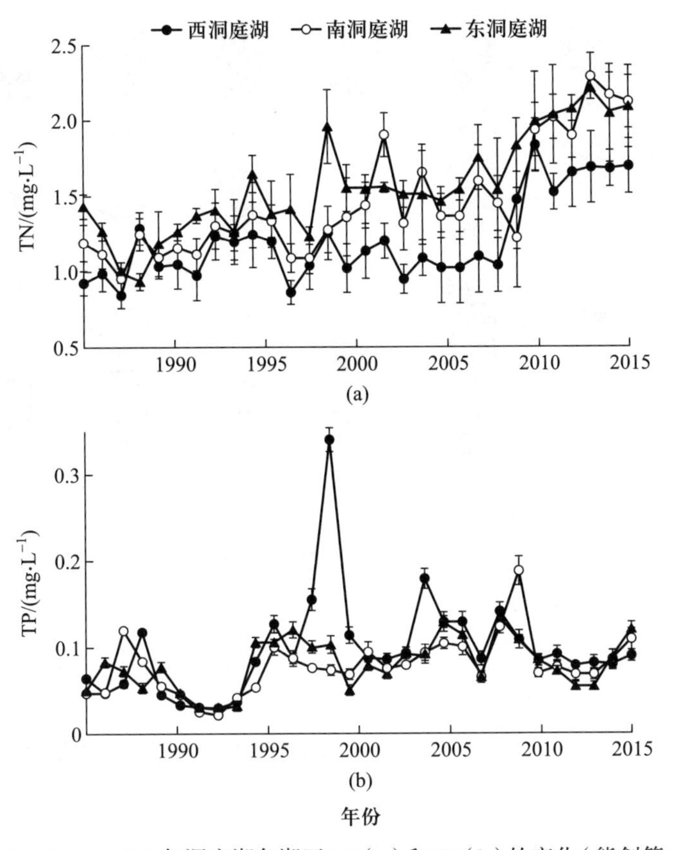


图 10.16 1986—2015 年洞庭湖各湖区 TN（a）和 TP（b）的变化（熊剑等，2016）

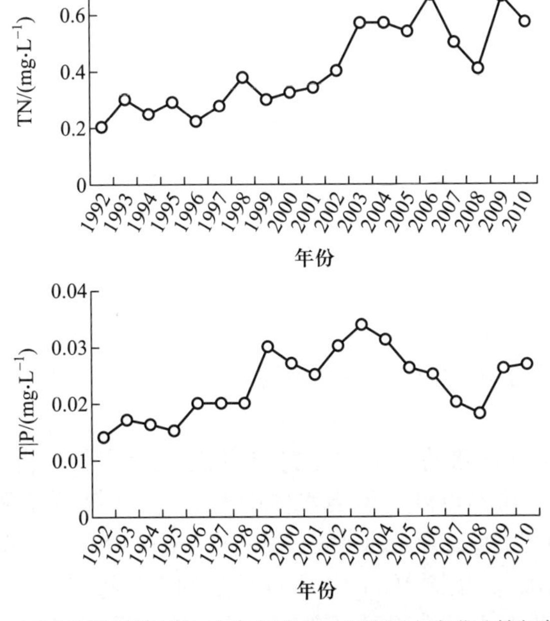


图 10.17 云南洱海总氮（TN）和总磷（TP）的历史变化（符辉等，2013）

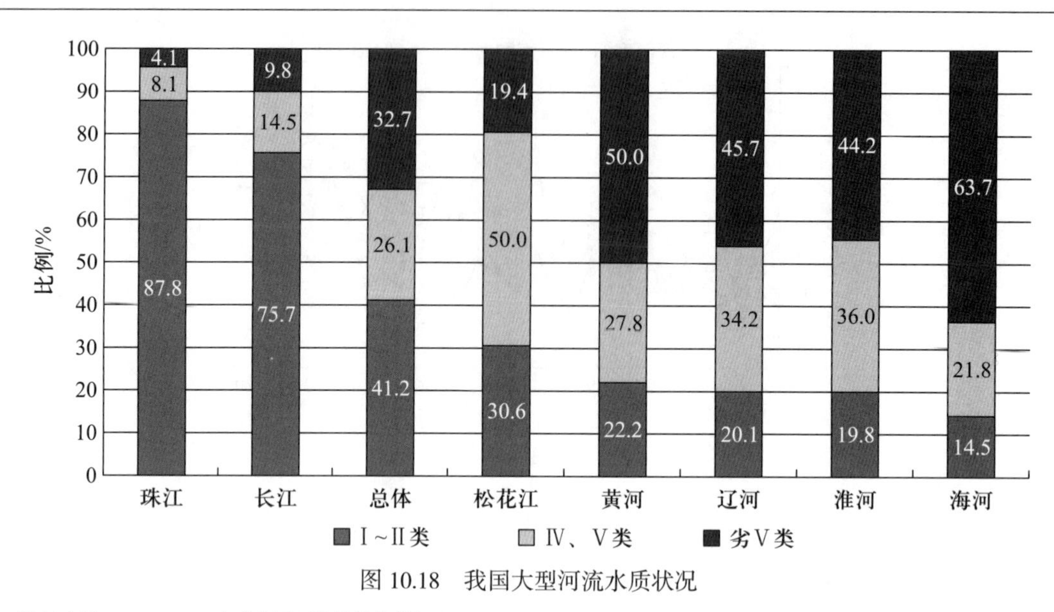


图 10.18 我国大型河流水质状况

资料来源：2005—2014年《中国环境状况公报》。

有些水体，特别是在城市建成区内，呈现出令人不悦的颜色和（或）散发出令人不适的气味，称为黑臭水体，其划分标准如表10.2所示。根据住房和城乡建设部会同环保、水利、农业等部门截至2016年2月16日的排查，我国2/3的城市存在黑臭水体，其中南方约占2/3，城市黑臭水体中，河流占86%，全国城市黑臭河流多达1596条。

**表 10.2 城市黑臭水体污染程度分级标准**

| 特征指标 | 轻度黑臭 | 重度黑臭 |
|---|---|---|
| 透明度 /cm | 25 ~ 10* | <10* |
| 溶解氧 /( $mg \cdot L^{-1}$ ) | 0.2 ~ 2.0 | <0.2 |
| 氧化还原电位 /mV | −200 ~ 50 | <−200 |
| 氨氮 /( $mg \cdot L^{-1}$ ) | 8.0 ~ 15 | >15 |

注：* 表示水深不足 25 cm 时，该指标按水深的 40% 取值。

## 10.4.2 蓝藻水华

水体的初级生产者（primary producer）除了水生维管束植物之外，还有微小的藻类（原核和真核），一些藻类可漂浮于水中，称为浮游植物，另一些可附着在基质上，称为附着藻类或底栖藻类。

蓝藻本来也是浮游植物群落的一个常见类群，在进化上它是最古老的光合产氧生物，在地球早期氧化环境的形成中功不可没。但当水体中养分过多时，微囊藻（图10.19）、鱼腥藻、束丝藻、颤藻等往往呈暴发性增长，形成所谓的“水华”（water bloom）现象。很多水华蓝藻（如微囊藻、鱼腥藻、念珠藻、颤藻、项圈藻）产生毒性很强的生物毒素——微囊藻毒素，危害人类健康（Chen et al., 2009）。蓝藻大量堆积时可产生大量异味物质，危及供水安全（谢平，2008）。

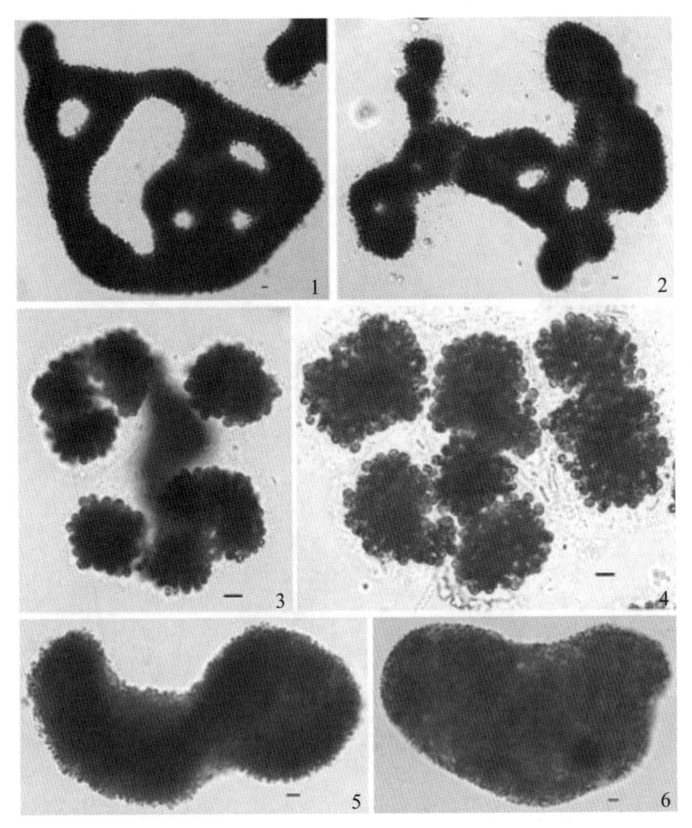

图 10.19 一些形成水华的微囊藻——1，2 铜绿微囊藻（*Mictocystis aeruginosa*），3，4 放射微囊藻（*M. botrys*），5，6 坚实微囊藻（*M. firma*）（虞功亮等，2007）

我国的三大湖泊——滇池、太湖和巢湖的蓝藻水华问题就十分严重，已肆虐了几十年，依然未见控制住的迹象，其中的大部分水厂已被关停。太湖蓝藻经历了一个逐步发展的过程，2000 年以来日益严重，2006 年最大面积达到 1490 km，覆盖了太湖 60% 的湖面（Duan et al.，2015）。关于蓝藻水华的发生机制可谓众说纷纭：嗜热性（最适生长温度高），低光利用效率高，在高的 N、P 环境具有竞争优势，低 $CO_2$ 浓度时竞争力强，具有浮力调节机制，等等。但还没有一个可称得上是充分必要条件。

遗憾的是，即使是今天，太湖蓝藻水华的威胁并未比 10 年前有所缓解。全国各地水体的蓝藻旋风似乎有越演越烈之势（谢平，2015）。在云南洱海，蓝藻水华正在步入“常态化”，2013 年夏季，水华最盛时覆盖了近 80% 的湖面（图 10.20），从一只死在岸边水华中的野鸟体内还检测出了微囊藻毒素。去年盛夏，浙江的富春江延绵数十千米长的蓝藻水华（图 10.21）令人震惊。按现在的趋势发展下去，浙江千岛湖的失守也不会遥远，因为那里的养分和蓝藻也在不断聚集之中。

不同地理区域对 N、P 的承载能力是完全不同的。与长江流域的湖泊相比，洱海的 TN、TP 并不高，但在云贵高原，阳光充足，四季温暖，这样的 N、P 水平可使水华面积覆盖近 80% 的湖面。另一方面，如果在高寒地区，同样的营养水平，蓝藻水华的危害就要比长江流域轻得多。因此，全球气候变暖将会加重蓝藻水华的发生，饮用水的安全将面临更大的压力。

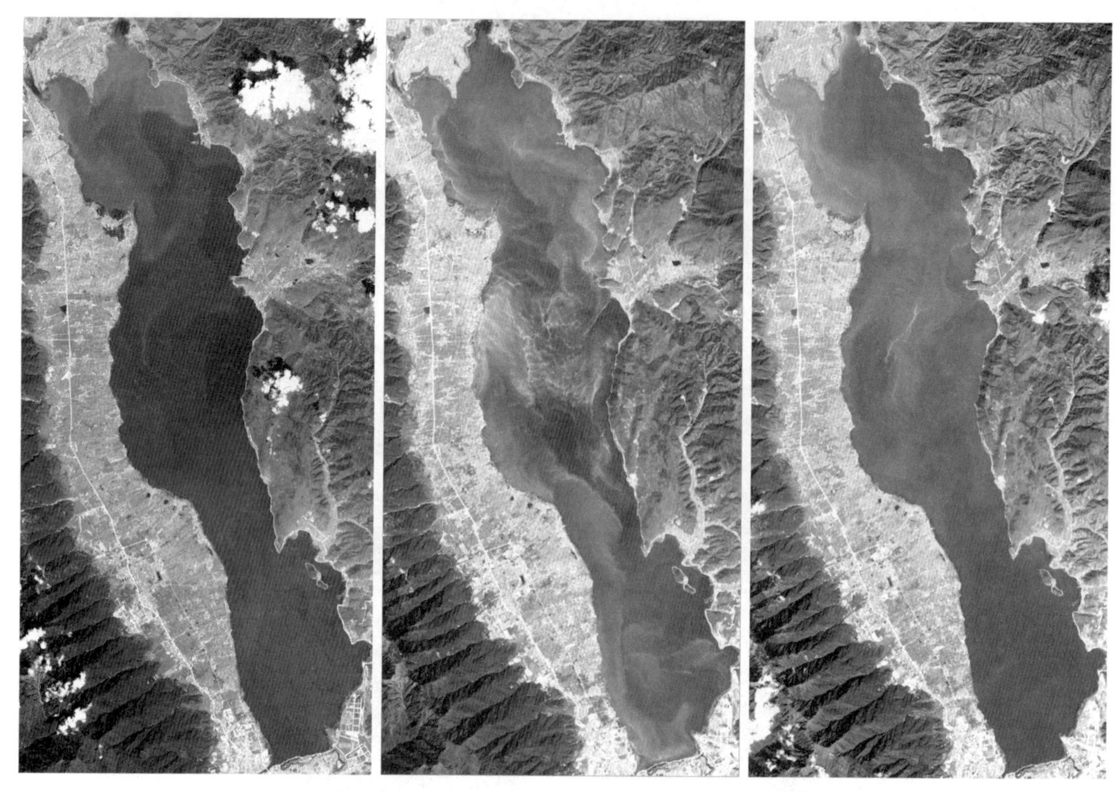

图10.20　云南洱海蓝藻水华的卫星遥感图(2013年)(由虞功亮博士和李仁辉教授提供)

鄱阳湖的蓝藻风险不容忽视(钱奎梅等,2016):① 在营养盐浓度较高且水流较缓的内湾及尾闾区,水华蓝藻生物量较高,目前,康山圩、撮箕湖、战备湖、军山湖以及都昌区域均有蓝藻群体聚集出现。② 鄱阳湖中水华蓝藻的分布面积及生物量有逐年增加的趋势(钱奎梅等,2016)。鄱阳湖水华蓝藻的优势种为鱼腥藻(*Anabaena* spp.)、微囊藻(*Microcystis* spp.)和浮游蓝丝藻(*Planktothrix* spp.)。

图10.21　浙江富春江的蓝藻水华(2016年8月)

洞庭湖的蓝藻水华风险亦不容忽视。据2008—2015年的调查,蓝藻数量开始迅速上升,主要是因为近年来大、小西湖保护区等东洞庭湖水域(湖湾区)蓝藻数量开始增多的缘故(熊剑等,2016)。遥感影像数据显示,大、小西湖水华持续时间较长,尤其在2003—2005年、2008年和2013年,基本常年都有水华存在(薛云等,2015)。

## 10.4.3　蓝藻水华引发的水污染事件

2007年夏季,因黑水团入侵南泉水厂的原水,发生了震惊中外的无锡水污染事件,当时南泉水厂取水口所在的贡湖湾堆积了大量的蓝藻水华(图10.22)。饮用水中强烈的异味持续了数天,导致无锡市 200 多万市民的饮用水被中断,产生了严重的社会影响。

水污染事件发生过程中主要环境指标的变化如下(图 10.23、图 10.24):① TN 于 5 月 27 日开始从不到 4 mg·L$^{-1}$ 开始急剧上升,次日接近 11 mg·L$^{-1}$,至 6 月 1 日在 8 ~ 10 mg·L$^{-1}$ 波动;② 铵态氮($NH_4^+$-N)亦是于 27 日开始从约 0.3 mg·L$^{-1}$ 急剧上升,31 日达到最高(5 mg·L$^{-1}$),6 月 2 日下降到约 0.6 mg·L$^{-1}$,后又出现一个小峰值(最高约 2.2 mg·L$^{-1}$),6 月 8 日才重新下降到 <0.5 mg·L$^{-1}$ 的水平;③ 溶解氧(DO)从 27 日的约 6 mg·L$^{-1}$ 急剧下降,次日接近 0 mg·L$^{-1}$,至 6 月 1 日在 0 mg·L$^{-1}$ 附近波动;后很快回升(谢平,2008)。

图 10.22 2007 年 5 月 31 日,无锡市贡湖水厂的工作人员在取水口附近水域打捞蓝藻

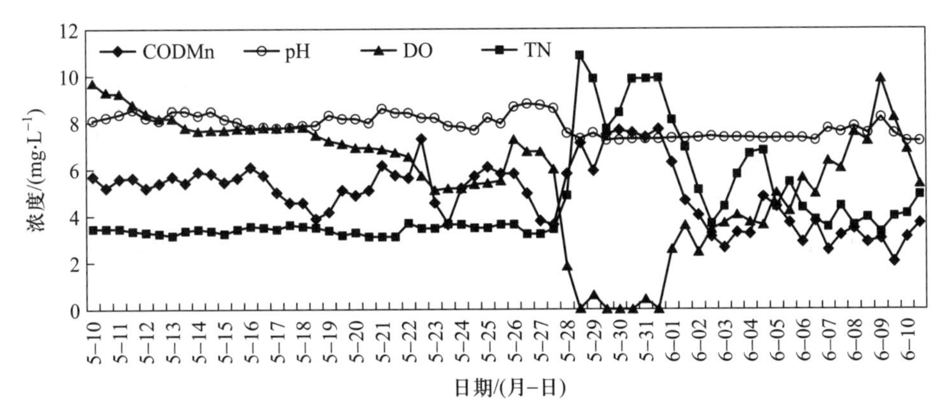


图 10.23 2007 年 5 月 10 日至 6 月 10 日期间,贡湖水厂水质自动监测站 CODMn、pH、DO 和 TN 的变动(叶建春,2007)

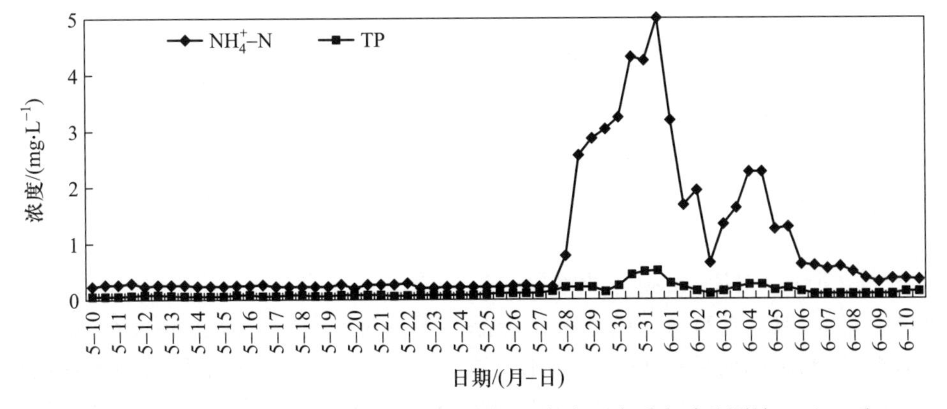


图 10.24 2007 年 5 月 10 至 6 月 10 日期间,贡湖水厂水质自动监测站 $NH_4^+$-N 和 TP 的变动(叶建春,2007)

Yang等(2008)于6月4日采集了饮用水进水和水团水样,二个样品具有强烈的腐烂的沼气味,二甲基三硫醚(DMTS)的含量高达11.4 $\mu g \cdot L^{-1}$ 和1.77 $\mu g \cdot L^{-1}$,这足够引起强烈臭味。

后来在太湖的原位实验研究证实了蓝藻水华堆积腐烂产生与无锡水污染事件十分类似的异味化合物及同样量级的浓度,为无锡水污染事件中蓝藻水华的定罪提供了强有力的实验证据(Ma et al.,2013).而在2008年对贡湖湾北岸15个采样点异味物质的周年调查表明,在没有蓝藻堆积的情况下,湖水中的DMTS最多也只有6 $ng \cdot L^{-1}$,而无锡水污染事件期间的DMTS浓度高达1768~11399 $ng \cdot L^{-1}$(Chen et al.,2010)。在2009—2010年对整个太湖30个常规采样点的异味物质季节变化的检测也得到了与Chen等(2010)类似的结果(Qi et al.,2012)。从藻类产生硫醇、硫醚等异味物质的可能机制如图10.25所示。

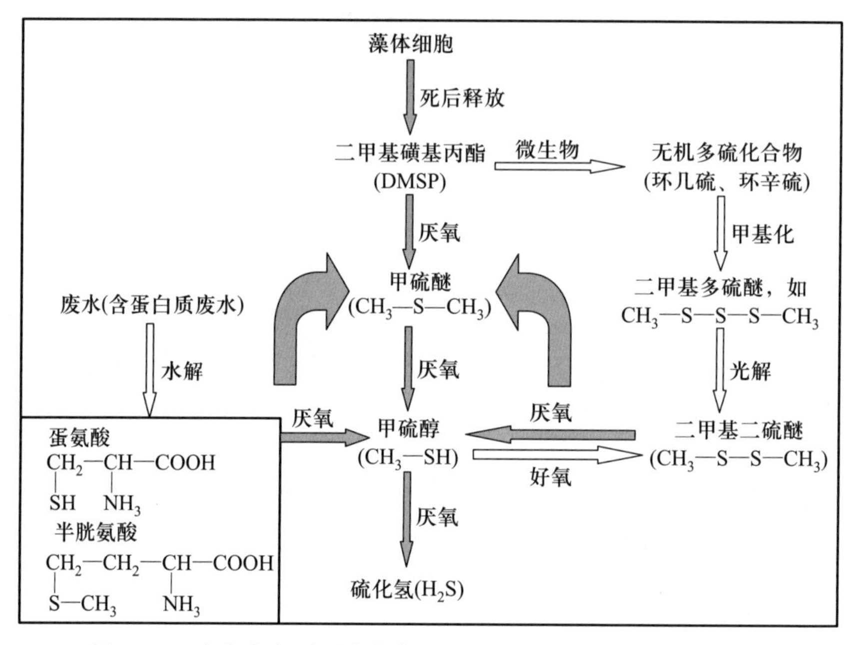


图10.25 水中硫醇、硫醚类化合物的产生示意图(张晓健等,2007)

### 10.4.4 有毒蓝藻对人类健康的危害

蓝藻的主要危害之一就是产生各种各样的生物毒素,其中一类毒性很强的生物毒素——微囊藻毒素(如图10.26)最为常见,危害最大,受到广泛关注(谢平,2015)。微囊藻毒素的化学性质十分稳定,能耐高温(达300℃),耐酸、碱,因此,泡茶和烹饪对其影响甚微(Zhang et al.,2010)。

据Chen等(2009)报道,巢湖专业渔民长期暴露于蓝藻毒素的高风险之中,因为他们饮用未经处理的巢湖水,取食含有毒素的各种水产品。通过对在湖面生活过5~10年的专业渔民的流行病学调查,从渔民的血液中普遍检测出毒素(图10.27),通过与21种血液生化指标的相关分析,发现引发了一些个体的实质性肝损伤(图10.27)。这亦是在世界上首次从自然染毒人群的血液中检测出蓝藻毒素的存在,并发现了其损伤人肝功能的直接证据,虽然科学界对人类的近亲——小鼠和大鼠进行了无数次类似的染毒实验。

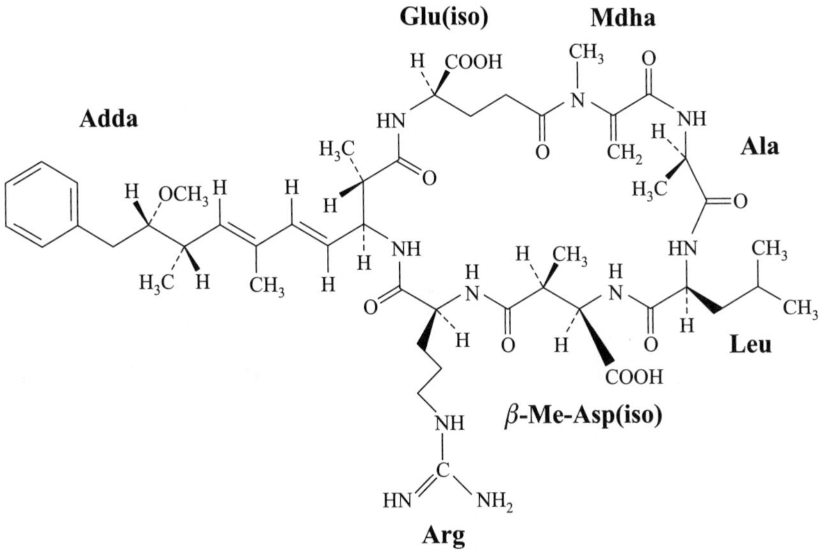

图 10.26　常见的一种微囊藻毒素 MC-LR 的化学结构图

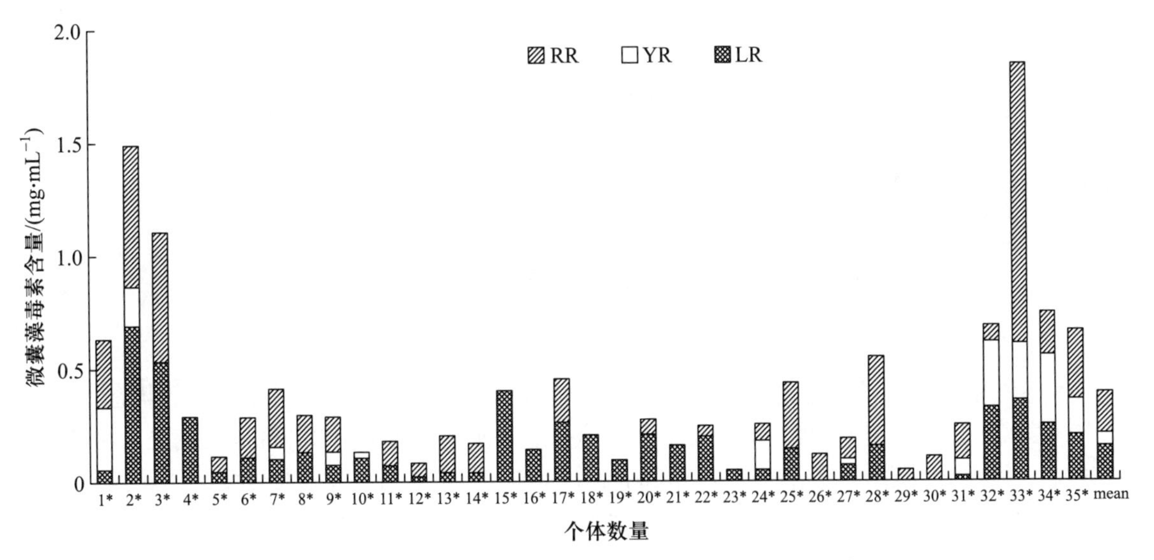


图 10.27　巢湖渔民血液中的 MC 含量（Chen et al., 2009）

进一步对从巢湖中捕获的甲壳动物、软体动物和鱼类器官中的毒素含量进行了分析（图 10.28），并结合水中的毒素含量，计算出每个渔民 MC 的日摄食量为 2.2 ~ 3.9 μg MC-LReq，接近或超过了世界卫生组织确定的日容许摄入量（2.4 μg MC-LReq），这表明世界卫生组织制定的日容许摄入值存在健康风险，需要向下修订（Chen et al., 2009）。利用大鼠的代谢组学研究也支撑这一结论（He et al., 2012）。

最近在三峡库区的流行病学研究显示，高 MCs 暴露儿童血清肝损伤酶学指标（AST、ALP）异常率显著高于低（或无）MCs 暴露污染的儿童（Li et al., 2011）。通过临床病历对照研究发现，血清中 MC-LR 浓度增加，则肝细胞癌（HCC）的风险增加（Zheng et al., 2017）。

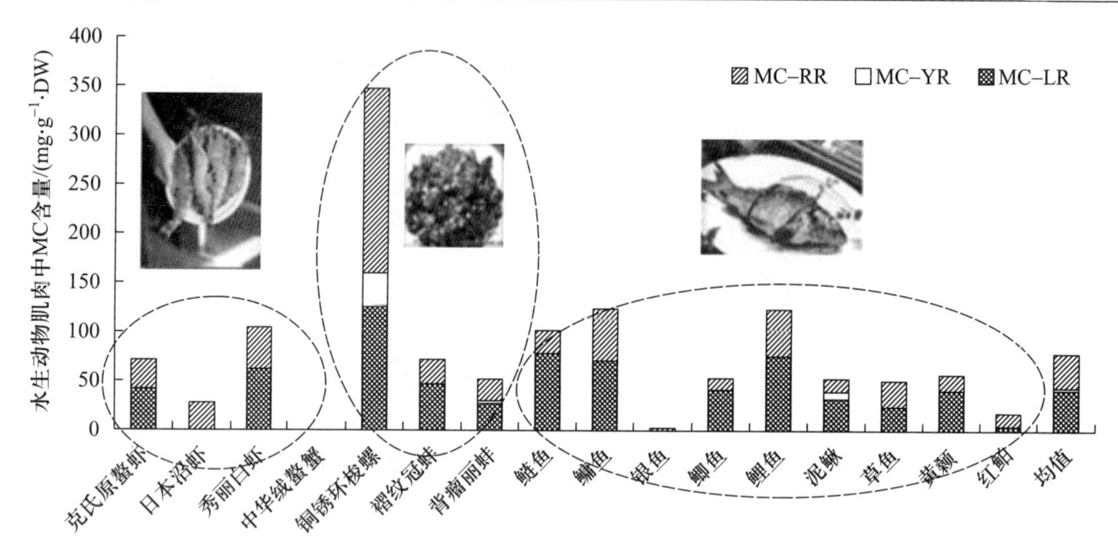


图 10.28　安徽巢湖甲壳动物、软体动物和鱼类肌肉/足中的微囊藻毒素含量（Chen et al., 2009）

He 等（2017）以 BALB/c 小鼠为模型，运用系统毒理学研究了 MC 慢性暴露对哺乳动物的肝毒性及其致毒机制，首次证实 MC-LR 灌胃染毒（40200 $\mu g \cdot kg^{-1} \cdot d^{-1}$）90 天能显著抑制肝脂肪酸 β 氧化，阻碍脂蛋白分泌并促进肝脏炎症，导致小鼠非酒精性脂肪性肝炎发生，并推测这可能是 MC-LR 诱发肝癌的重要途径。关于渔民的流行病学研究（Chen et al., 2009）、利用小鼠的 microRNA 研究（Zhao et al., 2012）以及利用斑马鱼的系统毒理学研究（Chen et al., 2017）等均支持慢性 MC 染毒诱导非酒精性脂肪性肝炎的结论。

# 10.5　水生态修复与物种保护

生态修复就是为了将退化、受损或破坏的生态系统或环境恢复到自然或健康的状态。在水生态修复实践中，水环境治理往往是最重要的第一步。而水中的生物多样性问题则更为复杂，不仅仅是一个污染问题，还包括食物、产卵、洄游等问题。大兴水利工程以及过度的商业捕捞是很多水生动物濒临灭绝的主要原因。因此，以水质改善为目的的生态修复与以物种保护为目的的生态修复在性质上是不同的。

## 10.5.1　水环境治理与生态修复

2015 年 4 月 16 日，国务院颁布了《水污染防治行动计划》（又称“水十条”），提出到 2020 年，全国水环境质量得到阶段性改善，污染严重水体较大幅度减少，饮用水安全保障水平持续提升，地下水超采得到严格控制，地下水污染加剧趋势得到初步遏制，近岸海域环境质量稳中趋好，京津冀、长三角、珠三角等区域水生态环境状况有所好转。到 2030 年，力争全国水环境质量总体改善，水生态系统功能初步恢复。到 21 世纪中叶，生态环境质量全面改善，生态系统实现良性循环。

“水十条”的主要指标是：到 2020 年，长江、黄河、珠江、松花江、淮河、海河、辽河七大重点流域水质优良（达到或优于 III 类）比例总体达到 70% 以上，地级及以上城市建成区黑臭水体均控制在10%以内,地级及以上城市集中式饮用水水源水质达到或优于Ⅲ类比例总体高于93%,全国地下水质量极差的比例控制在15%左右,近岸海域水质优良(Ⅰ、Ⅱ类)比例达到70%左右。京津冀区域丧失使用功能(劣于Ⅴ类)的水体断面比例下降15个百分点左右,长三角、珠三角区域力争消除丧失使用功能的水体。到2030年,全国七大重点流域水质优良比例总体达到75%以上,城市建成区黑臭水体总体得到消除,城市集中式饮用水水源水质达到或优于Ⅲ类比例总体为95%左右。

大型河、湖的富营养化治理与生态修复往往是耗资巨大的漫长过程,首先必须对流域上的污染源进行控制,在很多情况下,即便是对污水全收集以及达标排放,还需对尾水进行处理。尾水的深度处理对污染负荷大的城市水体的治理来说尤为重要。

在水环境获得一定改善的基础上,才可能通过进一步的人为措施,恢复和修复退化、受损或被破坏的水生态系统或生境。水体的自然恢复往往十分缓慢,而人类干预可大大加速生态恢复的速度(但这是耗资的),使水生态系统尽快回复到一个健康、完整和可持续的状态。另一方面,即使生态系统得到了修复,还需要持续的维护,特别是城市湖泊更是如此。

藻类和水生高等植物均是水体中的初级生产者,它们竞争生存资源——养分、光照等,并通过化感方式互相克制。当养分过度富集时,藻类就成为了优胜者,将沉水植物消灭殆尽,湖泊从清水状态转变为浊水状态。如果要将水生植被重新恢复起来,就必须通过人为的方式(如降低营养盐输入、改善光照条件)来改变这种平衡,重新构建一个清水稳态系统。

在湖泊生态系统中,水生植物具有许多重要的功能:吸收水中的营养盐,通过根际微生物影响营养盐循环(如微生物的脱氮作用),减少底泥的再悬浮,增加物种多样性(为水生动物提供栖息、繁殖与觅食之地),等等。沿岸带的湿生植物还可减少土壤侵蚀,以及对陆源性N、P的输入进行拦截,等等。因此,对浅水湖泊生态系统的修复就是构建一个全系列的健康生态系统,包括沉水植物、浮叶植物、挺水植物、湿生植物以及相适应的复杂多样的动物群落。

### 10.5.2 生物多样性保护

1994年,我国颁布了《中华人民共和国自然保护区条例》,旨在对有代表性的自然生态系统、珍稀濒危野生动植物物种的天然集中分布区等进行保护。长江流域是我国生态保护的重点区域之一,现有国际重要湿地18处,湿地自然保护区167处,国家湿地公园291处。在长江中下游还有江豚自然保护区4个,白鱀豚自然保护区2个,中华鲟自然保护区2个,四大家鱼国家级种质资源保护区4个;在上游还有水生野生动物自然保护区12个,国家级水产种质资源保护区23个。

遗憾的是,自然保护区经常也必须给经济发展(如水电站、港口码头等)让路。譬如,2000年,国务院批准建立了长江上游合江至雷波段珍稀鱼类国家级自然保护区,保护区内珍稀特有鱼类有68种,如达氏鲟、白鲟、胭脂鱼、长体鲂、大渡白甲鱼、短身白甲鱼、四川栉鰕虎鱼、细鳞裂腹鱼、四川白甲鱼、峨嵋鱊、云南鲴、鲈鲤、中华金沙鳅等(危起伟等2012)。但是,为了给两座大型水电站——向家坝电站和溪洛渡电站的建设让路,2005年国务院同意对保护区范围进行了调整(虽然也新增了一些保护区范围),更名为"长江上游珍稀特有鱼类国家级自然保护区"。为了给拟建的小南海水电站等建设工程让路,2011年国务院再度同意了对保护区的范围进行调整。水电站从葛洲坝→三峡→溪洛渡→小南海,鱼类的自然栖息地一步步被压缩。可以预见,随着建设的需要，调整还会进行下去。其实，各种保护区的变更并不罕见，都是保护在给发展让路。

另一方面，保护区的建设并不一定就能达到保护的目的，有些在设计上就不科学，难以达到目标物种保护的目标。譬如，虽然建立了白鱀豚保护区，但是还是未能阻止它的灭绝，中华鲟保护区亦未能阻止中华鲟的衰退。只能这样说，设立保护区总比什么都没有做好，毕竟它还能守住一点地盘，留住一点空间。

此外，人们还在积极推进将人工繁育的鱼苗放回天然水域以增加衰退或珍稀濒危物种的种群数量的放流活动。但是，一些物种放流的科学性值得怀疑，譬如，从1984年起若干专业机构就开始向长江内投放了数百万尾人工繁殖的中华鲟幼苗，但却丝毫未能阻挡住中华鲟的灭绝之旅。此外，自2003年起，在长江流域十省市开展的四大家鱼的人工繁殖放流也未能改善长江渔业资源的枯竭问题。

过度捕捞也是江湖渔业资源衰竭的重要因素之一，阶段性（特别是在繁殖季节）禁渔被认为可以使天然渔业资源得以休养生息。因此，2002年农业农村部在长江中下游试行春季禁渔，后经国务院同意，自2003年起正式在长江流域全面实施禁渔期制度，期间为每年的4—6月，对象为长江干流、一级支流和主要通江湖泊。

长江的特有鱼类主要分布在上游，而上游特有鱼类的近40%为受威胁物种，这主要是由数以万计的水坝引起的，但这种局面却难以改观，因为在短期内拆除这些水坝是不可能的。再加上过度捕捞等，长江上游物种保护的形势依然十分严峻。

# 参考文献

曹金玲，席北斗，许其功，等. 2012a. 地理气候及湖盆形态对我国湖泊营养状态的影响. 环境科学学报，32（6）：1512–1519.

曹金玲，许其功，席北斗，等. 2012b. 我国湖泊富营养化效应区域差异性分析. 环境科学，33（6）：1777–1783.

曹亮，张鹗，臧春鑫，等. 2016. 通过红色名录评估研究中国内陆鱼类受威胁现状及其成因. 生物多样性，24（5）：598–609.

常剑波，曹文宣. 1999. 通江湖泊的渔业意义及其资源管理对策. 长江流域资源与环境，8（2）：153–157.

常剑波，陈小娟，乔晔. 2013. 长江流域综合规划中的生态学原理及其体现. 人民长江，44（10）：15–17.

陈洪达，何楚华. 1975. 武昌东湖水生维管束植物的生物量及其在渔业上的合理利用问题. 水生生物学集刊，5（3）：410–419.

陈进. 2012. 长江演变与水资源利用. 武汉：长江出版社.

重庆市农业委员会. 2008. 长江上游珍稀、特有鱼类国家级自然保护区（重庆段）综合考察报告. 重庆：重庆市农业委员会.

戴秀丽，钱佩琪，叶凉，等，2016. 太湖水体氮、磷浓度演变趋势（1985—2015年）. 湖泊科学，28（5）：935–943.

符辉，袁桂香，曹特，等. 2013. 洱海近50年来沉水植被演替及其主要驱动要素. 湖泊科学，25（6）：854–861.

过龙根，谢平，倪乐意. 2007. 巢湖渔业资源现状及其对水体富营养化的响应研究. 水生生物学报，31（5）：700–705.

何俊，谷孝鸿，白秀玲. 2009. 太湖渔业产量和结构变化及其对水环境的影响. 海洋湖沼通报，2（2）：143–150.

黄宏金，乐佩琦，郁雪芳，等. 1982. 中国淡水鱼类原色图集. 上海：上海科学技术出版社.

黄漪平，范成新，濮培民，等. 2001. 太湖水环境及其污染控制. 北京：科学出版社.

金相灿,等 . 1995. 中国湖泊环境(第一册). 北京:海洋出版社 .
李根保,李林,潘珉,等 . 2014. 滇池生态系统退化成因、格局特征与分区分步恢复策略 . 湖泊科学,26(4):485-496.
李海彬,张小峰,胡春宏,等 . 2011. 三峡入库沙量变化趋势及上游建库影响 . 水力发电学报,20(1):94-100.
彭嘉栋,廖玉芳,刘珺婷,等 . 2015. 洞庭湖区近百年降水序列构建及其变化特征 . 气象与环境学报,31(5):63-68.
钱奎梅,刘霞,段明,等 . 2016. 鄱阳湖蓝藻分布及其影响因素分析 . 中国环境科学,36(1):261-267.
邱东茹,吴振斌,刘保元,等 . 1997. 武汉东湖水生植物生态学研究:Ⅱ . 后湖水生植被动态和水体性质 . 武汉植物学研究,15(2):123-130.
唐家汉,钱名全 . 1979. 洞庭湖的鱼类区系 . 当代水产,10:24-32.
王圣瑞,倪兆奎,席海燕 . 2016. 我国湖泊富营养化治理历程及策略 . 环境保护,44(18):15-19.
王苏民,窦鸿身 . 1998. 中国湖泊志 . 北京:科学出版社 .
危起伟,等 . 2012. 长江上游珍稀特有鱼类国家级自然保护区科学考察报告 . 北京:科学出版社 .
吴振斌,陈德强,邱东茹,等 . 2003. 武汉东湖水生植被现状调查及群落演替分析 . 重庆环境科学,25(8):54-58.
谢平 . 2003. 鲢、鳙与藻类水华控制 . 北京:科学出版社 .
谢平 . 2008. 太湖蓝藻的历史发展与水华灾害 . 北京:科学出版社 .
谢平 . 2009. 翻阅巢湖的历史——蓝藻、富营养化及地质演化 . 北京:科学出版社 .
谢平 . 2015. 蓝藻水华及其次生危害 . 水生态学杂志,36(4):1-13.
谢平 . 2017a. 长江的生物多样性危机——水利工程是祸首,酷渔乱捕是帮凶 . 湖泊科学,29(6):1279-1299.
谢平 . 2017b. 三峡工程对两湖的生态影响 . 长江流域资源与环境,26(10):1607-1618.
熊剑,喻方琴,田琪,等 . 2016. 近 30 年来洞庭湖水质营养状况演变特征分析 . 湖泊科学,28(6):1217-1225.
薛云,赵运林,张维,等 . 2015. 基于 MODIS 数据的 2000—2013 年洞庭湖水华暴发时空分布特征 . 湿地科学,13(4):387-392.
闫立娟,郑绵平,魏乐军 . 2016. 近 40 年来青藏高原湖泊变迁及其对气候变化的响应 . 地学前缘,23(4):310-323.
杨桂山,马荣华,张路,等 . 2010. 中国湖泊现状及面临的重大问题与保护策略 . 湖泊科学,22(6):799-810.
杨锡臣,窦鸿身,汪宪桅,等 . 1982. 长江中下游地区湖泊的水文特点与资源利用问题 . 自然资源,1:47-54.
叶建春 . 2007. 实施太湖流域综合治理与管理,改善流域水环境 . 水利水电技术,39:20-24.
虞功亮,宋立荣,李仁辉 . 2007. 中国淡水微囊藻属常见种类的分类学讨论——以滇池为例 . 植物分类学报,45(5):727-741.
张寿选,段洪涛,谷孝鸿 . 2008. 基于水体透明度反演的太湖水生植被遥感信息提取 . 湖泊科学,20(2):184-190.
张晓健,张悦,王欢,等 . 2007. 无锡自来水事件的城市供水应急除臭处理技术 . 城镇给排水,33(9):7-12.
钟爱文,宋鑫,张静,等 . 2017. 2014 年武汉东湖水生植物多样性及其分布特征 . 环境科学研究,30(3):398-405.
Cassens I, Vicario S, Waddell V G, et al. 2000. Independent adaptation to riverine habitats allowed survival of ancient cetacean lineages. PNAS, 97(26): 11343-11347.
Chen J, Xie P, Li L, et al. 2009. First identification of the hepatotoxic microcystins in the serum of a chronically exposed human population together with indication of hepatocellular damage. Toxicol. Sci., 108(1): 81-89.
Chen J, Xie P, Ma Z M, et al. 2010. A systematic study on spatial and seasonal patterns of eight taste and odor compounds with relation to various biotic and abiotic parameters in Gonghu Bay of Lake Taihu, China. Science of The Total Environment, 409(2): 314-325.
Chen L, Hu Y F, He J, et al. 2017. Responses of the proteome and metabolome in livers of zebrafish exposed chronically to environmentally relevant concentrations of microcystin-LR. Environ. Sci. Technol., 51(1): 596-607.
Duan H T, Loiselle S A, Zhu L, et al. 2015. Distribution and incidence of algal blooms in Lake Taihu. Aquat. Sci., 77(1): 9-16.

He J, Chen J, Wu L Y, et al. 2012. Metabolic response to oral microcystin-LR exposure in the rat by NMR-based metabonomicstudy. J. Proteom. Res., 11(12): 5934–5946.

He J, Li G Y, Chen J, et al. 2017. Prolonged exposure to low-dose microcystin induces nonalcoholicsteatohepatitis in mice: A systems toxicology study. Arch. Toxicol., 91(1): 465–480.

Kalff J. 2011. 湖沼学——内陆水生态系统．古滨河，刘正文，李宽意，等译．北京：高等教育出版社．

Li Y, Chen J, Zhao Q, et al. 2011. A cross-sectional investigation of chronic exposure to microcystin in relationship to childhood liver damage in the three gorges reservoir region, China. Environ Health Perspect, 119(10): 1483–1488.

Ma R H, Yang G S, Duan H T, et al. 2011. China's lakes at present: Number, area and spatial distribution. Science China (Earth Sciences), 54(2): 283–289.

Ma Z M, Niu Y, Xie P, et al. 2013. Off-flavor compounds from decaying cyanobacterial blooms of Lake Taihu. Journal of Environmental Sciences, 25(3): 495–501.

Moss B. 1998. Ecology of Freshwaters: Man and Medium, Past to Future. London: Blackwell Science.

Qi M, Chen J, Sun X X, et al. 2012. Development of models for predicting the predominant taste and odor compounds in Taihu Lake, China. PLoS One, 7(12): e51976.

Yang M, Yu J, Li Z, et al. 2008. Taihu Lake not to blame for Wuxi's woes. Science, 319(5860): 158.

Zhang D W, Xie P, Chen J. 2010. Effects oftemperature on the stability of microcystins in muscle of fish and its consequences for food safety. Bull. Environ. Contam.Toxicol, 84(2): 202–207.

Zhao Y Y, Xie P, Fan H. 2012. Genomic profiling of microRNAs and proteomics reveals an early molecular alteration associated with tumorigenesis induced by MC-LR in mice. Environ. Sci. Technol., 46(1): 34–41.

Zheng C, Zeng H, Lin H, et al. 2017. Serum microcystins level positively linked with risk of hepatocellular carcinoma: A case-control study in Southwest China. Hepatology, 66(5): 1519–1528.

# 第 11 章　中国近海生态系统变化特征*

中国海包括渤海、黄海、东海和南海，四海相连，自北向南呈一弧状分布，是太平洋西部的边缘海，环绕亚洲大陆的东南部。

渤海位于北纬 37°07′~41°00′，东经 117°35′~121°10′，是一个深入我国大陆的浅海，其北、西、南三面分别被辽宁、河北、天津和山东等省、市包围，仅东面由渤海海峡与黄海沟通。渤海与黄海的界线，一般以辽东半岛西南端的老铁山岬经庙岛群岛至山东半岛北部的蓬莱角连线为界。渤海外形似葫芦状，南北长约 480 km，东西最宽约 300 km，面积为 7.7 万 $km^2$。

黄海位于北纬 31°40′~39°50′，东经 119°10′~126°50′，也是三面被陆地包围的半封闭浅海。北岸为我国辽宁省和朝鲜平安北道，西岸为我国山东省和江苏省，东岸为朝鲜半岛，西北由渤海海峡与渤海相通，南部与东海相接，并以长江口北岸的启东嘴与韩国济州岛西南角连线为界。一般又以东西向最窄处的我国山东半岛成山角与朝鲜的长山串连线为界（宽约 193 km），将黄海划分为南、北两部分：连线以北部分称为北黄海，而以南部分则称为南黄海。

东海比较开阔，位于北纬 21°54′~33°17′，东经 117°05′~131°03′。西北接黄海，东北以韩国济州岛东南端至日本福江岛与长崎半岛野母崎角连线，与朝鲜海峡为界，并经朝鲜海峡与日本海相通；东以日本九州、琉球群岛及我国台湾连线与太平洋相隔；西濒我国上海、浙江、福建等省、市；南至我国福建省东山岛南端沿台湾浅滩南侧至台湾省南端鹅銮鼻连线与南海相通。东海的东北至西南长约 1300 km，东西宽约 740 km，面积为 77 万 $km^2$。

南海位于南纬 2°30′ 至北纬 23°30′，东经 99°10′~121°50′，四周几乎被大陆、岛屿所包围。它北临我国广东、广西、台湾和海南等；西邻越南、柬埔寨、泰国、马来西亚、新加坡；东临菲律宾的吕宋、民都洛、巴拉望岛；南部沿岸有印度尼西亚的苏门答腊岛、邦加岛、西加里曼丹省以及马来西亚和文莱。南海四周有众多海峡与太平洋、印度洋及邻近海域沟通。南海形似一菱形，长轴为北东—南西向，长约 3100 km；短轴为北西—南东向，宽约 1200 km。南海的面积约 350 万 $km^2$。

## 11.1　近海生态环境特征

近海通常具有生产力高、生物和生境多样性丰富等特征，但同时也承受着人类活动影响和气候变化等因素影响，生态系统相对脆弱，是全球海洋中最为敏感、最受关注的区域。近年来，我国近海生态系统出现显著变化，造成生态系统结构改变和功能退化，危及近海生态安全，也损害了近海生态系统所提供的服务功能。为此，加强对我国近海生态系统现状与演变规律的了解对于

---

* 本章作者为中国科学院海洋研究所孙松、孙晓霞、于仁成。

更好地管理与保护近海生态系统非常重要。

### 11.1.1 近海营养盐分布特征

渤海海水中 $PO_4^{3-}$-P 年平均浓度由20世纪60年代的25 μg·L$^{-1}$左右逐渐降低到80年代末的10 μg·L$^{-1}$,然后增加到90年代后期的29 μg·L$^{-1}$左右,之后又大幅度降低至5 μg·L$^{-1}$左右(王修林和李克强,2006)。渤海海水中 $SiO_3^{2-}$-Si 的浓度资料较少。根据已有一些调查资料显示,渤海海水中 $SiO_3^{2-}$-Si 的浓度总的来说呈逐年下降的趋势。大体来说,从20世纪60年代近750 μg·L$^{-1}$降至21世纪初的200 μg·L$^{-1}$左右。$SiO_3^{2-}$-Si 在渤海湾近海海水中的浓度要高些,2005—2007年在500~700 μg·L$^{-1}$波动。2004—2007年对渤海湾的水质研究结果发现,无机氮含量一直处于较高水平,磷酸盐含量则呈明显的下降趋势。N:P大致呈逐年增加趋势,P成为近年来渤海湾浮游植物生长的限制因子(阚文静等,2010)。至2014年,整个渤海水域春季表层和底层亚硝酸盐、硝酸盐、氨氮和磷酸盐的平均浓度分别为8.03 μg·L$^{-1}$、71.57 μg·L$^{-1}$、69.94 μg·L$^{-1}$、12.51 μg·L$^{-1}$(隋琪等,2016)。

黄海近岸海域无机氮含量自1986—1997年11年来呈上升趋势,1986年黄海沿岸无机氮平均浓度为65.31 mg·L$^{-1}$,1997年无机氮平均浓度为196.03 mg·L$^{-1}$,增长率为200%。第二次黄海基线调查的监测结果显示,黄海海水中无机氮的平均值为356 mg·L$^{-1}$,超标率为56.17%,呈逐年升高的趋势。黄海海域无机氮浓度主要受硝酸盐的影响,其分布基本呈近岸明显高于外海,5月高于9月的趋势,黄海沿岸三省无机氮平均浓度以江苏省最高、山东省次之。总磷的污染程度较无机氮轻,但总磷仍然是目前造成黄海海域富营养化的重要因素。海水中总磷的平均值在20世纪90年代一直表现为逐年升高,1986年黄海沿岸总磷平均浓度为5.08 μg·L$^{-1}$,1997年黄海沿岸总磷平均浓度为20.37 μg·L$^{-1}$,增长了3倍;第二次黄海基线调查时,总磷的平均浓度达到44 μg·L$^{-1}$,黄海海域总磷浓度分布基本呈近岸高于外海,5月高于9月的趋势;黄海海域三省沿岸总磷浓度的高低顺序为江苏省、山东省、辽宁省。总磷的污染情况近年来也有所好转,对山东近岸的调查结果表明,该区域的总磷平均浓度为21 μg·L$^{-1}$,污染已被基本控制。

据历年监测数据显示,东海区近岸水域无机氮、磷酸盐平均含量很高,位居全国首位,1985—1988年4年无机氮、磷酸盐的平均浓度分别为477 μg·L$^{-1}$和17.1 μg·L$^{-1}$,超标率分别为84.93%和66.8%。至1998年无机氮和磷酸盐的平均含量仍居高不下,分别为0.401~0.414 mg·L$^{-1}$(6月)和0.019~0.039 mg·L$^{-1}$(9月),超标率分别为65%~80%和54.8%~87.4%。

根据2016年度中国海洋环境状况公报,渤海、黄海、东海、南海春季富营养化面积分别达到5510 km$^2$、14230 km$^2$、46200 km$^2$、6550 km$^2$,夏季分别可达7120 km$^2$、11210 km$^2$、42230 km$^2$、10401 km$^2$。与2015年度夏季同期相比,我国海水富营养化程度减轻,面积减少6780 km$^2$。

### 11.1.2 初级生产力时空变化特征

渤海海域叶绿素a浓度分布的特征一般为近岸海域高、中部海域低。季节变化上呈现微弱的双峰形式,叶绿素a峰值一般出现在春季和夏末秋初,基本符合温带海域浮游植物生物量变化的一般规律。春季,整个渤海海域叶绿素a浓度普遍在1 mg·m$^{-3}$以上,局部海域如莱州湾叶绿素a浓度可高达5 mg·m$^{-3}$;叶绿素a浓度的高值区(>3 mg·m$^{-3}$)多出现于辽东湾、渤海湾、莱州湾和黄河口附近等近海区域,渤海中部和渤海海峡等区域叶绿素a浓度则相对较低。夏季,由于营养盐被消耗以及浮游动物的摄食压力等原因，海水叶绿素 a 浓度降低，平均低于 1 mg·m$^{-3}$，同时浓度高值区也向海域西侧和渤海海峡处转移。秋季，渤海中部海域叶绿素 a 浓度有所回升，渤海湾、渤海中部和莱州湾均出现较高浓度的叶绿素 a 斑块（>2 mg·m$^{-3}$）。冬季，部分近岸海域开始出现海冰，浮游植物受温度和光照的限制而生长缓慢，叶绿素 a 浓度较秋季有所回落，但仍高于夏季。渤海海域初级生产力的季节变化特征与叶绿素 a 的变化有所不同，呈现夏高冬低的趋势。夏季，渤海海域初级生产力平均水平一般在 400 mg C·m$^{-2}$·d$^{-1}$ 以上；春季次之，平均在 300 mg C·m$^{-2}$·d$^{-1}$ 左右，但可在渤海海峡水深较大的海域观测到 500 mg C·m$^{-2}$·d$^{-1}$ 以上的高生产力区；秋季初级生产力进一步降低，大部分海域均在 200 mg C·m$^{-2}$·d$^{-1}$ 以下；冬季最低，低于 150 mg C·m$^{-2}$·d$^{-1}$。这是因为夏季日照时间长，日射量最大，是一年中透明度最高的季节，真光层深，光照充足，所以初级生产力高；冬季日照时间短、日射量小、水温低，而且受季风影响，海水垂直混合剧烈，导致海水混浊、真光层变浅，因此初级生产力为一年中最低（吕瑞华等，1999；孙军等，2003a；赵骞等，2004）。

根据 2003—2005 年初级生产力遥感研究的结果，北黄海和南黄海的初级生产力分别在春季和秋季出现两次峰值，且春季的峰值高于秋季。北黄海的第一和第二峰值分别出现在 5 月和 10 月，分别为 1319.76 mg C·m$^{-2}$·d$^{-1}$ 和 1076.44 mg C·m$^{-2}$·d$^{-1}$。南黄海的第一和第二峰值分别出现在 6 月和 10 月，分别为 1937.5 mg C·m$^{-2}$·d$^{-1}$ 和 1481.92 mg C·m$^{-2}$·d$^{-1}$。与其他海域相比，南黄海和渤海的初级生产力相当，两者的初级生产力几乎在整年内都高于其他海域。

东海叶绿素 a 和初级生产力的分布特征与该海域的水系特点有密切关系，历来的研究也多据此将东海海域划分为沿岸带、陆架和黑潮区三个区域加以描述和讨论。沿岸带海域受沿岸流和陆源输入影响较大，海水富营养化程度较高，叶绿素 a 浓度也全年较高，但由于近岸水体泥沙等悬浮物浓度较高，初级生产力的大小主要受水体透明度所控制，所以也往往呈现较剧烈的时空变化（从几十到上千 mg C·m$^{-2}$·d$^{-1}$），但总体而言，该海域初级生产力呈现夏高冬低的态势；在一些特别混浊的海域如杭州湾和东经 122° 30′ 以西的长江口海域，由于真光层过浅，初级生产力常年偏低。在陆架中部，叶绿素 a 和初级生产力分布不均、季节变化大，这主要是由于受到长江冲淡水、沿岸上升流和陆架混合变性水团季节性消长的影响。在受黑潮水系影响明显的东部和南部海域，叶绿素 a 和初级生产力终年均较低，季节变化不显著，这与寡营养性的黑潮水系理化性质相对稳定有关。此外，黑潮水沿大陆坡流动，其次表层水爬坡涌升，会形成稳定的上升流。在九州西南的对马暖流源区、五岛列岛附近海域、东经 30° 附近对马暖流水和陆架水交汇区以及台湾以北海域，均有黑潮次表层水的逆坡涌升现象，上升流把深层水中丰富的营养盐带至陆架的真光层，促进了附近海域浮游植物的增长，形成了叶绿素 a 和初级生产力的高值区（宁修仁等，2000）。

南海水体初级生产力分布特征与叶绿素 a 浓度的分布特征比较相似。初级生产力在外海较低，如 1999 年夏季基于 $^{14}$C 示踪法测得的南沙群岛附近水域的初级生产力平均值为 0.27 mg C·m$^{-2}$·d$^{-1}$。尽管在南海南部水域，水体透明度高，浮游植物可有效进行光合作用的真光层可深达 100 m，其水柱初级生产力平均值也常低于 500 mg C·m$^{-2}$·d$^{-1}$；在南海北部海区，水体平均真光层深度要浅于南海南部水体，水柱初级生产力的平均值也常低于南海南部水体，如 2004—2006 年秋季其水柱初级生产力平均值为 362.67 mg C·m$^{-2}$·d$^{-1}$。多年研究表明，影响南海水体初级生产力水平的最主要环境因子是光照和营养盐。和很多大洋水体一样，南海远岸水体存在光照的表层抑制现象，即初级生产力随光照辐射强度的增加而增加，但当辐射强度达到一定阈值时，生产力不再增加，甚至受到抑制作用，这导致南海初级生产力的最大值常不出现在表层。初级生产力的垂直分布常表现为双峰或单峰型特征，最大值多出现于 20 ~ 25 m 水层，而在 50 m 左右水深处也常出现较高的初级生产力。硝酸盐是南海上层水体溶解无机氮盐的最主要组成部分，水体 N∶P 常低于 16，理论上南海水体初级生产受 N 营养盐的潜在限制。尽管主要营养盐的浓度均有随水深增加而增加的趋势，但受真光层深度及温盐跃层深度的影响，南海初级生产过程被限制在营养盐含量较低的浅层水体（李小斌等，2006；乐凤凤等，2008；郝锵等，2011）。

### 11.1.3　近海浮游动物群落组成特征

如前文所述，中国所管辖的海域包括渤海、黄海、东海和南海 4 大海区。这些海区自北向南跨越了温带、亚热带和热带，因此，我国的海洋生态系统复杂多样，海洋生物物种、生态类群和群落结构都表现出丰富多彩的多样性特征。根据 2006—2007 年对上述 4 个海区进行的 4 个季节的航次综合调查（表 11.1），发现中国近海浮游动物共有 1330 种，隶属于 7 门 19 大类群，浮游幼体 47 类，其中，浮游动物优势类群顺序为（表 11.1）：节肢动物（782 种，58.80%）、刺胞动物（324 种，24.36%）、软体动物（62 种，4.66%）、尾索动物（62 种，4.66%）、环节动物（52 种，3.91%）、毛颚动物（36 种，2.71%）和栉板动物（12 种，0.90%）。在这 4 个海区中，从种类和数量来看，桡足类和水母类在浮游动物群落结构中都占绝对优势。

表 11.1　2006 年 7 月至 2007 年 12 月中国近海浮游动物群落组成及季节变化（杜明敏等，2013）

| 门类 | 类群 | 春 | | 夏 | | 秋 | | 冬 | | 全年 | |
|---|---|---|---|---|---|---|---|---|---|---|---|
| | | 种数 | 比例/% | 种数 | 比例/% | 种数 | 比例/% | 种数 | 比例/% | 种数 | 比例/% |
| 刺胞动物 | 水螅水母 | 134 | 14.4 | 169 | 16.9 | 125 | 14.1 | 143 | 17.1 | 247 | 18.6 |
| | 管水母类 | 53 | 5.7 | 50 | 5.0 | 46 | 5.2 | 50 | 6.0 | 65 | 4.9 |
| | 钵水母类 | 7 | 0.8 | 7 | 0.7 | 5 | 0.6 | 3 | 0.4 | 12 | 0.9 |
| 栉板动物 | 栉水母类 | 7 | 0.8 | 8 | 0.8 | 8 | 0.9 | 8 | 1.0 | 12 | 0.9 |
| 环节动物 | 多毛类 | 30 | 3.2 | 35 | 3.5 | 24 | 2.7 | 14 | 1.7 | 52 | 3.9 |
| 软体动物 | 腹足类 | 45 | 4.8 | 51 | 5.1 | 43 | 4.8 | 41 | 4.9 | 59 | 4.4 |
| | 头足类 | 2 | 0.2 | 3 | 0.3 | 1 | 0.1 | 1 | 0.1 | 3 | 0.2 |
| 节肢动物 | 枝角类 | 16 | 1.7 | 17 | 1.7 | 13 | 1.5 | 6 | 0.7 | 27 | 2.0 |
| | 桡足类 | 281 | 30.2 | 288 | 28.9 | 283 | 31.8 | 260 | 31.0 | 364 | 27.4 |
| | 介形类 | 64 | 6.9 | 58 | 5.8 | 59 | 6.6 | 44 | 5.3 | 87 | 6.5 |
| | 糠虾类 | 36 | 3.9 | 47 | 4.7 | 39 | 4.4 | 38 | 4.5 | 67 | 5.0 |
| | 端足类 | 117 | 12.6 | 104 | 10.4 | 105 | 11.8 | 98 | 11.7 | 148 | 11.1 |
| | 涟虫类 | 6 | 0.6 | 5 | 0.5 | 9 | 1.0 | 5 | 0.6 | 11 | 0.8 |
| | 等足类 | | | 1 | 0.1 | 1 | 0.1 | | | 1 | 0.1 |
| | 磷虾类 | 33 | 3.5 | 33 | 3.3 | 26 | 2.9 | 32 | 3.8 | 36 | 2.7 |
| | 十足类 | 25 | 2.7 | 34 | 3.4 | 28 | 3.2 | 23 | 2.7 | 41 | 3.1 |

续表

| 门类 | 类群 | 春 | | 夏 | | 秋 | | 冬 | | 全年 | |
|---|---|---|---|---|---|---|---|---|---|---|---|
| | | 种数 | 比例/% | 种数 | 比例/% | 种数 | 比例/% | 种数 | 比例/% | 种数 | 比例/% |
| 毛颚动物 | 箭虫纲 | 25 | 2.7 | 29 | 2.9 | 34 | 3.8 | 28 | 3.3 | 36 | 2.7 |
| 尾索动物 | 有尾类 | 22 | 2.4 | 24 | 2.4 | 16 | 1.8 | 18 | 2.2 | 27 | 2.0 |
| | 海樽 | 27 | 2.9 | 35 | 3.5 | 24 | 2.7 | 26 | 3.1 | 35 | 2.6 |
| 合计 | | 930 | | 998 | | 889 | | 838 | | 1330 | 100 |
| 浮游动物幼体 | | 39 | | 42 | | 44 | | 35 | | 47 | |

浮游动物群落结构、分布和季节变化与水文、化学等环境因子密切相关，其中，水温和盐度是影响浮游动物群落结构最重要的两个环境因子。根据浮游动物群落中不同种类对温度、盐度的适应能力及地理分布特点，中国近海浮游动物群落大体可以划分为 6 个主要生态类型：近岸低盐类型、低温高盐类型、低温广盐类型、高温高盐类型、高温广盐类型和广温广盐类型。不同海区跨越了不同的气候带，可想而知这些海区之间的水文与地理环境是不尽相同的，导致其浮游动物种类的数量存在不同的季节变化，表现为：渤海和黄海，浮游动物种类数夏、秋季多于春、冬季；东海和南海，浮游动物种类数春、夏季多于秋、冬季。此外，不同海区浮游动物类群的组成也有明显差异，从中高纬度向低纬度，浮游动物多样性逐渐升高。

# 11.2　近海生态灾害

我国近海是全球受人类活动影响最为显著的海域，近 30 年来，在社会经济高速发展的驱动下，中国近海生态系统显著变动，超过 80% 的近岸河口、海湾生态系统处于亚健康和不健康状态，生态系统功能退化，绿潮、水母、赤潮等生态灾害发生频率增加，造成养殖业和旅游业每年数亿至几十亿元计的重大经济损失，不仅导致经济社会发展中的不稳定性，甚至威胁到沿海地区国家重大设施的正常运行和人类健康。我国近海暴发的生态灾害主要包括赤潮灾害、绿潮灾害、水母灾害等。

## 11.2.1　赤潮灾害

赤潮（red tide）是海洋中的一些浮游生物在适宜的条件下大量繁殖、聚集，导致海水变色的生态异常现象。能够形成赤潮的生物主要是微藻，以及部分细菌和原生动物。一些赤潮生物能够通过多种途径，如产生毒素等生物活性物质，损伤鱼、贝类等海洋生物的鳃组织，消耗水体溶解氧，释放氨氮，改变水体黏稠度和透光率等导致海洋生物死亡，或使贝类等生物体内累积大量毒素，从而危及自然生态、水产养殖和人类健康。因此，我国将赤潮视为一类海洋生态灾害进行监控和研究（中国海洋灾害公报，1989—2015）。由于“赤潮”不是一个严谨的科学术语，近年来国外学术界常用“有害藻华”（harmful algal bloom）来描述有害藻类大量增殖或聚集的现象（周名江和于仁成,2007)。此外,国内学术界曾使用“有害赤潮”来强调能够带来危害效应的赤潮现象。现对近年来我国近海常见的几类赤潮分别介绍如下。

(1)东海原甲藻赤潮

长江口及其邻近海域是东海原甲藻赤潮暴发的主要海域。每年的4—5月,东海原甲藻细胞在大规模赤潮暴发之前,在水体次表层经过一个月的“孕育”阶段,藻细胞密度逐渐上升;5月,大量的东海原甲藻细胞开始在表层快速增长,并形成肉眼可见的赤潮,大规模的东海原甲藻赤潮可以维持1~2个月的时间;到6月末,东海原甲藻赤潮开始进入衰退期,大量的东海原甲藻细胞向下沉降,进入水体底层,有可能加剧底层水体低氧现象,带来一系列生态问题。

长江口及其邻近海域东海原甲藻赤潮的成因复杂,以往研究从生物学、生态学和海洋学角度给出了比较完善的解释(周名江和朱明远,2006)。研究表明,长江口及其邻近海域丰富的营养盐是形成东海原甲藻赤潮的重要物质基础(Zhou et al., 2008; Li et al., 2014);而东海原甲藻生长速率较高,具有垂直迁移能力,能够利用有机态营养物质,可以适应长江口及其邻近海域独特的富营养化特征从而形成大规模赤潮(李英等,2005; Ou et al., 2008; Li et al., 2014)。

同时,长江口及其邻近海域的大规模东海原甲藻赤潮与该海域物理海洋学特征密切相关。长江口及其邻近海域受到长江径流、闽浙沿岸流和台湾暖流的显著影响,环境条件复杂。调查发现,东海原甲藻赤潮主要分布在长江冲淡水与外海海水锋面的内侧,其水平分布特征受到了锋面(或其控制下的营养盐水平分布特征)的制约。黑潮次表层水是形成台湾暖流的重要来源,黑潮水入侵长江口及其邻近海域,输送高温高盐水,并通过上升流给赤潮区赤潮藻细胞的运输提供了动力,也给藻细胞的生长带来了磷酸盐补充。观测结果表明,大规模赤潮区与长江口及其邻近海域上升流区的分布位置基本一致,后者大致位于北纬28°~31°,东经124°以西海域,水深为20~70 m。由于4月上中旬该海域海水表层的温度还较低,不适合赤潮甲藻的生长,但暖水的入侵使得水体次表层的水温变得有利于赤潮藻细胞生长,赤潮藻在此逐渐“孕育”、增长,为大规模甲藻赤潮的形成提供了重要的环境条件。此外,随着春季表层水温的逐渐上升,长江口及其邻近海域逐渐形成了稳定的水体层化结构,大量甲藻细胞出现在温、盐跃层的上方,相对稳定的层化水体为甲藻细胞的生长或聚集提供了良好的条件。

总之,东海原甲藻赤潮的分布和动态过程受到许多环境因素调控,水温上升、水体层化、上升流加强、磷酸盐胁迫及浮游动物摄食压力降低等是促成甲藻赤潮形成的重要因素,而硝酸盐浓度降低和水温过高则是导致甲藻赤潮衰退的重要原因(周名江和朱明远,2006; Zhou et al., 2008)。东海原甲藻赤潮动态过程具有一定的年际变异特征,其机理目前仍不完全清楚,这主要受限于对东海原甲藻来源的认识,以往研究从未发现东海原甲藻生活史中存在孢囊阶段,赤潮早期东海原甲藻的来源仍未完全确定。

长江口及其邻近海域每年暴发的东海原甲藻赤潮规模一般上百平方千米,规模最高可达上千平方千米。例如,2004年5月中旬,浙江省中街山海域东海原甲藻赤潮面积约2000 $km^2$。2005年5月24日至6月1日,长江口外海域赤潮,主要原因为米氏凯伦藻和东海原甲藻的赤潮最大面积约7000 $km^2$。而2005年5—6月在浙江南麂列岛附近海域和浙江洞头赤潮监控区及附近海域的米氏凯伦藻和东海原甲藻并发赤潮,分别造成直接经济损失2400万元和3700万元。2008年5月中下旬,舟山市朱家尖附近海域暴发本年度面积最大赤潮,赤潮优势种为东海原甲藻,面积约2600 $km^2$。

长江口及其邻近海域连年暴发的大规模东海原甲藻藻赤潮对水产养殖、人类健康和自然生态构成了巨大的威胁。现场调查和模拟实验的结果表明,高密度的东海原甲藻等无毒赤潮对浮游动物、贝类幼体和鱼类的都有一定的毒性效应,特别是对东海浮游动物关键种中华哲水蚤的繁殖具有强烈抑制作用,有可能威胁生态系统和渔业资源,此外,赤潮后期赤潮藻类的沉降也有可能加剧底层水体低氧等环境问题,因此东海原甲藻赤潮是一类典型的生态系统破坏性有害藻华。

(2)米氏凯伦藻赤潮

米氏凯伦藻是一种典型的鱼毒性甲藻,属于真核生物界(Eukaryota)甲藻门(Dinophyta)甲藻纲(Dinophyceae)裸甲藻目(Gymnodiniales)、凯伦藻科(Kareniaceae)、凯伦藻属(*Karenia*)。该种最早发现于日本,之后在世界各地均有发现。米氏凯伦藻藻体单细胞,营浮游生活。长15.6~31.2 μm,宽13.2~24 μm。呈较扁的椭球形,具有横沟与纵沟。米氏凯伦藻就有两条鞭毛,能够游动,并且种群具有垂直移动的特征。该种为广温广盐种,曾经在世界多国引起赤潮灾害,导致大量鱼类、贝类死亡。

1998年,广东、香港海域发生的米氏凯伦藻赤潮,造成了粤、港两地大量网箱养殖鱼类的死亡,经济损失超过3.5亿元。2002年,福建省宁德市、福州市沿海发生米氏凯伦藻赤潮,造成了大量养殖鱼类与贝类的死亡。2003年,米氏凯伦藻赤潮在浙江省温州市沿海和福建省宁德市、福州市、福鼎市沿海暴发,影响范围分别为1965 $km^2$与300 $km^2$。2004年6月,在天津沿海一带发生了面积约3200 $km^2$的米氏凯伦藻赤潮。同年,米氏凯伦藻还在浙江温州市沿海、山东省青岛市胶州湾引发赤潮。2005年春季,东海赤潮高发区暴发了上万平方千米的特大规模的米氏凯伦藻赤潮,给南麂岛附近网箱养殖的鱼类造成了毁灭性的打击,直接经济损失达3000万元。渤海湾与珠江口海域也于2005年出现了米氏凯伦藻赤潮,影响范围分别为3000 $km^2$和100 $km^2$。2006年,福建省宁德市沿海发生了米氏凯伦藻赤潮,影响范围为3206 $km^2$,同年长江口及浙江南部海域多次暴发米氏凯伦藻赤潮,仅有记录的就有24起,影响面积累计约12000 $km^2$。2007年,天津秦皇岛海域,长江口及浙江南部海域,福建省宁德市、福州市沿海等地都多次暴发米氏凯伦藻赤潮,影响面积分别为20 $km^2$、465 $km^2$、66 $km^2$。2008年,长江口及浙江南部海域,福建省宁德市、福州市沿海累计暴发米氏凯伦藻共10起,影响面积超过350 $km^2$。2009年,连云港海州湾海域发生米氏凯伦藻赤潮,同年长江口及浙江南部海域也发生了米氏凯伦藻赤潮。2010年,福建省泉州市沿海暴发米氏凯伦藻赤潮。2012年,福建沿海多次暴发米氏凯伦藻赤潮,影响范围涉及泉州市、福州市、莆田市、宁德市沿海,赤潮记录多达11起,影响面积超过360 $km^2$,这次的米氏凯伦藻赤潮导致了大量的养殖贝类,尤其是养殖鲍的死亡,经济损失达到20.11亿元之巨。

(3)亚历山大藻赤潮

亚历山大藻属中的部分有毒藻种能够产生麻痹性贝类毒素(paralytic shellfish toxin, PST),是危害最为严重的赤潮藻种之一(Anderson et al., 2012)。亚历山大藻广泛分布于全球近岸海域、陆架或是陆坡上覆水域,在南北半球的亚寒带、温带和热带区域均可被检测到(Lilly et al., 2007)。亚历山大藻营养策略和生殖方式多样,既能够通过无性生殖进行繁殖,又能够通过有性生殖产生休眠孢囊,因此能够在多种生境中大量繁殖,在大片区域中持续生存的能力较强。

近年来,全球范围内亚历山大藻赤潮的频率、分布和范围都有增加趋势(Hosoi-Tanabe and Sako, 2005),对沿岸海洋生态造成了很大的负面影响。亚历山大藻赤潮能够造成养殖贝类染毒,导致海洋哺乳动物、鱼类、海鸟大量死亡,人类误食染毒贝类中毒的事件也常有发生,对旅游业和养殖业都会造成危害。20世纪70年代以前,麻痹性贝类毒素主要分布在北美、日本和欧洲沿海海域等,有记录的中毒事件大约有1600人次。70年代以后,麻痹性贝类毒素事件无论在数量还是在分布区域上都有明显增加,仅1970—1984年记录的麻痹性贝类毒素中毒事件就有900多次;到2009年,环北太平洋沿海地区、欧洲沿海、美国东海岸、北美洲南部和澳大利亚等海域也都有亚历山大藻和麻痹性贝类毒素的记录。中国近海亚历山大藻赤潮也频繁发生,麻痹性贝类中毒事件时有发生。

北黄海作为重要的经济贝类养殖区,近年来多次观察到亚历山大藻赤潮。2004年9月25日在大连海域金石滩黄嘴子湾常江嘴外养殖海区发生了链状亚历山大藻赤潮,细胞丰度达到$2\times10^6$ cells · $L^{-1}$;2006年9月中下旬,山东半岛的长海县南隍城岛附近海域首次发现亚历山大藻形成的赤潮,面积约为2.37 $km^2$,最大细胞丰度达$2.33\times10^8$ cells · $L^{-1}$。赤潮生物的分解消耗水体溶解氧,引起中下层水体严重缺氧,导致当地网箱养殖的鱼类全部死亡,赤潮过程中产生的毒素导致养殖的皱纹盘鲍死亡近半。

(4)球形棕囊藻赤潮

棕囊藻是一类常见的海洋浮游藻类,具有广温、广盐的特性,从极地至热带海域均有分布。棕囊藻能够产生二甲基硫醚(DMS)和二甲基丙磺酸(DMSP)。DMS进入大气中,是全球大气硫通量的主要组成部分,也是影响酸雨形成的重要因素,对全球硫循环、云核形成及气候调节有重大影响(齐雨藻等,2001)。棕囊藻也是一类重要的赤潮生物,在世界各海域频繁引发赤潮。我国的棕囊藻赤潮原因种主要为球形棕囊藻,球形棕囊藻生活史复杂,有两种典型的生活形态:游离单细胞和囊体(陈菊芳等,1999)。它常以群体的形式在我国近海形成赤潮。

我国自1997年东南沿海首次暴发球形棕囊藻赤潮以来(王朝晖等,1998),从渤海、东海至南海海域频繁有棕囊藻赤潮暴发,尤其以东南沿海居多,给我国的渔业、社会经济以及海洋环境造成巨大损失。

1997年10月至1998年2月,我国东海及南海粤东海域首次大规模暴发球形棕囊藻赤潮,覆盖范围从福建省厦门市以南至广东省东部海域。此次赤潮持续时间长、面积广、危害大,波及海域面积超过1000 $km^2$。赤潮重灾区广东饶平柘林湾的渔民反映,10月中旬开始出现棕囊藻泡状群体,至11月中下旬棕囊藻数量达到高峰并开始出现大量死鱼,造成当地养殖业经济损失逾6000万元(陈菊芳等,1999)。1999年6月,广东饶平海域再次暴发球形棕囊藻赤潮,面积超过400 $km^2$(中国海洋灾害公报,1999)。同年,广东南澳海域也出现了棕囊藻赤潮现象。

2000年以来,我国东南沿海的赤潮灾害日益频繁,球形棕囊藻作为优势种多次在我国近海引发赤潮。2002年2月中旬,海南儋州洋浦湾记录到一次球形棕囊藻赤潮,面积为10 $km^2$(梁玉波,2012)。2002年12月,汕头港外妈屿岛东海海域发生球形棕囊藻赤潮,赤潮面积约100 $km^2$。2003年1—2月,海南文昌市翁田镇景心角近岸海域发生棕囊藻赤潮,面积约30 $km^2$。同年7月,广东饶平柘林湾海域又一次受到棕囊藻赤潮影响,影响范围70 $km^2$。2003年12月至2004年1月,汕头港妈屿岛附近再次发生面积为200 $km^2$的棕囊藻赤潮(梁玉波,2012)。2004年11月初,汕头港外至企望湾暴发棕囊藻赤潮,影响面积约100 $km^2$。2004年11月中旬,汕头沿海发生棕囊藻赤潮,广澳岛附近约600 $km^2$的海域受到波及。2005年3—5月,广东湛江港发生面积约300 $km^2$的棕囊藻赤潮。2005年11月,广东徐闻县角尾乡发生面积约200 $km^2$的球形棕囊藻赤潮。2005年12月,汕头近岸海域再次受到球形棕囊藻侵扰,波及海域约100 $km^2$。2005年

11 月至 2006 年 4 月，自徐闻龙塘镇至雷州乌石沿岸暴发的球形棕囊藻赤潮影响海域达 700 km$^2$。2006 年 2 月，珠江口澳门机场至淇澳岛北部沿岸以及深圳后海湾发生了面积约 300 km$^2$ 的球形棕囊藻赤潮（窦勇等，2015）。2007 年 2 月，广东汕头及南澳岛周边海域发生面积超 200 km$^2$ 的球形棕囊藻赤潮；9 月，汕尾港区及附近海域发生面积约 30 km$^2$ 的棕囊藻赤潮（中国海洋灾害公报，2007）。2008—2009 年，汕尾港附近海域频繁发生小规模的棕囊藻赤潮。2009 年 11 月，珠江口海域出现大量球形棕囊藻。2015 年 1—2 月，海南儋州白马井和排浦镇近岸海域暴发球形棕囊藻赤潮，面积约为 100 km$^2$。9 月，福建泉州安海湾、围头湾海域暴发棕囊藻赤潮，面积约为 150 km$^2$（中国海洋灾害公报，2015）。

2004—2007 年，我国渤海海域多次暴发棕囊藻赤潮，但并未对养殖业造成显著的经济损失（于仁成和刘东艳，2016）。2004 年 6 月，黄河口附近海域首次出现球形棕囊藻赤潮现象，涉及海域面积约 1850 km$^2$。2004 年 8 月，辽宁省丹东市小鹿岛以西、大鹿岛以东海域发生面积约 83 km$^2$ 的球形棕囊藻赤潮。2005 年 7—8 月，山东东营附近海域东营港和 106 海区先后暴发棕囊藻赤潮，波及海域面积共 180 km$^2$，直接经济损失约 300 万元。2006 年 10 月，天津近岸海域发生球形棕囊藻赤潮，最大面积约 210 km$^2$。10 月下旬至 11 月初，河北黄骅附近海域发生了面积约 1600 km$^2$ 的球形棕囊藻赤潮（中国海洋灾害公报，2004—2006）。2007 年 10 月，天津北塘附近海域发生面积为 30 km$^2$ 的棕囊藻赤潮（梁玉波，2012）。

2008 年 6 月，东海长江口附近的舟山岱山赤潮监控区出现棕囊藻赤潮，面积约 1.4 km$^2$。

自 2010 年起，广西近岸海域开始受到棕囊藻赤潮的侵扰，给当地渔业造成了经济损失，并对核电设施的安全运行构成潜在威胁。2010 年 5 月，广西北部湾海域发生了一次影响面积约 150 km$^2$ 的棕囊藻赤潮（窦勇等，2015）。2011 年，北部湾海域记录到一次棕囊藻赤潮。2014 年 2 月 15 日至 3 月 7 日和 2 月 20 日至 3 月 10 日分别在北部湾近海的铁山港湾和廉州湾出现 2 起球形棕囊藻赤潮现象（李波等，2015）。2014 年 12 月至 2015 年 2 月，北部湾北部海域再次暴发较大规模的棕囊藻赤潮，防城港附近海域、钦州湾和北海附近海域都受到赤潮影响。

球形棕囊藻赤潮的频繁暴发给我国的海洋环境和社会经济造成了很大的影响。赤潮发生过程中，棕囊藻的胶质群体能够堵塞鱼鳃，影响其呼吸和摄食，从而造成鱼类窒息死亡（田晶晶，2010）。广西北部湾的棕囊藻赤潮更是一度威胁到核电设施的安全运行。大量的棕囊藻在赤潮后期死亡分解时会造成水体缺氧，影响水生生物的生存。棕囊藻产生的溶血毒素和二甲基硫醚（DMS）具有生物毒性，会对海洋动、植物产生毒害效应，严重时会导致鱼类大面积死亡，尤其对网箱养殖和对虾育苗危害更大。

### 11.2.2 绿潮灾害

绿潮（green tide）一般是由生长在潮间带上的海洋大型绿藻通过增殖并在海面上大面积漂浮、聚集所形成的一种生态异常现象（Anderson et al., 2002, Blomster et al., 2002）。在全世界范围内，引起绿潮现象的主要物种为绿藻门（Chlorophyta）中的石莼属（*Ulva*）、硬毛藻属（*Chaetomorpha*）、刚毛藻属（*Cladophora*）等大型海藻（Morand and Merceron, 2005）。绿潮通常发生于河口、内湾、泻湖和城市密集的海岸区域，在许多沿海国家均有报道（Charlier et al., 2007; Nelson et al., 2008; Yabe et al., 2009）。近年来绿潮的影响规模、发生频率和地理范围均呈明显的上升趋势，已经成为一个世界性的生态灾害（Teichberg et al., 2010）。绿潮暴发期间，大面积海域被覆盖，同时带来一系列的次生环境危害，造成严重的生态灾害和巨大的经济损失。绿潮的大规模暴发给我国沿海经济和海洋生态均造成了严重影响，浒苔也因此开始得到了政府和民众更多的关注，并成为学者们研究的重要对象。

（1）我国近海绿潮发生情况

近年来，我国北起大连、南到三亚的多个近岸海域都发生了不同规模的绿潮灾害，其中，在世界范围内发生规模最大的绿潮就是中国的黄海绿潮（Ye et al., 2011），黄海绿潮的原因藻种经鉴定为浒苔（*Ulva prolifera*）（Leliaert et al., 2009; Liu et al., 2010a; Liu et al., 2013）。

在我国，2006 年之前近海海域均无明显的浒苔海藻分布迹象，只出现零散的漂浮绿藻，海上分布面积很小。2007 年，中国黄海北部和中部局部海域首次发现了由浒苔大量增殖发生的绿潮。

2008 年，在我国黄海海域暴发了规模巨大的绿潮灾害。4 月开始，江苏近岸在海上作业的渔民就发现有少量的漂浮绿藻，并且在废弃的紫菜养殖筏架上附着有绿藻（易俊陶等，2009）。到 5 月 15 日在黄海西北部，距胶州湾约 170 km 处（江苏省连云港以东）海面发现有漂浮浒苔出现，并向西北方向移动，随后面积继续扩大，至 5 月 19 日分布面积达 4000 $km^2$，到 5 月 30 日，黄海中部包括江苏连云港海域、如东近海海域均出现了大面积漂浮浒苔，分布面积达到 16800 $km^2$（李德萍等，2009）。6 月 12 日，青岛近海出现面积约 8 $km^2$ 的浒苔聚集区，随后日照、海阳、烟台等地的近海海域出现大量浒苔，覆盖面积达 3800 $km^2$，分布面积为 23000 $km^2$。据中国海洋灾害公报的统计，到 7 月初，浒苔绿潮出现最大分布面积为 25000 $km^2$。黄海大规模浒苔绿潮直接威胁到青岛奥帆赛的顺利进行，造成了较为恶劣的影响，引起全世界的关注。为了保证奥林匹克帆船、帆板比赛的正常举行，青岛市政府动用大量人力、物力，先后投入 16000 多人参与漂浮浒苔清理，并且动用了 1600 多艘渔船和运输船，以及 1000 多辆卡车进行浒苔的打捞及运输工作（Gao et al., 2010），本次绿潮对山东省和江苏省造成的直接济损失分别为 12.9 亿元和 0.28 亿元，仅青岛海水养殖业的损失就高达 3.2 亿元（中国海洋环境状况公报，2009；中国海洋灾害公报，2009）。

2009 年，黄海海域再次暴发大规模浒苔绿潮。4 月 17 日在江苏省如东县太阳岛附近海域首次发现零星漂浮浒苔。6 月 4 日在江苏省盐城以东约 100 km 海域处发现漂浮浒苔，覆盖面积约 40 $km^2$，分布面积约 6500 $km^2$。随着浒苔的漂移、生长，7 月初浒苔的规模达到最大，实际覆盖面积约 2100 $km^2$，分布面积约 58000 $km^2$，分别比 2008 年增加 132% 和 223%，主要影响山东省南部近岸海域。进入 8 月以后，黄海漂浮浒苔逐渐减少，至 8 月下旬，山东近岸海域浒苔消失（中国海洋环境状况公报，2010）。

2010 年 4 月 20 日首次在江苏省如东太阳岛以东海域发现零星漂浮浒苔。6 月 13 日在江苏省连云港以东海域发现大面积浒苔，分布面积约为 5500 $km^2$，覆盖面积约 180 $km^2$。随着浒苔的漂移、生长，7 月初浒苔的规模达到最大，实际覆盖面积约 530 $km^2$，分布面积约 29800 $km^2$，主要影响范围为山东省日照、青岛、烟台和威海近岸海域（中国海洋环境状况公报，2010）。

2011—2014 年，黄海大规模绿潮接连发生，其覆盖面积为 280 ~ 750 $km^2$，实际分布面积达到了 19000 ~ 50000 $km^2$。近年来，青岛近岸海滩每逢夏季都会出现不同程度的漂浮浒苔堆积的现象，给当地的旅游景观造成严重破坏，影响青岛的旅游经济和人们的正常生活。

2015 年 5—8 月黄海沿岸海域发生浒苔绿潮。5 月，浒苔绿潮主要分布于江苏沿岸海域，首先在江苏射阳、如东海域发现有零星漂浮浒苔，逐渐向北漂移并不断扩大，最大分布面积为

42000 km$^2$,最大覆盖面积为 166 km$^2$。6 月,漂浮浒苔进入山东黄海沿岸海域,继续向北漂移并迅速扩大,影响至海阳、乳山及荣成南部等沿岸海域,最大分布面积约为 52700 km$^2$。7 月初漂浮浒苔覆盖面积达到最大,约为 594 km$^2$,而后漂浮浒苔范围开始逐渐缩小,至 8 月中旬,在山东黄海沿岸海域未发现漂浮浒苔。2015 年,黄海沿岸海域浒苔绿潮分布面积是近 5 年来最大的一年,较近 5 年平均值增加了 48%;最大覆盖面积比近 5 年平均值略大(中国海洋环境状况公报,2015)。

2015 年 5—8 月,在我国渤海秦皇岛沿岸海域也发生绿潮,经形态学初步观察分析,绿潮藻的主要种类有:浒苔、缘管浒苔、刚毛藻和红藻。2015 年 5 月,金梦海湾浴场(原西浴场)开始出现海藻,但总量不大。自 6 月进入暑期以来,金梦海湾 3.6 km 海域出现大量浒苔等海藻,并伴有明显异味。7 月海藻呈急剧增长态势。海碧台前方海域(前道西河至金梦海湾 1 号)形成了长 1000 m,宽约 20 m 的波影区。严重时目测波影区蔓延至海域几百米。随着海藻等漂浮物沉淀腐烂变质,海岸线部分沙滩海水受侵蚀变黑,污染水域已经无法海浴,对秦皇岛的旅游形象造成了一定的负面影响。

2016 年,绿潮灾害再次影响黄海沿岸海域,根据卫星遥感监测,5 月 10 日,在江苏盐城以东海域发现漂浮绿潮藻;5 月中下旬,绿潮持续向偏北方向漂移,分布面积不断扩大;5 月 25 日,绿潮进入北海区管辖海域;6 月中旬开始有绿潮陆续影响山东半岛沿海,分布面积持续较大;7 月中下旬,绿潮进入消亡期,分布面积逐渐减小;8 月 2 日前后,绿潮基本消亡(中国海洋环境状况公报,2016)。

(2) 起源地追溯与发展过程

研究表明,在青岛海域聚集的黄海,大规模浒苔绿潮并非来自青岛本地浒苔(Pang et al., 2010; Liu et al., 2010b),目前,关于青岛大规模浒苔绿潮的起源及发生原因,总体来说有以下几种观点。

① 苏北浅滩紫菜养殖筏架

这个观点提出最早,在 2008 年 6 月大规模浒苔绿潮在青岛沿岸聚集时,有专家根据漂浮绿藻中混有不少紫菜养殖用竹竿,Liu 等(2010c)基于漂浮绿藻遥感监测资料,并结合形态学与分子生物学方法,比较研究了青岛近岸漂浮绿藻与苏北紫菜养殖筏架定生绿藻异同,认为苏北紫菜养殖筏架固着绿藻和青岛漂浮绿藻同属于一个种,从而推测青岛大规模绿潮起源于苏北紫菜养殖筏架。

② 黄海南部沿岸海水动物养殖池塘

Pang 等(2010)通过对黄海南部沿岸海水动物养殖池塘中的绿藻、苏北紫菜养殖筏架定生绿藻、青岛近岸漂浮绿藻等进行 ITS 等分析,研究结果认为,江苏沿岸海水养殖塘中的漂浮浒苔样品的基因序列与黄海漂浮浒苔一致,而紫菜养殖筏架上附着浒苔样品的 ITS 基因序列不一致,因此养殖池塘中的绿藻和青岛漂浮绿藻同属于一个种,即浒苔,而青岛漂浮绿藻与苏北紫菜养殖筏架定生石莼属海藻不是同一种。同时,沿岸水产养殖(如河蟹育苗)过程中大量使用有机肥料,造成了江苏外海海水的富营养化,为绿潮的暴发提供了物质基础。因此,他认为黄海漂浮浒苔绿潮种源来源于江苏养殖池塘,而非紫菜养殖筏架。

③ 海底沉降浒苔

Zhang 等(2011)研究认为,在浒苔绿潮暴发期间逐渐沉降到海底的浒苔可为来年黄海绿潮的暴发提供藻源,而不是来源于陆源。Zhang 等(2011)分别在 2009 年 4 月、5 月和 7 月分别采集了江苏沿岸岸基定生绿藻、黄海中南部近岸海域漂浮绿藻和黄海中部近岸海域的漂浮绿藻,然后进行 5s Spacer 序列分析,结果发现黄海绿潮不是来源于陆源岸基。Zhang 等(2011)在 2009 年 7 月调查中发现在黄海中部海域海底有大量浒苔,拖网 1 h 可以获得 80 kg 浒苔,海底这些浒苔应该是当年刚沉积到海底的样品,次年 5 月在黄海中南部海域拖网调查中发现,拖网 1 h 可获取 2.8 kg 的沉积浒苔样品,他认为这些浒苔应该是前一年黄海绿潮暴发期间漂浮浒苔沉积到海底的样品。而且分子检测的结果表明这些沉积浒苔和漂浮浒苔为同一种,由此提出沉积到海底的浒苔藻体是来年绿潮的种源的观点。

④ 多点起源

基于山东半岛南部至长江口以北沿岸的养殖池塘、盐池、河口、入海闸口、水渠、滩涂以及苏北沙洲紫菜养殖区的调查所获取的大型绿藻样品,进行了分子生物学鉴定,结果发现,不同区域的定生浒苔群体以及不同年份的漂浮浒苔群体之间均存在遗传差异,漂浮群体的遗传多样性低于非漂浮群体,且连云港至山东半岛南部海域的漂浮浒苔存在先聚集后分散的现象。因此认为黄海大规模浒苔绿潮应该是大范围的多点起源(梁宗英等,2008)。

综上所述,至今关于黄海绿潮发生起源的解释,存在许多不同的观点。一种观点认为起源于苏北紫菜养殖筏架(Liu et al.,2010b;Keesing et al.,2011);另一种观点认为起源于水体中的绿藻微观繁殖体,并与沿岸池塘养殖密切相关(Pang et al.,2010);更有观点认为是多点起源,并在漂移过程中存在先聚集后分散的现象(梁宗英等,2008)。目前这些观点中,养殖筏架起源得到了更多专家和数据资料的支持。

(3)影响黄海绿潮的环境因素

绿潮之所以能成为一种灾害,是由多种多样的原因造成的,包括绿潮原因种——浒苔自身的生活特性和黄海海域特殊的环境条件,浒苔是一类广温、广盐、环境耐受能力非常强大的大型海藻,作为一种世界广布种,在海洋、河口以及海岸带均有分布,栖息环境也比较复杂,常见于中、低潮区的砂砾、岩石、滩涂以及石沼海岸。浒苔在包括黄海以及东海在内的中国各海区均有分布,尤其在东南沿海一带分布广泛。浒苔能依靠基部固着器固着在水底基质上,甚至有时还能够附生在大型海藻的藻体上。

绿潮的形成与浒苔自身的繁殖特征密切相关,其迅速生长的特性以及长期进化形成的多途径的繁殖方式是其在短期内形成巨大生物量的一个重要因素。浒苔生活史过程中通常有孢子体和配子体两个世代,孢子体的染色体数目是配子体的两倍。浒苔孢子体成熟后会形成孢子囊,在适宜的环境条件下释放孢子,孢子萌发后形成雌、雄配子体,藻体成熟后植株顶端细胞产生配子囊,放散配子。王晓坤等(2007)认为浒苔有两种不同类型的生活史,一种是同型世代交替,在该种生活史过程中,成熟的配子体能够放散雌、雄配子,然后两鞭毛的雌配子和雄配子结合形成合子发育成孢子体,附着萌发之后,成熟后的孢子体再释放孢子,进一步通过分裂生长成配子体,如此循环往复。第二种是单性生殖,浒苔配子不经过融合而发育成配子体,或成熟藻体不放散配子,而是直接在藻体上原位生长。

浒苔的繁殖方式比较多样化,通常包括营养生殖、有性生殖和无性生殖(Lin et al.,2008),而其复杂的繁殖策略也被认为是浒苔生物量迅速扩增的重要途径,在绿潮暴发高峰期,平均 1 g 浒苔藻体 30% 的叶片所形成的生殖细胞囊完全放散生殖细胞后,可以产生 $0.84\times10^8 \sim 8.21\times10^8$

株新藻体。漂浮浒苔强大的繁殖力是生物量快速扩增的重要原因,也是中国沿海绿潮暴发的一个主要原因。

综上所述,浒苔繁殖生活史的多样化是影响绿潮形成与规模的关键因素,从浒苔的生活史入手,从源头治理浒苔绿潮将是今后工作研究的重点。

### 11.2.3 水母灾害

水母是胶质类浮游动物中的一个重要类群。目前,世界范围内已经鉴定到的水母种类有1500余种,包括190余种钵水母(Arai,1997),20余种立方水母(Mianzan and Cornelius,1999),840余种水螅水母(Bouillon and Boero,2000),200余种管水母(Pugh,1999)和150余种栉水母(Mianzan and Cornelius,1999)等。随着人类对海洋探索的深入,会发现更多种类的水母(Lucas et al.,2011)。更为人类关注的是,近年来全球水母频繁暴发。水母暴发(jellyfish bloom)是海洋生态系统变化的指示器,可能是海洋生态系统退化的征兆。

水母是海洋食物网中的重要组成部分,随着水母暴发事件的增多,水母在海洋生态系统中的作用受到越来越多的重视(Purcell,1997;Mills,2001)。水母摄食浮游生物、鱼卵、仔稚鱼影响渔业资源量(Purcell and Arai,2001),改变浮游动物群落结构及生态系统营养结构(Shiganova et al.,2004),水母暴发通过摄食作用影响多个营养级,下行控制初级生产力(Pitt et al.,2007;Ahmet et al.,2008),水母暴发在生物地化循环中的作用尚不清楚,但是作用可能非常显著(Billett et al.,2006;Condon et al.,2011)。

(1)水母暴发的危害

① 渔业

水母暴发的危害性是人类最为关切的问题。水母作为海洋食物链的终结者,与鱼类之间相互影响、相互博弈。水母与鱼类竞争相同的食物饵料:大、中小型浮游动物,甚至原生动物;此外,水母还可以捕食鱼卵、仔稚鱼,甚至蜇死鱼类(Purcell,1985;Arai,1988;Bailey and Houde,1989;Purcell and Arai,2001)。因此,水母暴发可能会严重降低渔业资源以及产量,造成巨大经济损失。黑海淡海栉水母(*Mnemiopsis leidyi*)入侵大量摄食鱼卵、仔稚鱼以及甲壳类浮游动物,致使渔业资源严重下降(Canepa et al.,2014)。在纳米比亚海(Namibian waters),*Chrysaora fulgida* 和 *Aequorea forskalea* 已经取代了鱼类;2003年水母生物量增加到 $1.22 \times 10^7$ t,然而,鱼类生物降低到 $3.6 \times 10^3$ t,严重抑制了沙丁鱼资源恢复(Lynam et al.,2006)。大量的水母暴发会堵塞、毁坏渔网,蛰伤渔民,妨碍渔业正常生产,同样导致严重的经济损失(Purcell,2005;Purcell,2007)。同时,大量鱼类和水母混在围网内,筛选困难,被一同倾倒,过度浪费现象严重。秘鲁(Peruvian)南部沿海夏季 *Chrysaora plocamia* 暴发因上述情况,造成超过20万美元经济损失(Mianzan et al.,2014)。渔获物中水母含量超过40%,不会被厂家购买(Quiñones et al.,2013)。以色列近岸,水母每年降低8%拖网和46%刺网捕捞经济收入(Nakar et al.,2012)。1985年,的里雅斯特海的夜光游水母(*Pelagia. noctiluca*)192天内蜇伤了700名渔民(Axiak et al.,1991)。

② 养殖业

水产养殖业同样也遭受到水母暴发危害(Purcell et al.,2007;Purcell et al.,2013)。一方面水母蜇伤养殖技术人员(Purcell et al.,2007),更为严重的是,可能会导致一些养殖鱼类鳃的损伤,进而引起鱼类的死亡。西班牙近岸,夜光游水母降低了 *Dicentrarchus labrax* 生长,引起大量的死亡（Baxter et al., 2011）。2002年智利*Chrysaora plocamia*导致当地大量养殖鲑鱼（salmon）饥饿（Bravo et al., 2011）或者鳃（Palma et al., 2007）损伤窒息，使死亡率加倍。

③ 近岸基础设施

水母暴发堵塞近岸基础设施带来的严重后果也不容忽视，大量水母聚集在火力发电厂、核电站冷却水进水口附近，引起机组停机或者断电（Purcell et al., 2007）。韩国海月水母（*Aurelia* sp.1）暴发导致核电站数次关闭。2008年7月，我国秦皇岛发电厂堵塞的进水口超过4000多吨海月水母被清除（Dong et al., 2010）。据报道，*C. plocamia*曾堵塞智利沿岸海水淡化工厂，引起了饮用水危机（Mianzan et al., 2014）。

④ 旅游业

水母对旅游业的影响主要是蜇伤游人，甚至使人致死（Purcell et al., 2007）。2006年8月，西班牙东部、南部近岸*P. noctiluca*蜇伤超过14000名游客（Pingree and Abend, 2006）。澳大利亚*Carukia barnesi*和*Physalia* sp.引起的水母蜇伤由2001—2003年的每年88例，增加到2006年的10000多例和2007年的30000多例（Macrokanis et al., 2004; Purcell et al., 2007）。

（2）水母暴发的原因

全球水母暴发带来的灾难性的危害，引起许多科学家的反思。近十几年来，全球水母暴发的驱动因素是什么？是全球海洋生态系统正常的演替？还是人类活动引起的？目前，科学家普遍认为全球水母频繁暴发可能与人类活动有关，尤其是人类活动对近岸环境的扰动（Purcell et al., 2007; Purcell, 2005; Purcell, 2012; Richardson et al., 2009; Uye, 2011）。人类对海洋开发利用已经长达数千年，频繁地活动的海域中，目前2/3已经遭受过水母暴发危害（Halpern et al., 2008; Purcell, 2012）。导致水母暴发的关键驱动因子可能有以下几个方面。

① 气候变化（climate change）

近年来，由于人类活动加剧，大量化石燃料燃烧、汽车尾气的排放、森林砍伐等，温室气体日益严重；全球温度平均每十年将上升0.1～0.2℃，因此，海水表层温度（sea surface temperature, SST）也将呈现日益上升的趋势。全球变暖可能会增加水母的丰度，改变水母季节，延长水母持续时间，同时，影响水母的分布（Purcell et al., 2012）。一些区域性的研究表明，水母丰度与水温之间具有明显的正相关关系。北海南部（southern part of the North Sea）及爱尔兰海（Irish Sea）海月水母和霞水母的高丰度出现在暖年（Lynam et al., 2010; Lynam et al., 2011）。南美大西洋及太平洋近岸海域，*C. plocamia*的峰值与厄尔尼诺（El Niño）有关（Mianzan et al., 2014）。高温有利于切萨匹克湾（Chesapeake Bay）*Chrysaora quinquecirrha*（Decker et al., 2007）和丹麦西部北海（North Sea west of Denmark）海月水母和霞水母的增加（Lynam et al., 2010）。

然而，温度对水母丰度的影响，存在着区域性差异。并不是所有海域变暖都有利于水母种群增加。2001—2005年，白令海水母（*C. melanaster*）生物量急剧下降，与水温变暖有关，最高丰度出现在2000年适中的温度时（Brodeur et al., 2008）。南非*Pleurobrachia pileus*高峰年份出现在冷年（Purcell, 2012）。北海北部冷水的入侵使海月水母和发形霞水母（*Cyanea lamarckii*）数量增加（Lynam et al., 2010）。太平洋东北海域，*Chrysaora fuscescens*和*Aequorea* sp.高的丰度出现在冷的春、夏季，与冷年高生产力的加纳利上升流有关（Suchman et al., 2012）。高温可能会导致一些水母种类死亡。厄尔尼诺年的高温、高盐，引起帕劳群岛水母湖中的*Mastigias aurita*大量死亡，甚至几乎消失（Dawson et al., 2001）。因此，海洋变暖可能对区域间水母动态产生不同影响。温度的促进作用,需要就具体区域具体分析。

大多数水母生活史中,尤其是钵水母,世代交替现象明显。除了浮游的水母体外,生活史中,另一个阶段为底栖的水螅体时期。水螅体可以通过出芽、匍匐茎及足囊等无性繁殖方式,使种群数量增加(Aria, 2009; Han and Uye, 2010; Lucas et al., 2012; Purcell, 2012);此外,水螅体可以利用横裂生殖释放碟状体,进而促使水母暴发。由此可见,底栖阶段水螅体种群动态变化可能决定了水母体阶段的暴发。温度变化对水螅体种群的影响尤为重要。室内实验表明,大多数海月水母出芽量、霞水母足囊数随着温度增加而增加(Han and Uye, 2010; Holst, 2012; Thein et al., 2013; Purcell et al., 2009, Purcell et al., 2012; 孙明等, 2013)。一般来说,温带种如地中海、北海及华盛顿海域的海月水母、金黄水母、*Chrysaora quinquecirrha*、*Chrysaora hysoscella* 和 *Cyanea* spp. 横裂发生在≤ 15℃时(Purcell, 2007; Holst, 2012; Purcell et al., 2012)。温度升高可能会缩短横裂体形成时间,提高碟状体产量,使水母体季节提前(Holst, 2012; Purcell et al., 2012)。而对于热带种来说,台湾的海月水母在适中的温度下,释放的碟状体数最多(Liu et al., 2009)。野外水螅体种群长期动态变化与温度之间关系的研究很少报道。大多数野外水螅体监测仅限于1~2年,而且大多针对海月水母(Miyake et al., 2002; Willcox et al., 2008; Purcell et al., 2009; Di Camillo et al., 2010; Ishii and Katsukoshi, 2010; Toyokawa et al., 2011; Makabe et al., 2014)。2003年8月前,塔斯马尼亚岛水温比2004年高,此时,海月水母2003年横裂时间明显提前到8月初(Willcox et al., 2007)。未来,需要更长时间的野外水螅体动态监测资料来探讨温度变化对水母种群的影响。

② 富营养化(eutrophication)

工业革命以来,全球可利用N增加了2~3倍(Howarth, 2008),个别海域(Mar Menor, 西班牙)甚至增加了十几倍(Purcell, 2012)。随着农业化肥及有机肥的使用、生活污水的排放、化石燃料的燃烧及汽车尾气的排放等,海洋中富营养化现象日益严重。在富营养化的海域,除了营养盐增加以外,其比例也出现了失衡,同时,水体浑浊度变得更高(Purcell, 2007; Purcell, 2012)。

水体高的营养盐增加了各营养级的生物量,有利于水母体、水螅体获得更多食物饵料(Daskalov, 2002; Purcell, 2007)。水体中高的N:P促使以硅藻为主的浮游植物群落向以鞭毛藻、甲藻为主的群落转变(Greve and Parsons, 1977; Nagai, 2003),进而引起中小型浮游动物的增加(Uye, 2011)。鱼类主要捕食大型浮游动物,而水母没有选择性地捕食大型、中小型浮游动物,因此,食物结构的改变有利于水母的暴发。西班牙 Mar Menor 湖高的N:P可能导致了1993年以来 *Cotylorhiza tuberculata* 和 *Rhizostoma pulmo* 的暴发(Pérez-Ruzafa et al., 2002)。研究表明,富营养化海域高的浑浊度也会影响鱼类捕食,浑浊度越高,竹荚鱼(jack mackerel)对鳀鱼卵摄食率越低,但是对海月水母没有影响(Purcell et al., 2012)。19世纪70年代,挪威海峡富营养化水域引起的低透明度的增加,使 *Periphylla periphylla* 大量暴发,鱼类逐渐减少(Eiane et al., 1999; Sørnes et al., 2007; Asknes et al., 2009)。

富营养化利于水母暴发的另一个重要方面的原因是低氧。水母比鱼类更耐低氧,水体溶解氧(DO)小于3 mg·L$^{-1}$时,鱼类会逃避或者死亡(Breitburg et al., 2001)。但是,大多数水母种会耐受低氧≤ 1 mg·L$^{-1}$(Purcell et al., 2001),如 *Aequorea victoria*、*Cyanea capillata*、*Polyorchis penicillatus*、*Aurelia labiata* 和 *Phacellophora camtschatica* 等(Rutherford and Thuesen, 2005)。切萨匹克湾的 *Chrysaora quinquecirrha* 和 *Mnemiopsis leidyi* 在溶解氧小于2 mg·L$^{-1}$时,有利于存活时

间的延长(Condon et al., 2001)。广岛湾(Hiroshima Bay)底层溶氧浓度最低时($2\sim3$ mg·$L^{-1}$),海月水母(*Aurelia* sp.1)丰度最高(Shoji et al., 2010)。低氧可以增加水母体对鱼卵的摄食,但是鱼类却下降(Shoji et al., 2005)。因此,低氧增加了水母体的存活率以及对饵料的竞争能力。另外,低氧可能也有利于水螅体。水螅体耐受低氧,而底栖生物会死亡或者逃避。由此,低氧增加了水螅体的生存空间,提高了生态位的竞争力。水体溶解氧为 1.3 mg·$L^{-1}$ 时,海月水母浮浪幼虫附着率最高,56 天后水螅体存活率基本维持不变(Miller and Graham, 2012)。

室内研究发现,低氧条件下污损生物群落覆盖度明显降低,空间变多,水螅和藤壶丰度下降(Miller and Graham, 2012)。夏季东京湾底层的低氧,同样降低了污损生物生长和补充;低氧条件下,水螅体仍然可以生长、出芽;冬、春季,低氧消失后仍然可以横裂,足囊可以脱胞囊萌发(Ishii et al., 2008; Thein et al., 2012; Kawahara et al., 2013)。东京湾野外海月水母水螅体大多分布在 2 m 以下底层,底层的低氧导致更少污损生物附着,给水螅体生存带来了足够的空间(Ishii and Katsukoshi, 2010)。富营养化对水母体的促进影响还需要长期的积累数据来进一步验证。

③ 过度捕捞(overfishing)

海洋生态系统中,水母与鱼类之间互相影响、互相制约。许多经济鱼类和一些爬行动物以水母为食,如鲳鱼、大马哈鱼、白斑角鲨和海龟等(Purcell and Arai 2001; Arai, 2005)。为了满足人类需求,对鱼类的过度捕捞,可能导致水母捕食者降低。天敌的减少可能促进了水母的暴发。目前,太平洋海龟 *Dermochelys coriacea* 的数量正在急剧减少(Spotila et al., 2000)。1981—2000 年,大西洋西北近岸栉水母剧增(Link and Ford, 2006),白斑角鲨的过度捕捞是必不可少的原因。过度捕捞可能引起水母暴发的另一个原因在于增加了水母对饵料的竞争力。水母与鱼类竞争几乎相同的食物,大、中小型浮游动物。过度捕捞导致鱼类减少,为水母快速生长、发育提供了充足的饵料来源。1977—1988 年,黑海的过度捕捞导致大量食浮游动物的鱼类下降,而此时,海月水母和淡海栉水母频繁暴发(Daskalov et al., 2007)。缅甸湾(Gulf of Maine)管水母 *Nanomia cara* 的增加与食浮游动物鱼类的下降有关(Mills, 2001)。

④ 海洋人工基质的增加(artificial substrate)

海洋人工基质的增加,包括海洋建筑、海洋固体垃圾等,对水母暴发的贡献主要表现在底栖水螅体阶段。相关研究表明,人工硬质基质如塑料、木板、泡沫、混凝土块等,均是浮浪幼虫和水螅体良好的附着基,甚至优于自然基质贝壳(Holst and Jarms, 2007; Hoover and Purcell, 2009)。日本东京湾(Tokyo Bay)、三河湾(Mikawa Bay)、Kogoshima 湾,美国切萨匹克湾,澳大利亚亚得里亚海北部(Northern Adriatic Sea)等海域水螅体潜水调查也证明了水螅体可以附着生长在船坞、浮码头底部、桥墩等人工建筑上(Miyake et al., 2002; Willcox et al., 2008; Purcell et al., 2009; Di Camillo et al., 2010; Ishii and Katsukoshi, 2010; Toyokawa et al., 2011)。Makabe 等(2014)报道了日本濑户内海港口增加的浮码头使海月水母碟状体数量扩增了 4 倍,证明了新增加的人工基质对水母暴发的确有显著的贡献。

⑤ 水产养殖(aquaculture)

近年来,日益增加的水产养殖业也是影响水母频繁暴发的一个重要因素。一方面,水产养殖业可能引起水体富营养化,从而利于水母暴发。另一方面,大量的养殖伐架、养殖贝类壳同样为水螅体提供了良好的附着基。此外,养殖区域水流比较稳定,水母体容易聚集,同时,为水母体和水螅体提供了遮阴的场所。一个典型的例子就是台湾的大鹏湾;2002 年之前,牡蛎和鱼类大量养殖,水体富营养化严重,1999—2002 年海月水母大量暴发。2002 年 6 月,养殖伐架去除以后,海月水母大幅度减少,富营养化水体明显得到改善(Lo et al., 2008)。因此,水产养殖结合了富营养化和人工基质的双重效应。随着水产养殖业的快速发展,它对水母暴发的影响可能日益突出。

⑥ 外来种入侵(transportation of nonindigenous species)

一些水母由于人为意外如跟随压舱水等,引入到新的海域,因缺乏捕食者以及适宜的生长环境,很容易引起水母突然性的暴发,导致生态系统的崩溃,造成巨大的经济损失。19 世纪 80 年代初,淡海栉水母由美国东部海岸首先入侵到黑海,造成了鱼类的大幅度减产(Kideys, 2002),之后该水母又入侵到亚速海、地中海和里海(Graham and Bayha, 2007),近年来大量出现在黑海和波罗的海(Faasse and Bayha, 2006; Hansson, 2006)。*Phyllorhiza punctate* 起源于亚洲东南、澳大利亚海域,现在已经扩散到大西洋近岸、太平洋中部和东部、地中海和加勒比海(Verity et al., 2011)。

水母暴发可能是多种因素相互作用的结果。不同海域间暴发的驱动因素可能不同,而且,对水母生活史各阶段的影响也不同。黑海淡海栉水母的暴发可能是前期生态系统的破坏、气候变化(Oguz, 2005)、过度捕捞(Daskalov, 2002)以及初期捕食者缺失(Purcell et al., 2001)综合作用的结果。1990—1999、2006—2011 年白令海水母暴发(主要是 *Chrysaora melanaster*)可能仅仅与气候变化和过度捕捞有关(Brodeur et al., 2008)。因此,水母暴发机制的探讨要综合考虑,具体情况具体分析,找到根源,从而防患于未然。

(3)我国近海灾害水母研究现状

近年来,东亚海域已成为水母暴发的重灾区。海月水母与沙海蜇是我国近海暴发的主要大型水母种类,其中,沙海蜇(*Nemopilema nomurai*)(Kishinouye, 1922)是最为严重的灾害水母。沙海蜇是世界上最大的水母之一,最大伞径可达 2 m,湿重达 200 kg(Shimomura, 1959; Yasuda and Toyokawa, 2007)。近十几年来,沙海蜇频繁暴发于我国东海北部、黄海、渤海(图 11.1),日本海以及韩国海域(Uye, 2011; Zhang et al., 2012; Yoon et al., 2014; Sun et al., 2015; 王彬等, 2012; 王彬等, 2013)。沙海蜇频繁暴发对东亚地区旅游业、渔业经济以及海洋生态系统健康发展带来严重威胁。据不完全统计,1994—2006 年,中国近岸沙海蜇蜇伤事例多达 2500 多起,导致 13 人死亡(Dong et al., 2010)。近年来,中国黄东海渔业资源拖网调查时,渔获物中 90% 均为沙海蜇(Sun et al., 2015)。2006 年 9 月,在最大捕获率的情况下,黄海沙海蜇平均摄食率为 8.37

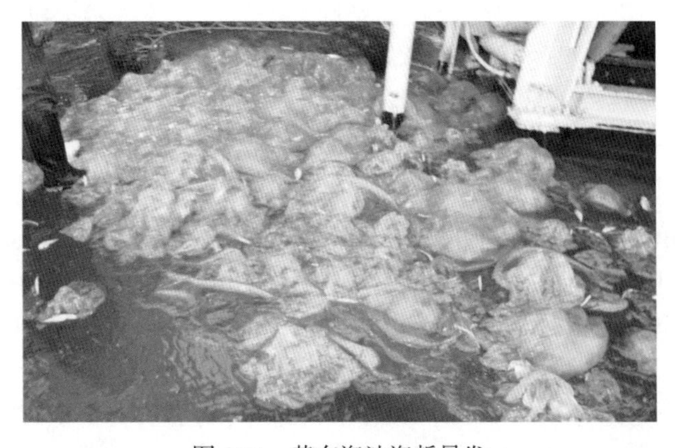

图 11.1 黄东海沙海蜇暴发

（0.12 ~ 37.83）mg C · $m^{-2}$ · $d^{-1}$；平均每天对浮游动物现存量和生产力的摄食压力分别为11.2%（0.17% ~ 50.6%），134.1%（1.98% ~ 605.7%）（张芳，2008）。由此可见，沙海蜇频繁暴发对浮游动物群落，乃至整个海洋生态系统会造成巨大的压力。

① 海月水母

海月水母（*Aurelia aurita* Linnaeus，1758）是全球广布种，隶属于钵水母纲（Scyphozoa）、旗口水母目、洋须水母科、海月水母属，广泛分布在北纬70°至南纬40°的沿岸海域（Russell，1970）。在我国大连、烟台、威海、青岛等地沿海均有暴发，2009年海月水母在北黄海烟台海域暴发，平均丰度0.62 ind · $m^{-3}$，丰度最大的区域为2.28 ind · $m^{-3}$；2009年海月水母在胶州湾丰度高值为1.3 ind · $m^{-3}$（万艾勇，2012；Dong et al.，2012）；在台湾西南部的大鹏湾也时有发生（Lo et al.，2008）。海月水母多分布在人类活动较集中的海湾、河口，因此对人类造成的影响较大，更容易造成危害，海月水母堵塞发电厂冷却水系统、影响渔业生产的事件频发（Dong et al.，2010；Ki et al.，2008；Sun et al.，2011）。

近年来对胶州湾2007—2011年夜光虫丰度的年际变化和海月水母丰度变化研究发现，发生海月水母暴发的2009年和2011年，海月水母出现的4—7月夜光虫平均丰度分别为1112.3 ind · $m^{-3}$和712.5 ind · $m^{-3}$，非水母暴发年份4—7月夜光虫平均丰度在2381.1 ~ 17565.4 ind · $m^{-3}$。海月水母丰度大的年份，夜光虫丰度小。室内培养实验发现海月水母碟状体和水母体均能够摄食夜光虫，摄食率随伞径线性增加（0.5 ~ 8 cm；$R^2$=0.3663，$p$<0.01）；随夜光虫细胞丰度线性增加（10 ~ 2000 cells · $L^{-1}$；$R^2$=0.955，$p$<0.01）。当夜光虫细胞密度为10 ind · $L^{-1}$时，碟状体对夜光虫的清除率为0.02 $h^{-1}$；8 cm的海月水母对夜光虫的清除率为0.36 $h^{-1}$。因此，我们认为海月水母对夜光虫丰度存在潜在调控作用。

在胶州湾，每年5—6月大量出现海月水母（*Aurelia* sp.1）碟状体，碟状体大量出现时的温度范围在12 ~ 18℃，温度和海月水母碟状体出现时间关系密切。海月水母水母体7月伞径达到最大值，8月以后丰度及伞径均减小。碟状体在5℃和10℃下可以维持较高的存活率，但是不能发育为水母体，在15℃和20℃时，可以迅速发育为水母体。结合野外调查和室内实验结果，初步构建了海月水母在胶州湾的生活史模型。水螅体在胶州湾全年存在，可以通过出芽和足囊等方式进行无性繁殖，春季温度升高时水螅体发生横裂释放碟状体，5、6月温度上升到15℃以上时碟状体生长迅速，发育成水母体，7月以后水母体达到性成熟进行有性繁殖释放浮浪幼虫，9月末海月水母消亡。胶州湾码头、跨海大桥、养殖阀架等为水螅体附着提供了良好的基质，富营养化的高生产力环境提供了充足的饵料，为水母暴发提供了基础。

② 沙海蜇

Sun等（2015）发现，长江口近岸海域是沙海蜇最重要的发源地之一。碟状体和后期碟状体最早出现在该区域5月，伞径为2 ~ 25 mm。水母幼体发生于5月底、6月初。6月水母体遍布于北纬31.5° ~ 36°，聚集区在北纬32° ~ 34°。2013年，沙海蜇生物量、丰度由6月391 ± 1360 kg · $km^{-2}$、154 ± 341 ind · $km^{-2}$迅速增加到8月的14634 kg · $km^{-2}$、688 ± 1057 ind · $km^{-2}$；此时，沙海蜇几乎遍布于东海北部及整个黄海海域北纬30° ~ 37°。9月时丰度达到最大值，分别为16026 ± 37822 kg · $km^{-2}$、1395 ± 3512 ind · $km^{-2}$。10月大量沙海蜇死亡，个别发现于黄海北部北纬36°，南部没有水母体发现（Sun et al.，2015）。经过多年调查，Sun等（2015）确认沙海蜇分布界限为北纬30°以北，认为长江冲淡水、台湾暖流及黑潮其他分支组成的流系可能是影响沙海蜇分布界限的主要原因。

渤海海域，沙海蜇在辽东湾调查研究较多。王彬等（2010）首先报道了辽东湾沙海蜇幼体出现在6月上旬辽东湾北部，伞径为2～10 cm。2008—2011年的野外调查中，发现辽东湾北部河口可能是沙海蜇发生地之一（王彬等，2013）。6月上、中旬，沙海蜇水母分布不规则，密集区在双台子河口5 m等深线内。6月下旬，海区基本上遍布沙海蜇，然而在辽东湾西北和东北部5～10 m等深线内分布较少。总的来看，与6月上旬相比，6月下旬沙海蜇密度降低。7月沙海蜇伞径明显增大，平均为33～65 cm。但是，浅海区5 m以内沙海蜇密度明显降低，向深水区5～10 m等深线移动。8月中旬时，近海5 m等深线内分布更少，密集区主要分布在10～20 m等深线区域，水母体生长到50～65 cm（王彬等，2012；王彬等，2013）。

# 11.3　近海生态系统变化趋势

针对我国近海生态系统的演变以及日趋严峻的生态灾害问题，急需探究近海生态系统的演变趋势，并在此基础上揭示近海生态灾害发生的关键过程与机理，提升对生态灾害发生的预测预警能力和生态系统演变趋势的科学认识，维护近海生态系统健康和沿海经济的可持续发展。

## 11.3.1　近海生态环境变化趋势

（1）近海营养盐变化趋势

根据我国近海生态区系的特点分别进行营养盐长期变化的研究表明，自1985年以来，苏北沿岸低盐海域$NO_3^-$-N浓度呈现出逐渐增高的变化趋势，磷酸盐浓度夏季变化趋势不明显，冬季总体上呈逐渐增加的趋势；硅酸盐浓度也呈现出逐渐增高的变化趋势。黄海中央高盐群落区位于黄海冷水团海域，其营养盐季节变化明显，冬季硝酸盐、磷酸盐和硅酸盐浓度显著高于夏季。20多年来，夏、冬季溶解无机氮皆呈逐年增加的趋势。磷酸盐浓度整体较低，夏季呈缓慢增加的趋势，而冬季浓度基本保持不变。夏季，硅酸盐浓度从1980年到1997年呈逐渐降低的趋势，1997年以后浓度逐年增加；而在冬季，浓度整体上呈逐渐升高的趋势；硅酸盐总体呈现先降低后升高的趋势，可能与河流输入和大气沉降（降雨形成的湿沉降可影响地表过程）的多年变化存在一定的联系。从1984年开始长江口低盐群落区DIN浓度逐年增加，至2002年浓度达到最高，之后DIN的浓度逐渐降低。磷酸盐的变化趋势与DIN相似，从1984年到2003年磷酸盐的浓度逐年升高，2003年后磷酸盐浓度逐渐降低。长江口外群落交错区营养盐的变化趋势与长江口低盐群落区相似，DIN和磷酸盐均呈现先升高后降低的趋势，但其变化幅度小于长江口低盐群落区。长江口外群落交错区和长江口低盐群落区DIN的历史变化趋势主要受到长江溶解无机氮输送通量的影响，长江向长江口输送的DIN通量从1972年开始呈逐年增加的趋势，至1998年达到最高；2000年以后DIN通量呈逐渐降低的趋势。因此，长江口外群落交错区和长江口低盐群落区DIN呈低—高—低的变化趋势主要受长江氮输送的影响。

（2）近海浮游植物群落变化趋势

由于过去几十年来渤海浮游植物的研究缺乏应有的空间上的密度和时间上的频度，所以很难从细微尺度上区分浮游植物群落的变化。孙军等（2003b）对渤海浮游植物群落结构从

1958—1999 年的变化进行了初步比较，发现浮游植物群落中硅藻占总浮游植物细胞丰度的比率在 1982—1983 年、1992—1993 年和 1998—1999 年分别是 91.2%、91.5% 和 86.8%。由于渤海浮游植物群落主要是由硅藻和甲藻构成的，这表明近几十年来渤海浮游植物群落由以硅藻占绝对优势转变为硅藻和甲藻的联合占优。Ning 等（2010）在渤海海域也观察到了明显的浮游植物演替，硅藻对甲藻的相对丰度比例降低。1982—1998 年，渤海海域氮磷的比率由 1.6 增加到 16.12，而硅氮的比率则由 13.2 降到 1.32（Yu et al., 1999）。通常认为，对于磷的竞争导致群落中大细胞的硅藻被绿藻所代替，而对于硅的竞争则导致群落中大细胞的硅藻为大细胞的甲藻所替换。渤海氮磷的比率增加造成调查区部分海域绿藻的普遍出现。黄河的断流期由 1982 年的 10 天增至 1995 年的 119 天，其对渤海陆源输入的硅含量锐减，造成渤海近 20 年硅氮比率的降低。甲藻在渤海浮游植物群落中的比值增加可能与硅氮比率减少密切相关。

通过对 2011—2013 年、2000—2003 年以及 1958 年、1959 年全国海洋综合调查时期的网采浮游植物生物量、硅甲藻相对比例和种属组成的比较研究发现，南黄海浮游植物群落在近岸海域的变动最为明显，尤其是在浮游植物生物量丰富的夏季时期，陆源输入带来的理化环境改变是重要的影响因素。不同季节的浮游植物群落生物量及群落结构的长期变动存在差异，其中浮游植物总生物量在春季和夏季具有显著的增长趋势，而在秋季未出现明显变动。浮游植物的空间分布格局的长期变化同样表现出季节上的差异，春季和夏季浮游植物高生物量的分布范围明显增加，甚至在外海海域也有碳含量高值区域的出现，低碳含量区域的范围明显缩小。而在秋季，不同时期浮游植物总生物量的空间分布格局大体一致，均以西部近海海域为碳含量的高值区域，东部广阔的外海海域的浮游植物碳含量始终处于较低水平。南黄海海域甲藻的生物量相较于全国海洋综合调查时期有显著的增长，且其分布范围有增大趋势。黄海海域春季甲藻的数量由 1986 年的 11.1% 上升到 1998 年的 30.5%（Lin et al., 2005）。同样以硅藻占绝对优势的胶州湾海域，2001—2008 年网采浮游植物中甲藻的平均密度约为 1991—2000 年的 3.3 倍。自 2003 年之后，甲藻在夏季经常成为一些站位的优势种类，表明其存在数目增长和分布范围扩大的趋势。

近 50 年来，长江口海域浮游植物群落的物种组成、细胞丰度及优势种发生了很大的变化。该海域浮游植物组成仍以硅藻占优势，但所占比例呈现下降趋势，而甲藻比例正在逐渐上升；优势种种数下降，中肋骨条藻的优势地位没有变化；甲藻在优势种组成中的比例增加，出现了具齿原甲藻（*Prorocentrum dentatum*）、夜光藻（*Noctiluca scientillans*）和纺锤角藻（*Ceratium fusus*）等优势种；而硅藻在优势种组成中的比例下降，部分物种虽有出现，但已经不再是优势种，如角毛藻（*Chaetoceros* sp.）、尖刺伪菱形藻（*Pseudo-nitzschia pungens*）、太阳漂流藻（*Planktoniella sol*）、菱形海线藻（*Thalassionema nitzschioides*）等；浮游植物细胞数量与历史资料相比呈现上升趋势，而物种多样性明显下降，这是中肋骨条藻的绝对优势地位以及甲藻数量上升但分布的不均衡所导致的（章飞燕，2009）。长江口海域的研究表明，硅藻比例下降，群落中甲藻的丰度及种类显著升高，甲藻赤潮的暴发频率也有所升高（Zhou et al., 2008）。

林更铭和杨清良（2011）阐述并比较了 1984—1985 年和 2006—2008 年台湾海峡浮游植物分布的时空变化特征，发现浮游植物物种多样性指数和均匀度分别由 3.29 和 0.62 降至 2.90 和 0.55；平均细胞丰度增加 3.7 倍，由 $372.0\times10^4$ cells·$L^{-1}$ 增加到 $1738.8\times10^4$ cells·$L^{-1}$。种类组成中暖水种比例提高了 7.3%，由 45.9% 上升到 53.2%；浮游植物主要优势种组成趋于简单和小型化，如小型硅藻柔弱拟菱形藻（*Pseudo-nitzschia delicatissima*）和细弱海链藻（*Thalassiosira subtilis*），其平均丰度和优势度显著提高。浮游植物群落的这些年代际分布变异可看作全球气候长期变暖背景下对台湾海峡环境变化的生态学响应迹象。综合中国近海浮游植物群落结构长期变化规律，可以发现甲藻类浮游植物的生物量所占比例升高是中国近海海域的浮游植物群落的一个明显趋势。

近几十年来，受气候变化与人类活动的双重影响，中国近海生态环境已经发生了显著的改变，浮游动物群落对环境变化的响应主要表现在以下几个方面。首先是种类组成和优势种的改变。受气候变化影响，我国近海暖流有增强的趋势，导致浮游动物的地理分布发生改变。台湾暖流往北入侵到长江口海域，热带—亚热带桡足类锥形宽水蚤（*Temora turbinata*）于夏季在该海域大量出现成为优势种（Zhang et al.，2010）；与此同时，东海暖流范围继续向北延伸，导致南黄海太平洋磷虾（*Euphausia pacifica*）、拟长脚虫戎（*Parathemisto gaudichaudi*）等偏冷水的物种向北迁移（徐兆礼和李春鞠，2005；周进等，2009）。根据1959年全国海洋综合调查结果，腹针胸刺水蚤（*Centropages abdominalis*）是北黄海獐子岛海域春夏季的优势种，而在2009年这种优势种的地位已被克氏纺锤水蚤（*Acartia clausi*）取代。在1959年普查期间，肥胖箭虫（*Sagitta enflata*）仅出现在南黄海以南海域，小齿海樽（*Doliolum denticulatum*）仅分布于东海和南海；而2009年、2011年和2012年同期均观察到这两种暖水性外海种广泛分布于北黄海南部海域（杨青等，2012；邹艺伟等，2013）。

其次是丰度的改变。与1959年同期历史数据相比，2011—2012年4个季节主要优势种中华哲水蚤（*Calanus sinicus*）在北黄海的平均丰度均有所升高，其中以夏季的增幅最为显著，由1959年的34.7 ind·$m^{-3}$上升为2011年的255.9 ind·$m^{-3}$，增加了近6.4倍（邹艺伟等，2013）。南黄海也得到了类似的结果，1959年6月，*C. sinicus*的丰度为912～1330 ind·$m^{-3}$，到2000—2009年6月中华哲水蚤的丰度为2035～24500 ind·$m^{-3}$，这种大型桡足类丰度的增加被认为与海水的升温、营养盐浓度的升高和鱼类的过度捕捞有关（Kang et al.，2007；陈峻峰等，2013；时永强等，2016）。同时，强壮箭虫（*Sagitta crassa*）夏季的平均丰度由1959年的12.2 ind·$m^{-3}$上升为43.9 ind·$m^{-3}$，增加了2.6倍（邹艺伟等，2013）。小型水母类和海樽类在南黄海的丰度一般较低，但是在2007年出现暴发式增加（Liu et al.，2012；时永强等，2016），胶质类种群剧烈变动被认为与气候变化引起的环境变异有关。

另外，全球变暖致使海洋生物的物候发生改变（Edwards and Richardson，2004；Mackas et al.，2012；Thackeray et al.，2016；Chevillot et al.，2017）。在中国长江口海域，1959—2005年海水表层温度显著升高，*C. sinicus*季节性峰值相应地提前了近1个月（Xu et al.，2011）。由于不同功能群和营养阶层对气候变化响应的程度不同，这将造成营养级间物候的不同步，捕食者与被捕食者出现的时间不匹配，从而引起食物网结构的改变，最终导致生态系统的体制转变（Edwards and Richardson，2004；Beaugrand and Kirby，2010）。

### 11.3.2 近海生态灾害的演变趋势

（1）赤潮灾害演变趋势

纵观我国沿海的赤潮问题可以看出，我国近海的赤潮呈现出发生频率上升、规模扩大、赤潮生物种类增多、赤潮危害加剧等显著的特点。近30年来，我国近海赤潮暴发次数以每十年增加3倍的速率上升（图11.2）；赤潮的规模也在不断扩大，20世纪80年代以前，藻华灾害影响范围一般不超过几百平方千米，从90年代末开始，藻华灾害影响范围动辄达几千甚至上万平方千米；同时，赤潮生物种类也在不断增多，20世纪的赤潮生物多以骨条藻等无毒硅藻为主，而近期亚历山大藻、米氏凯伦藻、裸甲藻、东海原甲藻等有毒有害甲藻不断出现。米氏凯伦藻已经在我国沿海四个海域都形成过赤潮，棕囊藻也在渤海、东海和南海形成过赤潮。特别值得强调的是，在我国以往较少出现的大型藻藻华近期也屡屡出现，在山东半岛、海南三亚、广西北海等地形成藻华。2008年，黄海海域发生了特大规模浒苔藻华灾害，影响海域面积近3万 $km^2$，是文献报道中全球规模最大的一次绿潮灾害事件。同时，赤潮的危害效应也在不断加剧，有毒有害赤潮所占的比例越来越高，对人类健康、水产养殖和自然生态构成了巨大的威胁。

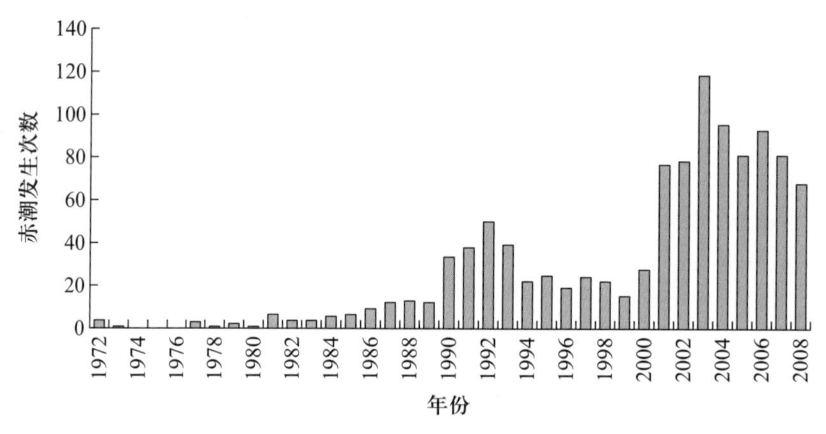


图11.2　20世纪70年代至今我国沿海赤潮发生情况

在全球范围内，近海赤潮的变化趋势与我国非常相似，这与近海富营养化不断加剧、全球变化效应逐渐显现，以及赤潮藻类的全球散播存在密切的关系。对于我国近海赤潮灾害的演变趋势、过程及其危害效应，我们的认识还非常肤浅，亟待通过生态学和海洋学多学科的交叉综合研究，对不同赤潮藻类的适应策略、赤潮灾害形成与演变的机制、富营养化的驱动机制，以及赤潮对生态系统的危害机理等开展系统研究，才有可能做出科学回答，并提出合理可行的防范对策和措施。

（2）水母灾害演变趋势

近年来，东海、黄海及渤海富营养化日益严重。长江口N、P含量自1960—2005年呈指数性增加，2002年N∶P高达35，严重超出了正常阈值（16∶1）（Wang et al., 2006）。中国近海赤潮的暴发已经由硅藻为主演替成以甲藻为主，如东海原甲藻（*Prorocentrum donghaiense*）、米氏凯伦藻（*Karenia mikimotoi*）和亚历山大藻（*Alexandrium catenella*）（Zhou et al., 2008；Zhou, 2010；Glibert et al., 2011）。食物链的结构可能会发生改变。大型桡足类种群数量因甲藻毒性作用及营养缺乏而降低（Lin et al., 2014）；由于富营养化带来高的溶解有机物，细菌及原生动物可能会快速增加，使得中小型浮游动物生物量增加，同时呈现浮游动物小型化趋势（Purcell, 2007；Purcell et al., 2012；Uye, 2011）。因此，为大型水母沙海蜇快速生长提供了足够的饵料条件。

富营养化引起的低氧也是重要因素，长江口低氧区日益严重、分布范围逐渐扩大。1999—2007年，夏季长江口低氧区域由13700 $km^2$ 增加到20000 $km^2$（李道季等，2002）。低氧使鱼类逃避甚至致死，同时降低底栖生物、污损生物的存活和生长，然而水母体和水螅体耐受低氧，甚至可以正常生长、繁殖。因此，低氧为水母暴发提供了有利生态位空间。

由于全球变暖，东亚海域水温也不断上升，日本濑户内海，表层温度 1972—2000 年上升了 1℃（Takahashi and Seiki，2004），黄海表层水温 1976—2000 年温度上升了 1.7℃（Lin et al.，2005）。Xu 等（2013）发现，1985—2007 年，中国近岸春末夏初海水表面温度上升，认为温度的上升有利于沙海蜇种群长期的增加。

近几十年来，中国近海养殖业不断发展，2006 年与 1998 年相比，渤海人工养殖业由 100 $hm^2 \cdot km^{-1}$ 增加到 220 $hm^2 \cdot km^{-1}$；黄海由 70 $hm^2 \cdot km^{-1}$ 显著增加到 140 $hm^2 \cdot km^{-1}$（Dong et al.，2010）。人工养殖业的增加为浮浪幼虫附着及水螅体生长提供了良好基质，如养殖伐架、贝类贝壳等。人工建筑及固体垃圾的增加，尤其是在长江口海域，同样也是良好的附着基质，为沙海蜇暴发提供了基础条件。

我国近海水母数量的增加与人类活动的干扰，尤其是海洋底部生态系统的破坏息息相关。水母体虽然生命周期很短，只有几个月，但是水螅体可以活很多年，它们以无性生殖方式产生很多的水螅体（图 11.3），最终产生很多水母体，因此抓住海底的水螅体进行研究是关键所在。水螅体的天敌如海牛、底栖虾类等对水螅体数量具有相当大的控制作用。如果天敌生物的数量和多样性减少将会增加水母水螅体增殖的概率。另外，由于附着生物与水螅体可进行空间竞争，如果自然界附着生物减少，也会增加水母暴发的概率。人们在近海海湾修建的港工建设跨海大桥、水坝等，这些都为近岸的水母提供了广阔的没有其他生物竞争的附着基，将很大程度上有利于水母的暴发。另外，从水母体的研究角度看水母的暴发问题主要包括两方面。一方面由于我国人类活动如过度捕捞，致使黄、东海渔业资源的减少，与其存在捕食和摄食竞争的水母就会趁机生长，造成大量暴发。已有的分析表明东、黄海海域水母数量的剧增正伴随着渔业资源密度的下降。再者，东、黄海近年来大型水母暴发的部分原因也可能是在大型水母生长盛期期间，人类渔业活动减少所致。中国政府为了积极保护好东、黄海渔业资源，长期以来一直坚持实施伏季休渔制度，伏季休渔时间为每年的 6 月 16 日至 9 月 15 日。而该段时间正好是大型水母的生长盛期，渔业活动的减少，客观上降低了人类对它的干扰和灭杀率，从而为大型水母的大量暴发提供了有利的条件。

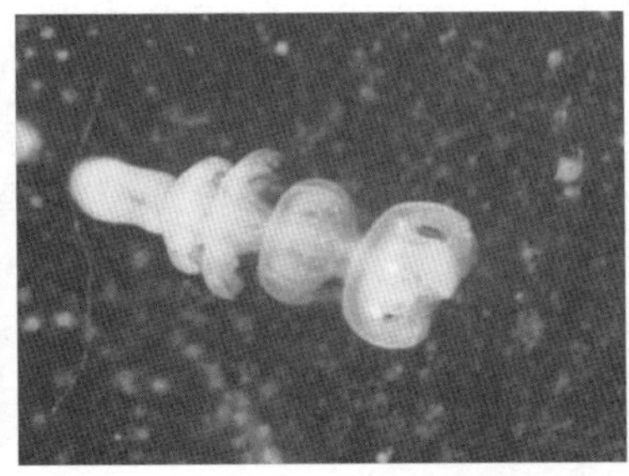
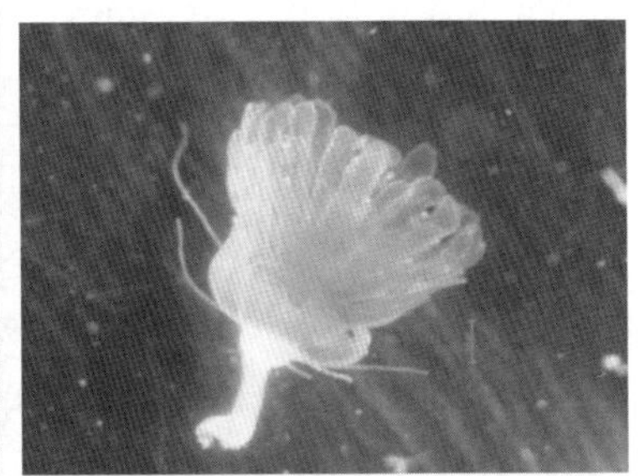

图 11.3　大型水母的水螅体和碟状体

总之，极端气候的增多、海洋中鱼类数量的减少、底栖生态系统的破坏和海岸带工程建设等都是导致水母暴发的重要因素。这些因素在相当长的时间内难以改变，所以水母数量将在很长的时间内很难通过生态系统自身的调整来消除。水母一旦成为生态系统中的主导性生物，生态系统的结构与功能就会发生根本性的改变，而且在相当长的时间内难以恢复，目前我国渤海、黄海、东海都存在这样的风险。中国近海水母暴发可能是生态系统衰退的指示，水母已经存活了5亿年，经历了数次气候环境巨变，包括5次大灭绝事件，当海洋生态系统衰退时，它们的数量可能就会很明显地表现出来。

从生态系统结构与功能的角度来看，水母和其他胶质类浮游动物的暴发会对海洋生态系统的健康造成破坏，因为水母等胶质类生物的主要食物是浮游动物，与鱼类具有食物竞争关系，不利于海洋食物链的正常营养传递，所以海洋胶质类生物的增加预示着海洋生态系统中渔业资源的减少。从另一方面来讲，任何能够导致胶质类生物增加的因素都会导致海洋生态系统中渔业资源的降低。

综上所述，我国近海生态系统健康状况不容乐观，开展基于近海生态系统的管理非常重要。生态系统健康评估是反映近海生态系统健康状况的一个重要方面。国际上已普遍开展生态系统状况综合评估的研究，除了关注生态系统本身的因素，还需考虑人类活动对生态系统的作用，如在综合评估的过程中，加入必要的经济社会指标的评估。在我国典型海域，如何根据选取的指标，通过指标间的整合，进行生态系统状况的综合评估，并阐明影响近海生态系统综合状况的关键过程因素，是下一步近海生态系统管理的关键。

# 参考文献


陈菊芳，徐宁，江天久，等. 1999. 中国赤潮新记录种——球形棕囊藻（*Phaeocystis globosa*）. 暨南大学学报（自然科学与医学版），3: 124-129.

陈峻峰，左涛，王秀霞. 2013. 南黄海浮游动物主要种类数量分布年间比较. 海洋学报，35（6）: 195-203.

窦勇，高金伟，时晓婷，等. 2015. 2000—2013年中国南部近海赤潮发生规律及影响因素研究. 水生态学杂志，36（3）: 31-37.

杜明敏，刘镇盛，王春生，等. 2013. 中国近海浮游动物群落结构及季节变化. 生态学报，33（17）: 5407-5418.

郝锵，宁修仁，蔡昱明，等. 2011. 南海北部初级生产力的物理——生物海洋学耦合特征及其对固碳量的影响. 海洋学研究，29（2）: 46-57.

阚文静，张秋丰，石海明，等. 2010. 近年来渤海湾营养盐变化趋势研究. 海洋环境科学，29（2）: 238-241.

乐凤凤，宁修仁，刘诚刚，等. 2008. 2006年冬季南海北部浮游植物生物量和初级生产力及其环境调控. 生态学报，28（11）: 5775-5784.

李波，蓝文陆，李天深，等. 2015. 球形棕囊藻赤潮消亡过程环境因子变化及其消亡原因. 生态学杂志，34（5）: 1351-1358.

李道季，张经，吴颖，等. 2002. 长江口外氧的亏损. 中国科学（D辑），32（8）: 686-694.

李德萍，杨育强，董海鹰，等. 2009. 2008年青岛海域浒苔大爆发天气特征及成因分析. 中国海洋大学学报，39（6）: 1165-1170.

李小斌，陈楚群，施平，等. 2006. 南海1998—2002年初级生产力的遥感估算及其时空演化机制. 热带海洋学报，25（3）: 57-62.

李英，吕颂辉，徐宁，等. 2005. 东海原甲藻对不同磷源的利用特征. 生态科学，4: 314-317.

梁玉波. 2012. 中国赤潮灾害调查与评价（1933—2009）. 北京：海洋出版社.

梁宗英，林祥志，马牧，等. 2008. 浒苔漂流聚集绿潮现象的初步分析. 中国海洋大学学报（自然科学版），38（4）: 601-604.

林更铭,杨清良. 2011. 全球气候变化背景下台湾海峡浮游植物的长期变化. 应用与环境生物学报,(175):615-623.
吕瑞华,夏滨,李宝华,等. 1999. 渤海水域初级生产力 10 年间的变化. 海洋科学进展,(3): 80-86.
宁修仁,刘子琳,蔡昱明. 2000. 我国海洋初级生产力研究二十年. 海洋学研究, 18(3): 14-21.
齐雨藻,沈萍萍,王艳. 2001. 棕囊藻属(*Phaeocystis*)的分类与生活史(综述). 热带亚热带植物学报, 2: 174-184.
时永强,孙松,李超伦,等. 2016. 初夏南黄海浮游动物功能群丰度年际变化. 海洋与湖沼, 47(1): 1-8.
隋琪,夏斌,谢寒冰,等. 2016. 2014 年春季和冬季渤海海水营养盐时空变化特征及富营养化评价. 渔业科学进展, 37(2): 10-15.
孙军,刘东艳,柴心玉,等. 2003a. 1998—1999 年春秋季渤海中部及其邻近海域叶绿素 a 浓度及初级生产力估算. 生态学报, 23(3): 517-526.
孙军,刘东艳,宁修仁,等. 2003b. 2001/2002 年夏季南极普里兹湾及其邻近海域的浮游植物. 海洋与湖沼, 34(5): 519-532.
孙明,董婧,柴雨,等. 2013. 温度、投饵频次对白色霞水母无性繁殖与螅状体生长的影响. 生态学报, 33: 3222-3232.
田晶晶. 2010. 环境因子对球形棕囊藻细胞群体形成的影响. 广州: 暨南大学硕士学位论文.
万艾勇,张光涛. 2012. 胶州湾海月水母(*Aurelia* sp. 1)丰度周年变化及对浮游动物群落的影响. 海洋与湖沼, 43(3): 494-501.
王彬,董婧,刘春洋,等. 2010. 夏初辽东湾海蜇放流区大型水母和主要浮游动物. 渔业科学进展, 31(5): 83-90.
王彬,董婧,王文波,等. 2012. 辽东湾北部近海大型水母数量分布和温度盐度特征. 海洋与湖沼, 43(3): 568-578.
王彬,秦宇博,董婧,等. 2013. 辽东湾北部近海沙蜇的动态分布. 生态学报, 33(6): 1701-1712.
王朝晖,吕颂辉,陈菊芳,等. 1998. 广东沿海几种赤潮生物的分类学研究. 武汉植物学研究,(04): 310-314+393.
王晓坤,马家海,叶道才,等. 2007. 浒苔(*Enteromorpha prolifera*)生活史的初步研究. 海洋通报, 26(5): 112-116.
王修林,李克强. 2006. 渤海主要化学污染物海洋环境容量. 北京: 科学出版社.
徐兆礼,李春鞠. 2005. 东海浮游磷虾类的数量分布. 水产学报, 29(3): 373-378.
杨青,王真良,樊景凤,等. 2012. 北黄海秋、冬季浮游动物多样性及年间变化. 生态学报, 32(21): 6747-6754.
易俊陶,黄金田,宋建联. 2009. 对盐城市沿海 2008 年浒苔发生情况的初步认识. 海洋环境科学, 28(S1): 57-58.
于仁成,刘东艳. 2016. 我国近海藻华灾害现状、演变趋势与应对策略. 中国科学院院刊, 31(10): 1167-1174.
张芳. 2008. 黄东海胶质浮游动物水母类研究. 北京: 中国科学院大学, 博士学位论文.
章飞燕. 2009. 长江口及邻近海域浮游植物群落变化的历史对比及其环境因子研究. 上海: 华东师范大学硕士学位论文.
赵骞,田纪伟,赵仕兰,等. 2004. 渤海冬夏季营养盐和叶绿素 a 的分布特征. 海洋科学, 28(4): 34-39.
中国海洋环境状况公报. 国家海洋局. 2004—2005, 2008—2011, 2015—2016.
中国海洋灾害公报. 国家海洋局. 1989—2015.
周进,徐兆礼,马增岭. 2009. 长江口拟长脚虫戎数量变化和对环境变暖的响应. 生态学报, 29(11): 5758-5765.
周名江,于仁成. 2007. 有害赤潮的形成机制、危害效应与防治对策. 自然杂志, 29(2): 72-77.
周名江,朱明远. 2006. "我国近海有害赤潮发生的生态学、海洋学机制及预测防治" 研究进展. 地球科学进展, 21(7): 673-679.
邹艺伟,杨青,李全宝,等. 2013. 北黄海浮游动物群落结构及年间比较. 海洋环境科学, 32(5): 683-687.
Anderson D M, Alpermann T J, Cembella A D, et al. 2012. The globally distributed genus *Alexandrium*: Multifaceted roles in marine ecosystems and impacts on human health. Harmful Algae, 14: 10-35.
Anderson D M, Glibert P M, Burkholder J M. 2002. Harmful algal blooms and eutrophication: Nutrient sources,

composition, and consequences. Estuaries, 25( 4 ): 704–726.

Arai M N. 1988. Interactions of fish and pelagic coelenterates. Canadian Journal of Zoology, 66: 1913–1927.

Arai M N. 1997. A Functional Biology of Scyphozoa. London: Chapman & Hall, 316.

Arai M N. 2005. Predation on pelagic coelenterates: A review. Journal of the Marine Biological Association of the United Kingdom, 85: 523–536.

Arai M N. 2009. The potential importance of podocysts to the formation of scyphozoan blooms: A review. Hydrobiologia, 616: 241–246.

Asknes D L, Dupont N, Staby A, et al. 2009. Coastal water darkening and implication for mesopelagic regime shift in Norwegian fjords. Marine Ecology Progress Series, 387: 39–49.

Axiak V, Galea C, Schembri P J. 1991. Coastal aggregations of the jellyfish *Pelagia noctiluca* ( Scyphozoa ) in Maltese coastal waters during 1980—1986. UNEP: Jellyfish blooms in the Mediterranean. In: Proceedings of the II workshop on jellyfish in the Mediterranean Sea. MAP Tech Rep Ser, 47. UNEP, Athens: 32–40.

Bailey K M, Houde E D. 1989. Predation on eggs and larvae of marine fishes and the recruitment problem. Advances in Marine Biology, 25( 6 ): 1–83.

Baxter E J, Albinyana G, Girons A, et al. 2011. Jellyfish-inflicted gill damage in marine-farmed fish: An emerging problem for the Mediterranean ? In: XIII Congreso Nacional de Acuicultura. Castelldefels, Barcelona.

Beaugrand G, Kirby R R. 2010. Climate, plankton and cod. Global Change Biology, 16: 1268–1280.

Billett M F, Deacon C M, Palmer S M, et al. 2006. Connecting organic carbon in streamwater and soils in a peatlandcatchment. Journal of Geophysical Research, 111: G02010.

Blomster J, Bäck S, Fewer D P, et al. 2002. Novel morphology in *Enteromorpha* ( Ulvophyceae ) forming green tides. American Journal of Botany, 89( 11 ): 1756–1763.

Bouillon J, Boero F. 2000.The Hydrozoa: A new classification in the light of old knowledge. Thalassia Salentina, 24: 3–296.

Bravo V, Palma S, Silva N. 2011. Seasonal and vertical distribution of medusae in Aysénregion, Southern Chile. Latin American Journal of Aquatic Research, 39: 359–377.

Breitburg D L, Pihl L, Kolesar S E. 2001. Effects of low dissolved oxygen on the behavior, ecology and harvest of fishes: A comparison of the Chesapeake Bay and Baltic-Kattegat systems. In: Rabalais N N, Turner R E. Coastal Hypoxia: Consequences for Living Resources and Ecosystems. Washington, DC: Coastal and Estuarine Studies, American Geophysical Union, 241–268.

Brodeur R D, Decker M B, Ciannelli L, et al. 2008. Rise and fall of jellyfish in the Eastern Bering Sea in relation to climate regime shifts. Progress in Oceanography, 77: 103–111.

Canepa A, Fuentes V, Sabatés A, et al. 2014. *Pelagia noctiluca* in the Mediterranean Sea. In: Pit K A, Lucas C H. Jellyfish Blooms: 237–266.

Charlier R H, Morand P, Finkl C W. 2007. Dealing with green tides on Brittany and Florida coasts. Progress in Environmental Science and Technology, 1: 1435–1441.

Chevillot X, Drouineau H, Lambert P, et al. 2017. Toward a phenological mismatch in estuarine pelagic food web ? PLoS One, 12( 3 ): e0173752.

Condon R H, Steinberg D K, Giorgio P A D, et al. 2011. Jellyfish blooms result in a major microbial respiratory sink of carbon in marine systems. Proceedings of the National Academy of Sciences of the United States of America, 108( 25 ): 10225–10230.

Condon R H, Decker M B, Purcell J E. 2001. Effects of low dissolved oxygen on survival and asexual reproduction of scyphozoan polyps ( *Chrysaora quinquecirrha* ). Hydrobiologia, 451: 89–95.

Daskalov G M, Grishin A N, , Rodionov S, et al. 2007. Trophic cascades triggered by overfishing reveal possible mechanisms of ecosystem regime shifts. Proceedings of the National Academy of Sciences of the United States of America, 104: 10518–10523.

Daskalov G M. 2002. Overfishing drives a trophic cascade in the Black Sea. Marine Ecology Progress Series, 225: 53–63.

Dawson M N, Martin L E, Penland L K. 2001. Jellyfish swarms, tourists, and the Christ-child. Hydrobiologia, 451 (1–3): 131–144.

Decker M B, Brown C W, Hood R R, et al. 2007. Development of habitat models for predicting the distribution of the scyphomedusa, *Chrysaora quinquecirrha*, in Chesapeake Bay. Marine Ecology Progress Series, 329: 99–113.

Di Camillo C G, Betti F, Bo M, et al. 2010. Contribution to the understanding of seasonal cycle of *Aurelia aurita* (Cnidaria: Scyphozoa) scyphopolyps in the northern Adriatic Sea. Journal of the Marine Biological Association of the UK, 90 (6): 1105–1110.

Dong J, Sun M, Zhao Y, et al. 2012. Comparison of *Nemopilema nomurai* and other jellyfishes in reproductive biological characteristics and morphology. Oceanologia Et Limnologia Sinica, 43 (3): 550–555.

Dong Z, Liu D, Keesing J K. 2010. Jellyfish blooms in China: Dominant species, causes and consequences. Marine Pollution Bulletin, 60: 954–963.

Edwards M, Richardson A J. 2004. Impact of climate change on the phenology of the plankton community and trophic mismatch. Nature, 430: 881–884.

Eiane K, Aksnes D L, Bagøien E, et al.1999. Fish or jellies: A question of visibility? Limnology and Oceanography, 44: 1352–1357.

Faasse M A, Bayha K M. 2006. The ctenophore *Mnemiopsis leidyi* A. Agassiz 1865 in coastal waters of the netherlands: An unrecognized invasion? Aquatic Invasions, 1 (4): 270–277.

Gao S, Chen X Y, Yi Q Q, et al. 2010. A strategy for the proliferation of *Ulva prolifera*, main causative species of green tides, with formation of sporangia by fragmentation. PLoS One, 5: e8571.

Glibert P M, Zhou M J, Zhu M Y, et al. 2011. Preface to the special issue on eutrophication and HABs the GEOHAB approach. Chinese Journal of Oceanology and Limnology, 29: 719–723.

Graham W M, Bayha K M. 2007. Biological invasions by marine jellyfish. In Biological Invasions. W Nentwig ed.. Berlin-Heidelberg: Springer, 239–255.

Graham W M, Gelcich S, Robinson K L, et al. 2014. Linking human wellbeing and jellyfish: Ecosystem services, impacts and social responses. Frontiers in Ecology and the Environment, 12 (9): 515–523.

Greve W, Parsons T R. 1977. Photosynthesis and fish production: Hypothetical effects of climatic change and pollution. Helgol Wiss Meeresunters, 30: 666–672.

Halpern B S, Walbridge S, Selkoe K A, et al. 2008. A global map of human impact on marine ecosystems. Science, 319: 948–952.

Han C H, Uye S I. 2010. Combined effects of food supply and temperature on asexual reproduction and somatic growth of polyps of the common jellyfish *Aurelia aurita* s.l. Plankton Benthos Research, 5 (3): 98–105.

Hansson H G. 2006. Ctenophores of the Baltic and adjacent Seas–the invader *Mnemiopsis* is here! Aquatic Invasions, 1: 295–298.

Holst S, Jarms G. 2007. Substrate choice and settlement preferences of planula larvae of *Wve Scyphozoa* (Cnidaria) from German Bight, North Sea. Marine Biology, 151 (3): 863–871.

Holst S. 2012. Effects of climate warming on strobilation and ephyra production of North Sea scyphozoan jellyfish. Hydrobiologia, 690 (1): 127–140.

Hoover R A, Purcell J E. 2009. Substrate preferences of scyphozoan *Aurelia labiata*, polyps among common dock-building materials. Hydrobiologia, 616 (1): 259–267.

Hosoi-Tanabe S, Sako Y. 2005. Species-specific detection and quantification of toxic marine dinoflagellates *Alexandrium tamarense* and *A. catenella* by real-time PCR assay. Marine Biotechnology, 7: 506-514.

Howarth R W. 2008. Coastal nitrogen pollution: A review of sources and trends globally and regionally. Harmful Algae, 8 (1): 14-20.

Ishii H, Katsukoshi K. 2010. Seasonal and vertical distribution of *Aurelia aurita* polyps on a pylon in the innermost part of Tokyo Bay. Journal of Oceanography, 66(3): 329-336.

Ishii H, Ohba T, Kobayashi T. 2008. Effects of low dissolved oxygen on planula settlement, polyp growth and asexual reproduction of *Aurelia aurita*. Plankton & Benthos Research, 3(Supplement): 107-113.

Kang J H, Kim W S, Jeong H J, et al. 2007. Why did the copepod *Calanus sinicus* increase during the 1990s in the Yellow Sea? Marine Environmental Research, 63(1): 82-90.

Kawahara M, Ohtsu K, Uye S. 2013. Bloom or non-bloom in the giant jellyfish *Nemopilema nomurai* (Scyphozoa: Rhizostomeae): Roles of dormant podocysts. Journal of Plankton Research, 35(1): 213-217.

Keesing J K, Liu D, Fearns P, et al. 2011. Inter-and intra-annual patterns of *Ulva prolifera* green tides in the Yellow Sea during 2007-2009, their origin and relationship to the expansion of coastal seaweed aquaculture in China. Marine Pollution Bulletin, 62(6): 1169-1182.

Ki J S, Hwang D S, Shin K, et al. 2008. Recent moon jelly *Aurelia* sp.1 blooms in Korean coastal waters suggest global expansion: Examples inferred from mitochondrial coi and nuclear its-5.8s rDNA sequences. Ices Journal of Marine Science, 65(3): 443-452.

Kideys A E, Roohi A, Eker-Develi E, et al. 2008. Increased chlorophyll levels in the southern Caspian Sea following an invasion of jellyfish. International Journal of Ecology, (2): 1-4.

Kideys A E. 2002. Fall and rise of the Black Sea ecosystem. Science, 297(5586): 1482-1484.

Kishinouye K. 1922. Echizenkurage (*Nemopilema nomurai*). Dobutsugaku Zasshi, 34: 343-345. (In Japanese with English abstract)

Leliaert F, Zhang X W, Ye N H, et al. 2009. Research note: Identity of the Qingdao algal bloom. Phycological Research, 57: 147-151.

Li H M, Tang H J, Shi X Y, et al. 2014. Increased nutrient loads from the Changjiang (Yangtze) River have led to increased harmful algal blooms. Harmful Algae, 39: 92-101.

Lilly E L, Halanych K M, Anderson D M. 2007. Species boundaries and global biogeography of the *Alexandrium tamarense* complex (Dinophyceae). Journal of Phycology, 43: 1329-1338.

Lin A P, Shen S D, Wang J W, et al. 2008. Reproduction diversity of *Enteromorpha prolifera*. Journal of Integrative Plant Biology, 50: 622-629.

Lin C, Ning X, Su J, et al. 2005. Environmental changes and the responses of the ecosystems of the Yellow Sea during 1976-2000. Journal of Marine Systems, 55(3-4): 223-234.

Lin L, Zhang Z, Tao H, et al. 2014. Density functional study on ferromagnetism in (Al, Fe)-codoped 4H-SIC. Computational Materials Science, 87(5): 72-75.

Link J S, Ford M D. 2006. Widespread and persistent increase of ctenophora in the continental shelf ecosystem off NE USA. Marine Ecology Progress Series, 320(11): 153-159.

Liu D Y, Keesing J K, He P M, et al. 2013. The world's largest macroalgal bloom in the Yellow Sea, China: Formation and implications. Estuarine, Coastal and Shelf Science, 129: 2-10.

Liu D, Keesing J K, Dong Z J, et al. 2010a. Recurrence of the world's largest green-tide in 2009 in Yellow Sea, China: *Porphyra yezoensis* aquaculture rafts confirmed as nursery for macroalgal blooms. Marine Pollution Bulletin, 60: 1423-1432.

Liu F, Pang S J, Chopin T, et al. 2010b. The dominant *Ulva* strain of the 2008 green algal bloom in theYellow Sea was not detected in the coastal waters of Qingdao in the following winter. Journal of Applied Phycology, 22 ( 5 ): 531–540.

Liu F, Pang S J, Na X, et al. 2010c. *Ulva* diversity in the Yellow Sea during the large-scale green algal blooms in 2008–2009. Phycological Research, 58 ( 4 ): 270–279.

Liu W C, Lo W T, Purcell J E, et al. 2009. Effects of temperature and light intensity on asexual reproduction of the scyphozoan, *Aurelia aurita* ( L. ) in Taiwan. Hydrobiologia, 616 ( 1 ): 247–258.

Liu Y, Sun S, Zhang G. 2012. Seasonal variation in abundance, diel vertical migration and body size of pelagic tunicate *Salpa fusiformis* in the Southern Yellow Sea. Chinese Journal of Oceanology and Limnology, 30 ( 1 ): 92–104.

Lo W T, Purcell J E, Hung J J, et al. 2008. Enhancement of jellyfish ( *Aurelia aurita* ) populations by extensive aquaculture rafts in a coastal lagoon in Taiwan. Ices Journal of Marine Science, 804 ( 3 ): 453–461.

Lucas C H, Graham W M, Widmer C. 2012. Jellyfish life histories: Role of polyps in forming and maintaining scyphomedusa populations. Advances in Marine Biology, 63: 133–196.

Lucas C H, Pitt K A, Purcell J E, et al. 2011. What's in a jellyfish ? Proximate and elemental composition and biometric relationships for use in biogeochemical studies. Ecology, 92 ( 8 ): 1704.

Lynam C P, Attrill M J, Skogen M D. 2010. Climatic and oceanic influences on the abundance of gelatinous zooplankton in the North Sea. Journal of the Marine Biological Association of the United Kingdom, 90 ( 6 ): 1153–1159.

Lynam C P, Brierley A S. 2006. Enhanced survival of 0–group gadoid fish under jellyfish umbrellas. Marine Biology, 150 ( 6 ): 1397–1401.

Lynam C P, Lilley M K S, Bastian T, et al. 2011. Have jellyfish in the Irish sea benefited from climate change and overfishing ? Global Change Biology, 17 ( 2 ): 767–782.

Mackas D L, Greve W, Edwards M, et al. 2012. Changing zooplankton seasonality in a changing ocean: Comparing time series of zooplankton phenology. Progress in Oceanography, 97–100: 31–62.

Macrokanis C, Hall N L, Mein J K. 2004. Irukandji syndrome in northern Western Australia: An emerging health problem. The Medical Journal of Australia, 181 ( 11–12 ): 699–702.

Makabe R, Furukawa R, Takao M, et al. 2014. Marine artificial structures as amplifiers of *Aurelia aurita* s l. blooms: A case study of a newly installed floating pier. Hydrobiologia, 70 ( 5 ): 447–455.

Mianzan H W, Cornelius P F S. 1999. Cubomedusae and Scyphomedusae. In: Boltovskay D. South Atlantic Zooplankton. Leiden: Backhuys Publishers, 513–559.

Mianzan H, Quiñones J, Palma S, et al. 2014. *Chrysaora plocamia*: A poorly understood jellyfish from South American waters. In: Pit K A, Lucas C H. Jellyfish Blooms: 219–236.

Miller M E C, Graham W M. 2012. Environmental evidence that seasonal hypoxia enhances survival and success of jellyfish polyps in the northern gulf of mexico. Journal of Experimental Marine Biology & Ecology, 432–433 ( 1 ) : 113–120.

Mills C E. 2001. Jellyfish blooms: Are populations increasing globally in response to changing ocean conditions ? Hydrobiologia, 451 ( 1–3 ): 55–68.

Miyake H, Terazaki M, Kakinuma Y. 2002. On the polyps of common jellyfish *Aurelia aurita* in Kagoshima Bay. Journal of Oceanography, 58 ( 3 ): 451–459.

Morand P, Merceron M. 2005. Macroalgal population and sustainability. Journal of Coastal Research, 21: 1009–1020.

Nagai, T. 2003. Recovery of fish stocks in the Seto Inland Sea. Marine Pollution Bulletin, 47: 126–131.

Nakar N, Di Segni D M, Angel D. 2012. Economic valuation of jellyfish bloom on the fishery sector. In: Proceedings of the 13th annual BIOECON conference, Genève, Sept 2012.

Nelson T A, Haberlin K, Nelson A V, et al. 2008. Ecological and physiological controls of species composition in green macroalgal blooms. Ecology, 89(5): 1287.

Oguz T. 2005. Black Sea ecosystem response to climatic teleconnections. Oceanography, 18(2): 122–133.

Ou L J, Wang D, Huang B Q, et al. 2008. Comparative study of phosphorus strategies of three typical harmful algae in Chinese coastal waters. Journal of Plankton Research, 30(9): 1007–1017.

Palma S, Apablaza P, Silva N. 2007. Hydromedusae (Cnidaria) of the Chilean southern channels (from Corcovado Gulf to Pulluche–Chacabuco Channels). Scientia Marina, 71(1): 65–74.

Pang S J, Liu F, Shan T F, et al. 2010. Tracking the algal origin of the *Ulva* bloom in the Yellow Sea by a combination of molecular, morphological and physiological analyses. Marine Environmental Research, 69(4): 207–215.

Pérez–Ruzafa A, Gilabert J, Gutiérrez J M, et al. 2002. Evidence of a planktonic food web response to changes in nutrient input dynamics in the Mar Menor coastal lagoon, Spain. Hydrobiologia, 475–476(1): 359–369.

Pingree G, Abend L. 2006. Spain's beaches and flora feel the heat. Available at http://www.csmonitor.com/2006/0914/p07s02–woeu.html.

Pitt K A, Kingsford M J, Rissik D, et al. 2007. Jellyfish modify the response of planktonic assemblages to nutrient pulses. Marine Ecology Progress Series, 351(12): 1–13.

Pugh P R. 1999. Siphonophorae. In: Boltovskay D. South Atlantic Zooplankton. Leiden: Backhuys Publishers, 467–511.

Purcell A H, Bressler D W, Paul M J, et al. 2009. Assessment tools for urban catchments: Developing biological indicators based on benthic macroinvertebrates 1. Jawra Journal of the American Water Resources Association, 45(2): 306–319.

Purcell J E, Arai M N. 2001. Interactions of pelagic cnidarians and ctenophores with fish: A review. Jellyfish Blooms: Ecological and Societal Importance. Netherlands: Springer, 27–44.

Purcell J E, Atienza D, Fuentes V, et al. 2012. Temperature effects on asexual reproduction rates of scyphozoan species from the Northwest Mediterranean Sea. Hydrobiologia, 690(1): 169–180.

Purcell J E, Baxter E J, Fuentes V L. 2013. 13–jellyfish as products and problems of aquaculture. Advances in Aquaculture Hatchery Technology, (582): 404–430.

Purcell J E, Graham W M, Dumont H J. 2001. Jellyfish blooms: Ecological and societal importance. Proceedings of the international conference on jellyfish blooms, held in gulf shores, Alabama, USA, 12–14 January 2000. Wilderness & Environmental Medicine, 14(1): 65–65.

Purcell J E, Uye S I, Lo W T. 2007. Anthropogenic causes of jellyfish blooms and their direct consequences for humans: A review. Marine Ecology Progress Series, 350(350): 153–174.

Purcell J E. 1985. Predation on fish eggs and larvae by pelagic cnidarians and ctenophores. Bulletin of Marine Science, 37(37): 739–755.

Purcell J E. 1997. Pelagic cnidarians and ctenophores as predators: Selective predation, feeding rates and effects on prey populations. Annales De Linstitute Oceanographique, 73(2): 125–137.

Purcell J E. 2005. Climate effects on jellyfish populations. Journal of the Marine Biological Association United Kingdom, 85: 461–476.

Purcell J E. 2007. Environmental effects on asexual reproduction rates of the scyphozoan, *Aurelia labiata*. Marine Ecology Progress Series, 348: 183–196.

Purcell J E. 2012. Jellyfish and ctenophore blooms coincide with human proliferations and environmental perturbations. Annual Review of Marine Science, 4(1): 209.

Quiñones J, Monroy A, Acha E M, et al. 2013. Jellyfish bycatch diminishes profit in an anchovy fishery off Peru. Fisheries Research, 139(1): 47–50.

Richardson A J, Bakun A, Hays G C, et al. 2009. The jellyfish joyride: Causes, consequences and management responses to a more gelatinous future. Trends in Ecology & Evolution, 24(6): 312–322.

Russell F S. 1970. Pelagic scyphozoa with a supplement to the first volume on Hydromedusae. Cambridge U.P.

Rutherford L D Jr, Thuesen E V. 2005. Metabolic performance and survival of medusae in estuarine hypoxia. Marine Ecology Progress Series, 294(294): 189–200.

Shiganova T A, Dumont H J, Sokolsky A F, et al. 2004. Population dynamics of *Mnemiopsis leidyi* in the Caspian Sea, and effects on the Caspian ecosystem. In: Aquatic Invasions in the Black, Caspian, and Mediterranean Seas. Netherlands: Springer, 35(8): 71–111.

Shimomura. 1959. On the unprecedented flourishing of 'Echizen–Kurage', *Stomolophus nomurai* (Kishinouye), in the Tsushima Warm Current regions in autumn, 1958. Bulletin of the Japanese Sea Regional Fisheries Research Laboratory 7: 85–107.

Shoji A, Kudoh T, Takatsuji H, et al. 2010. Distribution of moon jellyfish *Aurelia aurita* in relation to summer hypoxia in Hiroshima Bay, Seto Inland Sea. Estuarine, Coastal and Shelf Science, 86(3): 485–490.

Shoji J, Masuda R, Yamashita Y, et al. 2005. Effect of low dissolved oxygen concentrations on behavior and predation rates on fish larvae by moon jellyfish *Aurelia aurita* and by a juvenile piscivore, Spanish mackerel *Scomberomorus niphonius*. Marine Biology, 147(4): 863–868.

Sørnes T A, Aksnes D L, Båmstedt U, et al. 2007. Causes for mass occurrences of the jellyfish *Periphylla periphylla*: A hypothesis that involves optically conditioned retention. Journal of Plankton Research, 29(2): 157–167.

Spotila J R, Reina R D, Steyermark A C, et al. 2000. Pacific leather back turtles face extinction. Nature, 405(6786): 529.

Suchman C L, Brodeur R D, Emmett R L, et al. 2012. Large medusae in surface waters of the Northern California Current: Variability in relation to environmental conditions. Hydrobiologia, 690(1): 113–125.

Sun M, Dong J, Purcell J E, et al. 2015a. Testing the influence of previous–year temperature and food supply on development of *Nemopilema nomurai*, blooms. Hydrobiologia, 754(1): 85–96.

Sun S, Zhang F, Li C, et al. 2015b. Breeding places, population dynamics, and distribution of the giant jellyfish *Nemopilema nomurai* (Scyphozoa: Rhizostomeae) in the Yellow Sea and the east China sea. Hydrobiologia, 754(1): 59–74.

Sun X X, Wang S W, Sun S. 2011. Introduction to the China jellyfish project—the key processes, mechanism and ecological consequences of jellyfish bloom in China coastal waters. Chinese Journal of Oceanology and Limnology, 29(2): 491–492.

Takahashi S, Seiki S. 2004. Long–term change of water temperature in the Seto Inland Sea. Sea and Sky, 80: 11–16.

Teichberg M, Fox S E, Olsen Y S, et al. 2010. Eutrophication and macroalgal blooms in temperate and tropical coastal waters: Nutrient enrichment experiments with *Ulva* spp. Global Change Biology, 16(9): 2624–2637.

Thackeray S J, Henrys P A, Hemming D, et al. 2016. Phenological sensitivity to climate across taxa and trophic levels. Nature, 535(7611): 241–245.

Thein H, Ikeda H, Uye S I. 2012.The potential role of podocysts in perpetuation of the common jellyfish *Aurelia aurita* s.l. (Cnidaria: Scyphozoa) in anthropogenically perturbed coastal waters. Hydrobiologia, 690(1): 157–167.

Thein H, Ikeda H, Uye S. 2013. Ecophysiological characteristics of podocysts in *Chrysaora pacifica* (Goette) and *Cyanea nozakii* Kishinouye (Cnidaria: Scyphozoa: Semaeostomeae): Effects of environmental factors on their production, dormancy and excystment. Journal of Experimental Marine Biology and Ecology, 446(5): 151–158.

Toyokawa M, Aoki K, Yamada S, et al. 2011. Distribution of ephyrae and polyps of jellyfish *Aurelia aurita* (Linnaeus 1758) sensu lato in Mikawa Bay, Japan. Journal of Oceanography, 67(2): 209–218.

Uye S I. 2011. Human forcing of the copepod–fish–jellyfish triangular trophic relationship. Hydrobiologia, 666(1):

71–83.

Verity P G, Purcell J E, Frischer M E. 2011. Seasonal patterns in size and abundance of *Phyllorhiza punctata*: An invasive scyphomedusa in coastal Georgia (USA). Marine Biology, 158: 2219–2226.

Wang J, Chen Z L, Shi–Yuan X U. 2006. Index system and model for evaluation of ecological and environmental quality in the Yangtze estuary–coastal zone. Resources & Environment in the Yangtze Basin, 15(5): 659–664.

Willcox S, Moltschaniwskyj N A, Crawford C M. 2008. Population dynamics of natural colonies of *Aurelia* sp. scyphistomae in Tasmania, Australia. Marine Biology, 154: 661–670.

Willcox S, Moltschaniwskyj N, Crawford C. 2007. Asexual reproduction in scyphistomae of *Aurelia* sp.: Effects of temperature and salinity in an experimental study. Journal of Experimental Marine Biology and Ecology, 353(1): 107–114.

Xu Y J, Ishizaka J, Yamaguchi H, et al. 2013. Relationships of interannual variability in SST and phytoplankton blooms with giant jellyfish (*Nemopilema nomurai*) outbreaks in the Yellow Sea and East China Sea. Journal of Oceanography, 69(5): 511–526.

Xu Z, Ma Z, Wu Y. 2011. Peaked abundance of *Calanus sinicus* earlier shifted in the Changjiang River (Yangtze River) Estuary: A comparable study between 1959, 2002 and 2005. Acta Oceanologica Sinica, 30(3): 84–91.

Yabe T, Ishii Y, Amano Y, et al. 2009. Green tide formed by free–floating *Ulva* spp. at Yatsu tidal flat, Japan. Limnology, 10(3): 239–245.

Yasuda T, Toyokawa M. 2007. In situ diameter measurement of nomura's jellyfish *Nemopilema nomurai* by using a newly developed tool. Nippon Suisan Gakkaishi, 74(2): 161–165.

Ye N H, Zhang X W, Mao Y Z, et al. 2011. 'Green tides' are overwhelming the coastline of our blue planet: Taking the world's largest example. Ecological Research, 26: 477–485.

Yoon W D, Lee H E, Han Ch, et al. 2014. Abundance and distribution of *Nemopilema nomurai* (Scyphozoa, Rhizostomeae) in Korean Waters in 2005–2013. Ocean Science Journal, 49(3): 183–192.

Zhang F, Sun S, Jin X S, et al. 2012. Associations of large jellyfish distributions with temperature and salinity in the Yellow Sea and East China Sea. Hydrobiologia, 690(1): 81–96.

Zhang G T, Sun S, Xu Z L, et al. 2010. Unexpected dominance of the subtropical copepod *Temora turbinata* in the temperate Changjiang River estuary and its possible causes. Zoological Studies, 49(4): 492–503.

Zhang X W, Xu D, Mao Y Z, et al. 2011. Settlement of vegetative fragments of *Ulva prolifera* confirmed as an important seed source for succession of a large–scale green tide bloom. Limnology and Oceanography, 56: 233–242.

Zhou M J, Shen Z L, Yu R C. 2008. Responses of a coastal phytoplankton community to increased nutrient input from the Changjiang (Yangtze) River. Continental Shelf Research, 28(12): 1483–1489.

Zhou M J. 2010. Envirommental settings and harmful algal blooms in the sea area adjacent to the Changjiang River estuary. In: Ishimatsu A, Lie H J. Coastal Environmental and Ecosystem Issues of the East China Sea. TERRAPUB and Nagasaki University, 133–149.

# 第12章 中国城市生态系统变化特征*

城市作为一种以人为主的特殊生态系统，具有与自然生态系统（如森林、草原和湿地）和半人工生态系统（如农田）明显不同的结构和功能（王效科，2013；王效科等，2009）。从20世纪80年代以来，在社会经济自然复合生态系统理论的指导下，城市生态系统研究首先在天津和上海等城市开展（Lin and Grimm，2015）。天津城市生态研究更强调通过研究生态系统结构和能流、物流，指导城市发展潜力评估、城市生态规划和城市生态管理。上海城市生态研究更多关注城市生物及其他生态要素，包括城市气候、土壤、啮齿动物、鸟类以及城市绿地等（Song and Gao，2008）。随后有更多的研究者加入了城市生态系统的研究中，研究的领域也已经非常丰富（Wu et al.，2014），从城市生态系统的要素，如城市植物、土壤、污染等，到城市生态系统的过程，如城市暴雨径流污染、物质代谢等，以及城市服务功能和生态规划等。

本章在收集整理我国城市生态系统调查监测研究文献的基础上，通过比较不同城市生态系统的研究结果，试图在全国尺度上，从城市生态系统格局（由周伟奇执笔）、生物多样性（植物多样性由苏跃波执笔、鸟类多样性由谢世林执笔）和生态环境效应（城市热岛由周伟奇执笔、面源污染由侯培强执笔、城市土壤由王美娥执笔）三个方面，总结分析中国城市生态系统的重要特征及其时空动态，为认识中国城市生态系统演变规律和面临的挑战提供重要参考资料。

## 12.1 城市生态系统格局及其演变

城市景观格局是指城市中的各类景观要素如不透水表面、林地、草地、水体、裸地等的组成（所占比例）和配置（空间结构）。城市景观格局与生态过程紧密相关，直接影响生态系统的服务功能，关系到人类发展的可持续性。快速城市化下，城市景观格局发生了剧烈变化，城市面积迅速扩张，大量非城市用地转化为城市用地，并引起一系列生态环境问题，如城市热岛、空气污染、植被退化、生物多样性减少、水土流失等。因此，定量研究快速城市化下的城市景观格局及其演变对于量化生态系统的服务功能，改善人居环境，实现城市的可持续发展有着十分重要的作用。

"城市群"已成为推进我国城市化进程的重要形态。不同规模的"重点城市"是城市群发展的核心和龙头。城市群是一定地域范围内，多个城市依托发展的交通、通信等基础设施网络，形成在经济上有紧密联系、功能上有分工合作的城市集合体。单个城市群对地方及区域经济有重要影响，多个城市群则进一步构成国家层面经济圈，对整个国家乃至世界经济产生重大影响。重点城市是指城市群中发展水平领先，对区域的经济、产业、文化等方面具有引领作用的城市。研

---

* 本章作者为中国科学院生态环境研究中心王效科、周伟奇、苏芝敏、王美娥、苏跃波、谢世林、侯培强、任玉芬。

究我国“城市群”和“重点城市”的景观格局和演变，从“宏观”到“微观”地剖析我国城市景观格局演变特征，可以为我国的生态安全格局与可持续发展提供有力保障。

### 12.1.1 中国城市群生态系统格局及其演变

在城市群尺度，选择了我国初步形成和发育的 23 个城市群作为研究对象，按照地域特征分为东部、东北、中部、西部 4 个区域开展了对比分析。其中，东部区域包括了京津冀、长三角、珠三角、海峡西岸、山东半岛共 5 个城市群；东北区域包括哈大长和辽东半岛 2 个城市群；中部区域包括了武汉、长株潭、环鄱阳湖、江淮、中原、晋中共 6 个城市群；西部区域包括了成渝、关中、天山北坡、滇中、呼包鄂、酒嘉玉、兰白西、南北钦防、黔中、银川平原共 10 个城市群。城市群的城镇生态系统面积能够反映城市群的城市化规模，而城镇生态系统比例能够反映城市群的城市化程度。从城镇生态系统的面积和比例两个方面比较全国 23 个城市群的景观格局特征，可以了解我国城市群发展状况，量化城市群之间的发展差异，为我国城市群的发展规划提供基础数据信息。

（1）生态系统格局

城市群的土地城市化速度快，且存在明显的时空差异。从全国城市群分布的 4 个区域看，东部城市群的城镇生态系统覆盖比例最高且增长最剧烈，从 2000 年的 10.0% 上升到 2010 年的 14.4%，净增长 4.4%。相反，西部的城市群土地城市化率最低，不透水所占比例不足东部城市群的 1/5，增长速度不足 1/7。中部和东北部城市群土地城市化率相似，2000 年的城镇生态系统比例分别为 5.9% 和 5.5%；但 2000—2010 年中部城市群发展速度要明显快于东北部城市群，十年间，中部城市群城镇生态系统比例净增长 2.0%，远高于东北城市群的 0.8%。从国家重点培育的京津冀、长三角、珠三角、武汉、长株潭和成渝 6 个城市群看，其城镇生态系统面积比例要低于东部城市群，但高于其他城市群，这与不同重点城市群所处的区域存在一定关系。

通过比较 23 个城市群的格局，可以发现我国城市群发展程度十分不均衡，23 个城市群的城镇生态系统面积和比例相差很大。其中，长三角的土地城市化程度尤为突出，2010 年城镇生态系统面积为 22972 $km^2$，比例为 22.0%。长三角在 2000—2010 年的城镇生态系统增加较快，十年间增加了 9362 $km^2$，增加比例为 9.0%，在规模上超越了京津冀城市群，成为全国土地城市化程度最高城市群。长三角的城镇生态系统覆盖面积和比例是土地城市化程度较低的酒嘉玉、呼包鄂、黔中等城市群的 10 倍有余。

从土地城市化规模看，23 个城市群的城镇生态系统规模可大致分成 4 个梯队。长三角和京津冀处于第一梯队，其城镇生态系统面积几乎是排名第 3 的山东半岛城市群的 2 倍。山东半岛、辽东半岛、哈大长、江淮、珠三角、中原 6 个城市群属于第二梯队，城镇生态系统面积在 7308 ~ 11215 $km^2$。成渝、环鄱阳湖、海峡西岸、武汉、天山北坡、关中、呼包鄂 7 个城市群属于第三梯队，其城镇生态系统面积在 2990 ~ 5346 $km^2$。南北钦防、晋中、黔中、兰白西、长株潭、滇中、银川平原、酒嘉玉 8 个城市群处于第四梯队，城镇生态系统面积在 532 ~ 1854 $km^2$。从规模的变化看，2000—2010 年排名上升的城市群有长株潭、黔中、武汉、成渝、江淮、山东半岛、辽东半岛、长三角 8 个城市群。排名下降的城市群有滇中、兰白西、天山北坡、关中、环鄱阳湖、珠三角、中原、哈大长、京津冀 9 个城市群。另外，酒嘉玉、银川平原、南北钦防、呼包鄂、晋中、海峡西岸 6 个城市群的排名不变。从城镇生态系统的面积变化看，我国所有城市群的城镇面积都在增大。其中，长三角的增长最为明显，十年间增加了 9362 $km^2$。京津冀、山东半岛、江淮、成渝也有明显的增长，增加面积在 2413 ~ 3953 km²。珠三角、辽东半岛、武汉、中原、海峡西岸的增长也都大于 1000 km²。而晋中、南北钦防、酒嘉玉的增长则不足 200 km²。

从土地城市化程度看，23 个城市群没有明显的聚类特征，总体来说，规模大的城市群其土地城市化程度也相对较高。然而，也有些城市的土地城市化规模不大但程度很高。典型的城市群如珠三角和中原，2010 年的城镇生态系统面积排名为第 7 和第 8，但其城镇覆盖的比例却排名第 3 和第 4；还有海峡西岸城市群 2010 年的城镇生态系统面积排名为第 11，但其城镇覆盖的比例却排名第 6。相反，也有不少城市群的城市化规模很大但程度却较低。典型的城市群如哈大长，其城镇生态系统面积排名第 5，但其城镇覆盖比例却排名第 14。从程度的变化看，各城市群的变化特征与其规模的变化特征相似。

总体来说，城镇化规模与程度都高的城市群包括长三角、京津冀、山东半岛；城镇化规模与程度都低的城市群包括酒嘉玉和滇中；城镇化规模高但程度相对较低的城市群包括哈大长、辽东半岛、成渝、天山北坡等；城镇化规模低但程度相对较高的城市群包括珠三角、中原、海峡西岸等。

（2）生态系统类型转化

城镇生态系统的扩张必然伴随着其他生态系统被侵占。从 4 个区域看，城镇的扩张主要来自于农田的减少，东部、东北、中部、西部增加的城镇中分别有 85.60%、89.61%、84.30%、68.97% 来自于农田。不同的是东部和东北有较多水体（超过 7%）转变为城镇，中部和西部有较多森林（超过 9%）转变为城镇，并且西部有大量草地（19.18%）转变为城镇。

从 23 个城市群看，总体上城镇的扩张主要来自于对农田的侵占，82.75% 的城镇是由农田转变而来。然而不同城市群也有明显差异。其中，晋中、天山北坡、呼包鄂、银川平原 4 个城市群分别有 70.14%、53.87%、64.72%、34.04% 的城镇生态系统由草地转变而来；珠三角、海峡西岸、长株潭、环鄱阳湖、中原、成渝、南北钦防 7 个城市群的城镇生态系统有超过 17% 是由林地转变而来；京津冀、长三角、珠三角、海峡西岸、辽东半岛、武汉 6 个城市群的城镇有大于 8% 是由水体转变而来，酒嘉玉有 87% 的城镇来自于其他土地覆盖。

### 12.1.2 中国典型城市生态系统格局及其演变

城市群中单个城市的景观格局主要包括了两个方面，一方面是城市主要建成区（主城区）的向外扩张，另一方面是主城区内部景观格局的时空演变。研究区选择了全国 6 个典型城市群（京津冀城市群、长三角城市群、长株潭城市群、成渝城市群、武汉城市群、珠三角城市群）的 17 个典型城市（北京、天津、唐山、上海、苏州、无锡、常州、杭州、南京、长沙、重庆、成都、武汉、广州、佛山、东莞、深圳）。

（1）城市主城区扩张

主城区扩张分析了其扩张面积和扩张比例。其中，扩张面积与城市规模有所联系，而扩张比例则更多地反映了城市化速度。2000—2010 年十年间，17 个城市主城区面积均有较大规模扩张，但不同城市间主城区扩张程度存在巨大差异。从主城区面积的扩张看，17 个城市平均增加了 535.9 km²，其中，上海增加最多，为 1219.0 km²；唐山最少，为 74.5 km²。从主城区扩张的比例看，2010 年重点城市主城区面积相对于 2000 年，平均增加了 1.45 倍，其中，增长较快的城市有重庆和苏州，主城区面积扩大了 4 倍；其次为无锡和常州，主城区面积扩大了 3 ~ 4 倍；武汉、成都、南京、天津、杭州、上海、长沙主城区面积分别扩大了2~3倍；唐山、东莞和深圳的主城区扩张速度相对最慢。

17个城市的主城区扩张程度在时间上也存在明显差异，并且与所属的城市群相关。其中，位于京津冀（唐山除外）、成渝和长株潭城市群的重点城市，包括北京、天津、成都、重庆、长沙，扩张前5年大于后5年；而位于长三角（杭州除外）、珠三角（东莞和深圳除外）和武汉城市群的重点城市，包括上海、南京、苏州、无锡、常州、广州、佛山、武汉，扩张后5年大于前5年；其中，深圳2005—2010年主城区面积几乎停止了增长。

除扩张强度和扩张时间段存在差异外，城市之间的扩张模式也不相同，并具有一定的地域特征，即城市的扩张模式与其所在城市群有关。城市扩张模式受多方面因素的影响，如距离交通主干的距离，距离大城市中心的距离，以及地方的政策导向等。根据2000年、2005年和2010年建成区边界的分析，发现17个城市的扩张模式主要包括蔓延式、跳跃式以及蔓延结合跳跃的模式。京津冀城市群中，北京和天津在2000—2005年这一时间段中主要以蔓延结合跳跃的模式扩张，2005—2010年则主要以蔓延式为主。唐山市扩张较为缓慢，2000—2010年以蔓延式扩张为主。长三角城市群中，建成区扩张方式多为跳跃式，如上海、苏州、无锡和常州的城区周边有较多卫星城镇。南京和杭州则主要以蔓延式的扩张为主。珠三角城市群中的城市，如广州、深圳、佛山和东莞，其建成区空间扩张较为缓慢，主要通过小幅蔓延的形式扩张。其余城市群的重点城市，如长沙、成都、重庆和武汉，也以蔓延式扩张为主。

（2）主城区生态系统格局

主城区内部的景观格局可通过不同土地覆盖的比例来表征。分析17个城市2000年、2005年和2010年主城区的景观格局，可以发现17个城市中最主要的土地覆盖类型是不透水地表所占的比例最大，各重点城市在2000—2010年的不透水地表比例平均值都超过了50%。其次是植被，2000—2010年植被比例的平均值为36%~38%，水体和裸地所占的比例都较少，各时期均未超过10%。然而，也有部分城市的主要土地覆盖类型为植被，如南京2010年的植被比例为52.54%，东莞和长沙2000年的植被比例分别是55.90%和60.30%，深圳2000—2010年的植被比例均大于52%。

从不透水地表的面积看，17个城市中北京的不透水地表覆盖面积最大，2010年为1088.79 $km^2$，远高于排名第2的杭州（2010年为720.02 $km^2$）和排名第3的上海（2010年为680.98 $km^2$）。唐山、深圳、东莞等城市的不透水地表面积较小，2010年分别为143.22 $km^2$、147.65 $km^2$、143.62 $km^2$。从不透水地表的比例看，2010年低于17个城市平均值的城市有北京、天津、南京、苏州、无锡、常州、杭州、深圳共8个城市；高于平均值的城市有唐山、广州、佛山、东莞、成都和重庆共6个城市；与平均值接近的城市有上海、武汉和长沙3个城市。

从格局的总体变化看，2000—2010年17个城市的内部土地覆盖变化明显，且不同城市间的差异很大。不透水地表和植被的变化在所有的城市都存在同样的规律，即不透水地表的变化与植被的变化相反。十年中，不透水地表比例增加、植被比例减少的城市有天津、唐山、上海、广州、深圳、佛山、东莞、武汉、长沙9个城市，其中，不透水增加程度较高的城市有长沙和东莞，增加比例分别为106.85%和85.71%，增加程度较低的城市有武汉、上海、唐山和天津，增加比例分别为0.93%、1.33%、1.37%和2.60%；不透水地表比例减少的城市有北京、南京、苏州、常州、无锡、杭州、成都和重庆共8个城市，其中，南京和北京的下降幅度较大，不透水地表比例分别下降了

26.72% 和 23.84%。重庆和成都下降较少，分别为 3.80% 和 10.89%。

景观格局的变化从 2000—2005 年和 2005—2010 年两个时间段看，可分为不透水地表比例一直上升、一直下降、先升后降和先降后升 4 种情况。其中，一直上升的城市包括佛山、东莞、长沙 3 个城市；一直下降的城市包括北京、南京、苏州、无锡和常州共 5 个城市；先升后降的城市包括天津、上海、杭州、广州、深圳和武汉共 6 个城市，其中上海、杭州和天津后 5 年下降幅度明显，广州、深圳和武汉后 5 年的下降幅度很小；先降后升的城市有唐山、成都、重庆共 3 个城市。

各重点城市的城市化强度趋同，差异逐渐缩小，2000 年城市化强度较高城市的城市化强度呈下降趋势，而城市化强度较低城市的城市化强度呈不断上升的趋势。北京、成都、苏州、无锡和常州等城市，其 2000 年的不透水地表比例都接近或超过 60%，但在 2010 年都有较大程度的下降。2000 年不透水地表比例较低的长沙、东莞和南京，其不透水地表比例表现出不断上升的趋势。2000 年不透水地表比例接近平均水平的城市，十年间的不透水地表比例变化幅度则相对较小。

2000—2010 年各重点城市主城区的不透水面积都持续增加，总体而言，植被是各重点城市在城市扩张中被侵占的主要类型。其中，唐山、天津和北京的不透水地表有 70% 以上是由植被转变而来。2000—2005 年和 2005—2010 年各重点城市植被转变为不透水地表的比例平均值分别为 37.4% 和 31.2%，表明前 5 年重点城市植被转变为不透水地表的强度要大于后 5 年。除植被外，其他土地类型同时也有不同程度的侵占，部分城市，如长沙、广州、佛山、天津、苏州、无锡和常州，水体也是不透水地表的重要来源，同时，长沙和广州的不透水地表有很大部分来自于裸地，尤其是大面积建筑裸地。

## 12.2　城市生物多样性特征

在城市化过程中，土地利用和覆盖的变化减少了植被面积和改变了植被群落结构，造成了生物物种组成的变化，改变了当地的生物多样性。伴随城市化，生物生境也发生了一系列变化和受到一系列环境胁迫，如热岛效应、环境污染、土壤质量变化等，这不但影响城市生物的生长发育和生存对策，而且威胁到城市生物多样性。更重要的是，城市是人类活动主导的生态系统，人类生产生活需要和人类偏好，通过城市生物的引种、收养和管理，改变了城市生物多样性特征。由于生物多样性是生态系统结构和功能的基础，城市生物多样性的变化也必将影响城市生态系统结构、过程和功能以及服务。近些年来，城市生物多样性研究在国内外蓬勃发展，涌现出了大量研究报道。这里就我国学者在植物和鸟类多样性研究方面的主要调查监测成果进行总结分析，供读者分享。

### 12.2.1　中国城市植物多样性特征

我们以“城市植物”“城市植物多样性”“城市”+“植物多样性”和“具体的城市名（如北京市）”+“植物多样性”等为关键词，通过对中国知网、维普资讯和万方等中文文献数据库的检索，以及以“urban plant”“urban plant diversity”“urban and plant diversity”等为关键词，通过对“Web of Science”外文文献数据库的检索，共搜集了中国城市植物多样性研究的相关文献 279

篇，其中，英文文献15篇，中文文献264篇（包括102篇学位论文和162篇期刊论文）。本研究在此文献基础上，探究中国城市植物多样性的特征。

（1）城市植物多样性研究现状

本研究搜集到的279篇文献，城市植物多样性研究涉及了中国85%的省份（除香港、天津、西藏、青海和台湾等以外），其中，研究文献数量较多的是广东省（26篇）、湖北省（21篇）和北京市（20篇）；文献数量较少的是澳门特别行政区（2篇）、贵州省（1篇）和宁夏回族自治区（1篇）。

中国城市植物多样性的研究内容主要集中在三个方面。一是对开展了城市资源植物、濒危植物、名木古树的调查工作。二是基于城市植物的调查，对城市植物的物种构成、区系地理成分、物种多样性进行了分析，并有少量研究对城市植物多样性的影响因素进行了分析。三是基于一个城市开展的，对其不同功能区或者城乡的植物多样性进行比较，也有少部分研究比较分析了同一个城市不同年份的植物多样性，如黄志楠分析了1950—2001年武汉市城市植物的物种组成比例变化、多样性变迁和物种适应性变化。近年来，还有一些研究者对我国多个城市的植物多样性进行了综合分析，如对长江流域11个主要城市（昆明、贵阳、成都、重庆、长沙、南昌、武汉、合肥、南京、杭州、上海）的木本植物相似性进行分析，发现中国不同城市的植物群落之间具有较高的相似性（Qian et al., 2016）。

（2）城市植物多样性特征

① 物种组成特征

a. 科属等级组成特征

根据文献中提供的各城市中城市植物各科所含种数、各属所含种数，可以将所有的科和属分为3个等级：单种科（仅含1个种的科）、中型科（含2～9个种的科）、大型科（含10种及以上的科）和单种属（仅含1个种的属）、中型属（含2～9个种的属）、大型属（含10种及以上的属）。单种科是新产生的科，其属种尚未分化，且没有新衍生的属种，可以反映出一地区植物进化的历史和现状；单种属植物在发生上多数是古老的、原始的或新生孤立的类群，在研究被子植物系统演化上有重要的科学价值。

我国各城市的城市植物种既有向菊科、豆科、蔷薇科等一些世界性大科集中的倾向，同时又向少种科和单种科分散。中国各城市中植物中型科构成了该地区城市植物的主体部分，其次是单种科。单纯的引种某物种、缺少该物种同属植物天然分布的广泛性和连续性，是造成城市植物单种科存在的主要原因。此外，各个城市的城市植物属主要由单种属组成。

综上所述，城市植物的中型科、单种属在各地区植物构成中占有绝对优势。

b. 生活型组成特征

当前国内对于城市树种比例关系的研究较多，有研究认为，苏州园林绿地乔木与灌木比例以1∶1为宜，还有的指出北京公园绿地中，常绿树应占落叶树的30%～40%（李淑凤，1995）。但是，国内对于城市绿地系统树种比例的确定，如乔灌草比例、常绿与落叶比例、乡土与外来种比例等，还没有一个统一的标准。

本研究从搜集的文献数据，分析了我国各城市植物生活型的组成特征，其中，部分城市的乔、灌、藤物种比例差异很大，如吉首市的非生产绿地的乔∶灌∶藤为1∶0.65∶0.08，生产绿地的乔∶灌∶藤为1∶0.96∶0.14，但根据现状和调查确定吉首市乔∶灌∶藤以6∶4∶1为宜。国内各城市中垂直绿化景观较少，导致藤本种类应用较少。乔木在城市绿地中起主导作用，灌木能丰富植物景观层次、提高植物群落的生态效益，藤本是城市绿地必不可缺的植物（李敏和邓绍平，2003）。乔木、灌木及藤本植物的比例关系，实质为植物种间关系，会影响群落的演变、景观的效果等，基于植物生活型，选择适宜的物种，构建良好的群落种间关系，有助于形成结构稳定的植物群落。

我国城市常绿树种与落叶树种的搭配差异很大。比如，重庆地带性植被常绿树种与落叶树种的比例是 3∶1，而实际调查发现，常绿树种与落叶树种的比例为 1.3∶1，重庆市的城市植物与地带性植物的群落组成特征大不一致。再如，广水市地处鄂东北低山丘陵地带，其地带性植被类型为常绿阔叶与落叶阔叶混交林，地处长江流域以北，植物群落外貌上依旧表现出落叶阔叶林的风貌特点，广水市树种规划建议，常绿树种与落叶树种比例为 1∶1.5，但根据广水市城市绿地树种的调查记录（常绿树种为 70 种，落叶树种为 48 种），其常绿树种与落叶树种的比例为 1.5∶1，与规划建议方案不符。此外，苏州园林绿地常绿树种与落叶树种的比例以 1∶1.5 为宜，而彭志对苏州市的植物资源进行调查发现，其常绿树种与落叶树种的比例为 1∶2.16。

c. 同质化严重，缺乏地方特色

随着城市的扩展，各城市首先在物理环境上趋于同质化，同质化的物理环境选择性地淘汰非城市适应型的生物种群，而城市适应型的种群在各城市中扩散并定居，导致各城市的生物同质化上升（雷一东和金宝玲，2011）。生物同质化是指特定时间段内两个或多个生物区在生物组成和功能上的趋同化过程，包括遗传同质化、种类组成同质化和功能同质化三个方面（王光美等，2009）。在城市区域中，同质化现象表现为：外来种的扩展和本地种的减少（Gong et al.，2013）。

中国城市植物同质化现象严重，缺乏地方特色，主要表现为以下三方面。

第一，城市绿化人为地引进大量的外来物种，各城市外来种入侵是城市植物同质化的主要原因（毛齐正等，2013）。

城市建设中的干扰，给外来物种提供了新的生态位（Shea and Chesson，2002），而城市环境中巨大的物质流动和人类活动量又给外来物种的扩散创造了便利条件（Mack et al.，2000），我国部分城市中外来种占现有种的比例已经超过 50%，如乌鲁木齐市有乡土园林植物 42 种，占整个植物种数的 11.9%，而外来园林植物有 326 种，占园林植物种数的 88.1%；钦州市园林绿化植物种类中有当地乡土植物 114 种，外来植物 178 种，外来植物占现有植物种类的 61%；青岛市自然分布的乡土植物有 29 科 51 属 74 种，占总种数的 39.2%，而外来物种有 43 科 75 属 115 种，占总种数的 60.8%；北京市建成区植物的外来种比例高达 53%（赵娟娟等，2010）。

如果在不同的城市中增加的外来物种各不相同，将会增加各个城市区域的生物异质性，然而，由于城市物理环境的趋同性和人类在审美上的某些相似性，使得不同城市间引进的外来物种趋于相似。各城市间相似的外来物种被大量引进和扩散，使城市间的生物组成趋于相似，从而导致生物均质化。但是，城市植物群落中外来种的入侵时间不同，其对城市植物群落的 $\beta$ 多样性指数影响也不同，研究表明，1492 年前引进的物种（archaeophytes）使群落趋于同质化，而 1492 年后引进的物种（neophytes）则增加了群落的差异性（Lososova et al.，2016）。此外，Gong 等（2013）对深圳市人造绿地和近自然绿地的生物同质化进行研究，结果表明，将外来种从数据库中移除前后，人造绿地中物种的相似性指数和空间距离之间的相关性没有发生显著变化，城市植物群落的同质化现象不能简单地归因于外来种的引进。

第二，部分城市以少数植物为主，大部分植物的应用频度较低。

常见物种的组成结构也可能导致城市植物群落的同质化（Gong et al.，2013），我国各城市中常见物种仅集中在少数几个种中，如钦州市出现频率较高（≥ 50%）的植物，仅 19 种，仅占总种树的 6.5%；重庆市都市区绿化树种中频度大于 45% 的植物有 14 种，仅占整个绿化树种的 7.8%；哈尔滨市有 110 种乔灌木，其中，频度和数量较大的种类只集中在 30 种左右。高频度地使用少数几个物种，容易造成景观的趋同，如果没有配以鲜明的骨干绿化植物，还将对塑造城市景观特色性产生不利的影响。

植物种类之间的应用频度差距较大，频率分布图呈现严重偏倚现象（Jim and Chen，2009）。比如，哈尔滨市的植物应用频度在 5% ~ 49%；钦州市的植物应用频度在 2.4% ~ 73.8%，应用频度小于 12% 的物种占总物种数的 61.3%；重庆市应用频度小于 10% 的物种占总物种数的一半以上（59.1%）；深圳市应用频度小于 10% 的本地种占总本地种数的 78.26%（Gong et al.，2013）。然而，不同应用频度段的物种对生物异质性的贡献不同，应用频度在 10% ~ 30% 的物种贡献较大（Gong et al.，2013）。

可见，我国部分城市以少数植物为主，很多植物种类应用频度较低，也可能影响其生物同质化程度，使各城市的绿化缺乏地方特色。

第三，部分物种在全国各大城市均有使用，造成了各城市绿化景观雷同的现象，不利于形成具有该地特色的地域景观。

我们基于搜集到的数据，利用 R 软件，分析了广州、昆明、兰州、澳门、包头、福州等 39 个城市的共同物种，结果表明，侧柏、垂柳、紫薇和银杏 4 个物种是 30 多个城市的共同物种，构树、水杉、含笑等 54 个物种是 20 ~ 29 个城市的共同物种，刺柏、山茶、紫叶李等 297 个物种是 10 ~ 19 个城市的共同物种。此外，Qian 等（2016）对长江流域的昆明、贵阳、成都等 11 个城市的植物群落相似性进行分析，结果表明，有 91 种植物在 11 个城市中均有出现，其中，9.89% 是栽培植物，17.85% 是引进种。

同时被多个城市使用的物种，或植株雄伟壮观，或花叶鲜艳，形状美丽，或生态效益好。比如，长江流域 11 个城市共同拥有的 91 种植物，它们要么具有相同的观赏特征（其中 13.18% 是观叶植物，48.35% 是观花植物），要么是速生物种或者能够抵抗大气污染（Qian et al.，2016）。再如，同时被 33 个城市使用的侧柏，其寿命长、耐旱、耐修剪、抗烟尘、抗二氧化硫和氯化氢等有害气体。大部分城市规划者都倾向于选择高利润和具有美学观赏特性的植物，忽略了各个城市本地种的引种和驯化（Qian et al.，2016），使得各城市的植物趋于同质化、绿化景观雷同，缺乏地方特色。

② 分布格局

a. 城市—乡村分布格局

因城市—乡村的环境差异，使得城市—乡村的植物种类构成呈现差异。如廊坊市的郊区主要物种出现了对营养有一定要求的反枝苋，远郊区出现了对生境水分有一定要求的地肤（彭羽等，2012）。此外，为满足城市绿化的需求，城市的植物种类构成也会有别于郊区。如北京市近城区存在大量的具有良好生态效益的科属，如木犀科、杨柳科、柏科和松科等，与其平原区和近山区的植物种类组成形成差异（侯冰飞等，2016）。

由于研究地点或者取样的不同，有关我国城市—乡村植物多样性的分布格局，目前存在两种主要观点：一种观点认为，城市—乡村植物物种丰富度的分布格局呈不平衡的单峰型曲线分布方式（李俊生等，2005），如北京市近郊区的植物种丰富度高于市区和山区（侯冰飞等，2016）；另一种观点则认为，物种丰富度沿城市—乡村梯度呈单调变化的分布方式（李俊生等，2005），如遵化市的植物物种数由城市向农村依次降低（马克明等，2001），而廊坊市的物种丰富度沿着中心城区—城区—郊区—远郊区的城市化梯度逐渐增加（彭羽等，2012）。也有研究表明，主城区、近郊区和远郊区的物种多样性总体并未发生改变。此外，沿着城市化梯度，我国部分城市的本地种降低，外来种增加，如北京、青岛、武汉（Meng et al.，2015）、廊坊（彭羽等，2012）等。

b. 不同功能区分布格局

城市绿地与居民生活密切相关，但不同类型的绿地由于功能不同，受人为干扰程度不同，植物丰富度也不同。

从文献中提取我国各城市不同功能区绿地的植物多样性数据，用以比较分析不同功能区绿地的植物多样性，发现在大部分城市中，乔木 Magalef 丰富度指数和 Shannon-Wiener 多样性指数最高的功能区绿地是公园绿地；灌木 Magalef 丰富度指数最高的绿地多为公园绿地，而灌木 Shannon-Wiener 多样性指数最高的绿地多为居住区绿地；草本 Magalef 丰富度指数最高的绿地也多为公园绿地，而草本 Shannon-Wiener 多样性指数值最高的绿地并未集中于某一类功能区绿地。虽然不同研究者采用的绿地分类标准不同，给不同城市间各功能区绿地的植物多样性比较、分析带来了困难，但是，总体来看，在各个城市中，与其他功能区绿地相比，公园绿地和居住区绿地的物种丰富度较高。

③ 主要影响因素

城市生态系统是复杂的综合体，是由各种景观要素有序或无序所组成的镶嵌体。影响城市植物多样性的因素主要有气候变化、土地利用转变、城市景观格局变化、微环境等关键因子（毛齐正等，2013）。

气候变化也是影响我国城市植物多样性的一个重要因素。黄志楠等分析了武汉市园林树种变迁与气候变化的相关性，结果表明，武汉市 50 多年来总体上有明显的气候变暖趋势，而夏季的高温干旱可能造成了武汉市部分针叶树种的消失。此外，城市气候的转变也影响了城市植物的物候（Luo et al.，2007）。

土地利用类型是影响我国城市植物多样性的一个重要因素。从城郊到城市中心，不同土地利用类型的植物多样性存在差异。侯冰飞等（2016）分析了北京市城乡交错区植物种类的构成，结果显示，以农业用地为主的近郊区的物种丰富度高于建成区。此外，土地利用类型转变直接或间接地改变了生态过程，导致我国城市植物物种丰富度沿着城市—郊区梯度逐渐增加（彭羽等，2012）或减少（马克明等，2001）。

城市景观格局对植物多样性的影响是双重的。一方面，城市景观破碎化导致大面积的生境丧失，降低了城市植物多样性，增加了外来物种的入侵概率；另一方面，城市景观的异质性营造了多样化的生境，为植物提供了更多的定居和生存机会（毛齐正等，2013）。人类活动的干扰使城市景观破碎化加剧、景观连接度和聚合度降低，生境的不连续性，可能会影响到城市植物的扩散，进而影响物种多样性的分布。此外，城市景观的组成是影响木本植物、乡土植物、风媒植物等物种丰富度的主要因素（Meng et al.，2015）。

在小尺度范围内，生境特征、管理强度、土壤等微环境因素可能是影响我国城市植物分布的关键因素。Jim 和 Chen（2009）认为，广州的越秀、荔湾、黄埔等 9 个区，各区的植物配置不同，主要是由于绿地规划和管理不同导致的。Huang 等（2013）的研究结果显示，广州市草本植物的多样性与土壤养分含量呈正相关关系，与土壤酸度呈负相关关系，土壤理化性质对城市植物多样性有一定的影响。而毛齐正却认为城市绿地土壤环境与植物多样性的相关性较弱。

### 12.2.2　中国城市鸟类多样性特征

随着城市生态学的快速发展，从 20 世纪 80 年代以来，我国城市鸟类生态学得到了很快发展。为了对我国现有城市鸟类生态学研究的总体情况形成概括性了解，并从中总结出不足之处进而为未来相关研究给出方向性建议。通过对“Web of Science”、知网、谷歌学术等学术平台中有关中国城市鸟类生态学的研究进行了全面搜索，搜索关键词包括：城市（urban，city）、鸟类（bird，avian）、中国（China）等，连接符用“and”。经过搜索和筛选最终得到相关文献 392 篇，其中包括 349 篇中文文献和 43 篇英文文献。对这些文献进行整理发现，国内城市鸟类生态学研究主要集中在京津地区、沪杭地区和香广深地区。研究论文较多城市有北京（48 篇）、上海（33 篇）和杭州（25 篇）。发表的中、英文文献数量和研究领域都处于快速增长时期。

（1）城市鸟类群落调查研究现状

我国城市生态学起步较晚，高水平研究主要集中在几个一线城市。全国大部分地区目前为止所做的相关研究还处于初级阶段，主要是进行城市及其近郊的鸟类群落调查统计工作。一般在特定季节或物候期（比如春季、繁殖期）（张履冰和苗玉青，2013）对特定的单一（吴毅等，2007）或几种类型栖息地（武宇红等，2006），或者一系列城市化梯度上，对城市绿地或者城市湿地内全部或者特定类别的鸟类群落进行统计，并对调查所得鸟类数据进行分类学和物候学等方面的简单分类，计算出鸟类群落的香农多样性指数和均匀度等指标，找出优势种（孙丰硕等，2016）。有的研究还会对不同样地间调查到的鸟类群落指数进行比较，或者对群落结构嵌套程度进行分析（王本耀等，2012），并在此基础上推导出影响城市鸟类群落特征的环境因子。通过对调查到的北京市区与郊外山区鸟类群落的比较，发现了不同城市化程度区域内鸟类群落物种组成的差异，并对这种差异的来源做了分析（魏湘岳和朱靖，1989）。周大庆等的研究则发现繁殖期和非繁殖期香港的鸟类群落物种组成以及群落结构都有显著差异（Zhou and Chu，2014）。这些基础性的鸟类调查研究时间跨度一般都比较短（多为 1 年）。一些多年的调查研究发现了一些重要规律。如高学斌等在西安的研究发现，1997—2007 年，西安地区的鸟类群落虽然总的物种数变化不大（从 1997 年的 138 种到 2007 年的 149 种），但物种组成发生了显著改变（消失了 24 种，新发现 34 种）（高学斌等，2008）。这类变化还出现在低纬度的香港以及更高纬度的北京、哈尔滨（Chouteau et al.，2012；Xiao et al.，2016；Zhou et al.，2012），同时不同食性类别鸟类群落呈现异域聚群现象（高学斌等，2008）。另外，赵金明在桂林的研究还发现了鸟类优势种组成的改变。这些种群和群落水平的鸟类物种变化反映了城市环境作为物种筛的作用形式（Chace and Walsh，2006）。

鸟类多样性的研究还包括鸟类知识及鸟类生物多样性生态系统服务功能和保护观念的社会性普及。尽管这部分研究大多缺乏专业的思考和严格的论证，少数研究由于认知水平的局限性还类似于文学作品。但总结这部分内容，大致可归纳为通过对某一地区鸟类分布或动态情况的介绍普及鸟类知识，提升公众对城市鸟类生物多样性及其生态服务功能这些生态学概念的认知度，并为进一步发动广大群众保护城市区域生物多样性作铺垫（王绪平等，2007；关翔宇和徐永春，2016）。这部分内容可以归为城市区域社会—经济—自然复合生态系统中的社会部分，有研究表明，生态系统服务功能的大小决定于公众是否意识到这种功能的存在，而非这种功能的实际大小（Belaire et al.，2015）。

鸟类群落生物多样性本身就是一种生态服务价值，其量化可以通过简单的公式实现。因此许多研究将鸟类多样性用做城市绿地、湿地乃至生态友好型建筑（比如绿色屋顶）评价、设计和管理的重要指标（Teng et al.，2011；陈波和包志毅，2003；贺坤等，2015），并针对受胁种或者人类感兴趣的鸟种的栖息地偏好来指导城市生境设计，在指出城市鸟类保护面临的主要问题的同时给出一些建议（Tang and Tang，2004）。

（2）城市鸟类多样性影响因素

城市化给区域生物多样性带来的影响主要包括栖息地的丧失和广泛的地区性物种灭绝（Chouteau et al.，2012；李春，2005）。城市环境作为人类主导的新型生态系统不断行使着物种筛选作用，最终结果会导致包括鸟类在内的城市野生生物物种同质化，表现为地方特有种的消失和城市普遍种的兴盛（McKinney，2006）。城市环境特征与鸟类的关系可以分为城市环境和城市化对鸟类的影响和鸟类对城市环境和城市化的适应，其中的影响和适应又会发生在个体、种群和群落水平；其次，城市环境可以从空间尺度上概括为局部尺度和景观尺度。局部尺度环境主要指特定样地内动植物区系以及各类理化环境因素特征，而景观尺度环境则指不同的斑块组织形式以及特定斑块周围的景观构成。

局部尺度上，虽然在某些地区植被垂直结构可能在决定物种多样性上发挥着关键作用（Xie et al.，2016），但城市绿地的面积（Chang and Lee，2016；Lin et al.，2009；Zhou and Chu，2012；史慧灵等，2016）被普遍认为是鸟类群落物种数量的关键影响因子。许多研究还发现了植物物种多样性、植被盖度（陈水华等，2002）、植被类型（陆祎玮等，2007）等植被特征对城市鸟类群落具有显著影响。包括食源树种（史慧灵等，2016；隋金玲等，2006；王玲等，2016）和昆虫多样性（黄越，2014）在内的食物来源（邓娇等，2014）则构成了城市生态系统中鸟类群落的基础生态位维度。不同的物种适应不同的生境，因此不同类型的生境可能会对鸟类群落结构产生显著影响（杨刚等，2015）。噪声（季婷和张雁云，2011）、光污染、直接人类干扰（曹长雷等，2010）、城市建筑物外玻璃幕墙引起的鸟类撞击（刘辉和徐艳春，2014）以及各种来源的有机毒物（Li et al.，2010；Wu et al.，2012；Yu et al.，2014）、重金属（Pan et al.，2008）等则会对城市鸟类造成比较直观的不利影响，这些影响可能会影响个体水平上的鸟类内分泌活动（Zhang et al.，2014；张淑萍和郑光美，2007），继而发生行为特征的改变，比如惊飞距离的缩短（Lin et al.，2012；王彦平等，2004a）和鸣声变化（丁平和姜仕仁，2005），其中，鸣声的适应性变化不仅发生在鸣鸟中，还会发生在鸠鸽科等采取低频鸣声的非鸣鸟中（Guo et al.，2016；Shieh et al.，2016）。个体行为学，特别是繁殖行为的改变会导致种群数量和结构的波动，最终参与决定某些鸟类是否能适应城市环境（谢世林等，2016）。发生在个体和种群水平上的城市化影响（或者说鸟类对城市化的适应）还反映在：黑脸噪鹛（柯珐华等，2011）和灰椋鸟（于同雷和郭延蜀，2006）等的城乡分布模式（倾向于分布在郊区）、乌鸫（Wang et al.，2015）和灰椋鸟（贾少波和孙小明，2005）的巢址选择（能够利用人工巢址）、树麻雀的栖息地选择（张淑萍等，2006）、白头鹎在城市环境中的繁殖行为以及生活史特征（繁殖起始时间的提前和平均卵重的显著增加）。Lin 等（2015）的研究则直接发现,城市地区凤头鹰具有更高的巢成功率。索明俐还通过分子生物学手段研究了北京市区和郊区树麻雀种群间的遗传差异,试图发掘城市环境对鸟类种群的地理隔离效应,但没有发现城乡间显著性差异。总体而言,局部尺度内的环境因素对鸟类群落的影响显著大于景观尺度环境特征(Chang et al., 2017)。

景观尺度上,城市化梯度研究发现,鸟类物种丰富度和多样性随城市化程度的上升而降低(王彦平等,2004b),Lin等(2011)的研究发现,城市化会导致景观水平上鸟类群落空间分布特征的改变,而这种改变又被认为决定于鸟类的食性和体型大小(Lin et al., 2008)。城市公园外围缓冲区内人工表面比例和栖息地破碎化对城市鸟类群落有显著负面影响(戚仁海等,2009),因此许多研究建议在景观尺度上增加城市绿地斑块的面积(陈玉哲等,2006)。景观异质性则被认为有利于鸟类群落多样性的增加(张敏等,2009)。也有研究发现,同一个城市不同城市化程度区域的鸟类分布模式受到栖息地均匀度和公园缓冲区内林地最大斑块指数的显著影响(Zhou et al., 2012)。基于某些鸟类种群有限的扩散能力,许多研究强调建设生态廊道,增加景观连接度以降低景观破碎化影响的重要性(赛道建,1994)。杨天翔等(2013)尝试将空间句法轴线图应用到基于鸟类边缘种行为的景观连接度研究中,旨在探究鸟类物种对不同景观元素非等权重的选择行为,并力图根据物种邻域感知信息预测其复合尺度的行为。邱玲等(2010)则通过在生态单元制图模型中加入植被时空结构因子,得出的图谱能够显示出各个生态单元含有生物多样性价值的信息,可以基于这一方法对今后的城市生物多样性保护和提高给出科学策略。

## 12.3　城市发展的生态环境效应

城市环境变化及其生态环境效应研究是城市生态系统长期监测研究的重要内容。越来越多的调查监测证明,城市发展造成了一系列生态环境问题,如热岛效应、空气污染、水体污染和土壤退化等。生态环境问题的出现,直接影响了人类密集区(城市)的生活和生产,对人体健康、资源(水资源和能源等)消费、人居环境质量等造成了很大的风险,严重阻碍了城市可持续发展。在分析国内城市生态环境效应的主要调查监测研究成果的基础上,以下就城市热岛、城市面源污染和城市土壤三方面进行总结分析,供读者分享。

### 12.3.1　中国城市热岛效应特征

城市热岛(urban heat island, UHI)是指城市区域温度高于其周边区域的热环境现象。城市热岛不仅影响到人体健康和能源消耗,也影响水循环、污染物集聚等生态环境过程,因而受到广泛关注。1833年,Howard在研究伦敦气候时,首次对伦敦中心地区气温高于周边郊区的现象进行了描述(Howard, 2012)。1958年,Manley发表的关于伦敦及其周边地区降雪差异的文章中首次出现“热岛”(heat island)一词。

随着全球城市化进程的不断推进以及各类环境问题的日益凸显,越来越多的研究者开始关注城市热岛效应,并在区域、城市、街区,年际、年内、日内等不同时空尺度上开展了相关研究。城市热岛效应所反映的城市与周边区域的温度差异,不单纯是热物理现象的体现,也反映了城市区域人类活动的强弱。因此,如何在人类活动日益增强的当下缓解城市热岛带来的负面生态环境效应，是科研工作者以及城市规划管理者的关注重点。

根据温度表征对象的不同，城市热岛通常被分为大气城市热岛（atmospheric UHI，AUHI；也称气温热岛）和地表城市热岛（surface HUI，SUHI；也称地温热岛）。此外，土壤温度、水体温度、物候差异等也被用来反映城市热岛现象（Shi et al.，2012）。大气城市热岛是利用气温来表征的城市热岛，是最早被研究的热岛类型。大气温度在垂直方向上可进一步分为城市边界层和城市冠层温度（Oke，1976）。其中，城市冠层的热岛现象最受关注，因为人类及各类生物活动主要发生在这层，且该层温度受下垫面影响最大。地表城市热岛的观测与研究得益于遥感技术的发展（Rao，1972）。由遥感热红外波段反演得出的地表温度是连续的面状温度，用它来表征的城市热岛常表现为高低起伏的"群岛"。地温热岛的研究拓展了此前人们对热岛现象的认识，使人们越来越多地关注城市热岛的"岛内异质性"，进而结合不同空间尺度对热岛效应进行研究。

（1）热岛效应总体特征

气温热岛与地温热岛的研究结果都证明了在天气晴好时，大部分区域表现为城市热岛效应存在。热带地区可能由于城市内部建筑潮湿，潜热释放增加而温度较外部区域低（Arnfield，2003）。受到暴风雨、大风等天气要素影响，城市热岛可能也不显著。城市区域有时出现上午温度比城市外部区域低的情况，可能一方面由于局地环流城市向外部输送热量，另一方面气溶胶可能影响了太阳辐射加热城市区域地表的过程（Miao et al.，2009；Oke，1982）。

气温热岛与地温热岛也存在一些差异。地温热岛一般在高温时刻、白天、夏季更明显（Cai et al.，2011）。气温热岛则一般在低温时刻、夜间、冬季最为显著，且表现出最低温的增温率高于最高温（Liu et al.，2007；Yang et al.，2013）。气温热岛与地温热岛在日内尺度的差异，反映了城市区域的加热过程：受太阳辐射影响，地表接受太阳短波辐射并向外发出长波辐射，植被、水体等表面可释放潜热降低自身温度，而人工表面湿度较低，几乎无蒸散发作用，故向外辐射显热更多，表现为人工表面地温更高；夜间太阳辐射消失，城市与其周边区域的热量交换减弱，城市区域因地表景观结构复杂，人工表面储热多，往往当城市外部区域热量大都耗散以后，城市区域依然向外缓慢释放热量加热空气，导致夜间气温热岛效应明显（Liu et al.，2007；Oke，1982）。

（2）气温热岛特征

由于热岛效应的研究结果多样，不同尺度研究丰富，此处重点介绍我国不同城市在城市尺度上气温热岛的研究结果。

几乎所有城市都存在热岛现象，但较大规模城市的热岛效应通常更强。北京年均热岛强度在 1～2℃（Liu et al.，2007；Yang et al.，2013；林学椿和于淑秋，2005），广州年均热岛强度也超过 1℃（李春梅等，2006），天津年均热岛强度不超 1℃，南京、郑州、唐山相对应的年均热岛强度则只有 0.5～0.8℃（Zeng et al.，2009；龚宇等，2010；刘和平等，2009）。一些研究中，上海、重庆、武汉夏季夜间气温热岛强度可达 3～6℃（陈正洪，1990；赵伟，2009；朱家其等，2006），而郑州夏季夜间气温热岛强度为 1.2℃（郑敬刚等，2005）。

大部分研究表明，城市热岛强度随城市化发展而增强。北京 1971 年 7 月天安门与故宫两地热岛强度为 1.3℃，2003 年 7 月强度增加至 23℃；1993 年 7 月北京市区热岛强度小于 2℃，2003 年热岛强度超过 4℃（王郁和胡非，2006）。对天津 1964—2001 年 5 个阶段热岛效应的研究发现，其年均气温热岛强度从 0.73℃增加至 1.12℃，夏季热岛强度由 0.49℃增加至 0.8℃，冬季热岛强度由 1.07℃增加至 1.52℃，且强度增加与房屋建筑面积及人口增加有关（韩素芹等，2007）。

对成都地区近50年的气温热岛研究发现，其热岛强度从20世纪六七十年代的最高0～0.5℃，增加至如今的0.8～1.1℃（郝丽萍等，2007）。20世纪60年代，上海7、8月气温热岛强度仅有0.1℃，90年代增加至1℃（周红妹等，2002）；2004—2005年，7月热岛强度在2.6℃左右（朱家其等，2006）。武汉1961—2000年城乡温度差值的增加趋势为0.2℃·（10年）$^{-1}$，北京相应时段城乡温度差值的增加趋势为0.34℃·（10年）$^{-1}$（Ren et al., 2007）。

不同区域城市气温热岛强度及时段特征有所异同。京津冀地区冬季气温热岛强于夏季（Yang et al., 2013；韩素芹等，2007；孙奕敏和边海，1988），最低温比最高温表征热岛的强度更高，夜间热岛强度比白天高，相差可超过1℃（Liu et al., 2007；Miao et al., 2009；孙奕敏和边海，1988）。对上海气温热岛强度的研究发现，夏季热岛强度相对较弱，秋季热岛强度较强（Zhang et al., 2010）；也有研究发现，4—7月是上海热岛强度最高的时期，11—12月热岛强度为负值（朱家其等，2006）。南京地区热岛效应夜强昼弱，但使用不同对照站点得到截然相反的年内强度特征（Zeng et al., 2009）。对广州2005年热岛效应的研究发现，均温、最高温和最低温表征的热岛强度分别为1.16℃、0.61℃和1.5℃（李春梅等，2006），与北京研究结果相似（Liu et al., 2007）。广州市热岛效应的季节差异也同北京相似，表现为秋冬两季强于春夏两季（江学顶等，2007）。成渝地区热岛强度表现为夜间强度超过白天，季节上冬夏强度高于春秋（杨柏生，1988）。

（3）地温热岛特征

地温热岛同气温热岛类似，也表现出规模对热岛强度的正影响。使用MODIS数据对2010年7月4日至7月11日京津冀地区1124个人类聚集区地温热岛强度的研究表明，随着聚集区面积增加，热岛强度增大：聚集区面积大于100 km$^2$，其地温热岛强度在2～3℃，面积2～10 km$^2$，热岛强度在0～1℃（Tan and Li, 2015）。成渝城市群2010年地温热岛强度最强的城市为成都和重庆，强度为1.7℃；其次是雅安、德阳、绵阳等规模稍小的城市；泸州、自贡、乐山等城市地温热岛强度小于1℃（陈颖锋等，2015）。此外，城市类型也可能导致相似规模城市热岛强度的季节差异。使用MODIS数据对2002—2009年京津冀地区夜间地温热岛强度的研究发现，天津地区夏季夜间热岛强度最高，为3.29℃，北京为2.42℃，唐山为0.73℃；北京地区冬季夜间热岛强度最高，为5.54℃，天津为4.91℃，唐山季节性变化不大，为0.8℃。

随着城市扩张与发展，地温热岛范围不断扩大，强度也发生变化。根据区域选择的差异，强度变化可能相反。因为地温是连续的面状数据，城市扩张会使得周边区域同城市内部一样，也经历城市化过程，所以一些研究结果中地温热岛强度减弱，实际上反映的是城市热岛范围的扩大（Cai et al., 2011）。通过比较上海市区与其周边区域地温差异，发现上海地区春季热岛强度从1997年的6.42℃降低至2008年的1.95℃，夏季热岛强度则从2001年的4.12℃降至2005年的3.23℃，秋季则从1.38℃降至0.59℃，冬季从1.11℃降至0.42℃（Li et al., 2012）。对武汉、郑州、唐山等的研究均发现随城市扩张或工业发展，地温热岛范围不断增加（段金龙等，2011；梁益同等，2010）。广州市区与从化市地温的对比研究发现，广州市地温热岛强度不断增加，由2000年的1.15℃增加至2005年的2.89℃（邓玉娇等，2010）。另一个在广州开展的研究则发现，随着城市扩张，建成区与郊区温度差值先增加后减小，从1990年的5.02℃，增加到2000年的5.28℃，而后减少至2008年的3.42℃，热岛比例也先增后减。认为2000年后旧城改造完善了城区的绿地系统，并且将重工业外迁，这些措施使得2008年建成区内特高温区和高温区大幅减少，热岛效应得到缓解（樊亚鹏等，2014）。对成都和重庆的研究也发现，使用不同研究方法，地温热岛强度在相同时段可表现为相反的增加或减少（陈颖锋等，2015；程志刚等，2016）。对京津冀平原区人类聚集区地温热岛的研究也表明，对周围区域的选择会强烈影响热岛强度（Tan and Li，2015）。

相同地区使用不同研究方法，得到的地温热岛差异较大。京津冀地区的一些研究表明，地温热岛表现出夏季强、冬季弱的特点，强度可达4～6℃，最高8～10℃（Zhang et al.，2005；Cai et al.，2011）。也有研究表明，京津冀夜间地温热岛强度冬季比夏季大。使用MODIS数据对北京2001年7月的地温热岛进行研究，发现夜间热岛强度更大（Zhang et al.，2005）；但对2003—2008年北京夏季地温的研究发现，五环内地温强度白天明显高于夜间（Cai et al.，2011）。对上海的研究发现，气温热岛在春季和夏季的强度明显高于秋季与冬季，且春季与夏季地温热岛强度非常接近（Li et al.，2012）。使用不同对照得到的地温热岛强度有较大差异，如同样对1997年4月11日上海地温进行研究，使用城区与乡村对照得出的强度为6.42℃，而使用建成区与植被差异来表征的地温热岛强度为4.79℃（Li et al.，2009；Li et al.，2012）。南京地区地温热岛夜间较强，不同方式表征的夏季地温热岛强度差异较大，有的结果在0.5～3.5℃，有的在5℃左右，还有的低于1℃（Huang et al.，2008；苏伟忠等，2005；叶柯和覃志豪，2006）。同样是对广州2000年秋季地温热岛进行研究，强度差异相差4℃（邓玉娇等，2010；樊亚鹏等，2014）。对郑州2001年5月1日中心城区和郊区样区的地温进行比较，得到的热岛强度为10.1℃（李芳芳等，2010）。武汉高密度建成区与植被地温差异为12.62℃，低密度建成区与植被地温的差异为5.1℃（Li and Yu，2008）。对成渝地区的研究，有的结果表明春季热岛最强，推测与采暖及晴朗天气有关（李晓敏和曾胜兰，2015）；有的研究表示夏季热岛强度大，其次为春秋，冬季较弱（陈颖锋等，2015；许辉熙等，2007）。可能由于地温数据在空间上连续，对比研究的方式多，使得研究结果彼此间差异大。所以地温热岛的研究方式亟需统一，以便地区间相互比较，得到更为一般性的结论。

### 12.3.2 中国城市面源污染特征

城市面源污染是指在降水条件下，雨水和径流冲刷城市地面，使溶解的或固体污染物从非特定的地点汇入受纳水体，造成水体环境质量下降。它是相对于点源污染而言的一种水环境污染类型，亦称为城市非点源污染（Nisbet，2001；贺缠生等，1998；尹澄清，2006）。

城市地面中包含许多污染物质，有固态废物碎屑（如城市垃圾、动物粪便、城市建筑施工场地堆积物）、化学药品（如草坪施用的化肥农药）、空气沉降、车辆排放物、屋面沉积物及屋面材料析出物等（Sansalone and Buchberger，1997；李立青等，2006）。城市化与城市建设极大地改变了城市原有地表环境，取而代之的是大量的建筑物和道路，导致城市地表硬化率急剧增加，地面透水性能和蓄水能力下降，使得雨天特别是暴雨天气产生大量的径流不能通过城市地表渗透到土壤中或者是被植物截流，只能通过分流制或合流制系统把径流排放到受纳水体中，对受纳水体的水质造成明显的破坏。在美国，面源污染已成为水环境污染的第一因素，60%的水污染起源于面源。

长期以来，我国面临着极其严重的工业废水和城市污水的污染问题，防治任务艰巨，主要工作放在了点源污染控制方面，对于面源污染，工作重点主要是针对农村耕作区水土流失等面源污染问题，对于城市面源污染尚未给予足够的重视。美国、英国、荷兰等发达国家在20世纪70年代就已对城市地表径流开展了大量的测试及研究工作，我国城市地表面源污染的研究起步较晚，20世纪80年代初才开始对北京的城市径流污染进行研究，随后在上海、广州、西安、武汉、澳门、珠海、苏州等大中城市也逐渐开展起来（宫莹等，2003），但目前几乎没有系统的城市面源污染监测资料，有限的案例研究通常只提供几场暴雨径流过程的水质监测数据。

（1）城市道路雨水径流污染特征

对我国各城市道路雨水径流污染物进行分析，结果表明，SS、COD、BOD、TN、TP等污染物平均浓度都大大超出国家地表水环境质量V类标准。其中，SS浓度介于34.00～1534.60 mg·L$^{-1}$，平均浓度为512.55 mg·L$^{-1}$，远高于地表水环境质量V类标准150 mg·L$^{-1}$的限值，超标率达88%。COD浓度介于30.00～687.18 mg·L$^{-1}$，平均浓度为286.10 mg·L$^{-1}$，远高于地表水环境质量V类标准40 mg·L$^{-1}$的限值，超标率高达95%。BOD浓度介于10.30～159.81 mg·L$^{-1}$，平均浓度为57.47 mg·L$^{-1}$，远高于地表水环境质量V类标准10 mg·L$^{-1}$的限值，超标率高达100%。TN浓度介于3.53～15.99 mg·L$^{-1}$，平均浓度为7.84 mg·L$^{-1}$，远高于地表水环境质量V类标准2 mg·L$^{-1}$的限值，超标率高达100%。TP浓度介于0.20～2.00 mg·L$^{-1}$，平均浓度为0.78 mg·L$^{-1}$，高于地表水环境质量V类标准0.4 mg·L$^{-1}$的限值，超标率达75%。与其他国家相比，我国城市道路雨水径流污染物浓度偏高，且我国南方城市道路径流污染浓度高于北方城市道路径流，特大规模城市道路径流污染浓度高于中等规模城市道路径流，而沥青道路和混凝土道路径流污染物浓度相当，说明我国南方城市，尤其是特大规模城市道路雨水径流污染情况最严重。

工程经验表明，当污水中BOD/COD>0.3时，表明污水可生物降解。我国城市道路雨水径流BOD/COD介于0.05～0.41，平均值为0.24，表明我国城市道路雨水径流可生物降解较差。对城市道路雨水径流中SS与COD进行回归分析，回归方程为：COD=0.3465SS+132.79，$R^2$=0.5537，回归性较差，表明我国城市道路雨水径流中溶解性COD占有一定比例。

（2）城市屋面雨水径流污染特征

对我国各城市屋面雨水径流污染物进行分析，结果表明，我国城市屋面雨水径流污染物平均浓度除SS、TP外，COD、BOD、TN等都超出国家地表水环境质量V类标准。其中，SS平均浓度为102.68 mg·L$^{-1}$，TP平均浓度为0.38 mg·L$^{-1}$，均在地表水环境质量V类标准范围内。COD浓度介于19.00～376.70 mg·L$^{-1}$，平均浓度为114.06 mg·L$^{-1}$，高于地表水环境质量V类标准40 mg·L$^{-1}$的限值，超标率达82%。BOD浓度介于14.00～127.20 mg·L$^{-1}$，平均浓度为40.13 mg·L$^{-1}$，高于地表水环境质量V类标准10 mg·L$^{-1}$的限值，超标率高达100%。TN浓度介于2.58～9.80 mg·L$^{-1}$，平均浓度为6.20 mg·L$^{-1}$，高于地表水环境质量V类标准2 mg·L$^{-1}$的限值，超标率高达100%。与其他国家相比，我国城市屋面雨水径流污染物浓度偏高，且我国北方城市屋面径流污染物浓度高于南方城市屋面径流，特大规模城市屋面径流污染浓度高于中等规模城市屋面径流，不同屋面材料中，沥青屋面径流污染物浓度最高，混凝土屋面径流污染物浓度次之，瓦屋面径流污染物浓度最低，说明我国北方城市，尤其是特大规模城市中的沥青屋面径流污染情况最严重。

（3）城市天然雨水污染特征

对我国各城市天然雨水污染物进行分析，结果表明，我国城市天然雨水径流污染物平均浓度除TN外，SS、COD、BOD、TP都未超出地表水环境质量V类标准。SS、COD、BOD、TP的平均浓度分别为7.20 mg·L$^{-1}$、19.19 mg·L$^{-1}$、2.05 mg·L$^{-1}$、0.05 mg·L$^{-1}$，均在地表水环境质量V类标准范围内。TN 浓度介于 0.77 ~ 6.10 mg · $L^{-1}$，平均浓度为 2.98 mg · $L^{-1}$，高于地表水环境质量 V 类标准 2 mg · $L^{-1}$ 的限值，超标率达 60%。

（4）城市排污口雨水径流污染特征

对我国各城市排污口雨水径流污染物进行分析，结果表明，SS、COD、BOD、TN、TP 等污染物平均浓度都远远超出地表水环境质量 V 类标准。其中，SS 浓度介于 228.70 ~ 601.10 mg · $L^{-1}$，平均浓度为 397.50 mg · $L^{-1}$，远高于地表水环境质量 V 类标准 150 mg · $L^{-1}$ 的限值，超标率高达 100%。COD 浓度介于 77.51 ~ 299.20 mg · $L^{-1}$，平均浓度为 193.19 mg · $L^{-1}$，远高于地表水环境质量 V 类标准 40 mg · $L^{-1}$ 的限值，超标率达 100%。BOD 浓度介于 7.16 ~ 86.11 mg · $L^{-1}$，平均浓度为 46.64 mg · $L^{-1}$，远高于地表水环境质量 V 类标准 10 mg · $L^{-1}$ 的限值。TN 浓度介于 4.96 ~ 27.37 mg · $L^{-1}$，平均浓度为 15.57 mg · $L^{-1}$，远高于地表水环境质量 V 类标准 2 mg · $L^{-1}$ 的限值，超标率高达 100%。TP 浓度介于 0.48 ~ 2.51 mg · $L^{-1}$，平均浓度为 1.50 mg · $L^{-1}$，远高于地表水环境质量 V 类标准 0.4 mg · $L^{-1}$ 的限值，超标率高达 100%。

澳门和珠海雨水排污口属于雨污分流制，武汉、昆明和北京雨水排污口属于雨污合流制，对两种不同体制的排污口雨水径流污染物浓度进行算术平均，结果表明，分流制的 COD、BOD、TN、TP 等指标均低于合流制，说明分流制排水体制优于合流制，这与 Field 等人在 1977 对美国城市污水、合流制排水、分流制排水的研究结果基本一致（赵剑强，2002）。

（5）不同径流类型径流污染物浓度比较

对我国城市天然雨水、屋面径流、道路径流和排污口径流 4 种不同径流类型的 SS、COD、BOD、TN 和 TP 的平均浓度进行分析，结果表明，SS、COD 和 BOD 在 4 种不同径流类型中的大小规律均为：天然雨水 < 屋面径流 < 排污口径流 < 道路径流，说明道路径流中的 SS、COD 和 BOD 污染最严重。排污口径流污染程度小于道路径流而大于屋面径流和天然雨水，这是由于天然雨水和屋面径流稀释道路径流所致，同时排污口径流不仅包含道路径流、屋面径流和天然雨水，而且还包含绿地和庭院等汇水面的雨水径流，相关资料表明（Gromaire et al., 2001），绿地和庭院等汇水面雨水径流的污染负荷小于道路和屋面径流，由于绿地和庭院等汇水面雨水径流的稀释作用，以致排污口径流污染程度小于道路径流而大于屋面径流和天然雨水，另外，所采用的排污口径流数据不是完全意义上的雨水分流制指标，这也是一方面原因。

TN 和 TP 在 4 种不同径流类型中的大小规律均为：天然雨水 < 屋面径流 < 道路径流 < 排污口径流，这说明绿地和庭院等汇水面是城市降雨径流中 TN 和 TP 的主要来源。天然雨水中除 TN 外，其他污染物浓度均未超出地表水环境质量 V 类标准，而屋面径流、排污口径流和道路径流远超出地表水环境质量 V 类标准，说明天然雨水不是除 TN 外的地表径流污染物的主要来源，城市地表径流中的污染物主要来自于降雨对城市地表的冲刷，所以地表沉积物是屋面径流、排污口径流和道路径流污染物的主要来源。

根据文献报道（吴寿昌，1997；杨苏树和倪喜云，1999），城市住宅区地面径流 BOD 和 COD 分别为 3.6 mg · $L^{-1}$ 和 40 mg · $L^{-1}$；商业区地面径流 BOD 和 COD 分别为 7.7 mg · $L^{-1}$ 和 39 mg · $L^{-1}$，地表水 TN 含量为 0.9 ~ 3.5 mg · $L^{-1}$、TP 含量为 0.9 ~ 1.8 mg · $L^{-1}$ 时，可造成水生生物生长旺盛，我国城市道路雨水径流、屋面径流、排污口径流中相关污染物浓度值要高于上述研究结果，如果直接排放到受纳水体，将会对城市河流、湖泊和河口带来污染，危害到城市的水环境。

### 12.3.3 城市土壤污染

（1）城市土壤基本特征

Bockheim早在1974年就提出了城市土壤定义，认为城市土壤是指由于人为的、非农业作用形成的，并且由于土地的混合、填埋或污染而形成的厚度大于或等于50 cm的城区或郊区土壤（黄勇等，2005）。De Kimpe等在Bockheim定义的基础上将城市土壤定义为在城区和城郊区域受人为活动强烈影响的土壤（De Kimpe and Morel，2000）。我国学者认为城市土壤并不是一个分类学上的术语，它是指出现在市区和郊区，受多种人为活动的强烈影响，原有继承特性得到强烈改变的土壤的总称。

城市土壤是人类扰动最为严重的土壤，由于受到人类活动的强烈影响，城市土壤在物理、化学、生物学等方面具有以下特点。

① 时间与空间变异性明显，在较短距离内会出现完全不同的土壤类型

同一城市，不同区域土壤的酸碱度、有机质含量、养分含量均有差异，磷素及有效钾均存在变异性，氮的分布差异也很大（蒋海燕等，2004）。不同区域的城市，土壤的酸碱度、颜色、温度、土壤养分含量均不同。有的城市土壤养分很充足，且有富集特征，如南京和上海，有的城市土壤中的氮、磷、钾水平不高，甚至很缺乏，如香港和广州等城市，而乌鲁木齐城市土壤中总磷、有效磷丰富，氮素缺乏（蒋海燕等，2004）。

② 土壤层次排列混乱，且分层明显

在城市建设过程中，由于挖掘、搬运、堆积、混台和大量废弃物填充，土壤结构与剖面发育层次十分混乱。吴新民等研究表明，根据24个土壤剖面统计分析和多点观察记录，南京城市土壤母质来源有5大类型。人为侵入体丰富是城市土壤的一大特点（吴新民和潘根兴，2005）。

③ 土壤质地变性，人工附加物丰富，砾石和石块含量高

城市建设如建筑修路及工业生产、居民生活等原因，导致城市土壤中的外来物极其丰富，如碎石、砖块、玻璃、煤渣、混凝土块、塑料、工业废弃物、生活垃圾等，这使得城市土壤多为砾石、垃圾和土的混合物，土壤颗粒组成中砾石和砂粒较多，细粒和黏粒所占比例较小，土壤质地粗，多为石质和砂质。

④ 变性的土壤物理结构，压实板结现象明显

由于人为践踏、车辆压轧和雨滴击打等，城市土壤一般较为紧实，结构和团聚体多遭受破坏；容重大，孔隙度小，持水能力及通透性差，尤其是在道路附近、公园和运动场等处，土壤容重很高。如在美国华盛顿中心的开放公园中0.3 m的表土层的土壤容重为$1.4 \sim 2.3\ t \cdot m^{-3}$。

⑤ 土壤有机质含量高、pH高，同时表现出明显的污染特征

刘慧屿等（2006）对黑龙江省双城土壤表层（0～20 cm）有机质研究结果表明，有机质含量较高，大部分都分布在$16.13 \sim 31.09\ g \cdot kg^{-1}$范围内。吴新民等对南京城市土壤特性研究表明，除风景区自然土壤偏酸性外，城市人为土壤基本上显中性或碱性（吴新民和潘根兴，2005）。马建华等对开封城市土壤的理化性质和污染状况的研究表明，开封市城区内所有研究剖面均已遭受污染，其污染程度大致可分为3种情况：污染最严重的土壤分布在工矿企业区，其次是居民、行政等人口密集区，污染最轻的是自然教育园区。

⑥ 养分循环与土壤生物活动受到严重干扰

城市土壤表面的"固化"、生物栖息地的孤立、人为干扰与土壤污染的加重等，造成城市土壤生物群落结构单一，多样性水平降低，生物的种类、数量和生物量远比农业土壤、自然土壤少（章家恩和徐淇，1997）。Khan 等（1998）试验研究了镉和铅对红壤中微生物的影响，当其浓度分别为 30 $\mu g \cdot g^{-1}$ 和 150 $\mu g \cdot g^{-1}$ 时导致生物量显著下降。

（2）城市土壤重金属污染特征

重金属是土壤环境中一类具有潜在危害的污染物。它在土壤环境中一般不易随水淋失，不能被微生物分解；相反地，重金属常在土壤环境中富集，甚至转化为毒性更大的甲基化合物（刘玉燕，2006）。城市土壤重金属污染具有隐蔽性、持久性、毒性和多样性的特点（刘玉燕，2006）。城市土壤重金属污染的主要来源有：工业生产污染源、交通运输污染源、日常生活污染源、城市堆放的废弃物以及原土壤母质的输入。

① 城市土壤重金属污染主要来源

a. 工业生产污染源

有报道南京某合金厂周围土壤中的 Cr 含量大大超过土壤背景值，Cr 污染以工厂烟囱为中心，范围达到 1.5 $km^2$。Genoni 等（2000）研究以石油为燃料的火电厂周围的土壤及植物（苔藓）中 12 种重金属的浓度发现，钒、镍在植物体中的累积程度最高，土壤镍的含量 3 倍于对照地区的背景含量。

b. 交通运输污染源

据有关材料报道，汽车排放的尾气中含 Pb 量多达 20 ~ 50 $\mu g \cdot L^{-1}$，它们呈条带状分布，因距离公路、铁路、城市中心的远近及交通量的大小有明显的差异（崔德杰和张玉龙，2004）。对尼日利亚不同交通密度公路边表层土壤中 Pb、Cd、Cu、Ni 和 Zn 的分布的调查结果表明，重金属含量在车流密度大的公路两侧土壤中要高于车流密度小的公路两侧土壤，且随着距公路距离的增大，重金属含量快速降低，到距公路 50 m 左右的地方，重金属含量基本降低到背景值水平（Fakayode et al.，2003）。

c. 日常生活污染源

Zarcinas 等（2002）对澳大利亚墨累河河岸沉积物中重金属含量的研究结果表明，由于墨累桥年久失修，桥体涂料大量剥落，致使河岸沉积物中重金属浓度较高。其中，0 ~ 10 cm 沉积物剖面中 Cu、Pb、Zn 的含量分别为 9 ~ 66 $mg \cdot kg^{-1}$、230 ~ 1900 $mg \cdot kg^{-1}$ 以及 800 ~ 2500 $mg \cdot kg^{-1}$，超过环境土壤背景值 Cu 60 $mg \cdot kg^{-1}$，Pb 300 $mg \cdot kg^{-1}$ 以及 Zn 200 $mg \cdot kg^{-1}$。

d. 城市堆放的废弃物

三峡库区生活垃圾的重金属元素含量普遍超过土壤背景值，特别是汞的含量，垃圾堆放会增加土壤的重金属含量，可能引起累积，进而可能引起土壤的污染（林建伟等，2005）。

e. 原土壤母质的输入

成土母质也可能是城市土壤中重金属元素的重要来源（陶澍，2001），是决定城市土壤中重金属元素含量与分布特征的重要因素之一。例如，在北京市，目前土壤中 Cr、Ni 的含量就主要受成土母质的影响，只是个别地区存在明显的 Cr、Ni 含量严重偏高的现象（郑袁明等，2003）。

② 影响城市土壤重金属分布的因素

根据城市土壤中重金属污染物的主要来源，可以把影响城市土壤重金属污染物分布的因子分为两类：一类为土壤内因，即土壤理化性质对外来重金属元素的吸收固定和累积作用，另一类是人类活动添加到城市土壤中的重金属元素数量影响因子。

a. 土壤理化性质的影响

张慧敏等（2007）对不同质地的城市土壤的研究发现，细颗粒中重金属有明显的富集，其中，<0.002 m 粒组的重金属含量为土壤的 1.57 ~ 13.95 倍。质地对重金属在不同颗粒中的分配有很大的影响，虽然重金属含量一般是质地较黏的土壤高于质地不黏的土壤，但砂质土壤中细颗粒组分中的重金属的含量却一般要高于黏质土壤的相应粒组。卢瑛等（2003）、吴新民和潘根兴（2005）对南京城市土壤的化学形态的研究发现，与非城市土壤相比，残渣晶格态所占比例低，活性态比例大，潜在危险大。张慧敏等（2007）还发现，有效态重金属占其总量的比例一般是 0.250 ~ 0.125 mm 和 0.125 ~ 0.050 mm 粒组高于其他粒组。

b. 人类活动的影响

人类活动对城市土壤重金属污染分布的影响因子包括不同的土地利用状况、人类活动强度、污染累积时间的长短、距污染源的远近等（吴新民和潘根兴，2005；蒋海燕等，2004）。吴新民和潘根兴（2005）对南京城市土壤重金属含量的研究发现，老工业区重金属含量最高，依次为老居民区、商业区、风景区、城市广场、开发区；区内分布也不均衡，不同功能区土壤中的重金属含量和种类差别较大，同一区内不同样点重金属含量相差可达 1 倍以上。武永峰等（2007）对贵阳市不同功能区土壤重金属污染的分布特征的研究发现，Cr 和 Cd 在工业区土壤中的含量最高，居民区土壤中最低；Cu、Pb、Zn 在公园和交通区土壤中的含量高。污染源分析结果表明，以上这些重金属的主要来源是汽车尾气和工业活动。刘浩峰（2007）对新疆昌吉市城市土壤的重金属分布的研究结果表明，Cr 和 Zn 的分布主要受交通运输的影响，工业生产对二者的影响较小；工业布局是 Cu 分布的主要影响因素。

c. 城市化对土壤重金属分布的影响

城市化过程会影响重金属累积特征。研究表明，土壤重金属含量与其周边的交通密度呈显著正相关关系。位于北京市东南方位的污水灌溉区土壤中，Cu、Pb、Zn 和 Cd 的浓度随着时间推移而逐步发生了变化。早在 20 世纪 70 年代，城市污水灌溉区土壤中 Cu、Pb 和 Cd 的含量曾达到顶峰，其浓度均分别高于各自背景值 2 倍以上（朱桂珍，2001）。在随后的 20 多年间，当地仍然保持污水灌溉的方式，在 20 世纪 90 年代后期，土壤中 Cu 的浓度显著降低，Cd 的浓度没有发生明显的变化（朱桂珍，2001）；土壤中的 Pb 和 Zn 则呈现出了持续增加的趋势。

北京市六环内土壤中 Zn 的浓度与 500 m × 500 m 尺度上的不透水地表面积比例显著相关。尤其对于居民区和农田用地，其土壤中 Zn 的浓度随不透水地表的面积比例的增加出现了明显升高的趋势。然而其他三种重金属的浓度，和相同的尺度下的不透水地表面积比例并没有表现出显著的相关性。这是由于土壤中 Zn 的浓度差异与其来源有关，城市中 Zn 主要源于不透水地表的交通排放（Ajmone-Marsan and Biasioli，2010）。因此，城市土壤中 Zn 的累积与城市化过程和城市不透水地表比例紧密相关，可视为表征城市化程度的指标。研究还发现，北京市公园土壤 Zn 和 Cd 浓度与城市化时间显著相关。城市化时间可以解释其土壤中 Cd 和 Zn 浓度变异的 80%。对于居民区土壤，城市化时间能解释其 Zn、Cd 和 Pb 浓度变异的 20%。

（3）城市土壤多环芳烃污染特征

从最近几年来所调查的城市市区和郊区表土层中多环芳烃的残留情况看：不同城市之间的

多环芳烃残留浓度差异很大，如阿格拉土壤中多环芳烃的残留浓度比曼谷高出数十倍；同一城市不同地区的多环芳烃残留浓度也有很大的不同，如大连公路边的残留浓度比公园和居民区高了 10 倍；同时具体采样点和采样时间的不同也会带来结果的大幅度变化，如两次在北京市的调查结果就有很大区别。多环芳烃在世界各大城市中心的残留浓度大多处于严重污染的水平，香港、北京、大连、加德满都、阿格拉和卑尔根等大城市中部分取样点中多环芳烃含量甚至超过了 10000 $\mu g \cdot kg^{-1}$。

① 城市土壤中多环芳烃污染物的主要来源

一般来说，低环的多环芳烃（2～3 环）主要起源于自然界和没有经过燃烧的石油类产品；而高环的多环芳烃（4 环和 4 环以上）主要来自于各类燃烧。这些多环芳烃可以直接进入土壤，或通过降雨、降雪和降尘等方式进入土壤。在城市中人为产生的多环芳烃数量远远超过自然产生的多环芳烃（Grimalt et al., 2004），所以我们对城市土壤中多环芳烃的污染源进行分析时，主要关注的是其人为来源。

② 影响城市土壤中多环芳烃分布的因素

a. 污染源的影响

土壤中的多环芳烃残留浓度往往随着与污染源距离的增大而表现出明显的梯度。工业活动与交通是城市中主要的多环芳烃来源，因而工业区与公路边土壤中的多环芳烃含量一般要比其他功能区中的含量高（葛成军等，2006）。人类活动主要产生高环的多环芳烃，因此在城市土壤中，多环芳烃多以高环为主，如在香港和大连的研究都表明，城市内土壤中高环多环芳烃组分所占的比例比城市外土壤中要大（Zhang et al., 2006）。

b. 生物因素

多环芳烃残留浓度受到植物分布的影响，植物的叶片能通过大气沉降及气孔扩散等方式有效富集和累积以气态及颗粒态形式存在的多环芳烃，这也是植物吸收多环芳烃最主要的途径，植物的根对土壤中的多环芳烃也有吸收作用，但是并不明显（Lin et al., 2007）。植物能够增加根周围土壤中微生物的数量，进而增加多环芳烃在土壤中的降解速率，因而植物修复技术对减少土壤中多环芳烃的污染有一定帮助。同时有研究指出，加入表面活性剂，可以使多环芳烃更容易从土壤绑定状态释放到水相中，进而可以大幅度地提高植物对土壤中多环芳烃的吸收作用以及微生物对其的降解活性（Macek et al., 2000）。

c. 环境气候影响

在大连的城区—郊区—乡村梯度上，低环多环芳烃所占的比重由 13% 提高到了 51%，其组分含量变化趋势与各种多环芳烃通过大气传输的能力变化趋势一致（王绪平等，2007）。

气候变化可以同时影响大气沉降和微生物降解活性，常年的风向变化会明显影响土壤中多环芳烃的残留浓度，气温升高会增加微生物降解活性以及多环芳烃的挥发性使得夏季土壤中多环芳烃浓度比冬季要低（俞飞和林玉锁，2005），同时由于各地区的微生物降解活性、多环芳烃挥发速率和光解速率不同，土壤中多环芳烃的残留浓度往往表现出随着纬度增加而增加的趋势。研究发现，处于热带的曼谷，土壤中的多环芳烃较其他城市都要低。

d. 城市功能区的影响

对北京市五环内 16 种多环芳烃的分布研究结果发现，含量在 93.30～13141.46 $\mu g \cdot kg^{-1}$，平均值为 1228.05 $\mu g \cdot kg^{-1}$，不同功能区的多环芳烃浓度分布趋势为：胡同（4955.79 $\mu g \cdot kg^{-1}$）>

工业区（3651.11 μg·kg$^{-1}$）> 学校（1571.16 μg·kg$^{-1}$）> 繁忙路边（1247.69 μg·kg$^{-1}$）> 公园（1146.41 μg·kg$^{-1}$）> 服务区（1097.86 μg·kg$^{-1}$）> 居民区（952.22 μg·kg$^{-1}$）> 路边（779.62 μg·kg$^{-1}$）> 其他区域（670.02 μg·kg$^{-1}$）。越靠近市中心，多环芳烃浓度显著升高。各功能区内多环芳烃都以四环和五环为主，平均占到了 38% 和 29%。3 个多环芳烃含量最高的区域分别是二环线内的老城区、中关村附近以及东南角工业区。

# 12.4　结论与展望

经过近 40 年的努力，我国的城市生态系统研究已经取得了很多成就，特别是在景观格局、生物多样性（植物多样性和鸟类多样性）、生态系统过程（面源污染和城市碳氮代谢）和生态环境效应（城市热岛、空气 PM2.5 和城市土壤）等多方面研究，为我国城市生态环境问题治理和生态城市建设提供了重要科技支撑。除此之外，有关我国各类城市生态系统的要素、格局、过程和服务的监测、调查和评价还有大量研究工作。主要体现在以下两方面。

一方面，我国城市生态系统研究内容丰富。从生态系统要素看，不但对城市中的各种类群的生物（包括植物、动物、微生物等）多样性都有研究，而且对影响城市生物的各种环境要素（空气温度和质量、水文和水体质量、土壤等）进行了长期深入观测研究。从城市生态系统格局上，特别是景观格局分析及景观格局与城市生态环境问题和生态系统服务间的关系都进行了大量研究。从城市生态系统过程和功能上，不但对城市中自然和半自然过程（如植物蒸腾、暴雨径流及其污染、温室气体排放、动物迁移、植被动态、生产力等）进行了调查研究，而且对城市中人类物流和流量（如物质代谢、能源消费、水资源利用、碳循环等）进行了分析评价。从生态系统服务方面，既有大量实验观测，也有大量模型评价，如城市绿地和湿地的降温作用、植被空气和水质净化功能、绿地水文调节和文化娱乐功能，还有大量有关市民生态系统服务需求和利用方面的研究，如绿地可达性和利用等。这些研究成果已经在我国的生态城市、海绵城市和森林城市建设中发挥了重要指导作用。

另一方面，以复合生态系统理论为指导，服务于城市生态规划管理。从 20 世纪 80 年代，王如松等学者就将城市生态系统定义为以人为主的社会—经济—自然复合生态系统，重视城市中的社会系统、经济系统和自然系统耦合，将人类及其活动，既作为城市生态系统的影响因素，又作为城市生态系统的重要组分和过程，进行系统研究。在复合生态系统理论的指导下，我国大量生态学家开展了各种类型的城市生态系统分析评价，建立了生态城市评价指标体系，编制了大量各类生态城市建设规划，促进了我国城市生态环境改善和城市可持续发展。

中国地域辽阔、地理类型多样、气候差异巨大、发展历史悠久、生产生活方式多样，不但形成了规模和类型多样的中国城市，而且不同类型城市生态系统的结构、过程和功能具有很大的差异。从全国尺度上综合分析中国城市生态系统特征及其变化，是一项具有很大挑战性的工作。但距离完整地认识中国城市生态系统特征及其变化规律还相差甚远。除编写时间原因外，也发现中国城市生态系统特征的研究还存在以下空缺。

首先，研究内容局限。中国城市生态系统研究绝大部分集中在少数几个领域，如城市植物、景观格局、城市生态评价、城市土壤、城市热岛、城市空气污染和水体污染等，还有少量的城市其他生物（如鸟类、水生动物、昆虫和微生物等）以及城市生态系统过程（植物蒸腾、暴雨径流、温室气体排放等）。而对于城市生态系统生物营养级、物质代谢、人与自然系统耦合等研究比较缺乏。

其次，研究区域集中。中国城市生态系统研究绝大部分集中在北京和上海，其他还有一些研究集中在天津、广州、深圳，零星的研究也见于武汉、西安、乌鲁木齐、济南等省会或国家计划单列城市。总体上看，对东北发达地区的城市研究数量略多于对西部地区的城市研究。但从全国尺度上，对于城市生态系统结构和功能的区域差异及其受大尺度气候和人类活动的影响机制认识有限，不能为全国城镇系统科学布局和优化各区域的城市规划管理提供可靠的科学依据。

最后，回答基本科学问题和满足城市规划管理需求方面还不足。作为生态学研究的一些核心问题，如生物适应与进化、生物相互作用与营养关系、种群和群落动态与生物多样性、能量和物质与生态系统服务等，在城市环境中会发生怎样变化和表现出什么形式，目前都处于初步探讨阶段。城市规划和管理作为解决城市生态环境问题和促进城市可持续发展的重要手段，急需城市生态系统研究提供科学支持，如何确定城市绿地大小和位置布局、优化城市绿地管理，提升绿地生态系统服务功能，为城市生态学研究提出了重要需求。

面对城市生态系统这样一个人类活动的热点、社会经济发展的聚集地以及复杂的和快速增长的生态系统，需要在解决生态环境问题和支撑社会经济发展的国家需要等方面进一步加大研究力度，特别要注重长期演变研究。结合国内城市生态学热点和城市可持续发展需求，中国城市生态系统研究可以优先考虑以下几个主要议题。

第一，城市生物组成、性状和进化研究。城市不但为人类生存发展提供了一种新的环境，也为其他生物的生存发展提供了新的生境。这一新生境可能为一些生物提供更多的资源和优质环境，也会对一些生物造成新的胁迫，生物采取何种策略（逃避、性状改变等）适应新生境，长期胁迫是否会改变生物进化，城市生物多样性会发生什么改变，这些科学问题不但对认识城市生态系统特征非常重要，而且对认识生物生存和进化也非常重要。

第二，城市生态系统人与自然的格局和过程耦合研究。城市作为一个以人为主体的复合生态系统，不再单一是一种自然过程，而是一个人类社会和自然复合的过程。城市生态系统在格局上是人工的与自然的斑块镶嵌，在过程上是人为和自然的过程耦合，在功能上是社会经济和自然的功能集成。因此，城市生态系统是一种典型的人与自然耦合系统，体现在时间、空间和组织上的耦合，表现出阈值、反馈、时滞、弹性、异质性、剧变和遗留等非线性特征（Liu et al., 2007）。研究探讨城市生态系统这些非线性特征，是揭示城市生态系统特征和演变的最重要内容。

第三，城市生态系统服务研究和应用。当前人类可能比历史任何时候都更加迫切需要生态系统来提供资源和支撑，特别是在人类高度集中的城市区域。城市生态系统服务不但是人类生存的保障之一，而且是人类发展的必要条件。因此，研究认识城市生态系统服务非常重要，不仅要开展城市生态系统服务的现状评价和问题诊断，而且要探讨城市生态系统服务提升的途径和技术。这样才能为有效改善城市生态环境和促进城市可持续发展提供科学支撑。

# 参 考 文 献

曹长雷,韩宗先,李宏群,等. 2010. 城市化对涪陵三峡库区城市鸟类群落结构的影响. 安徽农业科学,38(3):1275–1278.
陈波,包志毅. 2003. 城市公园和郊区公园生物多样性评估的指标. 生物多样性,11(2):169–176.
陈水华,丁平,范忠勇,等. 2002. 城市鸟类对斑块状园林栖息地的选择性. 动物学研究,23(1):31–38.
陈颖锋,王玉宽,傅斌,等. 2015. 成渝城市群城镇化的热岛效应. 生态学杂志,34(12):3494–3501.
陈玉哲,王建东,蒋新建. 2006. 郑州市鸟类群落景观生态学初探. 河南林业科技,26(2):43–44.
陈正洪. 1990. 汉口盛夏热岛效应的统计分析及应用. 湖北省自然灾害综合防御对策论文集:86–88.
程志刚,杨欣悦,孙晨,等. 2016. 成都地区夏季城市热岛变化及其与城市发展的关系. 气候变化研究进展,12(4):322–331.
崔德杰,张玉龙. 2004. 土壤重金属污染现状与修复技术研究进展. 土壤通报,35(3):366–370.
邓娇,晏玉莹,张志强,等. 2014. 城市化对长沙市区城市公园繁殖期鸟类物种多样性的影响. 生态学杂志,33(7):1853–1859.
邓玉娇,匡耀求,黄锋. 2010. 基于 Landsat/TM 资料研究广州城市热岛现象. 气象,36(1):26–30.
丁平,姜仕仁. 2005. 杭州市区白头鹎鸣声的微地理差异. 动物学研究,26(5):453–459.
段金龙,宋轩,张学雷. 2011. 基于 RS 的郑州市城市热岛效应时空演变. 应用生态学报,22(1):165–170.
樊亚鹏,徐涵秋,李乐,等. 2014. 广州市城市扩展及其城市热岛效应分析. 遥感信息,29(1):23–29.
高学斌,赵洪峰,罗时有,等. 2008. 西安地区鸟类区系 30 年的变化. 动物学杂志,43(6):32–42.
葛成军,安琼,董元华,等. 2006. 南京某地农业土壤中有机污染分布状况研究. 长江流域资源与环境,15(3):361–365.
宫莹,阮晓红,胡晓东. 2003. 我国城市地表水环境非点源污染的研究进展. 中国给水排水,19(3):21–23.
龚宇,余淼,王璞,等. 2010. 典型重工业城市热岛效应特征分析——以唐山市为例. 资源科学,32(6):1120–1126.
关翔宇,徐永春. 2016. 公园:北京观鸟好去处. 森林与人类,(2):153–157.
韩素芹,郭军,黄岁樑,等. 2007. 天津城市热岛效应演变特征研究. 生态环境,16(2):280–284.
郝丽萍,方之芳,李子良,等. 2007. 成都市近 50 年气候年代际变化特征及其热岛效应. 气象科学,27(6):648–654.
贺缠生,傅伯杰,陈利顶. 1998. 非点源污染的管理及控制. 环境科学,19(5):88–92.
贺坤,项耿铭,韦捷峰,等. 2015. 城市绿色屋顶生物栖息生境设计与营建研究. 西北林学院学报,30(1):263–267.
侯冰飞,贾宝全,冷平生,等. 2016. 北京市城乡交错区绿地和植物种类的构成与分布. 生态学报,36(19):6256–6265.
黄勇,郭庆荣,任海,等. 2005. 城市土壤重金属污染研究综述. 热带地理,25(1):14–18.
黄越. 2014. 影响北京城市公园鸟类多样性的环境因子(英文). 见:北京论坛(2014):文明的和谐与共同繁荣——中国与世界:传统、现实与未来,35.
季婷,张雁云. 2011. 环境噪音对鸟类鸣声的影响及鸟类的适应对策. 生态学杂志,30(4):831–836.
贾少波,孙小明. 2005. 灰椋鸟的巢址选择. 见:第八届中国动物学会鸟类学分会全国代表大会暨第六届海峡两岸鸟类学研讨会,1.
江学顶,夏北成,郭泺,等. 2007. 广州城市热岛空间分布及时域 – 频域多尺度变化特征. 应用生态学报,18(1):

133–139.
蒋海燕,刘敏,黄沈发,等 . 2004. 城市土壤污染研究现状与趋势 . 安全与环境学报,4(5): 73–77.
柯坫华,龙婉婉,黄族豪,等 . 2011. 合作繁殖鸟类黑脸噪鹛的夏季族群分布格局 . 井冈山大学学报(自然科学版),32(2): 108–111.
雷一东,金宝玲 . 2011. 同质化背景下城市植物多样性的保护 . 城市问题,(8): 28–32.
李春 . 2005. 拉鲁湿地生态环境及动植物物种资源变化特征研究 . 自然资源学报,20(1): 145–151.
李春梅,陈新光,唐力生,等 . 2006. 广州市 2005 年热岛强度变化特征 . 广东气象,(4): 30–33.
李芳芳,齐庆超,汪宝存,等 . 2010. 基于 ETM 数据的郑州市城市热岛研究 . 测绘与空间地理信息,33(6): 85–88.
李俊生,高吉喜,张晓岚,等 . 2005. 城市化对生物多样性的影响研究综述 . 生态学杂志,24(8): 953–957.
李立青,尹澄清,何庆慈,等 . 2006. 城市降水径流的污染来源与排放特征研究进展 . 水科学进展,17(2): 288–294.
李敏,邓绍平 . 2003. 论环境绿化与树种选择 . 江西园艺,(6): 28–29.
李淑凤 . 1995. 北京公园绿地中的植物配置 . 中国园林,11(3): 34–39.
李晓敏,曾胜兰 . 2015. 成都、重庆城市热岛效应特征对比 . 气象科技,43(5): 888–897.
梁益同,陈正洪,夏智宏 . 2010. 基于 RS 和 GIS 的武汉城市热岛效应年代演变及其机理分析 . 长江流域资源与环境,19(8): 914–918.
林建伟,王里奥,赵建夫,等 . 2005. 三峡库区生活垃圾的重金属污染程度评价 . 长江流域资源与环境,14(1): 104–108.
林学椿,于淑秋 . 2005. 北京地区气温的年代际变化和热岛效应 . 地球物理学报,48(1): 39–45.
刘浩峰 . 2007. 昌吉城市土壤重金属累积特征研究 . 新疆环境保护,29(2): 6–9.
刘和平,朱玉周,代佩玲,等 . 2009. 郑州市城市气候特征分析 . 气象与环境科学,32(1): 72–74.
刘辉,徐艳春 . 2014. 城市建筑物外玻璃幕墙引起的鸟类撞击研究 . 野生动物学报,35(02): 216–219.
刘慧屿,魏丹,汪景宽,等 . 2006. 黑龙江省双城市土壤有机质和速效养分的空间变异特征 . 沈阳农业大学学报,37(2): 195–199.
刘玉燕,刘敏,刘浩峰 . 2006. 城市土壤重金属污染特征分析 . 土壤通报,37(1): 184–188.
卢瑛,龚子同,张甘霖 . 2003. 南京城市土壤中重金属的化学形态分布 . 环境化学,22(2): 131–136.
陆祎玮,唐思贤,史慧玲,等 . 2007. 上海城市绿地冬季鸟类群落特征与生境的关系 . 动物学杂志,42(5): 125–130.
马克明,傅伯杰,郭旭东 . 2001. 农业区城市化对植物多样性的影响: 遵化的研究 . 应用生态学报,12(6): 837–840.
毛齐正,马克明,邬建国,等 . 2013. 城市生物多样性分布格局研究进展 . 生态学报,33(4): 1051–1064.
彭羽,刘雪华,薛达元,等 . 2012. 城市化对本土植物多样性的影响——以廊坊市为例 . 生态学报,32(3): 723–729.
戚仁海,陆祎玮,熊斯顿 . 2009. 苏州城市公园秋冬季鸟类与生境特征的关系 . 上海交通大学学报(农业科学版),27(4): 368–373.
邱玲,高天,张硕新 . 2010. 融入植被结构因子的生态单元制图法在城市生物多样性信息采集中的应用 . 生态学报,30(14): 3688–3699.
赛道建 . 1994. 济南自然景观变迁对鸟类群落的影响 . 山东师大学报(自然科学版),9(2): 70–76.
史慧灵,白皓天,吴良早,等 . 2016. 昆明城市绿地结构对鸟类多样性的影响 . 四川动物,35(5): 774–780.
苏伟忠,杨英宝,杨桂山 . 2005. 南京市热场分布特征及其与土地利用 / 覆被关系研究 . 地理科学,25(6): 6697–6703.
隋金玲,张志翔,胡德夫,等 . 2006. 北京市区绿化带内鸟类食源树种研究 . 林业科学,42(12): 83–89.

孙丰硕，刘垚，齐磊，等 . 2016. 北京城市绿地冬季鸟类群落特征 . 林业科学，52（5）：134–141.
孙奕敏，边海 . 1988. 天津市城市热岛效应的综合性研究 . 气象学报，46（3）：341–348.
陶澍，曹军，李本纲，等 . 2001. 深圳市土壤微量元素含量成因分析 . 土壤学报，38（2）：248–255.
王本耀，王小明，王天厚，等 . 2012. 上海闵行区园林鸟类群落嵌套结构 . 生态学报，32（9）：2788–2795.
王光美，杨景成，姜闯道，等 . 2009. 生物同质化研究透视 . 生物多样性，17（2）：117–126.
王玲，丁志锋，胡君梅，等 . 2016. 广州城市绿地中鸟类对食源树种的偏好 . 四川动物，35（6）：838–844.
王效科，欧阳志云，仁玉芬，等 . 2009. 城市生态系统长期研究展望 . 地球科学进展，24（8）：928–935.
王效科 . 2013. 城市生态系统：演变、服务与评价——"城市生态系统研究"专题序言 . 生态学报，33（8）：2321–2321.
王绪平，李德志，盛丽娟，等 . 2007. 城市园林中鸟类及蜂蝶的重要性及其招引与保护 . 林业科学，（12）：134–143.
王彦平，陈水华，丁平 . 2004a. 惊飞距离——杭州常见鸟类对人为侵扰的适应性 . 动物学研究，25（3）：214–220.
王彦平，陈水华，丁平 . 2004b. 城市化对冬季鸟类取食集团的影响 . 浙江大学学报（理学版），31（3）：330–336.
王郁，胡非 . 2006. 近 10 年来北京夏季城市热岛的变化及环境效应的分析研究 . 地球物理学报，49（1）：61–68.
魏湘岳，朱靖 . 1989. 北京城市及近郊区环境结构对鸟类的影响 . 生态学报，9（4）：285–289.
吴寿昌 . 1997. 城市暴雨径流污染 . 甘肃环境研究与监测，10（3）：44–46.
吴新民，潘根兴 . 2005. 城市不同功能区土壤重金属分布初探 . 土壤学报，42（3）：513–517.
吴毅，周全，李燕梅，等 . 2007. 广州市越秀公园鸟类多样性与保护对策 . 四川动物，26（1）：161–164.
武永锋，刘丛强，涂成龙 . 2007. 贵阳市土壤重金属污染及其潜在生态风险评价 . 矿物岩石地球化学通报，26（3）：254–257.
武宇红，武明录，李海燕 . 2006. 邢台市及郊区鸟类区系组成及多样性 . 动物学杂志，41（2）：98–106.
谢世林，曹垒，逯非，等 . 2016. 鸟类对城市化的适应 . 生态学报，36（21）：6696–6707.
许辉熙，但尚铭，何政伟，等 . 2007. 成都平原城市热岛效应的遥感分析 . 环境科学与技术，30（8）：21–23.
杨柏生 . 1988. 成都城市热岛效应研究 . 成都气象学院学报，（2）：50–59.
杨刚，王勇，许洁，等 . 2015. 城市公园生境类型对鸟类群落的影响 . 生态学报，35（12）：4186–4195.
杨苏树，倪喜云 . 1999. 大理州洱海流域农业非点源污染现状 . 农业环境与发展，16（2）：44–45.
杨天翔，张韦倩，樊正球，等 . 2013. 基于鸟类边缘种行为的景观连接度研究——空间句法的反规划应用 . 生态学报，33（16）：5035–5046.
叶柯，覃志豪 . 2006. 基于 MODIS 数据的南京市夏季城市热岛分析 . 遥感技术与应用，21（5）：426–431.
尹澄清 . 2006. 城市面源污染问题：我国城市化进程的新挑战——代"城市面源污染研究"专栏序言 . 环境科学学报，26（7）：1053–1056.
于同雷，郭延蜀 . 2006. 四川南充市郊区灰椋鸟生态的初步研究 . 四川动物，25（3）：594–596.
俞飞，林玉锁 . 2005. 城市典型工业生产区及附近居住区土壤中 PAHs 污染特征 . 生态环境，14（1）：6–9.
张慧敏，王丽平，章明奎 . 2007. 城市土壤不同颗粒中重金属的分布及其对人体吸入重金属的影响 . 广东微量元素科学，14（7）：14–19.
张履冰，苗玉青 . 2013. 乌鲁木齐市园林春秋季鸟类群落多样性 . 四川动物，32（1）：97–102.
张敏，邹发生，梁冠峰，等 . 2009. 澳门地区鸟类生境的景观格局 . 生态学杂志，28（3）：483–489.
张淑萍，郑光美，徐基良 . 2006. 城市化对城市麻雀栖息地利用的影响：以北京市为例 . 生物多样性，14（5）：372–381.
张淑萍，郑光美 . 2007. 北京市城区与郊区麻雀（*Passer montanus*）环境压力的比较研究 . 北京师范大学学报（自然科学版），43（2）：187–190.
章家恩，徐琪 . 1997. 城市土壤的形成特征及其保护 . 土壤，29（4）：189–193.
赵剑强 . 2002. 城市地表径流污染与控制 . 北京：中国环境科学出版社 .
赵娟娟，欧阳志云，郑华，等 . 2010. 北京建成区外来植物的种类构成 . 生物多样性，18（1）：19–28.

赵伟 . 2009. 重庆市夏季气温及热岛效应分析研究 . 安徽农业科学, 37(14): 6516–6519.
郑敬刚,张景光,李有 . 2005. 郑州市热岛效应研究与人体舒适度评价 . 应用生态学报, 16(10): 1838–1842.
郑袁明,陈煌,陈同斌,等 . 2003. 北京市土壤中 Cr, Ni 含量的空间结构与分布特征 . 第四纪研究, 23(4): 436–445.
周红妹,丁金才,徐一鸣,等 . 2002. 城市热岛效应与绿地分布的关系监测和评估 . 上海农业学报, 18(2): 83–88.
朱桂珍 . 2001. 北京市东南郊污灌区土壤环境重金属污染现状及防治对策 . 农业环境保护,(3): 164–166, 182.
朱家其,汤绪,江灏 . 2006. 上海市城区气温变化及城市热岛 . 高原气象, 25(6): 1154–1160.
Ajmone–Marsan F, Biasioli M. 2010. Trace elements in soils of urban areas. Water Air and Soil Pollution, 213(1–4): 121–143.
Arnfield A J. 2003. Two decades of urban climate research: A review of turbulence, exchanges of energy and water, and the urban heat island. International Journal of Climatology, 23(1): 1–26.
Belaire J A, Westphal L M, Whelan C J, et al. 2015. Urban residents' perceptions of birds in the neighborhood: Biodiversity, cultural ecosystem services, and disservices. Condor, 117(2): 192–202.
Cai G, Du M, Xue Y. 2011. Monitoring of urban heat island effect in Beijing combining aster and tm data. International Journal of Remote Sensing, 32(5): 1213–1232.
Chace J F, Walsh J J. 2006. Urban effects on native avifauna: A review. Landscape and Urban Planning, 74(1): 46–69.
Chang C R, Chien H F, Shiu H J, et al. 2017. Multiscale heterogeneity within and beyond Taipei city greenspaces and their relationship with avian biodiversity. Landscape and Urban Planning, 157: 138–150.
Chang H Y, Lee Y F. 2016. Effects of area size, heterogeneity, isolation, and disturbances on urban park avifauna in a highly populated tropical city. Urban Ecosystems, 19(1): 257–274.
Chouteau P, Jiang Z, Bravery B D, et al. 2012. Local extinction in the bird assemblage in the greater Beijing area from 1877 to 2006. PloS One, 7(6): 1–9.
De Kimpe C R, Morel J L. 2000. Urban soil management: A growing concern. Soil Science, 165(1): 31–40.
Fakayode S O, Olu–Owolabi B I. 2003. Heavy metal contamination of roadside topsoil in Osogbo, Nigeria: Its relationship to traffic density and proximity to highways. Environmental Geology, 44(2): 150–157.
Genoni P, Parco V, Santagostino A. 2000. Metal biomonitoring with mosses in the surroundings of an oil–fired power plant in Italy. Chemosphere, 41(5): 729–733.
Gong C F, Chen J Q, Yu S X. 2013. Biotic homogenization and differentiation of the flora in artificial and near–natural habitats across urban green spaces. Landscape and Urban Planning, 120: 158–169.
Grimalt J O, van Drooge B L, Ribes A, et al. 2004. Persistent organochlorine compounds in soils and sediments of European high altitude mountain lakes. Chemosphere, 54(10): 1549–1561.
Gromaire M C, Garnaud S, Saad M, et al. 2001. Contribution of different sources to the pollution of wet weather flows in combined sewers. Water Research, 35(2): 521–533.
Guo F Y, Bonebrake T C, Dingle C. 2016. Low frequency dove coos vary across noise gradients in an urbanized environment. Behavioural Processes, 129: 86–93.
Howard L. 2012. The Climate of London, Deduced from Meteorological Observations. Cambridge: Cambridge University Press.
Huang L M, Li H T, Zha D H, et al. 2008. A fieldwork study on the diurnal changes of urban microclimate in four types of ground cover and urban heat island of Nanjing, China. Building and Environment, 43(1): 7–17.
Hudson L N, Newbold T, Contu S, et al. 2017. The database of the predicts (projecting responses of ecological diversity in changing terrestrial systems) project. Ecology and Evolution, 7(1): 145–188.
Jim C Y, Chen W Y. 2009. Urbanization effect on floristic and landscape patterns of green spaces. Landscape Research, 34(5): 581–598.

Khan K S, Xie Z M, Huang C H. 1998. Effects of cadmium, lead, and zinc on size of microbial biomass in red soil. Pedosphere,(1): 27–32.

Li J J, Wang X R, Wang X J, et al. 2009. Remote sensing evaluation of urban heat island and its spatial pattern of the Shanghai Metropolitan area, China. Ecological Complexity, 6(4): 413–420.

Li K, Yu Z. 2008. Comparative and combinative study of urban heat island in Cuhan city with remote sensing and CFD simulation. Sensors, 8(10): 6692–6703.

Li X H, Wang X Z, Wang W, et al. 2010. Profiles of organochlorine pesticides in earthworms from urban leisure areas of Beijing, China. Bulletin of Environmental Contamination and Toxicology, 84(4): 473–476.

Li Y Y, Zhang H, Kainz W. 2012. Monitoring patterns of urban heat islands of the fast-growing Shanghai metropolis, China: Using time-series of LANDSAT TM/ETM+ data. International Journal of Applied Earth Observation and Geoinformation, 19: 127–138.

Lin G, Fu J, Jiang D, et al. 2014. Spatio-temporal variation of pm2.5 concentrations and their relationship with geographic and socioeconomic factors in China. International Journal of Environmental Research and Public Health, 11(1): 173–186.

Lin H T, Sun C Y, Hung C T. 2009. A study in the relationship between greenery of urban parks and bird diversity in Tainan city, Taiwan. Sustainable city: Urban regeneration and sustainability, 117: 193–202.

Lin T, Coppack T, Lin Q X, et al. 2012. Does avian flight initiation distance indicate tolerance towards urban disturbance? Ecological Indicators, 15(1): 30–35.

Lin T, Grimm N B. 2015. Comparative study of urban ecology development in the us and China: Opportunity and challenge. Urban Ecosystems, 18(2): 599–611.

Lin W L, Lin S M, Lin J W, et al. 2015. Breeding performance of crested goshawk *Accipiter trivirgatus* in urban and rural environments of Taiwan. Bird Study, 62(2): 177–184.

Lin Y B, Lin Y P, Fang W T. 2008. Mapping and assessing spatial multiscale variations of birds associated with urban environments in metropolitan Taipei, Taiwan. Environmental Monitoring and Assessment, 145(1–3): 209–226.

Lin Y P, Chang C R, Chu H J, et al. 2011. Identifying the spatial mixture distribution of bird diversity across urban and suburban areas in the metropolis: A case study in Taipei basin of Taiwan. Landscape and Urban Planning, 102(3): 156–163.

Liu W, Ji C, Zhong J, et al. 2007. Temporal characteristics of the Beijing urban heat island. Theoretical and Applied Climatology, 87(1–4): 213–221.

Lososova Z, Chytry M, Danihelka J, et al. 2016. Biotic homogenization of urban floras by alien species: The role of species turnover and richness differences. Journal of Vegetation Science, 27(3): 452–459.

Luo Z K, Sun O J, Ge Q S, et al. 2007. Phenological responses of plants to climate change in an urban environment. Ecological Research, 22(3): 507–514.

Macek T, Mackova M, Kas J. 2000. Exploitation of plants for the removal of organics in environmental remediation. Biotechnology Advances, 18(1): 23–34.

Mack R N, Simberloff D, Lonsdale W M, et al. 2000. Biotic invasions: Causes, epidemiology, global consequences, and control. Ecological Applications, 10(3): 689–710.

Manley G. 1958. On the frequency of snowfall in metropolitan England. Quarterly Journal of the Royal Meteorological Society, 84(359): 70–72.

McKinney M L. 2006. Urbanization as a major cause of biotic homogenization. Biological Conservation, 127(3): 247–260.

Meng X F, Zhang Z W, Li Z, et al. 2015. The effects of city-suburb-exurb landscape context and distance to the edge on plant diversity of forests in Wuhan, China. Plant Biosystems, 149(5): 903–913.

Miao S G, Chen F, Lemone M A, et al. 2009. An observational and modeling study of characteristics of urban heat island

and boundary layer structures in Beijing. Journal of Applied Meteorology and Climatology, 48(3): 484–501.

Nisbet T R. 2001. The role of forest management in controlling diffuse pollution in UK forestry. Forest Ecology and Management, 143(1–3): 215–226.

Oke T R. 1976. The distinction between canopy and boundary–layer urban heat islands. Atmosphere, 14(4): 268–277.

Oke T R. 1982. The energetic basis of the urban heat–island. Quarterly Journal of the Royal Meteorological Society, 108(455): 1–24.

Pan C, Zheng G M, Zhang Y Y. 2008. Concentrations of metals in liver, muscle and feathers of tree sparrow: Age, inter–clutch variability, gender, and species differences. Bulletin of Environmental Contamination and Toxicology, 81(6): 558–560.

Qian S H, Qi M, Huang L, et al. 2016. Biotic homogenization of China's urban greening: A meta–analysis on woody species. Urban Forestry & Urban Greening, 18, 25–33.

Rao P K. 1972. Remote sensing of urban heat islands from an environmental satellite. Bulletin of the American Meteorological Society, 53(7): 647.

Ren G Y, Chu Z Y, Chen Z H, et al. 2007. Implications of temporal change in urban heat island intensity observed at Beijing and Wuhan stations. Geophysical Research Letters, 34(5): 1–5.

Sansalone J J, Buchberger S G. 1997. Partitioning and first flush of metals in urban roadway storm water. Journal of Environmental Engineering–Asce, 123(2): 134–143.

Shea K, Chesson P. 2002. Community ecology theory as a framework for biological invasions. Trends in Ecology & Evolution, 17(4): 170–176.

Shi B, Tang C S, Gao L, et al. 2012. Observation and analysis of the urban heat island effect on soil in Nanjing, China. Environmental Earth Sciences, 67(1): 215–229.

Shieh B S, Liang S H, Chiu Y W, et al. 2016. Interspecific comparison of traffic noise effects on dove coo transmission in urban environments. Scientific Reports, 6(1): 1–9.

Song Y C, Gao J. 2008. Urban ecology studies in China, with an emphasis on Shanghai. Ecology, planning, and management of urban forests: International perspectives, 149–168.

Tan M H, Li X B. 2015. Quantifying the effects of settlement size on urban heat islands in fairly uniform geographic areas. Habitat International, 49: 100–106.

Tang S Y, Tang C P. 2004. Local governance and environmental conservation: Gravel politics and the preservation of an endangered bird species in Taiwan. Environment and Planning A–Economy and Space, 36(1): 173–189.

Teng M J, Wu C G, Zhou Z X, et al. 2011. Multipurpose greenway planning for changing cities: A framework integrating priorities and a least–cost path model. Landscape and Urban Planning, 103(1): 1–14.

Wang Y P, Huang Q, Lan S S, et al. 2015. Common blackbirds *Turdus merula* use anthropogenic structures as nesting sites in an urbanized landscape. Current Zoology, 61(3): 435–443.

Wang Z, Chen J, Qiao X, et al. 2007. Distribution and sources of polycyclic aromatic hydrocarbons from urban to rural soils: A case study in Dalian, China. Chemosphere, 68(5): 965–971.

Wu J G, Xiang W N, Zhao J Z. 2014. Urban ecology in China: Historical developments and future directions. Landscape and Urban Planning, 125: 222–233.

Wu J P, Zhang Y, Luo X J, et al. 2012. A review of polybrominated diphenyl ethers and alternative brominated flame retardants in wildlife from China: Levels, trends, and bioaccumulation characteristics. Journal of Environmental Sciences, 24(2): 183–194.

Xiao L, Wang W, He X, et al. 2016. Urban–rural and temporal differences of woody plants and bird species in Harbin city, Northeastern China. Urban Forestry & Urban Greening, 20: 20–31.

Xie S L, Lu F, Cao L, et al. 2016. Multi-scale factors influencing the characteristics of avian communities in urban parks across Beijing during the breeding season. Scientific Reports, 6: 1-9.

Yang P, Ren G, Liu W. 2013. Spatial and temporal characteristics of Beijing urban heat island intensity. Journal of Applied Meteorology and Climatology, 52(8): 1803-1816.

Yu L H, Luo X J, Liu H Y, et al. 2014. Organohalogen contamination in passerine birds from three metropolises in China: Geographical variation and its implication for anthropogenic effects on urban environments. Environmental Pollution, 188: 118-123.

Zarcinas B A, Rogers S L. 2002. Copper, lead and zinc mobility and bioavailability in a river sediment contaminated with paint stripping residue. Environmental Geochemistry and Health, 24(3): 191-203.

Zeng Y, Qiu X F, Gu L H, et al. 2009. The urban heat island in Nanjing. Quaternary International, 208: 38-43.

Zhang H B, Luo Y M, Wong M H, et al. 2006. Distributions and concentrations of PAHs in Hong Kong soils. Environmental Pollution, 141(1): 107-114.

Zhang J H, Hou Y Y, Li G C, et al. 2005. The diurnal and seasonal characteristics of urban heat island variation in Beijing city and surrounding areas and impact factors based on remote sensing satellite data. Science in China Series D-Earth Sciences, 48: 220-229.

Zhang K X, Wang R, Shen C C, et al. 2010. Temporal and spatial characteristics of the urban heat island during rapid urbanization in Shanghai, China. Environmental Monitoring and Assessment, 169(1-4): 101-112.

Zhang S P, Chen X Y, Zhang J R, et al. 2014. Differences in the reproductive hormone rhythm of tree sparrows (*Passer montanus*) from urban and rural sites in Beijing: The effect of anthropogenic light sources. General and Comparative Endocrinology, 206: 24-29.

Zhou D Q, Chu L M. 2012. How would size, age, human disturbance, and vegetation structure affect bird communities of urban parks in different seasons? Journal of Ornithology, 153(4): 1101-1112.

Zhou D Q, Chu L M. 2014. Do avian communities vary with season in highly urbanized Hong Kong? Wilson Journal of Ornithology, 126(1): 69-80.

Zhou D Q, Fung T, Chu L M. 2012. Avian community structure of urban parks in developed and new growth areas: A landscape-scale study in Southeast Asia. Landscape and Urban Planning, 108(2-4): 91-102.

# 第13章　中国生物多样性与生态系统服务评估指标体系与方法*

生物多样性和生态系统服务评估是生态系统管理与决策制定的重要依据，指标和数据、模型和情景是开展生物多样性和生态系统服务综合评估的主要工具。我国在生物多样性与生态系统服务评估指标体系建设方面，由于没有形成统一的指标体系和技术方法，导致不同区域间的评估结果可比性差，区域和国家尺度上的集成研究难以开展。因此，构建一套适用于我国国家尺度的科学化、系统性和规范化的生物多样性和生态系统服务评估指标体系与技术方法，是当前迫切需要研究的问题。本章参考国内外生物多样性与生态系统服务评估的主要研究成果，在充分考虑"生物多样性－生态系统结构－过程与功能－服务"级联关系基础上，建立生物多样性与生态系统服务评估指标体系构建的主要原则，构建中国生物多样性与生态系统服务评估指标体系，同时对各类评估模型及模型组合进行综合分析与研究。

## 13.1　评估的概念框架

在生物多样性和生态系统服务评估中，概念框架起到指导评估的设计与实施过程、简化人与自然之间关系、组织评估思路和结构，以及澄清基本科学假设的作用（IPBES, 2016）。为此，众多学者和组织机构从生态系统服务作为生态系统（供给）与经济系统（需求）之间的桥梁角度，采用压力－状态－响应模型将生态系统和社会经济系统有机联系起来，构建并逐步完善了生态系统结构、过程、功能、服务与价值的概念框架（Binning et al., 2001; De Groot et al., 2002; Boyd and Banzhaf, 2007; Haines-Young and Potschin, 2007; Haines-Young and Potschin, 2010）。De Groot 等（2002）在连接生态系统服务与人类福祉关系的框架中，强调了生态系统服务来自生态系统功能，是生态系统满足人类需求的能力。Haines-Young 和 Potschin（2007）借鉴 De Groot 等（2002）框架构建的基础理论，提出了"生态系统结构与过程—功能—服务—收益（价值）"的级联框架，强调了生物物理结构对生态系统服务的支撑作用。MA（2005）提出了以生态系统服务和人类福祉为核心的概念框架，并基于该框架评估全球和区域尺度上生态系统服务的丧失及其对人类福祉的影响。在千年生态系统评估（MA）框架影响下，英国建立了国家生态系统评估（UK NEA）的框架体系，以地球环境和人类福祉为出发点，探索驱动因子、生态系统服务和产品、人类福祉之间的相互关系；西班牙建立的国家生态系统评估框架，主要从生态系统（供给）和人类系统（需

* 本章作者为中国科学院生态环境研究中心傅伯杰、吕楠，国家生态环境部南京环境科学研究所于丹丹。

求）层面，探索生物多样性、生态系统功能、生态系统服务、人类福祉与价值之间的相互关系。在 MA、英国和西班牙生态系统评估框架基础上，形成了 CICES（Common International Classification of Ecosystem Services）的“生态系统结构与过程—功能—服务—收益—价值”的级联框架（Haines-Young and Potschin，2010）。生物多样性和生态系统服务政府间科学政策平台（IPBES）概念框架建立在西班牙国家生态系统评估框架基础上，该框架体现了不同知识系统下，生物多样性、生态系统、生态系统服务及其变化的驱动力与人类福祉之间的跨尺度相互作用和影响，并强调要围绕评估框架来探索生态系统服务的形成和影响机制，以及不同生态系统服务之间的联系和作用机理（IPBES，2016；Díaz et al.，2015）。综合来看，目前开发的这些概念框架对于生物多样性在连接生物多样性和生态系统服务评估框架中的位置并无一致性结论，但这些框架理论的核心内容和逻辑关系可以归结为以下 3 点：① 生物多样性决定了生态系统过程的量级和稳定性；② 生态系统结构与过程之间的相互作用形成生态系统功能；③ 生态系统服务是生态系统功能的产品，是生态系统功能中有利于人类福祉的部分。基于此，我们构建了“生物多样性—生态系统结构—生态系统过程与功能—生态系统服务—人类福祉”的级联框架（图 13.1）。修改的“级联框架”是在 Haines-Young 和 Potschin（2010）、De Groot 等（2010）、Martín-López 等（2014）、Cheung 等（2016）的研究成果基础上提出。生物多样性和生态系统的功能过程发生在空间、时间和社会组织 3 个维度上，并且在 3 个维度上的作用也是相互关联的（Cheung et al.，2016）。因此，对于任意维度，都需要仔细考虑升尺度或降尺度过程对“级联框架”各组分关系的影响。

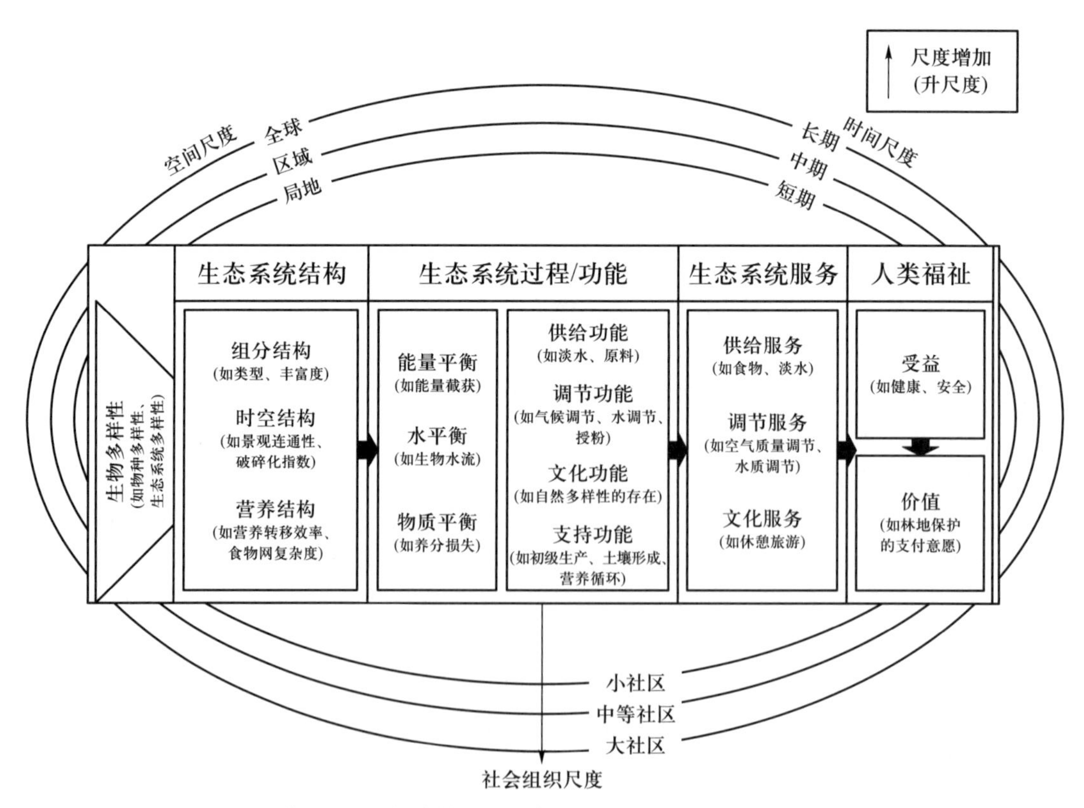


图 13.1　修改的“生物多样性—生态系统结构—生态系统过程 / 功能—生态系统服务—人类福祉”的级联框架（Yu et al.，2017）

在这里,生物多样性(包括生物的丰度、数量、组成结构、空间分布等)是自然遗产的一部分,在特定的系统内通过对生态系统的物质、能量和信息及其相互作用过程的影响,进而对生态系统服务产生影响,是一切生态系统功能和服务的前提和基础。生态系统结构是生态系统内各组成要素(包括生物组分与非生物环境)的排列、组合方式(Wallace,2007)。生态系统过程是生态系统物质或能量的输入和损耗,以及这些物质在生态系统组分间的转换,是生态系统得以维持其完整性的内在系统特征(Lyons et al.,2005)。生态系统过程包括分解、生产、养分循环,以及养分和能量的通量变化等过程,通常用比率来描述(例如,初级生产力)。而生态系统功能是构建系统内生物有机体生理功能的过程,侧重于反映生态系统的自然属性,是维持生态系统服务的基础。因此,生态系统功能的内涵等同于生态系统过程,体现为生态系统提供产品和服务满足人类直接和间接需求的能力(De Groot,2002;Jax,2005)。生态系统服务是指人类从各种生态系统中获得的所有惠益,由生态系统的支持功能、供给功能、文化功能、调节功能及其相互作用形成,包括有形的物质产品供给与无形的服务提供两个方面(MA,2005)。所以,"生态系统产品和服务"与"生态系统服务"一词的内涵相同(Boyd and Banzhaf,2007;Petter et al.,2013)。对于生态系统功能与生态系统服务之间的联系与区别,可以通过图 13.2 进一步说明:生态系统功能的解释如上文所述,即生态系统提供产品和服务满足人类直接和间接需求的能力,生态系统服务仅是人们从生态系统中获取的直接收益(即"最终服务")。基于此,MA 分类系统下的支持服务和某些调节服务,应称之为生态系统过程或功能(即所谓的"中间服务"),而供给服务、文化服务和那些由生态系统直接生产的、为人类直接使用的调节服务应称之为"最终服务"(即真正的"生态系统服务")。因此,为减少或避免对生态系统服务界定的混乱,中间服务不应称之或解释为"服务",而应将其视为"功能",支持服务应称之为"支持功能"(Yu et al.,2017)。

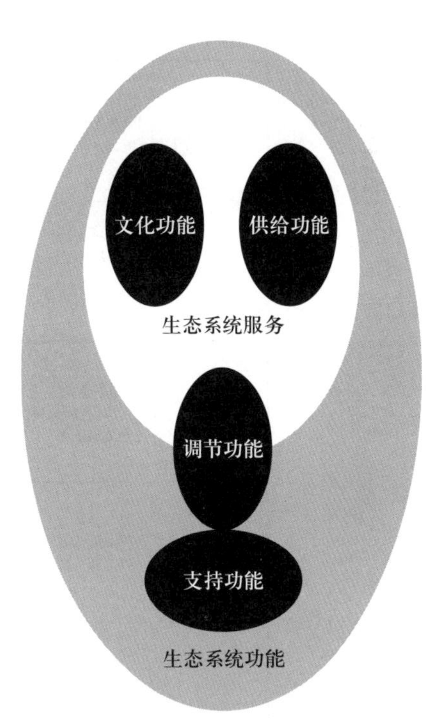


图 13.2 生态系统功能与生态系统服务之间的联系(Yu et al.,2017)

灰色背景代表全部的生态系统功能,它由表示支持、调节、文化和供给功能的 4 个黑色椭圆,以及未被人类识别的其他功能(即灰色背景中除 4 个黑色椭圆外的区域)组成。生态系统功能持续地生产生态系统服务。其中,表示文化和供给功能的 2 个黑色椭圆以及代表调节功能的黑色椭圆的一部分包含在白色椭圆区域内,这表明文化服务,供给服务和某些调节服务是生态系统直接生产的、为人类直接使用的"生态系统服务"的方面;表示支持功能的黑色椭圆和代表调节功能的黑色椭圆的另一部分没有包含在白色椭圆区域内,这表示支持功能和这部分调节功能不能被人类直接使用,而仅是支持"生态系统服务"的生产(即所谓的"中间服务")。

简言之,修改的"级联框架"的核心内容和逻辑关系如下:生物多样性决定了生态系统过程的量级和稳定性(Naeem et al.,1999);生态系统的生物物理学结构和过程体现为生态系统结构与功能特征,而生态系统结构与功能的稳定保证了生态系统服务的持续供给。生态系统过程是传递生态系统服务的手段(Fu et al.,2013);生态系统服务是直接贡献于人类福祉的生态系统过程或功能的输出品(Haines-Young and Potschin,2010)。然而,每项生态系统功能可能形成一种或多种生态系统服务,而一种生态系统服务也可能来源于一项或多项生态系统功能的组合。因此,生态系统功能与生态系统服务有可能不完全一一对应(MA,2005;Bennett et al.,2009)(图13.3)。基于生态系统功能惠益于人类社会的角度,生态系统功能或服务可划分为支持、供给、调节和文化4种功能或服务类型,各功能类型与服务类型的对应关系可通过图13.4进一步来表征。例如,供给服务中的粮食供给主要是由支持功能中的土壤形成,调节功能中的气候调节、营养调节、授粉调节、生物调节,以及供给功能中的淡水供给、基因资源等一系列生态系统功能综合作用而产生的。又如,调节服务中的空气质量调节主要是由调节功能中的气体调节、气候调节、废物处理与吸收、植物的阻隔效应等一系列生态系统功能综合作用下产生(图13.4)。理解生态系统功能与生态系统服务之间的对应关系,对于准确预测生态系统服务动态变化必不可少(Fu et al.,2013)。

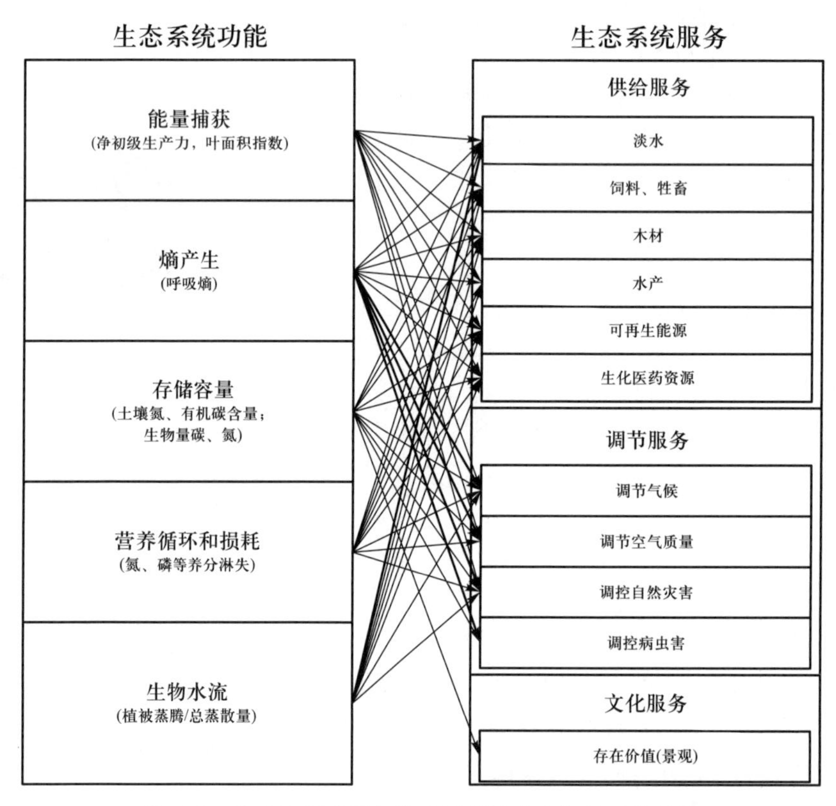


图13.3　生态系统功能与生态系统服务之间的对应关系

注:主要依据Müller(2005)、Kandziora等(2013)的研究成果总结而来,中间的箭头显示了生态系统功能与生态系统服务之间的对应关系。其中,细箭头表明生态系统功能增加对某种生态系统服务具有促进作用;而粗箭头表明生态系统功能增加对某种生态系统服务具有减弱作用。

除此,修改的“级联框架”考虑了框架组分内、组件间的尺度依赖性(图13.1)。由于生物多样性和生态系统服务的定量化评估不仅依赖于生物多样性格局与过程的时空尺度,而且依赖于生态系统服务需求的社会组织维度(如个人、家庭、社区、国家)。因此,生物多样性和生态系统服务评估需要综合考虑时间、空间、社会组织三个维度上的信息。在时间尺度上,评估需要考虑生态系统服务响应生物多样性格局与过程变化的周期和频度(Magurran et al.,2010);在空间上,评估需要考虑生态系统服务供给区与受益区的空间位置关系(如空间重叠、临近或分离关系),综合分析不同尺度下的生态系统服务及其在不同尺度间的转换(Fisher et al.,2009)。

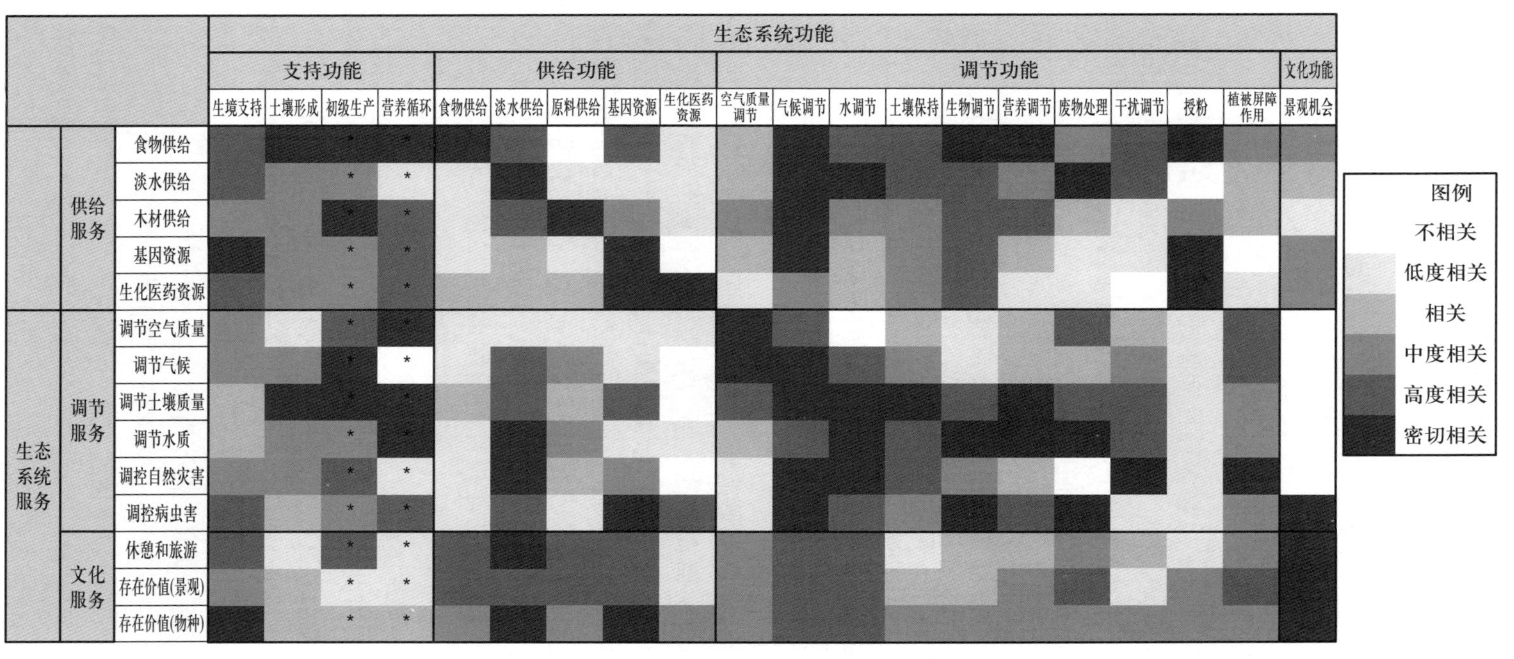


图 13.4 生态系统功能与生态系统服务相关性矩阵

相关性分级参照澳大利亚昆士兰州东南部地区（SEQ）Ecosystem Service FRAMEWORK（http://www.ecosystemservicesseq.com.au），分级方法是专家打分。打分原则：参与专家将不同生态系统功能对某一种生态系统服务的相对贡献进行打分，但不同服务之间未进行横向对比。* 表示 SEQ 中未包含的功能或服务类别，主要依据前人的研究成果，以及在我们以前的研究工作基础上总结而来。

# 13.2　指标体系构建的原则与特色

生物多样性和生态系统评估指标体系构建原则的确定，是保证指标体系客观、公正和可操作的前提。

## 13.2.1　指标体系的构建原则

基于相关国际组织或其他国家生物多样性和生态系统评估指标体系的构建经验（MA，2005；BfN，2008；Defra，2009；Staub et al.，2011；Collen and Rist，2008），依据中国生物多样性和生态系统服务的特点，对现有的研究成果做了进一步的整理、归纳后，形成中国生物多样性和生态系统服务指标体系构建的 9 项基本原则（傅伯杰等，2017）。

（1）采用最终生态系统服务指标分类体系

从实用的角度，借鉴 CICES 框架的最终生态系统产品和服务（final ecosystem goods and services，FEGS）指标分类体系，将生态系统最终服务划为与人类福祉直接相关的健康、安全、生产要素和自然多样性 4 个类别（Haines-Young and Potschin，2010）。采用最终生态系统服务指标分类体系的优势在于：能够避免定义内在的模糊性、有效减少双重核算、更好地连接自然系统与人类社会，以及可以找到服务的受益方而易于理解和交流（Nahlik et al.，2012）。

（2）基于生态系统属性特征

生态系统服务的众多指标按照学科范畴大致可分为两大类，一类是从生态系统科学层面提出的，一类是从社会经济学层面提出的。第一类指标主要基于对生态系统结构和功能参数的观测和模拟获得指标数据；第二类指标主要从社会和经济统计方面获得数据。前者的主要优点在于，从生态系统功能特性出发，建立与生态系统服务之间的联系，可以对生态系统服务进行评估、模拟和预测，但其缺点是有时需要通过转换后才能与人类福祉建立联系；后者的主要优点在于，可以直接与人类福祉建立联系，但是不能对生态系统服务做出长期评估和预测。本指标体系从生态系统功能评价的角度出发，尽量选取生态系统属性参数作为评估指标。

（3）兼顾陆地与水生生态系统类型

不同生态系统类型可能具有共同的功能或属性特征，无论是森林、草地、湿地都具有各自的生物多样性，同时具备供给、调节和文化等功能与服务，只是不同生态系统类型可能形成的具体服务的类别及其量级不同而已，因此，指标体系的构建未列单独的生态系统类型。但由于陆地生态系统和水生生态系统之间存在一定的差异，在指标选取上除了包含两者共性的指标，另外包括了单独刻画水生生态系统的指标（如海洋营养指数）。

（4）综合考虑多样性指标和服务指标的相对统一性和独立性

生物多样性评估是生态系统服务评估的基础，评估的重点和最终落脚点是生态系统服务，生物多样性指标只选取可能与服务存在直接联系的指标（遗传水平上的多样性不在考虑之列）。然而，基于目前的认知水平，多样性和服务之间的量化关系并不清楚，因此生物多样性和生态系统服务评估的指标体系是分别构建的，在形式上表现为相对独立的两套指标。

（5）指标的典型性

选用的评估指标多为知名国际组织或国家评估所应用的指标，同时考虑了中国生物多样性和生态系统评估项目或报告中采用的指标，如中国履行《生物多样性公约》第四次、第五次国家报告（中国环境保护部，2009；中国环境保护部，2014）和中国西部生态系统评估（刘纪远等，2005）。

（6）指标可量化

为保证评价的客观性，避免主观因素的影响，选择指标时主要考虑了那些可以量化的（包括直接观测、计算或模拟获取）指标，从而依靠数据做出客观的判断。

（7）数据可获得

指标或参数计算所需要的数据要容易采集，有权威、可靠的来源。包括那些通过国家生物多样性和生态系统观测和研究网络的长期监测数据集、遥感反演数据产品，或通过公开发表的学术文献和模型模拟方法获取的数据参数。

（8）经济适用性

用于监测、开发与检验指标的资金和资源有限，不恰当的指标将会分散原本用于实现有效保护与管理目标的资金资源。因此，选择经济的指标，能够有效地使用受限资源。

（9）尺度

鉴于指标体系构建皆在加强不同区域间生物多样性和生态系统服务评估结果的可比性，最终实现区域和国家尺度上的综合集成，因此，选用适用于区域和国家尺度的评估指标。

### 13.2.2 指标体系的特色

（1）生物多样性评估指标体系

① 国际通用与国家特色相结合

指标体系包含了国际生物多样性评估的主流指标，如遴选了《生物多样性公约》（*Convention on Biological Diversity*，简称 CBD 或《公约》）缔约方大会上提出的全球范围内生物多样性评价的部分试验指标。同时，补充了适合于中国本土的指标，如“极小种群植物”（plant species with extremely small populations，PSESP）。PSESP 的选列和评估对于那些分布地域狭窄，长期受到外界因素胁迫干扰，呈现出种群退化和个体数量持续减少，已经低于稳定存活界限而随时濒临灭绝的野生植物的保护具有重要意义。

② 指标涉及的动、植物类群比较完整

综合考虑了动物和植物物种的丰富度、珍稀性、特有性、种群大小以及物候指标，包含了多种动、植物类群在不同方面的表征意义以及在中国的实际应用，如植物珍稀性方面包含了列入世界自然保护联盟（IUCN）红色名录的物种，还补充了中国特有的极小种群植物；动物方面，包含了经常作为指示物种来反应环境条件变化的鸟类和蝶类，也包含了国际通用的以脊椎动物为代表计算的地球生命力指数。

（2）生态系统服务指标体系

① 与人类福祉直接联系

由于对生态系统功能与服务概念理解上的混乱，已有的评估中，生态系统服务指标体系包含了许多功能指标，有些功能指标是形成最终服务的中间过程，难以与人类福祉建立直接的联系。

本指标体系采用FEGS分类体系，将生态系统服务的具体指标划为健康、安全、生产要素和自然多样性4个类别，有助于更好地理解生态系统服务与人类福祉的关系。

② 基于生态系统属性特征

从生态学而非社会经济学领域，选出生态系统属性指标而非社会经济统计指标。选出的生态系统服务指标能够与各种生态系统属性参数建立起直接指代或数量关系。因此，通过生态系统观测获得生态系统属性数据，便可以模拟、评估和预测各个主题分类下的生态系统服务。生态系统服务的本质是生态系统功能，只不过是可以被人类直接利用的那一部分功能，所以生态系统服务评估的核心是生态系统功能的量化和空间模拟。另外需要说明的是，由于知识和数据的缺乏，目前指标体系中包括的具体服务指标可能只涵盖了主题服务指标的某个或某些方面，而非全部。

## 13.3　评估指标体系

基于中国生物多样性和生态系统服务指标体系构建的9项基本原则，我们分别构建了生物多样性评估指标体系和生态系统服务评估指标体系。

### 13.3.1　生物多样性评估指标体系

采用经济合作与发展组织（Organisation for Economic Co-operation and Development，OECD）提出的“压力（pressure）—状态（state）—响应（response）”，即PSR框架构建生物多样性监测和评价指标体系，有助于理解生物多样性受到的压力和生物多样性丧失之间的因果关系，了解人类活动产生的影响，突出响应措施与方法对保护生物多样性的重要作用，与评价生物多样性的目标密切相关。因此，我们采用PSR框架构建生物多样性评估的指标体系（傅伯杰等，2017）。

生物多样性评估指标包括压力、状态（包括趋势，状态的变化方向即为趋势）和响应3大类指标。其中，压力包括气候变化、污染、氮沉降、生物入侵、城市化和景观破碎化6项主题指标；状态和趋势包括物种的丰富度、珍稀性、特有性、物候等6项主题指标；响应包括自然保护区建设和可持续经营2项主题指标，总共包含14项主题指标及其对应的16个具体指标（表13.1）。这些指标已在一些区域或国家生物多样性评估中广泛使用。例如，“红色名录指数”和“富营养化指数”2个指标在《欧盟SEBI 2010项目》《芬兰生物多样性评估》《中国履行〈生物多样性公约〉第四次国家报告》和《中国履行〈生物多样性公约〉第五次国家报告》中都使用过。此外，表征城市化进程的土地利用指标和作为环境指示物种的蝴蝶和鸟类的监测指标，在《欧盟SEBI 2010项目》《埃塞俄比亚生物多样性评估》《博茨瓦纳生物多样性评估》《芬兰生物多样性评估》《英国生物多样性评估》中广泛使用。其余指标在某些国家或区域的生物多样性评估中均有一定的应用，但在我国以往的国家或区域尺度的生物多样性评估中较少被使用（表13.1）。

**表 13.1 生物多样性评估指标体系**

| 类别 | 主题指标 | 主题指标描述 | 具体指标 | 应用 |
|---|---|---|---|---|
| I.<br>压力 | I.1 气候变化 | 气候平均状态随时间的变化,主要包括气温、降水改变,以及与之相关的气候因素变化 | 气温;降雨;极端气候 | 8 |
| | I.2 污染 | 自然或人为向环境添加某种物质超过环境自净能力而对生物及其栖息地产生的危害行为 | 主要污染物排放量 | 5、11、12 |
| | I.3 氮沉降 | 大气中的氮元素以 $NH_x$ 和 $NO_x$ 的形式,降落到陆地和水体的过程 | 氮盈余 | 4、8、12 |
| | I.4 生物入侵 | 入侵生物对入侵地生物多样性、生态系统、生产及人类健康造成经济损失或生态灾难的过程 | 入侵物种种数 | 4、5、10 |
| | I.5 城市化 | 人口和产业活动在空间上的聚集、城市用地规模不断扩张的过程 | 人类居住和建设用地总量 | 1、3、4、5、9 |
| | I.6 景观破碎化 | 人类干扰导致景观破碎程度加剧的过程 | 景观破碎度指数 | 6 |
| II.<br>状态和趋势 | II.1 物种丰富度 | 区域已记录的野生高等动植物物种的数目 | 物种丰富度 | 5、6 |
| | II.2 珍稀、濒危物种 | 稀有物种:在全世界总数量很少,但尚不属于濒危种、易危种的珍贵类群;濒危物种:所有由于物种自身的原因或受到人类活动或自然灾害的影响而有灭绝危险的野生动、植物 | 红色名录指数 | 2、5、8、10、12 |
| | | | 植物的极小种群大小 | |
| | II.3 特有物种 | 区域内特有的物种 | 特有植物和动物物种丰富度 | 10 |
| | | | 地球生命力指数 | 3、7 |
| | II.4 指示物种 | 能指示生长环境或某些环境条件的生物种、属或群落 | 蝴蝶和鸟类的种群大小 | 1、3、5、8、10、11 |
| | II.5 物候 | 动物和植物的生长、发育、活动规律与非生物的变化对节候的反应 | 物候期 | 11 |
| | II.6 富营养化指数 | 以营养级为基础,反映海洋生态系统抗干扰能力和渔业资源供应能力 | 海洋营养指数 | 4、5、8、10、12 |

续表

| 类别 | 主题指标 | 主题指标描述 | 具体指标 | 应用 |
|---|---|---|---|---|
| III.<br>响应 | III.1 自然保护区建设 | 为保护野生动植物种群与生态系统而采取的相关的管理措施 | 自然保护区覆盖率 | 4、5、9 |
| | III.2 可持续经营 | 以综合的可持续方式有效地使用和管理自然资源 | FSC认证的森林面积百分比 | 13 |

注：1,《埃塞俄比亚生物多样性评估》；2,《奥地利国家生物多样性评估》；3,《博茨瓦纳生物多样性评估》；4,《德国生物多样性国家战略》；5,《芬兰生物多样性评估》；6,《环北极生物多样性检测项目》；7,《南非生物多样性监测项目》；8,《欧盟SEB 12010项目》；9,《瑞士生物多样性监测》；10,《生物多样性公约》；11,《英国生物多样性评估》；12,《中国生物多样性评估第四次国家报告》；13,瑞士联邦环境办公室《最终生态系统产品与服务指标报告》；FSC,森林管理委员会（Forest Stewardship Council）。

### 13.3.2 生态系统服务评估指标体系

采用FEGS分类体系，基于健康、安全、生产要素（包括林业、农业、制药业等各产业生产所依赖的要素）和自然多样性4个类别，进行生态系统服务评估指标的遴选。其中，人类健康方面的受益体现在淡水、食物的供给、地区微气候、空气质量和水质的调节，以及休闲娱乐和文化遗产7个方面；人类安全方面的受益体现在对气候变化减缓、洪水的调控和侵蚀的调节；生产要素方面的受益体现在木材、纤维、基因和生物资源的供给，以及对病虫害调控几个方面；自然多样性方面的受益体现在因物种和生态系统水平上的多样性的存在而带来文化的多样性（表13.2）。然后，将这4个受益类别下的主题指标整合到通用生态系统服务分类（CICES和MA）框架下，形成生态系统服务评估指标体系。因此，最终形成的生态系统服务指标体系包括供给服务、调节服务和文化服务3个类别，其中，供给服务包括淡水、食物、木材和纤维、基因和生物资源4项主题指标，调节服务包括气候变化减缓、地区微气候调节、空气质量调节、自然灾害调节、洪水调节、侵蚀调节、水质调节和病虫害调控8项主题指标，文化服务包括休闲娱乐、文化遗产、文化多样性3项主题指标（傅伯杰等，2017）。

如表13.2所示，其中一些生态系统服务评价指标在其他国家或区域尺度的生态系统服务评估中广泛使用。例如，粮食产量指标在《哥伦比亚国家生态系统评估》、欧洲环境研究伙伴的《欧洲生态系统服务的空间评估：方法、案例与政策分析》《智利国家生态系统评估》《中国生态系统服务和减轻贫困评估报告》以及《中国西部生态系统评估》中都有应用；碳固定作为表征气候变化减缓能力的指标在欧洲环境研究伙伴《欧洲生态系统服务的空间评估：方法、案例与政策分析》、欧盟委员会的《测绘和评估生态系统及其服务》《葡萄牙国家生态系统评估》《中国生态系统服务和减轻贫困评估报告》中广泛使用。而其余指标（除实际蒸散量和世界遗产这两项指标外）在我国以往的生态系统服务评估中还较少有应用（表13.2）。

**表 13.2 生态系统服务评估指标体系**

| 类别 | 主题指标 | 主题指标描述 | 人类受益类别 | 具体指标 | 指标应用 |
| --- | --- | --- | --- | --- | --- |
| I. 供给服务 | I.1 淡水 | 用于饮用和生产的地下水和地表水的天然补给 | 健康 | 产水量 | 1、8、10、16 |
| | I.2 食物 | 从植物、动物及微生物获得的各种食物产品 | 健康 | 农作物产量（粮食） | 3、10、17、18、19 |
| | | | | 草地牧草产量（牲畜） | |
| | | | | 水草产量（水产品） | |
| | I.3 木材和纤维 | 从生态系统获得木材和纤维产品 | 生产要素 | 森林地上生物量 | 10 |
| | I.4 基因和生物资源 | 从生态系统获得的遗传、生化、食物添加剂等生物原料 | 生产要素 | 物种丰富度 | 7、10、15 |
| II. 调节服务 | II.1 气候变化减缓 | 储备和吸收温室气体，减缓气候变化 | 安全 | 生态系统碳固定 | 10、11、12、18 |
| | II.2 地区微气候调节 | 生态系统通过影响地表蒸发和植被蒸腾消耗的水量以及能量，影响地区尺度的降雨和温度格局 | 健康 | 实际蒸散量 | 19 |
| | II.3 空气质量调节 | 植物通过叶和根的吸附或阻挡作用把污染物暂时固定起来，再将有毒物质转化为无毒物质，使污染物得到降解 | 健康 | 释氧量和滞尘量 | |
| | II.4 自然灾害调节 | 森林生态系统的存在可以有效地减少飓风和巨浪、雪崩、岩崩、泥石流等造成的损害 | 安全 | 森林覆盖率 | 2、5、6、13 |
| | II.5 洪水调控 | 生态系统对地表径流、洪水、土壤蓄水等过程的调控 | 安全 | 湿地和冲积平原面积 | 11 |
| | II.6 侵蚀调节 | 植被覆被在保持土壤和防止坍塌方面具有重要作用 | 安全 | 土壤保持量 | 9、10、11、12、15 |
| | II.7 水质调节 | 通过土壤－植物系统的吸附、降解和吸收作用来净化进入内陆水源、海滨水域和海洋生态系统的污染物 | 健康 | 植被覆盖度 | 4、11、14 |
| | II.8 病虫害调控 | 通过多样化植物群落抵御病原物的侵染和害虫危害 | 生产要素 | 植物物种丰富度 | 10 |

续表

| 类别 | 主题指标 | 主题指标描述 | 人类受益类别 | 具体指标 | 指标应用 |
|---|---|---|---|---|---|
| III. 文化服务 | III.1 休闲娱乐 | 人们从自然或人工生态系统中得到的愉悦 | 健康 | 绿地和湿地景观覆盖率 | 10、14 |
| | III.2 文化遗产 | 人们从自然或人文景观中获得历史文化的传承 | 健康 | 世界遗产 | 18 |
| | III.3 文化多样性 | 物种和生态系统水平上自然多样性的自我存在 | 自然多样性 | 物种丰富度 | 13 |
| | | | | 生态系统类型多样性 | |

注：1,《埃及国家生态系统评估》；2,德国自然保护的联邦机构《支付生态系统服务——迈向实施战略》；3,《哥伦比亚国家生态系统评估》；4,国际合作项目（NETFOP）；5,《海洋和沿海生态系统服务和减轻贫困评估报告》；6,《加勒比海生态系统评估》；7,《湄公河下游湿地生态系统评估》；8,《南非水资源战略》；9,《挪威（格罗马河流域）生态系统评估》；10,欧洲环境研究伙伴《欧洲生态系统服务的空间评估：方法、案例与政策分析》；11,欧盟委员会《测绘和评估生态系统及其服务》；12,《葡萄牙国家生态系统评估》；13,瑞士联邦环境办公室《最终生态系统产品与服务指标报告》；14,《瑞士森林木材动员战略》；15,《特立尼达和多巴哥的北部生态系统评估》；16,《亚马孙盆地和安第斯流域生态系统服务和减轻贫困评估报告》；17,《智利国家生态系统评估》；18,《中国生态系统服务和减轻贫困评估报告》；19,《中国西部生态系统评估》

## 13.4　评估方法

对生物多样性和生态系统服务评估概念框架中包含的生物多样性、生态系统结构、过程与功能、服务与价值各组分进行分析，探索生态系统服务产生的生态过程与生态系统服务之间、生物多样性与生态系统服务之间的相互关系及其驱动因素，以及不同驱动力情景下服务之间的关联性需要结合众多的统计分析方法。主要的统计分析方法包括基于观测数据的统计分析、Meta 分析（Meta analysis）和模拟模型。

### 13.4.1　基于观测数据的统计分析

基于观测数据（一手数据）的统计分析，主要是识别生态系统的过程、功能、资本，量化与不确定测量因子之间的联系。当前，基于观测数据的统计学方法在生物多样性和生态系统服务评估研究中，主要应用在以下几个方面：① 采用概率统计的理论估计方法，衡量取样集，捕捉原始数据集数据分布特征的精确性或准确性（Smith et al., 2011）；② 与生物物理模型结合确定生态系统属性特征与最终服务的数学函数关系，定量化最终服务的时空权衡关系及其对生态特征变化的边际响应特征（Smith et al., 2011；江波等, 2016）；③ 对生物多样性与生态系统服务进行相关分析，检验生物多样性和生态系统服务之间的相关关系（Smith et al., 2011）；④ 采用聚类分析和冗余分析对庞杂的生态系统服务和影响因子集进行重要性排序和分类，将服务之间关系的研究转变为几种典型“服务簇”之间关系的研究，进而根据服务供给特征进行管理单元的聚类分析（Raudsepp-Hearne et al., 2010；Locatelli et al., 2014；Turner et al., 2014）。因此，基于观测数据的统计学方法适用于对生物多样性和生态系统服务评估框架涉及的多源数据进行综合分析、构建生态系统服务功能生产函数、检验生物多样性与生态系统服务之间的相关关系、量化服务之间的权衡或协同关系。

然而，尽管建立中国国家层面的生物多样性和生态系统观测和研究网络已得到相关部门的支持，但是目前投入的力度仍然不够，生态系统的类型和涵盖面相对有限，目前仍然缺乏生物多样性和生态系统状况与变化的周期性调查和评估（傅伯杰，2013）。现有的直接观测数据不能满足评估需求，尤其对动物和植物种群大小、物种丰富度、群落内物种的功能特征参数（如物种功能空间大小、分布均匀性）、生态系统的结构特征（如物种的生境组分特征）与功能特征参数（如能量收支、物质收支和水收支），仍需开展全国范围内不同尺度的综合监测。只有这样才能系统全面地分析我国生态系统功能变化的驱动要素，识别生物多样性与生态系统功能、生态系统服务各组成要素之间的相互作用关系及影响（Díaz and Cabido，2001；Tilman，2001；Hooper et al.，2002；Petchey，2003；Mason et al.，2005；Grime，2006；胡婵娟等，2009）。

## 13.4.2 Meta 分析

Meta 分析在社会学和医药科学领域有广泛应用。近年来，在生态学研究中应用也越来越多。Meta 分析主要是针对评估涉及较大区域或多样点的样本数据时采用一致的方式收集和整合分析，对特定的问题获得基于不同统计技术以及单个分析结果的整体性认识，构建简单、有效的预测模型，或应用于个体统计分析与系统模型输出结果的综合分析（Smith et al.，2011）。目前，有许多 Meta 分析应用于生物多样性和生态系统服务评估的研究案例。例如，Parmesan 和 Yohe（2003）利用 Meta 分析方法探讨了气候变化对物种区系分布与物候的全球性影响；Root 等（2003）通过全球变暖的 143 个研究案例（包括 1473 个物种）的 Meta 分析，指出 81% 的物种表现出与温度高度相关，尤其是在高海拔地区。Brander 和 Koetse（2011）运用 Meta 分析，基于价值转移和尺度上推方法，定量评估了气候变化对欧洲湿地、环境和资源经济的影响；He 等（2015）基于 Meta 分析，研究了加拿大魁北克亚马斯卡和贝坎科 2 个流域的生态系统服务价值转移。此外，Bender 等（1998）利用 Meta 分析研究了生境缺失及破碎化对种群数量衰退的影响；郑凤英和彭少麟（1999）应用 Meta 分析方法探讨了捕食者与被捕食者种群的数量关系；Johnson 和 Curtis（2001）和 Wan 等（2001）研究了火干扰对土壤碳库和氮库的影响；Manley 等（2005）运用 Meta 分析研究了传统的耕作制度与免耕耕作制度对土壤碳累积的影响；此外，还有一些学者运用 Meta 分析，研究了生态恢复对生物多样性和生态系统服务的影响（Rey Benayas et al.，2009；Barral et al.，2015；Ren et al.，2016）。综合已公开发表的 Meta 分析文章来看，Meta 分析方法在生物多样性和生态系统服务评估领域的主要特征和趋势表现为：① 由单驱动要素转向多驱动要素耦合影响的研究；② 由驱动要素及其组合对单个生态系统服务的影响转向为对多个生态系统服务类别影响的研究；③ 由对不同驱动要素与生物多样性、生态系统服务之间的影响——响应分析，转向为生物多样性、生态系统及其服务之间的作用机制、生态学假说的检验等。

目前，运用 Meta 分析对生物多样性和生态系统服务评估框架下各主要组分之间关系（包括生态系统服务形成的生态过程与生态系统服务之间、生物多样性与生态系统服务之间，以及不同驱动力情景下生态系统服务之间的关联性）的研究还未展开。

### 13.4.3　模拟模型

模型在连接生物多样性和生态系统服务评估框架各主要组分中的主要作用是模拟和预测生物多样性和生态系统的驱动力状态及变化、评估驱动力变化对生物多样性和生态系统的影响，以及驱动力、生物多样性和生态系统变化对生态系统服务及其价值的影响（IPBES，2016）。据此，将现有的生物多样性和生态系统服务评估模型分为驱动力情景模型、生物多样性和生态系统模型、生态系统服务评估模型 3 类。

（1）驱动力情景模型

驱动力情景模型可分为直接驱动力情景模型和间接驱动力情景模型。直接驱动力情景模型主要模拟和预测不同情景下未来土地利用变化、氮沉降、气候变化、捕捞和水资源利用等，其情景制定可通过结合基于经验的统计模型（如 WaterGAP、地球系统模型）、基于过程的动态模型（如 IMAGE、EwE）和综合模型（如 CLUE-S）实现。间接驱动力情景模型主要用于探索不同决策情景对生态系统状况与人类未来福祉的影响，其情景制定可通过结合动态系统模型（如从宏观经济角度进行政策比较分析的综合模型）、一般均衡模型（如 GREEN、GTAP）和局部均衡模型（如 IMPACT）实现。在实际应用中，往往通过多种驱动力情景模型的结合使用，模拟大尺度最重要的平均特征。例如，IMAGE 与 GLOBIO3 模型经常被一起使用，评估全球变化（包括植被覆盖、土地利用变化、生态环境破碎化、平均气温变化、大气氮沉降和基础设施建设）对物种丰富度（主要是平均物种丰富度）的影响；IMAGE 与种 – 面积关系结合，用于评估物种（植物）灭绝和栖息地丧失；IMAGE 与栖息地丧失模型结合，用于评估物种灭绝（如鸟类）（IPBES，2016）。此外，Verburg 等（2008）运用 CLUE-S 模型对欧洲未来 30 年间的土地利用格局变化进行了模拟，同时运用 GTAP 模型和 IMAGE 模型模拟了欧洲未来 30 年间的土地需求，并模拟了经济全球化、欧洲大陆市场化、全球协作、区域一体化 4 种情景下欧洲大陆土地利用变化情况。Castella 和 Verburg（2007）运用 ABM（agent-based model）模型与 CLUE-S 模型，对越南山区的土地利用格局及其变化进行了模拟。

然而，在区域影响研究中，由于驱动力情景模型模拟结果的空间分辨率较低和缺少区域驱动力的详细信息，目前仍难以精确地描述和构建区域驱动力情景。因此，驱动力情景模型在区域上的应用受到一定的限制。尽管降尺度法可以弥补大尺度驱动力情景模型在这方面的不足，但由于缺少对不同模拟对象的定量评价和降尺度过程中的不确定性（刘昌明等，2012），驱动力情景模型在区域及其以下尺度的模拟和预测结果尚需进一步的研究证实。

（2）生物多样性和生态系统模型

① 生物多样性模型

生物多样性模型主要聚焦于物种（种群）、群落、生态系统 3 个水平：物种（种群）水平的主要模型有物种分布或生物地理模型；群落水平的主要模型有群落分布模型、关系网络模型、物种特征方法、物种 – 面积曲线；生态系统水平的主要模型有生物物理模型（主要关注生物物理维度，如 DGVMs）和综合评估模型（还包括社会和经济维度，如 IMAGE）。模型方法包括种 – 面积关系、剂量 – 效应模型（如 GLOBIO 模型）、生态位为基础的模型（如 BIOCLIM、Maxent、DOMAIN 模型）、全球植被模型（如 LPJ、IBIS、TRIFFID 模型）、基于世界自然保护联盟（IUCN）标准的脆弱性评估这 5 种（IPBES，2016），用于推测或估计种群数量或栖息地动态（Pimm et al.，1995；

Pimm and Raven, 2000; Lewis, 2006; Pereira and Daily, 2006)、气候变化对物种分布或多样性的影响及其适应(Pearson and Dawson, 2003; Swab et al., 2012),以及全球变化对植被地理分布格局的影响(车明亮等, 2014)。其中,生态位为基础的模型利用生物气候、坡向、坡度、海拔、植被覆盖度、土地利用等环境变量,模拟植物物种数量变化和分布特征;全球植被模型的输入参数为生态系统属性、地形、地貌与土壤特性、气候要素、大气化学组成、土地利用与管理历史等相关参数,模拟从裸土发育到顶级植被的演替动态,当结合种 - 面积关系或剂量 - 反应关系时,可用于推测或估计全球和区域尺度上的物种损失;利用 IUCN 红色名录濒危等级和标准识别具有较高灭绝风险的物种,可通过 IUCN 专门开发的算法和基于 Excel 的宏程序对红色名录指数(RLI)进行自动计算。

然而,由于生物多样性模型的简化假设、缺乏统一的模型性能评价指标和不同方法的交叉验证,模拟结果在精确度方面仍存在一些不足(Akçakaya et al., 2006; Li and Guo, 2013)。除此,缺乏对生物多样性与驱动力情景结合的综合评估模型的研究,导致驱动力对生物多样性影响的模拟和预测结果不够稳健。

② 生态系统模型

生态系统模型有生物地球化学循环模型和水文过程模型两大类。生物地球化学循环模型用于估算自然生态系统对大气 $CO_2$ 加倍及相关气候变化的响应,模拟方法有经验模型(如 Miami 模型预测生产力)、过程模型(分析生物地球化学循环某一过程,如植物光合作用的 Farquar 模型)和生物地球化学模型(综合考虑生物地球化学循环全过程或多个过程,比较著名的有 CENTURY、DAYCENT、WNMM 和 DNDC 模型等)。其中,CENTURY 模型是较早建立起来的生物地球化学模型(Parton and Rasmussen, 1994; Kelly et al., 1997),包括植物产量子模型、土壤有机质子模型、土壤温度和水分子模型 3 个子模型。在土壤有机质子模型中,只要将降雨量、温度、土壤质地和植物木质素含量这 4 个重要变量作为特征值输入,就能够对不同生态系统的土壤有机质积累、分解过程及其含量的变化进行研究。而植物产量子模型、土壤温度和水分子模型,因其运行机理比较复杂,并且缺少一些重要的历史数据,虽然 CENTURY 模型对此也做出了一些合理的推断,一些参数需要通过其他因子计算而得,但由这些不确定因素造成的模拟结果的不准确性,仍是 CENTURY 模型在应用上最大的不足(于沙沙等, 2014)。此外,DNDC 模型作为目前国际上最成功的生物地球化学模型之一,有望被发展为适合一个特定国家或地区环境条件的模型(谢海宽等, 2017)。该模型以土壤性质、气候状况和农业生产措施为输入信息,以碳、氮和水在陆地生态系统的迁移转化为线索,可用来模拟 $CO_2$、$CH_4$ 和 $N_2O$ 等温室气体排放和土壤有机碳变化,以对作物产量、氮素淋失等的综合调控过程进行定量评价。但 DNDC 模型仍存在以下的不足,包括:a. 因缺乏校准和验证而导致模拟结果的不准确;b. 过多的输入参数导致模型校正的困难;c. 结合当前环境问题的模型模块的缺乏;d. 由气候的空间差异性导致的区域尺度模拟的不确定性等(谢海宽等, 2017)。

水文过程模型用于推测或估计气候变化的水文过程(如蒸散)响应,典型的水文过程模型有概念性流域水文过程模型、分布式水文过程模型,以及高分辨率全球尺度水文过程模型。其中,概念性流域水文过程模型(如新安江模型、TANK 模型)是以水文现象的物理概念和一些经验公式为基础构造的,模型将流域的物理基础(如下垫面等)进行概化(如线性水库、土层划分、蓄水容量曲线等),再结合水文经验公式(如下渗曲线、汇流单位线、蒸散发公式等)来近似地模拟流域水流过程。分布式水文过程模型（如TOPMODEL、SWAT）则通过比较相邻网格的高程确定各网格的流向，根据各网格的坡度、糙率和土壤等情况确定参数，将其径流演算到流域出口断面得到流域出口断面的径流过程。模型的参数由地形、地貌数据结合实测历史洪水资料的率定得到。近年来，高分辨率全球尺度水文过程模型的发展和应用使水文学家能够从全球的角度了解世界其他地区水资源的分布和配置状况，弥补了GCMs与陆面过程模式在陆地水文过程描述方面的不足，通过与GCMs的耦合，能够为GCMs的运行提供较为详实的相关水文信息，从而为气候的准确预报奠定了良好的水文基础。同时，GCMs对未来气候情景的预报又为全球尺度水文过程模型提供了温度、降水等信息，从而有可能利用全球尺度水文过程模型来了解未来全球陆地的水文过程。然而，高分辨率全球尺度水文过程模型在水文过程机理和可用模型数据集等方面面临着诸多的问题和困难（韩海东等，2007）。

因此，尽管结合计算机技术以及先进数据采集和管理平台（GIS与遥感技术）的各种动态系统模型与模型耦合，极大地提高了对生态系统影响模拟和预测的能力，但由于模型结构和参数化方面的差异、跨尺度问题、模拟过程缺乏灵活性、历史数据的匮乏、非线性等机理和技术层面的问题，限制了生态系统模型在全球范围的应用和推广（Heimann et al.，1998；韩海东等，2007）。除此之外，生态系统模型缺乏对生物多样性和生态系统过程关系的模拟，与情景模型结合的综合评估模型的研究有待进一步开展。

（3）生态系统服务评估模型

生态系统服务评估模型涉及生态系统服务的物理量和价值量评估，可以分为服务的供给模型、服务的需求模型和服务的价值模型3类。服务的供给模型模拟的是生态系统服务（或其替代指标）的潜在供给能力，主体是生物物理模型。服务的需求模型模拟的是在给定时间内，生态系统服务或产品的消耗。需求相对于供给，可以在时间和空间上变化，其空间分析单元通常是行政单元或规划单元。服务的价值模型模拟的是多元化的服务价值（生物物理学价值、经济价值、文化和社会价值、公共健康价值、整体和本土价值），例如，物理学价值核算物理成本（如时间、能源、材料、表面等）和对生态系统和生物多样性的压力水平。对生态系统服务供给进行估算的方法很多，主要包括野外一手数据、查表法或替代指标法、专家打分法、相关关系法和回归模型法；对生态系统服务需求进行估算的方法主要包括社会经济统计、问卷调查、生物物理模型；对生态系统服务价值进行估算的方法主要包括直接市场价格、市场替代、代用市场、陈述偏好、参与式、效益转换法。

从目前发表的研究成果来看，可以量化生态系统服务供给的主要模型有LUCI、EnviroAtlas、CorpES/Natcap、RIOS、Reefs at Risk、SEEA-EES、Matrix、TESSA、Costing Nature、Polyscape、SAORES、GUMBO、EcoAIM、Ecospace、EPM、ATEAM、InVEST、IMAGE、LUTO、ARIES、MIMES和EwE模型。其中，CorpES/Natcap、RIOS、Reefs at Risk、SEEA-EES、GUMBO、EcoAIM、Ecospace、EPM、ATEAM、InVEST、IMAGE、LUTO、ARIES和MIMES模型可以进行服务供给的价值化。量化生态系统服务需求的模型有SEEA-EES、SoLVES、InVEST、IMAGE、LUTO、ARIES、MIMES和EwE模型。其中，SEEA-EES、InVEST、IMAGE、LUTO、ARIES、MIMES模型和GreenGDP模型可以进行服务需求的价值化。而SEEA-EES、InVEST、IMAGE、LUTO、ARIES、MIMES模型既可量化，也可价值化服务的供给与需求。但MIMES模型是唯一的可以同时量化、价值化服务的供给和需求的动态模型。

整体来看，在生态系统服务评估模型研究方面，近十几年来取得的主要进展和研究特征可以概述为以下几个方面。

① 通过对算法的简化或采用以空间建模和地理信息系统（GIS）为基础的“大数据”分析技术或以Web为基础的全球数据库等手段，可在全球范围内广泛应用。目前，InVEST、LUCI、GUMBO、Costing Nature、Reefs at Risk等模型，基于全球范围的粗分辨率的空间数据，可对全球范围的生态系统服务的供给及其价值进行模拟（Bagstad et al.，2012）。其中，InVEST模型作为目前生态系统服务研究中使用最简便、模拟服务类型最多、最为常用的一套GIS模型工具集，可以在不同的空间尺度和范围中广泛使用。该模型通过使用土地利用（覆被）和相关的生物物理、经济数据来模拟和预测生态系统服务的供给及其价值。但是，由于模型的过度简化、模拟结果对土地利用（覆被）数据质量的依赖和尚未在生态系统中进行全面测试等方面的不足，应用该模型时还需谨慎。较之InVEST模型，ARIES模型需要投入较多的时间和专业知识来确定模型参数，但因模型通过人工智能和语义建模，集合了相关算法和以Web为基础的全球空间数据，据此，用户可以明确兴趣区的生态系统服务受益者，绘制兴趣区的生态系统服务“地图”，也可补充或替换兴趣区的相关数据、运行模型（BSR，2011）。随着ARIES模型的进一步开发完善和使用范围的扩大，可对全球范围的生态系统服务的供给、使用和空间流动进行模拟（Bagstad et al.，2012）。和ARIES模型一样，MIMES模型在其全球模型开发完成后，未来也可用于全球生态系统服务的供给及价值的评估，但目前这些模型还只适用于其研究案例覆盖区域（Bagstad et al.，2012）。

② 在区域尺度上，整合国家或特定区域的环境、经济、社会的统计数据与专家经验知识，进行空间情景模拟，优化国家或区域尺度上的生态系统管理和决策制定。这类模型主要针对特定案例区进行开发。例如，美国国家环境保护局于2014年发布的生态地图网络交互式工具——环境地图集（EnviroAtlas）模型，由交互式地图、生态－健康关系浏览器、GIS分析工具集，以及包含美国48州及其部分社区环境、经济和社会信息的数据库这4个模块组成，通过专题图层数据的叠加分析，可帮助决策者了解某项规划或决策对美国主要生态系统及相关社区的影响。再者，如生态系统组合模型（ecosystem portfolio model，EPM）利用土地利用（覆被）变化的环境、经济与社会效应信息构建多标准情景模式，对不同土地利用（覆被）情景下生态系统服务、土地地块价值、社区生活质量进行模拟，制定美国南佛罗里达州地区的土地利用结构调整和布局优化方案（Bagstad et al.，2012；Labiosa et al.，2013）。但这类模型的可推广性差，目前仅适用于特定地区生态系统服务评估（Bagstad et al.，2012）。

③ 在样点尺度上，利用生物物理属性数据量化生态系统服务对生态特征变化的边际响应特征。这类模型目前开发得相对较少，代表性的模型有EcoMetrix、ESII和LandServer。这类模型利用气象、土壤、植被结构、水文状况等生物物理数据，可对小尺度范围内的生态特征变化的边际响应特征进行模拟。该类模型与其他评估模型结合，可应用于大尺度地区的生态系统服务的评估（Nemec and Raudsepp-Hearne，2013）。

④ 通过咨询利益相关者意见（即参与式），对利益相关者的偏好进行综合分析，构建生态系统服务评估决策支持系统。可综合利益相关者意见的模型有Ecospace、EcoAIM、ESValue、SolVES模型等。其中，Ecospace模型通过咨询利益相关者意见界定土地利用（管理）方式，进行财富的核算和生态系统服务价值的评估；EcoAIM模型使用风险分析方法对利益相关者的偏好进行综合分析，支持土地资源管理和生态修复决策的制定；ESValue模型则由公众、管理者及其他利益相关者共同决定生态系统服务相对价值，在此基础上通过比较现实产出和预期产出之间

的差距，确立最适合的自然资源管理策略（Bagstad et al., 2012）。

⑤ 通过动态系统模型的开发，推动对生态系统服务时空演化过程的模拟。大多数生态系统服务模型都属于静态模型，不支持对生态系统及服务的时空演化过程进行模拟。因此，需要开发生态系统服务的动态模型以改善对生态系统服务时空动态的模拟能力。EwE模型是一款开发相对成熟、针对水生生态系统的动态模拟工具，以构建基于食物网的数量平衡模型（mass-balanced model）为基础，整合了一系列生态学的分析工具，可用于研究系统的规模、稳定性和成熟度、物流能流的分布和循环、系统内部的捕食和层级关系、各层级间能量流动的效率、生物间生态位的竞争以及彼此互利或危害的程度等的时空动态模拟（Walters et al., 1997）。而MIMES模型是另一款具有良好的应用前景的动态模型，模型整合现有生态系统过程模型，用于生态系统服务功能的时空动态模拟，并通过输入－输出分析方法从经济学角度对生态系统服务功能进行估算，但是，目前MIMES模型的很多模块仍在开发之中（Bagstad et al., 2012）。

⑥ 具备一定的生态系统服务供需分析能力。一些模型已具备对多种服务进行供需能力分析，如InVEST、Ecoserv-GIS、ARIES、Envision模型等，但生态系统服务供需分析的理论基础、选择的量化指标和可量化的服务类别都不一致。例如，InVEST模型已具备模拟木材与非木材产品的生产、水电与灌溉水源等服务的供需分析能力，但模拟其他服务供需能力的模块正在开发之中；Ecoserv-GIS模型利用查找表或指标法对食物、木材、水质调节等生态系统服务的供给和需求进行制图和叠加分析，生成区域生态系统服务的供给与需求平衡关系图；ARIES模型通过对生态系统服务的"源"（服务功能潜在提供者）和"使用者"（受益人）的空间位置和数量的制图，在此基础上进行供需分析（Bagstad et al., 2012）。

⑦ 模型包括了生物多样性评估模块。目前，包括Costing Nature、LUTO、Ecoserv-GIS、ATEAM、LandServer、EcoAIM、GLOBIO、InVEST、InFOREST等10余种模型都包括了生物多样性评估模块。其中，有的服务模型是对物种丰富度、多样性进行模拟，如Costing Nature、GLOBIO、InVEST和InFOREST模型；有的服务模型是对物种的分布区范围与潜在生境区进行预测，如LUTO、Ecoserv-GIS、LandServer、EcoAIM模型；还有的服务模型对物种的种群动态进行模拟，如EwE模型。

⑧ 模型更多地模拟与碳水相关的供给服务和调节服务。通过对上述服务模型的进一步对比分析发现，包括InVEST、EcoAIM、ATEAM、SAORES模型在内的20余个模型可以模拟粮食生产、木材和纤维、淡水供给等供给服务；包括IMAGE、InVEST、ARIES、ATEAM模型在内的30余个模型可以模拟碳固定和排放、洪水调控、侵蚀调节、水质调节、气候调节等调节服务；包括ATEAM、InVEST模型在内的10个模型可以模拟土壤肥力、授粉2项支持服务。

⑨ 包含多种价值化方法，可对多个服务类别进行价值评估。通过进一步分析现有模型价值化的方法和具体服务类别发现，ARIES模型可利用市场价格法对食物供给服务的价值进行核算，利用重置成本法对空气质量调节、气候调节、侵蚀调节、洪水调控、休憩等服务的价值进行核算，利用条件价值法将淡水的供给价值化；InVEST模型可利用市场价格法对淡水供给、食物供给和木材生产服务的价值进行核算，利用避免损害法对气候调节、水质调节、洪水调控、侵蚀调节、授粉调节、休憩等服务的价值进行核算。

然而，生态系统服务评估模型的开发和应用还处于起步阶段，仍有很多局限和不足，主要表现在以下几个方面：① 模型的适用范围或可推广性有一定的局限性；② 缺少对不确定分析方法的说明；③ 生态系统功能和服务仍难以区分，在价值化过程中可能导致重复计算；④ 多数模型只模拟服务的供给，包括服务的需求、价值化、受益者偏好及其与人类福祉的联系的综合模型还有待进一步发展；⑤ 虽然一些生态系统服务模型包括生物多样性评估模块，但并未建立起生物多样性与生态系统服务之间的关系；⑥ 与碳、水相关的供给或调节服务（如碳固定、碳储存、粮食生产等）是模拟最多的服务类型，而文化服务的模拟缺乏；⑦ 不同模型能够价值化的服务类别、采用的价值化方法并不一定相同，当对通过不同模型获取的多个生态系统服务价值进行比较或累加时，需谨慎处理；⑧ 现有模型需要更多的交叉验证。

上述方法从不同角度实现了生物多样性和生态系统服务评估研究的定量化表达，促进了生物多样性和生态系统服务评估工作的开展，但仍需结合案例研究进一步完善理论基础和分析方法，增强对生物多样性和生态系统过程关系、生态系统服务供给、需求、价值化、受益者偏好及其与人类福祉联系的模拟，以及对综合评估模型的开发，以期能够更准确地表达生态系统服务的形成及影响机制、服务之间的联系和作用机理。

（4）生物多样性和生态系统服务评估的集成模型框架

虽然上述的生物多样性和生态系统服务评估方法的研究成果不能直接用于生态系统服务管理和相关的决策制定，但为生物多样性与生态系统服务综合评估方法的开展提供了一些重要原则：① 综合评估方法应是综合生物多样性与生态系统服务的集成模型；② 模型的选择应与特定的评价目标与决策背景相匹配；③ 模型需级联服务的供给、需求与价值；④ 需考虑各种生态系统服务产生的生态过程与生态系统服务之间、生物多样性与服务之间的相互关系及其驱动因素，以及不同驱动力情景下服务之间的关系；⑤ 需考虑生物多样性和生态系统服务本身存在时空尺度问题，以及不同生物多样性层次通过时空尺度对生态系统服务的影响。基于此，生物多样性与生态系统服务综合集成模型研究的核心内容包括以下几方面。① 目的：基于自然—社会综合特征的情景分析，确定所解决的科学问题，如土地利用的优化配置（Seppelt et al.，2013；Fu et al.，2015）；② 内容：包括尺度、服务类型、生物多样性的层次结构、组分间相互关系（包括生物多样性与生态系统服务之间、生态系统服务之间）、驱动要素、多源数据的综合分析；③ 方法：从模型输入与输出、模型结构、模拟方法、适用尺度等角度对现有的各类模型和模型组合进行对比分析和综合评述，建立符合区域实际需求的生物多样性与生态系统服务综合制图模型库。

## 13.5　不足与展望

尽管在生物多样性和生态系统服务评估的指标体系和方法的综合对比研究方面取得了一定进展，但是仍存在一些需要进一步深入探讨分析的问题。

（1）生物多样性与生态系统服务指标之间的关系仍具不确定性

由于生物多样性与生态系统服务之间的关系并不确定，生物多样性评估与生态系统服务评估只能独立进行。尽管我们选取了与生态系统服务存在直接联系的生物多样性指标，但仅仅是基于概念层面上的基本认识而未进行验证，因此，需要展开广泛的案例研究以验证所有的生物多样性指标与生态系统服务指标之间的关系。当然，这需要在充分认识“生物多样性—生态系统功能—生态系统服务—人类福祉”级联式框架的主要组分之间的非线性关系基础上，对所有生物多样性、生态系统功能与生态系统服务指标之间的关系进行验证。

（2）生态系统服务指标可能只涵盖了主题指标的一部分而非全部

生态系统服务的本质是生态系统功能，是可以被人类直接利用的那一部分功能，所以生态系统服务评估的核心是生态系统功能的量化和空间模拟。尽管我们选出的生态系统服务指标多数能够与生态系统属性参数建立起直接指代或数量关系，通过观测获得生态系统属性数据，便可模拟、评估和预测各个主题分类下的生态系统服务。但需要说明的是，由于知识和数据的缺乏，目前指标体系中包括的具体服务指标可能只涵盖了主题指标下的某个或某些方面，而非全部。

（3）生态系统服务指标仍是针对服务的供给方面

目前，指标体系中包含的生态系统服务指标针对的是服务的供给方面，并未涉及服务的需要以及供－需关系分析的指标。这主要是因为当前仍然缺乏生态系统服务供－需平衡分析的理论基础和数据支撑。因而，针对服务的需求、供－需关系分析的指标还有待进一步发展。

（4）未展开生物多样性与生态系统服务综合集成模型的应用研究

尽管通过基于观测数据的统计分析、Meta 分析、各类模型和模型组合的对比分析和综合评述，提出了生物多样性与生态系统服务综合评估方法制定需要遵循基本原则，构建了生物多样性与生态系统服务综合集成模型框架，但还未在国家和区域尺度上进行模型的集成和展开应用示范。这主要是因为数据的匮乏、缺乏有效的数据共享机制，以及不同来源数据之间的变异性。另一方面，跨尺度问题、模型结构和参数化方面的差异、缺乏统一的模型性能评价指标、缺乏不同方法的交叉验证等生态学基础和技术层面的问题也有影响。因此，建立与“生物多样性监测与研究网络平台”（GEO BON）类似的国家尺度的“生物多样性和生态系统服务综合评估的数据库平台”是十分必要的（Muchoney and Williams，2010），通过数据库平台全面促进数据与指标、模型与情景的集成，在不同尺度下展开驱动力对生物多样性和生态系统影响的评估，以及驱动力、生物多样性和生态系统变化对生态系统服务及其价值影响的系统分析与综合评估。反过来，生物多样性和生态系统服务综合评估的数据库平台的建设，也将会推动和促进那些与生物多样性、生态系统特征、生态系统服务相关的一些重要的时空数据类型的后续分析。而就这些不同时空数据类型以及大数据（遥感数据产品的时间序列）的采集与处理的“鲁棒性”而言，则需开发更为有效的模式识别方法或新的信息处理工具，完善相关的基础设施（Krishnaswamy et al.，2009；Bargiel，2013；Rocchini et al.，2015），这将促进生物多样性和生态系统服务评估综合指标的开发，例如，与大尺度的水文、碳储存功能密切相关的“多时间序列 NDVI 指数”（Krishnaswamy et al.，2009）。

# 参考文献

车明亮，陈报章，王瑛，等 . 2014. 全球植被动力学模型研究综述 . 应用生态学报，25（1）：263–271.

傅伯杰 . 2013. 生态系统服务与生态系统管理 . 中国科技奖励，7（7）：6–8.

傅伯杰，于丹丹，吕楠 . 2017. 中国生物多样性与生态系统服务评估指标体系 . 生态学报，37（2）：341–348.

韩海东，艾合麦提 . 阿西木，刘时银，等 . 2007. 高分辨率全球尺度水文模型发展综述 . 中国沙漠，27（4）：677–683.

胡婵娟，傅伯杰，刘国华，等 . 2009. 黄土丘陵沟壑区典型人工林下土壤微生物功能多样性 . 生态学报，29（2）：727–733.

江波，Wong C P，欧阳志云 . 2016. 湖泊生态服务受益者分析及生态生产函数构建 . 生态学报，36(8): 2422–2430.

刘昌明，刘文彬，傅国斌，等 . 2012. 气候影响评价中统计降尺度若干问题的探讨 . 水科学进展，23(3): 427–437.

刘纪远，岳天祥，鞠洪波，等 . 2005. 中国西部生态系统综合评估 . 北京：气象出版社 .

谢海宽，江雨倩，李虎，等 . 2017. DNDC 模型在中国的改进及其应用进展 . 应用生态学报，28(8): 2760–2770.

于沙沙，窦森，杨靖民 . 2014. CENTURY 模型在土壤有机碳研究中的应用 . 土壤与作物，3(1): 10–14.

郑凤英，彭少麟 . 1999. 捕食关系的 Meta 分析 . 生态学报，19(4): 448–452.

中国环境保护部 . 2009. 中国履行《生物多样性公约》第四次国家报告 . 北京：中国环境科学出版社 .

中国环境保护部 . 2014. 中国履行《生物多样性公约》第五次国家报告 . 北京：中国环境科学出版社 .

Akçakaya H R, Butchart S H M, Mace G M, et al. 2006. Use and misuse of the IUCN Red List Criteria in projecting climate change impacts on biodiversity. Global Change Biology, 12(11): 2037–2043.

Bagstad K J, Semmens D, Winthrop R. 2012. Ecosystem services valuation to support decision making on public lands: A case study for the San Pedro River, Arizona. Scientific Investigations Report. Reston: U.S. Geological Survey.

Bargiel D. 2013. Capabilities of high resolution satellite radar for the detection of semi–natural habitat structures and grasslands in agricultural landscapes. Ecological Informatics, 13: 9–16.

Barral M P, Rey Benayas J M, Meli P, et al. 2015. Quantifying the impacts of ecological restoration on biodiversity and ecosystem services in agroecosystems: A global meta–analysis. Agriculture Ecosystems & Environment, 202: 223–231.

Bender D J, Contreras T A, Fahrig L. 1998. Habitat loss and population decline: A meta–analysis of the patch size effect. Ecology, 79(2): 517–533.

Bennett E M, Peterson G D, Gordon L J. 2009. Understanding relationships among multiple ecosystem services. Ecology Letters, 12(12): 1394–1404.

BfN. 2008. Policy–related Indicators: Measure the Effectiveness of the German National Strategy on Biological Diversity. Berlin: Federal Agency for Nature Conservation.

Binning C E, Cork S J, Parry R, et al. 2001. Natural Assets: An Inventory of Ecosystem Goods and Services in the Goulburn Broken Catchment: Report of the Ecosystem Services Project. Canberra: CSIRO.

Boyd J, Banzhaf S. 2007. What are ecosystem services? The need for standardized environmental accounting units. Ecological Economics, 63(2–3): 616–626.

Brander L M, Koetse M J. 2011. The value of urban open space: Meta–analyses of contingent valuation and hedonic pricing results. Journal of Environmental Management, 92(10): 2763–2773.

Castella J C, Verburg P H. 2007. Combination of process–oriented and pattern–oriented models of land–use change in a mountain area of Vietnam. Ecological Modeling, 202(3–4): 410–420.

Cheung W W L, Rondinini C. 2016. Chapter 6: Linking and harmonizing scenarios and models across scales and domains. In: Ferrier S, Ninan K N. IPBES Deliverable 3(c): Policy Support Tools and Methodologies for Scenario Analysis and Modelling of Biodiversity and Ecosystem Services. Bonn: IPBES.

Collen B, Rist J. 2008. Streamlining European 2010 Biodiversity Indicators (SEBI2010): Developing a Methodology for Using Bats as Indicator Species and Testing the Usability of GBIF Data for Use in 2010 Biodiversity Indicators. EEA/BSS/07/008. Copenhagen: European Environment Agency.

De Groot R S, Wilson M A, Boumans R M J. 2002. A typology for the classification, description and valuation of ecosystem functions, goods and services. Ecological Economics, 41(3): 393–408.

Defra. 2009. UK Biodiversity Indicators in your Pocket 2009: Measuring Progress towards Halting Biodiversity Loss. London: Defra.

Díaz S, Cabido M. 2001. Vive la difference: Plant functional diversity matters to ecosystem processes. Trends in Ecology & Evolution, 16(11): 646–655.

Díaz S, Demissew S, Carabias J, et al. 2015. The IPBES Conceptual Framework — connecting nature and people. Current Opinion in Environmental Sustainability, 14: 1–16.

Fisher B, Turner R K, Morling P. 2009. Defining and classifying ecosystem service for decision making. Ecological Economics, 68(3): 643–653.

Fu B J, Zhang L W, Xu Z H, et al. 2015. Ecosystem services in changing land use. Journal of Soils and Sediments, 15(4): 833–843.

Fu B J, Wang S, Su C H, et al. 2013. Linking ecosystem processes and ecosystem services. Current Opinion in Environmental Sustainability, 5(1): 4–10.

Grime P J. 2006. Trait convergence and trait divergence in herbaceous plant communities: Mechanisms and consequences. Journal of Vegetation Science, 17(2): 255–260.

Groot R S D, Alkemade R, Braat L, et al. 2010. Challenges in integrating the concept of ecosystem services and values in landscape planning, management and decision making. Ecological Complexity, 7(3): 260–272.

Haines-Young R, Potschin M. 2007. The Ecosystem Concept and the Identification of Ecosystem Goods and Services in the English Policy Context. Review Paper to Defra, Project Code NR0107. London: Defra.

Haines-Young R, Potschin M. 2010. Proposal for a Common International Classification of Ecosystem Goods and Services (CICES) for Integrated Environmental and Economic Accounting: Report to the European Environmental Agency. Nottingham: European Environmental Agency.

He J, Moffette F, Fournier R, et al. 2015. A meta-analysis for the transfer of economic benefits of ecosystem services provided by wetlands in two watersheds in Quebec, Canada. Wetland Ecology and Management, 23(4): 707–725.

Heimann M, Esser G, Haxeltine A, et al. 1998. Evaluation of terrestrial carbon cycle models through simulations of the seasonal cycle of atmospheric $CO_2$: First results of a model intercomparison study. Global Biogeochemical Cycles, 12(1): 1–24.

Hooper D U, Buchmann N, Degrange V, et al. 2002. Species diversity, functional diversity and ecosystem functioning. In: Loreau M, Naeem S, Inchausti P. Biodiversity and Ecosystem Functioning: Syntheses and Perspectives. Oxford: Oxford University Press.

IPBES. 2016. Summary for policymakers of the methodological assessment of scenarios and models of biodiversity and ecosystem services of the Intergovernmental Science-Policy Platform on Biodiversity and Ecosystem Services. Bonn: Secretariat of the Intergovernmental Science-Policy Platform on Biodiversity and Ecosystem Services.

Jax K. 2005. Function and "functioning" in ecology: What does it mean? Oikos, 111(3): 641–648.

Johnson D W, Curtis P S. 2001. Effects of forest management on soil C and N storage: Meta analysis. Forest Ecology and Management, 140(2): 227–238.

Kandziora M, Burkhard B, Müller F. 2013. Interactions of ecosystem properties, ecosystem integrity and ecosystem service indicators—A theoretical matrix exercise. Ecological Indicators, 28(5): 54–78.

Kelly R H, Parton W J, Crocker G J, et al. 1997. Simulating trends in soil organic carbon in long-term experiments using the CENTURY model. Geoderma, 81(1-2): 75–90.

Krishnaswamy J, Bawa K S, Ganeshaiah K N, et al. 2009. Quantifying and mapping biodiversity and ecosystem services: Utility of a multi-season NDVI based Mahalanobis distance surrogate. Remote Sensing of Environment, 113(4): 857–867.

Labiosa W B, Forney W M, Esnard A M, et al. 2013. An integrated multi-criteria scenario evaluation web tool for participatory land-use planning in urbanized areas: The ecosystem portfolio model. Environmental Modelling & Software, 41(1): 210–222.

Lewis O T. 2006. Climate change, species-area curves and the extinction crisis. Philosophical Transactions of the Royal Society of London B: Biological Sciences, 361(1465): 163–171.

Li W, Guo Q. 2013. How to assess the prediction accuracy of species presence — absence models without absence data? Ecography, 36(7): 788–799.

Locatelli B, Imbach P, Wunder S. 2014. Synergies and trade-offs between ecosystem services in Costa Rica. Environmental Conservation, 41(1): 27–36.

Lyons K G, Brigham C A, Traut B H, et al. 2005. Rare species and ecosystem functioning. Conservation Biology, 19(4): 1019–1024.

MA(The Millennium Ecosystem Assessment). 2005. Ecosystems and Human Well-being. Volume 2: Scenarios. Washington DC: Island Press.

Magurran A E, Baillie S R, Buckland S T, et al. 2010. Long-term datasets in biodiversity research and monitoring: Assessing change in ecological communities through time. Trends in Ecology & Evolution, 25(10): 574–582.

Manley J, Kooten G C V, Moeltner K, et al. 2005. Creating carbon offsets in agriculture through no-till cultivation: A meta-analysis of costs and carbon benefits. Climatic Change, 68(1–2): 41–65.

Martín-López B, Gomez-Baggethun E, Garcia-Llorente M, et al. 2014. Trade-offs across value-domains in ecosystem services assessment. Ecological Indicators, 37: 220–228.

Mason N W H, Mouillot D, Lee W G, et al. 2005. Functional richness, functional evenness and functional divergence: The primary components of functional diversity. Oikos, 111(1): 112–118.

Muchoney D M, Williams M. 2010. Building a 2010 biodiversity conservation data baseline: Contributions of the Group on Earth Observations. Ecological Research, 25(5): 937–946.

Müller F. 2005. Indicating ecosystem and landscape organisation. Ecological Indicators, 5(4): 280–294.

Naeem S, Chapin Ⅲ CFS, Costanza R, et al. 1999. Biodiversity and Ecosystem Functioning: Maintaining Natural Life Support Processes. Issues in Ecology, No. 4. Washington DC: Ecological Society of America.

Nahlik A M, Kentula M E, Fennessy M S, et al. 2012. Where is the consensus? A proposed foundation for moving ecosystem service concepts into practice. Ecological Economics, 77: 27–35.

Nemec K T, Raudsepp-Hearne C. 2013. The use of geographic information systems to map and assess ecosystem services. Biodiversity and Conservation, 22: 1–15.

OECD. 1993. OECD Core Set of Indicators for Environmental Performance Reviews. OECD Environment Monographs No. 83. Paris: OECD.

Parmesan C, Yohe G. 2003. A globally coherent fingerprint of climate change impacts across natural systems. Nature, 421: 37–42.

Parton W J, Rasmussen P E. 1994. Long-term effects of crop management in wheat-fallow: II. CENTURY model simulations. Soil Science Society of America Journal, 58(2): 530–536.

Pearson R G, Dawson T P. 2003. Predicting the impacts of climate change on the distribution of species: Are bioclimate envelope models useful? Global Ecology and Biogeography, 12(5): 361–371.

Pereira H M, Daily G C. 2006. Modeling biodiversity dynamics in countryside landscapes. Ecology, 87(8): 1877–1885.

Petchey O L. 2003. Integrating methods that investigate how complementarity influences ecosystem functioning. Oikos, 101(2): 323–330.

Petter M, Mooney S, Maynard S M, et al. 2013. A methodology to map ecosystem functions to support ecosystem services assessments. Ecology & Society, 18(1): 31.

Pimm S L, Raven P. 2000. Biodiversity: Extinction by numbers. Nature, 403(6772): 843–845.

Pimm S L, Russell G J, Gittleman J L, et al. 1995. The future of biodiversity. Science, 269(5222): 347–350.

Raudsepp-Hearne C, Peterson G D, Bennett E M. 2010. Ecosystem service bundles for analyzing tradeoffs in diverse landscapes. Proceedings of the National Academy of Sciences of the United States of America, 107(11): 5242–5247.

Ren Y J, Lu Y H, Fu B J. 2016. Quantifying the impacts of grassland restoration on biodiversity and ecosystem services in China: A meta-analysis. Ecological Engineering, 95: 542-550.

Rey Benayas J M, Newton A C, Diaz A, et al. 2009. Enhancement of biodiversity and ecosystem services by ecological restoration: A meta-analysis. Science, 325(5944): 1121-1124.

Rocchini D, Hernández-Stefanoni J L, He K. 2015. Advancing species diversity estimate by remotely sensed proxies: A conceptual review. Ecological Informatics, 25: 22-28.

Root T L, Price J T, Hall K R, et al. 2003. Fingerprints of global warming on wild animals and plants. Nature, 421: 57-60.

Seppelt R, Lautenbach S, Volk M. 2013. Identifying trade-offs between ecosystem services, land use, and biodiversity: A plea for combining scenario analysis and optimization on different spatial scales. Current Opinion in Environmental Sustainability, 5(5): 458-463.

Smith R I, Dick J M P, Scott E M. 2011. The role of statistics in the analysis of ecosystem services. Environmetrics, 22(5): 608-617.

Staub C, Ott W, Heusi F, et al. 2011. Indicators for Ecosystem Goods and Services: Framework, Methodology and Recommendations for a Welfare-related Environmental Reporting. Bern: Federal Office for the Environment.

Swab R M, Regan H M, Keith D A, et al. 2012. Niche models tell half the story: Spatial context and life-history traits influence species responses to global change. Journal of Biogeography, 39(7): 1266-1277.

Tilman D, Reich P B, Knops J, et al. 2001. Diversity and productivity in a long-term grassland experiment. Science, 294 (5543): 843-845.

Turner K G, Odgaard M V, Bocher P K, et al. 2014. Bundling ecosystem services in Denmark: Trade-offs and synergies in a cultural landscape. Landscape and Urban Planning, 125: 89-104.

Verburg P H, Eickhout B, Van Meijl H. 2008. A multi-scale, multi-model approach for analyzing the future dynamics of European land use. The Annals of Regional Science, 42(1): 57-77.

Waage S, Armstrong K, Hwang L. 2011. New Business Decision-making Aids in an Era of Complexity, Scrutiny, and Uncertainty: Tools for Identifying, Assessing, and Valuing Ecosystem Services. USA: BSR Environmental Services Tools and Markets Working Group.

Wallace K J. 2007. Classification of ecosystem services: Problems and solutions. Biological Conservation, 139(3-4): 235-246.

Walters C, Christensen V, Pauly D. 1997. Structuring dynamic models of exploited ecosystems from trophic mass-balance assessments. Reviews in Fish Biology and Fisheries, 7(2): 139-172.

Wan S, Hui D, Luo Y. 2001. Fire effects on ecosystem nitrogen pool sand dynamics: A meta-analysis. Ecological Application, 5: 1349-1365.

Yu D D, Lu N, Fu B J. 2017. Establishment of a comprehensive indicator system for the assessment of biodiversity and ecosystem services. Landscape Ecology, 32(8): 1563-1579.

# 第 14 章　中国生态系统格局与服务的特征和变化*

我国国土辽阔，地形复杂，拥有森林、草地、湿地、荒漠、海洋、农田和城市等各类生态系统类型，为多种生物以及生态系统的形成与发展提供了丰富多样的生境条件。近年来，我国经济社会快速发展，城市化进程加快，人民生活水平不断提高，也对生态系统带来前所未有的压力。同时，2000 年以来，我国生态保护与建设力度加大，规模巨大，先后启动了天然林保护、退耕还林还草、退田还湖等一系列生态保护与恢复工程。脆弱的生态环境条件、长期的开发历史、巨大的资源开发压力和生态保护与恢复努力，重塑了我国生态系统格局，也加剧了我国生态系统格局及其变化的复杂性。全面开展我国生态系统评估，揭示生态系统格局、生态系统质量、生态系统服务、生态环境问题是认识我国生态国情，制定生态保护策略与生态文明建设政策与措施的基础和依据（欧阳志云等，2017）。

## 14.1　生态系统格局与变化

全国生态系统复杂多样，空间差异大，森林、草地、荒漠、农田是我国主要的生态系统类型。2000—2010 年 10 年间，森林和城镇生态系统面积增加，灌丛、草地、荒漠、农田生态系统面积减少。部分区域生态系统格局变化剧烈，主要分布在东部沿海城镇化区、东北三江平原和西北绿洲农业区、黄土高原与西南山地等退耕还林集中地区。

### 14.1.1　全国生态系统格局

全国 8 大类生态系统中，森林、草地、荒漠、农田 4 类生态系统面积之和占全国总面积的 82.8%（表 14.1），其中，草地是我国面积最大的生态系统类型，达 283.68 万 $km^2$，占总面积的 29.98%，其次为森林、农田和荒漠，分别占全国总面积的 20.17%、19.19% 和 13.5%，而城镇总面积较小，占总面积的 2.69%。

（1）森林

全国森林生态系统面积为 190.84 万 $km^2$，主要分布于我国东部湿润、半湿润地区，其中，东北、西南与华南地区森林面积较大（图 14.1），包括阔叶林、针叶林、针阔叶混交林和稀疏林 4 个二级类。

---

* 本章作者为中国科学院生态环境研究中心欧阳志云、肖燚、徐卫华、逯非、孔令桥。

**表 14.1　全国各类生态系统类型面积构成（2010 年）**

| 序号 | 生态系统类型 | 面积 /（万 $km^2$） | 面积比例 /% |
|---|---|---|---|
| 1 | 森林 | 190.83 | 20.17 |
| 2 | 灌丛 | 69.23 | 7.32 |
| 3 | 草地 | 283.68 | 29.98 |
| 4 | 湿地 | 35.61 | 3.76 |
| 5 | 荒漠 | 127.73 | 13.50 |
| 6 | 农田 | 181.59 | 19.19 |
| 7 | 城镇 | 25.41 | 2.69 |
| 8 | 其他（冰川、裸地） | 32.02 | 3.38 |

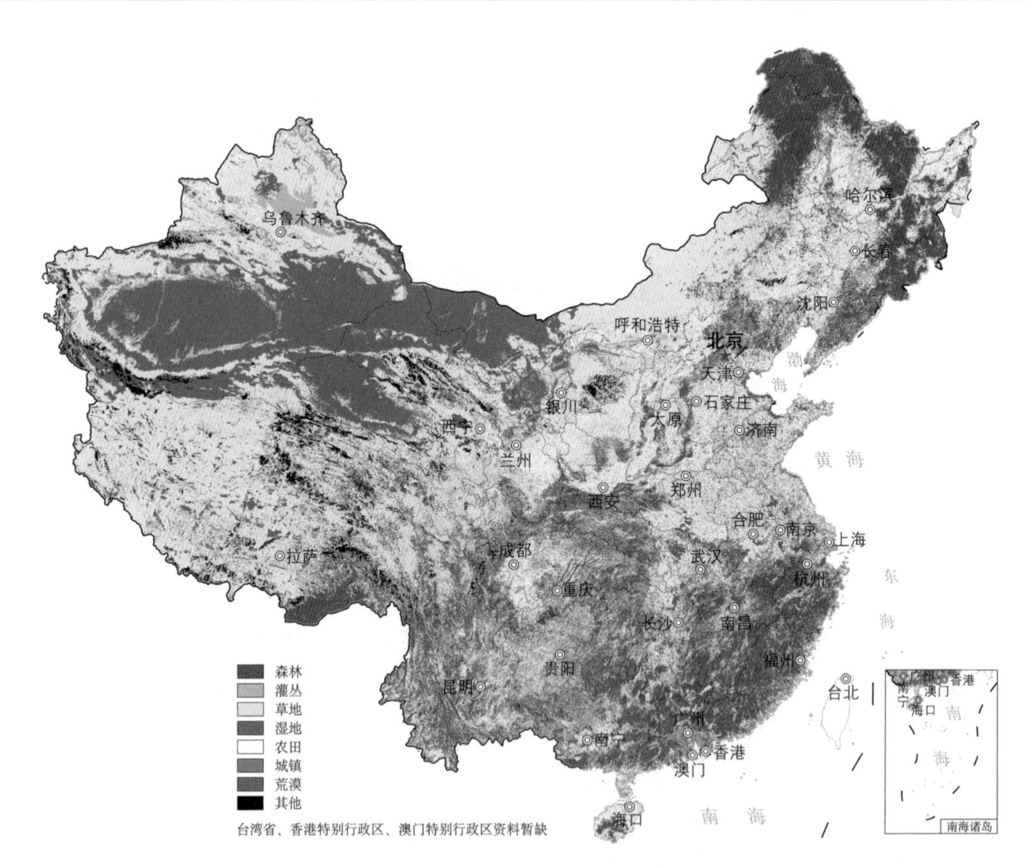


图 14.1　全国生态系统分布（2010 年）（参见书末彩插）

阔叶林生态系统总面积为 93.63 万 $km^2$，占全国陆地面积的 9.9%，占森林生态系统面积的 49.06%。其中，落叶阔叶林是我国北方温带地区的主要森林植被类型，也是华北暖温带的地带性植被，较集中的分布区包括大、小兴安岭，长白山脉，燕山，吕梁山及陇南—秦岭北坡—伏牛山地区。常绿阔叶林作为我国第三大类森林生态系统，广泛分布于我国南方热带、亚热带，东部沿海至青藏高原东部地区。

针叶林生态系统总面积为 87.17 万 $km^2$，占全国陆地面积的 9.21%，占森林生态系统面积的 45.68%。其中，常绿针叶林在森林生态系统中比例最高，广泛分布于我国南方亚热带低山、丘陵和平地，北方分布面积相对较小。落叶针叶林在我国集中分布于大、小兴安岭林区和阿尔泰山地区。

针阔叶混交林生态系统总面积为 9.15 万 $km^2$，占全国陆地面积的 0.98%，占森林生态系统面积的 4.8%。在我国分布于小兴安岭、完达山、老爷岭、长白山地区的地中山地带。

稀疏林生态系统总面积为 0.89 万 $km^2$，占全国陆地面积的 0.09%，占森林生态系统面积的 0.46%，仅在塔里木河沿岸和锡林郭勒草原南部有集中分布。

（2）灌丛

灌丛生态系统空间分布与森林相似，面积为 69.23 万 $km^2$。包括阔叶灌丛、针叶灌丛和稀疏灌丛 3 个二级类。其中，阔叶灌丛面积最大，总面积为 57.47 万 $km^2$，占灌丛生态系统面积的 83.0%，集中分布于华北及西北山地，以及云贵高原和青藏高原等地。而针叶灌丛与稀疏灌丛面积总面积仅为 1.02 万 $km^2$ 与 10.74 万 $km^2$，分别占灌丛生态系统面积的 1.5% 与 15.5%，前者主要分布于川藏交界高海拔区及青藏高原，后者多见于塔克拉玛干、腾格里等大型荒漠内部或边缘。

（3）草地

草地生态系统主要分布在年降水量 400 mm 以下的干旱、半干旱地区，南方和东部湿润、半湿润地区的山地，以及东部和南部海岸带，共分为草甸、草原、草丛、稀疏草地四大类，其中，以草原生态系统为主，面积为 125.61 万 $km^2$，占国土面积的 13.28%，占草地生态系统面积的 44.28%。

（4）湿地

湿地生态系统分布广泛，主要分布在东北三江平原、长江中下游、云贵高原、青藏高原以及沿海地区，面积为 35.62 万 $km^2$，占全国总面积的 3.76%，共包括沼泽、湖泊、河流 3 个二级类。

2010 年全国沼泽面积为 15.17 万 $km^2$，占全国陆地面积的 1.6%，又包括森林沼泽、灌丛沼泽、草本沼泽 3 级类。目前，沼泽湿地多分布于三江平原、黄河中下游、东部沿海、云贵高原等地区。

河流与湖泊总面积为 20.45 万 $km^2$，占全国陆地面积的 2.16%。我国河流与湖泊生态系统主要分布区为西南地区和东部，包括西南诸河、青藏高原湖泊、长江中下游湖泊区。

（5）荒漠

荒漠生态系统主要分布在西北干旱区和青藏高原北部，面积为 127.73 万 $km^2$，占全国总面积的 13.50%，主要分布于南疆和内蒙古西部。

（6）农田

农田生态系统主要分布在东北平原、华北平原、长江中下游平原、珠江三角洲、四川盆地等区域，含耕地、田埂、园地、农田林网、灌渠等，面积合计 181.59 万 $km^2$，占全国总面积的 19.19%。

从空间来看，水田旱地大致以淮河为界，淮河以北多为旱地，北方农田集中分布于几大平原区，少量水田主要分布在东北三江平原、松花江河道两旁及辽东湾。淮河以南以水田为主，西南地区旱地分布集中。灌木和乔木园地主要分布于我国南方，较有代表性的类型有西双版纳橡胶园、云南茶园、海南岛热作园、宿州砀山梨园等。

（7）城镇

城镇生态系统主要镶嵌在农田、草地与荒漠等生态系统中，面积为 25.42 万 km²。其中，居住地面积为 21.13 万 km²，占全国陆地面积的 2.2%，占城镇生态系统总面积的 83.1%。此外，城市绿地面积为 0.35 万 km²，占城镇生态系统总面积的 1.4%；工矿交通用地面积为 3.94 万 km²，占城镇生态系统总面积的 15.5%。

（8）其他

其他类型生态系统主要包括冰川与裸地，其中，冰川主要分布在青藏高原、天山和昆仑山，裸地零星分布于全国各地，两者面积为 32.02 万 km²。

### 14.1.2　全国生态系统格局变化

（1）生态系统格局的总体变化

2000—2010 年，在各生态系统类型中，森林、湿地和城镇生态系统面积增加，灌丛、草地、荒漠、农田生态系统面积减少。城镇生态系统面积增幅最大，增加了 27.62%，农田生态系统面积下降幅度最大，减少了 2.59%。全国共有 19.58 万 km² 生态系统面积发生了变化（表 14.2）。

**表 14.2　全国各类生态系统类型面积构成变化（2000—2010 年）**

| 生态系统类型 | 2000 年 | | 2010 年 | | 变化量 /（万 km²） | 变化率 /% |
|---|---|---|---|---|---|---|
| | 面积 /（万 km²） | 比例 /% | 面积 /（万 km²） | 比例 /% | | |
| 森林 | 187.93 | 19.86 | 190.83 | 20.17 | 2.90 | 1.54 |
| 灌丛 | 70.40 | 7.44 | 69.23 | 7.32 | −1.17 | −1.66 |
| 草地 | 285.28 | 30.15 | 283.68 | 29.98 | −1.60 | −0.56 |
| 湿地 | 35.57 | 3.76 | 35.61 | 3.76 | 0.04 | 0.11 |
| 荒漠 | 128.17 | 13.55 | 127.73 | 13.50 | −0.44 | −0.34 |
| 农田 | 186.42 | 19.70 | 181.59 | 19.19 | −4.83 | −2.59 |
| 城镇 | 19.91 | 2.10 | 25.41 | 2.69 | 5.50 | 27.62 |
| 其他 | 32.43 | 3.43 | 32.02 | 3.38 | −0.41 | −1.26 |

从全国生态系统转移矩阵来看，10 年来，占主导趋势的主要是农田转换为城镇、森林和草地，分别为 4.31 万 km²、2.15 万 km² 与 1.35 万 km²，另外，10 年中，草地被转换为农田的面积也较大，共 1.55 万 km²，灌丛与草地转换为森林的面积分别为 0.88 万 km² 和 0.80 万 km²（表 14.3）。

变化剧烈的区域集中在以下 3 类区域（图 14.2）。

**表 14.3 全国一级生态系统转移矩阵（2000—2010 年）**

| 2000 年 | 2010 年 | 转移面积/（万 km²） | 占总变化面积的比例/% | 2000 年 | 2010 年 | 转移面积/（万 km²） | 占总变化面积的比例/% |
|---|---|---|---|---|---|---|---|
| 农田 | 城镇 | 4.31 | 21.99 | 湿地 | 裸地 | 0.11 | 0.54 |
| 农田 | 森林 | 2.15 | 11.00 | 森林 | 湿地 | 0.09 | 0.46 |
| 草地 | 农田 | 1.55 | 7.93 | 裸地 | 农田 | 0.09 | 0.45 |
| 农田 | 草地 | 1.35 | 6.89 | 灌丛 | 湿地 | 0.09 | 0.45 |
| 湿地 | 农田 | 0.91 | 4.67 | 灌丛 | 荒漠 | 0.09 | 0.44 |
| 灌丛 | 森林 | 0.88 | 4.50 | 湿地 | 荒漠 | 0.09 | 0.44 |
| 灌丛 | 农田 | 0.82 | 4.19 | 森林 | 裸地 | 0.08 | 0.42 |
| 草地 | 森林 | 0.80 | 4.11 | 湿地 | 森林 | 0.08 | 0.42 |
| 农田 | 湿地 | 0.71 | 3.62 | 城镇 | 农田 | 0.08 | 0.41 |
| 森林 | 农田 | 0.54 | 2.78 | 裸地 | 荒漠 | 0.08 | 0.39 |
| 草地 | 湿地 | 0.51 | 2.61 | 森林 | 草地 | 0.07 | 0.34 |
| 草地 | 城镇 | 0.46 | 2.36 | 农田 | 裸地 | 0.05 | 0.27 |
| 农田 | 灌丛 | 0.40 | 2.06 | 灌丛 | 草地 | 0.05 | 0.25 |
| 湿地 | 草地 | 0.31 | 1.57 | 裸地 | 城镇 | 0.04 | 0.20 |
| 森林 | 城镇 | 0.31 | 1.57 | 城镇 | 湿地 | 0.04 | 0.20 |
| 湿地 | 城镇 | 0.29 | 1.47 | 草地 | 裸地 | 0.04 | 0.19 |
| 荒漠 | 草地 | 0.22 | 1.14 | 湿地 | 灌丛 | 0.03 | 0.16 |
| 裸地 | 湿地 | 0.21 | 1.09 | 城镇 | 森林 | 0.03 | 0.14 |
| 荒漠 | 湿地 | 0.21 | 1.06 | 农田 | 荒漠 | 0.02 | 0.11 |
| 草地 | 灌丛 | 0.19 | 0.95 | 裸地 | 灌丛 | 0.02 | 0.11 |
| 裸地 | 森林 | 0.18 | 0.92 | 荒漠 | 裸地 | 0.02 | 0.09 |
| 荒漠 | 农田 | 0.17 | 0.89 | 灌丛 | 裸地 | 0.01 | 0.06 |
| 草地 | 荒漠 | 0.15 | 0.78 | 城镇 | 草地 | 0.01 | 0.04 |
| 灌丛 | 城镇 | 0.15 | 0.76 | 城镇 | 灌丛 | 0.01 | 0.03 |
| 荒漠 | 灌丛 | 0.13 | 0.68 | 荒漠 | 森林 | 0.00 | 0.01 |
| 森林 | 灌丛 | 0.13 | 0.67 | 城镇 | 裸地 | 0.00 | 0.01 |
| 荒漠 | 城镇 | 0.11 | 0.56 | 城镇 | 荒漠 | 0.00 | 0.01 |
| 裸地 | 草地 | 0.11 | 0.55 | 森林 | 荒漠 | 0.00 | 0.00 |

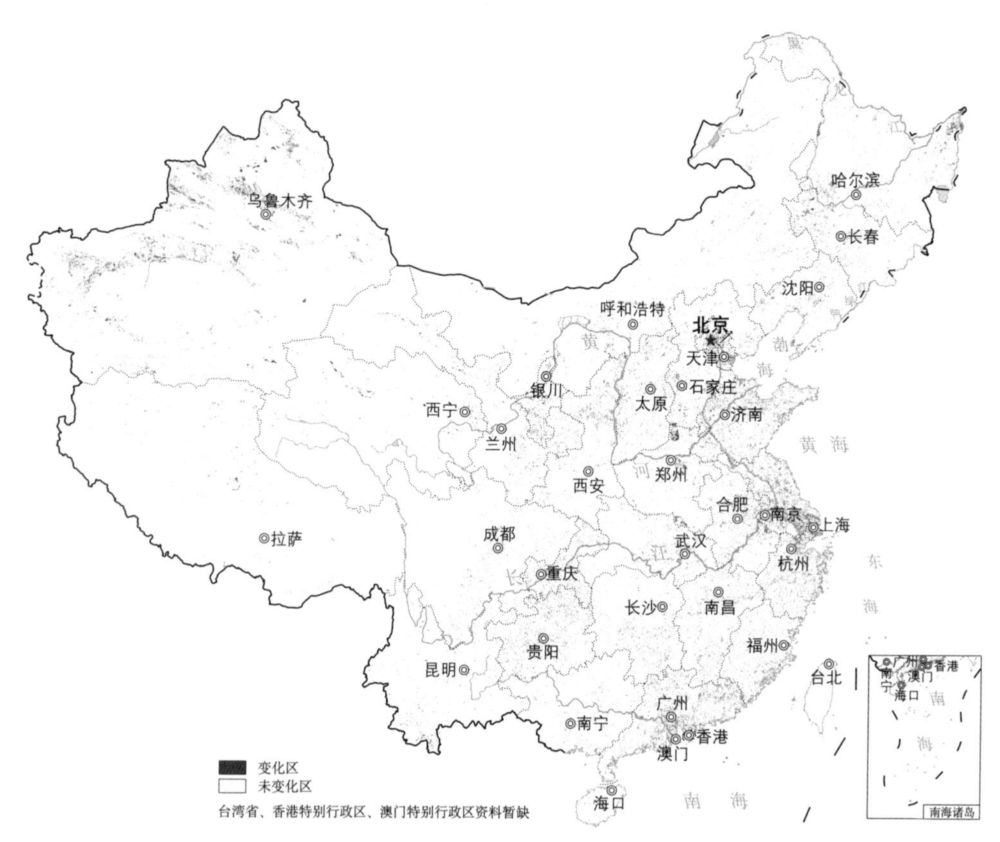


图 14.2　全国生态系统变化（2000—2010 年）（参见书末彩插）

一是城镇生态系统扩张区，主要分布在我国东部和中部地区，包括长江三角洲、京津冀、珠江三角洲、成渝地区、山东半岛、辽东半岛、福建沿海等城镇化发展较快的区域，以及河南中部、陕西关中地区和湖北武汉周边地区。

二是农田生态系统扩张区，主要分布在东北三江平原湿地区、新疆绿洲与甘肃中西部绿洲周边荒漠区、内蒙古大兴安岭草地区等区域。

三是森林、灌丛生态系统恢复区，主要分布在黄土高原、四川盆地周边、贵州、云南、重庆、辽宁西部、山西和内蒙古中部等退耕还林重点区域。

（2）不同类型生态系统格局的变化

① 森林生态系统变化

2000—2010 年，全国森林生态系统面积有所增加。森林生态系统面积由 187.92 万 $km^2$ 增加到 190.83 万 $km^2$，净增加了 2.91 万 $km^2$，森林生态系统面积比例由 19.86% 提高到 20.17%。由于退耕还林和灌丛生态系统演变，山西和陕西的黄土高原地区及贵州、浙江等省份森林面积增加明显。云南、广东、福建、海南等省份森林面积减少。

从不同的森林类型来看，仅有稀疏林生态系统减少，缩减幅度为 12.0%，其余各类森林面积均有增加。其他类型中面积增加量最大的为落叶阔叶林，10 年间共增加 1.72 万 $km^2$，增加率为 3.06%，其后依次为常绿针叶林、常绿阔叶林、针阔叶混交林、落叶针叶林生态系统（表 14.4）。

**表 14.4 10 年全国森林生态系统构成变化（2000—2010 年）**

| 森林类型 | 2000 年 | | 2010 年 | | 变化量 /（万 $km^2$） | 变化率 /% |
|---|---|---|---|---|---|---|
| | 面积 /（万 $km^2$） | 比例 /% | 面积 /（万 $km^2$） | 比例 /% | | |
| 常绿阔叶林 | 35.21 | 18.74 | 35.67 | 18.69 | 0.46 | 1.31 |
| 落叶阔叶林 | 56.24 | 29.93 | 57.96 | 30.37 | 1.72 | 3.06 |
| 常绿针叶林 | 75.58 | 40.22 | 76.27 | 39.97 | 0.69 | 0.91 |
| 落叶针叶林 | 10.85 | 5.77 | 10.90 | 5.71 | 0.05 | 0.46 |
| 针阔叶混交林 | 9.04 | 4.81 | 9.15 | 4.80 | 0.11 | 1.22 |
| 稀疏林 | 1.00 | 0.53 | 0.88 | 0.46 | –0.12 | –12.00 |

② 灌丛生态系统变化

2000—2010 年，灌丛生态系统面积减少。全国灌丛生态系统面积由 70.41 万 $km^2$ 减少到 69.23 万 $km^2$，净减少了 1.18 万 $km^2$，灌丛生态系统面积比例由 7.44% 减少到 7.32%。由于灌丛生态系统演替为森林生态系统，山西、北京等地灌丛面积明显减少；新疆等地由于农田开垦灌丛面积减少也很明显。灌丛生态系统各类型全部缩减。面积下降幅度最大的是稀疏灌丛生态系统，10 年缩减 0.61 万 $km^2$，下降幅度为 5.37%。其后依次为常绿阔叶灌丛、落叶阔叶灌丛和常绿针叶灌丛（表 14.5）。

**表 14.5 全国灌丛生态系统构成变化（2000—2010 年）**

| 灌丛类型 | 2000 年 | | 2010 年 | | 变化量 /$km^2$ | 变化率 /% |
|---|---|---|---|---|---|---|
| | 面积 /（万 $km^2$） | 比例 /% | 面积 /（万 $km^2$） | 比例 /% | | |
| 常绿阔叶灌丛 | 17.95 | 25.49 | 17.66 | 25.51 | –0.29 | –1.62 |
| 落叶阔叶灌丛 | 40.06 | 56.89 | 39.81 | 57.51 | –0.25 | –0.62 |
| 常绿针叶灌丛 | 1.05 | 1.49 | 1.02 | 1.48 | –0.03 | –2.86 |
| 稀疏灌丛 | 11.35 | 16.12 | 10.74 | 15.51 | –0.61 | –5.37 |

③ 草地生态系统变化

2000—2010 年间，草地生态系统面积减少。草地生态系统包括草原、草甸、草丛与稀疏草地。10 年间，草地生态系统总面积净减少 1.60 万 $km^2$，下降了 0.56%。其中，草甸、草丛与稀疏草地生态系统面积减少，草原生态系统面积有所增加。草地生态系统面积减少主要出现在我国东北平原西部、新疆绿洲周边地区、内蒙古、西藏等地区。局部地区由于退耕还草和生态恢复，草地生态系统面积有所增加，主要分布在陕西北部、甘肃、贵州、青海等省份。

四类草地生态系统中仅有草原生态系统面积增加，10 年内总面积增加了 0.11 万 $km^2$。其余各类草地面积都有不同程度的下降，稀疏草地下降面积最大，草甸与草丛下降面积相对较小（表 14.6）。

**表 14.6 全国草地生态系统构成变化（2000—2010 年）**

| 草地类型 | 2000 年 | | 2010 年 | | 变化量 /（万 $km^2$） | 变化率 /% |
|---|---|---|---|---|---|---|
| | 面积 /（万 $km^2$） | 比例 /% | 面积 /（万 $km^2$） | 比例 /% | | |
| 草甸 | 41.44 | 14.52 | 41.24 | 14.54 | −0.20 | −0.48 |
| 草原 | 125.50 | 43.99 | 125.61 | 44.28 | 0.11 | 0.09 |
| 草丛 | 17.79 | 6.23 | 17.53 | 6.18 | −0.26 | −1.46 |
| 稀疏草地 | 100.56 | 35.25 | 99.31 | 35.01 | −1.25 | −1.24 |

④ 湿地生态系统变化

2000—2010 年，湿地生态系统面积有所增加。湿地生态系统变化区域差异明显，湖泊湿地生态系统面积增加，沼泽湿地生态系统面积减少。

湖泊湿地生态系统面积增加了 3663.6 $km^2$，其中，人工水库面积增加了 1753.6 $km^2$，湖泊面积增加了 1910 $km^2$。内蒙古、江苏、广东、浙江等 12 个省份湖泊面积减少，共减少了 2578 $km^2$。西藏、新疆、青海等西部省份湖泊面积增加明显，共增加了 6241.6 $km^2$。青藏高原和新疆湖泊面积增加是气温升高、冰川融化所导致，生态风险大，值得关注。

10 年间，沼泽湿地面积减少 4801$km^2$，主要集中在大兴安岭湿地、黑龙江三江平原湿地、环渤海与江苏沿海湿地等区域。

从不同湿地类型来看，沼泽湿地中，森林、灌丛沼泽两类略有增加，但草本沼泽缩减明显，幅度达到 3.36%。四类水域生态系统面积全部增加。面积增加最大的为湖泊，增加 0.19 万 $km^2$，幅度最大的为运河 / 水渠，10 年间共增加 3.98%，其后依次为水库 / 坑塘、河流和湖泊生态系统（表 14.7）。

**表 14.7 全国湿地生态系统构成变化（2000—2010 年）**

| 湿地类型 | 2000 年 | | 2010 年 | | 变化量 /$km^2$ | 变化率 /% |
|---|---|---|---|---|---|---|
| | 面积 /（万 $km^2$） | 比例 /% | 面积 /（万 $km^2$） | 比例 /% | | |
| 森林沼泽 | 0.15 | 0.41 | 0.15 | 0.41 | 0.00 | 0.64 |
| 灌丛沼泽 | 0.62 | 1.74 | 0.63 | 1.77 | 0.01 | 1.99 |
| 草本沼泽 | 14.89 | 41.86 | 14.39 | 40.41 | −0.50 | −3.36 |
| 湖泊 | 8.24 | 23.17 | 8.43 | 23.68 | 0.19 | 2.31 |
| 水库 / 坑塘 | 5.32 | 14.96 | 5.49 | 15.41 | 0.17 | 3.13 |
| 河流 | 6.08 | 17.09 | 6.24 | 17.52 | 0.16 | 2.63 |
| 运河 / 水渠 | 0.27 | 0.77 | 0.28 | 0.80 | 0.01 | 3.98 |

整体来看，10 年来我国蒙新湖区的湖泊（博斯腾湖、呼伦湖）及淮河中下游的洪泽湖则呈现出持续萎缩的趋势；而青藏高原区的湖泊（色林错、纳木错、青海湖）表现为持续扩张的状态；长江中下游的湖泊（鄱阳湖、洞庭湖、太湖、巢湖）变化量和变化幅度较小，处于相对稳定的状态。

⑤ 农田生态系统变化

2000—2010 年间，农田生态系统面积减少。由于城镇化、退耕还林还草等原因，10 年间全国农田生态系统面积净减少 4.83 万 $km^2$，减少了 2.59%，在长江三角洲、京津冀都市圈、成渝与武汉等城镇化发展较快的区域，大量优质耕地被侵占。

部分区域农田生态系统面积增加，主要原因是：黑龙江三江平原、新疆绿洲周边地区和东部沿海湿地的农业开发，云南南部、海南等热带地区热作园及橡胶林的迅速扩张。

不同类型的农田生态系统中，耕地总面积减少，其中，水田缩减幅度大于旱地生态系统，10 年间缩减幅度分别为 3.48% 和 3.25%。园地中乔木园地的增加幅度大于灌木园地，增加幅度分别为 21.32% 和 7.35%（表 14.8）。

**表 14.8 全国农田生态系统构成变化（2000—2010 年）**

| 农田类型 | 2000 年 | | 2010 年 | | 变化量 /（万 $km^2$） | 变化率 /% |
|---|---|---|---|---|---|---|
| | 面积 /（万 $km^2$） | 比例 /% | 面积 /（万 $km^2$） | 比例 /% | | |
| 水田 | 40.63 | 21.79 | 39.21 | 21.59 | –1.41 | –3.48 |
| 旱地 | 138.46 | 74.27 | 133.95 | 73.76 | –4.51 | –3.25 |
| 乔木园地 | 3.99 | 2.14 | 4.84 | 2.67 | 0.85 | 21.32 |
| 灌木园地 | 3.34 | 1.79 | 3.59 | 1.98 | 0.25 | 7.35 |

⑥ 城镇生态系统变化

2000—2010 年，城镇生态系统面积扩张迅速。城镇面积从 19.91 万 $km^2$ 增加到 25.41 万 $km^2$，增加了 27.62%。全国城镇化区域发展不平衡，东部、中部、西部地区城镇面积分别占全国城镇面积的 48.9%、38.1% 和 13%。但西部地区城镇面积增长速度最快，增长比例为 33.2%，高于全国平均水平。城镇迅速扩张途径主要是侵占农田生态系统，大量耕地被用于工厂或居住区的建设，“好地盖房、坏地种粮”的现象在全国各地普遍存在。京津冀都市圈、长江三角洲、珠江三角洲、成渝、辽东南等 23 个主要城市群，10 年间占用农田生态系统面积为 2.97 万 $km^2$，其中，长江三角洲地区占用农田生态系统面积为 0.81 万 $km^2$。

不同的城镇生态系统中，增加面积最大的为居住地，10 年间增加 3.98 万 $km^2$，而增加幅度最大的是工业用地，达到 85.31%。其后依次为采矿场、草本绿地、乔木绿地、交通用地、居住地、灌木绿地（表 14.9）。

表 14.9 全国城镇生态系统构成变化（2000—2010年）

| 城镇类型 | 2000年 | | 2010年 | | 变化量/（万 $km^2$） | 变化率/% |
|---|---|---|---|---|---|---|
| | 面积/（万 $km^2$） | 比例/% | 面积/（万 $km^2$） | 比例/% | | |
| 居住地 | 17.15 | 86.15 | 21.14 | 83.17 | 3.98 | 23.21 |
| 乔木绿地 | 0.15 | 0.78 | 0.22 | 0.88 | 0.07 | 44.76 |
| 灌木绿地 | 0.02 | 0.09 | 0.02 | 0.08 | 0.00 | 12.17 |
| 草本绿地 | 0.06 | 0.32 | 0.11 | 0.42 | 0.04 | 69.19 |
| 工业用地 | 0.82 | 4.10 | 1.51 | 5.95 | 0.70 | 85.31 |
| 交通用地 | 1.45 | 7.27 | 1.97 | 7.74 | 0.52 | 35.92 |
| 采矿场 | 0.26 | 1.31 | 0.45 | 1.76 | 0.19 | 71.76 |

# 14.2 生态系统质量与变化

全国森林、灌丛、草地、湿地生态系统质量低下。2010年，优和良等级森林、灌丛、草地生态系统面积比例仅为20.6%、18.7%和17.5%。与2000年比较，全国森林、灌丛、草地生态系统质量得到改善。

## 14.2.1 全国森林生态系统质量及变化

全国森林生态系统质量整体较低。基于生物量密度指数评价森林生态系统质量（肖洋等，2016），优等级森林生态系统面积仅占森林总面积的5.8%，良等级的为14.8%，低等与差等级的比例为44.1%（表14.10）。森林生态系统质量较高的区域主要分布在大兴安岭、小兴安岭、秦巴山地、横断山区、南岭、武夷山区、海南中南部山区等。森林生态系统质量较差的区域主要分布在华北、青海东部、新疆西南等地区（图14.3）。

表 14.10 全国森林生态系统质量等级（2010年）

| 质量等级 | 评价标准/% | 面积/（万 $km^2$） | 面积比例/% |
|---|---|---|---|
| 优 | RBD ≥ 85 | 11.31 | 5.8 |
| 良 | 70 ≤ RBD<85 | 29.03 | 14.8 |
| 中 | 50 ≤ RBD<70 | 69.38 | 35.4 |
| 低 | 25 ≤ RBD<50 | 53.56 | 27.3 |
| 差 | RBD<25 | 32.89 | 16.8 |

注：RBD（生物量密度指数）是指评价单元的生物量与所在生态区原始天然林生物量的比值。下同。

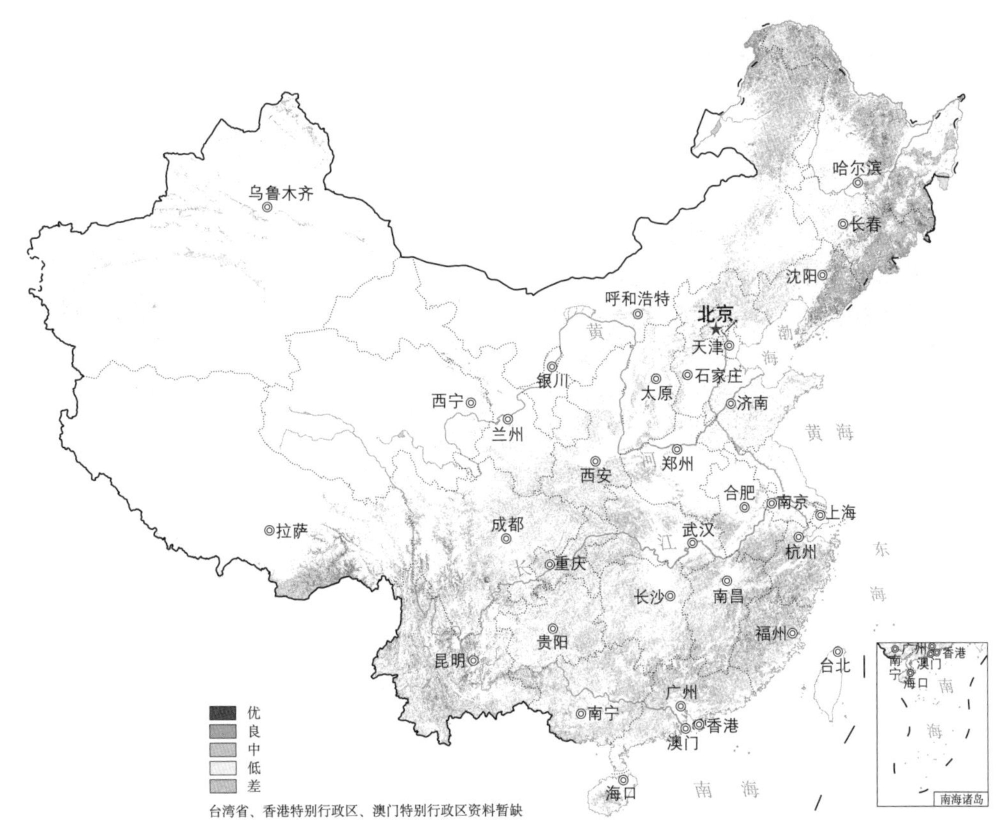


图 14.3 全国森林生态系统质量空间特征（参见书末彩插）

10 年间，全国森林生态系统质量总体得到提高。森林单位面积平均生物量呈上升趋势，72.3% 的森林生物量有不同程度地提高，17.6% 的森林生物量有所下降。中等级质量森林生态系统面积提升比例最大，提高了 7.9 个百分点，良等级的提高了 3.9 个百分点，优等级的仅提高 0.4 个百分点（表 14.11）。小兴安岭、长白山、太行山、南岭、横断山脉和西南地区森林生态系统得到明显恢复。大兴安岭地区、汶川地震重灾区、云南东南部等地区的森林生态系统质量发生退化（图 14.3）。

**表 14.11 全国森林生态系统质量等级变化**

| 质量等级 | 2000 年比例 /% | 2010 年比例 /% | 比例变化 /% |
|---|---|---|---|
| 优 | 5.4 | 5.8 | 0.4 |
| 良 | 10.9 | 14.8 | 3.9 |
| 中 | 27.5 | 35.4 | 7.9 |
| 低 | 35.4 | 27.3 | –8.1 |
| 差 | 20.8 | 16.8 | –4.0 |

从省域来看，优、良等级森林生态系统面积较大的省份有黑龙江、吉林、四川、福建、西藏、江西、浙江、云南。西北地区的青海与新疆，森林面积较少，但优、良等级森林生态系统面积比例高。

山东、山西、北京、天津、河北等的森林生态系统质量普遍较低。

10 年间大多数省份的森林生态系统质量得到改善，其中，辽宁、浙江、云南等优等级森林生态系统面积比例增加幅度较大。

## 14.2.2 灌丛生态系统质量及变化

全国灌丛生态系统质量整体较低。基于生物量密度指数评价灌丛生态系统质量，2010 年，质量为优等级灌丛生态系统面积占灌丛总面积的 11.6%，良等级占 7.1%，低等与差等级占 61.0%（表 14.12）。青藏高原的东部与东南部，西北地区以及云贵高原的高海拔地区原生灌丛生态系统质量较高（图 14.4）。

表 14.12 全国灌丛生态系统质量等级（2010 年）

| 质量等级 | 评价标准 /% | 面积 /（万 $km^2$） | 面积比例 /% |
|---|---|---|---|
| 优 | RBD ≥ 85 | 8.56 | 11.6 |
| 良 | 70 ≤ RBD<85 | 5.24 | 7.1 |
| 中 | 50 ≤ RBD<70 | 15.09 | 20.3 |
| 低 | 25 ≤ RBD<50 | 16.03 | 21.6 |
| 差 | RBD<25 | 29.22 | 39.4 |

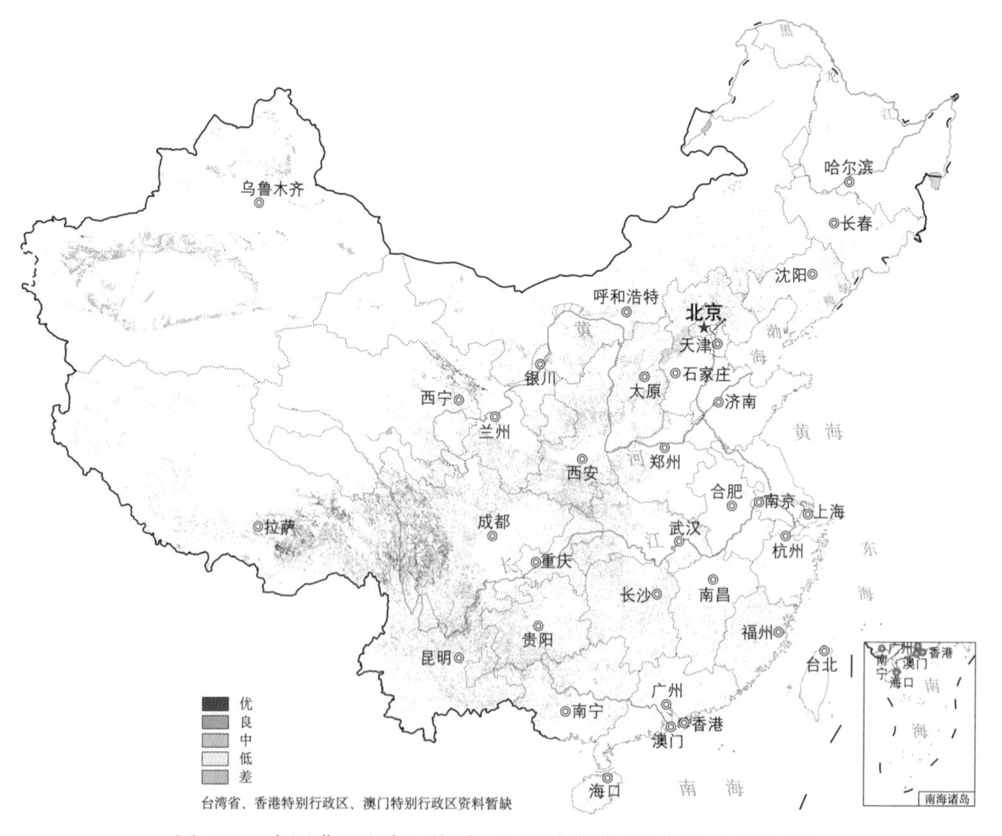


图 14.4 全国灌丛生态系统质量空间分布特征（参见书末彩插）

10 年间,全国灌丛生态系统质量总体得到改善。灌丛的单位面积平均生物量呈上升趋势,53.1% 的灌丛生物量有不同程度的提高,14.3% 的灌丛生物量有所下降。灌丛生态系统质量为优等级的比例从 10.3% 提高到 11.6%(表 14.13)。太行山和四川、贵州灌丛生态系统得到明显恢复,大兴安岭地区、青藏高原南部和东部部分地区的灌丛生态系统质量下降。

**表 14.13 全国灌丛生态系统质量等级变化**

| 质量等级 | 2000 年比例 /% | 2010 年比例 /% | 比例变化 /% |
| --- | --- | --- | --- |
| 优 | 10.3 | 11.6 | 1.3 |
| 良 | 5.7 | 7.1 | 1.4 |
| 中 | 17.2 | 20.3 | 3.1 |
| 低 | 23.2 | 21.6 | –1.6 |
| 差 | 43.6 | 39.4 | –4.2 |

从省域来看,四川、西藏、贵州、云南等的灌丛生态系统优和良等级比例较高。湖南、山西、陕西等中部与南部地区的省份,灌丛生态系统面积较大,但质量较低。10 年间,大部分省份灌丛生态系统质量得到改善。新疆、四川、西藏等优等级灌丛生态系统面积增加较大,辽宁、湖北等优等级灌丛生态系统面积减少较多。

### 14.2.3 草地生态系统质量及变化

全国草地生态系统质量整体较低。基于植被覆盖度评估草地生态系统质量,2010 年,优等级草地生态系统面积仅占草地总面积的 5.5%,良等级的比例为 12.0%,低等与差等级为 68.2%(表 14.14)。质量较高的草地生态系统主要分布在内蒙古东部、青藏高原东南部、横断山区、新疆伊犁、云贵高原的部分地区。质量较差的草地生态系统主要分布在内蒙古中部、青藏高原西部、新疆天山南部和四川西北部等地区(图 14.5)。

**表 14.14 全国草地生态系统质量等级(2010 年)**

| 质量等级 | 评价标准 /% | 面积 /(万 $km^2$) | 面积比例 /% |
| --- | --- | --- | --- |
| 优 | $C \geqslant 85$ | 15.84 | 5.5 |
| 良 | $70 \leqslant C<85$ | 34.62 | 12.0 |
| 中 | $50 \leqslant C<70$ | 41.37 | 14.3 |
| 低 | $25 \leqslant C<50$ | 65.77 | 22.7 |
| 差 | $C<25$ | 131.52 | 45.5 |

注:$C$(植被覆盖指数)是指评价单元植被覆盖度。下同。

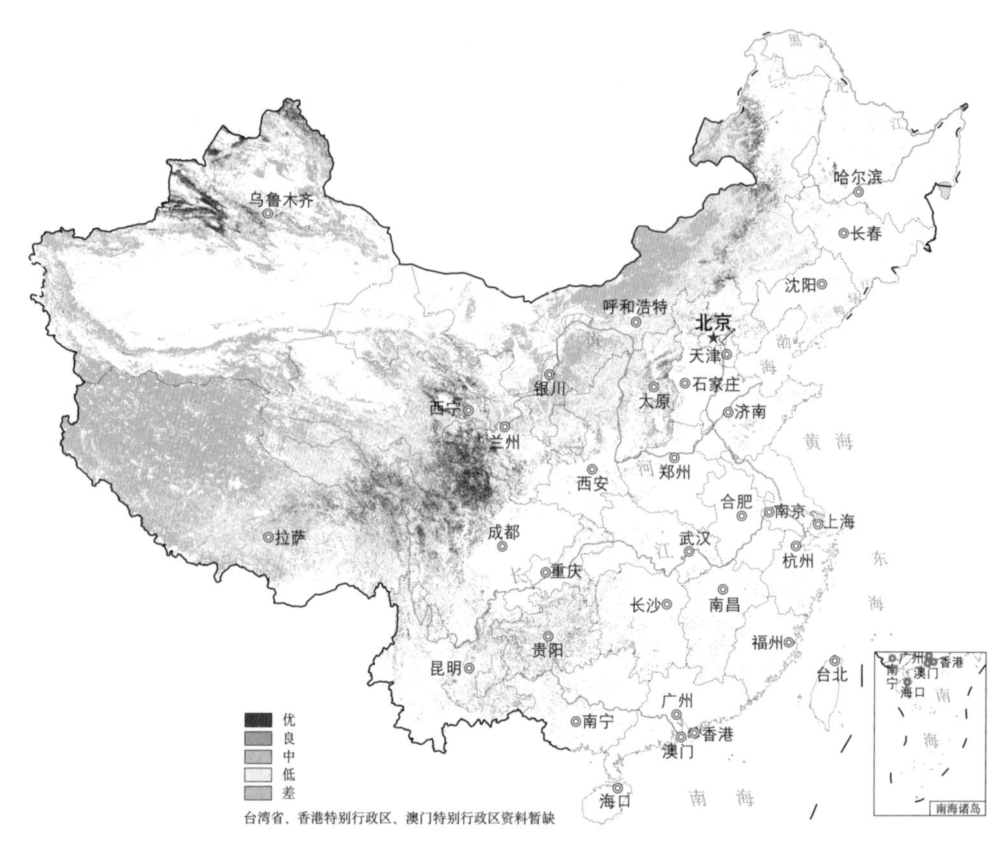


图 14.5　全国草地生态系统质量空间分布特征（参见书末彩插）

10 年间，全国草地生态系统质量得到改善。50.3% 的草地生态系统质量得到不同程度的提高，34.7% 的草地生态系统质量下降。质量为优等级的草地生态系统面积比例由 4.3% 增加到 5.5%，低等和差等级的比例从 70.9% 下降到 68.2%（表 14.15），黄土高原地区、三江源地区草地生态系统质量明显改善。质量下降的草地生态系统主要分布在内蒙古中部、青藏高原西部、新疆天山南部、四川西北部等地区。

**表 14.15　全国草地生态系统质量等级变化**

| 质量等级 | 2000 年比例 /% | 2010 年比例 /% | 比例变化 /% |
| --- | --- | --- | --- |
| 优 | 4.3 | 5.5 | 1.2 |
| 良 | 11.4 | 12.0 | 0.6 |
| 中 | 13.4 | 14.3 | 0.9 |
| 低 | 22.4 | 22.7 | 0.3 |
| 差 | 48.5 | 45.5 | –3.0 |

从省域来看，草地生态系统面积较大的 6 个省份中，四川优等级草地生态系统面积比例较大，甘肃与青海次之，内蒙古、新疆、西藏草地生态系统质量低。2010 年，四川省优等级草

地生态系统面积比例为26.6%，甘肃、青海分别为10.2%与6.5%，内蒙古、新疆与西藏均低于3.0%。

10年间，四川、甘肃与青海草地生态系统质量得到改善，优等级草地生态系统面积比例分别增加了6.1、4.6与3.2个百分点。内蒙古、新疆与西藏优等级草地生态系统面积比例分别降低了0.5、0.4与0.1个百分点。

### 14.2.4 湖泊湿地生态系统质量及变化

为了全面了解我国湖库的营养水平，本节选取我国26个国控重点湖库，包括12个大型淡水湖、5个城市内湖、9个大型水库。通过收集和整理分析水质监测资料，分析各湖泊与水库2000—2010年的营养变化状况，明确水质不断恶化及水质改善的湖库。

目前，我国的主要湖库都不同程度地受到了富营养化作用的影响。2010年，在调查的26个重点湖库中，富营养化的湖库有14个，占评价湖库总数的53.8%，其中，重度富营养化的1个，占3.8%；中度富营养化的2个，占7.7%；轻度富营养化的11个，占42.3%；其他均为中营养，共12个，占46.2%，在所调查的湖库中无贫营养型（表14.16）。

**表14.16 我国重点湖库富营养化分级（2010年）**

| 等级 | 综合指数 | 湖库名称 |
| --- | --- | --- |
| 重度富营养化 | TLI（Σ）>70 | 滇池（草海） |
| 中度富营养化 | 60<TLI（Σ）≤70 | 达赉湖，白洋淀 |
| 轻度富营养化 | 50<TLI（Σ）≤60 | 巢湖，太湖，洪泽湖，东湖，玄武湖，崂山水库，大明湖，鄱阳湖，西湖，南四湖，洞庭湖 |
| 中营养 | 30≤TLI（Σ）≤50 | 松花湖，昆明湖，于桥水库，董铺水库，大伙房水库，镜泊湖，洱海，博斯腾湖，门楼水库，密云水库，丹江口水库，千岛湖 |

10年来，我国湖泊富营养化水平呈现波动变化的趋势，富营养型湖库数量呈现先增加后减少的趋势，说明我国湖库富营养化状况有所改善；贫营养型湖库数量总体呈现减少的趋势，在统计的国家重点湖库中，2000年贫营养型湖库数量为2个，到2010年则减少为0，不存在贫营养型湖库；总体来说，我国湖库富营养化状况10年来虽然有所改善，但湖库富营养化水平整体较高，湖库富营养化问题依然突出。

## 14.3 生态系统服务功能与变化

10年间，我国生态系统土壤保持、防风固沙、洪水调蓄等服务功能有所改善，增幅分别为0.7%、15.8%、12.7%。水源涵养功能与固碳功能无明显变化，野生动、植物栖息地面积减少3.1%。

### 14.3.1 食物生产

一般以食物热量为基本指标评估食物生产功能（Ouyang et al.，2016）。2010年，全国生态系统食物生产总热量为2808.48万亿kcal，单位土地面积食物生产热量为2.97亿kcal·km$^{-2}$，人均单位食物生产热量为210.56万kcal/人。全国生态系统的食物生产重要性呈现东南高西北低的格局（图14.6和表14.17）。

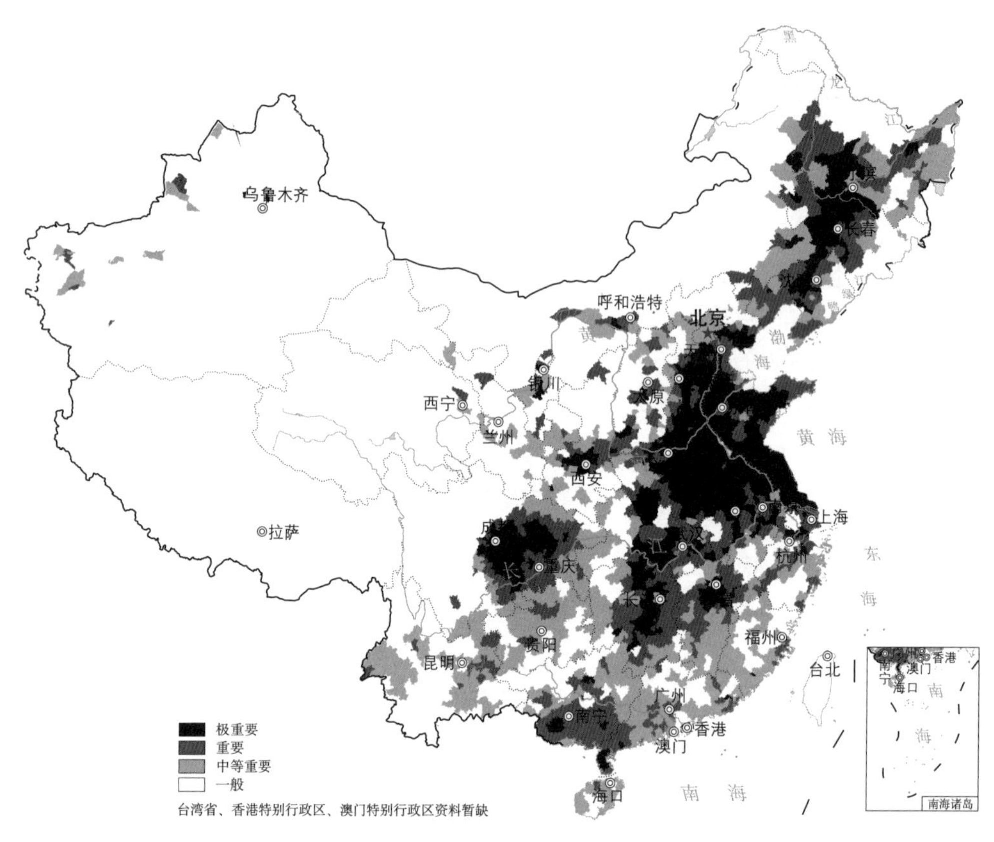


图14.6　全国各区县食物生产重要性分布图（2010年）（参见书末彩插）

**表14.17　全国生态系统食物生产功能重要性评价结果**

| 食物生产重要性 | 单位面积量/（亿kcal·km$^{-2}$） | 面积/（万km$^2$） | 面积比例/% |
|---|---|---|---|
| 极重要 | >10.73 | 80.86 | 8.54 |
| 重要 | 4.89～10.73 | 94.71 | 10.01 |
| 中等重要 | 2.41～4.89 | 121.74 | 12.86 |
| 一般 | <2.41 | 649.25 | 68.59 |

2010年，食物生产功能的极重要区域分布在东北平原、华北平原、长江中下游平原、四川盆地的东南部等，面积为80.86万km$^2$，占国土面积的8.54%。重要区域在极重要区域的外部呈圈层分布，与极重要区域地理位置毗邻，东北平原、华北平原、长江中下游平原、四川盆地东部、广西都有所分布，面积为94.71万km$^2$，占国土面积的10.01%。

2000—2010年，我国食物生产功能呈现整体增加趋势，从2000年的2027.35万亿kcal增加到 2010 年的 2808.48 万亿 kcal，10 年共增加了 781.13 万亿 kcal，增幅为 38.53%。

从单位土地量（单位土地面积食物生产热量）来看，10 年来也呈现稳步增加态势，从 2000 年的 2.14 亿 kcal · $km^{-2}$ 到 2010 年的 2.97 亿 kcal · $km^{-2}$，增加幅度为 38.79%。

从人均单位食物生产热量来看，10 年同样呈现稳步增加态势，从 2000 年的 160.61 万 kcal/ 人到 2010 年的 210.56 万 kcal/ 人，增幅为 31.10%。

从食物生产的重要性来看，极重要和重要区的面积均呈现持续增加的趋势，极重要区的面积从 2000 年的 79.66 万 $km^2$ 到 2010 年的 80.86 万 $km^2$，增幅为 1.51%。重要区的面积从 2000 年的 91.05 万 $km^2$ 增加至 2010 年的 94.71 万 $km^2$，增幅为 4.02%（表 14.18）。从 2000—2010 年变化的总体格局来看，我国食物生产功能大幅增强的地区主要分布在东北、华北平原区。

**表 14.18　全国食物生产功能重要性动态变化（2000—2010 年）**

| 重要性 | 面积 /（万 $km^2$） | | 变化量 /（万 $km^2$） | 变化幅度 /% |
|---|---|---|---|---|
| | 2000 年 | 2010 年 | | |
| 极重要 | 79.66 | 80.86 | 1.20 | 1.51 |
| 重要 | 91.05 | 94.71 | 3.66 | 4.02 |
| 中等重要 | 114.95 | 121.74 | 6.79 | 5.91 |
| 一般 | 660.91 | 649.25 | –11.66 | –1.76 |

## 14.3.2　水源涵养

采用水量平衡方程来计算水源涵养量（欧阳志云等，2017）。2010 年，全国生态系统水源涵养总量为 12224.33 亿 $m^3$，单位面积水源涵养量为 25.53 万 $m^3 \cdot km^{-2}$。各生态系统中，森林生态系统是我国生态系统水源涵养功能的主体，其水源涵养量为 7432.32 亿 $m^3$，约占全国水源涵养总量的 60.80%；草地、灌丛生态系统的水源涵养量分别为 1912.54 亿 $m^3$、1723.68 亿 $m^3$，各占总量的 15.65%、14.10%。从单位面积水源涵养量来看，水源涵养能力最强的是森林和园地，分别为 39.21 万 $m^3 \cdot km^{-2} \cdot$ 年 $^{-1}$ 和 46.79 万 $m^3 \cdot km^{-2} \cdot$ 年 $^{-1}$（表 14.19）。

**表 14.19　各类典型生态系统水源涵养功能状况**

| 生态系统 | 面积 | | 水源涵养能力 /（万 $m^3 \cdot km^{-2} \cdot$ 年 $^{-1}$） | 水源涵养总量 | |
|---|---|---|---|---|---|
| | 大小 /（万 $km^2$） | 占比 /% | | 大小 /（亿 $m^3$） | 占比 /% |
| 森林 | 189.56 | 39.59 | 39.21 | 7432.32 | 60.80 |
| 草地 | 183.74 | 38.37 | 10.41 | 1912.54 | 15.65 |
| 灌丛 | 69.08 | 14.43 | 24.95 | 1723.68 | 14.10 |
| 园地 | 8.25 | 1.72 | 46.79 | 385.99 | 3.16 |
| 湿地 | 28.22 | 5.89 | 27.28 | 769.80 | 6.30 |
| 合计 | 478.85 | 100.00 | 25.53 | 12224.33 | 100.00 |

2010 年森林生态系统的水源涵养总量为 7432.32 亿 $m^3$，其中，常绿针叶林生态系统水源涵养总量最多，为 3748.99 亿 $m^3$，其次是常绿阔叶林，为 2189.11 亿 $m^3$。落叶针叶林生态系统水源涵养总量较少，为 159.07 亿 $m^3$。从水源涵养的单位量来看，常绿阔叶林水源涵养能力最强，为 62.14 万 $m^3 \cdot km^{-2} \cdot$ 年 $^{-1}$（表 14.20）。

**表 14.20　森林生态系统水源涵养功能状况**

| 生态系统 | 面积 | | 水源涵养能力 | 水源涵养总量 | |
|---|---|---|---|---|---|
| | 大小 /（万 $km^2$） | 占比 /% | /（万 $m^3 \cdot km^{-2} \cdot$ 年 $^{-1}$） | 大小 /（亿 $m^3$） | 占比 /% |
| 常绿阔叶林 | 35.23 | 18.59 | 62.14 | 2189.11 | 29.45 |
| 落叶阔叶林 | 57.67 | 30.42 | 16.33 | 941.97 | 12.67 |
| 常绿针叶林 | 75.86 | 40.02 | 49.42 | 3748.99 | 50.44 |
| 落叶针叶林 | 10.82 | 5.71 | 14.70 | 159.07 | 2.14 |
| 针阔叶混交林 | 9.10 | 4.80 | 42.66 | 388.20 | 5.22 |
| 稀疏林 | 0.88 | 0.46 | 5.67 | 4.99 | 0.07 |
| 合计 | 189.56 | 100.00 | 39.21 | 7432.33 | 100.00 |

2010 年草地生态系统的水源涵养总量为 1912.54 亿 $m^3$。其中，温性典型草原生态系统水源涵养总量最高，为 525.42 亿 $m^3$，其次是高寒草原和热带亚热带草丛，分别为 519.38 亿 $m^3$ 和 463.51 亿 $m^3$。水源涵养总量最少的为温性草丛生态系统，为 57.98 亿 $m^3$。从水源涵养单位量来看，水源涵养能力最好的为热带亚热带草丛，为 44.57 万 $m^3 \cdot km^{-2} \cdot$ 年 $^{-1}$（表 14.21）。

**表 14.21　草地生态系统水源涵养功能状况**

| 生态系统 | 面积 | | 水源涵养能力 | 水源涵养总量 | |
|---|---|---|---|---|---|
| | 大小 /（万 $km^2$） | 占比 /% | /（万 $m^3 \cdot km^{-2} \cdot$ 年 $^{-1}$） | 大小 /（亿 $m^3$） | 占比 /% |
| 温性草甸草原 | 12.47 | 6.79 | 5.74 | 71.57 | 3.74 |
| 高寒草甸 | 28.57 | 15.55 | 9.61 | 274.68 | 14.36 |
| 温性典型草原 | 68.15 | 37.09 | 7.71 | 525.42 | 27.47 |
| 高寒草原 | 57.05 | 31.05 | 9.10 | 519.38 | 27.16 |
| 温性草丛 | 7.10 | 3.86 | 8.17 | 57.98 | 3.03 |
| 热带亚热带草丛 | 10.40 | 5.66 | 44.57 | 463.51 | 24.24 |
| 合计 | 183.74 | 100.00 | 10.41 | 1912.54 | 100.00 |

2010 年灌丛生态系统的水源涵养总量为 1723.68 亿 $m^3$，其中，常绿阔叶灌木林水源涵养总量最高，为 841.77 亿 $m^3$，其次是落叶阔叶灌木林，为 773.07 亿 $m^3$，水源涵养总量最少的为常绿针叶灌木林，为 29.76 亿 $m^3$。从水源涵养单位量来看，常绿阔叶灌木林的水源涵养能力最好，为 47.91 万 $m^3 \cdot km^{-2} \cdot$ 年 $^{-1}$（表 14.22）。

**表 14.22 灌丛生态系统水源涵养功能状况**

| 生态系统 | 面积 | | 水源涵养能力 /(万 $m^3$·$km^{-2}$·年$^{-1}$) | 水源涵养总量 | |
|---|---|---|---|---|---|
| | 大小 /(万 $km^2$) | 占比 /% | | 大小 /(亿 $m^3$) | 占比 /% |
| 常绿阔叶灌木林 | 17.57 | 25.43 | 47.91 | 841.77 | 48.84 |
| 落叶阔叶灌木林 | 39.77 | 57.57 | 19.44 | 773.07 | 44.85 |
| 常绿针叶灌木林 | 1.01 | 1.46 | 29.47 | 29.76 | 1.73 |
| 稀疏灌木林 | 10.73 | 15.53 | 7.37 | 79.08 | 4.59 |
| 合计 | 69.08 | 100.00 | 24.95 | 1723.68 | 100.00 |

按 2010 年各区水源涵养量的前 50%、50% ~ 75%、75% ~ 90% 和 90% ~ 100%,将水源涵养重要性划分为极重要、重要、中等重要和一般,得到全国生态系统水源涵养重要性空间分布格局(图 14.7)。

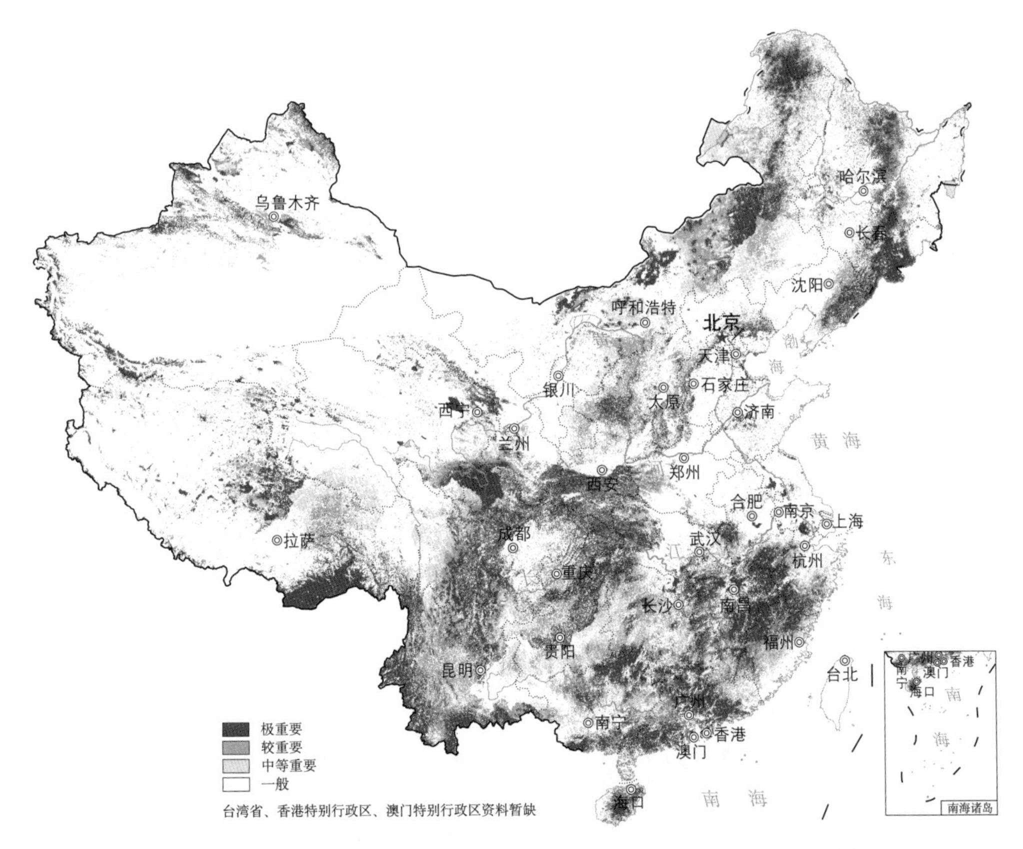


图 14.7 2010 年全国生态系统水源涵养重要性空间格局(参见书末彩插)

2010 年,我国生态系统水源涵养量极重要区面积为 143.39 万 $km^2$,约占全国国土总面积的 15.18%,主要分布在大兴安岭、小兴安岭、长白山、秦岭、大巴山、岷山、武夷山区、海南中部山区、藏东南等地；重要区面积为 101.58 万 $km^2$，约占全国国土总面积的 10.75%，；中等重要地区总面积约为 80.18 万 $km^2$，约占全国国土总面积的 8.48%（图 14.7 和表 14.23）。

**表 14.23　全国生态系统水源涵养重要性分布**

| 水源涵养重要性 | 面积 /（万 $km^2$） | 占国土面积比例 /% | 水源涵养量 /（亿 $m^3$） |
|---|---|---|---|
| 极重要 | 143.49 | 15.18 | 6486.57 |
| 重要 | 101.58 | 10.75 | 2977.70 |
| 中等重要 | 80.18 | 8.48 | 1695.13 |
| 一般 | 619.75 | 65.58 | 1062.85 |

2000—2010 年，我国生态系统水源涵养总量呈现增加的趋势。从 2000 年的 12130.78 亿 $m^3$ 增加到 2010 年的 12224.33 亿 $m^3$，10 年共增加 93.55 亿 $m^3$，增幅为 0.77%。

森林生态系统水源涵养总量呈现增加的趋势，从 2000 年的 7320.03 亿 $m^3$ 增加到 2010 年的 7432.32 亿 $m^3$，10 年内共增加 112.29 亿 $m^3$，增幅为 1.53%。

灌丛和草地生态系统的水源涵养总量呈现出减少的趋势。灌丛生态系统从 2000 年的 1751.99 亿 $m^3$ 减少到 2010 年的 1723.68 亿 $m^3$，10 年内共减少 28.31 亿 $m^3$，减幅为 1.62%；草地生态系统从 2000 年的 1931.57 亿 $m^3$ 减少到 2010 年的 1912.54 亿 $m^3$，10 年内共减少 19.03 亿 $m^3$，减幅为 0.99%（表 14.24）。

**表 14.24　全国水源涵养功能变化**

| 生态系统 | 水源涵养量 /（亿 $m^3$） | | 变化量 /（亿 $m^3$） | 变化率 /% |
|---|---|---|---|---|
| | 2000 年 | 2010 年 | | |
| 森林 | 7320.03 | 7432.32 | 112.29 | 1.53 |
| 灌丛 | 1751.99 | 1723.68 | −28.31 | −1.62 |
| 草地 | 1931.57 | 1912.54 | −19.03 | −0.99 |
| 合计 | 12130.78 | 12224.33 | 93.55 | 0.77 |

## 14.3.3　生物多样性保护

自然生态系统是野生动植物主要栖息地。本研究中，将自然生态系统分为森林、灌丛、草甸 / 草丛、草原、沼泽、水体 6 类。所有物种生境中，草原所占比重最大，面积为 2249124.6 $km^2$，占所有生境的 38.82%；其次是森林，面积为 1908317.3 $km^2$，占所有生境的 32.94%；灌丛和草甸的面积分别为 692315.5 $km^2$、587657.2 $km^2$。

研究中，我们选择重要保护物种作为全国生物多样性保护重要性评价指标。这些重要保护物种均为国家保护的濒危和受威胁物种，它们不仅体现了生物多样性的价值，也反映了人类活动和气候变化对物种的威胁。共选定 2820 种物种作为重要保护物种，其中，植物 2151 种，哺乳动物 182 种，鸟类 273 种，两栖类 64 种，爬行类 150 种（表 14.25）。

**表 14.25 重要保护物种类别**

| 类别 | 植物 | 哺乳类 | 鸟类 | 两栖类 | 爬行类 | 合计 |
|---|---|---|---|---|---|---|
| 中国特有并濒危 | 389 | 19 | 3 | 6 | 8 | 425 |
| 中国特有并受威胁 | 305 | 39 | 13 | 1 | 16 | 374 |
| 绝大多数种群分布在中国，并濒危 | 421 | 38 | 36 | 31 | 39 | 565 |
| 绝大多数种群分布在中国，并受威胁 | 658 | 16 | 48 | 2 | 1 | 725 |
| 其他具有特殊意义的动、植物物种 | 378 | 70 | 173 | 24 | 86 | 731 |
| 合计 | 2151 | 182 | 273 | 64 | 150 | 2820 |

重要保护哺乳类物种主要分布在华南、华东的部分地区和西南的大部分地区，特有种集中分布在青藏高原、秦岭、大娄山、南岭、黄山、武夷山和尖峰岭。而哺乳类濒危种分布范围遍布全国，集中分布在青藏高原和藏南地区。从物种丰富度格局来看(图 14.8)，哺乳类大范围分布在新疆、青海、西藏、内蒙古、四川等，但丰富度较高的地区为西北地区的昆仑山、阿尔金山、祁连山、秦岭中部以及青海全省和藏南地区，西南地区的岷山、邛崃山、横断山中部，华南地区的黔桂交界山地、南岭和华东地区的黄山、武夷山中部和北部。

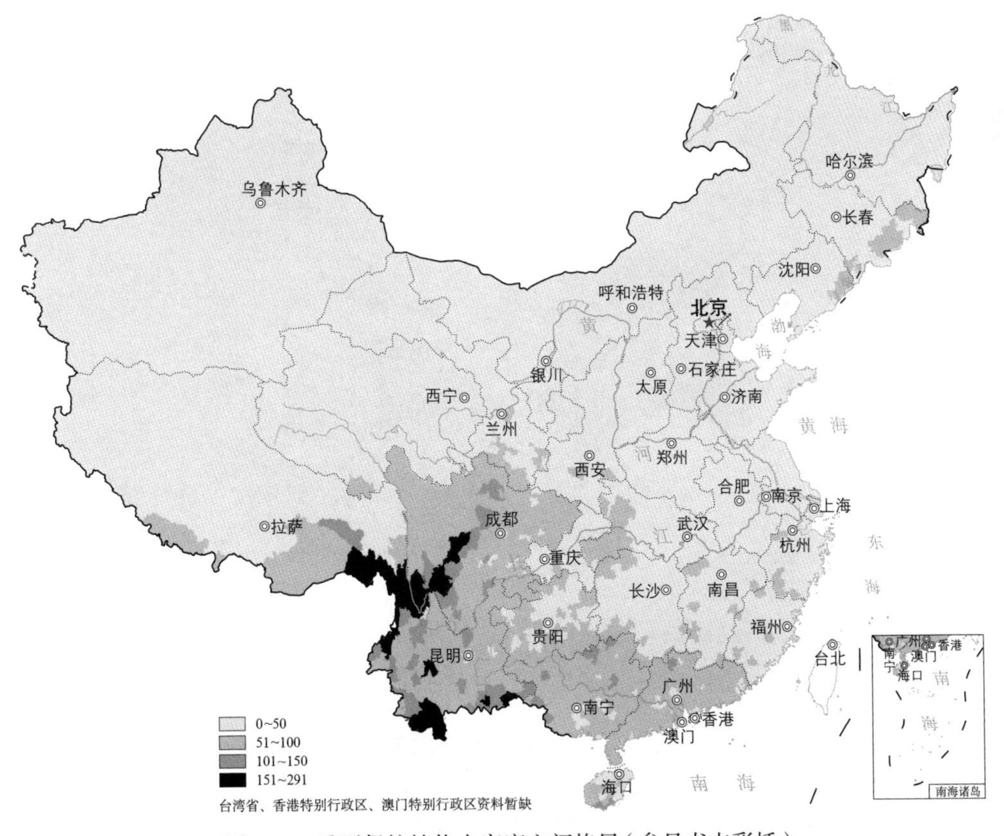


图 14.8 重要保护植物丰富度空间格局(参见书末彩插)

采用基于Marxan软件的系统保护规划方法来分析确定全国生物多样性保护重要性空间格局(Game and Grantham, 2008;张路等, 2015)。某单元被迭代计算选中的次数越多,保护功能的不可替代性就越高,其保护价值也越高。研究进行100次迭代计算,则每个单元被选中的次数在0~100。生物多样性保护重要性按不可替代性指数划分为4个等级:0为一般区域,1~20为中等重要区,21~70为重要区,71~100和国家级保护区为极重要区。

我国生物多样性保护极重要地区总面积为168.52万$km^2$(图14.9),约占全国国土面积的17.7%,主要分布在我国二、三级阶梯过渡带上,最北端为甘肃河西走廊南面始,经祁连山、青海东部、川西高原直到滇西北,并向西延伸至喜马拉雅山东部。该区既包括祁连山、横断山脉等大面积物种丰富的森林生境,也包括可可西里的高寒草原草甸生境和藏东南大面积的高山草甸,同时还包括川西地区若尔盖大面积的沼泽湿地,新疆北部和西部的阿尔泰山和西天山地区;甘南草原及岷山;云南南部西双版纳热带雨林区;华中到华南过渡的南岭山区;湖北神农架及向南的武陵山区;海南岛中部山区;秦岭—伏牛山区;锡林郭勒草原区;江苏东部及上海崇明岛周边湿地区;东北长白山区、大兴安岭和松嫩平原及三江平原湿地。

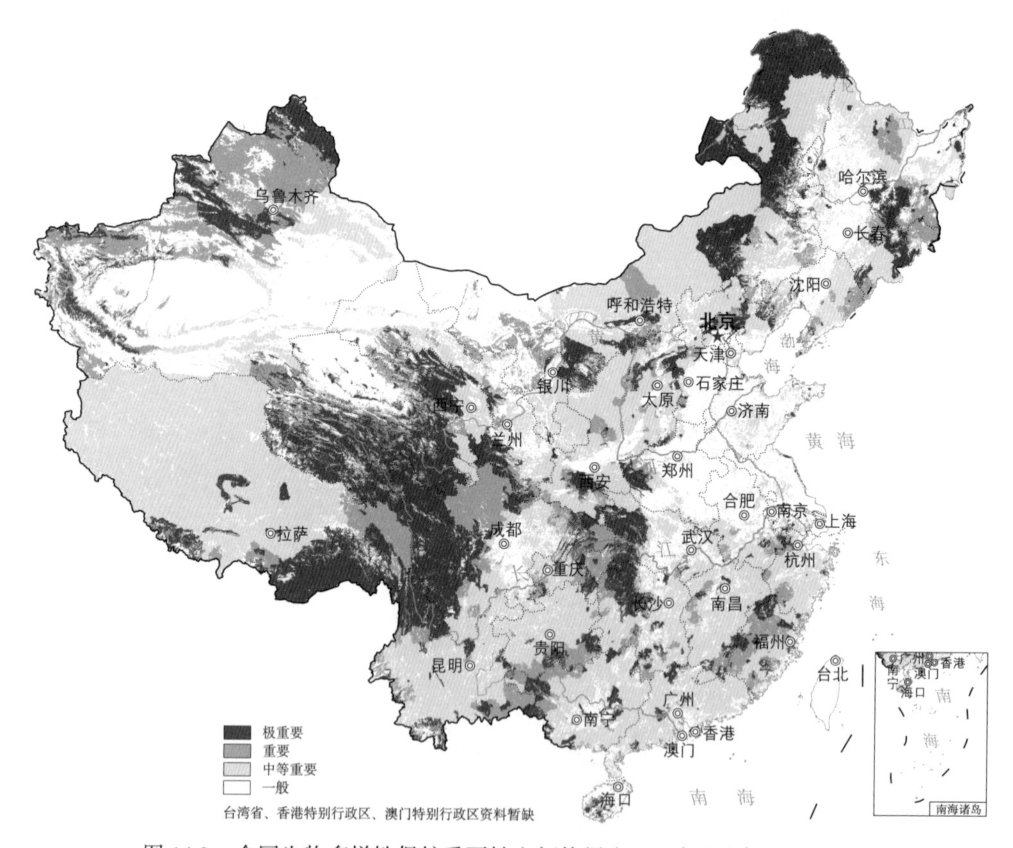


图14.9　全国生物多样性保护重要性空间格局(2010年)(参见书末彩插)

重要地区总面积119.30万$km^2$,约占国土面积的12.56%,主要分布在秦岭西部及甘肃陇南、广西十万大山地区、海南岛东北部文昌、海口地区、福建武夷山、安徽大别山区、吕梁山地、燕山、黄河下游湿地、东北小兴安岭等。中等重要地区总面积约144.00万$km^2$,约占国土面积的

30.58%,多处于重要区和极重要区附近,或是不同重要区之间的连接地带及大型山系的余脉,主要分布在阿尔泰山和天山的连接地带,包括伊利阿克苏地区、西藏南部雅鲁藏布江河谷、羌塘地区大面积的高寒草原、东部昌都地区、桂西黔南的石灰岩地区、祁连山东端与西鄂尔多斯—阴山交界区、黄山—怀玉山区、武夷山南端、燕山山脉、辽宁东部本溪老秃顶子及周边林区等。这些区域的主要特点是植被或其他类型自然生境质量良好,从生境条件上来说比较适合生物多样性的保育,多由于人为干扰大或生态系统自然属性特征不同,导致其物种丰富度及生物多样性保护重要性稍逊于极重要区和重要区,但这些区域可能特别适合某些珍稀濒危物种的生境需求,或作为潜在生境,因此,中等重要区同样具有重要的保护意义(表 14.26)。

**表 14.26 全国生态系统生物多样性保护重要性分布** (单位:万 $km^2$)

| 生态系统类型 | 一般区域 | 中等重要 | 重要 | 极重要 | 合计 |
|---|---|---|---|---|---|
| 森林生境 | 68.77 | 29.75 | 30.24 | 61.89 | 190.65 |
| 灌丛生境 | 17.84 | 12.63 | 17.40 | 21.34 | 69.21 |
| 草甸生境 | 10.33 | 12.41 | 8.68 | 27.32 | 58.74 |
| 草原生境 | 37.28 | 82.12 | 60.78 | 44.64 | 224.82 |
| 沼泽生境 | 4.64 | 2.23 | 0.84 | 7.32 | 15.03 |
| 水域生境 | 7.64 | 4.86 | 1.36 | 6.01 | 19.87 |
| 合计 | 146.50 | 144.00 | 119.30 | 168.52 | 578.31 |
| 比例 | 25.33 | 24.90 | 20.63 | 29.14 | 100.00 |

2000—2010 年,物种的 6 类自然生境中,面积增加的生境只有水体,水体增加了 5378.90 $km^2$,增加比例为 2.70%。天然林减少面积最多,10 年共减少 134219.10 $km^2$,减少比例达 9.95%,灌丛、草甸、草原和沼泽生态系统总面积均有所下降,灌丛面积减少了 11731.10 $km^2$,下降比例为 1.67%;其次是草甸,面积减少 4554.60 $km^2$,下降比例为 0.77%,草原面积减少 11397.10 $km^2$,下降比例为 0.5%,沼泽面积减少 4800.60 $km^2$,下降比例为 3.07%(图 14.10)。

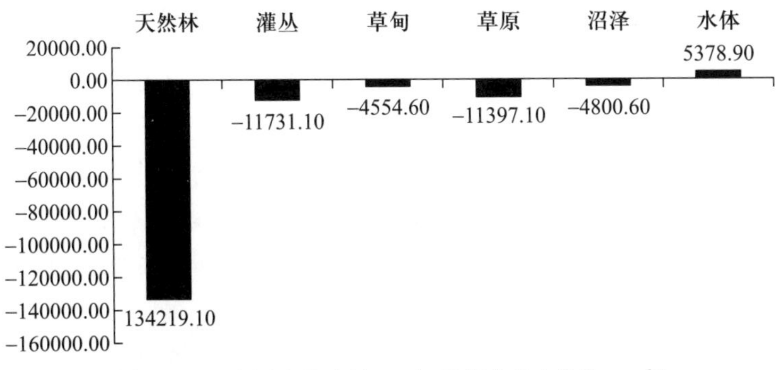


图 14.10 全国自然生境 10 年面积变化(单位:$km^2$)

## 14.3.4　土壤保持

以通用土壤流失方程为基础评估土壤保持功能(Wischmeier and Smith, 1978; Rao et al., 2014)。2010 年,全国生态系统土壤保持总量为 1979.62 亿 t,单位面积土壤保持量为 208.88 t·hm$^{-2}$·年$^{-1}$,大体呈东南高西北低的分布格局。土壤保持强度较高的区域主要位于环四川盆地丘陵区、南岭山脉、罗霄山脉、武夷山脉、浙闽丘陵、皖南山区和海南中部山区(图 14.11)。

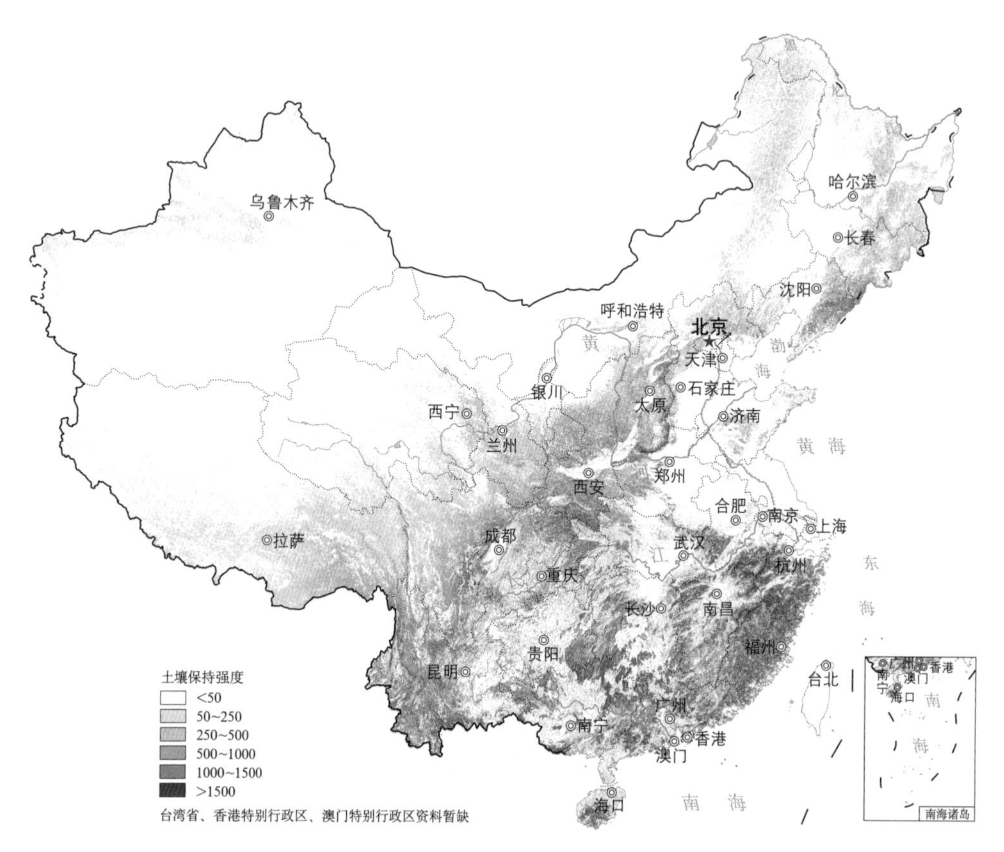


图 14.11　全国生态系统土壤保持功能空间格局(参见书末彩插)

各生态系统中,森林、灌丛和草地生态系统是我国生态系统土壤保持的主体,其中,森林生态系统的土壤保持量最高,为 1259.78 亿 t,约占全国生态系统土壤保持总量的 63.64%;灌丛、草地生态系统的土壤保持量分别为 254.59 亿 t、223.89 亿 t,分别占全国保持总量的 12.86%、11.31%。从单位面积土壤保持量来看,土壤保持能力最强的是森林,约 666.43 t·hm$^{-2}$·年$^{-1}$;其次是灌丛和农田,单位面积土壤保持量分别为 371.48 t·hm$^{-2}$·年$^{-1}$、116.75 t·hm$^{-2}$·年$^{-1}$(表 14.27)。

全国划分为东北黑土区、北方土石山区、西北黄土高原区、南方红壤丘陵区和西南土石山区,将土壤保持重要性划分为极重要、重要、中等重要和一般,得到全国生态系统土壤保持重要性空间分布格局(图 14.12)。

表 14.27 各类典型生态系统土壤保持功能状况

| 生态系统类型 | 面积 | | 土壤保持量 | | |
|---|---|---|---|---|---|
| | 大小/(万 $km^2$) | 占比/% | 单位量/($t \cdot hm^{-2} \cdot$ 年$^{-1}$) | 总量/(亿 t) | 占比/% |
| 森林 | 190.76 | 20.13 | 666.43 | 1259.78 | 63.64 |
| 灌丛 | 69.23 | 7.31 | 371.48 | 254.59 | 12.86 |
| 草地 | 283.68 | 29.93 | 79.61 | 223.89 | 11.31 |
| 湿地 | 35.61 | 3.76 | 37.57 | 9.96 | 0.50 |
| 农田 | 181.58 | 19.16 | 116.75 | 209.45 | 10.58 |
| 城镇 | 25.42 | 2.68 | 55.95 | 13.71 | 0.69 |

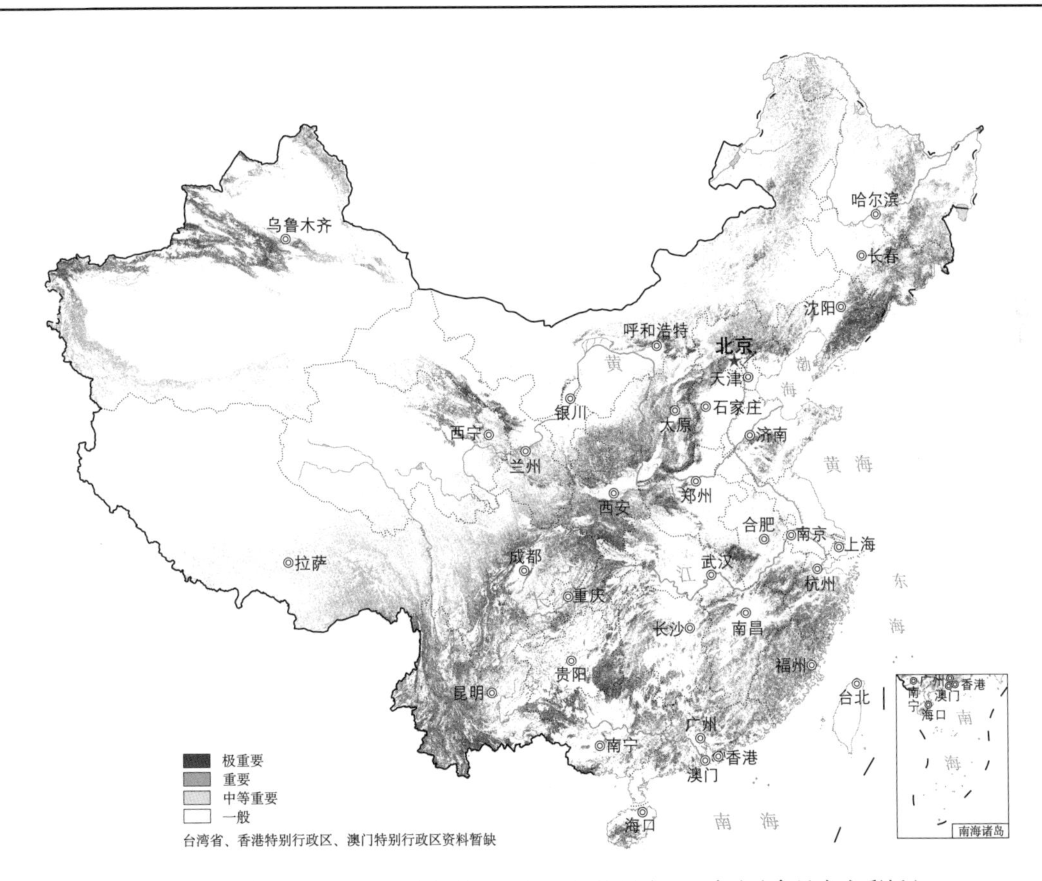


图 14.12 全国生态系统土壤保持重要性空间格局(2010 年)(参见书末彩插)

2010 年,我国生态系统土壤保持极重要地区总面积为 63.82 万 $km^2$,约占全国国土面积的 6.73%,主要分布在长白山、燕山—太行山脉、黄土高原、祁连山、天山、横断山脉、秦巴山地、苗岭和皖南山区等。重要地区总面积为 76.43 万 $km^2$,约占国土面积的 8.06%,主要分布在黄土高原、秦岭、川西高原、藏东南和东南丘陵。中等重要地区总面积约 104.82 万 $km^2$，约占国土面积的 11.06%，主要分布在大兴安岭、陇南地区、川西—藏东地区、云贵高原以及南岭山脉。一般区域总面积为 702.66 万 $km^2$，约占国土面积的 74.14%，主要分布在广大西北地区、东北平原、华北平原以及青藏高原（图 14.12 和表 14.28）。

**表 14.28　全国生态系统土壤保持功能重要性分布**

| 土壤保持重要性 | 面积 /（万 $km^2$） | 占国土面积比例 /% | 土壤保持量 /（亿 t） |
|---|---|---|---|
| 极重要 | 63.82 | 6.73 | 989.81 |
| 重要 | 76.43 | 8.06 | 494.91 |
| 中等重要 | 104.82 | 11.06 | 296.94 |
| 一般 | 702.66 | 74.14 | 197.96 |

2000—2010 年，我国生态系统土壤保持总量整体增加，从 2000 年的 1966.5 亿 t 增加到 2010 年的 1979.62 亿 t，十年共增加 13.13 亿 t，增幅为 0.67%。土壤保持能力（单位面积土壤保持量）仍表现为增大，从 2000 年的 207.50 t · $hm^{-2}$ · 年 $^{-1}$ 增加到 2010 年的 208.88 t · $hm^{-2}$ · 年 $^{-1}$。

从土壤保持重要性来看，土壤保持极重要区的面积略微增加，从 2000 年的 63.12 万 $km^2$ 增加到 2010 年的 63.82 万 $km^2$，增加了 0.70 万 $km^2$，增幅约 1.11%。土壤保持重要区的面积同样表现为增加，从 2000 年的 75.87 万 $km^2$ 增加到 2010 年的 76.43 万 $km^2$，增加了 0.56 万 $km^2$，增幅约为 0.74%。中等重要区面积仍表现为增加，面积从 2000 年的 104.57 万 $km^2$ 增加到 2010 年的 104.82 万 $km^2$，增加了 0.25 万 $km^2$，增幅约 0.24%。一般区域面积有所减少，从 2000 年的 704.17 万 $km^2$ 减少至 2010 年的 702.66 万 $km^2$，减少了 1.51 万 $km^2$，减幅约 0.21%（表 14.29）。

**表 14.29　全国土壤保持功能重要性动态变化（2000—2010 年）**

| 重要性 | 土壤保持总量 | | | | 面积 | | | |
|---|---|---|---|---|---|---|---|---|
| | 2000 年 /（亿 t） | 2010 年 /（亿 t） | 变化量 /（亿 t） | 变化率 /% | 2000 年 /（万 $km^2$） | 2010 年 /（万 $km^2$） | 变化量 /（万 $km^2$） | 变化率 /% |
| 极重要 | 979.09 | 989.81 | 10.72 | 1.09 | 63.12 | 63.82 | 0.70 | 1.11 |
| 重要 | 491.83 | 494.91 | 3.08 | 0.63 | 75.87 | 76.43 | 0.56 | 0.74 |
| 中等重要 | 296.85 | 296.94 | 0.09 | 0.03 | 104.57 | 104.82 | 0.25 | 0.24 |
| 一般 | 198.73 | 197.96 | −0.77 | −0.39 | 704.17 | 702.66 | −1.51 | −0.21 |

从格局来看，10 年间我国生态系统土壤保持功能空间分布格局总体变化不大，但局部地区变化较为明显。结果表明，2000—2010 年黄土高原地区的土壤保持功能呈现大面积

增强，秦巴山区、三峡库区、大娄山、苗岭以及仙霞岭均有一定程度增强，而岷山、邛崃山、新疆中部、西藏东南部、云南中部与南部、广西中部以及广东北部等地区则呈明显退化现象（图 14.13）。

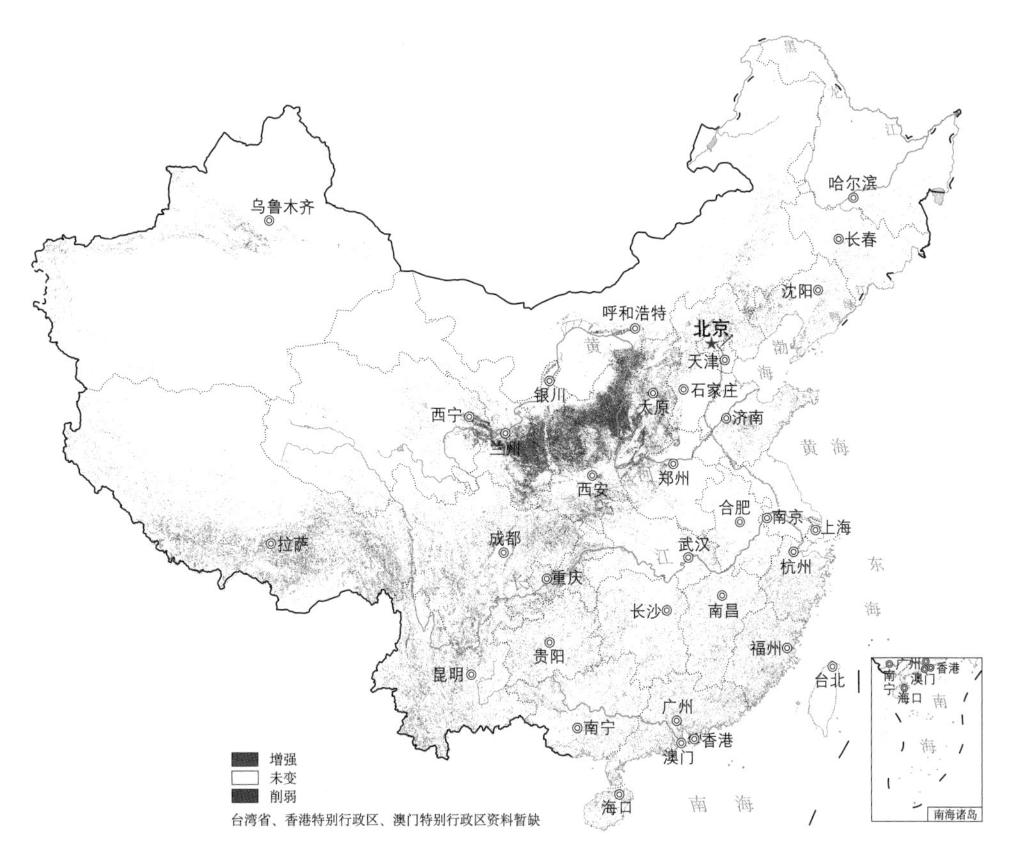


图 14.13 全国生态系统土壤保持功能变化格局（2000—2010 年）（参见书末彩插）

### 14.3.5 防风固沙

以修正风蚀方程为基础评估防风固沙功能（Fryrear et al., 1998; Jiang et al., 2016），2010 年全国生态系统固沙总量为 110.68 亿 t，单位面积固沙量为 2344.22 t·km$^{-2}$·年$^{-1}$，固沙率为 36.5%。草地生态系统防风固沙量为 62.24 亿 t，约占全国生态系统固沙总量的 56.24%，是我国生态系统防风固沙功能的主体；农田生态系统防风固沙量为 13.24 亿 t，占全国防风固沙总量的 11.96%，是防范土壤风蚀的重点领域；其他如灌丛、森林、沙漠和裸地等生态系统的防风固沙量分别为 12.28 亿 t、3.00 亿 t、11.37 亿 t 和 7.17 亿 t，各占总量的 11.09%、2.71%、10.27% 和 6.48%（表 14.30）。

将 2010 年防风固沙计算结果划分为 4 个等级，分别为一般、中等重要、重要和极重要区域（图 14.14 和表 14.31）。

**表 14.30　各类典型生态系统防风固沙功能状况**

| 生态系统 | 面积 | | 防风固沙量 | | | |
|---|---|---|---|---|---|---|
| | 大小 /（万 $km^2$） | 占比 /% | 单位量 /（$t\cdot km^{-2}\cdot$ 年 $^{-1}$） | 固沙率 /% | 固沙总量 /（亿 t） | 占固沙总量的比例 /% |
| 森林 | 30.15 | 6.39 | 982.49 | 91.61 | 3.00 | 2.71 |
| 灌丛 | 24.43 | 5.17 | 4998.51 | 77.9 | 12.28 | 11.09 |
| 草地 | 228.79 | 48.46 | 2720.84 | 77.24 | 62.24 | 56.24 |
| 农田 | 41.68 | 8.83 | 3170.48 | 85.42 | 13.24 | 11.96 |
| 裸地 | 93.07 | 19.71 | 768.69 | 21.68 | 7.17 | 6.48 |
| 沙漠 | 44.83 | 9.50 | 2536.30 | 10.83 | 11.37 | 10.27 |

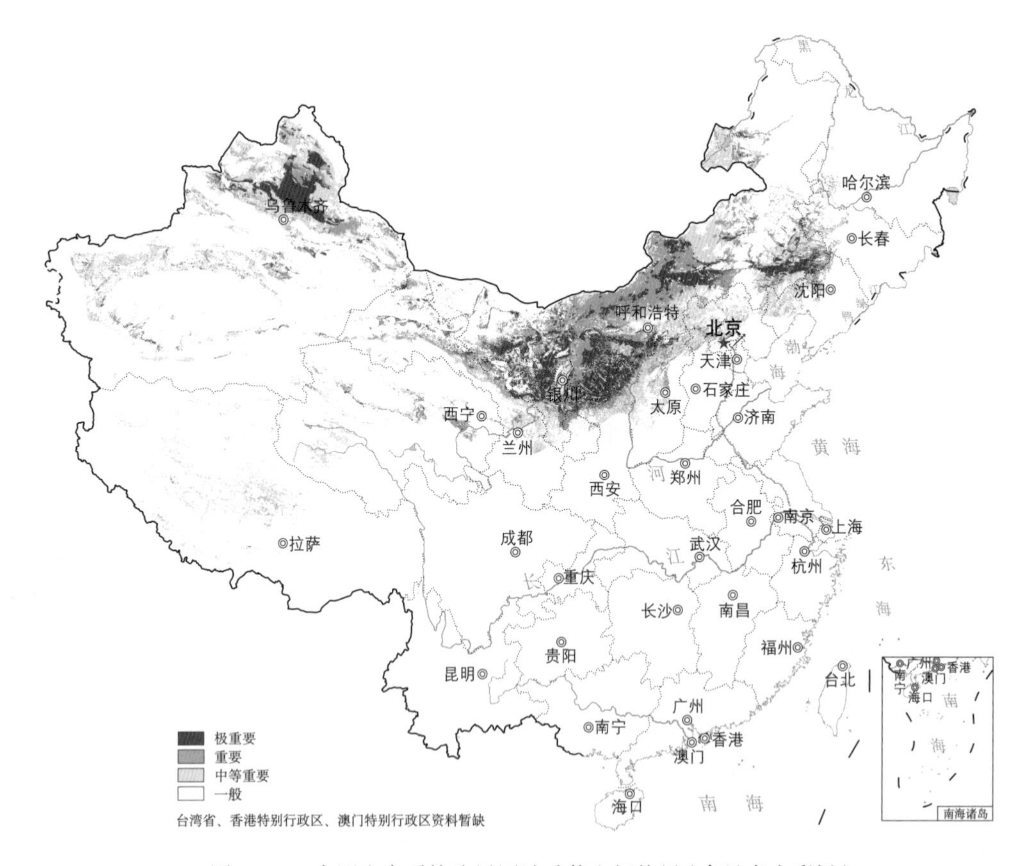


图 14.14　全国生态系统防风固沙功能空间格局（参见书末彩插）

表 14.31　全国防风固沙功能重要性分布

| 防风固沙重要性 | 防风固沙强度 /( $t \cdot km^{-2} \cdot 年^{-1}$ ) | 面积 /( 万 $km^2$ ) | 占国土面积的比例 /% |
|---|---|---|---|
| 极重要 | >9636 | 30.61 | 3.24 |
| 重要 | 4060 ~ 9636 | 44.08 | 4.66 |
| 中等重要 | 1785 ~ 4060 | 60.67 | 6.42 |
| 一般 | <1785 | 809.69 | 85.68 |

防风固沙功能极重要区面积为 30.61 万 $km^2$，占国土面积的 3.24%，集中分布在科尔沁沙地东部的东北平原、浑善达克沙地、吕梁山和太行山所处山西高原、鄂尔多斯高原、阿拉善高原、河西走廊和准噶尔盆地等区域。

防风固沙功能重要区面积为 44.08 万 $km^2$，占国土面积的 4.66%，海河平原、山东半岛、兰州东南部的陇中高原、科尔沁沙地北部松辽分水岭、浑善达克沙地以西及阴山以北的内蒙古高原、阴山以南的河套平原、贺兰山东部的宁夏平原为主要分布区，而青藏高原、阿拉善高原、东北平原、准噶尔盆地和环塔里木盆地也有重要区斑块分布。

防风固沙功能中等重要区面积为 60.67 万 $km^2$，占国土面积的 6.42%，分布较为集中的区域有黄土高原、内蒙古高原、阿拉善高原、东北平原、青藏高原和准噶尔盆地，海河平原、淮河平原、河西走廊也有一定的中等重要区分布。

2000—2010 年，我国生态系统防风固沙总量呈现整体增加趋势，从 2000 年的 95.6 亿 t 增加到 2010 年的 110.68 亿 t，10 年来总计增加 15.08 亿 t，总增幅达到 15.77%。

2000—2010 年，我国生态系统防风固沙率呈现整体增加趋势，从 2000 年的 33.1% 增加到 2010 年的 36.5%，10 年来总计增加了 3.4 个百分点，增幅为 10.3%( 表 14.32 )。

表 14.32　全国防风固沙量与重要性动态变化

| 防风固沙重要性 | 2000 年 | | 2010 年 | | 2000—2010 年变化 | | |
|---|---|---|---|---|---|---|---|
| | 面积 /( 万 $km^2$ ) | 固沙率 /% | 面积 /( 万 $km^2$ ) | 固沙率 /% | 面积 /( 万 $km^2$ ) | 固沙率 /% | 固沙率变化幅度 /% |
| 极重要 | 27.93 | 83.23 | 30.61 | 83.68 | 2.68 | 0.45 | 0.54 |
| 重要 | 35.56 | 80.75 | 44.08 | 82.36 | 8.52 | 1.61 | 1.99 |
| 中等重要 | 60.97 | 80.95 | 60.67 | 84.60 | –0.30 | 3.65 | 4.51 |
| 一般 | 820.54 | 42.13 | 809.64 | 45.64 | –10.90 | 3.51 | 8.33 |
| 合计 | 945 | 33.1 | 945 | 36.5 | 0 | 3.4 | 10.3 |

从防风固沙重要性功能区的变化来看，10 年间除一般区域和中等重要区域面积在减少外，极重要区域和重要区域面积在逐渐增加，一般区域向较高重要性的区域转换，表明了 10 年间

防风固沙功能整体能力在不断提高。其中,防风固沙功能重要区面积由 2000 年的 35.56 万 $km^2$ 增加到 2010 年的 44.08 万 $km^2$,增加了 8.52 万 $km^2$;防风固沙功能极重要区面积在 10 年间由 27.93 万 $km^2$ 增加到 30.61 万 $km^2$,增加了 2.68 万 $km^2$。

固沙总量虽然是植被固沙能力的直接体现,但会随着气象条件的变化而出现一定程度的波动,因此其变化并不能完全体现区域防风固沙功能的变化,需要以固沙率的 10 年变化作为固沙功能的变化加以分析。全国防风固沙功能中一般区域面积 10 年间减少了 10.90 万 $km^2$,中等重要区面积减少了 0.30 万 $km^2$,但是固沙功能得到了提升,固沙率分别增加了 3.51 和 3.65 个百分点。从全国固沙率的变化情况来看,固沙功能改善区面积为 70.8 万 $km^2$,远远高于固沙功能有所减弱区域的 10.96 万 $km^2$,说明 10 年间全国防风固沙功能总体有所增强,局部区域有所减弱。

综合 2000—2010 年全国防风固沙率的变化情况(表 14.42),10 年来,我国防风固沙功能的变化以改善为主,其中,改善区域为大多集中分布在鄂尔多斯高原、科尔沁沙地、内蒙古高原和准噶尔盆地、环塔里木盆地这 4 个区域,而藏北高原和柴达木盆地、河西走廊也有局部改善。同时,全国在 10 年间也有部分区域防风固沙功能有所弱化,主要发生在兰州北部与武威南部之间的丘陵地带、浑善达克沙地西部与北部区域、准噶尔盆地古尔班通古特沙漠区域,而呼伦贝尔高原和西藏高原西南大部也有固沙功能的弱化发生,但相对分散。

### 14.3.6 洪水调蓄

2010 年,全国湿地生态系统(湖泊、水库、沼泽)调蓄洪水能力为 6007.68 亿 $m^3$。其中,水库调蓄能力最强,为 2506.85 亿 $m^3$,约占总调蓄能力的 41.73%,主要分布在中东部城市周边;其次是湖泊,为 2133.88 亿 $m^3$,约占总调蓄能力的 35.52%,主要分布在青藏高原和长江中下游地区;沼泽调蓄能力为 1366.95 亿 $m^3$,约占总调蓄能力的 22.75%,主要分布在青藏高原、大兴安岭和三江平原(表 14.33 和图 14.15)。

2010 年,我国十大江河流域中,以长江流域湿地调蓄能力最强,约为 1652.89 亿 $m^3$,占全国总调蓄能力的 27.51%;其次是西北诸河流域和松花江流域,分别为 1254.95 亿 $m^3$ 和 992.09 亿 $m^3$,各占 20.89% 和 16.51%;东南诸河流域、辽河流域和海河流域湿地调蓄能力较差(表 14.34,图 14.16)。

**表 14.33 全国湿地生态系统洪水调蓄功能状况(2010 年)**

| 湿地类型 | 面积 | | 洪水调蓄能力 | |
|---|---|---|---|---|
| | 大小 /(万 $km^2$) | 占比 /% | 大小 /(亿 $m^3$) | 占比 /% |
| 湖泊 | 8.66 | 31.37 | 2133.88 | 35.52 |
| 水库 | 5.28 | 19.12 | 2506.85 | 41.73 |
| 沼泽 | 13.67 | 49.51 | 1366.95 | 22.75 |
| 合计 | 27.61 | 100.00 | 6007.68 | 100.00 |

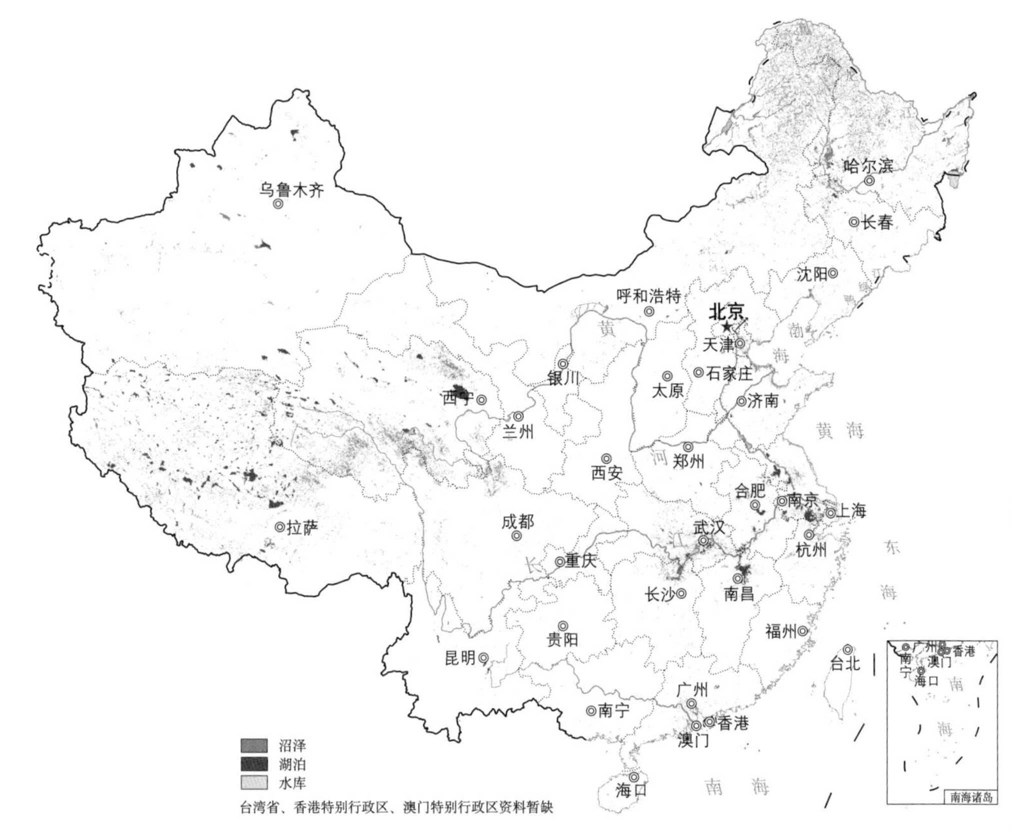


图 14.15 全国湿地生态系统空间分布（参见书末彩插）

**表 14.34 各流域湿地生态系统洪水调蓄功能状况（2010 年）**

| 流域 | 洪水调蓄能力 /（亿 $m^3$） | | | | 比例 /% |
|---|---|---|---|---|---|
| | 湖泊 | 水库 | 沼泽 | 合计 | |
| 松花江 | 139.86 | 203.43 | 648.80 | 992.09 | 16.51 |
| 辽河 | 20.39 | 148.38 | 17.10 | 185.87 | 3.09 |
| 西北诸河 | 966.52 | 56.03 | 232.40 | 1254.95 | 20.89 |
| 海河 | 1.17 | 113.10 | 13.59 | 127.86 | 2.13 |
| 黄河 | 72.04 | 295.39 | 152.57 | 520.00 | 8.66 |
| 长江 | 627.55 | 862.14 | 163.19 | 1652.88 | 27.51 |
| 淮河 | 135.41 | 233.54 | 9.43 | 378.38 | 6.30 |
| 东南诸河 | 2.56 | 202.30 | 2.40 | 207.26 | 3.45 |
| 西南诸河 | 156.46 | 22.93 | 108.26 | 287.65 | 4.79 |
| 珠江 | 10.04 | 369.60 | 1.47 | 381.11 | 6.34 |

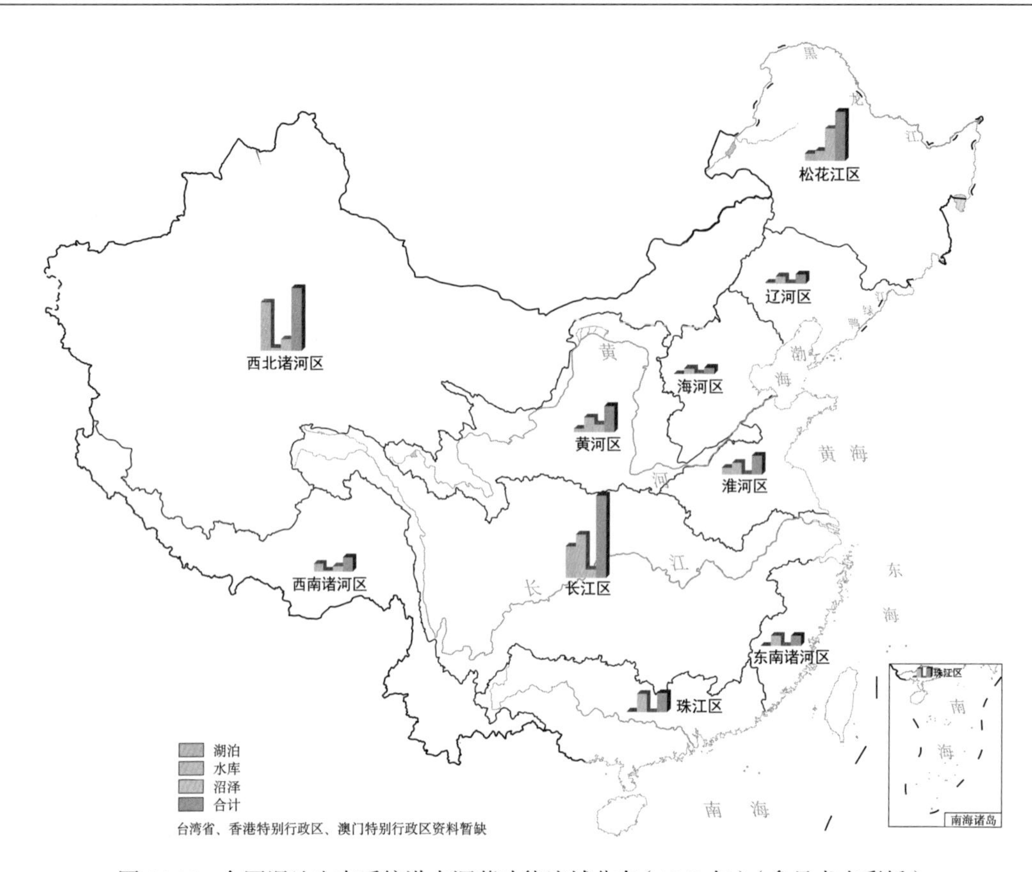


图 14.16　全国湿地生态系统洪水调蓄功能流域分布（2010 年）（参见书末彩插）

湖泊的洪水调蓄功能主要集中在西北诸河流域和长江流域，其湖泊调蓄能力分别为 966.52 亿 $m^3$ 和 627.55 亿 $m^3$，各占全国湖泊调蓄能力的 45.33% 和 29.43%；其次是西南诸河流域、松花江流域和淮河流域，分别为 156.46 亿 $m^3$、139.86 亿 $m^3$ 和 135.41 亿 $m^3$；辽河流域、珠江流域、东南诸河流域和海河流域湖泊调蓄能力较弱。

水库的洪水调蓄功能主要集中在长江流域，其水库调蓄能力为 862.14 亿 $m^3$，约占全国水库调蓄能力的 34.39%；其次是珠江流域和黄河流域，分别为 369.60 亿 $m^3$ 和 295.39 亿 $m^3$；西北诸河流域和西南诸河流域水库调蓄能力较弱。

沼泽的洪水调蓄功能主要集中在松花江流域，其沼泽调蓄能力为 648.80 亿 $m^3$，约占全国沼泽调蓄能力的 48.09%；其次是西北诸河流域、长江流域和黄河流域，分别为 232.40 亿 $m^3$、163.19 亿 $m^3$ 和 152.57 亿 $m^3$；辽河流域、海河流域、淮河流域、东南诸河流域和珠江流域沼泽调蓄能力较弱。

2000—2010 年，我国湿地生态系统洪水调蓄能力呈整体增加趋势，从 2000 年的 5331.10 亿 $m^3$ 增加到 2010 年的 6007.68 亿 $m^3$，10 年共增加 676.58 亿 $m^3$，增幅为 12.69%（表 14.35，图 14.17）。

表 14.35 全国湿地生态系统洪水调蓄功能变化

| 湿地类型 | 洪水调蓄总量 /（亿 $m^3$） | | 2000—2010 年变化量 | |
|---|---|---|---|---|
| | 2000 年 | 2010 年 | 绝对量 /（亿 $m^3$） | 相对量 /% |
| 湖泊 | 2129.40 | 2133.88 | 4.48 | 0.21 |
| 水库 | 1807.68 | 2506.85 | 699.17 | 38.68 |
| 沼泽 | 1394.02 | 1366.95 | –27.07 | –1.94 |
| 合计 | 5331.10 | 6007.68 | 676.58 | 12.69 |

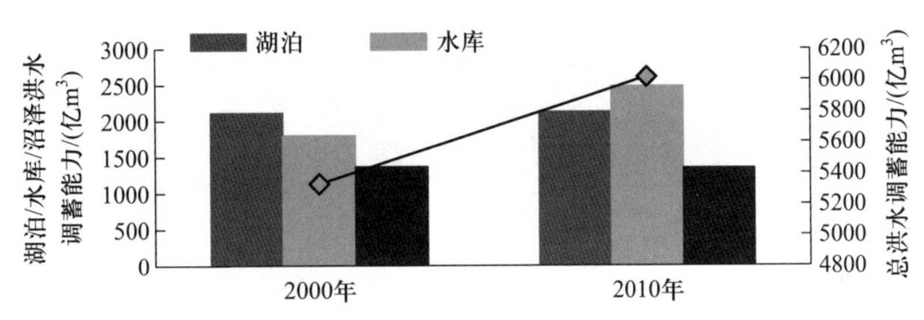


图 14.17 全国湿地生态系统洪水调蓄功能变化

从全国湖泊调蓄能力来看，10 年来整体增强，由 2000 年的 2129.40 亿 $m^3$ 增加到 2010 年的 2133.88 亿 $m^3$，10 年共增加 4.48 亿 $m^3$，增幅为 0.21%。从全国水库调蓄能力来看，10 年来持续增强，由 2000 年的 1807.68 亿 $m^3$ 增加到 2010 年的 2506.85 亿 $m^3$，10 年共增加 699.17 亿 $m^3$，增幅为 38.68%。从全国沼泽调蓄能力来看，10 年来持续减小，由 2000 年的 1394.02 亿 $m^3$ 减小到 2010 年的 1366.95 亿 $m^3$，10 年共减小 27.07 亿 $m^3$，减幅为 1.94%。

### 14.3.7 碳固定

2010 年，全国生态系统固碳总量为 591.68 Tg[①]，固碳能力为 62.84 g C · $m^{-2}$ · 年 $^{-1}$。全国生态系统固碳能力在空间上表现出明显区域差异，西北地区和内蒙古中部地区碳释放强度大于碳固定强度，表现为碳源，而华北平原、青藏高原和南方大部分地区生态系统碳固定能力高于碳释放能力，表现为碳汇。主要碳源分布在内蒙古中部和新疆北部、塔克拉玛干沙漠四周以及西南局部区域（如藏东南、贵州西南、汶川地震灾区等），主要碳汇区域分布在大兴安岭、小兴安岭、横断山脉、秦岭山脉、黄土高原、燕山—太行山脉和东南山地（图 14.18）。

森林生态系统是全国固碳的主体，年固碳量为 355.23 Tg，占全国生态系统固碳总量的 60.04%。其次为草地，年固碳量为 142.70 Tg，占年固碳总量的 24.12%。灌丛、农田和湿地年固碳量分别为 48.17 Tg、30.64 Tg 和 14.94 Tg，分别占年固碳总量的 8.14%，5.18% 和 2.53%。森林生态系统固碳能力最高，为 183.09 g C · $m^{-2}$ · 年 $^{-1}$，其次为灌丛（70.31 g C · $m^{-2}$ · 年 $^{-1}$）、草地（50.46 g C · $m^{-2}$ · 年 $^{-1}$）、湿地（44.58 g C · $m^{-2}$ · 年 $^{-1}$）和农田（17.03 g C · $m^{-2}$ · 年 $^{-1}$）（表 14.36）。

① 1 Tg=1 × $10^{12}$ g。

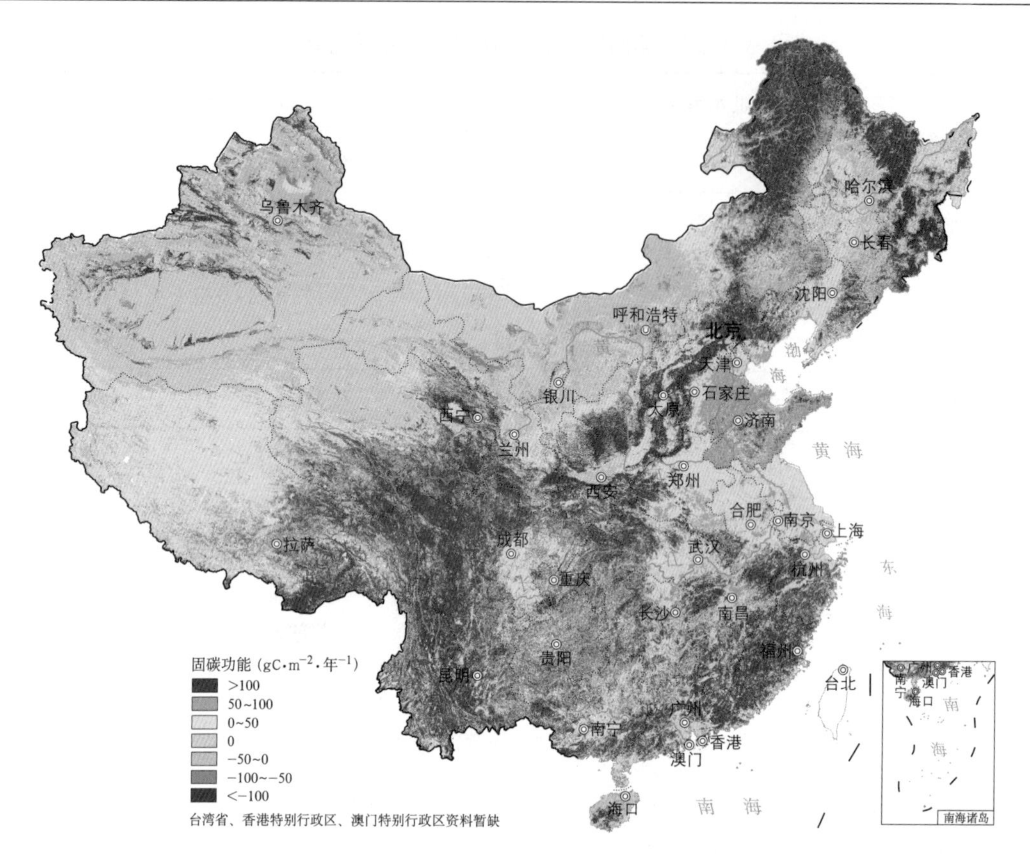


图 14.18 全国生态系统碳固定空间格局（参见书末彩插）

**表 14.36 各类典型生态系统碳固定状况**

| 生态系统类型 | 面积 /（万 $km^2$） | 年固碳量 /Tg | 比例 /% | 固碳能力 /（g C · $m^{-2}$ · 年 $^{-1}$） |
|---|---|---|---|---|
| 森林 | 190.77 | 6196.74 | 74.87 | 3248.23 |
| 灌丛 | 69.22 | 1187.12 | 14.34 | 1715.11 |
| 草地 | 283.64 | 469.23 | 5.67 | 165.43 |
| 湿地 | 35.53 | 50.20 | 0.61 | 141.29 |
| 农田 | 181.54 | 353.90 | 4.28 | 194.94 |

2000—2010 年，全国生态系统年固碳量略有降低，从 2000 年的 596.14Tg 下降到 2010 年的 591.68 Tg，降幅为 0.75%。生态系统固碳能力也表现为降低，从 2000 年的 63.30 g C · $m^{-2}$ · 年 $^{-1}$ 下降为 2010 年的 62.84 g C · $m^{-2}$ · 年 $^{-1}$，10 年下降 0.46 g C · $m^{-2}$ · 年 $^{-1}$，降幅为 0.73%。

10 年间，全国生态系统碳固定功能变化空间异质性明显。总体看来，黄土高原、太行山、重庆、湖北西部、云南部分区域生态系统固碳能力显著增强，新疆北部、青藏高原、东北平原、华北平原和成都平原生态系统固碳能力一般增强；大兴安岭、小兴安岭、长白山、燕山、塔克拉玛干沙漠四周、藏东南、邛崃—相岭—岷山—秦岭西部山区以及东南山地局部区域生态系统固碳能力显著减弱，海南、湖北、安徽、江苏、江西等大部分区域生态系统固碳功能也有不同程度减弱。

### 14.3.8 全国生态系统服务功能综合评价

为了揭示全国生态系统服务功能重要性空间格局，将生态系统的水源涵养、土壤保持、防风固沙、洪水调蓄、生物多样性保护等生态系统调节功能的重要性空间分布进行叠置分析。特定区域生态系统服务功能的重要性程度取决于区域内各单项生态系统服务的重要性。由于各项生态系统服务功能对国家生态安全的保障作用以及对社会经济发展的支撑作用具有不可替代性，认为特定区域内只要某项生态系统服务功能极重要，那么该区即为生态系统服务功能极重要区。基于此原则，将各单项生态系统服务功能重要性的最大值赋予生态系统服务功能重要性的综合评估结果。

2000—2010 年，全国 7 个典型生态系统服务功能中，食物生产、土壤保持、水源涵养、防风固沙、洪水调蓄功能均有不同程度的改善，生物多样性保护与碳固定功能有所降低（图 14.19）。

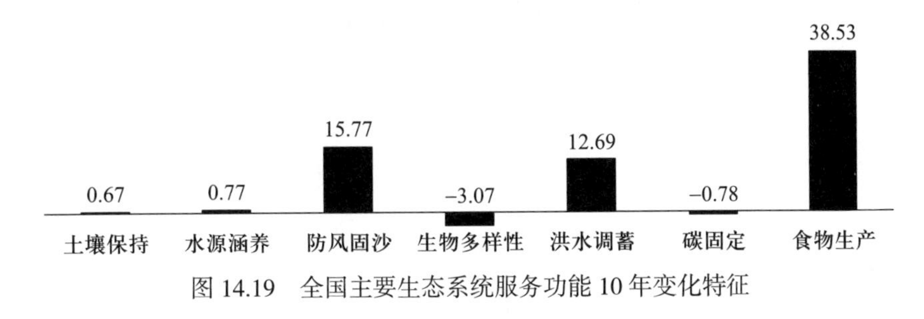


图 14.19 全国主要生态系统服务功能 10 年变化特征

通过对生态系统的水源涵养、土壤保持、防风固沙、洪水调蓄、生物多样性保护等生态系统服务功能重要性空间分布的综合评估，我国生态系统服务功能极重要区面积为 325.51 万 $km^2$，占全国国土面积的 34.4%，主要分布于大兴安岭、小兴安岭、长白山、阴山、黄土高原、祁连山、天山、秦巴山地、三江源、藏东南、横断山区、川西高原、东南丘陵区和海南中部山区等地；重要区面积为 183.81 万 $km^2$，占全国国土面积的 19.4%，主要分布于呼伦贝尔、河套平原、陕北高原、准噶尔盆地、塔里木盆地周边、藏北高原以及云贵高原等地（表 14.37 和图 14.20）。

表 14.37 全国生态系统服务功能重要性程度

| 重要程度 | 国土面积 | | 土壤保持 | | 水源涵养 | | 防风固沙 | | 生物多样性 | |
|---|---|---|---|---|---|---|---|---|---|---|
| | 大小 /（万 $km^2$） | 占比 /% | 大小 /（亿 t） | 占比 /% | 大小 /（亿 $m^3$） | 占比 /% | 大小 /（亿 t） | 占比 /% | 大小 /（万 $km^2$） | 占比 /% |
| 极重要 | 325.51 | 34.4 | 1230.14 | 62.1 | 7444.79 | 60.9 | 54.49 | 49.2 | 304.52 | 52.7 |
| 重要 | 183.81 | 19.4 | 417.40 | 21.1 | 2664.95 | 21.8 | 31.79 | 28.7 | 154.71 | 26.8 |
| 中等重要 | 128.58 | 13.6 | 246.96 | 12.5 | 1536.66 | 12.6 | 7.36 | 6.7 | 86.27 | 14.9 |
| 一般 | 308.14 | 32.6 | 84.96 | 4.3 | 576.30 | 4.7 | 17.03 | 15.4 | 32.71 | 5.7 |

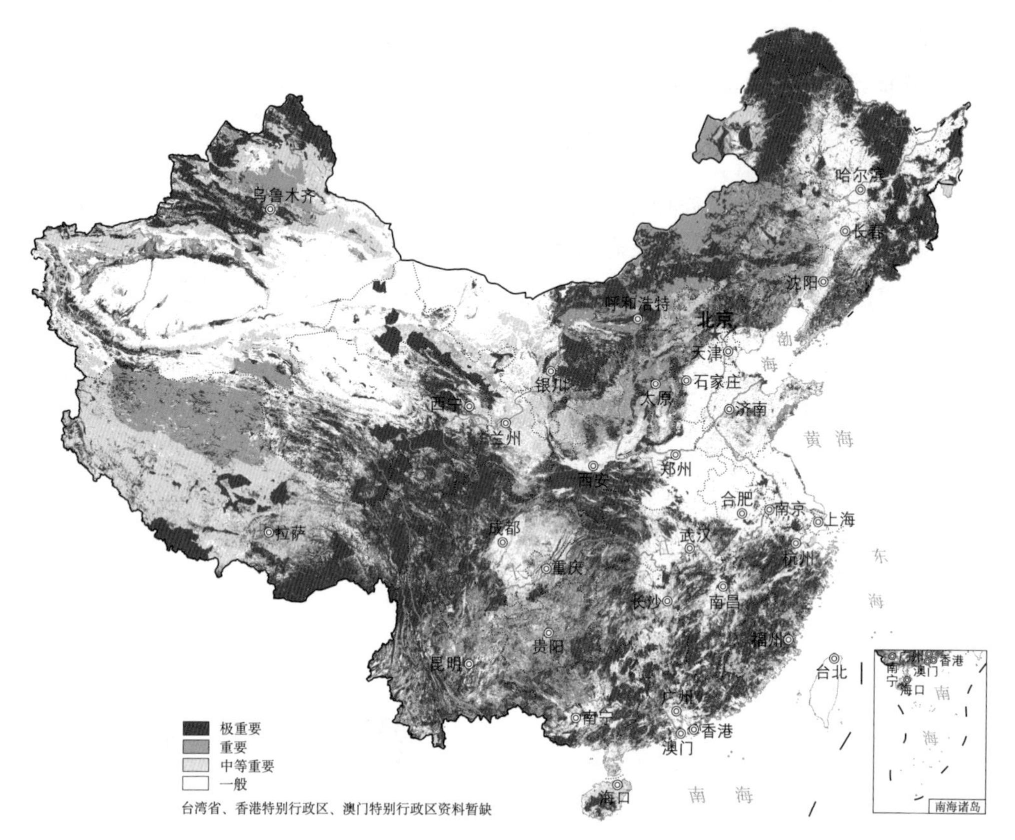


图 14.20　全国生态系统服务功能重要性综合空间特征（参见书末彩插）

生态系统服务功能极重要区和重要区总面积为 509.32 万 $km^2$，占国土面积的 53.8%，提供了全国土壤保持总量的 83.2%，水源涵养总量的 82.7%，防风固沙总量的 77.9%，维持生物多样性自然栖息地总面积的 79.5%（表 14.37）。

# 14.4　生态问题特征与变化

全国生态环境问题仍然严重，主要表现为全国水土流失、土地沙化与石漠化这三类土地退化问题分布广和面积大。总面积为 349.08 万 $km^2$，占全国总面积的 37.3%，10 年间，土地退化总面积减少了 5.3%。森林、灌丛与草地三类自然生态系统退化严重，未退化面积仅占总面积的 5.2%。10 年间，这三类生态系统退化状况总体得到改善，重度与极重度退化面积减少了 5.9 个百分点。

## 14.4.1　土壤侵蚀

（1）土壤侵蚀总体格局

全国水土流失分布广、面积大。采用通用土壤流失方程评估土壤侵蚀状况（Wischmeier and Smith，1978）。2010 年，全国水土流失（水蚀）总面积为 173.15 万 $km^2$，约占国土面积的 18.0%。

其中，侵蚀强度以轻度侵蚀为主，面积达 105.45 万 $km^2$，约占流失总面积的 60.9%；中度、重度和极重度侵蚀面积分别为 31.47 万 $km^2$、23.28 万 $km^2$ 和 12.95 万 $km^2$，分别占流失总面积的 18.2%、13.4% 和 7.5%（表 14.38）。

**表 14.38 全国土壤侵蚀强度构成**

| 侵蚀强度 | 面积 /（万 $km^2$） | 比例 /% |
| --- | --- | --- |
| 轻度 | 105.45 | 60.9 |
| 中度 | 31.47 | 18.2 |
| 重度 | 23.28 | 13.4 |
| 极重度 | 12.95 | 7.5 |

从空间格局来看，全国土壤侵蚀强度较大的区域主要分布在黄土高原地区和广大西南地区。其中，极重度侵蚀主要发生在黄土高原和四川、云南局部地区；东部地区侵蚀强度相对较小；西北地区则仅在小范围内存在轻度侵蚀（图 14.21）。

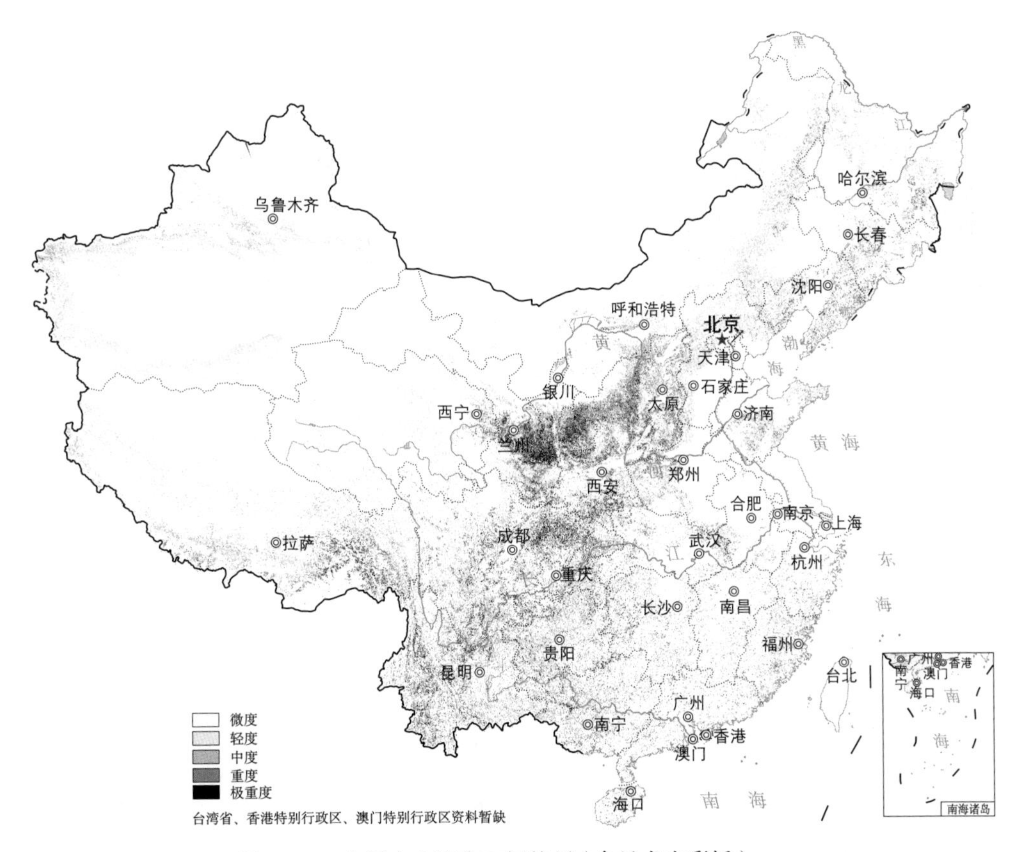


图 14.21 全国水土流失空间格局（参见书末彩插）

（2）土壤侵蚀格局的变化

2000—2010 年全国水土流失面积减少。水土流失面积从 2000 年的 183.86 万 $km^2$ 下降到 2010 年的 173.15 万 $km^2$，共减少 10.71 万 $km^2$，减幅达 5.8%。

全国水土流失强度降低。不同强度侵蚀的构成中，重度侵蚀面积减少最多，10 年共减少 3.11 万 $km^2$，减幅达 11.8%。减少幅度最大的是极重度侵蚀，10 年共减少 2.74 万 $km^2$，减幅达 17.5%。10 年间，其他强度侵蚀的面积也呈现不同程度的减少（表 14.39）。

**表 14.39 全国土壤侵蚀面积动态变化（2000—2010 年）**

| 侵蚀强度 | 面积 /（万 $km^2$） | |
|---|---|---|
| | 2000 年 | 2010 年 |
| 轻度 | 108.49 | 105.45 |
| 中度 | 33.29 | 31.47 |
| 重度 | 26.39 | 23.28 |
| 极重度 | 15.69 | 12.95 |
| 合计 | 183.86 | 173.15 |

从空间格局来看，10 年间我国土壤侵蚀的空间分布变化不大，仅局部地区变化较为明显。2000—2010 年，黄土高原地区的土壤侵蚀强度呈现大面积降低，秦巴山区、三峡库区、大娄山、苗岭以及仙霞岭的侵蚀强度均有一定程度下降，而岷山、邛崃山、新疆中部、西藏东南、云南中部与南部、广西中部以及广东北部等西南地区的侵蚀强度表现为明显增大。

## 14.4.2 土地沙化

（1）土地沙化总体格局

沙化土地面积大，以沙漠 / 戈壁沙化等级为主。2010 年，全国沙化土地面积为 182.35 万 $km^2$，占全国国土总面积的 19.0%。其中，沙漠 / 戈壁面积占沙化土地面积的 51.8%，极重度沙化面积占沙化土地面积的 16.6%，重度沙化面积占沙化土地面积的 22.5%，中度沙化面积占沙化土地面积的 7.6%（表 14.40）。

**表 14.40 2010 年不同程度沙化分布情况**

| 沙化等级 | 面积 /（万 $km^2$） | 比例 /% |
|---|---|---|
| 轻度 | 2.70 | 1.5 |
| 中度 | 13.92 | 7.6 |
| 重度 | 41.08 | 22.5 |
| 极重度 | 30.26 | 16.6 |
| 沙漠 / 戈壁 | 94.39 | 51.8 |

从空间格局上看,全国沙化主要分布在我国的西部地区、西北地区、华北、东北的局部地区,其中,沙化较为严重的区域主要分布在塔里木盆地、准噶尔盆地、柴达木盆地、内蒙古高原等沙漠集中分布的地区(图 14.22)。

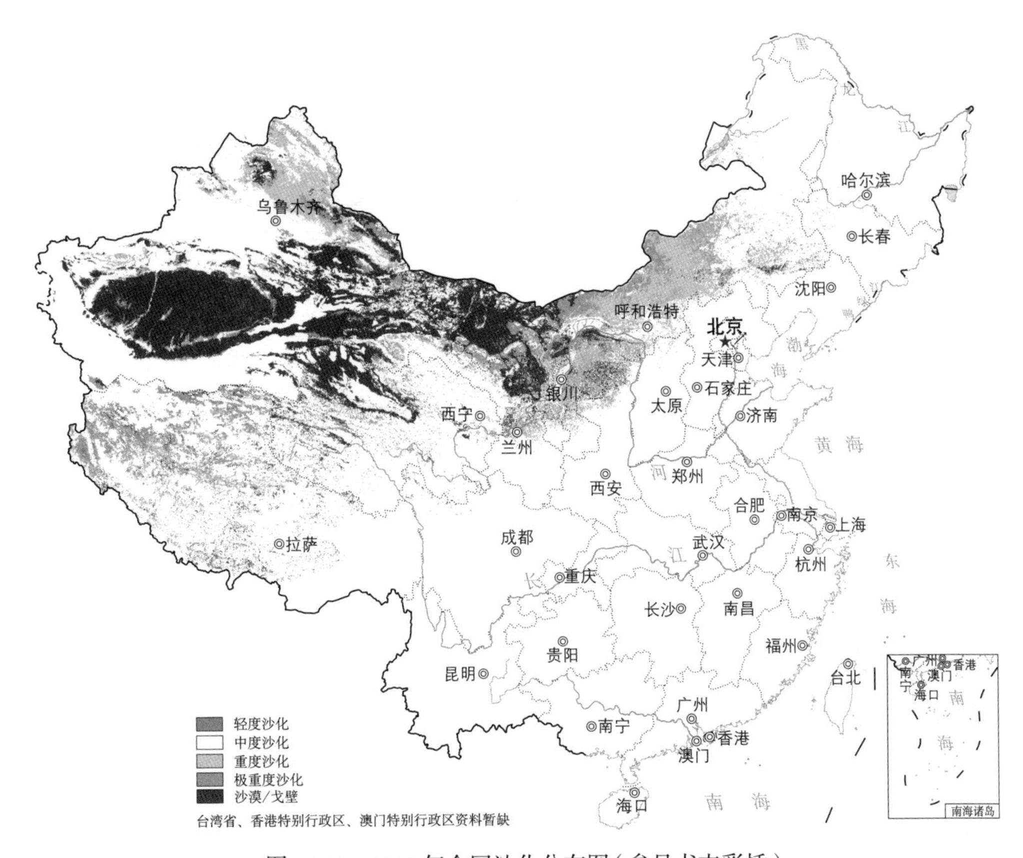


图 14.22 2010 年全国沙化分布图(参见书末彩插)

(2)土地沙化格局的变化

从沙化总面积来看,2000—2010 年,全国沙化总面积呈下降趋势,从 2000 年的 193.96 万 $km^2$,到 2010 年的 182.35 万 $km^2$,10 年间总的沙化面积减少了 11.61 万 $km^2$,减幅为 6.0%。

从不同沙化等级来看,极重度沙化区呈逐年减小的趋势,而沙漠 / 戈壁、重度、中度沙化面积呈现先减小后增加的趋势,而轻度沙化面积逐年增加。从统计结果看出,沙漠 / 戈壁 10 年间共减少了 2000 $km^2$,减小的幅度为 0.2%;极重度沙化面积 10 年间共减少了 8.88 万 $km^2$,减少的幅度为 22.7%;重度沙化面积 10 年间共减少了 5.32 万 $km^2$,减幅为 11.5%;中度沙化面积 10 年间增加了 0.92 万 $km^2$,增幅为 7.1%;轻度沙化面积 10 年间共增加了 1.87 万 $km^2$。

从 2000—2010 年沙化土地空间情况来看,沙化改善的区域主要分布在内蒙古的新巴尔虎右旗、东乌珠穆沁旗、西乌珠穆沁旗、锡林浩特市、阿巴嘎旗、苏尼特右旗、清水河县、准格尔旗、鄂托克旗、阿拉善右旗等及新疆的青河县、富蕴县、北屯市、托里县、克拉玛依区、柯坪县、叶城县及西藏的改则县等,青海的德令哈市、乌兰县等及宁夏的盐池县、灵武市等及陕西的府谷县、神木县、保德县、佳县、米脂县、子洲县、子长县、绥德县等,这些地区均有较好程度的改善。

## 14.4.3　石漠化

（1）石漠化总体格局

2010 年，我国石漠化主要分布在贵州、云南、广西、四川、湖南、广东、重庆及湖北的喀斯特地区，面积为 9.56 万 $km^2$，占总面积的 17.9%。石漠化程度以中、轻度为主。中度石漠化面积为 2.60 万 $km^2$，占总的石漠化面积的 27.2%；轻度石漠化面积为 5.98 万 $km^2$，占 62.6%；重度石漠化的面积仅为 0.98 万 $km^2$，占 10.2%，主要分布在贵州、云南、广西等地（表 14.41）。

**表 14.41　2010 年西南石漠化强度等级**

| 石漠化等级 | 面积 /（万 $km^2$） | 比例 /% |
| --- | --- | --- |
| 轻度 | 5.98 | 62.6 |
| 中度 | 2.60 | 27.2 |
| 重度 | 0.98 | 10.2 |

从空间格局来看，石漠化较严重的区域主要分布在云南和贵州，以及云南与广西交界的地区。其中，重度石漠化主要发生在云南东南部与广西交界和东北部与贵州交界处，其他地区相对较少（图 14.23）。

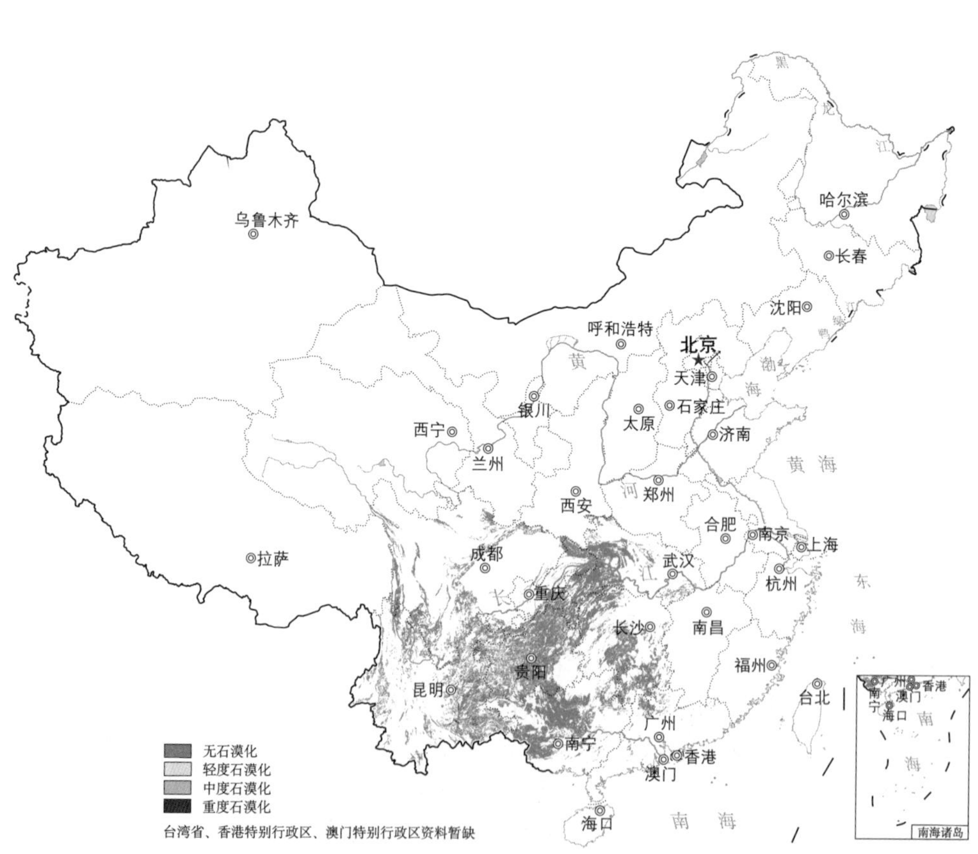


图 14.23　西南喀斯特石漠化分布格局（2010 年）（参见书末彩插）

（2）石漠化格局的变化

2000—2010 年 10 年间，大部分石漠化区域得以明显的恢复和改善，局部区域有恶化的趋势。其中，尤其是云南与贵州交界，以及云南的西南部等区域石漠化改善明显，但广西、云南和贵州部分区域有恶化的趋势。

总体来说，10 年间无石漠化区（主要是森林）呈先减少后增加的趋势；而重度、中度、轻度石漠化区域都是呈先增加后减少的趋势（图 14.24）。

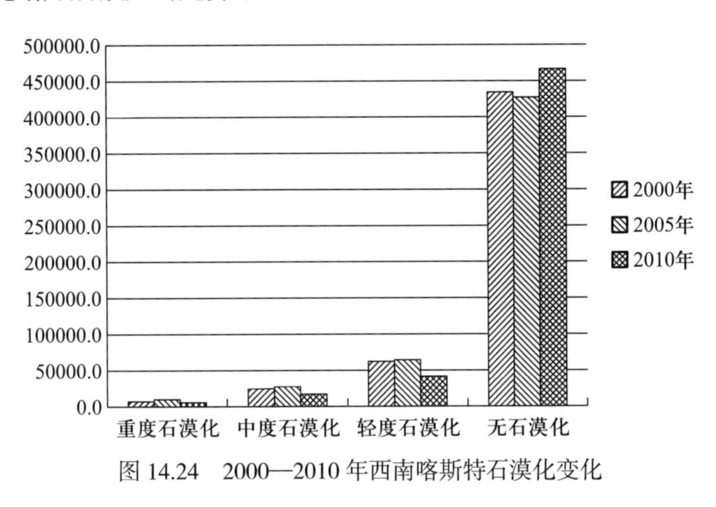


图 14.24　2000—2010 年西南喀斯特石漠化变化

## 14.4.4　生态系统退化

（1）森林生态系统退化

全国森林生态系统退化较为严重。基于生物量密度指数评价森林生态系统退化程度，未退化森林生态系统面积为 11.20 万 $km^2$，仅占森林总面积的 5.8%；轻度退化的为 10.6%；重度与极重度退化的面积为 96.48 万 $km^2$，占 50.3%（表 14.42）。

**表 14.42　全国森林生态系统退化等级（2010 年）**

| 退化等级 | 评价标准 /% | 面积 /（万 $km^2$） | 面积比例 /% |
|---|---|---|---|
| 未退化 | RBD ≥ 90 | 11.20 | 5.8 |
| 轻度 | 75 ≤ RBD<90 | 20.38 | 10.6 |
| 中度 | 60 ≤ RBD<75 | 63.80 | 33.3 |
| 重度 | 30 ≤ RBD<60 | 52.97 | 27.6 |
| 极重度 | RBD<30 | 43.51 | 22.7 |

森林生态系统未退化的区域主要分布在大兴安岭、小兴安岭、横断山区、南岭、武夷山区等。森林生态系统退化严重的区域主要分布在华北、四川等地区（图 14.25）。

10 年间，全国森林生态系统质量退化总体得到改善。未退化等级面积比例缓慢增加，提高了 1.1 个百分点，轻度退化等级提高了 0.9 个百分点。重度与极重度退化面积分别减少了 6.0 与 3.1 个百分点（表 14.43）。

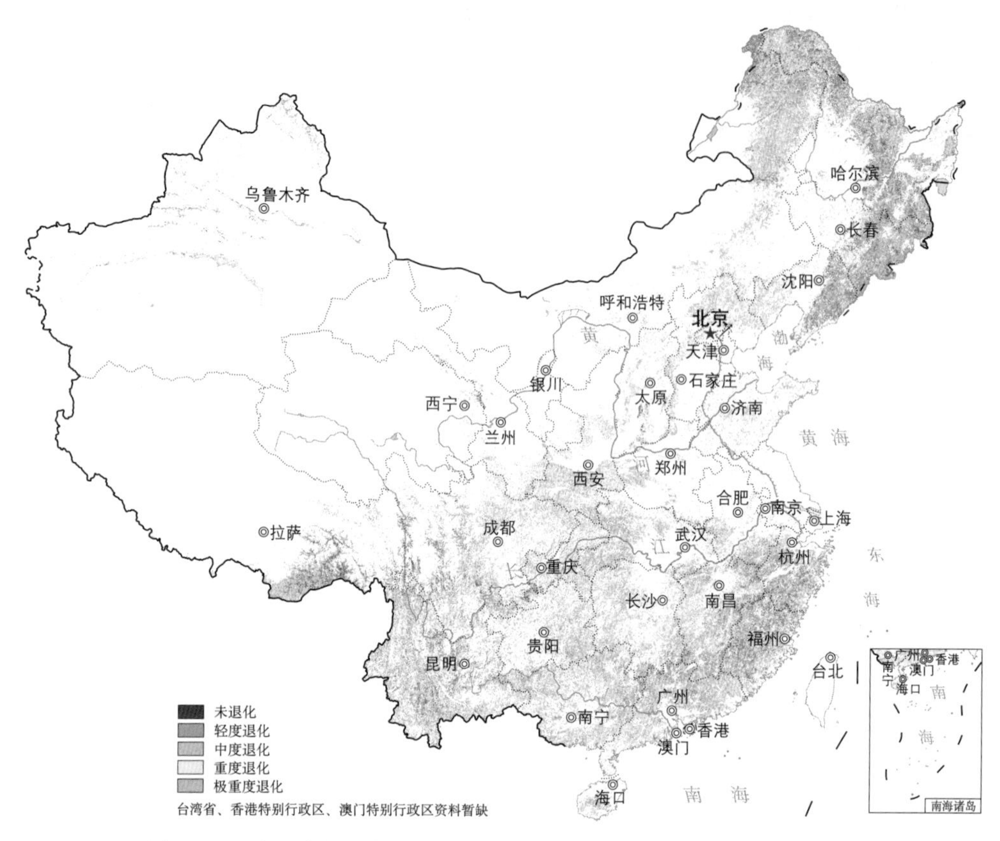


图 14.25　全国森林生态系统退化空间分布（2010 年）（参见书末彩插）

**表 14.43　全国森林退化变化（2000—2010 年）**

| 退化等级 | 2000 年比例 /% | 2010 年比例 /% | 比例变化 /% |
|---|---|---|---|
| 未退化 | 4.7 | 5.8 | 1.1 |
| 轻度 | 9.7 | 10.6 | 0.9 |
| 中度 | 26.2 | 33.3 | 7.1 |
| 重度 | 33.6 | 27.6 | –6.0 |
| 极重度 | 25.8 | 22.7 | –3.1 |

从空间分布来看，全国森林改善区域大于退化加剧区域，总体趋势为变好。改善区域主要分布在长白山、秦巴山区、山西等地，但在大兴安岭、藏东南等局部地区，森林退化呈加剧趋势。

（2）灌丛生态系统退化

全国灌丛生态系统退化非常严重。基于生物量密度指数评价灌丛生态系统退化程度。未退化灌丛生态系统面积为 1.66 万 $km^2$，仅占灌丛总面积的 2.3%，轻度退化的占 3.8%，重度与极重度退化的面积为 55.86 万 $km^2$，占 78.4%（表 14.44）。灌丛生态系统未退化的区域主要分布在秦巴山地、横断山区、南岭、武夷山区等。灌丛生态系统退化严重的区域主要分布在西北地区（图 14.26）。

**表 14.44 全国灌丛生态系统退化等级（2010 年）**

| 退化等级 | 评价标准 /% | 面积 /（万 $km^2$） | 面积比例 /% |
|---|---|---|---|
| 未退化 | RBD ≥ 90 | 1.66 | 2.3 |
| 轻度 | 75 ≤ RBD<90 | 2.69 | 3.8 |
| 中度 | 60 ≤ RBD<75 | 11.08 | 15.5 |
| 重度 | 30 ≤ RBD<60 | 15.37 | 21.6 |
| 极重度 | RBD<30 | 40.49 | 56.8 |

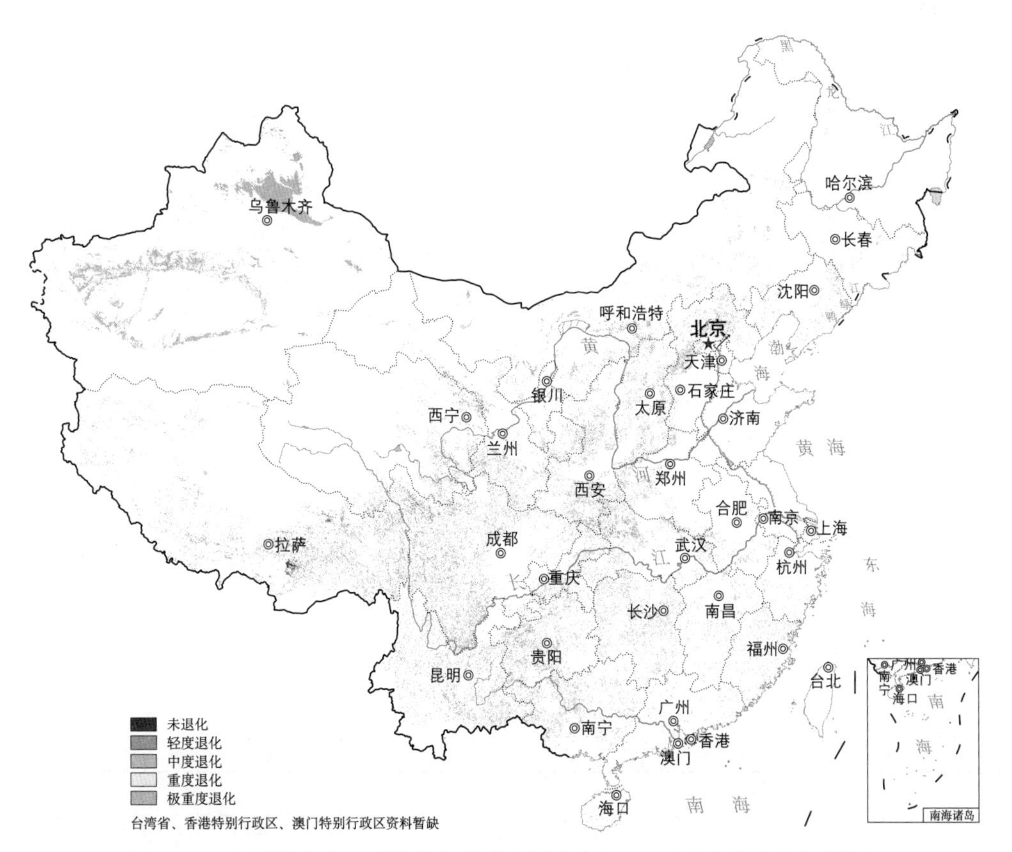


图 14.26 全国灌丛生态系统退化程度空间分布（2010 年）（参见书末彩插）

10 年间，全国灌丛生态系统退化总体得到改善。未退化等级面积比例缓慢增加，提高了 0.7 个百分点，轻度退化等级提高了 0.5 个百分点，重度与极重度退化森林面积减少了 4.6 个百分点（表 14.45）。

**表 14.45 全国灌丛退化分级特征**

| 退化等级 | 2000 年比例 /% | 2010 年比例 /% | 比例变化 /% |
|---|---|---|---|
| 未退化 | 1.7 | 2.3 | 0.7 |
| 轻度 | 3.3 | 3.8 | 0.5 |
| 中度 | 12.2 | 15.5 | 3.4 |
| 重度 | 22.5 | 21.6 | –0.9 |
| 极重度 | 60.4 | 56.8 | –3.7 |

从空间分布来看，全国森林改善区域大于退化加剧区域，总体趋势为变好。改善区域主要分布在华北、横断山区、重庆、贵州等地，但在甘肃南部、西藏南部、东南沿海省份的局部地区，灌丛退化呈加剧趋势。

（3）草地生态系统退化

全国草地生态系统退化严重。未退化草地生态系统面积为 16.13 万 km$^2$，仅占草地总面积的 5.6%。轻度退化占 10.0%，重度与极重度退化占 69.4%。草地生态系统未退化的区域主要分布在青藏高原东部、横断山区等。草地生态系统退化严重的区域主要分布在青藏高原中西部、内蒙古中西部、新疆北部等地（表 14.46 和图 14.27）。

**表 14.46 全国草地生态系统退化等级（2010 年）**

| 退化等级 | 评价标准 /% | 面积 /（万 km$^2$） | 面积比例 /% |
|---|---|---|---|
| 未退化 | $C \geqslant 90$ | 16.13 | 5.6 |
| 轻度 | $80 \leqslant C<90$ | 28.81 | 10.0 |
| 中度 | $70 \leqslant C<80$ | 43.05 | 15.0 |
| 重度 | $50 \leqslant C<70$ | 56.48 | 19.7 |
| 极重度 | $C<50$ | 142.81 | 49.7 |

10 年间，全国草地生态系统退化总体得到改善。未退化等级面积比例缓慢增加，提高了 1.9 个百分点，轻度退化等级提高了 1.5 个百分点，极重度退化草地面积降低了 4.5 个百分点（表 14.47）。

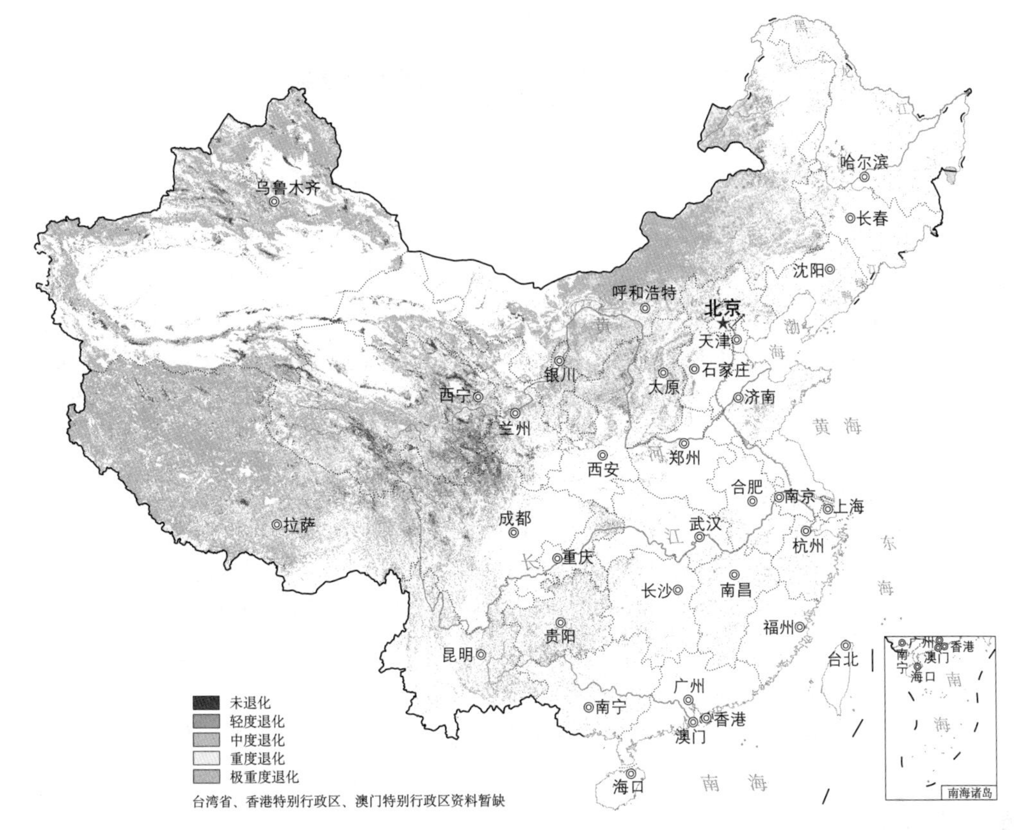


图 14.27 全国草地生态系统退化程度空间分布(2010 年)(参见书末彩插)

**表 14.47 全国草地退化分级特征**

| 退化等级 | 2000 年比例 /% | 2010 年比例 /% | 比例变化 /% |
|---|---|---|---|
| 未退化 | 3.7 | 5.6 | 1.9 |
| 轻度 | 8.5 | 10.0 | 1.5 |
| 中度 | 14.2 | 15.0 | 0.8 |
| 重度 | 19.4 | 19.7 | 0.3 |
| 极重度 | 54.2 | 49.7 | –4.5 |

从空间分布来看,全国草地改善区域大于退化加剧区域,总体趋势为变好。改善区域主要分布在黄土高原、青藏高原中北部等地,但在内蒙古中部、青藏高原西南部、天山南部等地,草地退化呈加剧趋势。

# 14.5　生态系统保护对策

我国面临的生态环境问题,有自然的、历史的原因,但主要是由于资源盲目开发、无序开发、过度开发等人为因素所导致的。体制不完善、机制不健全、责任不落实、改革不到位等是生态环境问题发生发展的深层次因素。

根据中国共产党第十八次全国代表大会和十八届三中全会对生态文明建设的部署,围绕建设美丽中国、深化生态文明体制改革、加快建立生态文明制度、加强生态环境保护、保障国家和地区生态安全的要求,从创新生态环境保护理念、完善生态环境保护体制等方面提出相应的对策与建议。

## 14.5.1　生态环境保护管理面临的问题

（1）生态环境保护顶层设计不完善、责任不落实

当前,我国生态保护体制是按生态类型与生态要素分部门管理的思路建立的,既分森林、草地、湖泊与河流、海洋等生态类型进行管理,又按气象、土地、水资源等生态要素管理,缺乏统一的生态系统保护与监管机构,多头管理,责任不清,效率低下。

同时,主管部门“既是运动员,又当裁判员”,监管部门往往“既是裁判员,又要充当运动员”。资源开发、生态保护与监管职能不分,难以对生态系统实施有效保护。政府与企业的生态保护责任不明确、任务未落实。

（2）生态保护观念落后,重人工建设、轻自然恢复

实践表明,人工生态系统的服务功能与生态效益远低于自然生态系统。在我国的生态保护与建设中,生态建设工程的前期规划与评价不够,重建设、轻管理,生态恢复没有遵循生态规律,过分强调人工措施,将人工造林、种草、改造立地条件等同于生态保护与生态建设,忽视生态保护和自然恢复,不重视生态系统服务功能的恢复,大面积种植桉树、杨树、湿地松、日本落叶松等人工用材林和经济林,导致生态保护与建设成本高、生态系统人工化趋势加剧、生态系统质量下降、自然栖息地丧失、生态系统服务功能退化、生态产品提供能力下降等一系列生态问题。

（3）生态保护规划不尽合理,缺乏“落地”机制

目前,实施的重点生态功能区空间布局不尽合理,74.5% 的土壤保持重要区,70.4% 的防风固沙重要区,53.3% 的生物多样性重要区,62.7% 的水源涵养重要区未纳入重点生态功能区范围内。

主体功能区规划和生态功能区规划均属战略规划,不能将生态保护的要求落实到具体地块上。我国现行土地利用规划分类体系的主要依据是土地的社会经济属性,在分类体系中只有农用地、建设用地与未利用地,包括耕地、园地、林地、交通用地、城乡建设用地,没有考虑土地提供生态产品和服务功能的属性,缺少“生态用地”类型（欧阳志云等, 2015）,将湿地、水域与自然保护区等归为未利用地,从而导致在土地利用规划与管理中,提供生态系统服务功能的土地得不到保障,构建生态安全格局落实不到具体地块上,在农业发展、城市建设与资源开发中,生态保护的要求得不到落实。

（4）城市建设与管理缺乏生态理念

城镇建设中，只注重道路、建筑物和基础设施的建设，城镇快速、无序、摊大饼发展的现象普遍存在，在城镇形态、土地利用布局、绿地建设等多个方面忽视城市生态调节功能的保护和提升，导致城市“热岛效应”增强、内涝加剧、生物多样性丧失等一系列问题，并加剧城镇环境污染和人居环境恶化（李伟峰等，2017）。

在城镇发展中，缺乏城镇与区域的生态协调发展理念，忽视城镇化对区域的生态环境影响，以及区域对城镇的生态支撑作用，盲目开发、无序开发、过度开发资源的问题普遍且严重，导致自然生态系统和野生动植物栖息地丧失、区域生态承载力下降、河流断流与污染、自然湿地丧失、湖泊富营养化和酸雨等一系列的生态环境问题，并已成为严重影响我国城镇化和经济社会可持续发展的重大问题。

（5）缺乏合理的生态保护评估和绩效考核机制

我国尚未建立科学、独立的生态环境评估机制，缺乏统一的调查评估平台与队伍。长期以来，我国生态保护成效的考核，只注重单一生态要素，生态建设工程与实施成效自我评估的现象普遍。没有从保障国家和地区生态安全的要求出发设计考核指标和考核机制，导致将人工造林、种草等生态建设简单等同于生态保护与恢复，加剧了生态系统的人工化。

（6）生态保护与恢复项目多头管理，生态补偿机制不完善

国家生态保护与恢复缺乏统一的规划，项目类型多，管理部门多，资金分散，重复立项，资金使用效益不高（欧阳志云等，2013）。生态补偿缺乏系统的制度设计，内涵泛化，导致补偿名目多、管理部门多，监督机制缺乏，生态补偿与扶持社会发展、生态赔偿、生态建设工程等混淆，补偿资金分散，政策效果不明显等问题。

## 14.5.2 对策与建议

（1）创新生态保护理念，完善国家生态保护策略

现有的生态保护理念和管理方式远远不能满足新时期生态保护的要求，需要调整国家生态保护策略，实行最严格的制度保护生态环境，构建国家生态安全格局，形成与生态保护相适应的生产生活方式，从源头上扭转生态环境恶化的趋势。

树立“保护生态环境就是保护生产力、改善生态环境就是发展生产力”的理念，切实落实社会经济与生态环境保护协调发展的要求，根据资源环境承载力编制国家与地区国民经济和社会发展规划、区域发展战略、产业布局与城市规划。

充分利用城镇化和工业化带来的人口转移的机会，调整城市户籍管理政策、农村土地流转政策、农牧业产业化发展政策、生态保护资金分配政策等，降低农牧区人口对生态系统的经济依赖性，引导人口向城镇集聚，促进生态保护与恢复。

树立生态系统综合管理理念，改革和理顺生态环境管理机制，改变目前按类型、分要素交错重叠管理体制，强化对生态系统的综合保护与管理，加强环境保护主管部门的生态保护监管职能，建立统一的生态环境保护监管机制。

（2）构建生态保护制度体系，用制度规范生态保护行为

建立国土空间开发生态保护制度，优化生态空间格局。建立生态系统生产总值核算机制，把生态资产、生态损害、生态效益纳入经济社会发展评价体系，形成体现生态保护要求的目标体系、

考核办法和奖惩机制。建立体现生态价值和代际的资源有偿使用制度，以及国家统一的生态补偿机制，统筹补偿资金，明确补偿范围、补偿标准和受补偿主体的责任。健全生态保护责任追究制度和生态系统损害赔偿制度，积极开展生态产品与服务的交易试点。

（3）划定并严守生态保护红线，构建科学合理的生态安全格局

为保障国家和地区生态安全，应将全国极重要生态系统服务功能的区域划定为生态保护红线，面积应占陆地国土总面积的 35% 以上。

为了将生态红线落实到地块，需要完善土地利用分类标准，增加生态用地类型，市、县级人民政府应将生态保护红线范围具体落实到土地利用规划上，并以生态红线为基础建立统一的生态补偿机制。

根据新修订的《中华人民共和国环境保护法》的要求，国务院尽快制定并颁布生态保护红线管理办法，明确与规范生态保护红线的划定程序、管理措施、考核机制及相关配套政策。

（4）坚持保护优先，完善生态保护政策，促进自然恢复

坚持顺应自然、保护自然的生态保护理念。生态保护与管理要以增强生态系统服务功能、提高生态系统提供产品和服务能力为目标，坚持以保护优先、自然恢复为主的方针，对人工造林、种草等生态建设工程要进行科学论证和限制，宜林则林、宜草则草、宜荒则荒，在重要生态功能区实行“退人工用材林和经济林还生态林”。修改生态建设相关政策，提高封山育林、草地封育的经济补贴标准，促进自然恢复。

（5）对全国生态功能区划和主体功能区规划进行修编

现有的重点生态功能区和生态安全屏障区没有全面覆盖我国重要的生态功能地区，建议运用本次调查评估成果，对全国生态功能区划和主体功能区规划进行修编，完善国家重要的生态功能区和国家生态安全屏障区的布局，提高重点保护的生态功能区和生态安全屏障区对国家生态安全保障的能力和效益。

（6）统筹区域生态保护与恢复工程，推进区域生态保护与恢复

以国家重要的生态功能区与生态安全屏障区为重点，以增强生态系统服务能力为目标，统筹区域重大生态保护与恢复工程，改变目前生态保护与恢复项目多头管理的局面。

发挥中央与地方的两个积极性，促进生态功能受益方和提供方的合作，促进生态保护与建设资金的多元化，推动中东部地区重大生态保护与修复工程，加强我国东南部和南水北调中线重要水源涵养区、生物多样性保护优先区的生态恢复。

在重大生态建设工程区应大力发展基础教育和职业教育，以教育移民带动生态移民，改变农牧区能源结构，完善生态补偿政策，降低当地农牧民对生态系统的利用和经济依赖性。

（7）增强城镇和城市群生态功能，促进城镇化健康发展

在我国的城镇化进程中，生态保护要避免走“先破坏、后修复”的道路。在国家城镇化战略中，要强化城镇生态安全的要求，预防城镇化对生态环境的破坏，促进我国城镇化的健康发展。

在城市群发展规划中，要体现生态优先原则，优先确定生态用地、划定生态保护红线，确定城乡一体化的经济社会发展和生态保护目标，然后规划城市建设用地。

在城市规划、建设和管理多个环节加强城市生态保护与建设，根据区域生态环境承载力，确定城市发展规模、发展方向和空间结构。在城市总体规划中增加生态规划专项，推动生态建筑和生态社区建设，建立节约资源、利用可再生资源和循环利用资源的机制和政策。

（8）推进流域综合管理，保障流域社会经济可持续发展

针对流域生态环境恶化、生态安全形势严峻的局面，综合协调流域资源环境承载力、产业布局、城镇化格局、生态环境保护等方面的关系，推进流域综合生态管理。

尽快启动长江、黄河、海河等重点流域生态安全对策研究，重点开展流域生态调查、生态风险评估、生态保护与建设措施等工作，制定流域生态环境修复与综合治理规划，促进流域经济社会的可持续发展。

（9）加大资源开发的监管力度，落实生态保护责任

改变目前资源开发多头监管的局面，建立资源开发的统一监管机制。严格禁止在生态保护红线区内开发资源，严格禁止一切探矿、采矿行为。建立天地一体化的资源开发监管平台，对资源开发进行全天候的监控，及时发现和处理违法行为。

将资源开发生态环境保护工作纳入当地政府环境保护目标责任制，对责任人定期进行考评，考核结果纳入其政绩考核内容。对资源开发给生态环境造成的损害进行定量评估。

（10）增强生态保护科技支撑，建立生态调查评估长效机制

加大国家生态保护与恢复方面的科技投入，提升科技支撑能力建设水平。建立国家生态系统调查评估体系，形成遥感数据和地面观测相结合的"天地一体化"国家生态环境调查评估网络，每5年对全国生态环境状况和变化开展综合调查评估，为国家规划和政府考核提供基础数据，每年选择重点地区和重点生态环境问题进行专题调查评估。尽快启动2010—2015年全国生态调查评估工作。

# 参 考 文 献

李伟峰，等．2017．长三角区域城市化过程及其生态环境效应．北京：科学出版社．

欧阳志云，徐卫华，肖燚，等．2017．全国生态系统格局、质量、服务与演变．北京：科学出版社．

欧阳志云，张路，吴炳方，等．2015．基于遥感技术的全国生态系统分类体系．生态学报，(02)：219-226．

张路，欧阳志云，徐卫华．2015．系统保护规划的理论、方法及关键问题．生态学报，35(4)：1284-1295．

Fryrear D W, Saleh A, Bilbro J D, et al. 1998. Revised Wind Erosion Equation (RWEQ) Tech. Bull. 1, Wind Erosion and Water Conservation Research Unit, USDA-ARS, Southern Plains Area Cropping Systems Research Laboratory, Lubbock, TX.

Game E T, Grantham H S. 2008. Marxan User Manual: For Marxan version 1.8.10. University of Queensland, St. Lucia, Queensland, Australia, and Pacific Marine Analysis and Research Association, Vancouver, British Columbia, Canada.

Jiang L, Xiao Y, Zheng H, Ouyang Z Y. 2016. Spatio-temporal variation of wind erosion in Inner Mongolia of China between 2001 and 2010. Chinese Geographical Science, 26(2): 155-164.

Ouyang Z Y, Zheng H, Xiao Y, et al. 2016. Improvements in ecosystem services from investments in natural capital. Science, 352(6292): 1455-1459.

Rao E, Ouyang Z Y, Yu X, et al. 2014. Spatial patterns and impacts of soil conservation service in China. Geomorphology, 207: 64-70.

Wischmeier W H, Smith D D. 1978. Predicting Rainfall Erosion Losses: A Guide to Conservation Planning. Washington, DC: U.S. Department of Agriculture.

# 第 15 章　中国生态系统研究网络信息管理*

“长期、联网”监测数据是 CERN 的特色数据资源和生命线。长期监测数据的采集、管理、分析、共享服务是 CERN 的重要基础性工作。经过 20 多年的建设和运行，CERN 在数据资源的持续积累、数据应用和挖掘、数据支撑服务能力提升、数据开放共享都取得了显著的成绩，与美国长期生态系统研究网络（LTER）、英国环境变化研究网络（ECN）的信息系统形成了全球三大生态观测研究网络信息系统。

## 15.1　中国生态系统研究网络数据资源体系建设

### 15.1.1　数据资源全生命周期管理框架概述

对科学数据的收集、整理、评估、存储工作既是科学数据再利用和共享的基础，也是数据监管（data curation）工作的重点。数据的全生命周期管理是以服务数据利用和再利用为目的而提出的数据管理和保藏的高层次、分阶段的总体框架。在各类科研数据监管项目中，美国国家科学基金会（NSF）资助的地球观测数据网（Data Observation Network for Earth，DataONE）项目备受瞩目，其目标是广泛收集、存储有关地球和环境的数据，在被众多科研人员了解、接受、使用基础上，普及地球和环境数据，创新科学知识。并以 DataNet Solicitation 的生命周期为基础，总结出适用于地球观测网络的数据全生命周期管理模式。

数据的全生命周期包含 8 个阶段（图 15.1）。

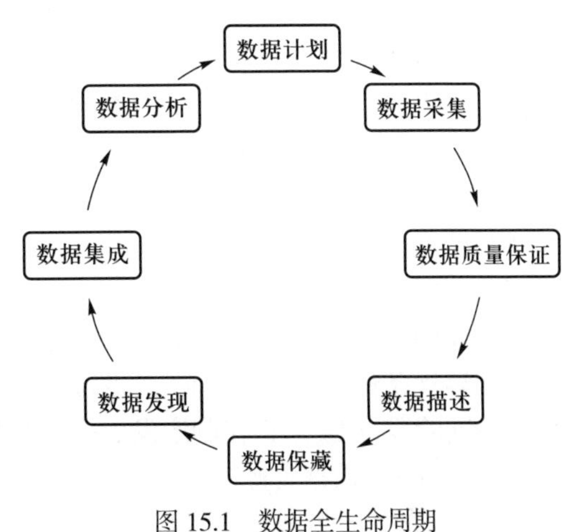

图 15.1　数据全生命周期

- 数据计划（plan）：关于哪些数据将被编撰、如何进行管理与访问等的一系列描述。
- 数据采集（collect）：以数字化形式存储手工、传感器或其他仪器观测的数据。
- 数据质量保证（assure）：数据经过检查和监管，确保数据的高质量。

---

* 本章作者为中国科学院地理科学与资源研究所何洪林、郭学兵、苏文、张黎、任小丽、周玉科。

- 数据描述（describe）：使用合适的元数据标准对数据进行准确、完整的描述。
- 数据保藏（preserve）：数据被提交到合适的归档中心（例如数据中心）进行长期保存。
- 数据发现（discover）：使具有潜在使用价值的数据及元数据可被定位、发现、获取。
- 数据集成（integrate）：将来源分散的数据整合形成一致、同质的数据集，可用于数据分析。
- 数据分析（analyze）：数据被进行分析。

研究活动可历经数据全生命周期的部分阶段或全部阶段，但并非一定是线性的，有时是循环往复的。CERN 的长期动态监测数据历经了数据全生命周期的全部阶段，甚至是若干次循环。因此，全生命周期数据管理对 CERN 数据管理具有重要的借鉴和指导作用。

### 15.1.2 CERN 数据概况及特点

（1）CERN 数据建设概况

中国生态系统研究网络（CERN）始建于 1988 年，其建设宗旨是通过对全国不同区域和不同类型生态系统的长期监测与试验，结合遥感与模型模拟等方法，研究我国生态系统结构与功能、过程与格局的变化规律，开展生态系统优化管理与示范，提高我国生态学及相关学科研究水平，为我国生态与环境保护、资源合理利用和国家可持续发展及应对全球变化等提供长期、系统的科学数据和决策依据（Michener and Jones，2012）。

监测、研究、示范是 CERN 的三大任务，这些科研活动产生大量的观测和科研数据。CERN 老一辈科学家高瞻远瞩地提出了建设 CERN 六套数据集的设想和规划，包括生态站层次的生态系统结构与功能研究所需要的水分、土壤、气象、生物等生态要素长期定位观测数据（第Ⅰ套数据集）；反映生态系统重要生态过程（如水循环、养分循环、能流过程等）研究所需要的数据（第Ⅱ套数据集）；生态站所在地区自然本底、社会经济和统计资料以及研究项目数据（第Ⅲ套数据集）；生态站管理数据（第Ⅳ套数据集）；分中心层次的水分、土壤、气象、生物专业研究数据（第Ⅴ套数据集）；综合中心层次的大尺度综合研究数据（第Ⅵ套数据集）。

CERN 在 30 年发展过程中，围绕监测、研究、示范三大目标开展了一系列系统化的科研活动，在生态站—分中心—综合中心三个层次上产生积累了大量宝贵的生态科学数据，与此相关的科学数据资源的管理和建设一直被予以高度重视，不同阶段启动了一系列科研项目推动数据资源建设工作的发展，全面推进六套数据集的建设。

尤其是第Ⅰ套数据集采用自上而下统一规划设计，具有明确的指标体系、监测规范、考核机制，数据生产相关各方（生态站—分中心—综合中心）责任和义务明确，建设了完善的组织架构、技术系统和信息系统，实现了数据库建设的常规化和长期化运行，为数据的开放共享奠定了很好的基础，全面践行了数据全生命周期的各个阶段。

与此同时，由于体制与机制建设、技术体系与平台建设，以及人力、物力、财力的投入水平等主观和客观条件的限制，其他几套数据集建设进展不尽相同。数据集的建设、开放、共享处于发展的不同阶段，CERN 正在制定发展战略和分步骤、分阶段的实施方案对此加以推进。

（2）CERN 数据资源特点

CERN 数据资源具有多样性、多源性、长期性的特点。

① 生态系统类型多样、学科类型多样、主体建设单位多样

CERN 生态系统覆盖全国各地的农田、森林、草原、荒漠、海湾、湖泊、沼泽、城市和喀斯特共

9类生态系统,共计44个生态站,数据涉及水分、土壤、大气、生物等学科门类,数据生产主体建设单位涉及44个生态站、5个学科分中心和1个综合中心。因此,必须建立规范化的管理体制和机制及切实可行的标准规范,才能获得高质量、长期连续的数据。

② 数据获取手段多源

生态学科研工作者需要利用不同方法采集获取不同时空尺度的生态数据。主要采集手段包括站点地面定位人工观测与自动观测、实验分析、模型模拟、无人机观测、遥感卫星解译、调查统计等。数据的主要存储形式包括关系数据库、空间数据库、文本、矢量、遥感影像等类别,结构化、半结构化、非结构化数据并存。因此,CERN的数据管理活动需要综合集成并创新应用遥感、GIS、网络、数据挖掘与分析和云计算、数学模型构建等各种新技术,以推动数据管理的创新。

③ 数据长期性

生态学研究进入了一种以网络式长期定位观测为基础、以定量化和现代化信息技术为研究手段、以建立区域和全球可持续生态系统为目标的全新阶段,这种发展新趋势要求数据管理做到可永久保藏、长期可访问,这对数据管理的系统性、标准化、长期性提出了很高要求。

④ 科研活动多样、经费来源多样

科研活动及其经费渠道多样化导致数据多样化。既有CERN运行经费长期支持(如CERN所规定的生态系统长期定位观测)获得的数据,也有以CERN为依托、由国家科研经费直接支持的研究项目或课题所获得的各类观测和实验数据以及综合集成的区域性生态环境数据;还有其他渠道的经费直接支持的各类研究项目或课题,在其研究工作中需要利用CERN各生态站、分中心和综合中心相关实验研究设施、仪器或数据等条件所获得的各类数据。不同经费来源意味着数据管理共享的方式和策略不同、管理难度不同、管理部门不同,同时生态科学本身是交叉学科,专业领域复杂多样,科研信息内容庞杂,信息化难度较大,需要探索更新的信息管理方法和技术以便适合如此复杂领域的专业数据的管理。

### 15.1.3 生态系统长期动态监测数据库建设

(1) CERN长期联网监测数据计划

《中国生态系统研究网络章程》规定,CERN是以生态站为基础和核心,分中心、综合中心协同发展的网络化运行实体。生态站按统一的标准配置仪器设备,并按农田生态系统、森林生态系统、草地生态系统、荒漠生态系统、湿地生态系统、湖泊与海湾生态系统长期监测统一的监测指标体系和操作规范进行观测、分析和试验;各学科分中心负责监测指标体系和技术规范的制定、仪器标定、数据质量控制等,组织相关生态站开展专题研究;综合中心负责数据管理和共享服务,组织CERN层面的生态系统联网综合研究。

《中国生态系统研究网络考核与评估办法(暂行)》《中国科学院生态系统研究网络数据共享和管理条例(暂行)》明确规定了第Ⅰ套数据集的数据管理计划及其各个阶段的执行方法和考核办法,规定了监测数据的范围、采集、质量保证、描述、保藏、发现、集成、分析等各阶段的管理和开放共享的方法等,是CERN自上而下对数据资源建设提出的总体规划和行动方案。

以《陆地生态系统水环境观测规范》《陆地生态系统生物观测规范》《生态系统大气环境观测规范》《陆地生态系统土壤观测规范》等观测指标体系和观测规范为基础,CERN制定了一系列信息技术规范和标准。以信息技术标准体系做支撑,开发了一系列软件工具,生态站据此建立了动态监测数据库、元数据库，并通过数据汇聚机制形成了生态站—分中心—综合中心三级分布式存储数据库，服务于各级成员单位的数据开放共享。如图 15.2 所示。

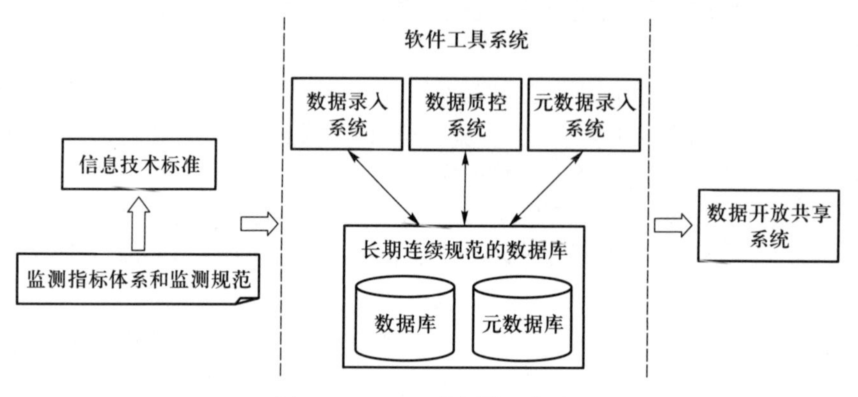


图 15.2　CERN 数据管理方法

（2）信息规范标准及其应用

鉴于数据多源性、数据产生单位多源性，联网监测数据的数字化建设必须坚持标准先行的原则。以现有的国际标准组织（ISO）、国家标准、行业标准、CERN 的管理和技术规范为基础，构建了从数据采集阶段至数据保藏阶段的 CERN 的标准和规范体系，标准规范贯穿监测数据信息化全过程，如图 15.3 所示。

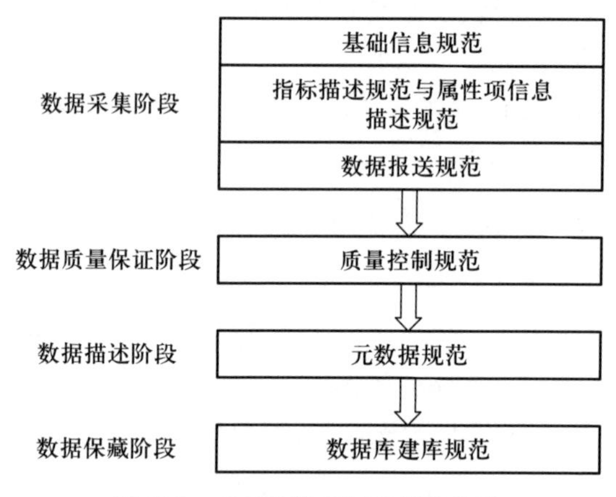


图 15.3　CERN 信息标准规范体系

① 信息技术标准

基础信息规范：包括“CERN 生态站代码编制规范”和“各类型生态系统观测场样地代码编制规范”。其中，生态站代码编制规范为每个生态站定义了唯一代码。

观测场地和观测设施在监测数据管理的过程中处于一个核心的地位，所有监测数据都与观测场地或观测设施密切相关，拥有唯一代码是基本要求，这样才能保证 CERN 多年连续观测数据的空间信息一致和数据的可比性。样地代码规范规定了 CERN 农田、森林、草地、荒漠、沼泽、湖泊和海湾生态系统中观测场及长期观测采样地的分类和编码方法，将生态站的样地代码固定下来，在数据表格中仅需包含样地代码一列，且年际之间永久保持不变（如表 15.1）。

表 15.1　临泽站部分长期观测采样地代码举例

| 序号 | 长期观测采样地代码 | 长期观测采样地名称 |
| --- | --- | --- |
| 1 | LZDZH01ABC_01 | 荒漠绿洲农业生态系统综合观测场土壤生物采样地 1 号 |
| 2 | LZDZH01CTS_01 | 荒漠绿洲农业生态系统综合观测场土壤水分观测样地（3 个中子管） |
| 3 | LZDZH01CHG_01 | 荒漠绿洲农业生态系统综合观测场土壤水分观测样地（3 个烘干法测点） |
| 4 | LZDZH01CGB_01 | 荒漠绿洲农业生态系统综合观测场灌溉用水 1 号 |
| 5 | LZDZH01CDX_01 | 荒漠绿洲农业生态系统综合观测场地下水采样点 1 号 |
| 6 | LZDZH01CYS_01 | 荒漠绿洲农业生态系统综合观测场雨水水质采样点 1 号 |
| 7 | LZDZH02ABC_01 | 荒漠生态系统综合观测场土壤生物采样地 1 号 |
| 8 | LZDZH02CTS_01 | 荒漠生态系统综合观测场土壤水分观测样地（3 个中子管） |

编码体系综合考虑了各站、各学科门类、各类型的观测场设置情况和案例，并给出统一的概念定义和分类方法；并制定编码分类体系，进一步给出编码方法，使得每个样地具有唯一确定的代码，同时建立了各个样地的详细信息描述文档。

指标描述规范与属性项信息描述规范：定义了与指标体系、监测规范相吻合的约 200 张表格包含的字段，以及各字段属性含义、精度、量纲单位的定义。以森林生物的观测指标“森林植物群落各层优势植物和凋落物的元素含量与能值（FA15）”为例，表 15.2 定义了属性项的填写方法。

表 15.2　森林植物群落各层优势植物和凋落物的元素含量与能值（FA15）

| 属性项 | 类型 | 长度 | 精度 | 量纲 |
| --- | --- | --- | --- | --- |
| 生态站代码 | 字符型 | 3 | 0 | |
| 年 | 数字型 | 4 | 0 | |
| 月 | 数字型 | 2 | 0 | |
| 日 | 字符型 | 10 | 0 | |
| 样地代码 | 字符型 | 13 | 0 | |
| 样地名称 | 字符型 | 100 | 0 | |
| 样地类别 | 字符型 | 20 | 0 | |
| 样方号 | 字符型 | 20 | 0 | |
| 植物种名 | 字符型 | 40 | 0 | |
| 拉丁名 | 字符型 | 50 | 0 | |
| 采样部位 | 字符型 | 20 | 0 | |

续表

| 属性项 | 类型 | 长度 | 精度 | 量纲 |
| --- | --- | --- | --- | --- |
| 样品编号 | 字符型 | 20 | 0 | |
| 室内分析日期 | 字符型 | 20 | 0 | 月 / 日 / 年 |
| 全碳 | 数字型 | 10 | 2 | $g \cdot kg^{-1}$ |
| 全氮 | 数字型 | 10 | 2 | $g \cdot kg^{-1}$ |
| 全磷 | 数字型 | 10 | 2 | $g \cdot kg^{-1}$ |
| 全钾 | 数字型 | 10 | 2 | $g \cdot kg^{-1}$ |
| 全硫 | 数字型 | 10 | 2 | $g \cdot kg^{-1}$ |
| 全钙 | 数字型 | 10 | 2 | $g \cdot kg^{-1}$ |
| 全镁 | 数字型 | 10 | 2 | $g \cdot kg^{-1}$ |
| 干重热值 | 数字型 | 10 | 2 | $MJ \cdot kg^{-1}$ |
| 灰分 | 数字型 | 10 | 1 | % |
| 备注 | 字符型 | 250 | 0 | |

数据报送规范：定义了数据报送流程、方式、报送内容，定义了陆地生态站向水分、土壤、生物、大气分中心分别报送该按照指标描述规范要求的规范学科数据表，各专业分中心进行质量控制，然后报送到综合中心；水体生态站向水体分中心、大气分中心分别报送该按照指标描述规范要求的规范学科数据表，水体分中心进行质量控制，然后报送到综合中心。流程见图 15.4。

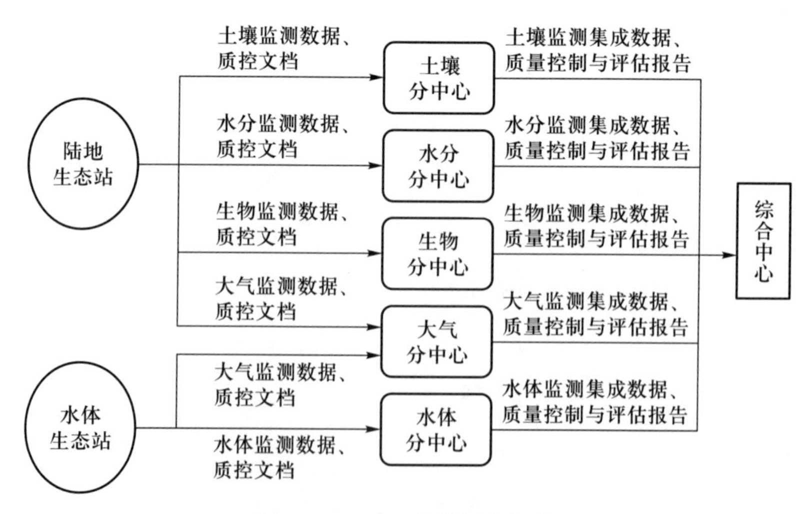


图 15.4　CERN 数据报送规范

数据质量控制规范：以监测指标体系、监测规范为基准，CERN 获取了各种原始信息，再通过各种技术手段进行系统化、标准化、评价与分析，形成了具有科学价值的长期联网观测数据资源。标准化和质量控制贯穿整个工作流程，具体包括数据采集过程的质量保证、数据传输的质量保证、数据管理及分发的质量控制等，构建生态站—分中心—综合中心三级式、全流程（采集、整理、评价、保存积累、流动与应用）、全环节数据质控体系，达到提供高质量质控数据、提供数据说明、实现全过程数据回溯的目标（吴冬秀等，2012）。

● 生态站层次

在相关分中心指导下制定监测指标的质量管理目标和计划，包括观测样地管理、样品采集质量保证、实验分析质量保证、样品保存质量控制、野外传感器质量保证等各个环节，这是数据采集阶段的数据质量保证体系，经过分中心审核、生态站具体落实执行，最大程度保证数据采集阶段获取高质量的原始数据。

同时在生态站层次需要进行数据值及格式的正确性检查、数据范围和逻辑检查、数据一致性和可比性检查、数据缺失或异常情况说明报告。

● 分中心层次、综合中心层次

质量控制（QC）阶段采用标准化流程确保每一步数据处理过程可回溯，尽量提高自动化程度，保证数据处理过程的正确性、高效性，包括数据常规项目检验、数据统计校验、数据关联校验、数据专家知识校验，如图 15.5 所示。

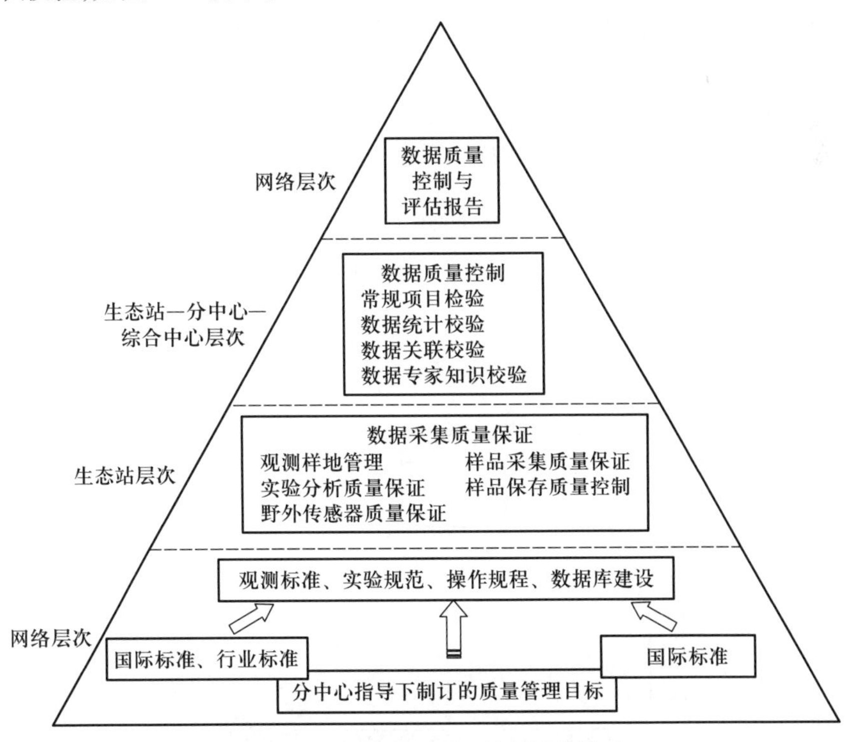


图 15.5　CERN 数据质量控制规范体系

分中心、综合中心主要从完整性规范、数据格式规范、数据内容基本校验规范和可视化图表分析检验规范等四个方面进行审核。

完整性规范是指是否完整提交年度观测规范要求的观测指标数据，提交的数据是否包括规定时间、频度、时间范围和规定空间范围的数据，如有缺失则不满足完整性规范要求。

数据格式规范是指提交的每张观测数据表的表头是否符合观测规范要求的表头，包括数据项的含义、数据项的顺序是否与观测规范要求的表头完全一致，如有不一致则违反数据格式规范。

数据内容基本校验规范，包括共性数据检验和特性数据检验。共性数据检验主要包括日期、样地、物种名称等一些公共数据属性项的检查，主要是非空检查、年际之间数据一致性检查；特性数据检验主要是按照各个指标的物理学含义，根据专家知识，逐个数据项规定检验规范，包括数据有效阈值范围检验或者数据项间逻辑关系检验等。

可视化图表分析检验规范，主要对数值型数据指标通过绘制各类统计图表，直观图示数值型数据的变化趋势及其变化范围，从而发现是否出现数据突变现象，判断数据异常情况。

元数据标准：元数据标准是关于数据的描述信息的一个标准化框架。元数据标准是建立跨生态站的统一数据管理和数据共享信息系统的基础和关键所在，是实现科学数据有效发现、管理、共享、交换和整合的主要手段之一。

CERN作为主要单位参与编制了2006年颁布的生态科学数据元数据国家标准（GB/T 20533-2006），以此为基础，CERN制定了与国际标准、国家标准接轨的，内容更加适合CERN长期生态学监测的元数据标准《长期生态学数据资源元数据标准》（中国生态系统研究网络技术报告第1号），该标准作为生态科学数据元数据国家标准在CERN长期生态学监测与研究领域的应用专规。

《长期生态学数据资源元数据标准》定义了10个元数据模块，分别是标识信息、数据质量、方法、场地、项目、分发信息、元数据参考、实体、空间参照系、空间表示（图15.6）。每个元数据模块包含一个或多个复合描述符（UML类）。复合描述符包含标识离散元数据单元的简单描述符（UML类属性）。它包含必选、条件必选和任选的描述符（中国国家标准化管理委员会，2007）。

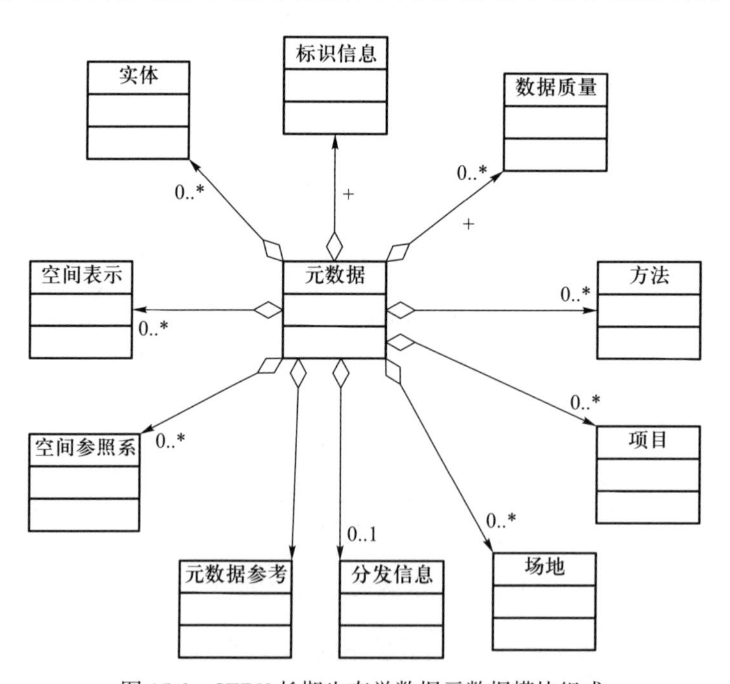


图15.6　CERN长期生态学数据元数据模块组成

主要模块简介如下：

● 标识信息

“标识信息”包含唯一标识资源的有关信息，它包括资源的题名（数据集名称）、摘要、目的、主题、贡献者、状态、日期、维护、关联、限制和范围等信息。标识信息元数据模块是必选的。

● 实体

数据集所包含的数据实体的有关信息，用于在数据实体层次上对数据集的结构（包括逻辑结构和物理结构）进行说明。“实体”包含实体名称、描述、类型、覆盖范围、属性信息、约束信息、内部物理格式等。数据实体可能是列表类型的，如关系数据库数据表、电子表格、具有固定结构的文本文件等，也可能是栅格图像、矢量图像，也可能是一般图像、模型、视频文件、音频文件或者其他类型的。

● 方法

说明数据资源生产过程中遵循的方法（方法是影响数据质量的重要因素）的有关信息，包括试验或者采样、理化分析、观测、调查的方法说明，以及数据质量控制措施等。“方法”是可选的。

● 场地

产生数据的试验或者观测、调查所在的场地的有关信息。一般而言，场地信息用于对野外试验或者观测、调查产生的数据的自然环境背景进行说明。

● 数据质量

“数据质量”说明对数据资源质量的评价，包含质量评价的范围和评价报告。数据质量元数据模块是必选的。

数据库建设规范：除了建立生态站、样地等的信息代码库之外，数据保藏阶段还需建立数据库结构规范（数据字典）和元数据库结构规范（元数据字典），主要建设内容包括数据库表格的分类编码、数据库表格和属性项的命名方法和规则，从而实现监测数据库、元数据库物理结构定义和存储。

● 项目

监测数据库共19大类，包括大约200张表格，见表15.3。每张表格的所有字段属性代码、含义、精度、量纲单位都在数据字典中进行了明确的定义。

**表 15.3 联网监测数据大类表**

| 模块 | 大类代码 | 大类名称 | 模块 | 大类代码 | 大类名称 |
|---|---|---|---|---|---|
| 陆地生物 | AA | 农田生物 | 陆地水分 | AC | 农田水分 |
| | FA | 森林生物 | | FC | 森林水分 |
| | GA | 草地生物 | | GC | 草地水分 |
| | DA | 荒漠生物 | | DC | 荒漠水分 |
| | MA | 沼泽生物 | | MC | 沼泽水分 |
| 陆地土壤 | AB | 农田土壤 | 水体 | LA | 湖泊生物 |
| | FB | 森林土壤 | | LC | 湖泊生物 |
| | GB | 草地沼泽土壤 | | BA | 海湾生物 |
| | DB | 荒漠土壤 | | BC | 海湾生物 |
| 大气 | DD | 大气 | | | |

- 元数据参考

标准的生命力在于应用。CERN 将长期生态学数据资源元数据标准进行了计算机信息化（包括元数据库逻辑结构设计→物理结构设计→元数据填写规范制定），设计开发了具有元数据录入编辑功能的元数据著录系统，经过部署、培训、推广，已于 2006 年、2012 年全面应用于 CERN 分布式数据管理与共享信息系统中，标准具有合理性和可操作性。可与美国 LTER 的 EML（ecological metadata language）接轨，有效促进了 CERN 数据管理和开放共享以及与国际的数据交换，形成了一套以数据库格式存储的元数据库。

元数据库主要包括标识与实体信息、质量信息、场地信息、方法信息共 25 张表格（表 15.4）。字段属性代码、含义、精度、量纲单位都在元数据字典中进行了明确的定义。

**表 15.4　元数据库组成**

| 模块 | 表代码 | 表名称 | 模块 | 表代码 | 表名称 |
|---|---|---|---|---|---|
| 标识与实体信息 | I1 | 分类系统表 | 方法信息 | M1 | 方法基本信息表 |
| | I2 | 实体分类表 | | M2 | 采样记录表 |
| | E1 | 实体概要元数据表 | | M3 | 观测记录表 |
| | E2 | 表格类实体详细信息表 | | M4 | 调查记录表 |
| | E3 | 空间类实体详细信息表 | | M5 | 其他方法记录表 |
| | E4 | 其他类实体详细信息表 | | M6 | 分析记录表 |
| | A1 | 属性信息表 | | M7 | 场地方法和实体关联关系表 |
| 质量信息 | Q1 | 数据质量信息表 | | M8 | 质控方法基本信息表 |
| 场地信息 | S1 | 观测场基本信息表 | | M9 | 标样测定记录表 |
| | S3 | 观测场自然背景信息表 | | | |
| | S4 | 观测场样地配置信息表 | | M10 | 仪器标定记录表 |
| | S6 | 样地管理信息表 | | M11 | 仪器信息表 |
| | S7 | 外部链接文件信息表 | | M12 | 样品保存信息表 |

② 基于信息技术标准开发的数据管理软件工具系统

元数据库著录系统：生态站元数据是对实体数据的描述与说明，其中，概要元数据信息描述了实体数据的存储类型、数据时空范围以及关于数据内容的说明信息。如果实体数据是以数据库表形式存放，需要在概要元数据信息表中选择分类为“表格型”，同时通过字典管理上传该实体的表格字段定义信息，系统可根据字典模板自动创建实体表的物理结构。

生态站数据管理员可以下载元数据填写模板→按照下载的模板填写元数据→批量上传、定制上传元数据，或者点击元数据表进行批量删除、导出、查询、添加、删除单个元数据条目等操作（图 15.7）。

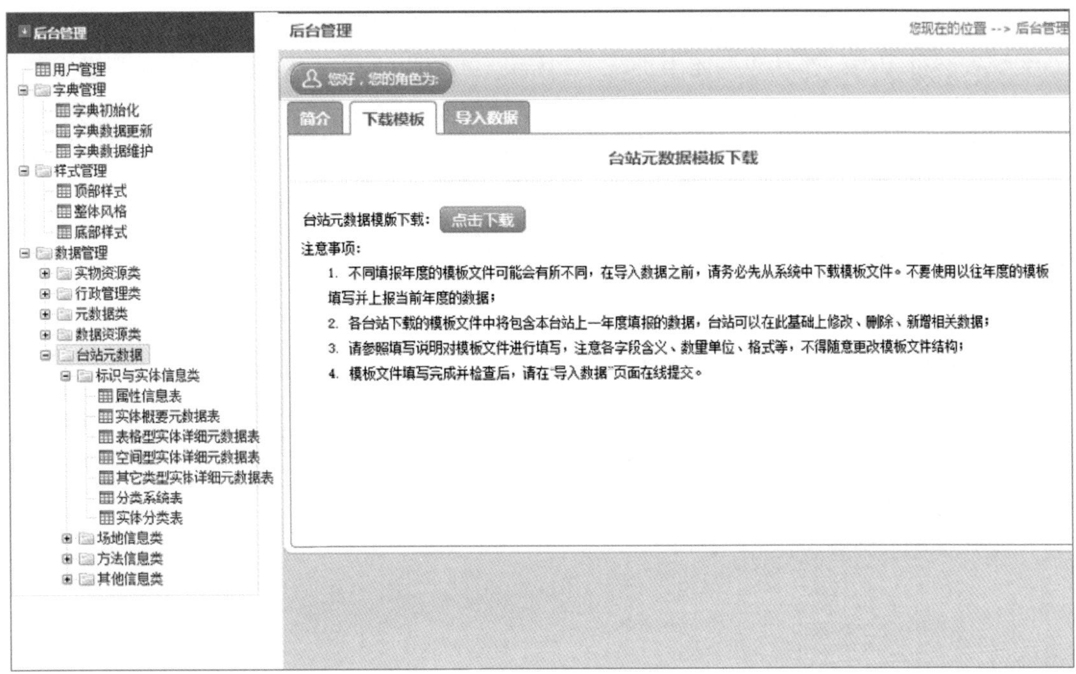

图 15.7 CERN 长期生态学数据元数据著录系统

联网监测数据库著录系统：本系统主要实现联网监测数据录入生态站数据库的功能。在生态站系统安装过程中已经在数据库中进行了初始化，初始化的数据有：监测类系统分类表、实体分类表、实体数据表。管理员只需要填写监测类实体概要元数据信息和实体详细元数据信息，下载实体数据的 Excel 填写模板，并填写监测数据内容，即可批量或定制导入监测实体数据。同时系统还具有批量删除、导出、查询、添加监测实体数据的功能（图 15.8）。

图 15.8　CERN 长期联网数据著录系统

数据质量控制系统：不同类型的信息规范采用不同的检验方法进行检验，通常完整性规范采用人工检查，并结合计算机辅助检查的方式，同时信息系统在数据质量控制方面发挥着重要的支撑作用，面对大量数据的处理与检验工作，信息系统可以大大提高数据检验的工作效率。

数据校验功能主要包括：对用户选定的被检验的一个 Excel 文件装载数据后，将表头与观测数据规范数据表表头进行对比和匹配，可检查出 Excel 文件是否符合数据格式规范；选定若干条规则开始检验数据库表，违反规则的数据记录将被以红色突出显示，同时可将出错记录保存到一个 Excel 出错文件中待查；可视化图表分析则以图示化的方式直观地表示出多个指标数据的时间变化趋势或者不同空间对象上单一指标数据的时间变化趋势，从中可进一步发现数据超界、数据缺失或数据突变问题，也可以了解数据变化的趋势。

（3）数据库建设成效

截至 2016 年年底，动态监测数据量达 7.1 GB（每年新增约 0.5 GB），形成了一套系统化、规范化的生态系统长期动态监测数据集，包括农田、森林、草地、荒漠、沼泽、湖泊、海湾七大类生态系统中水环境、土壤理化分析、生物要素，各类型生态系统大气环境的大约 200 张表格的长期动态监测数据。

目前，联网监测数据库形成生态站—分中心—综合中心三级分布式存储体系，CERN 集成数据库由综合中心运行维护，专业数据库由各分中心运行维护，生态站数据库由各生态站运行维护。综合中心数据库以 Oracle 数据库进行存储管理，生态站数据管理以 SQL Server 进行管理。

生态站本地录入元数据并可被收割到综合中心，综合中心建成包含大约 8000 条数据集元数据的元数据库，对外提供全部生态站的元数据供检索发现。

### 15.1.4　其他数据库建设进展与成效

（1）背景数据库

依托 CERN 年度考核及 5 年评估工作的开展，CERN 利用数据汇交系统完成了 2011—2016 年生态站管理数据的规范化汇聚，形成了管理数据汇交的业务机制。

CERN 管理数据包括实物资源、知识资源与人才资源等几大类。实物资源包括样地资源、样品资源、标本资源、仪器资源和设施资源等。知识资源主要指科学研究和技术创新的成果，包括论文、专著、标准、专利、生产和生态恢复模式、科技奖励、科技项目、合作交流等。人才资源包括生态系统管理专家、生态恢复专家、生产技术专家、技术推广示范人才等。

基于实物资源分类、知识资源与人才资源分类，CERN 制定了《CERN 实物资源描述规范》《CERN 知识资源与人才资源描述规范》，具体规定了各类资源的含义、基本属性信息的标准化描述方法，以此为指导收集所有成员单位的相关管理数据。

以信息标准规范为基础，开发了一套面向生态站内部管理人员使用的业务化运行系统（即汇交系统）。生态站内部管理员固定于每年 2—4 月汇交一次上一年度的实物资源信息、知识资源与人才资源信息，经过一报、一审、返修、二审 4 个阶段后实现信息的规范化入库，建立了基于生态网络云的云端数据库，如图 15.9 所示。

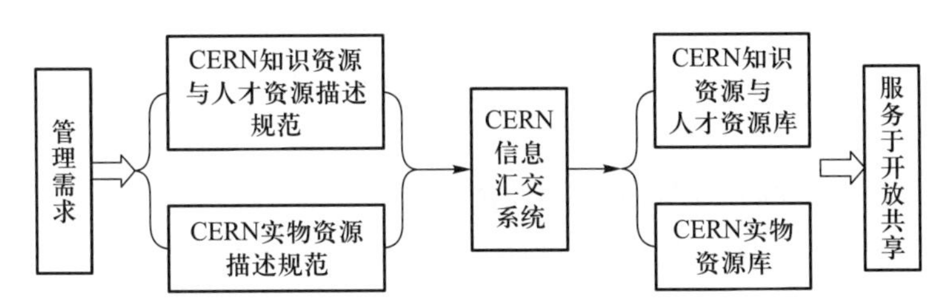


图 15.9　CERN 管理信息管理流程

截至 2016 年年底，积累了规模为 30 万条记录的样地、样品、标本、仪器、设施、人员、学生、论文、专著、奖项、专利等管理数据。

依托数据同步系统，这些信息可在网络层次、生态站之间实现信息自由流动，实现信息的一次汇交、多次使用的目的。

（2）科研类数据

科研产生的数据主要有 3 个存储途径：由政府或专门资助机构资助的大型科研数据一般存储在专门的数据中心或存储库中；一些小的学科或者相对小型的科学研究会把科研数据存储在机构库或科研机构自己的存储系统中；还有一些科研数据被科研人员直接存储在本地的计算机

或硬盘中（许鑫等，2014）。

CERN 科研类数据主要包括依托 CERN 的科研队伍和设施开展科研计划和科研项目，在生态站—分中心—综合中心积累的科研数据，可分为联网专项观测和研究数据。这些数据分别由数据产生方的不同规模、不同专业水准的团队进行独立管理，管理方式异质化，尚未在 CERN 数据发布系统中得到展现（图 15.10）。

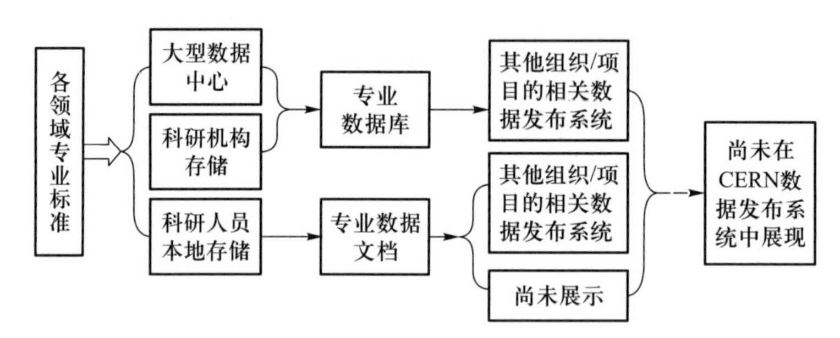


图 15.10　CERN 科研数据信息管理流程

① CERN 专项联网观测数据库

CERN 网络层次具有较大影响的专项联网观测得到了 CERN 的经费支持，建立的数据库包括：综合中心建立了中国陆地生态系统通量观测研究网络（ChinaFLUX）碳水通量观测数据库；土壤分中心建立了土壤光谱数据库、土壤样品标本数据库、我国东部典型土系剖面环境数据库、土壤专题图库、土壤养分数据库等；大气分中心建立了中国长期地面能量平衡数据集、中国背景地区大气环境本底值数据集、中国温室气体数据集、中国背景地区大气气溶胶光学厚度数据集等；生物分中心建立了中国 150 种优势植物化学成分数据集、生态站植物名录信息数据集、生物多样性观测数据等；水分分中心建立了中国典型陆地生态系统地表蒸散数据集、同位素观测数据库等。

其中，综合中心建立的 ChinaFLUX 碳水通量观测数据库包括自 2002 年以来利用涡度相关技术测定的典型陆地生态系统碳氮水通量数据，主要包括常规气象、二氧化碳通量、显热 / 潜热通量等观测数据。目前，开放共享数据有：碳水通量日统计数据（净生态系统碳交换量、总生态系统碳交换量、生态系统呼吸、显热通量、潜热通量）；气象 30 分钟数据（总辐射、光合有效辐射、冠层温度、降水量）；通量 30 分钟数据（二氧化碳通量、显热通量 / 潜热通量）。ChinaFLUX 为专项联网数据库的管理与共享提供了示范，为专项联网观测数据依托大型数据中心进行管理并实现全方位开放提供了建设经验和技术支撑。

② PI 科研类数据

科研类数据指的是项目首席科学家（project investigator，PI）从其他科研渠道获取经费开展科学研究活动所积累的科学数据，目前已累积了数量庞大且差异性极大的数据宝藏，存在的问题是这些数据文件分散各地不易取得，不仅难以扩大资料的应用面，更因许多数据库缺乏管理极易造成资料的流失，不但减损了这些研究资料的价值，同时也相对提高了研究成本，更无法整合既有资料，产生新的研究价值。

CERN 科研数据丰富多样，不胜枚举，这些数据由数据产生方独立管理，管理方式异质化，管理队伍规模、专业水准参差不齐，有的甚至散落在科学家个人手中。

综合中心研制开发的《全国陆地生态系统空间化信息——气候要素》图集中所包含的中国

1 km×1 km 气候栅格数据集，基于全国 740 个站点 1961—2000 年的气象观测数据，利用 GIS 技术、计算机技术和空间数据库技术，生成了中国陆地各种气象 / 气候要素的 1 km×1 km 栅格影像数据集，包括辐射、温度、降水、湿度、风和气候指数等 20 多种要素的空间信息，按不同时间域，共生成 183 个栅格影像数据。这些数据通过生态网络云平台实现了全面开放共享，支持了众多科研单位科学研究的工作。

但由于科学家的开放理念和开放策略不同，科研考核机制在促进科研数据的存储积累方面的机制尚不完善，尚未形成全面开放的数据共享氛围和环境。科研数据汇聚开放共享存在发展不平衡、不充分的问题。

这类数据的汇聚面临更多挑战，尚处于起步探索阶段。一方面，CERN 正在推进元数据的开放共享，鼓励科学家主动自愿收集整理开放科研数据，建立了部分科研数据的元数据库；另一方面，探索以数据论文发表为抓手，促进数据汇聚开放共享。

## 15.2 基于云计算的生态系统网络科研信息化环境建设

2015 年以来，党中央、国务院高度重视我国大数据的发展和应用，将大数据确定为国家发展战略。《促进大数据发展行动纲要》(国发〔2015〕50 号)设定了大数据未来 5～10 年的发展目标和主要任务。国家生态文明建设战略方针的提出，对生态系统观测研究的信息化也提出了新的要求。CERN 根据长期生态系统观测的需求和信息技术发展的趋势，开展了一系列的信息化升级工程，在科学院"十一五""十二五"科技领域云项目支持下，以云计算和大数据技术为依托，建设了 CERN 生态网络云系平台。

### 15.2.1 生态网络云平台概述

在全球变化研究的推动下，随着观测技术的快速发展，生态学研究的时间和空间尺度不断扩大。伴随着观测平台、传感器、计算机和信息技术的变革，生态学数据的类型多样性急剧增加、数据产生速度和数据容量急剧增大，生态学研究步入了大数据时代，传统的生态观测信息化设施和研究方法已经较难满足现代生态学研究的需要。在大数据时代，面对着海量的生态数据，传统生态学研究人员往往缺乏有效的数据处理和分析能力，这给研究工作的开展带来很大的挑战。

根据大数据时代的生态系统观测的特点，CERN 提前布局，充分利用云计算的虚拟化、分布式存储等技术优势，建立了基于云计算技术的生态网络云平台，为我国野外台站信息化建设提供了私有云解决方案。其总体目标是建成安全的 CERN 生态网络私有云基础设施平台，能够实现"运行管理"与"整合开放共享"相结合的科技资源信息化管理云，最终形成权威的生态环境野外台站科技资源信息中心；同时在 CERN 私有云的基础设施之上，针对生态学研究中"数据驱动"和"模型驱动"两大应用类型，构建了我国生态系统网络的"数据云"和"模型云"，数据云聚合了 CERN 历史积累的水分、土壤、大气、生物四大要素的长期观测数据和实验数据，模型云汇聚了生态系统研究的常用模型，包括水源涵养、土壤侵蚀、植被物候提取、遥感影像解译等。建设的 CERN 生态网络云平台引领了我国野外台站的信息化建设，提升了我国野外台站的信息化水平，转变了野外台站的科研活动模式。

### 15.2.2　生态网络云平台架构

生态网络云平台的总体结构如图 15.11 所示。云平台由 CERN 综合中心设计规划并统一部署、运行维护，采用典型的云计算架构，为各野外生态站提供包括 IaaS、PaaS、SaaS 一条龙免费服务。IaaS 表示基础设施即服务，综合中心进行 IaaS 云服务管理，包括运维管理（虚拟资源管理、虚拟机管理、监控管理）和安全管理（服务器安全、网络安全、数据安全）。生态站通过互联网获得由综合中心提供的稳定的、按需定制的虚拟主机硬件服务。PaaS 表示平台即服务，指综合中心为生态站各项业务应用系统提供的操作系统、数据库系统、软件开发运行环境、中间件等软件平台。SaaS 表示软件即服务，主要为各生态站提供的实现其科技资源管理与服务业务需求的各类基于 Web 的软件（郭学兵等，2017）。云平台底层利用存储网络设备、虚拟化技术、资源管理和调度技术，形成基础设施即服务的架构，在 IaaS 基础之上设置了业务支撑云、数据云和模型云。其中，业务支撑云主要针对 CERN 长期联网观测数据、互联网挖掘数据的汇聚，用来支持 CERN 数据方面的运行管理服务。数据云和模型云上层服务为数据服务和模型服务，最后形成软件即服务层。

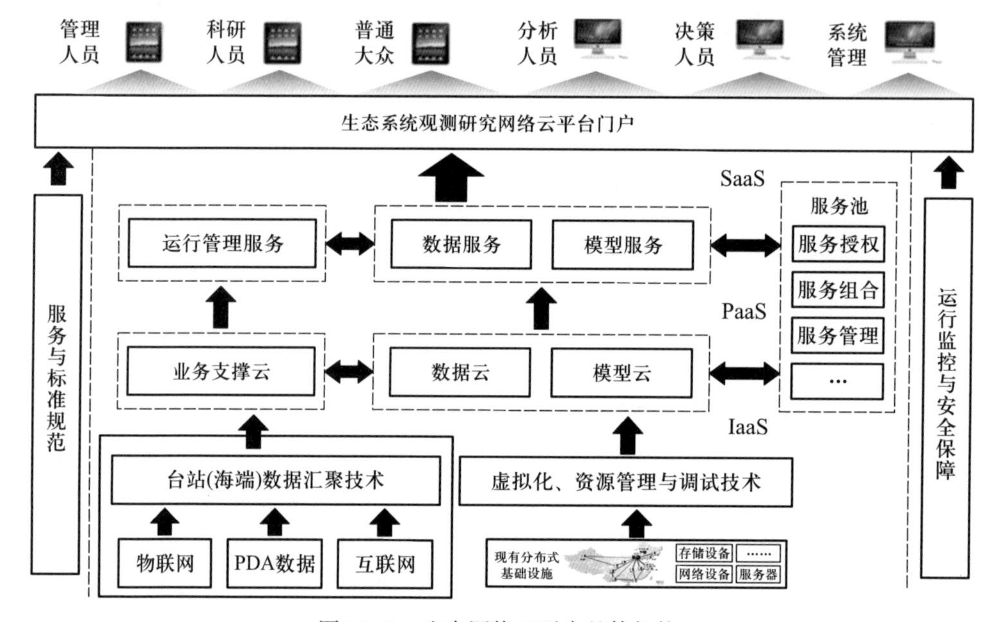


图 15.11　生态网络云平台整体架构

（1）数据云

数据云整合全国尺度基础地理、资源环境、生态系统、社会经济等宏观本底数据，生态系统野外自动监测、人工考察或调查等实时或定期观测数据以及模型模拟结果等多源数据，针对数据资源类型、数据结构、数据使用形式等的不同，设计存取方案，利用混合存储方式、统一组织方式、索引和查询优化技术，实现多源异构数据的高效存储、组织和统一服务。云端数据存储系统由 MongoDB、分布式文件系统和 Oracle 关系型数据库组成。数据云目前已经完成约 30 TB 数据资源的规范整理和入库，其中，MODIS 等遥感数据 3.2 TB，定位观测数据 7.1 GB，基础地理数据 40 GB，模型驱动及模拟数据 10 TB，碳水通量数据约 13 TB。

（2）模型云

模型云主要包括基础地理空间分析模型（数据空间化、基础地理与遥感数据的处理分析）、生态相关领域分析模型（生产力和蒸散的遥感估算、陆地碳循环等模型）、专用数据分析处理模型（气象和通量数据专用工具、模型参数优化与不确定性分析）、模拟结果综合分析评价模型（模型结果验证、多模型对比）四大类模型。依据模型服务接口规范，模型云采用 pyWPS 进行封装，对外提供统一的模型 / 算法 Web 调用规范，通过集成模型 / 算法的注册、发布以及遵循 WPS 规范的服务调用，为用户提供规范的、可扩展的集成模型运算服务。

（3）业务支撑云

业务支撑云包括 CERN 内部管理子云与对外服务子云。内部管理子云主要服务于综合中心管理员和生态站管理员用户开展科技资源信息汇交、新闻文章采编、科学数据管理与服务等业务；对外服务子云包括综合信息服务门户、科技资源服务门户、生态站服务门户群等，主要提供给科研人员和社会公众等用户使用。整个业务支撑云由三个技术支撑系统、三个业务运行系统、三大门户系统组成（图 15.12，图 15.13）。

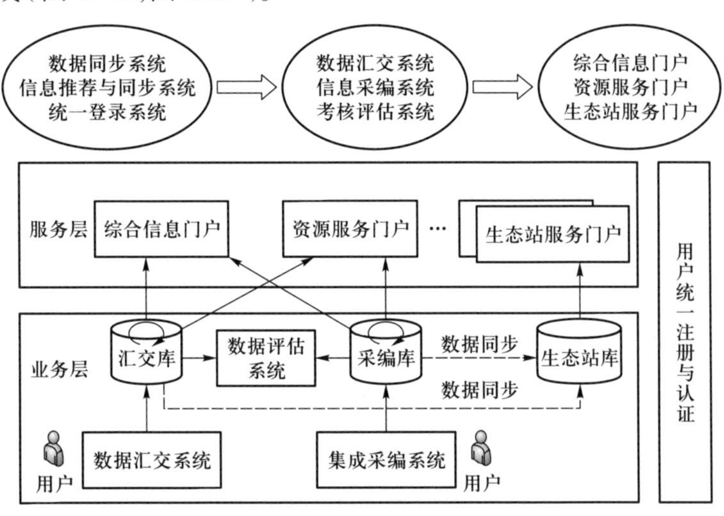


图 15.12　业务支撑云总体架构

图 15.13　资源服务信息系统、生态站门户网站系统和数据汇交系统

其中，内部管理子云以信息标准规范为基础，针对各类资源信息采集的特点，采用不同的信息汇聚机制和汇交流程规范，建立云端数据库。主要功能如下。

资源信息汇交：规范实物资源信息、知识资源与人才资源信息的汇交、审核与保存，使汇交工作过程化、规范化；通过提供便捷和自动化的汇交、校验方式，系统收集各类科技资源信息。

新闻采编：提供了“所见即所得”的编辑工具，方便生态站、综合中心管理员随时随地对新闻动态、科研动态、学术交流等新闻类信息进行采编并发布。

数据资源管理：主要用于生态站管理员对本站科学数据的元数据、科学数据实体进行日常不定期录入与管理，同时生态站元数据通过收割方式定期汇总到云端元数据库中，实现CERN元数据信息集中展示及跨生态站元数据检索，并统一数据资源订单管理与服务，构建元数据集中存储、实体数据分布式存储的管理机制。

数据同步：根据待流转信息的不同特性，采用不同的同步机制，或定时或实时进行云化数据库在不同应用的数据库系统之间进行信息流动。由此构建中心—生态站多级分布式数据库系统，实现了汇交的资源信息“一次填报、多处使用”、采编的文章内容“一次采编、多处使用”，大大减少了生态站人员的工作量，充分体现了各成员单位的资源管理主体性和协同性。

### 15.2.3 生态网络云基础设施建设

经过统筹综合中心、生态站两级业务的需要，综合中心新购置了高性能计算服务器、大容量存储服务器、千兆网络交换机等设备，并集成原有塔式服务器、计算服务器等硬件设备，建成了具备500核以上CPU、超过1 TB内存、200 TB存储容量的计算与存储规模，构建了基础设施云硬件系统。基于ECCP云计算管理平台，通过分区设计、集群部署，实现了计算和存储系统的资源池化、弹性扩展、动态迁移、统一监控与安全管理。

利用虚拟化技术，综合中心提供虚拟机作为生态站的Web服务器，大大减少了生态站IT软硬件环境投资和运维成本。

总之，经过多年的业务运行，CERN生态网络云成功地拓展了资源整合类型，实现了从传统的数据资源向各类资源（数据、样地、样品、行政类信息）的整合，为下一步开展信息的挖掘打下了良好的基础；在CERN系统内部实现了统一门户，统一用户，消除信息孤岛，形成了统一的信息中心；数据采集汇编方面实现了数据的“一次填报/采编、多处使用”，保障了数据质量，减少生态站监测人员的工作量；极大地提高了科技资源服务的便捷性、稳定性，资源服务已经进入业务化、规范化运行阶段，科技资源服务水平、服务量明显提升。

生态网络云平台构建了科技资源服务体系、服务规范，建设了管理服务信息平台，为CERN内部各级部门加强管理、扩大对外宣传教育、提升对外科技资源服务水平起到了很好的作用，发挥了CNERN平台科技资源的价值，为生态学领域的国家各类科技创新单元提供了更加开放的创新环境。生态网络云的下一步发展方向将是深度挖掘长时序生态大数据资源价值，面向国家、政府、企业、公众需求，探索我国生态信息资源跨学科、跨领域的融合创新的研究与应用。

## 15.3 生态网络模型数据同化系统及其应用

由于数据不完整、模型不完善以及人们对生态系统关键过程和控制机制的理解不足，各种生态模式仍不能准确模拟和预测生态系统过程及其变化。在全球变化的背景下，如何充分利用各种类型的观测数据来提高对陆地生态系统过程及其变化的认识，是当前生态学和全球变化领域的一个重要研究内容。数据同化技术是解决这一问题的重要手段。因此，构建陆地生态系统模型数据同化系统，最大限度地将各种来源的观测信息融合到模式中，是准确地描述和预报生态系统中各种过程变化情况的重要基础。

## 15.3.1　生态网络模型数据同化系统概述

为更准确地开展生态系统过程及变化的模拟与预测，设计并构建了陆地生态系统模型数据同化系统（图 15.14）。该系统主要由观测数据误差分析、模型参数和结构误差分析、模型参数和变量优化、模拟结果的不确定性分析等方面组成。建立了不确定性分析方法体系（图 15.15），包括基于 OAT 和 Morris 方法的模型参数敏感性分析、基于马尔可夫链－蒙特卡罗（MCMC）和集合卡尔曼滤波（EnKF）的参数优化和不确定性估计、基于蒙特卡罗（MC）方法的模拟结果的不确定分析，以及基于方差分解方法的模拟结果不确定性溯源（Ren et al.，2013）。

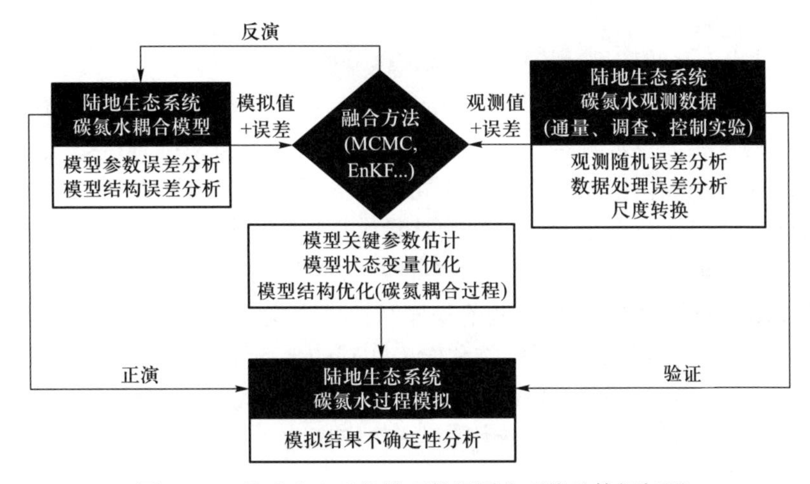


图 15.14　陆地生态系统模型数据同化系统总体框架图

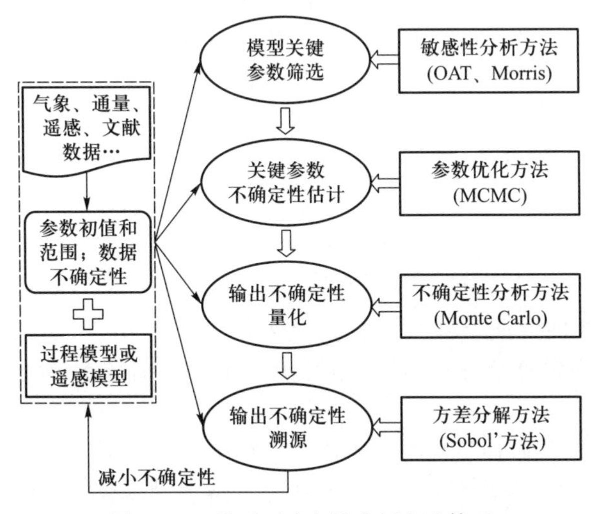


图 15.15　模型不确定性分析方法体系

## 15.3.2 生态网络模型数据同化系统的应用案例

（1）涡度相关通量观测数据的不确定性

基于 ChinaFLUX 6 个站点（千烟洲、长白山、海北、当雄、内蒙古、禹城）2003—2006 年碳水通量观测数据，利用 Daily-differencing 方法，估算了各台站通量观测数据的随机观测误差及其与环境因子的关系。研究表明，通量观测数据随机误差的双边指数分布特征是高通量部分的正态分布与低通量部分双边指数分布的叠加，通量观测数据的随机观测误差与观测数据量级呈线性关系，$CO_2$ 通量和潜热通量的随机观测误差表现为明显的季节变化，其中，$CO_2$ 通量的随机观测误差还受到风速的影响（He et al.，2010；Liu et al.，2009）。进一步定量分析了通量数据处理中夜间数据剔除、非线性插补过程中的呼吸方程选取、光响应方程选取以及参数优化准则选取这 4 个过程对 NEE 计算结果的影响。由上述因素导致的 NEE 不确定性在 61 ~ 108 g C · $m^{-2}$ · 年 $^{-1}$，相对于 NEE 均值在 16% ~ 25%，其中，参数优化准则选取导致的不确定性最大（Liu et al.，2012；刘敏等，2010）。

（2）典型森林生态系统碳循环模拟及不确定性分析

以中国东部三个森林生态系统（长白山阔叶红松林、千烟洲常绿针叶林和鼎湖山常绿混交林）为例，探讨了涡度相关技术测定的 NEE 数据和生物计量数据对陆地生态系统模型的关键参数碳滞留时间的不同约束作用。结果表明，生物计量数据和涡度相关技术测定的 NEE 数据在碳滞留时间的估计上具有互补作用，其中，生物计量数据对三个植物库（叶、细根和木质）的碳滞留时间和慢性土壤有机质库的碳滞留时间具有较好的约束作用，涡度相关技术测定的 NEE 数据有助于增强对代谢性凋落物库、结构性凋落物库和微生物库的碳滞留时间的约束（Zhang et al.，2010）。其中，长白山阔叶红松林叶凋落物和微生物碳的平均滞留时间最短，为 2 ~ 6 个月；其次是叶和细根生物量碳，二者的平均滞留时间为 1 ~ 2 年；慢性土壤有机碳的平均滞留时间为 8 ~ 16 年；碳在木质生物量和惰性土壤有机质库中的滞留时间最长，平均滞留时间分别为 77 ~ 109 年和 409 ~ 1879 年（张黎等，2009）。

基于 SIPNET 模型和千烟洲亚热带人工林 2004—2009 年的通量和常规气象观测数据，利用不确定性分析框架量化和拆分了千烟洲人工林碳水通量模拟的不确定性。NEE、GPP、RE、ET、T 等碳水通量模拟的相对不确定性分别为：61.0%、20.6%、12.7%、14.2% 和 19.9%，最大净 $CO_2$ 同化速率（$A_{max}$）和比叶重（SLW）对碳水通量模拟的不确定性影响最大，对 NEE、GPP、ET 和 T 模拟的不确定性贡献了 60% 以上，对 RE 模拟的不确定性贡献了 30% 以上（任小丽等，2012；Ren et al.，2013）。为了进一步验证 $A_{max}$ 和 SLW 这两个参数对碳水通量模拟的重要性，比较了长白山、鼎湖山和千烟洲三个森林生态系统的不确定性拆分结果，结果表明两个参数均是最重要的参数，对未来模型发展和野外观测提供了一定的指导意义（Ren et al.，2018）。CEVSA 模型中由于参数估计误差导致的长白山阔叶红松林 2003—2005 年 GPP 和生态系统呼吸年总量模拟值的不确定性为 5% ~ 8%，NEE 年总量的不确定性为 23% ~ 37%（Zhang et al.，2012）。

（3）青藏高原高寒草甸碳通量模拟及不确定性分析

运用 MCMC 方法确定了青藏高原高寒草甸生态系统关键参数——最大光能利用率的大小及其不确定性，采用 MC 方法量化了青藏高原高寒草甸区域 GPP 的不确定性，并利用 Sobol’方法对

GPP 模拟不确定性进行了拆分，量化了各个参数和驱动数据的不确定性贡献。结果表明，2003—2008 年青藏高原高寒草甸区域 GPP 年总量为 223.3 Tg C，单位面积 GPP 年总量为 312.3 g C · $m^{-2}$ · $a^{-1}$；其中，高寒矮嵩草草甸对青藏高原区域 GPP 的贡献最大，占总量的 69.3%，其次是高寒灌丛草甸；GPP 不确定性变化范围为 6.92% ~ 34.61%，平均值为 18.30%；EVI 和 PAR 两个变量对 GPP 不确定性的贡献率在 60% 以上，最大光能利用率的贡献率为 21.8%（He et al.，2014）。

# 15.4 生态信息共享服务和传播

生态信息主要是指表征不同层次、不同类型生态系统之间的相互作用关系，以及生态系统各要素的特征和关系的数据。生态系统长期定位观测研究网络为获取区域性的时间系列的生态信息提供了保障（于贵瑞等，2003）。生态信息的广泛应用产生深层的社会、经济效应，对科技进步与创新、社会发展、经济增长起着越来越重要的作用。经过 30 年来的努力，在 CERN 科学管理和指导委员会的领导下，CERN 科学数据共享服务政策机制得到完善，信息资源整合与服务能力持续提升，支撑国家重大科技创新成效显著。

## 15.4.1 CERN 信息共享服务框架

（1）信息共享服务框架

CERN 的信息共享服务框架由 5 部分组成：共享资源、共享方式、共享对象、共享目标和共享支撑（图 15.16）。

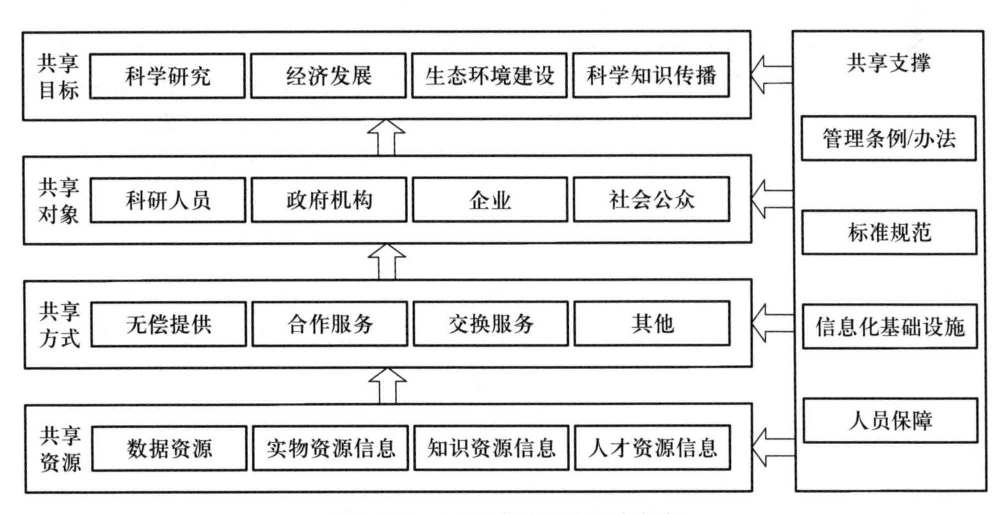


图 15.16 CERN 信息共享服务框架

共享资源是实现 CERN 信息共享服务的物质基础，主要由科学数据资源、实物资源信息、知识资源信息与人才资源信息等要素组成。

共享方式是共享双方通过相应的形式、手段、程序进行信息资源交流的具体操作方式（卢兵友，2008），是信息共享的核心和关键。通过科学、合理的共享方式，能够提高信息资源的利用效率和利用价值。

共享对象是指为了科技创新、经济发展、政府决策等目的而需要获取或使用 CERN 信息的机构、团体或个人，主要由从事生态、环境方面研究的科研人员，与生态环境的管理、决策及资源的开发利用有关的政府机构，从事资源开发、环境评价等的科技型企业以及社会公众构成。

共享目标主要是为重大科学研究、国家与区域经济发展、生态环境建设以及科学知识传播提供支撑。

共享支撑是指为保证 CERN 信息资源有效、安全、优质的共享服务而建立的制度、技术和人才队伍等方面的保障体系，具体包括数据共享服务方面的政策、标准与规范的制定，网络、计算机软硬件、通信等信息化基础设施建设，具有专业背景与计算机技能的专业人员队伍建设等方面。

（2）数据资源分级与分类共享

CERN 是一个数据密集型的野外科技平台，各生态站在长期的科学研究中，积累了丰富的科学数据，这些数据是生态学研究的第一手数据和国家的宝贵财富，是支撑生态科学及相关学科的科学研究和创新的基础信息资源。CERN 数据分类分级共享的目的是为了规范、统一 CERN 数据的共享服务工作，为 CERN 数据采取的共享方式提供实施依据。

CERN 的数据包括 CERN 各成员单位生产、加工以及通过有关渠道获取的各种数据，类型包括原始数据、加工数据、影像、照片等。为便于共享和管理，根据不同的分类标准对 CERN 数据资源进行划分。

按照数据的产生方式与所有者性质的不同，将数据分为三类：长期联网观测数据、专项观测实验网数据与科学研究数据。长期联网观测数据是指 CERN 观测手册所规定的有关生态系统常规定位观测的数据，包括生物要素监测数据、水文要素监测数据、土壤要素监测数据、气象要素监测数据、利用网络观测数据集成或整编的各类综合数据集等五种类型；专项观测实验网数据是指基于 CERN 组织的专项科学观测实验网络（ChinaFLUX、区域大气本底观测研究网络、农田生态系统碳氮水循环联网观测实验网络等）所获取的数据；科学研究数据则为以 CERN 为依托开展的研究项目或课题所获得的各类观测、实验数据以及综合集成的区域性生态环境数据等各类数据。

根据数据开放程度的不同，CERN 数据分为完全共享数据、协议共享数据和内部数据。完全共享数据为可直接提供给各类用户的数据，用户可以无偿获取；协议共享数据是指需要遵守协议规定内容进行使用的数据，经过必要的审批手续后方可提供；内部数据则是指不对外提供服务的数据。

长期联网观测数据每年定期汇聚到综合中心，在 CERN 内完全共享，并通过共享服务系统对外开放共享。专项观测实验网数据由专项网络及分中心、综合中心进行管理，网络内完全共享，对外协议共享；各类科学研究数据由生态站或科学家管理，根据项目 PI 意愿对外开放共享。

### 15.4.2　CERN 科学数据开放共享发展历程

CERN 成立之后就将数据管理共享作为其核心工作内容之一。在科技部和中国科学院项目的支持下，CERN 数据开放共享正朝着规范化、全面开放式的方向发展。自 CERN 建立以来，其数据开放共享主要经历三个关键阶段：共享起步阶段、常规化共享阶段和共享快速发展阶段。

（1）共享起步阶段（1988—1998年）

这一时期CERN数据共享的标志性工作是：明确提出六套数据集的内涵；组织制定了监测指标体系和监测规范，围绕长期联网观测的目标，从1998年开始开展规范观测和数据汇聚；孙鸿烈院士组织开展了历史数据整编项目，对CERN生态站的历史数据进行了挖掘整编，于1998年出版《中国生态系统研究网络数据目录》，引领了生态数据的开放共享。

（2）常规化共享阶段（1999—2011年）

2002年，CERN领导小组办公室制定、颁布了《中国生态系统研究网络数据管理和共享条例》，明确规定了CERN数据的分类体系，特别是对长期联网监测数据的管理、开放、共享等进行了的规定，从政策机制上保证了长期联网观测数据的开放和共享。

随着数据库技术、互联网服务技术的发展，CERN分别于2002年、2006年建立了集中式数据共享系统与分布式数据共享系统，数据共享范围和影响力逐步扩大。2006年召开CERN数据共享系统发布会，在我国生态动态监测领域首次以共享方式为全国广大用户提供系统的、动态的、连续的地面生态系统常规监测数据的共享服务，标志着我国长期生态系统动态监测、生态站空间信息、多要素定位科学观测研究数据等生态学各领域基础科学数据共享时代的正式到来。

（3）共享快速发展阶段（2012年至今）

2012年8月，《中国生态系统定位观测与研究数据集》丛书发布会在北京召开，表明CERN在切实实现生态学数据的共享方面取得了实质性成果。

云计算技术的迅速发展与在不同领域的应用为CERN数据共享提供了良好的机遇。2012年综合中心基于云计算与云服务，设计、建设生态网络云平台，2015年完成一期建设。该平台是集“运行管理”与“开放服务”于一体，实现了实物资源、数据资源、成果资源、人才资源等多种资源的汇聚与基于电子商务模式的服务，运行以来共享服务成效显著。

2017年，CERN组织出版了《中国科学数据（中英文网络版）》的数据论文专刊；2018年，在地学顶级期刊*Earth System Science Data*上发表了数据论文，通过科技期刊方式发布已经获取的、经过专业质控的、规范化的科学数据，探索数据共享新模式，在保护数据生产者知识产权的同时，扩大数据的广泛使用。

### 15.4.3 CERN信息共享服务与传播实践

30年来，CERN在生态信息共享服务与传播方面，开展了一系列卓有成效的实践工作。

（1）不断更新数据管理与共享技术，提升数据共享效率

现代信息技术的核心是计算机技术，包括计算机的硬件技术、软件技术、计算机网络和通信技术等（李伟和穆红莉，2012）。CERN通过不断应用新的信息技术，提升数据管理、数据集成与数据共享的能力与效率。

最初，历史整编数据与联网观测数据全部是以文本文件或Excel文件的形式保存在CERN综合中心。2000—2002年，综合中心采用Oracle关系型数据库管理系统，建立了集中式数据库，包括历史资料数据库、CERN动态监测数据库等；开发了基于HTML与Oracle Web Server的中国生态系统数据库信息共享系统，通过互联网提供相关数据的浏览、查询。

2006 年，基于网络服务（Web service）技术，综合中心设计开发了分布式数据资源共享信息系统，建成生态站—分中心—综合中心 3 级服务体系及由生态站数据库、专题数据库、网络层次数据库构成的数据资源体系，在不同层次上开展了数据服务。分布式系统由综合中心数据共享系统、分中心数据共享系统和生态站数据共享系统组成，其中，综合中心数据共享系统主要包括 CERN 动态监测数据共享子系统、CERN 野外台站空间数据共享子系统、中国 1 km×1 km 栅格气象数据共享子系统、ChinaFLUX 数据共享子系统和中国森林生物量样地调查数据共享子系统等（中国生态系统网络综合研究中心，2010）。综合中心共享系统提供元数据服务与数据申请、下载服务，生态站 / 分中心系统主要提供元数据的服务。该系统将基于 CERN 各成员单位的联网观测数据、研究数据以及空间数据有机地集成在一起，扩展了 CERN 的数据资源，实现了 CERN 数据共享服务由综合中心集中式数据共享向生态站、分中心、综合中心分布式数据共享服务的转变，数据共享服务迈出了实质性步伐。

基于云计算技术，整合业务流程，2012—2015 年综合中心构建了生态网络云平台，通过不同信息化系统软件的开发和应用，使信息收集标准化、信息处理科学化、信息传递自动化，实现 CERN 科技资源汇聚、管理、服务与评估一体化，为各类用户提供一站式、全方位、多功能的服务。其中，科技资源服务门户融合电子商务理念，引入“资源车”概念、“订单式”服务模式和用户评价机制，按照“信息展示、服务预约与申请、提供服务、服务评价、服务信息生成”的服务流程，进行数据资源“线上申请，线上服务”与实物资源“线上申请，线下服务”；生态站服务门户是各生态站进行信息发布、资源服务的窗口，全面展示生态站综合新闻、科研动态、研究成果和人才培养等信息，提供样地等实物资源及数据资源的线上与线下服务。

（2）以出版物为媒介，促进生态信息传播

出版物是指记录、交流、传播知识信息的文献载体，包括印刷型出版物、电子出版物与网上出版物。印刷型出版物是指用纸张印刷的各种文献资料，也称纸质出版物，属于传统出版物范畴，具有阅读方便、阅读成本低廉、便于长期保存等优势。电子出版物是指以数字代码方式将图、文、声、像等信息存储在磁光电介质上，通过计算机或具有类似功能的设备阅读使用，用以表达思想、普及知识和积累文化，并可复制发行的大众传播媒体。它的主要特点为：质量轻、体积小，便于携带；信息存储量大，信息密度高；易于复制、传递等。网上出版物是指通过计算机网络出版发行的正式出版物。网上出版物通过互联网使用户能够方便地存取、检索与下载，具有传递方便、发行周期短、内容更新快、信息获取及时等优点（李家清，2001）。

作为 CERN 信息传播的重要方式，CERN 通过各类出版物的出版、发行，大力推进数据共享。1996 年，CERN 设立了“现存数据整编”课题，按照统一的规范，对各生态站、中心长期积累的观测、研究数据进行整编。经过近 3 年的努力，于 1998 年整编完成 3100 多个数据集，涵盖了我国各主要生态系统类型的环境、生物群落、农业生产等方面，出版了 CERN 第一本数据集目录——《中国生态系统研究网络数据目录》，记录了 29 个农田、森林、草地、湖泊和海湾生态站，水分、大气、土壤、生物 4 个分中心和综合中心积累的观测、研究数据的名称、来源、采集时间和主要内容。《中国生态系统研究网络数据目录》的出版为促进和提高 CERN 数据资源的利用效率和共享水平做出了贡献。

CERN 综合研究中心在 2001—2005 年首次系统地整理了 36 个生态站的长期动态监测数据，印发了《CERN（1998—2001 年）水、土、大气、生物四要素统计数据集》和《CERN 野外台站空间信息图集》(中国生态系统网络综合研究中心,2010),并制作了相应的数据光盘。这些数据已得到科研人员的广泛应用。

2008—2012年,CERN组织各生态站开展《中国生态系统定位观测与研究数据集》丛书的编辑出版工作,借以对我国长期积累的生态学数据进行了一次系统的、科学的整理。各生态站按照综合中心编制的《农田、森林、草地与荒漠、湖泊湿地海湾生态系统历史数据整理指南》的要求,系统地收集和整理了元数据信息,观测样地信息与水分、土壤、大气和生物监测信息以及相关研究成果的数据。整套丛书包括农田生态系统、草地与荒漠生态系统、森林生态系统以及湖泊湿地海湾生态系统共4卷51册。该丛书的出版促进了我国生态系统长期观测数据的共享工作,为我国生态系统研究、资源环境的保护利用与治理以及农、林、牧、渔业相关生产活动提供了重要的数据支撑。

科学数据出版是指将科学数据作为一种重要的科研成果,按照科技论文的出版流程对数据进行同行审议和公开公布,并且创建标准和永久的数据引用信息,供其他研究性文章引证(邓英等,2017)。2017年4月,CERN与中国科学院计算机网络信息中心主办的《中国科学数据(中英文网络版)》合作,推出了《中国生态系统研究网络(CERN)专刊》。专刊围绕CERN长期观测与联网研究,对相关数据进行了整理和分析,遴选出9篇论文及其数据集,内容涉及中国陆地生态系统的光合有效辐射、土壤环境元素含量、植物物候、土壤含水量、地下水位等观测数据,亚热带典型常绿落叶阔叶混交林物种组成数据、环江喀斯特生态系统植被指数等特色数据,以及全国尺度的温度、降水、散射光合有效辐射等栅格数据。通过科学数据出版这种新的方式,既能有效保护数据生产者的知识产权,又能更好地发挥CERN数据资源的价值。

(3)鼓励生态站间数据共享,促进成果产出

CERN通过对相同生态系统不同生态站,以及不同生态系统生态站长期联合观测与实验获得的数据进行共享、集成、分析、挖掘,为生态系统过程的空间格局分析、环境驱动机制研究、不同生态系统共性规律的发现和验证提供支撑,不断产出具有重要意义的成果。如ChinaFLUX通过对长白山站、千烟洲站、鼎湖山站等多个典型生态系统生态站的碳通量及相关要素观测数据的集成、分析,揭示了碳、氮、水通量的空间格局及生物地理学机制,定量评估了我国生态系统碳储量、通量和固碳功能,阐明了碳—氮—水通量之间的耦合机制及对环境变化的响应,量化了中国不同类型生态系统的碳收支,揭示中国陆地生态系统碳通量随纬度的升高而降低的规律。以此项工作为核心内容之一所形成的“中国陆地碳收支评估的生态系统碳通量联网观测与模型模拟系统”成果,获得2010年度国家科技进步二等奖。

(4)积极参与国际合作,促进数据共享国际化进程

CERN不断加强与一些国际主要观测网络及美国、德国、日本等国家开展实质性的双边或多边数据交换与共享,以增强CERN的国际化视野,提高CERN的国际地位与竞争力。如ChinaFLUX作为FLUXNET的成员,向该网络提供碳、水和能量通量数据以及生态系统的生物、气象数据。这些数据成为FLUXNET第三代数据集——FLUXNET2015的重要组成部分。FLUXNET2015数据集包括多个区域通量网收集的数据,相对于以前的版本,数据集在数据处理、数据质量等方面有所改进,不仅可以方便台站间的数据对比,而且更有利于进行更大尺度乃至全球范围内的陆地与大气之间碳、水及能量通量研究。

### 15.4.4　CERN 信息共享服务面临的挑战

经过 30 年的发展，CERN 数据开放共享已经取得显著的成效，但是与 LTER、NEON、ECN 等国际一流的生态系统观测网络相比，无论是在数据开放共享的政策、机制，还是在技术支撑能力上仍然存在一定的差距。

（1）数据管理共享机制需要进一步提升和完善

完善的数据管理共享机制是提高数据开放共享水平和培育数据共享文化的基础。CERN 成立之初，在网络设立了数据管理共享委员会，但该机构一直未成立和运行。现有的数据管理共享条例在数据采集方式、数据来源、数据管理和共享技术发生变化的情形下需要修订。同时，CERN 各站点信息管理水平差异较大，缺乏专门的数据管理人员，尚未在网络层面形成完整的生态信息学研究团队，各站、分中心的数据共享工作没有纳入 CERN 的日常考核体系。

（2）数据开放共享的广度和深度有待加强

现阶段 CERN 对外开放共享的数据资源以长期监测数据集为主，CERN 生态站积累的大量历史研究数据尚未开放共享。这部分数据是巨大的数据资源宝藏，它的整理、数字化和开放共享，将极大拓宽 CERN 生态数据共享的广度；目前 CERN 数据开放共享服务以简单的分发式数据服务为主，加快 CERN 数据产品体系构建，面向国家重大需求和前沿科学问题，开展“长期、联网数据”的专题知识发现应用示范，将极大拓宽 CERN 生态数据开放共享的深度，支撑重大科研成果产出，提升 CERN 影响力。

（3）支撑数据开放共享的大数据公共服务平台需要提升

通过“生态网络云”一期建设工程，CERN 已建立了集数据汇聚、管理、服务、评估等功能于一体的生态网络云，实现了数据管理的虚拟化服务，但在数据资产化管理存储服务、可视化服务、分析服务等服务内容上尚需完善。因此需要升级服务模式，从而提升 CERN 科学数据服务技术能力，以适应生态大数据管理和应用的需求。

（4）数据开放共享文化有待培育

目前，CERN 科研人员数据开放共享的意识相对较弱，同时缺乏相应的考评机制调动其数据共享的积极性和主动性，在一定程度上影响了科研数据作用的充分发挥。因此，需要研究建立数据引用的方法体系，制定体现数据价值的共享指数，通过信息技术手段，实现评估数据引用的目标，并与 CERN 的评价制度紧密结合，为培养数据共享文化建立一套可操作的机制，形成开放的数据共享文化、制度、环境与信息平台。

## 参 考 文 献

邓英，饶莉，李桂东 . 2017. 科学数据出版——我国科技期刊出版之内容创新 . 编辑之友，(4): 39–43.

郭学兵，苏文，唐新斋，等 . 2017. 云计算环境下 CNERN 资源管理与服务平台的构建 . 中国科技资源导刊，49(1): 30–37.

李家清 . 2001. 21 世纪电子出版物、网上出版物与印刷型出版物展望 . 情报科学，(3): 333–336.

李伟，穆红莉 . 2012. 基于信息技术进步的旅游服务创新 . 科技管理研究，32(13): 200–203.

刘敏,何洪林,于贵瑞,等. 2010. 数据处理方法不确定性对 $CO_2$ 通量组分估算的影响. 应用生态学报,21(9):2389–2396.

卢兵友. 2008. 自然科技资源平台共享机制建设思考. 中国科技资源导刊,(4):6–10.

任小丽,何洪林,刘敏,等. 2012. 基于模型数据融合的千烟洲亚热带人工林碳水通量模拟. 生态学报,32(23):7313–7326.

吴冬秀,韦文珊,宋创业,等. 2012. 陆地生态系统生物观测数据质量保证与质量控制. 北京:中国环境科学出版社,135–149.

许鑫,刘甜,于霜. 2014. Data One 项目及其对我国数据监管工作的启示. 图书与情报,6:109–116.

于贵瑞,牛栋,何洪林. 2003. 生态系统管理、生态信息科学与数据资源管理. 资源科学,25(1):48–53.

张黎,于贵瑞,何洪林,等. 2009. 基于模型数据融合的长白山阔叶红松林碳循环模拟. 植物生态学报,33(6):1044–1055.

中国国家标准化管理委员会. 2007. 生态科学数据元数据 GB/T 20533–2006. 北京:北京中国标准出版社,8–11.

中国生态系统网络综合研究中心. 2010. 中国科学院生态系统网络观测与模拟重点实验室 CERN 综合研究中心研究成果与发展. 自然资源学报,25(9):1458–1467.

He H L, Liu M, Sun X M, et al. 2010. Uncertainty analysis of eddy flux measurements in typical ecosystems of ChinaFLUX. Ecological Informatics, 5(6): 492–502.

He H L, Liu M, Xiao X M, et al. 2014. Large-scale estimation and uncertainty analysis of gross primary production in Tibetan alpine grasslands. Journal of Geophysical Research: Biogeosciences, 119(3): 466–486.

Liu M, He H L, Yu G R, et al. 2009. Uncertainty analysis of $CO_2$ flux components in subtropical evergreen coniferous plantation. Science in China Series D-Earth Sciences, 52(2): 257–268.

Liu M, He H L, Yu G R, et al. 2012. Uncertainty analysis in data processing on the estimation of net carbon exchanges at different forest ecosystems in China. Journal of Forest Research, 17(3): 312–322.

Michener W K, Jones M B. 2012. Ecoinformatics: Supporting ecology as a data-intensive science. Trends in Ecology and Evolution, 27: 88–93.

Ren X L, He H L, MooreD J P, et al. 2013. Uncertainty analysis of modeled carbon and water fluxes in a subtropical coniferous plantation. Journal of Geophysical Research: Biogeosciences, 118: 1674–1688.

Ren X L, He H L, Zhang L, et al. 2018. Modeling and uncertainty analysis of carbon and water fluxes in a broad-leaved Korean pine mixed forest based on model-data fusion. Ecological Modelling, 379: 39–53.

Zhang L, Luo Y Q, Yu G R, et al. 2010. Estimated carbon residence times in three forest ecosystems of Eastern China: Applications of probabilistic inversion. Journal of Geophysical Research, 115(G1): 137–147.

Zhang L, Yu G R, Gu F X, et al. 2012. Uncertainty analysis of modeled carbon fluxes for a broad-leaved Korean pine mixed forest using a process-based ecosystem model. Journal of Forest Research, 17: 268–282.

# 索　引

## C



## D



## F



## G



## H

## J



## K



## L



## M



## N



## P



## Q



## R



## S

## T



## W

## X



## Y



## Z

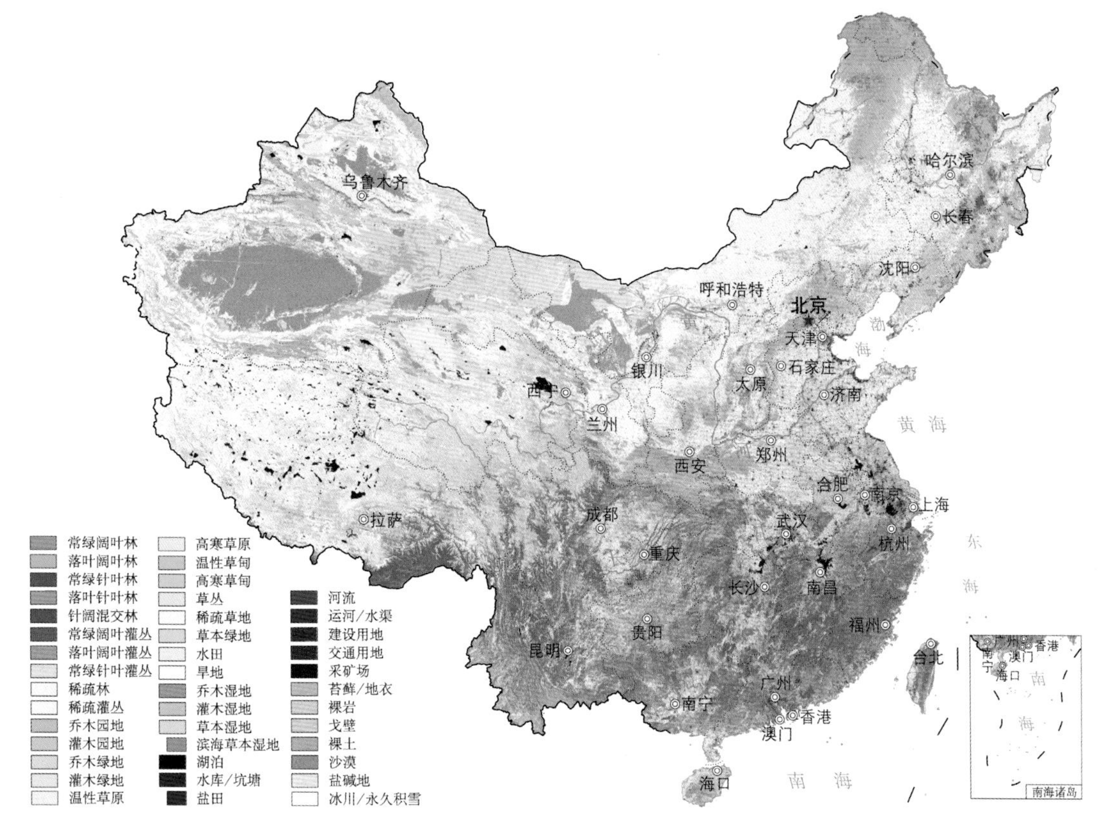


图 2.1　2015 年中国土地覆被现状图

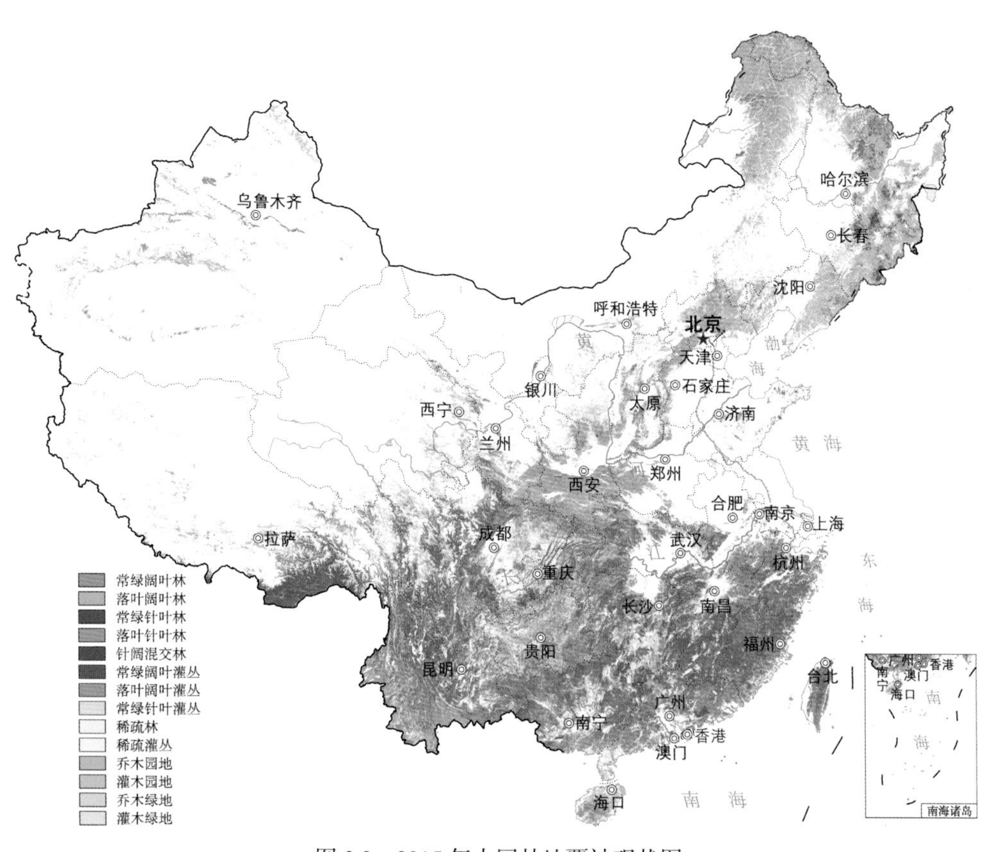


图 2.2　2015 年中国林地覆被现状图

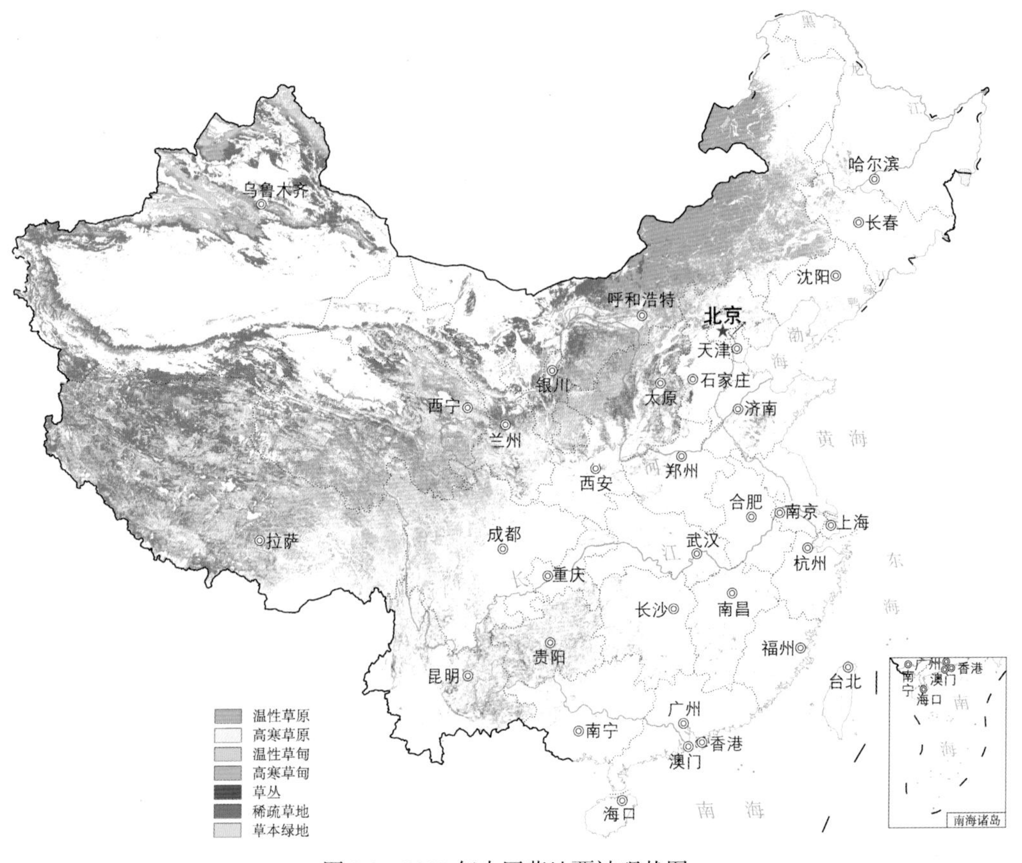


图 2.3　2015 年中国草地覆被现状图

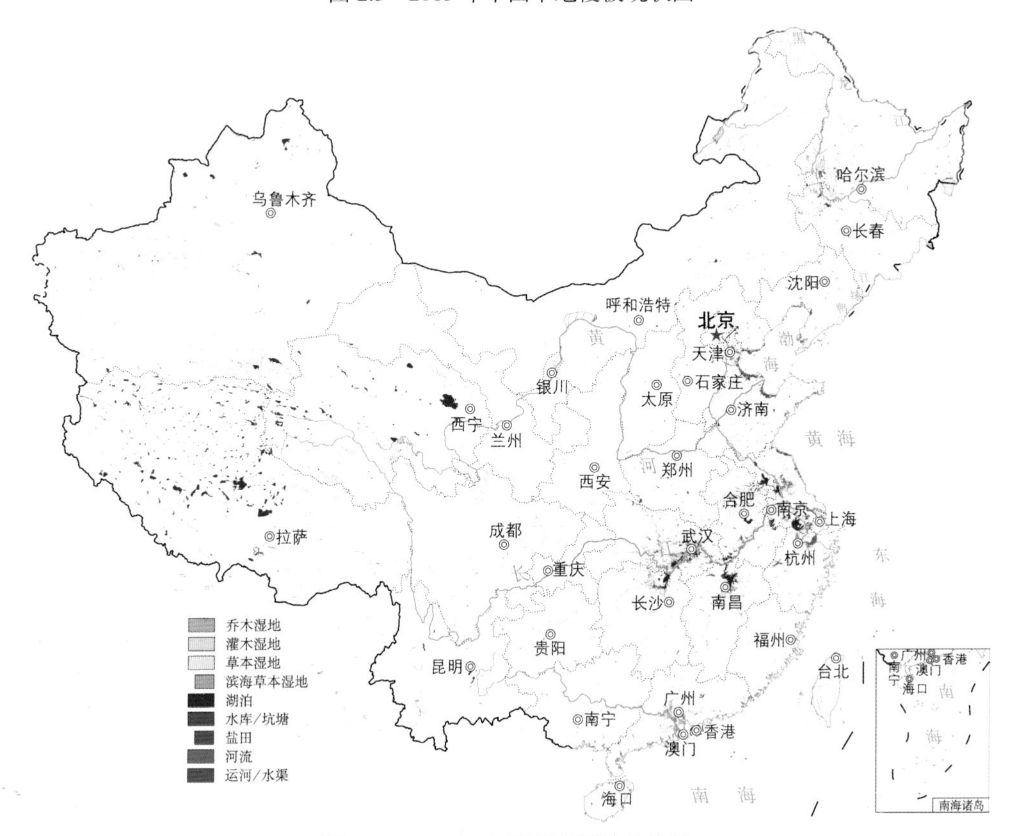


图 2.4　2015 年中国湿地覆被现状图

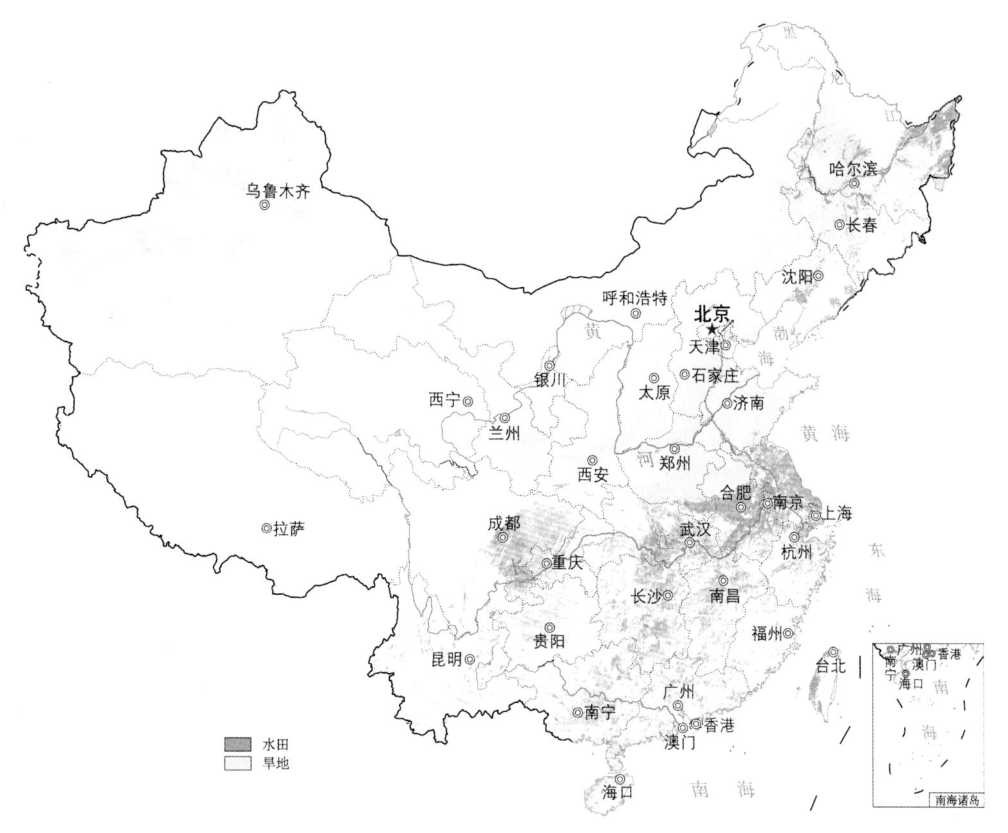


图 2.5　2015 年中国耕地覆被现状图

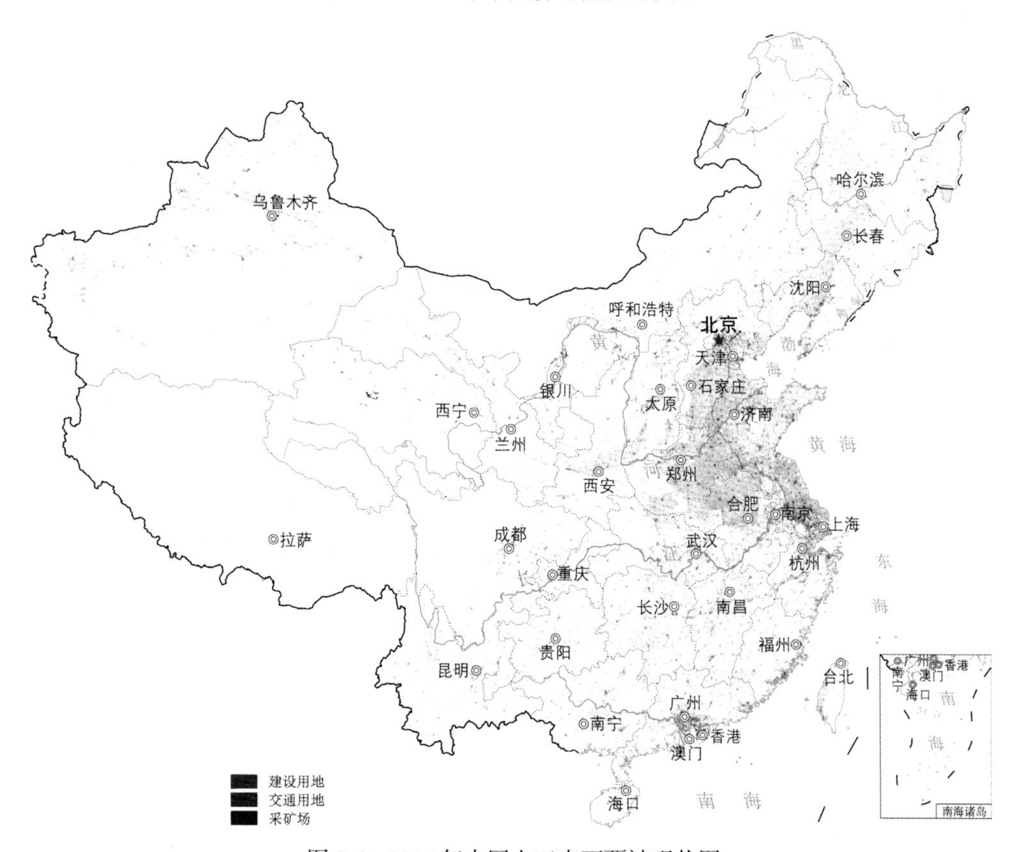


图 2.6　2015 年中国人工表面覆被现状图

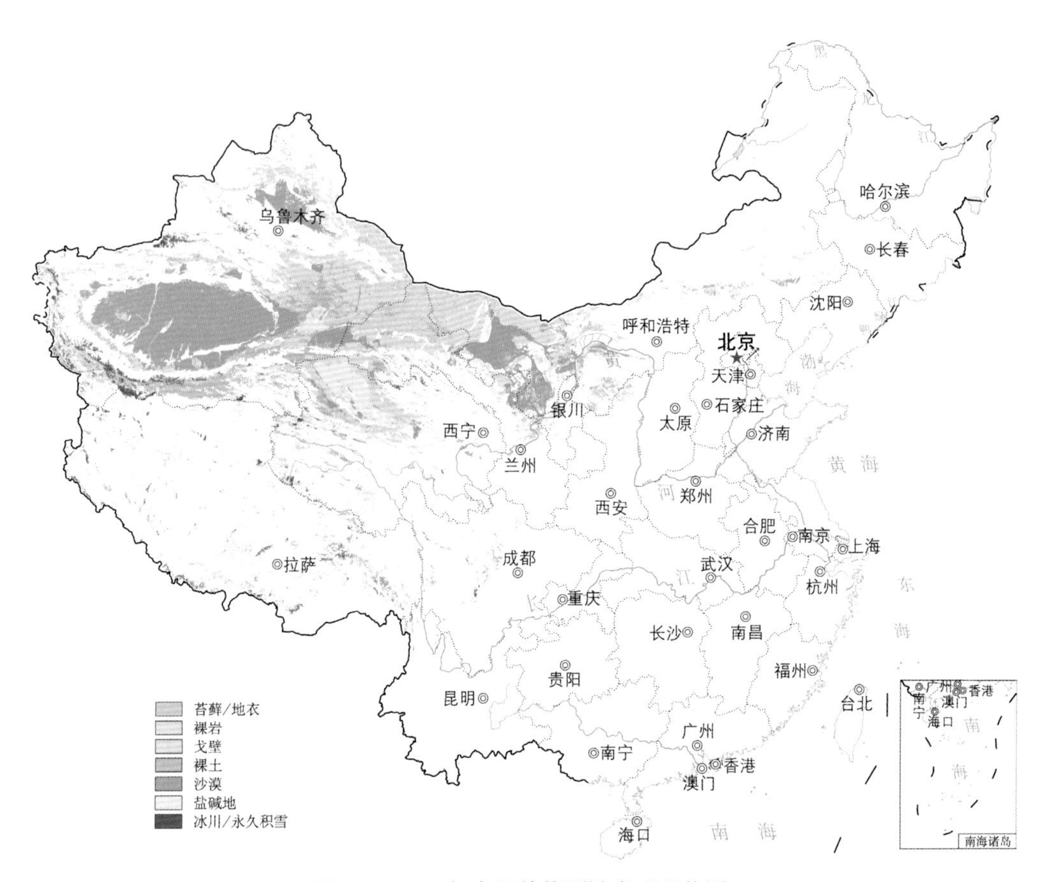


图 2.7　2015 年中国其他覆被类型现状图

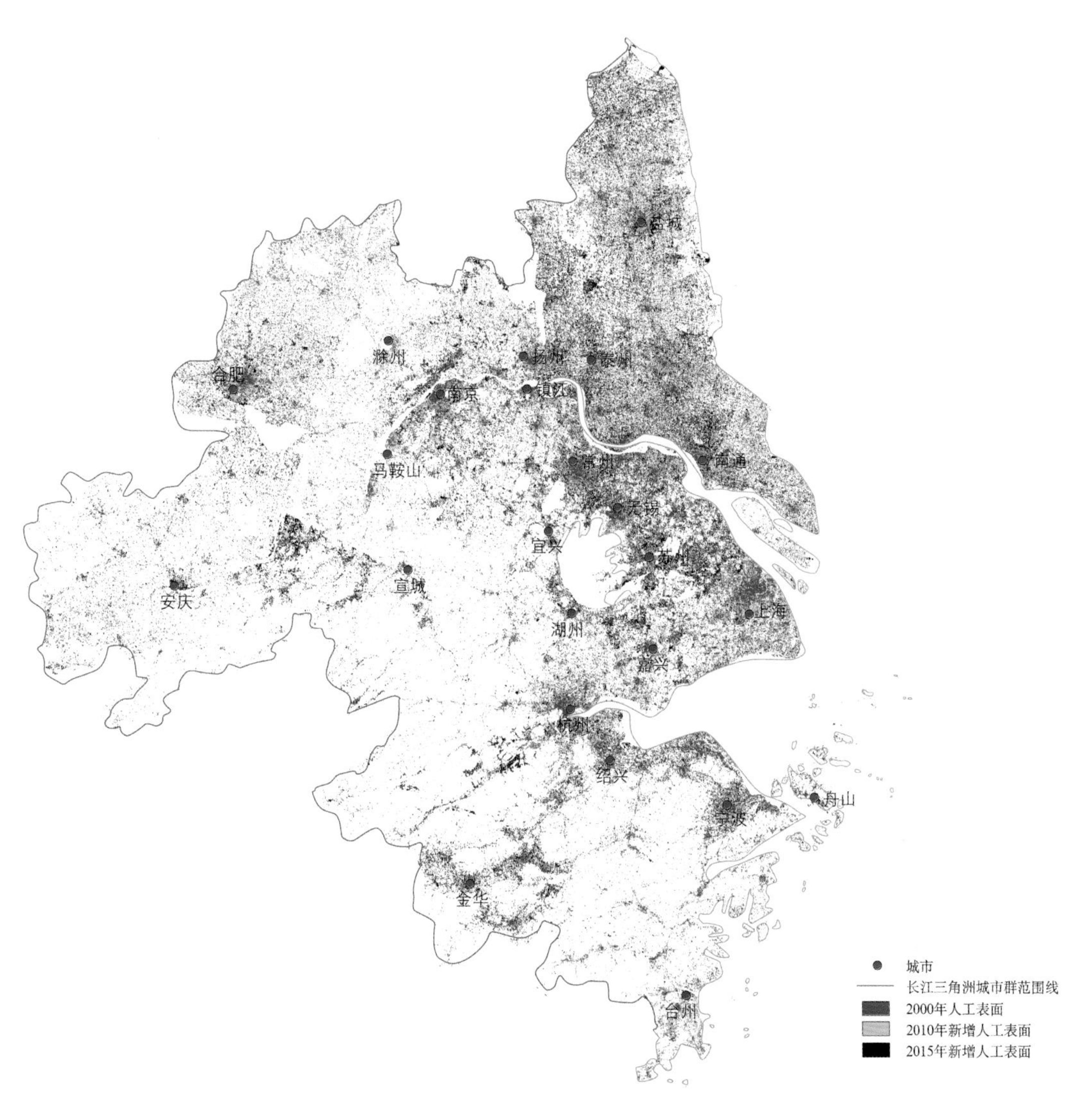


图 2.8　长江三角洲城市群人工表面变化

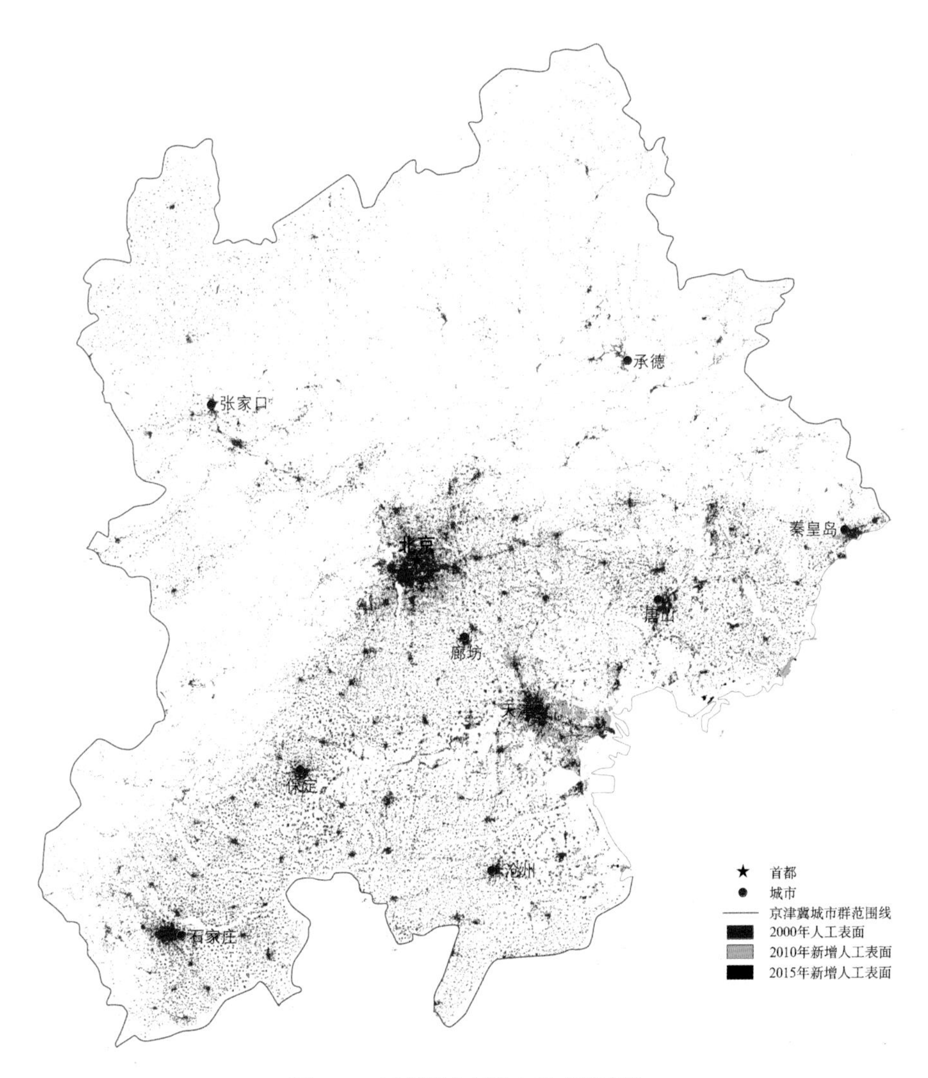


图 2.9　京津冀城市群人工表面变化

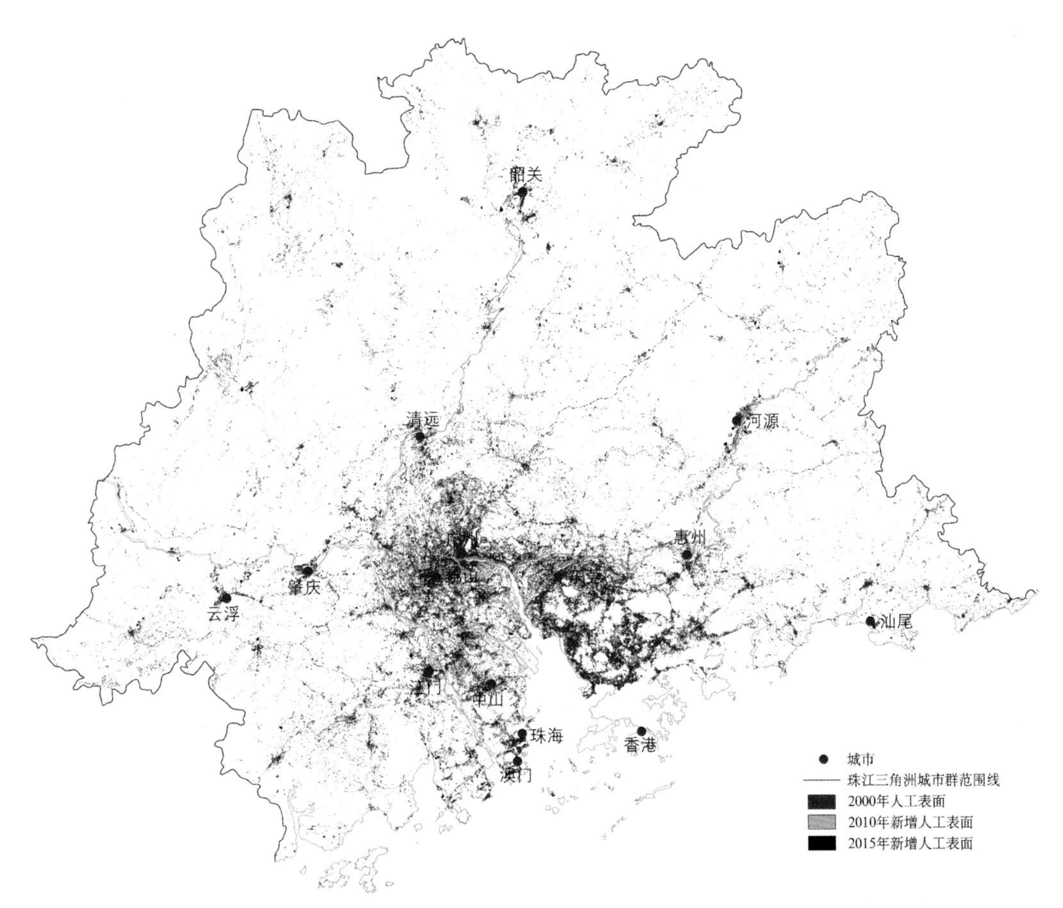


图 2.10　珠江三角洲城市群人工表面变化

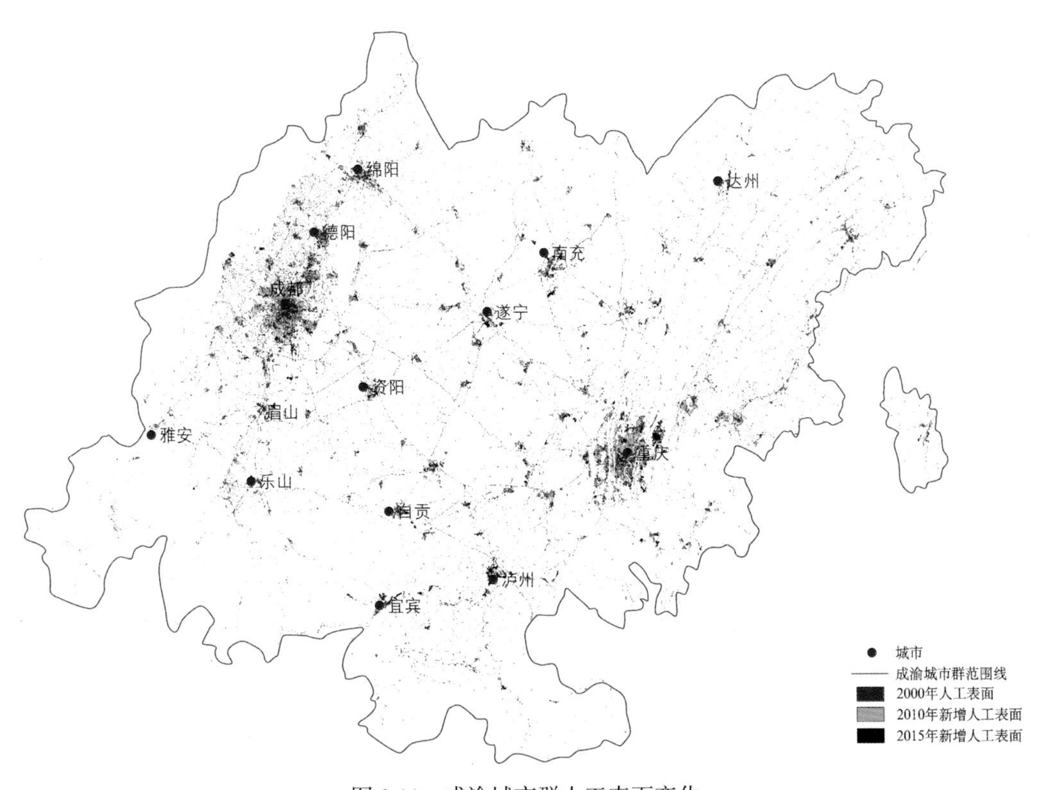


图 2.11　成渝城市群人工表面变化

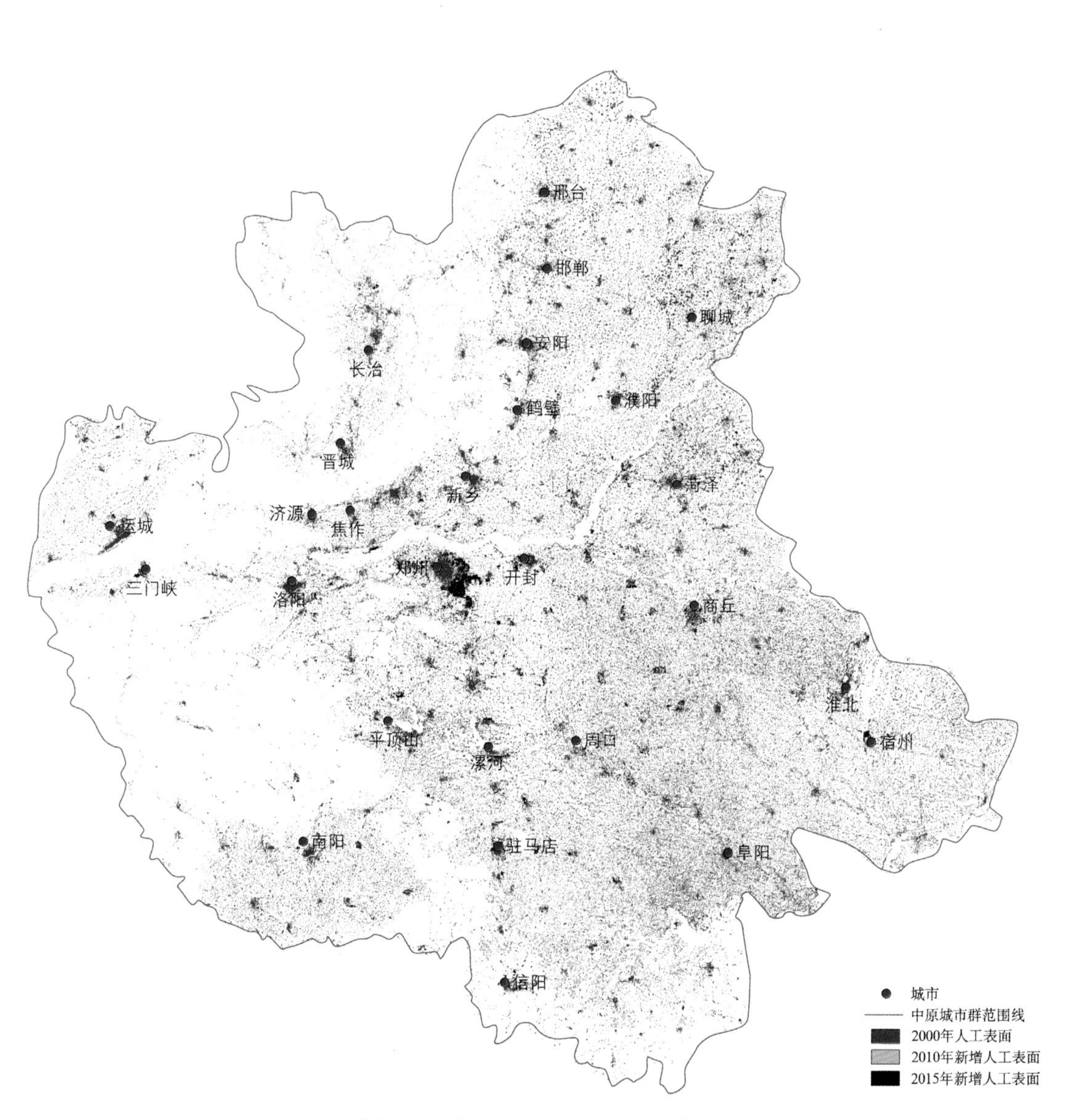


图 2.12　中原城市群人工表面变化

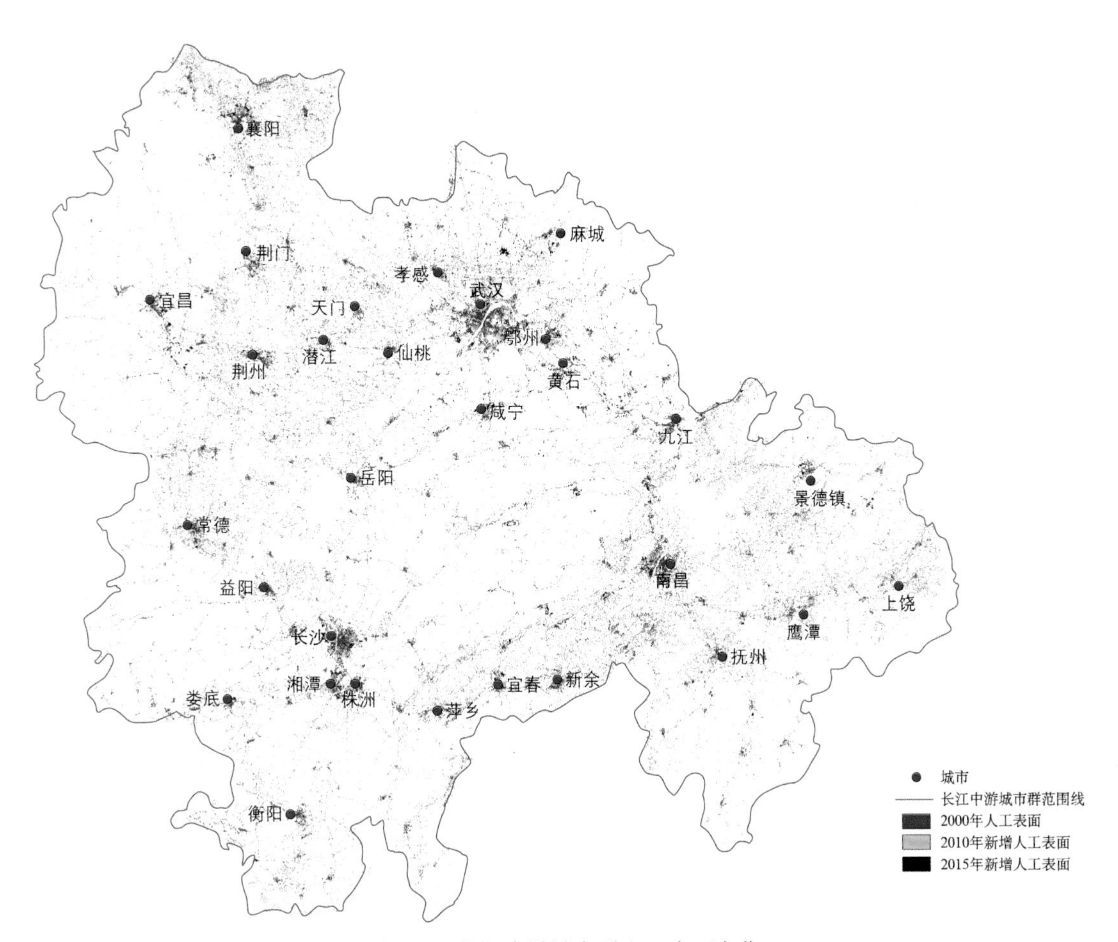


图 2.13　长江中游城市群人工表面变化

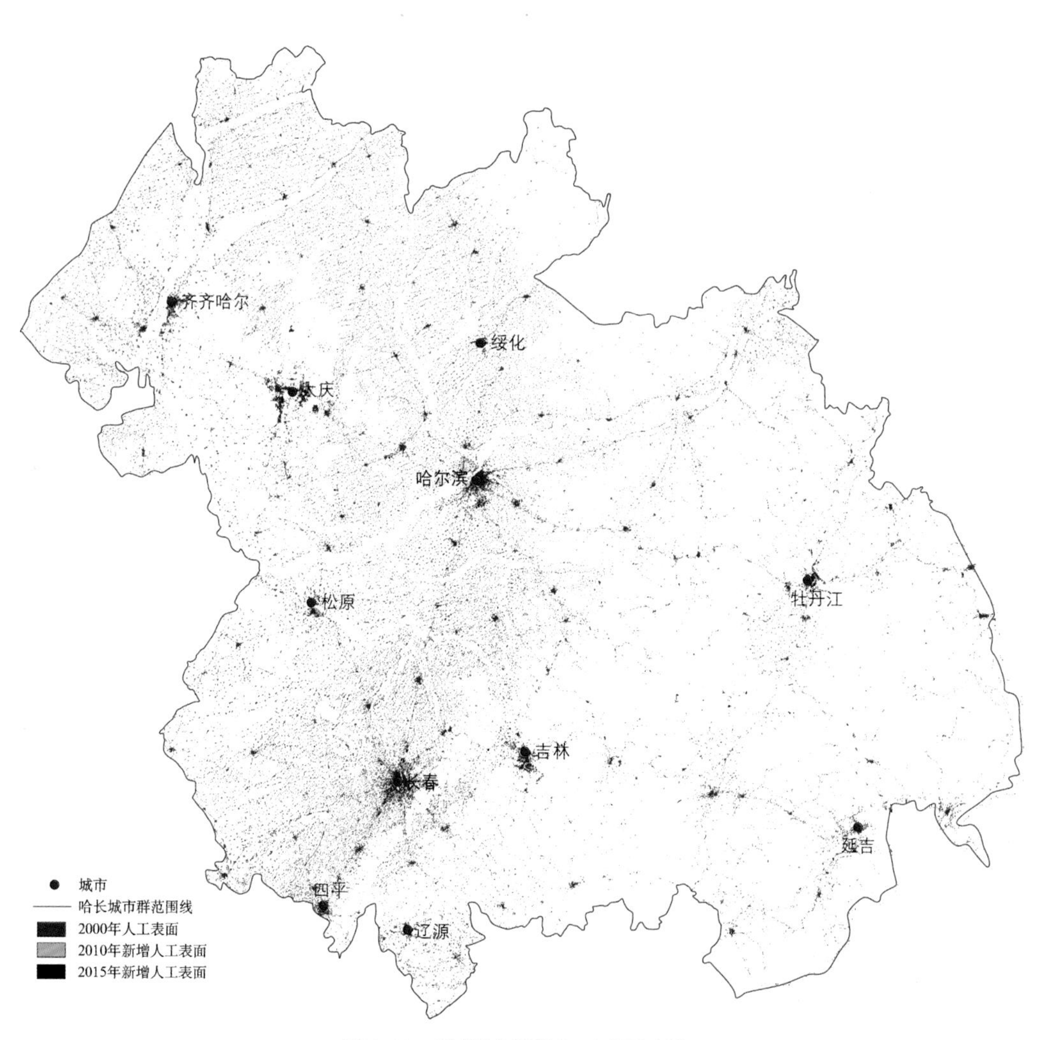


图 2.14　哈长城市群人工表面变化

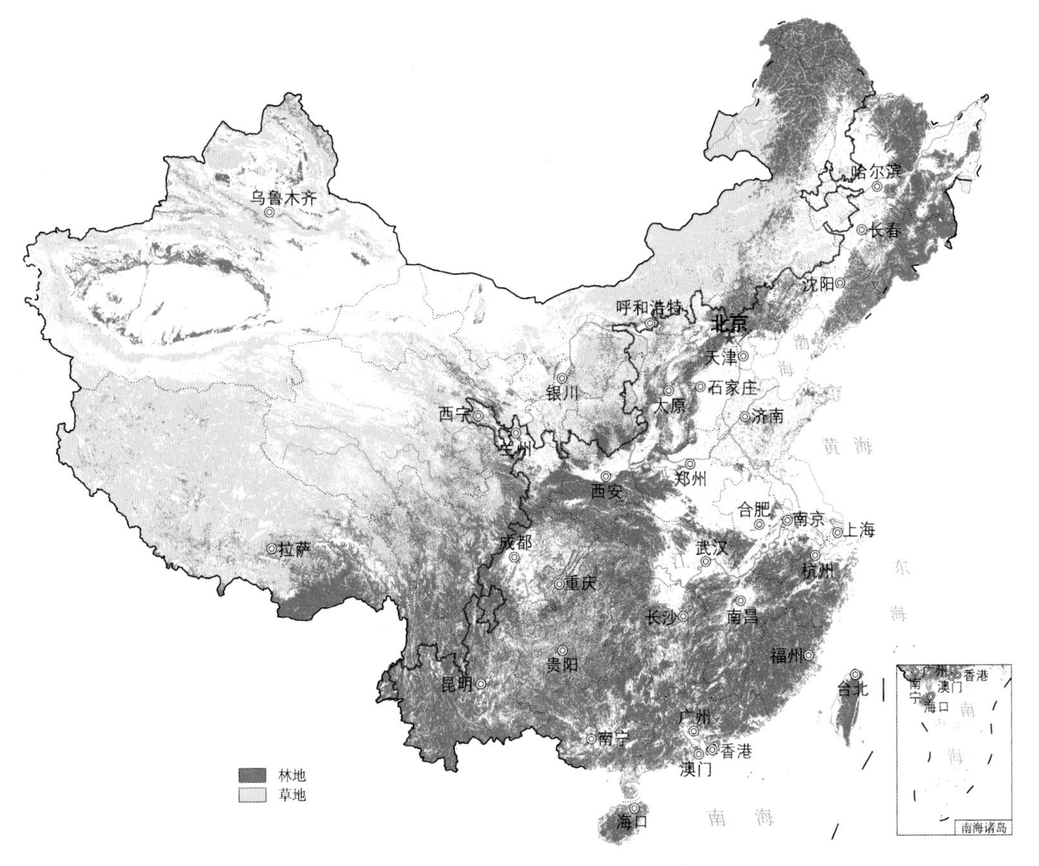


图 2.28　2015 年“胡焕庸线”东、西部林地与草地分布格局

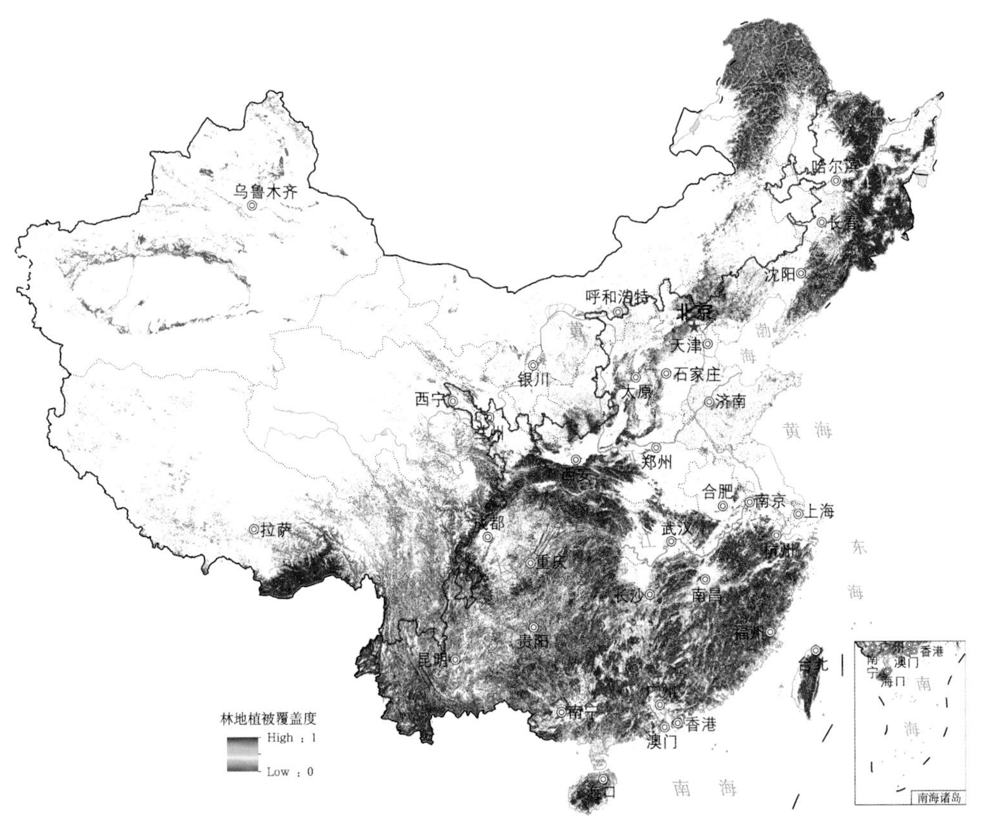


图 2.29　“胡焕庸线”东、西部林地植被覆盖度 2015 年年度最大值分布

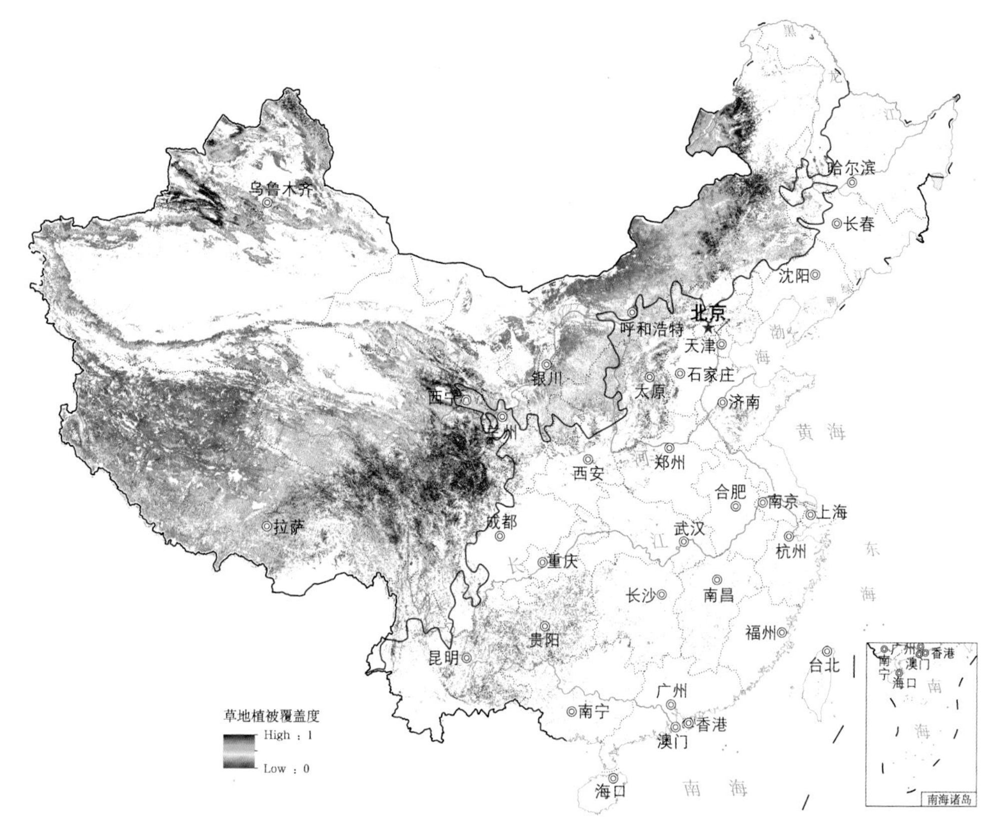


图 2.30 “胡焕庸线”东、西部草地植被覆盖度 2015 年年度最大值分布

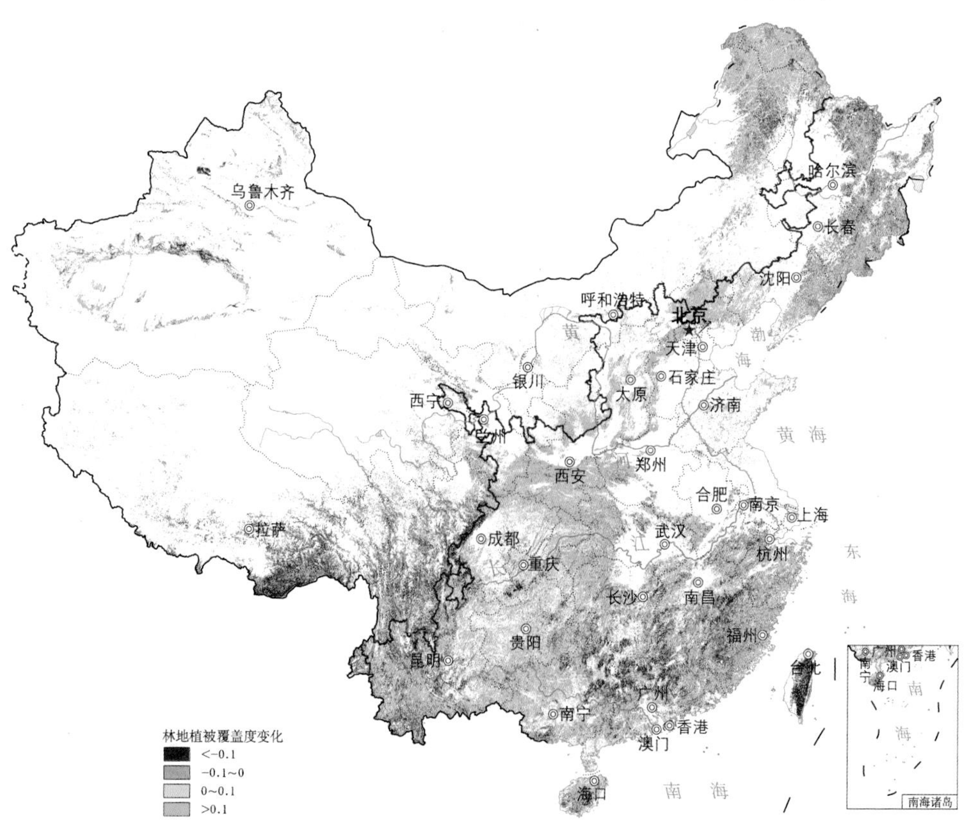


图 2.31 “胡焕庸线”东、西部林地植被覆盖度 2000—2015 年年度变化趋势分布

大于 0 为植被覆盖度 15 年间为上升趋势，小于 0 为下降趋势

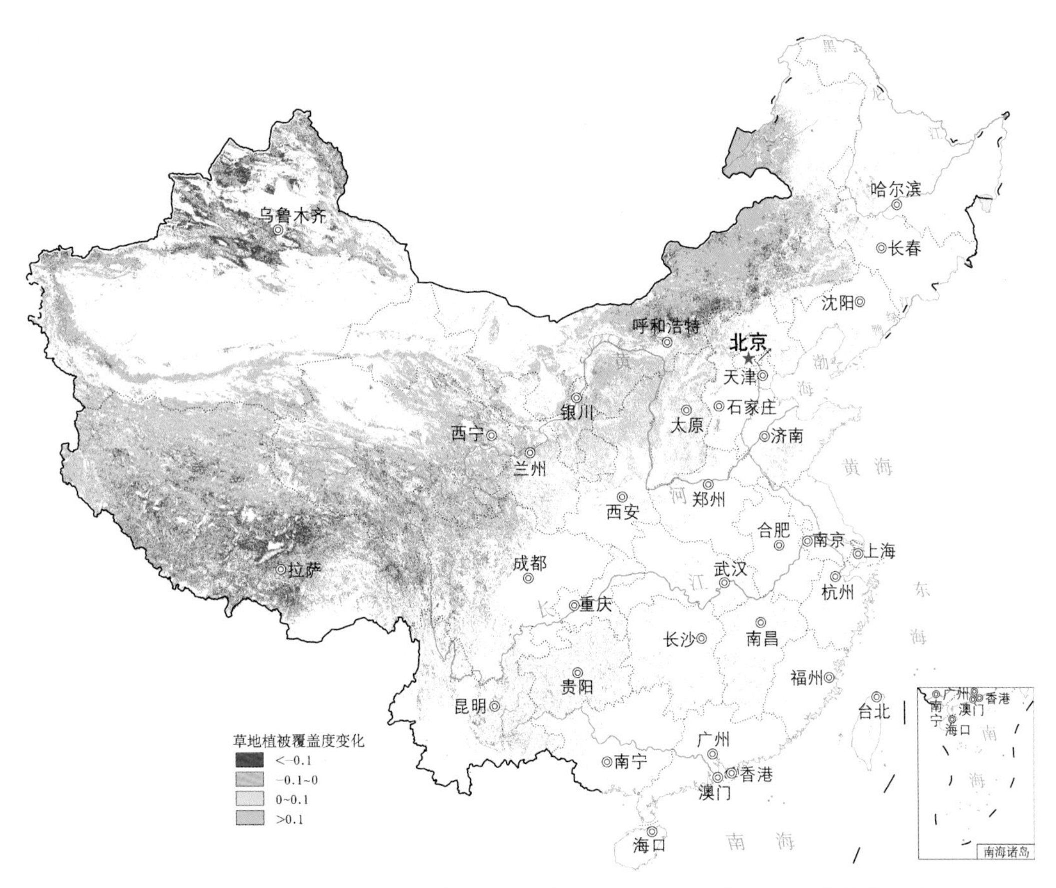


图 2.32 “胡焕庸线”东、西部草地植被覆盖度 2000—2015 年年度变化趋势分布

大于 0 为植被覆盖度 15 年间为上升趋势，小于 0 为下降趋势

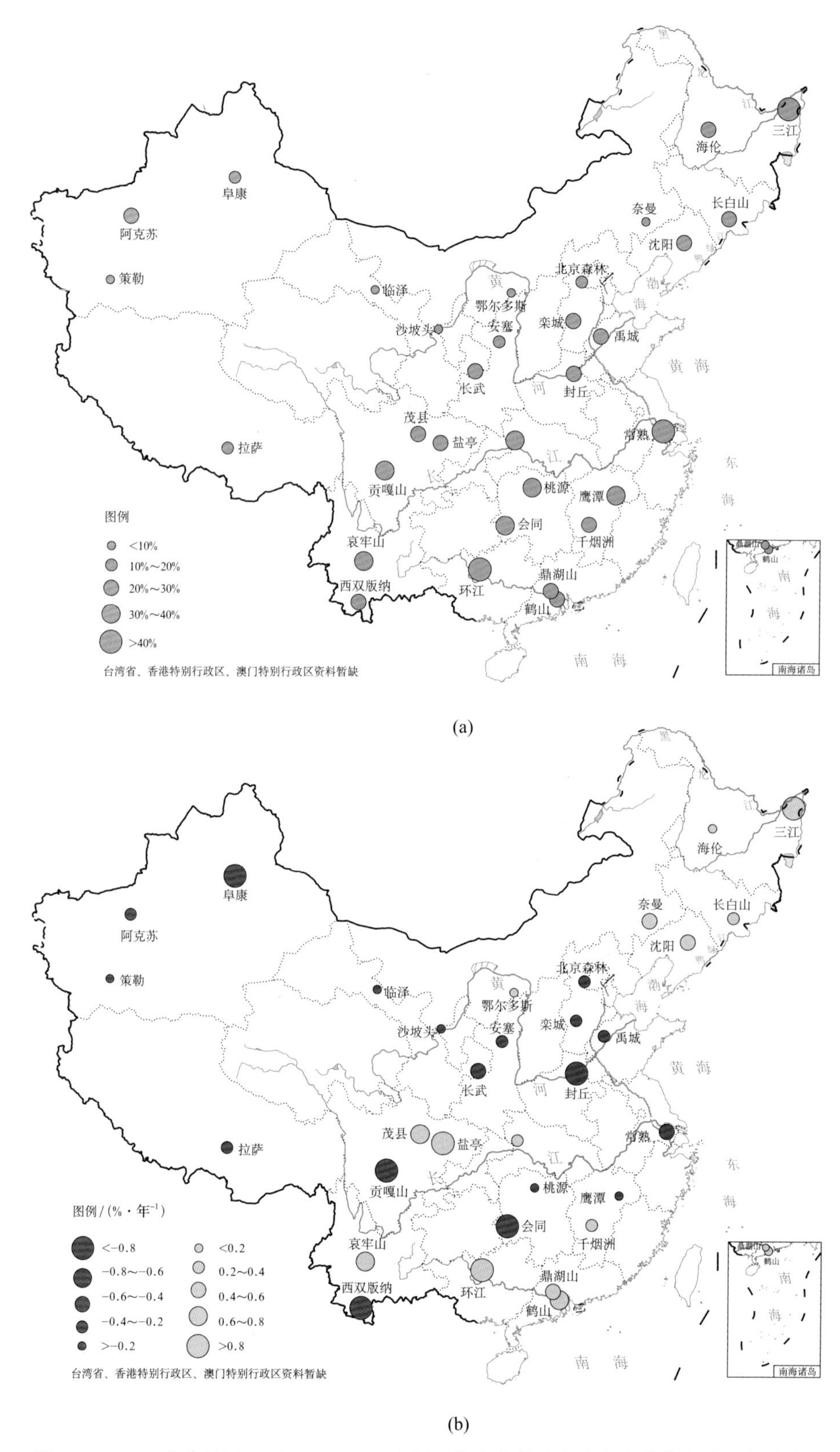


图 4.7　CERN 各台站近 10 年 0～50 cm 土层土壤水分均值(a)和变化率(b)空间分布

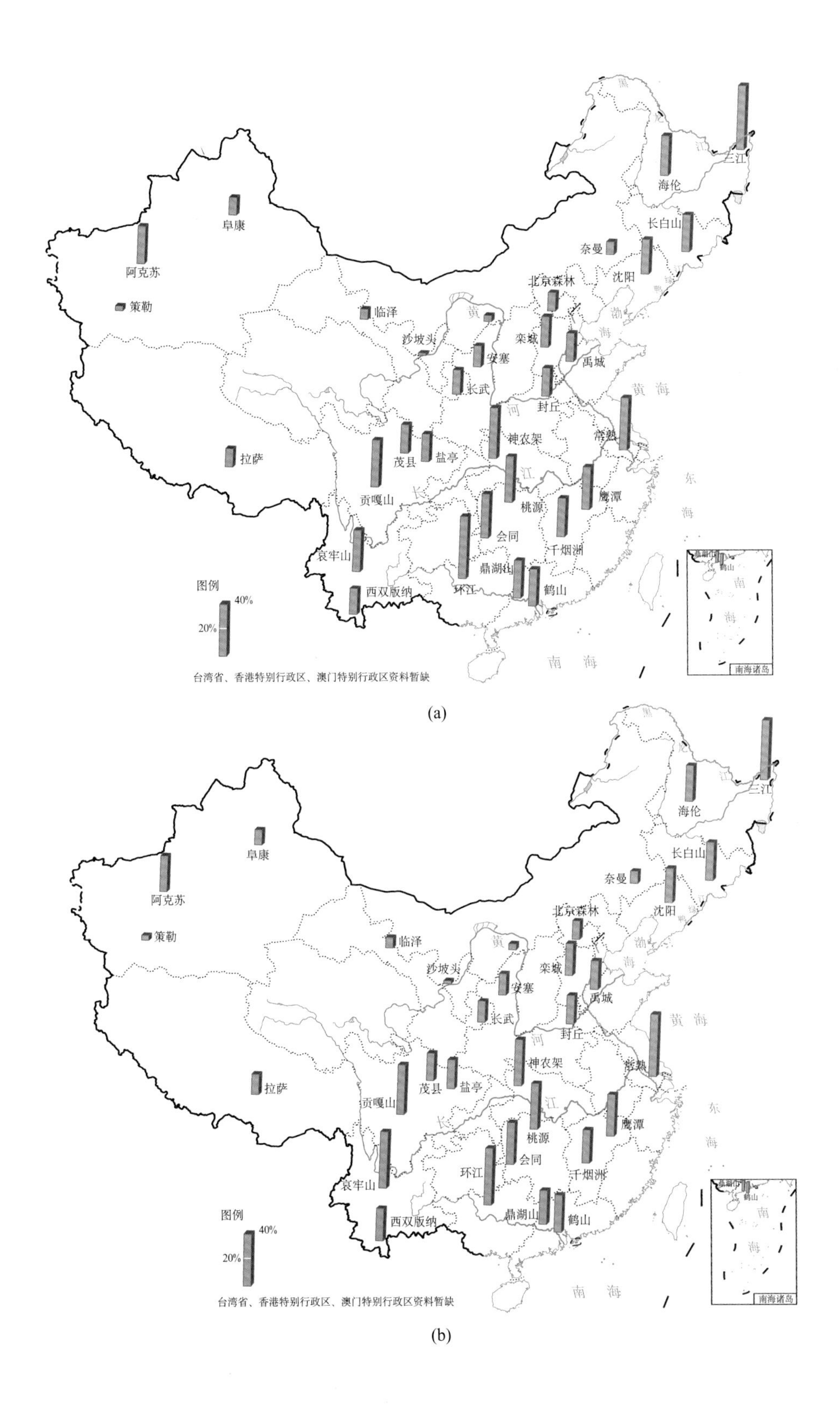

阜康
阿克苏
策勒
临泽
沙坡头
安塞
长武
拉萨
茂县
盐亭
贡嘎山
哀牢山
西双版纳
三江
海伦
长白山
奈曼
沈阳
北京森林
栾城
禹城
封丘
神农架
常熟
桃源
鹰潭
会同
千烟洲
鼎湖山
鹤山
环江
黄海
东海
南海
南海诸岛
图例
40%
20%
台湾省、香港特别行政区、澳门特别行政区资料暂缺


(a)

(b)

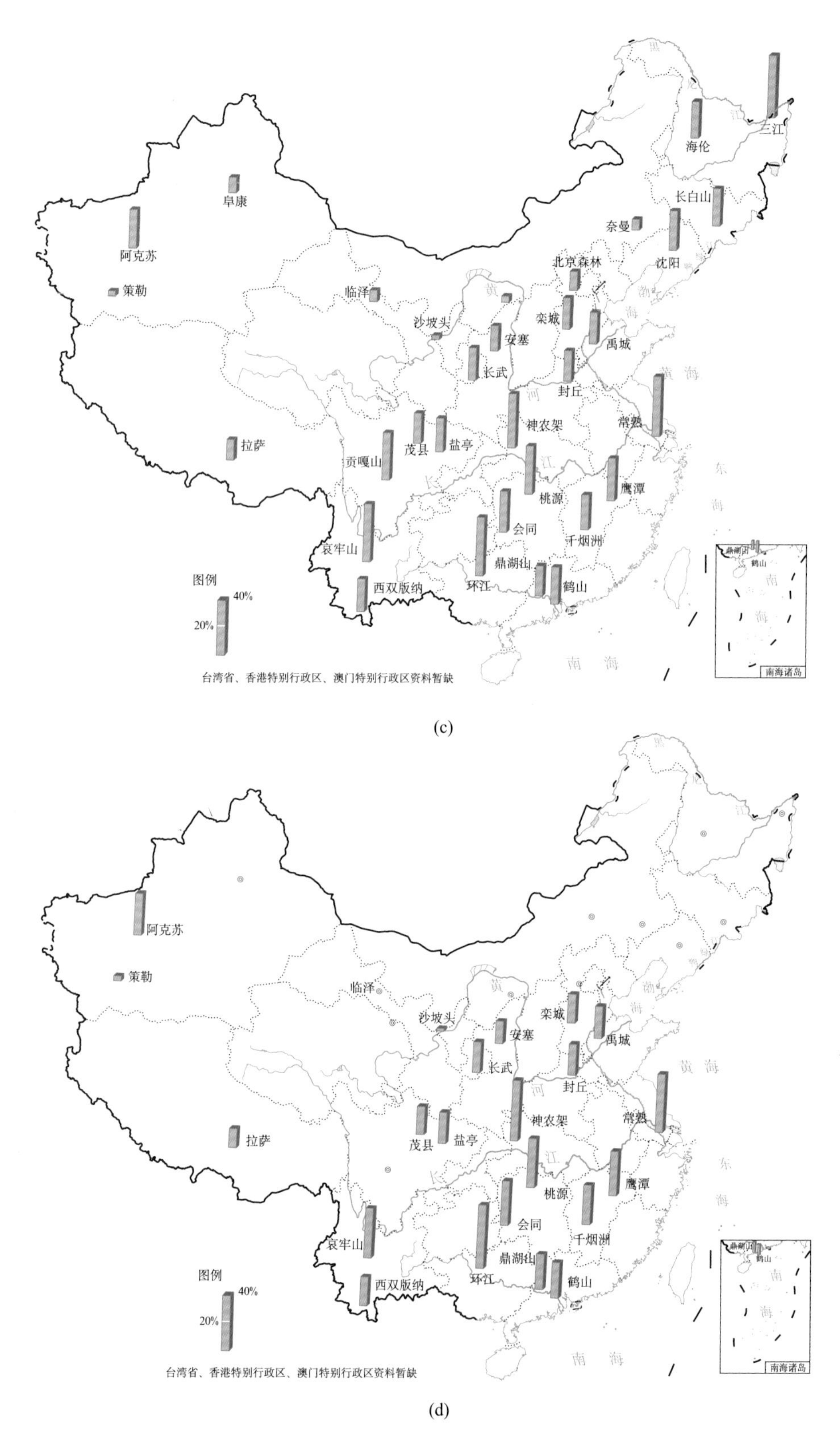


图 4.8 春季、夏季、秋季和冬季土壤水分季节均值的空间分布：（a）3—5 月；（b）6—8 月；（c）9—11 月；（d）12—次年 2 月

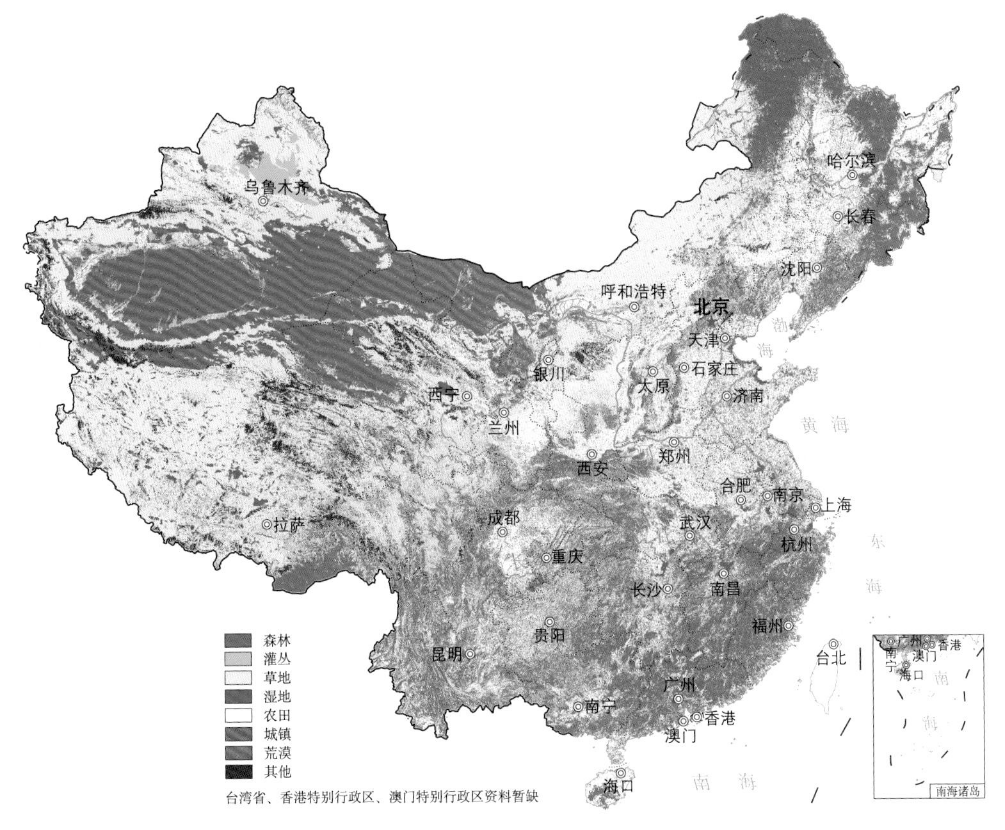


图 14.1　全国生态系统分布（2010 年）

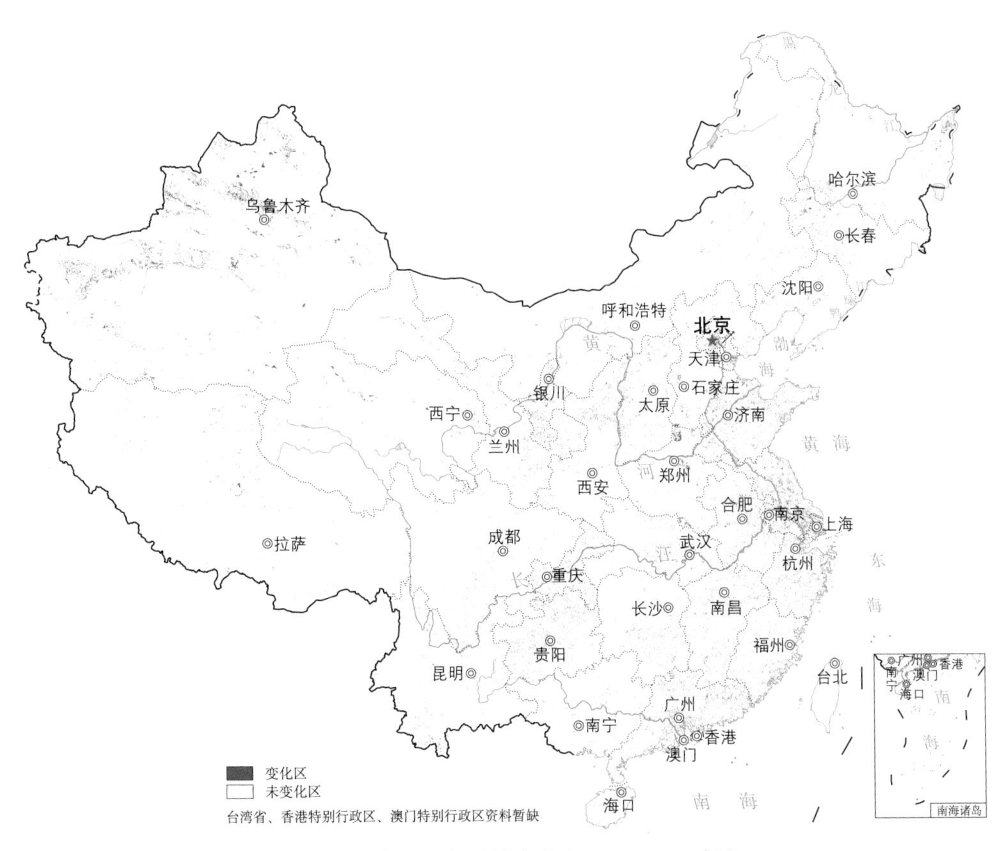


图 14.2　全国生态系统变化（2000—2010 年）

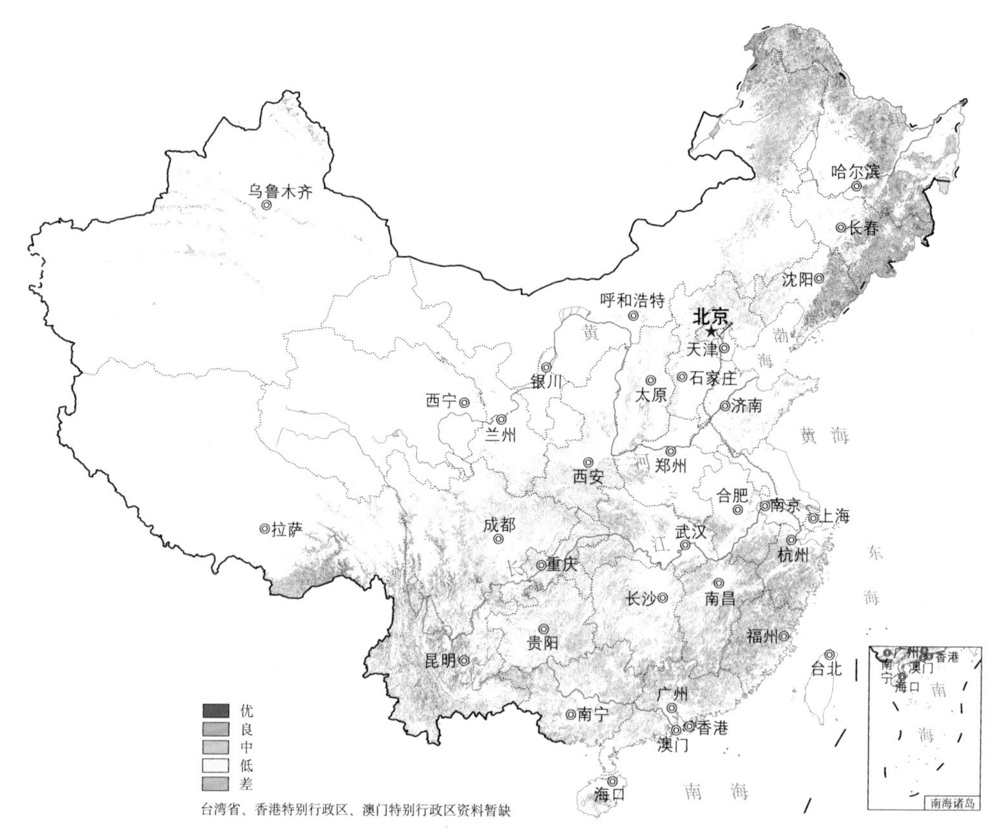


图 14.3　全国森林生态系统质量空间特征

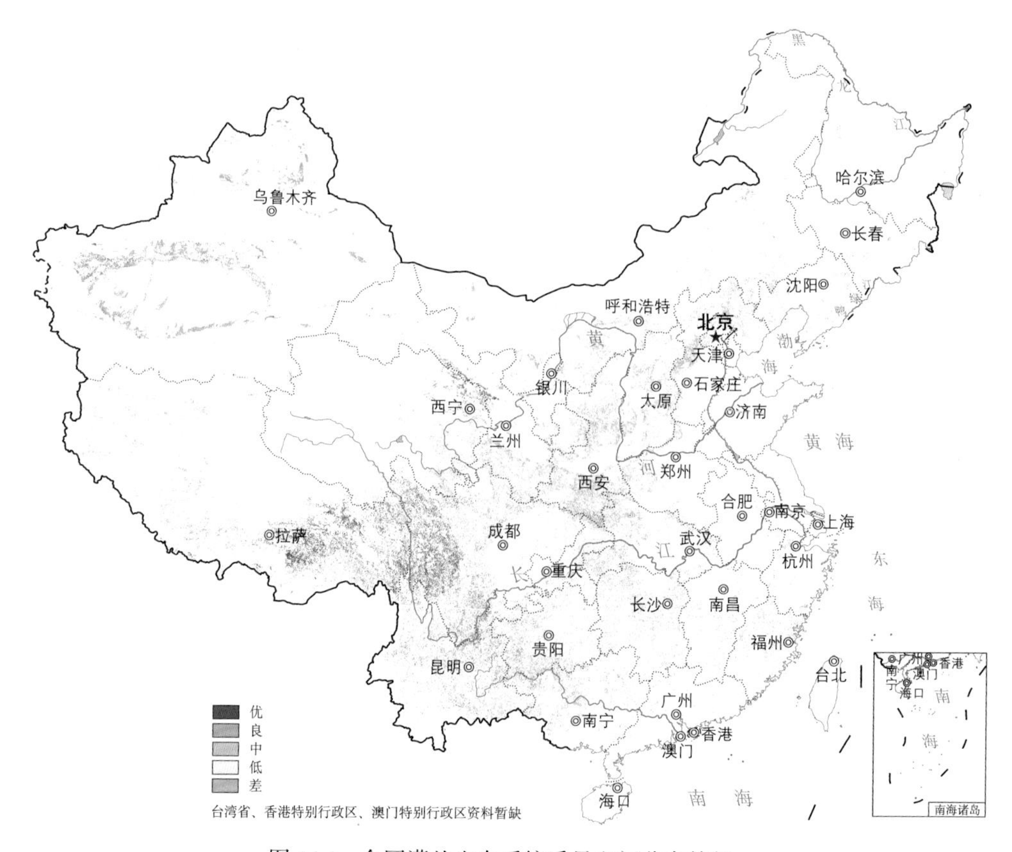


图 14.4　全国灌丛生态系统质量空间分布特征

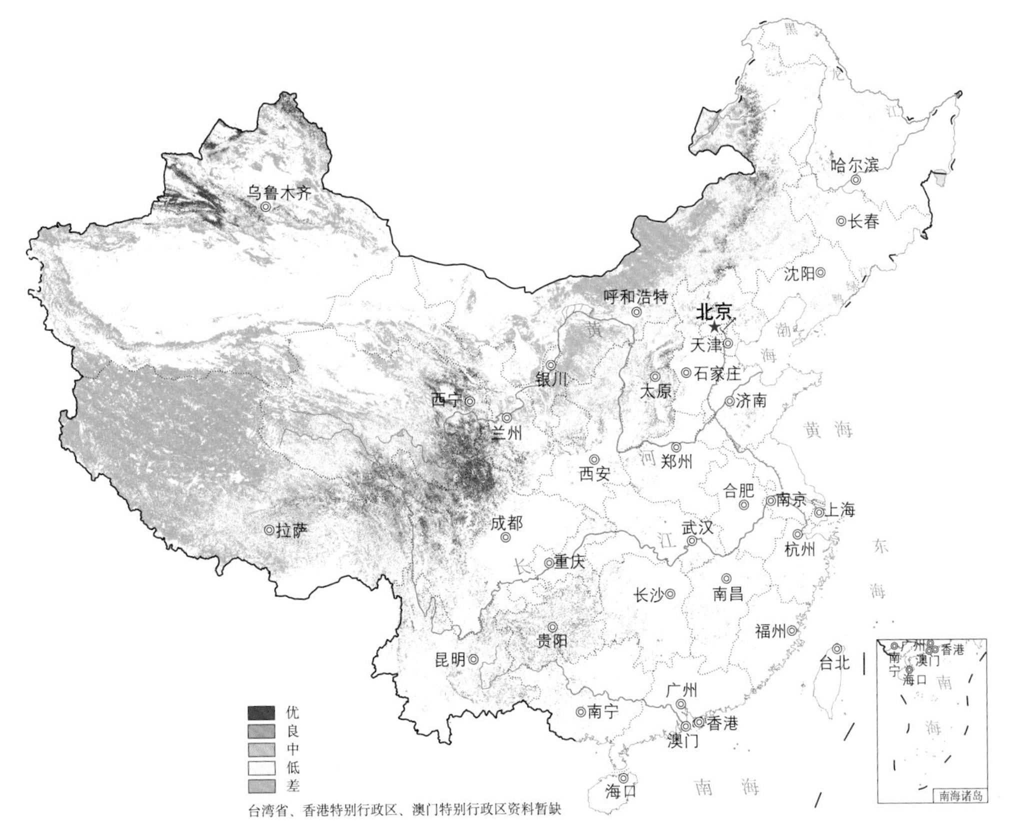


图 14.5 全国草地生态系统质量空间分布特征

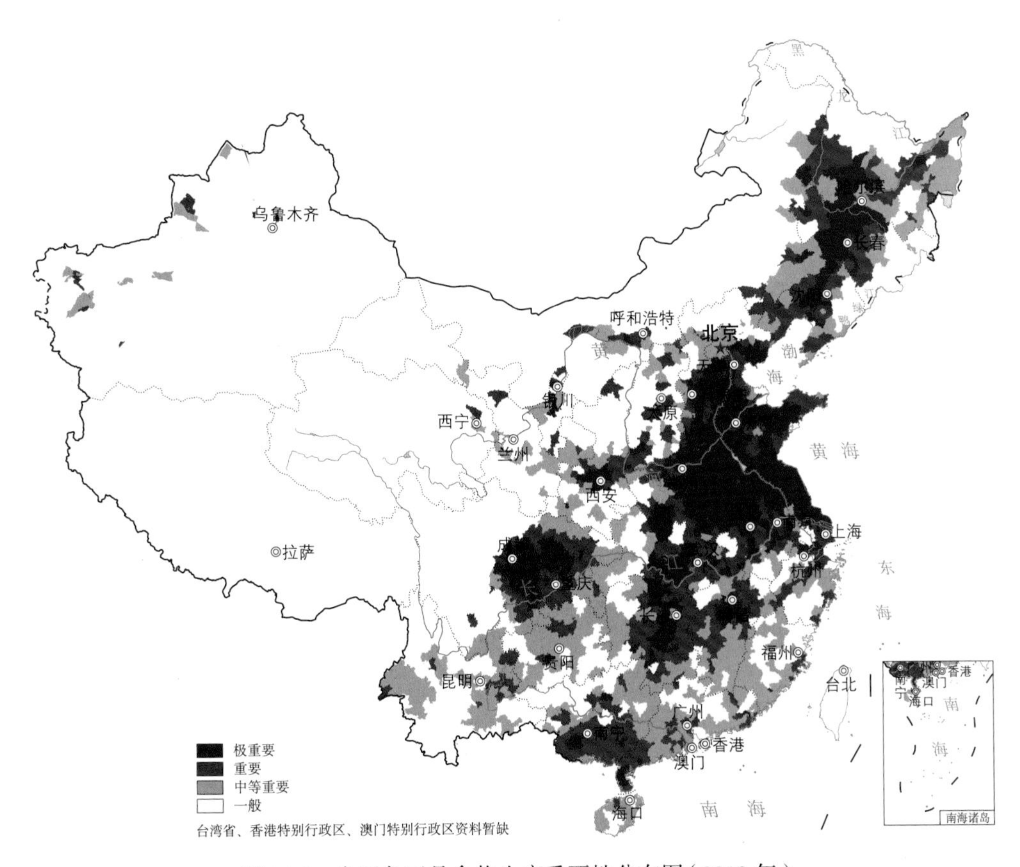


图 14.6 全国各区县食物生产重要性分布图（2010 年）

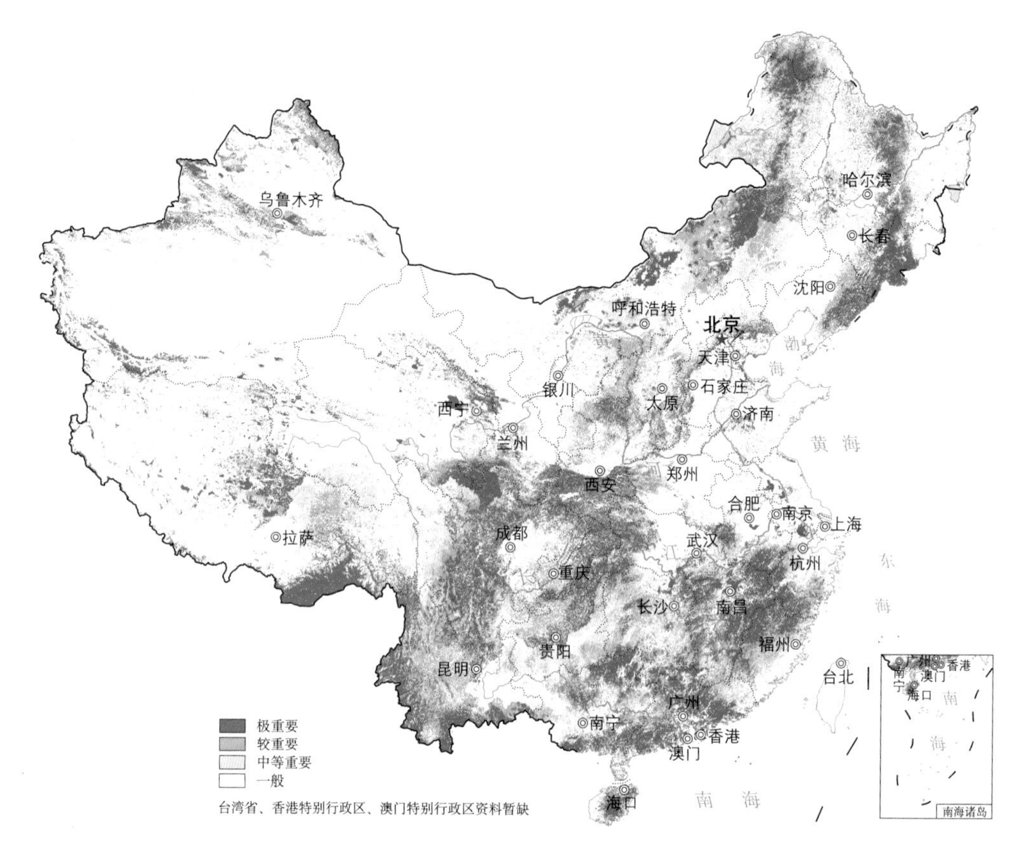


图 14.7　2010 年全国生态系统水源涵养重要性空间格局

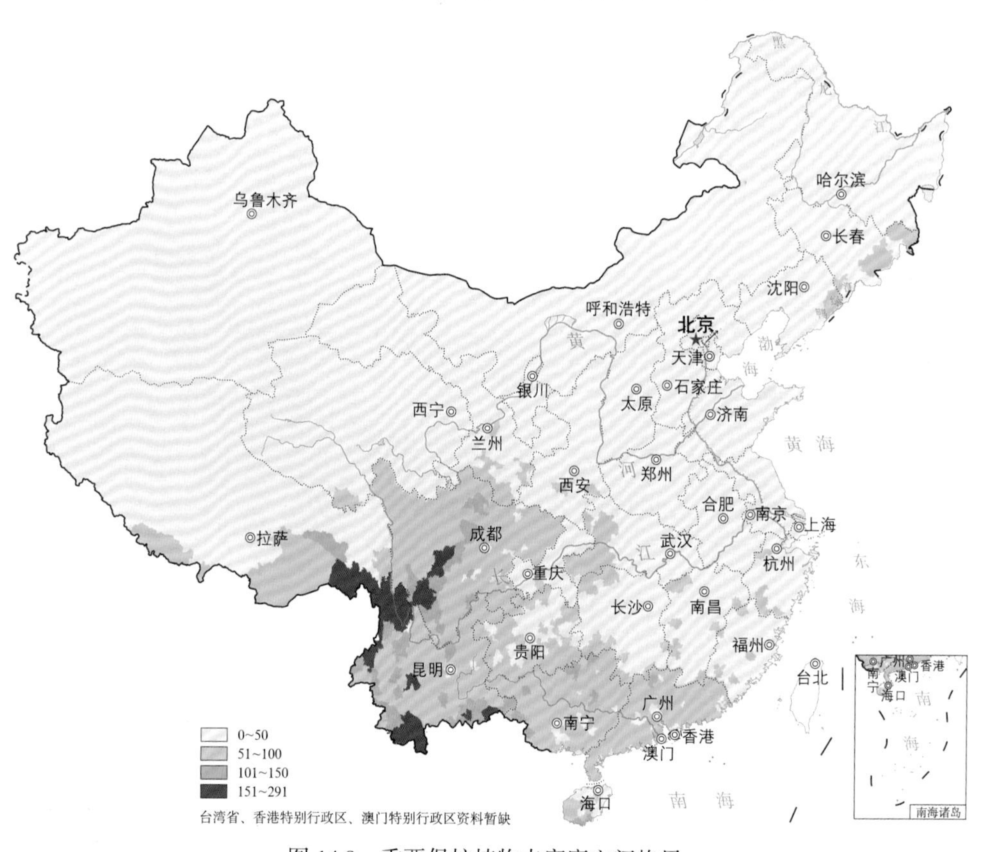


图 14.8　重要保护植物丰富度空间格局

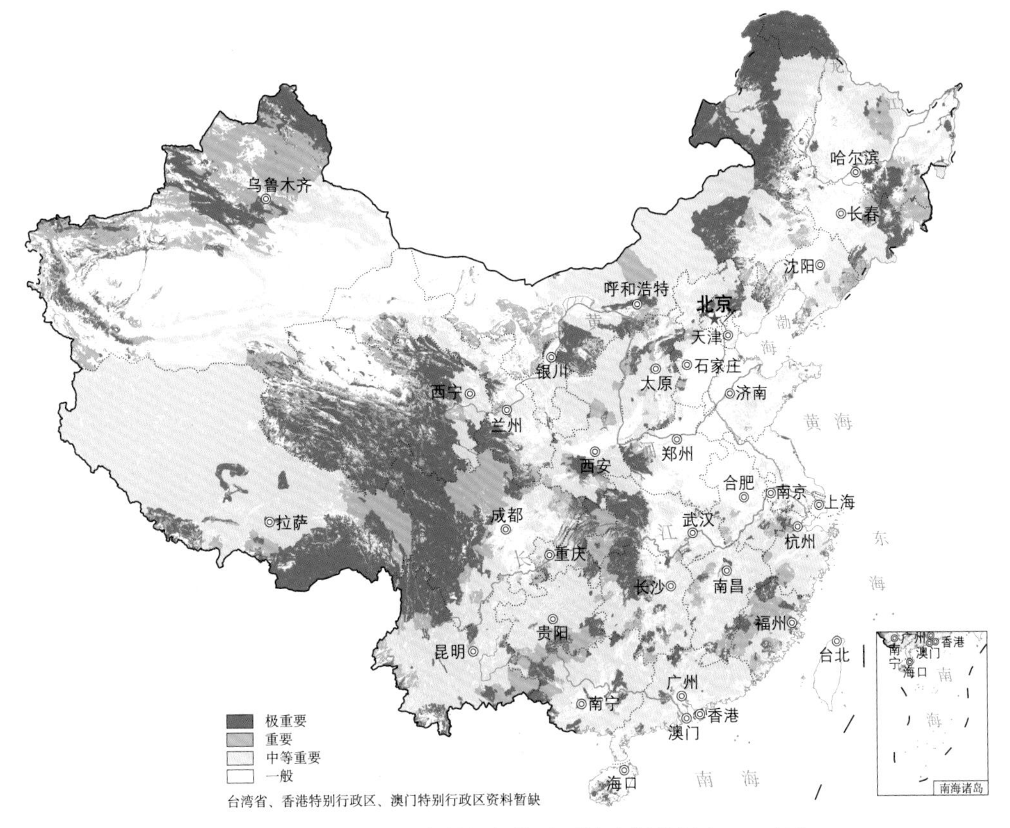


图 14.9　全国生物多样性保护重要性空间格局（2010 年）

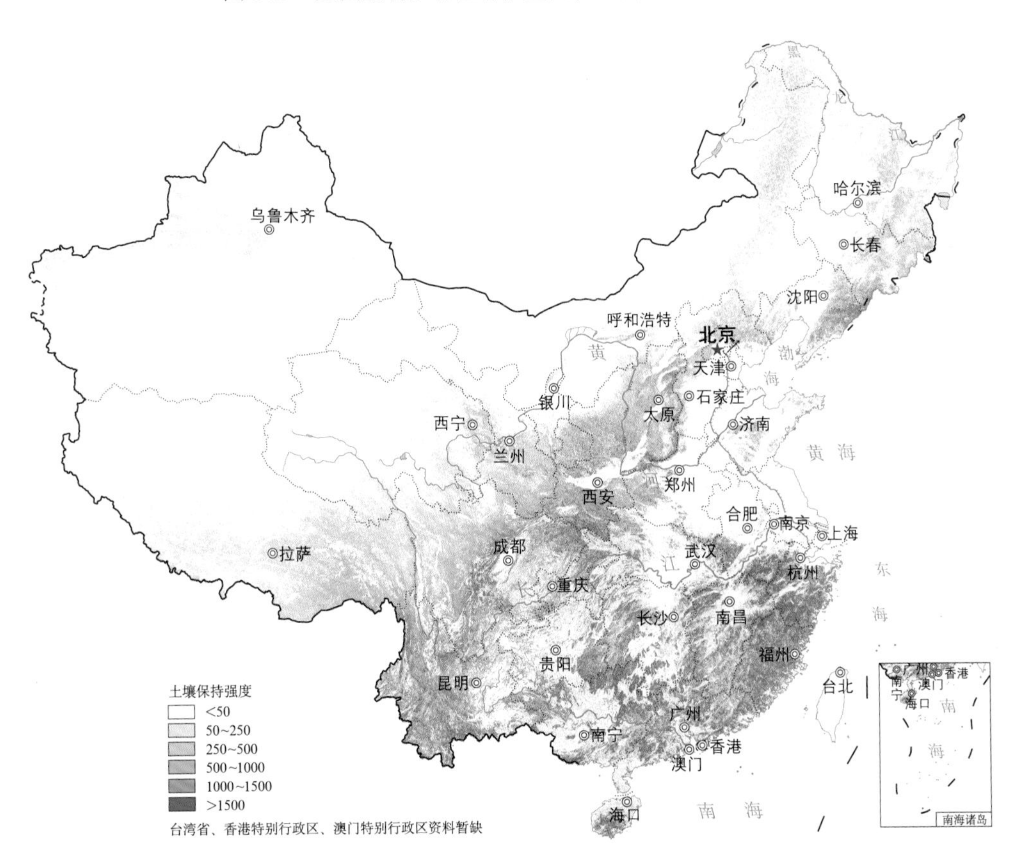


图 14.11　全国生态系统土壤保持功能空间格局

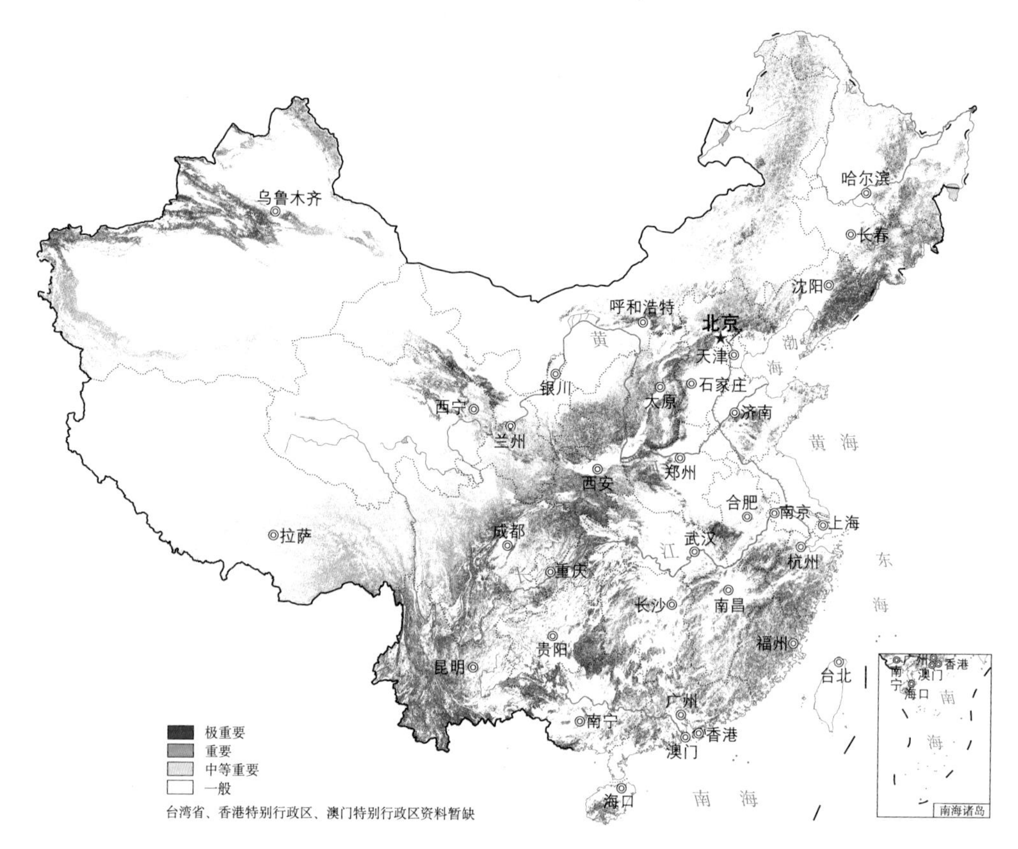


图 14.12　全国生态系统土壤保持重要性空间格局（2010 年）

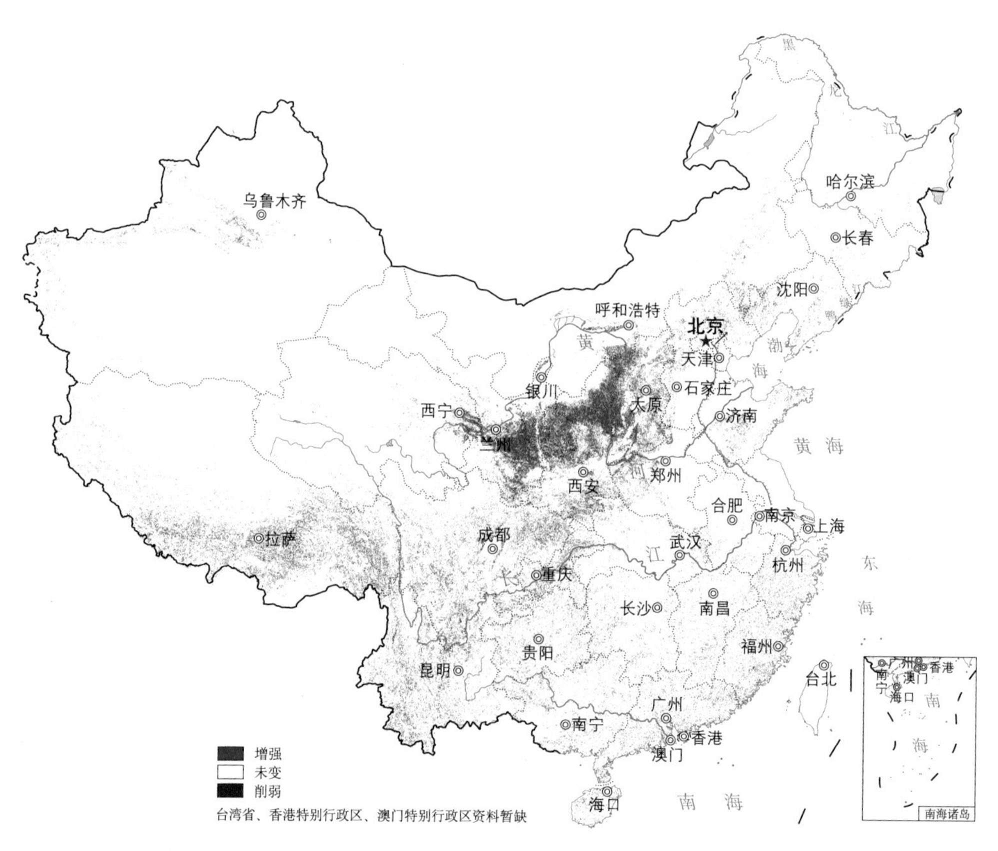


图 14.13　全国生态系统土壤保持功能变化格局（2000—2010 年）

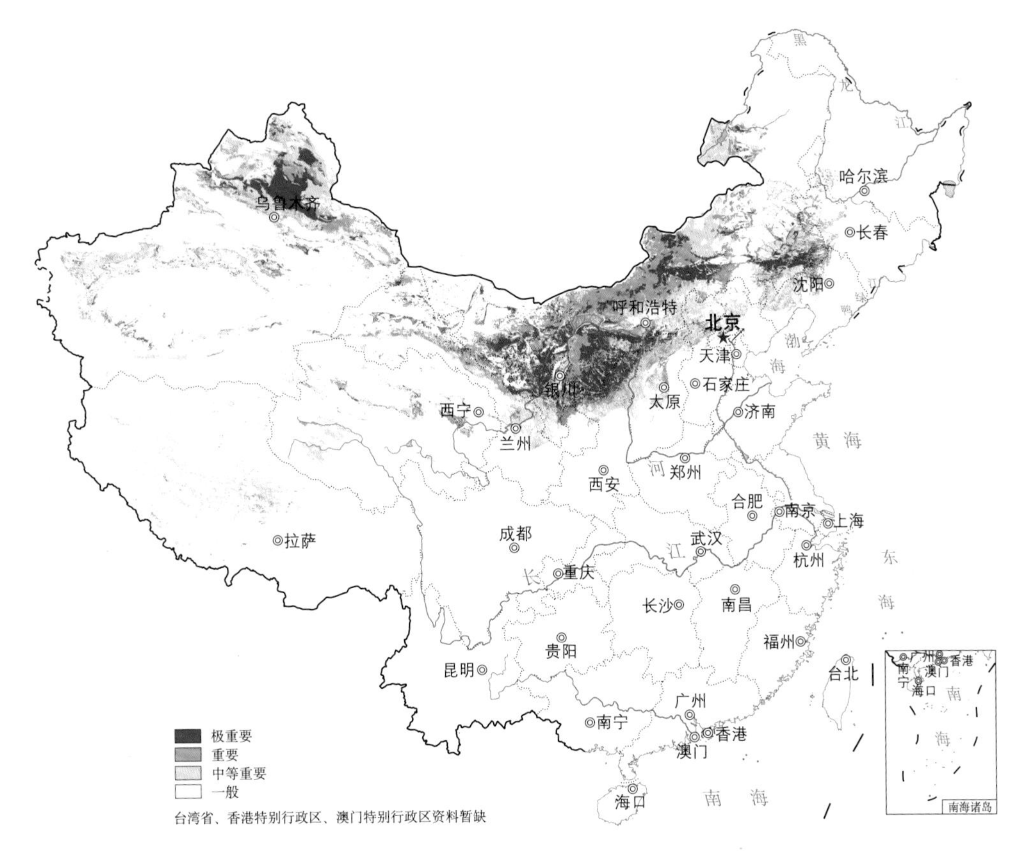


图 14.14　全国生态系统防风固沙功能空间格局

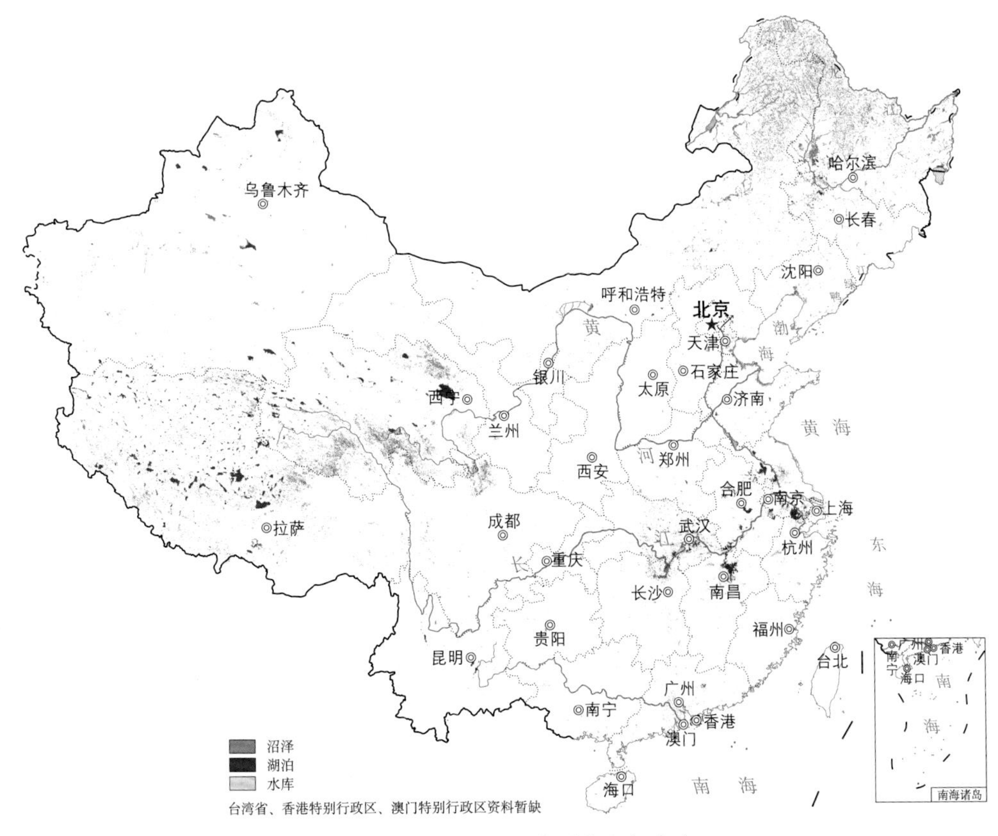


图 14.15　全国湿地生态系统空间分布

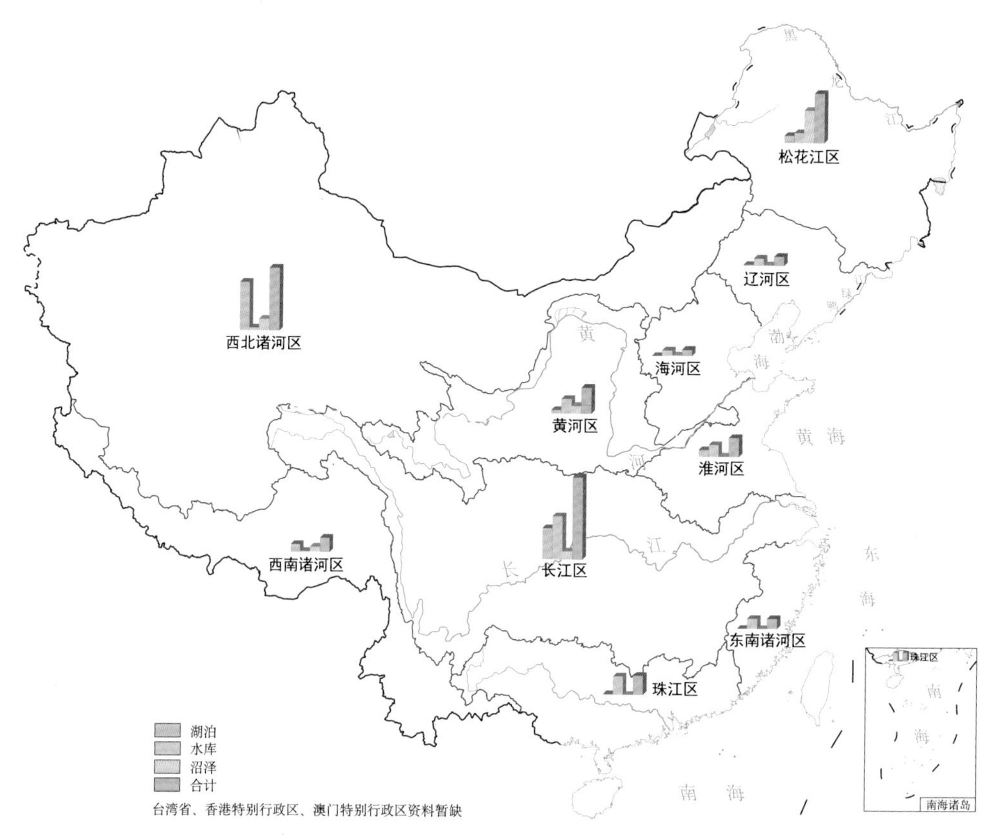


图 14.16　全国湿地生态系统洪水调蓄功能流域分布（2010 年）

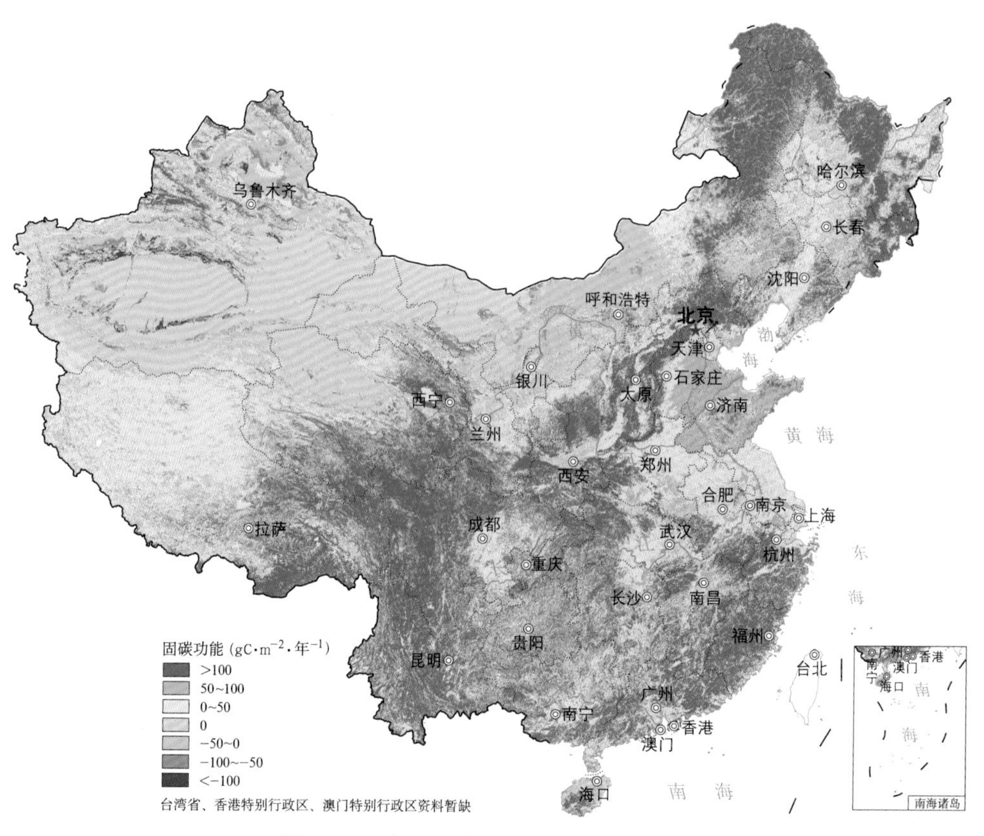


图 14.18　全国生态系统碳固定空间格局

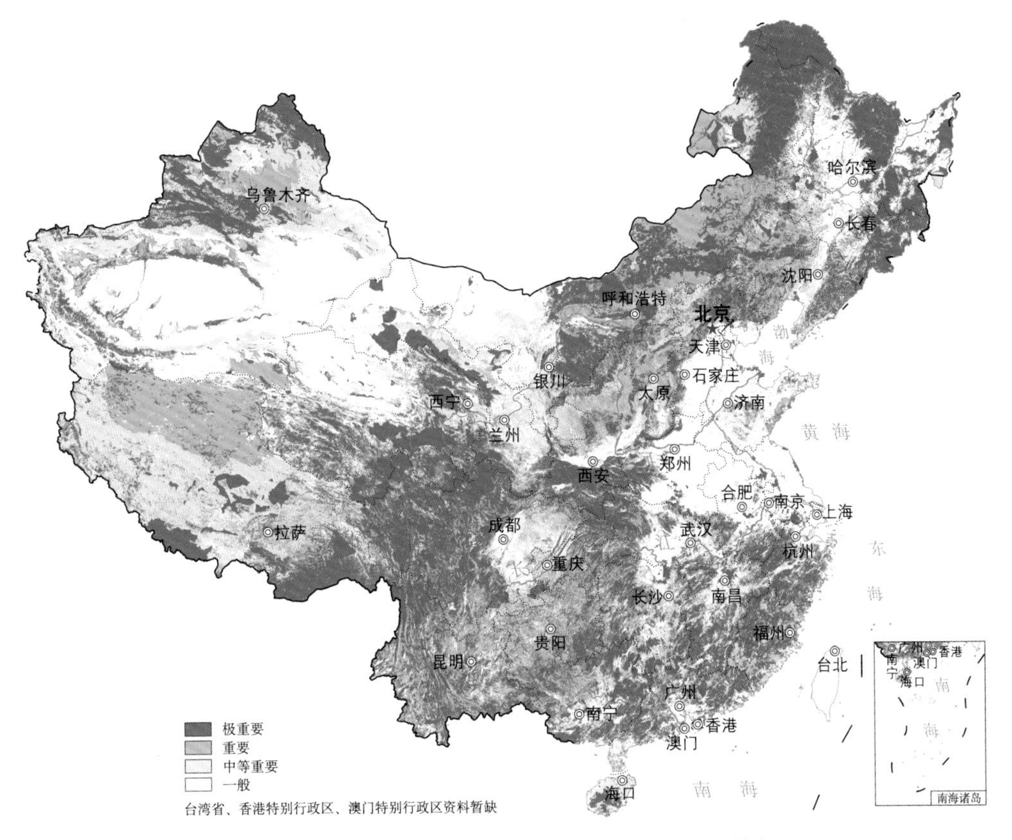


图 14.20　全国生态系统服务功能重要性综合空间特征

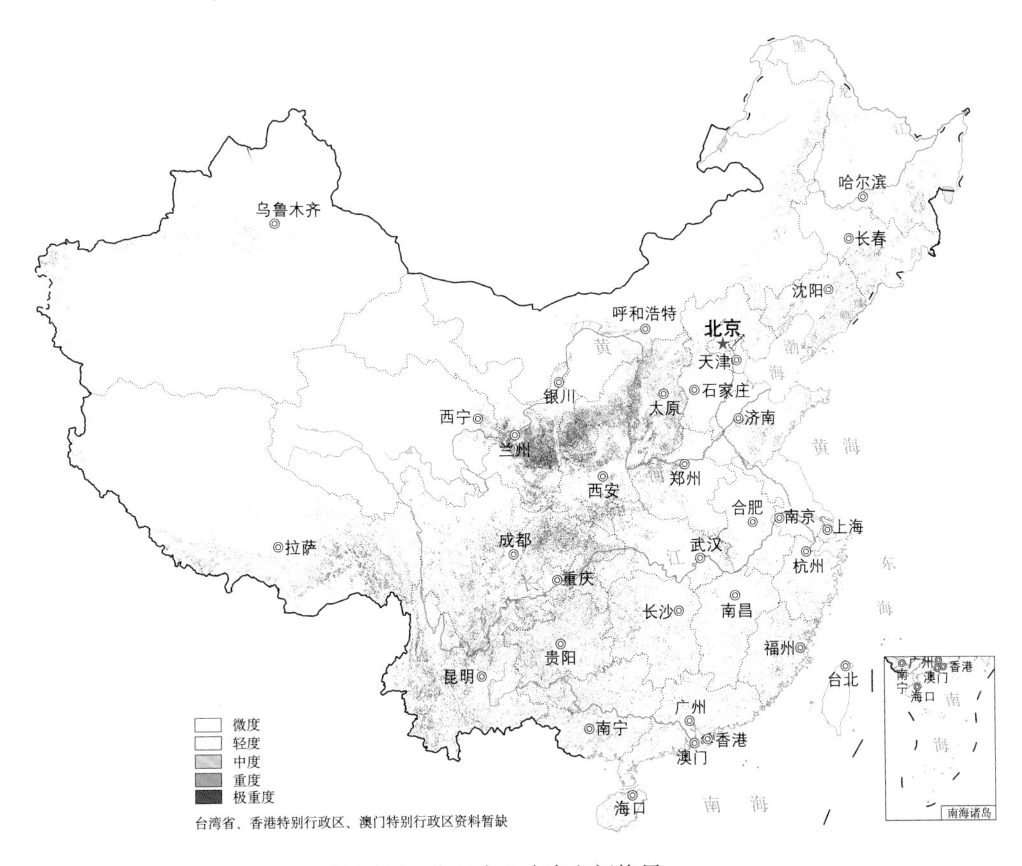


图 14.21　全国水土流失空间格局

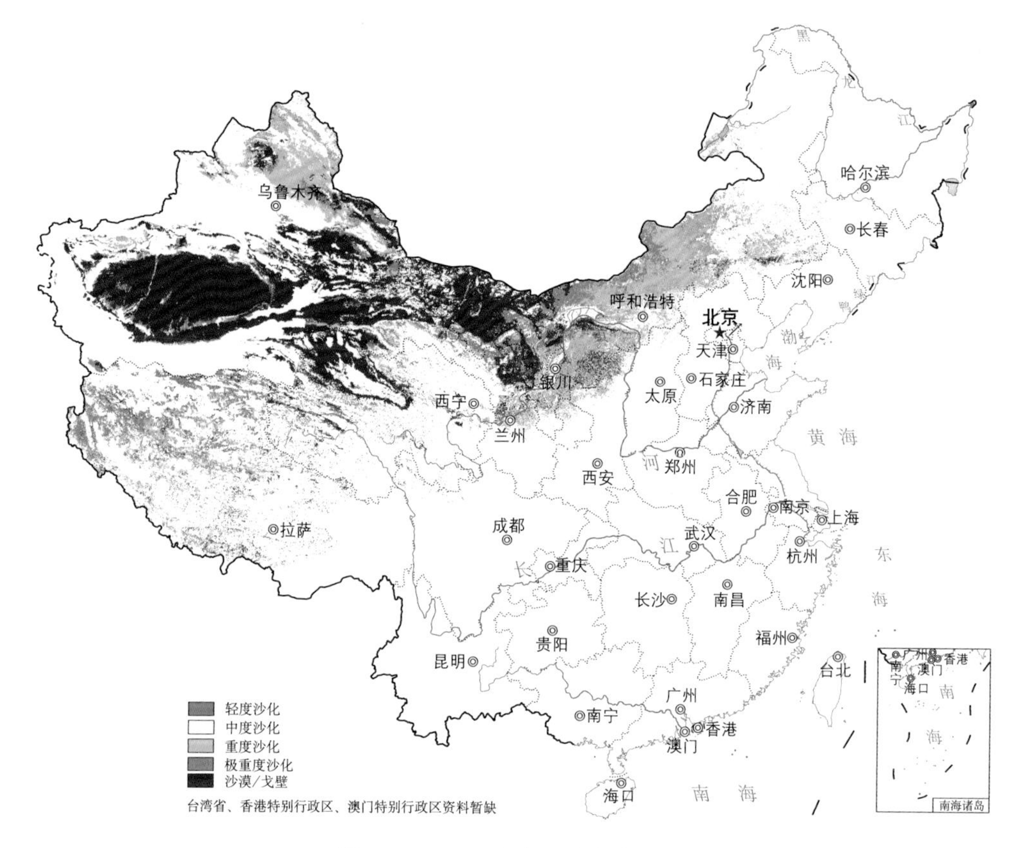


图 14.22　2010 年全国沙化分布图

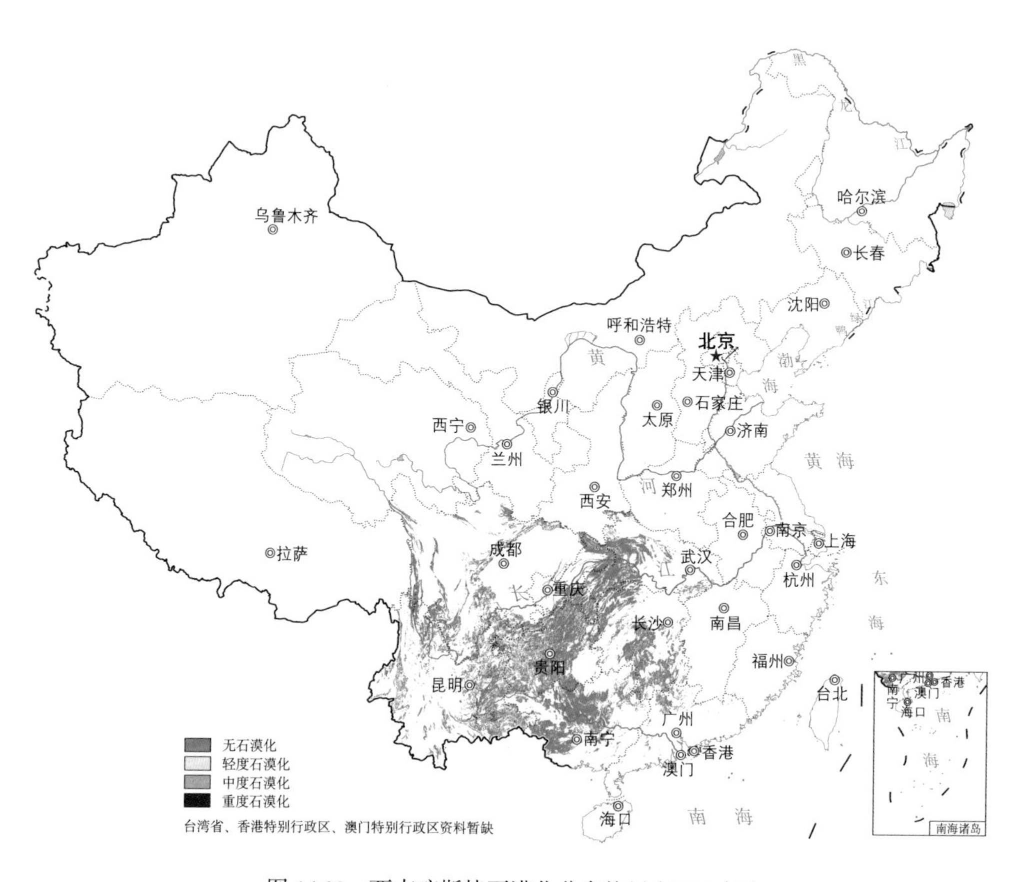


图 14.23　西南喀斯特石漠化分布格局（2010 年）

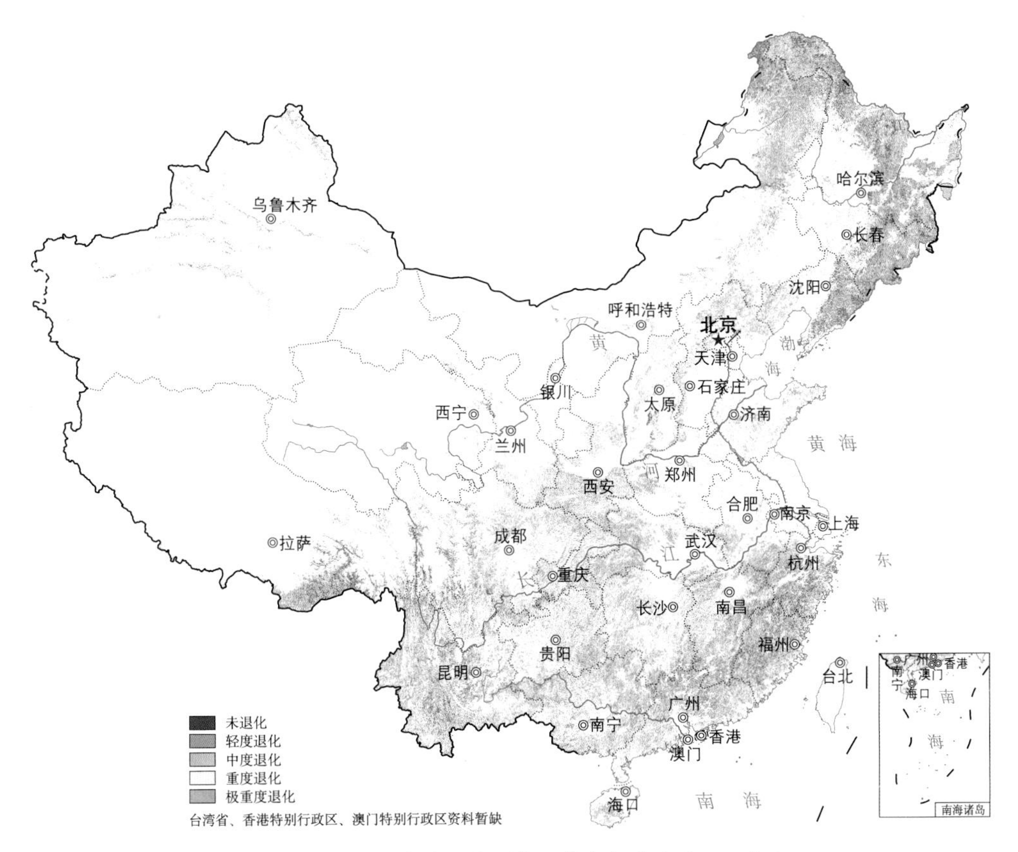


图 14.25　全国森林生态系统退化空间分布（2010 年）

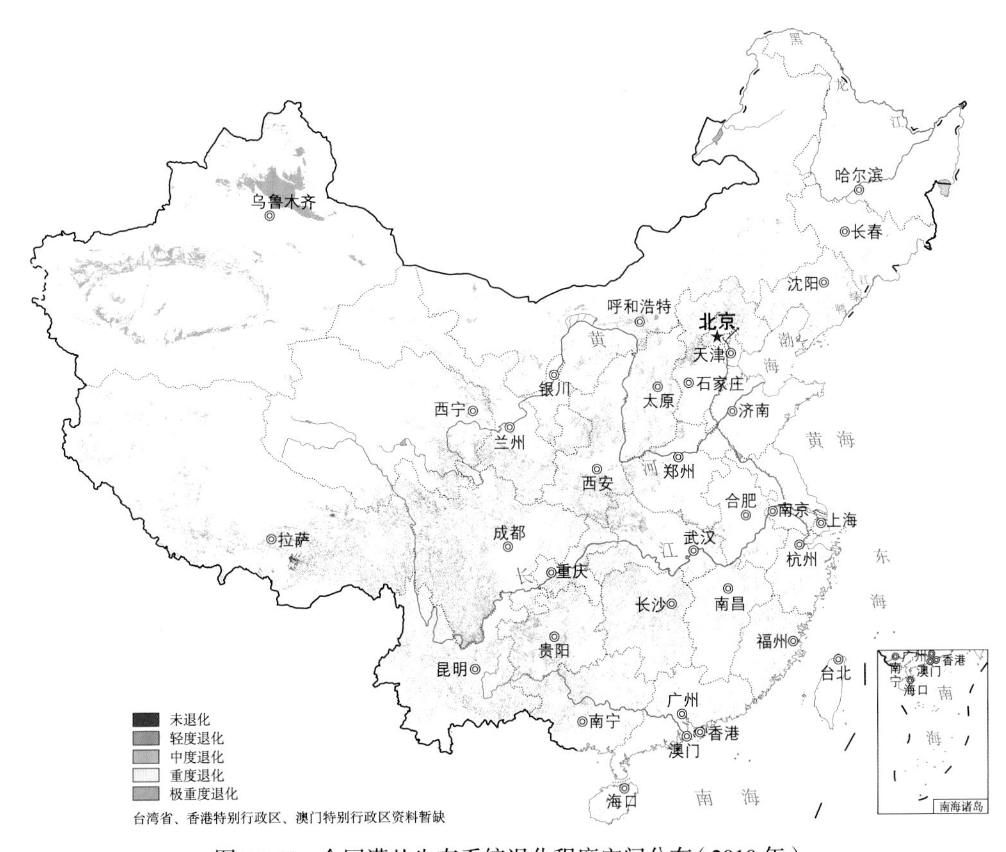


图 14.26　全国灌丛生态系统退化程度空间分布（2010 年）

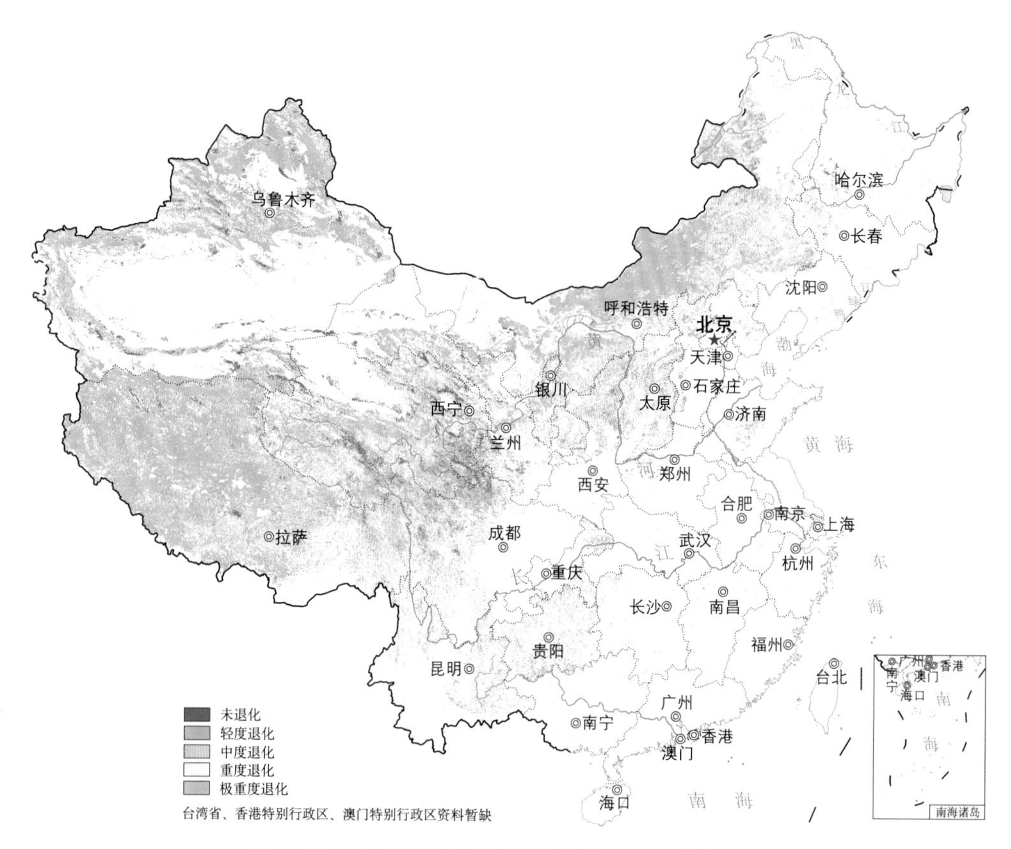


图 14.27　全国草地生态系统退化程度空间分布（2010 年）